U0337209

本书为国家社会科学基金项目
"南宋以来淮河流域水生态环境变迁
与水事纠纷及其解决机制研究"
（项目批准号:07BZS036）的成果

本丛书得到国家"211"工程经费及
厦门大学国学研究院的资助

社會經濟史

陈支平　主编

中国社会经济史研究丛书

淮河流域水生态环境变迁与水事纠纷研究(1127—1949)(上)

张崇旺　著

天津出版传媒集团

天津古籍出版社

图书在版编目（ＣＩＰ）数据

淮河流域水生态环境变迁与水事纠纷研究：1127～
1949 / 张崇旺著. -- 天津：天津古籍出版社，2015.9
（中国社会经济史研究丛书 / 陈支平主编）
ISBN 978-7-5528-0345-7

Ⅰ．①淮… Ⅱ．①张… Ⅲ．①淮河－流域－区域水环
境－区域生态环境－变迁－研究－1127～1949②淮河－流
域－水法－案例－1127～1949 Ⅳ．①X321.254
②D927.540.266.2

中国版本图书馆CIP数据核字(2015)第226452号

淮河流域水生态环境变迁与水事纠纷研究：1127～1949

张崇旺/著

出版人/张玮

天津古籍出版社出版

（天津市西康路35号　邮编300051）

http://www.tjabc.net

三河市中晟雅豪印务有限公司印刷

全国新华书店发行

开本 880×1230 毫米　1/32　印张 24　字数 646 千字

2015 年 11 月 第 1 版　2015 年 11 月 第 1 次印刷

ISBN 978-7-5528-0345-7　　定价：78.00元

《中国社会经济史研究丛书》总序

陈支平

中国经济史学，又称中国社会经济史学，是中国历史科学的基础领域，它伴随着中国近现代学术的探索之路，走过了百年历程。在这百年沧桑的历程中，中国社会经济史学既迎来了马克思主义唯物论史观的光辉洗礼，也经受了时代政治变迁的无端磨炼。随着新时期市场经济的蓬勃发展，又不经意地给甘为基石的中国社会经济史学界蒙上了一层"低处不胜寒"的失落景象。

站立在21世纪的今天，我们回顾中国社会经济史学所走过的艰辛而曲折的道路，不能不对我们的前辈们及同仁们的不懈探索与努力坚持致以崇高的敬意。正是有了这么一代又一代人的薪火相传，中国的社会经济史学才能冲破艰难困境，逐渐步入了一个比较繁荣的时期。时至今日，中国的社会经济史学已经形成了两大居于主流地位的学术流派，这就是以严中平、李文治、吴承明教授等为代表人物的"国民经济史学派"和"新经济史学派"，以及以傅衣凌教授为奠基人的中国社会经济史学派，也称为"新社会史学派"。前者注重于经济学理论的探索，并且将其运用于中国经济历史发展规律的考察，通过宏观、中观、微观多层面及其相互结合转变的研究，从中寻求中国传统社会自身蕴藏着众多的向近代化转型的能动的积极因素；而后者则特别注重从社会史的角度研究经济史，在复杂的历史网络中研究二者的互动关系，注重深化地域性的细部考察和比较研究，从特殊的社会经济生活现象中寻找经济发展的共同规律。

为了继承和发扬前辈们的探索精神，促进中国社会经济史学的进一步繁荣发展，2005年，我受中国经济史学会的委托，组织出版了

《中国经济史研究丛书》，共 20 种。丛书出版后，得到学界同仁的好评和鼓励，同时也提出了不少宝贵的意见与建议。学界同仁们的鼓励和建议，增强了我继续组织出版丛书的意愿和信心。恰逢此时，天津古籍出版社愿意为丛书的继续出版挑起重任，于是地利人和，这套崭新的《中国社会经济史研究丛书》就这样与读者见面了。

我们希望通过组织出版这套丛书，更广泛地开拓中国社会经济史的研究领域，更紧密地团结中国社会经济史学界不同流派的学人，更加多样性地凝练中国社会经济史研究的最新成果，从而打破以往中国社会经济史学界那种较为封闭的格局，使之逐步成为带有世界性意义的中国社会经济史学。半个世纪前，我们的前辈们就开始了跨越社会学、历史学、经济学、民俗学等多学科的学术研究，这一探索几乎是与法国年鉴学派的第一代学者同时进行的。在中国社会经济史领域进行的注重基层社会的细部考察与宏观审视相结合，以及跨学科的学术探索，与同时代的法国年鉴学派的学人们所秉持的将传统的历史学与地理学、经济学、语言学、心理学、人类学等多种社会科学相结合，把治史领域扩展到广阔的人类活动领域，特别是社会生活史层面，使得历史学研究与其他社会科学联系更加紧密，其学术意趣实有许多相通之处。然而由于 20 世纪下半叶中国社会的封闭状态和国外学界缺少应有的交流，因此与年鉴学派在欧洲史学取得主导地位的发展相比，这一时期的中国社会经济史研究显得沉寂。如今，在国际学术界，"科际整合"已成为不可阻挡的潮流，历史学与其他人文科学的边界更加模糊，在互相渗透和融合中产生了许多新兴学科的生长点。可以预见，中国社会经济史学将随着我国改革开放的不断深化而在国际的学术交流中显露出应有的互动与影响力。

这就是《中国社会经济史研究丛书》的责任与光荣，让我们热切地期盼着它的成长和壮大吧！

目　录

图表目录

导　言

作为书的开篇,照例要先介绍研究的缘起及意义、相关概念和研究时段,进而回顾学术前史,说清研究资料的来源与方法的运用,阐明研究的进路和研究的主要内容。

一、研究缘起及意义

淮河流域位于东经 111°55′~121°25′,北纬 30°55′~36°36′之间,西界嵩山、伏牛山和桐柏山,东临黄海,北以黄河南堤和泰山、沂蒙山脉与黄河流域接壤,南以大别山及其向东延伸的皖山余脉与长江流域分界,流域面积约 27 万平方千米,地跨河南、安徽、江苏、山东、湖北省(很小一部分)五省。今天的淮河流域以废黄河为界,分淮河及沂沭泗河两大水系,有大运河及淮沭新河贯通其间。

由于黄河夺淮及人类不合理的活动,造成了南宋以来淮河流域经济社会发展的跌落,战乱多发,灾患频仍,“天不养人”,逃荒盛行,历史的欠账使得淮河流域至今仍是我国生态环境最为脆弱及经济欠发达的地区之一。但是,翻开淮河流域的历史画卷,我们却不难发现,这里曾经是片神奇的土地。蒙城尉迟寺、双墩等古人类遗址的发掘,展现了淮河流域在中华文明起源中毋庸置疑的重要地位。大禹治水"三过家门而不入"、"禹会诸侯"之传说,在淮河流域可谓演绎得波澜壮阔。之后诞生于淮河流域的老子、庄子、孔子、管子、淮南子等诸子文化,深深浸润了中华民族的血脉,浇灌了灿烂的中华文明之花。而秦汉以来驰骋在淮河流域大地的陈胜、吴广、刘邦、项羽、曹操、朱温、朱元璋、李鸿章等著名历史人物与政治集团,则一直影响着中国历史的发展进程。"橘生淮南则为橘,生于淮北则为枳"的自然人文现象,以及流传已久的"走千走万不如淮河两岸"的古谚,却让人对淮河流域历史上的奇特与美好,禁不住浮想联翩。

淮河流域历史的跌宕起伏,给我们留下了诸多的疑问和谜团,有待众多学者去探究。这也是吸引着我一步一步地走进淮河流域史研究殿堂并进行不懈耕耘的魅力所在。在我长期做淮河流域社会经济史研究的过程中,发现历史时期淮河流域人水关系及其矛盾冲突是一个值得研究的课题,于是在 2007 年便以"南宋以来淮河流域水生态环境变迁与水事纠纷及解决机制研究"为题申报了国家社会科学基金项目,并获得了立项支持。

开展南宋至民国时期淮河流域水生态环境与水事纠纷及解决机制的研究,无疑具有重要的学术价值和现实意义。其学术价值主要有二:

第一,进一步推进和深化了淮河流域整体史的研究。长期以来,学者多从自己的研究主题和视角出发,对淮河流域切片成苏北、皖北、淮北、黄淮海、黄泛区或淮河上游、淮河中下游等研究区域,进行分区研究,而将流域作为一个整体,对之展开环境、经济、社会、文化各层面或相互关系的探讨,却一直比较薄弱。直到王鑫义主编的《淮河流域经济开发史》、吴春梅、张崇旺等合著的《近代淮河流域经济开发史》两著作的出版,才使得此种局面有所改观。本书延续了流域整体史的研究传统,并跳出流域经济通史、断代史的研究模式,以南宋以来黄河夺淮这一重大事件为起点,对黄河南迁北徙以及人类活动所造成的环境影响进行阶段性的梳理,对新中国成立以前淮河流域水事纠纷产生的原因、类型、预防与解决机制进行宏观与微观相结合的系统分析,这在一定程度上不仅推进了淮河流域整体史由通史、断代史向专题史、专门史研究的转变,而且也有利于淮河流域整体史及环境史、水利史、灾害史、经济史、社会史、法制史研究的进一步深化。

第二,丰富了区域史研究的内容,并有助于不同区域之间展开比较研究。中国是一个幅员辽阔的国家,因环境变迁和文明演进的程度不同,使得各地政治、经济乃至社会生活发展极为不平衡。历史研究应当抓住这一突出的历史特征,深入细致地考察多区域间的不同发展模式和特点,而不能一刀切地、笼统地急于下结论。唯其如此,才能真正地透视中国社会结构的特质,并由此对这一特质的现实影响加以把握。淮河流域位于我国中东部,处于南北过渡带,无论是地理环境,还是经济发展、地域文化传统,与其他大江大河流域以及大的自然或行政区域相比,都有着很大的不同。因黄河长期南迁北徙以及频繁的战乱、农渔生产、政府治水等自然和社会因素的共同影响,淮河流域水生态环境呈现脆弱化、恶化性变迁,水旱频仍,水事纠纷日趋激烈。学者对华北、西北、关中、成都平原、两湖地区、浙江省、珠江流域的环境与水事纠纷问题多做了较深的研究,而淮河流域水生态环境与水事纠纷问题,还研究甚少,更谈不上系统的研究。因此,本书所做的研究工作,为各区域水生态环境与水事冲突问题的横向比较研究提供了一个具有显著地域特色的叙事文本。

历史学具有资政育人、经世致用的功能,恩格斯说:"经过长期的常常是痛苦的经验,经过对历史材料的比较和分析,我们在这一领域中,也渐渐学会了认清我们生产活动的间接的、比较远的社会影响,因而我们就有可能去支配和调节这种影响。"[1]英国历史学家R.G.柯林武德也说:"自然科学教导人类控制自然的力量,史学则有

---

[1] 《马克思恩格斯选集》第3卷,北京:人民出版社,1991年,第519页。

可能教导人类控制人类自身的行为。"①如何将这一点在现实社会做得更好,寻找到有效可行的实现途径,是史学工作者的一种责任。具体到本书所做的研究来说,其现实意义亦有二:

第一,南宋以来淮河流域水生态环境变迁所反映出来的问题,某种意义上反映了某种共性的东西,可以引导我们对范围更为广泛的同类现象进行深入的思考。我们知道,经济社会的可持续发展离不开水资源的可持续利用和良好水生态环境的可靠保障。但是,当今淮河流域水多、水少、水脏问题,与水有关的生态环境退化问题皆十分突出。究其原因,实与南宋以来黄河夺淮以及人类不合理开发等因素对淮河流域水生态环境的破坏有关。美国环境史家唐纳德·休斯说,当今诸多环境问题,"大部分在先前所有历史时期都有重要的先例","对选作起点的过去某个时期中存在的环境形成一些认识,将为评价其后由人类活动引起的变化提供条件"。②因此,从较长的历史时段研究淮河流域水生态环境演变的历史过程,分析影响水生态环境变迁的自然和社会因素,对于科学认识淮河流域水资源和水生态环境的承载能力,正确把握淮河流域人口、资源、环境与经济社会发展的关系,在淮河流域贯彻落实科学发展观以及实施生态文明建设战略和区域经济社会协调发展战略,大有裨益。

第二,对南宋以来淮河流域水事纠纷迭发的原因、类型、预防和解决机制的构建和运行等问题的探讨,可以为当今淮河流域乃至其他地区的政府和民众应对日益众多的水事纠纷问题提供一种有益的启示和借鉴。水事纠纷古已有之,当今世界水资源紧张已经成为一个全球性问题,水贵如油和水危机甚至"水资源争夺战"的现实正在逐步向人类逼近。作为人民内部矛盾一种的水事纠纷严重影响着

---

① 何兆武:《评柯林武德的史学理论》,《历史的观念》译序,北京:中国社会科学出版社,1986年,第27页。

② [美]J.唐纳德·休斯:《什么是环境史》,梅雪芹译,北京:北京大学出版社,2008年,第2页、第139页。

国家与地方社会的稳定和经济的可持续发展,正如 2003 年 11 月 22 日胡锦涛同志在第二十次全国公安会议上讲话中所指出的,"由人民内部矛盾引发的群体性事件,已经成为当前影响社会稳定的一个突出问题。在深化改革、加快发展的过程中,正确处理人民内部矛盾和群体性事件,对于保持社会稳定、为全面建设小康社会创造良好的社会环境具有十分重要的意义"。为此,本书所做的工作,将有利于提高我国预防和调处水事纠纷乃至构建社会主义和谐社会的能力。

二、相关概念与研究时段

为了更好更深入地讨论淮河流域历史上以水为核心的生态环境变迁与涉水矛盾冲突之间的关系,以及涉水矛盾冲突的解决机制问题,本书引进了水生态环境、水事纠纷两个重要概念。

先谈谈水生态环境的概念。水生态环境是综合水环境、生态、生态环境概念涵义衍生而来。水环境是环境科学的概念,主要指相对稳定的、以陆地为边界的天然水域所处空间的环境。水环境是构成环境的基本要素之一,是人类社会赖以生存和发展的重要场所,也是受人类干扰和破坏最严重的领域。"生态"最早来自生物学,是指植物群落之间、动物群落之间、植物与动物各个群落之间的相互关系。生态环境,是指环绕着人群的空间中可以影响到人类生活、生产的一切自然形成的物质、能量的总体。基于上述概念的理解,本书没有直接使用水环境、生态环境的概念,而是使用了水生态环境的概念。因为水环境概念侧重的是各类水体在整个系统中所处的空间状况,而生态环境概念又难以突出水体的核心位置,两者皆不足以作为主体概念工具来分析南宋以来淮河流域以水为主体的生态环境变迁和由之所形成的复杂水事关系及其矛盾冲突问题。所谓水生态环境,主要指影响人类社会生存和发展的、以水为核心的各种天然的和经过人工改造的自然因素所形成的有机统一体。水生态环境是生态环境的一个重要组成部分,包括两层含义:一方面,水生态环境以水为核心,包含多种自然和人工的因素;另一方面,水生态环境是一个有机的统一体,自然和人为的各种因素交互作用,影响人类社会的生存与长远发展。①一定地域的水生态环境及其变迁是自然因素和社会因素长期综合作用的结果,反过来又会极大地影响着人水、人地关系。

再来说说水事纠纷概念。与水事纠纷概念相类似的提法,还有水利纠纷、水利争端、水事矛盾、治水纠纷、水利纷争等。正是它们之间相似,难以区别,所以学界有不少学者经常就把它们等同起来用。如胡其伟的《湿地边界争端及其解决途径试探——以苏鲁微山湖为例》(《中国方域》2005年第4期)及其所著的博士论文《民国以来沂沭泗流域环境变迁与水利纠纷》(复旦大学博士学位论文,2007年,第5页)中就认为水利纠纷,亦称水事纠纷、水利争端、水事矛盾、治水纠纷、水利纷争等,系指行政区、部门和用水单位在治水、用水、排水中出现的一切矛盾纠纷事件,还包括因水域界线变化、河道变迁引起的湿地边界争端。而从学界已发表的成果(参看下文的学术史回顾)看,早年学界多用水利纠纷、水利纷争、争水纠纷、水权纠纷、水案、滩案、湖案之类的概念作为讨论历史上国家和地方社会以及区域社会之间涉水矛盾冲突及其解决的分析工具,近年也有一些成果开始使用水事纠纷的概念。不过,多数学者在使用水利纠纷、水利纷争、水利争端、水事纠纷、水事矛盾之类概念时,都没有对这些概念的内涵和外延进行解析,只是笼统抽象地、比较泛化地在使用。笔者以为,纠纷是法学、社会学的学科概念,"是指社会主体间的一种利益对抗状态"②,用语比较规范和正式。而争端则指的是引起争执的事端,比如争执的依据和事由;矛盾是两个或更多陈述、想法或行动之间的不一致,有矛盾不一定会导致纠纷,只有矛盾激化时才可能导致纠纷冲突的出现;水案,主要指某一具体争水案件或水事诉

---

① 参见刘宁:《共同维系人水和谐的水生态环境》,《黄河报》2005年12月3日。

② 何兵:《现代社会的纠纷解决》,北京:法律出版社,2003年,第4页。

讼案件或某一水事违法案件。相比之下,在学术场域中作为涉水矛盾和涉水冲突问题时,用"纠纷"概念更为恰当、合适些。再看水利和水事两个概念,水利是指对自然界的水进行控制、调节、治导、开发、管理和保护,以防治水旱灾害,并开发利用水资源的各项事业和活动。而水事是指个人、单位或地区之间涉及与水有关的权利与义务关系的事务的总称。可见,水利强调的是对自然界的水进行控制、调节、治导、开发、利用、管理和保护活动的本身,而水事则强调与水有关的权利和义务,与水权的概念紧密相关。此外,水事中的水比水利中的水要广泛得多,水事的水是广义的"水",包括水(水量、水质)、水域(江河、湖泊、地下水层、行滞洪区等)、水工程等。由此可知,水利纠纷与水事纠纷两个概念虽有共通性,但也稍有区别。从学科概念归属上看,水利纠纷是水资源学的概念,是指不同的单位或个人因为对水资源的开发、利用、管理、保护等意见不一致而产生的争执,而水事纠纷则属于水利管理、水法学科概念,系指在开发、利用、节约、保护、管理水资源和防治水灾害过程中以及由水环境污染行为、水工程活动所引发的一切与水事有关的各种矛盾与冲突。[①]当自然因素和社会因素的作用所形成的复杂水事关系各方出现经济社会利益失衡时,水事矛盾便随之而产生。当水事矛盾激化产生冲突时,水事纠纷便因之而起。水事纠纷,实质上就是水事利益的冲突所导致的涉及水事利益的各方对水权的争夺。从概念内涵看,水利纠纷涉及的是水利活动中出现的争执,核心是追求水利活动本身的正当性、合法性;而水事纠纷涉及的是水事活动中出现的矛盾冲突,核心是追求与水有关的权利和义务的匹配与协调。若具体在水利开发、使用、管理、保护领域讨论水利矛盾乃至冲突,可以使用水利纠纷、水利纷争、水利争端之类的概念。如果在更广泛意义讨论水事活动、复杂的水事关系及水事矛盾乃至冲突,就可以用水事关系、水事

---

① 参见徐高洪、郭生练:《省际河流冲突与对策措施》,《水资源研究》2005年第4期。

矛盾、水事纠纷一类的概念。①鉴于上述概念的理解和解析,结合南宋以来淮河流域涉水活动及其矛盾冲突的实际,本书采用了水事纠纷这一主体概念,以及包括水事纠纷概念在内的水事、水事活动、水事矛盾组成的概念体系。

说完水生态环境和水事纠纷两个重要概念,再来交代一下本书的研究时段。本书的研究对象是淮河流域水生态环境变迁与水事纠纷及其解决机制,而研究时段是南宋至民国时期。之所以把研究的起点定在南宋,是因为淮河流域水生态环境在南宋前后发生了巨大变迁。南宋以前,虽然也有黄河多次南泛,但时间短且多被堵塞,淮河依然独流入海,人水、人地关系相对协调,经济社会稳步发展。但南宋以来,黄河长期夺淮,淮河流域水系被黄河严重干扰,即使到了咸丰年间黄河北徙,淮河依旧不能复归故道,淮河流域人水、人地关系出现了严重的不协调,水事矛盾日益尖锐,行政区之间、上下游和左右岸之间、部门行业之间的水事纠纷频发迭起。关于研究的下限问题,在课题申报时,原本设想从南宋一直做到当代。鉴于课题时间跨度大,收集资料困难,国家社科规划办立项时建议做到1911年。后来,笔者在潜心搜集、整理淮河流域水事纠纷资料的时候,发现不少水事纠纷如苏鲁边界水事纠纷、淮扬运河归海坝开与保之争等诸多案例,多纷争数百年,一直到民国时期都未得到彻底解决。若研究止于1911年,就有很多水事纠纷案例无法了解其来龙去脉和全貌。于是,经再三考量,最终决定把研究的时段设定在南宋至民国时期。当然,基于研究的需要,个别地方也有灵活的处理,譬如,为了较为全面而系统地把握淮河流域水生态环境阶段性变迁的进程,适当地将研究时段做了回溯与后延。

---

① 参见江伟钰、陈方林主编:《资源环境法词典》,北京:中国法制出版社,2005年。

三、学术史回顾

本书属于专题性和实证性的研究,只有详细了解和钻研前人相关研究成果,做足学术史的功夫,才能真正把前人的研究作为自己研究和思考的起点。正如著名经济学家厉以宁说:"没有前人的研究成果,不会有后人的突破和超越。尊重前人的研究成果,就是尊重学术的传承,也就是尊重历史。后来居上固然是一个永恒的规律,代表着学术进步的趋势,但后人总是站在前人的肩膀上才能站得更高,看得更远,作出更大成绩。"[1]学术研究必须站在前人的肩膀之上,只有这样,才能实现学术的真正创新。

对中国历史上的水利社会、水利与中央集权、水利共同体、宗族与水利等问题的研究,早年只是国外的一些学者有所关注,如美国魏特夫提出"水利国家"、"水利专制主义"[2]的理论,日本的学者提出"水利共同体论"[3],美籍华人冀朝鼎则着重论述了"水利与基本经济区"[4]关系,人类学家弗里德曼开始关注"村落—家族",从侧面论及水利与区域社会的合作。[5]近年来,随着区域社会史、水利史研究的深入,吸引了国内外一批学者以历史学、社会学、历史人类学、环境史等多学科的研究方法,对中国历史上的水生态环境与水事纠纷问题,进行了或全国或分区域的集中探讨,取得了丰硕的成果。

---

① 未南:《厉以宁:站在前人肩上才能看得更远》,《中国青年报》2012年1月30日。

② [美]魏特夫:《东方专制主义》,徐式谷等译,北京:中国社会科学出版社,1989年。

③ 参见[日]森田明:《清代水利史研究》,亚纪书房,1974年;[日]森田明:《清代水利社会史研究》,国书刊行会,1990年,等等。

④ [美]冀朝鼎:《中国历史上的基本经济区与水利事业的发展》,朱诗鳌译,北京:中国社会科学出版社,1981年。

⑤ [英]莫里斯·弗里德曼:《中国东南的宗族组织》,刘晓春译,王铭铭校,上海:上海人民出版社,2000年。

(一)历史上全国或区域水生态环境变迁与水事纠纷问题的相关研究

一是有关历史时期全国水生态环境变迁的研究。伊懋可的《象之退隐：中国环境史》(Mark Elvin, *The Retreat of the Elephants: An Environmental History of China*, Yale University Press, 2004)慧眼独具，从大象的退隐入手，逐渐深入到森林滥伐、土壤侵蚀、水利灌溉、农业过密化、军事政治需要、文化的作用等领域，最后写就一部完整的中国古代环境史。其中就论及有水利灌溉、时空背景中的森林滥伐、治水及其可持续的代价等问题。王利华主编的《中国历史上的环境与社会》(北京：生活·读书·新知三联书店，2007年)讨论了中国历史上的土地垦殖、水资源和水利建设，山林薮泽、灾害等与水生态环境及其变迁的关系。王利华的《徘徊在人与自然之间——中国生态环境史探索》(天津：天津古籍出版社，2012年)则是著者十余年来关于中国生态环境史探索的学术论文集，全书探讨了中国古代水环境、内河航运业、水利建设与地理变迁、人与自然生态环境关系等问题。与全国水生态环境变迁研究相关的专题成果还有竺可桢(《天道与人文》，北京：北京出版社，2005年)、满志敏(《中国历史时期气候变化研究》，济南：山东教育出版社，2009年)对中国历史上的气候变迁研究，樊宝敏、李智勇(《中国森林生态史引论》，北京：科学出版社，2008年)对中国森林生态史的研究，夏明方(《民国时期自然灾害与乡村社会》，北京：中华书局，2000年)、曹树基(《田祖有神——明清以来的自然灾害及其社会应对机制》，上海：上海交通大学出版社，2007年)对中国历史上环境、灾害与社会关系问题的研究，等等。

二是有关历史上全国性的水法、水权、水事纠纷问题的研究。中国历史上的水法制度研究成果有谢永刚的《水权制度与经济绩效》(北京：经济科学出版社，2004年)在探讨水权制度与经济绩效有关理论时，论及了中国古代的水权制度以及水事纠纷；田东奎的《中国近代水权纠纷解决机制研究》(北京：中国政法大学出版社，2006年)

对近代中国水资源纠纷解决办法进行了法律研究,认为以调解机制为基础的民间解决机制在中国近代水权纠纷解决机制中仍占有重要地位,以行政处理为主导的国家解决机制在这一机制中居于主要地位;郭成伟、薛显林主编的《民国时期水利法制研究》(北京:中国方正出版社,2005年)则论述了民国水利立法理念、立法体系、法律结构、水事纠纷的解决机制等内容。关于历史上中国的水权制度的研究成果有宁立波、靳孟贵的《我国古代水权制度变迁分析》(《水利经济》2004年第6期)深入分析了我国古代各历史时期水权制度的变迁及其特点;王荣、郭勇的《清代水权纠纷解决机制:模式与选择》(《甘肃社会科学》2007年第5期)从农户理性选择的角度考察了清代水权纠纷以及农户在纠纷之中的作用,等等。

三是有关历史上各区域的水生态环境与水事纠纷问题的研究。对华北地区水生态环境与水事纠纷相关研究成果有王建革的《传统社会末期华北的生态与社会》(北京:生活·读书·新知三联书店,2009年)探讨了传统社会末期华北生态环境及其所对应的社会特征,其中还就传统社会末期滏阳河流域上下游之间、运输与灌溉之间的水利纠纷进行了论述;王培华的《元代北方灾荒与救济》(北京:北京师范大学出版社,2010年)以及郝平、高建国主编的《多学科视野下的华北灾荒与社会变迁研究》(太原:北岳文艺出版社,2010年)则以灾荒史的视角对华北有关水生态环境问题进行了深入的探讨。学者对华北水资源开发及管理问题的研究成果,最集中的是山西省,代表性成果有行龙的《以水为中心的晋水流域》(太原:山西人民出版社,2007年)共收录4篇论文,有3篇涉及晋水流域的水资源、水利祭祀、环境与水患问题的分析;行龙的《环境史视野下的近代山西社会》(太原:山西人民出版社,2007年)则从社会史的角度切入,分别对水旱灾害与生存环境、水利开发与社会运行、环境变化与社会应对、根据地社会与环境四个方面的问题展开专题论述;张亚辉的《水德配天:一个晋中水利社会的历史与道德》(北京:民族出版社,2008年)研究了晋中地区水利社会,王培华的《元明清华北西北水利三论》(北京:商务印书馆,2009年)梳理了晋祠灌区的灌溉历史及现状,以及村落在生活和仪式中的用水情况;张俊峰的《水利社会的类型:明清以来洪洞水利与乡村社会变迁》(北京:北京大学出版社,2012年)则从类型学的视角出发,通过一系列深入细致的研究和论证,提出了"泉域社会"这一新概念,赋予其实际的内容和意义。论文方面代表性的成果有胡英泽的《河道变动与界的表达——以清代至民国的山、陕滩案为中心》(《中国社会历史评论》第7卷,2006年)、《水井与北方乡村社会——基于山西、陕西、河南省部分地区乡村水井的田野考察》(《近代史研究》2006年第1期)考察了明清以来山西、陕西及河南等北方地区的滩案及水井习俗、争水纠纷、井汲规约,等等。

对西北地区水生态环境与水事纠纷相关问题的研究,主要有李令福的《关中水利开发与环境》(北京:人民出版社,2004年)系统分析考察了关中地区较为典型的农田水利、都市给水、漕运三者的关系;钞晓鸿的《生态环境与明清社会经济》(合肥:黄山书社,2004年)论及了清代汉中府的水利社会变迁;鲁西奇、林昌丈的《汉中三堰:明清时期汉中地区的堰渠水利与社会变迁》(北京:中华书局,2011年)利用碑刻资料考察了五门堰、杨填堰、金洋堰及山河堰等汉中地区重要堰渠的创筑、灌溉系统的形成与演变历程、管理体制及其变化以及灌区民众以水利事务为纽带而形成的社会关系网络,并围绕"水利周期"与"王朝周期"之间的关系、王朝国家对水利事业的介入、水利规章的来源及其实质、"水利共同体"理论的适用性等问题展开了讨论。代表性论文有一之、朱刚的《循化光绪十二年"水案"的重要史证》(《青海民族学院学报》(社会科学版)1982年第2期)对青海循化于光绪十二年(1886)发生的水利纠纷(又叫"查加工水案")进行碑刻史料的考证;马成俊《百年诉讼:村落水利资源的竞争与权力——对家藏村落文书的历史人类学研究之一》(《西北民族研究》2009年第2期)对循化县清水乡两个村落之间的水利纠纷事件进行了探讨;萧正洪的《历史时期关中地区农田灌溉中的水权问题》(《中国经济史研究》1999年第1期)对关中农村灌溉用水资源权属关系

进行了研究；李并成的《明清时期河西地区"水案"史料的梳理研究》
(《西北师大学报》(社会科学版)2002 年第 6 期) 对明清时期河西地
区的水案进行了分析；王培华的《水资源再分配与西北农业可持续发
展——元〈长安志图〉所载径渠"用水则例"的启示》(《中国地方志》
2000 年第 5 期)对元朝陕西径渠渠系及"分水"、"用水则例"进行了
研究，在另外两篇论文即《清代河西走廊的水利纷争与水资源分配
制度——黑河、石羊河流域的个案考察》(《古今农业》2004 年第 2
期)、《清代河西走廊的水利纷争及其原因——黑河、石羊河流域水
利纠纷的个案考察》(《清史研究》2004 年第 2 期)中又对清代河西走
廊的水资源分配、渠坝及水利纷争进行了个案探讨；钞晓鸿的《灌
溉、环境与水利共同体——基于清代关中中部的分析》(《中国社会
科学》2006 年第 4 期)考察了关中中部的渠堰灌溉及水利社会，认为
地权的相对分散也会出现共同体内部权利与义务的脱离，各地水利
共同体的解体时间未必统一于明末清初时期；卞建宁的《民国时期
关中地区乡村水利制度的继承与革新》(《古今农业》2006 年第 2 期)
对民国时期关中地区的水利制度进行了系统研究；赵淑清的《民国
前期关中地区水利纠纷的特征及原因分析——基于〈陕西水利月刊〉
中 18 起水案的分析》(《西安文理学院学报》(社会科学版)2009 年第
2 期)通过对民国《陕西水利月刊》中记载的 18 起水案分析，认为民
国前期该地区的水利纠纷频繁发生，具有明显的时空特征，其原因
与当时自然降水量不均、农田水利的分布及灌溉条件、新旧用水制
度交替、民众的生存压力、不科学的灌溉意识等有密切关系，等等。

对西南地区水生态环境与水事纠纷的相关问题研究，主要有杨
煜达的《清代云南季风气候与天气灾害研究》(上海：复旦大学出版
社,2006 年)研究了 1711—1911年期间云南气候与天气灾害，分析
了典型灾害的天气背景和云南季风气候演变的特点；谭徐明的《都
江堰史》(北京：中国水利水电出版社,2009 年)阐述了都江堰极富区
域特点的工程技术、水管理、水神崇拜的渊源、发展脉络和形态。代
表性论文主要有陈渭忠的《成都平原近代的水事纠纷》(《四川水利》

2005年第5期)选录了成都平原近代水事纠纷13例,认为成都平原近代水事纠纷或因水量分配,或因用水侵权,或因工程整修,或因经费分摊,或因功能矛盾,常发生在上下游、左右岸之间,特别容易发生在共有一条河流的相邻两县之间,并指出水事纠纷发生后,或民间调停、或上司决断、或对簿公堂、或诉诸法律;陈桂权的《"一江三堰"与"三七分水"——兼论四川绵竹、什邡二县的百年水利纷争》(《古今农业》2011年第2期)对历史上四川绵竹县与什邡县的水利纷争进行了考察,分析了水利纷争的原因,总结了解决水利纷争的经验,等等。

对两湖地区水生态环境与水事纠纷相关问题的研究,主要有鲁西奇、潘晟的《汉水中下游河道变迁与堤防》(武汉:武汉大学出版社,2004年)叙述汉水中下游河道变迁与重要堤防;张小也的《官、民与法:明清国家与基层社会》(北京:中华书局,2007年)对湖北汉川汈汊黄氏的"湖案"进行了剖析;尹玲玲的《明清两湖平原的环境变迁与社会应对》(上海:上海人民出版社,2008年)对明清两湖平原的环境变迁与社会应对问题进行了系统的研究;杨果、陈曦的《经济开发与环境变迁研究——宋元明清时期的江汉平原》(武汉:武汉大学出版社,2008年)着重从河道变迁、堤防修筑、农田垦殖、资源利用诸方面探讨了宋元明清时期江汉平原经济开发与环境变迁的历史;张建民、鲁西奇主编的《历史时期长江中游地区人类活动与环境变迁专题研究》(武汉:武汉大学出版社,2011年)对历史时期长江中游地区人地关系、气候状况、水旱灾害、围垸等问题作了探讨。代表性论文有魏丕信的《水利基础设施管理中的国家干预——以中华帝国晚期的湖北省为例》(收入S.施拉姆(Stuart Schram)主编:《中国政府权力的边界》东方和非洲研究院 中文大学出版社,1985年)以曹时雄《沅江白波闸堤志》(1932年刊本,藏于水利水电科学研究院)记录的材料为依据,重点介绍了1932年发生在洞庭湖南面的湖南省沅江县内垸田地区的水利纠纷,阐述了当地水利纠纷的起因、背景、纠纷经过及其历史教训;照川的《天枯垸悬案——民国时期发生在湘鄂西省间的水利纠纷》(《文史精华》1999 年第 1 期)研究了湘鄂间的天枯垸悬案;台湾叶惠芬的《洞庭湖"天祜垸"问题与湘鄂水利之争(1937—1947)》(《"国史馆"馆刊》复刊第二十八期,台北历史博物馆,2000 年 6 月)也研究了洞庭湖地区的"天祜垸"问题与湘鄂水利之争(两文章"天枯垸"、"天祜院"使用不一致,原文章名即如此);日本的森田明在《清代水利与区域社会》(济南:山东画报出版社,2008年)一书考察了中国各地的灌溉、水利设施、水利管理过程与运营组织(体制)以及它们同地方社会之间的关系,还重点论及了民国时期湖南沅江流域垸田地区的水利纷争;张小也的《明清时期区域社会中的民事法秩序——以湖北汉川汈汊黄氏的〈湖案〉为中心》(《中国社会科学》2005 年第 6 期)对明清时期湖北汉川黄氏湖案进行了研究,揭示了区域社会民事法秩序的具体形态;赵国壮的《论晚清湖北的水利纠纷》(《华中师范大学研究生学报》2007 年第 3 期)对晚清时期湖北的农田水利政策及其相关问题进行了探讨,认为晚清时期湖北水利纠纷不能有效地得到解决有其深层次的原因,这直接影响到当时中国的水利工程和水利建设,影响到中国的农业生产,而官督民修这种传统水利兴修工程方式也不是最好的方式;肖启荣的《明清时期汉水下游泗港、大小泽口水利纷争的个案研究——水利环境变化中地域集团之行为》(《中国历史地理论丛》2008 年第 4 期)对明清时期汉水下游州县关于小泽口、大泽口水利纷争的全貌进行了复原,并分析纷争过程中地方社会的行为以及督抚、府州县官员等不同层级官员行政的实质与角色和相互之间的关系,在此基础上,探讨了水利环境变化之下地域集团行为的性质以及其行为对水利环境的影响;王红的《明清两湖平原水事纠纷研究》(武汉大学博士学位论文,2010 年)对明清时期以江汉平原为中心的两湖平原的水事纠纷进行了全面的梳理,尽可能地恢复了水事纠纷的原貌,等等。

　　对江南地区水生态环境与水事纠纷相关问题的研究,主要有冯贤亮的《近世浙西的环境、水利与社会》(北京:中国社会科学出版社,2010 年),着眼于环境社会史的角度,对浙西地方的环境、水利、城乡地方民生等方面,予以比较充分的解读;熊元斌的《清代江浙地区水利纠纷及其解决的方法》(《中国农史》1988 年第 3 期)探讨了清代江浙地区的水利纠纷状况及解决办法。对湘湖水生态环境与水事纠纷的研究成果相对集中,主要有美国萧邦齐的《九个世纪的悲歌:湘湖地区社会变迁研究》(北京:社会科学文献出版社,2008 年)通过将历史叙述与理论分析巧妙的结合,向我们展示了九个世纪的中国社会,特别是具体到一个个活生生的人——官员、社会精英、普通大众,他们的生活是如何围绕着湘湖而展开的;唐力行主编的《国家、地方、民众的互动与社会变迁》(北京:商务印书馆,2004 年)一书收录有钱杭的《均包湖米:湘湖水利不了之局的开端》一文以及钱杭的《论湘湖水利集团的秩序原则》(《史林》2007 年第 6 期)、《共同体理论视野下的湘湖水利集团——兼论"库域型"水利社会》(《中国社会科学》2008 年第 2 期)对历史上浙江萧山湘湖的水利与垦殖与否问题所发生的激烈利益斗争及水利集团进行了考察,等等。

　　此外,还有金颖(《近代奉天省农田水利纷争及政府调解原则》,《社会科学辑刊》2010 年第 6 期)对近代奉天省水利纠纷进行了研究,吴赘(《论民国以来鄱阳湖区的水利纠纷》,《江西社会科学》2011 年第 9 期)对民国时期鄱阳湖区水利纠纷进行了分析,衷海燕(《清代珠江三角洲的水事纠纷及其解决机制研究》,《史学集刊》2009 年第 6 期)对珠江三角洲的水事纠纷问题进行了探讨,赵崔莉(《清代皖江圩区水利纠纷及权力运作》,《哈尔滨工业大学学报》(社会科学版)2011 年第 2 期)对清代皖江圩区水利纠纷的类型、原因及纠纷中的权力运作进行了考察,庄华峰、丁雨晴(《宋代长江下游圩区水事纠纷与政府对策》,《光明日报》2007 年 1 月 12 日;《宋代长江下游圩田开发与水事纠纷》,《中国农史》2007 年第 3 期)对宋代长江下游圩区水事纠纷的类型、产生原因、应对措施进行了论述,等等。

　　上述学者对历史上全国或某个区域的水生态环境变迁与水事纠纷问题的研究成果,既打开了笔者的研究视野,启发了研究思路,同时又为准确把握淮河流域在这个问题上的自身特质提供了研究参照。

(二)淮河流域水生态环境变迁问题的研究

一是淮河流域水生态环境变迁的相关资料整理工作。1942年由郑肇经主持,武同举、赵世暹编辑的《再续行水金鉴》经行政院水利委员会入"水政丛书"印行出版。《再续行水金鉴》是继《行水金鉴》和《续行水金鉴》之后官方治河档案和有关治河文献的汇编。中国水利水电科学研究院水利史研究室编校的《再续行水金鉴·淮河卷》、《再续行水金鉴·运河卷》(武汉:湖北人民出版社,2004年)以时间为序,从嘉庆二十五年(1820)至宣统三年(1911),介绍了淮河及运河变迁、治理、水利工程兴废情况。水利电力部水管司、水利水电科学研究院编写的《清代淮河流域洪涝档案史料》(北京:中华书局,1988年)利用了国家第一历史档案馆所保存的宫中档、朱批、军机处录副档,对有关乾隆元年至宣统三年(1736—1911)的淮河流域的洪涝史料,以年为单位,分水系加以类排,并编制了1736—1911年间"各年资料分类统计简表"、"淮河流域洪涝州县所占年次表"等图表。《京杭运河(江苏)史料选编》(北京:人民交通出版社,1997年)大量摘录了历代明清档案、文集、类书、方志等材料,分门别类加以编排,其中也有许多淮河流域水患、水利方面的史料。张芳的《二十五史水利资料综汇》(北京:中国三峡出版社,2007年)记事上起传说中的尧、舜,下迄清宣统末年, 大体反映了长达四千余年水利活动的主要史实,其中涉及了许多宋元明清淮河流域水利史资料。近年,水利部淮河水利委员会编纂的多卷本《淮河志》是中国江河志的重要组成部分,是价值较高的淮河流域研究文献资料。共分七卷,各卷独自成书,分别是《淮河大事记》(北京:科学出版社,1997年)记述了历史上从夏代至1990年治理淮河的大事;《淮河综述志》(北京: 科学出版社,2000年)介绍了淮河流域自然地理、水系、社会经济、自然灾害;《淮河水文·勘测·科技志》(北京:科学出版社,2006年)记述了淮河流域水文、水利测绘、工程地质和水文地质勘察、水利科学技术方面的发展过程及现状;《淮河规划志》(北京:科学出版社,1997年)记述了淮河流域有史以来的治水方略、流域规划、专项规划及时代背景、指导思想、方针政策、宏观决策、实施情况和工程效果等;《淮河治理与开发志》(北京:科学出版社,2004年)记述了治淮工程历经的史实,客观反映古、今治淮历史,重点介绍新中国治淮的巨大成就;《淮河水利管理志》(北京:科学出版社,2007年)记述了淮河水利管理方面的历史发展过程,客观地反映了古今淮河水利管理工作成就;《淮河人文志》(北京:科学出版社,2007年)记述了淮河流域历史文明和发展变迁,展示出淮河水利事关国家政权安危和社会经济兴衰的战略地位。

二是淮河流域水生态环境变迁的历史地理学研究。民国时期就有一批地理学、水利学专家致力于淮河问题的研究,代表性人物和著作有武同举的《淮系年表全编》(1929年,铅印本)、《两轩賸语》(1927年,复印本)等,宗受于的《淮河流域地理与导淮问题》(南京:钟山书局,1933年)、张含英的《历代治河方略述要》(1947年上海书店据商务印书馆1946年版影印)等。新中国成立初期,在党和政府加强淮河水利建设和灾害的系统整治的背景下,学界围绕淮河问题展开了一些研究,代表性人物和成果主要是胡焕庸《淮河流域》(上海:春明出版社,1952年)、《淮河的改造》(上海:新知识出版社,1954年)、《淮河》(上海:开明书店,1952年)以及陈桥驿的《淮河流域》(上海:春明出版社,1952年)、鞠继武编写的《洪泽湖》(北京:中国青年出版社,1963年)等,以通俗的语言介绍了淮河水系、洪泽湖的基本情况。

改革开放以后,淮河流域水生态环境变迁问题的历史地理学研究取得了新的进展。代表性著作主要有邹逸麟主编的《黄淮海平原历史地理》(合肥:安徽教育出版社,1997年)从植被、土壤、人口、灾害、水系、湖泊、农业开发和城市等方面探讨了黄淮海平原的历史变迁,其中论及了淮河流域的历史气候、历史灾害、水系湖泊变迁;张义丰等的《淮河地理研究》(北京:测绘出版社,1993年)、《淮河环境与治理》(北京:测绘出版社,1996年)收录了多篇有关淮河流域水灾、水环境变迁等淮河流域历史地理的专题论文；吴必虎的《历史时期苏北平原地理系统研究》(上海：华东师范大学出版社，1996年)专门研究了历史时期苏北平原的包括地形地貌、河流沟洫、湖沼以及水旱潮灾等在内的地理系统；韩昭庆的《黄淮关系及其演变过程研究》(上海：复旦大学出版社，1999年)研究了黄河长期夺淮期间淮北平原湖泊、水系的变迁和背景；胡惠芳的《淮河中下游地区环境变动与社会控制》(合肥：安徽人民出版社，2008年)考察了民国时期各级政府与民间团体如何来改善淮河中下游地区恶劣的生存环境问题；张文华的《汉唐时期淮河流域历史地理研究》(上海：生活·读书·新知三联书店，2013年)选取了湖沼、河流、灾害、农业和军事五个要素展开研究，其中湖沼、河流、灾害的研究直接涉及汉唐时期淮河流域的水生态环境。代表性论文主要涉及淮河流域水生态环境变迁的两大方面内容：

其一，研究黄河夺淮及其影响、环境响应等。如罗来兴的《1938—1947年间的黄河南泛》(《地理学报》1953年第2期)、徐有礼等的《略论花园口决堤与泛区生态环境的恶化》(《抗日战争研究》2005年第2期)、李艳红的《1938—1947年豫东黄泛区生态环境的恶化——水系紊乱与地貌改变》(《经济研究导刊》2010年第34期)、奚庆庆的《抗战时期黄河南泛与豫东黄泛区生态环境的变迁》(《河南大学学报》(社会科学版)2011年第2期)研究了黄河南泛与淮河流域生态环境变迁的关系；凌申的《黄河南徙与苏北海岸线的变迁》(《海洋科学》1988年第5期)以及孟尔君的《历史时期黄河泛淮对江苏海岸线变迁的影响》(《中国历史地理论丛》2000年第4期)研究了黄河南徙夺淮与苏北海岸线变迁的关系；彭安玉的《试论黄河夺淮及其对苏北的负面影响》(《江苏社会科学》1997年第1期)考察了黄河南徙后包括苏北水旱灾害、河道湖泊在内的水生态环境变迁的进程；李高金的《黄河南徙对徐淮地区生态和社会经济环境影响研究》(中国矿业大学博士学位论文，2010年)对黄河南徙进行了历史复原，对黄河南徙之于徐淮地区的生态环境、社会经济影响进行了考察；葛兆帅、吉婷婷等的《黄河南徙在徐州地区的环境效应研究》(《江汉论坛》2011年第1期)则对黄河南侵徐州的历史过程及对徐州地区的地貌环境、生态环境质量所产生的影响做了研究。

其二,研究淮河地文水系、湖沼变迁等。主要有徐近之的《淮北平原与淮河中游的地文》(《地理学报》1953年第2期)对淮北平原、淮河中游、洪泽湖与里下河洼地的地形地势地貌与淮河河道、湖泊变迁之间关系进行了研究;单树模的《江苏废黄河历史地理》(《淮河志通讯》1985年第1期)对废黄河河道变迁、堤防情况进行了研究;顾克祥的《濉河下游变迁经过》(《江苏水利史志资料选辑》1989年第19期)对古濉水的流路、濉河下游八次改道的经过进行了详细的考述;王均的《论淮河下游的水系变迁》(《地域研究与开发》1990年第2期)探讨了淮河下游水系变迁的规律,并提出初步的解释性经验模式;潘凤英的《晚全新世以来江淮之间湖泊的变迁》(《地理科学》1983年第4期)对晚全新世以来江淮之间(仅指江苏境内古代长江以北淮河以南地区)的湖泊类型、湖泊的分布与变迁、黄河夺淮后人为因素对湖沼变迁的影响进行了分析;胡金明、邓伟等的《隋唐与北宋淮河流域湿地系统格局变迁》(《地理学报》2009年第1期)分析了隋唐和北宋时期淮河流域湿地系统的宏观格局变化,探讨了该历史时期淮河流域湿地系统的主要湿地类型的变化趋势、驱动与效应;郭树的《洪泽湖两百年的水位》(《中国科学院水利电力部水利水电科学研究院水利史研究室五十周年学术论文集》,北京:水利电力出版社,1986年)对洪泽湖两百年水位变化进行了分析;吴必虎的《黄河夺淮后里下河平原河湖地貌的变迁》(《扬州师院学报》1988年第1、2期)叙述了南宋时代黄河夺淮后苏北里下河地区以古射阳湖为中心的平原的演变过程及其河湖格局的变化;张义丰的《淮河流域两大湖群的兴衰与黄河夺淮的关系》(《河南大学学报》1985年第1期)认为淮河流域鲁西南湖泊群、苏北湖泊群的形成和发展除了本身的地质基础外,是与黄河南泛夺淮分不开的;韩昭庆的《南四湖演变过程及其背景分析》(《地理科学》2000年第4期)对南四湖演变过程及其背景进行了分析,指出四湖成因及演变过程有所不同,昭阳湖演变由大到小而微山湖则相反,独山湖应运而生,南阳湖因下游淤塞而成,它们的演变与黄河泛滥、运河的改道及人工对运河的运作关系密切;韩昭庆的《洪泽湖演变的历史过程及其背景分析》(《中国历史地理论丛》1998年第2期)探讨了洪泽湖形成及演变的历史过程,并对其历史背景进行了了分析;潘凤英的《历史时期射阳湖的变迁及其成因探讨》(《湖泊科学》1989年第1期)、凌申的《历史时期射阳湖演变模式研究》(《中国历史地理论丛》2005年第3辑)、《射阳湖历史变迁研究》(《湖泊科学》1993年第3期)对黄河夺淮与射阳湖变迁之间的关系、射阳湖变迁过程、射阳湖变迁中的人类因素等问题进行了研究;卢勇、王思明的《明清淮河流域生态变迁研究》(《云南师范大学学报》2007年第6期)通过研究认为,明清时期淮河流域生态环境遭受巨变,湖泊或淤为平陆或扩大数十倍,河流改道频繁,森林植被损毁殆尽,水土严重流失,灾害频仍;卢勇、王思明的《明清时期淮河南下入江与周边环境演变》(《中国农学通报》2009第23期) 则回顾了明清时期淮河南下的历史过程,由此分析了此次改道引发周边湖泊迅速变迁、河道自然水系紊乱、农业生产环境严重恶化,以及淮水入江造成的沿江地区江岸崩塌加剧与农田损失等问题;姚秀韵的《国家与社会关系与中国大陆生态环境治理:以淮河流域为例》(台湾中山大学博士学位论文,2012年) 论述了淮河流域生态环境的治理以及其中的国家与社会的关系;吴海涛的《元明清政府决策与淮河问题的产生》(《安徽史学》2012年第4期)论述了元明清政府治河保漕护皇陵等决策与淮河问题产生之间的关系,认为封建政府的决策行为使本独流入海的淮河改道主要由长江入海,使淮河流域成为十年九灾之区;庄宏忠、潘威的《清代淮河水报制度建立及运作研究》(《安徽史学》2013年第2期)研究了清代淮河水报制度,认为淮河水报制度的建立和运作发展,是清政府要求掌控疆域内环境变化的结果,政府通过调动辖境内河官、地方官乃至基层人员等不同的人力资源,并相应地调整和完善其自身行政事务能力,从而使其环境管理的职能得到有效的发挥。

此外,有些论著虽然不是专门的论及南宋至民国时期淮河流域水生态环境变迁问题,但部分内容涉及了宋至民国时期淮河流域水生态环境问题,如王育民的《中国历史地理概论》(北京:人民教育出版社,1987 年)对涉及淮河流域水生态环境变迁的一些问题诸如黄河下游的变迁、淮河由利转害的变迁、黄河下游湖泊的兴废、淮河流域今湖泊的形成等问题,皆有深入的分析;盛福尧、周克前的《河南历史气候研究》(北京:气象出版社,1990 年)对历史时期河南的气候变迁、旱涝灾害规律、生态环境变迁等问题进行了专题研究;程遂营的《唐宋开封生态环境研究》(北京:中国社会科学出版社,2002 年)第九章专门论述了 12 世纪以后黄河在开封地区的频繁决溢所导致的开封周边自然与人工水系遭到的破坏,湖泊消失殆尽,土壤大面积沙化、盐碱化;吴海涛在《淮北的盛衰:成因的历史考察》(北京:社会科学文献出版社,2005 年)中从水利事业兴废、自然灾害多发、战乱和人口迁徙等方面探讨了历史上淮北地区由盛转衰的主要原因,并充分梳理史料编制了"主要水灾表"、"黄河决溢南泛表"等。岑仲勉的《黄河变迁史》(北京:中华书局,2004 年)考察了宋元明清民国时期淮河流域的河患、治河治淮等问题;吴春梅、张崇旺等的《近代淮河流域经济开发史》(北京:科学出版社,2010 年)第六章论述了民国时期的导淮与治淮问题;马俊亚的《被牺牲的"局部":淮北社会生态变迁研究(1680—1949)》(台北:台湾大学出版中心,2010 年)第一章重点分析了淮北治水事务中的地区冲突与政策偏向,认为淮北地区之所以从唐宋时代的鱼米之乡演变为穷乡瘠壤,主要是封建中央政府以"顾全大局"的名义而有意牺牲这一"局部利益"的结果;王光谦、王思远等的《黄河流域生态环境变化与河道演变分析》(郑州:黄河水利出版社,2006 年)探讨了淮河流域历史河道演变与流域环境变化的关系;韩昭庆的《荒漠水系三角洲:中国环境史的区域研究》(上海:上海科学技术文献出版社,2010 年)的专题四、专题五论及黄河夺淮及其对淮北水系、社会的影响、废黄河三角洲变迁等问题。论文主要有邹逸麟的《山东运河历史地理问题初探》(《历史地理》编辑委员会编:《历史地理》,创刊号,上海:上海人民出版社,1981 年)对山东运河的开凿及运河河道的变迁、湖柜的设置与沿线湖陆变迁等问题作了深入的分析;邹逸麟的《历史时期华北大平原湖沼变迁述略》(《历史地理》编辑委员会编:《历史地理》,第五辑,上海:上海人民出版社,1987 年)中对包括豫东南的湖沼、鲁西南的巨野泽、北五湖以及山东、江苏交界的南四湖在内的黄淮平原湖沼在金元以后的变迁与淤废进行了探讨;徐海亮的《历代中州森林变迁》(《中国农史》1988 年第 4 期)在论述中州森林变迁时,考察了中原森林植被被破坏与汝河变迁之间的关系;陈志清的《历史时期黄河下游的淤积、决口改道及其与人类活动的关系》(《地理科学进展》2001 年第 1 期)论及南宋以来黄河下游改道决口与人类活动的关系;施和金的《安徽历史气候变迁的初步研究》(《安徽史学》2004 年第 4 期)对安徽省近 300 年水旱灾害资料进行了统计和分析,揭示了气候变迁与水旱灾害规律之间的互动关系;杨海蛟《明清时期河南林业研究》(北京林业大学博士学位论文,2007 年)讨论了缺木乏林的豫东平原"黄泛区"与泛区的严重水旱灾害之间的关系;李德楠的《工程、环境、社会:明清黄运地区的河工及其影响研究》(复旦大学博士学位论文,2008 年)对明清黄运地区的河工及其对黄运地区的水系、生产生活环境带来的影响进行了考察,并提出了"基本河工区"的概念。

三是淮河流域水生态环境变迁的水利史研究。新中国成立前,研究淮河流域水利史的成果以胡焕庸的《两淮水利》(南京:正中书局,1947 年)、郑肇经的《中国水利史》(1984 年上海书店据商务印书馆 1939 年版复印)、张念祖编辑的《中国历代水利述要》(1947 年上海书店据华北水利委员会图书室 1932 年版影印)、李书田等的《中国水利问题》(上海:商务印书馆,1937 年)及武同举的多篇水利论著为代表。其中胡焕庸的《两淮水利》是 1934 年暑期由中央大学地理系组织两淮考察队,赴江苏江北淮扬徐海通各地考察后所写的报告,对淮河的区域、气象、水文、支流,以及淮河与运河、盐运的关系,作了全面的考察和分析。新中国成立后,淮河流域水利史研究的成果主要有《中国水利史稿》(北京:水利电力出版社,1989年)、《淮河水利简史》(北京:水利电力出版社,1990年)、《黄河水利史述要》(郑州:黄河水利出版社,2003年)、台湾黄丽生的《淮河流域的水利事业:1912—1937从公共工程看民初社会变迁之个案研究》(台北:《台湾师范大学历史研究所专刊》,1986年)、美国戴维·艾伦·配兹的《工程国家:民国时期(1927—1937)的淮河治理及国家建设》(南京:江苏人民出版社,2011年)以及姚汉源的《黄河水利史研究》(郑州:黄河水利出版社,2003年)、周魁一的《水利的历史阅读》(北京:中国水利水电出版社,2008年)、徐海亮的《历史时期黄淮地区的水利衰落与环境变迁》(《武汉水利电力学院学报》1984年4期)、朱冠登的《清代里下河地区的圩田》(《江苏水利史志资料选辑》1989年第20期)等,对黄河夺淮与黄河下游的变迁、历史时期的淮河变迁、治淮、导淮、农田水利建设等问题作了深入探讨。其中《淮河水利简史》为专论淮河水利史的著作,叙述了远古至两汉、三国至南北朝、隋至北宋、南宋、金、元、明、清、近代淮河水利发展史,文后附录了隋以后淮河流域水灾年表,对本书的研究极富参考价值。

四是淮河流域水生态环境变迁的灾害史研究。专论历史上淮河流域水旱灾害的代表性著作有张秉伦、方兆本主编的《淮河和长江中下游旱涝灾害年表与旱涝规律研究》(合肥:安徽教育出版社,1997年)讨论了厄尔尼诺、太阳黑子活动与淮河流域旱涝灾害的关系,采用中央气象局制订的历史旱涝灾害分等分级方法,对流域内各地区的旱涝情况进行了分等分级,编制了"淮河中下游旱涝灾害年表",对各年旱涝情况进行总体概括;陈业新的《明至民国时期皖北地区灾害环境与社会应对研究》(上海:上海人民出版社,2008年)对明至民国时期皖北地区的灾害环境变迁与社会应对进行了系统的研究,其中涉及了影响淮河流域水生态环境至深的水、旱、蝗三大灾害的分析;卢勇的《明清时期淮河水患与生态社会关系研究》(北京:中国三峡出版社,2009年)研究了明清时期淮河水患频发的深层原

因,以及水患对当地生态和社会变迁的巨大影响。代表性论文主要研究的是两大方面的内容:

其一,宏观研究淮河流域旱涝灾害。如郭迎堂的《从〈清史稿〉看清代淮河流域的水灾——兼述 1991 年淮河水灾的历史原因》(《灾害学》1992 年第 1 期)对《清史稿·河渠志》及《清史稿·灾异志》中有关淮河流域的水灾资料进行了系统的整理和分析;杨达源、王云飞的《近 2000 年淮河流域地理环境的变化与洪灾——淮河中游的洪灾与洪泽湖的变化》(《湖泊科学》1995 年第 1 期)认为淮河中游的洪涝灾害与洪泽湖的演变有非常密切的关系;王均的《黄河南徙期间淮河流域水灾研究与制图》(《地理研究》1995 年第 3 期)分析了黄河南徙入淮期间淮河流域的洪涝潮灾情况,着重阐述了明清时期人类治河及漕运活动对淮河流域水灾的多方面作用,并根据史料描述和统计结果做出多种类型的历史水灾地图;王庆、王红艳的《历史时期黄河下游河道演变规律与淮河灾害治理》(《灾害学》1998 年第 1 期)对历史时期黄河下游河道演变规律、淮河中下游水系变迁与灾害、淮河治理等问题进行了探讨;马雪芹的《明清黄河水患与下游地区的生态环境变迁》(《江海学刊》2001 年第 5 期)对明清下游水患及对下游地区生态环境的影响进行了分析;高升荣的《清代淮河流域旱涝灾害的人为因素分析》(《中国历史地理论丛》2005 年第 3 辑)对清代淮河流域的水旱灾害进行了量化分析,认为淮河流域的旱涝灾害有的是纯自然力所为,但更多的是人们利用自然的失当所致;高升荣的《清中期黄泛平原地区环境与农业灾害研究——以乾隆朝为例》(《陕西师范大学学报》(哲学社会科学版)2006 年第 4 期) 认为乾隆时期黄泛平原农业灾害的基本情况是涝灾多于旱灾等。

其二,将淮河流域切片成皖北、苏北、河南淮河流域、山东淮河流域等小区域研究其旱涝灾害。如研究皖北或安徽淮河流域旱涝灾害的成果有杨迈里、黄群的《女山湖地区北宋以来旱涝灾害的初步探讨》(《湖泊科学》1997 年第 2 期)对地处淮河中、下游交界段右岸的女山湖自北宋以来的旱涝灾害规律进行了探讨;吴海涛《历史时期淮北地区涝灾原因探析》(《中国农史》2004 年第 3 期)对历史时期淮北地区频生涝灾的原因进行了多层面的分析;陈业新的《1931 年淮河流域水灾及其影响研究——以皖北地区为对象》(《安徽史学》2007 年第 2 期)及《清代皖北地区洪涝灾害初步研究——兼及历史洪涝灾害等级划分的问题》(《中国历史地理论丛》2009 年第 2 辑)分别对 1931 年皖北水灾及其影响、清代皖北洪涝灾害及等级划分问题作了深入研究。研究苏北潮灾、旱涝灾害的成果有孙寿成的《黄河夺淮与江苏沿海潮灾》(《灾害学》1991 年第 4 期),对黄河夺淮与江苏沿海潮灾加重的关系进行了探究;潘涛《民国时期苏北水灾灾况简述》(《民国档案》1998 年第 4 期)对民国时期苏北水灾灾况及成因进行了分析。研究河南淮河流域旱涝灾害的成果有钟兆站、李克煌等的《河南省境内淮河流域近五百年旱涝等级序列的重建》(《河南大学学报》(自然科学版)1994 年第 4 期),根据旱涝史料及现代观测资料,运用旱涝等级评定法和农田水分平衡法,对河南省境内淮河流域 1470—1980 年逐年的旱涝状况进行了评定,并采用"区域综合法",重建了河南省境内淮河流域 1470—1980 年近五百年的旱涝等级序列。

研究历史上全国或淮河流域的相邻区域灾害时,涉及淮河流域水旱灾害论述的专著主要有山东省水利厅水旱灾害编委会编写的《山东水旱灾害》(郑州:黄河水利出版社,1996 年)、魏光兴主编的《山东省自然灾害史》(北京:地震出版社,2000 年)、王林的《山东近代灾荒史》(济南:齐鲁书社,2004 年)、张崇旺的《明清时期江淮地区的自然灾害与社会经济》(福州:福建人民出版社,2006 年)、张艳丽的《嘉道时期的灾荒与社会》(北京:人民出版社,2008 年)、李庆华的《鲁西地区的灾荒变乱与地方应对(1855—1937)》(济南:齐鲁书社,2008 年),论文则有王树槐的《清末民初江苏省的灾害》(台北:《"中研院"近代史研究所集刊》,1981 年)、苏新留的《民国时期河南水旱灾害初步研究》(《中国历史地理论丛》2004 年第 3 辑)等等。

(三)淮河流域水事纠纷及解决机制研究

关于宋至民国时期淮河流域水事纠纷及解决机制的研究,在 21 世纪以前学者关注此问题的不多。20 世纪上半叶,著名的研究淮河流域的水利专家胡雨人、武同举、宗受于、冯和法等曾在各自的著作中提到了苏北、淮北一些地方的水事纠纷问题,但多没做专门的深入研究。新中国成立后,相当长的时间内,调处水事纠纷虽然是中央和淮河流域地方政府、流域管理机构的重要工作,但淮河流域历史上水事纠纷问题的研究却没能引起学者的注意。

直到世纪之交,一些区域史研究工作者开始越来越多地重视华北、西北、西南、两湖等地的水事纠纷问题研究的时候,历史上的淮河流域水事纠纷问题也随之进入了学者的研究视野。夏明方的《民国时期自然灾害与乡村社会》一书应该是世纪之交比较早提到淮河流域水事纠纷问题的。该著第五章对灾害与区域冲突的关系作了深入的探讨,并借用现代社会中有关人口流动的理论术语——“垂直型的社会冲突”(建基于经济政治不平等关系上的社会各阶级之间的对抗),而提出“水平型冲突”(导源于区域差异的集团对抗)这一新概念。在论述“水平型冲突”问题时,指出以争水为内容的水利纠纷可以说是最普遍、最突出的形式之一,“当这种天上来水落地成河而变成对人类的生存与发展具有极大价值的水资源时,其在各个地区共同体之间的分配就因地势及地理位置的关系而天生的不平均,而这种水资源公有观念和水资源分配不均的事实之间的矛盾,就会在人类开发利用水资源的过程中埋下了持久冲突的种子”。[①]文中用大量的材料论述了西北、华北、江浙地区的争水冲突,但也提到了民国时期淮河流域的两个重要水事纠纷案例:一是 1934 年淮河流域山东巨野县黄沙河东岸与西岸的居民因筑坝而大起冲突,致使前往调解的县长被扣留和殴击的事件;二是 1932 至 1936 年的四年之

①　夏明方:《民国时期自然灾害与乡村社会》,中华书局,2000 年,第 278 页。

中,安徽的宿县和江苏北部的萧县(今属安徽)就龙山、岱山两河的疏浚问题,曾分别于 1932 年 6 月、1935 年 3 月、1936 年 5 月,双方民众为水利争执而大起冲突。此后,汪汉忠在《灾害社会与现代化:以苏北民国时期为中心的考察》(北京:社会科学文献出版社,2005年)一书中以"灾害与苏北的水利纠纷及冲突"为题,对苏北水利纠纷的性质、类型、特点、产生和难以解决的原因进行了分析,尽管该专著重点研究的是苏北的灾害社会与现代化问题,所以对苏北水利纠纷的探讨因论题的限制而还谈不上系统,搜集的资料也不够丰富,但还是迄今为止笔者所见较早的专门研究民国时期淮河流域水事纠纷问题的重要成果。对明清时期淮河流域的一些水事纠纷问题的探讨,主要是张崇旺的论文《明清江淮的水事纠纷》(《光明日报》2006 年 4 月 11 日)、《明清时期江淮地区频发水旱灾害的原因探析》(《安徽大学学报》(哲学社会科学版)2006 年第 6 期)及其著作《明清时期江淮地区的自然灾害与社会经济》(福州:福建人民出版社,2006年,第 270—290 页)专门讨论了灾害背景下的明清江淮水事纠纷,其中涉及的大量水事纠纷材料以及个案,多来自于淮河下游地区。因其研究对象是江淮地区,所以所讨论的也只能局限于既属于淮河下游也属于江淮地区的江苏淮河以南、长江以北地区,而对广大的淮河中上游地区以及江苏淮北地区的水事纠纷问题也就无法论及。继而胡其伟的博士学位论文《民国以来沂沭泗流域环境变迁与水利纠纷》(复旦大学博士学位论文,2007 年)、侯普惠的硕士学位论文《1927—1937 年河南农田水利事业研究》(河南大学硕士学位论文,2007 年)以及徐建平的期刊论文《湖滩争夺与省界成型——以皖北青冢湖为例》(《中国历史地理论丛》2008 年第 3 辑),将淮河流域历史上水事纠纷问题的研究稍稍向前推进了一步。胡其伟的论著不仅是目前仅见的专门研究沂沭泗流域水事纠纷的成果,而且自创"水利单元"概念工具,首次将环境变迁与水事纠纷问题统一起来讨论,通过剖析水利纠纷与环境变迁的关系,认为人口增加、土地负荷、民众心理等与水利纠纷的发生、发展、激化直至解决直接相关,同时,认为在沂沭泗流域,因地质条件不同而主要存在以微山湖区为代表的权属不清型、以湖西地区为代表的蓄排矛盾型、以邳苍郯新地区为代表的汛期冲突型三种不同类型的水利纠纷,选取了微山湖湖田湖产纠纷、邳苍郯新苏鲁边界水利纠纷及东明改属事件三个典型案例展开讨论,并就水利纠纷与行政区划变动之间的微妙互动关系进行了探讨。但正如论著作者自己所说,"本流域民国以前的水利纠纷资料甚少,搜罗困难,而民国以后尤其是建国后的资料极为丰富",所以该论著重点放在新中国成立以后,即使是对研究时段内的民国时期,所收集的流域水利纠纷资料和论述也无多,对南宋至明清时期该流域水事纠纷问题则基本没有涉及。况且,该论著所论及的水利纠纷仅仅涉及省与省、县与县之间的水利纠纷,其他县内乡与乡之间、个人和单位、单位和政府之间的水利纠纷类型皆很少谈到。侯普惠的论文设了一子目论及南京国民政府十年期间河南的农田水利纠纷及其解决,虽然多数案例不属于淮河流域的豫北、豫西地区,但其中谈到的尉氏、扶沟、鄢陵、洧川四县洪业河纠纷解决以及郾城、西华两县民众在吴公渠注入颍河的入口地点问题上的纠纷解决,商水县境内的雷坡与龙塘河、大连湖村与林村因打水利官司多年未能结案等几个案例,却是目前仅见的淮河流域河南历史上水事纠纷问题研究的成果。徐建平的论文对民国时期宿县、灵璧交界的青冢湖所发生的苏皖省界纠纷及其争端的处理过程所体现出的中央政府、省政府、基层政府与普通民众之间的多重复杂、互动关系进行了详细的研究,论题涉及的是民国时期皖苏省界纠纷,纠纷冲突的缘由却是对青冢湖湖滩的争夺,是一个较为典型的边界水事纠纷与省界划界纠纷交织互动的一个案例。

回顾学术前史,我们发现学界对西北、华北、西南、两湖等区域的水事纠纷进行区域社会史、历史人类学、环境史、法制史等多学科的研究及个案考察较多,而将中国历史上像淮河这样的大江大河流域的水事纠纷作一全流域的整体考察的成果还很少。就历史上淮河流域水事纠纷问题来说,研究成果多集中于淮河下游地区,而广大的淮河中上游地区尚未见系统而有分量的研究成果,因此更谈不上有对淮河流域历史上水事纠纷问题的系统而整体的研究。就上述仅有的淮河流域历史上水事纠纷问题的研究成果来看,研究时段或止于明清,或集中于民国以来,尚未见南宋黄河夺淮以来至民国时期这一长时段的考察。另外,从研究视角看,多从灾害史的角度研究淮河流域水事纠纷,胡其伟的论著虽然关注了环境变迁与水事纠纷的内在关系,但侧重的是人口增加、土地负荷、民众心理等与水利纠纷的发生、发展、激化直至解决的相互关系,而对以水为核心的生态环境变迁与水事纠纷发生的内在机理还未进行系统地梳理。

因此,本书在已有相关研究成果的基础上,对黄河全面夺淮以来淮河流域水生态环境变迁与水事纠纷及其解决机制问题作一宏观而系统的整体审视。

四、研究资料和方法

本书属于区域史和专题史研究,历史研究首重史料。如果没有傅斯年主张的"上穷碧落下黄泉,动手动脚找东西"的找资料雄心、细心和耐心,以及"有一分史料,说一分话"的科学态度,一切结论就犹如建立在空中的楼阁。正如戴逸先生所说:"编史要务,首在采集史料,广搜确证,以为依据。必藉此史料,乃能窥见历史陈迹。故史料为历史研究之基础,研究者必须积累大量史料,勤于梳理,善于分析,去粗取精,去伪存真,由此及彼,由表及里,进行科学之抽象,上升为理性之认识,才能洞察过去,认识历史规律。史料之于历史研究,犹如水之鱼,空气之于鸟,水涸则鱼逝,气盈则鸟飞。历史科学之辉煌殿堂必须岿然耸立于丰富、确凿、可靠之史料基础上,不能构建于虚无缥缈之中。"[①]不过,历史上留下来的资料尽管很丰富,但保留

---

① 戴逸:《宝应刘氏集·总序》,(清)刘台拱、刘宝树、刘宝楠、刘恭冕:《宝应刘氏集》,张连生、秦跃宇点校,扬州:广陵书社,2006年。

下来的淮河流域历史上水生态环境变迁与水事纠纷问题的历史资料和历史上可能产生过的这些现象和事件相比，只是很少的一部分，这些保留下来的历史记载可以认为是所有这些现象和事件总体的一个抽样样本。对这个抽样样本进行历史资料调查的详尽与否，就意味着此课题研究的基础稳固程度上的高与低，直接影响到研究过程和研究结论的可靠性。因此，本书的研究首先立足于尽可能完备地搜集历史时期淮河流域方志、地方政书、文史资料、文集、笔记、碑刻、谣谚传说，以及相关的正史、实录、类书、丛书、资料汇编、民国时期的报纸杂志等各类文献，遵循历史学研究的通用原则和规范，注重第一手资料的发掘、考辨及运用，并辅助于淮河流域部分地区的实地调研和走访，以寻找以往淮河流域水生态环境状况及其变迁的踪迹，探寻其与淮河流域水事纠纷发生乃至解决的内在逻辑。

　　需要说明的是，本书研究的最基础资料是淮河流域方志，尤其是明清、民国时期编写的淮河流域旧志。从学界已有水事纠纷问题的研究成果看，不少是通过搜集碑刻文献、渠册、堰册、分水则例、水利成案等资料来分析的，且注重国外有关理论与经验的借鉴，但却对当地方志资料重视不够。本书注重从淮河流域方志中采集和梳理、考辨淮河流域水生态环境变迁与水事纠纷的资料，主要基于以下三点考虑：一是方志是记载一地的自然、社会经济活动的重要文献，且具有"地近则易核，时近则迹真"（章学诚语）的特点，所以研究区域史自然不能离开当地方志尤其是旧志资料的采集与运用。二是淮河流域方志中的《水利门》、《山川门》、《职官志》、《艺文志》、《灾祥志》等保留了大量的山川河道、支分沟渠、湖沼注淀、陂塘堰坝、涵闸地洞、水旱灾害等丰富的水生态环境变迁的资料，不仅如此，方志的编写者更注重资料的条分缕析，以尽可能地梳理出当地各水生态环境变迁要素的来龙去脉，如此就给我们今天去研究当地的水生态环境变迁提供了很好的第一手资料和便利条件。而为了存史鉴往，旧志的编纂者又往往在《山川门》、《水利门》、《艺文志》保留了当地水事纠纷尤其是跨界水事纠纷的案例以及纠纷解决的碑文。如乾隆

《陈州府志》"凡例"中就讲到"从前诸案,皆各宪几经筹度,区画精详,利弊所在,尤当令后人易为稽考,今将诸案尽载所属河渠之末,俾善为遵守焉"。①如果把水事纠纷多发地不同时期编写的旧志前后连起来看,又会发现更前时期的旧志有关当地水事纠纷事件的记载,是后来中央和地方政府、民间社会调处水事纠纷经常采信的合理合法依据。因此,关于淮河流域历史上水事纠纷及其解决问题的研究,方志保留下来的这部分资料价值不可忽视,必须加以充分地运用。三是淮河流域地处南北过渡带,地势平衍,河道湖沼变迁无定,水旱灾害频仍,蓄排矛盾问题一直很突出。同时,历史上黄、淮、运以及长江尾闾又在这里交汇而形成了复杂的水事关系,而跨省界河、跨县界河众多,水事边界与行政边界的不一致所导致的水事矛盾和纠纷,与西北、华北等地相较,都有其自身的特殊性。所以淮河流域历史上虽没有留下大量的如西北、华北等地的分水均水渠册、堰则之类资料,但方志中有关淮河流域水生态环境变迁与跨行政区、上下游和左右岸、经济部门行业之间的水事纠纷及调处的资料却十分地丰富。

占有翔实的史料,是历史研究的基础和前提,但占有了课题研究所用的丰富资料,并不等于必然会形成科学的研究结论。因为史料反映的客观真实的历史如同云雾中的仙女,她神秘的面容永远被遮挡在时间的面纱后面。如何在认真考证史料、准确解读史料、合理运用史料的基础上,以撩开遮挡历史客观真实的时间面纱,还原历史真实,却常常取决于研究者所采用的立场和方法。本书以马克思主义唯物史观为指导,以历史学的分析与综合、演绎与归纳等方法为基础,借鉴历史地理学、社会学、法学、环境科学等学科的理论与方法,致力于相关学科多种方法的综合运用,社会科学方法与自然科学方法的融合,立足把宏观考察与微观分析相结合,并着重从典型个案分析入手,通过具体史料的剖析和研究,对南宋至民国时期

---

① 乾隆《陈州府志》卷首《凡例》。

淮河流域水生态环境变迁与水事纠纷产生及其解决机制问题进行跨学科的综合研究。

在研究方法上,本书不从已有的研究模式、概念工具出发,而是根据从淮河流域方志等历史文献中搜集到的资料,并辅之以笔者2007年8月对安徽阜阳王家坝、颍上县半岗镇行蓄洪区、怀远县段淮河大堤;2009年8月对安徽寿县境内的芍陂(今寿县安丰塘);2011年8月对江苏盱眙明祖陵、洪泽县的洪泽湖大堤、淮安漕运重镇等地进行的实地考察与调研所获得的一些实物资料及所形成的感性认识,遵循"论从史出"的史学研究规律,最后建构起对淮河流域历史上水生态环境变迁与水事纠纷及解决机制问题的知识体系。唯有如此,才能避免先入为主地在淮河流域生硬地套用其他区域已有的水事纠纷研究经验和模式,进而去削足适履地剪裁淮河流域丰富的水事纠纷史料,如果这样,最后的结论就难免会空泛和偏执。很早以前,费孝通先生就已经深刻地指出:"任何对于中国问题的讨论总难免流于空泛和偏执。空泛,因为中国具有这样长的历史和这样广的幅员,一切归纳出来的结论都有例外,都需要加以限度;偏执,因为当前的中国正在变迁的中程,部分的和片面的观察都不易得到应有的分寸"。①本书的研究一直在朝这一方向努力,尽可能地去避免和减轻对中国历史上水事纠纷问题讨论难免会出现的流于空泛与偏执的倾向。

另外,本书对环境史研究方法,也作了一些有益的探索。因为水是生态环境中重要的活跃性因子,以水为核心的水生态环境又是整个生态环境的重要组成部分,这就离不开环境史研究的取向和方法的运用。环境史学除了传统的国别研究单位外,更重要的还有区域研究(Regional Studies),这是一种方法原则。本书以历史时期淮河流域水生态环境变迁及与水事纠纷的互动关系为主旨,遵循的是环境史的区域研究方法原则。区域环境史研究的一个重要任务,就是要探

① 费孝通:《乡土重建与乡镇发展》,香港:牛津大学出版社,1994年,第16页。

索区域自然现象背后的人类活动,将人类活动所引起的区域自然变化揭示出来。所以,本书不再把淮河流域地形地势以及气候变迁、黄河夺淮及北徙等自然因素作为人类活动的前提和布景,而是作为淮河流域水生态环境变迁的重要活跃要素,和战争、农渔生产、政府治水等人类活动因素一道,系统地考察和揭示了淮河流域水生态环境变迁的内外动力和变迁轨迹。环境史还有一个重要方面,即要揭示人类社会不同利益集团之间围绕自然环境而展开的较量。因此,本书在研究技术路线上,将政治史、经济史和文化史中的环境纬度纳入自己的研究视野,着重考察了淮河流域水生态环境变迁中的国家政治集团的战争活动、人口和垦荒政策、保漕护陵政策、大规模治水活动以及地方社会组织、共同体所进行的追逐私利的农渔生产活动之于淮河流域水生态环境变迁的重要影响,接着又深入探究了淮河流域水生态环境恶化性变迁与南宋以来淮河流域经济衰颓、社会动荡、风气不振之间的相互关系。在论述淮河流域水生态环境变迁与历史上淮河流域水事纠纷发生、解决之间的关系时,重点揭示了国家与地方社会之间、区域社会之间在水资源开发、利用和保护以及防治水害活动过程中复杂的矛盾冲突及从对抗到妥协的水事关系。

五、研究思路和内容

本书以环境史、区域社会史为视角,运用水生态环境和水事纠纷等概念工具,以水事纠纷的发生、解决为主线,从水生态环境、行政区划变迁与水事纠纷及其解决的内在理路入手,对南宋以来淮河流域水生态环境变迁及水事纠纷的产生原因、类型、预防和解决机制进行系统考察,并选取淮河中游的山地蓄灌水利工程——芍陂水事纠纷及黄、淮、运交汇所致之水生态环境敏感脆弱地带的陈端决堤案、事涉国家和地方社会、上下河利益的淮扬运河东堤归海坝开保之争,对淮河流域水生态环境变迁与水事纠纷及解决机制问题作一纵深剖析,以便正确把握淮河流域水事纠纷中国家和地方、区域社会之间的纷争和妥协、控制与抵制、互动与制衡的关系,冀以透过淮河流域历史上水事纠纷的产生与解决这一窗口,以更深入地理解当今淮河流域环境与经济社会发展问题。

基于上述研究思路,笔者精心设计了本书的研究框架,以更好地、准确地表达研究内容。全书除了开篇的导言、文后的结语外,正文共分五章。

第一章探讨了南宋至民国时期淮河流域水生态环境变迁中的地形地势、气候变迁等自然因素和战争破坏、农渔生产、政府治水政策和实践等人为原因,概括了以黄河夺淮和北徙以及现代化建设为标志,淮河流域水生态环境所经历的南宋以前淮河独流入海、南宋至晚清黄河夺淮入海、晚清民国黄河北徙、新中国成立以来全面治淮四个历史时期的重大变迁,论述了淮河流域水生态环境变迁在河流淤塞改道、湖沼变动无居、洪涝灾害频仍、旱魃肆虐不断、滨海陆地生长、地亩沉浮不定、土壤沙化和盐碱化等方面的表现和特点,并指出了南宋以来淮河流域水生态环境呈现出恶化和脆弱化的变迁趋势以及对淮河流域经济社会发展的负面影响,最后得出了南宋以来淮河流域水生态环境的变迁是淮河流域水事纠纷频繁发生的宏观背景和环境基础,而水生态环境变迁所导致的淮河流域经济社会发展衰颓则是淮河流域水事纠纷频发的人文导因的结论。

第二章研究了南宋至民国时期淮河流域行政区划的调整与变迁以及行政区划矛盾对水事纠纷的产生所发生的影响,并从纠纷的本质乃利益的冲突与对抗这一视角,进一步分析了淮河流域历史上水事纠纷产生的内在动因,指出历史时期淮河流域频发水事纠纷从根本上说是纠纷主体受经济利益的驱动,围绕水体而进行着的包括争种水涸地、抢占水资源、以邻为壑、争夺水利工程管理权和水上交通控制权等各种趋利避害的利益争夺。

第三章阐述了淮河流域历史上水事纠纷的类型,着重论述行政区域之间、上下游和左右岸之间以及交通、盐业与农业部门之间的水事纠纷。行政区域之间的水事纠纷,分跨省、县际、县内三种水事纠纷类型进行细致论述。上下游和左右岸之间水事纠纷,则结合水系边界与行政边界的不一致所产生的矛盾进行考察。交通、盐业与农业部门之间的水事纠纷,乃从漕运与农业部门之间的防洪灌溉、一般水上商业交通与沿岸农田需水灌溉、盐业生产与地方民众防洪灌溉、商人运盐与地方民众防洪灌溉之间的矛盾出发,以国家和地方社会互动关系的视角进行了较为系统的分析。

第四章分析了淮河流域历史上水事纠纷的预防与解决机制的构建和运行。首先研究分析国家和社会面对淮河流域历史上频发的水事纠纷,如何通过培育息讼文化价值观、构建民间纠纷排解机制、制定和完善相关水法制度、加强和完善水利工程的规划和管理等一系列的文化、社会、法律、行政等制度和措施,构建起较为系统的水事纠纷预防与消解机制。紧接着,通过对淮河流域历史上包括自然人和组织体在内的水事纠纷解决主体、水事纠纷解决的诉讼和非诉讼模式、水事纠纷解决的措施和原则的解构和分析,详细考察了南宋至民国时期淮河流域水事纠纷解决机制的运行实态。

第五章是基于前述各章宏观讨论淮河流域历史时期水生态环境变迁与水事纠纷产生的原因、类型和预防与解决机制之后所做的个案分析。选取了位于淮河中游的芍陂水事纠纷、黄淮运交汇地区的陈端决堤案、淮扬运河东堤归海五坝的开保之争三个典型案例,进行了纵深探究。对芍陂水事纠纷的考察,先是归纳芍陂的豪强占垦、河源阻坝、拦沟筑坝、罾网张罱四种纠纷类型,然后详述当地官府与乡绅民众所采取的修复芍陂、加强管理、清理占垦、调处纠纷等综合治理措施。对陈端决堤案的研究,则从其发生的原因、经过、影响以及政府在案发后所做的包括灾民赈济、工程、行政和法律上的一系列应对,作一全景式地扫描。对于归海五坝开保之争的剖析,先是厘清归海五坝的启放与下河水患加剧的关系,以明了国家和地方社会、上下河之间开坝与保坝之争激化的原因,接着分述多目标利益冲突下的归海坝启放与否、启放时间、启放后下河地区泄洪问题上的三种纠纷表现,最后就归海坝开保之争的预防与调处机制的构建和运行，从在运东大堤上建设分泄减涨闸坝、立定闸坝开启水则、加固运西运东大堤、开挖下河阻水横堤圩坝、疏浚下河水道等方面，进行了系统的分析。

结语则在总结各章的基础上，对南宋至民国时期淮河流域水生态环境变迁与水事纠纷及解决的内在理路做了进一步的梳理，对淮河流域历史上水事纠纷频发的原因、类型和特点、影响做了一个延伸论述和归纳，对淮河流域水事纠纷预防和解决过程中的国家和社会角色及相互关系、淮河流域历史上最为突出的行政区之间的水事纠纷解决存在的困难等问题，有针对性地引入西方经济学的"公地悲剧"理论和博弈论的"囚徒困境"理论进行了专门的提升分析，最后对淮河流域历史上水事纠纷解决的经验和原则做了一些有益的思考。

第一章　淮河流域水生态环境的变迁

南宋以前，尽管也有农业垦殖、开凿运河等人类活动作用于淮河流域水生态环境，黄河在汉以后也多次南泛入淮，但尚未对淮河流域水生态环境形成大的破坏，淮河依然独流入海，淮不为患。南宋以后，淮河流域水生态环境在黄河夺淮、政府治黄治运等多种因素的作用下发生了多次重大变迁，并向脆弱化和持续恶化方向发展。淮河流域水生态环境的脆弱化变迁，反过来又对淮河流域经济社会发展产生了重要影响，这种水生态环境恶化和持续贫穷的历史欠账，在当今淮河流域经济社会发展进程中仍然是一种不可忽略的牵制因素。

第一节　水生态环境变迁的自然因素和社会因素

水生态环境的变化，既有自然因素的作用，也受人类活动的影响，特别是随着科学技术的发展，人类影响水生态环境变化的能力会越来越强。历史时期淮河流域水生态环境的变迁既受到淮河流域自身的地质地形、气候条件、水系状况等自然因素的制约，又受到农业垦殖、战争、水利工程的兴修等众多社会因素的影响,两者共同作用决定了淮河流域水生态环境的变化趋向和程度。

一、自然因素

历史时期淮河流域的地形地势、气候、水系分布都对淮河流域水文地貌、河水流势、湖泊洼淀、洪涝旱蝗等水生态环境要素产生过重要影响。

(一)地形地势

地形是指陆地表面各种各样的形态,有山地、高原、平原、丘陵和盆地五大类型。淮河流域西、南、东北部为山区、丘陵区,约占总面积的1/3。西部为嵩箕山、伏牛山、桐柏山,山势陡峻,绵延起伏,海拔在 500—2000m;南部为大别山,呈近东西向延伸,山势稍缓,海拔在 500—1500m;东北部则为沂蒙山区。流域的平原区约占总面积的2/3,为黄淮海大平原的一部分,有淮河干流以北洪积冲积平原及南四湖湖西黄泛平原和里下河平原等。这种山地丘岗、平原洼地错落分布的格局,主要是断裂带、地壳升降等构造活动共同作用的结果。据学者研究,淮河流域存在有近北西向的活动断裂、近南北向的活动断裂。近南北向大型活动断裂带有 3 条,由西向东分别是:开封西—尉氏—许昌—漯河—汝南断裂带(以下简称开封—汝南断裂带)、金乡—淮滨断裂带和郯庐断裂带。开封—汝南断裂带的现代活动表现是西盘上升,东盘下降。西部为岗地地貌,东部为堆积平原。金乡—淮滨断裂带的现代活动表现是西盘下降,东盘上升。郯庐断裂带是我国东部的深大活动断裂之一,在淮河流域表现为东盘下降,西盘上升。淮河流域河南境内近北西向的活动断裂主要是平顶山—汝南—南汝河断裂带。该断裂活动的表现是南盘上升,北盘下降,沿断裂附近的泥河洼、老王坡、宿鸭湖、蛟停湖等构造洼地呈串珠状分布。淮河流域由西向东还存在两个沉陷带、两个隆起带。西部为嵩箕山、伏牛山强烈上升区,中西部为以周口为中心的强烈沉降区,中东部为苏、皖隆起区,东部滨海平原为第二个强烈沉降区。①在淮河流域断裂带上升区和地壳隆起地带,形成了山地丘岗;在断裂带下降区和地壳沉降区,则形成了平原洼地。这种地质构造活动以及由之形成的淮河流域地形格架,是淮河流域水系分布和变迁以及水旱灾害频繁发生的主要控制性因素。

在淮河流域西部、南部以及东北部山地丘陵区,山地丘岗决定着山区河道、溪流的分布,甚至改变河道的流向。如在淮河流域西部的郑州"介在嵩、少、轩、箕之艮隅,其势西南高而东北下,高者沙薄,下者瀉卤。西南既高,则流峙皆钟于西南;东北既下,则薮泽皆聚于东北"。②信阳"西南皆山也,其东北两面亦冈岭起伏,无大平原。故两山之间必有川,两冈之间亦必有溪。南泝北淮各分流域,而塘堰沟渠循源入委"。③在沂蒙山区的东平县有金线岭,在"县治二十里,由金山发脉,南逾安山镇而脉始显。又南过长中口而脉渐大,横四五里至七八里",蜿蜒如线,故名。"汶由此山安民亭顺轨西趋无碍,水流自须昌城沦于河,岭表黄溜涨天,因受河淤,继长增高,汶被岭阻,汶流向北,实自此始"。④在江苏睢宁县,"河流自徐城下行百余里,至睢宁县界,北岸鲤鱼山,南岸为峰山、龙虎山,两边山势夹峙,河行中央。其面仅宽百丈,底系山脚,冲刷不深,洪流到此束急,常致漫决"。⑤

山间河道、冈间溪流因沟壑纵横,山势陡峻,一般都源短流急,水流落差较大,汛期易暴涨泛滥为灾。如河南汜水县"其水发源于洛中玉仙山,东北流而受紫金水,而西北会太溪水,泉源涌驶,汇而为

---

① 参见戴鸿麟:《河南省境内淮河流域旱涝灾害成因与治理》,北京:地质出版社,1991年,第5、34—36页。

② 乾隆《郑州志》卷二《舆地志·序》。

③ 民国《重修信阳县志》卷七《建设三·水利》。

④ 民国《东平县志》卷二《山川·山类》。

⑤ (清)郭起元撰,蔡寅斗评:《介石堂水鉴》卷三,《峰山四闸说》,《四库全书存目丛书》(史225),济南:齐鲁书社,1996年,第510页。

池,奔壑悬岩,下注平地。夏秋雨集,瀑布涨溢,靡所不溃决。西径二十里而达于县,襟郛络隍,岁啮城址。不数武,束以黄河,河力强而内弱,有决而复入之义"。①在汝阳,"古称泽中,每经淫潦,滨河禾稼无复存者,盖郡之西北吴房、朗陵诸山水皆东流而河道淤塞不能容水,此泛滥之所由来也"。②邱天英《汝阳治水议》更是认为"汝地平衍,并无冈陵以障之,且去朗山、嵯峨山诸山皆百余里,故每经霖雨,山水暴下,河不能容,汇为巨泽,禾稼不复存矣"。③罗山县地形支离,山势较陡,孤岭残丘多,沟壑密度大,雨水汇集径流快,时常暴涨暴落,冲击能量很大。④安徽霍山县"土松而水急,山溪暴涨,东噬西啮,往往濒河阡陌瞬息之间化膏腴为沙碛"。⑤山东"汶水之源自新泰来者为小汶河,自莱芜挟岱麓东北诸泉来者为大汶河。两河环抱徂徕,而汇于大汶口,如燕尾。自大汶口西流数十里,而浊河又汇之。于是岱麓西北及南面诸泉,无不毕收,汶之流至是益大。西注东平之戴村坝,截流而南出,分水口入漕河以济运。总计州境东自王庄,西迄栾任,绵亘二百余里。每值夏秋之交,河水骤发,洪涛奔啸,浩漫沸腾"。⑥

山区水生态环境主要以雨水作为补给源,而降水又多集中于夏秋季节且年度分布不均匀,故容易频发水旱灾害。如河南荥阳县"山之峰峦,险峻陡削,多石少土",勉强开垦成山田,"若逢大雨,不免破坏",而在"东北一隅,地势卑下,济水所经,其地常湿,虽尚可耕,恒忧雨涝","索水多石,不能成田。京水、须水,源近底平",1918年、

---

① 蒋士觐:《汜水利弊图说》,民国《汜水县志》卷十《艺文上》,《中国方志丛书》(106),台北:成文出版社有限公司,1968年,第542页。

② 康熙《汝阳县志》卷一《舆地志·山川》。

③ 康熙《汝阳县志》卷一《舆地志·山川续》。

④ 罗山县地方史志编纂委员会编:《罗山县志》,郑州:河南人民出版社,1987年,第286—287页。

⑤ 乾隆《霍山县志》卷二之十《堤岸道路》,《稀少见中国地方志汇刊》(21),北京:中国书店,1992年,第627页。

⑥ 民国《东平县志》卷十七《志余·文辞·清纪迈宜重修汶河堤工记》。

1919年,连年大水,"河身陷落数尺,下流之田尽废"。①万历初,知州李懋桧说,六安"不堪久雨,雨则所在为陂塘,禾且潦死。亦不堪久旱,旱则一望炎炎,陂池尽涸,无涓滴之濡。往十余年所,非苦旱即苦雨,民生日蹙"。②光绪《霍山县志》亦曰:霍山是"五六月霖雨以时,乃望有秋,十日不雨,则民心惶惶"。

　　山区还由于地势陡峻,不仅决定了在汛期易发生水灾,而且对于干旱时期农业灌溉的实施也造成了相当大的困难。如霍山水发西南山中,其流稍巨,由于山险陡峻,两岸无田可资灌溉,漫行百里而入州境,至梁家滩以下渐平衍,"则又停淤滥漫,即有田亦多淹没,不能享其利,反受害焉。得其利者,率山泉谿涧至水,叠石为堤,承流作堰。所谓畈田者,十才一二;其一邱一壑间,所谓垅田者,大都倚岩傍涧,屈曲层叠而成,奇零错落无阡陌,得源泉之润甚少,全恃垅头凿池塘以蓄水,稍不慎则渴竭随之"。③在沂蒙山地,"无滥车之水,瘠亢少腴,一遇旱魃为虐,则民嗷然忧岁"。万历年间,沂水县教谕傅履重看到上述情形,最初也认为是由于"泉源水泽之利必有未通者"的缘故,但调查后他发现,虽有沂水和沭河两河流经当地,却难有水利之资,"要之二水其源皆微,而其委皆散,夏秋霖潦则暴涨汪洋,浸及城郭,冬春时则仅一勺,遇旱而涸可立待矣。盖沂地多山,其水多自高而下,欲为堰则冲决之势难支,欲为闸则散漫之流难敛,此所以田家无所资其浸灌,商贾无所资其舟楫也。公私告匮,厥有由然。故语之以水利,无论畏事者束手,即喜事者亦扼腕而无所措也"。④在山东莒

　　① 民国《续荥阳县志》卷二《舆地志·田》,《中国地方志集成·河南府县志辑》(1),上海:上海书店出版社,2013年,第622页。

　　② (明)李懋桧:《重修城隍碑记》,万历《重修六安州志》卷七《艺文志》,《稀见中国地方志汇刊》(21),北京:中国书店,1992年,第128页。

　　③ 光绪《霍山县志》卷二《地理志下·水利》,《中国地方志集成·安徽府县志辑》(13),南京:江苏古籍出版社,1998年,第45页。

　　④ (清)顾炎武:《天下郡国利病书》原第十六册,《山东下·沂水水利论》,上海:商务印书馆,1936年。

县,也因西北多山,夏秋山洪爆发,"冬春仅如一线,遇旱则涸,纵有停蓄,但资汲饮灌园之用,不特无所施舟楫,抑且难以润田畴,是以旧志不言水利"。[①]

淮北平原和黄泛平原地处开封—汝南断裂带、金乡—淮滨断裂带、郯庐断裂带和平顶山—汝南—南汝河断裂带之间,是一个沉降带,地形平缓,受北、西、南三面来水威胁。在断裂带附近,河道易摆动或改道;山地和平原交汇处的平原易发生洪涝,洼地易形成湖沼。如在开封—汝南断裂带附近,河道纵比降急剧变化,自中、晚更新世以来,干支流河道都曾在断裂带附近发生多次大的改道,颍河、双洎河的全新世古河道就多达8—11条。而进入开封—汝南断裂带以东地区,地形比降减小到1/5000以下,水流滞缓,洪灾不断,古湖陂发育。可见,断裂带附近以及沉降区不但河道易改道,而且极易发生洪涝灾害。如中牟县"多水患,西南北三方尤甚。西与北俱为郑、荥下流,一遇霖雨,水势之来最为迅疾。新郑茅草湖出佛潭诸水,据牟西南上游,波流贯注,每涨发,张庄镇以下诸处尽被湮没。而正南地多洼下,又阻冈陵,桑麻之野变为巨浸,尝经冬不涸,其为害亦与西北、西南同"。[②]遂平县"西多山,壤高;东为尾闾,壤洼。每遇大雨,山水建瓴而下"。[③]西平县处于洪汝河流域上游,县境西部山丘区为洪汝河支流的发源地,"其间有云庄诸石等山,皆嵯岈陡峻,峰岭林立,又有陂泽四十余处,悉皆石田,且汝流河身浅窄,水猛势疾,动致泛溢"。[④]民国《西平县志》亦云:"西平地势洼下,一遇水潦,辄成泽国"。[⑤]陈州

① 嘉庆《莒州志》卷一《山川》,《中国方志丛书》(377),台北:成文出版社有限公司,1976年,第72—73页。

② 梁三韩:《孙公开渠记》,同治《中牟县志》卷十《艺文中》,《同治中牟县志》(下),郑州:中州古籍出版社,2007年,第476页。

③ 乾隆《遂平县志》卷六《水利》。

④ 康熙《西平县志》卷一《舆地志·疆域》。

⑤ 民国《西平县志》卷二《舆地·疆域·沟渠》。

府"鲜名山大川,地势卑下,时有水患"。[1]陈留县"地形洿下,居开封之下流,旱则与他处俱受其干,潦则为开封之壑"。[2]扶沟县"土壤皆平衍旷地,势无崎岖"[3],"邑境诸水若蔡河、双洎河、惠民河冲决溃溢相仍,民不堪命"[4]。商水县"界陈蔡之间,地势平衍,颍水环其北,淮沟绕其南"。[5]夏邑县"地本下下,遂多水患"。[6]睢州"田野平旷,无名山大川之险"。[7]上蔡县"地平衍,形处洼下,洪、汝两河一遇西山水发,波涛数十丈,高出河身"。[8]新蔡县"东北隅最下,水之西来者以为经,汝河在南,溢则乘陆北走亦注之。一岁水居其半"。[9]安徽砀山"地卑下,一雨即淹"。[10]江苏沛县,"邑无高山大陵以为巨观,独诸水环匝,迂回包络天堑为固耳","乃山阳棠诸郡邑之水,遇夏秋之交且挟淫潦而至,由是东北西三面汇为巨浸"。[11]

　　淮北平原不但地势平缓、低洼,同时又在东部遭遇地盘上升,是故排水不畅,易成倒漾内灌之势,这就造就了平原河道沟渠旋淤旋塞以及内涝严重的下垫面条件。如安徽五河县境之沟"常则顺流而变,亦倒灌,以平衍故耳","况湖已均有变迁,故沟亦因以改易,或通

---

① 乾隆《陈州府志》卷首《凡例》。

② 宣统《陈留县志》卷九《山川》。

③ 乾隆《续河南通志》卷六《舆地志·疆域附形势》,《四库全书存目丛书》(史220),济南:齐鲁书社,1996年,第124页。

④ (清)熊燦:《光绪扶沟县志序》,见光绪《扶沟县志》卷首《序》。

⑤ 乾隆《续河南通志》卷六《舆地志·疆域附形势》,《四库全书存目丛书》(史220),第124页。

⑥ 乾隆《归德府志》卷十《地理略下·形势》。

⑦ 光绪《续修睢州志》卷一《地里志·山川》。

⑧ 康熙《上蔡县志》卷首《凡例》。

⑨ (明)张九一:《通政宋大夫东堤记》,乾隆《新蔡县志》卷九《艺文志》。

⑩ 乾隆《砀山县志》卷二《河渠志》,《中国地方志集成·安徽府县志辑》(29),南京:江苏古籍出版社,1998年,第40页。

⑪ 民国《沛县志》卷三《疆域志·风俗》,《中国地方志集成·江苏府县志辑》(63),南京:江苏古籍出版社,1991年,第36页。

或塞"。①山东曲阜县的"防山而下,水则西流"②;嵫阳县新河"西自城武入境,东入漕河",系嘉靖二十五年(1546)知县王沂所浚,但在鱼台县东北为山岭所阻,"下流未通,邑民病之"③。在淮北平原上开河,因地势平衍,行水不畅,有淹漫之患,正如陈弘谋在《敬请河工未尽事条奏》中所说的,"各河开通之后,上游之水由高而下,可以递历宣泄,内有地处洼下,平日原系湖荡,止能受水,不能通流,今虽开河节节相通,若与去路地势相平,或更有仰盂倒漾之势,此必不能免于淹漫者。就下江现在形势而论,如运河之水来源或大,则邳州境内不无受淹之处;海州归海之五图寺河,如遇潮涨沙淤,则海州、沭阳境内之洼地不无受淹之处;河南濉河、淮河之水较前已盛,洪泽之水骤难下泄,必停积于归仁堤以北,所有宿迁、睢宁、桃源三县境内洼地亦不无受淹之处"。④

　　淮北平原地势平衍,但在控制性活动构造带山前地区与平原分界地区分布有不少冈地,有冈、堌、岭、堆、丘等名目,是风积冲积而成,南部海拔 50—60m,北部海拔 60—70m,地形坡度介于 1%~35% 之间。⑤以豫东淮阳冈地为最大,皖北阜阳冈地亦不小,皆是河间分水区最突起部分。⑥如归德府境内"多平壤,所谓山者不过《尔雅》'一成''再成'之邱,曰冈曰岭,皆童阜耳"。府内还有一种"堌类乎山者也,他若青堌在城东十五里,李铁堌在城北十五里,刘信堌在城东北二十里,慈圣堌在城西北三十里,李堌在城东北四十里,皆以堌名"。⑦

────────────

①　光绪《五河县志》卷二《疆域三·沟》,《中国地方志集成·安徽府县志辑》(31),南京:江苏古籍出版社,1998 年,第 404 页。

②　李经野:《续修曲阜县志叙》,民国《续修曲阜县志·序》。

③　万历《兖州府志》卷三《山水志·嵫阳县》。

④　光绪《丰县志》卷十二《艺文类》,《中国地方志集成·江苏府县志辑》(65),南京:江苏古籍出版社,1991 年,第 206 页。

⑤　戴鸿麟:《河南省境内淮河流域旱涝灾害成因与治理》,北京:地质出版社,1991年,第 15 页。

⑥　徐近之:《淮北平原与淮河中游的地文》,《地理学报》1953 年第 2 期。

⑦　乾隆《归德府志》卷九《地理略上·山川》。

这些冈地在平原地区对防风扶沙、河道沟渠的形成和分布起着关键性的作用。如鄢城县有应宿岭在城北门外西隅,正应县治,横30步,纵50步,此岭防风扶沙,但"历经私垦,以致县治护沙日就卑下薄",后在乾隆年间该县知县"集夫筑岭深池,栽以界柳,杂植槐、榆、苇、草,永禁行犁"。[1]还有很多岗陵多是河川溪流沟渠的锁钥,并构成平原地区的冈川形胜。如在睢州,"冈岭盘迴,水道萦纡,地势脉络,隐隐相承,风气颇称完固","南城横亘者曰凤凰岭、曰鞍子岭。居人所以避水患也"。[2]在上蔡县,康熙《上蔡县志》纂修者杨廷望说:"上蔡原隰平衍,无高山大川之胜,然蔡冈镇其东,芦冈踞其西,沙河环其南,洪河绕其北,为汝南门户,亦一大观也"。[3]在扶沟县,"境内岁患水,赖群冈盘蠹,存禾黍于百一,是民命所关也"。[4](见表1-1)

表1-1 扶沟县境内群冈分布表

冈名	位置	冈名	位置	冈名	位置
襄武冈	北3里	卢村冈	东北10里	城儿冈	北18里
朱村冈	北20里,东西有二	白沙冈	东北20里	陈马冈	北25里,有东西中凡三
张 冈	北23里,有东中西凡三	孙 冈	北30里	上村冈	东北25里
会 冈	东北30里	冯陵冈	东北30里,东西两地	集季冈	东北45里
大 冈	东北50里	张坞冈	东北60里	栢子冈	东20里
周坞冈	北50里	杨村冈	东20里	寺 冈	一在东23里,一在西20里
丁 冈	东25里	庙陵冈	东27里	强陵冈	东15里
殡王冈	东南30里	潘 冈	南25里	道清冈	东南35里
凤阳冈	城东南2里	罗城冈	城南3里	老林冈	西南5里
许 冈	西南7里	屈 冈	西南15里	赵 冈	西南30里
歧 冈	西南20里	小陆冈	西南23里	大陆冈	西南25里
秦陵冈	西南30里	艾 冈	西南25里	长陵冈	西南30里
鸭 冈	西南35里	瓦 冈	西南33里	海家冈	西南35里
起 冈	西南40里	立 冈	西南45里	天井冈	西20里

① 民国《鄢城县记》卷十《沟防篇》。

② 光绪《续修睢州志》卷一《地里志·山川》。

③ 康熙《上蔡县志》卷一《舆地志·山川》。

④ 乾隆《陈州府志》卷四《山川·扶沟县》。

续表

庙头冈	西北 12 里	曹李冈	西北 25 里,东西有二	永昌冈	西北 30 里
雕陵冈	西北 20 里	留汉冈	西北 25 里	三晋冈	西北 35 里
韩寺冈	西北 45 里	侯谢冈	西北 30 里,东西有二	秦家冈	西北 40 里,峙扶境,与鄢为邻

资料来源:乾隆《陈州府志》卷四《山川·扶沟县》。

在安徽的五河县,冈岭更是起着河川分界,甚至有堤坝阻水之作用,志称"山虽非山也,而五水交流,惟赖此回环,以分界画,而堤坝因之保障之功,正不异于高原峻岭也"。[①]五河境内的翠积山,当地人称之为"大顾堆",在县治西 28 里,颇据形胜,"盖以东邻金家冈,西枕捕蝗台,北抵汉王台,适当浍水之冲,至今不改。由此而东,浍已一再北徙,然则此为浍之关键也明矣";小顾堆,在翠积山迤北 1 里许,"此亦浍之关键";金家冈,在县治西 25 里,"为浍水之第二重关键。西与翠积山相望,本为永二里之村落,乃乾隆间浍河北徙,遂与霸王城夹浍而立。及同治间,浍北徙,而霸王城转在浍之南岸。水道变迁,今昔迥异";照面山,在县治西 21 里,"亦浍之屏障也";卧龙冈,在县治西南 7 里,"今浍已北徙,潭亦淤平,惟冈下尚留遗迹耳";九冈,在县治南 3 里,"蜿蜒起伏,中有八洼,俗所谓九冈八洼是也。西接卧龙冈,东抵黄家沟,并八洼为九,故又有九条沟之名。冈峦绵亘,断续相连,水流其间,赖以宣泄。设遇水涝,淮、浍泛溢,得此疏通,水易退涸,无碍于播种,其为功亦匪浅鲜也";铁锁岭,在县治东 30 里,浮山居其南,巇石山居其北,南临淮水与浮山对峙,"岭之下为潼河口,乃潼、淮交汇之处,亦五河之又一重锁钥也。设遇淮水发涨,而潼河不得宣泄,则五河东乡之地尽受其害矣。过此即入泗、盱之界,下归洪泽湖,非五河之地也。淮水西来,几二千里,至五河界又汇漴、浍、沱、潼之水,汪洋东注,非此层层钤束,则一泻无余,而泗、盱亦安能受其冲哉? 然有此萦回曲折而水去较缓,每遇泛溢时,谨验水

———————

① 光绪《五河县志》卷二《疆域三·山》,《中国地方志集成·安徽府县志辑》(31),第396 页。

志,而铁锁岭之水恒低于浮山尺许,盖为浮山所束而宣泄不及也,于以知利每与害相因,此固非人力之所能为也";天井冈,在县治东迤北20里,"其北址即天井湖也。西二里抵喜鹊沟,沟受县北界之水,南流入漴潼河,绕其南址,冈势蜿蜒东趋,起伏可寻,绵亘均五里许。前人因其地势筑堤,以拒湖水之溢入于漴。盖泗州南界之水全注于天井湖,一经泛涨,则县之东乡尽成泽国。惟赖此冈以为之捍蔽";陡冈,在县治北2里,南址即护城河,"乃县城之枕藉也。上有白衣大士庙,据旧《志》云:横冈迂回,峻崖壁立,关全城形势,所以障潼、沱之水也。今浍又北徙,绕冈背而东折,夺漴道以入淮,形势变迁,关系尤重"。①

在淮河流域江苏泗阳县(原桃源县),"封域境内无大山脉,而有冈岭数道支配湖河,实组成县境之大关键也。其西北自宿迁马陵山来,冈陵起伏,若断若续。一循睢河东岸南行,入县境白洋河西,又西南至陆家圩,又西南至金锁镇,折而东南行,至陆家嘴与安徽泗县分界。其间支派:一由金锁镇东行,逾祝太洼盆地,至曹家庙,又东至山子头,为成子河洼北岸;一由白洋河东南行,至仓家集南,又东南至熊家楼,又东南至中营门,折而西南行,至卢家集,至小街为成子河洼东岸。自小街南行至卢家集,又南经大庄圩,又南至高家渡,为成子河洼南岸,与洪泽湖相出入,是曰南冈。一循泗水北岸东行,入县境大古城东,又东北至九里冈,折而北行至丁家嘴,又东北至穿城西,盘桓于泰山、刘家集之间,而东北行,逾陆家冲,以至北山子头,是曰北冈。循两冈之间,自宋以前为泗、沂会淮之路,安流顺轨,数千年无变更。宋金而后,黄河经行其间,横溢壅溃,形势殊矣。比于清初,中河赴之,六塘河、沙礓河浸之,于是县之北境几于破碎不完。又因黄济运,提高清水于天妃闸口,使洪泽湖水充溢于成子河洼,于是县之南境并为泽国,水日益多,土日益少,民生何赖焉?虽然黄河巨浸,挟泥沙俱下,停泓恣肆,能为害,亦能为利,况有天然冈阜以为之

---

① 光绪《五河县志》卷二《疆域三·山》,《中国地方志集成·安徽府县志辑》(31),第396—398页。

限,其来也怀襄,其去也沈澱。今试循众兴而东至于来安,北望王家集,东北望里仁集,厥土黄壤,厥土上上。又试循县城而东至于李家口,东南望新滩、老滩诸号地,尔宅尔田,连阡累陌,皆地理学家所谓冲积层也"。[①]在淮河流域山东曹县,也是"泽国也,濒河少山,诸以山名者,皆高丘耳!"[②]

在郯庐断裂带以东是一个强烈沉降区,在构造上原为燕山运动以来长期和缓沉陷的苏北坳陷带的一个组成部分。在郯庐断裂带东侧有洪泽湖、高邮湖等大的湖泊以及广大的滨海平原。其中里下河地区地势最低,周围地面高程 3—5 米,局部高达 7 米左右;底部多在 3 米以下,兴化、溱潼、建湖是有名的三大洼地,形如锅底,故有"锅底洼"之称。正如清代地理学家胡渭所说:"以淮南之地,自高、宝而东则下,由邵伯而南则又昂,自兴、盐以东滨海诸盐场比内地亦复昂也"。[③]而"锅底"部分在射阳湖、大纵湖及其周围的湖滩地,地面真高不足 2 米,射阳湖底最低处仅 1.1 米。[④]这种"锅底"地势,导致"下河行水大势,由西南趋东北"。[⑤]民国《三续高邮州志》云:高邮"地势西高东下,尤以西南为高,东北为下。全州祇西南神居一山脉自天长冶山而来,地实最高,水北无山,而卜塘以西又系龙冈余脉,故西北之高亚于西南。由此而东,湖底逐渐倾斜。既越运河,则下河诸水大半东北趋于大纵等湖,此自然之势也"。[⑥]聂文魁《勘沿海闸河详议》亦曰:"惟江都地势稍高,宝应次之,高邮为中洼,泰州亚于高邮,兴

①　民国《泗阳县志》卷七《志一·地理》,《中国地方志集成·江苏府县志辑》(56),南京:江苏古籍出版社,1991 年,第 243—244 页。

②　万历《兖州府志》卷三《山水志·曹州》。

③　(清)胡渭:《禹贡锥指》卷十三下,《附论历代徙流》,邹逸麟整理,上海:上海古籍出版社,2006 年,第 526—527 页。

④　参见凌申:《里下河平原的形成及整治》,《地理知识》1989 年第 1 期。

⑤　民国《续修兴化县志》卷二《河渠志·河渠三·境东下游形势》。

⑥　民国《三续高邮州志》卷一《舆图·水道图说》,《中国方志丛书》(402),台北:成文出版社有限公司,1983 年,第 55 页。

化真如釜底。其沿海各场地势,南高而北注,故盐城又居兴化之下流,而群水皆趋东北"。[①]咸丰《重修兴化县志》云:兴化"无山,间有之,并不成培塿,川亦无甚大者","地势四面皆高,形如釜底,水皆平行,惟坝水下注,如履平地,淹尽一亩,方行一亩,淹过一庄,方行一庄,均由西南而之东北,迨既满而溢,已越三四月,始趋各口入海"。[②]锅底地形还导致下河地区泄水不畅,常闹洪水灾害。如明兴化知县傅珮《浚玉带河记》云:"兴化居维扬奥区,地势卑抑,溪、湖、河、塘诸水咸注焉。河道肤直,中无所容,每雨淋,辄泛滥田里,城市荡然一池"。[③]盐城县地处极洼,东临大海,西接湖河,叠被水灾,民不堪命,"所遗田亩,非沉没水底,则茭草盘结,耒耜难施,故曰积荒"。[④]所以陈弘谋在《敬请河工未尽事条奏》中就认为,淮扬运河高邮等坝过水较早,范公堤地势较高,闸水又能畅流,则高邮、兴化、泰州境内洼地不无受淹之处;洪湖五坝过水过多,由宝应、高邮等湖漫过运河,各坝之水尽皆东流,芒稻等闸归江不及,则高邮、宝应、兴化各境内不无受淹之处,"此非河流之不顺,实由外水高于内河,形如釜底,地势使然,非人力所可强"。[⑤]

地势是指地表形态起伏的高低与险峻的态势。我国地势呈现西高东低并由西北向东南倾斜的总体特征。淮河流域地处我国中东部,地势同全国地形态势一样,也由西北向东南倾斜,正如淮河流域方志所说的"四境之土西北高亢,东南下隤,颇与天下大势相似"。[⑥]关于淮河流域地势特征,在淮河流域方志等资料中还有更多的记载,

① 康熙《扬州府志》卷六《河渠》,《四库全书存目丛书》(史 214),济南:齐鲁书社,1996年,第 682 页。

② 咸丰《重修兴化县志》卷二《河渠一》。

③ 咸丰《重修兴化县志》卷二《河渠一·城内》。

④ 光绪《盐城县志》卷四《食货志·田赋》。

⑤ (清)陈弘谋:《敬请河工未尽事条奏》,光绪《丰县志》卷十二《艺文类》,《中国地方志集成·江苏府县志辑》(65),第 206 页。

⑥ 嘉靖《尉氏县志》卷一《风土类·形胜》。

如安徽宿州"群峰叠耸于西北,平野绵亘于东南"。①灵璧县地势,西北高,东南低。②泗州"其地势东南洼下,西北渐高远,西邻境尤高"。③太和县境内地势平坦,西北高(海拔 36.05 米),东南低(海拔 30.5米),高差 5.55 米,自然坡降 1/10000 到 1/7000。④淮河流域这种总体由西北向东南倾斜的地势,对淮河流域水生态环境的变迁影响至大,表现在:

其一,造成了淮河北岸的很多支流由西北向东南入淮。如颍河、涡河和浍河等就自西北向东南斜贯于淮北境内。这些支流多于黄河南大堤与黄河流域分界,看起来似于黄河无关,其实它们都"曾为某一时期黄河的减水河,母河既迁徙频繁,其与各减水河间的分野难于明确稳定。……颍、涡、浍诸水与黄河分流,其时期当难超过五、六千年以前"。⑤

其二,助推了黄河南泛入淮乃至全面夺淮。淮河是夹在黄河与长江两大河流的下游冲积平原中间的一道河流,它的中、上游与长江流域间有明确的山脉成为分水岭,下游部分则和长江只隔着不很高的岗地,"至于黄河方面的淮河流域,则上游与下游两部分都有山岭成为分水岭,而中部反留了一个空白,让人工造的黄河南堤作为两个流域的分界"。⑥也就是说,黄河中游与淮河中游之间是以黄河南大堤作为分水岭的,但黄河却是"铜头、铁尾、豆腐腰",上游自山岭间穿过,虽然湍激奔流,但不易决泛,而下游尾间亦然。唯郑州桃

---

①　嘉靖《宿州志》卷一《地理志·形胜》。

②　参见政协灵璧县文史资料委员会:《灵璧县文史资料》第一辑,1985 年,第 78 页。

③　乾隆《泗州志》卷三《水利上·河总》,《中国地方志集成·安徽府县志辑》(30),南京:江苏古籍出版社,1998 年,第 194 页。

④　太和县地方志编纂委员会编:《太和县志》,合肥:黄山书社,1993 年,第 49 页。

⑤　徐近之:《淮北平原与淮河中游的地文》,《地理学报》1953 年第 19 卷第 2 期。

⑥　治淮委员会工程部:《关于治淮方略的初步报告》,1951 年 4 月 28 日,见水利部淮河水利委员会编:《新中国治淮事业的开拓者——纪念曾山治淮文集》,北京:中国水利水电出版社,2005 年,第 163 页。

花峪以下,进入大平原,直至济南洛口以上为"豆腐腰"段。清人崔维雅认为,"黄河自秦晋入豫境,经怀、河两府,地势高阜,土脉坚固,又多山岭约束,所以河流受制,冲决常少。行至荥泽仁莫山以东,两岸山尽,地阔土松,加以伊、洛、沁河诸水,河势建瓴而不汛溜冲激,如水汛向东南,则河势直向东南趋射;如水汛向东北,则河势直向东北冲刷。每当埽湾迎溜处所,兼之夏秋淫潦涨发,势不能无冲溃,往往曲折坍塌至四五里、六七里不等。坍塌所至,逼近堤岸,堤岸一溃,蚁穴不塞,便成滔天","此合中州河势而言之也"。①康熙《开封府志》卷六亦云:黄河"在秦晋无大溃决也,自入豫后,而其势横矣。盖河流至豫,所灌者不止百川,兼以土疏不固,故汪洋澎湃时出,而噬田亩,圮城邑,怀襄之变,即在神禹后,亦时有之。而开封一郡,西自汜、荥,东至兰仪,较他郡为甚,前代无论,迨国朝而溃决者且三四告矣"。②一方面,是黄河在中游易冲决堤防,另一方面是淮河流域地势总体由西北向东南倾斜,"因为这个特殊的原因,在历史上黄河能够自然的或人为的泛滥到淮河流域,或竟侵夺了淮河水系的河槽"③,正如清代学者胡渭所说:"河一过大伾而东,不决则已,决则东南注于淮,其势甚易。"④黄河一旦冲决南下,淮河流域濒临黄河的州县首先遭殃,如中牟县"北界大河,河伯一怒,鼓狂澜而南下,势若据高屋建瓴水。而下流壅淤,将不横决不止。母猪窝口,河流之要害也。永安、南梁、淳绎数里,适当其冲,一经泛滥则平田尽为巨壑,民惴惴有其鱼之恐"。⑤归德府"地最卑下,无高山大阜以为固蔽,滨河诸县往往受黄河大害。而合属水势由

---

① (清)崔维雅:《河防刍议》卷二,《郑州南岸王家桥治河说》,《四库全书存目丛书》(史224),济南:齐鲁书社,1996年,第26页。

② 康熙《开封府志》卷六《河防》。

③ 治淮委员会工程部:《关于治淮方略的初步报告》,1951年4月28日,见水利部淮河水利委员会编:《新中国治淮事业的开拓者——纪念曾山治淮文集》,第163页。

④ (清)胡渭:《禹贡锥指》卷十三下,《附论历代徙流》,邹逸麟整理,第520页。

⑤ (明)冉觐祖:《南梁重浚河渠碑记》,顺治《中牟县志》卷十见《郑州经济史料选编》卷二,郑州:中州古籍出版社,1992年,第174页。

西北而达东南者,有干河十二道,要皆条贯于各州邑之中"。①

其三,造成了上游来水广而大,而下游因排水不畅而形成严重内涝。如泗州"其地势东南洼下,西北渐高远,西邻境尤高,旱则诸河为竭,潦又易盈。上游虑黄河之决,挟沙横流;下游虑清口之淤,扼吭倒漾"。②灵璧县东西北皆山,而"东南地皆平衍"。③地势也是西北高,东南低,在新中国成立前系十年九涝、旱涝迭生的多灾县份,虞城、夏邑、永城、铜山、萧县、砀山、濉溪、宿县之水大都穿县境东去而注入洪泽湖,但因"河小水大"、"进大出小"、"来急去缓",蓄洪失调,亟有大雨大灾,小雨小灾,不雨旱灾之虞。故此,素有"洪水走廊"和"水柜"之称。④在里下河平原地区,"论地势,豫南、淮南、鲁南均为山脉,淮河流域自西向东倾斜,至洪泽、高宝各湖及下河又递降而下,洪泽湖之水盛涨,高于高宝诸湖一丈七八尺,高宝诸湖之水高于下河亦一丈七八尺,淮东得以生存者,上为高家堰,下为里运东西堤为之拦约。运河流域自北向南倾斜,中运河韩庄至杨庄间河底递倾,凡七丈有奇,沂沭各水倾斜亦相等,是杨庄以下、废黄河以南、里运河以东、通扬运河以北,计江、泰、东、高、宝、淮、阜、盐、兴各县为下河区域,地势低洼,兴化又下河之最低区,故每逢上游发水,下河动辄被灾"。⑤

(二)气候变化

历史时期淮河流域水生态环境的变迁不仅与淮河流域地形地势有关,而且还与气候变迁有关。19世纪俄国的气候学家沃耶依科夫就曾提出"河流是气候的产物"这样一个经典论点。我国的一些学

---

① 乾隆《归德府志》卷十四《水利略一·序》。

② 乾隆《泗州志》卷三《水利上·河总》,《中国地方志集成·安徽府县志辑》(30),南京:江苏古籍出版社,1998年,第194页。

③ 乾隆《灵璧县志略》卷一《舆地·山川》,《中国地方志集成·安徽府县志辑》(30),第16页。

④ 参见政协灵璧县文史资料委员会:《灵璧县文史资料》第一辑,第78页。

⑤ 民国《续修兴化县志》卷一《舆地志·图说·上游水系来源图说》。

者也提出:气候是长时期内大气的统计状态,也是地球环境的重要组成部分。气候始终是环境诸要素中最活跃的一种要素,它的变化对海平面、水系、土壤、生物生态等有强烈的影响,从而深刻地影响到人类社会赖以生存和发展的环境。[①]气候因素始终是水生态环境变化的基本自然背景条件。可以说,历史上淮河流域的河川溪流、湖泊洼淀、陂塘池沼的时空分布以及水旱灾害的频率与强度都受到了气温、降水、大风等气候因素的重大影响。

　　气温和降水是气候的两个基本要素。气候变化不仅影响降水,而且影响水分的蒸发, 由此对地表径流和水面盈缩产生直接影响。而一个地方的气候特征主要受大气环流、海陆位置、地形条件等因素的影响,太阳黑子的活动对于全球性的气候状况也具有一定的作用。从影响气候特征的主要因素来看,无论是大气环流、太阳黑子的活动还是海陆位置,其作用的幅度往往是世界性的。我国气候的历史变迁与全球性的气候波动基本一致,而淮河流域气候变迁又是我国气候变迁的组成部分。这样,全球变化影响到中国的气候波动,在中国气候波动的大背景下,才有了淮河流域的气候变迁,从而呈现出全球—中国—淮河流域这样的逐层下降的制约过程。

　　由于科学和技术的局限,历史时期我国留下的有关气候变迁的资料非常有限,所以较早时期的历史气候特征及其变迁,往往要依靠某些定性的描述和记录来推测,根据物候的古今差异来分析冷暖的变化。关于这种研究,最具成就的是著名地理学家、气象学家竺可桢对我国历史上气候变迁的分析。根据竺可桢的研究,5000 年来,中国的气候大致经历了四个温暖期和四个寒冷期,淮河流域地区情况也是如此。有学者根据河南省历史时期寒暖的记载,绘制出河南省历史时期温度变化曲线,和竺可桢研究结果总的来看趋势也是一致的。[②]从 10 世纪起,我国气候逐步变冷。进入 12 世纪初,我国的气候迅速

---

　　① 参见杨煜达:《清代云南季风气候与天气灾害研究》,上海:复旦大学出版社,2006年,第1页。

　　② 参见盛福尧、周克前:《河南历史气候研究》,北京:气象出版社,1990年,第35—59页。

向着严寒转变。12世纪刚结束,我国南北方的气候开始回暖,这种气候转暖的趋向大约持续到13世纪的初期和中期。元代以及明朝所处的14世纪,气候的寒冷程度又超过了13世纪。从15世纪到19世纪,历经明清两朝的大部分时期,我国的冬季一直以寒冷为特征,而其间最寒冷的时期是在17世纪,特别以公元1650—1700年即清朝顺治初年至康熙中期为最冷。[①]如顺治十年(1653),淮河流域江苏泗阳县冬寒,"烈风恒寒,冰雪塞途四十余日,行旅断绝"。[②]18世纪中期以后的半个世纪是一个温暖期,年平均气温比今日高出0.6℃。与此相对照的是,1791—1850年的半个世纪是一个寒冷时期,年平均气温比今日低出0.8℃。最低的年平均气温出现在1816年,该年平均气温竟然比今日低出2℃,并且是自小冰期(mini-glacial)以来的最低气温。有些气候学家则认为中国的第六个小冰期始于1840年左右,一直延续到19世纪80年代。而上述中国的气候变冷在华北、华东和华中最甚。[③]19世纪末至20世纪40年代,气候是变暖的,但在以后又变冷了。一二十年后又有变暖的现象。[④]历史时期气候干冷暖湿的阶段性变化直接影响着河流、湖泊的水文特征,在温暖期,气候趋于温热,水草增加;在寒冷期,气候趋于干凉、搬运活动加强。在由暖到寒和由寒到暖的过渡阶段,气候往往出现振荡。气候振荡的直接后果是引发严重的水旱灾害,进而造成河道湖沼的改变和水资源增量的急剧盈缩。从总体上看,淮河流域水生态环境变迁趋势与气候变化的总趋势基本一致。如汉唐时期,气候温暖,平均气温比现今高1℃~2℃,环境湿润,雨量较今天丰富,地表河湖水面较大。据遥感图像分析,在黄淮海平原上,唐宋时期湖泊洼淀有11000多平方千

---

① 参见孙冬虎:《北京近千年生态环境变迁研究》,北京:北京燕山出版社,2007年,第28页。

② 民国《泗阳县志》卷三《表二·大事附灾祥》,《中国地方志集成·江苏府县志辑》(56),第168页。

③ 参见刘昭民:《中国历史上气候之变迁》,台湾:商务印书馆,1982年,第135页。

④ 参见涂长望:《关于二十世纪气候变暖的问题》,《人民日报》1961年1月26日。

米,是今天的 2 倍多。①而宋代以后气候变冷、变干,干旱发生的频次多于洪涝。应该说,近千年,特别是近四五百年来,淮河流域一些河道因水量减少而淤塞,甚至有的变为平陆,一些湖泊沼泽萎缩甚至消失,都与气候干冷、降水减少有一定的关系。

降水作为气候的重要因素,降水量和降水的季节、年际分布也直接影响着水生态环境的变化。淮河流域多年平均降水量为857.3mm。受季风影响,降水量时空变化很大。在空间上,降水量由南向北递减。淮南大于 1000mm,淮北平原介于 800—1000mm 之间,豫东黄泛地区为 700—800mm 左右。嵩箕山一带,降水量最少,小于700mm。②可见,淮南淮北降雨量有很大差异,越过淮河越往北,降雨量越小,旱情就越严重。如河南光山县"距赤道较近,故气候与北部稍异,且南部现海洋性,春夏多雨,北部现大陆性,雨量较少"。③在苏北的海州,"岁常忧旱,夏秋间尤甚"。④从历史上看,近千年来淮河流域降水量和地表径流量呈逐渐减少趋势。据王邨先生研究,汝阳县所在的豫西山区从隋唐至今的 1400 年来,多年平均降水量由1200mm减少到了 700mm 左右,相当于每年平均减少 0.4mm;多年平均径流深由 600mm 减少到230mm 左右,相当于每年减少 0.3mm。⑤

淮河流域一般是秋冬干冷,春夏暖湿。如民国《泰县志稿》卷三云:"每年自十一月至四月为干季稀雨,以一月、二月为最,五月至十

---

① 参见陈茂山:《海河流域水环境变迁及其历史启示》,见中国水利水电科学研究院水利史研究室编:《历史的探索与研究——水利史研究文集》,郑州:黄河水利出版社,2006年,第 225 页。

② 参见戴鸿麟:《河南省境内淮河流域旱涝灾害成因与治理》,北京:地质出版社,1991 年,第 5 页。

③ 民国《光山县志约稿》卷一《地理志·气候》,《中国方志丛书》(125),台北:成文出版社有限公司,1975 年,第 43 页。

④ 嘉庆《海州直隶州志》卷十《舆地四·风俗》。

⑤ 转引自薛巧玲主编:《汝阳气候与生态研究》,北京:气象出版社,2004 年,第 107 页。

月为湿季多雨,以七月八月为最"。[①]降雨主要受夏季季风影响,多集中在6—8月,以涡切变雨、台风雨为最多。如在信阳"春夏间尤多雨,五月俗称雨节气"。[②]我们再以民国《蒙城县政书》癸编《统计报告》中记载的1915年(表1-2)、1916年(表1-3)蒙城县的晴雨天气情况统计为例,进一步说明淮河流域降水主要集中在春夏季节。

表1-2　1915年蒙城县晴雨天气一览表

日期＼月份	一日	二日	三日	四日	五日	六日	七日	八日	九日	十日	十一日	十二日	十三日	十四日	十五日	十六日	十七日	十八日	十九日	二十日	二十一日	二十二日	二十三日	二十四日	二十五日	二十六日	二十七日	二十八日	二十九日	三十日
正月	雨	阴	阴	晴	晴	阴	晴	晴	晴	晴	阴	雨	阴	阴	晴	晴	晴	晴	阴	阴	阴	雪	阴	晴	晴	晴	晴	阴	阴	晴
二月	晴	小雨	下雪	阴	晴	雨	雪	阴	晴	阴	晴	晴	晴	雨	晴	晴	阴	阴	晴	雨	雨	阴	雨	阴	晴				晴	
三月	晴	小雨	晴	晴	小雨	晴	晴	晴	晴	雨	阴	晴	晴	晴	阴	晴	晴	晴	晴	阴	晴	晴	晴	阴	晴	晴	晴	晴	晴	阴
四月	晴	晴	阴	阴	晴	晴	晴	晴	雨	阴	晴	雨	阴	雨	雨	雨	晴	阴	晴	晴	雨	晴	晴	阴	晴	晴	晴	雨	阴	阴
五月	阴	晴	晴	晴	晴	雨	阴	雨	晴	晴	晴	晴	雨	晴	雨	晴	晴	晴	晴	晴	雨	晴	晴	晴	晴	晴	雨	晴	晴	晴
六月	阴	阴	雨	晴	晴	雨	晴	晴	晴	晴	晴	晴	晴	雨	晴	晴	雨	晴	雨	晴	晴	雨	晴	雨	晴	晴	雨	雨	雨	晴
七月	雨	雨	阴	晴	晴	晴	晴	晴	晴	晴	晴	晴	雨	晴	晴	晴	晴	晴	晴	晴	晴	晴	晴	晴	晴	晴	晴	晴	雨	雨
八月	雨	晴	晴	晴	晴	晴	雨	晴	雨	晴	晴	晴	晴	晴	晴	晴	晴	晴	晴	晴	晴	晴	晴	晴	晴	晴	晴	晴	雨	雨
九月	雨	阴	晴	晴	晴	晴	晴	晴	晴	晴	晴	晴	晴	晴	晴	阴	雨	晴	晴	晴	晴	晴	晴	晴	晴	晴	晴	雨	晴	晴
十月	晴	晴	晴	雨	雨	晴	晴	晴	晴	晴	晴	晴	晴	晴	晴	晴	晴	雨	雨	晴	晴	晴	晴	晴	晴	晴	晴	晴	晴	晴
十一月	晴	晴	晴	雨	雨	雨	晴	晴	晴	晴	晴	晴	晴	晴	晴	晴	晴	晴	晴	晴	晴	晴	晴	晴	晴	晴	晴	晴	晴	晴
十二月	晴	晴	晴	晴	晴	晴	晴	阴	晴	晴	晴	晴	晴	晴	晴	晴	晴	晴	晴	晴	晴	晴	晴	雨	晴	晴	晴	晴	阴	晴

资料来源:《民国四年晴雨一览表》,民国《蒙城县政书》癸编《统计报告》,第182—183页。

---

① 　民国《泰县志稿》卷三《地理志一·雨量》,《中国地方志集成·江苏府县志辑》(68),南京:江苏古籍出版社,1991年,第49页。

② 　民国《重修信阳县志》卷一《天文志·气候》。

表1-3　1916年蒙城县晴雨天气一览表

日期＼月份	一日	二日	三日	四日	五日	六日	七日	八日	九日	十日	十一日	十二日	十三日	十四日	十五日	十六日	十七日	十八日	十九日	二十日	二十一日	二十二日	二十三日	二十四日	二十五日	二十六日	二十七日	二十八日	二十九日	三十日
正月	阴	阴	雨	雨	雪	阴	阴	雪	阴	晴	晴	晴	晴	晴	晴	晴	晴	晴	阴	阴	阴	晴	晴	阴	晴	晴	晴	阴	晴	晴
二月	晴	晴	雨	雨	雪	雪	晴	阴	晴	晴	晴	晴	晴	晴	晴	阴	雪	雪	雨	雪	阴	阴	晴	晴	阴	阴	晴			
三月	晴	晴	阴	阴	晴	晴	晴	晴	晴	阴	阴	雨	阴	晴	阴	晴	晴	晴	晴	晴	晴	晴	晴	晴	晴	晴	晴	晴	晴	阴
四月	晴	晴	晴	晴	晴	晴	晴	晴	晴	晴	阴	阴	晴	晴	雨	雨	雨	晴	雨	阴	晴	晴	雨	雨	晴					
五月	晴	晴	晴	阴	阴	阴	晴	晴	阴	雨	阴	晴	晴	雨	晴	晴	晴	雨	晴	雨	晴	晴	晴	晴	雨	晴	晴	晴	晴	晴
六月	晴	晴	晴	雨	阴	晴	晴	晴	晴	晴	雨	晴	晴	雨	晴	雨	雨	雨	雨	雨	雨	晴	晴	晴	雨					
七月	阴	雨	雨	阴	晴	雨	雨	雨	晴	雨	晴	阴	雨	晴	晴	晴	晴	晴	晴	晴	阴	晴	晴	晴	晴	晴	晴	晴	阴	阴
八月	雨	雨	晴	晴	阴	雨	晴	晴	晴	雨	阴	雨	晴	雨	晴	雨	晴	阴	雨	晴	雨	晴	阴	晴	雨	晴	雨	晴	雨	阴
九月	晴	雨	雨	雨	雨	阴	雨	晴	雨	阴	雨	晴	晴	晴	晴	雨	阴	阴	晴	阴	晴	晴	晴	阴	雨	阴	晴			
十月	晴	阴	晴	晴	晴	晴	晴	晴	晴	晴	晴	晴	晴	晴	晴	晴	阴	阴	晴	阴	阴	晴	晴	晴	晴	雨	阴	晴	阴	晴
十一月	晴	雨	雨	雨	雨	雨	晴	晴	晴	晴	晴	晴	晴	晴	晴	晴	晴	晴	阴	阴	阴	晴	晴	晴						
十二月																														

资料来源:《民国五年晴雨一览表》,民国《蒙城县政书》癸编《统计报告》,第185—186页。

据表1-2统计,1915年蒙城下雨天数总计72天,最多的是六、七、八3个月,分别是11天、17天、10天,此3个月下雨天共计38天,占全年下雨天数的52.78%,其他月份下雨天数都小于8天,其中十二月是0天,一月、五月各2天,二月3天,三月4天,四月、九月、十一月各 5 天,十月 8 天。据表 1–3,1916 年蒙城 12 月份无下雨天数记录,在 11 个月中,总计下雨天数为 71 天,其中六、七、八、九 4 个月分别是 12 天、10 天、8 天、11 天,此 4 个月总计下雨天数 41 天,占全年下雨天数的 57.74%,其他月份下雨天数最多的是四月为 9 天,十一月 6 天,十月 5 天,二月、五月各 3 天,一月、三月各 2 天。可见,1916 年春夏秋季节,蒙城县是持续的雨涝天气。淮河流域这种降雨量的年内分配和年际分配很不均匀,且降雨量多集中于汛期的六至九月,易造成全流域的特大洪水灾害。

淮河流域处在季风气候区,春夏多东南风,秋冬多西北风。大风作为一种灾害性天气不仅威胁着淮河流域人民群众的生命财产,同时还对淮河流域水生态环境的变迁产生重要影响。主要表现为以下两种情况:

其一,梅雨过后,副热带高压北抬,海上台风活动频繁,路径偏北,于是淮河流域东部滨海平原频繁受到台风的袭击,造成潮灾不断。台风暴雨大潮一般最早的在 7 月,最迟至 10 月,7—9 月是台风的集中期,这一时期的台风占台风总数的 84%,8 月上旬到 9 月中旬最盛,占总数的 56%。"海中之潮日起落,每到秋来辄大作。年年七月八月间,风头鼓浪如山岳"[1]一诗就是淮河流域东部台风活动规律及其所引起的风暴潮灾害的真实写照。如至正二年(1342)十月飓风作,海水涨,溺死人民。[2]隆庆三年(1569),沭阳县大风海啸,淮溢,沭水涌溢,民多溺死。[3]万历十年(1582)七月大风雨,海啸,漂溺人畜无算。万历二十年(1592)大风雨,海啸,河溢,淮沭诸水并涨,漂溺无算。[4]

---

① (清)汪之衍:《题李子懋煮海图》,(清)孙翔辑《崇川诗集》卷九,《四库全书存目丛书补编》(补 42),济南:齐鲁书社,2001 年,第 604 页。
② 嘉庆《海州直隶州志》卷三十一《拾遗·祥异》。
③ 民国《重修沭阳县志》卷十三《杂类志·祥异》,《中国地方志集成·江苏府县志辑》(57),南京:江苏古籍出版社,1991 年,第 312—314 页。
④ 嘉庆《海州直隶州志》卷三十一《拾遗·祥异》。

其二,大风夹杂暴雨以及大风助推河湖形成大的浪涌对堤坝造成的危害进一步加重了洪水灾害。如沭阳县万历二十年(1592)大风雨,淮沭诸水并涨,漂溺无算。①大风形成水涌容易造成堤坝决口的主要是开封—郑州之间的黄河南岸大堤以及洪泽湖大堤、淮扬运河东堤。如民国《河南新志》卷一记载,河南北部大风,月必数见,"播沙扬尘,碍人呼吸;而濒河处尤甚,旱则积尘盈尺,车马经过,或为风所掀动,天地晦冥,咫尺莫辨。太行山之东,风循山麓南驰尤猛,河溜往往为之改易。伏秋大汛时,为患更甚。其风自太行山顶,斜射而下,冲击最为有力,开、郑一带,历来河水漫决,南多于北,以此"。②在洪泽湖地区,如乾隆十七年(1752)九月二十八日,据庄有恭奏称,"西北风暴将山盱厅停修之高涧、龙门、清水潭三处外越埽工尾土汕掣,被淹货船二十余只。又于十月十二日暴风撞掣东坝迤南秦家高冈等处新旧砖工及高堰七堡至十三堡间段石工"。此次风暴共造成男妇65名落水,其中淹死13口,岸上居民倒塌草房10余间。③道光四年(1824)冬十一月十三日大风霾,"高家埝十三堡溃决,洪泽湖水泛滥,淮、扬二郡几成泽国"。④此次决堤还威胁到了下游高邮湖河堤工,"高邮湖河日长水二三尺,堤工岌岌,连启四坝,官民大恐"。⑤

二、社会因素

研究表明,淮河流域地形地势、气候变化对淮河流域水生态环

---

① 民国《重修沭阳县志》卷十三《杂类志·祥异》,《中国地方志集成·江苏府县志辑》(57),第312—314页。

② 民国《河南新志》卷一《舆地·气候》,河南省地方史志编纂委员会、河南省档案馆整理:《河南新志》,郑州:中州古籍出版社,1988年,第21页。

③ 乾隆十七年(1752)《管安徽巡抚事张师载奏明高堰山盱等处风暴打坏石工淹没船只人口情形并非外越埽工停修之故折》,《史料旬刊》第27期,1931年2月。

④ (清)徐珂:《清稗类钞·狱讼类·高家埝河决案》。

⑤ 道光《续增高邮州志》第六册《灾祥志》。

境变迁产生过重要影响。但是地形地势一旦形成,在较短的历史年代中的变化是较小的。而从大量文献记载来看,历史上的气温和降水呈现明显的波动,洪水和干旱也具有一定的周期性。因而,只从自然方面来解释历史时期淮河流域水生态环境变迁显然是不够的。马克思和恩格斯指出:"历史可以从两方面来考察,可以把它划分自然史和人类史。但这两方面是密切相联的;只要有人存在,自然史和人类史就彼此相互制约"。①人类社会的作用使得淮河流域水生态环境的变迁已经不是纯粹意义上的原生水生态的自演自变,而是愈来愈深刻地融入了人类活动的意蕴。从较短的历史时期看,兵燹战乱、农渔生产以及政府治水等人类活动已经成了淮河流域水生态环境变迁的主要影响因子。

（一）兵燹战乱

马克思和恩格斯指出,战争本身"是一种经常交往的形式"。②克劳塞维茨也说:"战争是一种人类交往的行为"。③人类选择战争这种交往方式作为解决各方分歧的一种手段已延续了几千年。我国历史也不例外,也是战乱频繁、兵燹不断,而且很多都与淮河流域有关。对于这一点,淮河流域志书多有记载,如民国《涡阳县志》卷三云:"涡河自尧禹以来,扬州溯淮入洛恒出焉,与淮渎同伸缩。汉魏经营皆以得颍涡与否作为争战胜负的决定性因素,淮水剧战皆以争此水而已"。④民国《泗阳县志序》也载,"泗阳介江淮之间,水

---

①　黎澍主编:《马恩列斯论历史科学》,北京:人民出版社,1980年,第41页。

②　马克思、恩格斯:《德意志意识形态》,《马克思恩格斯全集》第1卷,北京:人民出版社,1972年,第72页。

③　(德)克劳塞维茨:《战争论》第1卷,中国人民解放军军事科学院译,北京:解放军出版社,1964年,第179页。

④　民国《涡阳县志》卷三《山川》,《中国地方志集成·安徽府县志辑》(26),南京:江苏古籍出版社,1998年,第445页。

土瘠薄而冲烦倍之,每南北有事,辄为戎马所侵陵"。①但"在每一次战争中生态环境都是受害者",②战争造成的环境（包括水生态环境)破坏具有空间上的迁移性和时间上的延续性,远远超出了战争发生时和发生地。在冷兵器时代,发生淮河流域的战争对淮河流域水生态环境的破坏主要表现为毁坏森林植被的间接影响和"以水代战"的直接影响。

森林植被具有涵养水源,减少水土流失的作用,但历史上发生在淮河流域的不少战争对之破坏甚大。如明末张献忠攻占凤阳时,一把火使成千上万颗松柏化为灰烬。又如淮南的八公山,据当地故老云:"北山向时木甚美,中栋梁,今城中老屋多北山木所构,其产有青槚、红槚,大皆合围以上,发老屋者犹时时得之,青槚色青黑坚致,类海楠,红槚红泽皆他处所无",但"明季兵火,砍伐遂尽,今欲求青槚红槚之桨,而辨其枝叶,亦不可得矣"。③五河县有三岔涧在张家大沟西,县治西南 35 里,曾经是两岸绿杨夕阳蝉噪,为一佳境,但咸丰"兵燹之后,树已斩伐殆尽,沟亦逐段淤浅,无复昔时之风景矣"。④

时至民国时期,日本发动的侵华战争和国民党政府发动的国内战争对淮河流域森林植被的破坏也非常严重。如在河南遂平县"自1940 年来遭到日军入侵和解放战争时国民党军队对森林的毁坏,特别是国民党军队为了修碉堡架鹿砦不仅砍伐用材林木,而且把果树

　　① 民国《泗阳县志》卷首《序》,《中国地方志集成·江苏府县志辑》(56),南京:江苏古籍出版社,1991 年,第 110 页。

　　② Patricial J.,"West Earth:The Gulf War's Silent Victim",*Yearbook of Science and the Future*,Chicago,USA:Encyclopedia Britannica Inc.,1993,p.42.

　　③ 光绪《凤台县志》卷四《食货志·物产》,《中国地方志集成·安徽府县志辑》(26),南京:江苏古籍出版社,1998 年,第 61 页。

　　④ 光绪《五河县志》卷二《疆域三·沟》,《中国地方志集成·安徽府县志辑》(31),第404 页。

也都伐光了"。[①]在罗山县,民国初年境内有大面积的自然森林,木材多有输出。第二次国内革命战争时期,国民党军队多次"围剿"大别山苏区,毁林、烧山、并村,使罗山森林资源遭到严重破坏,1933年国民党军队伙同地方民团胁迫群众2万多人在灵山、何冲、鸡笼、定远一带伐木、烧山,一次毁林50余万亩。抗日战争时期,日军两次侵占罗山,所经之地,树木统被砍光、烧光,境内森林资源又一次遭到破坏。至1943年,全县134.8万亩宜林面积,仅存林木40.02万亩。解放战争时期,境内森林资源再次遭到国民党军队破坏,县城北桑园10多亩桑树林,被国民党军队一次砍光。[②]在山东沂蒙山区,本来费县在民国初年于县城北部山区开始封山造林,1930年建成万松山、崇文山两处官有林场,总面积250亩,有树13000株。1938年官有林场7处,有侧柏16700株。但1938年日军侵占费县后,妄图扑灭沂蒙山区抗日武装,对这里进行反复侵略扫荡,实行烧光、杀光、抢光的"三光"政策,摧残了林木,毁坏了草场,使沂蒙山区变成一片光山秃岭。该县汉奸邵子厚还纵火焚山,烧死烧伤树木10万余株。[③]所以,当时流传着一段顺口溜,说是"日寇侵华八年间,围剿扫荡沂蒙山;实行三光绝户计,家家房屋口朝天;鸡猪牛羊全抢走,林木草场遭涂炭;遍地石头难存水,山洪滚滚成灾难;穷山恶水种地难,妻离子散去讨饭"。[④]

凭借江河天险进行防守或进攻,以及决堤水淹敌方,是我国历史上不少战争的作战方式。占据江河天险进行防守或进攻的作战例子很多,如海州银山坝,去州治南20里,"自青州穆陵关发源,合沂沭水由九洪桥入海,其势奔迅易涸,故筑坝以潴清流,为农田利,且隐然城守之险。宋元之际,赖以抗敌,常加修护。元季为张士诚所据,

---

① 建委环境保护志编辑组:《遂平县环境保护志》,1984年1月,第8页。

② 罗山县地方史志编纂委员会编:《罗山县志》,郑州:河南人民出版社,1987年,第251页。

③ 费县林业局编:《费县林业志(1840—1989)》,1990年8月,第41—42、54页。

④ 参见范仲泉、范伯伦:《塔山林场话今昔》,政协费县委员会:《费县文史资料》第一辑,1983年,第98—99页。

恃此防守"①;崇祯十七年(1644)兵部尚书史可法在江苏泗阳县"白洋河南凿拦马河,以阻清兵"②;咸丰年间太平军"遍扰江南、北各省",宝应县人刘恭冕说该县"以多水获免"。③不过,这种作战方式对淮河流域水生态环境基本没什么大的影响。

对淮河流域水生态环境造成极大破坏的主要是决堤水淹敌方的"以水代战"作战方式。这种"以水代战"往往会造成淮河流域河道变迁以及大面积的洪水泛滥。如魏王假三年(前225),秦国进攻大梁,"引河沟而灌大梁,三月城坏,王请降,遂灭魏"。④东汉建安三年(198),曹操追击吕布至下邳,"吕布战败,坚守邳城,曹操挖堑围攻不克,遂决引渡沂、泗水灌城"。⑤南北朝梁天监十三年(514),梁武帝萧衍与北魏作战时,"用魏降人王足计,欲以淮水灌寿阳。乃假太子右卫康绚节督卒二十万,作浮山堰于钟离。而淮流湍驶剽急,将合复溃。或曰淮有蛟龙喜乘风雨坏岸,其性恶铁,绚以为然,乃引东西冶铁器数十万斤,益以新石沉之,犹逾年乃合。堰袤九里,水逆淮而上,所蒙被甚广。魏人患之,果徙寿阳,戍屯八公山,余民分就冈垄"。梁天监十五年(516)九月,"淮涨堰坏,奔于海,有声如雷,水之怪妖蔽流而下,死者数十万人"。⑥南宋建炎二年(1128),东京留守杜充决开黄河大堤自泗入淮,以阻金兵,开黄河全面夺淮之先河。建炎三年(1129),南宋政府又"命淮南引塘泺,开畎浍以阻金兵"。⑦金开兴元

---

① 隆庆《海州志》卷之二《山川志·津梁·闸坝堤附》。

② 民国《泗阳县志》卷三《表二·大事附灾祥》,《中国地方志集成·江苏府县志辑》(56),南京:江苏古籍出版社,1991年,第167页。

③ (清)刘恭冕:《妇人裹足当严禁说》,(清)刘台拱、刘宝树、刘宝楠、刘恭冕:《宝应刘氏集·刘恭冕集·广经室文钞》,张连生、秦跃宇点校,第559页。

④ 《史记》卷四四,《世家第一四·魏》。

⑤ 光绪《五河县志》卷一《疆域三·山川》,《中国地方志集成·安徽府县志辑》(31),南京:江苏古籍出版社,1998年,第391页。

⑥ (宋)秦观:《浮山堰赋》,光绪《泗虹合志》卷十六《艺文》,《中国地方志集成·安徽府县志辑》(30),第594页。

⑦ 武同举纂述:《淮系年表》(六),《宋二》引《盱眙志稿》。

年(1232)正月,金人决河南堤,未遂;三月,蒙古兵决归德城北河堤,城四面皆水,自睢水东南流。①天兴三年(1234)八月,蒙古兵又决黄河寸金淀之水,灌开封一带宋兵,宋兵多溺死。明末崇祯十五年(1642),河南巡抚高士衡和开封府推官黄澍为了抗击李自成的农民起义军,乘秋汛水大决口淹城。周在浚的《大梁守城记》说:"(九月)十六日,各官率两营兵塞城门,水从墙隙进,势不可扼。乘风鼓浪,声如雷。水头高丈余,坏曹门而入,南、东、北门相继沦没。入夜如鸣万钟,杂哭声其间。"白愚的《汴围湿襟录》说:"举目汪洋,抬头触浪。其仅存者钟鼓二楼,周王紫禁城(案即今龙亭),都王假山,延庆观,大城止存半耳。至宫殿,衙门,民舍高楼,略露屋脊。"《大梁守城记》还说:"初,城中男女百万;加以外邑,在野庶民,避寇入城者又二万余户。贼难(指闯王起义军围城)以来,兵死、饥死、水死,得出者万人而已。"②据兵部侍郎堪赓言,此次"河之决口有二:一为朱家寨,宽二里许,居河下流,水面宽而水势缓;一为马家口,宽一里余,居河上流,水势猛,深不可测。两口相距三十里,至汴堤之外,合为一流,决一大口,直冲汴城以去,而河之故道则涸为平地"。③此次人为决口不仅导致"士民溺死者数十万人"④,而且造成了黄河南下夺涡入淮。据《江南通志稿》称:"闯贼决黄河以灌开封,水势汹涌,由汴历亳、蒙,从涡口入淮,而涡之两岸及民田冲突倾圮者无算。后黄河循故道,而涡之形势平广,较昔顿异"。⑤这次决口还直接导致黄河"下流日淤,河事益坏,未几而明亡矣"。⑥

　　1938年6月,国民党为了阻遏日军南犯,炸开了河南省中牟县、

①　《金史》卷一一六,《列传第五四·石盏女鲁欢传》。

②　转引自晨风综合稿:《开封段黄河今昔》,中国人民政治协商会议河南省开封市委员会文史资料研究委员会:《开封文史资料》第二辑,1985年,第153—154页。

③　《明史》卷八四,《志第六〇·河渠二·黄河下》。

④　《明史》卷二四,《本纪第二四·庄烈帝二》。

⑤　嘉庆《怀远县志》卷一《地域志》,《中国地方志集成·安徽府县志辑》(31),南京:江苏古籍出版社,1998年,第28页。

⑥　《明史》卷八五,《志第六一·河渠三·运河上》。

郑县花园口黄河大堤,使黄水遍地漫流,由涡、颍二河达淮入洪泽湖,再由洪泽湖漫溢南流,造成豫东、皖北、苏北共 44 个县,54000 平方千米的土地被淹,受灾人数达 1250 万,死亡 89 万人,沃野千里变成赤地,惨无人烟的黄泛区达 9 年之久。同年,日军又决苏北运堤,里下河遂成泽国。①1939 年冬,日军为西进起见,迫使我民众将中牟所掘之赵口堵塞断流,使黄水只从郑县之花园口一处溃出。花园决口原宽 500 米,东西两头均镶有裹头工程,以限制溃口扩大,保持故道水量。日军为保护汴新铁路,防黄回复故槽,故乘其西犯之机,在东头裹头以东又掘 1 口,宽 489 米,致使黄流一泄无余。1939 年以后,国民党重兵沿黄泛区布防,以界首为中心的颍河南岸,成为国民党之军政要地,汤恩伯、何柱国、王仲廉等部,以及国民党鲁豫苏皖边区党政分会和山东、江苏两省之流亡政府均驻在这里。出于军事需要,为确保河南岸大堤安全,国民党军队沿贾鲁河东岸筑堤,逼黄水转向东南,泛滥于茨、涡上游,并堵塞周口至界首之间颍河北岸的 11 条串沟(只留东蔡河 1 条,口门限为 100 米),逼水北回。与此同时,日军又驱使我民众在豫境之涡阳河北岸和清水河两岸修筑长堤,逼水南泛。②

(二)农渔生产

历史时期的淮河流域是一个以农为本、少事商贾的农耕社会。旧志称,淮河流域河南鲁山县"民多株守田畴,不谙货殖"③;光山县"衣食之源,立命之本,所恃者惟农耳"④;正阳县"人重去其乡,离家百里,辄有难色,故商贾少而农业多","凡农家,业极勤苦,及岁告

---

① 参见陆绍坤:《花园口决堤与尉氏人民的灾难》,政协尉氏县委员会文史资料研究委员会编:《尉氏文史资料》第五辑,《尉氏战乱纪事专辑》,1990 年,第 53 页。

② 太和县地方志编纂委员会编:《太和县志》,第 109—110 页。

③ 嘉庆《鲁山县志》卷十《地理志·风土》。

④ 嘉靖《光山县志》卷四《田赋志·贡赋》。

成,公税私租,偿贷之外,其场俱空者,什八九"①;西平县"居民以农户为最多,工商次之,然外出经商者绝少"②;通许县"民情醇厚,勤于农桑,拙于商贾"③;长葛县"商贩非所素习,务本者居多,逐末者甚少"④;鹿邑人质朴无华,"务农桑,故耻商贾";柘城人"比屋农桑,俗为近古"⑤。淮河流域安徽宿州也是"土旷民稀,勤于耕种,牧养蚕织,乃其常业"⑥;萧县其民"轻商贾,好稼穑"⑦,"耕耘之外,无他淫巧,间有杂艺,不过拙工。且素昧蚕桑,妇女无织纴,男子惟株守乡里,习以成风。百工技艺之徒,悉非土著"⑧;亳州"人秉性质直,好尚稼穑"⑨;"颍地不事末作,商贾半属远人"⑩;临淮、凤阳、定远"民率真直,贱商务农";泗州则"力农者多,逐末者少";天长县则"力本者多"⑪。淮河流域江苏睢宁县"民惮远涉,百物取给于外商,即有行贩,自稻粱麦菽果蔬而外无闻焉"⑫;沭阳县"务农亩,不事工艺"⑬;山东曲阜县"乡民

①　民国《重修正阳县志》卷末《杂类》。

②　民国《西平县志》卷三十六《故实志·风俗篇·风俗》。

③　乾隆《通许县旧志》卷一《舆地志·风俗》,《中国方志丛书》(465),台北:成文出版社有限公司,1976年,第63页。

④　乾隆《长葛县志》卷一《方舆·风俗》。

⑤　乾隆《归德府志》卷十《地理略下·风俗》。

⑥　嘉靖《宿州志》卷一《地理志·风俗》。

⑦　嘉庆《萧县志》卷十八《原序》,《中国地方志集成·安徽府县志辑》(29),南京:江苏古籍出版社,1998年,第567页。

⑧　嘉庆《萧县志》卷二《风俗》,《中国地方志集成·安徽府县志辑》(29),第264页。

⑨　光绪《亳州志》卷二《舆地志·风俗》引颍州府志,《中国地方志集成·安徽府县志辑》(25),第70页。

⑩　乾隆《颍州府志》卷之一《舆地志·风俗》,《中国地方志集成·安徽府县志辑》(24),第71页。

⑪　成化《中都志》卷一《风俗》,《四库全书存目丛书》(史176),济南:齐鲁书社,1996年,第126—127页。

⑫　康熙《睢宁县旧志》卷七《风俗·商贾》。

⑬　民国《重修沭阳县志》卷一《舆地上·风俗》,《中国地方志集成·江苏府县志辑》(57),南京:江苏古籍出版社,1991年,第14页。

专务农业,不精货殖"①。

农渔经济的发展一方面使人类从生态环境中获得大量的食用和宜居资源,另一方面也使特定区域内的天然生态环境发生改变。而这种水生态环境的改变速率加快和程度趋强,则与人口的增长和农渔经济的快速发展有着紧密的联系。人口增长,加大了对耕地和水生态资源的需求,直接导致了淮河流域水生态环境的变化,成为千百年来影响淮河流域局地水生态环境变迁的主要因素。

据研究,在人类社会发展的漫长历史过程中,人口数量、资源消耗、环境影响程度都呈指数增长。②有资料表明,淮河流域人口在南宋以后的黄河夺淮、洪涝灾害、兵燹战乱以及政府恢复和发展社会经济政策等因素的影响下,人口数量时有变动。一方面,灾害频发、动乱不定时节,淮河流域人口死徙严重,人口大量减少(参见本章第四节"人口凋零"一目的论述)。另一方面,当社会经济趋于相对稳定时,淮河流域广袤的平原农业经济又易生养人口,人口数量开始急剧攀升。人口大量死徙,土地荒芜,呈现的是文献记载中大量出现的"天不养人"局面。每当社会经济逐步恢复和发展时,又呈现文献记载中大量出现的人口滋生繁盛的局面。如据《密县志》记载,河南密县人口"元宋以前无案可稽","有明时,户仅三千八百一十,男妇大小不过三万二千二百之谱"。至清初,"招徕流亡,益以复业,户五百七十余,口五千八百余,然尚不满四万之数"。乾隆中叶,"户达一万二千二百,男妇大口二万五千七百七十有二,小口八万一千二百三十有九。至嘉庆时,编查保甲户共三万八百五十九,口共十三万零七百二十,较之前明时代,增加三倍有奇"。民国初年,"男妇大小已满三十万以上,孕育亦云繁矣"。③在淮河流域江苏阜宁县,民国时"西、南两乡人烟稠

①　民国《续修曲阜县志》卷二《舆地志·疆域·风俗》。

②　参见陈静生等:《人类——环境系统及其可持续性》,北京:商务印书馆,2001年,第123页。

③　民国《密县志》卷十一《财赋志·户口》,《中国地方志集成·河南府县志辑》(9),上海:上海书店出版社,2013年,第412页。

密,滨海一带田舍渐稀。四十年前,其形势固如是也。尔来生齿日繁,土地日辟,村庄之数,据旧志所载,已增至三分之二"。①人口快速增长,对环境的压力就增大,这在淮河流域各地的方志中就有很多记载。如河南光山县在崇祯年间,民户凋零,十室九空,至顺治初招集流亡,人口还是稀少。有清一代,光山因系腹地,未遭大的变故,太平天国时也所损无几,"故数百年来休养生息,至民国之初,可称庶富。民国九年办自治,调查户口至八十三万余口之多,而自清同治以来七十年间,因人满之患而迁居浙江、江苏、安徽、江西四省者占六十余县,人口比老籍加倍,蕃衍之盛,亘古未有"。②河南河阴县之生齿在民国初年时近约五万二千余,已是"视清初编审时,已加十倍,地止一千五百余顷,以口计地,人不足三亩,无惑乎户口繁而生计蹙也"。③

　　人口增加,造成食用不足,就需要开拓更多的土地资源和水资源来生产人们赖以生存的粮食。清初,清政府制定了鼓励乃至奖励垦荒的各种优惠措施,荒田日辟。如乾隆六年(1741)辛酉十月壬子,"户部议准河南巡抚雅尔图遵旨议,豫省地土平衍,凡有膏腴沃壤,历经劝垦报升,唯从前未辟、老荒及水冲新淤,深山平陆,不无荒芜,未垦之处,应听附近居民随便垦种报升,照本地方下则输赋。其上等地一亩以上,中等地五亩以上,各依水旱田之例,限年报升。不足此数,俱为零星地土,请遵谕旨,免其升科。从之"。④乾隆六年(1741)辛酉十月乙卯,"户部议准调任安徽巡抚陈大受遵旨议,安徽省属零星地土,听民耕种,水田一亩以上,旱田二亩以上,仍照例起科,不及此

---

①　民国《阜宁县新志》卷二《地理志·村庄》,《中国地方志集成·江苏府县志辑》(60),南京:江苏古籍出版社,1991 年,第 34 页。

②　民国《光山县志约稿》卷一《地理志·户口》,《中国方志丛书》(125),台北:成文出版社有限公司,1975 年,第 45 页。

③　民国《河阴县志》卷七《民赋考》,《民国河阴县志》,郑州:中州古籍出版社,2006 年,第 87 页。

④　《高宗纯皇帝实录》卷一百五十三,《大清高宗纯(乾隆)皇帝实录》(四),台北:台湾华文书局股份有限公司印行,1970 年再版,第 2263 页。

数者,概免升科。至有开垦无主荒地,地方官确勘,应给印照执业。从之"。①但至雍正、乾隆年间,荒地已经被垦辟殆尽,出现了地无可垦之处的现象。于是,人们开始把目光转移到了原先不怎么容易被开垦的山地和湖沼。山地被垦辟,河滩地、湖沼洼地被围垦,捕鱼业的发展则又阻塞行洪水道,水生态环境随之脆弱化乃至恶化。可以说,"人口增长是促使环境毁灭的最强大动因。迅速增长的人口扩大了人类造成的环境影响的规模,使变化的发生更加迅速"。②

淮河流域山地森林植被主要集中在西部、南部和东北部,而广大淮北平原和滨海平原则林木稀疏,原生植被不茂。《盐铁论·通有》说:"今吴、越之竹,随、唐之材,不可胜用,而曹、卫、梁、宋采棺转尸",即是说江南吴越之地以及随国、唐国所在的桐柏山麓林区竹木丰饶,取之不尽,而曹、卫、梁、宋则因林木匮乏,只能以劣质的采木作棺,甚至弃尸而不葬。③即使如此,淮河流域这样少量的森林植被也被频仍的战争破坏甚多。同时,随着明清以来淮河流域人口的增长,淮河流域森林植被又被大幅度的开垦。如淮河流域河南境"大河南北,太行、伏牛等山脉,绵亘千里,到处童山濯濯,林木斩尽,而濒河废地弃同沙碛。往往十里、数十里中无一株拱木"。④伊阳县在明时颇殷庶,习尚奢靡,室宇华丽,明末遭寇而荒芜,"国朝定鼎而后加意招徕,半非土著,诸镇略似村落,懋迁寥寥,难语集市云兹者。百有余年以来,休养生息,户口繁衍,圜阓兴于街巷,车牛盈于阡陌,山陕以及河北之民择便利而居之"⑤,"至南乡、西南乡多重山复岭,向鲜民

① 《高宗纯皇帝实录》卷一百五十三,《大清高宗纯(乾隆)皇帝实录》(四),第2266—2267页。

② [美]J.唐纳德·休斯:《什么是环境史》,梅雪芹译,北京:北京大学出版社,2008年,第120页。

③ 参见王子今:《秦汉时期生态环境研究》,北京:北京大学出版社,2007年,第339页。

④ 民国《河南新志》卷五《实业·林业》,河南省地方史志编纂委员会、河南省档案馆整理:《河南新志》,第233页。

⑤ 道光《重修伊阳县志》卷一《地理·集市》。

居,迩来山陕、河北之民乘便开垦,结茅山窝,零星散处"①。光山县"南境多山田,缘岩被陇,斜畛侧町,几于无土不辟","近时生齿愈蕃,间有远趋购汝、桐柏诸地,任土开垦者"。②舞阳县"南山有外来兴国州及安徽等处民人开种山地者,往往一家自成一庄,耕耘收获固以居近地亩为便,及至冬间宵小易生,孤庄独户守望极难"。③确山县的近城市及大村之山,"惜常为牛羊牧竖所毁,偶有自生之木,又被樵夫掘及根株,搜索净尽。是以濯濯牛山,一木不存"。④西平县"山既不毛,水又涸泽,虽有山泽之名,悉属无用之区,不过微备蓄泄而已"。⑤

淮河流域安徽霍山县"境多山,平畴陌阡之所登,恒不及三之一,故谷不足供民食,附城必资邻籴。西南二百里中半借山粮糊口,山高寒峭而多石,所出常苦不丰,更必资採山、伐山、猎山之利以佐之"。⑥经过长期开垦,明代时大别山区还是"自六安以西皆深山大林,或穷日行无人迹。至于英霍山益深,材木之多,不可胜计"⑦,至乾隆时境内巨材被"斫伐都尽",以致形成了"工师採山,惟杉、椠而已,然大者绝少"的局面。⑧到了光绪年间,又因"生息益蕃,食用不足,则又相率开垦,山童而树亦渐尽。无主之山则又往往放火延焚,多成焦土"。⑨

滁州、六合、盱眙、泗州境内山地丘陵,绵延起伏,嘉庆以后由于

---

①　道光《重修伊阳县志》卷一《地理·里甲》。

②　民国《光山县志约稿》卷一《地理志·风俗》,《中国方志丛书》(125),台北:成文出版社有限公司,1975 年,第 89 页。

③　道光《舞阳县志》卷六《风土》。

④　吴世勋编:《分省地志·河南》,上海:中华书局,1927 年,第 174 页。

⑤　康熙《西平县志》卷一《舆地志·塘堰》。

⑥　光绪《霍山县志》卷二《地理志·物产》,《中国地方志集成·安徽府县志辑》(13),南京:江苏古籍出版社,1998 年,第 49 页。

⑦　(明)杨循吉:《庐阳客记·物产》,《四库全书存目丛书》(史 247),济南:齐鲁书社,1996 年,第 669—670 页。

⑧　乾隆《霍山县志》卷七《物产志》,《稀见中国地方志汇刊》(21),北京:中国书店,1992 年,第 764 页。

⑨　光绪《霍山县志》卷二《地理志·物产》,《中国地方志集成·安徽府县志辑》(13),第 58 页。

桐城、潜山人多前往该地垦山耕种,棚民声势愈聚愈壮。史载"棚匪者多桐城、潜山人。旧于滁、六、盱、泗境内种山为业,是谓棚民"。[①]道光六年(1826)任来安知县的刘廷槐作《仙槎里秋眺》一诗道:"频患东南为泽国,最关西北是蛮州"。诗作者自按曰:"西北界盱、定山中棚民错处,时谓之山蛮"。[②]盱眙县是"邑之不殷富,以此山多无草木。嘉庆中,皖人典种,不用牛犁,惟锹锄垦劂,多种高粱,倍常收获"。[③]又据光绪《盱眙县志稿》载,"邑境西南多冈岭,乾隆后棚民占垦几遍,开凿既久,真气尽失,求所谓螺黛苍翠者,不可见矣"。[④]

在徐州府,人们见到的是"山发槎蘖辄被斧斤,四境诸山强半童赤"。[⑤]该府境的铜山县也是"山多重冈叠嶂,蜿蜒起伏,其势勃郁,然土少于石,无林木之饶,又时见侵于樵牧,往往绵亘数十里,望之童然"。[⑥]

淮河流域山东枣庄附近山地,据水利专家胡雨人调查所见到的是,"车傍山行数十里间,仅一山有树少许"。[⑦]在东平县,"东北多山,西南积水。山多童山濯濯,草木不殖"。[⑧]

山地森林植被的破坏不仅有失材薪之利,更严重的是造成淮河流域水生态环境的恶化。正如民国时期学人吴世勋所说的,山地垦殖导致"土石亦无覆蔽盘固之资;故夏秋雨水挟土石而猛下,常为灾

---

① 光绪《盱眙县志稿》卷一六《兵事》,《中国方志丛书》(93),台北:成文出版社有限公司,1970年,第1430页。

② 道光《来安县志》卷一三《艺文志·集文下》,《中国地方志集成·安徽府县志辑》(35),南京:江苏古籍出版社,1998年,第491页。

③ 同治《盱眙县志》卷二《食货志三·漕运》,《中国方志丛书》(233),第90页。

④ 光绪《盱眙县志稿》卷二《山川》,《中国方志丛书》(93),第174页。

⑤ 同治《徐州府志》卷十一《山川考》,《中国地方志集成·江苏府县志辑》(61),南京:江苏古籍出版社,1991年,第385页。

⑥ 民国《铜山县志》卷十三《山川考》,《中国地方志集成·江苏府县志辑》(62),第207页。

⑦ 胡雨人:《江淮水利调查笔记》(辛亥年),见沈云龙主编:《中国水利要籍丛编》第三辑,台北:文海出版社,1970年,第97页。

⑧ 民国《东平县志》卷四《物产志》。

害"，大凡"河流冬多干涸，夏则汹涌，大率由于近山及山无森林所致"。①这种因垦山造成淮河流域水生态环境被破坏之事例，在淮河流域旧志中有很多。如同治《六安州志》就收录有杨友敬的一篇《复太守高公询州境水利》文献，其中谈到六安西北沿河十三湾频年被涝，且波及七家坂、官田坂，原因就在于"西去万山，昔惟草树蒙茸虎狼窟宅，近人烟辐辏，崇山悉开，熟地土松雨涤，逐渐归河。又丁未（道光二十七年即1847年）之变，山石颓落，淤塞河道，水多旁溢，旁溢则河行反缓，行缓则泥沙随在下坠，河面日渐平浅，干河浅则支河亦淤，水行地上，能勿涝乎？"②光绪《盱眙县志稿》的作者也认为"时雨骤降，山溜挟沙而下，其蔽兼受之水，淮身淤垫，半由于此"。不仅如此，作者还认为山溜挟沙而下，更多的是淤废了湖塘池堰等水利设施，造成当地水系的变迁。所以该志作者面对旧志所记载的水利，今非昔比，也有点茫然，只好"悉胪列"，"然按之今，事实不侔也"。③又一典型事例是河南信阳的浉山河，雍正、乾隆年间还是一小小土溪，河面窄不过数丈，人可跳跃而过，后由于"生齿日蕃，垦山播种，沙随水下，河流遂有变迁"。④道光二十八年（1848），信阳暴发山洪，顷刻间浉河水"陡涨，高与檐齐。河不能容，冲断火神庙前石桥。水绕城北而东，居人从梦中惊起，不知所逃，淹毙无算"。经此次山洪的冲刷，"浉河前本土河，至此遂变为沙河"⑤，"溜挟沙下，河身全变为沙砾，深处不过三尺，仅通竹排。沙滩则宽至百数十丈，或二三百丈"，"岸高沙深，不能资灌溉"。⑥

　　围河溪沟渠、湖泊荡地、陂塘池沼做田，与水争地，是历史上人

---

①　吴世勋编：《分省地志·河南》，上海：中华书局，1927年，第174页。

②　同治《六安州志》卷五一《水利》，《中国地方志集成·安徽府县志辑》(19)，南京：江苏古籍出版社，1998年，第421页。

③　光绪《盱眙县志稿》卷二《山川》，《中国方志丛书》(93)，第174页。

④　民国《重修信阳县志》卷三《舆地二·河流》。

⑤　民国《重修信阳县志》卷三十一《大事记·三灾变·嘉道以后各种灾异》。

⑥　民国《重修信阳县志》卷三《舆地二·河流》。

们追求扩大耕地面积的另一个重要手段。历史上淮河流域大量沟渠改道或湮没以及湖泊沼泽萎缩乃至消失，都与这种围垦有直接关系。南宋以来，淮河流域人们与水争地主要有以下三种类型：

第一，垦占河溪沟渠滩地。如元仁宗延祐元年(1314)八月，河南等处行中书省言："黄河涸露，旧水迫汙池多为势家所据，忽遇泛溢，水无所归，遂致为害。由此观之，非河犯人，人自犯之"。①本来是容蓄黄河涨溢的容水之地，权势之家却要在水小时土地涸露的年头据为己有，开发耕作，如此，在洪水到来时必然受灾。在河南临颍县境内也是"民与河争地宜，岁岁受患于无穷也"。②陈州府原本就地势低洼，水患频仍，"加以蔡河为濒河居人侵占，日就浅隘，下流之势，高于附郭之川原，斯壅塞所由也。乃丙寅秋霖雨再阅月，积潦汹涌堤决，受水者凡一十一处，汇而莫泄，城之内外，茫若泽国，颓墉败屋，不可胜计，人情惶骇，殆有巢湖陆沉之恐"。③安徽凤阳县离山东北十里的官沟水，因为此沟常涸，所以"间段为居民开垦成田"。④

明代治河名臣刘天和曾指出："禹之治河，自大伾(应为大陆泽)而下播九河，是弃数百里地为受水之区……非若今之民滨水而居，室庐、耕稼其上，一有沉溺，即称大害……古今相去不亦大相远邪？"⑤这说明当时滨河之民耕占行洪河道是一个较为普遍的现象。明代潘季驯治河，是遥堤与缕堤并用，遥堤约拦水势，取其易守；缕堤拘束水流，取其冲刷。其用意是在于解决束水攻沙与宽河泄洪之间的矛盾。缕堤束水，逼河而修，河道泄洪断面因此缩窄，遇大洪水缕堤便遭冲决，而遥堤之作，正可以阻止洪水向外泛滥。然而缕堤一经建

① (明)车玺撰，陈铭续：《治河总考》卷三，《四库全书存目丛书》(史221)，济南：齐鲁书社，1996年，第206页。

② 民国《重修临颍县志》卷一《方舆志·山川》。

③ (明)谢孟金：《兵宪董公导水碑记》，乾隆《陈州府志》卷二十五《艺文》。

④ 光绪《凤阳县志》卷二《舆地·山川》，《中国地方志集成·安徽府县志辑》(36)，南京：江苏古籍出版社，1998年，第212页。

⑤ (明)刘天和：《问水集》，中国水利工程学会水利珍本丛书本，1936年。

立,缕、遥之间便迅速成为农耕区,种庄稼,起庐舍,不仅有碍于工程的管理养护,更为突出的是加大了防洪救灾的难度,许多缕堤、遥堤之间的居民广泛存在着只顾自己切身利益,愿守缕堤而不愿再守遥堤的倾向,即所谓"不念坚厚之遥堤可恃,而专力于滨河一线之缕"。潘季驯发现缕堤存在的弊端后,依靠遥堤束水归槽实现其刷沙的目的,不再积极修筑缕堤,甚至于主张废除某些河段已有的缕堤。①

在江苏山阳县有北溪河即大溪河,承东岸各闸洞之水,过高坝桥、七孔桥、东鹜下荡,入于射阳湖,淤浅已久,两岸之田一遇淫潦,水难骤泄,高腴渐变低洼。雍正中,知府朱奎扬详情起夫挑浚北溪河,里人周龙官作碑记曰:"北溪河长六十里,东入马家荡,六堡诸沟浍所从宣泄者也",由于地当黄淮交汇,元置屯田万户府于白水塘、三堰,明代又于凿永济新河,使北溪河沿岸民田皆为沙碛。嘉靖中,邑人潘熙台于运河东岸始开斗门,居人相继兴造,于是南六堡纵横数十里称沃壤。迄今为斗门者十三而其十以北溪为委,自黄流入运,溪渐壅淤。"宥城、太仓二浦奸民又盗溪为田,争尺寸之利,北溪几成平陆"。②在高邮县,如有"河堤坍塌,必是附近有田,豪强耕滩挖毁,占据河身浑成一片"。③盐城县城有市河,旧阔二三丈,深八九尺不等,环绕城内如带,年久淤塞,明景泰四年(1453)、万历七年(1579)、清康熙五十七年(1718)、嘉庆十六年(1811),时任知县浚之。嘉庆十八年(1813)后,"嗣以两岸居民抛弃粪土,兼侵占河塝地复淤"。④

耕种河滩地还有一种更加危害水道行洪的种植业,就是在河道中种植芦苇和桃柳,此业往往阻遏水势,淤塞河道。如阜宁县境内的闸河,"前三岔迤北,计水田千余亩,以此河为入水之口,乾嘉时屡经居民自浚"。同治十三年(1874),"居民王开扬于河口植柴,并帮填河

---

① 参见郭涛:《潘季驯治理黄河的思想与实践》,载《潘季驯治河理论与实践学术讨论会文集》,南京:河海大学出版社,1996年。

② 同治《重修山阳县志》卷三《水利·东南乡水道·北溪河》。

③ 乾隆《高邮州志》卷三《原委》。

④ 光绪《盐城县志》卷一《舆地志上·城池》。

岸以为基地,经文生李玠等呈县严行制止"。该县境内有被泽沟,旧制广 5 丈,深 1 丈 4 尺,因年久淤塞,水泄不畅。而两岸居民遍植芦苇,遏阻水势,每遇淫雨,随即泛滥。于是,光绪年间有"邑绅左世枏等牒请卢史季各知事,勒石永禁"。①关于苏北水道多被当地民众种植桃柳以获微利而损害行洪之事,著名水利专家胡雨人在对海州、沭阳、清河、安东、桃源做实地水利调查时就见过不少。如胡雨人"至钱集询其淤塞之由,居民曰:'嘻!再过十年,恐此河且全为高地,子不见夫河中密接栽种之桃柳乎?淤此河者,莫甚于此物矣'。余谓一路所见,芦苇殊多,河之淤塞,想以此物之力为最。曰:'芦苇虽足致淤,然远不如桃柳之甚。所云桃柳者,并非柳树之谓,乃鳞次栉比栽莳于水中之小柳条也。芦苇虽生水中,然水高灭顶,即腐烂而死,不能栽入河中,则致淤之力犹不甚大。惟此桃柳,虽没水一年,亦不得死,水愈大沙愈多,淤亦愈甚,甚至桃柳之高若干尺,沙淤之高亦若干尺,竟与滤过清水,沥取泥滓之砂溜无异。其收获之多,每亩可得数十担,每担值千余文。一莳之后,不用丝毫工夫,而每年每亩坐收数十千文,如是大利,任种何物,无比类也。栽此物者,各由其上游田界,下向河中,排列栽种,水淹三次,即可淤为平地。其占有地之价值,每亩可贵至百数十千,由此再向下栽,旋栽旋淤,今且至河心矣。十年以后,尚有河槽可得存乎?吾家亦有河三亩,获利之大,实系如此。明知为公众大害,然人人竞种,人人争取目前之利,而吾一家独不然,亦复何益?此所谓饮鸩止渴,聊快一时也'。余谓桃柳有此大利,何不栽之于不可垦种之洼地?曰:'是非新泥不长,一若天特使之塞此河者,亦甚怪事也'"。所以,胡雨人认为"此无他法,惟有禀请督抚通饬各州县,严行谕禁,已种者拔尽根株,无俾易种于兹土"。胡雨人在沿北六塘河上行时,"一路所谓桃柳者,栽入河中,或宽或窄,错杂无序。凡有桃柳处,惟新种者无异景。此外高出平地,或数寸,或一

① 民国《阜宁县新志》卷九《水工志》,《中国地方志集成·江苏府县志辑》(60),南京:江苏古籍出版社,1991 年,第 203、201 页。

二尺不等,而新种者,尤实繁有徒"。在南六塘河的起首处,依然看到"河身仅三四丈,现水面仅二丈许,而密栽桃柳,乃无异于北六塘河",并认为"似此情形,再后数年,决无河道可见"。到了总六塘河边,看见的还是"栽种桃柳"。①

第二,垦占湖泊荡地。如淮河流域山东郯城县有大坊湖,在城西南 15 里,广可百亩;采莲湖,在县正南 20 里,周围 10 顷许,皆乾隆时"淤为民田"。②淮河流域河南汝阳县,在嘉庆年间清查出所谓隐匿原有额外地 7.9912 亩,"系塘堰湖港,明季时从未行犁",嘉庆年间已是"水淤平坦,开垦全熟"。③临颍县东北 35 里有断人湖,"水北泛滥,绝人往来,故名",自明成化间水涸,"民田其中",至嘉靖时已"半为徽府所有";许州西北 7 里有西湖"今水涸,民田其中"。④新蔡县有东湖、草湖、莲花湖、冷水湖、南湖、车辆湖、润头湖、平湖、胭脂湖、大湖、安家湖、苇湖、粪草湖、水麻湖、黄湖、白湖、蔡家湖、蚂鳖湖、威北湖、李湖、鳔草湖、茶汤湖、天井湖、葛陵湖、秤湖、泥湖、蛟亭湖、长湖、南思湖、北思湖等,其中的东湖在县东古城外,明代嘉靖、隆庆年间以前,"一望无际,邑人刍牧共之,后渐起科,开垦殆尽,仅余十分之一以潴水耳",至乾隆时"则尽为陂泽矣";而其中的南思湖、北思湖,以上旧二湖,俱遭开垦,"约存一顷五十亩有余,今多废"。⑤商城县的紫涧湖,在县北 50 里,计 6.60946 顷,内有 5.5 亩高阜不能蓄水,乡民方子亭佃种,余见蓄水;大团湖在县北 60 里,今淤不能蓄水,乡民王璇等告佃种;月牙湖,在县北 50 里,计 2 顷,内有 1 顷不

---

① 胡雨人:《江淮水利调查笔记》(辛亥年),见沈云龙主编:《中国水利要籍丛编》第三辑,第 77—80 页。

② 乾隆《郯城县志》卷二《舆地志·山川》,《中国方志丛书》(378),台北:成文出版社有限公司,1976 年,第 80 页。

③ 嘉庆《汝宁府志》卷八《田赋》。

④ 嘉靖《许州志》卷一《地理志·山川》。

⑤ 乾隆《新蔡县志》卷一《地理志·山水》。

能蓄水,召民佃种。①沈丘县有范家湖在县东南,乾隆时"为沃壤,民皆树艺"。②正阳县有田湖,在城东南土扶桥街西2里,旧为湖水,年久淤浅,农民垦为稻田,雨少则收,雨量过大,仍为一片湖水;有汪湖在县东北汪湖店之中心,发源于汝境朱家肆,委蛇45里,至李家营东南入汝河,"满清中叶,九里十三湖,至今父老能详言之。历经汝河泛滥,淤泥成田,土人垦植。稍旱之秋,满车有庆,涝则成灾。现在湖身缩小,有水处,约剩五六顷之谱,汪湖店由是得名"。③另外,正阳县还有金镫湖、银镫湖,"二湖并在凤山之左,银镫居南,金镫居北,两湖相距里许,水涨则南北相通"。清雍正中,"湖水周十余里"。乾隆二十六年(1761),"州牧普尔泰开小河,引湖水注入大清河,湖遂涸,今为民田"。④

在淮河流域安徽天长县,明代隆庆年间知县马嘉谟就见"近因年岁屡暵,而滨湖洼地遂为湖民草草改田,如昨年雨水少勤,而湖水微涨,依旧没焉"。⑤在怀远、凤阳交界地带有化陂湖,湖位于虎山西神山北,湖中有坝,为凤、怀往来大路;有官桥,桥东属凤阳,西属怀远。湖广80余顷,嘉庆时因为"常涸,为居民垦种,仅存三之一"。⑥怀远境内有钞家湖、段家湖、邵家大湖(县西90里)、褚家湖(县西75里)、韩家湖(县西70里)、湮得湖(一名烟墩湖,县西70里)、赵漫子湖(县西65里)"皆淤,无水,可稼穑。邵家湖最下,宜稻,余皆种秋黍而已";帖家湖、燕家湖、团湖、九里湖,"皆故抄河道,今尽涸,施耕种";清沟之南无量沟之东有姚家湖,南流为小沟,入无量沟有常家湖、滕家湖,北合清沟,唐沟之东有白莲湖水合小石涧沟,而汉沟之

---

① 嘉靖《商城县志》卷三《图籍志·水利》,《天一阁藏明代方志选刊续编》(60),上海:上海书店,1990年,第933—934页。

② 乾隆《陈州府志》卷四《山川·沈邱县·河渠·范家湖》。

③ 民国《重修正阳县志》卷一《地理·水利》。

④ 民国《东平县志》卷二《山川·川类》。

⑤ 康熙《天长县志》卷三《名宦》。

⑥ 嘉庆《怀远县志》卷一《地域志》,《中国地方志集成·安徽府县志辑》(31),南京:江苏古籍出版社,1998年,第22页。

西有崔成湖,大石涧沟之东有骆家湖,其南有苏家湖,东北有艾家湖,斜沟之东有郑家湖,沙沟之西有大庙湖,"则皆耕种为平地焉"。①五河县有南湖,旧名荀家沟,在淮河滨。南自张家沟之北,北至黄家沟之南,长约20余里,宽狭不等,亦约10里。当县治之南10里,"从前为荀家沟,乃低洼之区。停潦所积,终岁不涸。凡张家沟、赤龙涧溢出之水皆汇于此,行者病之。北由黄家沟以入淮,嗣以淮、浍泛涨,逐年淤积日高"。道光年间,五河县贡生郜云鹤来往道经其地,"每默为相度,见旧坝根基迤逦向南接九冈八洼,若筑堤即能堵水,当可成田。因志其道里,计其工费"。道光二十八年(1848)春,郜云鹤与同里文生易邵图等建议筑堤,"而请之于县。其时早有附近村庄私行开垦,但时被淹没而不能获利,是以人皆踊跃从事。及奉县批准,遂计亩出夫而兴工作,五阅月而竣,即获有秋。自是以后,湖遂变而成田,且称沃壤"。②凤台"县西之焦冈湖、董峰湖、东北之钱家湖、穆杨湖皆周数十里,盖昔时淮水游波,停汇渐淤成陆,民今垦殖其中,小涨即淹没见告矣"。③颍州有范家湖,在郡城西120里,今为沃壤,民皆树艺;鸭儿湖,在郡城北30里,茨河东,"今水涸地平,民皆树艺"。④六安州也有草湖、关草湖、白湖、竹丝湖、官湖因久垦而迷失。⑤太和县有宝镜湖,在县南2里,"相传元代移县治初,湖犹积水广袤六里,形如镜圆。迄明正统间,经黄河灾后,淤平为田"。⑥

①　嘉庆《怀远县志》卷八《水利志》,《中国地方志集成·安徽府县志辑》(31),南京:江苏古籍出版社,1998年,第118—120页。

②　光绪《五河县志》卷二《疆域三·湖》,《中国地方志集成·安徽府县志辑》(31),第401—402页。

③　光绪《凤台县志》卷三《沟洫志·坝闸》,《中国地方志集成·安徽府县志辑》(26),第52页。

④　乾隆《颍州府志》卷之一《舆地志·山水》,《中国地方志集成·安徽府县志辑》(24),第56页。

⑤　同治《六安州志》卷八《河渠志一·水利》,《中国地方志集成·安徽府县志辑》(18),第106—107页。

⑥　民国《太和县志》卷二《舆地·古迹》,《中国地方志集成·安徽府县志辑》(27),第353页。

霍邱城西湖面积约 7000 顷,至民国时已垦熟地有 4000 顷,内有 2000 顷为官荒,新涸出之地及水中者,各约千余顷,俱为官荒。南京国民政府时期,安徽省政府为开发该湖,为将所有土地涸为良田起见,经饬由霍邱县政府先将任家沟口放水闸一座、新河口闸一座,建筑完成。后经省府派委建厅工程师章光彩前往该处详细查勘。省府据报后,认为该湖确有经营之价值,决意经营。①

在淮河流域江苏海州治南 145 里有硕项湖, 广 15000 余顷,西南一角为安东、沭阳共有,共占 1/3,其他三面属于海州,占 2/3。康熙十六十七年(1677—1678)间,黄河决,湖地稍淤。康熙二十四年(1685),总河靳辅将湖地丈入兴屯案内,增湖粮 292 顷,后又加 105 顷,派入各里,“连岁地卑苦涝,民纳空粮,贻累无穷”。②民国杨嗣起在《治沭刍言》中认为,康熙年间靳辅将硕项湖兴屯对沭河流域水生态环境造成了极大的破坏:

> 盖黄未夺淮以前,沂水会淮以入海,沭阳一境,全为沭水所盘据,然而未蒙其害者,则以有硕项、桑墟以纳其涨,有沈括之百渠、九堰以分其流,故其时不特无害,且因势灌溉,反得上田七千顷焉。自宋而后,渠堰失修,沟洫亦废。然无利已耳,害固未也。害之大著,谁为为之? 孰实使之? 则清康熙中靳文襄千虑一失,有以遗之也。考海州《陈志》,康熙十六七年,黄河决口,硕项湖稍淤。二十四年,总河靳辅丈大湖田,入兴屯案,贰次约五百余顷。滨湖之民,昧利忘害,禁其隐占,犹虑不及,况有以启其渐耶? 自时厥后,接纵继起,全湖之大,不转瞬而皆陆? 夫靳文襄为清代治河名臣,屯河之举亦鲜议其非者。且岁阅贰百,即明知其谬,亦复奚补? 惟是沭为海属水患之胎根,湖为操纵沭患之枢纽,不穷源会委,因果互动,宁独致病之原不可知,即救病之方

---

① 《皖省府开发霍邱西湖》,《申报》1936 年 2 月 13 日,《申报》第 337 册,上海:上海书店影印,1984 年,第 333 页。

② 嘉庆《海州直隶州志》卷十二《考第二·山川二·水利·湖》。

亦东涂西抹而终无当,则欲避词费不可得矣。考硕项,跨安、沭、海三境,东西四十里,南北八十里,北对桑墟,同为纳沭之水柜。沭水自鲁省发源,穿山越坂,迢迢七百里以抵平原,至沭县而始分,以至沭县而始虐。惟其时,上有二湖以消其涨,下有涟河以导之海而虐不逞。夫沭沙根而暴源也,挟沙固易淤,源暴则势不常,河无活水亦易淤。有二湖以激浊扬清,则下游之河不患其淤;有二湖以夏吞冬吐,则下游之源不患其竭。所谓激浊扬清者,水性由宽入狭,其力猛;由狭入宽,其力弱。力猛者,挟沙而行;力弱者,堕沙而去。……沭水自沭入湖,由狭趋宽,所挟泥沙无不沉垫,苟稍高湖尾之堤所流出者,皆湖面上层已清之水,而下层半浊之水不能与焉。所谓夏吞冬吐者,沭水自鲁至沭,其形坡;自沭至海,其势平。坡则流速,平则流缓。是故鲁水之至沭也,崇朝而毕达;沭水之赴海也,计旬而后消。以二湖承其骤水,则入海之期虽迟无恐;以二湖节其来源,则下游之航,虽冬可通,湖之关系顾不巨哉!

另外,杨嗣起还认为,硕项湖两次勘放一共才 500 余顷,而全海州据苏省谘议局报告,海属纵横 300 里,是有田 486000 顷,即当年海未东徙,以半数计之,亦得 24 万余顷。贪 500 余顷未熟之田,弃全州 24 万顷已成之利,"是得其二而失其千也","迄今盐河稍涨,田未甚淹,有抢攘惶恐,夺毁五丈、龙沟诸坝者,询之则两六塘居民其首至也。由是观之,则谓废湖有千害而无一利可也"。[①]

沭阳县有青伊湖,原周围 45 里,形似荷,"盖本潴蓄沭流与砂礓港河暨马陵东西刷冈诸水,下达蔷薇。逮蔷薇屡挑屡淤,青伊亦日形淤垫。临湖居民又好与水争地,植柴蓄淤,不数年,柴之所至,滩即随之而成,转瞬即为村墟。现在湖之东南为东西马家场,西南为界河张圩,西北为马家圩,各垦辟数十百顷,成为沃壤。其余散户小村,望之

---

① 杨嗣起:《治沭刍言》,徐守增、武同举:《淮北水利纲要说》,1915 年铅印本。

亦若农庄。仅东北一隅,长不及十里,宽只三四里,尚为受水之区,竟成骆马小影"。[①]对淮北湖沼被陆续开垦的现象,杨嗣起作了如此尖锐的评论:"硕项而外,骆马、青伊逐年淤浅,报垦升科,成事已不可复说。然自青伊垦案既定,不五年而丙午奇灾,再接再厉,生斯土者,其亦有所觉悟耶! ……则沭海之交,或尚有一二断荡、支洪之存在,自水利家观之,所当视为碎玉零金,加意保护者又可忽然弃之耶? "[②]

在泗阳,康熙十六年(1677),黄河决口沙淤,至康熙二十一年(1682)知县吴世贡报河院升征仓基大湖地15.38余顷,仓基小湖地16.5余顷,王化湖地16.95顷,共田48.84余顷。[③]淮阴境内洪湖原尾草滩田共2197.75余顷,咸丰五年(1855)招领。尾滩暨草田1093.75余顷,咸丰九年(1859)招领。民国《淮阴志征访稿》作者按道:洪泽湖滩原系移风、怀仁两乡粮田,顺治中叶暨嘉庆年间湖淮两次冲溢,尽沦于水。道光二十九年(1849),泄湖入黄,积淤成滩。"其地西邻桃源,南届盱眙,东毗山阳,原、尾两滩地势高下不一,可以耕种。嗣后续涸洸、游等滩,逼近湖心,波涛往来无定,只能栽植蒲苇"。[④]兴化县有海子池在城北门内拱极台前。康熙时知县张可立修《兴化县志》云:"昔则汪洋数顷,今崖岸林塘侵占过半矣","今业户帮镶埂岸,池水几壅而不流",为此,当时的县府拟筹款回买共价数十千的业户契据,"即以埂岸之土挑砌城根,庶城固而池亦深,一举两利焉"。[⑤]安东县有黄昏荡、猪荡、灰墩荡、乔家荡、华家荡、兰墩荡、泥垛荡、团墟荡、天鹅荡、黄沙荡、钟家荡、张官荡、尤家荡,"以上诸荡皆系湖流之

① 民国《重修沭阳县志》卷十六《补编》,《中国地方志集成·江苏府县志辑》(57),南京:江苏古籍出版社,1991年,第457页。

② 杨嗣起:《治沭刍言》。

③ 民国《泗阳县志》卷十五《志九·田赋上·河租》,《中国地方志集成·江苏府县志辑》(56),第368页。

④ 民国《淮阴志征访稿》卷三下《政经志五·田赋二》,《中国地方志集成·江苏府县志辑》(57),第680页。

⑤ 咸丰《重修兴化县志》卷二《河渠一·城内》。

淤浅者,在旧志时已为民田"。①

扬州北湖境内有管家尖,"滩长三四里,作三角形",伸向湖中而成。"昔时管家尖种藕,夏月花开,为湖中大观"。乾隆四十年(1775)大旱,"饥民掘食之尽,因改为稻田。然在湖心,稍溢则没耳"。北湖境内还有荒湖,"湖久淤,农以为田,稍溢则仍成为湖,故未易湖之名云尔"。②高家堰以东、淮扬运河以西还分布着众多湖泊,旧有24个小湖,"如白马、氾光、宝应、高邮则其最著者也"。各湖在水小时可辨,水大则融成一片,统称之曰"高宝湖"。高宝湖面积之广,稍亚于洪泽,"淮扬潴水实恃于此"。自经历年淤垫,湖底增高,湖滩涸出。至民国初年,"更将湖滩普遍放垦"。③如淮安商会会长鲍友恪就曾在淮、宝交界地方组织长湖垦殖公司,经营多年,成效卓著。1913年,扬州商人在九里荒一带,组织九里荒垦殖公司,"屯垦亩数,已达二千亩以外"。④因高宝湖放垦威胁到了下河地区的防洪安全,于是在1926年淮安防灾协会对高宝湖垦区进行了调查,结果是"据田鲁屿先生调查图,其垦区几占全湖面积之半,益以菱草新淤,几无行水余地",并认为"长此不已,稍一泛涨,里运河安能容纳?其不破坏而东决也几希。既已东决,恐将陷吾下游为高宝湖之续,是今日占湖为田,异日即陷田为湖,此皆滥行占垦之所致"。淮安防灾协会将调查情形制就图说呈报给各机关,督运局韩会办函饬兴化人士公同研究,兴化水利研究会、农商会、实业局会呈总司令、省公署、督运局、防灾总会,吁请禁垦。1931年,江淮大水,国民政府"鉴于占湖为田之害,亦

①　光绪《安东县志》卷三《水利》,《中国地方志集成·江苏府县志辑》(56),南京:江苏古籍出版社,1991年,第25页。

②　嘉庆《扬州北湖小志》卷一《叙水下第二》,《中国方志丛书》(410),台北:成文出版社有限公司,1983年,第43、48页。

③　民国《续修兴化县志》卷二《河渠志·河渠二·高宝湖》。

④　李骏声:《淮扬道区实业视察报告》,《农商报告》,55期,选载,第2页,1919年2月,见章有义:《中国近代农业史资料》第二辑(1912—1927),北京:生活·读书·新知三联书店,1957年,第347、342页。

水灾成因之一部,议废田还湖,议决各机关对于河湖、沙洲、地暂行停止处分,取缔妨碍水利之沙田、湖田、滩地,河湖、沙洲、滩地妨害水流及停储者,一律严禁圩垦"。①

第三,垦占人工开凿的陂塘。沿淮一带山地丘陵,因为降水年际变化大和季节分布不均匀,不耐旱,所以官府和民间多开凿陂塘,蓄水以溉田。但日久塘底淤浅,如果不及时修复,附近居民就私自垦种庄稼,最后导致陂塘的湮没。如淮河流域河南商城县境内的岑山陂,距县治西30里,计52亩,嘉靖时内因41亩高皁不能蓄水,乡民何允清佃种,余10亩仍蓄水浇田。②安徽天长县东35里曰白马塘,去东北20里入高邮界,嘉靖年间"塘湮塞";县东30里有高脊塘,东南25里有万安塘,30里有周塘,南30里有福胜塘,西20里有田家庄塘,45里有汉涧塘,50里有谢家塘,西北45里有戚家塘,北4里有丁塘,25里有榆林塘,35里有富家庄塘,40里有清塘,以上12塘皆明初洪武时所凿,"以溉塘下之田,利近塘之民者",至嘉靖时"虽造册缴部,而塘侵佃于有力之家矣"。③凤阳县的何塘原受离山北山原之水溉田,但至光绪时已坏不能蓄水。獐子塘原受东北诸小山雨水溉田,但冲破已久,不能蓄水,塘面之地,民间领种。玀塘原受南面众山雨水溉田,后被冲坏,久为废塘,塘面开垦为田,塘下之田改为旱地。④六安"州北有官塘蓄水,民利甚便,割据为田"。因塘田肥沃,故"争讼不已"。顺治年间来任知州的王所善,见此情况,乃曰:"既田矣,塘不可复,少与之粮,以补旧额之缺"。纷争是止住了,恶果却已埋下。虽然王所善既而悔曰:"以塘田增粮亩,终贻他日之累,此吾过也",但

---

① 民国《续修兴化县志》卷二《河渠志·河渠二·高宝湖》。

② 嘉靖《商城县志》卷三《图籍志·水利》,《天一阁藏明代方志选刊续编》(60),上海:上海书店,1990年,第933—934页。

③ 嘉靖《皇明天长志》卷一《地舆志·山川》。

④ 光绪《凤阳县志》卷二《舆地·山川》,《中国地方志集成·安徽府县志辑》(36),南京:江苏古籍出版社,1998年,第215页。

未免醒悟太迟。①于是后来六安民间围垦湖堰塘之风大盛,"有官塘湖堰,原以蓄水灌田者也。向有平浅处所,居人承种菱藕,完纳塘稻。雍正七、八、九年,民间领垦成田者不一"。雍正十一年(1733),知州卢见曾悉民困而审水利,列而上详,得除开垦之弊,豁塘稻之微,甚善政也"。同治《六安州志》卷八还记载了"其有久垦迷失"②的仅存于旧志的陂塘名称、坐落、面积、沟涵情况。(表1-4)

表1-4　六安州久垦迷失的陂塘情况一览表

塘堰湖名称	位　置	概　况
苏草陂塘	旧志在安城寺	周300丈,2涵
段家塘	旧志在段家冲	100丈,1涵
白水塘	旧志在安城寺	周100丈,1涵
又下官塘	旧志无坐落沟涵	
新　塘	旧志在李家市	125丈,4涵
大蒙长塘	旧志在大蒙冲	90丈,1涵
团　塘	旧志在莲花山	100丈,1涵
官　塘	旧志在茅芽尖	100丈,1涵
南庄塘	旧志龙泉乡	100丈,1涵
桑陂塘	旧志在大桥畈	67丈,1涵
猪儿塘	旧志在七家畈	150丈,7涵
小官塘	旧志在张家营	224丈,1涵

资料来源:同治《六安州志》卷八《河渠志一·水利》,《中国地方志集成·安徽府县志辑》(18),南京:江苏古籍出版社,1998年,第106页。

在江苏江都境内有鸳鸯塘、横塘、柳塘、坞塘,高邮境内有白马塘、茅塘、柘塘、裴公塘、麻塘、凌塘、上麻塘、下麻塘、盘塘,"以上诸塘,旱则蓄水溉田,潦则受西山暴水以杀其势",至明代天启、崇祯年间已经"尽淤为田矣"。③嘉靖年间,最大的废塘为田之事是扬州五塘

---

①　同治《六安州志》卷五一《传·太守王庄岳公传》,《中国地方志集成·安徽府县志辑》(19),第393页。

②　同治《六安州志》卷八《河渠志一·水利》,《中国地方志集成·安徽府县志辑》(18),第102页。

③　(明)朱国盛纂,(明)徐标续纂:《南河志》卷一《水利》,《续修四库全书》(728),上海:上海古籍出版社,1995年,第498—499页。

被垦成农田。五塘即陈公塘、句成塘、小新塘、上雷塘、下雷塘,是汉唐时期所凿,"千余年停蓄天长、六合、灵、虹、寿、泗五百余里之水,水溢则蓄于塘,而诸湖不致泛滥,水涸则启塘闸以济运河"。但嘉靖年间"奸民假献仇鸾佃陈公塘,而塘堤渐决,鸾败而严世蕃继之,世蕃败而维扬士民攘臂承佃,陈公塘遂废,一塘废而诸塘继之"。①上雷塘、下雷塘俱在江都县西北 15 里,唐李袭誉引以溉田。上塘注水,长广共 6 里余;下塘注水,长广共 7 里;小新塘,在上雷塘东北,长广共 2 里余,水注上塘,转下塘,俱由淮子河济运,至天启、崇祯年间"皆佃为田"。②

湖泊荡地、陂塘池沼可以调节河川径流量,蓄滞洪水,并可调节附近地区气候,还有水运、灌溉、水产等多种功能。湖泊湮灭或缩减后,这些功能随之消失或降低,造成水生态环境的巨大破坏。如明代对安山、南旺、马场、昭阳四大湖泊所进行的大规模围垦,不仅使其基本失去了作为水柜的意义,一定程度上造成了"运道枯涩,漕挽不通"③的结果,而且还直接给周边地区带来了水害。昭阳湖的例子最具代表性。该湖原在运河东岸,吸纳滕县诸泉之水,由沽头闸处流入运河。南阳新河开凿成功后,运河河道移至湖东岸。隆庆间,又沿湖修筑大堤以防黄河冲击。如此一来,滕县泉水及黄河水都不再入湖,"于是淤填日积,居民树艺承粮,谓之淤地。然而西境邻邑诸山泊水自高趋下,每遇淫霖,辄汇为浸,下流阻塞渰没为灾"。④宝应县运河西的宝应湖、白马湖因"民贪小利,占湖为田,白马旧湖面积日削,宝应湖口收束如瓶,一遇淮涨,则时安等庄,白波浩淼"。⑤扬州五塘被

---

① (明)王士性:《广志绎》卷二,《两都》,吕景琳点校,北京:中华书局,1981 年,第 28—29 页。

② (明)朱国盛纂,(明)徐标续纂:《南河志》卷一,《水利》,《续修四库全书》(728),第 498 页。

③ (明)王廷:《乞留积水湖柜疏》,(明)谢纯:《漕运通志》卷八,《四库全书存目丛书》本。

④ 《古今图书集成·方舆汇编·职方典·兖州府部·山川考》。

⑤ 民国《宝应县志》卷三《水利》,《中国方志丛书》(31),台北:成文出版社有限公司,1970 年,第 210 页。

开垦成田后,"于是天长、六合山水东下,阻淮南流,遂逆走高、宝、邵伯诸湖,上河淹没,下河遂为鱼鳖之区"。①另外,从长远来说,河渠淤塞乃至改道、湖沼陂塘的萎缩乃至消亡,对周围地区的农业生产环境也必将造成很坏的影响。因此,邹逸麟先生指出,应尽量延长湖泊存在的时间,严禁围湖造田,"历史时期黄淮海平原湖沼的消亡过程,是黄淮海地区自然环境恶化的一个重要标志。大量湖沼在平原上的消失,严重影响农业生产的发展,加速洪涝灾害发生的频率,阻碍水运事业的畅通,造成局部地区小气候的变化。因此,对于黄淮海平原目前残存的为数不多的湖沼,应当极力加以保护,严禁围湖造田,根据自然消亡规律,采取必要的措施,减少泥沙淤积,延长湖泊的寿命"。②

淮河流域水系发达,湖泊众多,渔业资源丰富。随着淮河流域人口的增加,捕鱼以补农之不足,就成了淮河流域人们一项常态性的副业。如同民国《重修正阳县志》卷末所记载的,"邑水族之礼,亦民所资。村镇沟塘,买鱼苗养之。滨淮汝者,多业渔。取鱼之具亦备,结绳持网者,总谓之网。其他曰钩,曰罾,曰罩,曰旋网(俗呼撒网),曰簖,或术以招之,或药而尽之。夏秋之交,鱼或大至,顺流而下,各以类分,举网即得,值亦大贱,故北人称为鱼米之乡云"。③但不合理的捕捞活动往往也对淮河流域水生态环境产生负面影响,主要表现为:

其一,威胁防洪大堤安全。如宝应湖堤十数丈外,"北起三官殿嘴,南接瓦店西岸,督令浅夫于春水未发时,排植茭草数十丈阔,时加添补,以防损没。及其成葤,俨如一堤,易湖为河,莫此为便。嘉靖元年都御史俞谏鲁㯏县栽植,阅数月而工成,远近胥悦,俞公名之曰青龙港","积年驰于栽补,仍荡为白水","幸白马所植犹存,大免风涛之患"。又湖之西畔,"旧多荇藻布满水面,牵制风波,无大惊触",但

---

① (清)萧奭:《永宪录续编》,北京:中华书局,1959年,第410页。
② 邹逸麟主编:《黄淮海平原历史地理》,合肥:安徽教育出版社,1997年,第187页。
③ 民国《重修正阳县志》卷末《杂缀》。

是明代隆庆年间“被渔舟采捕,根株悉拔,所利者少而所害者多”。[①]

其二,在河渠张簖或者积柴或堵坝捕鱼而阻塞水道,酿成大的水害。如在淮河流域河南项城县,“其地卑下沮洳,众水奔淮直东,黄河经行,溃徙靡常。西北支流来自朱仙镇者,复折而东,与沙瀫诸水会合,是为三岔口,实要害津也”。但是就在隆庆壬申(1572)秋县境发生大水,“霖潦弥野”,而“邑有巨姓刘诏者率众壅水罟鱼,坏民田庐舍,境土之不没者仅十之七,而濒河陈、蔡诸村亦波及加惨焉。万口汹汹,且往愬之,然惧弗克理也。无何,会项城令贾侯至,众相谓曰:‘吾得直于公矣’。乃群拥告病,具所以壅水状,求侯理。侯曰:‘有是哉!’以告者过矣,遂单车往按状,悉如百姓言。侯始惊叹良久,旋迹其人,命亟撤壅水者明日逮至庭下,得讯如律已。又白各上官,俾著为令,以昭鉴来者”。[②]在淮河流域安徽颍州府境内有淝河,“淝水萦绕处即为村疃,居人植柳、积柴、养鱼,方言谓之鱼沪,即《诗》‘潜有多鱼’之‘潜’也。水不能直流,渐致淤塞,雨潦辄泛溢为患”。[③]在颍州城东门内迤南开官沟一道,籍以泄水,“有射利者具领纳税,堵水养鱼,每逢淫雨,掩塌居民墙屋百余家”。康熙四十一年(1702),“合词控诉,知州孙公亲临勘实严禁,嗣后不许曲防规利,贻害地方。存有案卷,自是水患永除”。[④]在灵璧县,据贡震说:

> 沟渠无论大小,有水则有鱼。但此地之人不知网罟之用,湖中取鱼者多用罧(音森,《说文》云:积柴水中,聚鱼也。其字与槮同。《尔雅》释器槮谓之涔,注云:今之作槮者,积柴木于水中,鱼

① 隆庆《宝应县志》卷四《水利》,《天一阁藏明代方志选刊续编》(9),上海:上海书店,1990年,第532—533页。

② (明)雷大状:《疏通河道碑记》,乾隆《陈州府志》卷二十五《艺文》。

③ (清)王敛福:《淝河考》,道光《阜阳县志》卷十八《艺文二·考辨》,《中国地方志集成·安徽府县志辑》(23),南京:江苏古籍出版社,1998年,第316页。

④ 道光《阜阳县志》卷二十四《杂志二·纪闻》引《徐端士笔记》,《中国地方志集成·安徽府县志辑》(23),第432页。

得寒,入其里藏隐,因以簿围取之。疏云:梣、槮,古今字。案涔字与潜通。《小尔雅》:鱼之所息,谓之潜。……盖积柴养鱼,使得隐藏避寒,因以簿围取之也。然则槮也,梣也,涔也,潜也,一物而异其名,一名而异其字者也。今灵璧五湖内渔者多栽荄草以为槮,一二年而草盛,鱼多聚焉。天寒水落,渔者以簿围其外,周围刈草移簿向内,如是者数重,而鱼毕归于中央,因尽取之,谓之起槮)。河中取鱼者多用簿(古人谓之笱,又谓之罶,……今人编竹或苇为簿,截流而渔,是其遗法。俗谓之竹箷,其字无考)。其最可恶者,乘水落之时,于河中逐段筑坝戽水,一寸、半寸之鱼无得存者。夫用簿则阻水,阻水则上流病;筑坝则竭泽,竭泽则河道坏,河道坏而无水之可通也,亦无鱼之可取,而田亩由此被害,人皆不知也。余尝严禁而痛惩之,此风未息。唯分段著落庄户,取其收管与填路一体禁绝,庶几河可久存,不至朝成暮毁。……即如今岁五月之雨积算不过尺许,可谓匀调矣,而洼地早已被淹,夫非此筑坝河中取路、渔鱼者阶之厉乎?①

贡震又说该县"开大路沟才十余年耳,乡民于沟中填土取路,阻水渔鱼,以致沟形日久淤塞"。②还说齐眉山东南诸湖之水汇于柯家湖,湖东有小草沟一道(以虹县草沟为大,故此称小),淤塞已久,倒桥以上全无河形。乾隆十二年(1747),"集夫开浚,从高家桥起首,东南至灵虹交界处,约长二十余里,泄水甚畅",但"数年来,又复为民间截坝渔鱼,日渐阻塞。夏秋水发,湮郁不下,大为田畴之害"。③时至清末民初,胡雨人还见到灵璧居民在睢河中"节节张箷,水愈大,箷

①　(清)贡震:《河渠原委》卷下,《通论》,《中国地方志集成·安徽府县志辑》(30),南京:江苏古籍出版社,1998年,第156页。
②　(清)贡震:《河渠原委》卷下,《大路沟》,《中国地方志集成·安徽府县志辑》(30),第146页。
③　(清)贡震:《河渠原委》卷下,《小草沟》,《中国地方志集成·安徽府县志辑》(30),第146页。

愈多,官民均不过问,是亦为水害之一种原因,允当严行禁止者也"。①

　　淮河流域下河地区的高邮、宝应、兴化、盐城各处支河乃引泄湖水入海故道,"节被垄断之徒密张鱼簖,壅滞水利,淹漫民田"。②阜宁县有獐沟河,乾隆十一年(1746)发币挑浚河口,宽8尺,"嗣以两岸居民栽植芦苇,沿河插簖,遂日淤浅。近口数里,仅成一线"。③胡雨人在调查成子河时,认为"地皆沙礓,不易开浚。虽光绪时开过三次,而仍未深广。河面不足三丈,底更异常狭窄。入河三里至龙岗桥,已不得小船。加以一路渔簖重重,阻塞水路,故西门外一片汪洋,未易涸出"。④

　　(三)政府治水

　　人类适应自然和改造自然的过程中,需要对水资源进行开发和利用。而人类对水资源的开发与利用,必然会改变水资源的时空分布从而使水生态环境发生相应的变化。著名的环境史学家约翰·麦克尼尔(John R.McNeiII)认为,"中国的水系作为整合广大而丰饶的土地之设计,世界上没有一个内陆水系可与之匹敌。借着这个水系,自宋代以来的中国政府在大部分的时间都能控制巨大而多样的生态地带,整备一系列有用的自然资源"。⑤淮河流域是一个巨大的多样的生态地带,南宋以来的历代政府在这里进行着诸如京杭运河淮河流域段的开凿、筑堤束水、修建高堰蓄水攻沙、截流开渠改河、城

---

①　胡雨人:《江淮水利调查笔记》(辛亥年),见沈云龙主编:《中国水利要籍丛编》第三辑,第119页。

②　(明)朱国盛纂,(明)徐标续纂:《南河志》卷七,《旧规条》,《续修四库全书》(728),第642页。

③　民国《阜宁县新志》卷九《水工志·诸水》,《中国地方志集成·江苏府县志辑》(60),第202页。

④　胡雨人:《江淮水利调查笔记》(辛亥年),见沈云龙主编:《中国水利要籍丛编》第三辑,第25页。

⑤　刘翠溶:《中国环境史研究刍议》,王利华主编:《中国历史上的环境与社会》,北京:生活·读书·新知三联书店,2007年,第9页。

市风水水利等大型治水工程的建设,在带来巨大效益的同时,也不同程度地对下游或相关区域水生态环境造成一定的负面影响。

首先,人工开凿大运河对淮河流域段沿运区域水生态环境的影响。元代定都大都(今北京),为了从富庶的江南运粮食到大都供庞大的官僚机构和军队消费,乃兴工开凿京杭大运河。至元十八年(1281)开济州河,从任城(济宁)至须城(东平县)安山,长75千米;至元二十六年(1289)开会通河,从安山西南开渠,由寿张西北至临清,长125千米;至元二十九年(1292)开通惠河,引京西昌平诸水入大都,东出至通州入白河,长25千米。至元三十年(1293)元代京杭大运河全线贯通。此后,元明清三朝皆重视大运河兴修和维护。京杭大运河的开凿,对沿大运河区域水生态环境的改善起着一定的积极作用,但也对淮河流域的鲁南运河、中运河、泇运河、里运河沿岸地区水生态环境有着破坏的一面。如在邳州境内"通计邳境诸水,其泇河未开以先,西皆入武,东皆入沂,并经今城之西南流入泗,二口相去几二十里。泊乎黄夺泗道,泇受运徙,横截诸水并趋东南","泇、沂一时断截,堤闸繁多,而启闭之务殷,东障西塞,而川脉乱矣","历今二百五十年,下虞浊流之灌,上忧山泉之竭,竭则建诸闸以节缩,灌则迁运口而东趋。巧法并施,密于权衡。州境中分有若骑阓,或霾霖淹旬,山溪怒发,则彭、房漫而东,沂、武骤而南,湍岸啮堤,公私奔走。于是救西则并开诸坝,减水东分;救东则大启湖尾归墟乎。溟渤时或不至,而官私訾謷,讼狱繁多,而民心竞矣"。[1]"若淮徐运河则旱虞其涩,潦虞其溢,而黄河逼处其间,更虞其凭陵侵轶"。里运河"受洪泽诸湖之水无不足者,惟伏秋大涨,恐入之过多,要在节其来源,疏其去路耳"。[2]里运河"其间上接洪湖,下通江海,西则高宝诸湖衺延巨浸,东则下河州县如在釜底,惟藉两岸漕堤为藩翰,而淮安高宝

---

① 咸丰《邳州志》卷四《山川运道河防附》。

② (清)郭起元撰,蔡寅斗评:《介石堂水鉴》卷二,《淮徐运河论》,《四库全书存目丛书》(史225),第501页。

城郭逼处河滨,故漕堤之平险与城邑之安危视运河水势之大小,运河水势之大小视洪湖来源之赢缩,而下河民生之休戚又视东堤闸坝减水之多寡,形虽各别,势有相因,其利害倚伏之机,可得而言也"。入运之水在于适足以济而止,过多则为害甚,"此东堤减水闸坝之所由设也"。"下河以湛溺为病,而灌田畴、浮舟楫又资其利焉,此沿堤涵洞、小闸之不容已也"。南运河泄水入海者有淮城以北之乌沙河,迤南之涧河、泾河、黄浦闸及东堤上下之涵洞、小闸,"其泄水最多为下河患者则高邮之南关、五里、车逻,宝应之子婴、甘泉之昭关等五坝,故欲除下游之险患必先节洪湖之来源,于运口内添建闸坝,重关叠束,以防湖涨,并将三滚坝上之天然二坝坚闭不开,又于金湾闸以下导水入江之河道凡浅涩处逐一疏通,盖节其来源而畅其去路,则运水不致过多,无需于南关等五坝之减泄,坝既不泄,则下河州县自可免于淹漫之虞矣"。①

其次,黄河筑堤对淮河流域水生态环境的影响。我国为防洪而修建人工堤防的历史悠久,早在战国中期黄河下游已经有了比较系统的堤防。此后在河道两岸修筑堤防,约束洪水任意泛滥就成为官府治水的常态。在淮河流域河南中牟县,因黄河在此属于"豆腐腰"段,经常冲决南泛。黄河在明正统初年走开封北,"经原武、阳武之地,去中牟稍远,民不罹于河患"。至正统十二年(1447),"河徙汴之西南,由荥泽以入中牟县万胜镇、高家窝、滩头、韩庄以达淮泗,县之东、北、西三方皆边于河,一遇秋潦灌岸,则散漫四溢,高原平野,渐为沮洳,民不可田;甚者穿城注民庐舍,百姓闭门以与水抗,曳踵负泥,卒无宁居"。弘治壬子(1492),"河更故流,自孙家渡、杨桥镇而东,竟冲黄陵冈,决张秋以入于海,中牟之民稍获息肩,然不利于漕轨,山东河南守臣以闻。上命都御史刘公大夏辈往任治水,复筑黄陵冈"。于是,中牟县令郝公即号于众曰:"天子轸念生民,俾予来牧斯

_____

① (清)郭起元撰,蔡寅斗评:《介石堂水鉴》卷二,《淮扬运河论》,《四库全书存目丛书》(史225),第500页。

邑,民之忻戚,皆切吾心,兹欲改凿河流,俾再由东南而下,则将复肆冲啮,然事关运道,不可已者,吾当与尔众谋一事自安之计,使邑民不侪于鱼鳖,斯可尔,不自用谋。"又"白于巡按御史徐公并管河副史张公,知二公案寓斯谋,因所陈咸可之。即檄委以行。于是堤其东、北、西三面以障悍流,南则恃旧冈以为固。议或不协者,公弗之顾,而执之愈坚。规度其宜,计蓄以限出,科丁以役力,既公且均,民咸用命,荷锸负畚者,不令而集。起东五里堡、毛家港,北至滩头,南历冈头,以尽于十里铺,其为堤若干里,高余三丈,广则如之,土密筑坚,岸然墙立。旁植以柳,使根之入地者足以络土势而固之,枝之低拂者足以便车马之驰突,凡所以卫堤为久远计者无所不至","至是而黄陵冈之绪通就,水势南逼,而邑赖以无患"。①

事实上,黄河以善淤、善决闻名,在黄河夺淮期间为黄河南北决堤为害,官府在"南北岸皆有随河堤堵水"。比如砀山县境内,黄河堤防在"南岸高一丈二尺五寸,宽六丈五尺,顶宽二丈,西自河南虞城县界起,东至萧县界止。北岸堤高一丈二尺,顶宽三丈,底宽九丈,西自山东单县界起,东至丰县止"。②黄河河性多沙,经常淤垫漫溢冲决堤防。因此,明潘季驯《河议辨惑》提出筑堤束水攻沙的主张,认为"河底甚深,沙垫则高,理所有也。然以之论于旁决之时则可,非所论于河水归漕之后也。盖旁决则水去沙停,其底自高,归漕则沙随水刷,自难垫底。但沙最易停,亦易刷,即一河之中溜头趋处则深平,缓处则浅,此浅彼深,总不出我范围,此挽水归漕之策,必不可缓。而欲挽水者,非塞决筑堤不可也";"筑堤束水,以水攻沙,水不奔溢于两旁,则必直刷乎河底"。但是单薄的堤防难以束黄水归槽,于是潘季驯又创遥堤与缕堤并举之说,认为"缕堤即近河滨束水太急,怒涛湍溜必致伤堤。遥堤离河颇远,或一里余或二三里。伏秋暴涨之时,难

---

①　(明)周旋:《卫民堤记》,顺治《中牟县志》卷十,见《郑州经济史料选编》卷二,第187—188页。

②　乾隆《砀山县志》卷二《河渠志》,《中国地方志集成·安徽府县志辑》(29),第42页。

保水不至堤,然出岸之水必浅,既远且浅,其势必缓,缓则堤自易保也"。为保遥堤和缕堤安全,潘季驯又主张在易冲决堤段配合筑以减水坝,让"异常暴涨之水则任其宣泄,少杀河伯之怒则堤可保也。决口虚沙,水冲则深,故掣全河之水以夺。河坝面有石,水不能汕,故止减盈溢之水,水落则河身如故也";"纵使偶有一决","有遥堤以障其狂,有减水坝以杀其怒","筑后即成安流"。①潘季驯筑堤"束水攻沙"的系统治水理论和实践,较为成功地保证了黄河一段时间安澜。因此,筑堤"束水攻沙"被后来治黄专家奉为圭臬。如河南陈留县境"南堤十八里,西起祥符县解家堂,东止兰阳县高家堂"。清顺治十四年(1657),"黄河南徙,老岸冲决,孟家埠口河道徐必达、南河厅赵汝斌、知县王锡命、县丞郑明时督夫抢救不获,遂于堤南筑缕水月堤五百丈,复筑遥堤一千二百丈,方保无虞。河性悍激,十五年五月以至九月,水越月堤,冲遥堤,知县张重润申请道厅于北岸动夫千名浚引河一道,于是黄流折入新河,免南岸冲决之患"。②经元明清王朝的治理,"中州黄河两岸,筑堤多者至四五重,江南境内,宿迁以下,北岸则缕堤之内复筑遥堤,南岸则否。盖以南亢北下,南有湖淮之限,不到夺河,而北易夺故耳。然自徐州南岸历灵、睢、宿、桃至清口、裴家场约五百里,除诸湖淮水外,别无分流之河,睢河虽通流,窄隘不能多受,砀、徐、邳、睢一带闸坝所减之水,率漫滩四溢,民田悉被淹没。夫前此大兴经理之日,正值河道坏极之时,惟夺河阻运是惧,故堤防北岸不遗余力,而南岸未遑及之"。③

黄河筑堤虽然取得了一段时间内使黄河归槽安澜的积极效果,但是对淮河流域水生态环境也产生了很大的消极影响:其一,黄河筑堤在一定程度上改变了洪水期间的河床边界条件,使河流泥沙堆

---

① (明)潘季驯:《河议辨惑》,(明)朱国盛纂,(明)徐标续纂:《南河志》卷十,《杂议》,《续修四库全书》(728),第697、700页。

② 宣统《陈留县志》卷九《山川》。

③ 《治河方略》卷二引自《京杭运河(江苏)史料选编》第二册,北京:人民交通出版社,1997年,第503页。

积限制在狭小的范围内,因而河床淤积的速度加快,并逐渐发展成为地上河。其二,黄河筑堤导致中下游淤垫加速从而加剧了频繁决口。如阜宁县北负黄河,中穿射湖,东临大海,"黄河两岸重堤环列如墙,民居在下。伏秋大汛,水高堤面,岌岌不保,去害之不能"。[1]其三,黄河筑堤促使淮河下游一些原流入淮河的支流发生变迁。如阜宁县境淮河支流,"由宋迄清,南岸则有文陵沟(按文陵疑交陵之误)、涂州沟、白水沟、侍家坞沙冈沟、小沟、子新泾、东沟、子鱼沟、子中沟、子独家沟、白露港、林家港、故地港、芦浦、北官庄港、稽考峰港、牛家沟、许家沟、新罗沟、蒋家沟、李家沟、柴旷沟、唐沟、青莲沟、柞浦、武定浦、无石浦、柳沟、子黄家沟、南沟、鱼梁沟、三家沟、马逻港、轧东沟、潮沟、避贼沟、大沙河、小沙河、单家港、流泉沟、饮马河、穿里河、北沙浦、横沟河、绿杨河、陶家河、天字沟(即天子沟)、小田家沟、大田家沟(疑即东西田家沟)、陈家浦、海防港、胖蛏港、顺滩港、周金港、吉家浦、七巨港,北岸则有周家沟、葫芦浦、孙家沟、高师沟、小淮子马浦、侍家浦、上柳浦、下柳浦、横沟湾港、泗汾港(参嘉定《山阳志》及《天下郡国利病书》及旧《志》)。其他尚有慧家港、顾家港、高门港、螃蟹港、张虾港、年家港、三成港、主家浦(《庙湾镇志》及旧《志》)。盖其时河泓深广,水由地中,两岸沟渠大都与射河支流脉络贯通,农商交便,允为江淮间乐土。自淮为黄夺,两岸束以长堤,昔之沟身,今且夷为村落,而仍沿其名,间有存者,或趋射河,或入双洋,实与淮河无涉"。[2]其四,因筑堤太密集反而导致行洪更加不畅。如桃源面临洪湖,背负黄、运、六塘,"湖堤、黄堤、运堤、六塘各堤层层林立,而民田之水反无宣泄之路,连岁之以水灾告者不仅在各堤之偶有疎虞也"。[3]其五是导致下游黄淮运关系更加复杂而糜烂,水灾更

---

① 乾隆《淮安府志》卷一《图》,《续修四库全书》(699),上海:上海古籍出版社,1995年,第421页。

② 民国《阜宁县新志》卷二《地理志·水系·河流》,《中国地方志集成·江苏府县志辑》(60),第29—30页。

③ 乾隆《淮安府志》卷一《图》,《续修四库全书》(699),第424页。

甚。如咸丰《重修兴化县志》卷二云:"潘季驯建堤以束河,减河以固堤而河治。我朝靳文襄辅深师其意,遥堤接长至云梯关外,减河南北增建以数十计,而河亦治。后人或以遥堤为太远而弃之,减河则或淤闭或跌深,莫能守也"。乾隆二十一年(1756),"陈相国世倌言减河之害,请一切堵闭,俾溜势湍行,而积淤自去。其行之既已效矣,司河者以为弗便,而卒复之。其后,河身垫高,海口壅遏,敝坏叠见,莫有良图"。嘉庆九年(1804)、十年(1805),"更有减黄助清、借黄济运之议,铁保、吴璥、徐端竞言多蓄清水,加筑高堰而河淮全工决裂,民生漂溺无算"。嘉庆十六年(1811)后,"百文敏龄以渐修复,惟减黄助清之成说,终未尽破"。道光四年(1824),"遂有高堰十三堡之决,于是灌塘济运,河淮隔绝,淮失故道,而倒灌之患乃息"。嘉庆年间,议改河者六次。嘉庆八年、九年,吴璥、徐端"先后勘议,事皆中止"。嘉庆十一年,"请由王营减坝决口者,铁保、戴均元、徐端也"。嘉庆十二年,"请山东陈家浦决口者,徐端也"。嘉庆十三年,"请由六套决口者,铁保也"。嘉庆十七年,"复请由王营减坝决口者,勒保、陈凤翔也"。以上诸议,"盖即明杨一魁及我朝董安国之遗意。然一魁行之,泛滥之患仅及淮北,安国行之,壅淤之害遂及全河东二塘者"。[①]

第三,为"蓄清刷黄"而坚修高家堰致洪泽湖区迅速扩大,对洪泽湖附近及上下游河道生态系统产生不可逆转的影响。高家堰,在淮安城西南40里,原为汉代广陵太守陈登筑,是为陈公塘。"当日筑此,以利灌溉,非以捍水,自河与淮合,河淮立高,于是淮水东侵,诸湖立而为一,直抵堰下,冲荡激射,始为险工。岁加高厚,屹若长城"。明隆庆六年(1572),漕抚王宗沐、知府陈文烛修之。清康熙二十二年(1683),总河靳辅大加修治,历数十年。雍正八年(1730),发帑百万,彻底重修。[②]"堰最后长度起武家墩至秦家冈,计一万七千余丈,高度

① 咸丰《重修兴化县志》卷二《河渠二·黄河》。
② 同治《重修山阳县志》卷二《建置·塘堰》。

由二丈余增至三丈数尺"。①高家堰的不断兴修和加高,使大坝以上形成了一个人工湖,出现了特定的河流—水库耦合关系,将原有的河道系统分为两个子系统,即水库下游河道子系统和水库上游河道子系统。②水库巨大水体的出现,极大地抬高了水库上游河道的基准面,出现了河道—水库水体的耦合关系,导致了水库与河道的淤积。

另外,由于黄强淮弱,黄河频繁地从清口倒灌入湖,而在砀山有毛城铺、江苏睢宁有峰山四闸之黄河减水不断南下入湖,是以湖身与河道不断淤垫,造成"洪泽湖南徙,濒湖多成平陆"③、"湖壖沙淤,多成农田"④的局面。湖身和上游泥沙淤积,则一方面造成中游入淮河的支流河口时常遭受倒灌,进而形成众多的河成湖泊群。另一方面,由于洪泽湖下游河道的下切与湖区上游河道的淤积抬高,改变了河道与河漫滩之间的水沙交换方式以及河道径流与周边地区地下水的交换关系,因而导致造成洪泽湖周边区域水患不断,志书称:"淮水以敌黄之故,蓄之高堰者日高,则淮水之出不畅,而滨淮之地常苦潦"。⑤乾隆时泗州张佩芳《论开天然闸书》中也说:"自乾隆四十三年河决入淮,经流一年余,淮身日高,湖底日浅,故去岁淮不加大,而滨湖数十里内田畴屋庐半沉水底。盖湖东南居淮扬上游,长堤巨堰栉比鳞次,故水不为害;其西北皆泗境,地势平坦,旧无堤堰,故易致漫淹,昔之治淮者祇求其出口迅利,足以刷黄济运而已,至其纵横糜烂于泗者未暇计也。自河日南趋,不入淮则入湖,而亦有导之入湖者。往者毛城铺之减水入之,峰山四闸之水入之,诸闸有启有闭,而湖则日增无减,故病泗者莫如湖,而淮次之,而病淮与湖者,尤莫如河。益以天然闸之水,一遇湖涨,入者既阻,来者愈多,浸浸横溃四

①　民国《续修兴化县志》卷二《河渠志·河渠二·高家堰》。

②　许炯心:《中国江河地貌系统对人类活动的响应》,北京:科学出版社,2007 年,第94 页。

③　同治《重修山阳县志》卷三《水利·白水塘》。

④　同治《重修山阳县志》卷二《建置·塘堰》。

⑤　嘉庆《怀远县志》卷八《水利志》,《中国地方志集成?安徽府县志辑》(31),第 121 页。

出,首受祸而宿、灵亦不免沉溺矣"。①贡震《河渠原委》卷上也指出:
"清河距海三百里,淮水之尾闾强半为河所占,淮涨则扼于黄而不得
畅流,淮消则黄且乘其虚而倒灌,治河者虑黄之倒灌而又欲借淮之
清以刷黄之浊也。则束以清口,障以高堰,且于徐邳黄河南岸多设闸
坝以分黄助淮,由是而洪泽满、泗州沉、临淮没,下愈壅则上愈溃,必
至之势也,灵璧南乡数十里安得不常为沼乎?"②淮不得畅出清口,于
是便冲决南下入江,所谓"扬州地势唐、宋以前南高北下,邗沟水北
流入淮,以故自昔江、淮之间,止患水少,不患水多。至蓄高堰,内水
始南流入江③,此为详确无疑。水利专家武同举更是认为,"然古无
洪泽之名,淮出清口,东会泗、沂,亦并不为害。自淮为黄占,捍湖蓄
清,坚筑高堰,癥痞之患,至今不治,此千古奇变也"。④

　　第四,截流导流工程导致河道水流系统发生改变。如上蔡县境
有柳堰河,"上接遂平,自陈新里入境,东流过杨家桥,经澌黄里、蔡
津里,过张家桥,至三汊河口,受小沙河水,入蔡埠河"。此河"发源遂
平西山,经遂平城南入澌河",但是遂平卞姓知县于遂平城西塞断其
道,"改为北流入蔡境"。结果是每遇水涨, 上蔡 "城西诸里悉成巨
浸"。后"因夹河筑堤,北曰新堤,高八尺,阔三丈,长四十里;南曰吴
家岭,高阔如新堤,长二十五里,而水害稍宁"。⑤在遂平县有新河,在
县东 7 里。万历四十七年(1619)夏,知县胡来进见石洋之水直往东
流,有不利于城东,因塞旧河口。又在吴家桥开一渠,广深各 2 丈,长
3 里余,"南入沙河,人呼为玉带水"。乾隆《遂平县志》作者却认为,

---

① (清)张佩芳:《论开天然闸书》,光绪《泗虹合志》卷十七《艺文》,《中国地方志集
成·安徽府县志辑》(30),第 621 页。

② (清)贡震:《河渠原委》卷上,《淮》,《中国地方志集成·安徽府县志辑》(30),第
117—118 页。

③ (清)刘恭冕:《宝应图经书后》,(清)刘台拱、刘宝树、刘宝楠、刘恭冕:《宝应刘氏
集·刘恭冕集·广经室文钞》,张连生、秦跃宇点校,第 586 页。

④ 武同举:《江苏江北水道说》,见武同举:《两轩膡语》,1927 年复印本。

⑤ 康熙《上蔡县志》卷三《沟洫志·沟洫·柳堰河》。

"但人知分石洋水势,而不知此河专受城西北坡湖诸水,遇岁多雨,众流趋注,河身不足容受,辄泛漫四溢,下游之地被浸不收,其为患已屡矣"。[①]

在上蔡、西平等县境最大的截流工程是导乾入沣工程。洪河本名汝河,发源自方城县东北牛心山及当阳山,名曰贾河,东南流经古庄店,折而东经杨楼,又折而东北流入叶县圪垱店,名曰乾江河,一曰千江河。又东北经辛店,流入舞阳县境,经卸甲店东流与县城附郭三里河会,过城南,又东南流入西平县境,此远源也。历史时期洪河经常改道,时常为患。宋代秦观《汝水涨溢说》就指出:"汝南风物甚美,但入夏以来,水潦为患。异时道路化为陂浸,汝水涨溢,城堞危险,湿气熏蒸,殆与吴越间不异,郡人岁岁如此"。[②]元末至正年间(1341—1368),地方官因乾江河泛滥为灾,乃于卸甲店迤北凿渠长12里,引河北流入沣河,使东归颍,是为洪河远源截断之始。"迨后新渠淤塞,河复故渎,于是西平、上蔡沿河居民复遭泛溢昏垫之害"。明嘉靖年间(1522—1566),因导乾入沣之渠淤塞,乾江河水重入洪河,西平、上蔡复遭水患,"西平人王诰曾疏淤筑防",使乾江河水复入沣河。清乾隆十五年(1750),"邑人赵永涨、马骥等复于导乾入沣处,用铁轴贯釜堵塞故渎,并添筑石坝,慎固堤防,由是方城之贾河、叶之乾江河仍北流入沣,不复与西平洪河会矣。世称锅堵口(上蔡县志云郭渡口)者,此也"。[③](见图1-1)

---

① 乾隆《遂平县志》卷六《水利》。

② 周义敢、程自信、周雷编注:《秦观集编年校注》(下册),北京:人民文学出版社,2001年,第500—501页。

③ 民国《西平县志》卷二《舆地·疆域·洪河系》。

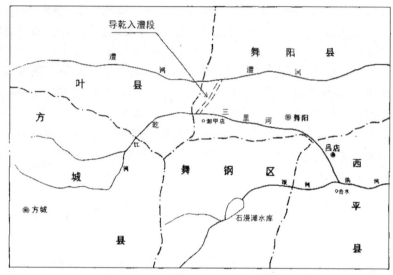

图1-1　导乾江河入沣河示意图①

在安徽霍山境内，官府则通过在县城附近的淠河沿岸修建石坝、石堤等水利工程，抑制淠河南徙趋势，逼河北趋，最后形成改道。淠河发源于大别山区，属淮河南岸最大的一条支流。霍山西南200里皆崇山盘错，"淠以一线穿其腹，无大陂广泽为之储。崖锁峡束，往复百折"，至霍山县城附近"始趋平陆，势乃大逞。故每当霖雨连朝，则悬流直下，迅若建瓴，洪涛怒奔，莫可遏抑"。②明代霍山县令陈中复、汤楠先后修建了霍山城拱辰门外沿河石堤，"曩河水内扫，城垣屡遭冲刷，自甃石后，城保无恙"。康熙年间，霍山县城"三官庙后一带河遂外徙"，"三官庙后河既北徙，下游大溜遂益趋南"，③"城之东

①　西平县史志编纂委员会：《西平县志》，北京：中国财政经济出版社，1990年，第144页。

②　(清)张抢甲：《修建霍城东北河堤碑记》，乾隆《霍山县志》卷八之一，《稀少见中国地方志汇刊》(21)，第808页。

③　乾隆《霍山县志》卷二之十，《堤岸道路》，《稀少见中国地方志汇刊》(21)，第627页。

北隅,遂当其冲,遭剥蚀者近四十年矣"。[1]于是"由太平桥至小河口一带岁遭剥削,河街北廛陆地扫去数十丈,至今啮痕犹在,过者心恻"。[2]后经县令潞河陈公于老滩头叠石为坝,令水稍趋北,又倡建石堤一段于太平桥侧,北城赖以无患。[3]至乾隆时,淠河主泓"改注沙河,纵伏秋暴涨,只属回波泛漾,愈恃以无恐矣"。[4]

最后,风水水利工程对城市区域水格局的影响。地理位置、地貌特征、气候状况、河湖分布、土壤植被、交通格局、军事险要等,构成了古人所谓"山川形胜"的主要内容。历史上人们对区域环境中这些自然或人文因素的认识,往往深受堪舆家的影响。关于山川的分布、成因以及某些相关历史事件的解释,常常被涂上风水、八卦之类的玄妙色彩。

在堪舆家看来,水具有灵气,河流布局与城市人文是否兴盛有着很大的关系。如在淮河流域河南西平县城,汝河故道曾经环绕城西,"曩时周历城内,入自西水门,出东水门,其时人文蔚起,有'小洛阳'之称"。后因水患侵城,"乡官于宣疏改离城三里直向北流,始不经城内云"。[5]在沈邱县,明代沈邱县令柴懋抡"精风鉴",见"县旧有南截河,为商民竞利所阻,伤地脉",乃"委生员卢中洪、刘养罴等监督开浚,不阅月,深阔如故"。[6]在光州,镇潢桥河原止一支流小沟,"古志土城四门,洪武初河自沙沟转而东,郡兵部尚书张安仁以形家言,议改今河,人文遂盛,河流始大。遂筑北城五门,南城六门,甃以砖石"。[7]

① (清)张抡甲:《修建霍城东北河堤碑记》,乾隆《霍山县志》卷八之一,《稀少见中国地方志汇刊》(21),第808页。

② 乾隆《霍山县志》卷二之二十《堤岸道路》,《稀少见中国地方志汇刊》(21),第627页。

③ (清)张抡甲:《修建霍城东北河堤碑记》,乾隆《霍山县志》卷八之一,《稀少见中国地方志汇刊》(21),第808页。

④ 乾隆《霍山县志》卷二之二十《堤岸道路》,《稀少见中国地方志汇刊》(21),第628页。

⑤ 康熙《西平县志》卷一《舆地志·山川》。

⑥ 乾隆《陈州府志》卷十四《名宦》。

⑦ 顺治《光州志》卷一《山川》,《日本藏中国罕见地方志丛刊》,北京:书目文献出版社,1992年,第263页。

在淮河流域安徽五河县，有蔡家湖坝在县治西3里，"南濒浍，北濒沱。先是霪雨暴涨，立成巨浸，田庐漂没，居民苦之"。明万历时，"知县方堪兴役筑新堤以捍水，民便之。形家谓此处有关县治脉络，堤成后觉岸势蜿蜒，结为县址，更增胜概"。[①]在定远县，康熙十九年（1680）来任定远知县的曲震"度南城外之里许陶坝，为合邑风水所关，且城西北山水时并，迤延南来，障而蓄之，可灌数千顷"，于是"鸠工照古制，广丈许，高六七丈，未弥月而工竣，迄今民赖其利"。[②]在太和县，万历年间太和学宫前"有明堂水被民凿沟破去"，于是，时任太和教谕徐蒙"力请令修治如初，文风遂蒸起焉"。[③]在颖上县，有明一代，"科目蔚然"。但是"自开新河后，飞腾者遂少。以水直泄去，不利于堪舆家说也"。于是，王宗纲孝廉叹曰："今欲重浚旧河，则城日圮；欲仍由新河，又以碍于科目为嫌，斟酌尽善，是所望于后之君子"。[④]在颖州郡城"地势自南而北诸水皆自中西两清河汇于隍，隍塞则溢，决则一泄无余，皆非所以固金汤、钟灵秀也"，明时在城西北修有谢闸，岁久废坏，莫知所在。后州守任公在城西门外修闸，刘公在任闸迤西稍北修闸。此后因"地既高亢，不便蓄泄，奔溃四出，远迩震惊，议塞议徙，人不一说"，乾隆乙丑（1745）王敛福莅颖，士绅请以建闸，于是访求谢闸旧迹，"数按其地，居民多指画未当，无可综覆，乃于刘闸之北辟地创建。未几，雨水暴涨，新闸崩坏，益详审持重，务得谢闸故址从事焉"，会大中丞潘公旌节驻颖，乃定建闸于城西北。[⑤]

---

① 光绪《五河县志》卷六《建置六·堤坝》，《中国地方志集成·安徽府县志辑》(31)，南京：江苏古籍出版社，1998年，第463页。

② 道光《定远县志》卷六《名宦传》，《中国地方志集成·安徽府县志辑》(36)，第73页。

③ 民国《太和县志》卷七《秩官·名宦》，《中国地方志集成·安徽府县志辑》(27)，第437页。

④ 同治《颖上县志》卷十二《杂志·摭记》，《中国地方志集成·安徽府县志辑》(27)，第268页。

⑤ （清）王敛福：《郡城建隍闸记》，道光《阜阳县志》卷十九《艺文三·记》，《中国地方志集成·安徽府县志辑》(23)，第340页。

　　在安徽阜阳，"初颍州知州与乡宦不协，于州东北隅开暗沟，穴城出水，自是迭见灾祸。屡经封塞不止"。此为知州因为与地方乡绅不协而利用风水水利工程报复地方的典型事例。穴城出水不仅仅是以成当地频仍水患，根本目的是泄城"气"，以阻当地文运。为此，康熙戊寅（1698）秋，以父荫候补七品衔的诸生鹿士谔"白之有司，不惜重费，多募役夫，亲历相视。发土至二尺余，即见砖甃水道，然绝无水痕。众方欲填之，士谔曰：'未也，此必伪为以误人者'。更命掘深约丈许，果有濠直达城外，砌用巨石，嵌以铁栅。从而毁坏之，覆上下石，筑极坚固。别导水南汇大池，以泄于河，居民遂免沮洳之患"。①

　　在淮河流域江苏泰州，有市河自北至南直达，中无迁转，与传统的城市布局讲究水势环抱不同。考旧迹，原有玉带河，但年久已鞠为园田。后曾于南水关外筑堤，皆补苴塞罅，以有利于风气。"独南门外通衢，万历初年于中凿一渠，相传为郡东势要欲飞帆径渡，此地守土者承顺之"。崇祯丙子（1636）孟冬，监司郑二阳、州守徐日升"檄谕看得本州盖名凤凰城也，凤颈不可断，而南门外有板桥一河，创自近年，非旧设也，而颈断矣"，"从形家言，凿断凤颈则风水漏泄，人文委靡，科第之晨星，宦途之翅良有以也"，"遂以筑塞为己任，监司州守主持于上，而王乡绅相说倡议，曰塞之便"。②

　　上述政府大型治水活动，除了截流工程和城市风水水流工程只对局地水生态环境产生影响之外，人工开凿大运河以及黄河筑堤、坚筑高堰因为涉及到运河、黄河、淮河之间的复杂关系，是故此类治水活动对整个淮河流域水生态环境变迁的影响大而深远。政府治水源于水生态环境的危机，但也正是"生态的危机常常伴随着权力使用的机会。水利建设在许多情况下的环环相绕为上层的干涉提供了

---

①　道光《阜阳县志》卷十三《人物志三·义行》，《中国地方志集成·安徽府县志辑》(23)，第 207 页。

②　崇祯《泰州志》卷之三《河渠考》，《四库全书存目丛书》（史 210），济南：齐鲁书社，1996 年，第 67—68 页。

可能"。①

南宋以前,黄河为害于北于东,官府治河多"汩其水性,治而愈 梦,听其自然,行所无事"。②因此,考之史志,"宋以前之治河,虽塞筑 为劳,止以去河之害而不资其利,故去害即所以致利"。③也就是说, 宋以前治河以去水害为本,目标单一,治水所体现出的水事关系和 社会关系相对简单。南宋以后,随着黄河夺淮导致淮河流域水生态 环境的恶化,官府以治水为手段,加强了对这一区域的干预和控制, "其时设重官于南河,督治河事,以黄河为经,以诸川为纬,以漕运为 其枢纽,竭天下之力而经营之,历史上赫然呈一巨观"。④但是"宋元 以后之治河,其法愈密,其费愈繁,不惟去河之害,而并资其利,故全 利乃可以去害"。⑤

宋元明清时期,官府治河重在兴王朝之大利。宋金时期,宋金官 府不惜黄河泛滥为害于人民而各自打起兴利的算盘,"河北行而宋 人挽之,为防辽计;河南出而金人纵之,为病宋计"。⑥自从元代修通 京杭大运河后,漕运成了元明清王朝的首要利益,史载"惟我国家定 鼎北燕,转漕吴楚,其治河也匪直祛其害而复资其利,故较之往代为 最难"。⑦

黄河南下夺淮,虽对淮河流域水生态环境和民生造成了重创, 但对元明清朝廷来说,却也不完全是件坏事。这是因为"国家所重在

---

① [德]约阿希姆·拉德卡:《自然与权力:世界环境史》,王国豫等译,保定:河北大学 出版社,2004 年,第 101 页。

② 民国《涡阳县志》卷三《山川》,《中国地方志集成·安徽府县志辑》(26),第 445 页。

③ 乾隆《归德府志》卷十四《水利略一·河防》。

④ 武同举:《水鑑一斑》,载武同举:《两轩賸语》。

⑤ 乾隆《归德府志》卷十四《水利略一·河防》。

⑥ 咸丰《重修兴化县志》卷二《河渠二·黄河》。

⑦ (明)余毅中:《全河说》,(明)朱国盛纂,(明)徐标续纂:《南河志》卷十,《杂议》, 《续修四库全书》(728),第 684—685 页。

漕",然而"自清河以北,桃、宿数百里间所资以运漕者惟黄",①是故"自明迄今,国家运道全赖于河。河从东注,下徐、邳会淮入海,则运道通;河从北决,徐、淮之流浅隘,则运道塞,此咽喉命脉之所关也"。②正是漕运要借桃源和宿迁之间的一段黄河,所以连家乡深受河患的睢宁人蔡石冈都说"黄河南徙,国家之福、运道之利也"。③

为了保护运道通畅,明代治河重在筑断黄陵冈,在黄河两岸北筑南堵,束水攻沙,目的是使黄河不北决冲击张秋附近的会通河运道,同时又确保黄河一直稳定在徐、邳、桃源之间会淮入海,以借黄济运。但是,黄河夺泗入淮,淮尾强半为黄占,淤垫甚速,于是黄河下壅上溃,运道依然受到威胁。所以,才有坚筑高堰、蓄清刷黄、减黄助清之类的纷繁治黄、治淮措施出台。但这些治水措施又导致了洪泽湖区扩大,湖身淤浅,洪泽湖倒灌漫溢,凤阳、泗州的明皇陵、明祖陵受到洪水威胁。于是,明代治河"又益以保卫祖陵一事,任愈重而治愈艰矣"。④据乾隆《砀山县志》记载,黄河原在砀山县南,因明大学士沈鲤奏称,"黄河水经凤阳,恐惊皇陵,且入海迤远,议定将黄河自虞城东之黄堌坝堵塞,改开新河于砀城之北,两岸筑堤"⑤,由此可见一斑。

治水本意在去害,而宋以后给治河加载了如此众多的政治利益。所以,宋以后的治河者总是在"欲祛其害,而又欲资其利"的夹缝中,苦苦寻求治河之术。但在"黄流盛则防黄之侵运,运道浅则又资黄以济运"⑥、黄害运道而运道又不能不借黄、黄害淮而又不能让黄河不会淮、既要蓄清刷黄又怕黄河倒灌等多重治水矛盾中,就连元

①　(清)崔维雅:《河防刍议》卷六,《或问辨惑·治河治漕辨》,《四库全书存目丛书》(史224),第109页。

②　(清)郭起元撰,蔡寅斗评:《介石堂水鉴》卷六,《四库全书存目丛书》(史225),第539页。

③　乾隆《归德府志》卷十四《水利略一·河防》引明代刘天和《问水集》。

④　道光《重修宝应县志》卷之六《水利》,《中国方志丛书》(406),台北:成文出版社有限公司,1983年,第285页。

⑤　乾隆《砀山县志》卷二《河渠志》,《中国地方志集成·安徽府县志辑》(29),第42页。

⑥　民国《铜山县志》卷十四《河防考》,《中国地方志集成·江苏府县志辑》(62),第218页。

代的贾鲁、明代的潘季驯这样的著名水利专家,也是左支右绌,难以大显身手。正如清初胡渭所说的,"贾鲁才愈上景而功不逮,盖为会通所窘。潘季驯之于明也亦然,又其时凤泗两陵,形家者言皆称河淮合襟,自不得轻议改道之举"。①正是元明清官府治河、治淮、治运承载了太多的政治因素,才出现了"今之治水者,既惧伤田庐又恐坏城郭,既恐妨运道又恐惊陵寝,既恐延日月又欲省金钱,甚至异地之官竞护其界,异职之使各争其利,议论无画一之条,利病无审酌之见,幸而苟且成功足矣,欲保百年无事,安可得乎?"②的尴尬局面。

综上可知,历史时期促成淮河流域水生态环境发生重大变迁的因素是多重的,既有地形地势、气候变迁方面的自然因素,又有兵燹战乱、农渔生产、政府治水方面的社会因素。如果从数百年乃至几十年的时间尺度看,由自然因素引起的淮河流域水生态环境变化幅度相对较小,而由人类活动产生的淮河流域水生态环境变化,在强度上甚至超过了自然因素引起的变化。1951年4月28日治淮委员会工程部在《关于治淮方略的初步报告》中就指出:淮河的生命史上却和世界其他河流有绝不相同的地方,就是它在近几百年以前,受到四种意外的打击,使它成为畸形发育的河道,"第一,就是十二世纪末到十九世纪中黄水的侵夺,使它失去了原来入海的尾闾,反而畸形地发展,长成一条不很够用的入江尾闾,影响到洪水的排泄。第二,就是数百年来黄河的浑水不断地泛溢到淮河流域里,使它的水系中的许多小脉络给泥沙淤塞,不能畅通,造成严重的内涝。第三,因为要使有关皇室漕运的大运河能够保持畅通起见,建造了洪泽湖大堤,造成洪泽湖。从大堤里溢出来的水又潴为高、宝湖,终年自涨自消,其结果使得皖北、苏北常常受到洪水的灾害。而运河以东的里下河地区,在每年汛期内随时有变成泽国的可能。第四,就是受了封建制度的剥削,土地被地主阶级所掠夺,转而无计划地耕种山坡,使

---

① 咸丰《重修兴化县志》卷二《河渠二·黄河》。
② (明)谢肇淛:《五杂俎》卷三,《地部一》,上海:上海书店出版社,2001年,第45页。

自然的水土保持受到破坏,增加地面径流的流量",并认为这四种打击"是自然因素和社会因素交织而成的,但社会因素却常常处于领导的地位"。[①]

当然,人类社会因素作用于淮河流域水生态环境的变化,是正效应和负效应同时存在的。垦山要地、围水争地一方面可以扩大耕地面积,增加粮食产量,以补人们衣食之不足;另一方面,垦山要地造成水土流失加剧,围水争地造成河道淤塞、湖沼萎缩,以致其含蓄水源以及调蓄滞洪能力大大降低。政府治水一定程度上减轻了水害,同时也保证了运道的长时期畅通,但"治失其道则为蛟鼍之窟"[②]的水生态环境恶化现象也经常出现。在淮河流域水生态环境变迁的进程中,这种兴一利而增一害乃至多害之事例不胜枚举,值得当今淮河流域地方政府和社会认真反思并加以总结借鉴。

第二节　水生态环境变迁的历史进程

历史时期淮河流域水生态环境的变迁是地质地形、气候、黄河夺淮等自然因素以及农业垦殖、战争、政府治黄淮运政策、以工业化为核心的现代化等社会因素共同作用的结果。其中黄河泛淮乃至全面夺淮是新中国成立以前淮河流域水生态环境发生紊乱性、脆弱性变迁的主导性因素,"黄河忽西来,乱泄长淮间"[③],"淮不为害,其为害者,黄贻之也"[④]。著名水利专家武同举更是认为"淮自古有利无

---

① 水利部淮河水利委员会编:《新中国治淮事业的开拓者——纪念曾山治淮文集》,第162页。

② 咸丰《重修兴化县志》卷一《舆地志·图说》。

③ (元)陈孚:《黄河谣》,光绪《泗虹合志》卷十八《艺文》,《中国地方志集成·安徽府县志辑》(30),第638页。

④ (清)包世臣:《中衢一勺》(下)卷三,《漆室答问》,第74页,见《包世臣全集·艺舟双楫·中衢一勺》,李星点校,合肥:黄山书社,1993年。

害。淮之有害,其弊中于黄河之侵夺"①,"自黄河夺泗、夺汴、夺睢、夺淮,更摈拒沂、沭,蹂躏游涟,淮北水道之变迁,以黄河始,以黄河终。黄河既徙,水道病矣。病而不治,曷其有瘳?"②新中国成立以后,党和政府对淮河进行了全面的综合整治,政府政策、水利工程以及现代化进程等人类活动对淮河流域水生态环境变迁的影响进一步增强,某种程度上甚至超过了自然因素的作用。

一、远古至北宋时期

远古时期,淮河干流的洪泽湖以西河段与现代相似。古无洪泽湖,淮河干流经盱眙后折向东北,经淮阴向东,在今江苏涟水云梯关入海。当时淮河流域内有众多的湖泊,大多散布于支流沿岸、支流和干流尾闾,以及济、泗二水之间,如荥泽、圃田泽、萑苻泽、孟诸泽、菏泽、大野泽、沛泽、富陵湖和射阳湖。位于今郑州市东的圃田泽,在当时拥有方圆数百里的广阔湖面。③在豫东南还有一些湖沼,因水体随季节变化大,尚无固定名称。

春秋战国时,由于政治和经济的需要,人工开凿的运河相继出现。徐偃王开陈蔡运河沟通沙水、颍水和汝水。吴王夫差开邗沟沟通江、淮,辟菏水沟通泗、济水系。据清代学者刘宝楠考证,"决河通淮,始于始皇",而"引河通淮始于夫差",因为"《国语》:'阙为深沟,通于商、鲁之间,北属之沂,西属之济。'属沂,则与淮通;属济,则与河通"。④战国中期,魏国又兴修了沟通黄河与淮河的运道,名鸿沟。一是主要水源来自荥阳北济水,自成皋县(今河南汜水)北至乘氏县(今巨野县),并改称为"狼汤渠";二是开大沟渠引黄河水注入圃田大泽,并

---

① 武同举:《淮系年表全编·叙例》。
② 武同举:《江苏淮北水道变迁史》,见武同举:《两轩腾语》。
③ 田世英:《黄河流域古湖钩沉》,《山西大学学报》1982年第2期。
④ (清)刘宝楠:《河淮》,见(清)刘台拱、刘宝树、刘宝楠、刘恭冕:《宝应刘氏集·刘宝楠集·愈愚录卷四》,张连生、秦跃宇点校,第472页。

延长大沟运河汇狼汤渠,到大梁城开封绕过城东,折而南下,经通许,太康西到达淮阳,再向南凿至项县(今河南沈丘县)东北,注入颍水。鸿沟水系连通了济、濮、汴、睢、颍、涡、汝、泗、荷等河流,成为黄淮平原上的主要水道交通网。①随着淮河流域水生态环境的改善,农业开发则进入了一个新的发展阶段,淮北地区人口激增,农垦大为发展,平原可耕地大多辟为农田,甚至一些陂、泽、湖、沼地也被开垦。

入汉后,淮河流域农业经济呈现一派繁荣景象,不仅淮河下游沂、沭、泗流域的农业经济继续保持良好状态,上游陈、许、颍川等地的农业也因水利的兴修而得到长足发展。但此时的黄河却进入了历史上第一个频繁决溢时期,并开始了较大规模的侵淮,淮河流域水生态环境因此遭遇一定程度的破坏。汉文帝十二年(前168)十二月"河决酸枣(今河南延津县北),东溃金堤"②,以致于"河溢通泗"③,河决不久即"大兴卒塞之"④。武帝元光三年(前132)夏,"河决于瓠子(今河南濮阳西南),东南注巨野(古湖,今山东郓城东),通于淮、泗"。⑤此次黄河决口,"为河水入淮之始"⑥,"河患始被淮泗"⑦。这次黄河决口,情形与以前大不相同,决口广大,黄河水泛滥而出,淹塞严重,而且导致濮阳、定陶、睢阳、彭城等经济都会的萧条,定陶甚至从此一蹶不振。⑧至武帝元封二年(前109)派汲仁、郭昌堵塞了瓠子决口。汉平帝元始年间(1—5),黄河在荥阳县境内大幅度向南摆动,"汴渠东侵,日月益甚",导致河、齐和鸿沟分流处堤岸严重坍塌,造

---

① 参见傅崇兰:《中国运河传》,太原:山西人民出版社,2005年,第32—33页。

② 《史记》卷二九,《河渠书》。

③ 《史记》卷二八,《封禅书》。

④ 《史记》卷二九,《河渠书》。

⑤ 《史记》卷二九,《河渠书》;《汉书》卷二九,《沟洫志》。

⑥ 咸丰《重修兴化县志》卷二《河渠二·黄河》。

⑦ 光绪《丙子清河县志》卷四《川渎上》,《中国方志丛书》(465),第26页。

⑧ 傅崇兰:《中国运河传》,第45页。

成黄河、齐水、汴水各主流支流乱流的严重局面,"然久之皆复其故"。①

魏晋南北朝时期,由于战乱不断,淮河流域土地荒芜,农业凋敝,人民迁徙流亡。不过,由于农业经济的衰败,人类活动对淮河流域水生态环境的破坏较轻;汉代王景治河后,黄河也相对安澜,淮河基本未受大的黄河决溢侵扰,所谓"王莽始建国三年,河徙魏郡,泛清河平原、济南至千乘入海,水遂东流。永平中,王景始修之,河由是而大徙者二矣。后历魏晋隋唐以迄宋初,并鲜河患"②即是。而统治者为恢复和发展农业生产,在淮河流域修造了各种运河、陂塘、堰、坝水利工程以灌浇屯田。因此,汉代以来一度遭遇较大破坏的淮河流域水生态环境逐渐得到了改善。据6世纪成书的《水经注·渠水注》记载,当时黄河以南,江淮以北,嵩山、汝、颍以东,泗水以西的区域内较大的湖泊约有140多个。在豫西山地东麓洪积冲积和鸿沟之间的交接洼地,由于洧(今双洎河)、溴(今溴水河)等河流下游宣泄不畅,聚积而成一些湖沼。在豫东有一片由济水、濮水、汴水、睢水等河流的河间洼地和河口洼地,经水流汇集而形成了东西向排列的湖沼,著名的有圃田泽、牧泽、白羊陂等。《水经注》云:当时的圃田泽跨中牟、阳武二县,"东西四十里许,南北二十里许,中有沙岗,上下二十四浦,津流径通,渊潭相接,各有名焉,有大渐、小渐、大灰、小灰……等,浦水盛则北注,渠溢则南播"。湖区已被大小沙岗分割成为许多小沼泽,湖中长满了水生植物麻黄草。其他如牧泽(今开封北)"方十五里";白羊陂(今杞县、睢县境内)"陂方四十里"。在淮北低洼平原的汝淮、汝颍、颍涡之间,支流众多,下游宣泄不畅,沿河壅塞成了一连串的湖泊,形成分布极密由西北—东南的湖泊带。在淮北、淮南低洼地带,有很多湖沼系人工围堤而成,如曹魏正始二年(241),邓艾令淮北屯2万人、淮南3万人,"北临淮水,自钟离而南横石以西,尽沘水四百余里,五里置一营,营六十人,且佃且守。兼修广淮

---

① 咸丰《重修兴化县志》卷二《河渠二·黄河》。
② 《古今河道通塞考》,光绪《祥符县志》卷六《河渠志上·黄河》。

阳、百尺二渠,上引河流,下通淮颍,大治诸陂于颍南、颍北,穿渠三百余里,溉田二万顷,淮南、淮北皆相连接"。①淮南诸陂塘中,以芍陂为重点,当时在芍陂旁边还修了小陂 50 余所。修建众多陂塘,蓄水屯田,成效颇巨,但因没有协调处理好蓄灌和排水问题,也出现了蓄水过多漫溢决口成灾的严重问题。所以时人在平毁和修复一些陂塘的问题上,经常出现反复。如鸿隙陂,在汝阳县东十里,"淮北诸水溢而为陂,汉成帝时翟方进为相,议决去陂水,其地肥美,且可省堤防费,而无水忧,奏罢之后,岁旱,民失其利。建武十八年,邓晨为汝南太守,使许杨修复之,因高下形势起塘四百余里,数年乃就,郡赖以富,亦曰鸿隙陂,又曰鸿池陂,又曰鸿陂。安帝永初三年,诏以陂假与贫民,自是日就颓废"。宋秦观曰:"鸿隙陂,非特灌溉之资,菱芡蒲鱼之利,实一郡潴水处也。陂既废,水无所归,散漫而为患与"。②至西晋时,淮河流域水灾特别多,在晋武帝执政的 25 年中,就有 12 年发生水灾,以致晋朝的杜预在咸宁三年(277)上书认为,"今者水灾东南特剧,非但五稼不收,居业并损,下田所在停淤,高地皆多硗瘠。此即百姓困穷方在来年", 因此主张保留工程质量较好的汉代陂堨及山谷私家小陂,而将魏氏以来修造的工程质量差的陂堨及因多雨漫溢为芦苇地和马肠陂都平毁掉,"今者宜大坏兖、豫州东界诸陂,随其所归而宣导之",等到"水去之后,填淤之田,亩收数钟"。③

隋唐五代时,淮河流域水生态环境依然良好,呈现的仍是湖泊密布、河流交叉的水乡景象。《水经注》记载的湖泊,这时期大都保存着,圃田泽仍是一个东西长 50 里,南北长 26 里的大湖。④孟诸泽有周围 50 里的广阔湖面。⑤然而,由于关中人口急剧增加,隋唐王朝大

---

① 《晋书》卷二六,《食货》。

② 嘉庆《汝宁府志》卷五《水利·汝阳县》。

③ 《晋书》卷二六,《食货》。

④ (唐)李吉甫:《元和郡县图志》卷八,《河南道四·郑州》,北京:中华书局,1983年,第 206 页。

⑤ (唐)李吉甫:《元和郡县图志》卷七,《河南道三·宋州》,第 181 页。

规模营建长安、洛阳,对黄河中游森林大肆砍伐,使垦殖区重新扩展,黄河中游西起陇山、岐山,东至吕梁山,北起横山,南至豫西山地的广大范围内的森林都开始遭到破坏。黄土高原失去森林保护,水土流失加快,黄河中挟带的大量泥沙又开始在下游河道淤积,以致于河患愈趋严重。如五代后汉乾祐三年(950)六月,河决郑州。后周广顺二年(952)十二月,河决郑滑。显德六年(959),河决原武。"盖河徙渐近此地,而犹未南入淮也"。①据统计,隋唐时黄河下游决溢共23个年份,平均14年就有1年泛滥为灾。五代时期,共有19个年份决溢,平均不足3年就有1年出现决溢,黄河决溢频率显著增加。在这些决溢中南北岸都有,其中南决冲入淮河水系的就有开成三年(838)、同光元年(923)、天福六年(941)、开运元年(944)4次。②

降及北宋,汉末以来相对稳定了近千年的黄河又进入了历史上第二个频繁决溢时期,河患加剧。宋人吕陶就云:"大河为患,岁岁决溢。……大抵壅之于东则奔于南,障之于西则注于北,而不见其素所谓河者果安在也。"③随着黄河的频繁决溢,决入淮河水系的次数逐渐增多,规模也愈来愈大。"宋太宗、真宗之世,河决滑、郓,而东南入淮者三"。④如太平兴国八年(983)五月河决滑州(今河南滑县),东南流至彭城(今江苏徐州)界入于淮,⑤十二月告塞。太平兴国十二年(987),"河决澶渊,南徙会淮合汶并流"。⑥咸平三年(1000)五月"河决郓州(治今山东东平)王陵埽,浮巨野,入淮、泗"。天禧三年(1019)河决滑州城西南,"岸摧七百步,漫溢州城,历澶、濮、曹、郓,注梁山

---

① 乾隆《中牟县志》卷一《舆地志·河渠》,《中国地方志集成·河南府县志辑》(8),上海:上海书店出版社,2013年,第22页。

② 周魁一:《隋唐五代时期黄河的一些情况》,中国科学院水利电力部、水利电力科学研究院:《科学研究论文集》第12集,北京:水利电力出版社,1982年,第25页。

③ (宋)吕陶:《净德集》卷二〇,《策·究治上》,丛书集成初编,1937年,第214页。

④ 光绪《丙子清河县志》卷四《川渎上》,《中国方志丛书》(465),第26页。

⑤ 《宋史》卷九一,《河渠志一》。

⑥ 光绪《安东县志》卷之一《疆域》,《中国地方志集成·江苏府县志辑》(56),第11页。

泊;又合清水、古汴渠东入于淮,州邑罹患者三十二"[1],8 年后决口才堵塞。庆历八年(1048),河决商胡,合永济渠,至乾宁军(今山东青州)入海,是为北流。嘉祐五年(1060),北流复决为二股,自魏恩东至德沧入海,是为东流,"其后二流迭为开闭,由是而河遂三大徙矣"。[2]熙宁十年(1077)七月十七日,黄河又大决于滑州,澶渊北流断绝,河道南徙,东汇于梁山、张泽泺而分为两派:一合南清河入于淮,一合北清河入于海,"凡灌郡县四十五",[3]至次年四月决口才堵上。此次黄河决口,虽为黄河大规模入淮之始,但"是时,淮、河合流在颍、亳、怀远之间,河势虽南,然旋决旋塞,东流入海之道如故也"。[4]

　　总的来说,南宋以前,淮河独流入海,干支流水系较为稳定,"河淮皆天下之强水,所过郡邑无虑百数十,淮独更数千年无所变易"[5],淮河流域水生态环境缓慢演进。(见图 1-2)期间,黄河虽有多次决溢南泛入淮,但未闻大溜夺淮,且决口不久即被堵塞。黄河南泛主要影响的仅限于淮河流域北部的古济水——梁山泺一带,对泗水水系及淮水下游则影响轻微。此时的人类活动也还未威胁到流域水生态的自我调适和自我修复的能力,人类活动与水生态环境处于相对协调时期,未从根本上影响淮河流域的社会经济发展进程。

---

① 《宋史》卷九一,《河渠志一》。

② 《古今河道通塞考》,光绪《祥符县志》卷六《河渠志上·黄河》。

③ 《宋史》卷九二,《河渠志二》。

④ 光绪《淮安府志》卷五《河防·黄河》,《中国方志丛书》(398),台北:成文出版社有限公司,1983 年,第 219 页。

⑤ 光绪《丙子清河县志》卷四《川渎上》,《中国方志丛书》(465),第 26 页。

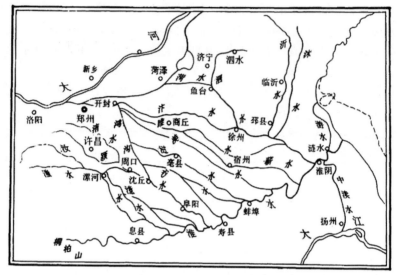

图1-2 淮河独流入海图[①]

二、南宋至晚清时期

南宋以后,人类不合理的活动助推了黄河在北宋就已开始的大规模南泛侵淮的趋势,黄河南泛入淮最终演变成全面夺淮,淮河水系因之而紊乱,水生态环境为之一变,所谓"中世以降,黄河南徙,夺泗与沂,因而夺淮,两雄角力,强者战胜,盖数百年焉"[②]正是也。从此数百年间,独流入海的淮河水系演变成为黄河下游的支流水系。

南宋建炎二年(1128),杜充在河南滑州以东掘开黄河,黄河浊水在豫东、鲁西地区漫流至今山东巨野嘉祥一带注入泗水,再由泗入淮。[③]金人入主中原后,一方面是无暇治河,另一方面也是为了利用新决

---

① 转引自邹逸麟:《黄淮海平原历史地理》,合肥:安徽教育出版社,1994年,第109页。

② 民国《泗阳县志》卷九《志三·河渠总叙》,《中国地方志集成·江苏府县志辑》(56),第275页。

③ 《宋史》卷二五,《高宗纪》。

河来扩展领土。北宋靖康元年(1126)金人再次南侵占了太原、中山(今河北定县)、河间三镇,宋朝同意与其以黄河为界,这样黄河南移就意味着金朝疆土的扩大。于是,金朝采取利河南行、以宋为壑的策略,唯恐黄河不决,从而造成南徙的黄河河道极不稳定,"或决或塞,迁徙无定",河势益加南行。金大定八年(1168)六月,"河决李固渡,水溃曹州城,分流于单州之境",金人以"欲河复故道,不惟大费工役,又卒难成功。纵能塞之,他日霖潦,亦将溃决,则山东河患又非曹、单比也。又沿河数州之地,骤兴大役,人心动摇,恐宋人乘间构为边患"为借口,任黄河决口泛滥而不予以堵塞。大定二十年(1180),"河决卫州及延津京东埽,弥漫至于归德府",黄河"遂失故道,势益南行"。①南宋光宗绍熙五年即金章宗明昌五年(1194),河决阳武(今河南原阳)故堤,灌封丘而东,"东注梁山泺又分为二派,一由北清河入海,一由南清河夺淮入海","由是而汲胙之流塞,此河之四大徙也"。②南派径直"南趋合泗,历鱼台经徐邳,至清口合淮,径安东云梯关入海"。③此次河决"或言金人以河患遗宋也"④,金人"见水势趋南,不预经画"⑤,从此,黄河主流河道南徙,"黄淮并为一渎"⑥,"自徐城以南,泗水悉为黄河所占,而禹贡会淮入海之旧迹不可考矣"⑦。金宣宗贞祐三年(1215)为避蒙古迁都汴京后,又企图"决大河使北流德、博、观、沧之境"⑧以御蒙古,结果直至天兴三年(1234)亡国,南道不治,北道不复,听任黄河泛滥。

---

① 《金史》卷二七,《河渠志》。

② 光绪《祥符县志》卷六《河渠志上·黄河·古今河道通塞考》。

③ 光绪《淮安府志》卷五《河防·黄河》,《中国方志丛书》(398),第219—220页。

④ 咸丰《重修兴化县志》卷二《河渠二·黄河》。

⑤ 《金史》卷二七,《河渠志》。

⑥ 民国《泗阳县志》卷三《表二·大事附灾祥》,《中国地方志集成·江苏府县志辑》(56),第163页。

⑦ 民国《泗阳县志》卷九《志三·河渠上·泗水》。

⑧ 《金史》卷二七,《河渠志》。

元代建都大都,"转东南之粟以赡京师",但河势南迁,河道或南或北,"漕渠屡受河溃,行海运者廿余载,风涛险暴,赡粟缺乏",为防黄河北岸溃决堵塞运河通道,乃"用韩仲晖谋河导流南,而漕渠无害,赡粟免缺乏忧矣"。①元朝采取的重运河轻黄河(也为后来定都北京的明清王朝所承绪)政策,落实在治黄实践上,就是分黄河多股南流,结果是愈分愈淤,河务败坏,水患特甚。蒙古(世祖至元八年改国号前皆称蒙古)太宗六年(1234)八月决开封寸金淀以淹南宋,至杞西河分三流,谓之"三岔口",北支行杞县城北汴河故道东趋睢县、归德(今商丘)、徐州,合泗水入淮;南支行县城西南下趋太康、陈州(今淮阳)、合颍河入淮;中流经县城北,东向鹿邑、亳州,合涡河入淮。②至元二十三年(1286),黄河南徙夺淮的势头发展至极限。当时,黄河在今原阳县境分为三股:主流经由涡水入淮水,北股大致沿古沭水流路,至徐州汇泗入淮;南股则夺颍水入淮。颍水流域是黄河冲积扇的西南界,黄河夺颍入淮,是黄河夺淮发展至极限的标志。至元二十六年(1289),"会通河成,而北流渐微","始以一淮受全河之水"。③自此以后到元末的80余年间,黄河在淮北平原上肆虐泛滥,淮河水系遭受严重干扰,"方数千里,民被其患"。④

明初,黄河仍趋东南,以汴河、泗水、涡河、颍河为主要泛道。洪武二十四年(1391)四月,"河水暴溢,决原武黑羊山,东经开封城北五里,又东南由陈州、项城、太和、颍州、颍上,东至寿州正阳镇,全入于淮,而贾鲁河故道遂淤"。⑤永乐十四年(1416),"河决开封,经怀远由涡河入淮,故涡有大黄河之目";正统十三年(1448),河决荥泽县孙家渡口入汴,至寿州入淮;七月河又决荥阳,东南经陈留自亳入涡

① (清)姚之琅:《真武庙碑》,民国《淮阳县志》卷十八《艺文志下·碑记》。
② 中国科学院编:《中国自然地理·历史自然地理》,北京:科学出版社,1982 年,第54 页。
③ 光绪《祥符县志》卷六《河渠志上·黄河》。
④ 《元史》卷一三八,《脱脱传》。
⑤ 民国《淮阳县志》卷一《地舆志上·山水》。

口,又经蒙城至怀远界入淮,[①]"全河纵横颍亳间,涡为河身"。[②]从明洪武二十四年(1391)到清光绪十五年(1889)的不完全统计,近500年间,黄水夺涡入淮共17次。[③]明嘉靖二十四年(1545),河决野鸡冈,南至泗州合淮入海,遂溢蒙城、五河、临淮等县。"弘治以前,北流犹未塞也",弘治八年(1495)都御史刘大夏为了保漕运畅通和凤阳皇陵、泗州祖陵不受淹浸之害,一方面堵塞皖北黄河决口,阻断黄河入皖的通道,一面在黄河北岸筑堤360里(史称"太行堤"),阻断黄河水东溃经曹州侵泗的水道,迫使黄河水循古汴道经泗入淮,"自黄陵冈筑成,而北流永塞,遂以一淮受全河之水"。[④]至嘉靖二十五年(1546)后,经潘季驯4次治河,"筑堤束水,以水攻沙",形成了一系列堤防工程,将黄河约束于归德、虞城、徐州、宿迁一线,至清河会淮入海。自此,黄河多道南泛局面结束,"南流故道始尽塞"[⑤],"全河尽出徐、邳,夺泗入淮"[⑥]。(见图1–3)

---

① 民国《重修蒙城县志》卷三《河渠志·黄河》,《中国地方志集成·安徽府县志辑》(26),南京:江苏古籍出版社,1998年,第671页。

② 民国《涡阳县志》卷三《山川》。

③ 张曦光:《蒙城古代史浅议》,政协蒙城县委员会:《蒙城文史资料》第一辑,《漆园古今》,1983年,第14页。

④ 光绪《祥符县志》卷六《河渠志上·黄河·古今河道通塞考》。

⑤ 《明史》卷八四,《河渠志二》。

⑥ 《明神宗实录》卷三〇八,万历二十五年(1597)三月己未条。

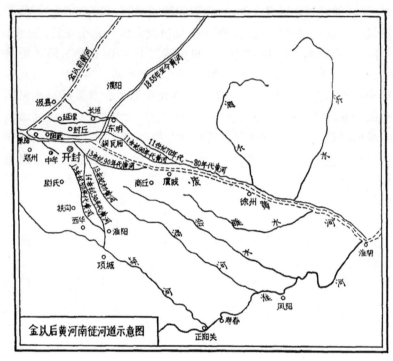

图1–3　金以后黄河南徙河道示意图①

"夫黄河盖天下之强水也,其所过靡不变实移易矣"②,黄河南徙
夺淮,对淮河流域水生态环境的影响至巨,尤其是对原先独流入海
的淮河水系造成了严重的扰乱和破坏。黄河筑堤,束水攻沙,中下游
淤垫而成地上河;河道湖沼淤塞不常,下壅上溃,水道糜烂;河口东
迁,海岸东延;坚筑高堰,蓄清刷黄,则造成洪泽湖区急遽扩大;淮河
中游则因下游淤垫而泄水不畅,导致淮水经常倒灌支流河口,一方

---

① 转引自李润田:《黄河对开封城市历史发展的影响》,见中国地理学会历史地理专
业委员会《历史地理》编辑委员会编:《历史地理》第六辑,上海:上海人民出版社,1988年,
第52页。

② 咸丰《邳州志》卷四《山川运道河防附》。

面涝灾不断,另一方面形成了众多河成湖泊群;蓄清刷黄,黄强淮弱,豪奴欺主,淮河不得不改道南下注入长江。正如武同举在《淮系年表全编·叙例》中指出:"河之未夺淮以前,淮之趋势为一递降之河床,南北诸水皆归之淮阴以下,淮底低,邗沟入淮,涟、沭入淮,史有明征。中古以降,淮为黄占,流沙层积,地势中高而南北均下,此为造成江苏淮南北水患之一大原因。淮之中部……淮行逆势,皖以北乃无水利之可言"。

黄河夺淮后的数百年里,就江苏淮北来说,原本深通的淮水故道,"今则旧黄河槽高仰,水无所归,沉灾屡告";"受汴、受睢、受沂,且间接受沭"的泗水故道,原本"容量不下于淮,故能收排宣尽利之效,今则淤槽横亘,仅以一区区交通之运河替而代之,受汶、泗、沂且不胜矣";原无沂祸的沂水故道旧通下邳,"其下游河床,实为禹迹,历三千余年不敝","今则以窑湾竹络坝旧通湖引河为干道,沙壅水积,别于周家口分泄,由骆马湖尾闾,直趋六塘,移患于淮海";"陂塘之利,不亚于淮南"的沭水故道,"今则支流遏绝,硕项高淤,涟河已湮,蔷薇亦沮,更罹沂祸,益为寇于沭、东、灌、赣之间"。综其大势,"黄河未徙,全局破碎","淮北有水道而不能收水道之效用,与无水道同"。①

在江苏淮南,"古之水道受江,今则受淮;古之地势,南高北下,今则相反,而下河之水尚北流","古之淮出角城云梯入海,今则南下三河,余波循张福河入里运";"古之高宝各湖奚翅数十,今则连为一片;古之淮阴,有万家、泥墩诸湖,古之山阳有管家湖,今则埋而为陆";"古之水利在陂塘,今之水利在运河;古之淮水,可由通、泰入江,今则以平水而中托;古之上河在南,下河在北,今则以运西为上河,运东为下河,东西之高低悬绝";"古之淮口在云梯关,海岸线逼近范公堤,堤外无河,今则射阳、新洋、斗龙三港河,各百余里,乃曲折至二百余里之长;古之王家港、东川港,皆泄水重要海口,今则海

---

① 武同举:《江苏淮北水道变迁史》,载武同举:《两轩賸语》。

岸高仰,河脉中断,潮溢之灾较烈"。综其大要,淮南区域"远古有水利无水患,中古有水利有水患,近古无水利有水患"。[①]

三、晚清民国时期

唐宋时期黄河河势开始南趋，黄河夺淮是自然演变规律的结果,但在南宋以后发展为全面夺淮达数百年,则是人为因素起了很大的助推作用。一是战争一方决开黄河大堤,以水代战,加剧黄河侵淮夺淮。二是宋金对峙时期,双方以河为界,金人抑河南行,企图借此扩大版图,于是对黄河南泛多听之任之。三是元明清时期为了保护漕运畅通而实行筑堤束水南行入淮入海的政策,目的是为了避免黄河东决冲击山东的运道。但黄河夺淮入海,入海之路远比北流或东流遥远,因此泥沙淤垫甚速,下游河床不断升高,下壅上决,至清代中期黄河已现河势趋北的端倪。于是在清乾隆时期就开始有人主张让黄河重回故道。乾隆元年(1736),高邮夏之芳有请复北清河或者黄河故道之奏;孙濩孙有请开金龙口减河之奏。此两人皆为淮扬籍高官,提出让黄河北徙,显然有地域利益之见,"犹以为一乡之言也",但也可见当时黄河北走的大势。乾隆十八年(1753),"铜南张家马路决,孙文定相国有分泄大清河之奏,而未及见用"。乾隆四十六年(1781),"青龙冈决,久而弗定。皇帝旰食畴咨,追念嵇璜早有令河流北归山东故道之奏,命集议以闻,当事者旋议罢之。盖改作之重,执咎之难,而才与变之,每不相值"。不过,"变久则复初",黄河北徙乃呈不可逆转之势。[②]道光元年(1821),南河总督黎世序为保黄河堤工安全,于埽前抛碎石,以搂护之,"其埽前抛碎石也,人言藉藉上达九重,致老垂问,而南河工员亦不无谏止(工员利岁修,故不乐此举)"。黎世序毅然行之,询谏者曰:"君等谓碎石渐趋中泓,将塞水

① 武同举:《江苏淮南水道变迁史》,载武同举:《两轩賸语》。
② 咸丰《重修兴化县志》卷二《河渠二·黄河》。

道,害在目前乎抑异日也?"皆曰:"不及四十年,必当为害"。黎世序曰:"不及四十年,河流不复在此矣"。①果真在 35 年后的咸丰五年(1855),黄河在河南南阳铜瓦厢决口,"北穿山东张秋镇之运河,走大清河,由利津入海"②,"碎石阻塞水道之说,绝无其事,而河流北徙言果验"③。

1855 年黄河北徙,使原来多年不遭黄河水患的淮河流域山东部分地区又一次遭受黄河决堤的重创。光绪《菏泽县乡土志》称:"河决兰阳铜瓦厢,蔓延横溢,阖境尽为电窟"。至咸丰八年(1858),"河溜移徙东明,患稍释"。逮同治元年(1862),"复决牛家集,邑宰江继壕率民夫塞之"。光绪元年(1875),"又决开州东南石庄户,山东巡抚丁宝桢奉敕塞之,筑以长堤,由是水灵效职,庆安澜者今三十余年焉"。④在东平县境,"自清咸丰乙卯河决兰仪,灌入县境,安民山屹立洪波中二十年。光绪纪元,堤工告成,民庆再生。未十年而东岸堤冲不复修筑,水涨则流入县境,水过沙填,诸水尾闾俱被顶抗,旁流四出,纵横数十里民田汇为巨泽,患且无已,此河之不在县境,而害于县者也"。⑤

黄河北徙不复南后,淮河流域河南、安徽、江苏境内从此少了一巨浸,水生态环境又生一巨变。"自是河势不复南行,徐淮下至海口,遂成平陆"。⑥在江苏铜山县境,"川则自汴泗绝流,大河北徙,经流之水绝少,其号为河者,率皆黄滩旧迹,霖潦所潴,群山障之,众水注之,旁通无支流,宣引无沟洫,一遇盛涨,泛滥四出,灌溉罕资,淹没屡告"。⑦黄河北徙后,还在淮河流域的河南兰考至江苏响水之间留下了一道 600 多千米高出地面七八米的废黄河故道沙土岗,形成了

① 光绪《淮安府志》卷二十七《仕迹》,《中国方志丛书》(398),第 1707 页。
② 光绪《丙子清河县志》卷六《川渎下·工程》,《中国方志丛书》(465),第 50 页。
③ 光绪《淮安府志》卷二十七《仕迹》,《中国方志丛书》(398),第1707 页。
④ 光绪《菏泽县乡土志·水》,《中国方志丛书》(22),台北:成文出版社有限公司,1968 年,第 108 页。
⑤ 民国《东平县志》卷二《山川·川类》。
⑥ 光绪《丙子清河县志》卷六《川渎下·工程》,《中国方志丛书》(465),第 50 页。
⑦ 民国《铜山县志》卷十三《山川考》,《中国地方志集成·江苏府县志辑》(62),第 207 页。

淮河干流水系和沂、沭、泗水系的平原分水岭。从此,淮不能再行故道入海,南下入江;泗、沂、沭河也不能再注入淮河,只能各自入海,造成了"古之淮独流,既而合黄,今则黄水绝而与沂泗为缘"①的局面。民国《泗阳县志》志书亦云:"迨后治复改道北行,淮水失其故步,汇而为湖。湖不能容,则泄而入运,窜而入江。豪奴欺主,泗实当之。泗又挟其余威以凌沂,沂因病沭,各辟其出海之途,而距淮愈远。附庸小国,自为雄长,又百余年矣,此又一变也",其"变而之衰者,则淮水,是,泗、沂不与焉。泗、沂不会淮,淮不入海"。②

　黄河北徙,漕运衰落,运河无以为用;后又海运兴起,铁路修筑,淮河流域漕运环境为之一变。河、漕重臣纷纷撤离或裁撤,如光绪《宿州志》卷十二云:"州同,此系河缺,黄河北徙",于同治三年(1864)裁。③"运道修浚不时,闸坝亦渐倾圮"。④光绪《丙子清河县志》卷六云:"初河之北徙也,蓄清济运之举废,礼字河遂不闭","其由束清坝入运河者,惟盛涨乃得十之二三。而西北自微山、骆马诸湖,洪流淤垫,每伏汛,山东蒙沂诸水暴发,直趋运河(自顺清河来汇中运河,向由双金闸入盐河者,至是分流南注),分灌盐河、六塘。于是黄骤去淮,而运乃无所资以为用"。咸丰三年(1853),全漕改由海运,漕运停运12年。至同治四年(1865),才初试河运,后又海运、河运分行,率以为常。⑤民国以来更是"并海运亦废"。正可谓"黄河徙而两堤废,铁路筑而车马稀,势异时殊,已非复畴昔之景象"⑥,更有甚者,乃至"黄沙弥望,牢落无垠,舟车罕通"⑦。

①　武同举:《江苏淮南水道变迁史》,载武同举:《两轩賸语》。
②　民国《泗阳县志》卷九《志三·河渠总叙》。
③　光绪《宿州志》卷十二《官爵志·州同》,《中国地方志集成·安徽府县志辑》(28),南京:江苏古籍出版社,1998 年,第 238 页。
④　民国《续纂清河县志》卷三《川渎·汛工》,《中国地方志集成·安徽江苏府县志辑》(55),南京:江苏古籍出版社,1991 年,第 1115 页。
⑤　光绪《丙子清河县志》卷六《川渎下·工程》,《中国方志丛书》(465),第 50—51 页。
⑥　民国《泗阳县志》卷八《志二·古迹》,《中国地方志集成·江苏府县志辑》(56),第 271 页。
⑦　民国《铜山县志》卷九《舆地考》,《中国地方志集成·江苏府县志辑》(62),第 172 页。

　　黄河北徙,还使原先修防至重的黄、运、淮交汇地区的水利环境发生了重大变化。光绪《淮安府志》卷五云:"河势北徙,仍循宋熙宁以前故道,南派悉涸,沿河之地犁而为田,修防并废"。[1]一些防洪水利设施也因黄河北徙而被废弃,如清末水利专家胡雨人考察江淮水利而路经距洋河 10 里的祥符闸,"路见十余车,陆续东行。至闸观之,则石已殆尽"。此闸系康熙时张鹏翮修造,"并修南北束水堤藉西来清水,灌入黄河以刷浊流之用者也。今黄河已北,西水亦不到洋河,此闸早已无用,土人凿取其石卖之"。[2]而黄虽北徙,但淮河因被黄河夺淮 600 多年,"淮以河而害,凡隶附于淮者无不害","迨河舍淮而去,又不及复淮沂之故道",酿至清光绪丙申(1896)、丁酉(1897)间,"浩劫连降",于是"官绅始渐知讲求",导淮之议乃兴。[3]

　　黄河北去而不再逼淮,于是淮河流域水患较黄河夺淮前有所减轻。淮河流域的泗虹地区"淮自黄河北徙,三河畅流,岁无大涨,亦不甚为患"[4]"虽值甚涝,而湖水不致弥漫,宅宅田田","庶无荡析离居之患云"。[5]黄河北徙后遗留下的一些黄河故道,往往成为大雨泄洪之地,近故道之地也不至于大雨为患。如在河南睢州,"黄河故道交于境内,两岸宽阔,弥漫数里,昔盖尝为人患。今既枯竭,七八月间霆霖暴降,平地常至数尺,往往近河之地得以时泄,不致大损禾稼,人且食其利焉"。[6]有些地方因为黄河北徙,河渠悉变为膏腴之地,如灵璧"自道光间黄河北徙涸出,皆成沃壤,自冯庙起,至双沟止,南北长七十里,东西四十里,为利不赀"。[7]又如淮北的闸河,自峰山南经曲

①　光绪《淮安府志》卷五《河防·黄河》,《中国方志丛书》(398),第 221 页。

②　胡雨人:《江淮水利调查笔记》(辛亥年),见沈云龙主编:《中国水利要籍丛编》第三辑,第 26 页。

③　徐守增、武同举:《淮北水利纲要说》,1915 年铅印本。

④　光绪《泗虹合志》卷三《水利志上·泗虹水利议》。

⑤　光绪《泗虹合志》卷四《水利志下·洪泽湖考》。

⑥　光绪《续修睢州志》卷一《地里志·山川》。

⑦　(清)李应珏著:《皖志便览》卷三,《凤阳府序》,《中国方志丛书》(224),台北:成文出版社有限公司,1974 年,第 144 页。

头庄过邳州营地,经朱家圩东乔山、西丁字山、西土山、东刘胡山、东张家营圩,西南入了灵璧县境,达睢河,"此河自康熙中历年启闸,田禾一空。滨河钱粮奏请豁免,今自咸丰五年黄河迁徙,闸坝不开,该处河渠悉变膏腴,数十里闸河顿成熟田千余顷,易灾区而为沃壤"。[①]

黄河夺淮后,黄、淮交汇,淮河流域"患潦之岁多"。在黄河北徙后,淮流虽未复故道,"然地脉之疏通,支川之分泄,必有暗减其流者",所以"每遇时雨衍期,忧旱之岁且半于忧水","此水利之一变也。"[②]盐城知县刘崇照曰:因黄河全面夺淮,"自万历初迄国朝咸丰间,此三百年中,大抵水灾多,而旱灾少。滔天降洞之水,或逾六七载而不退。至旱魃虽极为虐,不能逾三年之久"。但黄河在铜瓦厢决口后,这种状况稍有改善,"淮水虽未复神禹故道,然已安流入扬子江。自同治丙寅决清水潭后,不为灾者近三十年,下河惴惴之忧,又不在水溢,而在旱干矣"。[③]光绪《盐城县志》还说:"溯自前明嘉隆而后,河水南徙,挟淮为害,高堰屡溃,大浸稽天,淮扬昏垫,岁十而九",延及国朝,疏泄水,筹备旱,"迨咸丰乙卯,黄河决铜瓦厢,改道齐鲁,西北数省之水不复繇淮郡东趋入海,而淮湖亦顺轨安流入江,故下河州县昔患溢溢,今苦竭涸,蒐袯既异,捍御亦殊"。[④]

当然,黄河夺淮数百年,对淮河流域水生态环境浸淫破坏太久,即使黄河北去,其所遗留下的生态恶果尚一时难以消除。淮河流域志书作者多注意到了这一点,常发出"今虽黄河迁徙,而堤岸横格,清口淤高,遽如往古群川载道,吐纳洪流,夫岂易易?"[⑤]之叹。民国《续纂清河县志》作者亦云:"每伏秋汛涨,蒙沂诸水,直趋运河,宣泄不及,则分灌旧黄河、盐河、六塘河,拍岸稽天,时虞溃决。若冬春水

① 光绪《睢宁县志稿》卷四《山川志》,《中国地方志集成·江苏府县志辑》(65),南京:江苏古籍出版社1991年,第329页。

② (清)夏子鐊:《再续高邮州志序》,光绪《再续高邮州志·序》。

③ 光绪《盐城县志》卷三《河渠志》。

④ 光绪《盐城县志》卷首《凡例》。

⑤ 光绪《睢宁县志稿》卷四《山川志》。

涸,运河枯竭,交通灌溉兼受其敝,乃复乞援于邻省"。[①]在泗虹地区,淮河因"惟叠经黄水,河身淤垫,每遇伏秋雨甚,西南七十二山河并淮暴泻,其沿河一带上起龙窝,下至窑湾嘴等处,久经淹没,涸复无常,已非人力所能为"。[②]

咸丰以后,黄河改走新河道虽然已经成为不可逆转的趋势,但由于太平天国战争以及清廷内部存在复故道和走新道的争论,清廷无暇顾及黄河的治理,黄河走新河道并不稳定,还曾发生过多次决口南泛侵淮的事件。如同治七年(1868)六月,黄河在河南荥泽决口南流,"下注皖省之颍、寿一带,颍郡所属地方,一片汪洋,已成泽国"。[③]同治十年(1871)八月,黄河在山东郓城侯家林南岸决口,东注南旺湖,又由汶上、嘉祥、济宁之赵王、牛朗等河,直趋东南,入南阳湖。[④]光绪十三年(1887)八月十三日,黄河在河南郑州决口,正河为之断流,大溜由贾鲁河入淮,径注洪泽湖,"三省地面约二三十州县尽在洪流巨浸之中,田庐人口漂没无算"。[⑤]在河南鹿邑,"河决郑州上南厅石桥九堡,横流南溢,县西南境皆苦泛滥"。[⑥]在安徽阜阳,"四乡遍成泽国"。[⑦]自光绪十三年(1887)黄河决郑州,"洪泽湖当其下游,朝廷以翁同龢、潘祖荫奏饬河员严防。于是,漕督卢士杰、护漕督徐文达先后挑张福口引河、天然引河、碎石河,又浚旧黄河自云梯关至海口止,重修双金闸以备分泄。幸决口速塞,未为大害。而黄水侵

① 民国《续纂清河县志》卷三《川渎·汛工》,《中国地方志集成·安徽江苏府县志辑》(55),第1115页。

② 光绪《泗虹合志》卷三《水利志上·泗虹水利议》。

③ 《大清穆宗毅(同治)皇帝实录》卷二四一,同治七年戊辰八月甲戌条,《大清穆宗毅(同治)皇帝实录》(八),第5293页。

④ 《清史稿》卷一二六,《河渠一·黄河》。

⑤ 《录副档》,光绪十三年(1887)八月三十日工科给事中刘恩溥折,转引自李文海等:《近代中国灾荒纪年》,长沙:湖南教育出版社,1990年,第501页。

⑥ 光绪《鹿邑县志》卷四《川渠·黄河故道》。

⑦ 民国《阜阳县志续编》卷十三《灾异志》。

入,洪泽湖益淤垫,淮无所潴"。①可以说,此次黄河南决为害之烈,损失之惨,几乎与铜瓦厢北决之难不相上下。

黄河北徙后,最为严重的一次黄河南泛入淮则发生在抗日战争初期。1938年6月,国民政府炸开郑州花园口黄河段,黄河之水自花园口穿堤而出,大部分沿贾鲁河经中牟、尉氏、鄢陵、扶沟,以下经西华、淮阳,至安徽亳县顺颍河到正阳关入淮;一部分自中牟顺涡河经通许、太康、亳县至怀远入淮。此外,还有一小部分,自西华向南至周口注入颍河。黄水与淮水至安徽怀远以下,横溢洪泽湖,而后分注江、海。黄水所到之处,顿成一片汪洋。6月7日,花园口决口黄水流入郑县境,长约37里,决口处宽约百余公尺(米),其南有至四五华里者,深二三公尺(米)不等。中牟县为县属赵口决口和花园口决口之黄水所经,6月15日各处水位不断上涨。尉氏县至6月14日也有黄水冲入,直贯全境,主流由尉氏东流入鄢陵县。②到7月4日,黄水泛滥白沙以东、扶沟附近以及尉氏以西、冯村一带以东,溃流也分三路:一向周家口,一入淮阳,一趋太康。③7月15日,洪水分两支入开封、中牟县。④7月30日,黄水且由河南沈丘、项城两县交界之槐店,趋入皖境太和县,并直趋正阳关。⑤至7月22日,茨河、泌河均已暴涨,沿河数里均遭水灾。⑥据民国《阜阳县志续编》卷十四记载,黄水"其入皖境也,一股夺颍河经界首而东,一股泛滥于南北八丈河、谷、茨各河之间,终循茨河至县城西北茨河铺,与颍河汇",二股在阜阳

---

① 民国《续纂清河县志》卷三《川渎·汛工》,《中国地方志集成·安徽江苏府县志辑》(55),第1115页。

② 《黄水泛滥面积达四百英方里》,《申报》1938年7月3日,《申报》第356册,第344页。

③ 《黄水三路溃流被灾已达十余县》,《申报》1938年7月4日,《申报》第356册,第346页。

④ 《黄水继续泛滥 洪流分两支入开封中牟》,《申报》1938年7月17日,《申报》第356册,第372页。

⑤ 《黄水连日续涨》,《申报》1938年7月31日,《申报》第356册,第399页。

⑥ 《尉氏县城被水包围 黄水趋入皖境》,《申报》1938年7月26日,《申报》第356册,第390页。

合流后，"是黄水至此遂以全量加诸颍、茨，不惟颍、茨不堪，且自城东三里湾倒灌泉河，大田集以西亦被波及，县城更数濒危殆。每届汛期，往往数百里一片汪洋，其间村墟、庐舍、禾稼、牲畜顷刻尽付洪波，老弱妇孺长伍波臣者亦所在多有"。①

　　郑州花园口之决，泛区范围广大，西自郑州北郊花园口西边的李西河起，东南经郑县的祭城，中牟城南的姚家和鄢陵、扶沟间的丁桥，过扶沟城后至张店村绕折西南，经张桥直至沙河岸畔的逍遥镇，以下沿沙河北岸到周口，再经沙河南岸的商水到水寨，向下又沿沙河北岸经界首至太和，而后沿颍河西岸，经阜阳城西的襄家埠、城南的李集、颍上西北四十里铺，直至正阳关。东自花园口东南的来童寨起，东南经开封朱仙镇、通许南的底阁、康城北的杨庙、城东的朱口，至鹿邑城南，再沿十字河至涡河畔的涡阳，下至肥河口，再顺西肥河东南至王市集，又折向西，经颍河西岸的正武集，再折向东，经板桥集、张沟集，自此沿西肥河东岸直下凤台城。从西北到东南，长约400千米，宽30至80千米不等。(见图1-4)此次黄河南泛淮河流域长达9年，使淮河流域土壤的沙化、盐碱化日趋严重，各种生态灾害频发，农作物减产加剧，防洪排涝和灌溉系统遭到破坏，人居环境持续恶化。

---

①　民国《阜阳县志续编》卷十四《抗战史料十二·黄河决口为灾》，《中国地方志集成·安徽府县志辑》(23)，南京：江苏古籍出版社，1998年，第624页。

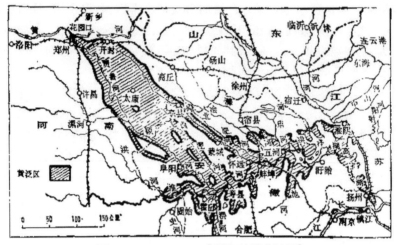

图1-4　1938—1946年淮河流域黄泛区[①]

四、新中国成立后

新中国成立后,黄河夺淮的余响还在淮河流域大地回荡。1950年,淮河发生特大水灾,灾情十分严重。其中一个重要原因,就是黄河夺淮造成的淮河干支流河道的普遍淤塞。华东局在1950年8月12日给中央的《关于治淮问题的意见请示》中分析道:"淮北各支流,除颍河外,都被黄泛淤塞,暴雨时雨水遍地漫流,亦不能减少入淮的洪水流量。普通雨量时,雨水都停积内地,不能下泄。由于上述情况,使淮河流域小雨小灾,大雨大灾,年年成灾"。曾山在《皖北灾情报告》中也指出,造成淮河大水灾的原因之一是国民党在郑州花园口决堤放黄水入淮,使淮河水系遭到严重破坏,淮河宽度本已不足,"黄泛后皖境淮河上游河床又淤高达四公尺(米),沿淮各支河河床河口亦淤浅,洪泽湖蓄水量估计约减五分之二以上,容量大减,流泄

---

① 王育民:《中国历史地理概论》(上),北京:人民教育出版社,1987年,第85页。

不畅"。①

淮河大水灾引起了党中央和政府的高度重视,1950 年中央人民政府政务院召开治淮会议,作出《关于治理淮河的决定》,确定了"蓄泄兼筹"的治淮方针。1951 年,毛泽东又发出"一定要把淮河修好"的号召。在"三省共保,三省一齐动手"的团结治淮原则指导下,着重修建淮北大堤及下游的三河闸,在河南境内完成石漫滩、薄山等山区水库建设,在大别山区建设以佛子岭水库为代表的水库群,在江苏、山东开展导沂整沭工程。1958 年,治淮委员会撤销后,改由流域四省分别治理,山东、河南在山区修建起众多的大中小型水库,江苏修建江都抽水站以抽引长江水实施江水北调,安徽修建了淠史杭灌溉工程等。

1975 年,治淮委员会恢复建置,治淮走上统一规划、统一治理的轨道。1981 年国务院召开治淮会议明确提出,铲除河南、安徽境内的童元等 4 个小行洪区,退耕还河。1985 年国务院治淮会议做出在淮河干流扩大行洪通道的决定,并得到迅速实施。1991 年大水后,国务院又做出实施治淮 19 项骨干工程的决定。从此,淮河流域基本形成一个蓄水、防洪、排涝、灌溉、航运、水力发电等综合开发,布局合理,比较完整的水利体系。淮河也因此成为我国第一条得到全面综合治理的大河。

新中国治淮取得了巨大成就,但人水争地、水土流失、河湖污染之类的水生态环境问题却依然很严峻,从 20 世纪 60 年代开始,淮河湖泊、洼地和沿淮行蓄洪区人水争地的矛盾日益突出。先是修建保麦小圩堤,继而筑圩堤保秋以与水争地。改革开放后,淮河流域各地的洼滩地大面积被围垦。据统计,20 世纪末时洪泽湖、骆马湖、南四湖的面积较 50 年代已减小了 35%,蓄水库容减少了 35 亿立方米。淮河下游的里下河地区因盲目围湖、圈圩,湖荡大面积收缩,1965 年有湖荡 992 平方千米,1979 年减少到 497 平方千米,1991 年

---

① 水利部淮河水利委员会编:《新中国治淮事业的开拓者——纪念曾山治淮文集》,第 139、103 页。

大水前只剩下 216 平方千米,湖荡面积减少了近 80%。①人水争地,导致淮河流域调蓄洪水能力下降,加剧了洪涝灾害的发生。

长期以来,治淮的重点是防治水灾,而对水土保持工作有所忽视。随着人口的增长,为解决粮食问题,从 1958 年开始,淮河流域一些山丘区陡坡被开垦。随后,在淮河流域山区所进行的开矿、建厂、修路等现代工业和交通运输业活动,又造成大量森林被毁,地貌遭侵蚀,土层流失严重的后果。据淮河委员会 1990 年遥感普查,全流域水土流失面积 5.9 万平方千米,土壤年流失量 2.3 亿吨。②水土流失是造成淮河流域洪涝、干旱灾害和水资源短缺的重要原因之一。

20 世纪 70 年代中后期以来,随着淮河流域工业化、城市化和农业现代化的大力推进,人类的过度开发大大超出了流域水生态环境的自我修复和自净能力,人水关系日趋紧张,洪魔旱魃还远没赶走,又遭受了日益严重的污染困扰,淮河流域水生态环境又生重大变化。据统计,淮河流域近 50%的河段已失去了使用价值,污染事故屡屡发生,较大的事故近年来多达 160 余起。③淮河污染由来已久,1974 年,蚌埠市淮河自来水水源受到酚和酒精废水污染;徐州市工业污水排入奎濉河,下泻洪泽湖溧河洼,造成 500 吨鱼类死亡;郑州、淮阴等地发生多起废水污染农田万亩以上的事故,损失粮食数百万千克。80 年代以来,污染事件增加。1989 年 2 月和 1992 年 2 月,淮河两岸发生大面积污染事故,盱眙县被迫关闭水厂,停止供水。④1994 年 7 月中旬,淮河上游河南境内突降暴雨,颍上闸因超过

---

① 唐元海:《研究与治理水环境是 21 世纪治淮的战略任务》,复旦大学历史地理研究中心主编:《面向新世纪的中国历史地理学——2000 年国际中国历史地理学术讨论会论文集》,济南:齐鲁书社 2001 年,第 79—80 页。

② 唐元海:《研究与治理水环境是 21 世纪治淮的战略任务》,《面向新世纪的中国历史地理学——2000 年国际中国历史地理学术讨论会论文集》,第 81 页。

③ 何兴元主编:《应用生态学》,北京:科学出版社,2004 年,第 380 页。

④ 水利部淮河水利委员会主办:《治淮汇刊年鉴 1995》,水利部淮河水利委员会办公室,1996 年,第 132 页。

防洪水位而开闸泄洪,将积蓄于上游一个冬春的 2 亿立方米污水排入泄洪河道,所经之处,鱼虾丧生,自来水厂被迫停止供水达 54 天之久。[1]2004 年 7 月中旬,因大雨骤降,沙颍河、涡河等支流相继开闸放水,黑臭污水在淮河干流形成了 155 千米的黑色污染团,污染团中的污染物总量达 3.8 亿吨,使河水中的主要污染物指标在平时的基础上增加了 7 倍。污水汇入洪泽湖,给当地水产养殖业带来惨重打击,产量损失 3.2 亿吨,直接经济损失达 3.1 亿元。[2]

　　淮河水污染的加重,与淮河流域水资源短缺、水利闸坝调控水体、工业污染和生活废水污染过量排放等社会因素有关。淮河流域人口密集,是我国缺水的地区之一,水资源人均占有量为 565 立方米,亩均 476 立方米,这两项约占全国人均、亩均水量的 1/5。水资源的短缺,势必加重对流域内水资源的过度开发,导致河流生态用水严重不足,加上流域 5000 多座水库、5000 多座闸坝调控水体,造成平水期和枯水期的闸坝成了排污河,而一到洪水期开闸泄洪就易造成大面积水污染。此外,淮河流域各地高污染的传统产业结构仍未得到根本扭转,造纸及纸制品制造业、化学原料和化学制品制造业、煤炭开采业、电力热力生产和供应业、食品制造业、纺织业、饮料制造业 7 个高污染行业还是淮河流域的主导行业,这 7 个行业的污染物排放量占全部废水总量的 80% 以上。同时,随着城市化进程的不断加快和生活条件的不断改善,废水排放的组成和结构在发生明显变化,城市生活污水所占比例正逐步上升,甚至超过工业废水。淮河流域所辖四省的生活废水所占比例均已超过工业废水,尤其是经济较为发达的江苏省,生活废水占废水总量的 63%。[3]

---

[1]　水利部淮河水利委员会主办:《治淮汇刊年鉴 1996》,水利部淮河水利委员会办公室,1997 年,第 261 页。

[2]　杨东平主编:《2006 年:中国环境的转型与博弈》,北京:社会科学文献出版社 2007 年,第 188 页。

[3]　李云生、王东、张晶:《淮河流域"十一五"水污染防治规划研究报告》,北京:中国环境科学出版社,2007 年,第 109—110 页。

"五十年代淘米洗菜,六十年代洗衣灌溉,七十年代水质变坏,八十年代鱼虾绝代,九十年代身心受害"[1],这首流传于淮河岸边的歌谣,道出了淮河流域水生态环境在现代化进程中的沧桑变迁。实现现代化是中国人之梦,在社会经济欠发达的淮河流域,人们加快发展的的愿望尤为迫切。因此,在当前和可预见的将来,淮河流域仍将经历着农业现代化、农村城镇化、工业化的深刻变革,经济发展、社会生活与水生态环境之间的矛盾还会长期存在,淮河流域水生态环境的保护与治理任重而道远。

综上可知,淮河流域水生态环境以黄河夺淮和北徙以及现代化建设为标志,经历了南宋以前淮河独流入海、南宋至晚清黄河夺淮入海、晚清民国黄河北徙、新中国成立后全面治淮四个历史时期的重大变迁。按照现代地理学理论概念的人地关系论(man-land relationship),人地关系即是人与自然关系,"人"已经定义为一定生产方式下从事各种生产活动或社会活动的人,"地"是指与人类活动有密切关系的存在着地域差异的地理环境。[2]以此观照历史时期淮河流域水生态环境的变迁,则南宋以前,黄自黄,淮自淮,人类活动也尚未超出淮河流域水生态环境的承载能力和自我修复能力,人水关系相对协调。南宋以后,黄河夺淮以及人类活动共同造就了黄、淮、运、江之间的复杂关系,人水关系也开始急剧紧张。尤其是新中国成立 60 多年来,因全面治淮、工业化、城镇化、农业现代化等人类活动所造成的淮河流域水生态环境变化,在强度上甚至超过了自然因素引起的水生态环境变化,人类活动开始成为淮河流域水生态环境变化的最主要因素。河流湖沼生态恶化,洪涝频发,旱魃肆虐,土地沙化和盐渍化,污水困扰,构成了淮河流域经济社会发展难以破解的难题。

---

① 陈桂棣:《淮河的警告》,北京:人民文学出版社,2005 年,第 266 页。

② 李振泉:"人地关系论"(辞条),见《中国大百科全书·地理学·人文地理学》(分册),北京:中国大百科全书出版社,1984 年,第 12—14 页。

第三节　水生态环境变迁的表现和特点

南宋至民国时期淮河流域水生态环境在自然和社会因素的共同作用下,以黄河夺淮和黄河北徙为标志,出现了两次重大变迁。淮河流域水生态环境变迁主要表现为河流淤塞改道、湖沼变动无居、水灾频发叠加、旱魃肆虐不断、地形地貌易变;呈现出的总趋势和总特点是人类活动与水生态环境关系从相对协调到日趋紧张,淮河流域水生态环境日趋恶化和脆弱化。

一、河流淤塞改道

黄河的特点是水流急、泥沙多,是世界上著名的一条浑河。历史时期黄河南泛以及全面夺淮,带来了黄河上、中游黄土高原流失的泥沙,淤浅了淮河干支流河道。同时,明清以来的大规模垦山要地、围水争地的农业开发所造成的淮河流域自身水土流失,又加剧了淮河流域河道淤塞乃至改道的趋势。

(一)河道淤塞

南宋至民国时期,在地势平衍的淮北平原和滨海平原,河道旋淤旋塞的情况比较普遍,主要有以下三种类型:

一是黄河南泛而冲出许多新的分流河道,同时为减黄河之涨而人工开凿一些减水河,这些自然冲出的分流河道和人工开凿的减水河,皆因黄带泥沙而造成淤塞,乃至湮没无存。如陈州府境内"自黄河决而南,与沙河时合时分。其分流故道,今尽淤塞,达淮者皆沙河水也"。[1]又如流经河南鹿邑、夏邑、永城县的白河,属于涡水支流,达

---

① 乾隆《陈州府志》卷四《山川·项城县·河渠·黄河故道》。

于小黄河,系明嘉靖七年(1528)开,"以杀黄河水势者也","未久沙淤流绝,化为民田"。[1]在河南宁陵县,治河者为减黄河之涨,经常在赵皮寨开减河南下,导致冲决出许多支河,但也是旋冲旋塞。(见表1-5)

表1-5 宣统时宁陵县河道淤塞情况表

河道名	位 置	湮塞情况
韦家河	在县北12里	赵皮寨支河冲,今堙
桃园河	在县北30里	赵皮寨支河冲,今堙
张弓河	在县南30里	赵皮寨支河冲,今堙
八里屯河	在县南8里	赵皮寨支河冲,今堙
阳驿河	在县西20里	赵皮寨支河冲,今堙
五里堡河		正德四年(1509)侍郎崔岩开,今堙
县北关河		嘉靖五年(1526)都御史盛应期开,今堙

资料来源:康熙《宁陵县志》卷二《地理志·河防》;宣统《宁陵县志》卷二《地理志·河防》,河南宁陵县地方志编纂委员会:《宁陵县志》,郑州:中州古籍出版社,1989年,第62页。

安徽颍州境内的茨河系金元时黄河水决,泛溢成河,流经城北,"自太和斤沟西南流入境,至石羊铺即茨河铺入旧黄河,达沙河",至乾隆时已经淤塞。[2]在江苏泗阳县境内有归仁堤民便河,"治西自李家庄起,东南至闸口止,长八千三百六十余丈,宣泄宿迁黄河南岸积水,兼分蔡家河水由归仁闸入安河",但在乾隆四十八年(1783)以后"淤成平陆"。[3]

二是因黄水南决侵入淮河各干支流导致河道淤积,行水不畅,甚至河道淤废。如蔡河,发源于上蔡县城西冈,"盈涸无常。经县东受杜沟诸水,又东受阳冈河水,又东经蔡冈前,东贯洪河,入包河,由项城下通淮"。元世祖至元二十七年(1290),黄河决祥符之义塘湾,而西蔡河上流由是湮塞。明洪武以来,淤为平地,唯府城南薰门内东西有河积水,不通舟楫。[4]如沙河,元末自通许分一支,自商水县入南

---

① 民国《夏邑县志》卷一《地理志·河渠》。

② 乾隆《颍州府志》卷之一《舆地志·山水》,《中国地方志集成·安徽府县志辑》(24),第55页。

③ 民国《泗阳县志》卷七《志一·地理·山川》,《中国地方志集成·江苏府县志辑》(56),第250页。

④ 康熙《上蔡县志》卷一《舆地志·山川·蔡河》。

顿,混颍水东流于项城。清康熙元年(1662)八月,黄河水溢,南入沙河。雍正元年(1723)六月,黄河决杨桥,十月至商水,沙河以北被淹。乾隆元年(1736),黄河水溢,至沙河北东西马坡。二十六年(1761),黄河决,灌入沙河。四十七年(1782),河决杨桥口,由朱仙镇、西华至周家口,穿颍直趋项城。道光二十三年(1843),河决入沙河。光绪十三年(1887)八月,河决郑州,下注沙河。自元迄清,屡次河决,皆旋复故道,"经流之处,及水涸,已淤塞如平地矣"。①如太和境内的谷河,曾经是1938年黄河南泛的主流河道之一,黄泛后自关集入茨河处到张桂桥段被淤为平地。造成上游来水受阻,横流成灾。此外,太和境内还有颍河、茨河、西淝河3条主道,流域面积10平方千米以上的大沟78条,流域面积1—10平方千米以下的中沟757条,流域面积不足1平方千米的小沟数千条,这些沟河都在黄泛期间几乎全部被淤塞。②五河县境内的十里长河,在县治西南50里,南抵三冲坝,北通南湖,原本不涸,自乾隆四十三年(1778)屡被黄水淤平,"水大河见,水小遂成湾地,可资耕种"。③灵璧县境的睢河,乾隆二十年(1755)春夏之交,霖雨过多,上游水发,睢河南北平地深三四尺,二麦尽淹,加以六月大雨兼旬不霁,淮水涨于南,黄水涨于北,睢河在中,日见增长,"当是时,毛城铺、王家山、十八里屯、峰山等闸坝悉行启放,至霜降后,尚未堵闭,积水经冬不消,二麦全未播种,北乡水患较十八年更甚。睢河两岸因黄水经过,日久淤垫益高,南北泻水沟渠处处平满,波罗林以下河身仅如一线,陵子湖口停沙堵塞,竟成平陆,而宿境符离桥上下亦间段浅阻"。④在砀山县境,乾隆时已经有不少河流沟渠被黄水淤塞。(见表1-6)

---

① 民国《商水县志》卷六《河渠志·黄河故道》。

② 太和县地方志编纂委员会编:《太和县志》,第100、98页。

③ 光绪《五河县志》卷一《疆域三·山川》,《中国地方志集成·安徽府县志辑》(31),第394页。

④ (清)贡震:《河渠原委》卷上,《睢》,《中国地方志集成·安徽府县志辑》(30),第123页。

表1-6　乾隆年间砀山县境沙淤河道一览表

河流名	位　置	淤垫情况
盘岔河	在县东7里	今　淤
夹　河	县西南50里的大河支分处	今　淤
礼　河	在县东18里	今　淤
段庄河	在县西北40里	旧由虞城县境流入经县回冈集迤南，嘉靖二十四年(1545)沙淤，坡水漫流
羊耳河	在县东北20余里	今　淤
龙扒沟	在县东南30里	初通汴水，嘉靖二十六年(1547)沙淤，别决流至县南25里，冲黄龙口。又20里至西镇淀，以达萧县境，入胡店沟，与大彭等沟为州西北之五河，俱大河冲溢处也
九里沟	在旧县西9里	今　淤
凌家口	在县东30里	105里至居家口，入萧县境内，嘉靖十九年(1540)开挖，二十四年(1545)沙淤
新汇泽	在南郭外	以河徙成泽，南北可20里许，东西40余里，经冬不竭，淹占良田无算。隆庆二年(1568)，知县戴伟凿渠疏泄，寻湮。六年(1572)，知县王廷卿更开新渠1817丈，以苏昏垫，今淤
睢　水	在县南50里	县东南有徐溪口，睢水由永城县流经此，又东南入萧县界。明嘉靖(1522—1566)中，自徐溪至永城，俱成平陆

　　资料来源:乾隆《砀山县志》卷一《舆地志·山川》,《中国地方志集成·安徽府县志辑》(29),第33—34页。

　　在淮河流域江苏徐州府境内有食城河,上承丰县华家陂河,东经沛南与铜山毗接,东入微山湖。清乾隆五十五年(1790),挑浚。嘉庆元年(1796),河决夺食城河。咸丰初,河复决,"食城水道湮没无存"。[①]泗阳县,明万历二十九年(1601),"河决单县,南下洪泽、桃源,河道悉淤";清顺治七年(1650),"河决黄家嘴","三岔以下水不及骭,漕舟不渡";嘉庆元年(1796),"河决丰汛,宿、桃正河悉淤";嘉庆五年

---

　　① 同治《徐州府志》卷十一《山川考》,《中国地方志集成·江苏府县志辑》(61),第378页。

(1800),河涸;嘉庆九年(1804),宿、桃外河山海等厅河身干涸。[①]白洋河,在泗阳县治西60里,入于黄河。巨浸弥漫,望之如洋,故有白洋河之名。清顺治年间(1644—1661),"黄河决入小河口,白洋河皆淤","今三官庙北土人尚有老黄河之名"。[②]在安东县,"其旧河而今湮者,二十有九"。[③](见表1-7)

表1-7　光绪年间江苏安东县已湮没的河流一览表

河流名称	旧志记载有而今无的河流情况
中涟河	去治北3里,北通官河及西涟河,南通市河,阔87.5丈
东涟河	去治东北3里,东连十字河,下通一帆河,西接中涟河,阔33.5丈
西涟河	去治西北30里,西接沭水,东流入中涟河,又名官河,阔33.5丈
官河	去治北30里,源自西涟来,南通中涟,东流散入于遏蛮等河入淮,北通海州诸盐场。万历四十五年(1617),盐商集赀挑浚,以便运载
支家河	去治西15里,南通山阳县新沟,达山阳河北关厢,北接成子河及中涟河,阔7.5丈
大坊河	去治西20里,西接清河涧,东通支家河,阔2丈
成子河	去治西北15里,东通支家河,西接古寨河,阔1.5丈
大汉河	去治西北50里,南通西涟河,北接沭阳桑墟湖,阔20丈
小汉河	去治西北80里,东通大汉河,北接沭阳桑墟湖,阔2丈
孟河	去治西75里,南通古寨河,北接硕项湖,阔5丈。光绪《安东县志》作者按治西当作西北
古寨河	去治西北70里,东通成子河,西接西涟河,阔2丈
淋头河	去治西北80里,西接沭水,东北通硕项湖,阔2.5丈
蔡家河	去治东10里,南接东涟,北通黄沙荡
桥庄河	去治东20里,南通东涟河,北通大飞河,阔2.5丈
涔口河	去治东20里,东通十字河,西接桥庄河,阔2.5丈
十字河	去治东30里,南接东涟,北通大飞
五丈河	去治东北30里,东北通七里河,西接中涟河,阔2.5丈
夏口河	去治东北35里,西接官河,东入大飞
朱家庄河	去治东北45里,西接官河,东入大飞
告河	去治东北90里,东北通海州莞渎河,西南通官河,阔2丈

---

① 民国《泗阳县志》卷三《表二·大事附灾祥》,《中国地方志集成·江苏府县志辑》(56),第167、168、175页。

② 民国《泗阳县志》卷七《志一·山川·白洋河》,《中国地方志集成·江苏府县志辑》(56),第250页。

③ 光绪《安东县志》卷之三《水利》,《中国地方志集成·江苏府县志辑》(56),第22页。

盐场河	去治东北 100 里,东连一帆河、平旺河,西接官河,阔 25 丈
遏蛮河	去治东北 90 里,西接官河,过卤沟、一帆河,合七里河、团墟河,由灌口下海,旧有石闸。万历二十四年(1596),以碍分黄导淮入海水道毁焉
七里河	去治东北 110 里,西接官河,东流合团墟河,下遏蛮河入海,阔 2.5 丈
团墟河	去治东北 110 里,西接七里河口,入遏蛮河,由灌口入海,阔 2.5 丈
白洋河	去治东北 100 里,西接官河,东通一帆河入海,阔 2 丈
鄋沟河	去治东北 100 里,西接一帆河、十家沟、七里河,东入黄河,阔十丈。光绪《安东县志》作者按上游河形尚存,唯下游黄河处湮塞
张纲海口河	即黄河入海河,去治东北 150 里,南接淮河,北流入海,即又港口,阔 15 丈
屯　河	旧志不载。西自沭水东流者,为东、西、中三涟河,在旧志时久已淤废,惟北由大湖南来之派。康熙二十四年(1685),河督靳辅以闸身淤垫,丈地归屯时,并筑有屯堤,沿称屯河
马家河	在治西 50 里,乾隆二十年(1755)挑浚,由华家闸入南六塘河,今淤废

资料来源:光绪《安东县志》卷之三《水利》,《中国地方志集成·江苏府县志辑》(56),南京:江苏古籍出版社,1991 年,第 22~23 页。

在阜宁县境内有海陵溪属于射阳河北岸支流,自绿草荡北淮盐交界之张公堤,逶迤而北,至左乡大坝口入阜境,穿鱼滨河,绕青沟镇西北,经琵头桥、罗家桥、管计沟折而东,至益林镇、刘家嘴与虾沟接。"考海陵溪与虾沟,为古射河之上流,清初黄河屡决,河身淤浅,遂另辟须沟,为射河正干"。芦浦,也作芦蒲,"北通长淮,南入射河",民国《阜宁县新志》作者按曰:"自清初河决以后,芦浦已为平陆,流经何处,今不可考"。①

在淮河流域山东菏泽,金大定二十九年(1189)前,济水基本淤没。菏水起于春秋,淤没于唐代。尔后,境内南清河、贾鲁河、五丈渠、渠河、岔河、淤河、复新河、渠沟、小流河、瓠子河、旧沟、直王营淤河、张家洼渠沟、普提河、鲍家洼渠沟、毛相河、石家洼河、无名河、古濮水等逐渐淤没。②在曹县有贾鲁河,自元至正二十六年(1366),拨民夫 17 万人,上从白茅安陵城北开为黄河。至明时,黄河南移,河渠尚

① 民国《阜宁县新志》卷二《地理志·水系》,《中国地方志集成·江苏府县志辑》(60),第 24、25 页。

② 《菏泽市水利志》编纂委员会编:《菏泽市水利志》,济南:济南出版社,1991 年,第 21 页。

有3丈余深,10丈余宽。清咸丰八年(1858),"黄水漫溢,淤为平坦"。①

　　三是滨海地带的河、港因黄淮造陆而使得入海沟港袤延且萦回曲折,或者潮带泥沙,或者阻于人工土圩,导致水流不畅,年久淤塞。清人郭起元说:"盐场海口者,乃众水朝宗之道也。惟兴、盐二邑地形最下,旧时海口多隶于是。夫九州岛县处运河下游,议泄下河之水当分三路以治之,高邮、泰州与兴化其南路也,宝应中路也,山阳、阜宁、盐城其北路也。南路之水由丁溪、草堰、小海、白驹、刘庄等闸入也,中路之水由天妃口、石【砝】口入海,北路之水由射阳湖入海,亦有归天妃、石【砝】入海者。盖各河入海之渠萦回曲折,袤延数百里,历年久远,茭苇田塍错杂,路寖湮塞矣"。②两江总督高晋《请浚海州蔷薇等河奏略》中则提到,"海州境内河道从前俱开挑,缘滨临大海,春夏海潮过大,由涟河贯注,潮带泥沙,涌入各河,又值上游清水来源微弱,冲刷无力,水返沙停,以致该州蔷薇、王官口、下坊口、王家沟等四河淤垫较甚"。③至于阜宁县境因地势平衍,入海沟港曲折萦回,加上有的还被人工土圩阻塞,所以淤塞甚多。(见表1-8)

表1-8　民国时期阜宁县河港淤塞情况表

沟港名	淤塞状况
东岔港	久淤,仅存港口
安乐港	在鹅头港东半里入口,久淤,仅存港口
柳树港	在安乐港东,久淤
虎狮子港	仅存港口
小边港	久　淤
大边港	久　淤
腰　港	港口被圩阻塞
太平港	久　淤
大陆港	在小陆港东南3里入口,西南行,阻于土圩

①　光绪《曹县志》卷七《河防志》,山东省曹县档案局、山东省曹县档案馆再版重印,1981年,第225页。

②　(清)郭起元撰,蔡寅斗评:《介石堂水鉴》卷五,《盐场海口说》,《四库全书存目丛书》(史225),第531页。

③　嘉庆《海州直隶州志》卷十二《考第二·山川二·水利·海州诸水·蔷薇河》。

续表

吴明港,亦称无名港	在吴明庄入口,内部久塞
海神港	在海神庙,昔为野潮洋入海之口,洋淤后仅存短港,长5里
团塘港	在大学尖对岸,长5里,今存港口
大鲤鱼港	仅存港口
小鲤鱼港	仅存港口
川子港	仅存港口
二截港	在川子港下入口,今淤
西蛤蜊港	仅存港口
东蛤蜊港	仅存港口
盐篙港	今　淤
东防备港	今　淤
下钩蛏港	今　淤
西丫头港	今　淤
东丫头港	仅存港口
天生港	仅存港口
元宝港	在华成海堆东入口,久淤
胖蛏港	在团荡附近,久淤
王场港	今　淤
南大港	今　淤
尖头港	今　淤
边　港	今　淤
鸭头港	今　淤
豆厝港	合上游二支南流,至二十八厝入于洋,久淤,今名公益河
新冲港	起梅圈子南,穿条洋堰入于洋,久淤
黄北港	久　淤
大南港	久　淤
得胜港	今　淤
北大港	今　淤
自然港	今　淤

资料来源:民国《阜宁县新志》卷二《地理志·水系·河流》,《中国地方志集成·江苏府县志辑》(60),第23—29页。

(二)河流改道

南宋以来淮河流域河流改道除了前文述及的因垦山造成的山洪爆发而形成的泖河改道、官府为防水害而实行的人为截流导流工程(如前文所述的导乾江河入沣河截断洪河远源、修建石堤逼淠河在霍山县城附近北趋)造成的乾江河、淠河改道之外,更多的是泥沙不断淤积而造成河行不畅,最后因为疏浚不及时或者旋浚旋塞,河流漫溢冲决而改道。

唐宋以后,黄河河势南趋,黄河干流经常在淮河中下游北部地区决口迁徙摆动。如在荥泽县,据乾隆《荥泽县志》记载,三代以前,黄河自孟津过洛汭,至大伾,东北入海,未经荥泽,"及宋时,由孟津、巩、温、汜水、河阴以至于荥泽,而故道遂淤。明时,都御史刘大夏发丁夫数万浚荥泽孙家渡,开新河七十余里。其故道在旧县北十里余,自丹沁入河,水自南徙,故道又淤。成化八年,南塌至旧县,离今治尚有五里余。国朝河势南徙不已,故道又淤,今塌至县城北门外"。①在中牟县,正统十三年(1448)河决荥阳东,过开封城之西南,"汴城在河之北矣,中牟亦在河北。天顺间复迁于北,坍塌崇宁、圣水、敏德、原敦、大郭北岩、南岩等保田二百余顷"。②自荥泽县交界胡家屯起至中牟县交界杨桥止,共60余里的黄河,"向来河势,中流去南堤尚远。自雍正六、七年后,渐次南徙,遂于来童寨裴昌庙等处建埽防护。嗣后大溜复直逼堤根,田庐沦没不可胜计,更增十七、十八堡等处土坝用工。岁抢修防,大为民累。乾隆三年九月内,自来童寨东北,沙忽淤积,河势自北而南,直趋黄岗庙,三日之内冲刷堤北滩地一里余,啮去大堤之半,计水面高平地一丈余,洪涛汹涌,势甚可畏"。③在祥符县,光绪《祥符县志》云:按祥符古无黄河,离开封城40余里。宋绍熙五年(1194)河决阳武而汲胙之流塞,河始溢入祥符。元至元二十三年(1286),河复决阳武,南夺涡入淮,而新乡之流塞,河始迳入祥符。明洪武二十三年(1390),河决荥泽姚村口,历阳武、胙城、开州等

---

① 乾隆《荥泽县志》卷二《地理志·山川》,经书威主编:《乾隆荥泽县志点校注本(上册)》,郑州:中州古籍出版社,2006年,第19—20页。

② 乾隆《中牟县志》卷一《舆地志·河渠》,《中国地方志集成·河南府县志辑》(8),第22页。

③ 乾隆《郑州志》卷二《舆地志》。

处入海,而祥符之黄河又涸。二十四年(1391),复决阳武,经开封城北5里,南至项城,经颍州入淮,故道既淤,遂由开封城东北流。正统间,河决荥阳,经开封城西南,城遂在河北。弘治二年(1489),河复徙汴城东北流,"以后虽时决时塞,祥符河道迄今未之有改也"。①在扶沟县,"先是河出汴南,溃流漫衍,境内半为渔乡"。弘治二年(1489),"河复北徙,遂为垦田。初于忠肃巡抚河南时奏河徙无常,其地永不起课。后有投献藩府,遂称王庄。异日河复南徙,征租无已矣"。②

安徽砀山县境的黄河故道在城南30里,即元贾鲁所开,由虞城入境,经狐父达抒秋90余里,下出徐州小浮桥入漕。嘉靖三十七年(1558)秋,"自新集至小浮桥二百余里河皆淤,黄流直趋东北,出砀山之背砀,为大河分六道,出大小溜沟、浊河、胭脂沟、飞云桥,凡五道俱由运河夺泗水至徐入洪,其一由砀山坚城集,下郭贯楼,东折以趋萧县,复散为五,出龙沟、母河、凉楼沟、阳尸沟、湖淀沟,亦从小浮桥入洪,此黄河经砀之始也"。嘉靖三十八年(1559),"河流变迁,将其经行一带淤塞,北徙距县二十里戎家口,出徐州茶城入漕"。万历元年(1573),又自县西陈孟口分杀一股,绕县护城堤,绕毛城铺、周家口、龙沟,出徐州小浮桥。③

在淮河流域山东、江苏境内,万历年间以前的黄河河道经常南北迁徙。明弘治七年(1494),沙湾既塞,河益南徙,由清河口入漕。十八年(1505),又北徙300里,由宿迁小河口入。正德三年(1508),又北徙300里,至徐州小浮桥。其明年,又北徙,由鱼台塌场口入。嘉靖末年,又稍南徙,至飞云桥入。飞云桥决塞,新河既成,又稍南徙,至茶城口入。万历十六年(1588),茶城口淤,又稍南徙,由内华三闸入。"百年之间倏南倏北"。④

① 光绪《祥符县志》卷六《河渠志上·黄河》。

② 乾隆《陈州府志》卷四《山川·扶沟县·河渠》。

③ 乾隆《砀山县志》卷二《河渠志·黄河故道》,《中国地方志集成·安徽府县志辑》(29),第40—41页。

④ 万历《兖州府志》卷十九《河渠志》。

因黄河夺淮、洪涝灾害以及农业开发、政府治水等多方面因素影响,淮河干流某些河段以及一些支流都曾发生过比较大的改道。

首先,淮河主流不复故道入海而是南下长江入海。黄河全面夺淮后,黄、淮在清口交汇,合流入海。但"明弘治后壅淮以敌黄,淮弱黄强"[①],淮受黄水倒灌之害,至万历时淮河"南徙而灌山阳、高(今高邮)、宝(今宝应)"[②],淮河因黄河进逼而已有南徙之势。明中叶潘季驯实行"蓄清刷黄"之策略,加固高堰大堤,堵闭洪泽湖北边引河,引全淮注黄。潘季驯的治河刷黄效果明显,运河通畅,但加剧了泗州、凤阳祖陵和皇陵的水患,于是继潘氏治河的杨一魁提出并实践了"分黄导淮"之策,在高堰上兴建减水坝,引洪泽湖水东入运西诸湖后,分别经射阳湖、广洋湖入海和经邵伯湖下芒稻河入江,[③]这是人为引淮改道南徙之举。迄清初,靳辅治黄,仍是"蓄清刷黄"与"分黄导淮"并重。至清中期入海河道淤高致使淮已难以抵黄时,淮水始由高堰上诸坝泄流,进入高邮、宝应、白马诸湖,分入江海。咸丰元年(1851),启放高家堰南段山阳、盱眙之间的礼河坝,冲损未修,遂成通口,俗称三河。前此淮水之出高堰,均由减水坝,尚有节制,至此则终年开放。[④]从此,淮水南下经芒稻等河,形成"淮不东趋,乃南行入于江"[⑤]的形势。历史上独流入海的淮河演变为长江的支流。由于入江水道排泄不畅,以及江潮的顶托,淮水滞蓄在高邮、宝应西部洼地,白马、宝应、氾光、氾社、高邮、邵伯等湖因之连成了一片。分淮南下并设归海五坝泄洪水入下河地区,造成了里下河平原洪涝灾害频繁。

其次,原属泗水支流的沂、沭、汴、灉皆因黄河夺泗和运河的多次开凿而发生改道。泗水发源于泗水县陪尾山,历曲阜、滋阳、济宁、

---

①　光绪《淮安府志》卷五《河防·黄河》,《中国方志丛书》(398),第220页。

②　《明史》卷八七,《河渠志五》。

③　《明史》卷八三,《河渠志一》。

④　郑肇经:《中国水利史》,上海书店1984年5月据商务印书馆1939年版复印,第159页。

⑤　光绪《淮安府志》卷五《河防·黄河》,《中国方志丛书》(398),第220页。

邹县、鱼台、滕县、沛县、徐州、邳州、宿迁、桃源至清河县入淮。宋熙宁十年(1077),河决澶州,分流合南清河,下夺汴泗,自是河始入泗。高宗南渡,杜充决河水自泗入淮,以阻金兵,而河再入泗。至金明昌五年(1194),河道南徙,自徐城以南,泗水悉为黄河所占,而《禹贡》会淮入海之旧迹不可考矣。[①]"徐城以上又引汶济诸水,合以通漕,而泗水几不可问"。[②]清之运河,自济宁以下建闸蓄汶、泗、沂、洸诸水济运,泗水乃更与运河合。咸丰以后,河徙而北,泗全入运,运河水涨,则由刘老涧分一支并沂水泄于六塘河。[③]

汴水源出荥阳大周山下,受西南山溪京、索、须、郑之水东流,至中牟分为二派,一渎南注为沙河,一渎东注为汴水。汉平帝时,黄河南奔冲汴。明帝永平中,命王景修汴堤渠,自荥阳东分疏河、汴二水,令黄河东北流入海,汴河东南流入泗。隋开通济渠,又引河历荥泽入汴。又自大梁东引汴水入泗,达于淮。元世祖至元二十七年(1290),黄河决祥符之义唐湾,遂夺汴流。元臣贾鲁治之,东流一支不为疏浚,唯浚南流一支,导京、索诸水入于其中,仅以其余水入汴东流,而汴益弱。明初,以大梁为北京,议浚之,不果。正统间,"河决荥泽入涡,而东流之汴河以塞,中牟以东遂有黄而无汴矣"。[④]

濉河"乃汴之支流",自古入泗,至宋而汴水渐湮。明弘治二年(1489)"命侍郎白昂治之,乃后睢河。嗣后言睢不言汴者,汴水废也"。[⑤]清人贡震认为,"古之睢水来源甚少,而下流甚畅。今之睢水来源愈多,而下流愈涩",原因是"宋以后黄水入泗,冲突为患,又堤以

---

① 民国《泗阳县志》卷九《志三·河渠上·泗水》,《中国地方志集成·江苏府县志辑》(56),第276页。

② (清)贡震:《河渠原委》卷上,《泗》,《中国地方志集成·安徽府县志辑》(30),第117页。

③ 民国《泗阳县志》卷九《志三·河渠上·泗水》,《中国地方志集成·江苏府县志辑》(56),第276页。

④ 《黄汴分合考》,光绪《祥符县志》卷六《河渠志上·黄河》。

⑤ 光绪《宿州志》卷三十六《杂类志·辨误》,《中国地方志集成·安徽府县志辑》(28),第663页。

防之,向者汴、泗所受之水悉为横绝,潴蓄无所,毕凑于睢,而睢乃大矣。明白昂浚归德饮马池而下,刘大夏浚祥符四府营而下,引黄入睢","本朝靳文襄公治河于南岸,建闸坝九座,减泄黄水汇于灵璧五湖,流清而停浊","则睢又分黄之委,而睢更大矣"。因被黄水淤塞,造成濉河多次改道,"明季河决,睢宁孟山以东,睢河之故道悉淤,杨疃、陵子等里潴而为湖"。乾隆时贡震认为"杨疃、陵子诸湖皆明时有粮之地,睢河淤断,潴而为湖"。于是,"睢水漫溢于灵、虹、睢、宿之境,然其下游仍由小河口、白洋河而入黄也。迨至归仁决,而睢水南,睢水南而黄水入宿境,河沟悉为淤垫,睢水不得常假道于归仁以趋洪泽矣"。①从此,本来入泗的濉水"今乃入湖","濉为黄垫,旁歧游衍,沱、岳、潼、溧诸支,皆为介绍入淮之导线"。②濉河流入洪泽湖,据光绪《泗虹合志》卷一记载有两路:自宿州徐溪口至灵璧县之板桥入泗州境,"东流至北石家集分股,一由乌鸦岭入安河,归洪泽湖;一由谢家沟会汴河,归洪泽湖"。③

黄河夺泗入淮造成了泗水流域水生态环境的巨变,光绪《睢宁县志稿》的作者对此做了深刻的分析,认为:

> 古睢宁河道,泗为大,睢次之,潼又次之,均以淮水为壑者也。其时淮渎宽广,泗、睢、潼均注之,间有积潦,咸贯注焉,以次而达于海。自黄河夺泗,而睢邑之河遂寝变古制,其害且展转而延于今。泗为河遏,有时挟河以为虐,一害也。泗为河占,注泗之水均不能入,遂致滨河两岸全成泽国,二害也。黄河屡决,沙淤壅积,遂将睢、潼诸渠全行垫塞,泛涨不能容受,以致四出为患,三害也。睢、潼改道南行,河冲成渠,致别成白塘河、沈家河、龙河、沙河诸名,运道横分,黄堤中格,阖邑之水仅恃洪泽为尾闾,

---

① （清）贡震:《河渠原委》卷上,《睢》,《中国地方志集成·安徽府县志辑》(30),第118页。

② 武同举:《江苏江北水道说》,载武同举:《两轩賸语》。

③ 光绪《泗虹合志》卷一《山川》,《中国地方志集成·安徽府县志辑》(30),第388页。

宣泄不畅,田畴被淹,四害也。山水潴为各湖,运河高仰,致使邳州诸河末由宣泄,伏霖秋汛,一片汪洋,五害也。今虽黄河迁徙,而堤岸横格,清口淤高,遽如往古群川载道,吐纳洪流,夫岂易易?①

沂水属于山洪河道,发源于山东省沂源鲁山一带山区,向东南经今沂水县西,折向南流,经沂南县东、临沂市东、郯城县西,再折向南流经邳州东,至睢宁县古邳镇注入泗河。清雍正八年(1730),总河题请开浚湖河,发币兴工,起宿迁,历桃源、清河、安东、沭阳,由海州大湖、龙沟河,出惠泽河入海。又分支流由孟家渡出五丈河,东流入海,六塘之河始著。乾隆朝,对沭阳县境的沂水曾大加修治。北六塘由分岔至钱集西始入沭阳县境,穿陈家圩,东北趋越安东之三尖、韩家码头、周集、兖庄、沈集,至谢庄复入沭阳县境,东北行,历新兴集、杨口、周码头、陶码头、王家行,经安东县境之汤家湾、钱家圩,复入沭阳县境,至汤家沟西南为周家口,柴米河来入,折而东入海州境,历廖沟、白皂沟,越盐河以出龙沟入海,计长150里。南六塘由分岔东南趋为燕尾河,折而东,历徐家溜,纳包家河,经鲍家庄,纳包营河,东北趋历安东之吉寨、麻垛、朱家闸、华家闸,至染靛庄入沭阳县境,经二庄,张家河自南来入,历高家沟,仍东北趋经安东县境之大兴庄,西岸有藕池口,历虹桥入海州之孟家渡,西岸有闸,泄两河中闸下滩积潦,至朱家闸越盐河出五丈河入海,计长90里。②

沭河本为淮河支流,发源于山东沂水县北部山区,经莒县东、临沂县东南至沭阳县北40里分成两支,一支向西南流,两汉时期于下邳注入泗河,到南北朝时干涸。另一支向南流经今江苏沭阳西100余里,至建陵山东又分两支,一支向西南至宿迁市区东南入泗河;一支向东南合木且水至东海县汇入游水(也称涟水)入海。沭水原不与

---

① 光绪《睢宁县志稿》卷四《山川志》,《中国地方志集成·江苏府县志辑》(65),第332页。

② 民国《重修沭阳县志》卷一《舆地下·山川》,《中国地方志集成·江苏府县志辑》(57),第42—43页。

沂河合流,古谚有之曰:"沂沭不见面,见面成一片"。《河防志》载,沭水出沂山三泉,历莒州,会马、耳诸山之水,由穆陵关澎湃而下,直抵马陵山口,旋折而南,过沭阳,达海州入海,"是沂为黄占,北侵夺沭而沭遂改此道。明季,沭忽冲入白马,合流南下,三水合一,郯有啮城之危,旁及峄、沂、邳、宿,咸罹其害"。明末清初,为保漕运在宿迁至今泗阳之间的黄河北岸兴建徐升、崔镇、古城、刘老涧、温州庙等减水坝,向东北方向分泄黄河洪水。沭河受到压抑和破坏,在沭阳境内分成五股:一股由涟河入海;一股入桑墟湖;其余三股汇入硕项湖。由于黄河北岸在宿迁与泗阳之间大量分黄,致使桑墟、硕项两湖淤垫,沭河无法入湖,同时,涟河归海出路全部淤垫,入涟河的沭河分支也无路可走。沭河只得转向东北经蔷薇河入临洪河至临洪口入海,但"游水故道,湮没无考。即青伊湖下注之旧涟河,亦不可复治,仅余一线蔷薇以达临洪,且河槽浅隘,日就淤垫,青伊亦间段成田,沭水之去路几绝。每当伏秋之际,又挟西来诸山刷冈之水,与陵沟下注砂礓河之水,暨六塘因坝阻倒灌柴米河之水,上极邳、宿,下达海、赣,九县区域,不下数千百万方里,洪涛巨浪,揭地掀天,平均计时亦须三阅月而可涸"。[①]

　　对于淮、泗、沂、沭水道变迁的主因,民国水利专家武同举分析是黄河夺淮之故。认为:

　　　　河天下之强水,其所过靡不变置移易者,而江北尤甚。今徐州以下之黄河旧槽,泗水故道也。泗纳汴流,道经吕梁,著称泗险。旧邳有沂口,沂泗之会也。邳宿之间,有古直河口,沭水故道南入处也。宿迁东南,旧有小河口及白洋河口,古滩口也。泗既合沂、合沭、合滩,下至角城,会淮入海为禹迹,亘古不闻有水患。有明以降,浊河南夺,分汶导泇,截沂摈沭,阻滩遏淮,乃成今局。其流毒所及,决丰、沛而微湖淤,决邳、宿而骆马淤,决清、

---

　　① 徐守增、武同举:《淮北水利纲要说》,1915 年铅印本。

安而硕项淤,害在河北,泗、沂、沭无所潴矣。其南岸则叠决于砀、萧、铜、睢、桃、清之间而洪泽淤,又决阜宁而射阳淤,淮无所潴矣。不宁惟是,河既自决而又人工分之,分而北则以王营减坝为最大,分而南则以毛城、天然、峰山为最著,其余减水诸口,两岸如栉。凡黄水所至,悉摧崩破裂,淮、泗、沂、沭无完肤矣。[1]

第三,淮、浍、潀、沱、潼"五河"变成了三河。安徽五河县就是因为境内有淮、浍、潀、沱、潼之五河而得名,"淮则历桐柏、怀远合涡水而来也,浍则自河南归德经固镇而来也,沱则源出宿之紫芦湖假脉于灵璧而来也,潼则源出虹之羊城湖,潀则源出邑之南湖而入淮也。大抵潼、沱、浍三水皆合淮而环绕,又有潀水以益其势,故五邑为水国"。[2]

浍河发源于河南襄城县,汇永城之马长湖(一曰乌龙潭)而东入安徽宿州界,统泡、蕲、浇诸水,过灵璧之固镇桥,又东35里入五河县界,在县治西70里,"其自固而东也,河面逐渐宽广,水涨时几逾十里,将五倍于淮。而交冬水退,则仅容小舟。缘地势平坦,岸尽沙滩,不能耕种,水涨即茫无涯涘矣"。又东约10里至欧家渡口,香涧湖与小湖俱南入于浍,又东20里至大顾堆即翠柏山。汉王台在其北,过此而东,浍遂南徙。据光绪《五河县志》卷二作者考证,"浍之变迁,一在乾隆之末,一在同治之初"。"旧《志》谓捕蝗台、霸王城均在浍北,自乾隆末年乃南至金家嘴,而捕蝗台与霸王城均移于南矣","水既南徙,至芦塘口,复东折由黄家浅渡过欧家庄,北折入蔡家湖,湖涨遂南汇黄家沟而东逝。旧《志》谓蔡家湖之西北有大小二坝,以御沱湖之水,在县治西五里,故又曰西坝。在沱、浍未并之先,沱自沱而浍自浍,浍由大小二坝南至花马王东沿县西城脚,复绕至南城,沿云头坝而东至火神庙前,由砖桥以入淮,此浍之故道也。按浍

---

① 武同举:《江苏江北水道说》,载武同举:《两轩賸语》。
② (清)郑蕭:《议修南坝序》,光绪《五河县志》卷十七《艺文一·序》,《中国地方志集成·安徽府县志辑》(31),第615页。

河自园宅集入界后，又东二十里至管家渡，又东三十里至黄家浅，又东十五里至西坝，今于同治间北徙夺沱之故道，绕过教场陡冈之北，至北渡口南折，由东桥口渡以入淮"。潆河原在五河县治南 3 里，据《旧志》称，"受南湖之水以泄于淮。自淮黄交涨，河已淤平，而水无所泄，遂由黄家沟以入淮。在此时，已谓潆河无迹，今又百余年，更逸无可考"。沱河发源于宿州至紫芦湖，东注于灵璧，经虹界至胡家集，以入五县界，在县治西北 40 里，"入界西折，过李家庄，上受关子等湖之水，东延石家庄至黑渔沟，沟之水自东北来，汇于沱。又南二里许，小黑渔沟之水亦西入于沱。又东南五里至马家嘴，而水势益大，南并大阔嘴，遂汇为沱湖。盖以湖为停蓄也，南与蔡家湖相望，两湖之间筑有堤坝，本沱自为沱，而浍自为浍也。湖之东北为郭家嘴，又东绕县治之北，至北渡口遂南折，趋县治东，由东桥口以入于淮，此沱之故道也。乃于乾隆之末，浍河泛涨，溢入于蔡家湖，且冲坏堤坝，而串入沱湖，遂夺沱河故道，冲陷两旁田庐，而益加深广。至北渡口复分流为二：一折由东桥口以入于淮，而沱遂变为浍矣；一北折过凌家楼，至十字冈而沱且入于潼矣，此皆在嘉道年间"。①

潼河发源于灵璧县北 50 里之潼山，东流入泗州界，又受四山湖、渭桥、长直沟诸湖之水，而南下汇为天井大、小两湖，又南至天井冈，始入五河县界，在县治东 20 里，又迤东至铁锁岭入淮。岭与浮山夹淮对峙，其中即潼河口也。"此潼河之故道，本与沱不相涉也。乃自乾隆以后，浍入于沱，宣泄不及，遂从北渡口分流，过凌家楼及十字冈而入于潼，此又现今之潼河也"。于是，五河县"河本有五，而今仅存其三。陵谷变迁，亦沧桑之小劫也"。而"所谓五河口今则仅存其三，盖潆河久失，浍又并沱，而沱又入潼，乃水势变迁之不一也"。五河在康熙以前，"固未之或改"，乾隆以后"各有变易者，以黄与淮合，而淮病益深"，"淮流不能宣畅，四河之水亦皆顶托不流，是以横决四

---

① 光绪《五河县志》卷二《疆域三·河》，《中国地方志集成·安徽府县志辑》(31)，第398—401 页。

窜,不由故道,此其所以日有变迁也"。①

还有一些河道,因淤塞不存乃至久化民田,或改道频繁,迁徙无定,皆无由寻其故道。如淮河流域河南汝州"沟渠之设,所关岂其微哉! 然而沧桑递变,迁徙靡常",即使从乾隆迄道光年间才不过百年左右,其中"迭兴迭废,有不可按籍而稽者,况其远焉者?"②洧水在长葛县以上,"势高土坚,河流不至肆溢",但"自入葛境,则泛滥溃决","其变迁开淤,难以预定"。③商丘之水道,据乾隆《归德府志》作者说:"考现存诸沟名目,旧《志》可稽者,惟顺河集一沟,其名异而故道存者则马牧集、高辛集诸沟而已。又考旧《志》:有白沙渠在府东。又有石梁渠,宋张元知应天府所治。又有赵渠在府东南,则贾鲁所开大河故渎,今皆无考。沟洫则又有流腊坡沟、焦家洼沟、桃园铺沟、营郭集沟,尽失其故处",于是感叹道:"岂今古之异名耶? 抑亦旧道之湮废也噫!"④在宁陵县,康熙《宁陵县志》作者"骤阅《宁陵志》,见夫载河若干处,心窃喜之。及按籍而求,虽深沟无有也,何河之有?"⑤至乾隆时因修县志府志而查阅旧志时,依然是"县志不言水利,第于河防载有八里屯河县北关河,又于古迹内载有苗公河而已,今皆末由寻其故道"。⑥在睢州,光绪《睢州志》作者论曰:"余当讨求睢、汴之源流,而卒莫得其地焉"。"即按志所指之地而求之,故老亦莫能名其确为何水。虽有河迹蜿蜒纵横,而来去脉络终难强合,疑黄河南泛时,沙喷淤涨,故道已湮,今所余者黄河涸派耳"。⑦

在安徽太和县,民国修县志时,作者发现道光八年(1828)知县

---

① 光绪《五河县志》卷二《疆域三·河》,《中国地方志集成·安徽府县志辑》(31),第398—401页。

② 道光《直隶汝州全志》卷四《沟渠一》。

③ 乾隆《长葛县志》卷一《方舆·山川》。

④ 乾隆《归德府志》卷十五《水利略二·商丘水道》。

⑤ 康熙《宁陵县志》卷二《地理志·河防》。

⑥ 乾隆《归德府志》卷十五《水利略二·宁陵水道》。

⑦ 光绪《续修睢州志》卷一《地里志·山川》。

陈葆森疏浚的 72 条沟道以及同治年间王寅清疏浚的 68 条沟道，"其名皆莫可举，惟闻但有湮阻无舛伪也。见今图志绘载，悉参据采访册，而定为昔无而今有，昔塞而今通者，比比然也。第增浚年月，亦辨究莫详"。①在五河县，因嘉庆、道光、咸丰、同治年间，"黄淮叠涨，沟汊河湖沧桑无定"，所以光绪《五河县志》作者认为"若仍旧图为证，有不失毫厘而谬千里者哉！"②在砀山县，因县境"地势洼仰低下，屡经水患，地多淤沙浮土，虽屡浚凿成河，然一经水涨，率易淤塞，故河渠之名变迁不常"。③至乾隆时，郡守邵大业撰写的《砀山县河道图记》中还指出：

> 今所治之河，大率皆旧有之河也。然而今昔异名，以今求昔，率成凿枘。尝考旧志所载，盘岔河、夹河、九里沟河、白川河、浊河、新岔河、龙扒沟、羊耳河、桑叶河、李河者，悉迷漫无可考，而新汇泽，或指为今之小神湖，鹰池或指为华池，又陈霜口河谓即今城西一带，洼下之形，断续可指者。若今所治七河，皆志所不载。噫嘻！所见异辞，所闻异辞矣。说者谓砀自前明以来，黄河三徙，凡旧志所称某某河者，强半没于黄流，其说近是。且砀境平衍，无高山陵谷之险，河伯一溢，村落尽墟，无可表识，而旧城既没于水，新城亦屡废稍迁，非旧域也。其志所称城之南北东西者，以今城求之，又往往矛盾，如是而强为附之，以为今之某河，即昔之某河，不唯无稽不可听，即偶有附会，其凿已甚，顾可以传信后世乎？④

---

① 民国《太和县志》卷三《水利·沟洫》，《中国地方志集成·安徽府县志辑》(27)，第 364 页。

② 光绪《五河县志》卷首《图说》，《中国地方志集成·安徽府县志辑》(31)，第 378 页。

③ 嘉靖《徐州志》卷四《地里志上·山川》，刘兆祐博士主编：《中国史学丛书三编》，台北：台湾学士书局印行，1987 年，第 317 页。

④ （清）邵大业：《砀山县河道图记》，乾隆《砀山县志》卷之十三《艺文志·记》，《中国地方志集成·安徽府县志辑》(29)，第 206 页。

在江苏宝应县,道光三年(1823)五月中旬,宝应县人刘宝楠撰《宝应图经序》时认为编写宝应志有三大困难,其中之一就是"境内运河纵纬百里,诸湖纡远,本非直渠,或东或西,十有余变。岸谷屡迁,失其故道",从而难以"寻川于陆,问水于陵"。①

二、湖沼变动无居

历史早期淮河流域大量湖沼的存在,对调节河川径流、改善地区气候环境、发展农业经济无疑起着十分重要的积极作用。其后,随着黄河夺淮所造成的水沙再分配的加剧,以及人类活动对淮河流域自然环境影响的不断加深,尤其是农业经济发展对耕地的迫切要求,使淮河流域的湖沼地貌发生了重大变化。

(一)湖沼淤废

黄河长期南泛以及农业耕作造成的水土流失,年积月累,逐渐淤浅了淮河流域早已存在的一些湖、荡。如在郑州有仆射陂即城湖,在州东五里堡南,"广可十余顷",康熙年间因"金水改注城东,每溢入湖中,渐觉淤浅";还有州东13里的螺蛳湖、州东南20余里的梁家湖,皆"田野聚水之泽",亦渐淤涸或"旱岁则渐竭"。②安徽五河县的三冲湖,在县治西南60里,临淮集之东北,"西受凤郡北岸之水,北受瓦庙、庄拦路、蒋高阜之水,由三冲口而南入于淮","第以逐年淤垫日高,湖近成田,不能如从前之蓄水矣"。③怀远县的牢家洼、傅家湖、马家湖"皆略可畜水";大清沟东有杨家湖,黄木沟西有高家

---

① (清)刘宝楠:《宝应图经序》,(清)刘台拱、刘宝树、刘宝楠、刘恭冕:《宝应刘氏集·刘宝楠集·念楼集卷六》,张连生、秦跃宇点校,第246页。

② 康熙《郑州志》卷二《舆地志·陂泽》,《郑州历史文化丛书》编纂委员会编,孙玉德校注:《康熙郑州志》,郑州:中州古籍出版社,2002年,第25—26页。

③ 光绪《五河县志》卷二《疆域三·湖》,《中国地方志集成·安徽府县志辑》(31),第401页。

湖,又大沟东、法钟寺南均有湖,"颇平浅,虽有水,亦不能蓄也,石桥以西淤塞特甚";北入漴河之诸湖如薛家湖、鹅塘湖、梅家湖遇雨亦差可停蓄而已。[①]

江苏铜山县东北 60 里范家村东石头镇南有小湖,"群山环绕,众水所归,面积约百方里,环而居者近万户",咸丰元年(1851)"河决盘龙集,南岸淤垫,水无所泄,夏秋之间水常深数尺,恒数十年不得一耕种"。[②]昭阳湖"湖内淤填日积,民居树艺承粮,谓之淤地。然西境邻邑诸山泊水自高趁下,每遇霆霖,汇为巨浸,下流阻塞,淹没为灾"。睢宁县的白山湖,因康熙十四年(1675)河决花山坝,湖淤大半。[③]

洪泽湖自从黄河减入和从清口倒灌后,湖底淤浅甚速,"自黄河北徙,数十年垫高如故","据河营建筑案,昔之石工高出滩地二十一层,今仅存透露十二三层,余为淤沙掩没,湖底垫高可知,近测湖底高于海平十米突(metre),其形似碟,平水时期面积三四千方里,洪水时期约八千平方里"。[④]该湖最近一次明显淤积作用是发生在 20 世纪三四十年代。黄河南泛后,原湖洲滩淤高,新滩形成,全湖洲滩淤高 1.0—1.2m,平均0.6m,泥沙淤积量约 3.6×10⁸m³。位于湖中央之大淤滩,面积达 200 余 km²,即是这次黄泛所形成。经过此次黄泛,洪泽湖进一步呈现沼泽化面貌,平时面积不过 1200km²,且淤滩占据了半数,满湖杂草丛生,大小淤滩芦苇茂密。[⑤]1951 年,治淮委员会《关于治淮方略的初步报告》中,就此次黄泛对洪泽湖淤积所造成的后果有简要记述:黄泛使"湖中沙洲林立,大约占去面积的百分之五十。

---

①　嘉庆《怀远县志》卷八《水利志》,《中国地方志集成·安徽府县志辑》(31),第119—120 页。

②　民国《铜山县志》卷十三《山川考》,《中国地方志集成·江苏府县志辑》(62),第217 页。

③　同治《徐州府志》卷十一《山川考》。

④　民国《续修兴化县志》卷二《河渠志·河渠二·洪泽湖》。

⑤　窦鸿身、姜加虎主编:《中国五大淡水湖》,合肥:中国科学技术大学出版社,2003年,第38 页。

沙洲上生长着很茂密的芦苇,使水中带来泥沙更易沉淀"。

里运河以西的宝应湖有华家滩、高邮湖有王家港、邵伯湖有汤家绊,迤下有尤家洼,"皆积沙横起"。①里下河地区"昔之湖犹可容纳也,今则湖身日就淤垫矣"②,如射阳湖俗作谢阳湖,古为五湖之一。"起宝应、盐城分界之射阳镇,西北至盐城之安丰,又西北至淮安之故晋、太仓、宥城、东作,迤逦至左乡大坝口,为淮安、盐城分界处。越大坝口而东,湖属阜",湖周 300 里,南连大纵湖,东晋以还,与博芝、樊良、白马诸湖沟通,为宝应、淮安、盐城、阜宁四县巨浸,亦淮扬群川所汇。"迨明嘉靖以后,河患日剧,填淤日远,大海东徙,由湖入海之旧渠日长,因称为河或港。嗣海陵溪故道渐浅,淮安溪涧、市诸河又截湖为堰,湖身日渐受淤。天启、崇祯间,苏家嘴、柳浦湾、建义诸口先后溢决,挟沙入湖,湖身半成平陆"。③

由于气候干旱、黄河夺淮、农业垦殖等因素的作用,淮河流域一些湖沼、塘荡因干旱、年久沙淤而最终消失。黄河夺淮期间,黄河洪水漫流遍及整个淮北平原,其间汉唐时代上百个大小湖沼,几乎尽被黄河泥沙所淤没,如著名的孟诸泽屡遭黄河冲淹终于被淤为平地。在中牟县杨桥保有大灰陂、小灰陂、大限陂、大黄陂,永安保有大黑陂、小黑陂、小长陂,南梁保有三驼陂、大长陂、大师陂,鲁村保有白顶陂,万胜保有长官陂,淳泽保有白墓陂、港梢陂、桑家陂、时家陂、大人陂、大汉陂,古墙保有梭子陂,韩庄保有黄家陂、焦家陂,高家窝有东吴陂、西吴陂、水柜陂、刘家陂,白沙保有白沙陂、蓼泽陂、盖寨保有王河陂、正礼陂,"以上陂水,各相流通,自经黄河淤没,皆为平地矣"。④永城县西 30 里有柳园湖、县北 45 里有薛家湖,光绪年

---

① (清)郭起元撰,蔡寅斗评:《介石堂水鉴》卷四,《华家滩王家港汤家绊尤家洼等工说》,《四库全书存目丛书》(史 225),第 524 页。

② 嘉庆《高邮州志》卷一《山川》。

③ 民国《阜宁县新志》卷二《地理志·水系·湖荡》,《中国地方志集成·江苏府县志辑》(60),第 17 页。

④ 正德《中牟县志》卷一见《郑州经济史料选编》卷二,第 138 页。

间皆湮没。①睢州城西有西湖,"一曰万粮坡。今皆淹废"。②正阳县余家大湖,在莲花寺南,间河附近。宽数十亩,"今已淤为水田,冬夏不涸,稻收常丰"。③

淮河流域安徽颍上县有丁家湖,在县东 25 里甘罗乡,昔多蒲苇,今亦湮塞;白塔湖,县东北 30 里甘罗乡,今湮塞。④霍邱县"不乏陂塘湖堰之属,但日久朘削,半成湮废"。⑤在霍山,有赵陂塘、胡陂塘、九曲塘、铁人塘、邱陂塘、洗儿塘、看花塘、桂家堰、周家堰、毛家堰、曹家堰、郎家堰、千工堰、石滚堰、黄泥堰、天河堰、石堰、移阳湾堰,"旧志所载,历久淤垫,有失其旧观者"。⑥怀远县北入欠河者则平阿湖、茆塘湖、满金池,"今涸矣";他如成旺湖、塌河、支子湖、洼子营"皆淤,无水";十湖即年家湖、姚家湖、陈家湖、胡家湖、滕家湖、常家湖、房家湖、梅家湖及宿州之廖家湖、韩家湖,"今渐淤,无水"。⑦根据光绪《五河县志》记载,五河县淤废的湖沼更多,"近来南湖亦已淤平";县治东 10 里的车网湖,方圆约 3 里许,"今则淤成平陆","故虽有是名,而已不可辨识矣";郭家湖"已淤废久矣",訾家湖"在沱河北岸,亦久废";单家湖在县治西北 10 里,"今已淤垫几平,而仅有形迹耳";欧家湖在县治西 3 里,距浍河之北岸,南接沱湖,"惟停蓄积潦而无来源,亦东入沱。同治间,浍再北徙,湖乃渐次淤涸,而只有其名焉";项家湖,在县治西 33 里,受本堡及史家湖之水东流入浍,"二

① 光绪《永城县志》卷二《地理志·沟渠》。

② 光绪《续修睢州志》卷一《地里志·山川》。

③ 民国《重修正阳县志》卷一《地理·水利》。

④ 顺治《颍上县志》卷一《舆图·山川》。

⑤ 同治《霍邱县志》卷一《舆地志五·水利》,《中国地方志集成·安徽府县志辑》(20),南京:江苏古籍出版社,1998 年,第 26 页。

⑥ 同治《六安州志》卷八《河渠志一·水利》,《中国地方志集成·安徽府县志辑》(18),第 108 页。

⑦ 嘉庆《怀远县志》卷八《水利志》,《中国地方志集成·安徽府县志辑》(31),第118—120 页。

湖皆旧志所载,惟有其名耳。今俱淤没而无可考焉"。①

　　淮河流域江苏清河县,治西北有凌家湖、夏家湖、金家湖、谢家湖4湖,以及吕家荡、顾家荡、官亭荡3荡,因河决淤平。②山阳县有山子湖,潆洄数里,同治年间淤塞。③桃源县(今江苏泗阳县)有梁家荡,治北30里,康熙二十四年(1685)被宿迁孙家塘水冲淤涸。④泗阳县,康熙元年(1662)"河决古城,茅茨湖尽淤"⑤;县南仓基湖,在王工决口后淤成平陆⑥。安东县(今江苏涟水县)"其旧湖而今堙者六"。⑦宿迁县茅滋湖在县东南20里,康熙初淤废;祠堂湖在白洋河西南,去县50里,同治年间淤废;莲子湖,在县西30里,雍正八年(1730)海啸河溢,湖遂淤塞。⑧另外"旧志所不详,访册所未载,不能详其源委者"有傅家湖、童家湖、赵墩湖,又有泊水湖、仓基湖、祠堂湖、滹陀湖、莲子湖,"今悉淤",丁家湖、雷家湖、张陂湖、巴头湖、白湖、朱衣湖,"今失其名,统称黄墩湖"。⑨睢宁县"按县志,大河以南有九湖十二沟,今多堙废",其中白山湖,三面皆山,众水汇聚成湖,康熙十四年(1675)河决花山坝,湖淤大半;白马庄湖、黄山湖为诸山水所聚,自河溢后,皆平堙为田;潼河湖,东南40里,入淮河,乾隆二十四年(1759)曾浚治,后堙

　　① 光绪《五河县志》卷二《疆域三》,《中国地方志集成·安徽府县志辑》(31),南京:江苏古籍出版社,1998年,第402—405页。

　　② 乾隆《淮安府志》卷八《水利·清河县》,《续修四库全书》(699),第587页。

　　③ 同治《重修山阳县志》卷三《水利·东南乡水道·山子湖》。

　　④ 乾隆《重修桃源县志》卷一《舆地志·山川》,《中国地方志集成·江苏府县志辑》(57),南京:江苏古籍出版社,1991年,第521页。

　　⑤ 民国《泗阳县志》卷三《表二·大事附灾祥》,《中国地方志集成·江苏府县志辑》(56),第168页。

　　⑥ 民国《泗阳县志》卷八《志二·古迹·湖岸晚烟》,《中国地方志集成·江苏府县志辑》(56),第271页。

　　⑦ 光绪《安东县志》卷之三《水利》,《中国地方志集成·江苏府县志辑》(56),第23页。

　　⑧ 同治《徐州府志》卷十一《山川考》,《中国地方志集成·江苏府县志辑》(61),第383页。

　　⑨ 民国《宿迁县志》卷三《山川志》,《中国地方志集成·江苏府县志辑》(58),第413页。

废。①邳州官湖在今城东8里,源出沂州芦塘湖,又连汪湖,近沂河口。而旧城西北有蛤湖、蝘湖,其东周湖、柳湖,"皆縣河决填淤"。②

(二)湖沼兴起

黄河长期夺淮以及农业开发等因素造成的河道淤塞变迁,一方面使不少湖沼淤废或被垦成农田,另一方面又形成了众多新的河成湖。如淮河流域河南陈州府太康县有白波洼,在县西南35里,周围数百顷,水常十余年不干。康熙二十年(1681),"居民欲浚大河,然北距县河既远,南至陈州黑河界亦二十余里,难以开通,害固不免也"。庙冈洼,在县西南;江陵洼,在县西;内冈洼,在县西北;大鱼洼,在县西;侯陵洼,在县西;芝麻洼,在县西北;大仓洼,在县西北;砖笼洼,在县北;雅巢洼,在县西北;鱼梁洼,在县西北;桂冈洼,在县西北;韩家洼,在县东北;师家洼,在县东。"以上皆受水之区也,大者数百顷,小者数十顷,其水经年不涸。万历间,县令雷沛开浚沟渠,令与河通,民乃无患"。③沈邱县有界首湖,县东北40里,长30余里,湖南二里又一小湖,亦长二三里;白杨湖,县东25里,皆"古黄河道淤隔成湖"。④

淮河流域安徽灵璧县"湖名以百数,杨疃、土山、陵子、孟山、崔家是为五湖,其最著矣(陈志皆无之,盖当时尚未成湖也)。他如固贤里之青冢湖(与萧县各半分界,受萧境山水,东流入拖尼河)、申村里之沫沟湖(即今杨家洼是也,受申村诸山北面之水,东入渔沟,西入潼河)、鸭汪湖(受申村诸山南面之水,东南入孟山湖)、邱疃里之石湖(受五湖南溢之水,南入岳家河)、范隅里之老营湖(相传为古屯军处,与虹县分界,受汴堤南平地之水,南入北沱河),皆周回数十里,

---

① 同治《徐州府志》卷十一《山川考》,《中国地方志集成·江苏府县志辑》(61),第385页。

② 咸丰《邳州志》卷四《山川运道河防附》。

③ 乾隆《陈州府志》卷四《山川·太康县·河渠》。

④ 乾隆《陈州府志》卷四《山川·沈邱县·河渠》。

积水经年不涸。其他洼地之名为湖者,不可胜数也"。①其中灵璧禅堂湖,据胡雨人调查,是当地人对睢河漫滩的统称,自睢水南行,下流又多壅滞,而始沉没为湖者。②砀山县有小神湖,在县东南 20 里,"地洼下,诸水汇聚成湖"。③

淮河流域江苏泗阳县的杨工大塘、王工大塘,皆在治西北 5 里,"二塘相去不远,界黄、运两堤之间,东距众兴十里,黄河决口所冲,周约里许,水深无底,大旱不涸";卢家塘,治东 25 里,吴家集北,"黄水冲刷成塘,周数十顷"。④阜宁县境的清水塘,在童家营,康熙三十五年(1696)"河决于此,周围数十里,陷为泊,中间数亩深不可测"。⑤

南宋以来,深受黄河夺淮影响而形成的河成湖主要集中在淮河中游干流沿岸以及苏、鲁交界的运河沿岸地区。

由于黄河夺淮和官府坚修高堰以"蓄清刷黄",导致洪泽湖区扩大以及中游干流沿岸河成湖泊群的形成。洪泽湖是远古时期的潟湖,见诸于史籍记载者有阜陵湖(富陵湖、麻湖)、破釜塘(破釜涧)、白水塘、泥墩湖、万家湖等,分布于淮河右岸,且与淮河并不发生直接地联系,或只在汛期受淮水泛滥的影响。《宋史·李孟传》云:"湖西为淮,本不相连"。可见彼时,淮自淮,湖自湖,河湖并不直接相通。⑥湖泊间原有很多水道相连,"始为淮水经行之道,自黄河夺淮,淮日鼓涨,溢为巨浸"。⑦(见图 1–5)

---

① 乾隆《灵璧县志略》卷一《舆地·山川》,《中国地方志集成·安徽府县志辑》(30),第21 页。

② 胡雨人:《江淮水利调查笔记》(辛亥年),见沈云龙主编:《中国水利要籍丛编》第三辑,第 117 页。

③ 乾隆《砀山县志》卷一《舆地志·山川》,《中国地方志集成·安徽府县志辑》(29),第34 页。

④ 民国《泗阳县志》卷七《志一·地理》,《中国地方志集成·江苏府县志辑》(56),第 255 页。

⑤ 民国《阜宁县新志》卷二《地理志·井塘》,《中国地方志集成·江苏府县志辑》(60),第 46 页。

⑥ 窦鸿身、姜加虎主编:《中国五大淡水湖》,第 34 页。

⑦ 民国《续纂山阳县志》卷三《水利·西南乡水道·洪泽湖》。

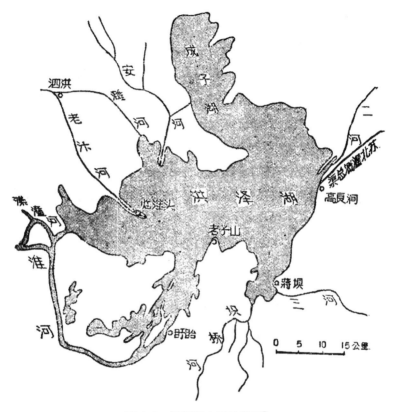

图 1-5　洪泽湖水系示意图[①]

　　隋以前并无洪泽湖之名。《禹贡》称：淮河在下游"会于泗、沂，东入于海"，未记载有湖泊。"考《水经注》上纪蒗荡渠，下纪射阳湖，而中不及此湖，益知其非巨浸也。且洪泽湖之名，亦无征"。[②]隋炀帝大业中（605—616），幸江都，从盱眙北三十里的破釜涧经过，时因大

　　①　转引自鞠继武：《洪泽湖》，北京：中国青年出版社，1963 年，第 14 页。

　　②　光绪《泗虹合志》卷四《水利志下·洪泽湖考》，《中国地方志集成·安徽府县志辑》（30），第 428 页。

雨,洪水泛滥,湖面大增,故改其名为洪泽浦,这就是洪泽湖名称的由来。破釜涧冲坏之后,水北入淮,与白水塘合,淮东诸湖荡便逐渐合并,形成统一的洪泽湖。唐代宗大历三年(678),于洪泽湖置官屯,并筑堰,是为今日洪泽湖大堤的雏形。当时洪泽湖面积不大,湖泊仅位于淮河右岸。

洪泽浦的明显扩张,并演变成为一个比较辽阔的湖泊,是始于南宋之后。湖泊向外扩张的原因,主要是由于黄河南徙夺淮,淮河尾闾行洪受阻以及高家堰的不断扩筑延伸所致。黄河南徙入淮,不仅给淮河输送着大量洪水,同时也输进大量泥沙。这一方面,由于黄、淮二水合流为一,流量增加,促使淮河在汇流处以上河段水位抬高;另一方面,因泥沙淤积,河床日高,行洪不畅,这又进一步导致淮河上游来水受顶托。所以,当南宋黄河夺泗入淮之后,在黄河来水及来沙的双重作用下,遂致使淮河下游这片纳潮洼地积水扩大,富陵、万家、泥墩等诸湖荡和洪泽浦逐渐连成一片,汇聚成一个较大的湖泊。

洪泽湖形成的年代,最早也当在 12 世纪中叶之后,因为在宋代上石的"地理图"上仍未绘有湖形。又据元代洪泽湖周围仍有大规模屯田,立屯田万户府,白水塘、黄家疃等处皆为屯田之所,表明淮河下游湖群彼时虽已开始汇聚拓展,合并为一较大的湖泊,然而湖面尚未广袤,湖区淮、湖、运(河)并存的形势依然存在。[①](见图1-6)

---

① 窦鸿身、姜加虎主编:《中国五大淡水湖》,第35页。

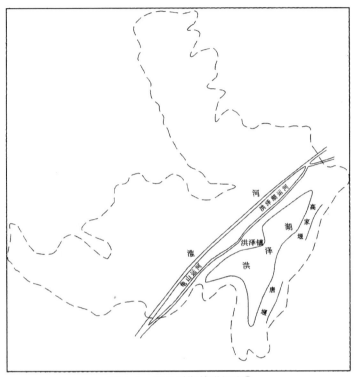

图 1-6　宋元时期的洪泽湖[1]

永乐十三年(1415),平江伯陈瑄筑淮安大河西堤,并筑高家堰30余里,循陈登捍淮堰与唐堰旧址使二者连成一气,使洪泽湖大为扩展。[2]明中叶以来政府为保运河畅通而采取的蓄清刷黄、借黄济运的治河政策之后,高堰大堤愈加愈高,由破釜涧等众多小湖泊才相并而成洪泽湖。1577年前后,阜陵、泥墩、范家等湖合并;1601年前后,湖面扩大为300多里;1659年前后,北三洼(成子、安河、溧河)合并入湖。[3]但"康熙中,大司马张公建节南河,询访清口老儒丁生,比

---

① 武同举:《淮系年表》,转引自窦鸿身、姜加虎主编:《中国五大淡水湖》,第35页。

② 许炯心:《中国江河地貌系统对人类活动的响应》,第182页。

③ 曾昭璇:《中国的地形》,广州:广东科技出版社,1985年,第359页。

言儿时往来盱泗,犹沿湖之东岸行,淮湖本不相连,非如今日之汪洋一片也。据此则是国初时尚与淮分,而未至数百里之广阔"。康熙五年(1666)河决宿迁之归仁堤,"迳桃源、清河,南入州境,于是灌淮溢湖,并淮为一,而湖势始大"。当时的洪泽湖区宇广袤,则山阳之西南,清河之东南,盱眙之东北,周回300余里。又考《盱眙志》:"自清河南岸老子山起,接盱之龟山,南行西绕百有余里,直与滁来诸山接,深溪大谷,泻为涧流者不可胜数。其最巨则自来安之自来桥,迳盱之四十里桥至洪泽桥,迤东达董家渡、申家渡,直趋于湖。当伏秋水盛或雷雨起蛟,横水暴注,尽归湖中,此又盱南山水不入淮而径入湖者"。[①](见图1-7)

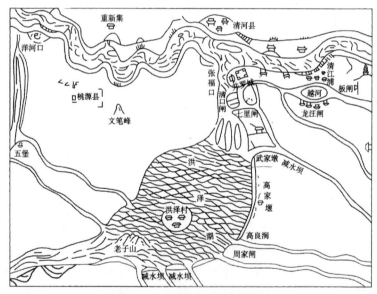

图1-7　清康熙年间的洪泽湖[②]

---

① 光绪《泗虹合志》卷四《水利志下·洪泽湖考》,《中国地方志集成·安徽府县志辑》(30),第428页。

② 根据《淮安府志》绘制,转引自窦鸿身、姜加虎主编:《中国五大淡水湖》,第36页。

洪泽湖面积因大修高家堰而迅速扩大，造成大片陆地的沦陷，使周边水生态环境发生了重大变化。明末，洪泽湖水漫溢，泗州城已水淹门楣、屋檐，清初更淹至屋顶，1649年泗州城淹水，深愈一丈，一望如海。康熙十九年(1680)，洪泽湖的扩展导致泗州城沉没于湖底。

道光以后淮河冲决南下入江，咸丰五年(1855)黄河北徙，洪泽湖蓄水量减少。有学者根据历史文献资料绘制的不同时期洪泽湖面积变化图，(见图1-8)说明历史上洪泽湖的面积变化经历了由小湖荡联合；扩大为巨侵；自淮河南迁入江，黄河北徙之后又复缩小的演变过程，而这一过程是同人类治黄治淮关系紧密的。

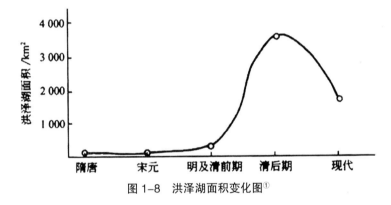

图1-8　洪泽湖面积变化图①

除洪泽湖的扩大以外，由于洪泽湖基面抬高，还在中游沿河地区产生了一系列河成湖泊群。洪泽湖造成的中游壅水现象，前文已作了分析，"清口不利，有时倒漾，凤泗先蒙其害，颖寿之淮亦壅"。②淮河干流壅水，必使得一些支流的汇口发生沉溺。因为中游沿淮地势本来就较低洼，主支流的汇口皆处于洼地之中，洪水时，干流向支流倒灌的范围更远，支流的洪水携带的泥沙在干流回水处发生淤积，形成拦门沙坎，两岸的支流不能汇入，于是各支流的来水就在支

① 转引自许炯心：《中国江河地貌系统对人类活动的响应》，第183页。

② 郑肇经：《中国水利史》，第164页。

流与淮河干流交汇地带,或者在附近的一些低洼地带潴水成湖。①

　　河成湖是在河道低处积水成湖,故多沿河谷伸展,呈长条状。淮河南岸的城东湖、城西湖、瓦埠湖,北岸的茨河、北肥河、浍河下游的一些湖泊,如花园湖、天井湖、沱湖、香涧湖等,都是在高家堰修筑过程中,洪泽湖水位接近或达到最高时形成的。其历史都很短,距今仅数十年至百余年。如泗州的大庄湖,在州南 130 里,因在大庄堡之西,故名,"旧志所未有也,近因淮水涨漫,周围八里许"。此外,泗州还有洋城湖、杨家庄湖、黑塔湖、四山湖、柏家湖、万安湖、苗家湖、老营湖、乔墩湖、陡湖、黄冈湖、龟山湖、影塔湖、罴山湖、洪泽湖、柳山湖、青墩湖、官庄湖、谢家湖、创泊湖、黑东湖、古浪湖、小淮湖,"旧志所载,至今不可以道里计者多矣"。②五河县治西 40 里、浍河北有一香涧湖,光绪年间廪生沈名桂"访诸老,传闻异词,或名相见湖,……或曰是湖原不通浍,但以地势稍洼,春夏阴潦积水不干,里人称之为涧,以其汀兰岸芷杂生涧边,故名'香涧'。初无湖之名也,后决涧通浍,以泄涧水,因值浍涨,灌入涧中,涧口益阔,不可复塞,涧中之水大于前数倍,周围二十余里,人见其水势浩荡,改名为湖"。③凤阳县有花园湖,在临淮城东北,周回百余里,四面港汊甚多,临淮境内之水俱归此湖,从小溪入淮,"夏秋,淮水涨溢,与湖通连,湖滨各保田地多受淹溺之患"。④凤台有菱角湖,"周数里,在下蔡古城外,西南城址连湖,受南濠水出磨盘埂,右由小桥入淮。淮涨倒灌湖,溢灌濠,过城左与淮为一矣"。⑤

---

　　① 韩昭庆:《黄淮关系及其演变过程研究——黄河长期夺淮期间淮北平原湖泊、水系的变迁和背景》,复旦大学出版社,1999 年,第 188—193 页。

　　② 乾隆《泗州志》卷一《舆地志·山川》,《中国地方志集成·安徽府县志辑》(30),第 173 页。

　　③ (清)沈名桂:《香涧湖记》,光绪《五河县志》卷十七《艺文一·记》,《中国地方志集成·安徽府县志辑》(31),第 613 页。

　　④ 光绪《凤阳县志》卷二《舆地·山川》,《中国地方志集成·安徽府县志辑》(36),第 214 页。

　　⑤ 光绪《凤台县志》卷一《舆地志·山川》,《中国地方志集成·安徽府县志辑》(26),第 28 页。

当然,上述湖泊的形成,还与其他一些因素有关。据研究,淮河干流位于断裂带上,近期地壳有下降的趋势;黄河南泛,经涡河、颍河入淮,造成淮河干流河床淤高,使支流壅水,其来水不易汇入,凡此都与这些湖泊的形成有关。①

因黄河夺淮及人类活动因素造成河水宣泄不畅而潴水形成的河成湖泊群除了洪泽湖及淮河中游系列湖泊外,还有著名的南四湖。南四湖系微山湖、昭阳湖、独山湖、南阳湖的总称,"诸湖皆并为一,不复可分",其中微山湖最大,故"世俱以微山湖名之"。②

南四湖位于山东省济宁以南的运河沿岸,除独山湖在运河东岸外,其余均在运河西岸。该湖泊群接纳三面来水,入湖主要河流47条。其中流域面积1000平方千米以上的主要河道有泗河、梁济运河、白马河、洙赵新河、老万福河、复兴河、城郭河、东鱼河、洸俯河、新薛河、新万福河共11条。湖西地处黄泛平原,有洙赵新河、老万福河、东鱼河、复兴河等由西向东流入南四湖;北部由梁济运河纳济北及郓城、梁山和东平湖新湖区一带的来水;湖东近湖区为泰沂山脉第四纪冲积地丘陵平原,远湖区为蒙山文脉山丘区,由泗河、泉河、洸俯河、白马河、城河、郭河、十字河、薛城大沙河等由东向西流入南四湖。③

南四湖的形成与扩大,与黄河长期夺泗入淮以及蓄水济运的人类活动因素有关。所谓金朝黄河"夺泗而泗堙,元河夺汴,绝浊流奔注,汩没千里,留圮于水,吕沦于沙,城郭径冲,渺不可辨","明初河出陈、蔡,乃酾故泗为漕渠,而清水复通。孝宗而后,河复东下,洎国朝咸丰初横亘于徐东,因沂、武诸水别为运道,于是邳、迁艾山北,上

---

①　许炯心:《中国江河地貌系统对人类活动的响应》,第186页。

②　民国《沛县志》卷四《河防志·湖泽》,《中国地方志集成·江苏府县志辑》(63),第50页。

③　参见刘冠武:《南四湖的资源和开发建设》,政协微山县委员会文史资料委员会编:《微山文史资料》第二辑,1988年,第171—172页。

滕、峄,南下宿、桃、沛东潴为巨泽",①就说明了自然作用和人类活动两方面的因素对南四湖形成的影响。黄河夺淮所带来的多次决溢淤高了湖西地面高程,同时夺泗入淮又造成泗水南流入淮之路受阻,加之东部山水、河水泄入,与泗水汇聚,于是潴水成了多个互不相连、面积不等的小湖。元代开通会通河,设置拦河闸调节运河水位,尚未提到湖泊蓄水济运。明永乐九年(1411)宋礼等浚会通河,在东平县的戴村筑坝,拦截汶水,使之尽出南旺,南北置闸38座。又在汶上东平、济宁、沛县并湖地设水柜、陡门,"在漕河西者曰水柜,东者曰陡门。柜以蓄泉,门以泄涨"。②引水和蓄水济运,增加了湖区的蓄水量。正是自然和社会两方面的因素共同促成了南四湖的形成与变迁。有调查资料统计,在明代,南四湖面积为350平方千米,清代为2055平方千米,近代为1513平方千米。③

南四湖中,昭阳湖出现最早,元代称山阳湖或刁阳湖。明代初年,昭阳湖东西两边各出现了一个小昭阳湖,永乐九年(1411)宋礼重开会通河,把昭阳湖作为水柜,在大昭阳湖南口建石闸1座,东西二小湖南口各建板闸1座,以便蓄泄湖水。由于用作水柜,使得昭阳湖的面积迅速扩大,成化弘治年间,大小昭阳湖合而为一。嘉靖四十四年(1565)七月"河大决沛县,漫昭阳湖,由沙河及二洪,浩渺无际,运道淤塞百余里"。④河决沛县后,自萧县赵家圈泛溢而北,至丰县南棠林集分为二股:南股绕沛县栖山、杨家集入秦沟;北股绕丰县华山东北,出飞云桥,散漫为13股,或横绝,或逆流,入漕河,至湖陵城口,逾漕河,入昭阳湖。此次黄河决溢,不仅使昭阳湖在原来出现的地方向东滚了10多里,而且使它的面积扩大了数倍。至嘉靖末年,昭阳湖南至夏镇西10余里沛县境内的安家口(昭阳湖之下口,塔具

---

① 同治《徐州府志》卷十《舆地考中》,《中国地方志集成·江苏府县志辑》(61),第356页。

② 《明史》卷八五,《河渠三·运河上》。

③ 参见刘冠武:《南四湖的资源和开发建设》,《微山文史资料》第二辑,第172页。

④ 《明史》卷八五,《河渠三·运河上》。

湖之上口)接塔具湖,向北合了孟阳泊,逼近谷亭,向东北与满家湖、饮马池合而为一。清康熙年间,昭阳湖南起安家口,北至南阳大堤,长90里,周回180里,界滕、沛、鱼三县境。至此,昭阳湖基本定型。[①]

独山湖大约初现于元朝末年,由于范围的扩大,近于南阳,所以又称南阳湖,后来与阳城湖合并。阳城湖初现于明朝初年,地点在独山东南,西距鱼台县治70里(指旧县治),约邻今滕州市的岗头、望冢乡,由东、北面诸山泉水自寨、染二山南流,会滕县大坞泉水,汇而为湖,通过一条小河,至鸡鸣台注入运河。阳城湖其初是由滕县城西北的三里桥泉、七里沟泉漫流而成为陂泽。为了蓄水济运,正统二年(1437)漕运参将汤节在南口建积水闸一座,并开渠引水由鸡鸣台入漕河,随之面积逐渐扩大。约在明成化年间,阳城湖与独山湖合而为一,周回50余里。嘉靖中,周回扩展至70余里。[②]隆庆元年(1567),经朱衡提议,凿成南阳新河,也称夏镇新河。新旧河的路线分别为:"旧河自留城以北,经谢沟、下沽头、中沽头、金沟四闸,过沛县,又经庙道口、湖陵城、孟阳、八里湾、谷亭五闸,而至南阳闸。新河自留城而北,经马家桥、西柳庄、满家桥、夏镇、杨庄、朱梅、利建七闸,至南阳闸合旧河,凡百四十里有奇"。新河"西去旧河三十里"。[③]南阳新河凿成之后,把独山湖隔在了新河的东岸,北面凫山山脉的诸泉水,东面邹、滕县境内的界河、沙河诸水,大都汇集于此,使独山湖的面积迅速扩大。到万历年间,向南扩展至今微山县留庄乡南、北羊庄西边。康熙年间,独山湖周回已经扩展至198里,北、东两面,紧接山坡,西、南二面,即新河东堤。当时,独山、昭阳二湖,隔新河相望。独山湖在新河东岸,湖堤长30余里,昭阳湖在新河西岸,湖堤长64里。其时,独山湖大致界限是:自济宁枣林闸南运河左岸起,折西南

① 参见曹瑞民:《微山湖的形成》,济宁市政协文史资料委员会、微山县政协文史资料委员会编:《微山湖·微山湖资料专辑》,1990年,第3—4页。

② 参见曹瑞民:《微山湖的形成》,《微山湖·微山湖资料专辑》,第4—5页。

③ 《明史》卷八五,《河渠三·运河上》。

绕两城山麓,南入于鱼台县境,又东南经寨山、染山之南,至郎台(在今滕州市西北郁郎村一带),折南入滕县境,曲折行60里弱,东南行接新河东堤,跨济宁、鱼台、滕县三县境。至此,独山湖基本形成。[1]

微山湖是由微山、赤山、吕孟、张庄、武家、黄山诸小湖合并而成。诸小湖陆续出现于明弘治至嘉靖年间,出现时各自为湖。在朱衡开凿南阳新河时,赤山、微山、吕孟、张庄四湖,尚未连成一片,西距武家湖尚远。所以新河选在由夏镇向南,经满家桥、西柳庄、马家桥至留城一段高亢的陆地开凿。隆庆至万历年间(1567—1619),是微山湖急剧形成的年代。这时赤山、微山、吕孟、张庄四湖,不仅连成一片,而且向西延至马家桥、李家口一带。此时,南阳新河东岸,微山西南,留城东南一带,尚未形成湖泊。清顺治年间(1644—1661),赤山、微山、吕孟、张庄、武家等湖连成一片,而且北边与塔具湖、昭阳湖衔接。南阳新河、李家口河,全淹没于湖中。至此,形成了东自韩庄,西至留城西,北至夏镇西,南至茶城北,东西40里,南北80里的微山湖,并且以微山湖统称之。

南阳湖初现于明洪武元年(1368),徐达开塌场口引黄济运之后。西、北面曹县、单县、成武、巨野、郓城等县的坡地之水,通过牛头河等河道注入泗水。泗水宣泄不及,便潴积在今微山县南阳镇以北地带,于是逐渐形成了南阳湖。嘉靖四十四年(1565),漕河被淤塞,牛头河所接纳的客水,仍然通过漕河残存的河道南泄,不过泄量已经微小,大部潴积在南阳湖里,促使南阳湖逐渐扩大。万历三十二年(1594),黄河决溢,上灌南阳,下冲李家港口,鱼台、济宁间平地成湖。经过此次黄泛,南阳湖扩大了数倍。清朝康熙前期,南阳湖由鱼台县境,向北扩展至济宁州境,周回40余里。康熙二十九年(1690)挖了新开河,更加剧了南阳湖的形成。乾隆年间的南阳湖,向北延伸到鲁桥附近,南面隔南阳镇西南的马公桥与昭阳湖相望,周回90余里。咸丰元年(1851)八月,黄河决丰北厅蟠龙集,食城河淤,大溜冲

---

[1] 参见曹瑞民:《微山湖的形成》,《微山湖·微山湖资料专辑》,第4—5页。

为大沙河,北出四支达昭阳湖,南出三支达微山湖。咸丰五年(1855)
六月,黄河大决兰仪县铜瓦厢,溜分三股,一股由曹州赵王河东注,
两股由东明县南北分注,至张秋穿运河复合大清河入海。南阳湖经
过这两次黄泛,新旧两坝俱毁,湖水东接运河,西逾牛头河,北抵石
佛,面积扩大了10余倍,至此南阳湖始告形成。

　　昭阳、独山、微山、南阳四湖各自形成之后,昭阳湖与微山湖的
分界在安家口,昭阳湖与南阳湖以马公桥为界,昭阳湖与独山湖以
南阳新河为界,仍各自称呼。同治十二年(1873)秋,黄河大决直隶东
明石庄户,决口与张支门对冲,漫牛头河、南阳湖入运河。运河自临
清至济宁,或涨或淤;自济宁至宿迁,两堤冲刷殆尽,南阳、独山、昭
阳、微山四湖连成一片。原来的马公桥、南阳新河堤及其他水利工
程,大部被冲毁。从此,形成了北从石佛,南至韩庄长达250里、面积
2055平方千米的微山湖。①

三、水灾类型多样

　　水灾又称"水患",是因为久雨、暴雨或山洪暴发、河水泛滥而使
人民生命财产、农作物等遭受破坏或损失的灾害。南宋以来淮河流
域水患频发,即是地形、气候、水系变迁等自然因素和人类不合理的
垦殖活动造成水土流失、湖泊调蓄作用降低、治水工程产生负面作
用、战争对植被及水系造成的破坏等社会因素共同作用的结果,同
时也是淮河流域水生态环境脆弱、恶化性变迁的一个重要表现。淮
河流域水灾类型多样,主要有山洪暴发、漫溢决口、低洼内涝、潮水
为灾四种主要类型。

(一)山洪暴发

在淮河流域西部、西南部和东北部山区,因夏秋雨量集中,加上

---

① 参见曹瑞民:《微山湖的形成》,《微山湖·微山湖资料专辑》,第5—7页。

人类垦山活动所带来的滞留地表径流功能的弱化，而致山洪频发。如淮河流域西部有汝水发源于伊阳天息山，经汝州，过郏县至襄城县始大，"薄城而行，水自城东南收沙、沣、湛、阪，北带颍、渚诸水，直经颍州正阳，合淮泗，入于海"。虽能挽运江淮财货，"然上源近山水，猛一被淫潦，则决堤崩岸，民田庐舍时被冲塌"。[1]桐柏山区的鲁山县境内有潩水，"邑之巨流，众水所会"，"自邑城南以下东流数十里，两岸积沙如雪，故又名沙河"。潩水发源于鲁山县"极西之没大岭，东流百七十里，迳县城南。每山水暴涨，岸崩地坍，濒河之田大受其患"。[2]在河南信阳，淮河、浉河"两大干河溪港歧出，每届夏季，山洪不时暴发"[3]，如光绪四年(1878)六月初十日夜半，信阳大雨如注，天方亮时"水陡涨数丈，波涛汹涌，四面环扑，立倾明港寨垣十之七。怒流齐放，寨内陷庐舍一千余所。合寨男女冒雨走避，群哭集于北街之凸处，存亡在呼吸间"；光绪十九年(1893)，信阳的西双河上流"起蛟，市中水深数尺"，洪水所过之处 水涌如山，沿河集市如杨柳河、两河口、五里店俱损失无算。[4]

在大别山区，乾隆《霍山县志》云："环霍皆山，时罹蛟害。相传盛夏雷雨之际，雉卵蚁子得龙之气，皆可入地为蛟，伏地数十年，得雷雨而发，发则抉漫谷，挟水而下，所过田庐多为摧坏。若一时众蛟并发，往往成灾"。按《月令》，有伐蛟之文，今多失考。"求之往籍，咸云山有伏蛟，其土多不积雪，察而掘之可得，故月令伐蛟于冬。宗其说而倡率行之，山民可永无水患"。[5]其实，山洪灾害并不是什么蛟龙所为，这种灾害很大程度上是人们对山地过度垦殖所造成的大量水土流失、含蓄水源植被遭到破坏之恶果。如明嘉靖四十一年(1562)，六

① 乾隆《襄城县志》卷一《方舆志·山川》。

② 嘉庆《鲁山县志》卷七《地理志·山川》。

③ 民国《重修信阳县志》卷九《民政二·地方公益》。

④ 民国《重修信阳县志》卷三十一《大事记·三灾变·嘉道以后各种灾异》。

⑤ 乾隆《霍山县志》卷末《杂志》，《稀见中国地方志汇刊》(21)，第859页。

安州山水暴溢,坏民庐舍。隆庆三年(1569)七月,霍山大雨,八面山谷伏蛟尽起,水溢入城,居民作筏以济,四境一壑,漂溺男妇老幼不可数计,水退积尸盈野。万历十五年(1587)五月二十九日霍山蛟龙大作,水流如雷,视前尤甚,民物漂没不可胜计。①清顺治八年(1651)的霍山山洪灾害最为严重,四月初九日"蛟发南山上青一带,轰雷掣电,启蛰者不可数计。暴水冲山,漂没熟田,立成沙碛。河狭不能容水,包陵震谷,民居荡析,人口牲畜死者以壑量。水冒北城,立刻城垛倾坏一十七处,复裂城垣二十余丈,城内奔湍,一昼夜始退"。康熙五十年(1711)八月初六日大雨,霍山"蛟水暴发,冲没田庐,民多漂溺"。②雍正五年(1727)七月十三日,六安州"雨,昼夜不息,十四日西南诸山万蛟尽发,水高数丈,沿河飘荡甚众"。③道光二年(1822)七月十二日夜,霍邱县南乡"蛟水起丈余,沿河被灾,民房冲塌,溺死者数千人"。④道光二十一年(1841)五月十一日,英山、霍山大水,"四山蛟起,伤人畜,田庐淤塌"。咸丰七年(1857)七月大雨,六安西南山谷"万蛟齐发"。同治八年(1869)正月至五月,六安"阴雨不止,蛟水暴发,麦尽伤"。⑤光绪八年(1882)五月,霍山、英山"大雨骤至,蛟水暴涨,溺人畜无数,禾稼尽淹成灾"⑥,山洪暴发最为严重的后果是引发山体滑坡,造成次生地质灾害。此类灾害会使灾地土地沙压,民舍顷刻化为乌有,如正德五年(1510),英山淫雨横流泛溢,山石崩裂,田畴覆压,房屋漂流,人畜溺死甚众。⑦

在淮河流域东北部山区,胡雨人调查江淮水利时,就在台儿庄附近见到了山洪暴发又骤退的状况,曰:"回至台儿庄见运河之水,

---

① 同治《六安州志》卷五五《祥异》。
② 乾隆《霍山县志》卷末《杂志》。
③ 同治《六安州志》卷五五《祥异》。
④ 同治《霍邱县志》卷一五《艺文志六》。
⑤ 同治《六安州志》卷五五《祥异》。
⑥ 光绪《霍山县志》卷一五《祥异》。
⑦ 同治《六安州志》卷五五《祥异》。

较昨日往时,陡涨八尺,询其故,即矿山一带所下之大雨,泻入所致。在台儿庄本地,并无大雨,是可见山水之猛烈,然自中午至将晚,已退去四尺,是退亦甚速也"。[1]

(二)漫溢决口

淮河流域河流湖泊众多,山区河流源短沙多流急,平原河道流缓不畅,湖泊被黄河夺淮及农业垦殖活动所淤浅,所以常常漫溢甚至决口为灾。如黄河夺淮期间,黄河经常在淮河流域漫溢决口为灾,"黄河为商丘大害,土弱地势卑,民贫无恒产。百年之间,轻者三溢,重者两溢,溢则房屋鸡犬湮没一空,即河之两岸,北如曹、单,西如兰、仪,无不同罹此患,而商独苦"。[2]在河南睢州境内"河决而南则河为害"。[3]睢州河患,"宋元最甚。《宋史》书河决拱州及襄邑者十,《元史·五行志》书河决者五,大水者二"。[4]清乾隆四十年(1775),黄河北决马店口。乾隆五十一年(1786),河决龙门寨而南,淹没田庐人畜数无可考。嘉庆三年(1798),河决高小寨,州城正当其冲。水自北门入,出南右光门、左光门。嘉庆十八年(1813)九月,河决睢州坝而南,州城东北伯党集等处正当其冲。嘉庆十九年(1814)六月初一日,河水溢,城东一带被灾。道光二十一年(1841),河决祥符张家湾,波及州西南。道光二十三年(1843),河决中牟八堡,波及州西南。[5]

在安徽涡阳,"自元迄清季,河决夺涡入淮,县必当其冲,决睢阳、苞、雉、北肥病焉;出陈、颍、肥、茨受其灾。自考城、仪封挈流南注,举县皆泽国矣"。[6]在蒙城,明嘉靖九年(1530),黄河水入县城。嘉靖二十二年

<hr>

① 胡雨人:《江淮水利调查笔记》(辛亥年),见沈云龙主编:《中国水利要籍丛编》第三辑,第97页。

② 乾隆《归德府志》卷十四《水利略一·河防》。

③ 光绪《续修睢州志》卷一《地里志·河患》。

④ 乾隆《归德府志》卷十四《水利略一·河防》。

⑤ 光绪《续修睢州志》卷一《地里志·河患》。

⑥ 民国《涡阳县志》卷三《山川》,《中国地方志集成·安徽府县志辑》(26),第445页。

(1543)大水,"移河崩城,大坏田舍"。①在阜阳,清光绪十三年(1887)、十四年(1888)两年,"黄河由郑州开口,阜邑四乡遍成泽国"。②

黄河在清口以下的决口对淮安城、山阳、阜宁、盐城、高邮、宝应等州县影响甚大。如明嘉靖二十年(1541),河决于大清口;嘉靖三十一年(1552),河决大溢,"田地俱沙淤";万历七年(1579),黄河决口,盐城、安东大水;万历十四年(1586),大雨如注,河决淮安城东范家口,直冲盐城县,田庐沉没;万历二十八年(1600)六月,大水,河决;崇祯四年(1631),黄淮交溃苏家嘴、新堤等口,连年大水;清康熙七年(1668)六月地震,安东大雨百日,河决黄家嘴,清河县水入城,桃源县田多沦;康熙九年(1670),河决陈家楼,水入清河、安东、桃源,死者遍野;康熙十一年(1672)五月,大雨五昼夜,堤崩河决,"直犯郡城,漂溺人畜无数"。③康熙三十五年(1696),河决童家营,马逻全镇毁于水。乾隆十年(1745)七月,河决阜宁县之陈家铺,决口以南庐舍尽沉。④又乾隆三十九年(1774)八月"望后,消溜切滩,南卧决,老坝口一夕塌,宽至百二十五丈,跌塘深五丈。全黄入运,版闸关署被冲,滨运之淮、阳、高、宝四城,官民皆乘屋"。⑤时人韩梦周目睹河决入淮城情状,作《河决谣》云:"淮阳城,十丈高,黄水入,不得逃","三五少年结成群,缚筏白日入人门"。⑥嘉庆二十四年(1819),黄河决口,黄水全部入淮酿成巨灾。清人王荫槐《悲河决》诗记所见:"淮濆野人闭茅屋,夜枕啾啾闻鬼哭。起看淮流走溺尸,讻传堤决黄河曲"。⑦清代郭万《河决篇》云:"黄河之水奔积石,浩浩荡荡势莫测","长堤一决

---

① 嘉靖《寿州志》卷八《杂志纪·灾祥》。

② 民国《阜阳县志续编》卷十三《灾异志》,《中国地方志集成·安徽府县志辑》(23),第618页。

③ 乾隆《淮安府志》卷二五《五行》。

④ 民国《阜宁县新志》卷首《大事记》。

⑤ (清)陈康祺:《郎潜纪闻二笔》卷一一,《郭君治老坝工》。

⑥ (清)王锡祺辑:《山阳诗征续编》卷一〇,山阳丛书本。

⑦ 光绪《盱眙县志稿》卷一四《祥祲》,《中国方志丛书》(93),第1198页。

弗可遏,浊浪翻腾怒马回。可怜工役频追呼,十万生灵遭苦厄","频年河伯困淮扬,陆地乘舟不用梁。庙镇四围皆泽国,哀鸿声遍水云乡"。①

关于黄河漫溢决口为灾,我们还可从乾隆时代黄河决口情况(见表1-9)和黄河漫溢决口在邳县造成的灾况(见表1-10),做更进一步地了解。

表1-9 乾隆时代黄河决口表

江苏境内		
年　月	决口处	何时合龙
七年(1742)七月	铜山石林口等处	本年(1742)十二月
十年七月	阜宁陈家浦	本年十月
十五年六月	清河豆班集	本年七月
十八年八月	张家马路	本年十二月
十九年八月	孙家集	二十一年十月
三十一年八月	韩家集	本年十月
三十八年八月	陈家道口	本年十月
三十九年八月	老坝口	本年九月
四十五年六月	睢宁郭家渡	本年九月
四十六年六月	魏家庄	本年八月
五十年七月	李家庄	本年十月
河南境内		
年　月	决口处	何时合龙
十六年(1751)六月	阳武十二堡	十七年正月
二十六年七月	杨桥等处	本年十一月
四十三年七月	仪封等处	四十五年二月
四十五年七月	考城五堡芝麻庄	本年八月
四十五年七月	张家油房	本年十二月
四十六年七月	焦　桥	本年本月
四十六年七月	青龙岗	四十八年三月
四十九年八月	睢　州	本年十一月
五十二年六月	睢州十三堡	本年十月

资料来源:《乾隆时代黄河决口表》,《苏声月刊》1933年第1卷第3/4期合刊,第29—30页。

① 光绪《阜宁县志》卷二二《艺文》引《庙湾镇志》。

表1-10　黄河决口在邳县所造成的灾况

年 份	黄河决溢灾情
元大德元年(1297)	三月,徐邳河水大溢
天历二年(1329)	河决
明正统三年(1438)	八月乙丑,河决邳州
弘治八年(1495)	刘大夏筑塞黄陵冈,导河专下徐淮,至是州境,始受全河之水
嘉靖二十一年(1542)	九月,河决徐州房村集,至邳州新安镇,运道淤阻五十里
嘉靖三十七年(1558)	河北徙,离为十一,河南山东徐邳皆苦之
嘉靖四十四年(1565)	八月辛卯,以徐邳河淤,命尚书朱衡祭告大河东岳
隆庆三年(1569)	七月,河决沛县,漕船阻邳州,不得进
隆庆四年(1570)	九月甲戌,河决邳州,淤百八十里
隆庆五年(1571)	四月甲午,复决邳州,支流散溢,大势下睢宁,出小河口而匙头湾以上八十里,正河悉淤。总河潘季驯役丁夫五万,尽塞十一口,浚匙头湾,筑缕堤三万余丈,故道以复
万历二年(1574)	河决邳州娄儿庄
万历三年(1575)	八月,河决曹家庄等处,徐邳南北漂没千里
万历二十一年(1593)	五月,河决单县黄堌口,一由徐州出小浮桥,一由旧河达镇口闸,邳城陷水中
万历四十年(1612)	九月,河决徐州三山,邳睢河水耗竭
万历四十四年(1616)	五月,决狼矢沟,由蛤鳗、周柳诸湖入泇河,出直口,复与黄会
天启三年(1623)	决徐州青田大龙口,徐邳河淤百五十里
天启六年(1626)	七月初九日,决匙头湾,自新安镇以下,荡然大壑,田庐尽没
崇祯二年(1629)	四月,决睢宁,睢宁城圮;七月开邳州坝,泄水入故道,且塞曹家口、匙头湾,逼水北注,以减睢宁之患
崇祯五年(1632)	八月,黄河涨漫,邳州睢宁等十八州县尽为淹没
清顺治九年(1652)	河决邳州,三日水退
康熙七年(1668)	七月十二日,河决,邳州城郭庐舍尽陷于水
康熙十一年(1672)	决塘池
康熙十四年(1675)	决花山坝口、辛安(即新安)、黄山、白山、青羊、木社等处
康熙二十四年(1685)	秋水暴涨,平地丈许,庐舍尽没
嘉庆十六年(1811)	七月初九日,河溢棉拐二山,初十日复决上流李家楼,水不为害

资料来源:咸丰《邳州志》卷四《山川运道河防附》。

　　民国时期,黄河还经常漫溢决口为患于淮河流域。如1926年,先是春旱,雨泽衍期。不料入夏以来,淫雨绵绵,历久不休。既而大雨倾盆,山洪爆发,平地水深数尺。滕、峄逼近微山等湖,地较低下,受害更甚,"逼近微山湖诸小河,当山洪怒发时,河身不克容纳,泛滥四溢,冲淹附近村庄,数十里一片汪洋,房屋、人畜、器具等物,损失无算",难民纷逃。①大雨导致黄河于刘庄决口,水势浩大,莫可名状。济宁、金乡、嘉祥、鱼台、濒临运河与南阳湖,河湖横溢,全为泽国。金乡共1300余村,全被淹没水中。平地水深有及1丈者。城墙倒塌,城内行舟。泗河流经之兖州、济宁等处,河水泛滥,平地水深2尺,村舍皆陷于水,滋阳城乡均被淹没,而尤以济宁为甚,附近百里,尽成泽国。②

1935年夏,黄河在小四团村附近决口。因铜山县境地势较高,大水沿堤西侧北上,直奔沛城。进入农历八月份,阴雨更多,往往夜以继日,连绵数天。八月十四日这天,大雨滂霈竟日。入夜,雷电交加,风狂雨骤,水位猛涨。至八月十五日凌晨三时许,高小湖村南,新堤与原大堤衔接处被冲垮决口,水头高达丈余,直扑沛城。沿途草房瓦舍,悉如摧枯拉朽,遇水即平塌下来,将人、畜活活掩埋在屋下、水中。天明时,城周已是一片泽国。至次年春三月退完,前后计十七八个月。淹没面积,几近全县之半。不仅倒塌的房屋,死伤的人畜无法计算,秋禾也颗粒无收,冬麦无从播种。③此年的山东鄄城县董庄至临濮集黄河官堤决口,黄水出口门后,大部向东南流,漫菏泽、郓城、巨野、嘉祥、济宁、金乡、鱼台等县,沿洙水、赵王等河注入南四湖。决口口门所在地的鄄城县,当大溜正洪顶冲水头高约3米多,宽15千米以上,速度每小时行2至3千米,如建瓴直下,田庐冲没,村舍为墟,水深2-3米或3米以上不等。灾民多有攀树登屋待救者,水猛溜急,树屋多被冲倒,惨遭灭顶者2000余人。南四湖出口泄水不畅,黄水受阻,湖水位急剧上涨,致使运河堤防及湖埝纷纷告溃,横决四溢,湖内湖外一片汪洋。微山湖西堤小四段高小湖决口,大沙河龙崮集

① 《山东全境大雨为灾 鲁南平地水深数尺》,《晨报》1926年8月8日,《晨报》第38分册,北京:人民出版社,1981年,第309页。

② 《济宁成泽国》,《晨报》1926年8月13日,《晨报》第38分册,第347页;《黄河南岸决口情形》,《晨报》1926年8月22日,《晨报》第38分册,第419页;《鲁省水患依然堪虞》,《晨报》1926年8月25日,《晨报》第38分册,第445页。

③ 参见吉雨:《民国廿四年水灾纪实》,政协江苏省沛县委员会文史资料研究委员会:《沛县文史资料》第七辑,1991年,第301页。

等处决口,洪水直扑沛县境内,灾区一片汪洋。湖东无堤,任黄水上升高度淹没,原属滕县、薛城、峄县的今微山县湖东各乡镇除两城、微山岛部分山地外,全被淹没,其中以鲁桥、留庄、昭阳三乡镇地势低洼,平地水深 2 米以上,损失惨重,房屋十之八九被泡倒。这次黄河水灾,淹及鲁苏两省 27 县。山东为主要灾区,灾区面积达 7700 余平方千米,波及鲁西 15 个县,淹没耕地 810 万亩,淹没村庄 8700 个,灾民达 250 余万人,淹死 3065 人,淹毙牲畜 4 万头,倒塌房屋百万间。[1]

1938 年夏,"河决中牟,沿贾鲁河泛滥而下,分夺颍、茨入淮,虽两岸筑堤防堵,顾逐年溃决为灾,至今未已",阜阳"全县被灾面积约占四分之三,庐舍、邱墟、人畜死伤不计其数"。[2]河南鄢陵县,自 1938 年黄水泛滥始至 1946 年堵住花园口溃堤止,全县受淹耕地 15.5 万亩,淹村庄 152 个,塌房7.6 万间,死亡人数 7938 人,逃亡人数 26242 人。[3]据不完全统计,河南、安徽、江苏三省,受到黄水泛滥之灾的达 44 县、市,[4]1250 万人受灾,390 万人外逃,89 万人死亡,淹没耕地 1993.4 万亩,经济损失折合银元 10.91762 亿元。[5]

淮河干支流因暴雨或者黄河南泛沙淤河道而造成行水不畅,以致经常性的漫溢决口成灾。在淮河干流沿岸的霍邱县,如明崇祯九年(1636)四月雨连绵至八月,淮水泛溢,系舟树梢。清顺治六年(1649)夏五月,淮河水陡从西北来,平地数丈,坏庐舍,溺牲畜,滨淮两岸殆

---

①　参见曾庆臣、吴修杰:《1935 年和 1957 年大水灾简述》,《微山湖·微山湖资料专辑》,第 32—34、36 页。

②　民国《阜阳县志续编》卷十三,《灾异志·黄灾纪要》,《中国地方志集成·安徽府县志辑》(23),南京:江苏古籍出版社,1998 年,第 619—620 页。

③　鄢陵县地方志编纂委员会编:《鄢陵县志》,天津:南开大学出版社,1989 年,第154 页。

④　水利部黄河水利委员会《黄河水利史述要》编写组:《黄河水利史述要》,郑州:黄河水利出版社,1982 年,第 375—376 页。

⑤　韩启桐等:《黄泛区的损害与善后救济》,行政院善后救济总署编委员会,1948年,第 18 页。

尽。①清某年甲午八月十九日,淮河铁牛岸崩,河水泛溢成灾时"濒淮百余里,居民皆逐洪波。……死者骨肉为尘泥,生者俱上长淮堤。无米不得食,惟见日暮风凄凄……编苇栖身忍寒饿……妇子无声泪交堕"。②

淮河一些大的支流也经常漫溢溃决而形成大的灾祸,如双洎河、颍河"宽不过六七十丈,焉能容上流无限之水,是以一经暴雨,县南、扶沟新色、陶城、横里一带皆成泽国,县北官庄、七级、彪冈、杨冈地方,未有宁宇,堵固不可,疏又不能,此真守土者之隐忧也"。③永城县"平原旷野,每岁夏秋之交,积潦为患,兼受商丘、虞城、夏邑之水,顺流东注,一时不能宣泄,大为民害"。④太沟河则时常在扶沟县境漫溢成灾,该河源出洧川岳寨陂,东流经尉氏,由韩寺营入扶沟县,至红石桥逆流入惠民河。惠民河水盛涨,不得入,则南溢入黄家河及迤南大泓。自陈家桥南并永昌地方马家集诸村落尽被其灾,"盖上游娘娘庙诸坡水来源甚多且远,一逢淫雨,建瓴而下,南北数十里皆乘舟往来,势几与惠民河等"。⑤洪河发源于舞阳蜘蛛、九女等山,至合水镇东流60余里,曲折环西平县城三面,"河身浅而且窄,河堤薄而且卑,每当夏秋之际,势如飞瀑,而城郭若居釜底,一有冲决,不但西平顿成泽国,即皖颍各地亦必遭波及。县西关外玄武庙河口,十一年之间溃决七次","河之为患大矣"。⑥洪河也流经上蔡县境百余里,"两岸地势汙下,旧有河堤浮薄不坚,每遇河水暴发,必冲决泛滥,蔡邑诸里被淹没者十之六七,并开封之沈、项诸邑悉受其害"。⑦汉河为洪河右枝,"自芦元里别流,而西受荒沟水,转南经百汝里,过石桥下为渠沟,又南经朱孝里过侯家桥,由湾儿李家庄入蔡埠河,年久淤塞平

① 同治《霍邱县志》卷一五《艺文志六》。

② (清)凌廷堪:《校礼堂诗集》卷一,《河溢》,安徽丛书(4)。

③ 道光《鄢陵县志》卷五《地理志上·河渠》。

④ 乾隆《归德府志》卷十四《水利略一·河防》。

⑤ 光绪《扶沟县志》卷三《河渠志·太沟河》。

⑥ 阎利巽:《华公台碑》,民国《西平县志》卷三十九《故实·轶闻》。

⑦ 康熙《上蔡县志》卷三《沟洫志·沟洫·洪河》。

浅,北受洪河之水,不能顺下,又东承西来冈水愈为停滞,百汝朱孝二里田地,常遭淹没"。①王四沟,"为洪河左枝,自澭北里别流而北,过于家桥,分为二:其一西流转北,通乾汉陂,又一东流转北,过彭家桥、冯家桥,成大潴,上通白水陂。每遇洪河水溢,为害甚远"。②

沙河是流经商水县境最大的行洪河道,历史上不断决口成灾,群众称为害河,"当沙河之溃也,滨河一带四望无涯,麦禾一空,民无底定"。③据史志记载,自1632—1946年的315年中,沙河在商水境内决口52次,其中1912—1946年决口14次,平均2.5年决口1次。1926年,沙河于西老门潭决口,时人韩保谦曾作诗纪实,诗云:"可怜陆地已行舟,大雨倾盆尚未休。万马奔腾如一泻,门潭外水横流"。此次决口口门宽百余丈,洪水宽30余里,由西北流向东南,直趋项城、沈丘诸县。所到之处,秋禾全被淹没。1931年,沙河在胡芦湾决口,商水县境内平地水深1米,91%的耕地受灾,全县淹死88口人、78头牲畜,万余灾民断薪缺米。④

在河南信阳,道光二十八年(1848)大水,"溪河莫容,溢出数里,傍河居民多遭淹没,房屋倒塌,人畜漂流,不计其数"。⑤在安徽五河县,"地亩尽属水滨地之芜垦,惟视水,水小溢辄损地十之五,水大溢辄损地十之九"。⑥在苏北,骆马湖之尾有六塘河一道,历宿迁、桃源至清河县之朱家庄,分南北两股,其北股经沭阳至安东之谢家庄入硕项湖,由海州龙沟、义泽河入潮河归海;其南股经安东之苏家荡,至沭阳之孟家渡、武障河入潮河归海。雍正九年(1731),"东省山湖

---

①　康熙《上蔡县志》卷三《沟洫志·沟洫·汊河》。

②　康熙《上蔡县志》卷三《沟洫志·沟洫·王四沟》。

③　(明)赵时雍:《苏公修筑沙河堤防记》,乾隆《陈州府志》卷二十五《艺文》。

④　商水县地方志编纂委员会编:《商水县志》,郑州:河南人民出版社,1990年,第110页。

⑤　民国《重修信阳县志》卷三十一《大事记·三灾变·嘉道以后各种灾异》。

⑥　(清)郑鼎:《议修南坝序》,光绪《五河县志》卷十七《艺文一·序》,《中国地方志集成·安徽府县志辑》(31),南京:江苏古籍出版社,1998年,第615—616页。

水涨,下游泛滥冲堤溃岸","一经水发,即漫入民田,为宿、桃、清、沭、安、海六州县病"。①沭阳县有大涧河,上承桃源之砂礓河,入沭阳县后分六塘沂水之盛涨,纳清水、兔藏军屯诸沟以刷邑之西南冈及宿迁东北诸湖荡之水,至十字桥西又开新河,折而东至老堆头,仍穿前沭河入张开河,下达官田河、会港河、高墟河、山荡河,以入蔷薇河,"今则十字桥以上河槽浅隘,直等浅碟,盛汛一临,泛滥肆虐,老堆头以下河面过狭,几不容舠,枣黄十、上下寺诸镇动即成灾,职是故也"。②在山东曲阜县正南16里许,有泥河一道,曰"淹涨河","其水自东南蜿蜒而来,西流入邹界白马河。其河无泉,春冬常涸。大雨时,近河之地多遭淹没,盖因邹邑东北边境诸山之水流入其中,日久淤塞,其水不由故道,以致傍出横流"。③

元代以来,为了保证运河的安全,官府在运河东岸不仅坚筑大堤,还设置了众多减水闸和五座归海大坝(即车逻坝、南关坝、五里中坝、南关新坝、昭关坝)。每逢霪雨绵绵的时节,运河水涨,时常会冲决东堤(尤其是马棚湾、清水潭等地运河堤防),滔滔洪水往往会使下河低洼地区遭受灭顶之灾。根据咸丰《重修兴化县志》卷一《沿革》和民国《阜宁县新志》卷首《大事记》等资料的记载,运堤在明嘉靖二年(1523)、嘉靖三十七年、万历十七年(1589)、万历十八年、清顺治六年(1649)、康熙四年(1665)、康熙七、十一、十四、十五、十九、五十二、六十年、雍正八年(1730)、乾隆七年(1742)、乾隆十八、二十一、二十六、五十二年、嘉庆十年(1805)、嘉庆十一、十三年、道光六年(1828)、道光十一、十二、十三、十九、二十、二十一、二十八年、咸丰元年(1851)、咸丰二、三年、光绪九年(1883)、光绪二十三年、宣统元年(1909)、1931年都发生过溃决。每次运堤溃决,下河地区灾情都

① (清)郭起元撰,蔡寅斗评:《介石堂水鉴》卷五,《六塘河说》,《四库全书存目丛书》(史225),第537页。

② 民国《重修沭阳县志》卷一《舆地下·山川》,《中国地方志集成·江苏府县志辑》(57),第44页。

③ 民国《续修曲阜县志》卷二《舆地志·疆域·山川》。

十分严重。譬如,康熙十五年(1676),河淮泛涨,五月大风雨,高邮漕堤决 30 余处,清水潭决数千丈,兴化水骤涨以丈计,舟行市中,漂溺庐舍人民无算。康熙五十二年(1713)闰五月十二日,"扬州府宝应县之南首十里卢家直地方,忽冲决堤工一段,约十五丈有余。而运河之水从决口奔入下河之莲花舍、瓦沟栖、河望、直港等处。凡当冲地方,民田多坏"。①乾隆七年(1742)堤决大水,一昼夜直抵捍海堰,城市水深数尺,漂没人民庐舍无算。道光十一年(1831)夏六月运堤决马棚湾,阜宁县境平地水深六七尺。1931 年,洪泽湖水位高达 16.25 米,流量14600 立方米/秒,运河东堤决口 26 处,里下河地区一片泽国。②因溃堤而给下河人们带来的灾难,清人周虹《秋雨溃堤》一诗颇具代表性:"堤溃秋来雨,连绵几月隐。怒涛鸣釜底,乱艇斗湖心。村落无高岸,人家塍短林。淮南十万户,与水共浮沉"。③

另外,在淮河以北的运堤也溃决为患。如运河"自窑湾以上,在江苏界百里中,沂水旁支,自卢口向西,夹新邳州城,南北分流而入,与微山湖之水,由荆山桥诸河泄下者相阻。其上游洳、武、东汶诸水,不得畅行下流,故邳境之运堤溃,其奔放至窑湾者,又与沂水正流,互相壅遏,由是水积益高。故宿境之运堤,与沂河之东堤皆溃,而邳、宿四旁数百里皆泽国矣"。④1925 年自 6 月下旬,至 7 月底,40 余日淫雨连绵不止。济宁运河受泗、洸、牛头、赵王等水灌注,溃决泛溢。低洼之地,尽成泽国。济宁东南各乡禾苗淹没。水浸济宁四关,人们出城阻水,皆沿铁路绕行。兖济铁路两侧,一片汪洋。⑤

---

① (清)李煦:《李煦奏折》,康熙五十二年闰五月二十三日宝应县冲决堤工总河现在督工堵塞折,北京:中华书局,1976 年,第 139 页。

② 参见杨宗发:《洪泽湖今昔》,政协江苏省盱眙县委员会文史资料研究委员会:《盱眙文史资料》第四辑,1987 年,第 110 页。

③ 道光《泰州志》卷三三《艺文》。

④ 胡雨人:《江淮水利调查笔记》(辛亥年),见沈云龙主编:《中国水利要籍丛编》第三辑,第 94 页。

⑤ 《鲁省各县淫雨成灾》,《晨报》1925 年 8 月 7 日,《晨报》第 34 分册,第 293 页。

　　淮河流域湖泊因淤浅漫溢决口之事也经常发生。如康熙九年(1670)洪泽湖水大涨,由翟坝周桥入高邮湖,民田淹没。康熙四十八年(1709)夏,多雨,湖水涨漫,上下河中田俱淹。[①]康熙五十八年(1719)六月二十二日、二十三日,"淮扬地方狂风骤雨,湖水泛涨。其附近盱眙县泄水闸坝之古沟、茆家芳二处,并高邮州之挡军楼及九里庙旧决口地方,湖水并皆漫溢。而当漫溢之处,田禾已经淹没"。[②]高邮湖西"滨湖者,稍满即溢,十岁九灾"。[③]康熙四年(1665)七月,飓风大作,高邮湖水大涨,城市水涌丈余,民大饥。康熙三十六年(1697)六月,湖水大涨,城内滚坝尽开,民居半在水中,至九月势未杀,无麦禾,民饥。[④]道光十一年(1831)夏雨连旬,"湖水异涨,六月十八日马棚湾漫溢,次日张家沟复漫,东北乡田庐淹没殆尽,民畜漂溺无算,民大饥"。[⑤]

　　运西湖区以宝应境内的湖水泛滥决堤成灾为甚,分别于明景泰五年(1454)、正德元年(1506)、六年、十二年、十四年、嘉靖二年(1523)、九年、十六年、三十年、三十一年、三十四年、三十七年、四十五年、隆庆三年(1569)、万历五年(1577)、清顺治六年(1649)、康熙三十八年(1699)发生湖水漫溢堤决之事。[⑥]在安徽天长县"诸湖之流汇在东北,自溃淮堤,田为水国"。[⑦]嘉庆十年(1805),天长东北大湖(运西诸湖)湖水异涨,滨湖的圩田被浸。嘉庆十三年(1808)五月,湖水又大涨,城门乡等镇田庐俱被淹成灾。[⑧]由于黄、淮、运、湖区、长江都是一水相连的,如果发生江淮流域的大雨洪水,那就可能全都泛

---

① 嘉庆《高邮州志》卷一二《灾祥》。
② (清)李煦:《李煦奏折》,康熙五十八年七月初九日淮扬地方狂风骤雨湖水泛涨田禾淹没折,第266页。
③ 民国《三续高邮州志》卷一《实业志·营业状况》,《中国方志丛书》(402),第249页。
④ 嘉庆《高邮州志》卷一二《灾祥》。
⑤ 道光《续增高邮州志》第六册《灾祥》。
⑥ 道光《重修宝应县志》卷九《灾祥》。
⑦ 康熙《天长县志》卷一《河防》。
⑧ 嘉庆《备修天长县志稿》卷九下《灾异》。

涨,形成诸如康熙三十九年(1700)的"淮黄南注,江潮北涌,自邮至扬一望洪涛,秋无禾"①的特大洪涝灾害。

(三)低洼内涝

淮河流域水患多发生在夏秋两季,尤以夏季为多。地势低洼地区容易形成内涝,主要表现为:

一是因霪雨过久而导致低洼地受涝,造成雨涝之灾。如扬州府明正德十三年(1518)大雨弥月,漂室庐人畜无算;清康熙五十四年(1715)自春徂秋作雷雨,中下田俱淹;乾隆二十年(1755)五六月连雨四十余日,水暴涨,没田。②在兴化,顺治十六年(1659)霪雨为灾,民田尽没。③在高邮,乾隆二十五年(1760)夏霪雨不止,损青苗,高低田全无籽粒;④宣统二年(1910)六月霪雨为灾,下河田多淹。⑤康熙四十七年(1708)七月,李煦上奏说:"扬州七月初八、初十、十一、十二,连日狂风大雨,水势骤涨,低田淹没"。⑥又乾隆五年(1740)五月某日骤雨三日,洼地早禾尽伤。⑦胡雨人调查江淮水利时,也说到"昨日行至蒋渡,即离开六塘河。由平地行,一路禾稼,瘦弱短黄,远不如沿河所见,问何以故?则曰:'地形低洼,上月数次大雨,所淹伤也'。今日过朱圩,复离河岸而行,平地所见禾稼亦多淹伤"。⑧

二是淮水倒灌内涝。如黄河在"清口以下夺淮,而淮之尾间不得畅流,川壅而溃,上游州县所以历受淮患也"。⑨在泗州,"惟近因洪泽

---

① 嘉庆《高邮州志》卷一二《灾祥》。

② 嘉庆《广陵事略》卷七。

③ 咸丰《重修兴化县志》卷一《沿革》。

④ 嘉庆《高邮州志》卷一二《灾祥》。

⑤ 民国《三续高邮州志》卷七《灾祥》。

⑥ (清)李煦:《李煦奏折》,康熙四十七年七月平粜米不敢求利折,第61页。

⑦ 嘉庆《高邮州志》卷一二《灾祥》。

⑧ 胡雨人:《江淮水利调查笔记》(辛亥年),见沈云龙主编:《中国水利要籍丛编》第三辑,第80页。

⑨ 光绪《泗虹合志》卷三《水利志上·淮河》。

湖淤垫过半,多筑为田,冬月二百石船亦滞。故岁倒灌为灾"。①在五河县,因"襟淮带湖,水患频仍,邑南黄家沟源通淮湖,每当大雨时行,辄泛溢倒灌,漂没田庐,上下数十里膏壤皆成泽国"。②县境的浍河、沱河上宽下窄,下行不畅,故每当"淮水大时,能使浍河、沱湖之水逆流"③,导致灵璧"北乡滨睢,南乡滨淮之地,十年九涝"以及"每岁夏秋水发,淮涨于下,则浍涨于上,固镇桥面水深三四尺,河湾洼地被淹,下流顺河集一带渐近五河口,淮水倒漾,受害尤甚。然无法可治,惟俟其消退而已"④的局面。肥河"泄宿州龙山湖及怀、灵两境洼地之水,南入于淮。年久淤塞,不能畅流,以致泛溢";"夏秋水发,内水未来,而淮之倒灌者已先。至坝埝集周回数十里,水深逾丈,居民村落无异波上浮鸥"。⑤方家沟在蚌步集东,淮河之滨。东北至太平冈尽处,便无沟形,盖淮水冲刷而成沟也。"淮水一涨,即从沟口灌入内地,滨淮二三十里俱为巨浸"。⑥在蒙城,1916 年自"旧历六月初二日起,至二十四日止,连遭淫雨,发水三次。涡、浥、茨等河水势倒灌逆行,一片汪洋。接连怀、宿,所有立仓楚村、高隍板桥各区共计六十余村,受灾尤烈。房舍亦多坍塌,露处谁怜。黍菽尽付洪流,斗升无望"。⑦在颍上县,因"受上流诸水,稍涨即灾"。⑧

在江苏淮北,沭河"自黄河北驰,黄家口、七里沟、卢家渡等处,

---

① (清)李应珏著:《皖志便览》卷三《泗州直隶州序》,《中国方志丛书》(224),第 176 页。

② (清)郜云鹄:《徐邑侯修坝植柳记》,光绪《五河县志》卷十八《艺文二·碑记》,《中国地方志集成·安徽府县志辑》(31),南京:江苏古籍出版社,1998 年,第 620 页。

③ 胡雨人:《江淮水利调查笔记》(辛亥年),见沈云龙主编:《中国水利要籍丛编》第三辑,第 120 页。

④ (清)贡震:《河渠原委》卷上《浍》,《中国地方志集成·安徽府县志辑》(30),第 125、127 页。

⑤ (清)贡震:《河渠原委》卷上《肥》,《中国地方志集成·安徽府县志辑》(30),第 128 页。

⑥ (清)贡震:《河渠原委》卷下《方家沟》,《中国地方志集成·安徽府县志辑》(30),第 152 页。

⑦ 《求赈报告书》,民国《蒙城县政书》乙编,《吏治》,第 30 页。

⑧ (清)李应珏著:《皖志便览》卷三《颍州府序》,《中国方志丛书》(224),第 152 页。

频年告溃。清、桃一带老鹳河大湖淤塞渐高,致沭水不下,返流而西,则境内之河防一无可恃也"。①清水沟,在宿迁境名五里沟,在沭阳境内名清水沟。在沭阳县治西南 30 里,源于宿迁萧家庄,东迤入枣子埠镇南保。又东至瓦房庄,入大涧河,长约 3400 余丈。光绪二年(1876),沭阳县令卢思诚疏涧河,并疏此沟,沿岸荡田多所利赖。近涧河淤阻,水患逆行。下游日塞,上游 60 里刷冈之水下注,至张墩河槽浅狭,遍野弥漫。匪独夏秋盛涨,沉灾莫获,即春雨过量辄歉。其受害区域以方里计之,约 400 余顷。②

(四)潮水为灾

淮河下游滨海地区频繁遭受潮灾袭击。如明嘉靖十八年(1539)由飓风引起的强风暴潮几乎席卷了整个淮河流域苏北滨海地区。六月十八日,兴化县就"大风偃禾黍。海潮涨溢,高二三丈余,漂没诸盐场及盐城庐堂产、人口,不可胜计"。③至是年闰七月初三日,苏北滨海各地又起风暴潮,"大水漂没扬州盐场数十处,而人民死者无算"。④东台"海潮暴至,陆地水深至丈余,漂庐舍没亭场,损盘铁灶丁,溺死者数千人"⑤;兴化"大风偃禾,海潮高二丈余,漂没庐舍人畜,不可胜纪,十余年不宜稻"⑥;盐城"东北风大起,天地昏暗三日,海大溢至县

---

①　《河防总论》,嘉庆《海州直隶州志》卷十二《考第二·山川二·水利·沭阳诸水》。

②　民国《重修沭阳县志》卷二《河渠志·沟洫》,《中国地方志集成·江苏府县志辑》(57),南京:江苏古籍出版社,1991 年,第 56 页。

③　万历《兴化县志》卷一○,《岁眚之纪》,《中国方志丛书》(449),台北:成文出版社有限公司,1970 年,第 962—963 页。

④　(明)郎瑛:《七修类稿》卷二《天地类·金山水》,《中华野史》明朝卷一,济南:泰山出版社,2000 年,第 796 页。

⑤　嘉庆《东台县志》卷七《祥异》,《中国方志丛书》(27),台北:成文出版社有限公司,1970 年,第 320 页。

⑥　咸丰《重修兴化县志》卷一《祥异》,《中国方志丛书》(28),台北:成文出版社有限公司,1970 年,第 73 页。

治,民溺死者以万计,庐舍飘荡无算"[1];阜宁"海溢,溺死万余人"[2]。万历二年(1574)七月二十五日,在淮安府属沿海地区因海、河、淮并涨发生了强风暴潮,造成了飘荡清河、安东、盐城等邑庐舍12500余间、溺死男妇1600余口、"崩城垣百余丈"[3]的严重损失。

清康熙三年(1664)八月,淮河流域滨海的淮安、东台、盐城等地又遭遇一次大的风暴潮。淮安"海啸",东台"海潮上,凡六至,庐舍漂溺"[4];盐城"海啸,田地半为斥卤","海水大涨,近海居民漂没者无数,流越范堤,几灌城邑。"此次潮灾来势凶猛,冲毁房屋,侵蚀庄稼,溺毙居民,存者无粮。[5]康熙四年(1665),"飓风复发,海潮迅腾,水势高涌丈余,淮南北沿海各场庐舍廪盐飘荡一空,灶丁男妇淹死无算,真仅见之灾"。[6]是年夏,如皋"大风,海潮大上"。[7]七月初三日,兴化、盐城、东台又遭风暴潮。是日,兴化"大风雨,海潮尽涌,诸湖涨溢,田禾俱没"[8];盐城"大风拔木,海潮入城,人畜庐舍漂溺无算"[9]。东台遭灾最为严重,"飓风作,拔树,海潮高数丈,漂没亭场庐舍灶丁男女数万人,凡三昼夜,风始息,草木咸枯死"。[10]嘉庆四年(1799)七月初三、初四两日,兴化、东台、盐城、阜宁滨海之地再遇特大风暴潮。兴化

---

① 万历《盐城县志》卷一《祥异》,《北京图书馆古籍珍本丛刊》(25),北京:书目文献出版社,2000年,第813页。

② 民国《阜宁县新志》卷首《大事记》,《中国方志丛书》(166),台北:成文出版社有限公司,1975年,第25页。

③ 乾隆《盐城县志》卷二《祥异》。

④ 嘉庆《东台县志》卷七《祥异》,《中国方志丛书》(27),第329页。

⑤ 乾隆《盐城县志》卷十五《艺文》。

⑥ 康熙《两淮盐法志》卷一二,《奏议三》,《中国史学丛书》(42),台北:台湾学生书局,1966年,第921—922页。

⑦ 嘉庆《如皋县志》卷二三《祥祲》,《中国方志丛书》(9),第2192页。

⑧ 康熙《兴化县志》卷一《祥异》,《中国方志丛书》(450),台北:成文出版社有限公司,1983年,第43页。

⑨ 乾隆《盐城县志》卷二《祥异》。

⑩ 嘉庆《东台县志》卷七《祥异》,《中国方志丛书》(27),第330页。

"大风雨,海水漂没民庐无算"[1];东台"大风海溢,范公堤决,淹损民禾,拼茶、角斜等场庐舍漂没"[2];阜宁"海潮溢,民溺"[3];盐城也是"大风,海溢,漂没人民"[4]。光绪七年(1881)六月二十一日阜宁、盐城等地发生海啸,淹毙亭民、船户5300余人。在阜宁,是年六月中旬,"阴雨连绵,飓风继作。至二十一日,风力倍狂,雨势益骤,海啸潮头突丈余,漫滩卷地而来,顷刻之间尽成泽国。淹毙煎丁男妇五十人,渔户、船户、民户三百余人,锅篷灶舍漂荡一空。二十二日午后,风息潮平,各丁洄水报灾,伤心惨目,不堪言状"。[5]

1940年秋,淮河流域苏北沿海发生一次空前的大海潮,海水破堤而入。受灾范围北自滨海县大淤尖,南至大丰县斗龙港,长达300多里,宽达40里,危及滨海县、射阳县、大丰县沿海许多村庄、乡镇及农垦公司,淹没广大农田,冲毁无数房屋家产,淹死者数千人。[6]同年,在灌云县的龙王荡发生特大海啸,淹死1000余人。[7]

上文关于淮河流域水灾的四种类型,是根据形成水灾的气候、地形等因子而做的一种简单划分,目的是为了便于我们明了南宋以来淮河流域水灾的类型、灾情的基本概况。当然,这种划分是相对的,在历史实际中,它们难以决然分开,往往是多种类型同时存在。譬如,1931年夏季发生在江淮流域的大水灾,就是暴雨、山洪、江河漫溢决口、内涝、大潮同时在淮河流域大地为灾。此年淮河上游暴雨40余天,"河堤冲溢,平地行舟",桐柏县淹没土地达23万亩,倒房

---

① 咸丰《重修兴化县志》卷一《沿革》,《中国方志丛书》(28),第77页。

② 嘉庆《东台县志》卷七《祥异》,《中国方志丛书》(27),第339页。

③ 民国《阜宁县新志》卷首《大事记》,《中国方志丛书》(166),第31页。

④ 光绪《盐城县志》卷一七《祥异》。

⑤ 光绪《阜宁县志》卷六唐如茆《海啸赈恤册》。

⑥ 参见王为刚《海水滔天尸横流》,政协江苏省射阳县委员会文史资料研究委员会编:《射阳县文史》第一辑,1987年,第76页。

⑦ 参见王俊玉:《回忆一九三九年的海啸》,政协灌云县委员会文史资料研究委员会:《灌云文史资料》第一辑,1984年,第131页。

4.3万间、灾民计99147人"。①在信阳,当年7月3日山洪暴发,平地水深2丈以至丈余不等,西至二道河,东至平桥,北距沙子岗,南摩贤首之麓,弥望皆成泽国,"而至五日后,苦淫淋沥,侵寻弥月。水势滥溢,既落复涨。阅两旬,凡三次。民房倒陷千余间,人畜漂没无算。廛阓聚落间,驾渔舟资拯济焉。水自东关入城,汹涌作声,南北城垣崩圮数十丈。西关当㵽河大溜之冲,堤岸崩欹,濒河民居为水啮者十之七八。其内侧环城而濠,直走平汉车站,众流交灌,内外激荡。若将挟斗大一邑东去,人在城中,殆如泛一叶于溟瀚"。②在潢川县,"大雨倾盆,河流漫溢,沿河三十里村居,一片汪洋。秋苗淹毁无余,人畜损伤甚巨";襄城县在月末就阴雨,"汝水暴发,县属志诚、新民、聂坡等乡十数村庄,悉成泽国。房屋倾圮,盖藏尽失。遍地秋禾,淹没无际";罗山县"大雨如注,河水横流。房屋坍塌,城垣颓圮,白浪滔天";西华县"大雨兼旬,沙河决溃。城内街巷,势可行舟。全县田禾被淹,占十分之八九";郾城县"河流溃溢,漯河镇受灾最剧。水深丈许,商货悉被淹没,损失约千万以上";临颍县"石河暴涨,县东南三十余里,一片汪洋";舞阳县"沣河、沙河,先后决口,漫溢泛滥,浊浪奔腾。第一第六第七等区,冲塌房屋数千间,淹毙人畜甚众,灾情之重,为数十年所未有";固始县"县属三河尖,淮水漫溢。周围四十余里,悉被冲淹。已经登场之麦,随流冲散"。③

在淮河中游的皖北,"沿淮一带,尽成泽国。灾区达二十余县之广,溺毙或成饿殍者,随时皆有。财产损失,不下数百万"。其中的五河县是"淮水泛滥,堤坝尽决。一片汪洋,顿成泽国,民房大半倒塌";凤阳县是"平地水深数尺,秋禾尽被淹浸。而临淮因逼近淮河,地势低洼,水深之处,几及丈余。居民房舍,被雨水冲倒两千余户";宿县

---

① 刘纪文:《桐柏县水利建设四十年》,政协桐柏县委员会学习文史委员会:《桐柏文史资料》第三辑,1991年,第99—100页。

② 陈善同撰文,刘叔豹书丹:《建筑西关外暨南岸三里店㵽河石坝碑记》,1932年12月,碑在西关火神庙内,民国《重修信阳县志》卷七《建设三·水利》。

③ 《豫省四十余县水灾》,《申报》1931年8月13日,《申报》第285册,第336页。

是"暴雨连降四日,昼夜不息。街市水深尺许,房屋倒塌甚多。而第一区许坡集,平地水深三尺,舟行无阻","县西北一带低洼之地,尽成泽国,秋禾俱被淹没";蒙城县是"自入夏以来,阴雨连绵,到处积水成渠。日前大雨,连降五昼夜,涡、肥、芡三河之水,同时泛滥,横溢混流,平地水深五六尺。淹毙人畜,冲倒房舍,不可胜数。秋收殆已绝望,人民叫苦连天,灾情甚重";寿县是"城乡一片汪洋,漂没田庐人畜无算";颍上县是"大雨兼旬,山洪暴发,颍淮齐涨,岸溃堤决,全县尽成泽国。而沿淮之赵家集、润河集、秋稼湖、灵台湖等处,屋庐冲没,不下五千余户,人畜漂亡无算。无家可归者,不下二万余口";阜阳县是"此次发水最大,灾亦最剧。当洪水暴涨时,大雨滂沱,十日不息,水涨三丈有奇,巨浪滔天,空前未有","计淹毁五万户,死者二千余口,居民荡析,半没水中";天长县是"大雨倾盆,连降数昼夜,城厢内外,俱成泽国。新旧圩田,悉被淹没","灾情之重,为民元以来所未有";盱眙县是"此次大雨连绵,淮河水位涨高三丈,堤坝冲破,河岸溃决,遂成泛滥之势。而东南明光自来桥一带,山洪暴发,水势尤大。全境一片汪洋,尽成泽国";怀远县是"大雨经旬,山洪暴发,河川漫溢,淮水陡涨数丈,建瓴之势,无可排泄,以致城厢内外,尽成水国";凤台县是"淫雨为灾,淮、肥二河,水位齐涨,堤圩多被冲平,全境一片汪洋";霍邱县是"此次淮河溃决,水势甚大,加之东西两湖,同时泛滥,故该县北境,尽成泽国,禾庐俱被漂去,人畜淹死无算。灾民成群结队,东来逃难"。[①]

在淮河下游的苏北一带,1931年8月3日上午,邵伯湖、高邮湖、洪泽湖三湖同时发生水啸,"淹没圩田万亩以上,被灾之地千余里。江苏、安徽两省边境人民牲畜损失甚巨,为七十余年所未有之大水"。[②]在清江浦,城外一片大水,"禾苗淹没,牲畜漂流,房屋坟墓,俱被冲毁","遥计目下无家可归、嗷嗷待毙者,当逾二三万户";"淮西

---

① 《皖北各县灾情之调查》,《申报》1931年7月24日,《申报》第284册,第625页。

② 《邵伯高邮洪泽三湖同时泛滥》,《申报》1931年8月4日,《申报》第285册,第90页。

自高良涧至运河西堤,杨家庙至太平南堤,纵横各数十里,圩田仅恃秋收一季,因洪湖水涨,挟势东趋,白马湖及运河水势饱满,无从宣泄,贫民籽草全无,大半依树巢居";由淮城至宝应,"土堤几与水平,湖田尽成泽国,老弱溺毙者,不可数计";宝应至高邮 120 里,"三坝开后,上河水势,较前略小二寸,下河水势,忽涨八尺有奇。水到之处,破圩极多。最惨者高庙圩,距坝仅里许,首当其冲,水过屋顶,淹死人畜无数";扬州钞关附近市面,"均被水淹,而南乡江岸虹桥地方,受灾较重。瓜洲六圩以北三公圩,于前日崩溃,水势极大,荡毁房屋三百余间,淹没田亩无算。灾民纷纷四散,壮者就食江南,弱者辗转沟壑"。①在淮北的徐州,8 月 1 日晚,暴雷雨,2 日晨始止,全埠水流泛滥,阻断交通,平地水深及膝,房屋倾倒,压毙人口,击碎树木,为灾甚巨。②据水灾救济会调查,入夏以来,阴雨连绵,8 月 1 日至 7日,雨量特多,平均全县水深 2 尺余,且有鸡嘴坝、小北门、洪福寺、仓圣祠、火神庙数处决口。③徐州以北的微山湖水大涨,"滨湖田地村落,均被淹没。农民纷纷报灾,闻系鲁南大雨,山洪暴发,南阳湖漫溢灌注所致,损失颇巨"。④

在淮河流域山东境,据 1931 年 8 月 21 日济宁通信,"今岁当未入伏以后,天气未晴,气候凉爽,竟与往昔迥异。迨上游嘉祥、巨野、单县、曹县、定陶、菏泽、城武七县十二连洼决口,水势漫溢,贯入济宁,致城南城西各地,均陷入水中。近日天气转热,淫雨不断,又有汶河、泗河、洸河、府河之水,同时大涨,由东冲来,其势凶猛无可掩护,致城东城北之地,亦为水浸,现在城外一片汪洋,尽成泽国"。⑤又据 8月 27 日鲁振务会专电南京,"谓鲁省水灾,近又扩大,滕县、峄县、滋

---

① 太晚:《江北洪水调查纪》,《申报》1931 年 8 月 22 日,《申报》第 285 册,第 587 页。

② 《徐州暴雨为灾》,《申报》1931 年 8 月 3 日,《申报》第 285 册,第 62 页。

③ 《徐埠水灾调查报告》,《申报》1931 年 8 月 26 日,《申报》第 285 册,第 702 页。

④ 《微湖水势泛溢》,《申报》1931 年 8 月 28 日,《申报》第 285 册,第 748 页。

⑤ 《济宁空前之水灾》,《申报》1931 年 8 月 25 日,《申报》第 285 册,第 675 页。

阳、东平、章邱、曹县、禹城、济宁等十三县,现均洪水泛滥"。[①]

淮河流域水灾不仅类型多样,而且还有水灾发生频率高的特点。史书对此有很多记载,如扶沟县"邑中水患,无岁无之"[②];"凤、泗近淮,十岁九涝"[③];砀山"全境河渠久经淤塞,连年水灾频仍,为害颇烈"[④]。现代学者研究也表明,南宋以来淮河流域水灾发生的几率有着不断加大的趋势。在黄河夺淮以前,从公元前185—1194年的1379年中,淮河流域共发生较大水灾112次,平均12.3年发生一次较大水灾;黄河夺淮时期,从1194—1855年的662年中,淮河流域共发生较大洪水灾害268次,平均2.5年发生一次较大洪水灾害。[⑤]又如,根据历史文献资料的统计分析,计算出近500年来淮河流域的洪涝灾害发生频率。(见表1–11)

表1–11　1470—1978年淮河流域洪涝灾害情况统计表

时　段	洪涝灾害次数	频率/%
15世纪(1470年以后)	4	13.3
16世纪	22	22.0
17世纪	23	23.0
18世纪	35	35.0
19世纪	26	26.0
20世纪(1978年以前)	18	23.0

资料来源:水利部治淮委员会:《淮河流域及胶东半岛水利化简明区划报告》,1982年。转引自许炯心:《中国江河地貌系统对人类活动的响应》,北京:科学出版社,2007年,第184页。

从上表可以清楚地看到,15世纪以后洪涝频率持续增大,在18世纪升至极大值,在这一时段中,洪涝频率以每百年6.61%的速度递增,19世纪和20世纪则迅速下降。这是因为,在19世纪中期,淮河

①　《鲁省水灾扩大》,《申报》1931年8月28日,《申报》第285册,第748页。
②　光绪《扶沟县志》卷首《凡例》。
③　(清)李应珏著:《皖志便览·例言》,《中国方志丛书》(224),第10页。
④　《陇海全线调查·砀山县》,1932年,第82页,中国第二历史档案馆:全宗号六六九,案卷号2928。
⑤　参见魏山忠等:《堤防工程施工工法概论1》,北京:中国水利水电出版社,2007年,第25页。

于 1851 年冲决位于洪泽湖东大堤上的泄水坝礼坝,自寻出路,南下入长江,使洪泽湖水位下降;1855 年,黄河在铜瓦厢决口,改道向东北流入渤海,黄河夺淮的影响亦告终止。这两个因素的改变,使 19 世纪后半叶的洪涝频度显著下降,20 世纪则更进一步下降。但其频率仍高于 15—17 世纪,这是因为洪泽湖水位仍较高且其尾闾还不畅通的缘故。①

再以安徽淮河流域的洪涝灾害发生频率为例,乾隆元年(1736)至宣统三年(1911)176 年间,皖北地区共发生洪涝灾害 936 次,各州县平均每年受灾 5.3 次,其中凤阳县受灾 121 次,平均一年半一次;有 6 州县受灾 90 次以上,几乎占皖北州县总数的一半。②另据学者研究,19 世纪以后皖北各州县洪涝灾害比往年均有大幅度增加,其中最多的是定远县,增加 21%;凤台紧随其后,占第二位,增加 20%。(见表 1-12)

表 1-12　1804—1856 年皖北各州县洪涝灾害一览表

州县名称	年　次	灾害频率 1	灾害频率 2	2 比 1 增减
凤　阳	42	0.69	0.81	+0.12
灵　璧	39	0.59	0.75	+0.16
宿　州	38	0.56	0.73	+0.17
怀　远	36	0.54	0.69	+0.15
凤　台	38	0.53	0.73	+0.20
寿　州	36	0.51	0.69	+0.18
阜　阳	19	0.45	0.37	−0.08
定　远	33	0.42	0.63	+0.21
亳　州	18	0.30	0.35	+0.05
颍　上	17	0.27	0.33	+0.06
蒙　城	12	0.19	0.23	+0.04
太　和	11	0.19	0.21	+0.02

　　资料来源:本表据《清代淮河流域洪涝档案史料》第 16—131 页绘制。灾害频率 1 指 1736 年至 1911 年的灾害频率,灾害频率 2 指 1804 年至 1911 年的灾害频率。转引自张研、牛贯杰:《19 世纪中期中国双重统治格局的演变》,北京:中国人民大学出版社,2002 年,第 322 页。

　　① 参见许炯心:《中国江河地貌系统对人类活动的响应》,第 184 页。
　　② 参见水利电力部水管司、水利水电科学研究院:《清代淮河流域洪涝档案史料》,北京:中华书局,1988 年,第 13 页。

除了安徽淮河流域地处淮河中游,受淮河下游顶托行水不畅以及黄河南泛等因素造成洪涝灾害多发以外,还有两个水灾多发地区:一是淮河上游的河南境内因沙河、颍河决口泛滥,水灾频发。据史籍记载,从1267—1937年的671年间,有485个年份遭洪涝灾害,其中1601—1608年连续8年、1841—1846年连续6年发生洪涝。康熙四十八年(1709)一年两遇,"四月大雨无麦禾,六月水没田庐",造成"民大饥"、"人相食"的惨象。1912—1948年的37年中,河道决口55次。①二是苏鲁交界地带的沂沭泗流域也是洪涝灾害多发地区。从1368年到1948年的581年中,沂沭泗流域发生较大水灾达340多次。淮阴地区自1906年到1940年的35年中,遭受重灾即达11次之多。1945年以后,由于国民党重点进攻山东,在沂、沭上游大肆烧山伐林,以致水势加大,水灾加烈。1945年至1949年5年间,五度水灾,其中尤以1949年灾情最烈。这年全区共有927万亩田地受淹,灾民达242万人,废黄河以北地区一片汪洋,低洼之处尽成泽国。②

严重的洪涝灾害,容易引发淮河流域广大平原地区因排水不畅而发生筑堤挡水,或挖堤泄水,或闸坝蓄泄启闭纠纷。据胡其伟研究,水利纠纷的总发生量和降雨量存在正相关关系。在水灾情形下,微山湖西区、邳苍郯新地区是与洪水烈度成正比的关系。邳苍郯新地区的纠纷则集中在3—4月和6—9月间,因此时正是汛期,3—4月为桃汛,6—9月为夏季洪水高发期。③

四、旱魃肆虐不断

干旱是一种持续无雨和少雨天气引起土壤水分不足、农作物水

---

①　郾城县志编纂委员会编:《郾城县志》,郑州:中州古籍出版社,1997年,第66页。

②　参见池源:《苏北治水第一仗》,江苏省淮阴市政协文史资料委员会编:《淮阴文史资料》第十辑,北京:中国文史出版社,1993年,第1页。

③　胡其伟:《民国以来沂沭泗流域环境变迁与水利纠纷》,复旦大学博士学位论文,2007年,第82、86页。

分平衡遭到破坏从而导致减产或绝收的气象灾害。由于气候、地形、水系变迁以及人类垦殖造成水土流失、水利失修等因素的影响,南宋以来淮河流域的旱灾发生频率和灾情有着趋高趋重的势头,同时旱蝗相继、旱卤叠加的情形也非常普遍。

(一)旱情趋重

据资料记载,南宋以来淮河流域旱灾发生的频率还是很高的。如河南"陆地多而河流少,通计十年之内,旱者七,潦者二"。①据学者研究,河南省在南宋时期大旱、大涝之年各1次。元代时大旱7次、大涝5次,其中1327—1330年为连旱,1329年为特大旱。明代时,大旱、大涝46起,在28个大旱年份中,发生连旱的有18个年份,分别是1483—1485年、1527—1529年、1585—1588年、1634—1641年。明代河南大涝有18个年份,但从频次、期限、范围上看,仍是旱重于涝。清代河南大旱、大涝分别有23次、25次,在23个大旱年份中,有12个年份是连年大旱,分别是1689—1692年、1721—1722年、1784—1786年、1876—1878年。总的来说,连年的干旱会造成更严重的灾害,在8次连年大旱中,就有5次达到特大旱的程度。②在河南汝阳,从1479—1643年的165年中,共出现大旱8年,平均21年一遇;自1644—1911年的268年间出现大旱24年,平均11年一遇;从1912—1949年的38年间出现旱灾16年,平均10年四至五遇,干旱出现次数明显增多,且灾情越来越重。③

在淮河下游地区,黄河夺淮期间,洪涝灾害严重,旱灾也不小。在江苏兴化,据地方志记载,"邑有五患,曰旱,曰涝,曰蝗,曰坝水,曰海潮。海潮不常至,坝座不轻启,涝虽苦于低田而无虞于高阜,蝗

---

① 民国《河南新志》卷十一《水利》,河南省地方史志编纂委员会、河南省档案馆整理:《河南新志》,第687页。

② 盛福尧、周克前:《河南历史气候研究》,北京:气象出版社,1990年,第60—94页。

③ 薛巧玲主编:《汝阳气候与生态研究》,北京:气象出版社,2004年,第107页。

有时而不为灾。独至于旱,来源远而少,既截于上游,河荡多而浅,无以资灌溉,苟非大雨滂沱,万难滋长禾稼"。①可见,尽管兴化地处釜底,水灾不断且极为严重,但相比之下,旱灾更甚。黄河北徙以后,淮河下游地区水灾明显减轻,旱灾问题则更加凸显。如在泰州,"自昔苦水,而今日苦旱,又无岁不苦旱"。②(具体情况还可参见本章第二节第三目的相关论述)

俗话说"水灾灾一线,旱灾灾一片",说明旱灾一旦发生往往是多地同灾,灾情极为严重。如乾隆五十年(1785)淮河流域普遍大旱,如高邮"七里湖涸见底,民食榆皮草根,尽掘石屑煮之,名观音粉"③;泰县"自是年三月至明年二月不雨,无麦无禾,河港尽涸,民大饥";兴化"大旱,自是年三月不雨至明年二月始雨,岁大饥"④;东台也是"三月至明年二月方雨,民饥"⑤;淮安府属大旱,久客山阳的盐城诸生李苞于乾隆乙巳(1785)冬目睹久旱而成的奇荒,发出了"伤心惨目至丙午春而涂地矣"的感叹,为此作《乙巳志荒》诗一首以叹之,诗云:"旱魃肆其虐,斯民罹厥辜。几年田号石,一饭米如珠。粜籴惟舟济,江湖乏水须。……渔梁封网罟,樵径绝薪刍。寂寂缠腰贾,哀哀抱膝儒。入房闻鼠泣,出市见牛屠。水泊船全拆,街居屋碎沽。……灶减烟凄冷,村逃户剩孤。提携兼老稚,困苦愿庸奴。妻失夫形悴,儿亡母泪枯。……稗实争如宝,榆皮剥见肤。惨生活命计,烹及死人躯。……"⑥

咸丰六年(1856),淮河流域遭受特大旱灾。据安徽巡抚福济向上级的报告,皖北旱情见所未见,"入春以来,本属雨泽愆期,禾苗未能遍插。自夏徂秋,骄阳酷暑,未需甘霖,井涸地干,半多断汲"。结果是"田禾全行枯槁",轻灾区收成约在五分以上,重灾区则千里赤地,

---

① 民国《续修兴化县志》卷一《舆地志·祠祀》。
② 崇祯《泰州志》卷之三《河渠考》,《四库全书存目丛书》(史210),第68页。
③ 道光《续增高邮州志》第六册《灾祥》。
④ 国学图书馆辑:《清代江苏三届大旱年表》,《江苏月报》1935年第3卷第2期。
⑤ 嘉庆《广陵事略》卷七。
⑥ 《山阳诗征》卷二一。

收成无着。广大灾民"或吞糠咽秕以延命,草根树皮以充饥,鹄面鸠形,奄奄垂绝,流离颠沛情形,虽使绘流民之图有不能曲尽其状者"。①在颖州、凤阳间是"赤地千里,次春米价翔贵,斗千钱,道馑相望"。②淮河流域江苏泗阳县此年大旱,地生猪毛。③在苏北"自五月至七月不雨,江北奇旱。下河诸湖荡素称泽国,至是皆涸,风吹尘起,人循河行以为路。乡民苦无水饮,就岸脚微润处掘尺许小穴,名井汪,待泉浸出,以瓢勺盛之,恒浑浊有磺气,妇子争吸,视若琼浆玉液。田中禾尽槁,飞蝗蔽日,翅嘎嘎有声。间补种荞、菽,亦不能生,即生亦为蝗所害。斗米须钱七百,麦值与之齐,凡民家不饘粥而偶得一饭,邻女羡且忌"。④在淮安,大旱,且运河断流。阜宁大旱,自二月至八月不雨,禾苗皆枯。在高邮,旱蝗成灾,蝗集满路,人不得行,十月运河水竭。在江都,五月至八月不雨大旱,运河水竭。泰县,五月至八月不雨大旱,运河水涸,赤地千里,飞蝗蔽天。⑤

　　1929年,自春徂夏,高邮、江都雨泽稀少。栽秧前后,将近三个月时间未下雨,到四月间,运东河港湖荡大部见底。较深地段残存底水,久经渗透曝晒,咸气很大。兴化得胜湖前后干枯80余天,湖底能行人,从北澄子河河底可以拉人力车到兴化。大运河沿线人民连生活饮水都发生了困难,从氾水到宝应,近40华里运堤,架设水车近千部,还不能满足沿运地区人畜饮水的需要。是岁民大饥,多徙亡。据里下河兴化、大丰、阜宁、滨海四县不完全的统计,是年受旱面积

　　① 《录副档》,咸丰六年八月十七日安徽巡抚福济折,转引自李文海、周源:《灾荒与饥馑:1840—1919》,北京:高等教育出版社,1991年,第72页。

　　② 光绪《五河县志》卷十五《人物七·义行》,《中国地方志集成·安徽府县志辑》(31),南京:江苏古籍出版社,1998年,第569页。

　　③ 民国《泗阳县志》卷三《表二·大事附灾祥》,《中国地方志集成·江苏府县志辑》(56),南京:江苏古籍出版社,1991年,第176页。

　　④ (清)臧谷:《劫余小记》,《太平天国资料》,第87页。

　　⑤ 国学图书馆辑:《清代江苏三届大旱年表》,《江苏月报》1935年第3卷第2期。

合计为 236.1 万亩,损失粮食 5.3443 亿斤。①1932 年,皖北自入夏以来,雨水就很稀少,及伏汛,天气甚为炎热,自 7 月初至 8 月初,月余而滴水未降,田间秋禾,旱死甚多。②

1934 年,安徽省发生特大旱灾,全省 60 县,被灾达 49 县,"虽前清咸丰六年之大旱,无此酷烈! "③皖北则多种杂粮,或以无雨不及播种,或种后枯萎而死,受灾亦烈。农民在六七月中,皆变卖衣物,悉索存粮。及至八月,而水源十九皆涸竭,引救无从。④其中寿县入夏以来,"久不得雨,南乡一带,稻田不能下种,杂粮苦旱,亦多枯槁";凤台县农历五月以来,"天气亢旱,数月不雨。不但宜稻田亩,多以雨泽稀少,颗粒未得安种,即冈湾已种杂粮亦因气候奇热,禾苗枯萎。所有境内焦冈等湖,益以天气亢旱,土干地裂,蝗蝻继起";凤阳县入夏后未下雨,秧苗未插齐,豆黍亦均未能播种,"秋收早告绝望";霍邱县两月无雨,"田土焦裂,稼苗尽萎","南乡数十保,鉴于秋收绝望,封门泥室,负担携儿,乞食远逃";定远县多数地区受旱,"不独稻秧未插,即豆芋各物,亦未播种,秋收绝望";天长县"所有冈阜田亩,因塘乏蓄水,栽秧不及十分之一";嘉山县"雨泽稀少,亢旱异常。山陂陵谷之间,禾黍焦黄,收获绝望";盱眙县"本年自春间,即患干旱,二麦绝收。现在稻虽播种,已完全枯死,著火可焚";阜阳县入夏以来,雨旸失时,秋季收成已难指望。⑤

1942 年,淮河流域又发生大旱灾,"豫东大旱,皖北次之"。1943

---

① 参见廖高明:《1929 年高邮大旱灾》,政协江苏省高邮市委员会文史资料委员会编:《高邮文史资料》第十三辑,1994 年,第 191—192 页。

② 《皖北天灾人祸》,《申报》1932 年 8 月 9 日,《申报》第 295 册,第 207 页。

③ 安徽省灾区筹赈会编印:《安徽省各县灾情报告书》,《编者言》,安徽省官印刷局,1934 年 10 月。

④ 《皖省旱灾概况》,《申报》1934 年 8 月 2 日,《申报》第 319 册,第 44 页。

⑤ 安徽省灾区筹赈会编印:《安徽省各县灾情报告书》,《第一二三四五六七八九十行政区被灾各县报告文电》,第 32—37 页。

年春夏间,豫东灾民麇集阜阳县境,"卖妻鬻子及倒毙路旁者时有"。①据亲身经历的王子官回忆和当年国民党政府石印的《氾灾简报》所记载,当时氾水县的灾情可谓惨绝人寰,粮食歉收,道路两旁各个村庄的大小树木均被剥食而死。更甚者, 氾水县城西沿黄河沙滩上,1942年腊月,有人发现蔺草根可食后,数十里外之饥民,均在冰天雪地里成群结队前往挖掘。旱灾导致氾水县的粮价飞涨,抗战前小麦每市斗0.6元,小米0.6元余。1942年麦收前,小麦每市斗已涨到22元,小米23元余。到1943年春,小麦每市斗涨到300元,小米300元有余。粮价较战前高出数百倍。在此次灾荒中,逃荒饿死的人很多。据1942年6月份调查,氾水县人口剩下62277人,较以前减少33094人。②此年山东宁阳县也是雨量极少,造成了百年不遇的大旱灾,赤地全县,蝗虫蔓延,麦秋几乎全部绝产。民以树皮屋草为食,逃荒要饭,卖儿卖女,死于饥饿的不计其数。③汶上县当年一春无雨,小麦因干旱而欠收。麦后降了一场小雨,农民便勉强将秋季作物(主要是玉米、大豆和地瓜)播种下地。自此一直到农历八月二十三日,滴雨未落。麦后种的秋季作物全部旱死,颗粒未收,大秋作物(谷子和高粱)也所收无几。④

(二)旱蝗相继

有证据表明,蝗灾和旱灾之间是有很大相关性的。古人对此也早就有了比较正确的认识,宋代苏轼说"从来旱蝗必相资"⑤,徐光启

① 民国《阜阳县志续编》卷十三《灾异志》,《中国地方志集成·安徽府县志辑》(23),南京:江苏古籍出版社,1998年,第618页。

② 参见王子官:《一九四二年大旱灾中之氾水》,政协荥阳县委员会学习文史委员会编:《荥阳文史资料》第一辑,1993年,第165—170页。

③ 参见宁阳县地方志编纂委员会办公室:《宁阳县概况》,1984年,第8页。

④ 参见冯绪同:《对蝗、旱灾害的回忆》,汶上县政协文史资料委员会编:《汶上文史资料》第四辑,1990年,第105页。

⑤ (宋)王十朋:《东坡诗集注》卷六。

《农政全书》有"旱极而蝗"的总结。现代的研究者在研究历史蝗灾中已经得出中国蝗灾与干旱有良好的统计关系。[①]国家气象局等单位在编制《中国近五百年旱涝分布图集》时,也把蝗灾作为气候上干旱的间接指标。还有人计算出旱蝗二者之间的相关系数为0.534。[②]

从史料记载的旱蝗情况来看,淮河流域也经常出现旱蝗相继、旱蝗同年为虐的灾情。据学者研究,东台有记载蝗灾的31年里,其中24年旱蝗同年,约占总数的77%;宝应有蝗灾记载的16年,都是旱蝗同年;高邮16年蝗灾记载年份,就有15年旱蝗同年,约占总数的94%;淮安21年蝗灾灾年里,有16年旱蝗同年,约占总数的76%;盱眙县30年蝗灾灾年记载里有15年是旱蝗同年,占总数的50%。[③]

旱蝗相继、旱蝗同年往往加重旱灾或蝗灾的灾情。如东台县在明嘉靖六年(1527)夏旱蝗生,蝗蝻"积地厚数寸"。嘉靖七年(1528),东台仍然是夏旱蝗生,"积地厚数寸"。嘉靖八年(1529)秋七月,东台大旱,飞蝗蔽空。[④]此年秋七月高邮大旱,"飞蝗蔽天,积地厚数寸,禾稼不登"。[⑤]嘉靖十四年(1535)六月东台县大旱,"飞蝗蔽天,八月蟓生,积地厚尺许,草无存"。[⑥]泗虹地区在该年的"五月至十月不雨,蝗生,络绎不断,房屋皆遍,衣服悉啮"。[⑦]万历四十五年(1617),东台县"旱甚。四月飞蝗蔽天,食禾苗尽,草无遗。入民居室,床帐皆满,积厚五寸许。秋复至"。万历四十六年(1618),东台县"夏旱蝗生,食荡草殆尽"。[⑧]

崇祯十一年至十四年(1638—1641),淮河流域普遍遭遇旱蝗袭

①　陈家祥:《中国历代蝗荒之记载》,浙江省昆虫局年刊,1935年。

②　陈玉琼等:《历史自然灾害的相关和群发》,国家气象局研究院,1984年。

③　张崇旺:《明清时期江淮地区的自然灾害与社会经济》,福州:福建人民出版社,2006年,第182—183页。

④　嘉庆《东台县志》卷七《祥异》,《中国方志丛书》(27),第319页。

⑤　嘉庆《高邮州志》卷一二《灾祥》。

⑥　嘉庆《东台县志》卷七《祥异》,《中国方志丛书》(27),第320页。

⑦　光绪《泗虹合志》卷一九《祥异》,《中国地方志集成·安徽府县志辑》(30),南京:江苏古籍出版社,1998年,第647页。

⑧　嘉庆《东台县志》卷七《祥异》,《中国方志丛书》(27),第324、325页。

击。崇祯十一年(1638),东台"夏秋旱,七月至九月飞蝗蔽天,方千里禾苗草木无遗"。[①]崇祯十二年(1639),宝应也是大旱,"飞蝗北来,天日为昏,禾苗食尽"。[②]崇祯十三年(1640),盱眙县大旱,"蝗蝻遍野,民饥以树皮为食"。[③]宝应八月旱蝗,"东西二乡周匝数百余里,堆积五六尺。禾苗一扫罄空,草根树皮无遗种"。[④]东台"旱蝗,有麦无禾","四月至七月不雨,蝗复至。飞盈衢市,屋草靡遗。民大饥,人相食"。[⑤]兴化县大旱,"飞蝗蔽天,食草木皆尽,道馑相望"。[⑥]大别山区的霍山县此年大旱,"蝗盈尺大,扑人面,堆衢塞路,践之有声。至秋,田禾尽蚀"[⑦],甚至"人相食,至有父母自残其子女者。虽重典绳之,不能御"。崇祯十四年(1641),六安夏复旱,"蝗蝻所至,草无遗根。民间衣被皆穿,饔釜俱秽"。[⑧]其中霍山旱蝗更甚,"野无青草,人相食"。[⑨]

清康熙十年(1671)盱眙县大旱,自三月不雨至八月,"蝗食禾稼殆尽,民剥树皮,掘石粉食之"。[⑩]康熙十八年(1679),泗虹大旱蝗,"食禾尽及草根"。[⑪]乾隆十八年(1753),灵璧"境内大旱,夏四月蝗,灵璧杨疃、韦疃两湖尤甚。湖久涸,槁草茂密,鱼虾之子悉化为蝗,延袤数十里,几无隙地"。[⑫]乾隆二十四年(1759)四五月,高邮州大旱,"南乡蝗积数寸"。[⑬]

① 嘉庆《东台县志》卷七《祥异》,《中国方志丛书》(27),第 327 页。
② 道光《重修宝应县志》卷九《灾祥》,《中国方志丛书》(406),第 332 页。
③ 光绪《盱眙县志稿》卷一四《祥祲》。
④ 道光《重修宝应县志》卷九《灾祥》,《中国方志丛书》(406),第 332 页。
⑤ 嘉庆《东台县志》卷七《祥异》,《中国方志丛书》(27),第 327 页。
⑥ 咸丰《重新兴化县志》卷一《沿革》,《中国方志丛书》(28),第 74 页。
⑦ 乾隆《霍山县志》卷末《杂志》,《稀见中国地方志汇刊》(21),第 853 页。
⑧ 同治《六安州志》卷五五《祥异》,《中国地方志集成·安徽府县志辑》(19),第 560 页。
⑨ 乾隆《霍山县志》卷末《杂志》,《稀见中国地方志汇刊》(21),第 853 页。
⑩ 光绪《盱眙县志稿》卷一四《祥祲》。
⑪ 光绪《泗虹合志》卷一九《祥异》,《中国地方志集成·安徽府县志辑》(30),第 648 页。
⑫ (清)项樟:《灵璧捕蝗纪事》,乾隆《灵璧县志略》卷四《杂志·灾异》,《中国地方志集成·安徽府县志辑》(30),第 78 页。
⑬ 嘉庆《高邮州志》卷一二《灾祥》。

民国时期,淮河流域依然存在严重的旱蝗相继现象。如1942年大旱之后,造成了汶上县1943、1944年连续两年的蝗灾。1943年秋季作物长势喜人,千里原野郁郁葱葱,这年的七八月之间正值高粱谷子将熟未熟之际、晚秋作物丰收在望之时,飞蝗从西南遮天盖地而来,顿时天空如云密布,历时一天一夜。飞蝗所到之处,顷刻之间,各类庄稼的秸、干、穗、叶蚕食净尽,连树叶也一扫而光。[①]

(三)旱卤叠加

在淮河流域滨海地带,旱季往往容易发生卤水倒灌,伤及禾稼。如清道光十五年(1835),阜宁县大旱蝗,卤水倒灌入马家荡,卤水之患,自此始。咸丰六年(1856),大旱,卤潮至,岁饥。是年,二月不雨至八月蝗起,卤潮入兴化境,禾苗槁死,人掘附莎为粮。[②]同年的盐城县也是大旱蝗,卤水倒灌,伤田禾,岁大饥,饿殍载道。[③]同治元年(1862),阜宁县夏旱,卤潮倒灌。同治六年(1867),阜宁县春旱,卤潮倒灌。光绪二年(1876),阜宁县旱,卤潮内灌入马家荡,直至宝应,逾年始退。[④]同年盐城旱蝗,卤水伤禾稼,民饥。光绪十四年(1888),盐城大旱,卤潮逆灌。光绪十七年(1891),盐城旱蝗,卤水伤禾。光绪十八年(1892),盐城旱蝗,卤水伤禾。[⑤]光绪二十五年(1899),盐城夏旱,湖荡水涸,卤潮内灌。[⑥]光绪二十六年(1900),阜宁县旱蝗,卤潮至。[⑦]

1914年,盐城大旱蝗,卤潮内灌,岁大饥,民多流亡。1928年,盐城夏旱,卤潮内灌。1929年,盐城夏大旱,马尾坝决,卤潮内灌,岁大

---

① 参见冯绪同:《对蝗、旱灾害的回忆》,《汶上文史资料》第四辑,第106页。

② 民国《阜宁县新志》卷首《大事记》。

③ 光绪《盐城县志》卷一七《祥异》。

④ 民国《阜宁县新志》卷首《大事记》。

⑤ 光绪《盐城县志》卷一七《祥异》。

⑥ 民国《续修盐城县志》卷十四《杂类志·纪事》,《中国地方志集成·江苏府县志辑》(59),南京:江苏古籍出版社,1991年,第463页。

⑦ 民国《阜宁县新志》卷首《大事记》。

饥,民多流亡。①另据《训令水利局局长为运河水小卤潮倒灌仰拟具射阳建闸测量计划并筹划筑草土坝计划估计由》记载,此年"运水奇小,里下河一带秋无收成,盐、阜宁各县卤潮倒灌,灾情尤重"。②

雨旸适宜之年,水事纠纷通常很难发生。但遭遇大旱之年,淮河流域山地如伏牛山、桐柏山、大别山山地丘陵地带与平原地区如淮河下游平原地区,尤其是里运河、运盐河沿岸平原,多因争夺水资源灌溉而产生水事纠纷。在苏北沿海地区,常发生御卤闸坝启闭纠纷。正如民国时期有的学者通过研究所指出的,"此种习惯法,行之于风调雨顺之时尚能相安无事。若遇天旱,水量求过于供,争水纠纷时有所闻。小则涉诉而费时失事,大则械斗,以致灌溉之建筑因而随之破坏"。③

五、地形地貌变化

流水、潮汐是构成水生态环境的重要因子,也是塑造地形地貌的一种重要外营力。南宋以来,黄河夺淮以及所引起的淮河流域水生态环境的变化对淮河流域地形地貌发挥着侵蚀、堆积作用,从而造成淮河流域海岸盈缩、地貌易变、土质改变的状况。这种因流水、潮汐作用而发生的地形地貌易变,实际上也是淮河流域水生态环境变迁的内容和特点。

(一)海岸盈缩

"自黄河夺淮,河线东亘入海之口亦代有变迁"。④黄河夺淮前,据《汉书·地理志》记载,淮水东南至淮阴入海。《水经》更明确记载

---

① 民国《续修盐城县志》卷十四《杂类志·纪事》,《中国地方志集成·江苏府县志辑》(59),南京:江苏古籍出版社,1991年,第463页。

② 《公牍·水利门》,《政务报告》,1929年,第20页。

③ 梁庆椿《中国旱与旱灾之分析》,《社会科学杂志》1935年第3期。

④ 民国《阜宁县新志》卷二《地理志·水系·河流》,《中国地方志集成·江苏府县志辑》(60),第29页。

说,淮水汉时在淮浦县(今涟水西)入海。到宋朝黄河南徙时,淮口已移至云梯关附近。黄河"每水一斗,其泥数升"[1],是世界上最典型的多泥沙河流。黄河夺淮带来大量泥沙向海输送,南北沿岸河口区强烈淤积,在沿岸水流和波浪的共同作用下,河口延伸速率加快。加上明清两代奉行"束水攻沙"的治水方针后,造陆速率增加更快。(见表1–13)

表1–13　1194—1855年废黄河三角洲造陆速率表

时　段	延伸距离 /km	延伸速率 /(m/a)
1194—1578	15.0	33
1579—1591	20.0	1540
1592—1700	13.0	119
1701—1747	15.0	320
1748—1776	5.5	190
1777—1803	3.0	111
1804—1810	3.5	500
1811—1855	14.0	300

资料来源:郭瑞祥:《江苏海岸历史演变》,1980年。转引自许炯心:《中国江河地貌系统对人类活动的响应》,北京:科学出版社,2007年,第178页。

我们从1194—1855年黄河夺淮期间苏北废黄河三角洲的成陆速率表,就可以看出,1578年以前,黄河频繁分流,大量泥沙淤在河道两侧地面,因此,河口延伸速率仅为33m/a。1578年以后,潘季驯推行"束水攻沙"方针,束水筑堤,使泥沙集中下泄,大大增加了三角洲造陆速率,河口延伸率猛增至1540m/a。1592年以后,大堤的防守和增修有所松弛,决口分流屡次发生,河口延伸速率有所减缓,但仍大大高于潘季驯治河之前。[2]

《中国自然地理·历史自然地理》以及《中国的地形》研究成果也表明,明代万历时自黄淮交会的清口至安东县(今涟水县)河面阔2—3里,自安东至河口河面阔7—10余里,深各3—4丈。清初顺治

---

[1]　民国《续纂清河县志》卷十六《杂记》,《中国地方志集成·江苏府县志辑》(55),南京:江苏古籍出版社,1991年,第1197页。

[2]　参见许炯心:《中国江河地貌系统对人类活动的响应》,第178页。

年间,清口以下河尚深2—6丈,宽200—700丈,到康熙时深仅2—6尺,宽仅12—19丈,23年间,河深只剩下原来的1/10,宽度仅剩下1/30。河身变窄,加上海潮顶托,泥沙堆积,河口向海中延伸。1580年河口还在云梯关外四套附近,1677年已到云梯关外100里,1700年在十套以东约30里的八滩之外,1735年又到了八滩外的王家港处。至1804年,河口已在云梯关外250里处。①民国《阜宁县新志》也认为,"旧淮河口,即淤黄河口,本在云梯关外,自黄夺淮后,口下移逾二百里"。②

黄河夺淮入海所带来的泥沙不仅淤垫河道造成河口三角洲陆地的迅速生长,而且也导致河口南北海岸线的东移,黄淮造陆,沧海桑田。在废黄河口以北的海岸,"旧时云台山在海中,今潮东徙,自州至山,已成平陆。惟西连诸岛尚须渡洋,凡海淤新滩,经二十年皆可垦而种矣"。③

在废黄河口以南的海岸线也迅速东迁。雍正六年(1728),总督范时绎疏称山阳、盐城二县沿海地方"涸出滩地数百余里"。④盐城县大海口本在县治东北,"旧出东门五十里即海,因黄河南徙,淤滩日增。乾隆初,去治百四十里。今又远徙二百余里"。⑤在阜宁县,据清代刘宝树作《庙湾》一诗道:"近海海逾远,桑田增一县。不辨范公堤,不知沧海变",说的就是庙湾本古海滨,与范公堤相接,旧隶山阳、盐城二县,"今庙湾一带堤外淤滩六七百里,多所开垦"。⑥阜宁的"北湾,在树根套附近。东至中顺沟,北至铁香炉、肥蝗荡东灶界,约长

①　参阅中国科学院编:《中国自然地理·历史自然地理》,第63页;曾昭璇:《中国的地形》,第361页。

②　民国《阜宁县新志》卷二《地理志·水系·海洋》,《中国地方志集成·江苏府县志辑》(60),南京:江苏古籍出版社,1991年,第16页。

③　嘉庆《海州直隶州志》卷十二《考第二·山川二·水利》。

④　光绪《盐城县志》卷六《武备志》。

⑤　光绪《淮安府志》卷六《盐城县河防》,《中国方志丛书》(398),第328—329页。

⑥　(清)刘宝树:《庙湾》,(清)刘台拱、刘宝树、刘宝楠、刘恭冕:《宝应刘氏集·刘宝树集·娱景堂集卷下·鹤汀诗钞》,张连生、秦跃宇点校,第90页。

二十五里;西至秦家桥庙基头,约长二十五里;南至小横沟,宽约八里;北至新旧蒲滩,宽约四里。古为滨海洼地,不能播艺。明万历间,先后经居民认领"。①

废黄河口以南地势低洼,黄淮造陆,导致陆地的河流、苇荡等组成的水生态环境也发生了改变。如阜宁的苇荡,在双洋北岸,清初面积尚小,嗣以大海东徙,荡亦日扩。夏秋积水,冬涸取鱼。弥望芦苇,产额极巨。1914 年,"由邑人铺领二千余顷"。②此外,阜宁县较大的河有射阳河、双洋、淮河、套子河、灌河等。其中双洋,原系南北两洋,"凡天赐场西,黄河堤南积潦皆以为宣泄孔道。南洋北起小南庄头,东南流历团荡、沙浦港、龙尾三堰,至二渡口入獐沟河,中分一支由发柴沟入当尖港,历北洋五厝至九厝,渐次深广,东穿大汛港入二汛港。北洋起新沟头,东流历北洋头、二三厝至二十五厝,会南洋及五汛港之水,东注于海。自陈家浦河决,南洋淤塞最甚,久不通流。惟当尖港至二渡口尚见冲槽断续。北洋自铁盘洋以下十数里,亦为平陆。今之双洋实即古之北洋之本身。按之现势,西起十八顷,东行历丁庄至五六厝以下,水宽七八丈至十余丈,历顺滩港沿岸各厝、沈家荡、五案六垛、上下盐店、西下湾、美人湾、笆斗山、新贺尖、头港以入海,回环曲折,长二百余里。双洋之长,盖由于大海东徙"。③阜宁境内的射阳河口,明代时河口在庙湾镇,阔 800 余丈,"今东移至二百余里,阔四百三十丈"。④

黄河夺淮造成废黄河三角洲迅速发育和海岸线不断东迁,但随着 1855 年黄河北徙、泥沙来源的中断,苏北海岸岸滩因失去泥沙补给,在海水潮汐的作用下,局部海岸遭受侵蚀而后退。在南至大喇叭

---

①② 民国《阜宁县新志》卷二《地理志·水系·湖荡》,《中国地方志集成·江苏府县志辑》(60),南京:江苏古籍出版社,1991 年,第 18 页。

③ 民国《阜宁县新志》卷二《地理志·水系·河流》,《中国地方志集成·江苏府县志辑》(60),第 28 页。

④ 民国《阜宁县新志》卷二《地理志·水系·海洋》,《中国地方志集成·江苏府县志辑》(60),第 16 页。

口,北至烧香河河口,海岸线均遭侵蚀退缩。如赣榆县北端海岸的九里乡下木套村,小簪子、新宅、柘汪乡的大辛庄和桥南头等,自 1930 年到 1955 年这 26 年间,由于海水西浸,这些村庄被迫迁移,原庄址和大部分农田被潮水侵蚀。海岸线后退了 3.5 千米,平均每年被侵蚀 140 米。①在废黄河口南端海岸部分地带也因黄河北徙而遭海水侵蚀而后退。据民国《阜宁县新志》记载,“今则黄河久徙,凡遇一二日狂风巨浪,海岸必剥蚀丈许,计一岁中至少须削去三四十丈,而涝年尤甚,以故青红、沙线、网滨早付汪洋。近五十年,已由小另案塌至六合庄,居民每于事先拆卸庐舍,携家远适。沧桑之变,人固无如何也”。阜宁境内的新淮河口即小旦港,是因为 1922 年秋海水冲激,南大湾全陷入海,“淮口徙此”。②

(二)地貌易形

经过黄河长期夺淮所形成的泥沙堆积作用,南宋以来淮河流域的微地貌景观也随之发生了改变,“或因飞沙堆积,不堪布种;或因水势冲刷,坍入中流;或因淹漫日久,变成盐碱,尽属不毛;或因外高内低,水无去路,积为陂泽”。③主要表现为:

首先,一些地区的地势因水带泥沙的长期影响而发生易变。如在淮扬运河地带,古时地形南高北下,运河北入淮河。至宋宣和中,据时人称运河高江淮数丈。康熙《扬州府志》作者认为,“当时运河尚高于淮,今则仅高于江,而反在淮下数丈矣”。④清代高晋认为:

---

① 参见阮修春:《赣榆县的海岸线》,政协赣榆县文史资料研究委员会:《赣榆文史资料》第八辑,1990 年,第 155—156 页。

② 民国《阜宁县新志》卷二《地理志·水系·海洋》,《中国地方志集成·江苏府县志辑》(60),第 16 页。

③ 《高宗纯皇帝实录》卷二十六,《大清高宗纯(乾隆)皇帝实录》(一),第 606 页。

④ 康熙《扬州府志》卷六《河渠》,《四库全书存目丛书》(史 214),第 664 页。

　　查西岸宝应诸湖,周围三百余里,湖面宽阔,水势一律相平。而运口以至瓜洲,计高十四丈有奇。地形北高南下,势若建瓴,是以三沟闸之外,未设堤防。下游之邵伯一带,湖河相通,向来形势即系如此,并非近年变迁所致。臣等复委淮扬道松龄、参将李永吉前往运河上下逐段测量,目下宝应运河水深八九尺至一丈一二尺,河面较高湖面一丈二尺,氾水汛运河水深六七八尺,河面较高湖面六尺七寸,永安汛运河水深六七尺,河面较高湖面五尺五寸,迤下六漫闸至万家塘一带河面较高湖面四尺五寸及二尺九寸、一尺八寸不等。迨至高邮一带,运河水深五六七尺,河面与湖面相平。惟露筋闸迤下至三沟闸通湖港一带,则湖面高于河面自二寸、四寸、一尺不等。此高邮以上河高而湖低,高邮以下湖高于运河之实在情形也。①

　　可见,黄河夺淮以后,淮扬运河地形易变为北高南低,淮河主泓也因此改道南入长江。在下河地区,由于黄河夺淮所带来的泥沙堆积作用,在范公堤附近也发生了地势易变,形成了东高西下的微倾地形。光绪《盐城县志》曰:

　　盐邑地势东高西下,要非往古形势然也。范堤以东,古本沮洳卑湿之地。迨唐大历中李承、宋天圣中范文正先后筑堰捍海,潮汐为所壅遏,不能逾堰而西,泥沙停积,久之遂成瓯窦。然明宣宗时,堤东海滩止三十余里,不如今日之广,夏应星《禁垦海滩碑记》可据。其时范堤迤西尚洼下,未高燥也。迨嘉隆以后,高堰屡溃,湖淮之水挟泥沙东趋,阻于范堤,不能复东,日益淤垫,久乃弥高。而西境之洼下,亦淮湖冲决所致。程《志》卷一《地理

<hr>

　　① (清)高晋:《覆奏湖河高下情形疏》,民国《三续高邮州志》卷六《疏》,《中国方志丛书》(402),第984—985页。

志》云:盐民旧重溪田,号沃壤,宜稻麦。后因河徙入淮,堤岸频溃,积水壅淤,盐邑境内由李家庄,历安丰场、九里荡、新野荡、沙沟荡、大纵湖,绕盐西界百五十里,俱洪波接连,茭苇盘错,溪田沃壤,尽为龙蛇鱼鳖之窟。迄今春祭祖墓,溪民犹望洋而祀焉,此西境古非污下之明征。沈《志》有流均沟,而无涧、市、溪、泾等河。其时射阳湖在流均沟西,流均沟一镇尚在湖荡中。今则涧河逾流均沟而东,在盐境者三十里,两岸渐多稻田。市、溪、泾三河堤岸亦日淤而东,湖荡较旧渐狭。百数十年后,昔之所谓溪田沃壤者,或可渐复。陵谷变迁,川原易位,此则形势之不可预定者也。①

其次,黄河夺淮使淮河流域不少地区丘壑易形。苏皖北部的黄淮平原是华北大平原的一部分,原本地势平坦而开阔,除北部徐(州)海(州)一带有局部侵蚀残丘外,大部地表由淮河、黄河及其支流冲积物覆盖。南宋以后,由于黄河不断泛滥和保运济漕,平原的西北部地区形成了大平小不平的微地貌景观,河道附近因泥沙堆积,地势较高;各河之间,特别是干支流交汇处附近则多洼地。废黄河河槽更是坑坑洼洼,高低不平。最高处真高 24.8 米,比堤外的屋顶还高。最低处真高只有 8.3 米,个别地方称为"龙潭",低于海平面数十米。②

黄河泛道所及,地形地貌多发生了变化。如破丘,在颍州西 160 里乳香台下流,旧名货丘,后为黄河决破,故呼破丘。③在界首县,小黄庙的地址原来甚高,经 1938 年花园口黄河一决,庙山门已淤没其中。名胜古迹,坟墓石碑,淤没难寻。④在五河县,县治南 2 里许有金

---

① 光绪《盐城县志》卷一《舆地志上·形势》。

② 参见庄文:《泗阳境内废黄河开发纪实》,政协江苏省泗阳县委员会文史资料委员会:《泗阳文史资料》第九辑,1994 年,第 118 页。

③ 康熙《颍州志》卷一《舆地·山川》。

④ 参见王之丰:《忆九年黄水之害》(1938—1947),政协界首县文史资料委员会:《界首史话》第二辑,1988 年,第 73—77 页。

冈山,乾隆五十一年(1786)黄淮交涨,"山矗立于危波巨浪中,四面冲刷,以致麓皆坍卸"。①在江苏桃源县,于家冈旧有积水,后因河底垫高,此冈反注。②邳州"昔者大河自西南来,径半戈山麓,折旋而南,漾漾往复,故此诸山并在睢宁之境。自河南徙,山乃在北,而地割入县,独虎、象诸山,隶州卫不改,皆浊流填淤,卷石斑伏,更数十百年不复知有此山矣"。境内的土山,因"河水填淤,居人聚其上"。③睢宁县境的大湖山,在官山东北5里,山之北相连的叫小湖山,后淤为平地。④丰县境内的驼山,又名堕山,在岚山之北,为华山后峰,"同华岚相连,延伸十余里。其上多石,耸直屹立,峻峭巍伟。清初尚在,清末淤沉"⑤;白驹山,在丰县东南15里,明成化、弘治年间山犹高3丈余,明嘉靖末,屡经黄水沙淤,其迹始平。⑥在山东菏泽,县治东北50里的历山、县治西北18里的桃花山皆因咸丰五年(1855)河决淤平,"水落后微存旧迹"。⑦

第三,除了前文已经论及的河道湖泊变迁导致水变陆地而遭开垦外,还有不少地方因河决或湖区扩大冲刷而导致陆地坍水。如河南汜水县"东西贯以浊河,南北塌陷曾无宁岁,朝为桑田,暮若沧海"⑧,"昔时河北徙,过牛口,自北而南,直抵五龙坞,逾敖仓,历四十五里而达河阴。今河已南徙,啮广武山根,历年塌陷迥异于昔矣"⑨;中牟县"三异等坊保,黄河坍塌冲作河道、并开河掘坏、及两岸土压被水

---

① 光绪《五河县志》卷二《疆域三·河》,《中国地方志集成·安徽府县志辑》(31),第396页。

② 乾隆《重修桃源县志》卷五《河漕志·河防》,《中国地方志集成·江苏府县志辑》(57),第552页。

③ 咸丰《邳州志》卷四《山川运道河防附》。

④ 睢宁县编史修志办公室译编:《睢宁旧志选译》,《山川志·山志》,1982年,第33页。

⑤ 王文升编写:《丰县简志》,江苏省丰县县志办公室、档案局合修,1986年,第56页。

⑥ 光绪《丰县志》卷一《封域类》,《中国地方志集成·江苏府县志辑》(65),第34页。

⑦ 《菏泽市水利志》编纂委员会编:《菏泽市水利志》,第21页。

⑧ 民国《汜水县志》卷一《地理·疆域》,《中国方志丛书》(106),第37页。

⑨ 民国《汜水县志》卷一《地理·山河》,《中国方志丛书》(106),第45—46页。

淹占不堪耕种夏秋地,共六百九顷七十一亩五毫"①;夏邑县,"频年以来,圮于河水冲突泛溢,而田庐将为洿池"②。

在安徽泗虹地区,于明季年间修筑高家堰,"淮水蓄聚于泗,至崇正(祯)四年洪水沉城,具疏题准永免久沉水淹田地五百八顷九十九亩",又于清顺治六年(1649)间归仁堤决,"淮黄水交加泛滥无归,陆地尽为汪洋,田地又淹六百余顷,二次被溺又不止一千二百余顷,永难涸出"。③康熙六年(1667)九月初九日,总督麻勒吉自淮安先行抵泗州,"勘水沉处所见,一派汪洋,不分亩畔。昔日新耕之地,今皆泛舟而行,咸称因归仁堤决,淮河上涨,平地成湖"。④又如泗州曾置学田有甓山湖田,今水沉;陵后湖田,今水沉。⑤泗州水沉田地"一起于归仁堤之决,再起于太皇堤之溃,所谓黄水横灌而入也。至毛城铺等处口门减泄太过,与淮、湖之混合漫溢,几于无岁无之"。⑥乾隆二十三年(1758),会勘宿、灵等事案内查明杨疃、土山、陵子、崔家、孟山五湖复沉上中下地 5578.51 余顷。⑦

在江苏淮扬地区,江都县的邵伯湖,"每春夏湖水涨没田,民苦之";"邵伯湖自谢公筑塘以来,几千余年。迩者黄淮交横,五塘并废,水无所纳,湖复涨漫,濒湖田皆沉水数尺"。⑧甘泉县"湖面形势之变迁,一由圩岸之增筑","一由滩地之沦没,如老鹳嘴",卢家嘴、相墩、汤家泮均坍,火家洪、郝家楼已坍,"仅余居民二百余户"。梁家巷居

---

① 正德《中牟县志》卷二,见《郑州经济史料选编》卷二,第 99 页。

② 嘉靖《夏邑县志》卷一《地理第一·物产》。

③ (清)袁象乾:《申请蠲豁荒沉田粮公移》,光绪《泗虹合志》卷十七《艺文》,《中国地方志集成·安徽府县志辑》(30),第 618 页。

④ (清)麻勒吉:《题蠲荒沉田粮疏略》,光绪《泗虹合志》卷十七《艺文》,《中国地方志集成·安徽府县志辑》(30),第 620 页。

⑤ 光绪《泗虹合志》卷六《学田》,《中国地方志集成·安徽府县志辑》(30),第 467 页。

⑥ 光绪《泗虹合志》卷五《田赋》,《中国地方志集成·安徽府县志辑》(30),第 432 页。

⑦ 乾隆《灵璧县志略》卷二《赋役》,《中国地方志集成·安徽府县志辑》(30),第 35 页。

⑧ 万历《江都县志》卷七《提封志第一》,《四库全书存目丛书》(史 202),济南:齐鲁书社,1996年,第 75 页。

民仅数十户,东庄嘴已全坍,九顷头坍没,仅存长埂一,大帝寺基址已坍入湖。周家嘴坍其半,王家嘴在黄珏桥下甲亦坍其半,荞麦尖已坍入湖。窑滩已坍其半。赵家嘴已坍大半,珠湖草堂全坍,唐家嘴亦坍其半。堰桥乡已坍大半,张田家嘴坍尽。民国《甘泉县续志》作者认为,"或坍其半,或已全坍,以视昔之滩陇,错落若爪、若角、若木之交枝者,均非复当年之形势已"。①兴化县"境内原有民田面临河湖,历被水灾冲动,河面愈廓愈大,田身愈削愈小"。②明隆庆年间,盐城县"叠罹水灾,田亩多成湖泊"。③

在江苏淮北地区,雍正八年(1730)抚院尹为钦奉上谕事案查出泽效灵一案内,有桃源县(今江苏泗阳县)原报3842余顷,内开马牙湖淤地700余顷,体仁集淤地957余顷,白洋河淤地120余顷。又马牙湖滩租改科地342余顷,湖水淹田等事案内淤涸地882余顷,黄河南岸淤出余地137余顷。其实只有马牙湖滩租改科,现丈出324.8顷,及湖水淹田等事停蠲案内涸出地700余顷,此外并无可起科之地。原因在于"此项逼近湖边,地极洼下,虽于雍正六年报涸起征,其时有涸沉之虑,且地属沙薄,并非成熟","第今高堰帮堤日加,湖水漫溢益深,目击桑田泽国,实难再有涸复,而历年冬勘出结,已属故套"。④在邳州,自康熙七年(1668)"河决民散。十四年,复决花山。二十四年,淫雨三月,平地丈余。前后二十年中,水势灾眚,岁岁见告。民间积欠十四万四千余两、夏麦三万四千石",至康熙二十八年(1689)康熙南巡,州人陈肇宪等遮身呼吁,事下江苏抚臣,覆奏得旨,计蠲除水沉地4682.27余顷,而当时邳州实存地8746.18余顷。

---

① 民国《甘泉县续志》卷三中《河渠考第三中》,《中国方志丛书》(173),台北:成文出版社有限公司,1975年,第162、165—166页。
② 民国《续修兴化县志》卷四《实业志·农垦》。
③ 乾隆《盐城县志》卷四《田赋》。
④ 民国《泗阳县志》卷十五《志九·田赋上·湖租》,《中国地方志集成·江苏府县志辑》(56),第367—368页。

由此可知,邳州原有地亩共计 13428.45 余顷,而水沉地就占全州总地亩 34.87%。①在沛县,乾隆元年(1736)丙辰十二月丁酉,"户部议覆署苏州巡抚赵宏恩疏言,沛县昭阳湖水沉田地二千一百六十八顷七十八亩有奇,请蠲除额征,应如所请,从之"。②可见昭阳湖区扩大导致大量田地沉入湖中。

在淮河流域山东曲阜,"曲城之南,东来沂水,由郭安二庄,经大柳树村前,西流三十里,至金口坝入泗河。坝有堰翅,所以堰泗水之狂澜。坝北有焦家村、河头村,村濒泗水,在近五十年内,居民田庐坍入河中者,已数十家"。③

(三)土质改变

黄河夺淮以及农业垦殖活动造成的水土流失,对淮河流域土质的改变也产生了重要影响。

第一,因河流挟带有机物,使得受淤之地变得肥沃。江苏桃源县的半边店,此处有伍家营,东迎蒋沟,南连房家湖,"河水泛溢,汇通汪洋,横阔十五里,入南河。今数处皆淤平,成沃壤矣"。④宿迁县有太学生朱玉珏,其父与伯父析产久不决,于是对父亲说:"伯父多男,大人止珏一子,多产何为?设他日犹子贫窭,于心亦未安也"。皆大奇之,乃定券。久之,河溢,所分瘠土悉为膏腴。⑤在睢宁县,天启七年(1627),知县杨若桐查出新淤官地 500 亩,"今俱废。止存河淤地一顷八十亩,坐落堽头社地方"。⑥安徽灵璧县有一种湾地,系南乡淮、

---

① 咸丰《邳州志》卷五《民赋上·田赋》。

② 《高宗纯皇帝实录》卷三十三,《大清高宗纯(乾隆)皇帝实录》(一),第 676 页。

③ 民国《续修曲阜县志》卷二《舆地志·疆域·山川》。

④ 乾隆《重修桃源县志》卷五《河漕志·河防》,《中国地方志集成·江苏府县志辑》(57),第 552 页。

⑤ 民国《宿迁县志》卷十五《人物志中》,《中国地方志集成·江苏府县志辑》(58),第 553 页。

⑥ 康熙《睢宁县旧志》卷二《建置·学宫》。

浍、漷、淝河等洼地,"水发则屈曲灌沃"。①

　　第二,人类垦殖活动以及黄河夺淮、黄河北徙的流水作用,在干旱大风天气的助推下,使得淮河流域相当一部分地区土地严重沙化。如民国《河南新志》曰:"河南平原聚居之村,大半河流淤积之地。河道不修,泛滥为灾。大陆气候,十年九旱。故近河之地常见白沙茫茫,寸草不生。干旱之日,扬尘蔽天"。②在汜水县,自道光二十三年(1843),"黄水滔天,水落后,地被沙压,难以耕种"。③在郑州,州东南30里有潮河,亦名滦河,"水带沙流,每遇夏秋涨发,势甚汹猛。沙积渐高,水复转经他处。数十年来河形并无一定,南曹稻田及圃田集、阴家庄、燕家庄等十余村均受其害。附近旱田,竟成淤沙,宽长七八里。风飚一起,沙飞蔽天,居民深以为患"。④因河决,"其地沙冈颇多,率迁徙无定,俱不载"。⑤在中牟县,"北枕黄流,南屏沙阜,居民患之"。⑥雍正二年(1724),章兆曾知中牟县时,适逢"河决后,地多飞沙,力请奏免盐碱沙地三千七百余顷"。⑦在扶沟县,"自光绪丁亥河决后,沃壤半被沙压,沙地仅可植豆,而连年干溢,几成石田"。⑧在通许县,道光二十三年(1843),黄河决杨桥,"黄水漫湮,邑西北受患尤巨,水平后,膏腴之田尽成沙卤","后飞沙滚滚,东作难望西成"。⑨在陈留县,

　　①　乾隆《灵璧县志略》卷一《舆地·土田》,《中国地方志集成·安徽府县志辑》(30),第22页。

　　②　民国《河南新志》卷三《礼俗·风俗概况》,河南省地方史志编纂委员会、河南省档案馆整理:《河南新志》,第165页。

　　③　(清)尹聘三:《邑候马少原请准豁免游河滩沙压地租德政记》,民国《汜水县志》卷十《艺文上》,《中国方志丛书》(106),第538页。

　　④　乾隆《郑州志》卷二《舆地志·潮河》。

　　⑤　乾隆《郑州志》卷二《舆地志·冈阜》引旧志。

　　⑥　(清)孙和相:《重浚丈八沟记》,同治《中牟县志》卷十,《艺文中》,郑州:中州古籍出版社,2007年,第482页。

　　⑦　乾隆《续河南通志》卷之四十九《职官志·名宦一》,《四库全书存目丛书》(史220),济南:齐鲁书社,1996年,第508页。

　　⑧　光绪《扶沟县志》卷十《风土志·物产》。

　　⑨　民国《通许县新志》卷五《官师志·宦绩·萧秀棠》,《中国方志丛书》(464),台北:成文出版社有限公司,1976年,第191页。

清代实在地亩为6114.86余顷,其中沙压地多达2756.41余顷。①在民权县,据调查,共有5大荒区,沙荒面积达35万余亩,周围泛沙与沙化耕地达22万亩之多,两者占全县土壤总面积的43%。5大荒区中有百亩以上的沙丘群36处,大小沙丘达460多个,一般3—5米高,最高的近10米。沙丘最多的在申、甘地段,由300多个大小沙丘组成了一条条的沙垅,沙丘占地面积7500余亩。其中申集丘群占地2500亩,黄堂丘群占地1400亩,老城占800亩,甘庄占2800亩。这些沙丘由北向南不停地移动着,据3年的定点观测,沙丘向南移动6.9亩,群众说近百年来沙垅移动有1千米。②

其他如淮河流域安徽萧县,因"滨黄河,地多沙瘠"。③在江苏阜宁县,自清康熙三十五年(1696)大水堤溃,"黄河南入射阳湖,山、盐腴产化为沙碛,民田丘墓不可辨识"。④泗阳县,明嘉靖三十一年(1552),"淮水溢","民田均沙淤"。⑤在宿迁县有太学生卓长清"幼孤事母,抚弟孝友备至。比长析居,悉以沃产让弟,自取滨河地十亩。久之,河溢,弟产多变飞沙,而长清之地乃涸增数顷"。⑥胡雨人在辛亥年(1911)四月十一日,见到"七堡以下黄河槽涸处,悉系飞沙,风吹成堆,聚散无定";当年四月十五日,胡雨人又考察成子河一带,"所见皆冈地,其色湿则黑,干则白,到处皆有沙礓。沙礓硬如黄石,耕者苦之"。⑦在山

① 宣统《陈留县志》卷八《田赋志》。

② 参见李好仁、王梦石:《民权县沙荒造林回忆录》,政协河南省民权县委员会文史资料研究委员会:《民权文史资料》第二辑,1990年,第4页。

③ 嘉庆《萧县志》卷二《风俗》,《中国地方志集成·安徽府县志辑》(29),第264页。

④ 民国《阜宁县新志》卷九《水工志·堤堰》,《中国地方志集成·江苏府县志辑》(60),南京:江苏古籍出版社,1991年,第205页。

⑤ 民国《泗阳县志》卷三《表二·大事附灾祥》,《中国地方志集成·江苏府县志辑》(56),第166页。

⑥ 民国《宿迁县志》卷十五《人物志中》,《中国地方志集成·江苏府县志辑》(58),第553页。

⑦ 胡雨人:《江淮水利调查笔记》(辛亥年),见沈云龙主编:《中国水利要籍丛编》第三辑,第21、25页。

东曹县,安陵、大丰、田村、三英、吕布等里各村庄,自清嘉庆十九年(1814)被黄河冲决,"尽成流沙"。①在鄄城县,1935 年 6 月 15 日,黄河在今临濮乡北董庄决口,黄水过后,急流处遗留下一条横贯全县的大沙河,沿河 4 万亩土地变成荒滩沙岭;缓流处河泥盖地数尺。②

土地沙化往往影响农作物的生长,甚至麦秋禾苗遭灭顶之灾。据记载,1908 年 4 月间,一场北风使民权县冯庄落沙一丈多高,麦、秋禾苗全被打死。1932 年阴历三月间,民权县从西北刮来大黄风,风来沙起,高粱、谷子幼苗全被打死,小麦刮死 80%以上。沙区人民流行一首歌谣道:"一场风沙起,禾苗一扫光。年年遭灾害,老幼逃异乡。一代复一代,四山压头上。苦难复苦难,何日变时光"。③在安徽阜阳,"自茨河口以下,或由水势(如黄水山水同时泛滥),或因人谋(如决此处以顾彼处),决口之事依然岁不绝书。且每值溃决,水头深者寻丈,少亦六七尺。不惟伤人弥众,更将堤外滨河膏腴多半冲为飞沙。地质既变,乃并一季小麦之收获亦不可得,秋季久已无收"。④在灵璧县,乾隆十八年(1753)九月十二日夜半,铜山县张家马路决口,黄水南灌灵璧,"古城南北数十里,一片寒沙,垫高数尺。经今两载,土性未回,五谷不茂,此百年以来未有之奇灾也"。⑤在徐州,"土本瘠薄,重以河徙沙淤,向所产或不复生"。⑥在菏泽,1935 年鄄城临濮决口,境内胡集行政村(今为乡驻地)正处要冲,8397 亩耕地全部变成了岗洼不平的沙滩。每年冬春,风起飞沙遮天,风过地揭尺余,庄稼

①　光绪《曹县志》卷七《河防志》,山东省曹县档案局、山东省曹县档案馆再版重印,1981 年,第 225 页。

②　参见许贵信:《鄄城县林业发展概况》,鄄城县政协文史资料委员会:《鄄城文史资料》第六辑,1994 年,第 88 页。

③　参见李好仁、王梦石:《民权县沙荒造林回忆录》,《民权文史资料》第二辑,第 5 页。

④　民国《阜阳县志续编》卷十四《抗战史料十二·黄河决口为灾》,《中国地方志集成·安徽府县志辑》(23),南京:江苏古籍出版社,1998 年,第 624 页。

⑤　(清)贡震:《灵璧县河防录·河变》,《中国地方志集成·安徽府县志辑》(30),第 115 页。

⑥　民国《铜山县志》卷九《舆地考》,《中国地方志集成·江苏府县志辑》(62),第 174 页。

连根拔去,树苗荡然无存。正常年景,一年只收一季秋,亩产不过20千克。[1]

对于土地沙化的防治,古人已经认识到栽树以起防风固沙的重要性。如雍正二年(1724)十一月,田文镜在《严禁剪伐酸枣以保护民地事[荒地自生酸枣禁止斩刈]》中就提到:"照得附近黄河地方,河水泛滥,四境多成荒沙,大风卷逐,沙积处便成丘陇,沙移处即作深坑。不但未垦荒地飞沙无定,即已垦熟地并被沙压,贻害无穷。保护之法全在多植酸枣,令其繁衍,俟其根深蒂固,可以坚土,枝多叶茂,可以蔽风。庶几沙土凝结,以免随风轻扬,尚堪耕种。各处皆然,延津尤甚。但垦种良农视酸枣为性命之依,而无知小民又视酸枣为樵薪之利,邻邑恃强剪伐,本地乘间窃取。地方官屡行示禁,抗不遵依,殊可痛恨",因此,"除出示发开封、归德、卫辉、怀庆、河南五府,郑州抄誊,转发沿河各州县遍贴晓谕外,合行饬知,为此行司道该吏照牌事理,即便转饬。嗣后有业主地亩,地方官多方劝谕,责令栽种树木;其无业主荒地,自生酸枣,严禁斩刈,务期加意培植,使之畅茂,上可蔽风,下可坚土。仍择立保约一名专司巡察,如有仍前恃强剪伐及乘间窃取者,即行报官,按法重处。其在邻封百姓,移文关究,并饬河防厅汛一体严禁,河兵堡夫不得擅行剪伐。倘该管官不严加约束,以及河防厅汛邻境纵容庇护,立即详报本署院,即以慢视民瘼入告,决不宽贷。毋违"。[2]

第三,因黄河夺淮和黄河北徙的流水作用以及海水潮汐作用,使得淮河流域一些地方的土地盐渍化加剧。在黄河北徙后留下的废黄河故道背河洼地,因地势低洼,物质组成较细,地下水位较高,矿化度亦大,形成带状盐碱地。由于同样的原因,部分古河床洼地底部可发育沼泽化潮土,洼地缓斜地面则形成潮化盐土。根据豫东兴隆、

---

① 《菏泽市水利志》编纂委员会编:《菏泽市水利志》,第70页。

② (清)田文镜:《抚豫宣化录》卷三上,张民服点校,郑州:中州古籍出版社,1995年,第88—89页。

罗王、兰考一带背河洼地及微斜平地的调查,因黄河侧渗而引起的土壤盐碱化范围沿河宽达 5—10 千米。根据砀山县废黄河两侧的土壤调查,废黄河古河床洼地上,盐碱地面积可达 80%,地下水位接近地表;古河漫滩(古河床高地)地下水埋深为 3.2 米,无盐碱地;古背河洼地,地下水位为 1.7 米,盐碱地面积达 60%~90%,向两侧去,随着地下水位降至 2.2—2.4 米,盐碱地面积减为 20%。①在民权县,故黄河南大堤外,自人和镇至孙六乡,有一条长达 80 多华里的盐碱化灾害带。②

历史文献表明,黄河形成地上河之后,到西汉时期两侧已发生了大面积的土壤盐碱化。贾让并对其成因作了论述,指出了由于黄河"水行地上,凑润上彻,民则病湿气,木皆立枯,卤不生谷"。③即使以现代科学的眼光来看,这一论断也是十分精辟的。

证诸淮河流域文献,在背河洼地以及滨海之地的土地盐渍化十分严重。如河南杞县,明崇祯十五年(1642),开封遭水灌之后,"幅员百里,一望浩渺","昔之饶裕,咸成碱卤,土地皆为石田"。④中牟县"其卑湿之地,潦则水注成河,碱则地白如霜。民贫多逃,村落为墟,此南境之常也,而晶泽里为尤甚"。⑤陈留县"东北地方胶淤洼下,雨稍频,禾辄淹没。且北跨黄河,滩碱更属不毛"。⑥郑州"滨大河,不时侵溢,兼有贾鲁、栾、郑诸河助之为害,而贾鲁更烈。故近水一带数十里,非斥卤则淤沙,非潴水则洪流"。⑦安徽蒙城县,也是"其土地薄

---

① 参见许炯心:《中国江河地貌系统对人类活动的响应》,第 179 页。

② 参见张世德:《民权县土壤盐碱化灾害治理工作的回忆》,政协河南省民权县委员会学习文史委员会:《民权文史资料》第七辑,2001 年,第 19 页。

③ 《汉书》卷二九,《沟洫志》。

④ 乾隆《杞县志》卷七《田赋志》。

⑤ (清)冉觐祖:《晶泽里折河碑记》,民国《中牟县志·三人事志·艺文》,《中国地方志集成·河南府县志辑》(8),上海:上海书店出版社,2013 年,第 343 页。

⑥ 宣统《陈留县志》卷八《田赋志》。

⑦ (清)毛汝诜:《题请豁粮修河感恩碑》,民国《郑县志》卷十七《艺文》,《郑州历史文化丛书》编纂委员会编:《民国郑县志》(下),郑州:中州古籍出版社,2005 年,第 610 页。

卤,田无灌溉之源"。①位于淮河下游平原的淮安因靠近海洋,地势平坦,排水不畅,旱涝相仍,所以"斥卤沮洳,腴田最少"。②

清康熙六年(1667),顾景星由河南南部的罗山北行,于上蔡渡颍水往陈州,曾有诗云:"平壤多硝卤,咸泉遍井注"③;至宛丘时又云:"宛丘咸泉食不堪"④。经皖北经过河南,顾景星曾在日记上说:"渡淮后,汴梁以东,水半苦涩,以西近黄河处,则渐甘"。⑤依此记载,则在开封城以东的开封府东半部和归德府,井泉水味苦涩,开封以西的开封府西半部和河南府,则水味渐甘。这与华北的地质因素有关,华北平原的盐渍土,由于地形平坦,排水不畅,低地受到弱矿化地下水渗入,盐分因蒸发积累于土壤中,地下水水线越浅,土壤的盐渍化越严重。⑥

土地盐渍化,对农业生产危害甚大,史料记载"盐、泰诸邑海水浸溢,则田皆斥卤,三年不长禾稼"。⑦又如同治年间,"议得荥工黄河水漫淹之东赵保等一百五十七村庄,今年正月,荥泽漫口虽经堵合,无如涸出地亩,均成沙土白泥,并有盐碱之地。上年隆冬,积水较深,地多受寒"。据当地老农说,"此项灾民非三四年后不能布种,即使勉强种植,亦属不敷工本"。⑧

从以上河流湖沼变迁、水旱灾害不时、地形地貌易变等水生态

---

① 民国《重修蒙城县志》卷一《舆地志·风俗》,《中国地方志集成·安徽府县志辑》(26),第654页。

② 《古今图书集成·方舆汇编·职方典》卷七四八,《淮安府部汇考八·淮安府风俗考》。

③ (清)顾景星:《渡颍水東方陈州》,《白茅堂集》卷十三,《丁未》,《四库全书存目丛书》(集205),台北:庄严文化出版公司,1995—1997年。

④ (清)顾景星:《柳湖》,《白茅堂集》卷十三,《丁未》。

⑤ (清)裴景福:《河海昆仑录》卷三,"光绪三十二年二月初十日"条,《近代中国史料丛刊》第25种,台北:文海出版社,1967年,第285页。

⑥ 任美锷主编:《中国自然地理纲要》,北京:商务印书馆,1985年修订,第164—165页。

⑦ 光绪《盐城县志》卷十七《杂类志》引《半访斋诗集捍海堰诗注》。

⑧ (清)王莲塘:《荥工被淹缓征钱漕议》,民国《郑县志》卷十五《艺文》,《郑州历史文化丛书》编纂委员会编:《民国郑县志》(下),第506页。

环境变迁的内容和表现来看,南宋以来淮河流域水生态环境呈现出恶化和脆弱化的趋势。这种恶化和脆弱化变迁尽管有些是自然力造成的,但不合理的人类活动所造成的淮河流域水生态环境的破坏性影响也是不可忽视的。历史告诫我们,人类必须尊重自然规律,在充分利用自然的同时,应尽量避免社会经济活动给自然界带来的负面影响。只有这样,才能保持人与自然、人与社会的和谐相处。因此,今后淮河流域水生态环境的保护与治理,要以史为鉴,严格规范和约束人类自身的行为,以减轻不合理的物质生产活动、生活行为给流域水生态环境所带来的过度影响;必须将经济、社会、政治、文化与水生态环境治理和保护问题纳入统一框架,融水生态环境因素于淮河流域发展战略和各项政策以及人们的生产、生活当中;要转变淮河流域历史上只以人对水的控制利用为目的的传统治水之道,积极寻求能多使人水亲和而少使人水对抗的非强制性治水方法,进而构建可以人水和谐共生、可以促进淮河流域社会经济发展的水生态环境。

第四节　水生态环境变迁对经济社会的影响

水生态环境,是人类进行生产、生活的基础条件。一方面,人类活动作为与自然力相对的一种外营力,通过自己的政治、经济、军事、文化等行为作用于一定区域的水生态系统,不断地形塑着当地的水生态环境,乃至推动区域水生态环境的重大变迁。另一方面,水生态环境对人类来说不完全是消极被动的,当人类活动没有根本损害水生态环境的自我净化、自我修复能力时,良好的区域水生态环境为当地经济社会发展提供了丰富的水生态资源和宜居条件;当不合理的人类活动超过区域水生态环境承载力的时候,就会造成区域水生态环境的持续恶化,最后会对人类生产生活产生严重的负面影响。正如恩格斯在《自然辩证法》中指出的那样,"我们不要过分陶醉于我们人类对自然界的胜利。对于每一次这样的胜利,自然界都对我们进行报复。每一次胜利,起初确实取得了我们预期的结果,但是往后和再往后却发生完全不同的、出乎预料的影响,常常把最初的结果又消除了"。[①]历史时期,不合理的人类活动与黄河夺淮等因素共同叠加,促使淮河流域水生态环境呈现脆弱化、紊乱化变迁。而持续恶化的淮河流域水生态环境又造成了淮河流域经济社会发展的停滞甚至倒退。[②]

一、经济衰颓

南宋以来,淮河流域水生态环境的恶化除了前文提到的耕地因水环境变化而沉浮不定、沙淤及地下水位升高导致的河流两旁土壤沙化、盐渍化会直接造成淮河流域农业耕地的缺失、农作物产量减少外,更有甚者是淮河独流入海的水生态系统被破坏而导致的频繁水旱灾害对淮河流域农业人口、种植业、商业市镇造成的沉重打击,

---

① 恩格斯:《自然辩证法》,《马克思恩格斯选集》第 4 卷,北京:人民出版社,1995 年,第 383 页。

② 关于灾害引发淮河流域经济社会问题的研究,学界已有大量的研究成果,如张崇旺《明清时期江淮地区的自然灾害与社会经济》(福建人民出版社,2006 年)一书的第三章"灾害与江淮地区的农耕社会";陈业新《明至民国时期皖北地区灾害环境与社会应对研究》(上海人民出版社,2008 年)一书的第三章"凤阳之民,未有不穷且苦者也——灾荒环境下皖北之民生"、第四章"从'逃荒'到'逞荒'——灾荒与皖北流民"、第五章"灾害环境下的社会风习"、第六章"狼烟四起——皖北匪患与社会动荡";马俊亚《被牺牲的"局部":淮北社会生态变迁研究(1680—1949)》(台湾大学出版中心,2010 年)一书的第三章"淮北农业生态与农村经济结构的变迁";池子华的《从"凤阳花鼓"谈淮北流民的文化现象》(《历史月刊》(台湾)1993 年第 7 期)、《近代农业生产条件的恶化与流民现象——以淮北地区为例》(《中国农史》1999 年第 2 期);陈业新的《皖北花鼓灯探源》(《安徽师范大学学报》(人文社会科学版)2008 年第 4 期)、《明至民国时期皖北地区告竆风习探析》(《社会科学》2008 年第 3 期)、《民国时期民生状况研究——以皖北地区为对象》(《上海交通大学学报》(哲学社会科学版)2008 年第 1 期);马俊亚的《从武松到盗跖:近代淮北地区的暴力崇拜》(《清华大学学报》(哲社版)2009 年第 4 期)等等论著,皆有详论。本节的撰写,有些地方参阅了学界上述已有的成果,特此说明并鸣谢。

生态恶化与经济贫困化相伴而生、恶性循环。

（一）人口凋零

频仍而严重的水旱灾害对淮河流域经济社会生活的影响，最直接表现在对淮河流域人民生命的摧残和戕害上。大的水旱灾害往往造成人口的大量死亡或流徙，这本身就是对社会生产力的极大破坏，因为人——准确地说是劳动者，本来就是生产力系统中最活跃的因素，或者如列宁所说，是"全人类的首要的生产力"。

南宋以来发生在淮河流域的重大水旱灾害都会造成灾地人口大量的死亡。如明洪武二十三年（1390）发生在淮河流域滨海的大潮灾，造成两淮盐场死亡 30000 人。成化七年（1471）潮灾，死者 300 余人。嘉靖十八年（1539）潮灾，"淹没人口甚众"。[①]正统九年（1444），扬州水灾，溺死 1000 余人。[②]嘉靖四十五年（1566），寿州夏霪雨，人畜溺死者无算。[③]隆庆三年（1569），淮水大涨，溺死人畜不可胜计。[④]万历二年（1574），淮决高家堰、湖决清水潭，漂溺男妇无数。[⑤]清康熙七年（1668）八月，"黄河下流既阻，水势尽注洪泽湖。高邮水高几二丈，城门堵塞，乡民溺毙数万"。[⑥]康熙九年（1670），河没陈家楼，水入清河、决清水潭，死者遍野。[⑦]康熙三十五年（1696）六月以及秋七月，泗州雨 50 余日，大水沉泗州城，漂没死者无数。[⑧]雍正二年（1724）七月十八、十九日，两淮盐场遭遇风潮，通州属丰利、掘港、西亭 3 场，泰州

[①]　康熙《两淮盐法志》卷二八，《艺文四·附沿革》，《中国史学丛书》（42），第 2340—2341 页。

[②]　嘉庆《广陵事略》卷七，《续修四库全书》（699），第 392 页。

[③]　光绪《寿州志》卷三五《祥异》，《中国地方志集成·安徽府县志辑》（21），南京：江苏古籍出版社，1998 年，第 559 页。

[④]　嘉庆《高邮州志》卷一二《灾祥》。

[⑤]　光绪《淮安府志》卷四〇《杂记》，《中国方志丛书》（398），第 2534 页。

[⑥]　《清史稿》卷一二六，《河渠志·黄河》。

[⑦]　乾隆《淮安府志》卷二五《五行》，《续修四库全书》（700），第 457 页。

[⑧]　光绪《盱眙县志稿》卷一四《祥祲》，《中国方志丛书》（93），第 1188 页。

属拼茶、角斜、富安、安丰、梁垛、东台、何垛、丁溪、小海、草堰 10 场，淮安属白驹、刘庄、庙湾、伍祐、新兴、板浦 6 场，共计溺死男妇大小 49558 口。[①]雍正五年(1727)七月，霍邱大水，淹毙人民不可胜计。乾隆五十年(1785)，霍邱因大旱而人相食，"民死十之四，且有阖家毙者"。道光二年(1822)，霍邱县南山洪暴发，沿河灾民溺死者数千人。[②]光绪十三年(1887)，盱眙仇家集漂没庐舍溺死 26 人。[③]

较大水旱灾害发生后，如果政府和社会救灾、赈灾不及时或不力，往往又会造成淮河流域大量人口的流徙。如明代万历年间出任庐州知府的张瀚就总结道："江北地广人稀，农业惰而收获薄。一遇水旱，易于流徙"。[④]江苏泰州自隆庆三年(1569)以来，"堤无岁不决，闸无岁不减，田沉水底。民穷刻骨，死亡投窜，十室九空"。[⑤]万历四十四年(1616)，天长县"四至八月不雨，禾菽枯死，蝗生"，民多逃亡。[⑥]崇祯四年(1631)，淮扬水灾，军民及商灶户死者无算，少壮转徙。[⑦]清康熙年间(1662—1722)，"泗、虹水患频仍，人民逃亡者大半"。[⑧]

若水旱灾害频繁发生，往往造成淮河流域人口死徙众多，从而使得灾地户口凋零，人口发展因灾而大起大落，社会经济发展严重受阻。如江苏宿迁县"地滨大河，叠罹水患，土荒民逃"。[⑨]兴化县在明

① 嘉庆《两淮盐法志》卷四一，《优恤二·恤灶》。

② 同治《霍邱县志》卷一五《艺文志六》，《中国地方志集成·安徽府县志辑》(20)，南京：江苏古籍出版社，1998 年，第 555—556 页。

③ 光绪《盱眙县志稿》卷一四《祥祲》，《中国方志丛书》(93)，第 1200 页。

④ (明)张瀚：《松窗梦语》卷一，《宦游纪》，北京：中华书局，1985 年，第 9 页。

⑤ 崇祯《泰州志》卷九，万历二十三年八月《檄州告永折呈》，《四库全书存目丛书》(史 210)，第 214 页。

⑥ 嘉庆《备修天长县志稿》卷九下《灾异》，《中国地方志集成·安徽府县志辑》(34)，第 191 页。

⑦ 《明史》卷八四，《河渠二·黄河下》。

⑧ 乾隆《泗州志》卷五《食货志》，《中国地方志集成·安徽府县志辑》(30)，第 233 页。

⑨ 民国《宿迁县志》卷十三《职官志下》，《中国地方志集成·江苏府县志辑》(58)，第 530 页。

万历十一年(1583)户口数达到最高峰,户数为15861,口数为129740。清康熙六年(1667)后,"河堤岁决,人民转徙"。康熙十五年(1676),"水浸半城,漂溺者众,疾疫流行,病死者无算"。康熙十六年(1677),署县事郑某审过逃流4406丁,亡故8866丁,止存实在19726丁。从顺治十四年(1657)至康熙十六年(1677)短短21年,因灾死徙使得兴化人丁损失"不啻十之五"。①在盐城县,明初户口尚寡,"至嘉靖季年户增踰倍,口增三之一",但自隆庆三年(1569)后,"洪水频仍,流民就食他方,户口凋零"。②在宝应县,经过明初休养生息,户口繁庶,但自嘉靖、隆庆之际以逮万历,水灾频仍,"民贫次骨,户口日耗"。③经清初农业生产的恢复,至康熙时宝应人口共计26315丁。但是,康熙七年(1668)大水,灾民纷纷逃散,只存熟丁7787口。到了康熙十一年(1672),叠罹水灾,人民逃亡的更多,仅存熟丁1892口,"丁数为最衰少"。④在高邮,康熙元年(1662),高邮实在人丁31136,至康熙十年(1671),"因屡年水患,民多流亡",总督帅公颜保具题奉旨查减,州同知王昊清审减除人丁10332,存实在人丁20804。十年损耗人丁近1/3,况且人丁皆是一家之主要劳动力,他们的流亡多拖家带口,故人口流失基数将会更大。⑤在淮安,乾隆年间的淮安府"因黄淮并急,流亡愈多"⑥,府属清河县自明景泰三年(1452)至清乾隆时期,户最多时有6300户,最少时有4444户;口最多时有45567口,最少时有11112口,"大抵户莫多于嘉靖,口莫盛于景泰,衰耗莫极于万历",⑦原因在于黄淮并涨,水灾频发。

① 康熙《兴化县志》卷三《户口》,《中国方志丛书》(450),第211—212页。
② 乾隆《盐城县志》卷四《户口》。
③ 道光《重修宝应县志·旧序》《万历陈煃序》,《中国方志丛书》(406),第8页。
④ 道光《重修宝应县志》卷七《丁口》,《中国方志丛书》(406),第328页。
⑤ 嘉庆《高邮州志》卷三《户口》。
⑥ 乾隆《淮安府志》卷一二,《续修四库全书》(700),第1页。
⑦ 光绪《清河县志》卷七《民赋上·户口》,《中国方志丛书》(465),第55页。

(二)作物衰微

传统粮食作物有旱作、水作之分。无论是旱作作物还是水作作物,对水生态环境皆有一定的适应性。如果原有的水生态环境发生了很大的变化,比如过旱或者过涝,都会造成作物减产甚至颗粒无收。南宋以来频仍的水旱灾害对淮河流域有些粮食作物种植产生了很不利的影响,在某种程度上甚至极大地阻碍了淮河流域农业的发展和进步。如在淮河下游的里下河地区,原本普遍种植双季稻,但因地处低洼,排水不畅,加上政府为保漕堤安全,在很多湖水秋涨的年份都要向下河地区开坝泄洪,众多的水患导致下河地区在清嘉庆九年(1804)以后多种一季秋前收获的早稻或中稻。清人李彦章于道光年间在江苏居官,曾调查该地双季稻没落的原因,他说:"有人言江北下河州县,前数十年稻两熟。余去秋以防河驻邵伯埭,亲见早中晚稻之种皆备,而竟无再种者。心尝疑之,以询老农。皆谓嘉庆九年以前,罕水灾,种稻一岁得两熟;九年以后,湖水秋涨,五坝辄开,田惟恐淹,故但幸其一收,而不可以再种"。李彦章就此认为下河地区从双季稻一改为单季稻,完全不是"风土之不宜",而是"水患之相阻。"[①]这是一个很符合实际的不刊之论。林则徐也在《江南催课稻编叙》中说:"且如江北下河诸邑,无岁不持早稻为活,立秋前则皆登矣。其不能两熟者,以秋汛启坝,洪泽之水下注故耳。闻三十年前则两种两刈也"。[②]

淮河流域地处南北过渡带,常发暴雨、干旱、高温、寒潮、低温、霜冻、冰冻、暴雪、冰雹等气候灾害,使整个淮河流域农村经济屡受摧残,不少经济作物的种植因之也间接受到影响。而严重的气候变冷乃至低温冰雪、水旱灾害,则直接对淮河流域的桑棉作物造成毁灭性的打击。如在蚕桑种植方面,明中后期至清中期出现了一次大的衰落。据淮河流域地方志记载,当时河南光山县是"少种桑麻,无

---

① (清)李彦章:《江南催耕课稻编·江南再熟之稻》,《续修四库全书》(977),第36页。

② 来新夏:《林则徐年谱》,上海:上海人民出版社,1981年,第450页。

蚕丝之利"。①安徽宿州及其所属灵璧县一带"妇女不事蚕织"②;凤阳县也是"民不种桑,不畜蚕"③;泗州"土瘠民惰,不知农桑"④,其所课丝绢,或折绢征银,或"全由大众输值鬻买充数"⑤,蚕桑业呈现一片凋零之状。在"淮、扬之间,民耳不闻蚕桑之宜,目不睹纺织之勤"⑥;"(高)邮民素不饲蚕"⑦;甘泉县"居人少事蚕织,未擅其利"⑧。之所以出现上述这种蚕桑业凋敝的景象,据有的学者研究,遭遇 16—19 世纪的气候变冷是根本原因之一。⑨再如棉花,具有喜热、好光、耐旱、忌渍的特点,适宜于在疏松深厚土壤中种植,所以水灾对棉产也有极大伤害。如淮河流域鲁南系一重要产棉区,但地处黄河南岸,水灾频繁,棉产极不稳定。1924 年,菏泽、曹县、郓城、单县、城武、定陶、巨野各县,棉花产额约 20000 担。⑩至 1930 年,最高产量曾达 56 万担。但1932 年水灾后,鲁南棉区多被淹没,棉田及棉产量急剧减少,1933年仅仅5000 余担,产品除供给当地絮作纺织之用外,无余裕运出。⑪

　　在淮河流域山东境、江苏淮北地区,由于黄河夺淮的长期破坏,水生态环境极其脆弱、恶化,时至近代依然水利不兴,年岁多歉。为了贪图厚利,一些地区的农民竟动起了种植耐水旱的罂粟念头,这

①　嘉靖《光山县志》卷四《田赋志》。

②　嘉靖《宿州志》卷一《地理志·风俗》。

③　天启《凤阳新书》卷四,《星土篇·天险》。

④　《明史》卷二〇八,《汪应轸传》。

⑤　万历《帝乡纪略》卷三,《舆地志·土产》;卷五,《政治志·风俗》。

⑥　(清)薛福保:《青萍轩文录》卷一,《江北本政论》。

⑦　光绪《高邮州志》卷二,转引自李文治主编:《中国近代农业史资料》第一辑,北京:生活·读书·新知三联书店,1957 年,第 427 页。

⑧　民国《甘泉县续志》卷七上《物产考第七上》,《中国方志丛书》(173),第 421 页。

⑨　参见张崇旺:《论明清时期安徽淮河流域蚕丝业的推广与变迁》,《中国发展》2010年第 6 期。

⑩　《中国年鉴》(1924 年),《外国贸易·棉花及棉货输出统计》,上海:商务印书馆,1924 年,第 1701 页。

⑪　金城银行总经理处天津调查分部:《山东棉业调查报告》,1936 年,第 90、110 页。

是淮河流域水生态环境恶化导致传统农业衰微的典型事件。丁日昌《抚吴公牍》中就谈到,"访闻徐属近山东境有种植罂粟之事",就担心"海属水利湮塞,旱无可灌,水无可消,故致庚癸频呼,罂粟不怕水旱,获利又丰。蚩蚩者惟利是图,安得不舍本逐末?将来烟田日多,农田日少,十年以后必有室如悬磬,野无青草之一日"。①又说"江北年岁多歉,由于水利失修也","若水利不修,则旱无可灌,水无所泄,农事敝而大局不可为矣","闻徐、沂二郡之间,百姓业已播种罂粟,诚恐传染至淮,则民风不可救药。盖罂粟种于旱地,尤易发舒,而又获利较丰,清、安二县连年因旱歉收,万一百姓计无复之,效种罂粟,流毒间阎,何所底止?"②

(三)商务不兴

多发的严重水旱灾患以及黄河夺淮造成河道淤塞、漕运废止,都对淮河流域商业及城镇经济发展造成不利影响。

首先,造成南宋以来淮河流域整个商业发展的停滞落后。一方面,水旱灾害频发导致农村经济凋敝,购买力锐减,从而使淮河流域各地商业不振。如"江苏省江北各县——江北淮、徐、海等县商业,在昔素称繁盛",迄民国时期,"距近年来,迭受水灾旱灾影响,因之商业凋敝,现金缺乏,各业均呈不景气景象"。③另一方面,严重水灾给商号店铺及商业货物造成极大损失。如在涡河沿岸的涡阳,有家名"长发祥"的店号,在当地原本是资财十分雄厚的商铺,后因购进一大批红糖,先是军阀混战没有及时卖出去,后经夏季炎热融化,秋季存放地点又遭遇大水灾,故红糖被大水冲走殆尽,损失巨大,最后资不抵债,倒闭关门。④

---

① (清)丁日昌:《抚吴公牍》卷三三,《徐海道禀委员查勘沭邑侯家河似应照旧启放由》。

② (清)丁日昌:《抚吴公牍》卷三三,《淮安府禀覆清安二县便民等河兴挑一案由·加函》。

③ 吴醒亚:《到经济建设之路》,上海市社会局,1935年,第69页。

④ 参见马镇南:《解放前涡阳工商业概况》,政协安徽省涡阳县委员会文史资料委员会编:《涡阳史话》第四辑,1986年,第139页。

其次,对淮河流域城镇经济发展造成直接冲击。譬如,严重水患给淮河流域不少城镇带来灭顶之灾。如在淮河流域的河南,中牟县北部的万胜镇,在唐宋时代是开封的卫星城镇,在经济、军事上具有重要地位,但历经雍正元年(1723)、道光二十三年(1843)两次黄河大决口,镇上居民十死八九,经此之变,昔日巨镇,尽埋沙底,整个地理环境面目全非。①

在淮河流域的安徽,泗州因"自黄河南徙,拦入清口,逼淮不得直下"导致洪泽湖水位持续上涨,最后在康熙十九年(1680)因"上游山水大发,下游淤塞,淮水高出外堤数尺",州城随之沉入洪泽湖底。②淮河边的临淮关"叠经水患,城内居民多半远徙"。③

在淮河流域的江苏,泗阳县的老鹳汀东北60十里,有崇河北市,"昔为巨镇,商贾辐辏,称小苏州"。周世宗至北神堰,"齐云舰大不能容",乃开崇河以通道。康熙二十二年(1683),崇河北市"被孙家塘水冲,河淤集废"。④清河县"镇之废也,废于水","黄淮灾数镇,六塘灾数镇。霪霖积潦,便民河所不及泄,又延及数镇"⑤的情况,屡见不鲜。

在淮河流域的山东,单县城就"因迭罹水灾,城内未见繁盛"。⑥

时至1931年,淮河流域普遭大水,河南周口镇是"大雨连绵,十日不已。田园庄舍,淹没坍塌。灾民无家可归,商号货物冲毁。沙河上游决口,巨浪雄涛,势如奔马"⑦,市镇商业损失颇重。同年8月26日下午3时,江苏邵伯六闸及馆驿前南大王庙等处先后决口11处,

---

①　参见陈代光:《从万胜镇的衰落看黄河对豫东南平原城镇的影响》,《历史地理》,第二辑,上海:上海人民出版社,1982年,第169—170页。

②　光绪《泗虹合志》卷四《水利志下·盱虹河道总论》,《中国地方志集成·安徽府县志辑》(30),第425页。

③　光绪《凤阳县志》卷三《市集》。

④　民国《泗阳县志》卷八《志二·古迹·老鹳汀》,《中国地方志集成·江苏府县志辑》(56),第267页。

⑤　光绪《清河县志》卷三《建置·乡镇》。

⑥　黄泽苍编:《分省地志·山东》,上海:中华书局,1935年,第233页。

⑦　《豫省四十余县水灾》,《申报》1931年8月13日,《申报》第285册,第336页。

"每处堤身崩溃面积十丈二十丈不等,以致邵伯全镇,尽成泽国"。江都县邵伯镇距城仅 40 里,为里下河各县之咽喉,"市面极繁盛,全镇居民三千余户,人口约三万左右",但此次水灾所造成全镇的惨状,"非笔墨所能形容。沿岸居民数千户房屋,竟无一家完整者,号泣之声遍地";"举目所见,一片汪洋。全镇精华,尽没水中";"有水深过肚,有砖瓦倾积,高若河中之小屿。其余箱笼、米豆,以及被水浸湿之零星什物,触目皆是"。①

更为严重的一种情况是,黄河夺淮及北徙事件所导致淮河流域水路交通线的改变、黄淮造陆致使制盐中心的位移,都促使淮河流域一些城镇急剧的衰落。如河南朱仙镇,在开封城西南 45 里,地处贾鲁河河畔,清代被人们誉为全国四大名镇之一。乾、嘉以前,朱仙镇市街南北长 12 里,东西阔 5 里,分东西二镇,商业繁盛。乾隆以后逐渐衰落,至 1906 年,只剩 15000 人。朱仙镇衰落的重要原因之一,就是黄河泛滥。1723 年,河决中牟十里店,由贾鲁河南下,漫溢朱仙镇,房屋多被破坏。九月河决中牟杨桥,朱仙镇复被水患,贾鲁河淤塞,影响商业。1843 年河决中牟,贾鲁河改经镇西,商业繁盛的东镇受水患最甚,朱仙镇精华损失殆尽。1887 年,河决郑州石桥,贾鲁河被淤塞,航行困难。1900 年,贾鲁河被黄河沙填,舟楫完全不通。②

在淮河流域京杭运河沿线,扬州是元明清时期的漕运、盐运中转中心,富庶繁华甲天下。但黄淮造陆、海岸东迁而造成淮南盐场盐卤淡薄,致使清末时淮南的盐产短促,制盐中心开始向淮北盐场转移。同时,清末因运河不少河段淤废,接而海运及铁路畅通,商船不再由扬州北上或南下,"自津浦路通,运道变迁,(漕、捐)岁收俱减"③,"遂成寂寞无闻之内地"④。

---

① 《溃运堤十五处》,《申报》1931 年 8 月 29 日,《申报》第 285 册,第 784 页。

② 参见李长傅:《开封历史地理》,北京:商务印书馆,1958 年,第 39—48 页。

③ (清)倪在田:《扬州御寇录》,转引自向达等编:《太平天国》,上海:上海人民出版社,1957 年。

④ (清)徐谦芳:《扬州风土记略》卷之下,《交通》。

　　高邮城濒临运河,为淮南之冲,旧日帆影车声,往来不绝,亦颇极一时之盛。当地服装业在其盛时,"城内彩衣街凡数十家,城外东台巷十数家",而漕粮海运后,大都衰落下去,"阖城不过十余家而已"。①

　　淮安,俗呼"淮城",明清时"为淮北纲盐屯集之地,任鹾商者皆徽扬高赀巨户,役使千夫,商贩辐辏。秋夏之交,西南数省粮艘衔尾入境,皆停泊于城西运河以待盘验,牵挽往来,百货山列。河督开府清江浦,文武厅营,星罗棋布,俨然一省会。帮工修埽,无事之岁,费辄数百万金,有事则动至千万。与郡治相望于三十里间,榷关居其中,搜刮留滞。所在舟车阗咽,利之所在,百族聚焉。第宅服食,嬉游歌舞,视徐海特为侈靡"。但自"河决铜瓦厢,云帆转海,河运单微,贸易衰而物价滋"。②原因在于黄河北移,海运兴起,"冀、豫之物不能南来,一也;漕艘不行湖广,江汉之产不能运京,二也";"礼字河不闭,东省皖境之货绕越而去,三也";"闽越江浙之财,半附轮船转运他处",③淮安南北物质流通地域大大缩小,商品流通的规模已经缩减,迄20世纪30年代,淮安城人口只有5.1万,已"衰落成一老年都市矣"。④

　　淮阴,俗称"清江浦","在海道未通以前,为南方诸省北上舍舟登陆之要道,帆樯林立,盛极一时"。⑤据《古今图书集成》记载,清江浦自明代在沙河以上开运河后,凡南北"货船悉由清江过",于是成为"千舳丛聚,侩埠羶集两岸,沿堤居民数万户,为水陆之康庄,冠盖之孔道,阛阓之沃区"⑥的中等市镇。至1775年清江浦人口增至54万余人,发展成为大型商业城市,⑦"舟车鳞集,冠盖喧阗,两河市肆,

---

①　民国《三续高邮州志》卷一《实业志·营业状况·商业》。

②　光绪《淮安府志》卷二《疆域》。

③　同治《重修山阳县志》卷四《漕运》。

④　李长傅编:《分省地志·江苏》,上海:中华书局,1936年,第330页。

⑤　殷惟龢编:《江苏六十一县志》上卷,上海:商务印书馆,1936年,第135页。

⑥　(清)刘献廷:《广阳杂记》卷四,北京:中华书局,1985年。

⑦　淮阴市地方志编纂委员会:《淮阴市志》(上册),上海:上海社会科学出版社,1995年,第17页。

栉比数十里不绝"①。迄晚清时,清江浦还是"百货屯集,争先售卖",人称"为内地商业总汇之区","商业不减镇江"。②但是,"自海道开通,河运失效,商业遂一落千丈。津浦铁路通车后,出此途者益鲜"③,"昔之都会遂成下邑"。民国《续纂清河县志》纂者为此发出"俯仰数十年间,有风景不殊之感焉"④之感慨。

沛县城东有夏镇,"运河流行之时代,水从夏镇穿过,往来利便,故该镇商务盛于县城"。漕运废弃、津浦路通车后,该镇由于运河水小,不能行运,又中隔昭阳湖,离县城远,交通不便,"反不如县城矣"⑤,仅有商店多家而已。⑥

宿迁,在运河交通极盛时代,为淮北商业中心,"商贾辏集,市街兴盛"。⑦"凡南北各项货物,多于此为交易之所"。"迨后黄河改道,漕运更张,市面已渐有就衰之势。及至津浦路告成,所有从前由宿转输之货,概行绕道徐州,改用火车装运,不复由此经过"。⑧从此,宿迁县城商业一落千丈,已经"远不如前,人口三万三千"。⑨

济宁,为运河沿岸之中心地点,"东自沂州,西自汴梁,南自徐州,北自济南,莫不以此为百货转运之起点。商业之盛,甲于全省⑩,"盖由漕运时代,每岁粮舶往来携带糖、米、磁(瓷)器、竹、杉各种货物,届时卸置河浒,堆积如山。商家雇脚搬运,各号批发零售,计敷周

①　乾隆《淮安府志》卷五《城池》。

②　《清江浦商董请设商务公所举绅董禀》,《江南商务报》第14期,1900年。

③　殷惟龢编:《江苏六十一县志》上卷,第135页。

④　民国《续纂清河县志》卷一《疆域》。

⑤　临时实业视察员唐绍垚:《徐海道区沛县实业视察报告书》,《江苏实业月志》第9期,1919年12月。

⑥　实业部国际贸易局:《中国实业志》(江苏省),1933年,第88页。

⑦　殷惟龢编:《江苏六十一县志》下卷,第148页。

⑧　临时实业视察员俞训渊:《徐海道区宿迁县实业视察报告书》,《江苏实业月志》第10期,1920年1月。

⑨　李长傅编:《分省地志·江苏》,第361页。

⑩　实业部国际贸易局:《中国实业志·山东省》,1934年,第226(丁)页。

岁之用"①。"及粮运改途,河道废弛,津浦通车,于是四方商贩,均改由铁路运输,贸易重心,渐移向济南、徐州一带。该县市况,顿见停滞,不复如昔之蒸蒸日上矣"。②

此外,黄河夺淮造成淮河流域海岸线东迁,黄河泥沙在废黄河口南北沿岸堆积,造成海州沙洲潜伏,影响淮河流域海上商务的发展。民国《阜宁县新志》的作者认为,阜宁县海岸线,计长 170 余里,"滨海之水昔本渊深,航行称便。嗣以淮黄分合之故,陵谷变迁,淮、射两口沙洲潜伏,鼓轮者无不视为畏途"③;又认为,"沙州以淮河口为最多,在昔黄河于此出海,河浊海清,混沙淤垫,向东绵亘,或断或续,惟潮落时始克见之","沿海一代至今商务不兴,以轮舶视为畏途故也"④。

二、社会动荡

南宋以来淮河流域水生态环境恶化,农业经济衰败,市镇商业凋敝,难以有序地把因水旱灾害多发而引发的庞大灾民群体自我消化在灾地。这样,每每在大的水旱灾害后,成群结队的灾民四出逃荒、逞荒,于是有些不法灾民公然抢夺,甚至沦为盗匪、啸聚山林,造成社会的急剧震荡。

(一)灾民抢夺

严重的水旱灾害致农业歉收, 食不果腹构成了灾民的最大问

---

① 《选载门·近闻·济宁商业之最近观》,《农商公报》第 32 期(第 3 卷第 8 册),1917年 3 月 15 日。

② 实业部国际贸易局:《中国实业志·山东省》,1934 年,第 226(丁)页。

③ 民国《阜宁县新志》卷十《交通志·航路》,《中国地方志集成·江苏府县志辑》(60),第214 页。

④ 民国《阜宁县新志》卷二《地理志·水系·海洋》,《中国地方志集成·江苏府县志辑》(60),第 16 页。

题。因此,灾民对粮食需求比平时利好年景时更为急切。于是,在水旱灾害发生的年景,淮河流域各地经常会爆发饥民抢粮风潮。如明天启五年(1625),江苏东台县夏旱、秋水、冬饥,米价腾贵,民不聊生,饥民抢劫了该县储藏备荒粮的预备仓。①清康熙七年(1668),淮徐一带屡被水灾,粮价日贵,淮城左右到处是挖草根、剥树皮而食的饥民。"甚至鸠形鹄面之徒数十成群,白昼入人之家哀求借贷,不论其家允借与否,凡见粮米,公然取去。洪泽等湖空阔去处,饥民百十相聚,各驾小舟拦阻商船,假借米为由竟行强取"。②乾隆四十八年(1783)春,安徽阜阳大水为灾,谷价腾贵,"四乡饥民数百为群,劫夺粮食。及四月终将鼓噪入城,城中戒严。幸五月初雨止,有司禁之,人情始定"。③嘉庆十一年(1806)六月,"下河坝水为灾,男妇任抢,来扬觅食",而当事者"莫以安集为意","唯饬门管闭门下键,有如戒严"。这样反而加剧了饥民的恐慌,激化了社会矛盾,促使"其先入城者,数已盈万,围守盐、典两商,奴呼填塞,几至罢市"。最后虽然文武督率兵隶弹压,但还是"纵横驱逐,老幼奔突,民情汹懼"④,动乱的阴影一时并不能消除。

晚清时期淮河下游水灾为患,抢米风潮以光绪三十二年至三十三年(1906—1907)、宣统二年(1910)最为惨烈。光绪三十二年(1906),淮河下游地区淫雨为灾,江河湖水日涨。江北受灾之处计长800里,阔500里。"彼处民人约有四百万,如此巨灾,为近来四十年中所未有"。⑤水灾导致麦收歉薄,米价飞涨。闰四月二十四日,江苏东台县

① 嘉庆《东台县志》卷七《祥异》,《中国方志丛书》(27),第 325 页。

② (清)靳治豫编著:《靳文襄奏疏》卷二,《请留漕济工疏》。

③ 道光《阜阳县志》卷二十四《杂志二·纪闻》,《中国地方志集成·安徽府县志辑》(23),第 432 页。

④ (清)包世臣:《郡县农政》卷二,《致伊扬州书》,王毓瑚点校,北京:农业出版社,1962 年,第 65 页。

⑤ 《时报》,光绪三十二年(1906)十月二十八日,引自李文治主编:《中国近代农业史资料》第一辑,第 725 页。

之饥民已出拦抢米船滋闹米行之事。[1]五月十五日,山阳县的莠民借口米昂贵,也捣毁米铺两家。[2]在高宝一带的氾水镇,五月二十一日,街中有人鸣锣,聚众千人,先抢米行,后到装军米之船,将船米抢掠十分之三四,烧毁米袋2000个,麻绳2500根。[3]在江苏甘泉县,早有满街张贴匿名揭帖,将有抢劫米行之迹象。五月二十五日晨,有人在城南门外广泰和米行购米,因嫌价贵发生口角,当即聚有五六百人,乘势抢劫,将米倾入河内;遂又至广兴、杜恒和两米行抢劫一空。迨至午后,该处又被劫去米行2家。甘泉县政府前往弹压,当场拘获8名抢米之人,将之带至甘泉县署,拟即惩办,以示儆戒。不料当时即有男妇老幼1000余人,鸣锣聚众,尾随至县署。加上看热闹者,各米行打听消息者,由小东门街起,至县署大堂止,几无容足之地。县令恐酿生更大事端,故一面令将钞关城门暂时关闭,另一面即将所获8人取保释放,众始散去。至晚九点半钟,甘泉县城内大儒坊及皮市街两处,又有米行4家被劫,人心浮动异常。从晚十一点钟起至半夜止,城内又有7家米行被劫。[4]在江苏泰州,五月二十七日,"忽又暴动,阖城米行抢劫殆尽"。[5]在五月里,还有扬州贫民劫米店16家,清江刘家堡千余人抢米行、米船,扬州仙女庙"聚千余,抢米行、典铺"。[6]六月初,宝应县饥民暴动,几有不可收拾之势。拆毁县署大堂,连劫

①　周馥:《周慤慎公全集·电稿》,光绪三十二年(1906)闰四月二十六日与苏抚陈皖抚恩赣抚吴会电,引自李文治主编:《中国近代农业史资料》第一辑,第974页。

②　《时报》,光绪三十二年(1906)五月二十八日,引自李文治主编:《中国近代农业史资料》第一辑,第535页。

③　《时报》,光绪三十二年(1906)六月十一日,引自李文治主编:《中国近代农业史资料》第一辑,第976页。

④　《时报》,光绪三十二年(1906)五月二十八日,引自李文治主编:《中国近代农业史资料》第一辑,第974—975页。

⑤　《时报》,光绪三十二年(1906)六月初二日,引自李文治主编:《中国近代农业史资料》第一辑,第975页。

⑥　转引自王树槐:《清末民初的江苏灾害》,《近代史研究集刊》(台北)1981年7月第10期,第150页。

绅富米行钱庄典当多家。①十二月,山阳板闸镇,"饥民窘辱官绅、抢米,各店罢市"。此次饥荒引发的抢米风潮,一直延续到次年春天。光绪三十三年(1907)正月高邮饥民抢掠,无赖和之。②正月二十六日,江苏阜宁县饥民聚众抢米。正月二十七日,江苏甘泉县的邵伯镇贫民聚众抢米。③

宣统二年(1910),淮河流域发生特大水灾,据罗炳生教士报告称:"灾区由淮河之南,以至南宿州之北,更从亳州之西,以达于清江浦之东,均受水成灾之地。南宿州是其中点,居民约有三分之二,均无食无衣,且无家可归,状至惨酷"。④水灾引起米粮短缺,物价腾贵。于是,淮河流域各地抢米风潮不断。东台县拼茶场灶民,因往如皋县李堡镇购买平粜米,忽滋生事端,毁坏董事5家、粜米分处2所。⑤四月初八日,江苏清江乡民行劫大丰面厂。先是,清江城内外,遍贴匿名揭帖。略言:江北迭被灾荒,贫民度日如年,积谷虽多,莫及大丰面厂,清、淮两属贫民已禀明提台王、清河县陈,准赴大丰厂取面粉度命,拟定本月初八九日一同前往该厂就食,不约而同,务必如期,以免饿死沟壑云云。并有人在清河、桃源、安东一带乡村,散放伪造之大丰公司票据,内言赈济饥民,大口若干斤,小口若干斤,限定初八九日前往本厂取面勿误云云。至初八日早七点钟左右,果然有清河南北乡一带饥民400余人蜂拥而至,每人手持小口袋,并铜元十数枚,咸称赴大丰厂购面度日。相率抛击砖石,碰毁门窗,携带长绳,曳倒烟囱。该城各官长闻信,均率队伍前往弹压,饥民坚不退回,其后擒获3人,众始星散。初九日,仍有贫民多人麇居大丰厂,拥入大门,

---

① 《时报》,光绪三十二年(1906)六月初二日,引自李文治主编:《中国近代农业史资料》第一辑,第975页。

② 转引自王树槐:《清末民初的江苏灾害》,《近代史研究集刊》(台北)1981年7月第10期,第151页。

③ 《东方杂志》第四年第二期,光绪三十三年(1907)正月中国事纪,第8页。

④ 《东方杂志》第七年第一一期,中国时事汇录·安徽灾荒之一班(斑),第354页。

⑤ 《东方杂志》第七年第五期,宣统二年(1910)五月中国大事记。

最后被兵警驱逐。初十日，麇居愈多，并将爬入厂墙，摇动烟囱，经兵队喝阻鞭扑，至晚始散。同时，扬州宝应县亦有饥民 1000 余人围县署索赈，经知县苦劝两日，每人给钱 100 文，众始散去。①

时至民国时期，因水灾暴发的抢米风潮依然不断。如 1921 年秋，运河水位猛涨，五里、车逻等坝齐开，里下河百万亩即将到手的庄稼全部淹没。在高邮城东北的临泽镇，因米商借水患粮歉而哄抬米价，于是在某一天，该镇的徐洪卿等以敲煤油箱为信号，集中了三四百个群众，首先捣毁米商行业的业董兼"一文愿"粥厂的董事高立兴的米号，继而又轰开高元兴米店的大门，推翻了店中的米囤子，打破油缸，砸烂大斗小秤。他们不拿人家的东西，不骚扰其他行业，专对米店的大老板和绅士班子进行围攻，同时将全镇 20 家米店的粮食混和起来，使其不能出售，揭示奸商们的做假掺杂、私藏平粜米的勾当。②在江苏泰县，1921 年、1927 年两年都由于水旱灾情和商户囤积居奇，也有贫民聚众敲洋油箱扒抢米店和米坊。1931 年，江淮流域又普遭特大水灾，运河在高邮决口，苏北地区成泽国。农历七月十三日，一夜水涨 3 尺，大部粮囤被淹入水中，溱潼镇粮商连夜将粮食外运储存或出卖，上客存货也抢运回厂，地方存粮即将一空。虽然当时货主要脱货求财，稻价下降到 2 元多 1 担，可是升斗小民又无力存储，他们对粮商抢运出境、不顾民生的行为极为愤慨。许多饥民在北楼聚会，推出徐木天为代表，到处贴标语、散传单、鼓动群众抢米。③

（二）盗匪盛行

南宋以来淮河流域经济发展滞后，河道淤塞，水利不兴，一遇水旱，要么泥土封门逃荒流徙，要么啸聚为盗，为民之害。饥民、流民离

---

① 《东方杂志》第六年第四期，宣统二年（1910）四月中国大事记，第 56、57 页。

② 参见吴锡祥、孙友文：《临泽镇闹米潮斗争始末记》，政协江苏省高邮县委员会文史资料研究委员会：《高邮文史资料》第一辑，1984 年，第 14—16 页。

③ 参见《溱潼粮食市场的兴衰简介（1902—1949）》，政协江苏省泰县委员会文史资料工作组编印：《泰县文史资料》第一期，《工商史料专辑》，1983 年，第 46 页。

盗贼,只是一步之遥。每遇水旱灾害,道德无力,价值观扭曲,恐慌、绝望、铤而走险等心理反应就会应运而生,"与其饥而死,不如杀而死,况未必杀耶"①也就成了许多灾民的价值取向。地方志称"饥寒一切身,良民转为盗"②、"凶年多盗","以水旱频仍,饥寒之民聚而为匪,此变之起于天时者也"③,可以说是一条普遍规律。

翻检淮河流域各地相关史料,就会发现因水旱灾饥而致盗贼猖獗的事例甚多。在淮河流域河南境,明代万历年间扶沟人卢传元就说到,"惟河南浃岁灾荒,昨年水灾,尤为二百年来罕见。小民饥困无聊,弱者饿死沟壑,壮者聚为盗贼,所在抢掠,家无宁宇"。④明代扶沟人刘自强也指出:扶沟乃中州偏僻小县,"介在浊河、溱、洧之间,每遇秋涝,境内即成巨浸。是故,大熟鲜值则民穷,民穷则盗起","斯地夙称盗薮"。⑤在汜水县,明崇祯十三年(1640)至清顺治二年(1645),"天不祚明,灾害迭至。汜以瘠土穷民,被祸尤惨","加以怀帝庚辰,旱魃为虐,岁无所入,民间罄悬",于是有"登封豪徒李际遇等,啸聚山林,斩木揭竿,号召附近饥民,不数月,乌合数十万,日肆掳掠"。⑥

在淮河流域安徽境,明嘉靖二十二年(1543)三月六日,六安西山雨雹,"大如鹅子,杀稼畜甚众",民生拮据,所以"盗起霍山九公湾,聚众掠境"。⑦万历元年(1573),淮、凤二府大饥,"民多为盗"。⑧万历二十一年(1593),怀远县发生特大水灾,自正月下旬下雨,至秋七

---

① (清)汪志伊:《荒政辑要》卷八。

② (明)孙兆祥:《水灾后诫盗境中》,见嘉庆《高邮州志》卷一一下。

③ 乾隆《霍山县志》卷末《杂志》,《稀见中国地方志汇刊》(21),第855页。

④ (明)卢传元:《弭盗中州疏》,乾隆《陈州府志》卷二十四《艺文一》。

⑤ (明)刘自强:《扶沟县修城记》,乾隆《陈州府志》卷二十五《艺文》。

⑥ 民国《汜水县志》卷十,贾攀鳞:《灾异说》,民国《汜水县志》卷十《艺文上》,《中国方志丛书》(106),第540页。

⑦ 万历《重修六安州志》卷八《妖祥》,《稀见中国地方志汇刊》(21),第172页。

⑧ 光绪《盱眙县志稿》卷一四《祥祲》,《中国方志丛书》(93),第1176页。

月方止,水入城市,坏民田庐,"民饥盗起"。①清光绪二年(1876)八月,皖豫交界之英山、潜山等县,因旱歉成灾,河南饥民几有万余人,扶老携幼,麇聚于此。人数既多,为首者又无约束,以致沿途经过地方,借以求赈为名,肆行抄掠,致人心惊惶无措。迨地方官设法弹压,若辈又不受驾驭,"辄群起而与官为难,几乎酿成事变"。②光绪末年,皖北数府连年灾馑。宣统二年(1910),复被大水,民情困苦,"匪徒纵而诱之,遂时有乱耗"。八月初二日,有李大志、张学谦等在蒙城、凤台二县交界之双涧集,纠众起事,窜扰怀远、凤阳等县,沿途裹胁饥民约2000余人,"抢劫军械马匹无算"。对于此次由饥荒引起的动乱,上海《神州日报》评论道:"皖北此次肇事,纯由饥荒而起,其始地方官未能早为安抚",后虽经弹压而众始散,但"抢案则随地皆见,此可以见民不聊生之实况矣。若不急加赈抚,而任墨吏冒功恣杀,则所酿之忠气,正未有穷也噫"。③

在淮河流域江苏境,明正德八年(1513),盱眙县夏季水潦,秋季淮水又暴涨,是故"冬多盗"。④万历时,东海灶丁饥困作乱。⑤崇祯二年(1629),署安东知县的何璇,因"水灾盗起","捕辑严明,民赖以安"而升深州知州。⑥崇祯四年(1631)六月,"淮黄交涨,海口壅塞,河决建义诸口,下灌兴化、盐城,水深二丈,村落尽漂没。逡巡逾年,始议筑塞。兴工未几,伏秋水发,黄淮奔注,兴、盐为壑。海潮复逆,冲范公堤,军民及商灶户死者无算。少壮转徙丐,江、仪、通、泰间盗贼啸聚"⑦,其中盐城"袁邵庄大盗数千为乱,饥民入其党,共五六千人,所

---

① 雍正《怀远县志》卷八《灾异》,《稀见中国地方志汇刊》(21),北京:中国书店,1992年,第1008页。

② 《鄂省调防》,《申报》,光绪二年(1876)八月初九日,《申报》第9册,第297页。

③ 《东方杂志》第七年第九期,宣统二年(1910)八月中国大事记,第113、114页。

④ 光绪《盱眙县志稿》卷一四《祥祲》,《中国方志丛书》(93),第1172页。

⑤ 光绪《盐城县志》卷六《武备志》。

⑥ 光绪《安东县志》卷之八《秩官上》,《中国地方志集成·江苏府县志辑》(56),第56页。

⑦ 光绪《盐城县志》卷十《人物志一》。

过庄镇如洗,沙沟、安丰、冈门三镇逃徙一空"①。此年刚任兴化县令的赵龙"初至,建义口决,明年新沟复决",所见到的是"水势稽天,盗贼蜂起,高邮、盐城往来道绝"。②同年的阜宁县也因河决苏家嘴、建义等口, 县境发生大水,"四民失所, 盗贼繁兴"。③清康熙七年(1668),陈洪谏知兴化县时,是"四年三遭灾,民生惫甚","流民迫于饥寒,走险剽掠"。④清人汪懋麟在《与黄继武书》中亦云,接宝应家中书信,说是"大水之后,米珠薪桂,饥民数万,聚积城郭,日乞食于市,夜摽掠于野,居人攘攘不可朝夕"。⑤晚清时的清河县,因县境西接桃源,北连沭阳,东滨安东,疆界错壤复杂,"自道光初连年荒歉,三县边地贼与境内游民勾结为奸,劫盗大起,民不安枕"。⑥光绪三十二年(1906)九月,灾民至扬州就食的 2 万余人,因拒遣回籍,"聚众抗之"。⑦1931 年夏,淮河流域大水灾,盗匪也趁灾作乱。如在盱眙蒋郢有索××,刘郢有陈××,以他们为头,三人一群,五人一伙,约有二三十人,到处打家劫舍,绑票勒索,抓鸡拉牛,无恶不作,闹得人心惶惶。1932 年春,淮北又窜来一股巨匪,为首的叫裴四,约有五六百人,二三百条枪,在盱眙河桥街一带为非作歹。⑧

在淮河流域山东境,明季黄河屡决,"盗贼猖狂,兼以连年大祲,饿殍载道,人无室家之乐,而风俗一变"。⑨值得一书的是,光绪十七

① 光绪《盐城县志》卷六《武备志》引《被缨集》。

② 咸丰《重修兴化县志》卷六《秩官志·宦绩》。

③ 民国《阜宁县新志》卷三《内政志一·职官》,《中国方志丛书》(166),第 358 页。

④ 咸丰《重修兴化县志》卷六《宦绩》,《中国方志丛书》(28),第 623 页。

⑤ (清)汪懋麟:《百尺梧桐阁集》(上)卷一,上海:上海古籍出版社,1980 年,第 33 页。

⑥ 光绪《淮安府志》二七《仕迹·唐汝明传》,《中国方志丛书》(398),第 1712 页。

⑦ 转引自王树槐:《清末民初的江苏灾害》,《近代史研究集刊》(台北)1981 年 7 月第 10 期,第 150 页。

⑧ 参见冯汉文:《我对 1931 年的洪灾之亲历》,政协江苏省盱眙县委员会文史资料研究委员会:《盱眙文史资料》第八辑,1991 年,第 69—71 页。

⑨ 光绪《曹县志》卷一《疆域志·风俗》,山东省曹县档案局、山东省曹县档案馆再版重印,1981 年,第 49 页。

年(1891)发生了微山湖灾民混同沿河短纤纠伙为匪劫掠山东运河道员(隶属于河道总督)耆安一事。由于微山湖水患频仍,民不聊生,灾民往往铤而走险,甚至连沿河短纤,也纠伙行动。三月二十七日,当耆安携带员、弁、工、书及挑河工银1000两,亲赴十字河查看挑工,舟泊滕县西湾地方时,匪首袁开诚串其同伙张其玉、公安、袁破鞋、姜三、袁称(即袁守先)、杜金起、黄青春、冯来田、黄老四、贺全偏、马金道、龚佃元、傅重举、赵方田、曹慌慌(即曹孙真)等18人,各携洋枪、刀械,一哄而上,进舱抢劫。道员耆安当即喝令水手拦捕,并亲自抢护关防。杜金起等分别用棍械打伤水手刘广月左头角,并打伤承差马月让右手腕及茶夫胡协文之顶心,乃将河银千两及衣物等劫掠下船,递交袁破鞋等分别携带,嗣即共分,或存留、或转卖,各自逃逸。[1]

劫案发生的次日,耆安即将被劫原委呈报山东巡抚张曜。张曜于登州途次闻报后,当即飞咨兖州镇总兵田恩来及严札各管道、府,责令县、汛分别严缉。旋接兖州镇田恩来报称,"督率营、县,获犯八名,现在讯供,尚未定案"。[2]张曜遂禀奏清廷,提出对该管地方文武员弁,先行纠参,以示惩儆。并请将滕县知县秦应逵、滕县汛把总袁其智一并摘去顶戴,"上谕张曜奏运河道耆安之工次被劫,获犯汛办,请将疏防员弁摘去顶戴一折,此案匪徒拒伤道员,抢劫银两,并伤人役多名,情节重大,非寻常盗案可比,难保无巨匪溷迹其间,亟应迅速拏办,以遏乱萌。著张曜督饬地方文武就已获人犯严刑讯究,并将案内首要各犯严拏务获,从重惩办,不准一名漏网。山东滕县知县秦应逵、该汛把总袁其智于此重案,毫无防范,仅摘去顶戴,不足示惩,秦应逵、袁其智著先行革职,仍勒令协缉,该部知道"。[3]漕运总督松椿闻讯,也由淮安飞行照会淮扬、徐州各总兵官,并饬各防营,不分畛域,一体跟踪,严拿此案匪犯,务获究办。于是苏鲁两省,到处出兵缉捕。

时徐州镇总兵陈凤楼顷奉照会,当即选派干练营哨,严密查拿。

① (清)朱寿朋:《光绪朝东华录》,北京:中华书局,1958年,第2978页。

② (清)朱寿朋:《光绪朝东华录》,第2904页。

③ 民国《续滕县志》卷一《通纪第三》。

四月二十三日,匪首张清云(又名麻乱,绰号水军都督)在姚家楼西被擒,余匪奔逃。张清云一伙向在南阳湖一带肆行劫掠,本与运河道被劫一案无涉。但因严讯逼供,遂承认了对运河道被劫一案。松椿即批交徐州道尹桂嵩庆讯究。嗣徐州镇总兵陈凤楼之管带飞骑营马队参将李秀岭、帮带铭军马队都司陈万金,巡缉至郑家集地方,会同西路汛把总陈景尧及驻防新兵县捕,于马沟坡圩内,又拿获所谓山东积匪殷茂荣1名,也被逼供认同伙多人,抢劫运河道衣物、银两等。旋又于姜庄地方,访获匪犯姜庆云之同伙魏邦具,并起出赃物多件。殷茂荣被解押铜山县后,经过严刑逼供,承认跟随匪首姜庆云共40余人,行劫运河道等。徐州镇、道当即转饬滕县讯办。①五月十五日,原滕县知县秦应逵、把总袁其智被革职后,即选拨兵役,随同管带济宁后营副将陈大胜,于十六、二十一两日,先后捕获公安、张其玉、姜三3名案犯,并起获银两衣物等件,经送运河道耆安认明,确系被劫原物,遂由秦应逵提讯,公安等供认:"听从袁开诚行劫运河道坐船"俱各不讳。不久,姜三又供出首犯袁开诚逃往湖团之藏匿处所,秦应逵遂与袁其智密派兵役,并请兖州镇总兵田恩来、兖沂曹济道尹中衡派弁勇,一齐往捕。五月二十四、二十七等日,又先后将袁开诚、袁破鞋二犯拿获,统由秦应逵讯究。

　　嗣后,经前巡抚张曜批饬交由前署理兖州知府王恩湛提解各犯至郡讯办。经再三研讯,遂行定案。袁开诚、袁破鞋、姜三、公安、张其玉5犯,确系该案正盗。徐州镇、道所捕获之张清云、魏邦具2犯,仅供认在鱼台、沛县等处行劫,所作各案事主也不识姓名,殷茂荣则坚供在徐州充当盐巡,并无不法或为匪行径,均不承认行劫运河道座船之事。前兖州知府王恩湛录供呈禀后,前任巡抚张曜又札饬兖沂曹济道中衡,会同运河道耆安、新任兖州知府穆特亨额,提集各犯,再行隔别研讯,皆矢口不移,既无巨盗溷迹其间,亦无窝主等情。后即连衔禀呈核办,文称:

　　① (清)朱寿朋:《光绪朝东华录》,第2915—2916页。

"奴才伏查该犯袁开诚,胆敢纠伙执持洋枪行劫官船银物,逸犯袁称等拒伤该道及水手人等,实属愍不畏法。张其玉、公安、袁破鞋、姜三听从行劫得赃,亦属同恶相济。赃有起获,正盗无疑。未便稍稽显戮,核明当批饬将袁开诚即袁开存、张其玉、公安、袁破鞋即袁叙伦(又名袁春)四犯,均照章就地正法。首级解回犯事地方枭示,以照炯戒。其姜三一犯,供获首盗袁开诚,并供出逸犯冯来田等逃所,现已由该道等密饬该县,带同该犯供指眼线,驰往查拿,应将该犯姜三牢固监禁,俟缉获逸犯,质明办理。张清云、魏邦巨讯非此案正盗,惟供有行劫别案,应饬关查报案讯明,另行拟办。殷茂荣讯系误拿,并无为匪不法,应即递籍保释。一面仍饬已革滕县知县秦应逵等,协同接任之员,上紧严拿逸犯袁称等,务获究报,勿任漏网。兹据署臬司赵国华详请具奏前来,理合恭折具陈。再前抚臣原奏声明,先由营、县获犯八名,现经讯明,均非此案正盗,业已分别另办,合并陈明"。

经过刑部议奏,此案后即如此了结。[1]西湾大劫案,轰动两省,历经半年,因系行劫运河道,地方官吏难以隐瞒。故而省、道、府、县大员,均受到一定处分。

三、风气不振

民性、风尚、习俗之类的文化传统,一般都有地域性,通常与该地域的自然地理环境尤其是水生态环境有关,俗语说的"一方水土养一方人"即是。南宋以来,河道湖泊淤塞,水系变迁紊乱,水旱灾害频仍,土壤沙化和盐渍化,经济衰颓,盗匪盛行,社会动荡不安,水生

---

① (清)朱寿朋:《光绪朝东华录》,第2977—2978页。

态环境和人居环境持续恶化,这给淮河流域人们的社会风习、行为方式、精神风貌都造成了深刻的影响,形成了淮河流域人们特有的重武轻文、民性强悍、好勇斗狠、消极懒散、逃荒逞荒、安贫认命、人不自养之类的文化习性。

(一)重武轻文

淮河流域地处南北过渡带,具有重要的战略地位,历史上就是一个战争多发地;淮河在历史上又和黄河、长江、运河纠结在一起,形成了极其复杂的黄、淮、运、江的水系关系,水生态环境十分脆弱,水旱灾害多发。灾害不断又助推了社会动乱,因灾流徙,为匪为盗,肆意抢掠。在频繁的战乱和多发的水旱灾害环境中,人们为了生存和保护自己的生命财产不受损失,"自昔多以材力保障乡土"。[1]因此,往往崇尚眼前实用的尚武之风,不太重视远期的文教研习。

在淮河流域安徽境,明代宿州"发身于庠序者,虽未尝乏其人,而质朴少文者居多"[2],清代的涡阳也因地瘠民贫,"居民半因生计,求食念重,求学念轻。"[3]"民气强悍,重武轻文,在前清时代百年间无得科第者"[4]的情况在皖北极为普遍, 即使有少数青年才俊参加科考,也多参加武举考试。如乾隆时期颍州"厌文好武,相尚无已,以致荡析家产,弃祖父之业者,比比而是",以致于州守"每遇岁试,与各牧令约,并质之学使者,凡有少年才品可造之士,皆抑之不使尽应武试"[5],这也实属无奈之举。据乾隆时期的贡震说,灵璧县也是"科甲寥寥",生监"文采未扬"。[6]据统计,清代安徽进士共 1189 名,江南超

---

① 民国《太和县志》卷一《舆地·风俗》,《中国地方志集成·安徽府县志辑》(27),第 318 页。

② 嘉靖《宿州志》卷一《地理志·风俗》引明代编修宋应奎撰《进士题名记》。

③ 民国《涡阳县志》卷九《学校志》。

④ 民国《蒙城县政书》壬编《风土调查》。

⑤ 乾隆《颍州府志》卷一〇《杂志·纪闻》。

⑥ (清)贡震:《禀复本府项公咨询利弊》,乾隆《灵璧县志略》卷四《艺文》,《中国地方志集成·安徽府县志辑》(30),第 95 页。

乎其前,而皖北瞠乎其后。[1]在萧一山《清代通史》附的"清代学者著述表"中,籍隶皖省者共85人,其中江南徽州府就占了40人,而淮北凤阳、颍州、泗州三府州,竟无一人。正因为长期尚武轻文,所以入民国以后,有些地方的"统兵大员为数甚多"。[2]

在淮河流域河南境,也是文教不兴。如鹿邑县"户口日繁,力田者仅饘鬻自给,虽有聪颖子弟,亦多不免失学。村塾之师,聚童稚数十人于老屋中,仪节不立,咿唔莫辨。每至登麦刈禾时,辄罢业散去。九月复集,则十仅三四矣。往往脩脯不给,复布露而罢,如是者数岁。父兄病其无成,俾改习耕作,或杂操工贾之业。其无教者,遂游惰冶,荡沦入匪"。[3]在西平县,"前清科举时代,士子均无大志。苟得一青衿,可以夸耀乡里,便觉满足。其出外游学(如往汝宁南湖书院、信阳豫南书院、开封大梁书院住院应课者皆是)力求深造者,寥如晨星。除四书八股外,能读五经即为难得。若《子》、《史》诸书,多有老死不知为何物者。固陋至此,可为浩叹。间有拔贡举人,亦率皆不思进取,但冀得一馆,为人佣书,年获数十金而已足";农家子弟更是多不读书,即使间有读书者,穷僻乡曲,亦苦无良师为之指导,"常有入塾数年,一字不解。其能记帐簿作书信者,更百无一二,以故农人恒视读书为畏途"。正是西平文教不振,所以自从张凤鸣总兵以武状元获跻显秩以来,"于是习弓矢刀石者日益加多,武进士、武举连翩而出,故满清同、光间,西平武科之盛,甲于汝南"。[4]

重武轻文表现出的另一面便是民风的好勇斗狠。诚然,民性强悍与水旱灾害多发、盗匪盛行、社会动荡等自然生态与社会生态有着紧密的联系,但崇尚武力、轻视文教,会导致礼仪廉耻不兴,法律规范失效,好勇斗狠的人性一面凸显。于是,便有了淮河流域民性强

---

[1]　谢国兴:《中国现代化的区域研究:安徽省》,台湾"中研院"近代史所,1991年,第642页。

[2]　《风土调查之起缘》第二章《风俗》,民国《蒙城县政书》壬编《风土调查》,第5页。

[3]　光绪《鹿邑县志》卷九《风俗》。

[4]　民国《西平县志》卷三十六《故实志·风俗篇·风俗》。

悍、好勇斗狠之风习。如淮河流域安徽寿州,在明代成化年间是"俗尚气力而多勇悍,人习战争而贵诈伪"[1],至嘉靖年间依然是"其俗尚武,稍习文辞"。在霍邱,是"俗尚勇力,好战争"。[2]清代的宿州,"兼蕲县、临涣、符离四邑之地,幅员甚广,与铜山、萧县、永城、亳州、蒙城、怀远、灵璧七州县接壤,民风强劲,盗劫时有"[3],"水患频仍,田庐淹溺,匪徒出没,习俗嚣凌"。[4]灵璧"壤介淮徐,土风劲悍"。[5]萧县"南界宿州,偏东与灵璧接壤,东界铜山,北临黄河,西连砀山,西南又与永城相为唇齿,地居三省,俗风强悍"。[6]砀山"其民躬稼食力,好勇而尚义"[7],至清代咸丰年间,砀山知县马步瀛(扶沟县人)所见到的还是"砀民强悍,喜斗不事生业"[8]。在凤台县,"村落大者不过十余家,小者或一二户,彼此相距或四五里,奇零星散,无从合并。一家为匪,则数家从风;一村为匪,则数村染习"。[9]"其无赖子弟相聚饮博,行则带刀剑,结死党,为侠游,轻死而易门,无徒手搏者。耕农之家亦必蓄刀蓄枪,甚者蓄火器,故杀伤人之狱岁以百数"。[10]涡阳"当四县之交,强

---

① 成化《中都志》卷一《风俗》,《四库全书存目丛书》(史176),第127页。

② 嘉靖《寿州志》卷一《舆地纪·风俗》。

③ 光绪《宿州志》,道光五年《前凤颍道戴公(戴聪)志序》,《中国地方志集成·安徽府县志辑》(28),南京:江苏古籍出版社,1998年,第11页。

④ 光绪《宿州志》,道光五年《前知州苏公重修志序》,《中国地方志集成·安徽府县志辑》(28),第14页。

⑤ 乾隆《灵璧县志略》卷四《杂志·灾异》,《中国地方志集成·安徽府县志辑》(30),第76页。

⑥ 同治《续萧县志》卷九《兵防志·团练》,《中国地方志集成·安徽府县志辑》(29),第641页。

⑦ 嘉靖《徐州志》卷四《地里志上·山川》,见刘兆祐博士主编:《中国史学丛书三编》,台北:台湾学士书局印行,1987年,第318页。

⑧ 光绪《扶沟县志》卷十二《人物志·宦迹》。

⑨ 光绪《凤台县志》卷四《食货志·户口》,《中国地方志集成·安徽府县志辑》(26),第63页。

⑩ 光绪《凤台县志》卷四《食货志·物产》,《中国地方志集成·安徽府县志辑》(26),第62页。

悍成风"。①蒙城"民性多刚劲而质朴,气概矜傲,志意轩昂"。②太和"地滨汝南,故生其地者不能不刚强而好斗,然难以力胜,易以理服"。③

在淮河流域河南境,雍正四年(1726)八月田文镜曰:"豫省民俗强悍,好勇斗狠,或因尺寸之土而即兴戎,或因升合之粮而即截杀,或一言不合而拳棍交加,或细事不和而刀枪并举,或邻居世好偶因童妇而成仇,或聚处集场多因一醉而拼命。本都院披阅旧案,甚有买物而一钱起衅,过渡而一文伤生"。④太康县"绅衿百姓强悍者多"。⑤上蔡县在汉时属颍川郡,颍川故多盗,故"蔡俗悍"。⑥鹿邑县"自乾隆四年至十六年屡被水灾,老弱死亡,其壮者则好斗轻生,结为'顺刀会',遇事生风"。⑦永城人性犷悍。考城"民性巧伪,喜斗讦"。⑧

在淮河流域江苏境,海州"民俗勇悍而不畏强御"。⑨铜山县是"好勇轻死。所接壤皆风气劲悍,盗贼出没之区。游民少恒业,转相扇引。一困于饥寒,则铤走而剽掠,固风土致然"。⑩邳州"考其旧俗,土风劲悍,挟节任气","北接郯、峄,西带滕、沛,民好带刀剑,群聚不逞,盗贼时出没,白昼剽掠,号称难治","其天性然也"。⑪清河县"西北毗连桃、沭,民气素称犷悍。遭遇洊饥,逮于辛亥,遂至横决。杀人

① 民国《涡阳县志》卷十二《人物上》,《中国地方志集成·安徽府县志辑》(26),第 524 页。

② 民国《重修蒙城县志》卷一《舆地志·风俗》,《中国地方志集成·安徽府县志辑》(26),第 654 页。

③ 民国《太和县志》卷一《舆地·风俗》,《中国地方志集成·安徽府县志辑》(27),第318 页。

④ (清)田文镜:《抚豫宣化录》卷四《告示·再行劝谕愚民惩忿戒斗保全身命事[令父兄劝谕子弟戒斗]》,张民服点校,第 280 页。

⑤ (清)田文镜:《抚豫宣化录》卷一《奏疏·题为要地需员请旨调补以收实效事[题扶沟郭令等调补太康等缺]》,张民服点校,第 31 页。

⑥ 康熙《上蔡县志》卷九《人物志上·名宦》。

⑦ 光绪《鹿邑县志》卷九《风俗》。

⑧ 乾隆《归德府志》卷十《地理略下·风俗》。

⑨ 隆庆《海州志》卷之二《山川志·风俗》。

⑩ 民国《铜山县志》卷九《舆地考》,《中国地方志集成·江苏府县志辑》(62),第 172 页。

⑪ 咸丰《邳州志》卷一《疆域·风俗》。

越货,视为故常"。①泗阳"西滨徐、邳、濠、泗,其民强武好斗,椎埋揭竿,常有跋扈飞飏之志"。②安东"愚民弓刀结伙伴嬉游,小不适意,推白刃刺其腹中。或结讼累岁,时莫相下"。③

在淮河流域山东境,邹县"东乡多山,民性较强,一言不合往往发生械斗"。④滕县,"多市井无赖,每酗酒逞凶,或沿街漫骂一方"。⑤郓城"东北梁山一带,民情强悍,盗风弗熄"。⑥

尚武轻文之风与好勇斗狠之习互为表里,且皆与南宋以来淮河流域水生态环境长期恶化、脆弱化变迁相关。文教不兴助长了民风强悍,好勇轻死、挟刀带剑、强武好斗之风一旦形成并广泛流播,反过来,又会助推"重武轻文"之风的加重与扩散。

(二)颓风蔓延

南宋以降,淮河流域水生态环境持续恶化,水旱频仍,以致造成了淮河流域"天不养人"、民众了无生气的萧条景象。明代诸葛升看到的淮河流域各地是"频年以来,旱涝为祟,螟蟥再罹,疫疠流行,道馑相望。小民萧条满目,则微乡土之思;生计无聊,则寡性命之乐"。⑦万历时的叶向高也谈到"今宇内郡县弊极矣,而淮为甚。他郡县或苦旱暵、淫潦损禾稼为灾,然辄更数岁乃一蒙害","独近淮诸邑,为中土尾闾,无岁不受水,凛凛然鱼鳖之是忧",即使被水幸而无虞,治水所

---

① 民国《续纂清河县志》卷一《疆域·风俗》,《中国地方志集成·江苏府县志辑》(55),第1107页。

② 民国《泗阳县志》卷七《志一·地理·形势》,《中国地方志集成·江苏府县志辑》(56),第245页。

③ 光绪《安东县志》卷之一《疆域》,《中国地方志集成·江苏府县志辑》(56),第12页。

④ 山东邹县地方史志编纂委员会办公室编:《邹县旧志汇编》,济南:山东省出版总社济宁分社,1986年,第338页。

⑤ 民国《续滕县志》卷一《官师志第五下》。

⑥ 光绪《郓城县乡土志·民情》。

⑦ (明)徐光启:《农政全书》卷八,《农事·开垦上》。

引起的夫役,诸如征夫修堤筑坝、征柳供役之类,闾里骚然不得息。①

　　凤阳地区在嘉靖元年(1522)、二年(1523)连续发生水旱灾害之后,"民大饥,斗米五钱,人相食,凤阳自是而无民矣";"凤阳十年九荒,非旱则雨,不然则盗贼兵蝗也"。②在凤台,"坟衍硗壤,水患频仍,十年种不能五年获,故民多瘠苦焉"。③泗州"田土瘠薄,频年旱蝗,岁苦水患。日无可食之粮,夜无可栖之地。不得已抛家弃业,迁窜异乡"。④安徽灵璧县因介于河淮之间,地瘠民贫,生理鲜少,加以黄水经常为患,愈加民不聊生。据乾隆时的贡震记载:

　　　邑无城垣,野无道路,田无沟洫,钱粮无仓库,士无学舍,养济无院,育婴无堂,地亩无鳞册,赋役无全书,掌故无志乘,旧案无卷宗,街巷无栅栏,救火无器具,吏兹土者率一岁再更,查灾办赈,日不暇给,无复能为地方计及久远。今南乡被灾少轻之地,穷民尚可支持,中、北两乡岁岁逃亡,十不存五。洼地积水经年不涸,已涸者亦半属荒芜,无人耕种。仅存之民率皆屋无户,爨无灶,食无案,卧无床席,冬无被,夏无帐,日用无器皿,耕作无牛具。而尤有不忍言者,丧葬无衾棺。十数年来,编银、漕米、籽种、口粮、社谷之属,逋欠累累。去岁偶获有秋,正杂钱粮一时并征,民间左支右拙之苦,更甚于俭岁。⑤

---

①　(明)叶向高:《送盐城陈令(讳治本)序》,见乾隆《盐城县志》卷十五《艺文》。

②　天启《凤书》卷四,《星土篇·天险》。

③　光绪《凤台县志》卷首《图》,《中国地方志集成·安徽府县志辑》(26),第14页。

④　(清)袁象乾:《申请蠲豁荒沉田粮公移》,光绪《泗虹合志》卷十七《艺文》,《中国地方志集成·安徽府县志辑》(30),第618页。

⑤　(清)贡震:《禀复本府项公咨询利弊》,乾隆《灵璧县志略》卷四《艺文》,《中国地方志集成·安徽府县志辑》(30),第94页。

在淮河流域江苏境,万历时山阳县学训谕黄九训曰:"淮素称沃土,乃今民不堪命,无他,水实灾之"。①清河县"夹于黄、淮、运、盐、六塘等河之间,洪湖昔年已占其半,而黄、运、六塘、盐河又占其半,民间可耕之田本属无几,堤闸环列,无水利之可兴"②,也是"所谓四乡无十里之田,中农无一岁之蓄"③。在桃源县,"民以十分计,水去其七,蝗蝻又去其二","桃邑虽有民,犹无民也";"桃之土多被黄河冲溃,幸河宪靳公添筑遥、缕二堤,民恃以不恐。但沃者皆濒河,有例许植官柳,柳已无算,硗者悉沉沙泥中,若陆城、吴城两乡,为鱼鳖所占过半矣。余皆湖荡,能丰茂草,春冬犹有涸时,夏秋则波涛撼及床席,人皆构巢而居也";"民不能自养,土不能养人,物不能为养"。④安东"县境平衍疏旷,无山塞之险,面临大河,后倚六塘以为固。田多硗硵,居民惮勤力作,望岁收获,丰年乃仅图一饱,猝遇水旱凶歉,率仰哺他县","迤东北益汙下,陂塘沟池之潴,岁久填淤。每至暑雨骤降,溪流怒发,汪洋浩灏,数十里不通舟马。村坞浸灌,其中环筑土堰,四围如镜。秋冬水涸,沮洳灌莽。民贫窘无常业,恣取鱼虾为食,破屋晒网者相望也,犹不足自给","而西北岔庙、渔场、长乐诸镇,六塘河堤束其北,平旺河堤峙其东,群流汇集,无所归处,五岁四歉,十岁再穰"。⑤

在淮河流域山东兖州府,"虽有汶、沂、洸、泗等河,与民间田地曾不相贯注。每年泰山、徂徕山水骤发,则漫为巨浸,溃决城郭,漂没庐舍,与河无异。一值旱暵,则又故无陂塘渠堰蓄水以待急,遂致齐鲁之间方四五千里之地,一望赤地,蝗蝻四起,草谷俱尽"。⑥

淮河流域灾不聊生的恶劣环境,使许多民众产生了强烈的宿命

---

① 万历《淮安府志·跋》,《天一阁藏明代方志选刊续编》(8),第 833 页。

② 乾隆《淮安府志》卷一《图》,《续修四库全书》(699),第 422 页。

③ 咸丰《清河县志》卷二《疆域》。

④ (清)萧文蔚:《桃源县旧志序》,民国《泗阳县志》卷首《序》,《中国地方志集成·江苏府县志辑》(56),第 113 页。

⑤ 光绪《安东县志》卷之一《疆域》,《中国地方志集成·江苏府县志辑》(56),第 11 页。

⑥ 《古今图书集成·经济汇编·食货典·农桑部》。

感，对本可以通过努力而稍加改善的局地水利也失去了兴趣和动力。黄河夺淮，造成淮河流域河道湖泊淤塞紊乱，土壤沙化，难以兴修大的水利工程，仅有少量的堤防、沟渠、陂塘之类的水利工程也往往旋修旋坏。因此，南宋以来淮河流域无多少水利可言，生活在淮河流域的人们因此也不重视局地水利工程的兴修。人们常见的是"稻田不知旱则凿渎，旱地惟是缦种，无有井渫，无有吊槔，无有翻车"①、"无沟洫以蓄水潦"②、"居亢不营凿灌之利，近涝不解排障之方"③、"地不畎沟，农氓习佚而赤旱淫潦无所于备"④、"地高宜谷粟而少塘堰，一遇亢旱则坐观枯槁"⑤、"高壤易旱，掘地尺许，可以得泉，然语以灌溉之利，亦率惮于图始，无肯为者"⑥、"农则习于怠惰，一遇旱干，不知讲求水利"⑦、"沿河之民田水利，数百年不遑过问"⑧的水利衰颓图景。

更有甚者，尽可能地兴修局地水利本是为农的本分，但在淮河流域却形成了等靠要的思想，把兴修水利的责任全部寄托在国家和政府身上，全然忘却了自己开展生产自救的责任。所以，著名水利专家胡雨人在做江淮水利调查时，途经安东县诸地，发现有一种劣根性，即"见看河道者，则曰：'左一看，右一看，不知看到何年何月，始来开河'"。胡雨人认为，"彼竟不知开浚河道为本地人自己责任，反咎人之不速为我开，试问各省各地方，何处不应开河，但望人之代为我开，不知他人又将望何人代为之开"，"有此恶劣性根，乌得而不饿

---

① 天启《凤书》卷七，《书帖》。

② 嘉靖《颍州志》卷八《食货》。

③ 《古今图书集成·方舆汇编·职方典》卷七四八，《淮安府风俗考》。

④ 嘉靖《徐州志》卷五《地理下·田赋》。

⑤ 章潢：《图书编》卷三六，《淮扬利病》。

⑥ 光绪《鹿邑县志》卷九《风俗》。

⑦ 宣统《滕县续志稿》卷一《土地志第一·实业》。

⑧ 胡雨人：《江淮水利调查笔记》（辛亥年），见沈云龙主编：《中国水利要籍丛编》第三辑，第5页。

死",此种消极等靠要思想在淮河流域极为普遍,"到处如一者,实急须投药,万不可再缓者也"。①

水利不兴,则农业生产抵御水旱灾害的能力降低,于是便形成了消极怠惰、种田靠天、广种薄收的消极懒散观念。在安徽的凤阳,"但靠天时雨则稻之年,地无污漫则二麦之候,遇大雨当大旱而民争食树皮"②;灵璧"农民朴愚而惰,宁忍饥寒,不勤力作,故有种田靠天之谚"③。稻曰懒稻,麦曰懒麦,"一下种而其事毕矣。冬春闲暇,男妇老幼安坐而食,食罢则闭门而向火,负暄而炙背,凡百农家应习之业无一肯为者。一闻开河捕蝗之令,则营求乡保以免役,否则雇倩老弱以应差。止知偃仰于墙根屋角之间,以为得计,而不虑水患虫伤接踵而至,人或恶其惰而黜,吾直悯其惰而愚"④。凤台"民不知稼穑,惰于耕作,仰天泽以为丰歉"。⑤泗州一带"豆麦之类又不知耨草以助生殖"。⑥颍州等地"农家不知粪田,种入土而望收,又无沟洫以蓄水溉。故颍之丰歉,天时七八,人力近一二耳"。⑦淮河流域河南鹿邑"农苦而不勤,播种既毕,旱涝皆听之于天"。⑧

时至近代,淮河流域这种种田靠天的消极懒散风气依然盛行。据《皖北治水弭灾条议》说:"询访土风,农民习为广种薄收之说。布

---

① 胡雨人:《江淮水利调查笔记》(辛亥年),见沈云龙主编:《中国水利要籍丛编》第三辑,第66页。

② 天启《凤书》卷七,《书帖》。

③ 乾隆《灵璧县志略》卷四《杂志·风俗》,《中国地方志集成·安徽府县志辑》(30),第75页。

④ (清)贡震:《河渠原委》卷下《通论》,《中国地方志集成·安徽府县志辑》(30),第153—154页。

⑤ (清)吴育:《凤台县厅壁记》,光绪《凤台县志》卷八《职官志·职官》,《中国地方志集成·安徽府县志辑》(26),第127页。

⑥ 万历《帝乡纪略》卷三,《舆地志·土产》。

⑦ 嘉靖《颍州志》卷八《食货》。

⑧ 光绪《鹿邑县志》卷九《风俗》。

种以后,即仰赖天时,坐俟收获。全不加以人功,故发大水则成大灾,发小水则成小灾"①。靠天种田、消极懒散、等靠要之风习,使淮河流域民众对国家政策、经济态势适应性能力不足,安贫认命,失去了可以改变贫困的精神动力,"无怪淮北农民,尽听命于自然,赤地千里,年复一年,而束手待毙也"。②

淮河流域时常水旱为患,天不养人,水利不兴,广种薄收,最后必然导致经济衰颓、闾阎萧条、家无积蓄。于是在水旱频仍情况下,淮民一遇水旱灾害就只能向外逃荒以谋求生存,久而久之,"行走三分利,坐吃山也空。老不离乡是贵人,少不离乡是废人。在家千般苦,出外神仙府。脚不移,嘴不肥。大地处处是行窝……"③的逃荒风尚便习而成之。

逃荒与前文所述的水旱灾害导致人口流徙有点不同。因灾而形成的饥民流徙,不是一种习惯,很多是暂时或长久的行为,要么因灾外出讨生,等灾害过去或者政府与社会赈济跟上又主动或被遣送回籍;要么水旱灾害导致家园和土地丧失而不得不外出谋生,最后移居外地。而逃荒逞荒则不再是一种简单的因灾流徙,而是成了一种惯俗。一般是秋收之后,泥土封门,全家逃荒;或留守老弱,壮者外出讨生活。等来年春天,又回种地。对此风习,清雍正年间,有一篇载于《建德县志》的《禁游民议》说得很清楚,云:"伏见凤阳、寿县及其接壤州县,历来积习之游民,每至秋末冬初,收获既毕,则封其室庐,携其妻儿,备箩担,挑锅釜,越州逾县,百十成群,以乞丐为事,居宿亭庙,遍历乡村。又或以花鼓歌唱为取讨钱米之谋。直至来岁夏初麦熟,始相负载提携而归"。④光绪二年(1876)《申报》登载的一篇文章

---

① （清）吴学廉:《皖北治水弭灾条议》,李文海、夏明方、朱浒主编:《中国荒政书集成》第十二册,天津:天津古籍出版社,2010 年。

② 胡雨人:《江淮水利调查笔记》(辛亥年),见沈云龙主编:《中国水利要籍丛编》第三辑,第 10 页。

③ 转引自王振忠、王冰:《遥远的回响——乞丐文化透视》,上海:上海人民出版社,1997 年,第 49 页。

④ 转引自洪非:《凤阳歌的形成与传播》,杨春编:《唱遍神州大地的凤阳歌》,北京:中国文联出版公司,1995 年,第 75 页。

也谈到:"江皖以北之地,每岁又多旱灾,耕获所得,断不能敷八口一岁之食。故每岁秋收之后,将其所有留老弱以守之,以待来春播种之需;壮者则散之四方以求食,春间方归,以事西畴,谓之'逃荒'。此其相沿之积习也"。①

逃荒,在文献记载中也有称为趁荒、逞荒的。如光绪《凤台县志》曰:"民性不恋土,无业者辄流散四出,谓之'趁荒'。或弥年累月不归,十室而三四"。②吴育《凤台县厅壁记》云:凤台县之"民不知稼,惰于耕作,仰天泽以为丰歉,小不稔则流散四出,谓之逞荒。"③

这种逃荒习俗在淮河流域曾经非常地流行。如安徽灵璧县"民居皆茅屋,衣皆疏布,食则麦豆杂粮,虽丰年犹和以草木根叶。家有牛具什器者,十不得一,故岁凶则挈家远出,豪无顾恋"。④怀远县"群趋于惰,兼之水旱频仍,中人荡产,且乏兼岁之储,一遇灾荒,辄鬻子女、弃故土而适他乡者,比比皆是"。⑤定远县"农朴讷自安,但性习安惰。水无潴蓄,灌溉不继,一遇旱干,辄负担弃土而逃"。⑥庐阳一带"地本膏腴,但农惰不尽力耳。年丰,粒米狼戾,斗米不及三分,人多浪费,家无储畜。旱则担负子女,就食他方,为缓急无所资也"。⑦

在江苏郯城县也有此逃荒习俗。据乾隆十二年(1747)的《郯邑水利事禀牍》记载,"县地夹沭河两岸者,北为重沙至山前等六保,南为龙门至红花埠等五保;夹墨河两岸者,为蒲寨林至杨家集四保;夹

① 《论饥荒情形》,《申报》,光绪二年(1876)十一月十二日,《申报》第9册,第613页。

② 光绪《凤台县志》卷四《食货志·户口》,《中国地方志集成·安徽府县志辑》(26),第63页。

③ 光绪《凤台县志》卷八《职官志》,《中国地方志集成·安徽府县志辑》(26),第127页。

④ 乾隆《灵璧县志略》卷四《杂志·风俗》,《中国地方志集成·安徽府县志辑》(30),第75页。

⑤ 雍正《怀远县志》卷一《风俗》,《稀见中国地方志汇刊》(21),第882页。

⑥ 道光《定远县志》卷二《舆地志·四民》,《中国地方志集成·安徽府县志辑》(36),第13页。

⑦ (明)张瀚:《松窗梦语》卷一,《宦游纪》,第9页。

白马河两岸者,为大坊、张家集三保;在沂、武二河之间者,为港南至孙堰等七保;在燕子、芙蓉河之左右,为道庄至长城等六保。一河冲决,则两岸诸保咸受其殃;两岸泛溢,则中间各保胥及溺。自非旱干之岁,皆属报水之年。况其地势注下,目曰湖田,淫雨连绵,即被浸淹。民无生计,老弱辗转沟壑,壮者散之四方,浸以成俗,谓之'逃荒',皆以水无所归之故"。①可见,逃荒习俗是与水旱频仍、水利不兴、种田靠天、家无积蓄的风气分不开的,是淮河流域风气不振、颓风蔓延的一种重要表现。

"两淮古昔与两江、两浙等"②,这说明淮河流域曾经是一个经济文化较为发达的地区。历经汉魏两晋南北朝的开发,至唐宋时期,以汴京(今开封)为中心、向外辐射的由汴河、惠民河、五丈渠"三条宝带"③构成的发达漕运系统,京师开封商旅辐辏、"居人百万家"④之盛况,淮河下游的扬州之"扬一益二"的美誉,"人视江淮为腴土"⑤、"天下无江淮不能以足用,江淮无天下自可以为国"⑥之雄视天下的富足,以及"走千走万,不如淮河两岸"的谣谚,无不昭示着淮河流域在全国的重要地位及其曾经有过的无尽繁华。但是,南宋以后淮河流域逐渐呈现出了生态环境恶化、水旱频仍、经济衰颓、战乱频发、盗匪盛行、逃荒逞荒、重武轻文、风气不振之另一番景象。

是什么原因导致了淮河流域在南宋前后出现了历史发展的这种大拐点? 无可否认,淮河流域经济社会发展的这种大跌落,与黄河长期夺淮紧密相关。但最为根本的原因,还是淮河流域特有的地形地势演变、气候变迁和频繁战乱、过度的农渔经济开发、政府治黄保

①　乾隆《郯城县志》卷十一《艺文志》,《中国方志丛书》(378),第 303 页。

②　(明)徐光启:《农政全书》卷八,《农事·开垦上》。

③　(宋)范镇:《东斋记事补遗》,丛书集成初编本。

④　(清)毕沅:《续资治通鉴》卷一五,《宋纪十五》。

⑤　(清)王夫之:《读通鉴论》卷二三。

⑥　(宋)李觏:《盱江集》卷二八,《寄上富枢密书》。

运护祖陵的政策等因素共同作用,人为助推了黄河夺淮的进程和淮河流域水生态环境的持续恶化。可谓是"人类所造成的环境变迁,反过来又影响了我们的社会和历史"。①

---

① [美]J.唐纳德·休斯:《什么是环境史》,梅雪芹译,北京:北京大学出版社,2008年,第1页。

第二章　淮河流域水事纠纷发生的原因

一般来说,山川是区域地理格局的骨架与血脉,除了个别大型水利工程可能促使某段河流发生改变外,自然地理的基本特征是颇为稳定的,这就是南宋郑樵所谓"州县之设有时而更, 山川之形千古不易"①的道理。但是对南宋以后的以冲积堆积平原为主体的淮河流域来说, 郑樵所说的这一山川和州县区划演变规律却并不完全适应。南宋以后,淮河流域行政区划依然是"州县之设有时而更",但淮河流域的平原、丘冈、河道、湖沼等水生态环境构成因子却因黄河夺淮、北徙以及气候变迁、地形地势、人类活动等因素的共同作用而时常发生变迁。

南宋以来,淮河流域河道淤塞改道、湖沼淤浅淤废、洪涝灾害频仍、旱魃肆虐不断、滨海陆地生长、地亩沉浮不定、土壤沙化和盐碱化,使淮河流域水生态环境日趋脆弱和不断恶化,进而造成了人和自然关系的日渐紧张,人们为防治水旱灾害而形成的水事关系也随之复杂化,纠纷一触即发。而淮河流域水生态环境的恶化,反过来又使得南宋以后的淮河流域经济发展滞缓、社会动荡不安、社会风气

---

① （宋）郑樵:《通志》卷四十,《地理略》,杭州:浙江古籍出版社,1988 年。

不振、民性强悍斗狠,这又进一步加剧了水事矛盾的激烈性。这些都构成了淮河流域水事纠纷频繁发生的宏观背景和环境基础以及人文导因。此外,如果再作进一步地考察,我们会发现,淮河流域频发多种多样类型的水事纠纷,还有行政区划矛盾这一重要的制度诱因和利益冲突这一根本动因。

第一节 行政区划的矛盾

流域是一个源头到河口的天然集水单元,有水系边界和行政边界之分,两者的范围常常不一致。与此相对应,流域内就有两种不同的区划,一种是由水系边界构成的水系区划,另一种是由行政边界构成的行政区划。行政区划是国家为了进行分级管理而实行的国土和政治、行政权力的划分。行政区划的设置和调整主要是为了施政、管理、生产、决策、服务、反馈、控制等方面的需要,因此多因时因地而经常发生变动,所谓"州县之设有时而更"即是。行政区划的划定虽然一般会以山川(平原地区主要是河流沟洫、冈脊路埂等)的大体走向作为经界,但主要还是因人口、田赋、治安等状况的变动而调整。如此一来,行政区划的变迁和调整不仅会历史形成疆界错壤的复杂区界关系,而且还因与水系区划不一致以及平原河道沟洫时常湮没或改道等因素的叠加交织而矛盾重重。是故,历史上的地方官多认识到正经界和修沟洫的重要性,"夫仁政以经界始,贯利以沟洫终"[1],并将"正经界以息民争,通沟洫以除水患"[2]作为其为政之首要目标。

---

[1] 嘉庆《海州直隶州志叙》。
[2] 康熙《上蔡县志》卷一《舆地志》。

一、行政区划的变迁与调整

南宋以来淮河流域行政区划在沿袭前朝历代行政建置沿革的基础上,多实行三级行政建置。同时,历代王朝因淮河流域地理、人口、田赋、治安等因素的变动而对行政区划进行了适时地调整。

(一)行政区划的变迁

南宋时期,宋、金隔淮对峙,皆因袭北宋的路、州、县三级行政建置。南宋在流域内设有淮东路、淮西路以及荆湖北路。金政权在流域内设有南京路、山东东路、山东西路。(见表2-1)

表2-1　宋金对峙时期淮河流域行政区划表

南宋境内		
路　名	治　所	属于淮河流域的州县
淮东路	扬州(今江苏省扬州市)	原北宋淮南东路(其中泗、海、亳、宿4州已入金),领淮河流域的扬州、滁州、泰州、楚州、安东州、宝应州,以及高邮军、招信军、淮安军、清河军,辖有淮河流域江都、海陵(今江苏泰州)、山阳(今江苏淮安)、宝应、盐城、淮阴、高邮、兴化、盱眙、招信、天长11县
淮西路	庐州(今安徽省合肥市)	原北宋淮南西路,领有淮河流域的寿春府、濠州、光州、六安军、怀远军,辖有淮河流域的钟离(今安徽凤阳城东北)、定远、定城(今河南潢川)、光山、固始、寿春、安丰、霍丘、六安9县
荆湖北路	江陵府(今湖北省荆州市)	领有淮河流域信阳军,辖有淮河流域信阳、罗山2县
金政权境内		
路　名	治　所	属于淮河流域的州县
南京路	开封(今河南省开封市)	辖有淮河流域的开封府、归德府、睢州、单州、亳州、宿州、泗州、寿州、颍州、陈州、蔡州、许州、钧州、汝州、郑州、嵩州2府14州,领有淮河流域开封、祥符、中牟、陈留、杞县、通许、尉氏、鄢陵、扶沟、泰康、襄邑、考城、柘城、济阴、定陶、东明、单父(今山东单县)、成武、鱼台、砀山、宋城、谷熟、宁陵、虞城、楚丘、下邑、谯县(今安徽亳州)、卫真、鹿邑、酂县、永城、城父、符离、临涣、蕲县、灵璧、盱眙、淮平、临淮、虹县、

续表

		下蔡(今安徽凤台)、蒙城、汝阴(今安徽阜阳)、颍上、泰和、沈丘、宛丘(今河南淮阳)、西华、商水、南顿、项城、汝阳(今河南汝南)、平舆、上蔡、西平、遂平、确山、真阳、新蔡、襄信、新息、桐柏、方城、长社、长葛、临颍、郾城、舞阳、阳翟(今河南禹州)、新郑、管城(今河南郑州)、密县、荥阳、汜水、荥泽、河阴、伊阳(今河南嵩县)、梁县(今河南汝州)、郏城、宝丰、鲁山、襄城、叶县83县
山东东路	益都府(今山东省青州市)	原为北宋的京东东路,领淮河流域沂州、莒州、海州3州,辖有淮河流域沂水、莒县、日照、临沂、费县、胸山(今江苏连云港海州)、东海、赣榆、沭阳、涟水10县
山东西路	东平府(今山东省东平县)	原为北宋的京东西路,领淮河流域东平府、济州、滕州、徐州、邳州、曹州、兖州1府6州,辖淮河流域须城(今山东平州城)、汶阳、平阴、任城、嘉祥、郓城、金乡、嵫阳、曲阜、泗水、宁阳、滕县、邹县、沛县、彭城(今江苏徐州)、萧县、丰县、下邳、承县、宿迁20县

资料来源:参见张明庚、张明聚:《中国历代行政区划》,北京:中国华侨出版社,1996年,第285—306、311—331页。

　　元创沿用至今的行省制度,除中书省直辖的"腹里"以外,又分设11个行中书省,行省下设路、府、州、县四级,四级或递相统辖,或越级统辖,州或不领县。[1]在淮河流域,"元置河南江北等处行中书省以统之。又置河南江北路肃政廉访使司以察之"。[2]此外,"腹里"还直辖有淮河流域部分地区。河南江北等处行省,治汴梁路(今河南开封市),至元二十八年(1291)置行省,又称河南行省,在淮河流域设有汴梁路、安丰路、扬州路、淮安路等路以及归德、汝宁、高邮等府,还领有淮河流域的睢州、陈州、许州、郑州、钧州、嵩州、汝州、信阳州、光州、息州、颍州、亳州、徐州、宿州、邳州、海宁州、濠州、六安州、泗

　　① 谭其骧:《中国历代政区概述》,《文史知识》1987年第8期。
　　② 民国《河南新志》卷一《舆地·沿革》,河南省地方史志编纂委员会、河南省档案馆整理:《河南新志》,第56页。

州、泰州、安东州等三级州。中书省又称"腹里",在淮河流域设有东平路(治今山东东平)、济宁路(治今山东巨野)、益都路(治今山东青州市),辖有曹州(治今山东菏泽市)、濮州(治今山东鄄城旧城镇)2 直隶州。

　　明初用元制设行省,洪武九年(1376)改称承宣布政使司,称为"行省"。淮河流域有南直隶、山东行省、河南行省。洪武元年(1368)八月,建南京,为直隶中书省。洪武十一年(1378)正月改为京师,又称南直隶。南直隶领有淮河流域的凤阳府、淮安府、扬州府 3 府、徐州直隶州以及泰州、高邮州、海州、邳州、泗州、宿州、亳州、颍州、六安州、寿州 10 个散州。山东行省于洪武元年(1368)五月置,辖淮河流域兖州府以及濮州、东平州、曹州、济宁州、沂州、莒州 6 个散州。河南行省于洪武二年四月改置,辖有淮河流域开封府、归德府、汝宁府 3 府、汝州 1 直隶州以及郑州、许州、禹州、陈州、睢州、信阳州、光州 7 个散州。成化中,改汝州直隶布政使司。嘉靖中,升归德州为府。

　　清承明制,地方行政区划实行省、府(直隶州、直隶厅)、县(散州、散厅)三级建制。省之上设有八大总督,但不为实际行政区划单位,是中央的派出机构。河南、山东省为直隶总督所管,安徽、江苏归两江总督所管。巡抚为省之最高长官,既主管行政,又领监察职司。省下设分守道和分巡道,分守道相当于地级单位,分巡道则是管辖某一部门的事务如河道管水利等。道下设府(直隶州),府下为县(散州)。清代淮河流域行政区划涉及直隶、河南、安徽、山东、江苏 5 个省。直隶省仅有大名府的东明县属于淮河流域。河南省淮河流域有许州、郑州、光州、汝州 4 个直隶州和开封府、归德府、陈州府、汝宁府 4 个府,以及卫辉府的考城县、河南府的登封县、南阳府的叶县、桐柏县、舞阳县。雍正二年(1724),升开封府之陈、许、郑三州,汝宁府之光州直隶布政使司。雍正十二年(1734),升陈州、许州为府,郑州仍属开封府。乾隆六年(1741),改许州府仍为直隶州,又省河阴县入荥泽县。①安徽省淮河流域有泗州、六安州 2 个直隶州和凤阳府、

---

　　① 　民国《河南新志》卷一《舆地·沿革》,河南省地方史志编纂委员会、河南省档案馆整理:《河南新志》,第 56—58 页。

颍州府 2 个府。江苏省有海州 1 个直隶州和淮安府、徐州府、扬州府 3 个府。山东省有济宁 1 个直隶州和曹州府、兖州府、沂州府 3 个府。

民国初建，废府，改各州、厅皆为县。"道"则继续保留，但由清代以监察职能为主的机构，演变为完全的行政机构，作为介于省、县之间的行政单位。地方行政区划实行省、道、县三级制。其中位于淮河流域的有直隶、河南、安徽、山东、江苏五省，直隶省辖有淮河流域的大名道东明县，河南省辖有淮河流域开封道、河洛道、汝阳道，安徽省辖有淮河流域的淮泗道，江苏省辖有淮河流域淮扬道、徐海道，山东省辖有淮河流域先有济宁道、胶东道，后有兖济道、琅琊道、曹濮道。同时，淮河流域各省新置或改置了一些县，也废除一些县。在淮河流域河南境，1912 年，新置河阴县；1913 年，开封、归德、陈州、汝宁等府及禹州、睢州、许州、郑州、汝州、信阳、光州等州改置为县，祥符县更名为开封，淮宁更名为淮阳，汝阳更名为汝南。在淮河流域安徽境，1912 年，六安、寿州、宿州、亳州、泗州等州改置为县。在淮河流域江苏境，1912 年，新置灌云县。同年，泰州、高邮、海州改置为县。同年，废除甘泉县。在淮河流域山东省，1913 年，济宁、莒州等州改置为县。1914 年，山东省分为济南、东临、济宁、胶东等 4 道，其中位于淮河流域，除胶东道的日照外，主要集中于济宁道。1925 年，山东省重新划为济南、东昌、泰安、武定、德临、淄青、莱胶、东海、兖济、琅琊、曹濮等 11 道。其中位于淮河流域的有兖济、琅琊、曹濮 3 道。

迄南京国民政府建立，宣布取消"道"建制，实行省(直辖市)、县(普通市)两级管理。淮河流域行政区划略有变动，或新增一些县，或废除一些县，或新增一些市。在淮河流域河南境，1928 年，设立郑州市，1931 年裁撤；1929 年，设立开封市，1936 年裁撤。1929 年新置民权县；1931 年，废除河阴县，将河阴、荥泽合并设立广武县；1933 年新置经扶县(今新县)。在淮河流域安徽境，1932 年，新置嘉山县；1934 年，新置临泉、立煌县；1947 年，设立蚌埠市。在淮河流域江苏境，1935 年，设立连云市；1945 年，设立徐州市。在淮河流域山东境，

1931 年,新置鄞城县,1936 年又废除鄞城县。①

(二)行政区划调整的类型

南宋以来,历代统治者对淮河流域行政区划做过一些调整,而且这些调整多与水生态环境和社会政治生态环境的变动有关。具体来说,大致可分为以下两种类型:

第一,频仍水患引起行政建置的变迁。如淮河流域河南荥泽县,康熙三十六年(1697),"黄河南侵,逼近城垣,知县周元恺申请改迁,卜地于古荥阳旧城内之西北隅",次年即用土垒筑而成新治。②在永城县,按旧《志》,明时原定 27 图(图及下文"里"均为县以下的行政单位),正统末年又增归善 4 图、从化 4 图,其后民庶逃亡,乃并归善 4 图为 3 图,从化 4 图为 1 图,"嗣复黄水冲害,逃亡愈甚。知县魏纯粹招抚流移,又置归仁里一"。③

在淮河流域安徽萧县,万历十年(1582),因河患频仍,地失人逃,并 46 里为 37 里。④在临淮县,县治东西环绕濠水,北滨淮河,一城三面受冲。自明代以来,"频遭水患,城垣冲塌,衙署倒塌,居民迁移过半"。因此,乾隆十九年(1754)清廷裁并临淮县归凤阳。⑤在五河县,"先是五河田惟膏腴,民恒休裕,邑居疆域亦繁聚。迄乃财匮力

① 本小节未注明出处的,参见丁文江等:《中国分省地图》,上海申报馆,1948 年;金擎宇:《中国分省新地图》,亚光舆地学社,1948 年;河南省地方史志编纂委员会、河南省档案馆整理:《河南新志》,郑州:中州古籍出版社,1988 年;张明庚、张明聚:《中国历代行政区划》,北京:中国华侨出版社,1996 年;王鑫义等:《淮河流域经济开发史》,合肥:黄山书社,2001 年;周振鹤:《中国行政区划通史·中华民国卷》,上海:复旦大学出版社,2007 年;吴春梅、张崇旺:《近代淮河流域经济开发史》,北京:科学出版社,2010 年。
② 乾隆《荥泽县志》卷三《建置志·城池》,经书威主编:《乾隆荥泽县志点校注本(上册)》,第 31 页。
③ 光绪《永城县志》卷二《地理志·里镇》。
④ 嘉庆《萧县志》卷七《乡镇》,《中国地方志集成·安徽府县志辑》(29),第 341 页。
⑤ 光绪《凤阳县志》卷一《舆地·疆域沿革》,《中国方志集成·安徽府县志辑》(36),第 200 页。

竭,既疲瘠莫支矣。大水溃决,岁复相仍,仳离转徙莫适为居,屡议迁址"。①在泗州,因地处洪泽湖区,水害严重,行政区划因之而多次变动。泗州旧城始于宋,面临淮水,系江淮要冲,南北孔道,"栋宇毗连,百货之所集,人才之所钟,均十倍于虹"。明至清初,泗州属凤阳府,领盱眙、天长二县。虹县属中立府(即凤阳府)。雍正二年(1724),泗州升为直隶州,领天长、五河、盱眙三县。自康熙十七年(1678)旧治沉没无城池者数十年,乾隆二十四年(1759)建署于盱山之麓,乾隆四十二年(1777),州治因沉于水,巡抚闵鹗元建议将泗州城治迁至虹县,并裁虹县归泗为虹乡。②虹改州后,"市肆廛居较前略备,第城中烟户寥寥,又皆农圃,贸迁辈衣冠文物之风杳然"。③对于此次迁州治于虹县的原因,闵鹗元在《裁虹并泗奏疏》中作了详解,说:

> 窃照安徽所属之直隶泗州统辖盱眙、天长、五河三县,从前原建州城在州境之南,面临淮水,与盱眙止隔一河。缘康熙十九年间淮水决堤,将州城及文武衙门、仓库沉没水中,居民播迁,州牧或借民房,或驻试院。节经前任督抚臣以州治寄寓盱境,远隔河湖,声息难通,或议于双沟建城,或议于包家集设治,迄无成局。嗣于乾隆二十四年经前任督臣尹继善以原定之双沟地方向来常有水患,此外亦无高阜可建之地,该州寄居盱眙以来官民相安已久,且泗城本在州之极南,相距盱眙二里,中隔一河,济渡甚便,请将泗州即于盱眙驻扎,毋庸迁徙建城,所有该州文武衙署、坛庙、监库等项均动项设建。嗣经吏部覆准在案,此泗州州治寄驻盱眙之原委也。臣上年因灾查赈至泗、盱二境,体访人情,熟察形势,向来泗州旧城与盱眙止隔河面二里,是以舟楫

---

① (明)沈应乾:《迁县碑》,光绪《五河县志》卷十七《艺文一》,《中国地方志集成·安徽府县志辑》(31),第608页。

② 光绪《泗虹合志》卷二《建置志·城池》,《中国地方志集成·安徽府县志辑》(30),第393页;乾隆《泗州志》卷二《城池》,《中国地方志集成·安徽府县志辑》(30),第179页。

③ 乾隆《泗州志》卷二《城池》,《中国地方志集成·安徽府县志辑》(30),第179页。

往来甚便。今则州城尽入于水，所有济渡之头铺河与洪泽湖相通，水面宽阔，风浪甚险，非得顺流不渡。今昔情形迥不相同，凡官吏稽查、缉捕、勘验、催征及小民之诉状、纳粮，守风待渡，往往守候需时，或有远从定远、凤阳、五河绕道五六百里始得达者。查该州坐落淮河之北，加以地瘠民疲，拊循不易，而印捕文武各官隔数十里之河面，遥为治理，均多不便。臣再四熟筹，查得原议之双沟地方居州境之中，淮河在其东南，地势广阜，自旧城沉没之后，河面既阔，支港畅流，亦无壅塞冲突之患，于此建城虽可居中控驭，惟该处居民不及万户，似尚未足以成方州重镇，是以从前惮于迁徙，旋议旋止。今查有凤阳府属之虹县，本系邑小事简，与泗州壤地毗连。以臣愚见，将虹县一缺裁去，一切版图、民赋均归并泗州管理。即将虹县之城，改为泗州直隶州之城，则衙署、仓库、坛庙一切可不改移。而且通计两州县合并为一，其地方之广袤，田赋之多寡，较之安属六安、凤阳、合肥等各州县亦属相等，并无鞭长莫及之虞。如此一转移间，则该州管辖地方并无河湖阻隔，一切公事均得气脉相通，官民两得其便。该州本系繁缺，向系在外拣选升调，其向隶之盱眙、天长、五河三县仍归该州就近管辖，均毋需另议更张。①

在淮河流域江苏清河县，县境中贯淮流，东南抵山阳，西南界盱眙，西北与桃源界，北与沭阳界，东北与安东界。清河县初治大清口，为淮阴故地。县境及淮水南，南至三角村，东及七里墩与山阳分界。因旧县治甘罗城在康熙年间屡圮于水，乾隆二十六年（1761），江苏巡抚陈宏谋疏请移治山阳之清江浦，而割山阳近浦10余乡并入清河，是为新县治。②对这种因水患而导致清河县地理区划变动的情况，乾隆《清河县志》作了详细地说明，云："清河之里图何其寥寥也。

① （清）闵鹗元：《裁虹并泗奏疏》，光绪《泗虹合志》卷十七《艺文》，《中国地方志集成·安徽府县志辑》（30），第625—626页。

② 光绪《清河县志》卷二《疆域·沿革》，《中国方志丛书》（465），第9页。

没于水者几乡,出于水者几乡,县全无乡百八十年矣,无全里者近百余年。駸駸至于里无全甲,甲无遗丁,而虚已甚矣。于是里虚并里,甲虚并甲。……甲之日见其废,宜也,而县且将随之以废。向者屡请废县不获,变而为废里存甲之议。革去里长,止用甲长分办地丁,民以为便"。咸丰《清河县志》则指出里甲多虚耗,以致"今则系图于乡,系甲于图,无里长、甲长之名,古今递变之势然也"。①在安东县,万历二年(1574)秋,海水大涨,居民溺死无算。万历四年(1576),"海涨河决,居民逃散,众议废县,以丁亩分属山、清、海、沭阳四处"。淮安营田副使史邦直力持不可,曰:"安东生气尚王数年,抚绥疲瘵可起,且海口门户,岂宜轻撤?惟当并里裁员,粮征见户,庶可鸠乎?"因遭遇强烈抵制,安东县最后没有被裁撤。②

在淮河流域山东东平县,据东平县《旧志》记载,东平州西南35里,旧为寿张境,"元至正间,黄河大决,城圯邑废,改属东平"。③在曹州,城治因黄河夺淮的影响而"四徙一降"。金大定八年(1168),河决李固渡(今属河南省滑县),水溃曹州城,时知州赵安世徙州治于古乘氏县。大定二十七年(1187),河决曹、濮间,迁曹州于北原(其址不详)。明洪武元年(1368),河决曹州双河口,徙州治于安陵(今黄集乡安陵集)。次年河复决,复迁治于盘石镇(今曹县)。洪武四年(1371),河水飘流,户口减少,降州为县。④

第二,水旱饥馑、盗匪出没引起行政区划的调整。如安徽涡阳建县较迟,同治三年(1864)建县时,从亳、阜、蒙、宿四州县共划出28保、23集、210个圩设立新县,以捻军起义会盟之地雉河集为县治(隶属颍州府),循北魏时古郡名,命名"涡阳"。涡阳建县的主要原因就是"清同治初,捻匪蹿中原。安徽捻魁任柱、张乐行及其徒党、凶悍之众多涡人,而乐行以雉河集为巢穴,四出屠掠。清廷命将帅,用大

① 光绪《清河县志》卷七《民赋上·里甲》,《中国方志丛书》(465),第56页。
② 光绪《安东县志》之十五《杂记》,《中国地方志集成·江苏府县志辑》(56),第102页。
③ 民国《东平县志》卷二《山川·山类》。
④ 《菏泽市水利志》编纂委员会编:《菏泽市水利志》,第20页。

师克之。既克,疆吏上言雉河集东距蒙城百里,而近西、南、北三垂。距阜阳、宿州、亳州百里而遥,四州县以瓯脱视之。薮逋蕴孽,莫与纠察。宜就雉河集增设县治,割蒙、亳、宿、阜四邑土壤相接者隶于版,慎选贤吏,施教养,诇奸逆,秉其扼塞地利,遏绝乱萌。庶几谋久安,戢后患,诏报可"。"于是,符下所司,分疆划界,筑城设县如定制"。①

雍正十年(1732),清王朝分寿州而设凤台县,主要动因还是为了加强对地方的社会控制,以消弭盗匪,巩固自己的统治。两江总督尹继善上奏曰:"寿州周围千里,民俗刁顽,命盗频闻,私铸赌博,叠经发觉。知州一员难以肆应,请分设一县,添知县一员,分疆而理。以城内之东北隅,并北门外之石马店、东门外之石头埠等处地方,划分新县管辖。并设典史一员,管理捕务。如此则要地有统理,剧邑有分任,而吏治易收实效矣"。此奏折被清政府批准后,"因以县北之凤凰山名县,曰'凤台'"。同治二年(1863)冬,巡抚唐训方饬移县治于下蔡,嗣经巡抚乔松年会同总督曾国藩具奏。同治四年(1865)六月初一日,"奉上谕军机大臣会同吏、兵等部议覆督抚等奏请,凤台县与寿州同城殊为无益,著即将县治移于下蔡镇,俾沿淮要区得所控扼等因,钦此。于是城内六坊仍归寿州,城外东门以北及北门外皆以城濠为界,内属州,外属县"。②

雍正二年(1724),泗州升为直隶州,并将凤阳府属的五河县划归泗州直隶州管辖,原因就在于"泗州去府虽不及二百里,而界连淮、扬,湖水广阔,相近之盱眙、天长、五河三县水路险要,最多盐枭出没。应将泗州改为直隶,而以盱眙、天长、五河三县归其管辖,则统属相连,呼应自灵。重湖深山,稽查亦易"。③

在怀远,由于"龙亢集烟户千家,系怀邑首镇,离县七十五里,与

---

① 聂宪藩:《创修涡阳县志序》,民国《涡阳县志》,《中国地方志集成·安徽府县志辑》(26),第419页。

② 光绪《凤台县志》卷一《舆地志·沿革》,《中国地方志集成·安徽府县志辑》(26),第21页。

③ 光绪《五河县志》卷一《疆域二·沿革》,《中国地方志集成·安徽府县志辑》(31),第391页。

宿、蒙地方交界。三邑连壤,民风不一。多有无知之辈,或恃强买卖,或酗酒打降,穷民投辕莫及,往往负屈莫伸。更不便者,接年命盗两案,乡保赴县具报,奸邪获隙远飏,以致匪窃时闻,命案累累,良可痛也。近蒙仁明屡委良廉查察,奸邪颇知畏惧,但官到则鼠窜兔脱,官去则舞爪扬牙",于是在乾隆十九年(1754)十月二十六日,举人汤建勋等公恳为公恳详请分防弹压,县主簿因此而移驻龙亢集。①

此外,在清末民初时期,还因流域整体生态环境的长期脆弱化而出现了一种影响深远的设置徐州省或江淮省的动议。光绪三十年(1904)十一月八日,张謇通过两江总督端方条陈,建议以徐州为中心,融合江苏、山东、河南、安徽边区的府、州县份,建立徐州省。拟建的徐州行省地理范围,包括原江宁布政使所辖的江宁府、淮安府、扬州府、徐州府4府和通州、海州2个直隶州;安徽的颍、亳两府州,河南的归德府,山东的曹州府,凡40多州县,省治设在徐州。张謇徐州省奏请的设想,是以南宋以来黄河夺淮导致淮河流域的经济、历史、风物、人情等诸多共同点筹划出来的,有其合理性的一面。因此,张謇等新省设置的奏请引起清廷的重视,十二月二十四日,清廷即发布上谕,割淮、扬、徐、海3府1直隶州建江淮省(原议并割庐、凤),改漕督为巡抚,仍驻清河。次年三月十七日,因遭江苏京官陆润(左都御史)、两江总督周馥等人的反对,江淮省建置被撤消。②时至1931年,徐州、海州两属12县党部代表还在徐州集议,要求将徐海划归一省,"益以豫东皖北鲁南各县,共为二十九县,成为一个省区,以顺民情,而便施政"。③当年针对淮河流域特殊性、共通性而设置省一级

---

① 嘉庆《怀远县志》卷十四《职官表》,《中国地方志集成·安徽府县志辑》(31),第169页。

② (清)胡思敬:《国闻备乘》卷二,《江淮巡抚》,上海:上海书店出版社,1997年,第36页;参见杨杰:《光绪年间张謇构想设立徐州省》,政协江苏省徐州市委员会文史资料委员会:《徐州文史资料》第十六辑,1996年,第229页;谢世诚:《晚清"江淮省"立废始末》,《史林》2003年第3期。

③ 《徐州海州两属对于分划省区之主张》,《申报》1931年5月11日,《申报》第282册,第255页。

行政区的动议虽没有实现，但改革开放后在这一带形成的包括江苏、山东、河南和安徽4省14个地、市的淮海经济区，却可从中找到历史的影子。

（三）行政区划调整的负效应

淮河流域行政区的建置与调整，一方面加强了对地方社会的管理与控制，另一方面对地方经济社会发展也带来了负面影响，造成了疆界错壤的复杂区界局面。疆界错壤，也即"插花"，是特定时期、特定历史条件下、特定区域内的各个政区在形成、发展和变迁过程中的各种穿插交错或各种经界不正之地的总称。南宋以来淮河流域的疆界错壤，主要表现为以下几种情形：

第一，省级行政区之间、省内县级行政区之间的疆界错壤以及"寄庄"、"飞洒"。省级行政区之间的疆界错壤主要为豫皖之间、豫皖苏之间、苏鲁之间。在豫皖之间，如安徽太和县，"豫省古号中州，其边壤与吾邑犬牙相错"。①□□在豫皖苏之间，如涡阳县地处边鄙，"北连豫永，迤东与苏之丰、沛、萧、砀错绣盘牙"。②萧县也是"襟带砀、丰，错峙永、宿"。③据同治八年（1869）萧县知县顾景濂勘送县图，"张山东五里九顶山始为灵璧界，山南五里大庙圩迤南为青冢湖，湖西岸即萧境，湖南接老汪湖，中有洲曰曹家楼，东里许有三界碑，东北为灵璧，东南为宿，西为萧也"。永城县属河南归德府，据同治八年勘图，"蔡家寺西五里田家庙始为永城界。又案同治十一年四月，萧县知县顾景濂、砀山知县樊燮、永城知县陈梦莲、归德府经历刘骏前等勘定萧、砀、永三界。据图，以何家皆为永属，皆东五里许为宫庄，

①　民国《太和县志·序》，《中国地方志集成·安徽府县志辑》（27），第299页。

②　民国《涡阳县志》卷二《疆域·形胜》，《中国地方志集成·安徽府县志辑》（26），第441页。

③　（清）潘镕：《萧县志序》，嘉庆《萧县志》，《中国地方志集成·安徽府县志辑》（29），第233页。

在萧县治西六十里;岧东北三里许赵庄、六里杨家洼,皆萧属;岧之北杨家洼西直接申公堤,则北为砀,南为永也"。在今安徽砀山县与河南永城县之省界,据同治四年(1865)十二月砀山知县卢骧云、知县郑庆芳、河南永城知县陈梦莲、夏邑知县陈上达等勘明,砀属回龙集岧南半里许为砀、永交界。据图,岧南为申公堤,堤北仅数十步属永,余皆砀境,自此顺堤而东直萧县之杨家洼,皆北为砀,南为永界也[1]。

在苏鲁之间,据同治五年及八年沛县知县徐弼庭、周京先后勘明,以王家水口迆西北为沛、滕、鱼台三县交界。据图,夏镇运河上游闸曰珠梅闸,闸西北二十里许曰王家水口,口之上半里有界牌,东北为滕,西南为沛,西北为鱼台,"八年勘图"谓之界牌口。据同治八年勘图,夏镇三城跨运河西城属沛,河东南北二城滕、沛错界城中。同治七年(1868)二月,知县陈凤朴、邳州知州李宾、睢宁知县唐葆元勘定,木社南黄河故道南北共广 462 丈,以南岸至河心 120 丈归邳州管辖,北岸至河心 342 丈归睢宁管辖,立碑定界。"据图,木社圩为睢属,圩西迆南及象山下,跨河割睢属庆安集、圩东畔戴家楼,皆邳地之斗入睢境者也。象山下大渡口东即所勘河心地,南戴家楼故以属邳,北傅木社故以属睢,木社以东赵村、马船帮等圩皆邳属,两圩南故河两岸又滕地之斗入邳境者也"。[2]在江苏赣榆与山东日照之间,"壤地犬牙相错,近年因界限不清,时起争端,迄今不能解决"。[3]

省内县级行政区划之间的疆界错壤,在淮河流域豫、皖、苏、鲁四省内皆比较普遍。如淮河流域河南荥阳县就"疆界不清,每多影射","故首令粮衙沈涛、捕衙胡国翰会同邻封彼此筑土以清边界。复命一十四保公直乡长,各照所管,插立木牌,注明畛段,然后逐一清

① 同治《徐州府志》卷十《舆地考中》,《中国地方志集成·江苏府县志辑》(61),第 354 页。

② 同治《徐州府志》卷十《舆地考中》,《中国地方志集成·江苏府县志辑》(61),第 354—355 页。

③ 《江苏赣榆与山东日照界限问题由内部派员划定》,《申报》1922 年 6 月 30 日,《申报》第 181 册,第 613 页。

丈。虽有桀黠,无所诡避焉"。①河南鹿邑县"东北隅片壤锐出,界亳
州、柘城之间,北与商邱接境,西境与柘城、太康、淮宁三县错互不正
尤甚"。②宝丰县"与汝州、鲁山地参互交错"。③在长葛县,石固店在县
西南45里,"此许、葛分辖之地,明知县李在公合口时葛士杨慎成修
为石固寨,至今立祠享祭。口立寨亦葛人也,寨南有石梁桥,桥南属
许,桥北属葛","葛邑以许人侵我疆界,以之兴讼。今经界已明,争端
自息"。④在上蔡县,康熙三十二年(1693)夏四月,"项人侵占我东界,
开、汝两郡太守会勘于杨家集、孙湾店。奸民将蔡地文契私用项印,
逞刁朦混,知县杨廷望面折其奸,归我杨家集、孙湾店,疆界得正"。⑤

　　在淮河流域安徽灵璧县,"旧时编户四十里,今则瓜分至七十八
里。里之小者,不过百家;其大者,分为四五保。每保七八百家,至千
家不等,即如新马一里,东抵五河界,西抵怀远;固贤一里,南至楼
庄集,北至游家集,各占地七八十里,中间烟户参错,更易无常,难指
一处为某里某保"。⑥怀远"县之境与他县分界者,惟西北与凤台、蒙
城、宿州毗连之处,最为纷错,犬牙盘互,不可别识"⑦,西北"三境错
壤处,则洞山、洛河、李家小庄、蚌埠、安家集、小瓦埠、南新集"⑧。

　　在淮河流域徐海地区,海州"西北牙错,奸宄易藏"。⑨赣榆和山
东莒县交界有篙子山,旧名高家山,以山后界于莒县之高家村得名。
"民国重视垦务,饬县劝民开荒。邑人韦家瑶禀请领垦认粮,高姓争
之,以为山属莒县,遂起诉讼。及稽两县县志,则此山全属赣榆。经绅

---

①　康熙《荥阳县志》卷三,见《郑州经济史料选编》卷五,第338—339页。

②　光绪《鹿邑县志》卷二《疆域考·至到》。

③　乾隆《续河南通志》卷之六《舆地志·疆域附形势》,《四库全书存目丛书》(史220),第
124页。

④　乾隆《长葛县志》卷二《建置·镇集》。

⑤　康熙《上蔡县志》卷十二《编年志》。

⑥　乾隆《灵璧县志略》卷首《图说》,《中国地方志集成·安徽府县志辑》(30),第8页。

⑦　嘉庆《怀远县志》卷一《地域志》,《中国地方志集成·安徽府县志辑》(31),第33页。

⑧　嘉庆《怀远县志》卷二十七《图说》,《中国地方志集成·安徽府县志辑》(31),第350页。

⑨　嘉庆《海州直隶州志》卷一《图第一·舆地图说》。

董一再履勘,绘图立志,由两县会详省长。又饬两县官绅会勘定案,
高姓认赣榆县粮 40 余亩,因改今名,以杜争端"。①

在淮扬地区,宝应县治东至盐城 110 里,"与海陵溪、东、盐城民
田相参"。②盐城和阜宁县之间,据《阜宁县志》曰嘎梁河西岸,阜境
也,"而夏家庄有盐地,东岸盐境也,亦有阜地,盐阜界沟之南,盐境
也,而黄顾二庄属阜,皆所谓插花地也"。③1937 年,兴化县陵河乡乡
长咸朝扶以海陵溪自泰县经县西高邮、宝应入射阳湖,载前《志》,境
西南与泰县交界,因溪滩发生争执,呈奉省政府民政厅派员会勘结
果,海陵溪滩两县公有。④

清宣统元年(1909)曾颁布《府厅州县自治章程》并有改正插花
之令,宣统二年(1910)苏属地方自治筹备处叠经令催各县划清区
域,"以插花斗入等地,绘图列表,详请核准,实行清厘。适光复事起,
未克举行"。于是,民国《阜宁县新志》据旧《志》把阜宁和淮安、盐城
之间所产生的插花地,做了一个列表(见表 2-2),我们从中可窥出疆
界错壤之一斑。

表 2-2　阜宁与邻境插花一览表

名　称	面　积	所在地	县　属	备　注
沙　田	1 顷余	盐境夏粮河东岸	阜宁县	按阜境夏粮河西岸夏家庄沙田 1 顷余,属盐城仁字五图十里庄,北属涟水
黄　庄		盐境界河岸	阜宁县	
顾　庄		盐境界河南岸	阜宁县	
马　社		淮境渔滨河西岸		1929 年冬,第十区行政局调查户口,将马社、谷社迩邻两庄民,以距淮近,从属淮,而田赋仍属阜
谷　社		同　上	阜宁县	

① 民国《赣榆县续志附编》卷上《山川·篙子山》,《中国地方志集成·江苏府县志辑》
(65),南京:江苏古籍出版社,1991 年,第 732 页。
② 道光《重修宝应县志》卷之一《疆界》。
③ 光绪《盐城县志》卷一《舆地志上·疆域》。
④ 民国《续修兴化县志》卷七《自治志·自治纪要·海陵溪勘界》。

气牛嘴		淮境淮河北岸	阜宁县	
高家庄		同　　上	阜宁县	
仁字五图十里庄南			阜宁县	

资料来源：民国《阜宁县新志》卷二《地理志·疆域附插花》，《中国地方志集成·江苏府县志辑》(60)，第31页。

在兴化与东台、泰州、盐城之间疆界不清，此侵彼占的现象尤其严重。如兴化与东台之间，兴化境内的博镇河由梓辛河入车路河100里至东台界，"按河口有东西博镇二村，田属东台十居六七，自此而东，沿梓辛河北岸，与东田地相错，又东十里全属东台"。①在兴化与盐城之间，"大纵湖在兴化县西北四十五里，西南至九都，自湖心与盐城县分界，西入射阳湖。……况湖心分界，不可逾越。自兴化凋残，人户稀少，而盐民乃越境侵壤，不以大河通射阳湖者为界，而以小沟田埂为界矣。或者云沙沟镇原隶盐城，似有可疑，不知沙沟镇中心有河所以分界，其北盐城，其南兴化，明甚者也。若郝昆所占田土，则在旱河之内，蒲龙河之东，况左右前后，皆兴化民田，本所军屯在焉，是又不必辨者矣。夫按图志稽地里，梓新之不可为蚌沿，大湖分心之非小河亦明矣。而二百年来卒无有能复之者，岂当事者知其无可奈何而遂置之乎？厥后丈量均田，颁行郡县，此小民更生之时也，乃以洪水浸占，寝阁不行"。②

在兴化与泰州之间，民国《续修兴化县志》云：

> 查泰粮系范堤基地及高阜垦熟田粮，大率由明代海防屯兵牧马而起，故相传泰粮即马粮。此项粮赋向由泰州征收，东台因泰州之旧相沿未改，故遂为东粮。其实初征豆麦，后始改征银米，计每亩约征银一分或六厘不等，米则仅三合有奇。且有银无米，及银米并征，完银即不完米者，其科则之减少，与民田粮赋

---

① 咸丰《重修兴化县志》卷二《河渠一·东南》。

② 咸丰《重修兴化县志》卷一《舆地志·疆域》。

性质不同,即就其多寡比例以较之,亦断为插花无疑。盖兴化所属之民灶田在串场河西者,合塔围、老围、三角围也。其灶地之在串场河与范堤东者,白驹三十总、刘庄五十总也。除堤西民粮不计外,所有堤东西灶粮虽纳盐场折课,然系座落兴化县境,实与兴粮无异。质言之,即兴化地土中之灶粮也。于兴化地土之灶粮中,夹有此少数零星不整之泰粮,谓非插花而何? 不然东台都里及于是,而疆域不及于是,何也? 故正粮赋,必先以疆域为准,不知疆域之所至,而误以插花田地为版图,所届是以少数之粮,争多数之地。故为厘正插花计,容有粮随地转者矣,未有地随粮转者也。今兴化治无粮之地,东台征无地之粮,责任在我,利益在彼,而转欲藉以为口实,诚不知何所取义。若谓场地两歧,则此粮应并归兴化征收久矣。至于刘白两场虽先后并归草堰,而场治并,座落未并,不得以灶粮归场征收,遂并县境亦隶之也。民国二十年六月,县政府准泰县县政府咨开奉民政厅第二二九四号训令,略以奉内政部发《县行政区域整理办法大纲》、《省县市勘界条例》第七条第三项所载,查明有无与本县插花及犬牙交错之地,应各维持固有区域,或重行勘议界线,咨复过县,以凭呈报等由,经县政府令饬县农会查复,并加意见。以刘庄泰粮十二顷,大团九顷零,三角围五顷零,八灶三十顷,七灶四十五顷,新团灶三十亩,以上约计一百十顷。白驹泰粮六顷零,五里墩七顷零,茅家园一顷,戚家团南六十四亩,戚家团北一百六十亩,李家墩五亩,东西瓜蒌团一百十亩,朱陈团九十亩,以上约计十八顷,合计刘白两场泰粮田一百二十八顷。又盐城营地之在刘白者,约计十八顷,其在斗龙港西之烟墩如五里楼等处所在约十余顷,均系插花。依照兴化行政区域,遵照部令整顿办法,自应划归兴化征收,以一事权而利行政等语,呈复咨请泰县转报在案。盐城学产在兴化境内熟田八十三亩,草田七亩。①

----

① 民国《续修兴化县志》卷三《食货志·田赋》。

具体情况还可参见下表(见表 2-3)。

表 2-3 兴化县境内泰粮插花情况表

所属盐场	具体位置	面积(顷)	备　注
刘庄泰粮	刘庄本市,自南闸至北闸西河,至东滩,面积东西3里,南北4里	12	
	大团本团及河西	9	按大团本镇及沿大团河一带之高阜皆泰粮,而其西踰串场河为盐城冈沟围,内有泰粮300余亩,俗名800丈,合计如上数
	三角围	5	内有泰粮四处,一在三角围东北、冈沟围东南,为两围间隙地,东近串场河边;一在三角围围心王家舍之零星高阜;一在三角围围心王家舍附近之葛家舍零星高阜;一在三角围西北隅,串场河西
	八　灶	30	沿八灶河南北长约三四里,一河北居地高阜,自朱家墩、杨家墩向东至朱家田,约10顷;一河南居地高阜,自蔡德扬、朱家舍东北至洼滩口,约20顷
	七　灶	45	沿七灶河左近居地高阜
	新团灶	0.3	本团左近地址
白驹泰粮	白驹本市	6	居民地址,以面积2方里计算
	五里墩	7	自白驹西,沿串场河向北至刘白界牌,所有白驹杨氏及财神庙北寺施氏宗祠田地
	茅家园	1	在北闸北首
	戚家团南	0.64	零星高阜,执业者董、陈二姓
	戚家团北	1.6	零星高阜,执业者徐、王二姓
	李家墩	0.05	
	东瓜蒌团	0.5	
	西瓜蒌团	0.6	
	朱、陈家团	0.9	自李家墩至是零星高阜,执业者数十户
总　计	119.59顷,占刘、白两场总计8000顷钱粮课地的1.49%		

资料来源:民国《续修兴化县志》卷三《食货志·县境泰粮插花》。

在淮河流域山东郯城,"盖兰、郯二邑,环迴交错,东西两域皆界外,间以兰地乃复履郯境而后抵外州县界,不惟山东、江南之门户,实为邻封纷错之要区,是以奸宄易藏"。①

省、县级行政区之间的疆界错壤还有一种特殊情况就是"寄庄"和"飞洒"。所谓寄庄,就是地为本境,而民为隔境。如在河南扶沟、西华县之间就存在寄庄现象,从而导致相互争讼。据《扶西应差章程碑记》记载,"陈州府正堂王批,为扶、西争差勘定章程,判以粮随地纳,差附粮行,此古今各地方藉民济公之义也。然差有按粮按户之异,民有本境隔境之分。如寄庄则地为本境,而民为隔境也。本境第知科差于粮,而不知其难混者在户隔境。但知避差于户,而不知其宜遵者在粮,二者皆非,此扶邑张承轩、寇永安等与西邑凌喆所以互相争讼也"。最后陈州府知府于道光二十二年(1842)七月初五日批,"据淮宁县详称,断令凌喆就地当差,自属公允。惟差目大小,正杂各别,寄庄究与居民不同,本府详为分晰之,开单附卷以示体恤而息讼端,两造各取具遵结存卷。寄庄应差题目:军需,河务,钦差过境。奉文采买硝斤不在内。其余门户杂差,概不摊派。卷存工房。碑存榆林集庙内"。②清代的陈留县,"先是民因赋重,多将垦地诡报邻封,如离沟一保,地尽入杞,独余中关帝庙属留。再如蔡家寨,东至小寺堤下,两旁地尽入祥,独余中大堤属留,此逃地之明征"。③

在安徽太和,就有河南淮宁县寄庄粮地约 7.65 顷,太康县寄庄粮地约 35 亩。④在天长县,"旧志张公铺又三十里为平原铺,在盱眙先孝弟乡界内。民居皆盱眙,而司兵之编审,铺舍之修葺,顾累本县每年代费银一百六十余两。因袭年久,民甚苦之"。后来知县杨子龙"极陈其弊,申革以还盱眙"。又县境龙冈镇,"土田屋产历来俱系天长,但以所交界近高宝地方,又去县稍远,而好事者遂称杂隶明",后"李侯自蠲建立本镇乡社,申呈院道勘明治服续田候所赋,又亲踏勘

---

① 乾隆《郯城县志》卷二《舆地志·疆域》,《中国方志丛书》(378),第 54 页。

② 光绪《扶沟县志》卷六《田赋志》。

③ 宣统《陈留县志》卷八《田赋志》。

④ 民国《太和县志》卷四《食货·田赋》,《中国地方志集成·安徽府县志辑》(27),第376页。

如议,申呈无异"。①

所谓飞洒,就是本县粮石让他县民代办。如在河南西华县和沈丘县之间,有陈州西华县胥役将灵济庙丁圮武盘地400余顷粮石飞洒沈丘县界,"沈民代办数载无所诉"。沈丘县生童原栏、刘栋向县府申诉,知县宗五经慨然曰:"彼有地而无粮,此有粮而无地,吾民何辜?"随查西华灵济庙旁有丁圮武盘子孙,"即所洒地主也。上之抚军,委临颍、偃师两令会勘,得其实,粮复归陈"。②在安徽萧县和河南永城县之间也是疆界错壤,存在着界限不清、飞洒过割的现象,最后经永城县、砀山县、萧县共同会禀勘定了界限。据《何家寨存案》记载:

> 同治十年二月二十九日,知县顾景濂、永城县知县陈梦莲会禀,以民人王赞清禀伊父王秉重在萧境杉货厂杂货生理,九年六月初四日,被匪砸门抢去衣布钱文,砍伤店伙,控县传谕,系属永地等情奉宪批饬移催永城县,订期会勘。遵即会诣何家寨即杉货厂地方,查讯寨内地基并无粮串,寨内房屋亦无房契。推原其故,虽昔年黄水冲漫,界碑失迷,亦恐萧、永民人买卖地亩,过割飞洒,寨外地粮,既有参差,寨内亦因之牵混,以致界限不清。当经会商,以寨内南北小路一道为界,路东属萧,路西属永,暂行立界,为两县遇有案件分别勘缉张本。旋奉宪批饬,再详查依据。又经知县顾景濂禀请两省委员会勘,于十一年四月十四日,河南归德府经历刘骏,同永城县知县陈梦莲、江南徐州府砀山县知县樊燮、萧县知县顾景濂会禀。卑职等奉委会勘何家寨即杉货厂地方界址,查得寨内居民,永多萧少,其地无萧粮,亦无永契。寨董文生何士枢籍隶永城,伊庄房印契,据称遗失无存。寨外西、南、北各村庄,皆系永地。寨东则有永、萧交错,界限不清。殆由两县居民买卖田地,难保无影射飞洒情弊。前经

---

① 康熙《天长县志》卷一《疆域志形势附》。
② 乾隆《陈州府志》卷十四《名宦》。

勘无依据,以寨内南北小路为界,原系一时权宜之计。在会勘该寨既有何士枢庄房、何文荣茔地,虽无契串,究系永民。且查寨之东南,又有永民何之朗茔地。并何太楼等庄,似即该寨属永之依据。应请将何家寨即杉货厂归永城县管辖,以一事权。寨外界址,即以永境何之朗茔地,与萧境官庄、赵庄相错之中,分别萧、永地亩,划清疆界,以垂久远,而免推诿。理合绘图贴说,联衔禀请立案。①

第二,军民杂耕,卫屯与地方行政区错壤。明朝中央政府的直辖版图实际上是由两种类型的地域所组成,一是布政使司府州县系统,一个则是都司卫所系统。都司卫所是明代的地方军事机构,在宣德年间,都司卫所制度成为定制,全国一共有 16 都司、5 行都司和 2 留守司。明朝的十三布政使司都各设一个都司,长官称为都指挥使,与布政使司同治一地,掌管一省的军政,统辖所属卫所。河南都司,治开封府。山东都司,治济南府。留守司主要为了防护皇陵而设立的,长官初称为留守。洪武十四年(1381),在安徽凤阳府就设置了中都留守司。在都司与行都司之下设有卫所。卫所军是明朝的常备军,按卫、所两级进行编制。卫是卫指挥使司的简称;所又分千户所及百户所。此外,还有以农牧为主的屯田、群牧等千户所。卫所军兵由特定的军户充当。这些军户都另立户籍,称为军籍。在明朝,军籍和民籍是有严格区分的。军籍属于都督府,而民籍属于户部。卫所军士不受普通行政官吏的管辖,在身份、法律和经济地位上都与一般的平民百姓不同。

明代在南京所辖的淮河流域设有颍川卫、东海中所,在河南省所辖的淮河流域设有睢阳卫,这样就形成了军屯、民田杂耕错壤的关系。如河南都司,有洛阳中护卫即河南卫,洪武二十五年(1392)于

---

① 同治《续萧县志》卷四《疆域志》,《中国地方志集成·安徽府县志辑》(29),第608—609页。

汝州、襄城、鲁山、郏县、叶县等处,设军籍 120 户。在叶县的军屯,即属洛阳中护卫的屯田。洛阳中护卫即伊阳护卫,后并入汝州卫。[①]在汝州行政区划内,正德年间(1506—1521)州内军屯情况,可参见表 2-4。

表 2-4　明正德年间汝州军屯情况表

所属州县	屯田名称	屯田面积(顷)
汝 州	鹳山屯	0.57
	郑家庄屯	6
	岳旗营地	5
	东乡岗营	48
郏 县	封家庄屯	
	梨原保屯	
	薄姬掌屯	56
鲁山县	杨石保屯	30
	伊家庄屯	69
	孙村保屯	230
	杨家林屯	30
	碾子桥屯	51
宝丰县	石渠保屯	37
	父城保屯	87
	坊廓保屯	56
	双酒务保屯	82
	东坊廓保屯	86
伊阳县	大安屯	44
	西乡岗营	140
	罗家营	8
	铁炉庄屯	62
	陶家营	107
	草 营	29
	查家营	20

资料来源:正德《汝州志》卷一《屯田》。

---

① 参见冯振京:《汝南插花里始末》,政协河南省叶县委员会文史资料研究委员会:《叶县文史资料》第三辑,1989 年,第 72 页。

在柘城县,自洪武迄嘉靖年间,"黄河南徙者三。小民流移,地多荒旷。故三厂相继坐落,而五卫十州县军民开垦占种又十之六七。地去而粮遗,田诡而差避"。[①]在夏邑县,"接界二省,比邻诸屯,广袤仅以百里"。[②]在鹿邑县,许《志》云武平卫官屯,原在怀庆府属河南之孟津,开封之朱仙镇等处,明洪武二十二年(1389),"其军自护卫调亳。时黄河南徙,由亳达淮,鹿邑岁苦葘伤,百姓逃亡,地旷人稀。值奉诏任民私垦,永不起科。军余流移鹿境,择开荒田,或又节买民田,遂欺隐原屯而曰屯在于斯,其侵占者又皆曰自垦也。今鹿境四隅皆有之,向皆取租自运,县无册户可稽"。[③]

在淮河流域宿州,"宿之诸湖亦多淤而为地,军民杂耕有年矣",[④]"军民杂耕,以屯地而隐占余地者又多有之"。[⑤]天长"其间军屯错杂。上元后卫屯在县西南,江宁左卫屯在县南,江淮右卫屯在县西南,羽林屯在县西,江阴卫屯在县西南,泗州卫屯在县西北,兴武卫屯在县西,高邮卫屯在县东北"。[⑥]凤阳府的卫屯,可参见表2-5。

表2-5 明成化年间凤阳府卫所屯田情况表

卫屯名称	军屯人数	田地类型	屯种面积(顷)
皇陵卫屯		田地塘池	2470.68
留守左卫屯		田地塘	817.36
留守中卫屯		田地塘	512.572
凤阳卫屯		田地塘	73087.15
凤阳中卫屯		田地塘	293.218
凤阳右卫屯		田地塘	390.386
怀远卫屯		田地塘	694.347
长淮卫屯		田地塘	340.692

---

① 王尧日:《均田记》,光绪《柘城县志》卷七《艺文志一·记》。
② 嘉靖《夏邑县志》卷一《地理第一·疆域》。
③ 光绪《鹿邑县志》卷六上《民赋一·田赋》。
④ 嘉靖《宿州志》卷一《地理志·山川》。
⑤ 嘉靖《宿州志》卷一《地理志·土田》。
⑥ 康熙《天长县志》卷一《田赋》。

续表

洪塘湖屯田千户所屯		田地	359.494
泗州卫下屯	旗军舍余 4330 名	田地	2576.911
宿州卫下屯	旗军舍余 2928 名	地	1774.6917
寿州卫下屯	旗军舍余 3026 名	田地	1868.619
武平卫下屯	旗军舍余 4000 名	地	1391.52
颍川卫下屯	旗军舍余 4480 名	地	4480
颍上守御千户所下屯	旗军舍御 800 名	地	800
合　计			91857.6407

资料来源：成化《中都志》卷三《屯田》《四库全书存目丛书》(史176)，第187—189页。

　　清初，裁卫入州，撤销军屯编制，将分散在各县的军屯改成地方行政编制。但这种屯卫制度改革并不彻底，屯卫虽然名义上划归了地方行政管辖，但实际上却还保持其不受县级地方行政管辖而仍直属州级管辖的特点。这在明代军民杂耕基础上，又形成了所谓的军民之间的"插花地"。

　　在淮河流域河南境，鲁山县有扶案山，在"山左右多有汝州营卫地错处其间，城东南五十里"[①]，"汝州自卫地归并后，其四屯一卫地方多与宝邑犬牙相错"[②]。雍正十一年(1733)秋八月，查明汝州两营卫地有202处。其中大营卫24处，距汝州近；洪家营57处，距鲁山近；洪寺营等2处，距郏县近；胡家庄等109处，距宝丰近；南大营等10处，距叶县近。乾隆三年(1738)，又经正阳许勉敦禀永以为民拨归县里。复奉院批允，毋事更移，永以为定，不必纷云。四屯里民营地，座落插花，虽越境相隶，而"民情之顺，一如既住"。民国初年，袭清旧制，1924年建汝州第七区于鲁山张官营。1933年11月，河南省派顾、洪两委员赴临汝县处理插花地。1935年，河南省委派阎振东、郑保年负责会勘汝南五县(叶、鲁、宝、郏、伊)的插花地，办公地址设在西大营。各县相应成立划界委员会，县与县通过实地勘查，按自然地形，距离县城远近，确定划界。1936年初，各营盘村同归属县呈报了

---

① 道光《直隶汝州全志》卷一《山川表鲁山三》。

② 道光《直隶汝州全志》卷首《凡例二》。

土地和人口。①

在淮河流域安徽境,阜阳"保甲通县计五十里,卫地嵌坐交杂不可析,仍列为四十"。②在涡阳,"按卫田之设,为养军转漕,行之已久。自募民为兵,以免军役,漕政改革而废转输,卫丁虽去,卫田犹存,权力义务殊失平均"。③在凤台县,"有粮无业,有业无粮,业多粮少,业少粮多,纷纷讦控矣。官无鱼鳞册,所指地界漫无定准,难于丈量,上则中则亦无依据科断,加以卫田卫地从中夹混,不可究诘"。④泗州卫田亩,自康熙十三年(1674)至乾隆四十年(1775),历次清丈垦升除豁免荒沉外,屯饷杂田2159余顷,运田1439余顷,其实额运屯饷杂田地3598余顷,坐落泗州、盱眙、天长、来安与江苏省之高邮、宝应6州县,"其人丁嵌居州境者,为溧河西杨家桥、周家冲、宗家铺、魏家营、费家庙、江家洼、冷饭墩、瓦窑冈、太平集、包家集、土龙滩、仁和集、沈家集、半城、古浪湖",计土著1295户;"其田地嵌入州境者,为溧河西杨家桥、周家冲、宗家铺、魏家营、费家庙",计128余顷。⑤在五河县,有刘家湖在县治西40里,至光绪年间已经淤没而无可复考,"惟西与灵璧接壤,半属卫地。回籍之刘姓一族人丁颇众,但习武者多,亦未有能指其地而言其故也"。⑥在怀远,据嘉庆《怀远县志》记载,军屯与地方行政区错壤现象也是比较严重,云:

> 县地与他境壤地相错处,尚有不可究诘者,大抵皆卫地也。卫赋以地随人,或地已更主,而卫民所名之田不能更,于是名粮在此,而地亩在彼,土俗相仍。遂以他境之地,剜而属之本境,如

① 参见冯振京:《汝南插花里始末》,《叶县文史资料》第三辑,第73—74页。

② 道光《阜阳县志》卷三《建置·诸乡》,《中国地方志集成·安徽府县志辑》(23),第52页。

③ 民国《涡阳县志》卷八《食货志》,《中国地方志集成·安徽府县志辑》(26),第478页。

④ 光绪《凤台县志》卷四《食货志·田赋》,《中国地方志集成·安徽府县志辑》(26),第66页。

⑤ 光绪《泗虹合志》卷五《漕运》,《中国地方志集成·安徽府县志辑》(30),第437页。

⑥ 光绪《五河县志》卷二《疆域三·湖》,《中国地方志集成·安徽府县志辑》(31),第403页。

县之砖桥,在凤台枣木桥之西寿境,图在凤台段家冈之西。而宿州罗家集东北三里,有县之余姓地;集东南七里,有县之顾姓地;集西八里,有县之杨姓地。张家集西八里,有县之方姓地。蒙城小瓦埠集西六里,亦有县之方姓地。又集西南八里,有县之王姓地,此县地之在他境者也。他境之地在县境者,则团头沟、王家桥东北有蒙城地;永丰寺东北有寿州地;宫家集东南,周家口河北,俱有凤阳地。皆与境壤,绝不相联属。殊乘划地定分之制,而相沿已久,亦不能革也。①

在淮河流域江苏境,兴化县境内有盐城营地,分布在刘庄、三里庵、四里树、七灶团、大团、八灶、小团、白驹、瓜蒌团、南五里墩。综计盐城营地至在刘白者连同上列各项,约共 18 顷。其在斗龙港西之烟墩如五亩楼、六亩楼、七亩楼、八亩楼等处,均系盐邑营地所在,约 10 余顷。②江苏邳州、睢宁之间也存在着一段延续数百年的屯卫公案。

根据邳州史志记载,在邳州治所邳州城(今江苏省睢宁县古邳镇)南侧共建有"屯卫"营地 52 座,占有土地 983 余顷,防卫地段南北宽 20 多里,东西长约 90 里。洪武十四年(1379),邳州和睢宁县之间的疆界有了较大调整。原邳州所辖木社、桃源、青羊、大村、浪子、陶河、木乔、黄山、白山、仪陈、辛安庄、刘庄、马浅等 15 个社划归睢宁县,原邳州境内 52 座"屯卫"营地西部有 32 座、东部有 3 座划入睢宁境内。入清后,邳州、睢宁境内的 52 座"屯卫"划归邳州管理。邳州有"邳州卫"处理 52 座"屯卫"营地事务。康熙七年(1668),地大震,黄河决口,邳州城被毁,邳州治所北迁 90 余里新建。如此,"邳州卫"因距离睢宁境内卫地较远,就把具体管理权推给了营董。原来军和民互不杂居,后来却军民杂混,邳州屯卫和睢宁关于缴纳税粮一事纷争不已。康熙五十七年(1718),睢宁县只好出钱买回了"屯卫"

---

① 嘉庆《怀远县志》卷一《地域志》,《中国地方志集成·安徽府县志辑》(31),第 33 页。

② 民国《续修兴化县志》卷三《食货志·附录盐城营地》。

营里邳州百姓户籍,这样,暂时缓解了睢、邳之间的矛盾。但睢宁县府对"屯卫"营的行政事务依然无法行使管理权。发展到后来,睢宁县境35座"屯卫"营地段,邳州不问,睢宁不管,历任邳州、睢宁两地地方官也从不到这些地方去。光绪三十二年(1906),睢宁县灾情严重,清政府派刘绅、钟林来睢宁办赈,因营董与地保勾结,营董让邳州籍居民冒充睢宁籍,冒领很多粮钱,后来事发,不少营董自杀,不少地保被处死。宣统元年(1909),睢宁县对"屯卫"营地查办清乡,并通过睢、邳两县令共同发出公告:凡杂居睢宁地段的"屯卫"户籍,统归睢宁编户管理。但终以营董的阻扰而不能付诸实行。1928年,睢宁县长姚尔觉将睢宁县境内"屯卫"营地情况绘图、呈文江苏省民政厅长要求核实、归并,省民政厅长和省政府经议决后,以省民政厅长第三二六八号令和省政府第四四五二号令,将散插睢宁县境内35座"屯卫"营地全部划归睢宁县所辖,并通知睢、邳两县。但邳县新上任县长迟迟不办,省政府催问时,新县长推脱说:"几项卷宗前县长并未移交"。后省民政厅复勘,催邳县速送"屯卫"营地粮册,而邳县又借口"屯卫"地散插睢宁境内,须由邳县对"屯卫"户"逐查造册、方能交割"。此事拖到1929年底,邳县"仍未遵令咨交"。1939年春,共产党领导的八路军武装进入睢、邳地区,根据抗日战争形势发展和斗争需要,打破了原有睢、邳两县建制,建立众多的边县组织和抗日民主政权,"屯卫"营地彻底解体,睢、邳纷争数百年的公案不了了之。[①]

第三,民灶、军灶之间的错壤。上面说了军民之间的插花,在淮河流域滨海地区还有民灶、军灶之间的错壤。两淮地区是我国海盐的重要产地,官府在淮盐产区设都转盐运使司盐运使、盐法道、盐政,往往以总督或巡抚兼之。灶有灶籍,民有户籍,军有军户,相互区别。

在淮南,范公堤一名捍海堰,当东台县治东西之中,绵亘各场,

---

① 参见朱绍根:《纷争数百年的睢、邳"屯卫"营地公案》,政协睢宁县文史资料研究委员会:《睢宁文史资料》第五辑,1990年,第109—113页。

堤之东属灶,堤之西属民。①兴化县在范堤西者为民田,在范堤东者
为灶产。②在兴化县,嘉靖中已是"军灶错处",于是兴化县傅珮奏请
均之,"御史洪垣主其议,遂均田平赋"。③

民灶、军灶错壤杂处,容易相互争讼。如嘉庆《海州直隶州志》记
载,淮北海州有民、灶、营三种,民居其七,灶居其二,营居其一。"民
之地多田畴,宜稻麦。营之地为荡,土洼而水洳,宜蒲芦,南河工料之
自出。灶之地宜藁莱,其中多盐池,也有场赋。统灶之场有板浦、临
兴、中正,灶之属州者八,属赣者二,而沭无灶焉。凡税课之入出,盐
官主之,政刑则统于有司",是故"其疆址交错,营与灶争荡,灶与民
争田"之事较为普遍。④又据淮安蔡昂《永赖祠记》云:兴化"连壤五场
盐民,盐民额无稼田,入兴界耕获者,宜莫为禁。久之,飞洒亩税,攘
据蜩兴。且人性悍骜,官司追摄,辄走盐院叫呶,院常听之,为其变幻
善饰也。兴人多致于理,又能操吏甚急,吏视盐民莫能黑白,兴坐是
大困"。⑤在盐城范公堤东有海滩,南抵伍佑场,北抵上地面,东至大
海,袤延极广,为阖邑樵采地,贫民借以养生,虽歉岁犹得自给,与灶
户煎盐额荡无涉。万历中,灶户唐诵、王放聚众占夺,祁栋诉诸大府,
"得直复归民樵采"。不久,又为灶户李子仁所踞,祁栋又争之,"验勘
得实,子仁杖死,地复旧,贫民皆德之"。⑥

随着海岸东迁,清中叶以来,淮河流域滨海地区围绕官滩以及
盐垦等问题,争端四起。如乾隆二十年(1755)正月,"盐政吉庆奏泰
属各场赋荡之外,有泥淤沙积之区,现长稀疏细草,穷灶煎丁公共取
樵,名曰'官滩'。无如经界不清,不特灶与灶争,而民人贪利者更争。

①　嘉庆《东台县志》卷一一《水利》,《中国地方志集成·江苏府县志辑》(60),南京:江
苏古籍出版社,1991年,第424页。

②　民国《续修兴化县志》卷一《舆地志·疆域》。

③　咸丰《重修兴化县志》卷六《秩官志·宦绩》。

④　嘉庆《海州直隶州志》卷一《图第五·食货图说》。

⑤　咸丰《重修兴化县志》卷一《舆地志·祠祀》。

⑥　光绪《盐城县志》卷十《人物志一》。

已查范公堤外尽属灶荡,原无民赋,总以淤沙无专主,故致纷争",所以建议"莫若逐一查丈,除不毛之滩不计外,其余按新淤沙荡例,令灶户计亩升科,则民灶之争端不禁自息"。①

古代民灶分治,"场理盐政,隶属泰州分司,县理民政"。如在兴化县的盐场如谳狱、籍贯、考试、水利、疆域等隶属兴化,"未尝以盐政而及于民政也"。但后"改灶归民",于是围绕水利、疆域等问题出现了行政区划之间的矛盾纠纷。民国《续修兴化县志》的作者认为"民政疆域则不容混,此应根据事实纠正丁(溪)、小(海)、草(堰)界线者一也","应根据历史纠正东至海,东北至斗龙港海口,与盐城分界者二也","蚌蜒河在兴化县南三十五里,与泰州分界。《兴化志·疆域·图说》亦载南至蚌蜒河与泰州分界,北以沙沟镇中心分界,此应沿引志书纠正南北界线者三也"。②其中兴化县与东台县之间围绕刘庄、白驹以及丁溪、草堰盐场的历史遗留问题纠纷最为激烈。

首先是刘白争界。兴化管辖场境刘庄、白驹两场而外,"尚有丁溪、小海、草堰、西团、沈灶五场镇,土地政权统属兴化,但丁溪、草堰,兴、东两县分治,人民希图便捷,时有赴东台起诉者,官与民久已习焉"。迨光绪三十四年(1908),筹备谘议局选举调查公民,东台人遂以财产诉讼为依据,坚持由东台调查。兴化县人以学籍为本,"余如捐纳、议叙人员以及旌表、孝义、节烈,无一非籍隶兴化,自明迄清数百年无异,证明应由兴化调查"。究其原因,科举时代,东台人利其人数之少,免占学额;选举时期,东台人又利其人数之多,藉占票数。于是,"七场镇归兴归东之纷争以起"。宣统元年(1909),江苏宁属谘议局筹备处札定暂时变通办法,以调查刘庄、白驹两场镇合于选民资格346人暂归兴化,以丁溪、草堰、小海、西团、沈灶五场镇合于选民资格328人暂归东台,"赶造清册,勿误选政","将来分界事宜,应由该两县另禀请勘"。当时兴邑官绅以丁溪等七场镇东台粮赋无多,

---

① 嘉庆《两淮盐法志》卷二十一《课程五·灶课上》。
② 民国《续修兴化县志》卷一《舆地志·疆域》。

"而各该场镇居民自明初以来无一非兴化籍贯,不仅考试学籍为然。若如袁令所言,是以分治之丁、草,兴辖之西团、小海、沈灶等地一概划归东境,实与志书及习惯不合。因由兴化县吴用威具牍覆陈,奉批并不据为典要,应候选举事竣,另文请勘"。1912 年,众议院、省议院选举刘庄、白驹为兴化初选区域,"奉令确定归兴"。1913 年 1 月,江苏民政长应德闳饬知刘、白赋税归兴化征收之令,由县公署委任顾硕办理。又 2 月、7 月、12 月,应民政长及韩民政长饬知刘庄市兼白驹乡地方自治,应由兴化县监督办理,并取销东台县刘庄市公所名义之令。1918 年,江苏省通志局成立,"因互争征访,丁溪、草堰、小海、西团、沈灶五场镇事迹又涉及界线问题"。东台人袁承业著有《丁草刘白七场属东确证书》,由东台修志局呈省。兴化人郭钟琦就其所书逐条辩驳,呈《驳议》1 册,上呈部院省道。1919 年 8 月,江苏省长齐耀琳发布命令,"以据查明两县证据无分轩轾,请就利害关系查照前清成案,仍以刘、白归兴化管辖,所有境内向由东邑征收之钱粮悉仍其旧等情,应准如拟办理"。1921 年 6 月,"奉内政部咨准江苏省长咨复委查,就粮赋、水利、证据三项要点,折衷拟议。证诸粮赋,兴邑实居多数,东赋不过插花;证诸水利,兴有宣泄设之关系;证诸碑示证据,刘、白地方行政权之属兴化者,尚在东台未设县以前,自应仍照旧前议,以刘、白归兴化管辖"。①

在刘白争界中,兴化、东台两县的乡绅起了很大的作用。如兴化的葛瀛澜、顾泳葵、郭钟琦以及东台的袁承业等。举人葛瀛澜在民国建立后被举为临时县议会副议长,与魏晋卿协商政治,"会东台争刘、白,瀛澜亲征民意,卒由议会呈准立案归兴"。②廪贡生顾泳葵,日本宏文学院毕业,归国后历任扬州中学学监,清末充谘议局议员,1917 年被举为众议院议员,1919 年"刘、白界线事起,与邑人郭钟琦等据理力争,属兴管辖,卒定案如所请"。东台人袁承业著《丁草刘白

---

① 民国《续修兴化县志》卷七《自治志·自治纪要·刘白争界》。

② 民国《续修兴化县志》卷十三《人物志·文苑》。

七场属东确证书》,而兴化人郭钟琦则针锋相对,"成驳议累万言,呈大吏,卒定案归兴"。①

其次是丁草分界。1920年6月15日,兴化人石鸣镛、袁继香、顾树琪等以丁溪、草堰本属兴化固有土地,"请在丁溪、草堰设镇以利行政,呈经梁县长弼群核准,设丁草镇公所于草堰河西"。但正筹备组办之时,"奉令暂缓"。原因是"东台县则谓丁溪、草堰均属该县第九区辖地,咨呈争执,奉民政厅厅长胡令,检区域图卷送核"。兴化县政府新绘《图说》1份,抄录《前清谘议局选举争执卷》1册,《丁草旧界提要录》1册,《碑文》1纸,《1927年6月19日淮扬道尹第104号训令》及《抄粘清折》一扣。1931年2月,"呈奉指令,以据东台县主张之串场河界线,应包括永宁、庆丰两桥所跨夹沟以西镇市,折至河为界;兴化县主张之串场河界线,即以永宁、庆丰两桥自北至南之河为界,而以桥西镇市以外之河为越河,本属所辖,不涉界线范围。简言之,即东台以串场河为曲线形,兴化则以为直线形,双方绘送界图各殊,碍难悬断"。按照《勘界条例》第九条之规定,"派委廖耀贤会同东、兴两县县长勘划,执中议复,以丁溪西岸镇市归东台管辖,丁溪分界即以庆丰桥西镇市以外之河中心点为界,草堰东岸之镇市归东台,西岸归兴化,以永宁桥下之运河中心点为界。呈奉江苏省政府核准,咨内政部查照,分令东、兴两县依勘定新界线,会树界标,绘图报转"。嗣准东台县政府咨,"以东台县商会等公推代表请愿,暂缓定案。如在内政部未派员查明,请暂缓会定界标。而厅方仍迭令严催会同树界,经华县长振数咨东台并函令石鸣镛等前往丁草会同树界,东台均置不理"。迨1932年4月间,奉民政厅厅长之令,"先在该划管境内调查户口,于是堰西镇镇公所始克组设,初级小学校、公安分驻所以次成立,均在草堰河西西方庵内。同时,河东之人以东台县名义于西方庵内设镇公所、小学校,意在寻衅冲突,致兴人办事棘手,为延宕分界之策略。堰西商民以东台越境征收捐税,备受苛扰,吁求

---

① 民国《续修兴化县志》卷十三《人物志·义行》。

分界益力。程县长毓峃以界标一日不树,纠纷一日不息,民心一日不安,影响所及,危险正多,沈毅勇敢,再四请命,奉遵厅令,定期咨约东台县县长及厅委阜宁县县长在堰西镇会晤"。1932 年 9 月 18 日,民政厅委阜宁县县长吴宝瑜、东台县县长黄次山、兴化县县长程毓峃会同到场,依照勘定新界线,将草堰镇永宁桥东西两端各树界标一方,东端界标镌东台县界,西端界标上镌兴化县界,并于永宁桥上两旁桥栏正中部位就原有石栏刻一两县分界线,界线之东镌东台县界,界线之西镌兴化县界等字。又于丁溪镇庆丰桥西镇市以外南北河干,各树界标一方。属于东台县境者,上镌东台县界;属于兴化县境者,上镌兴化县界。分别树立完竣,绘具分界树标详图 7 份,4 份报民政厅存转,阜宁、东台、兴化三县政府各以 1 份备案,"已分别呈咨在案"。①

此外, 在明代淮河流域还有宗室王庄与地方行政区之间的错壤。洪武二年(1369),朱元璋下诏定诸王国邑与官制,开始分封宗室。从洪武三年四月起,相继选择名城大都,正式分封诸子为亲王,称分封的地面为"藩",分封之国(即封地)为"藩国"(蕃国),所以人们又称亲王为"藩王"、王府为"藩府"。河南省共分封有周王府(开封)、赵王府(彰德)、唐王府(南阳)、伊王府(河南)、郑王府(怀庆)、崇王府(汝宁)、徽王府(钧州)、潞王府(卫辉)、福王府(洛阳)9 个王府,其中周王府、徽王府、崇王府属于淮河流域。如许州长葛县就有周王庄一、汝阳王庄二、封丘王庄一、河清王庄一;临颍县有周王庄一、原武王庄一、徽王庄一;郾城县有崇王庄一、封丘王庄一、原武王庄一。②在尉氏县,有周府官地一区,在天支陂,共地 97 顷;周府七府养赡官地一区,在时麻陂,共地 9.45 顷。③在中牟县,"境内王府寄庄错集,奸民挪移诡寄"。④

---

① 民国《续修兴化县志》卷七《自治志·自治纪要·丁草分界》。
② 嘉靖《许州志》卷三《田赋志》。
③ 嘉靖《尉氏县志》卷一《风土类·王庄》。
④ 康熙《中牟县志》卷五,见《郑州经济史料选编》卷二,第 93 页。

二、行政区划矛盾对水事纠纷的影响

淮河流域行政区划的矛盾主要表现为省、县级行政区划间的疆界错壤以及军民、军灶、民灶间的错壤插花。此外,淮河流域因是河工重地,河道总督以及河官地位綦重,于是又叠加了亲民之官和治河之官之间的矛盾。这种错综复杂的行政区划矛盾关系,又严重干预了流域水系区划,造成了行政区划与水系区划之间的矛盾。南宋以来淮河流域一些水事纠纷就是在这种复杂的区划、水事矛盾关系中产生、演化和发展起来的。

首先,行政区划与水系区划的不一致引发河道被分割管理与水系要求统一管理的矛盾。如在安徽五河县有马拉沟,在县治正西50里,雍正年间沟已淤塞,水常四溢为患。乾隆初年始行疏浚,而水得所归。"其源北自宿州之众兴集起,曲折而东而南,穿灵璧界,绵亘一百四十余里而入县界,与安流沟合,而入于沱。来源既长,汇流非一,上泄宿、灵两界之水,设有阻塞,非惟有害于宿、灵,是亦县界之不利"。①

乾隆二年(1737)丁巳冬十月庚戌,两江总督那苏图遵旨议奏,"毛城铺减水石坝,原因徐州一带,两岸山势夹束,河流不能下注,徐城逼处河滨,上壅下溢,屡屡为患,前河臣靳辅于康熙十七年请设减水坝,分泄黄涨,保护徐城,以及上下两岸险工。其减下之水,使归洪湖,以助清刷黄,是乃减黄河出槽盈溢之水,非减正河大溜之水,故数十年均受其益"。但坝下之减水因河道年久淤塞而行水不畅,漫溢为患于徐、萧、睢、宿、灵、虹等州县。"若将毛城铺旧有迤下河道,不行开通,任听黄水涨入萧、砀、永、宿各境,人民田宇,漫浸可虞。若径将旧有之毛城铺坝堵塞,现见堤外地土,高于堤内四五尺不等,设遇

---

① 光绪《五河县志》卷二《疆域三·沟》,《中国地方志集成·安徽府县志辑》(31),第406页。

黄水奔腾,徐州一带城郭民庐,必难保固"。如此,堵塞毛城铺以及听任坝下之水漫溢为患都不是办法,只得设法疏浚减坝之水入洪泽湖的河道。"但此地至洪泽湖,河湖水道,六百余里,经历数十州县,土壤相错","若无专员统辖,则各邑丞簿微员,呼应不灵,所有一切堤岸坝座工程,未必经久坚固。况现在修防疏浚,尚须逐年料理,则岁修至费,亦当豫为筹及者"。于是,乾隆皇帝发布谕旨,"著河道总督高斌,会同江南总督那苏图,悉心妥议,于就近厅员内,归并何员管辖,并酌定岁修之费若干,于每年冬末春初河水未发时,相度修治,俾地方永受其益。寻奏覆,毛城铺减水坝迤下河道,令丰萧砀河务通判、铜沛河务同知、邳睢灵璧河务同知、宿虹河务同知、山盱河务通判,各照所属地方,分界管理"。[①]毛城铺减坝关系漕运、民生,皇帝高度重视,所以一定程度上使行政区划与水系区划的矛盾得到相对缓和。

　　但是,引起皇帝重视的水事活动毕竟不多,所以更多的是有赖于地方官和河官的协调处理。不过,行政区划与水系区划的不一致引发河道被分割管理与水系要求统一管理的矛盾,就连道光时期的总河张井也无可奈何。据史料记载,道光十年(1830)七月,总河张井奏,归江之水以山盱坝河为来源。"查两坝三河,共宽二百八十丈,而扬粮临运泄水十四口,以河身过水覆算,仅宽一百四十余丈,去路只抵来源之半,无怪减水下注,即有宣泄不及之虞,是增辟河道,实为先务之急。查扬粮厅东岸西湾之下,凤凰北桥之上,有八塔铺一处,可斜挑一河,直接石洋沟口,约长二千丈,照依上次瓦窑铺宽深,约估需银三十余万两。又湾头闸下,廖家沟之上,有商家沟一处,可斜挑一河至十里店,会廖家沟,汇流至八港口入江,约长一千二百丈,照依上次瓦窑铺宽深,约估需银二十余万两。该两处挑成后,并可分减少涨水,但皆有坟墓、田庐,居民已多不愿,而扬州之人惑于风水,亦有言其未便者"。这么一项大的水利工程涉及众多行政区,所以总

---

① 《高宗纯皇帝实录》卷六十七,《大清高宗纯(乾隆)皇帝实录》(二),第 1113—1115 页。

河张井都觉得自己专管河工，限于自身权力，无法突破行政分割，"于地方呼应不灵"，所以建议"以上两处应请旨敕下督抚，臣再加亲勘，或遴派明干大员，悉心勘议"。①

时至民国时期，这种行政区划与水系区划不一致的矛盾难以解决的情况依然没有大的改观。尤其是在导淮问题上，虽然成立了隶属于全国经济委员会的导淮委员会，但由于苏、皖、豫、鲁四省存在较大的区域水事利益分歧，行政区划边界与淮河流域水系边界不一致矛盾的激化导致导淮颇受阻碍。针对此种情况，民国时期的治淮专家宗受于曾在1912年就提出并在时隔20年后再次提出将"长淮流域自立为一行省"的建议，即"以河南省之归德，山东之兖沂济，安徽之凤颍泗，江苏之徐淮海，并为长淮一省"。②建议设立长淮行省，实际上反映的是当时在治淮导淮问题上协调行政区划和水系边界矛盾的一种良好愿望，所谓"治淮者必先明瞭全淮地势，乃能不惑于一隅之利害，而误入歧途也。又必以全淮最大利益为标准，使巨款易集，且免上下游利害之冲突也"。③

如果行政区划和水系区划不一致的矛盾再叠加疆界在沿河（沟）的错壤，水事纠纷的频发就不可避免。如河南陈州府"第势居洼下，颍、汝、涡、溵、沙、蔡、溱、洧之水悉迳陈境，归宿于淮。而新沟、蒗荡、邓陂、贾渠又皆湮废莫考"，所以"每秋雨时至，百川灌河，患同襄陵，且此疆彼界，又各为曲防邻壑计"。④在安徽凤台、怀远境内有芡河即《水经注》之欠水，源出亳州东南百余里之清淤湖，东行百余里经蒙城之枣木桥入县境，"按芡河之滨两境犬牙交错"。⑤在江苏泗阳

---

① 光绪《江都县续志》卷十三《河渠考第三》，《中国方志丛书》(26)，台北：成文出版社有限公司，1970年，第825—826页。

② 《附录·长淮流域宜建设行省大举导淮议》，宗受于：《淮河流域地理与导淮问题》，南京：南京钟山书局，1933年，第147—151页。

③ 宗受于：《淮河流域地理与导淮问题》，第146页。

④ 乾隆《陈州府志》卷四《山川》。

⑤ 嘉庆《怀远县志》卷一《地域志》，《中国地方志集成·安徽府县志辑》(31)，第26页。

县恩福南乡,三岔大王庙后,地势洼下,积潦无由宣消。"恩福南乡之马家河、中乡之交界河,均与淮阴接壤,形即如犬牙,势若釜底。泗居上游,淮民壅下游以御上水,泗民地病为壑,人叹其鱼,灾连祸结,倒悬莫解"。[①](见图2-1)

图2-1　淮河流域图[②]

　　其次,淮河流域平原地区的行政区之间往往以河流沟洫为经界,而河流沟洫时常淤塞改道或人为填淤,从而引发争界纠纷。淮河流域平原地区很多行政区的区界多是河川沟洫,称之为"界河"或"界沟"。如河南上蔡县东包芦里东至包河,河西项城界;县东南包芦里至三汊河,与汝阳、项城界。高生里孙安店东沟一道,沟东项城界,

　　① 民国《泗阳县志》卷十一《志五·河渠下》,《中国地方志集成·江苏府县志辑》(56),第303页。

　　② 转引自胡焕庸:《淮河》,北京:开明书店,1952年。

沟南汝阳界,沟北陈州界。又安村东西上蔡地,村中一堰系陈州地,五顷四十亩,牌甲俱属上蔡。康熙二十六年(1687),详明布政司批定,卷案存库。大河里南有界沟一道,沟南汝阳界,沟东南亦汝阳界。县东北崇礼集北二里许彭家庄陈州界,庄属陈州,庄前地属上蔡。固墙集北三里许有界沟一道,沟北系陈州界;集东半里许陈州界;集西北界沟一道,自房家寨起至扶台止,沟北商水界,沟南上蔡地。东岸固墙集北十里许有界沟一道,沟北商水界。武乡里北十里许界沟一道,北系商水天井陂。扶台集北界牌北商水界。县北遵化里北三里商水界,青华里白马沟一道,沟北西华、商水界。县西北宁居里西北双庙北枯河一道,河北郾城界,又西华县界。澹北里葛家湾河北郾城界,百汝里树河西西平界。县西陈新里都家沟一道,沟西西平界,汝河北西平界,柳子堰西南五里许遂平县界。县西南黄埠集西北济渎庙遂平界,溱河南焦家寨南三里许汝阳界。县南召临里半坡店南汝阳界,东南杜一沟西马肠河汝阳界,贯五里马肠河南汝阳界,彰济里田家堂南汝阳界,"犬牙相制,绣错而居"。[①]

在淮河流域安徽五河县治东北40里有界沟,"为五、虹分界之所","当武家桥之东,以泄邓家大小营之水,东流由虹界石鼠子沟以入潼"。[②]在蒙城和涡阳县之间经界也不是很清晰,所以蒙城知县桂中行创"以沟界为之经,而以村为之纬"之说,认为:

> 盖两县交界,无沟以限之,则眉目不清。此蒙城东连怀远,北接宿州,南至凤台,皆有界沟之名也。而村之名相沿已久,小民习于传闻,相安无异。一村之中,隐隐有保聚之谊。守望之规,即衙署出差,地保亦往往分村办理。今必泥于沟界,则村村皆跨于沟之东西,是村村皆破,而规模均须更定,小民转惑于视听,犹治丝而棼之。况沟有不相联接之处,其间断续,又将以何为

---

① 康熙《上蔡县志》卷一《舆地志·邻封细界》。
② 光绪《五河县志》卷二《疆域三·沟》,《中国地方志集成·安徽府县志辑》(31),第407页。

凭？此蒙城之所以连接怀、宿、阜、凤各境，虽有界沟而仍犬牙相错者，此也卑职初又虑及以村为纬，仍恐眉目不清，遇有命盗案件以及房产地土，终易輳轕。询之乡民，皆云生长斯土，不难指掌，而视是以沟为经，以村为纬，似无不可者。

然则以洋沟为经，是白洋沟之说不已足据乎而犹未已也。盖白洋沟起宿境，在雎河东三十余里，南入于涡河，现皆淤塞，变为平地，毫无形迹可寻。自涡河南岸二十里，亦无形迹。至田町村迤南，始现为沟，渐远渐深，而入汧。又出汧河，以直抵凤境。若以白洋沟为界，是涡阳东乡所辖不过三十里，幅员未免过小。查初委员王牧峻所划界，涡河北系西阳集以东之张家沟，今请以沟为经，则涡河北岸直定张家沟为界沟；以村为纬，涡河北则以黄练村、柳桥村、草寺村、梁町村四村拨归之涡，河南则以范蠡村、马町村、蒙关村、草桥村、杏花村、吴家村、东蔡湖村、西蔡湖村、旧城村、练庄村、立岗村拨归之，共计拨十五村，纵长七十余里，横长五十里，以蒙邑幅员计之，已拨去五分之一。其黄练、柳桥、草寺、旧城四村之跨于沟东者，则拨归涡阳；其白铁、田町、蒋町之跨于沟西者，则仍归蒙城。如此，于沟既不相远，而于村亦不可破，地势既清，民情自顺。至谢町村系奉接抚宪专委会勘之村，卑职何敢独抒己见。惟以地势而论，距涡较距蒙几远二十里，小民不乐舍近而就远，且准之于沟，该村之在沟东者十之六，在沟西者十之四，应请仍归蒙城为是。又八堡村即董家集所在，为沈、盛二令会禀议还蒙城之村，以沟而论，几于全在沟西，似宜拨归涡阳。而揆之道里远近，则距蒙六十而距涡九十，该处为蒙、凤、阜三邑交界之区，距县治太远，恐易于藏奸匿匪，且该村系属小村，而为颍郡至蒙冲道，归之涡阳，徒有差事之繁，而无俾于官际，是该村一应请归蒙城为是。至田町、白铁二村因地界未能清晰，蒙、涡政令两处奉行，今请仍归蒙城，涡阳必以为诧异。为查白铁村之在沟西者不及十分之一，田町村之在沟西者不及十分之三，准之于沟，仍归蒙，固无不可。兼以蒙城本大县,纵横割去一百二十余里已不为少,自应将该村仍归蒙城为是。卑职行将去蒙,岂徒狃于一偏之见,若必见好后任,或要誉乡民,则何不执白洋沟为界之说,以多西阳之一大集,并沿河数十里膏腴之地,而必取于瘠薄之白铁、田町、谢町三村乎?诚以沿沟履勘,如此则民情地势,似属相宜。……既已通禀,仰候各宪批示,并饬委员会同现任涡、蒙两令履勘,勒石晓喻定界,此缴图存。①

在淮河流域江苏境,盐城县有院道港,由鱼深河东流,至草堰口入北串场河,与阜邑分中流为界。②兴化县有兴盐界河,"六十里与盐城分界,其水东流,去刘庄十五里,分两支,一支东流,仍名界河,直达刘庄串场河,南北俱属兴化。一支东北流,名新河,亦入串场河,南属兴化,北属盐城"。③

当然,以河流沟洫为经界,虽然是通行做法,但如果不根据实地情况而变,往往激发争界纠纷。如临颍县于1941年实行土地呈报,县设土地呈报处。首先划清呈报区域,以基层保为单位,各保界限由保长和当地知名人士会同联保主任协商。原则是以山川、河流、道路、沟渠等自然界限为依据,来确定保与保之界限,插上木制的界牌,写明某保与某保之界牌。联保处与联保处之界限,由联保处互相协商,县派员监管,确定联保界牌。该县有张潘系南北两个寨,中间仅一河之隔,据传说是汉末曹操的运粮河。由此向东经许境营王村南地与临颍县之城南头,遥遥相望。当时张潘联保主任窦宗范绘图以河为界,河北岸属许,河南岸属临颍。通知北寨联保主任和营王村保长王没名等,到营王西南角桥上插界牌。但北寨保长和群众不同意,主要是河南岸有营王的耕地。城南头保长王廷召和群众,也出来

① (清)桂中行:《分拨涡阳地界禀》,民国《重修蒙城县志》卷一《舆地志·疆域》,《中国地方志集成·安徽府县志辑》(26),第652—653页。

② 光绪《盐城县志》卷三《河渠志·湖海支河》。

③ 咸丰《重修兴化县志》卷二《河渠一·城北》。

很多人与其争吵不休,几乎撕打起来。为了平息争界纷争,最后各查县志,寻找依据。查《许昌县志》记载有"徐庶之母葬于运粮河南岸",而《临颍县志》上无此记载。因此将县界定到徐母坟南往东仍属许昌,争界纠纷终于止息。[①]

以河流沟洫为经界不仅易发争界纠纷,而且还会导致边界水事纠纷的发生。主要有以下五种情形:

一是界沟淤塞,引发纠纷。平原地势低洼,沟渠易淤塞,如"涡肥以北,地势既卑,民间多开沟渠以泄潴水,往往随时变迁,随地异名"。[②]在凤阳、灵璧之间有格子沟,系两县之界沟。沟东属凤阳,沟西属于灵璧,中间杂有长淮卫地。"旧沟自九湾对岸起首,南过张信实家庄,又南至界碑,过大路桥,又南入长淮卫地,过洪沟,又南至叶家庄,又南至陈家庄受运粮沟水,又南至迟家庄,入观音沟。凤、灵洼地及长淮卫祁家湖之水俱藉宣泄。今大路南至洪沟七里许,沟形已失,洪沟以南尚有沟形十五六里,亦复淤浅。其大路以北,沟水北流入浍,与南绝不相通。余尝谓浍河以北开通贝沟,浍河以南开通格子沟,则县城至府治老北门,一船可达。然此沟县、卫三境交错,互相牵制"。[③]在阜宁县有谢家沟,在县治小南门外龙王庙巷南首,"民灶于此分界,沟身久为平地,惟河口微有旧迹"。[④]

二是附近居民侵占界沟,酿成争界纠纷。如河南扶沟县演武场,旧在颍考叔祠右。乾隆十九年(1754),武生万统一等公捐地2000余亩,在县西南五里,粮银于苗许等保分别拨除,"附近居民日渐侵种"。

---

① 参见窦宗范:《争县界》,政协临颍县文史工作委员会:《临颍文史资料》第七辑,1991年,第166—168页。

② 嘉庆《怀远县志》卷二十七《图说》,《中国地方志集成·安徽府县志辑》(31),第354页。

③ (清)贡震:《河渠原委》卷下,《格子沟》,《中国地方志集成·安徽府县志辑》(30),第151页。

④ 民国《阜宁县新志》卷二《地理志·水系·河流》,《中国地方志集成·江苏府县志辑》(60),第26页。

乾隆四十六年(1781),知县赵文重清丈,"挑沟界,年久复被附近居民侵种"。道光九年(1829),知县王德瑛清丈,挑沟深三尺,周围栽树"。①

三是改沟占地,促发纠纷。如在上蔡县固墙集西北有界沟一道,自房家寨起至扶台止,沟北商水界,沟南上蔡地。康熙二十八年(1689),奸民刘养德因犯罪窜入商水,捏控蔡民改沟占地,布政司田公先委理问佟国弼、后委理问马云瑞两次踏验,并无改沟占地情由,令两邑之民照旧各守界沟。②

四是伪指界河,以图侵占彼界。如蚌沿河,"此乃与泰州分界之河,在县治之南三十五里",先盐院洪公垣批略曰:"按郡志,兴化县南至蚌沿河三十五里,泰州北至陵亭镇八十里,河镇相接,非异地也。其河东至运盐河一百二十里,非小港也。今泰州伪指梓新河为界,不知梓新河乃兴化腹里之河也,非旧界也。泰州与兴化界限南北,而此则东西者也。蚌沿河直通盐场,而此则一路不通者也,岂有界分南北而以腹里横斜之河定疆界者乎?"③

五是兴挑界河时产生水事矛盾和纠纷。如江苏清河县和桃源县交界有界沟,"向有沟以泄水,后渐埋塞,旧志失载"。同治九年(1870),"挑浚曲随清桃交界旧沟,开通深广,泄桃源水于盐河上游之许家渡缺口,并于界沟东岸积土以防桃水横灌,使夏家湖水得以专泄永丰闸。而桃民安于旧时水道,惮从新议。淮安府章仪林取违议者严饬之,众然后定"。④

淮泗界河,上游受泗阳境蒋家集、来安集、毛家湖一带田水,中游受淮阴新沟镇及渔沟镇西南刘家庵一带田水,出水处北由包家河入六塘河,东由徐家渡入盐河。⑤淮、泗两邑毛家湖、夏家湖地方,"昔患上游潦水横贯漫溢,不得耕种"。同治八年(1869),经郁郅廷、张养

① 光绪《扶沟县志》卷四《建置志·演武场》。
② 康熙《上蔡县志》卷一《舆地志·邻封细界》。
③ 咸丰《重修兴化县志》卷一《舆地志·疆域》。
④ 光绪《丙子清河县志》卷六《川渎下·工程》,《中国方志丛书》(465),第52页。
⑤ 《堤工表》,赵邦彦:《淮阴县水利报告书》,铅印本。

和等禀奉漕府道宪会勘，"由交界处所挑河泄泗水，筑堤护淮田，咨部定案，俾各遵守"。迨后淮人高宏文、泗人徐观诗等"屡起刨放衅端，往往麇集数百人互相轰斗，酿成毙命巨案，祸连仇结，莫可限量"。宣统二年(1910)，"两邑绅士控经张督、程抚两大宪，饬道派委会勘质汛，各具结还堤，如违干咎，历炳卷宗"。此后多年相安无异。①1914 年，因该河逐渐淤垫，经淮阴知事于开浚沟洫案内核准集工挑浚，"并咨请泗邑饬董一体照办在案。现准泗阳县来咨以该民硬开缺口三处，请即提究等因，核与来禀情词，大相径庭，姑候据情先行咨复，并派员订期会勘可也。此批图暂附"。②1916 年夏，"王如楷背结挖放，经铭绅等禀控在案"。③为解决淮泗界河纠纷，淮阴县府速函邀丁团总暨潘兰台等来县署会议办理，不久指令委员王振鹏会同泗阳委员勘明淮泗界河两县农民所争情形，"妥商办法以杜争执，毋任两造纠缠，致伤邻谊"。淮阴委员王振鹏会同泗阳委员高君仁厚，"传知泗邑团总毛铭绅、淮邑团总丁启为、农民潘兰台等逐细履勘，该河北岸堤身有缺口一处尚未堵塞。据潘兰台等声称，该处有田数顷，为泄水道路，若将缺口塞住，一经淫雨，坐视淹没，无此情理。而毛铭绅则以前清奏案，该河专泄泗水，若淮水能泄入界河，泗水亦可由凌家桥挖开放水东行。为抵制之计，两造各执，不肯推让。委员与团总丁启为磋商，既有前清定案，泗阳当然藉口，且挖堤泄水，无论能否害人，究非良法。惟该处有田数顷，若不让出泄水道路，将来遇有潦年，仍必挖堤，讼案无已。查该处本有向东挑河成议，欲弭衅端，非将该河挑出不能持久。丁团总颇为赞成，并愿力任其劳，委员随将此意宣布，一面商令丁团总将河堤所有缺口修筑完固。讵潘兰台等执定欲

①　《文牍第四市·咨复泗阳县派警协堵新沟镇缺堤文》，1916 年 9 月，赵邦彦：《淮阴县水利报告书》。

②　《文牍第四市·批四市农会长周德均市董仲绍周捐董王蔚德等议开淮泗界河》，1915 年 11 月，赵邦彦：《淮阴县水利报告书》。

③　《文牍第四市·咨复泗阳县派警协堵新沟镇缺堤文》，1916 年 9 月，赵邦彦：《淮阴县水利报告书》。

在界河堤身造洞泄水,不以开河向东为然,毛铭绅则言泗阳人绝对不能承认",纠纷之事仍未解决。①后经淮阴、泗阳县双方多次协商议定:"是必开宽下卫河道,方足除水患,以息争端。拟自泗境张汝昆庄北起,至盐河口止,计长两千六百余丈,旧河口三丈余,底一丈余,加宽二丈,挑成新底三丈余,口五丈余,扦深六尺,计土三万一千余方,淮、泗人民平均分认。俾水由河中建瓴直下,无任涨漫,灾患悉除"。所需工程款,"用特会同备文绘图合恳县长咨会泗阳县详请省长钧鉴,事关两邑水患,拟恳于淮、泗二分亩捐下,酌拨八千余千,派委估挑,以工代赈"。②淮泗界河的开宽,平息了两县持续多年的水事纠纷,"约计两县受益田亩近二千顷"。③

第三,行政区划矛盾直接引发了行政区划之间、上下游之间、军民之间、民灶之间、王庄与地方之间的一些水事纠纷。因为疆界错壤以及行政区划与水系区划的不一致,导致淮河流域行政区之间、上下游之间的水事纠纷频繁发生。关于淮河流域这两种类型的水事纠纷,下一章还会专门论述。而军民错壤杂处,双方因水资源使用和防治水害、修建水利工程等问题也容易发生水事纠纷。如安徽"蒙之为邑,处涡下流,厥田多淖,民生粗给",但元至元壬午(1282),"迁徙河西探军、赤军、土著于此,河西怙强夺民所业,民就涧泽以居,两讼越十余年弗平。岁甲午制下,凡军民占田,令亩赋小麦三升,其讼始息"。④颖州有清陂塘在州西南160里,塘自西至东20里,南北可七八里,"往时民乐其利。宋苏东坡守颖,亦尝修之,变故废弛"。"洪武中,重修塞责。其后分下流之水,军民矛盾而塘日湮为田。上源毁失

<hr>

① 《文牍第四市·指令委员王振鹏查复界河冲突情形文》,1916年8月,赵邦彦:《淮阴县水利报告书》。

② 《文牍第四市·咨复泗阳县派警协堵新沟镇缺堤文》,1916年9月,赵邦彦:《淮阴县水利报告书》。

③ 《文牍第四市·会衔呈送界河工册文》,1917年6月,赵邦彦:《淮阴县水利报告书》。

④ 曹时敏:《杨侯去思碑记》,民国《重修蒙城县志》卷十一《艺文志》,《中国地方志集成·安徽府县志辑》(26),第833页。

汝滨之闸,下流争决走水之沟,于今六十余年,无事于公家,其利专于一二豪强矣"。①

在寿州,明弘治六年(1493)正月,直隶寿州同知董豫就提到"州民塘地比来为军士所据,阻截水道"②。迄清代,寿州军、民围绕城西湖界址问题又发生了多年的纠纷。寿州城西湖,即《水经注》之尉升湖,湖属寿州,"惟北涯属凤台,地颇洼下,遇潦辄成巨浸,明末曾经开种加租。国初蠲除,空其地为兵民樵牧之所。相传以为兵四民六,而界址无考。凤台傍涯民田,逼近湖边,营马之牧于湖者,往往趋入践食,以致频年结讼"。嘉庆十七年(1812),寿春总兵多咨呈总督部堂巡抚部院,以寿州城西湖址界不清,兵民争控,求委员勘丈。三月,奉督宪百、抚宪钱委庐凤道四、凤阳府知府姚、苏候补道广、苏州海防同知僖江宁协副将祥,会同寿春镇总兵多、游击沙守备程、寿州知州沈、凤台县知县李,公同踏勘丈量,分定界址,划沟埋石。经庐凤道四、候补道广、海防同知僖、副将祥会禀督抚两宪,"奉督宪批,据禀会同勘丈情形并所呈图说甚为明白,公当仰即照议定断行,令该州县埋石立碑,永远遵守。奉抚宪批,全湖入官,划分兵四民六,为樵木之所,确有旧案可凭,自应照案定断,通详立案并刊碑营、县大堂及沿湖岸堤,俾众共知,以冀永远遵守"。《寿凤城西湖勘定界址碑记》云:

> 今奉宪示,合行照议刊碑,将详定四至、里数、弓口、禁约,开载明白,以凭遵守者。计开一全湖,周围实丈共四十一里六十弓,自城西门外对涵洞起,迤西北至羊鼻梁骨止,计长七里;自羊鼻梁骨起至汪家大路止,计长五里,皆凤台界。自涵洞口分界处起,迤西南至九里沟止,计长十里六十弓;自九里沟起至汪家大路止,计长十九里,皆寿州界。旧志载,西湖周六十里,系约言之。今遵部颁尺式,足五尺为一弓,三百六十弓为一里。

　　①　正德《颍州志》卷一《山川·陂塘附》。

　　②　《明孝宗实录》卷七一,转引自傅玉璋等编:《明实录类纂·安徽史料卷》,武汉:武汉出版社,1994年,第25页。

一兵四址界,共实丈十七里六十弓。自涵洞口界石起,西北至羊鼻梁骨,埋有界石;西南至九里沟,埋有界石,共长十七里六十弓。从羊鼻梁骨界石对九里沟界石,划直沟一道,沟以东为兵四地,沟以西为民六地。全湖四六分劈,分兵四之地止应十六里。所余一里六十弓,议于湖之南北岸,让出走路二条,为民人由湖东入湖西樵牧之路,弁兵不得藉以拦阻。

一自划定地界之后,营马不得越沟蹂践民地,民人不得越沟侵占营地。

一兵四地内,营兵不得将牧地指租与民人开种。

一兵民湖地与钱粮地毗连处,俱刨沟筑堤,以为分别。界内之地未垦者,永禁再垦;已垦者,查明造册入官输租,为书院普济堂经费。

一西门外现已造桥,营兵放马直由西门下湖,不得复出北门。

一湖地低洼,倘经大水,沟埂塌卸,恐仍旧淤平,以致淆混。日后,凡遇水淹之后,该州县重照原界委员督夫重挖,毋致淤填。

其余图说及一切章程、控案始末,详载卷册,不复备列。□□嘉庆十七年五月　　日　　寿凤官弁兵民公刊。①

在民灶之间、场灶之间也常发生水事纠纷。淮北盐产区,"灌口上游支河骈列,盐河草坝启暂闭久,而东岸诸河不淤者,海潮之力也。六里以南,义泽以北,四河之废,或为界圩所阻,或为义冢所据。道光年间,民灶讼水,致酿巨案"。②在里下河地区,议及开海口,"民有豪举而狡黠者居盐场,数盘据,善因缘为奸,则诡言于醋御史,自是不可创而开也,开之将不利于灶若商,且启海寇窥伺心,而醋御史芮城任君养心,行郡县岁遍,当代去,不果勘。异议者益危言以恫疑

---

① 《寿凤城西湖勘定界址碑记》,光绪《凤台县志》卷三《沟洫志·坝闸》,《中国地方志集成·安徽府县志辑》(26),第57页。

② 杨嗣起:《治沭刍言》,徐守增、武同举:《淮北水利纲要说》,1915年铅印本。

恐吓,而众论汹汹,事遂寝"。①在阜宁县境内盐河城内段,"其北水关
窑桥以北数十里,历有修治。同治末年,民灶合浚,并刨除两岸芦根,
以免淤塞。旋因河线侵及古路,发生械斗。光绪初,以灶不加土,民不
撩淤立案"。②东台县有海河,在县治范堤,东台各场灶户办煎盐运盐
之河。东抵海滨,西抵场垣,支河汊港,名目甚多,总曰"海河",实与
海隔,"各场界以土坝,彼此亦不相通。河底平浅,海潮泛涨。开放范
堤,倒灌民田,以致滋讼,富安、安丰尤甚"。③1917 年夏旱,大纲公司
与新兴场七灶民围绕御卤侵袭而争议起,盐城县人吴鸿璧、沈云瑞、
刘障东等为灶民向各当道呼吁。④

在王庄与地方民众之间也因水资源分配问题发生纠纷。如汝州
仁义渠南 30 里,旧有聚宝堰。"伊府于其地置庄田,分校兵主之。初
与民均堰利,久之,强弱渐判,府庄得什七,民得什三。又久之,民得
益少。河南地方少粳稻,邻州县邮驿所需,皆仰贸于府庄,府庄兵高
其价以待之,数十年来专厥利"。⑤明弘治己酉(1489),清江彭性仁知
汝州,"暇行四野,见汝河经州城南歧而二,注东南者为大河,其支流
东北行,民田鳞次水际,可引而灌也"。乃召集父老,躬循水道上下,
审度河势,明约束,均工役,"自东十里铺开渠筑堰,引水北行,畚锸
既讫工,清流潎潎,约十八里至黄涧河,又十里复入汝河。规图矩画,
支分条析,或经或纬,沟浍毕达,轮广数十余里尽为良田,亩收粳稻
数斛。傍近有仁义里,因以名渠"。无何,彭知州擢金河南宪事,同知

---

① (明)陈应芳:《李父母浚丁溪海口记》,崇祯《泰州志》卷之八,《四库全书存目丛
书》(史 210),第 180 页。

② 民国《阜宁县新志》卷九《水工志·诸水》,《中国地方志集成·江苏府县志辑》
(60),第 202 页。

③ 嘉庆《东台县志》卷之十《水利》,《中国方志丛书》(27),第 421 页。

④ 民国《续修盐城县志》卷十四《杂类志·纪事》,《中国地方志集成·江苏府县志辑》
(59),第 463 页。

⑤ (明)赵永祯:《仁义渠始末记》,正德《汝州志》卷八《汝州文》。

官汝浚适承大府檄主水利,益劳其事,渠益治。[①]"仁义渠既成,秔稻益多,价益低,来贸籴者之民,不至庄兵,庄兵衔焉。相与纠众塞渠,谋必败之,民方以为戚。一夕,天大雨,水暴至,渠乃自开,水由故道,遂不可遏,庄兵无如之何。肤愬于王疏于朝,天子下其议,符行外台。时都察院右副都御史太原韩公、盱眙陈公实相继奉饬巡抚河南,咸以水利关民食,谋于大方伯维扬高公、宪使弋阳李公金,谓不可有所颇,乃属永祯与本府长史汤君渊勘处。永祯曰:'庄兵佃藩府之田,民佃天子之田,有利当均之',议不合而去。大府再檄南阳倅林君恂、河南倅董君琇,或主分水,或主塞渠,议不合又去。既而再檄鄢陵令王君时中来适,亚参陈公、宪金陈公皆以是役临本州,相与调停斟酌,两顺其情,于是喧息争止,水分渠定。遂属判官李君唐率夫数百人,下浚上堰,治波流而南而北,大率庄兵得河之南而专其下流,民得河之北而支引其上,军民之志遂定。自始勘迄讫事,凡十阅月,委官凡三更。至是水顺其性,而人安其业,远近见闻,莫不慰惬"。[②]

最后,因淮河流域为河防重地,莅民之官与河防之官各有专责,这种无形的"疆界错壤"也容易引发水事纠纷。清代在江苏清江浦(今江苏淮阴市)设江南河道总督,简称南河总督,咸丰八年(1858)裁撤。在山东济宁设山东河南河道总督,简称东河总督,光绪二十八年(1902)裁撤。省下还设分巡道,以管辖某一部门的事务如河道管水利等。在县一级行政区,也设有众多河务官。民国《泗阳县志》卷四曰:"莅民之官与河防之官各有专司,河务官置同知、指挥、千百户。清代黄运分治,河工益烦,建官益备,文职则有河务同知、河务通判、南北岸主簿、中河主簿;武职有南北岸守备、千把总。莅民官文职则有知县、巡检、典史、驿丞、教谕、训导,武职在县城则有守备、把总,在洋河则有游击千把总,官斯土者咸负重责"。[③]这样,专职河防的河

① (明)白钺:《汝州新开仁义渠记》,正德《汝州志》卷八《汝州文》。

② (明)赵永祯:《仁义渠始末记》,正德《汝州志》卷八《汝州文》。

③ 民国《泗阳县志》卷四《表三·职官》,《中国地方志集成·江苏府县志辑》(56),第182页。

官、专职盐务的盐院和地方官府常常因其职责所在而在防治水害时各持异议，纠纷不已，所谓"河臣以治河为急，而不及州县陂塘之利；州县亦以治水诿之河臣，所有陂塘废为荒墟"①即是。如河南虞城地滨黄河，奔溃不测，迁徙无常。故境内多废堤，"防河者每借私毁钦堤名，以为民害"。雍正十二年(1734)，"命将废堤许贫民领种，此害永除"。②嘉庆十八年(1813)，宝应"跳龙关坏，水溢入城，居民讙噪，语侵河官，官捕讙噪者"。③又如"谓季驯当日何以不浚海口？考当日季驯议复五塘，谓民间承佃必须偿贷。又筑堤建闸，所费不赀。又虑田高之民欲蓄，田洼之民欲泄，筑堤之后盗决必多，添官设夫，种种皆难措办，故谓可缓，亦非谓可已也。且当盐院条议不欲开支河、浚海口，止为盐场起见，故尔阻格难行"。④

在里下河地区，为防水害而筑堤修圩，并成"地方要举"，"据请通饬淮扬各属，仿照业食佃力之法，劝修民圩"。⑤但修圩往往会妨碍行洪，于是便出现了"治水之官，禁民筑圩，恐防水道；亲民之官，劝民筑圩，以卫田庐"⑥的水事矛盾。在下河地区，还因运盐河和下河防洪灌溉系统交叉重叠，"自诸闸坝以下，至诸海口，周回七八百里，分隶于州县与场官，而无专辖之员。河流之淤浅，海口之通塞，司河者经年不一至。间有水旱缓急，而守令官又以为非我责也，如是直谓之无员可也。夫下河为数千里来水之所必经，而海口又为下河泄水第一关键。一二分司场官位卑言轻，惟商人颐指气使而莫之敢违。启闭不以时，缓急不相应。一隅之病为害诸州，一闸之坏累及全河"，如是则易引发水纠纷。如康熙五十八、五十九年(1719—1720)春，"内地

---

① 康熙《扬州府志》卷六《水利》，《四库全书存目丛书》(史214)，第686页。

② 乾隆《归德府志》卷十四《水利略一·河防》。

③ 道光《重修宝应县志》卷十五《名宦》，《中国方志丛书》(406)，第608页。

④ (清)崔维雅：《河防刍议》卷六，《高宝迤带闸河辨》，《四库全书存目丛书》(史224)，第111页。

⑤ (清)丁日昌：《抚吴公牍》卷四六，《淮安府禀请仍饬淮扬各属劝修民圩由》。

⑥ 咸丰《重修兴化县志》卷二《河渠一》，《中国方志丛书》(28)，第254页。

积水不消,民不得耕。兴化县具呈申详淮扬道开闸泄水,飞檄屡下矣,而官场置若罔闻。及事急,居民自行开放,然已宣泄后时,插秧未几而霖潦大至。故是年高、宝、兴、盐被灾特甚,在皇上屡发币金,遣重臣开浚海口,方以为救济下河良策,而各州县视之如秦越人之视肥瘠,漠不相关"。①

行政区划矛盾对水事纠纷的产生和发展还有一种重要的间接影响,那就是在多个行政区犬牙交错的边界,往往是政府实效性社会控制的程度比较低的地方,所谓"北土多事,每两境有命盗之讼,或彼此推诿,方册无凭,大吏亦无可据断"。②于是,在行政区边界,往往奸宄易藏,盗匪盛行,民风强悍。如寿州属蒙城县与宿州、亳州壤错如绣,"邻亳而移于亳者,不无无赖少年蹴鞠矣","而移于宿者,不无不逞奸雄,虎视豻啸,把袂击筑,阳交吏胥,阴附侦探,武断乡曲者以十数"。③在安徽临泉,地介汝颍之间,东界阜阳,东北界太和县,南界息县,西南界新蔡县,西界汝阳、项城两县,北界沈邱县,地势平衍,幅员广大,"惟位处皖省边陲,西南北接壤豫境,民元以来,所遭匪祸,几不可以数计"。④太和"县西南毗连豫省,风俗称强悍,多盗匪且崇尚邪教"⑤,"县西与鹿邑毗连,不法者聚众行劫"⑥。怀远县"界蒙城、宿、灵璧、凤阳、定远、寿、风台之间,民气之刚悍轻剽,往往杂似乎他邑"。⑦行政区之间本来易发争界纠纷,再上行政区划与水系区

① (清)贾国维:《上河督陈鹏年河工七议》,民国《三续高邮州志》卷六《议》,《中国方志丛书》(402),第1014页;第1016页。

② 嘉庆《怀远县志》卷一,《地域志》,《中国地方志集成·安徽府县志辑》(31),第32页。

③ 张翼明:《邑侯王公去思碑》,民国《涡阳县志》卷十六《艺文志》,《中国地方志集成·安徽府县志辑》(26),第606页。

④ 民国《临泉县志略·形势》,《中国地方志集成·安徽府县志辑》(27),南京:江苏古籍出版社,1998年,第285页。

⑤ 民国《太和县志》卷八《人物·义行》,《中国地方志集成·安徽府县志辑》(27),第482页。

⑥ 民国《太和县志》卷七《秩官·名宦》,《中国地方志集成·安徽府县志辑》(27),第442页。

⑦ 《嘉庆二十三年知县事孙让重修怀远县志成序》,嘉庆《怀远县志》卷二十八《序录》,《中国地方志集成·安徽府县志辑》(31),第362页。

划不一致又易发水事矛盾和纠纷,而政府对行政边界控制程度减弱又造成当地社会治安不佳,进而形成强悍斗狠、匪祸不断的局面,这无疑间接地诱发或加剧了行政区之间的水事纠纷。

　　清末民初的水利专家胡雨人就切身感受到了这种因行政区划矛盾所形成的强悍民风对水事纠纷产生和剧烈演化的重要影响。胡雨人在谈及海州武障河一带的民风时,对当地民众的强悍民性与辛勤劳作、管控水利不遗余力之间的关系,做了如下的评述:"统观武障以下民风,其可敬、可畏、可恶,俱出寻常意料之外。人工沟渠,既多且整。闸洞启闭无少玩忽,田功修洁,罕见苟且,此可敬也。自营之力,具足对付其所邻腐败惰民,立视其死而不少顾惜,如海州圩横绝下流,死守曲防,而无所摇动,是可畏也。自护既趋极端,挟其坚悍之势,无论何来之水,决不可得而拒者,亦尽欲拒之。甚至异乡人履其境土,偶损其路旁一草一禾,怒目诟詈,无所不至。其悍之尤者,鹰视狼顾,目有凶光,触目可怖者颇多。似此状态,他处所未见也。盗贼之多,殆以此乎? 指为可恶,良不为过"。[①]

第二节　经济利益的冲突

　　利益是人类一切社会活动的根本动因。马克思说:"人们奋斗所争取的一切,都同他们的利益有关"。[②]利益的相互之间是存在冲突的,社会充满了复杂的利益冲突,有利益冲突即可能发生纠纷。纠纷,从本质上讲,就是社会主体间的一种利益对抗或利益冲突状态。在传统农业社会,民以食为天,食取于地而资于水。由于"其农治生素拙,栽秧种豆止知待命于天",所以每逢"雨泽稍迟,争水构讼者纷

---

　　① 胡雨人:《江淮水利调查笔记》(辛亥年), 见沈云龙主编:《中国水利要籍丛编》第三辑,第74页。

　　② 《马克思恩格斯全集》第1卷,北京:人民出版社,1956年,第82页。

然四起"。①

南宋以来，作为农耕社会的淮河流域频繁出现了行政区划之间、上下游和左右岸之间、集体和集体之间、个人和集体之间、个人和个人之间的水事纠纷，根本原因在于纠纷主体受经济利益的驱动，围绕水体而进行着包括争种水涸地、抢占水资源、以邻为壑、争夺水利工程管理权和水上交通控制权等各种趋利避害的利益争夺。

一、争种水涸地

水涸地即因河、湖、海的变迁而涸出的土地，此种土地属于荒滩，因为其无主或者属于公有而又没有明确的公有管理主体，所以多被人私自垦种，进而引起占垦纠纷。

(一)抢占河滩地

河滩地有两种基本类型，一种是河道淤积而涸出的滩地或者河道迁徙改道而涸出的滩地，此种滩地一旦涸出就基本定型。还有一种情况是河道迁徙靡定而导致河滩游徙不定，因而号称为游滩。无论哪种情况，河滩一般属于荒滩，居民狃于私利，往往争先占垦。这种"不顾公众大害，相率效尤"②的结果，是由于乱垦乱占而造成经界不清，进而引起区域之间以及个人之间的激烈纠纷。

在黄河沿岸，河滩地之纠纷四起。如河阴县滩田，"东毗荥泽，西连汜水，北接武陟，画疆分界，恒起轇轕，结讼连年。废时失业，分曹械斗，动酿巨案"。因此，民国《河阴县志》作者认为，"权其利害，得不偿失。小民趋利一时，结怨累世，亦可悯已"。③汜水县也是"河滩出没

---

① 道光《来安县志》卷三《风俗》，《中国地方志集成·安徽府县志辑》(35)，第343页。

② 胡雨人：《江淮水利调查笔记》(辛亥年)，见沈云龙主编：《中国水利要籍丛编》第三辑，第113页。

③ 民国《河阴县志》卷七《民赋考·滩田》，《民国河阴县志》，郑州：中州古籍出版社，2006年，第94页。

无常,屡经变迁,始而开垦收获,邻封启争界之衅,继而无地升科,福
藩苦额征之苛","历年争界之案仍所不免"。①郑州河滩,则坐落在大
河以南,大堤以北,仍系按亩行粮,并无活租,其《赋役全书确册》内
亦无"滩地"名色。其河北老滩地亩与原武县地亩轩字号为邻,"每因
地界不清,郑、原民人屡年控争"。②考城县和杞县交界地带的黄河滩
地,因为杞人占垦而导致邻封纷争,据记载,"缘考地滨大河,先年多
退滩荒土,杞人以境外来垦,亦通例也。后竟捏报新垦之考地三百余
顷,注杞图籍,名曰新增地米。而考腹里之田土税粮,遂架空而入杞
矣。及考履亩均税,前地仍在丈量之内,而粮又再入考矣,此一地二
粮所由来也。明御史颜具疏详陈,两县亦连年奏告,事寝,终未剖析。
迄今百余年来,地属在考,粮仍纳杞,虽免一地二粮之累,然问其民
曰考民,问其地曰杞地,编户在考,而耕耘属杞,有是理乎?且强土著
之民赴隔境以输,将允为未便"。③

　　在淮河流域江苏境,泗阳县有孙、王二姓黄河滩地 23.29 余顷,
坐落刘一图建河集东。光绪年间,黄河淤变,河道变迁,孙、王两姓隔
河认地,互控至都察院。又有孙、杨二姓黄河滩地 11.47 余顷,坐落六
一图临河集东。道光年间黄河淤涸涨地,民人陈临内控孙、杨两姓占
地。还有王、柴二姓充公地 31 余亩,坐落曹家庙陈家宅西南。光绪十
八年(1892),王、柴二姓控争。在该县崇九图运河,另有大泓底地 35
余亩。光绪二十一年(1895),朱、严、胡三姓控争。④至于苏北淤黄河
沿岸以及淤黄河以北的大片地区,也有不少地面在盐垦公司成立前,
就被附近农民所垦辟,成为豆麦盛长之地。道光二十四年(1844),包
世臣在他的《中衢一勺·筹河刍言》一文中,就有明确记载:

---

①　民国《氾水县志》卷四《赋役·滩租》,《中国方志丛书》(106),第 224 页。

②　乾隆《郑州志》卷四《食货志·滩地》。

③　康熙《考城县志》卷一《税粮》。

④　民国《泗阳县志》卷十六《志十·田赋中》,《中国地方志集成·江苏府县志辑》
(56),第 394 页。

云梯关下，其北岸自马港河起，东下至现在海口青、红二沙，淤成堆阜，迤北之云台山，已成平陆。地隶海、安、阜三州县，民灶相杂。淤出新地约方二百里。前此乾隆四十五年因水漫豁粮之民灶地五千七百六十三顷零，今亦淤成沃壤。其南岸北沙以下，至黄河尾闾长二百余里，宽百里，无赋者十居八九。又鳝鱼港诸处，向因无工，黄河漫水南注射阳湖荡，亦淤出淤洲甚广。查南北两岸，截长补短，以鸟道开方计之，约方三百里。每里五百三十亩，当得地四十五、六万顷。以五、六万顷为湖河沮洳之地，又除十万顷为苇营官荡及残淤、青淤、斥卤不毛，民居、坟墓之地又三分去其一，当得产稼地二十万顷。此地皆肥淤，其附近海州及关前数十里者，多有大户隐射。其余亦有客户搭棚私种，撒种满野，收成即去，每亩收豆、麦至二三石之多。因无粮官地，不敢恋种，即大户隐射者，亦不敢硬占，不过贿嘱吏胥，且前且却。偶有报升在案者，又成讼数十年莫得咨结。①

在铜山县境，因黄河北徙而涸出近20万亩滩地。清末时，黄河滩地还布满硝盐碱片，茫茫无际，尤为荒凉。后经百姓勤耕，滩地已渐被开垦成良田。当时的铜山县令为满足个人私欲，勾结地方族人头领(或族长)，私自进行查荒。私查荒地从铜山东部卢套一带开始，由县衙派遣一曹氏委员监督，卢套地方族长卢广喆带领一伙家丁亲自丈量。查荒严重损害了垦民的利益，引起了当地农民的激烈反对。一日，曹委员正督量田地，上千农民蜂涌而至，将曹委员痛打一顿，并砸了丈量工具。曹委员仓惶逃回县衙，具呈农民造反。县令感到问题严重，最后听取衙内的一个幕僚献上的一计，令卢道远改名卢任众，将卢道远之名从户籍册上划去，权且抄斩，并免去其参加乡试的

---

① （清）包世臣：《中衢一勺》卷一上卷，《筹河刍言》，第15—16页，见《包世臣全集·艺舟双楫·中衢一勺》，李星点校。

资格,以示处罚,县令私自查荒的行动就此不了了之。①

在淮河流域安徽境的沿淮地带,不少河滩地也成了居民争讼的焦点。安徽五河县"迨咸丰六年,黄河北徙,民庆更生,既无庸蓄清以刷黄,遂开五坝以泄涨。盱眙吴公兼权河督时,遂奏请裁并。自是以后,各河畅行,地皆涸出,而且淤垫益高,并成沃壤。沿河之民亦逐渐开垦,近已成田。苟执有先年旧契,遂可据为己有,此争讼之所以日多也"。如该县之张家沟,在县治西南35里,"沟水本南入于淮,设有官渡,沟形盘曲,故俗以为县治之大玉带河也","淮涨时亦可北由芦塘口以入浍,然究非其正道,但漫溢时或然耳。相传沟极深阔,虽大旱时未见其竭,而近来淤垫,已多争占者,且时或构讼焉"。②在泗州,据《皖志便览》记载,"地多洼下,且系沙土,旱潦均易成灾。惟近日涸复田亩方五六十里,地肥收倍,争讼繁兴"。③在泗虹地区,乾隆五十年(1785)大旱,"虹则有断流河身,泗则有豁露沙渚,曩沉之田间有淤涸,细民竞利起讼"。④

在淮河流域山东境,郯城"县境沭河自雍正年间修筑竹络石坝后,河流归于故道,渐次积淤成地若干顷"。嘉庆八年(1803),绅士王退思等公呈县府司院,请将河淤地亩拨归一贯书院,"奉批勘丈,查得实地九顷五十九亩二分,由布政司覆议具详,奉巡抚部院批准,拨入书院矣。既而总河部院据郯邑主簿禀争,移咨抚院覆议,即又拨归河工"。⑤东平县有"沙淤地三十一顷十七亩一分。按此项淤地坐落西乡安民山前,何官屯庄迤南,西与梁山相望,向来寸草不生,并无粮

---

① 参见夏鸿钧:《黄河故道上的反查荒轶事》,政协铜山县文史资料研究委员会:《铜山文史资料》第九辑,1989年,第5—6页。

② 光绪《五河县志》卷二《疆域三·沟》,《中国地方志集成·安徽府县志辑》(31),第401、404页。

③ (清)李应珏著:《皖志便览》卷三《泗州直隶州序》,《中国方志丛书》(224),第173—174页。

④ 光绪《泗虹合志》卷五《田赋》,《中国地方志集成·安徽府县志辑》(30),第432页。

⑤ 嘉庆《续修郯城县志》卷二《田赋志·附淤地》,《中国方志丛书》(24),第47页。

赋。自被黄水之后,地渐淤涸,转瘠为腴,居民争种,拘讼不休"。①

(二)占垦湖地

南宋以来,随着淮河流域人口的增长,一些湖沼洼地纷纷被围垦。围垦湖地不仅使当地水生态环境发生了变化,而且也带来了治水与治田、防洪与灌溉的种种矛盾。在封建私人土地占有制下,官府虽然颁布了一些禁止围湖的条例,但力度忽硬忽软,再加上没有明确指出哪些湖泊属于官府所有、哪些属于私有,地主豪强就我行我素,禁者自禁、围者自围,所以围湖垦田与退田还湖之间的争论始终无法解决。据记载,乾隆皇帝对河南地方官上奏并无官湖被民侵垦造成妨碍水利的结论,着实不满,并认为"此亦不过一端耳。外省以此奉到诣旨而不能实力奉行者可胜屈指哉,实为汝等为督抚者愧之"。②

淮河中游的泗州及五河县、灵璧县,"地既为诸流之委,故沮洳卑湿,常苦水潦。凡平衍之地稍洼下者,辄谓之湖,其名至多,其实水落之后,皆田塍也"③。因此,居民围绕湖地进行的争讼,相比淮河流域其它地方则显得十分的激烈,所谓"近年涸出无主湖田,附近居民争占,互控不休"④即是。在五河县,有束家湖在县治南3里许,距黄家沟之北岸,东连于城南之护城濠,是浍河之支流。"惟其地势平衍,在其所趋,淮涨则入于蔡家湖,浍涨则入于黄家沟,两湖之情形相似。自浍河北徙,两湖遂俱涸废成田。但近在附郭,人人皆思影射,以专其利。苟不得则构讼不休"。天井湖距县之东北隅,离城20里。据《天井湖疆界考》记载,"黄河北徙之后,无须蓄淮敌黄,而湖亦渐次淤涸。浅狭之处,早生苇柳,近则几于遍湖皆是"。⑤同治九年(1870),

---

① 民国《东平县志》卷一《方域·田亩》。
② 《高宗纯皇帝实录》卷三百七《大清高宗纯(乾隆)皇帝实录》(六),第4460页。
③ 嘉庆《怀远县志》卷一《地域志》,《中国地方志集成·安徽府县志辑》(31),第32页。
④ 光绪《泗虹合志》卷六《学田》,《中国地方志集成·安徽府县志辑》(30),第468页。
⑤ 光绪《五河县志》卷二《疆域三·湖》,《中国地方志集成·安徽府县志辑》(31),第404、402页。

天井浅湖涸出牧场数十顷,"里民互相侵种,叠次缠讼不休。并有隔境之民觊觎其地,来县具禀云:'系渠等祖遗之地,道光年被水移入南岸,恳请赏示禁止县民侵种'";[1]光绪十二年(1886),"州境人越境相争,至于械斗,几酿巨案"。[2]南乡黄家坝内九条沟北,孙、凌二姓构讼;东乡孝一里天井湖南岸,光绪三年,陈、杨二姓构讼水沉田亩。光绪十八年(1892)秋,文生陈启仪、武生丁启银互相侵占安四里枣林庄后地名"独树嘴"水沉地,"缠讼不休"。[3]

民国时期,灵璧和萧县围绕边界青冢湖涸出滩地展开了激烈的省界纠纷。其实,1955 年后萧县已改属安徽省,灵璧与萧县已经不存在省界纠纷。但从清初江南分省到晚清,萧县一直隶属江苏省徐州府管辖。民国时期,萧县一直属于江苏省。所以萧县、灵璧争垦青冢湖滩地所引发的纠纷,在民国时期还属于省界纠纷。

青冢湖,位于奎河西岸、灵璧北部丘陵以南地带,属于一片低洼之地。夏秋季节发水时,往往成为奎滩河行水之区;冬春季节,雨水稀少,则干涸成滩。因涸地肥沃,灵璧、萧县两县民众争相垦占,于是"争界涉讼,纠纷未解"。[4]20 世纪 20 年代,青冢湖地区就频发多次民众垦务纠纷。为平息垦占青冢湖的纷争,皖、苏政府开始商议划界,以明确管辖。1926 年,皖、苏两省分派徐海、淮泗两道尹,会同萧县、灵璧县两县知事以及两县地方人士会勘,确定以湖心之萧灵路为界,路东归灵璧县,面积约 6300 余亩;路西归萧县,面积约为 7000 余亩。当时,会勘各方还商定,划归灵璧的湖滩,由皖屯垦局定价放垦,乡民不能自由开垦。鉴于划界以前,萧县的民众已经在萧灵路以

---

① 光绪《五河县志》卷四《建置三·附录书院公田》,《中国地方志集成·安徽府县志辑》(31),第 431 页。

② 光绪《五河县志》卷二《疆域三·湖》,《中国地方志集成·安徽府县志辑》(31),第 402 页。

③ 光绪《五河县志》卷四《建置三·附录书院公田》,《中国地方志集成·安徽府县志辑》(31),第 431、432 页。

④ 武同举:《促进导淮商榷书》,1923 年 11 月,载武同举:《两轩賸语》。

东垦荒置业,因此,皖屯垦局为避免纠纷而允许萧县民众在路东封地中缴价领垦一半田地。此事,获得了时任五省联军总司令兼江苏总司令孙传芳的批准。①但灵璧境内湖中留有萧县民众领垦之地,为日后因这一带政局的频繁变动而导致激烈的争湖、争界纠纷埋下了隐患。

1928年5月,萧县民众与灵璧民众因为抢割麦子酿成械斗。灵璧县农民王立敬向灵璧县长呈报,萧县人王朝阳率领一帮民夫强行割去其已成熟之湖田麦子,引起争斗。灵璧县长即刻上报安徽省政府,由安徽省政府电请江苏省政府商议处理此案。两省政府要求萧县、灵璧两县各自约束本县民众,"不得滋扰",并商议各自派员会勘,划定省界。在会勘未定之前,要求萧、灵两县县长"暂为弹压,切实开导,听候解决在案"。②同年11月,两县农民因为青冢湖播种问题再次发生矛盾,江苏省政府提出应尽快进行两省会勘,划定省界,以解决持续不断的省界纠纷。江苏省提出按照原先萧县民众领垦湖滩的执业权范围来确定省界,并呈请内政部主持两省会勘,以求公平处理,这引起了安徽省政府的坚决反对。因为按照1926年划界规定,青冢湖已经有一半划归了萧县,同时皖屯垦局又允许萧县民众承垦灵璧境内的一半滩地,如果按照江苏省的划界方案,等于要求将灵璧县内之青冢湖再划出一半给萧县。所以,安徽省政府认为,省界早已在1926年就划定,没有必要再重新会勘,"徒滋纷扰"。内政部以双方主张不同,又无案牍可稽,要求两省政府将此案的有关案卷呈送内政部以供参考,然后再行决定。

1929年的春夏之交,皖、苏民众在青冢湖又发生更大规模的械斗,造成了多人伤亡。9月,安徽省政府向内政部咨文,再次提出以1926年的划界方案来划分苏、皖省界,仍主张以萧灵路为界,认为

---

① 《内政年鉴·民政篇》,上海:商务印书馆,1936年,第(B)293页。

② 《呈省政府为青冢湖纠葛一案已饬萧县妥定办法令仰知照由》,《江苏建设公报》1928年5月第11期,第67—68页。

"现值麦将播种,在萧灵两县,不啻又种祸根,但此项纠纷,既归中央解决,请仍根据十五年议定成案,由萧民领垦青冢湖灵萧路东三十余顷,并转呈内政部,迅予派员勘定,将指定路东之湖田,归皖民放垦,以保产权,而解纠纷"。[①]因为江苏省有不同的意见,所以由内政部牵头进行部、省三方勘查。12月5日,江苏省派出民政厅委员王希曾、安徽省派出委员张教馨、内政部派出技正连天祥,三方会集安徽蚌埠,然后前往青冢湖进行联合会勘。[②]经部、省三方会勘后,皖、苏两省仍坚持各自划界方案。于是,内政部针对皖、苏两省不同意见,于1930年8月提出了一个协调折中的解决方案,即将此案分为垦权与省界两部分,分别解决。对于垦权,"所争者为皖属湖心封地约六十三顷半,此项地亩,本系国有官荒,既非皖有,应归财政部所设之屯垦机关办理。人民既得之垦权,仍于维持以恤民隐。至于划界分界部分,系属国家行政权,与人民利害无涉,本无多寡争执之可言。苏皖两省仍以萧灵路(即梁家路)为界,与土地之天然形势及道路河渠中心线之标准均当适合"。[③]内政部公布的解决方案和皖省意见几乎完全一致,所以引起了江苏萧县民众的不满。1930年9月,萧县青冢湖民众代表上书内政部,反对以萧灵路分界,提出最合理的划分应该是从该湖的入口田家口至出口三叉河的中间划一直线,"萧灵各半分领最为正当"。[④]萧县农民协会则向行政院电请撤销内政部之方案,行政院认为内政部之方案没有问题,因此对于萧县农民协会

————————

① 《皖省府查勘青冢湖案结果,十五年成案可循,肖灵路界址显然》,《中央日报》1929年10月1日第5版。

② 《青冢湖苏皖省界定期在蚌会勘》,《中央日报》1929年11月24日第4版。

③ 《内政年鉴·民政篇》,第(B)293页。

④ 《萧县青冢湖代表呈为江苏萧县安徽灵璧界址核定全湖尽归灵有,萧民生计断绝乞查案饬部妥议》,中国第二历史档案馆,全宗号二,案卷号1107。转引自徐建平:《政治地理视角下的省界变迁——以民国时期安徽省为例》,上海:上海人民出版社,2009年,第159页。

所提出的复议申请,表示"应毋庸议"。[①]但萧县农民协会还是要求行政院"依两县湖民原种地点,各垦各领以领为界,以苏皖名义双方放垦"。[②]11 月,江苏省长叶楚伧亲自致电行政院,请求允许萧、灵两县民众各垦各领,等湖垦完毕,再根据两县民众承垦边界来划定皖、苏两省边界。内政部答复,认为在边界问题上已经做出的决议不能轻易更改,但对苏省提出的方案也做出了些许让步,即如果将来垦区划清,垦权确定之后,皖、苏两省民众承垦所形成的湖滩边界符合《省市县勘界条例》第三条各款的规定,到时可以经由内政部核实,再变更界线。不过,在界线尚未变更以前,皖、苏两省还应该服从行政院之决定,以萧灵路为界,并要求财政部"先确定垦界,一俟放垦完竣迅即饬造图册咨送本部依例核议省界,以资解决之处理"。内政部对江苏省的答复,引起了安徽省政府的不安。于是,安徽省政府立即致电内政部,认为在此案中,萧、灵民众争执青冢湖田的要点在于两县的边界不清,使得萧县民众"多在灵璧县境占垦湖田,以致争讼累年,人民损失颇巨"。灵璧民众也请求早日将界线划定,竖立界碑,并由政府定价招垦湖滩。内政部对安徽省提出的方案和对江苏省提出的方案,其处理意见前后基本一致。对于划界,以 1926 年方案中的萧灵路作为苏、皖青冢湖省界的暂定界线,以后俟机再作调整;对于垦务,湖滩是官荒,属于国有资产,既不属于皖,也不属于苏,青冢湖田由皖屯垦局放垦并非意味着青冢湖田赋收入就全归皖省所有。皖、苏青冢湖争界纠纷,后经内政部调和,终于达成一致,即定界、放垦分途同时进行。关于垦务部分,由财政部直接办理。而萧县与灵璧县之间的省界,则还是遵照 1930 年 8 月 28 日所核定之界线办理,

---

① 《据呈江苏萧县安徽灵璧县青冢湖界依路划分志书图说两无根据请饬部覆议应毋庸议由》,中国第二历史档案馆,全宗号二,案卷号 1108。转引自徐建平:《政治地理视角下的省界变迁——以民国时期安徽省为例》,第 160 页。

② 《苏皖青冢湖案恳请依垦权定界各领以领为界苏皖各自放垦事由》,中国第二历史档案馆,全宗号二,案卷号 1108。转引自徐建平:《政治地理视角下的省界变迁——以民国时期安徽省为例》,第 160 页。

并且按照《省市县勘界条例》第十一条之规定,要求两省派员前往两县交界地方,依照行政院核定之界线,在主要地点竖立明显坚固之界标,并绘具区域界划详细地图,由两省政府会衔呈报内政部备案。①至此,纷争十多年的萧、灵青冢湖省界案终于尘埃落定。

淮河下游江苏境内也是地势低注,湖沼众多,争湖纠纷迭起不休。如宝应县应家集,"集滨湖,多淤生柴,邻近争攘其利"。②沭阳、海州、安东交界的大湖,即硕濩湖,又名硕灌湖,"袤四十里,广八十里,西北属沭阳,东北属海州,南属安东,各得三分之一,计地四千五百五十余顷,上承海、沭、宿迁诸水,汇入湖内,经年不涸,后以陆续升科,变为腴田,海州民人不守制,多侵安界云云"。③对洪泽湖涸出滩地的争夺最为激烈,如清河县境内的"洪湖涸滩,为客民规占,恒肇衅械斗"。④在安徽、江苏交界的安河、成子河伸入洪泽湖沿岸地带,还因争夺涸出湖滩地而演变为民国初年的皖、苏争界纠纷。

安河、成子河伸入洪泽湖地带涸出的湖滩地,"询据沿边耆老谓,自前清咸同以来,水涸田出,冈陵居民各以力所能及,先后垦辟,现已成熟者十居八九,皖民所垦者则名曰皖有(约六分之一而强);苏民所垦者,则名曰苏有。向未报明官厅,官家亦从未查考。厥后,两县人民争相耕占,意见渐深,然在皖则有何家、陈家、吕家、张家等庄,苏祗周嘴、陆嘴两庄,皖民庶而富强,苏民寡而贫弱"。1919年,安徽泗县的尹元汉谋掘顾勒高冈,以泄安河之水,后经苏省、皖省及泗阳县、泗县、江北运河工程局会勘会测,勒令停工,事未遂。皖董尹元汉乃挟其掘冈放水未遂之恨,"狡谋贿嘱皖泗赵知事,硬将泗阳陆家

---

① 参见徐建平:《政治地理视角下的省界变迁——以民国时期安徽省为例》,上海:上海人民出版社,2009年,第160—166页。

② 民国《宝应县志》卷十五《笃行》,《中国地方志集成·江苏府县志辑》(49),南京:江苏古籍出版社,1991年,第236页。

③ 光绪《安东县志》卷之三《水利》,《中国地方志集成·江苏府县志辑》(56),第23页。

④ 民国《续纂清河县志》卷十《人物上》,《中国地方志集成·安徽江苏府县志辑》(55),第1160页。

嘴划入泗县,并训令元汉派人到陆家嘴挨户告谕,须赴皖泗纳税"。11月1日,"有皖泗委员薛干臣、民人贺在邦、高宗可等越境厘丈,自陆家嘴至周家嘴,约五六里。二嘴居民畏恶不敢往阻。在邦云:地已丈明,尔泗阳籍民赶早尽移,否则派队押逐"。1920年1月29日,泗阳县派委员金韬、贤佐王成案等往勘,使知事阮攀五为前导,至泗县何家庄,结果阮攀五被泗县捆去,王成案、金韬逃回。泗阳县知事贾廷琛据前后案情,电呈省长齐转电皖省长吕派委会勘。3月16日,筹办江北运河工程局总办马、会办王奉省令派委员姬保庶前来会勘。5月7日,江苏委员姬保庶、泗阳县知事贾廷琛、安徽委员张龄水、程立本、泗县知事赵设深会呈:

> 为呈复事委员等奉委令开苏泗、皖泗争执陆家嘴一案,饬即束装前往,会同知事等妥勘商办等因,奉此遵于五月一二两日,先后齐集苏皖交界地方,会同履勘。实勘得陆家嘴地方为两省分界,该处有村庄两所,南庄属皖,北庄属苏。自陆家嘴以北起,至苏泗之周家嘴止,约长六七里。其中,田地多系官荒,经苏皖两省附近居民自行开垦,大半成熟。内除有垦之地仍由两省人民领照执业外,其余官荒地亩,均未呈报有案。委员、知事等公同商酌,拟将凡在苏省境内者,由苏民向泗阳县署备价承领;凡在皖省境内者,由皖民向泗县署备价承领。所有会勘商办情形,理合绘图贴说,会同具文,呈复仰祈鉴核。转呈江苏省长、安徽省长指令,祗遵实为公便,除呈安徽水利局、江苏淮扬道尹、运河工程局外,谨呈淮扬道尹王、江苏运河工程局马、安徽水利局局长陶、会办王。

从以上民国《泗阳县志》的记载来看,在行文用语上显然有维护本县利益的色彩,但基本上还是勾勒出了此案的来龙去脉。此次省界争议,根本原因在于皖泗县、苏泗阳县对洪泽湖荒滩的争垦,导火索则是皖泗县尹元汉谋掘顾勒高冈泄水未遂而怀恨在心,转而谋占荒滩。在江苏一方看来，泗阳县为了早日息争，作出了很大的让步。如据《苏皖界址记》云：阮家圩西南里许，有古沟，宽约二丈余，自西北而东南，皖人以为界沟，经倪宁五呈请省县，两省委员、县长会勘，事呈报，绘图贴说注明，请为泄水沟。沟南半里许，有古窑旧迹，窑西百余弓，有南北小路，路东属苏，路西属皖；窑南百余弓有东西大路，路南属苏，路北属皖；离窑百余弓，转而向南，大路一道，在皖泗小吕庄门前，离庄半里许，路东属苏，路西属皖。至何家庄道北转向东南，由何家庄门前砂岭外直抵陆家嘴村庄后半里许，有小路，路东属苏，路西属皖；村庄中央有东西大路，至成子河边，路南属皖，路北属苏，两省委员、县长勘定，绘图立案。"惟有何家庄前大路下，两省人民争执结果，由苏泗让步，北边由大路向东七百一十三弓，南边由大路向东六百二十五弓，宽三百六十弓，划归皖泗管辖，此皆载明图内。证以《中国新舆图》，及《民国江苏明细地图》所载，微有差池，是地竟为皖人割去矣"。[1]

抢种河滩、湖滩地，还有一种特殊的利益纠纷，就是冲突双方不以直接占地为目的，而是等到粮食收获季节而率众借口经界不清或属于官荒开始抢割粮食，进而引发大规模的械斗。如雍正五年（1727）闰三月，河南巡抚田文镜就谈到，"照得民间田土各有界限，收获之时各当照界钞割，即间有典卖侵占不清，亦止应控官审理，不得恃强率众抢割。乃有一等刁奸不法棍徒，专恃强横，每逢田禾成熟，或指地土界址不清，或称重叠典卖不明，聚齐多人，各持凶器，肆行抢割，以致彼此格斗，致伤人命。各处皆然，而河滩洼处无粮地亩为尤甚"。[2]在安徽凤台县，有焦冈湖，上承颍上县界之双桥集、长湖湾一带高阜之水，陂陁池旁集，外滨大淮，地势洼下，淮涨则溢而入湖，双桥、长湖一带霖雨骤集，亦喷泻入湖。湖周40余里，有高冈环

---

① 《附录·陆家嘴勘界始末》，民国《泗阳县志》卷七《志一·地理·里至》，《中国地方志集成·江苏府县志辑》(56)，第244—245页。

② （清）田文镜：《抚豫宣化录》卷三下，《文移·为严禁恃强率众抢割麦田等事[河滩不许抢割麦苗]》，张民服点校，第213页。

之,冈所不匝之处,筑坝以御淮,凡几十余处。居民无远虑,不能随时修葺,半致废坏。淮水至,辄灌湖并淹民田。经嘉庆十二年(1807)淮涨之后,湖水积而不消,中间俱成汪洋。嘉庆十四年(1809),"夏颇旱,湖中积水处虽汪洋弥望,而深不过数寸,居民因莳稻于湖心,其秋大稔。民所莳稻本系官地,向无界址,但视力之所及,随各人宜便,漫布之耳。比将收割也,因群起而争之,汹汹然欲集众械斗"。凤台知县李兆洛闻之,亲往勘之,见"湖中之稻弥望数十里,不见其际,云黄铺地,亩可数石,收厚利所在,势不能禁"。①另外,上文提到的民国时期青冢湖省界纠纷,其中也有 1928 年 5 月萧县人王朝阳率众抢割灵璧县境麦子的械斗事件。

(三)争垦海滩

两淮海滩荡地原为蓄草煎盐,无论堤内堤外,概禁开垦。但民众为贪图厚利,依然私垦海滩荡地,且屡禁不止。据乾隆九年(1744)九月署盐政吉庆奏称:"通属各场当地坐落范堤内外,堤内之地久属开垦,堤外之地多系草荡,亦有开垦之处"。②于是,引发了民灶争地纠纷。沈偘《清海滩以苏民生记》曰:"海滩之为民灶互争也久矣。此地自前明宣庙时远汐沙淤,所积非灶丁额荡也。……向来民灶互争,屡经定案,凡荒滩已升科者,令灶户定界受业,未升科者留于民灶公私樵采。但滨海茫茫,一望无际,每每报一升十,未有定限。积淤荒滩,有何主名,豪强占业,莫敢谁何! 灶为民病,由来已久"。知县卫哲治云:"但欲杜争端,莫如先正经界,曾移新兴、伍佑两场,令将历案灶户告承滩地顷亩、业户姓名底册,抄录移县备查。奈豪强兼并,以报升之册有防欺隐,皆去其籍,关催移送,俱称年日久远,经承屡易,莫可查考。惟将新、伍两场已升之地,从前原报各案业户、顷亩、姓名底册发县清查,令业户四隅筑立岸墩,标认识记。设有影射,即照欺隐

---

① 《焦湖沟闸始末》,光绪《凤台县志》卷三《沟洫志》,《中国地方志集成·安徽府县志辑》(26),第 54 页。

② 嘉庆《两淮盐法志》卷二十七,《场灶一·草荡》。

治罪”,“而一时泰州分司又有以灶荡不足供煎，欲将盐邑沿海沙荡尽令灶户承业供煎檄县者,此又灶户一网打尽之计,怂司为强夺地也”。[①]

在江苏兴化,“县境四面环水,无荒原空土可供垦辟。惟堤东灶地,尚可垦殖,又被草堰强占,盐商报领。计胡家滩陆顷玖拾亩捌分,新团滩贰拾陆顷陆拾亩伍分,捌灶滩拾贰顷叁拾亩捌分,小团滩贰顷拾亩肆分,大团滩陆顷肆拾亩,统计伍千肆百叁拾贰亩零”[②],终为盐商刘永和报领开垦,“灶民争讼多年,最后解决,留滩地三百余亩为地方义冢之用”[③]。另外,“其草堰、小海、文庙新淤田产,光绪季年两场人士因产争执,互控有案”。[④]1914年,淮南垦务局成立,于是,范堤内原额灶地及草荡、堤外原额正续升草荡、接涨沙荡新淤地以及各场废亭、仓基,均一律放垦,而刘庄、白驹两场荡地以入新垦区,“商灶纷纷报领,发生争执”。[⑤]

二、抢占水源

在淮河流域农耕社会环境中，农作物需水季节往往时逢旱季，于是修建蓄水灌溉水利设施以发挥农业灌溉作用，提高农作物产量,就具有十分重要的意义。由于淮河流域水资源地域和季节分布的不均匀,因此,淮河流域民众为争夺灌溉和发展养殖业权益,时常发生截水灌溉、堵水养殖、侵占陂塘之类的水事纠纷。

(一)截水灌溉

上游拦截霸占水流而引起纠纷，此类事情在历史上并不少见。唐《水部式》中“决泄有时,畎浍有度,居上游者不得拥泉而专其腴,

① (清)沈俨:《清海滩以苏民生记》,见乾隆《盐城县志》卷十五《艺文》。

② 民国《续修兴化县志》卷四《实业志·农垦》。

③ 民国《续修兴化县志》卷八《善举志·义冢》。

④ 民国《续修兴化县志》卷五《学校志·学产》。

⑤ 民国《续修兴化县志》卷三《食货志·垦务》。

每岁少尹一人行视之,以诛不式"一条即针对截坝而言。南宋以来,淮河流域的一些地方豪强在上游拦截灌溉水源从而引起纠纷的问题已经比较普遍而严重。

在淮河流域河南固始县,县东南有史河、泉河、杨林、石槽等河,西有白露河、曲河,"古人分流安闸,散衍于各塘、陂、湖、港、沟、堰,将二百所,上流下接,以次受水,各有期限,以是虽旱魃为虐,而稼穑无恙"。明弘治、正统年间,"家给人足,嬉活乐利,是亦十二渠之遗泽也"。"迨后人心不古,泉源猝变,史[河]淤石嘴头,而胜湖一带之水源塞;北淤三汊口,而堪河之溥惠、匀利二闸塞,至是而邑之水利十去其大半,仅存各乡沿冈官塘之水。史[河]流漫衍,达于诸堰,曲河、白露、石槽、杨林等河,筑埂积水,浇灌下流民田。但劳役不均,分利不公。用力兴筑者,乃贫弱小户,曾不得匀水自润;而争先使水者,乃宦豪大室,曾未尝致一篑之土。且也上坝之水未满定期,而下坝豪强动集数百人乘夜决坝,甚至持兵相攻,而上坝之功力成虚矣"。①其中堪河灌区,有东闸两坝,"蓄泄之大者,则有总坝,上接余家桥、双庙桥而下,东入徐家堰一带,西入普惠闸一带。通上彻下,堪河之咽喉系焉。故梗则涸其腹,利则仁其足,诸闸为要,而总坝闸为尤要,即如徐家堰与总坝相近,下则徐家坝、邵家坝,俱由此以通。而总坝一滞,则徐家堰不过涓滴之及。故邵家坝诸人或操戈盗决,往往与徐家堰相争,以致干讼"。②

在淮河流域安徽寿州,据史志记载,芍陂"明正统以来,六有奸民辄截上流利己,陂流遂淤"。成化间虽经巡按御史魏章的治理有所好转,但是魏章离任后,顽民董玄等复占如故。③天长县有白杨河即城防河,在县西25里,"源出浮山,水经城濠,入于石梁河","其流原

---

① 顺治《固始县志》卷四《水利》,《日本藏中国罕见地方志丛刊》,北京:书目文献出版社,1992年,第80—81页。

② 《附固始县知县杨汝楫〈水利图说〉》,乾隆《光州志》卷二十四《沟洫志》。

③ 嘉靖《寿州志》卷二《山川纪·陂塘》。说明:关于在六安和寿州行政区之间围绕芍陂上游水源问题的水事纠纷情况,具体可参见本书第五章第一节的相关论述。

灌邑之城濠,以通大河,而备不虞,乃近日上流居民壅为灌溉矣"。①

(二)引水淤地

黄河、双洎河等流域水土流失严重,含沙量大,有机物丰富,所以经其泛淤之后的土地往往变得非常地肥沃。为此,清人贡震就建议引黄淤灌,办法是:"于睢河两岸筑子堰以挡黄水,黄水出岸至堰而止,堰外淤高数尺,内地遂成水匦。为今之计,在睢河北岸者,将拖尾河南堰加筑高厚,多开深沟于睢河之滨,勿开其沟口,以防清水内灌,俟伏秋毛城铺、王家山启闸,黄水由睢而下,则挑开各沟之口,引黄入内,流清而停浊,不匝月而内地之高与河岸等。其睢河以南者,亦照此行之,此后清黄之水尚何足虑之有哉?"至于引黄淤灌的效果,贡震说:"即如霸王城滨临睢河,城外四面淤高,城内地洼如井,年年盛水,已成废地。余教业主王枚于城西开一小沟,泻去城中积水,于城南凿开城址,放黄入淤,王生用余言,向为废地者,今成沃壤矣"。②

不过,引浊水淤灌的目的是图私利,如果损害到对方利益时,就会发生激烈的水纠纷。如扶沟县的"双洎水浊,淤地能变硗为肥,俗有肥河之称,故两岸多不修堤埝。然所淤者,仅三五里以内,过此则淹浸为害矣"。又每岁旱,"附河居民闭流引水以灌田,不惟不利商舟,一值夏秋河流暴涨,往往从所引水之处漫衍而出,贪一时之利以殃民",所以有人建议附河居民淤灌"与商盗扒之罪,不可不严惩也"。③

(三)堵水养殖

河流沟渠以及湖沼池泽是发展养鱼业的重要载体,因此少数地方民众为着一己之利,而不惜损害他人利益,结果引发水事纠纷。如在淮河流域安徽颍州, 城东门内迤南门开有官沟一道, 籍以泄水,

---

①　康熙《天长县志》卷一《山川》。

②　(清)贡震:《河渠原委》卷下,《通论》,《中国地方志集成·安徽府县志辑》(30),第156—157页。

③　光绪《扶沟县志》卷三《河渠志·双洎河》。

"有射利者具领纳税,堵水养鱼,每逢淫雨,掩塌居民墙屋百余家"。为此,康熙四十一年(1702),"合词控诉,知州孙公亲临勘实严禁,嗣后不许曲防规利,贻害地方。存有案卷,自是水患永除"。[1]

在淮河流域河南境,正阳县有莲花湖,在县南朱家店,是古临淮城的南濠。东西二湖相连,长里许,面积数十亩,天然实。民国以来,"叠经店绅建议,增筑堤岸,浚淤泥,兴办渔业,兼溉农田。因有阻扰,大益尚未兴"。[2]

(四)侵占陂塘

陂塘乃重要的蓄水灌溉工程,大量公塘被侵占,并凿私塘于其中,是对公共灌溉水资源的侵占和破坏。光绪《寿州志》作者对此做过精到的评论,认为寿州水利自安丰塘、蔡城塘外,计塘40余处,"大抵皆起于明之前,明季兵燹,久未疏浚。鼎革之后,犹有未及为者。百余年来,人稠密地满,凡塘之可耕者,皆侵为田,而凿私塘于其中。其或塘之大而不能占者,则历经升科而为田,而塘之制渐狭,利亦渐湮。且生齿日繁,六畜亦多。昔年刍牧之地,后尽开为阡陌,遂以塘为畜牧之所,不使蓄水,亦不筑堤,有塘之名而无其实。间有古制未尽毁者,民间犹以为灌田之资,然其为利也甚微"。[3]

陂塘被侵占,公共灌溉利益受损,势必引起陂塘周边原有受益农户的不满,于是纠纷就不可避免。如在怀远县考城之南山有泉源塘,"其水四时不涸",为当地农田灌溉之主要水源,但明末以后"豪家据之",水利于是不均。[4]霍邱县的胡陂塘即无溪塘,县东南35里,

---

① 道光《阜阳县志》卷二十四《杂志二·纪闻》引《徐端士笔记》,《中国地方志集成·安徽府县志辑》(23),第432页。

② 民国《重修正阳县志》卷一《地理·水利》。

③ 光绪《寿州志》卷六《水利志·塘堰》,《中国地方志集成·安徽府县志辑》(21),第84页。

④ 雍正《怀远县志》卷一《山川》,《稀见中国地方志汇刊》(21),第877页。

周围 16 余里，"日久淤塞，历被豪强侵占"。[1]该县北有水门塘，始于
春秋时楚国的孙叔敖，附塘各保咸资灌溉。"嗣因年久远，塘身日渐
淤塞，蓄水无多，遇旱即涸，附近豪强遂群相侵占，夏则栽秧，冬则种
麦，几欲尽先贤之遗泽，而阡陌之曾不计水利之关于农事者大也。仰
水利于此塘者曰水门塘，曰吉水湾，曰罗家庙，曰花家冈，曰三道冲，
凡五保焉"。于是附近五保士民以公塘被侵之故，于康熙、雍正年间
频讼于县，既而上控院司，俱饬禁止占种。碑文详案，历历可稽。"无
如在官之文案虽炳存，而顽民觊觎之心未怠也"。乾隆十六年（1751）
夏雨衍期，又有保民郭铨等 130 家在塘占种。[2]在六安，"地坦阜不
一，所恃为蓄泄者尤在塘陂，但未能深浚广疏，为憾耳。乃一时因缘
为奸，借肆吞噬。各塘陂指为荒地，互相侵领，告奸不止"。[3]

三、防治水害中的利益纷争

抢占水源主要是为了防旱，而筑堤阻水、开河修河则主要是为
了防治水害。无论是筑堤阻水，还是开河修河，都是比较大的水利工
程，涉及众多行政区划、上下游以及个人的复杂利益，此利彼害或者
狃于小利而不顾大利等等利益争斗在所不免。

（一）修堤阻水

在低洼水乡，筑堤修圩是防旱抗洪的重要举措，也是发展水乡
农业的重要一环。筑堤修圩虽可保证圩内防洪灌溉系统的较好运
行，但势必会造成圩与圩之间行洪不畅。如此，筑堤修圩之争时有发

---

① 同治《霍邱县志》卷一《舆地志五·水利》，《中国地方志集成·安徽府县志辑》（20），
第 26 页。

② （清）张海：《清理水门塘碑记》，同治《霍邱县志》卷一一《艺文志·碑记》，《中国地
方志集成·安徽府县志辑》（20），第 459 页。

③ （清）卢见曾：《七家畈下官塘记》，同治《六安州志》卷八《水利》，《中国地方志集
成·安徽府县志辑》（18），第 103 页。

生。如在海州新安、莞渎二镇，南受中河水，北受六塘河水，新筑圩岸，自莞渎北岸至五丈河南岸，接成一围，围内地 2000 余顷。内有路沟、奎沟、曲家等田沟，涝泄旱引，因时启闭。新安、莞渎、张家店、湖坊四镇，西受六塘河水，新筑圩岸，自五丈河北岸至项家冲南岸，接成一围，围内地 2000 余顷。莞渎镇之东，西受六塘河水，新筑圩岸，自五丈河北岸至小冲河南岸，接成一围，围内地 400 余顷。内有一帆河沟，涝泄旱引，因时启闭。张家店盐河东首，西受六塘河水，新筑圩岸自义泽河北岸至大伊六里河，围内地 3000 余顷，内有岑池、上林、一帆等沟。大伊镇之东南，西受六塘河水，新筑圩岸，自六塘河北岸至东门河南岸，围内地 1000 余顷，内有一帆河沟。大伊镇东，南受六塘河水，新筑圩岸，自东门河北岸至牛墩河南岸，接成一围，围内地2000 余顷，内有一帆、白蚬河沟。牛墩河北岸，南受六塘河水，新筑圩岸，西自盐河东岸至灶荡止。南冈镇、张家店、铁牛、湖坊、大伊、新坝、龙苴等镇，西受六塘河水，新筑丁家沟河东岸，南自丁家沟河，北至新坝。板浦、新坝二镇，南受六塘河水，新筑圩岸，自小伊河北岸至泊捍河南岸。以上东南乡圩围八道，每年附近农民合力修筑。"诚得实力修治，既不忧涝，亦可备暵。无如农有勤惰，心力不齐，甚或曲防，以邻为壑;或贪取鱼利，引水坏田。良法渐驰，争端亦起"。①在江苏山阳县有洪家圩，在泰安九乡七坊半，紧傍白马湖，地势极注。东恃护城河堤，西恃永济河堤，南恃福公堤，北恃该圩为保障。但因圩堤影响上游泄水，所以"屡被上游盗挖，淹没田禾"。自乾隆四十六年（1781）至同治六年（1867），叠经禀奉府县示禁有案。光绪六年（1880），"农民武九扬等又控被上游韩长举、屠松龄、吕正南等捏称盆沟嘴泄水，率众盗挖"。②

古代曲防之争，实际上就是筑堤挡上游来水，甚至以邻为壑。如明永乐初年，为导山东诸水入昭阳湖以济运，曾在沛县金沟口筑大

---

① 嘉庆《海州直隶州志》卷十二《考第二·山川二·水利·大南乡圩围》。

② 民国《续纂山阳县志》卷三《水利·西南乡水道·洪家圩》。

小闸以司蓄泄。上闸之民利其水泛所经低洼之处可以种稻,乃"贿司水政者假以障水入运河,起集官夫为堤于金沟南,西抵运河,东抵滕水,横亘八里,高五丈许"。堤成之后,每遇水泛,"遏于堤而不得泄,则迴旋数百余里,跨昭阳以东,抵滕县至沙河,莫不汪洋浩瀚,颓垣覆屋,秋苗俱废"。[①]扬州府属泰兴、如皋两县界接靖江,"西高东淤,水必由靖之诸港注江,靖人不疏水道,筑岸曲防,以致两邑连年被浸,靖邑兼受其害"。[②]胡雨水在考察江淮水利时,谈到"大江以北,曲防之俗到处盛行。而最甚者,莫如皖北。前在濉溪口有言,此地人民,只知筑堰,不知开河;只务加高,不务浚深。上甫堵人,下即为人堵,水行地上而不行地中,一旦大雨,节节塞,处处溃,遍地为灾而不可救,实此间之通病也"。又见"安东居民现得赈余钱二千串,择定与清河地接近处,筑一长堤,以御西来之水。此堤似非正当适用,殆亦如海州圩曲防之故智乎?"[③]

(二)决堤放水

决堤放水造成下游利益受损,受损方与受益方势必因利益冲突而发生水事纠纷。如河南鄢陵县西北有双洎河时常泛滥为患,明嘉靖初年知县冯子霄下车伊始,即召父老问计,父老曰:"水高西北近洧城,夏秋泛涨,非水溃堤,则洧人惧害己而私决之,下趋东南,灌鄢墟者数矣"。[④]鹿邑县为豫州之釜底,地势最下,有洪沟二道,分处东北、东南二乡。"其上洪沟之水由晋沟南行入茨河,旧与下洪沟分隔数里,不使东归者。以下洪沟地尤卑下,汇神家洼诸水,弥漫数十里,直注下流,恐妨东南之田舍庐墓也","乃东北诸民利其便己也,欲决

---

①　(明)王度:《工部主事王公去思碑记》,嘉靖《沛县志》卷一〇《艺文志》。

②　《请修堤济漕疏》,康熙《扬州府志》卷三十七《艺文》,《四库全书存目丛书》(史215),第556页。

③　胡雨人:《江淮水利调查笔记》(辛亥年),见沈云龙主编:《中国水利要籍丛编》第三辑,第121、79页。

④　(明)刘讱:《冯侯开河祛患记》,嘉靖《鄢陵志》卷八《文章志》。

上洪沟之水,自西而东注之,以重下游之患"。①在光山县南 30 里有高陌千工堰,"凡诸塘堰之在民家者,利止及于一家一村;若高陌千工堰,自城西绕东数十里,众水所汇,灌田数千亩,利在千百家"。"后豪强私决之清水沟,以免一己之患,而于千家之利则损矣"。②在安徽寿州,乾隆十四、十五年(1749—1750),山水大涨,孔家店坊蔡城塘水盈溢,"塘西田浸,遂有盗决塘埂之事,以致争讼"。③

在江苏六塘河沿岸,乾隆八年(1743)曾筑南岸子堰长 10393丈,北岸子堰长 12032 丈,顶宽 8 尺,底宽 3 丈,高 6 尺,但频年水势盛涨,多致冲刷坍卸,"又兼居民盗挖,桃、清、安三邑在在残缺"。④在沭阳县章集西有马路堤,东自章集河,西至张开河,长 4 里。乾隆二十八年(1763)筑成,咸丰年间重修,"鲍家庄人屡次将堤开凿涵洞,以泄堤南之水,北人因洞有害于北,迭起讼端"。⑤在山阳县有支河堤,同治六年(1867),修筑完固,"后经上游盗挖,下游被淹"。⑥在阜宁县境有横沟河,乾隆十一年(1746)知府卫哲治请币挑浚,光绪九年(1883 年)邑绅张子墒、李子明等公请督抚等请币挑浚,50 余年后"河身淤垫,宣泄维艰。重以上游奸民私挖黄堤泄水,冲槽深五六尺,宽二十余丈"。⑦1931 年秋,阜宁县跨河乡乡长刘春南督居民兴筑北万民堆,起刘十二庄,穿里河东岸,东北至丰赐墩折而西北,经天赐沟、绿杨冈,至黄河月堤下,顶宽 8 尺,底宽 2 丈,全长 50 里。同时,并于穿里河筑堰,以防射河之水上溢。"八月二日,堆外居民洪姓私

---

① (清)许炎:《屈家桥水利碑记》,光绪《鹿邑县志》卷四,《川渠·沟渠》。

② 乾隆《光州志》卷二十四《沟洫志》。

③ 光绪《寿州志》卷六《水利志·塘堰》,《中国地方志集成·安徽府县志辑》(21),第 82 页。

④ 乾隆《淮安府志》卷八《水利·桃源县》,《续修四库全书》(699),第 589 页。

⑤ 民国《重修沭阳县志》卷二《河渠志·堤》,《中国地方志集成·江苏府县志辑》(57),第 66 页。

⑥ 民国《续纂山阳县志》卷三《水利·西南乡水道·支河堤》。

⑦ 民国《阜宁县新志》卷九《水工志·诸水》,《中国地方志集成·江苏府县志辑》(60),第 203 页。

挖决口十余丈以泄水,堆内田二千余顷立成巨浸"。①

在运河大堤上,明代就建有浅坝涵洞,并置夫防守,使运堤坚固而运道"无壅滞之虞,民田鲜漂没之患"。"奈何田河上游者,遇涝年辄盗决之,虽数有严禁,竟莫能止"。运堤上更是有"浅闸小猾冀其兴役肥己,借口漕饷,或水溢不泄,亦致崩溃。河堤一溃,下河居民尽为鱼鳖,奚问禾稼哉?"②

在黄河、运河要工险、工地段,则经常发生纠众盗决官堤的重大违法刑事案件。"盗决有数端,坡水难消,决而泄之,一也。地土硗薄,决而淤之,二也。仇家相倾,决而灌之,三也。至于伏秋水涨,处虑危急,邻堤官老阴伺便处盗而泄之,诸堤皆易保守,四也"。如明万历八年(1580),祥符县有奸民私嘱主簿将黄河南岸遥堤暗开涵洞,至万历十七年(1589),"伏水暴涨,单家口遂决"。③清嘉庆九年(1804),江苏安东县发生了李元礼因黄水漫滩淹浸田庐,"纠众盗决黄河大堤进水,以图自便"的大案,其中"郭林高教合决堤,僧人木堂极力怂恿,纠人助挖","以邻为壑,损人利己,其居心实属忮忍"。④在阜宁县,道光二年(1822)五月发生了阜宁县监生高恒信、贡生张廷梓等因田被水淹,两次挖堤,纠众30余人,执持铁鞭围住巡兵及百总杨荣,硬将陈家浦四坝堤工彻夜挖通过水的重大水事案件。⑤道光十二年(1832)八月二十一日,在淮安府桃源县(今泗阳县)于家湾龙窝汛十三堡,发生了一件骇人听闻的陈端等人盗决黄河堤防的要案(具体细节可参见本书第五章第二节"陈端决堤案")。道光十三年

①　民国《阜宁县新志》卷九《水工志·堤堰》,《中国方志丛书》(166),第828页。

②　万历《江都县志》卷七《提封志第一》,《四库全书存目丛书》(史202),第75页。

③　《河防一览十二法》,光绪《祥符县志》卷七《河渠志中下·河渠》。

④　(清)姚雨苏原纂,胡仰山增辑:《大清律例会通新纂》卷三十七《工律·河防·盗决河防》,沈云龙主编:《近代中国史料丛刊三编》第二十二辑,台北:文海出版社有限公司,1987年,第3802—3803页。

⑤　(清)陶澍:《陶云汀先生奏疏》(二)卷四三,《赶赴清江筹议河道情形折片》,《续修四库全书》(499),上海:上海古籍出版社,[出版时间不详],第663页。

(1833)七月初六日,蜀山湖东北邵家庄乡民因地势低洼,湖水漫溢为害,于是纠众数十人持械盗挖运河"水柜"蜀山湖大堤,危害重漕,案情重大。①

(三)开河占地

开浚河道或修渠引灌皆会挖废或侵占一些地亩,进而使原地亩所有者或租种者的利益受损,如果不处理好这些利益关系,不能对挖废地亩或侵占地亩进行合理的补偿,或利益受损者过于狃于自己的小利而不顾大局之利,就会产生开河占地之争。如河南伊阳僻处众山之中,"伊、汝二河俱处上游,其势必泄泻而无停蓄。前人于近河处开通一二渠,近及遇旱,并无涓滴益止,可防涝而灌溉之功绝少,所以秋收之后得雨方可种麦,麦收之后得雨方可秋。稍不及时,农人仰天呼吁,束手无策。即使后时而雨,终归无济","而况穿井溉田,必先多为沟洫。伊邑之民好争尺寸,乃欲弃地旁之土壤,尽为疏通,则阻扰必多,而谤诘亦起,此见小利之所以无成功也"。②

鄢陵县七里河即双洎支河,"洧水出颍川阳城山,山盖马领之总目,东过新郑南,潧水注之,东南与龙渊水合,又东迳长葛及鄢陵故城南谓之双洎,今县北二十里为旧双洎河。成化以前,迳彭祖店东入小黄河,弘治九年山水泛涨,决洧川栗家口,河始淤塞,水趋南,与七里河漫为一陂,东西接扶、洧二县界,淹田不下万顷"。于是围绕塞口、筑堤、浚河,洧县、鄢陵、扶沟三县的官府和民众各自打起自己的利益算盘。据嘉靖《鄢陵志》云:

> 知县王时中尝谓筑口不如浚河,正德四年知县孙赞再筑之,患如故。嘉靖二年,知县尹尚贤议行浚导法,会先城事未及

---

① 《大清宣宗成(道光)皇帝实录》卷二百四十一,道光十三年(1833)癸巳七月丁酉条,《大清宣宗成(道光)皇帝实录》(七),第4286—4287页。

② (清)李章培:《劝农穿井说》,道光《重修伊阳县志》卷六《艺文》。

为,调去。嘉靖九年,知县冯霄力主前议,先塞决口以遏横流,次开支河以分水势。第因河窄堤薄,未几,溃决汪家坡,距县仅三里,于是城郭、田庐、冢墓咸可忧矣。嘉靖十四年,知县史文彬亟往督筑,誓神程工,是岁田始稼,方议坚筑汪家坡口而以忧去。明年水大至,堤尽决,仍由古城南流,患视前尤甚。用是,知县曾添锦令民韩漳奏行再修。切惟此水来自西北,势如建瓴,北日高,南日下,工不就绪,其说有三:洧人为城计,遇大水则坏防泄下以自保,是闭口之无益,一也;鄢人为利计,遇兴工则谋管鬻夫而苟完,是修河之有弊,二也;扶人则久占河身为己田,欲舍上流而别浚,岂惟扶人、鄢人之黠者尤甚,此皆私便是图,害功之大者也。为今之计,惟从决口顺察水势,南北夹筑护堤,至汪家坡以下原河,分定丈尺,翻堤展挑,务令坚实,庶河阔足以受水,堤厚不至于溃流矣。[①]

康熙年间,西华县令归鸿"下车即循示境内,疏清流河,泄西北诸水",但是到"程工均徭,刻期兴役"时,"乡愚难于虑始,有蜚语扰工者"。好在归鸿不为所动,"程督益急,不数月,浚河九十余里。工甫竣,而水大至,诸坡皆循河泄沙。向之屡岁不耕获者,稼穑盈野,始歌诵焉"。[②]

此种民众狃于私人小利而阻碍开河修渠之事,在民国时期的淮河流域依然常见。如河南郑州乡绅魏星五于1913年成立水利公司,在郑州西北乡南阳地区,测量水势,购地为渠。但是"乡民狃于风水,多表反对,几经劝解,勉力开成"。干渠分南北二道:南渠长4880丈;北渠长4517丈。1914年又于北干渠西首挖支渠长3100丈,共灌用800余亩。俗语云:"难于图始,易于乐成"。"此一水利工程,以魏先生声望之隆重,尚且阻力重重,闻当时愚夫愚妇,盲目群起反对,曾于

---

① 嘉靖《鄢陵志》卷一《地理志·山川》。
② 乾隆《陈州府志》卷十四《名宦》。

深夜掷粪便于魏先生之办公大门,其激烈可笑,可想而知"。①

胡雨人在调查江淮水利时,认为安家河"乃往昔黄河决口,冲荡而成者,北起孙桥,南至二堡,通民便河。若开浚此河,直从三堡决口开张稿河,则路近工省,水势顺流而下,上下游均可免灾,较之开民侧河胜算多矣",乃问一当地董事,"问以开浚此河如何? 答:'去年官已指定开民便河,此河虽地势便利,然地皆有主,水小时亦可耕种,不如开民便河为宜'。从可知上下游之利害,各自不同,其为见小昧大,则上下游无不同也"。胡雨人又提到"近日曹家嘴林公堤又用工赈之法增筑,并为浚河,彼美人亦限于经费,工仍未竟而止",于是询问田君子模,"堤之为用,内水大则放,外水大则堵,此三尺童子,皆能知之,何以此间有堤,而不能使用,反咎堤之为害。田君言:堤内开沟放水,亦须开去田亩。彼有田者,不许人开,众人乃无如何也。见小利不顾大害,人心锢蔽至此,宜其有天然良好大河,而不为人用也"。②

在江苏沛县"县东旧有河年久淤平",于是乡绅赵玉理"献疏通之策",结果"异议者多方阻扰"。③淮阴县小桥集一带沟洫,于民国初年动工开浚。除四堡起至七堡止,业经第四团总莫延庆集夫兴挑外,所有八、九两堡工程也公同议定开工。但"查该处田地形势,由四堡起至九堡止,计长十八里;七堡以上、八堡以下,两头田地较中间不无稍高,段姓之田即间于七、八两堡之间,地极洼下,动被水灾,若仅将上游挑浚,下游不动,一经停落,段姓之田竟成泽国"。因开通沟洫可解除段家庄水患,所以段姓"迭经提议,此处沟洫如能照旧开通,情愿津贴各夫膏火","如公同帮挑,即行商同田邻高、王两姓公众津贴贫户打造锹锨钱四十钱文,并自己认定另造桥梁一座"。但"无奈八、九两堡人民均不甚赞成,以为各市乡挑挖河工系为公益起见,而

① 参见王光临:《魏星五先贤兴水利益农田追记》,政协河南省郑州市委员会文史资料研究委员会:《郑州文史资料》第五辑,1989年,第102页。

② 胡雨人:《江淮水利调查笔记》(辛亥年),见沈云龙主编:《中国水利要籍丛编》第三辑,第34、54页。

③ 民国《沛县志》卷十三《人物传》,《中国地方志集成·江苏府县志辑》(63),第174页。

此处工程似乎专为段姓一家而设,况八、九两堡向无水患,挑挖与否,委系无关轻重,且段姓田产,计有十数顷之多,当日价值每亩仅止四千余文,将来工程一经完竣,价值定加数倍"。后来,段家庄民众一闻县长开始重视开通此段沟洫,"竟将前言抹煞,置之不理"。①如此,更加剧了八、九两堡人民的不满,哄闹不断。

（四）协同修河

南宋以来淮河流域河漕事关京都安危,两淮盐课关系国计民生,所以官府为保运保盐之修河举措纷纭不断。修河乃属大型水利工程,需要有与河工有直接或间接利害关系的各地协同修防。"有大工协之邻省,中工协之邻府,小工协之邻县之例"②,而协同修河涉及修河费用、夫役调配、用工管理等众多利益关系,于是各行政区域利益主体之间以及修河管理者和修河者之间多发利益纷争。

一是摊派费用之争。修河筑堤或堵塞决口,通常要花费大量的币金,正如康熙《开封府志》卷六所云:"顺治年间,黄河南北堤岸临水甚近,水一泛滥,恐致冲决,必须下埽防护堤岸,柳草、芰缆、桩橛、绳麻、云梯、石碴、夫匠等项,为费不赀。每次必用数十埽,每埽必用数百金。一遇水发,冲决无存。侵渔难以稽查,币银难以销算。即水势稍缓之地,亦须年年下埽,名为'岁修',贻害实甚"。③于是,围绕协同修河摊派费用问题,各行政区域利益主体冲突不断,你争我夺。如"盐城为兴、宝、高、泰之下游,苟启海口而导之归墟,于计似未为失也。乃当时盐之缙绅先生力阻开浚海口之议,遇有言启石【礎】口暨天妃口、姜堰口者,则相率而与之争","盖诚有见于海口一启,内无以蓄淡水,外无以御咸潮,故欲慎固堤防,以保范文正捍海之旧,屹然不为他邑官绅嚣嚣之口所扰"。嘉庆五年（1800）,盐城士庶议修天

① 《文牍马头乡·批委员张恩第乡董李为琼会报小桥集一带沟洫开工情形文》,赵邦彦:《淮阴县水利报告书》。

② 康熙《开封府志》卷六《河防》。

③ 康熙《开封府志》卷六《河防》。

妃越闸、石【砝】等闸座,经估算,非万金无以成事。原本议都转筹银万两解盐城,其余由盐民按亩摊征,民无异词,"而鹾商重利,多方扰之"。知县崇照主张"然则盐邑之海口,诸州县之海口也。盐邑之闸座,诸州县之闸座也。水利之不修,诸州县与有害焉。昔邮南堤坝之费,盐尝任之,今盐城闸座之费,诸州县其可辞乎? 于是与盐邑之人士议修天妃正闸,分其费为三,盐城任其一,兴化任其一,高宝任其一,以此议上之大府,大府曰'可'。而诸州县则力辞弗任,告以闸弗修,堰弗除,潦弗泄,诸州县仍弗之应也"。①

六塘河,"自宿迁分骆马湖尾闾坝,及五华桥之水,经桃源至清河新兴镇,分南北二股:北股河由沭阳钱家集东北行,绕硕项湖,北至海州龙沟,出义泽河,下潮河归海;南股河由清河刘家庄,历安东古寨,经沭阳孟家渡,出武障河,下潮河归海。每遇水涨,泛滥为灾"。雍正九年(1731),挑浚,修两岸子堰。乾隆元年(1736),加浚。乾隆十一年(1746),重修。乾隆十三年(1748),建闸一,涵洞三。乾隆二十六年(1761),上谕展宽,切去中河淤埝,修补堤身。是年,议以六塘修防事宜,向无专官,于同知、通判缺内,议移一员驻高家沟,专司水利。乾隆五十二年(1787),缺裁,修守之事,渐以废弛。每夏秋水至,民间或自防护。嘉庆中,屡经减坝泄黄,皆由六塘下注,稍稍淤塞矣。先是河堰本系民筑,迨乾隆八年、十一、十二等年,历经奏请,加培高厚,为费至数十万,是以民不罢劳,岁无灾浸。至道光二十六年(1846),"复议修筑,沭阳民专欲补筑北堤,清人议兼修南堤,防倒灌,而中浑层民则以为两河四堤,旧有定制,相持久不决。卒筑两堤,间补中堰,其款归于清、桃、安、沭四县摊征,而清、桃多至五六万,沭阳止二万,盖以行地远近为摊征分数。其实筑堤之益,南北惟均,而沭阳尤重焉"。咸丰元年(1851),河决丰北,水势迂折而下,涨骆马,出尾闾,全归六塘。次年春,知清河县吴棠捐补南堤,及秋水大至,仅免漫溢。咸丰三年(1853),丰北再决,涨漾如故。同治十二年(1873),"山东侯家

---

① 光绪《盐城县志》卷三《河渠志》。

林民堰溃决而南,两河受害尤巨,总督李宗义发币修浚,迄无成功。惟间次疏通北六塘下游,草草而罢云"。①

二是分派夫役之争。修河往往需要征发大量夫役,如明洪熙元年(1425),平江伯陈瑄负责浚仪真瓜州坝河,就金发镇江、扬州、常州3府,仪真、扬州、镇江3卫军民2万;宣德五年(1430),浚白塔河及仪真等坝河,又役沿途州县民夫五六万人。②天顺初年,都御史崔恭主持修治仪真以北的运河河道,又"大役军夫数万"。③如此频繁的征发,显然,工程所在地附近民众难以应付。嘉靖名臣霍韬曾以徐州为例,论述了修河重役对当地农业生产的危害,说:"如徐州杂役,岁出班夫五万八千有奇,岁出洪夫一千五百有奇,复有浅夫、闸夫、泉夫、马夫等役。……徐州之民仅二万户,杂役如此,民何以堪应?"④又"河南之大政,首在河工",⑤"瓠子决而壁马沉,酸枣溃而金堤筑,河之为患久,而豫当其冲,濒河之州邑累尤甚。饿堤筑塌,无岁无之。丁夫物料,动辄数十百万"。⑥监察御史李及秀屡渡黄河,"士民环马而泣,金云河夫重累,且夕难支"。⑦《河夫苦累疏》亦云:"情之最苦而无告者,则中州之河夫也","岁有本处之工,有协济之工,有塞决之大工,有补葺之小工,虽工有停时,而派调殆无宁日","在穷民之身役者,未免误农失业;在殷实之情人者,不无被勒多端。里下有催提金解之需扰,工所有揽头夫棍之刁难,逃而复提,解而复派,一夫之累,

---

① 光绪《丙子清河县志》卷六《川渎下·工程》,《中国方志丛书》(465),第51页。

② 乾隆《江南通志》卷五九《河渠志·运河二》。

③ (清)傅维麟:《明书》卷六九《河漕志》。

④ (明)霍韬:《自陈不职疏》,载《明经世文编》卷一八七。

⑤ (清)李及秀:《酌派河夫疏》,民国《郑县志》卷十四《艺文》,《郑州历史文化丛书》编纂委员会:《民国郑县志》(下),第490页。

⑥ (清)李清:《详免梢科记》,乾隆《荥阳县志》卷十一《艺文上》,刘岳、程莉校点:《乾隆荥阳县志》,郑州:中州古籍出版社,2006年,第236页。

⑦ (清)李及秀:《酌派河夫疏》,民国《郑县志》卷十四《艺文》,《郑州历史文化丛书》编纂委员会:《民国郑县志》(下),第490页。

可以倾家,可以丧命"。①安徽灵璧境内黄河 22 里,"地势低洼,河形兜湾。明时,张寒来等堡常常漫决"。②万历"时河工兴作,动派里夫,民苦额外之征,十室九窨"。③乾隆以来"张家瓦房一带埽湾急溜,伏秋危险,虽有厅营抢护,地方官分宜协防,不容推诿。至河工采买秫、稻、毛芦,积弊多端,大为百姓之累"。④

有些地方民众被沉重夫役压得喘不过气,甚至出现了抗不应夫、对抗官府的局面。如乾隆十二年(1747)丁卯六月,中牟县就发生了"县民潘作梅抗不应夫,于钦差经过时,具词告免"事件,后潘作梅党羽胁聚多人,"将知县姚孔鍼围在城外泰山庙内,不容进城",⑤纷争不可谓不激烈。所以,为了不伤农时,同时也体现利益均沾、夫役均派的原则,中央和地方官府以及专门的河道管理机构都会让沿河州县甚至更远的地方协派夫役。

修河协同派夫役主要目的是为了公平,但由于各被征调的行政区划主体在人口、资源条件等方面差异性很大,所追求的利益目标也不同,所以协同派夫役修河又难以真正的实现公平,于是围绕派夫役多少问题,沿河州县民众以及沿河行政区划之间展开了利益争夺。

首先,沿河州县乃至省际之间因为出夫帮修、协修堤防或堵塞决口而发生利益之争。在河南临颍县,颍水"自西北入境,环抱于境之东南盈三带,虽非洪波巨浸,而秋夏泛滥,民蒙其害",按照"旧例,沿河居民先时随堤帮修,偶遇冲决,近河被淹村落协力塞堵,人勤事习,不劳而功立"。但是,"迨后朝弦夕改,妄扳夫役,远者畏苦不前,

① 《河夫苦累疏》,民国《郑县志》卷十四《艺文》,《郑州历史文化丛书》编纂委员会编:《民国郑县志》(下),第 486—487 页。

② 乾隆《灵璧县志略》卷二《河防》,《中国地方志集成·安徽府县志辑》(30),第 42 页。

③ 乾隆《灵璧县志略》卷三《名宦》,《中国地方志集成·安徽府县志辑》(30),第 48—49 页。

④ 乾隆《灵璧县志略》卷二《河防》,《中国地方志集成·安徽府县志辑》(30),第 42 页。

⑤ 《高宗纯皇帝实录》卷二百九十三,《大清高宗纯(乾隆)皇帝实录》(六),第 4260 页。

近者观望以待,争讼繁兴"。①通常来说,"凡有漫水经过之处,即应出夫帮修",但"舞民往往执定往规,谓本保向未帮修,明知受害,故作推诿"。如沣河庙潭决口,宽仅百余丈,自道光二年(1822)至十一年(1831),延搁11年之久,"屡次兴讼,总未堵筑"。所以,经县令"剀切劝导,亲临督催,始得修筑完竣。堤身高五六尺至八九尺不等,是年夏秋即有盛涨,而水不漫堤,农民皆得安居乐业"。县令乃发出了"试问前次兴讼,赴府赴省之盘费及连年被淹地内少获之籽粒,孰得而孰失耶?"的感叹,并认为"拘泥则均受其害,协办则易于成功。现在各河堤有兴讼到案,延不帮修者有已议妥,而未即修筑者均当以庙潭决口为戒,剋日兴工,慎毋再事观望"。②

在沈邱县,有刘景营坡在治北60里,上通三空桥,下达白沙河,"中间土畈,夐号汙下,不翅千亩矣。秋夏积霖,漫然横溢,莫辨牛马。说者谓疏渠引流,庶几水可泄,而民斯获利,第虞靡费寝焉者久。岁壬辰,西华大起筑堤,夫索沈助役。牧土者格于体面,怵于成议,发丁壮四百应之,所费不赀,业已成厝阶矣。无何,商水筑堤,夫又援例下焉。于戏,沈民何不幸罹此极也"。于是乡民张瓒等白于庭,曰:"沈当西、商下流,财赋仅半之,无名夫役绳绳不绝,其奚以堪?孰若修我县波流如刘景营等者,以祛民患,以乘永利,不犹逾于舍己而芸人乎?"③

安徽凤台县有杨家脑坝,在沙河之滨,"沙河水涨则从杨家脑入催粮沟以淹,湖挟上游之势,为患尤大,并漫溢颍上县之老沙河一带",故旧时此坝与颍民分筑,至光绪时因老沙河地势渐高,"颍民不复肯赴工,故即督坊民修之。然此坝利害在杨家脑者少,在滨湖之民者多,本坊之民未免怠于从事"。④

---

① 北王保上五图绅士公立:《河工颂德碑文》,民国《重修临颍县志》卷十五《艺文志·碑记》。

② 道光《舞阳县志》卷六《风土》。

③ (明)普仲节:《沈邱县利役记》,乾隆《陈州府志》卷二十五《艺文》。

④ 光绪《凤台县志》卷三《沟洫志·坝闸》,《中国地方志集成·安徽府县志辑》(26),第53页。

　　修黄河大堤及堵塞黄河决口,因其工程浩大,往往会在沿河数个州县乃至跨省协夫帮修,于是州县间或省际因夫役分派不均而导致的利益纠纷就时常发生。如清人宋祖法认为,"查派河夫之例,蒙总河朱大司马俯恤民艰,以策地二十顷出夫一名,是矣。但汝属有折亩之例,汝阳等县皆三亩六分折为一亩,而新蔡止一亩八分折为一亩,若照地派夫则一亩而应二亩之差,如汝、上二县或三十余名,或四十余名,新蔡则派至四十九名,附廓岩邑,派夫独寡,弹丸小邑,派夫反多,不均之叹,民何以堪?"后经新蔡县令谭侯不遗余力申详均河工等役,"屡驳屡申,确不可易。后经郡守转申总河批允如议"。①

　　跨省协修河堤之争,则以河南考城县和山东曹县之间因协修黄河大堤发生的利益纠纷为典型。康熙二十二年(1683)四月二十八日,据考城通学呈称:"筑堤专卫山东之地,修防独累河南之民,恳祈查勘,恩准归并,以苏偏苦,以彰公道事。窃照考城弹丸小邑,兼滨黄河南岸,堤长六十余里,北岸堤长三十余里,然南岸之堤为考城护卫,若北岸之堤则与考全无干涉,而独累于考。夫北岸之堤,上自芝麻庄起,下至董家庄止,在堤内河边者,虽有考地,淹没不过尺寸闲壤;在堤外平衍者,尽属山东,冲决实皆曹邑沃土,是资其保障者,坐享平成之利;毫无裨益者,反受力役之劳"。而曹县则称"傅家集东遥堤一道,计长二千一百零四丈","傅家集东护堤一道,计长一千二百丈,现今督催曹州、曹县、定陶三处配夫,帮河南考城堤岸"。此外,曹县绅衿呈词对考城通学呈词进行了一一批驳,云:

　　　　为分土不可屡更,疆域难以私易,恳恩转申各守旧城,以遵王度,以杜纷争事。窃照黄河界连南北,南为河南,北为山东,冲决之害,修筑之苦,堤防之劳,不知几千年矣!当年画疆分野,或以山东而浚河于河南,或以河南而筑堤于山东,其时各有深意,彼此各守成规,从未闻守违害就利,横起争端者也。忽接宪票,

---

　　① (清)宋祖法:《新蔡县均役碑记》,乾隆《新蔡县志》卷九《艺文志》。

据考城士民呈词,因河北奶奶庙有考城旧堤一道,遂有以考城之人,修曹县之堤等语,殊不知曹县河工,上自塔儿湾,下至李家口,共一百二十余里,其间类此者,不知凡几,真有冤无可伸,苦无可想者。据考人云,此堤在河北岸,即有淹没堤内河边属考城者,不过尺寸闲壤,其余尽属曹县沃土,此说近于欺矣!此堤相近之处,如流通、顺河等集,村落相连,烟火万家,土地人民,具属考城,何云尺寸乎。万一泛滥东下,千里有其鱼之叹,而且系漕运之咽喉,关国家之命脉,何重如之。今日以考城之人,修曹县之堤,抑何所见之不广耶?云云。曹县知县朱看得黄河堤岸,彼此品搭,实当年参酌多寡,均其劳逸而为之,所以便遵循,贻久远,非仅泛泛从事也。虽河书修于万历年间,而明朝亦踵宋唐之旧制,历来已千百年,所非若别项修举,可以意为更张者。况曹邑之堤,共计一百四十余里,总为漕运数百里之藩篱,其间捍卫外邑之地多,而专护本县之地少。朝廷有分土,无分民,此堤非以捍黄河,实以捍漕道,军国重事,莫过于此,使尽如考城士庶,分别尔我,则曹邑之堤,亦须尽数更张,势必违悖王制,大拂人心,何以示大公服与情耶?前宪之案,墨尤存,以足以塞纷争之口矣!伏乞宪台俯赐主持,俯循旧制,饬批河南道宪,严谕考民,以杜纷更。庶彼此两安,造福无量等因,通详蒙批在案。[①]

其次,沿河州县乃至省际之间因征发柳束等修河材料而产生利益纠纷。如项城县令顾芳宗对派给项城县的修河柳束多于陈州四府的其它三县感到十分不满,指出:"今查陈州四县,项之僻小,与商水、沈邱等耳。乃查前派之柳束,西华等三县俱止三千,而项城独至五千,是柳束之多寡不均如是,而夫役之多寡亦可概见矣";"夫三县有等于项者,有大于项者。若照等者而言,则项邑之夫柳宜同于商、

---

① 光绪《曹县志》卷七《河防志·康熙二十三年分新做堤工》,山东省曹县档案局、山东省曹县档案馆再版重印,1981年,(上),第219—220页。

沈;若照大者而言,则项邑之夫柳宜减于西华。今不惟不能相埒于三县,而竟较溢于三县"。①

清初,河水泛滥,止采办官柳路柳下埽,以御冲决,未有出柳及柘城县的。其后,偶有协济,但康熙十二年(1673)大中丞佟公抚豫时力请得免,此后三十年柘城县皆无有协济办柳之事。"昨岁虞城详请柘城协济柳梢八千,以筑黄堌坝之工",这得到了柘城县乡绅的抵制,认为柘城地瘠民贫,连年叠罹水灾,加上山东流亡至柘城的不少,盗贼有窃发之势,人心惶惶;柘城本不产柳,前次协济柳梢多属无用,大部分烂于河干,徒滋民扰;柘城离黄河约200余里,从无官柳、路柳之蓄,将以何物为协济?②

至于跨省协济修河柳束,更是纷争不已。如康熙二十八年(1689),王总河橄饬堡夫采取豫省官柳,以济邳、睢险工,时河道俞某覆云:

> 采取豫省柳束以济邳、睢险工,事属公务,果开、归二府河无险工,夫有余闲,柳多剩束,然后可如议通融。今二府逼近黄河,地居上流,水势湍悍,触岸即崩,其他小险,不能具述。大者如开属之裴昌庙、小潭溪、回回寨、陈家楼等处,甚属危险。又如仪封、兰阳、考城各处坍塌甚多。夫坍塌之与险工补筑必须柳束,采取必需夫役。及查两府夫役无多,有有工食者,有无工食者。再查两府官柳不过四万余束,而回回寨一处岁费大柳三万有奇,是搜两府之柳尚不足以供两府之用,而驱两府之夫尚不足以给采取之繁,而欲舍己从人,损此益彼,是置自己之疮痍而问他人之肥瘦也。乌乎可?且邳、睢有险工,取柳于豫省,豫省有险工又求于邳、睢,是两相济而适以两相扰也。不若各有其工,各防其汛,劳苦各分,不相协济。以本处之夫采本处之柳,即以

---

① (清)顾芳宗:《请均夫柳文》,乾隆《陈州府志》卷二十四《艺文一》。
② (清)窦克勤:《与大中丞赵公书》,光绪《柘城县志》卷八《艺文志二·书》。

本处之柳修本处之工,用力专而取采便,纷更少而成功多。此治河长策,永堪遵守者也。①

三是修河用工之争。治河用工至多,如果对修河的河兵、河夫、民工管理不善,势必造成诸多矛盾冲突。所以,明代谢肇淛认为"治河犹御敌也,临机应变,岂可限以岁月? 以赵营平老将灭一小羌,犹欲屯田持久,俟其自败。癸卯开河之役,聚三十州县正官于河堧,自秋徂冬,不得休息,每县发丁夫三千,月给其直二千余金,而里排亲戚之运粮行装不与焉。盖河滨薪草、米麦一无所有,衣食之具皆自家中运致。两岸屯聚计三十余万人,秽气熏蒸,死者相枕藉,一丁死则行县补其缺,及春疫气复发,先后死者十余万,而河南界尤甚。役者度日如岁,安能复计久远? 况监司催督严急,惟欲速成,宜其草菅民命而迄无成功也"。②

管理河工比较成功的例子,是万历二十一年(1593)安东知县陈从彝,"时分黄导淮,役夫数万集境内,从彝露宿河干以镇之"。③但成功的修河用工管理例子毕竟是少数,大多数修河用工管理都比较混乱,以致河兵、河夫欺上瞒下,为害一方,甚至与官方形成激烈对抗。如雍正二年(1724)十月,田文镜说:

> 照得豫省黄河南北两岸、险工关系紧要,仰蒙皇上俯念堡夫未谙埽工,改设河兵,调拨十河营兵一千名赴豫,听候副总河部堂就近使用。则是河兵之设,原使下桩卷埽、修补狼窝鼠穴獾洞,以代堡夫之役,非仅守汛防险而已。今访得在工河兵因系江南调来,居然自以为客,并不出力修防,任意逍遥,甚至强买市上什物、硬烧工所物料,目无印河各员官役。种种不法,殊属藐

---

① 乾隆《归德府志》卷十四《水利略一·河防》。
② (明)谢肇淛:《五杂俎》卷三《地部一》,第45—46页。
③ 光绪《安东县志》卷之八《秩官上》,《中国地方志集成·江苏府县志辑》(56),第56页。

玩。此皆管河同知通判平日瞻徇优容,而千把弁员又不严加约束,以致此辈肆无忌惮。除现在查拿外,合行严禁,为此示仰沿河文武官弁兵民人等知悉,嗣后严饬河兵遵守法纪,勤谨修防,毋得仍前滋事扰民。如敢故违,查出定行严拿解辕,从重究治。管河同知通判仍不时巡查,稍有违犯,即行详报,并饬千把弁员严加约束,勿得徇纵,致干题参。①

雍正四年(1726)十二月,田文镜又说:"今豫省河兵逍遥河上,竟若无人约束者","本都院留心访察,查得各处河兵不但并不做工,每日聚赌嬉游,在街强买什物,稍有拂意,群起而哗,居民敢怒而不敢言,怨声载道。一至有事,衣冠而至堤上,惟手执一柳棍,指点堡夫而已。稍不遂意,即提棍乱打,俨然一督工之人,并非做工之人,殊可发指",于是"转饬所属厅印汛弁,各将所辖河兵严加约束,不许生事扰民,亦不许聚赌一室"。②

河夫应役,也是弊端百出。据光绪《续修睢州志》记载,"黄河之入中国,自荥、汜而下,地平土疏,冲决无常","黄河北汛山东,而丁夫埽柳,分派沿河州县。耕稼之民不谙河事,不得不用积年河夫代替应役,而按亩出银以雇之。河夫既系游手,且多无赖,凶暴非常,需索无厌,所费不可胜计。且此辈视修河为利薮,往往堤将成而盗决之,故民困益甚,而河卒不治。至于河既安流而修补旧堤,名曰'岁修',此辈逍遥河干,而按亩索银如故也"。③

时至民国时期,因管理不善而导致修河民工骚乱的事情还不断发生。如1934年冬开始导淮"第一期工程",自淮阴杨庄起,经涟水、

---

① (清)田文镜:《抚豫宣化录》卷四,《告示·严禁河兵滋事扰民以肃法纪事[令河兵遵守法纪勤加修防]》,张民服点校,第240页。

② (清)田文镜:《抚豫宣化录》卷三下,《文移·为再行严饬河兵事[河兵做工不许聚赌强买物件]》,张民服点校,第191—192页。

③ 光绪《续修睢州志》卷一《地里志·河患》;相似的记载又见乾隆《归德府志》卷十四《水利略一·河防》。

阜宁境,至今滨海县套子口入海,主要浚深淮河故道(即废黄河),部分地方平地开河,全长167千米。征集苏北12县民夫,前后历时3年。但是由于征工的不合理,特别是开工以后,监工和带工的打骂、层层克扣等等不合理的待遇,使民夫的热情逐渐消失而形成消极怠工,挖挖停停,推推歇歇。涟水县一区区长于峄源和区丁王岐山、王学仁经常恶毒打骂民夫,引起民夫不满。一夜,民夫等于峄源等人前来检查工棚时,将其包围,追打于峄源一伙。1935年3月中旬的一天,涟水县还爆发了烧修河工棚事件。当时,二区闸口乡民夫郭大碗等人到石湖街工程处所属的粮栈买面粉,因面粉已霉变,故要求调换,却遭到拒绝。全乡民夫一齐拥向工程处讨说法,而守卫工程处的军队居然向群众开枪,当场打死3人。民夫遂包围工程处,要求惩办凶手、安葬死者和抚恤死者家属。工程处只答应后两个要求,却坚持要把凶手交派兵的旅部去处理。民夫的诉求没有达到目的,于是,一、二区民夫烧了从太关中队(今滨海县境)至关滩(今石湖果园境内)几里路的修河工棚。后来民夫虽被迫复工,但涟水县长沈靖华、建设科长王西亭因此撤了职,护工部队也由二十六路军换成了新五师。[1]

1938年,国民党掘开黄河大堤,黄水由豫入皖,太和首当其中。次年春,太和开始大规模修建堤防工程,沿茨、颍、万福沟、宋塘河修筑,上工15万人,筑堤130公里,完成土方22.55万立方米。以后各年除加固旧堤外,并不断修筑新堤,至1943年境内各堤共长406公里,加上民埝,长达500公里。为赶修工程,县里派出的堤工委员及乡长、乡丁、驻军轮番监工,对民工滥施打骂。1940年春,龙台乡筑堤张姓民工遭醉酒乡长鞭打,引起群众骚动,包围乡公所数小时之久。[2]

---

① 参见王乃扬搜集整理:《民国时期涟水导淮工地纪实》,涟水县政协文史资料研究委员会:《涟水县文史资料》第三辑,1984年,第11、15—17页。

② 太和县地方志编纂委员会编:《太和县志》,第106—107页。

四、争夺水利工程管理权

稍大一些水利工程的兴修往往涉及的是公共利益,所以多由官方或官民共同修防。而竣工以后的水利工程,能否长久发挥防洪灌溉作用,关键在于日常的管理和维护。如果管理不善,日久废弛,不但不能发挥水利工程的防洪、灌溉的效益,往往还会因利益冲突而导致水事矛盾激化,进而引起社会动荡。

南宋以来,淮河流域就有许多水利工程因管理不善,往往前修后毁,效益很低。干旱季节,常因争水而发生争执。雨涝之时,又因泄洪问题发生扒堵纠纷。正如民国时期对淮河流域水利有很深研究的著名水利专家李仪祉所说:"中国民间水利大抵由地方官吏代为兴设,成立后即交人民自管,亦有组织而颇不健全,以致工程废弛,水利日微,甚至全废,如此类者其例甚多。其犹存焉者,则亦不知改良,争水、霸水、偷水、放水,纠纷甚多"。又说:"中国农人,固守成法,不知变通改良。往往有的是良法,可以增加灌溉的量,可以使大家都得利益,他们偏固执不化,惟知甲乙相争眼前一点利益,甚至互相斗殴,杀伤人命,所以常有水利变成水害之叹。这是人的不好,非水之罪"。[①]

对于闸坝等枢纽性水利工程来说,在修建时侧重考虑了行政区之间、上下游之间的水事关系,水小时,适量蓄水可以发挥灌溉、航运等效益;水大时,利用闸坝泄洪可以发挥防洪避害效益。如果管理者腐败或者借机行私,不顾公共利益,如此不仅难以发挥灌溉、泄洪、航运效益,甚至危害水资源的公共安全。清人贾国维在《上河督陈鹏年河工七议》中就谈到高邮滚水坝被不良胥吏控制的危害,认为"奸胥狯法,藉此居奇,或决水害稼,或壅水致涸,任其左右,而启闭不时"。[②]

---

① 李仪祉:《李仪祉水利论著选辑》,水利电力出版社,1988 年,第612、708 页。

② 民国《三续高邮州志》卷六《议》,《中国方志丛书》(402),第1004 页。

芒稻河闸座工程曾因有一段时间为盐臣管理而不顺，导致盐运、漕河、下河防洪灌溉之间矛盾不断，于是雍正十年(1732年)覆准将该工程归印河官管辖。此年，工部覆准河道总督嵇曾筠疏言：芒稻河闸事关盐船、粮艘、民田，"从前原系总河管辖，缘修建钱粮例系商捐，不动正币，是以归盐臣管理。遇修筑之时，估册虽由厅汛，而承修承管竟委商人，既不熟谙工程，修筑未免草率，屡报坍塌，积土充塞闸门，不特水道壅滞，高邮、江都民田受患，且恐有碍盐船、粮艘。宜将芒稻河闸座工程归印河官管辖，设立闸官、闸夫，相机启闭，责有攸归。遇有修理，即委河员会同地方官勘估。承修专归河员，所需工料银两仍动商捐款项，赴运库领用。闸官、闸夫俸工，亦在运库商捐款内动支"。①

正是因为闸坝一类枢纽性水利工程关系行政区域或上下游的重大水事利益，所以行政区域或上下游利益主体对其管理权就十分在意，甚至不惜动用一切可用行政、社会资源来争夺其控制权和管理权。如三河坝，安徽与江苏行政区域利益主体以及盐商利益主体三者之间围绕其管理权，矛盾重重，纠纷不断。

三河坝，原为仁、义、礼坝，旧在蒋家坝北。初本为减水坝，自清口被淤，遂为淮水唯一宣泄之路。康熙十五年(1676)，黄水倒灌洪泽湖，高堰决口35处，黄淮会东下，淮扬被水，一片泽国。所以靳辅在次年便一面挑筑清口引河，引淮水敌黄，一面将"清口至周桥九十里旧堤，悉增筑高厚，并将周桥至翟坝三十里旧无堤之处也创建之"。②在坚筑高堰之时，在堤外创建坦坡，在高堰上建6座减水坝。康熙三十五年(1696)黄淮大涨，高堰决6坝，清口倒灌，淮扬地区灾害不断。于是便有了康熙三十九年(1700)张鹏翮大修高堰之举，北至武家墩，南至棠梨树，共长80余华里，又折砌武家墩至小黄庄旧石工和小黄庄至古沟新石堤，并创筑古沟至林家西部分石工，堵闭6

---

① 民国《清盐法志》卷一百五十二，《建置门·河渠·上河》。
② (清)靳辅：《治河方略》卷二，《高家堰》。

坝,建仁、义、礼3座滚水坝,经"数年后,江都洼田尽成腴壤"。①乾隆十六年(1751)又增建2座滚水坝,定名为智、信,加上前建3坝,至此,洪泽湖大堤(即高家堰)上已形成了五坝。嘉庆年间,旧坝颓废,重建新坝于秦家冈,挑引河,爰有"三河"之名。嗣后,仁、义坝废,仁、义二河亦湮塞,仅存礼坝与礼河。缘礼河序列第三,故仍名"三河"。

三河坝管理向属南河总督,历年由海分司筹解银3万两,为堵坝之用。咸丰初年,石坝冲坏,未能修复,"淮北醝商蓄水运盐,每岁冬令于三河口湖尾筑一草坝,厥后口门有跌塘,坝基屡向西移"。此时,黄河已北徙,河督缺裁,因坝款出诸盐务,遂将每年启闭权辗转入于淮北运、岸两盐商之手。自光绪初年,"议于三河口建滚水坝三百丈,不果行"。1912年,坝又西移,筑土坝长4里许,留口门20余丈。1920年,于旧坝西又接筑新坝一道。后实行导淮计划,拟在三河口置双门闸,俾湖水恒在枯水位以上。"惟在未实行前,应将草坝启闭权收归水利机关管理,勿复操之醝商,则灌溉、航运必较前为愈"。1920年,督运局拟订施工计划,认为若继续维持三河坝上下游交通灌溉利益,收回三河坝为唯一办法,"咨淮北运副饬运、岸两商,将该坝交运局管辖,已将定案,讵有历年"。而"承办坝工者,以大利所在,耸动皖省府以属地关系,应由皖管",结果苏、皖、督运局三者闹起了三河坝的属地管理权纠纷。督运局"遂胪举历年运、岸两商于冬春非泄水之时,因堵坝工程草率,不待存水三尺,坝自溃决。查水大时,三河启放自不待言,水小则欲及时堵闭,使洪湖存水由张福河入惠济闸至里运河。当此之时,于皖无损,而淮扬两属得此源源接济,则三百四十余里间交通、灌溉实利赖之。皖北盛涨时,泄水固以三河为尾闾,若冬春期间亦应堵闭得时,使宝贵之水不致为无限制之宣泄,洪湖可保持适当水位,上游长淮亦得保持交通,此皖之利也。又水小时,洪湖存水仅从张福河注里运,则中运之水不必直下惠济闸,必由

---

① 乾隆《江都县志》卷一四《名宦》,《中国方志丛书》(393),台北:成文出版社有限公司,1983年,第793页。

双金闸泄入盐河,盐河水源充足,盐运分外便捷,此又盐务之利也。乃盐务接管后,商人于该坝工程任人包办,承办者祗图利己,往昔定制,五尺四尺毫不措意,必待阴历岁底春初,水流枯涸,坝基显露,始堵坝之两端,不与原有坝头衔接,中间敞口亦不合龙,显与原案不符,商人亦不过问。证以民国九年三月,三河坝未溃之先,洪湖每秒有三十余立方公尺之水注张福、里运,镇江小轮可直达清江。迨三河坝决,张福流量降至十立方公尺以内,小轮祗抵平桥,故三河启闭关系里运全部交通、灌溉,应由水利机关管理,启闭有时,化病为利"。督运局认为,"如皖省必持属地主义,乐为图利者所用,运局亦可在旧坝以下江苏境内,选择基址,赶筑滚坝,另谋蓄泄"。三河坝管理权之纷争,最后闹到了内政部。内政部咨询督运局后,"以三河水利苏省重于皖省,自应由运局管辖。但本年淮水特小,时届堵闭,果盐商启闭及时,不误蓄泄,并先期呈报运局派员监视,可暂予通融。至苏运水利自卫另行筑坝一节,应俟商等办理有无妨碍,再随时察酌,以定行止,遂为暂时定议"。此水事纠纷案历经十多年,督运局迭经变更,对于该坝纠纷仍无适当解决办法,至 1931 年水未 3 尺,坝又崩决。故寻找妥善的解决办法,又事在必行。于是,江苏省有些地方提出"应建闸坝及导淮会初步施工认该坝关系导淮全部计划,非一隅利害所系,而操纵入江水量建筑活动坝"。①

民国时期, 东台、兴化对草堰闸的管理权也争得不可开交。1927—1928 年间,东台人候景华任兴化建设局长,未征得地方同意,"迳呈建设厅拟将草堰闸管理权归兴、东共管"。1930 年春,兴化农民协会报告丁、小、草三闸为兴化水利重要,应注意管理,并保管闸枋。当年夏季,"窑港坝崩决,卤水倒灌,堰闸照章下枋。堤东既不负责堵闭窑港,杜绝卤源,又一再违制,于五月间由草堰场长朦电运署,请予启闸"。兴化亦电请省厅制止,并推代表向省方及江北运河工程局呼吁。省建设厅据情委员会同地方履勘,"讵厅委朦复上峰,谓窑港

---

① 民国《续修兴化县志》卷二《河渠志·河渠二·三河坝》。

未决,厅方据复电令暂时启枋。堤东不候厅令,于五月五日启枋,水势东高尺余。窑港未闭,兴化四五六区水赤味咸,乳秧不保,东台第八区亦受卤害"。六月间,建设厅据兴化人呈诉,又委员会勘,"时堰闸复经下板"。七月初,"窑港未堵,复有堤东地主代表杨利民、朱石卿等纠众挖毁范堤四丈余,劫去闸枋,卤水再度西灌,水位东高于西三尺余。地方官民即赴闸抢堵,厅方又委员第三次会勘,令眼同堵闭窑坝"。乃堤东既不遵令堵坝,并谣传又将有暴民纠众毁闸锯枋,省方以风潮不止,将前委员撤职,由建厅水利局、民政厅各派一员第四次会勘","兹恐民、灶恶感日深,另邀兴化任厚琨居间,及兴、东官民代表议决标本和平办法"。但是"堤东不守议决案,复起纠纷。建设厅乃令派水利局总工程师第五次会勘"。后东台建设局长被撤职,闸权收归省建设厅管理,双方的纷争才暂告结束。①

五、航运业内的利益纷争

淮河流域是历代王朝粮食、海盐的重要产区,每年投入市场的大量粮食、海盐多经过淮河、运河、长江等干支流形成的发达水上交通运输网向外输出,以此带动了淮河流域一些地区水上交通运输业和城镇的兴起和发展。正因为水上交通能给相关区域和个人带来相当大的经济利益,所以在与水上交通密切相关的水上码头的建设与管理、轮运业的经营、河道疏浚与闸坝建设等领域,各经营者、管理者等利益主体展开了激烈的利益争夺。

首先,木帆船业与近代小火轮业之间的经营利益冲突。如随着镇江内河的对外开放,小火轮开进了运河并搭载客货,这就抢走了传统民船业的相当一部分生意,于是引起了民船船夫的严重不满和反对,甚至爆发武力冲突。据有关资料记载,清王朝"准予华人所有小轮航行于中国内河,结果扬子江城市运载旅客船只的营业,必然

---

① 民国《续修兴化县志》卷二《河渠志·河渠四·附民国十九年草堰闸交涉始末》。

受到损失,也自然会使木船船夫深感激愤,发出反对攘利者(按指轮船)的尖声鸣叫,其船员每天受到驱逐的威吓,轮船的破坏等等。由于对攘利者首先出现暴乱,扬州这一不靖好乱的城市再一次得到这个名声"。①如 1899 年 6 月 28 日,就有一只小火轮从镇江开往清江浦途中,在五台山受到一群人的攻击,他们站在趸船跳板上向小火轮投掷石头。6 月 30 日,民船船夫继续反对小火轮航行。6 月 30 日及 7 月 1 日没有一只小火轮开往扬州以上,甚至在扬州,由于情况的纷乱,小火轮不得不在扬州以下约 1 英里处卸客,而不是在正规的卸客码头。7 月 4 日,葛列逊的一只小火轮曾在清江浦遭到攻击,清江浦的旅客码头被毁。斯塔开及葛列逊在宝应县设置的旅客码头也在 7 月 4 日被毁。②

其次,水上交通业的经营者彼此争夺热门时段航班的控制权。如宿迁县东关口,历来是宿迁县进出口货物的集散地,是宿城水路运输的主要码头。明清时期就设有关卡,每日停靠船只不少于百余艘,有时甚至数百艘。即使在关卡取消后,每日在东关口装卸的船只仍不下数十艘,关口码头商业繁荣,店铺林立。因利益驱动,争设船行、船业公会与船员工会之争以及争夺信船班等争行夺业之事,屡有发生。有的利益争夺,经官动府,诉讼纷纭,两败俱伤;有的甚至诉诸武力,打架斗殴,轻则伤人,重则造成人命。而官府则采取不告不理,听其发展,如当时东关口就设有公安局分驻所,但对这些争行夺业之事却不加过问。于是,在东关口发生此种人们俗称之为"打码头"的事情,人们对之已经见怪不怪。

最为典型的一次"打码头"事件是争夺"民信班"。原来行驶民信班船的有傅开友、武云端、邹进才、胡文标、陈凤山、祁德标等 6 家。后来,陈凤山弟兄俩合走一班,祁德标与新增陆姓合走一班,傅、武、

① N.C.H.,1898.7.11,pp.53~54,转引自聂宝璋、朱荫贵:《中国近代航运史资料》第二辑(1895—1927),上册,北京:中国社会科学出版社,2002 年,第 301 页。

② B.P.P.,China,vol.1.,329 号附件之一,1899 年,第 247 页,转引自聂宝璋、朱荫贵:《中国近代航运史资料》第二辑(1895—1927),上册,第 300 页。

邹、胡四家各走一班。每6天轮到一班,轮流行驶。陈、祁、武三家逢单日开,称为"逢一"班。"逢一"班担负官府递解犯人至淮阴受审之义务(因解差往淮阴均在单日)。傅、邹、胡三家则于双日开班。双日班则须每船每月上缴3块银元给城厢市公所。每遇农历小月二十九天时,双日班必须顺推至下月初二始能开班。1936年初,居住关口的韩庆标、郑小歪见民信班生意兴隆,每天均人货满载,经济收入极为可观,乃约集运东李宗贤、杨宏思分别购船来争夺民信班。他们首先声明陈、祁两班因4家合走,不在争夺之列。其余4家开班时,他们亦备船同时装人载货,开往杨庄。这就形成了1天两只船开班,生意将减少一半。而原来4家则不相让,经常吵打不休,问题长期得不到解决。虽屡次诉到官府,但双方各找门路,多方行贿,形成势均力敌的局面。后来,原4家利用胡文标第四子胡四秃子(系盲人单独生活,无以养生),在李宗贤开班捣乱那天,乘双方武斗混乱之际,用刀在大腿部自戳几刀,以诬陷系李宗贤所为,并另托门路贿通官府和仵作,将李宗贤逮捕入狱。其余韩庆标等3家,不得不一面找门路花钱救人,一面托人与原4家谈判和解。约过月余,李宗贤被释放出狱,纠纷亦随之平息。①

到20世纪20年代,随着轮运业的发展,在宿迁东关又发生了"利江轮"纠纷事件。当时宿迁先后开设了"通运"、"利江淮北"、"淮北东记"3家轮船公司,各有2艘轮船开宿淮班(宿迁至淮阴),客轮分别从两地对开。3家公司在经营业务上进行激烈的竞争。"利江淮北"轮和"淮北东记"轮速度均快,特别是"利江淮北"轮每天到站时间比"通运"轮早二三个小时。因此,当地乘客多搭乘"利江淮北"及"淮北东记"两家轮船,"通运"轮单靠外埠乘客,营业额自当落后。于是"通运"公司经理钱芷衡伙同高衡甫、吴天一等密谋策划,制造了轰动全城的抢劫"利江淮北"轮事件。1933年农历12月2日,钱芷衡

---

① 参见陈阔亭:《忆东关口一次"打码头"风波》,政协宿迁市委员会文史资料研究委员会:《宿迁文史资料》,第九辑,1989年,第207—209页。

指使一部分匪徒装做乘客,进入由淮阴开回宿迁的"利江淮北"轮卧底,待"利江淮北"轮于当天晚行至该县境内蔡河时,预先布置于河岸的另一部分匪徒叫喊"轮船靠岸",卧底的匪徒闻声响应,立即窜出舱面,迫使该船靠岸。此时,岸上的匪徒一拥而上,把乘客的货物、钱钞、衣服、行李抢掠一空,鸣枪而去,并带走 2 名船员及 1 名乘客。经此一劫,"利江淮北"和"淮北东记"轮船公司皆元气大伤,于是钱芷衡从中斡旋,使"利江淮北"、"淮北东记"与"通运"成立联运公司,钱芷衡担任经理,独揽了"宿淮"、"宿榆"的轮运大权。①

　　第三,一些地方的地主豪强见水道运输有利可图,乃私自设立关卡,引起激烈的经济利益纠纷。如泰县蒋垛镇是该县东南的一个古镇,南接泰兴,东邻海安,位于三县交界处。镇东有条老龙河(现名东姜黄河),南经黄桥入长江,北连官河通姜堰,是黄桥至姜堰水上交通的必由之路。20 世纪初年,蒋垛镇大地主孟锦永见小镇市场繁荣,过往船民都上岸买些日用品等,遂于 1924 年在蒋垛镇北河边设立"蒋垛河捐局",并自任局长。孟锦永纠集一些游手好闲之辈,日夜值班,凡过往船只,视其大小和所载货物贵贱,索取买路钱。同时,又利用蒋垛镇有一条环镇河的条件,在镇东老龙河上打了两道坝,即北坝和南坝,因两坝在镇东故称东坝。这样,两坝阻拦住了南来北往的船只直接从老龙河上通航,不得不绕环镇河一周,必经过"蒋垛河捐局"关卡,从而捞取更多的油水。1927 年,河捐局被官方侯晋阶接管,侯上任后,将关卡设在镇西头。私设关卡,目的是图利,但却给运输货物的民船和商船带来了极大的利益损害,人们为此抗争不断。②

　　与私设关卡相反,有一种民众为了避开官府税卡,会破坏闸坝等水利设施,从而引起纠纷。如兴化城有老坝在南门外税务所西南,"老坝者,所以障运河南来之水,使由市河周城内,以汇于海子池。海

---

　　①　参见蔡佩荣:《"利江"轮被劫的前前后后》,政协宿迁县文史资料研究委员会:《宿迁文史资料》第四辑,1984 年,第 106—110 页。

　　②　参见孟飞口述、钱鸿江整理:《蒋垛东坝与河捐》,泰县政协文史资料研究委员会:《泰县文史资料》第三辑,1986 年,第 70—74 页。

池受东南北三关之水由西关以出,又从西关北筑堤至土山,接山子庙,使水去不至径直,于阴阳家水法最合。自历经西水,两塘西堤冲刷殆尽,南北闸祇存其名。道光初,议复西堤,其南北塘则以湖荡毗连,不可复,久之可复者亦未能复"。老坝工程则自明迄清屡圮屡修。同治七年(1868),经洒扫会委员筹款修筑,兼培子坝,旋又被偷挖。光绪十三年(1887),"会员黄景等呈县出示严禁"。黄景曰:"子坝之舍,所以卫正坝而当风浪。今春职等往坝察看,正坝被人挖断,子坝亦毁数处。询悉或不肖牙户绕坝偷漏,或无知农民图行船便利。若迳请查究,未免不教而惩;若听其窃挖,势必前功尽弃,不废不已,再四思维,惟有公叩公租,出示严禁"。①

最后,水上交通的便利与否直接关系地方市场的兴衰,于是有经济利益冲突的区域社会之间往往围绕水利交通设施的建设与兴修问题展开激烈争夺。如通扬运河上的姜埝镇和溱潼镇都是重要的粮食集散地,溱潼镇地处姜埝以北,是产区粮船前往姜埝的必经之地。但后因黄村闸堵塞,商船前往溱潼镇不便,而纷纷集中于姜埝镇,导致溱潼粮食市场衰落,于是溱潼和姜埝镇围绕黄村闸的修复问题争吵不休。据《泰州县志》记载,黄村闸在道光十九年(1839)为涵洞,光绪初年,盐运通判将口门缩小,建木桥,名为顺济闸,系距姜埝十华里的上、下河之间的通道。民国以来,黄村闸浅阻,粮船过溱潼之门却不入,姜埝却因此受益,粮食市场兴盛。

1923年,泰州县府派陈锦文来黄村勘测,准备修复,以宣泄上河之水。修复黄村闸,是溱潼地方社会所期盼的,但却是姜埝地方社会所不愿见到的。为此,姜埝地方乡绅与官方发生多次争论。1918年,因盐运泰州坝换船费事,拟改由黄村出入。1920年,大达轮船公司又请自行捐款,挑浚"黄—溱河"。姜埝得此消息,由省议员凌恩锡(沐深)会同商会及邑人潘春龄等百余人具呈停工。1921年4月,泰县知事茹庆琛电恳农商部,谓:航船均不经黄村,开浚该河,有妨水利。4

---

① 民国《续修兴化县志》卷二《河渠志·河渠四·堤堰闸坝》。

月 17 日,省府去电令停工查核。这样,溱潼地方政界、经济界实力人物又全力组织力量,四出奔波,以粮行公所负责人韩子舒及朱倬云(武秀才)、李萃(地绅)等多人,外出沟通关系,出面争论,并请出海安韩紫石、东台商会会长任尧阜、泰县知事等出面支持,县商会、农会与 14 个市乡代表也提出挑浚"黄—溱河"有利,向省府电请不能停工,双方就此争执不下。为此,省府电令江北水利局召集各方会商。1923 年,江北水利局派陈锦文主持东台、泰县两县的有关人士,包括姜堰、溱潼两镇人士多次会商,始则就建闸问题,继则为闸门大小,再则为姜堰又提出水下放高闸板问题,争持不下。最后议决,闸照原案,上口 1.6 丈,下口 1.4 丈,闸底相平,纠纷得以平息。[①]

　　总之,南宋以来淮河流域水事纠纷的频繁发生,通常是由于水资源的使用权限不明确,或灌溉过程中越权用水,或排水泄洪中以邻为壑所引起的,往往出现在干旱缺水,及天雨排水,或为解决灌排而建造一些工程之际。从淮河流域水事纠纷形成的原因看,既有南宋以来淮河流域水生态环境恶化、脆弱化变迁的宏观地理环境因素,又有水生态环境负向变迁所引起的经济衰颓、社会震荡、风气不振等人文环境因素,也有行政区划矛盾以及行政区划与水系边界不一致的制度性诱因,同时,还有人们追求经济利益,比如争占水涸地、抢占水源、防治水患中的趋利避害、争夺水利工程管理权、水上交通业内利益竞争等方面的根本动因。

[①]　参见《姜堰镇粮食市场发展与变化的始末(1894—1953)》,《泰县文史资料》第一期,《工商史料专辑》,第 25 页;《溱潼粮食市场的兴衰简介(1902—1949)》,《泰县文史资料》第一期,第 41—43 页。

陈支平　主编

中国社会经济史研究丛书

淮河流域水生态环境变迁与水事纠纷研究(1127—1949)(下)

张崇旺　著

天津出版传媒集团

天津古籍出版社

第三章　淮河流域水事纠纷的类型

　　水事纠纷是水事主体间因开发利用水资源和防治水害发生分歧而产生的争议。水事纠纷的类型,依纠纷的性质、纠纷产生原因、纠纷争议的内容、纠纷产生的主体等不同标准可做出不同的划分。例如,按照纠纷的法律性质,可分为水行政纠纷和水民事纠纷;按照纠纷争议的内容,可分为用水纠纷、蓄水纠纷、排水纠纷、治水纠纷和管水纠纷等等,诸如此类,不一而论。若从水事纠纷产生的主体来看,南宋以来淮河流域的水事纠纷类型也有很多种,包括个人和个人、个人和集体、集体和集体、行政区域之间、上下游和左右岸之间、部门行业之间的纠纷。而影响至大的主要是行政区域之间、上下游和左右岸之间以及交通、盐业与农业部门之间的水事纠纷。

第一节　行政区域之间的水事纠纷

　　行政区域之间的水事纠纷是指发生在两个或两个以上行政区域之间因水资源开发、利用、管理和保护过程中以及由水环境污染行为、水工程活动所引发的一切与水事有关的各种矛盾和冲突。行政区划的矛盾和纠纷主体追求区域利益是跨行政区水事纠纷产生的根本原因。南宋以来淮河流域行政区域之间的水事纠纷，按行政区划的层级设置，可分为跨省水事纠纷、县际水事纠纷、县内水事纠纷三种类型。

一、跨省水事纠纷

从地势和水系分布来看，河南、安徽、江苏分别地处淮河的上游、中游、下游。在沂、沭、泗流域，水道多由北向南或西北向东南入淮或直接入海，这样，山东则地处江苏的上游。从行政区划看，淮河流域省际边界地区主要涉及河南、安徽、江苏、山东四省，省际边界线长约3000余千米，可分为豫皖边界、皖苏边界、豫苏边界、豫鲁边界、苏鲁边界等。一些地方省界之间疆界不清，错壤杂出。由于流域水系与行政区界的交叉，造成淮河流域跨省和省际边界河道多达200余条，水事关系复杂，水权界定不清，于是在豫皖之间、皖苏之间、豫苏之间、豫鲁之间、苏鲁之间频发跨省水事纠纷。豫皖边界省际水事矛盾主要集中在史谷河、汾泉河、沙颍河、涡河、浍河、沱河等水系；皖苏边界主要集中在淮北的濉河、废黄河、包浍河等水系；豫苏、豫鲁边界水事纠纷相对较少；苏鲁边界大都集中在沂沭泗河及其支流的中下游地区，尤以南四湖及周边、邳苍郯新地区和绣针河省界段矛盾最为突出。[①]

（一）豫皖之间的纠纷

首先，河南永城县与安徽濉溪县之间的扒堤纠纷。永城东部与濉溪县接壤，商丘、虞城、夏邑、砀山诸县大部之水通过王引河、沱河经永入濉，永城境内又有沱河支流小王引河、曹沟、小运河、赵沟、刘

① 参见李秀雯、洪怡静等:《淮河流域省际水事纠纷变化及对策研究》,《治淮》2011年第2期。

沟、新建沟和浍河支流界沟、莲花沟、姬沟、封沟等10条沟河由永入濉，并且永城与濉溪接壤地区地势洼下，水患频仍。凡此种种，给地处下游的濉溪县造成很大压力，因而在历史上永、濉边界排水纠纷尤为突出，甚至爆发流血冲突。如沱河下游濉溪境内翟桥一带由于砂礓阻隔，河道淤塞，历史上就曾多次引起纠纷。乾隆八年（1743），河南巡抚曾奏请解决这一纠纷，乃至新中国成立前而未得解决。①同治五年（1866），永、濉边界的黄集一带不堪洪水肆虐，在徐破楼村东扒开了巴沟河南堤，南岸数十村庄的农民屡次联合上书，官府久未解决，致使群众多次发生械斗。②

其次，河南上蔡、项城县之间的扒修傅堤案，发展到河南上蔡、项城县、沈丘县与安徽阜阳县之间的水事纠纷。上蔡、项城、沈丘、阜阳四县地处沙颍河流域，颍河又名"小汝水"，《河南省府志》名"小沙河"，俗名"泉河"。自商水县西召陵冈导流，名"谷水"。东经项城县，东直河水自北来注之。又东南至沈邱县，始河、口泥诸河水自西来注之。水出自上蔡县西北，名"黑河"，迤南经上蔡城东，旧通淇、汝河。康熙间，"豫抚鹿祐修建石坝，流始塞。又东经蔡、项界，有民筑横堤数十里，名'傅家大路'，西捍杨河上游康家陂积水。又东至三垒口，其北有堤。东至宋家桥南，亦有堤。自石坝起，亦至宋家桥东，其水中穿六七桥，北折迴骆驼岭，复东行，经新桥集、黄庙集、离虎冢东，至始河口合流"；"东南至沈邱县南，复北至城南，乃西南下达，望之湾环屈曲，俗名'月河'。其南有蒋湾溜，东西直达，前明时堵截"；"复折东行二十余里，至县西北界周家楼入境。稍东至沈邱集，流鞍河水自西南来入之。东行四十里，至杨桥，延河水自西南来注之。又东经西古城，折而北，为长湾，经龙王堂东行，过田家集，为私摆渡。又折北过白庙溜、坎河溜南行，至城北，西湖水、会清河水注之。东至三里湾，入颍水达淮"。沙颍河流域跨省水事纠纷的焦点在于上蔡县和项

---

① 参见周一慈：《永城县边界的排水纠纷是怎样解决的》，政协河南省永城县委员会文史资料委员会：《永城文史资料》第四辑，1991年，第42、34页。

② 永城县地方史志编纂委员会主编：《永城县志》，北京：新华出版社，1991年，第132页。

城县交界的石坝和"傅家大路"。"查上蔡之水道有巨河二,曰洪,曰汝,皆发源于天息以南。汝自蔡之西北,历城西而东南,经汝阳、阜阳南境入淮。洪亦自蔡之西北,历城东而东南汇汝入淮。茅河在洪河之东南入洪。黑河在洪河之东北,其源甚短,其面甚狭。黑之下曰蔡河,又下为项之包河,又下曰泥河,盖一河而数易其名,此蔡邑河道之源委"。康熙年间,上蔡县令杨廷望与项城县争杨家集,"未得,因思所以祸项,遂于七十二陂下递开百十沟,以灌项。其最巨者,曰八里直沟,曰杨河。八里直沟开自洪河东岸,引洪入包、杨河,自蔡之西北引五河、二陂、十八沟之水,东南入蔡、包,以灌项,事载《三仁祠记》"。至乾隆年间,"屡奉谕旨,于八里置沟,入包之处改筑石坝,而患少息。又于傅家大路筑长堤一道,包河口建桥,设十一洞,以束杨河等处之水缓入包、泥,而后项、沈、阜、颍之民始免漂没之患"。石坝自康熙四十八年(1709)豫抚鹿建修,"嗣后蔡民屡扒,凡补修十余次。乾隆六年豫抚雅、十五年豫抚鄂、二十年钦差大人会勘,奉旨请币修筑者三次,而蔡之官民犹盗扒不已",至道光时"又扒去石数层,将铁马尽行毁去"。①

傅家大路之筑,"为障包、泥之水。包河居上游,泥河居下游。因地异而名不同,其实则一河也。再从下游,即沈邑之泉河,阜邑之汝河,由汝入沙,由沙入淮矣。盖包、泥、泉、汝一带,系消纳上蔡诸湖之水。泉河以下则河身宽深,无虞壅塞。而包、泥一段,则河身浅窄,而又当上蔡诸湖水之冲,以致春水涨发,由傅堤泛滥,而沈、项、阜三邑尽成泽国"。②这里的上蔡诸湖指的就是上蔡之北的康家陂湖区,该湖"上接七十二陂及西平以上诸山之水,湖之下有郭家桥,又下曰杨河,两岸平陂一望无际,盖自来蓄水之区也"。附近居民贪图厚利,暂开耕种,水小则多收,水大则薄收,亦不纳课封粮。杨河之东有常家

① 道光《阜阳县志》卷二《舆地二·水》,《中国地方志集成·安徽府县志辑》(23),第38—39页。

② (清)冯煦主修,陈师礼总纂:《皖政辑要》,《邮传科·卷九十七·水利》,合肥:黄山书社,2005年,第887页。

营,营稍东有傅家大路,"系项、蔡两邑分界之处,地平路高,即项民所筑之堤,以御陂湖之水者。湖水涨时,常家营居民潜扒路陂"。①于是,"上蔡之湖民可占无粮之官地,是与蔡民之田固无关损益,而沈、项、阜三邑民田实受其害矣。三邑之民与蔡民常构讼端者,职此之由"。而在同受水患的沈丘、项城、阜阳三县中,以阜阳县受害最大,因为"水性流下,以地势高下揆之,上蔡为最高。由蔡而项、而沈、而阜,则阜邑之患为最大"。②因此,历史上的"郭家桥以东,惟近傅家大路、常家营数村居民耳,扒水堵堤,民间常事",以致上蔡、项城、沈丘、阜阳四县因常家营扒堤累年兴讼。如道光五年(1825),上蔡县常家营居民为康家陂湖水漫溢,扒毁项城傅家大路民筑横堤,构讼斗殴。由于上宪处理不当,企图通过挑河至项城、沈丘县、阜阳县境以息讼端,如此就引发了四县中地处最下游的阜阳县和其它三县之间的跨省水事纠纷。③光绪五年(1879),阜阳县民众因河南省拨款"业将上游之包、泥、茅三河开宽浚深,即上蔡所属之常营添修月堤,亦经一体完固。行见上蔡县山水以及七十二湖水汇聚,直冲傅堤",且见傅堤在光绪四年(1878)"屡经蔡民扒抉数处","是该堤较前加倍吃紧",于是"一闻此情,无不昼夜惶恐,各欲携粮负版立往兴筑"。但隔境兴役,人多口众,又有蔡民往日扒决之隙,因而此次跨省水事纠纷表现得相当激烈。④

　　第三,河南项城县与安徽临泉县之间的娘娘坟水事纠纷。河南项城县与安徽临泉县交界有泥河、祥河、托边沟等河流,娘娘坟正位于泥河、托边沟、祥河交汇之处。该坟在泥河北折处之南岸,坟之西边即泥河北折处之东岸,祥河自南北流即由坟西入泥河。托边沟起于祥河之东岸沟之西口,娘娘坟适当其冲。每遇大水暴涨,泥河东下

①　道光《阜阳县志》卷二《舆地二·水》,《中国地方志集成·安徽府县志辑》(23),第38页。

②　(清)冯煦主修,陈师礼总纂:《皖政辑要》,《邮传科·卷九十七·水利》,第887页。

③　道光《阜阳县志》卷二《舆地二·水》,《中国地方志集成·安徽府县志辑》(23),第38—39页。

④　(清)冯煦主修,陈师礼总纂:《皖政辑要》,《邮传科·卷九十七·水利》,第886—887页。

之水,受此坟之阻隔,不能直入托边沟,仅能绕坟之北,南折入托边沟。因此,托边沟仅受泥河漫溢之害,而不受泥河直冲之患,如将娘娘坟挖去,泥河之水即可直入托边沟。唯托边沟既窄且浅,势必泛滥,故下游皖省临泉县一带村民群起反对,而上游豫省项城县一带村民,以为挖去娘娘坟则泥河之水可顺流直下,水患自消,因此双方利害冲突,意见当难一致。故每至大水时期,"辄发械斗,总而构成讼端,缠绵不休"。①

第四,河南商丘、鹿邑县与安徽亳州之间的掘堤放水纠纷。亳州与河南省的郸城、鹿邑、商丘、虞城、夏邑、永城六县接壤,西南与太和县以西淝河为界,东南界涡阳县。亳州的涡河、包河流域的主要排水河道,均源于河南省境内,历来多水事纠纷。民国初年,亳县工赈分局会办李家壁在《亳县全境水利总分图说》序中指出:"亳居商鹿下游,每当夏令,大雨时行,陈州一带之客水,建瓴直下,则境内低洼之区,尽成泽国。而城南诸保尤甚,沿河居民每因掘堤放水,聚众械斗,酿成巨案,几于靡岁不然……"②

(二)皖苏之间的纠纷

皖苏之间的水事纠纷除了前文第二章第二节论及的民国时期安徽灵璧和江苏萧县围绕边界青冢湖涸出滩地展开激烈的省界争夺之外,还表现在泗县与泗阳县、灵璧县与铜山县、宿县与萧县及铜山县之间、灵璧县与邳州及睢宁县之间、宿县与邳州之间的水事纠纷。

第一,安徽泗县与江苏泗阳之间的凿开顾家勒冈的泄水纠纷。民国以来,皖泗县与苏泗阳县之争议,主要是凿顾家湖,引安河、淮水入成子洼引起。③皖苏交界的洪泽湖,纵积数百里,"占苏皖交界五县边境,北界苏境泗阳,其伸入泗阳境内湖套长约五六十里,宽约二

---

① 《河南省政府年刊》,《建设·工作报告·水利》,1936年,第353页。

② 邢义昌主编:《亳州市水利志》(下篇)第九章,《边界水利》,初稿,1997年,第237页,安徽省地方志办公室资料室藏。

③ 武同举:《江苏淮北水道变迁史》,载武同举:《两轩賸语》。

三十里,名曰'成子河'。西界皖省泗县,其伸入泗县境内湖套长约八九十里,宽约二三十里,名曰'安河'"。安河在泗阳县西 70 里,上接归仁堤,东南至安徽泗县境内,入洪泽湖,长百余里。"河之在宿迁境者仅数里,盖明时未筑归仁堤以前,西水分行,渐至成河,迨堤成而河遂废"。康熙三十九年(1700),"建归仁三闸,分泄西水,全由此河下达洪湖。及后归仁堤南首冲缺,西水南由缺口上下之罗家河、董家沟,下入安河;北由三闸塘泄入安河,然后此河为用益大。百余年来,黄河之南所藉以泄西水者,全由此河"。乾隆二十二年(1757),"大兴水利。大史疏言:乌鸦岭董家沟、安河系虹县、泗州、宿迁、桃源四州县壤境相错,董家沟在宿境久经淤垫,安河则界连桃源、宿迁、泗州,亦间段浅阻,金锁镇、刘李埂、田家集、陡门等处,上下八十里,为出湖咽喉,尤为紧要,皆须逐段开挖,必此处较上游深通,而后睢河一带之水顺流直下,达于洪泽湖"。嘉庆十年(1805)以后,"河内收蓄,湖水较乾隆末年大一丈许,湖西民田多为淹没,而田家集、陡门等处,皆成泽国。又上至金锁镇西,并罹水患"。这说明安河、成子洼一带,水生态环境极为脆弱,任何挖冈、垦滩以及变更水道之事,都可能造成严重的后果。在安河、成子河中界原有天然高冈,"由西北而东南趋百有余里,伸入洪泽湖内。成子河入湖水道,由河东之头沙、二沙;安河入湖水道由冈西之赵家沙,两沙之南即为湖,两沙之北即为河。两河隔冈,各受各水;两河入湖,各由各道,此千年不变之形势也"。1918 年 10 月,不料安徽泗县滩民尹元汉奇想天开,"竟以泗县东九堡独力巩固之威势,招合安河全滩民夫于两河相隔高冈最窄之顾家勒冈地方,全力挖开,另开安河入湖水道"。此冈"倘被决通,成子河沿岸滩田变成泽国"。泗阳县民认为"决安河东岸顾家勒高冈,泄水入成子河洼,泗阳独受其害",于是体仁市公民裴守一等呈文至县要求禁阻,认为"水有旧道,界有冈,隔冈之断,实有关两造利害。此害实属罕见"。体仁市裴守一等居民"沿成子河之东岸居住,与顾家勒水程相距三十余里,平素不常往来。现闻尹等声势浩大,不敢轻往。惟以道路传闻,日迫一日,特于十一月廿九日雇船往探。目睹现状,见安河水边至成子河水边约存六七里之内,自冈顶向东,工已成就。自冈顶向西,仅有里余未通,而此未通之点已挖至四五六七尺深不等,赶工之夫役约有二三千人,还有练勇手持钢枪往来巡视。民等目击现状,目眩心惊,登舟返回。时闻远近滩民纷纷前来了解情况,莫不忿恨怒骂,计集东岸数千户合力登舟迎风西上,与尹等背水决一死战。皆云与其他日独死于水,不如今日与尹等同死于滩"。此案惊动苏省、皖省及泗阳县、泗县、江北运河工程局,最后五方会勘会测,会商息争。①此次皖苏之间的跨省水事纠纷还成了皖苏争夺陆家嘴洪泽湖滩地进而演化成皖苏省界纠纷的导火索,具体情况可参见本书第二章第二节有关占垦湖滩之争的论述。

第二,安徽灵璧县与江苏铜山县之间的房村涵洞及其引河的开凿与故黄河堤老牛角缺口的堵塞纠纷。据清人贡震《河渠原委》记载,明代时黄河缕堤由徐州房村集东南入灵璧县境,东至谢家楼,东北至双沟集。清代靳文襄治河时"以此处地势甚洼,堤形兜湾,虑其囊水,因于濒河高处筑子堤,以挡漫溢。嗣后增筑高厚,遂以新堤为缕堤,而旧堤为月堤。月堤之内,东西十五六里,南北四五里,除柳园数顷属官外,其余悉系铜、灵两县民地。旧时河滩皆成沃壤,惟是雨潦积中,无处宣泄,往往被淹"。康熙五十年(1711),"徐州张某遣家人刘茂条具呈河宪案下,请于房村东设涵洞一座,以泄数十年积水。奉批凤庐、淮徐二道会勘,有无妨碍下流。随经勘明,水无出路,详覆销案"。张某见己意未遂,"又属邳睢厅详请疏浚水道,由涵洞通运料河,每年霜降后启放。灵邑士民讼之不胜,此涵洞所由设,而涵洞河之所由开也"。然而,当时运料河方通,水有所归,没有形成大的灾害。乾隆十八年(1753),"黄水南来,运料河淤为平陆,涵洞之水仍无出路"。乾隆十九年(1754)四月,"霖雨兼旬,月堤内积水数尺,铜民忽将涵洞偷开,水流平地,散漫无归,北乡垂危,二麦及早种秋豆尽

---

① 民国《泗阳县志》卷七《志一·山川》,《中国地方志集成·江苏府县志辑》(56),第250—251页。

被淹没。适值河宪驾临,双沟居民哀吁,蒙饬汛官堵闭,令堡夫看守,不许私开。迨至霜降后启放,普漫土陵之东、陈疃之西,而武家楼一带受害尤甚"。要想减轻灵璧境内土陵、陈疃等处的水患,必须开浚小河引涵洞之水东入闸河,但因地方连年被灾,民力艰窘,不克兴工。①至民国时,因废黄河在灵璧、铜山之间经常为患,灵璧、铜山之间的水事纠纷依然十分激烈。如1932年10月初,灵璧县民堵塞了灵璧、铜山交界之故黄河堤老牛角缺口,"铜民反对,双方大集武装,严阵对峙",皖吴、徐佘两行政专员严令制止,听候查勘办理。②

　　第三,江苏铜山、萧县与安徽宿县之间的龙山、岱山河开浚纠纷。历史上,铜山、萧县与宿县交界地带,水系混乱,河道失修。每遇汛期,水无出路,萧县呕思将龙、岱两河挖通,引水入滩,放水下行,但下游宿县、灵璧等县必群起抵制,结果均禁止挑挖,以致于乾隆、嘉庆以来迄于民国时期,"百余年来迭起纠纷"。③

　　萧县在清代时属徐州府管辖,民国时属于江苏省。所以,尽管萧县在新中国成立后改属于安徽省,但这种发生在铜山、萧县与宿县之间的水道争议在当时还属于跨省水事纠纷。岱山湖为萧县下游,"南口地高壅水,每逢淫霖,田皆淹没"。④所以,萧县急于开浚龙、岱二河以泄止。但宿州上与萧县毗连,萧县龙、岱二河下注宿州宋家湾,水势浩大。"幸宋家庄有天生土垄一道,隔绝二(湖)【河】之水不能南趋","盖宿州境内有南股、中股、北股三河,中股又名睢河,三河者皆黄河分流也。南股消永、夏之水,中股消洪、减之水,北股上接王

---

①　(清)贡震:《河渠原委》卷中,《房村涵洞引河》,《中国地方志集成·安徽府县志辑》(30),第130页。

②　《民众决坝争执》,《申报》1932年10月18日,《申报》第309册,第556页。

③　许世英:《公牍·函救济水灾委员会为据安徽宿县县长章世嘉呈请转商拨给美麦及振余疏浚滩河附意见书等情函请核办文》,1932年10月29日,《振务月刊》1932年第10期。

④　(清)刘广居:《邑侯赵公德政纪略》,同治《续萧县志》卷十七《艺文志·记》,《中国地方志集成·安徽府县志辑》(29),第740页。

家闸十八里屯。又有西流河、北股河自艾山西分支西行八九里,由西流闸入睢,诸河汇归宿、灵、泗而入洪泽湖。其宋家庄土垄横梗于西流河之上,隔绝萧境龙、岱二河之水"。于是,"从前萧民屡议开挖,经宿州下游人民极力阻挠而罢"。①

西流河本北股河,自艾山西分支,西行八九里,由西流闸入睢。嘉庆十三年(1808),北股河西岸筑大堤,遂与西流河隔。"惟径承萧县诸水,南流数十里,至李家桥右转归故道,仍名西流河"。嘉庆二十四年(1819),请币浚河修闸,导水入睢。道光十年(1830),萧县挖龙山河入西流河,宿州"知州周天爵争之。会奸民卖宿地三十五亩八分三厘,经萧民挖废,详奉两江总督陶澍批饬萧县认完宿州废地银米"。光绪九年(1883),萧县又请挖龙山、岱山二河,凿宿州宋家庄土垅,以达西流河。宿州知州何庆钊"持不可。禀奉宪委该县刘筹会江苏印委丁仁泽、赵佩英履勘,请先治尾闾,两江总督左文襄公批准,议遂寝"。②光绪二十三年(1897),宿州禀请札委会勘,认为"自黄河北徙,宿、灵、泗河道节节淤塞,水无所归宿。每逢大雨时行,睢溪、时村等集汇为巨浸,十岁九灾,不能再受萧县之水",因此反对萧县开挖龙、岱,并对"萧开龙、岱,则永亦必开减河。今不阻萧,后复何辞以阻永? 万一萧、永之水合注而东,恐宿、灵、五、泗无不水之年,亦无不水之地,下游各属受害滋大"③情况表现出十分的担忧。1907年,萧、宿围绕挑挖龙、岱二河以及建闸筑堤问题又发生争执。④1909年,据萧县自治公所所长刘君云亭言:"萧人开浚龙山河,宿州人极力抵

---

① 《光绪二十三年宿州禀萧县毗连龙、岱二河请札委会勘成案》,(清)冯煦主修,陈师礼总纂:《皖政辑要》,《邮传科·卷九十七·水利》,第892—893页。

② 光绪《宿州志》卷三《舆地志·一川》,《中国地方志集成·安徽府县志辑》(28),第86—87页。

③ 《光绪二十三年宿州禀萧县毗连龙、岱二河请札委会勘成案》,(清)冯煦主修,陈师礼总纂:《皖政辑要》,《邮传科·卷九十七·水利》,第893页。

④ 《内政·节录江督宪派员勘查萧宿两邑河工水利情形札文》,《南洋官报》1907年第74期。

扰"，"争讼不已"。1911 年，胡雨人在徐州登奎山，"望奎河自城东南隅起，经奎山之东，其小如带。此河南入安徽宿州之时村，入北股河。凡黄河以南铜山之水，悉自奎河经北股入睢，归洪泽湖，乃宽不过二丈，通行小船，寥寥无几，可叹"，后又"至自治所晤正副所长，询问徐州重要河渠，云：'惟奎河为最要。吾铜山人屡欲开浚，宿州人抵死抗拒，百方阻扰，现正在交涉中，结果如何，尚未知也'"。①

　　民国成立以来，围绕浚龙山河、奎河入睢河，持续出现了"铜、萧与宿县之争议"。②1919 年，萧人窃挖天然土垄北首一段，经下游各县交涉，由两省省长派员会勘。1926 年，萧人违反前议，又行偷挖，复经下游人民筑堤抵止。③关于 1926 年萧县与宿县之间的龙、岱河纠纷，《申报》作了详细报道。据国闻社蚌埠通信，"苏属萧县龙、岱两湖开挖问题，关系皖北宿、灵、泗、五等县下游水利。自清季以迄于今，萧人屡欲兴挖，均经皖绅禀诉两省当道，禁止在案。现闻徐海某道尹主张将此开挖，惟龙与岱两水交流，为下游宿、灵等四县人民生命计，此举不容见诸事实。日前苏当道曾委派张鼎勋赴萧实地履勘，皖北四县闻此消息，甚觉不安，公推代表，先后分呈宁、蚌各当道，请援成案，禁止开挖。呈辞择要录下：为平地决河利害悬殊，公恳维持成案，并乞转呈联帅以杜水患，而奠民生事。窃闻联军陈师长，驻节徐州，实行兵工主义，修浚河道，萧属人民，乘机欲将百数十年铁案如山屡禁挑挖之龙、岱两湖，借兵力以图兴挖。消息传来，宿、灵、五、泗人民，仓惶惊骇，如大祸将临。代表等痛切剥肤，责无旁贷，谨将其成案与利害，为钧座缕析陈之"。这里指的成案，是指前清总督曾国藩、左宗棠皆禁挑于前，皖抚兼江南总督端方会同委员履勘，复禀请禁挑于后。但是 1919 年，萧人又复兴挑，"两省长官，委刘、王两委员会勘，并派测量员实地测量。当时结果，萧人所盗挖土陇北首，一律由

---

①　胡雨人：《江淮水利调查笔记》（辛亥年），见沈云龙主编：《中国水利要籍丛编》第三辑，第 110、108—109 页。

②　武同举：《江苏淮北水道变迁史》，见武同举：《两轩賸语》。

③　萧县水利志编辑组：《萧县水利志》，未刊稿，1985 年，第 100 页。

萧人填平,并赔偿宿人小麦十四石。据此可见龙岱无南行之故道,土陇为下游天然之屏藩,且该二湖本为蓄水之区,向无湖名,若任其挑挖,来水灌入皖境,则宿、灵四县数百万生灵,将陷万劫不复之地,此百余年我下游人民,不惜誓死力争者也"。后皖省代表因上呈多日未奉批示,又续具一呈,请准予维持旧案,以杜水患,而惠皖民。①不久,安徽防灾委员会方履中致孙传芳函,要求禁挖龙岱湖,指出:禁挖龙岱湖乃百年陈案,"当前清道光十年,萧人意图私挖,即经陶文毅公批禁,其后咸丰、同治年间,屡次窃挖,复经曾文正、左文襄,先后批示禁止"。②

1929 年,萧县又欲挑挖双窑以上一段,复经交涉后由萧、宿两县县长,召集萧县、宿县、灵璧县、泗县、五河县等县士绅,在宿州会议,议定俟秋后组织团体,切实计划,不得再事妄动。③1932 年 6 月 22日,萧县疏浚龙山、岱山两河,"为恐水发下注,淹没该处田地","邻近皖省之宿县人民,突聚两千余人,携带武器,拟用武力填塞,形势殊为严重"。到 7 月 5 日,演变成激烈的武力冲突,"双方开炮激战极烈,萧属村庄,中弹损毁多处,伤农民三",宿县提出双方停战撤兵,继续交涉填河,萧、宿两县"均电省请示"。④1935 年 3 月,萧县农民挖掘淮河支流,又遭宿县农民阻挠,械斗再起,致多人死亡。⑤1936 年 5月,萧、宿两县边境又有农民数十人为"水利争执"而"大起冲突"。⑥宗受于亦曰:"萧、宿之争,至今未已。犹之昔时灵、泗两县之争,频年械斗也"。⑦

① 《皖北四县请禁萧县挖河》,《申报》1926 年 5 月 8 日,《申报》第 223 册,第 175 页。

② 《安徽防灾会请禁开挖龙岱湖 方履中致孙传芳函》,《申报》1926 年 5 月 30 日,《申报》第 223 册,第 727 页。

③ 萧县水利志编辑组:《萧县水利志》,未刊稿,1985 年,第 100 页。

④ 冯和法:《中国农村经济资料》,上海:黎明书局,1933 年 6 月,第 535 页。

⑤ 〔美〕费正清主编:《剑桥中华民国史》,第二部,章建刚等译,上海:上海人民出版社,1992 年,第 325 页。

⑥ 章有义:《中国近代农业史资料》第二辑(1921—1927),第 1027 页。

⑦ 宗受于:《淮河流域地理与导淮问题》,第 28 页。

第四，安徽灵璧县与江苏邳州、睢宁之间的开浚峰山闸引河纠纷。乾隆年间，邳睢厅请浚峰山闸引河，"仍自马家浅开至渔沟集，委邳州同知张林勘估，估册已申送淮徐道"，但灵璧县民认为"若果行此，北乡水患必再倍于往日，何者？往时黄泥沟下流由潼河南出，渔沟所受只是双沟以南平地之水，今渔沟为黄泥沟尾闾，西北山原之水尽从此出，去年泛溢之祸自来未有，若复从此泄黄，既开河必筑堰，北乡纵横五十余里之水俱无出路，其为害可胜言哉！"于是北乡乡民倪元龄等呈府反对开峰山闸引河，词云："灵邑北乡地形低洼，沟洫不通，俯顺舆情，请帑开浚黄泥沟、渔沟各河宣泄夏秋雨潦"，"今者邳睢厅宪请挑峰山闸引河西南至渔沟集，勘估之员一到，滨河村落远近嚣然，道路传闻，众心惶惑"，"睢民、灵民一视同仁，原无彼此，河在灵则灵民不便，河在睢则睢民亦不便，然就东则势顺而害轻，就西则势阻而害重"，"即以河道论之，与其势阻而易淤，何如势顺而常通？"为此，灵璧县民请求"准予详请河台另委干员覆勘东西两引河形势，改挑至九顶山东，庶几灵凭往年开浚各河，永久利赖"。①

此外，安徽宿县与与江苏邳州之间也围绕复修晁家沟堤发生纠纷。如同治十三年（1874），"宿县修晁家沟堤。先是藏从品筑堤障沂水，卫骆马湖上游湖田，至是堤坏复修，邳人争之，卒堵塞如前制"。②

（三）豫苏、豫鲁之间的纠纷

豫苏、豫鲁边界的水事纠纷相对豫皖、皖苏、苏鲁边界要少得多。豫苏之间水事纠纷，主要是河南永城县与江苏砀山县之间的水事纠纷。砀山县现今属于安徽省，但从清初江南分省开始一直隶属于徐州府，迄民国时期为江苏省管辖。新中国成立后，才改属安徽省。因此，民国时期发生在永城县与砀山县的水事纠纷，仍属于豫苏之间的跨省水事纠纷。

① （清）贡震：《河渠原委》卷中，《闸河》，《中国地方志集成·安徽府县志辑》（30），第131—132页。

② 武同举：《江苏淮北水道变迁史》，见武同举：《两轩滕语》。

　　永城北部与砀山县接壤,王引河、碱河、翟营沟、洪河等自砀入永,历代排水纠纷时常发生,由此而械斗流血者也屡见不鲜。纠纷的焦点是王引河上游的顾口(有的称固口,也有的称顾家口)。顾口位于砀山东南30里,减水河(今碱河)南岸,陈堤口西北,凑申公废堤,用石块筑成。自元朝以来,经明清两代,以迄民初,均用以堵水。减水河即老黄河,“自县西北接豫省虞城界起,南由杨家集经砀境名横河,复归夏邑为涌子河。又东入县界,东经周家庄南、范家集南,范沟承小神湖水南来注之。又经回龙集告西,左会利民河。又东经其告北。又东南入永城界,为濉河”。乾隆二十三年(1758),知县金潢承疏浚,“昔为睢水故道,水南为申公堤”。黄河北徙后,减水河被沙淤,“惟普安寺告至回龙集有水地最下,春夏水至,壅溢无归”,逐渐蓄水成小神湖。[1]砀山县西北高东南低,每逢大雨之后,积水泛滥,皆归宿于小神湖,而“湖之南岸原有申堤一道,阻断中流,以致水小时漫延本境之二、五两区,大则溃口决堤,奔腾南下,永民数十里尽被淹没,为害甚烈”。[2]于是便有“砀民于普安寺告南开申公堤以泄水,永民被其害,聚众争之,是为顾家决口”[3]之纠纷事件。胡雨人在1911年到淮北进行水利调查时,当地人“亦言下流阻扰开河之壤”,其中就谈到“河南永城有小沉湖,其水下行,宿州人于顾家口筑堰以堵之”。[4]

　　在1938年以前,砀山民众多在顾口扒堤放水,而永城及萧、濉民众便群集顾口堵决口,一扒一堵,酿成械斗,造成彼此伤亡,京控省讼,案卷累累。据学者研究,永城常年典讼,控告砀南名绅,清末陈寨的陈佩,民初张小楼的邵梦吉,是其被告对象。但砀南名绅历年屡次招告,均告失败。在顾口相国寺(一名河神庙)门前,有碑碣数十

---

　　① 同治《徐州府志》卷十一《山川考》,《中国地方志集成·江苏府县志辑》(61),第375页。

　　② 砀山县建设事务所所长庞成章提:《开挖顾家口郭堤口以泄小神湖之宿水永除水患而利农民案》,江苏省建设厅编委会:《江苏建设》,《提案·水利类提案》,1933年第1期。

　　③ 同治《徐州府志》卷十一《山川考》,《中国地方志集成·江苏府县志辑》(61),第375页。

　　④ 胡雨人:《江淮水利调查笔记》(辛亥年),见沈云龙主编:《中国水利要籍丛编》第三辑,第111页。

通，都是历次官司失败后，为永城一方赔情道歉所树。[1]但是，砀山县始终认为，"申堤原为防御黄河而设，自黄河北徙，天然作废。今永民不思开挖顾家口、郭堤口，俾得细水长流，用免暴发之患，竟复终日筹款修堤塞流，逆止水性，祸已殃邻，以致酿成暗杀、私斗、互控种种恶劣之惨剧。如欲解除人民痛苦，涣释多年症结，非疏浚顾家口、郭堤口不为功"。为此，1933 年砀山县建设事务所所长庞成章提出了解决纷争的具体办法："查顾家口、郭堤口之南各有引河一道，直接永境之利民河，永民如能将引河及利民河加宽加深，再导入淮河中流，归纳于洪泽湖，从淮河流入海，不但砀民永绝水患，永民亦无泛滥之虞，多年症结，可以迎刃而解矣"。[2]1935 年夏秋之际，天降大雨，洪水成灾。砀南组织农民，把顾口挖开，永城北部造成严重水灾，又兴讼控诉砀南五区区长陈其震。该区部助理员胡履贞对申公堤的历史和小神湖的来历进行了考证，认为是先有堤，后有湖。申公堤原为防黄水，后河水改道而成废堤。永城绅民利用申公废堤增高培厚，在顾口附近堵水成小神湖。小神湖的产生，实由永城绅民筑顾口、修废堤堵水所造成的恶果。经砀南五区辨诉后，河南省水利厅和江苏省水利厅会同查勘议定，在顾口挖通造桥，开河送水，直泻洪泽湖，不许再堵水。[3]

1938 年以后，砀山终于在顾口扒开申公废堤，将巴清河、大沙河、利民沟诸水引入王引河。1943 年，砀山又出民工数万，由顾口向东南疏挖 15 里，与王引河正式连通。从此虞城以南，夏邑以北，砀境大部河道，流入减河，穿顾口入王引河，汇淮、泗、濉、汴等诸河之水，汇流洪泽湖。顾口南北，河道畅通，变水患为水利。但自此始，王引河因为来水增大，几乎每岁决口漫涨，两岸田地率被淹没，由此而引起

---

①　参见李丰庆：《闲话顾口水患》，政协砀山县委员会文史资料研究委员会编：《砀山文史资料》第一辑，1986 年，第 132—133 页。

②　砀山县建设事务所所长庞成章提：《开挖顾家口郭堤口以泄小神湖之宿水永除水患而利农民案》，江苏省建设厅编委会：《江苏建设》，《提案·水利类提案》，1933 年第 1 期。

③　参见李丰庆：《闲话顾口水患》，《砀山文史资料》第一辑，第 132—133 页。

的纠纷有增无减。[1]新中国成立后,在顾口修筑桥闸,并疏浚王引河、利民河、减河、大沙河、汤沟等,才最终结束了延续多年的顾口纷争。

豫鲁之间除了本书第二章第二节论及的河南考城县与山东曹县围绕协修黄河大堤出现的水事纷争外,还有河南民权县与山东曹县之间的排水纠纷。如康熙二十二年(1683)四月二十八日,民权县的褚庙乡沟庄(朱店)与山东曹县王庄,因排水曾多次发生械斗,屡经协商未能解决。历史上遗留的民权县北关镇李馆、董营一带的排水出路,被曹县堵死,遇雨排水互不相让。[2]

(四)苏鲁之间的纠纷

在黄河以南,淮河以北,泰岱之西,"渠脉纵横,湖泽垒垒如贯珠,天然一水利行政区域也"。然而从行政区划看,这一天然水利行政区域却分属于苏、鲁两省。于是,"此区域中之水利,亦遂苏鲁各自为政,不相顾恤。鲁人有邻壑之谋,苏人怀曲防之意",从1855年黄河北徙以来,"纠纷迭起,樽俎折衡,终无彻底之解决,亦我国水利史上一段公案也"。[3]

苏鲁水事纠纷之所以发生,主要是苏鲁两省的河湖形势所造成。民国学者吴钊[4]对此做了精要分析:

其一,大运河纵贯南北,在淮河流域境内起于山东省黄河南岸之十里堡,迄于苏鲁两省接界之黄林庄,计长560余里,谓之"南运";黄林庄以下,迄于江苏省淮河故道北岸之杨庄,计长340余里,谓之"中运","实为两省水道之枢纽,凡泰山南麓,众流奔赴,皆以此为输泄之孔道"。运河两岸之水,在山东有汶、泗、赵王、牛头、万福、洙、稽等水,在江苏有沂、不牢、房亭等水,而以汶、泗、沂为最大,"其

---

① 参见周一慈:《永城县边界的排水纠纷是怎样解决的》,《永城文史资料》第四辑,第36—37页;参见李丰庆:《闲话顾口水患》,《砀山文史资料》第一辑,第132—133页。

② 民权县地方史志编纂委员会编:《民权县志》,郑州:中州古籍出版社,1995年,第317页。

③ 吴钊:《苏鲁水利纠纷之检讨》,《苏声月刊》1933年第1卷第3/4期合刊,第15页。

④ 吴钊:《苏鲁水利纠纷之检讨》,《苏声月刊》1933年第1卷第3/4期合刊,第15—18页。

赖以为停蓄容与之地者,在鲁有蜀山、南旺、独山、马厂、南阳、昭阳、微山等湖,在苏有微山、骆马、隅头等湖"。两省地势,自台庄上自韩庄,80里间高度已达4丈余,"再湖而上,其高益甚"。故就全局来看,山东居上游,有高屋建瓴之势。然就局部观之,"苏之丰、沛,又高于鲁之鱼台。而微山一湖,介乎两省之间,为吐纳缓冲之关键"。微山湖东之微湖双闸以及湖西之蔺家坝,实为江苏省之北门锁钥。当明清之际,国家重视漕运,"于是经营河湖之水,佐以闸坝堤防,岁有常规,罔敢废坠"。自黄河北徙,漕运停辍,湖河淤积,比诸旧日水量,仅可容十分之二三。"加以两省运河流域之西部,有黄河废堤,绵亘千里,遂使苏省运河,几为鲁南全部泄水之路"。山东省水无所出,先受其患,"南运"区域的东平、济宁、鱼台之沉灾所由来也。"中运"束水数百里,仅有九龙庙、五花桥、刘老涧、双金闸、旧黄河等处,可以分泄盛涨。而沂水自骆马湖淤垫,失其故道,遂先扰"中运"。汶、泗行水之路,于沂则来源大增,于淮中去路大减。微山一湖,经黄河曹工、丰工相继告决后,灌淤入湖,失其容纳之量,影响尤为重大。"上游容水之量既减,下游泄水之量又缩,此中运流域邳、宿、沭、海之沉灾所由来也"。

其二,汶水本发源于泰安仙台岭,暨莱芜等县245泉,至东平入济,合流入于海。迨元朝引汶绝济为会通河,明永乐中又筑戴村滚水坝,遏水尽出南旺以济运。分流南北,运河遂不涸。汶水异涨,仍北行由戴村坝漫出至龙堌集,分派为大、小清河,又合流至庞家口入黄。但随着黄口淤高,汶水不能北注,东平良田10余万亩,遂成泽国。"而运河南旺分水口以北,自十里闸迄于袁口闸,计程三十里,以汶水挟沙泻泥,积淤深厚,遂遏北行之水,尽归南下。而向所赖以分泄异涨之关家闸,暨土地庙闸等处,复以防灌南旺湖田,全行严闭,以致河不能容,堤必自溃,济宁、鱼台之沉灾,半由于此"。

其三,泗水发源于泗水县之陪尾山。四泉并发,西流至滋阳城东,又西南流,经横河与沂水合。元时于滋阳城东门外5里之金口作坝,遏河南趋。并于坝北建闸,即黑风口。夏秋水长,则开金口,闭黑风口,使南出鲁桥,以济酸枣林等八闸之运。冬春水微,则闭金口,导水入黑风口西流府河,至马场湖收蓄,以济天井等八闸之运。后"旧制尽湮,河道淤垫,而泗河之水,已不能合沂并灌入马场湖,则尽出鲁桥。伏秋水势汹涌,一经暴涨,漫为民患。其上游河道,宽约百丈,惟自西泗河头,张家桥以下,地势既洼,而又极狭,宽不过五丈,泗水骤经收束,无岁不决。济宁以东,田禾浸没,约三十万亩"。

其四,牛头河古称赵王河,在济宁城南,旧通汶上县之南旺,由永通闸下连鱼台县之谷亭,为明代之旧运渠。汶水由戴村坝之阻遏,西入运河;更由南旺之分水口,穿运河而西,出芒生闸,下行牛头河;经南阳、昭阳诸湖,以达微山湖。而泗水出鲁桥入运,亦穿运而西,经南阳、昭阳两湖,以达微山湖。"盖鲁境南运东部,山脉绵亘,水皆西行,是以运西诸湖,连接为潴水之要区,而以微山湖为其总汇。大水之年,鱼台被灾,面积约二十万亩"。

其五,微山湖介于苏、鲁两省之间,长150里,宽50里,周围面积,苏占东南西北,约3/4;鲁仅占东北一隅,约1/4。"地接滕、峄、铜、沛四县,上承鲁南诸湖,水落则各自为湖,水长则汪洋千里。微湖以下,经韩庄、台庄、黄林庄,即为江苏之中运。故微湖者,鲁省之尾闾,而苏省之门户也"。微山湖之水,入运河之关键有二:东曰湖口双闸,西曰蔺家坝。湖口双闸,"原以防暴水下注,兼资宣泄。常年键闸七板,不许增减,水位高于闸板,则听其入运,垂为定制"。迨经黄河告决,黄水淤垫湖心,湖宛如平碟。1927年,直鲁军阀北退时,将湖口双闸炸坏,且将闸之上游的河湖间石滚水坝,开凿深槽三道,槽底较闸底为低,"每届伏汛,山洪陡涨,湖水漫无限制,倾囊到箧,泛滥无际,泽国巨浸,徒叹其鱼"。蔺家坝亦为微山湖之为尾闾,"亘于张谷、马磨两山之间,(马磨山或作寨山)坝长一百七十余丈,下游由不牢河入运"。清时,禁止开挖,以保持水位,蓄水济运。并防湖水猛涨,殃及下游。清末民初放垦,约占湖面2/5,"沿湖赖以为生者,数十万人"。宣统三年(1911),"居民因免湖田被淹,私挖蔺家坝,争执多时,迄未堵闭,口门愈刷愈宽"。民国初年,"无专官管辖,坝制废弛,坝身益坏,致使微湖之水,尽量宣泄,不独邳、宿、睢、泗、海、沭等县,时遭平漫之害，即清、淮、高、宝一带堤防，亦异常吃重"。

　　其六，沂水一出曲阜山，与泗合；一出沂水县之蒙山，急流而下，自山东省齐村口入江苏境。自黄河夺泗、淮，沂道大阻，遂汇为骆马、隅头诸湖。一由窑湾口入运，一由六塘河入海。迫骆马、隅头诸湖淤垫，卢口冲圮，又分由邳境之二道、沙家、徐塘等口入运。下合窑湾口沂水，流至宿迁境，又分由刘老涧入六塘河，辗转归海。沂河在山东境内宽达200余丈，而在江苏境内仅宽20余丈。"骆马等湖既淤垫，沂无所潴，乃恃中运为转输，中运负担吃重，顶托汶、泗，灾患益深。加之，六塘河亦苦淤垫，其下游五障、龙沟各口，复阻于盐坝，出海不畅，势成中满。别有与沂水有关系之沭水，病患亦同，更成沂、沭交侵之局，此淮北大患所由成也"。

　　吴钊据此认为，"两省入运之水，曰汶曰泗曰沂者，咸见其害而不见其利"，苏鲁"婴此腹心之患"，理当合力以谋解决。但是因一天然水利区域被苏鲁两个省级行政区强行分割，区域利益的冲突导致苏鲁之间水事纠纷频发而激烈。

　　苏鲁边界激烈的水事纠纷最初由丰、鱼水道纠纷而起，后愈演愈烈，迄民国时期依然是械斗不断，两省文电往来无数，中央多次主持调解，甚至做出多个有关的议决案，但纠纷始终没有得到根本解决。查江苏丰县地势，原来东低西高，单县、虞城、砀山等县的坡地之水，悉经顺堤河，分入昭阳、微山诸湖。"旧有太行堤一道，为东西关，即所防南水北浸，逼水入湖，堤下即河，故名'顺堤河'，迄时丰、鱼两县，并无水患，亦未发生任何水道纠纷。又边沟为前清忠亲王僧格林沁防匪时所筑。平地筑堤，取土成河，为两县交界，直至河边为止。鱼台地势洼下，几成盆形，即无南来之水，水患已烈，人民只能种麦一次，秋成频歉，地方最为贫苦"。自经黄河在丰工、曹工两次告决，黄水北泛，浸及运道，运河淤塞，南阳诸湖亦被淤垫。为避免黄河吕梁之险，遂议改移运河东行，抬高河身，并于微山湖下口蔺家山筑坝，遏水济运。"湖底淤浅，又水面抬高，当时良田被沉没者，不下数千顷。同时丰境之顺堤河，亦被淤塞。丰人议倡掘太行堤，开南北支河，经鱼境分入昭阳、南阳两湖,当时鱼人反对,终未如愿。于是以鱼境水患尤烈,沿边鱼人,即修边堤,以御南水。丰人则挑河顺水北行,争执最烈,械斗迭出"。不得已于同治三年(1864),"由苏鲁两抚,派员会勘,定'丰不挑河,鱼不筑堤,听其平毁',遂成定案"。①迨后边河堤渐平,边沟及东西两支河亦淤塞,丰、鱼两县,俱受水患。同治七年(1868),因江苏丰县"积水陡涨,北乡全被淹漫",于是"丰民持械掘濠,鱼民争较致伤"。②同治八年(1869),"泡流全由西河北注,鱼台患水,与丰民争,丰令陈凤仪、徐弼庭等乃自巩家窑引别渠,东经亦源呰北,又东经刘家呰西,北入鱼台昭阳湖,水势遂分"。③同治十二年(1873),"丰县泡河北注,鱼台患水,与丰民争,乃引渠东注,水势遂分"。④

入民国以后,苏鲁两省围绕治理南运湖河以及涸湖放垦、排泄积水等问题争议不断,水事纠纷日趋激化。1914年,山东设筹办山东南运湖河疏浚局,拟创鲁南垦牧公司,"俾汶、泗及其他积水,递达微山湖",苏人群起反对。于是有了勘运的动议。1915年6月,苏鲁两省会议台儿庄,"协商治法,鲁主疏牛头河,苏主治蒙沂"。"鲁省施治入手,在于东汶,御黄以刷积淤,分治汶、泗以减异涨,通湖引渠以筹消导,而尤在疏通牛头河,以微山湖为归纳之尾闾。苏省施治入手,在于疏浚河身以畅入江之路,厚培堤岸以防东溃之灾,筹修闸坝以增归海之路,而尤以大治蒙沂使由总六塘河,增筑遥堤,束之入海,以减异涨"。⑤此项计划,苏人认为"虽号为统筹分治,而鲁人排水涸田之初意,固前后一贯,丝毫无所变更也"。于是苏人反对之论调,更为激昂。有徐海、淮扬绅商、学界黄以霖等呈省长转呈大总统饬派明习水利人员来苏省会勘禀,可为代表。其扼要之语有云:

① 《丰鱼两县水道纠纷应如何处理案》,山东省政府建设厅编印:《山东建设月刊》,第6期,1930年3月。
② (清)丁日昌:《抚吴公牍》卷一八,《东抚咨丰鱼河道委员勘办由》。
③ 同治《徐州府志》卷十一《山川考》,《中国地方志集成·江苏府县志辑》(61),第376页。
④ 武同举:《江苏淮北水道变迁史》,载武同举:《两轩賸语》。
⑤ 民国《续修兴化县志》卷二《河渠志·河渠二·运河》。

夫上游涸田至百五六十万亩,则下游必潴水至百五六十万亩,此一定之理也。然此犹就既定之水面言;若夏秋山水暴发,万派争流,一泻千里,冲决泛涨所及,更不可以数计。汶、泗未浚,南阳、昭阳未疏,运河自徐州入境,至扬州出江,千里长堤,尚岌岌可危,微山、骆马等湖之泛滥,尚十年九灾,生命财产,动付波臣。若再益以山东南运河湖新导之水,一齐奔注,则高屋建瓴,奚以御之?推其所至,铜、沛、邳、宿,首当其冲。沭、灌、东海,并受其灾。马棚、清水潭决口之故事,难保不再见于今日。高、宝、兴、泰、东之民,不将又兴其鱼之嗟乎。山东兴利,其费不过五六十万元。江苏防害,其费奚啻十倍? 山东之利,在每年增收税课四五十万元;江苏之害,其每年减收课税,奚啻十倍?①

1916 年伏秋水灾,9 月派全国水利局副总裁潘复,前赴江苏一带,会同官绅履勘运河情势,统筹疏浚事宜。江苏乃派马士杰、王宝槐,并推绅士黄以霖、周树年、武同举、陈伯盟等,于 10 月 3 日,在微山湖下游之韩庄会齐。历勘中运、里运河身及闸坝,并及与运有关系之各河流,往返 2000 余里,历时经月。11 月初,在江苏省公署,开第二次苏鲁运河会议,参加会议的有潘复、齐耀琳、江苏会勘官绅,淮扬、徐海绅士议员,及山东南运测量主任谈礼成,江淮水利测量局局长沈秉璜等。②会议议决五条意见:一苏鲁各湖均保存其现有面积,牛头河、伊家河及南阳、昭阳、微山各湖连接处均不疏浚,由两省派员会勘。未勘定以前,各河均存其旧;二导沭经由蔷薇临洪口出海,导沂一支由骆马湖入六塘河,其他支仍循故道入运,再分泄入六塘河,均由灌河口出海。卢口及刘老涧均复滚坝旧制,或酌建闸;三疏浚杨庄至涟水淤浅之废黄河,分泄运涨,俟查勘后再定;四收归江坝

---

① 吴钊:《苏鲁水利纠纷之检讨》,《苏声月刊》1933 年第 1 卷第 3/4 期合刊,第 20 页。

② 同上,第 21 页。

及盐河、武障、龙沟等坝归江北水利专官司其启闭,其车逻、五里、南关等坝由行政官查照成案水志尺寸办理;五整顿淮扬、徐海二分亩捐,以备募集省公债,并推广泗沂沭流域厘金附税,以为工程费用。①苏鲁待治之水,工程浩大,经费之筹措,尤为前提。1916 年全国水利局总裁金邦平,依导淮范围,先代山东与美国广益公司,商订整理南运七厘金币借款合同,计美金 300 万元。呈奉中央核准,同时拟代江苏省息借美金 300 万元,整顿苏运。苏人大加反对,其事遂寝。②

1917 年 3 月至 4 月,天气亢旱,秋禾难以下种,运河水涸。4 月 19 日,淮安知事许守廉、绅士周钧电苏省长,请转请山东省济宁开放湖口双闸放水,以救旱情。宝应、高邮、兴化等农会,也迭请山东省启闸放水。无奈自 1916 年微山湖自设立垦务公司后,涸湖垦田,已将闸板全行拆除,湖水畅泄。比至深秋,湖水与闸底相平,涓滴不能下注,以致运河水枯。淮扬被旱,损失惨痛,也已无法补救。③

1919 年,直鲁运河督办熊希龄南下,会同江苏齐省长筹治苏鲁运河会议,熊希龄谓苏如治运,即加入直鲁借款,苏人主分治,议派专员会勘协定计划。④此次会议之结果是:江苏提出之"苏鲁运河会议草案"交山东测量洋工程师,为规划工程计划之根据;两省先行测量,测竣后,派员互相校勘,协商水利计划;苏省筹设专管机关,以便与鲁省随时接洽进行。至苏人对于借款一节,仍本前议,未加赞同。苏省长于宣告散去时,且预嘱与会士绅,即行商定机关、测量、筹款三事。对于筹款一节,筹浚江北运河工程局及江苏省公署,并有如下之主张:

> 苏鲁两省,兴治水利,鲁运在分疏汶、泗。而沂、沭不先分疏,则汶、泗之水,无处可容。分沭使不扰沂,分沂使不扰运,皆所以为汶、

---

① 民国《续修兴化县志》卷二《河渠志·河渠二·运河》。
② 吴钊:《苏鲁水利纠纷之检讨》,《苏声月刊》1933 年第 1 卷第 3/4 期合刊,第 23 页。
③ 《江北运河枯涸之补救》,《晨钟报》1917 年 5 月 3 日,《晨钟报》第 3 分册,第 17 页。
④ 民国《续修兴化县志》卷二《河渠志·河渠二·运河》。

泗留尾闾也。因筹汶、泗之尾闾而兴工作,筹款之方法,施工之先后,皆有研究之必要。苏省治运,既合有消纳鲁水之作用,则苏运工程经费,鲁省当然负协助一部份之义务。苏省既拒绝借款,则大宗款项,必赖截留亩捐募集公债,或向银行抵借款项。直鲁借款,既由国库担任,则苏省治运,似可请求中央协济经费。

从此苏鲁两省,分道扬镳。"鲁人抱定初衷,积极进行。苏人尽力筹款,成效难见。苏鲁合作治水之局乃愈趋愈远矣。"[1]

自此次会议后,江苏省谋划大举兴治江北水利,成立督办江苏运河工程局。然绌于经费,无甚进展。迨1928年秋,丰县县长王公玙,强挑西支河,泄水经山东鱼台县入南阳湖,于是两省水利纠纷再起于丰、鱼之一角。"盖丰县地势,东南西三面高仰,惟有一线中洼。故全境之水,必北趋鱼台而入南阳湖。地势使然,此与运河沿线之北高南下者,完全相反也"。丰、鱼两县既利害不同,百余年来,流血时见,积案如山。同治四年(1865),两省督抚,曾会疏东西支河。不久鱼台县人复筑边堤阻水。"自是每当阴云初布,风雨欲来之时,因筑堤毁堤,准备作战。往往冒雨冲锋,互有伤亡,亦云惨矣"。1928年,丰县浚河之初,县长王公玙亲赴鱼台各村,苦口劝导,历述浚河与两县之利。"鱼民之红枪会及无极道,集众千余,声势汹汹。经王君诚恳劝导,渐转和平。会议数小时,鱼代表允设法弹压无知农民,俾便施工"。王公玙"以为如此结果,千载一时,爰星夜纠工。开工之日,到者六万人,欢声雷动。遂以不满匝月之时间,不满万元之经费,竟将宽七丈,深一丈,长百里,预算五十万元之河道,咄嗟完成"。于是鲁人迭电反对,乃于1929年1月,由苏鲁两建设厅派技士张崇基、孔令瑢前往会勘。鲁方希望鲁疏西支河,引水入南阳湖,更接疏运河故道(即牛头河)至微山湖,而苏疏微山湖下之荆山河,引水入运。但苏方只同意浚东西支河,引水入湖而止。宗旨不同,会议无结果而罢。然

---

[1]　吴钊:《苏鲁水利纠纷之检讨》,《苏声月刊》1933年第1卷第3/4期合刊,第24页。

其时山东省政府已决定接挑西支河、牛头河及疏浚昭阳湖下游。1929 年 6 月,江苏建设厅复派水利处长徐骧,会勘丰、鱼水道纠纷。鲁方要求开通昭阳、微山两湖,为接开西支河之交换条件。态度坚决,不能融通,又无结果。此后丰、鱼两县,筑堤毁堤,纠纷一如往昔。两省文电交驰,唇枪舌剑,亦复旗鼓相当。①鲁省认为"丰县不掘太行堤,则水汇归中部,向东顺堤河入湖之路已塞,地势亦较高。若堵太行堤,挑挖顺堤河,使水东流入湖,虽河线只二十余里,但丰之人绝不愿再于平陆挑河,尤不愿鱼人修筑边堤,防水北来,时以迁延多时,未能解决。但自三县新河已成,鱼人怒愤异常,沿边一带,时生战斗,不图从速设法,则因水患而起惨争,定不可免。若欲疏通昭、微两湖,在苏又藉词反对"。②在江苏一方也不甘示弱,建设厅据丰县建设局长代电呈,"鱼绅张绅将丰县交界地方筑堤阻水,殃及邻县,特呈省府请转咨山东省政府严令制止!"文云:

> 呈为转报丰、鱼交界地方,鱼人筑堤阻水情形,仰乞鉴核,迅赐转咨山东省政府,立予制止,以免酿成意外事,案据丰县建设局长冯守信"寒"代电称:窃查丰鱼河道纠纷,业蒙层宪派委会勘,签定四项办法,明令施行在案。乃鱼绅张尚德、王玉盘、甄宜亭等于夏雨连绵之际,将丰、鱼交界地方,筑八九里长边堤,使上游之水,不能由轨道入湖,改泛滥边郡,殃及丰民,居心不正,殊勘发指!局长接丰民报告,即前往调查,设法解决,不意甄宜亭等,纠合民众,各持枪械昼夜把守,不使丰人越雷池一步,甫至丰境王河套百余步,彼即开枪射击,弹如雨下,所幸奔避驰速,得免于难!似此蛮横行为,一旦酿出危险,殊与苏鲁两方省

---

① 吴钊:《苏鲁水利纠纷之检讨》,《苏声月刊》1933 年第 1 卷第 3/4 期合刊,第 24—26 页。

② 《丰鱼两县水道纠纷应如何处理案》,山东省政府建设厅编印:《山东建设月刊》第 6 期,1930 年 3 月。

县当局,有伤感情。为此电恳转电鲁省政府,迅饬鱼台县长,严加制止,并将所筑堤增,立即挑开。①

1929年10月,山东省建设厅长孔繁爵电复江苏省建设厅长王柏龄,主张由导淮委员会解决丰、鱼水利纠纷,态度极为诚恳。江苏省表示同意,乃于1930年5月,由苏鲁两省及导淮委员会,分派委员徐骥、张君森、王凤曦会勘丰、鱼水道,议定以下四条解决办法:丰县挑挖新河(即西支河上游)以西,由康庄起至新河之支河(即康庄支河)一段,约长12里,使西来坡水,顺槽东流入新河,以免漫溢丰县北部及鱼台南乡;由鱼台疏通自丰鱼交界之新河起,至南阳河之西支河止;由丰、鱼两县,各就县境疏浚旧有东支河,入昭阳湖;由丰、鱼、沛三县,疏浚王河套以东至城子庙入湖之边沟,以求畅泄,免除丰县东北、沛县北部之水灾。自此次会议后,苏鲁水利纠纷,可谓局部解决。"然丰鱼之水,虽能直入南阳湖,而南阳湖之水,不能畅经微山湖下注中运",苏鲁纠纷日后复起仍不可避免。②

1931年淮河流域普遭特大水灾,因水灾决堤、护堤之纠纷在苏鲁边境再次上演。1931年6月29日,正当济宁、滕、峄、鱼、沛等县乡民,抢种秋禾之际,大雨连日不止,河湖水涨,徐城袁桥乡民护堤事起。铜山县署竟将冒雨护堤之乡长张传义等5人抓捕。30日,大雨滂沱,护堤乡民男女老幼三四百人,"持旗冒雨,由黄河堤出发",结队游行至县府请愿,"沿途高呼打倒官产局九德堂口号",抗议将官产黄河故堤私卖给九德堂承领。公安局复派警队将民众抓捕18人入狱。③7月1日,大雨倾盆,大水沿黄河故道,汹涌而下,微山湖水异涨,不克容纳,又决而流徐。沿湖居民房舍,尽被冲浸,倒塌160余家。3日,徐州各团体在铜山县府召开护堤惨案善后会,议决:惩办官

---

① 《咨情·鲁省制止鱼民筑堤阻水》,《江苏省政府公报》,第532期,1930年,第12页。

② 吴钊:《苏鲁水利纠纷之检讨》,《苏声月刊》1933年第1卷第3/4期合刊,第24—26页。

③ 《徐州发生护堤风潮》,《申报》1931年7月2日,《申报》第284册,第42—43页。

产局主任左述松;取消九德堂并惩办负责人;释放在押民众并予以抚恤;组织地方官产审查委员会;发表告慰袁桥乡民书;铜山县府即将在押民众全行释放,具呈省府解决。[①]

　　1932 年 8 月,鲁省挑修牛头河及东、西泗河,导水入湖,以资宣泄。唯因下游入苏关系,苏人颇持异议,嗣经江苏建设厅邀同导淮委员会及山东建设厅派员会勘协商办法,山东建设厅派技正曹瑞芝会同办理,拟定了江苏省对治运治标办法六条:修复湖口双闸;填塞韩庄运河两岸开挖之深槽;恢复蔺家坝;苏省沿湖亦加筑湖埝,工程自边沟至湖口,苏鲁交界一段,由苏省兴筑,自常家口至夏镇一带由鲁省代筑;苏省应办之工程最迟须于 1933 年 6 月中旬完工;在苏省应办工程未定以前,鲁省之赵王、牛头、南运下游不得疏通,至少须留百丈。以上六条,经鲁建厅详加考虑,以其所订办法偏重防堵,于疏导方法并未提及,有背治水原则,且与鲁省治运计划多所抵触,碍难同意。鲁省建设厅即函复苏建厅,并呈导淮委员会,谓其先将疏导苏省运河之方法规定,然后再派员共同会勘,会商办理。在未经会勘确定规划以前,鲁省建设厅仍依据上年会商办法,即苏鲁交界水位,维持 33.6 米,流量每秒 1000 立方米之标准,分别疏导各河,决不受该六条办法之束缚而停止鲁省疏浚工程。[②]11 月 13 日,鲁省建设厅拟定运河治理计划,从黄河南岸起,至台儿庄止,全长 500 余里,定于次年 2 月 16 日兴工挖浚,沿运河 8 县征工,每县日出民夫 2 万人上阵,力争在两月内竣工。并拟在沿运办灌溉区,可灌地 2000 顷。[③]在江苏一方看来,此次山东单独治理南运,是一意孤行,"夫汶水方面,戴村坝既已修复,则汶水大部,不复北灌东平,必经南旺而南下,汇注微湖。东西泗河旧堤,既已整理,决口既已堵塞,向者平漫于滋阳、

　　① 《护堤风潮解决》,《申报》1931 年 7 月 5 日,《申报》第 284 册,第 118 页。

　　② 《苏鲁两省会商治理运河办法》,《申报》1932 年 8 月 6 日,《申报》第 295 册,第 131 页;《苏鲁治运办法》,《申报》1932 年 9 月 4 日,《申报》第 296 册,第 101 页;《鲁建厅反对治运办法》,《申报》1932 年 9 月 2 日,《申报》第 296 册,第 34 页。

　　③ 《鲁建厅定期修浚运河》,《申报》1932 年 11 月 19 日,《申报》第 298 册,第 489 页。

济宁之水,亦必汇注下游以入苏境。南旺、昭阳、微山各湖之引河,既已完成,入湖之水必猛畅,水位必抬高,湖口双闸,及闸北之深槽,并蔺家坝均未修堵,则水之就下,必沛然莫之能御。凡鲁省东平、济宁、鱼台之沉灾,一转移间,嫁于徐海,波及淮扬"。①

1933年8月初,黄河决东明,鲁西各县几沦泽国。黄水自入微山、昭阳两湖后,丰、沛两县民众拟掘二坝,南塞黄河故道,使水东注。萧、砀民众认为移水害人,分呈顾主席、曾司令、余专员制止,甚而磨刀擦枪,专俟火拼。其呈文有"丰、沛违反水性,以邻为壑,为自卫计,惟有持械以待"等语。②10月中旬,苏省府电致鲁省,请修微山湖防水堤。鲁建设厅呈复苏省,请其先将下游泄水道六塘河疏浚,两省商定泄水量后,再议修微山湖堤。③11月中旬末,苏省派委高守港至徐,处理丰、沛、萧、砀四县堵口开坝争执。会同专员余念慈,召集四县民众代表在铜山专署会议,经议决,四县同意疏浚丰、沛之大沙河,引水导入微山湖。萧、砀、铜三县愿意支援丰、沛两县施工,争执遂告解决。然而滕、沛两县密议,为涸湖水种田,遂由滕县县长率领大批警兵,将韩庄湖口大闸堵板撤去九方,使湖水由运河向下狂流奔放。运河水量陡增,下游邳、睢等县被灾,连电苏省府报警。铜山督察专员余念慈据报,确系滕县拆除湖口堵板之所为,以为如此今后夏秋汛期,铜、邳、宿、睢等县保障尽失,将来受害匪浅,遂电呈苏省府,转请鲁省府将湖口闸板堵闭。④12月18日,华北水利委员会、太湖水利委员会、黄河水利委员会、导淮委员会四大水利机关在南京讨论苏鲁两省治运纠纷。继由导淮委员会出面调停,召集苏鲁两省建设厅及江北运河工程局,共同会勘苏鲁南北运河后,又在京先后集议四次,终因苏、鲁两省意见分歧,利害相反,合作困难,竟成僵

① 吴钊:《苏鲁水利纠纷之检讨》,《苏声月刊》1933年第1卷第3/4期合刊,第27页。

② 《丰沛萧砀发生冲突》,《大公报》1933年9月12日,《大公报》第116分册,北京:人民出版社,1983年,第163页。

③ 《苏鲁电商修堤》,《申报》1933年10月22日,《申报》第309册,第691页。

④ 《徐属请闭韩庄大闸》,《申报》1933年11月22日,《申报》第310册,第631页。

局,至此遂无结果而散。苏鲁两省意见分歧的焦点,在对微山湖水位及湖口泄水量方面,各持己见。鲁省坚持按导淮委员会第二次泗河治导计划实行,即微山湖水位为 33.6 米。7、8 两月平均泄水量每秒为千立方米,苏方以鲁水 1 立方米由苏入海,则使苏省水土流失 4 千立方米。鲁省水位降低,是鲁利于涸田,而苏却受灾。因而苏方提出:山东境内兴办排水工程,必先帮助江苏境内因排水而发生之工程负担;对微山湖水位须遵导淮委员会第一次治导泗河计划为 35.1 米之规定;山东省治理境内韩庄以上工程,苏省赞同,但计划须送经江苏参看,征求同意;韩庄以下之运河航运工程(包括中运、伊家、不牢等河),须俟下游苏省工程举办完竣后,再行施工。以上各点,鲁省表示"碍难同意"。1934 年 2 月 2 日,铜山新任县长王公屺到职视事。余念慈奉调去省,疏浚运河问题,苏鲁两省僵持不下,苏方发表治运会议失败经过等。江北运河工程局将该次会议经过及意见,呈复苏省府。①1934 年 3 月 30 日,鲁省府政务会议议决,照准鲁建厅组织治运工程,按计划开工。鲁省运河治理工程,因与苏省会商经年,未能达成协议,迄未动工。鲁建厅特决定择重要者先行疏浚,决定照疏浚北运河办法,由运河工赈余款项下,拨 8800 余元开工。②

　　1935 年 5 月中旬,沛县政府征工疏浚大沙河。沿河农民认为引水自害,力持异议。沛县党部以大沙河关系沛南水利,唯以微山湖为尾闾,而微山湖通运河之湖口坝,又在鲁境,特电苏省府请主持疏浚,并转请鲁省府启放湖口坝以利宜泄。大沙河原为故黄河通微山湖之旧有河道,关系丰、沛、萧、砀四县水利,而微山湖又为苏北、鲁南诸水之归宿,下通运河,原各水息息相通。自黄河北徙之后,各河淤塞,亟应彻底疏导,以兴水利。③然自军阀割据以来,苏鲁两省向为对立,相互掣肘,难以疏浚。韩复榘亟欲疏运,终亦未竟其工。沛县虽

　　① 《疏浚运河问题苏鲁两省意见分歧》,《大公报》1934 年 2 月 10 日,《大公报》第 118 分册,第 557 页。

　　② 《鲁建设厅疏浚南运河》,《大公报》1934 年 4 月 1 日,《大公报》第 119 分册,第 445 页。

　　③ 《沛县征工浚大沙河》,《申报》1935 年 5 月 19 日,《申报》第 328 册,第 492 页。

与鲁省利害一致,然亦难以为力。沛县大沙河及盐河疏浚工程,经呈准省建厅后,即行开工。滨河农民以二麦将熟,时值农忙为由,极力反对疏浚,并派代表赵剑青、谭明扬等至徐,向专署请愿,散发传单。铜区专员邵汉元据呈,派委陈浚夫赴沛调查,召集民众谈话,宣布在省厅未得核示之前,暂缓动工。6月上旬,沛县政府以麦收已过,重行征工,疏浚盐河、大沙河,沛民以未奉到建厅正式核示为借口,仍反对兴工,延至24日,沛县政府召集各机关团体会议,决定于27日开始动工。第一区长张佐基将反对开工之该区保长王效庄、刘开业等7人捕押,并派骑警将农民代表郑善文家查抄,激起民愤。25日晨,农民集众万人,赴县城请愿,县长苏民传令闭城而守,民众遂将县城包围,其势汹汹,相持一昼夜。26日,由新沛官钱局经理王寿柏、救济院长朱惠生出面调解,往返数次,农民提出7项条件,包括释放被捕人员、开除张佐基等。至晚,县长苏民一概答复同意,城围遂解。①7月23日,鲁省各界及黄灾委员会电呈行政院长汪精卫及宋子文等,抗议苏省筑堤截黄,强抑水性,黄水横流堪虞,鲁民万分惊慌。韩复榘亦通电林森、蒋、汪、孔、宋等,痛陈灾况,有"鲁省西南半壁,同归于尽"等语,并谓洙水、赵王各河决口,原由苏省筑堤修闸,堵截黄水,不能宣泄,致南阳湖水倒漾所致。鲁民环请呼吁,情词激烈愤慨,倘不急图挽救,则洪流泛溢愈烈,民气易动,恐别生枝节等。②8月,"导淮会及邳县民夫,在邳境王母、胜阳二山间续筑二阻水坝,阻水南泄。复在运河内抛石料麻袋,以图塞河,鲁南数百万民众,愤激万分,势将铤而走险"。③峄县县长刘化庭电达山东省府报告灾情严重,电称:据报,导淮会及江苏邳县民夫,在王母、胜阳二山间之运河,既筑

---

　　① 《沛县农民反对浚河风潮》,《申报》1935年6月30日,《申报》第329册,第782页。

　　② 《鲁南阳湖前夜决口》,《大公报》1935年7月24日,《大公报》第127分册,第337页;《鲁方反对苏北筑堤堵水》,《大公报》1935年7月28日,《大公报》第127分册,第393页。

　　③ 《导淮会在邳境续筑二阻水坝 鲁人反对甚烈》,《申报》1935年8月29日,《申报》第331册,第735页。

二横水坝深入河内阻水,湮灌鲁南及少数铜、邳村庄,现复在二坝头之间正河以内,抛掷石料及麻袋,意在使河底垫高,阻水下泄。似此塞河阻水,以邻为壑,置鲁南、苏北数百万人民生命财产于不问,殊属中外奇闻。乞速电中央及苏省府,严厉制止,免生意外为幸。[1]9月1日,《中央日报》报道:"旋据邳县来人云:该县十余里王母山、胜阳山横堤,被鲁峄民众掘挖数段,放水下泄,民众为身家性命,正运麻袋石料抢堵,双方恐将酿起巨变"。[2]于是,邳民又在王母、胜阳二山间筑堤二里拦堵黄水,峄民大愤,集众挖堤,双方械斗,邳民被掳多人。导淮会及邳县政府电呈中央,请鲁省府制止。

1938年夏,丰县县长王公珝令丰县群众开挖西支河上游以泄水入湖,再度引起鱼、丰两县水利纠纷。1939年3月,鲁、苏两省派员协商。山东认为丰县挖河泄水入湖,江苏必须疏挖微山湖下端的蔺家坝,否则,丰县之水不能由鱼台入湖。江苏以疏挖蔺家坝,山东之水大量注入运河下泄,恐殃及省内沿运一带为由,表示拒绝,两省协商失败。1939年9月,山东省政府主席陈调元呈文南京政府行政院以求解决。行政院指令内政部与鲁、苏两省派人同往查勘。未及成行,江苏省政府又呈文内政部,要求将此案交导淮委员会办理。1940年1月,导淮委员会批复:"俟本会实地调查,通盘计划,再行主持办理……现在仍……饬丰、鱼两县长仍令暂维现状"。此次纠纷以维持清同治年间鲁、苏两省督抚会"丰不挑河,鱼不筑堤,任水自流"的结论而告终。[3]

① 《峄县长电请制止塞河阻水》,《申报》1935年8月31日,《申报》第331册,第793页。

② 《邳民正努力抢堵 双方将起争执》,《中央日报》1935年9月1日,《中央日报》第31册,上海:上海书店出版社、南京:江苏古籍出版社,1994年,第75页。

③ 山东省鱼台县地方史志编纂委员会编:《鱼台县志》,济南:山东人民出版社,1997年,第224页。

二、县际水事纠纷

省内县际水事纠纷是指县与县之间在开发、利用和保护水资源、防治水害过程中因水事权益纠纷而引起的行政争端。宋元明清至民国时期，淮河流域河南、安徽、江苏、山东境内皆多发县际水事纠纷，尤以淮河流域河南、安徽、江苏三省县际水事纠纷最为繁多而激烈。

(一)豫省县际纠纷

首先，淮宁县与鹿邑县、项城县之间的开浚沟洫纠纷。淮宁县与鹿邑县主要是疏浚牛心沟方面的纠纷。光绪十年(1884)，鹿邑县知县宋岱龄奉檄督浚沟渠，境内"别有牛心沟长四百三十丈，入淮宁境杨桥，达于黄沟，下游弗浚，水无所归，县民谢继远等与淮民段玉崑构讼，其役遂辍"。[①]

淮宁县与项城县主要是赵黄沟的开堵纠纷。在淮宁、项城县接境地方有"左村'"，"势居洼下，每苦积潦。坡东南滨临沙河，跨堤有桥一，上下甃以石，名'黄家桥'，外数十武始达河流。有沟一，上接桥孔，相传曰'赵黄沟'，始建不知所自，盖亦前人为泄坡水设也。历年久远，沟以淤塞"。项城人张丕绪"恐堤薄不足以御泛溢，请于县，加筑土堤桥，土桥亦从此湮没"。乾隆四年(1739)，夏秋苦雨，"左村坡等十九村庄尽成巨浸"。项城"钱令过此，悯其昏垫，积父老谋疏泄计，此沟始复一开，于时值秋汛，坡水未泄而河流复涨，村民不知捍御，悉皆引去，几有溃堤之势，赖下游居民抢筑，始无他虞，自此不复议开"。乾隆六年(1741)秋又苦潦，"淮民杨世俊、项民童希圣等复议开此沟，而项人张丕绪等坚执不可，遂具牒诉府、诉道，转饬淮、项二令会勘，因有前车之鉴，亦以不开上请"。后经县令亲往勘视，"遂命凿堤露桥，桥甚坚，而沟去河亦远，若令启闭以时，固无碍也。乃请于

---

① 光绪《鹿邑县志》卷四《川渠·沟渠》。

道,期过秋汛,委员开放,水涸即筑实,以坚河防,约四十日,地乃涸出,农功无误","自今以往,雨旸时若,设有不齐,当请命于官,以时启闭,切勿专擅,资人口实。庶金堤永固,而积潦可除"。①

其次,临颍县与许州之间的决堤纠纷。在临颍县北35里有艾城河,位于石梁河之北,为曹魏邓艾屯田时所引。"源出密县大隗山,流经许为溵,下达秋湖,至此其水最宜稻。比岁淫雨,泛溢四出,常被淹没"。艾城河上游为溵水,溵水东北有斜、黑二河,汇溵入临颍县境,为艾城河。河底高于平地,俗呼高底河。康熙五十六年(1717),"许州汪家坡及秋湖之居民利水疾行,于溵东斜、黑二河汇合处决口,凿沟长三里许,引三河水直灌西张诸保,因与颍民争斗格杀成大狱"。雍正四年(1726),河南巡抚田文镜"委官筑堵,民始安。立碑堤上,知州祖承祚、知县林贻熊各有记"。②

第三,上蔡县与遂平县、汝南县(今平舆县)、商水县之间的水事纠纷。上蔡县与遂平县之间主要是扒堵"吴家岭"纠纷。上蔡、遂平县交界处的南柳堰河以南有吴家岭(又名"周堤"),北自三道咀(即今谢湖沟口附近),沿谢湖沟东岸,向南至济渎庙,再南至郭庄北,长约8里,高约4尺。此堤修筑于康熙二十九年(1690),由当时知县杨廷望督修,小吴庄(今大李庄)士绅吴册章、吴成章、吴八章、吴汉章等人承办。因位于小吴庄前后,又是姓吴的主修,所以称之为"吴家岭"。修建此堤主要是为了阻挡遂平县三道河(今奎旺河)洪水漫溢,防淹上蔡杨桥坡、张桥坡以及黄埠北部。清光绪年间(1875—1908),遂、上两县该地区人民,利用这一有利地形,在新河东岸联合筑堤,配合新河,进一步逼石羊河洪水进入沙河(即今南汝河),不使之东去危害下游。当时由遂平县徐楼村拔贡徐贻纯、上蔡县大李庄村营长李殿一组织动员了遂平县东半部和上蔡县黄埠以北村庄的民众,以遂平为主出动千余人,上蔡为辅出动百余人,前往施工。结果,遭遂

---

① (清)崔应阶:《左村坡赵黄沟碑记》,乾隆《陈州府志》卷四《山川·陈州府·河渠》。

② 民国《重修临颍县志》卷一《方舆志·山川》。

平西部上游群众持械反对,加以阻拦。因而双方展开了一场大规模的械斗,当场打伤 10 多人。遂平县长闻讯后,急速前往加以制止。但下游人多势众,不久又聚众修筑。后常年有人看管,不准扒堤放牧。因年久失修,防洪功能逐渐丧失,于 1913 年由周庄周仁麟、大李庄李照亭领头对之加以重修,仍名为"吴家岭"。堤线改北段(大李庄以北)向东平移 500 多米,全在上蔡境内。北至引河右堤,再向西至引河头。南段大李庄以南,废南北向为东西向,至北泉寺止。因该堤主要是堵遂平来水,所以遂平人竭力反对,多次扬言要予以扒除。上蔡境内主要是周庄、大李庄两个村顶冲。周庄是个大村,有人有势,善勇好强;大李庄虽小,但官场上有很强的活动能力。所以,几次对垒,遂平均惨遭失败。因而遂平人称吴家岭为"周堤",称周庄、大李庄为"壹半庄"。1933 年春,上蔡县境加固了吴家岭,再次引起遂平县境人的愤恨。于是,遂平县蔡岗村乡绅徐相岭和蒋庄村蒋百祥(遂平伪八区区长)领头策划,暗地勾结驻洧川县国民党军队某部来上蔡境强行扒堰。在洧川县任教育局长的李震三(上蔡大李庄)得悉后,以贿赂说服部队作罢。1935 年春,遂平县又以韩庄村徐尧臣、韩沟堂、小车庄村李尧臣为首,拟动员 6000 多人前来扒堰。上蔡闻讯后,由周庄周仁麟(黄埔寨长)、周世麟、周培章、大李庄李元亭、李守法、曹立忠、宋庄宋之贾等人为首,分别发动了周庄、大李庄、后庄、刘庄、伞子李、狮子口、耿庄、李门、小张庄、高湾、大吴庄等 20 多个村庄的民众各备武器迎战,并从黄埔调来了 30 多门"洋装"、"九节雷"、"付浪机"之类的大炮,一字形排列在吴家岭以东五六百米处,从后张村北张坑一直摆到北坡盆底坑,南北长约半里地。遂平人慑于威力,未敢动手,从此罢讫。①

　　上蔡县与汝南(平舆县)之间的纠纷主要是上蔡沟的上排下堵。上蔡沟位于洪河左岸,上蔡县党店乡和平舆县后刘乡交界处。起源

---

① 参见李清晶、赵继昌:《南柳堰河水利纠纷三则》,见政协河南省上蔡县文史资料研究委员会:《上蔡文史资料》第四辑,1991 年,第 98—101 页。

于上蔡县党店乡小张庄村,西南流,经索庄,至新田村东南,顺上、平两县交界处,转向正西入洪河。全长约 7 千米,流域面积 12 平方千米。由于洪河水位高,沟水入不了河,水无出路,下游平舆县胡岭村为防水南溢,于沟南岸筑堤挡水,造成上蔡境新田村等积涝成灾,受灾面积约 5000 亩左右。因上排下堵,各不相让,形成了历年不易解决的水利纠纷。光绪十八年(1892)间,上蔡民众为此沟与汝南县兴讼,叠控抚道辕下。"蒙巡抚部院裕批司檄委。即用知县江令,会勘讯断,两造各执,后经本村礼委王令,合同两县,详细复丈。计沟岸柒拾贰段,共长柒百贰拾弓,高低参差不齐,核与江令原量数目长出十弓,本府又复亲诣勘明相符。当经断,今将汝境南岸长出十弓之处,一律削平,与北岸高低相等。此后,永远不准格外加高添长。其南岸遇有雨水冲缺,许汝民按照旧岸帮宽修补。沟归蔡民经管,如小有淤塞,准蔡民自行疏通。倘年久淤塞太甚,动工大修,须各随时禀府,委员验明,再行动工,以杜争端。两造均各允股遵断,具结禀准销案"。光绪二十五年(1899),"为此示,仰汝阳、上蔡两县军民人等知悉。嗣后,界沟即蔡沟,南北沟岸,如应修补或应疏通,与大兴沟工之处,均须一一遵断办理。务和衷而共济,毋负气以纷争;务恤患以亲邻,毋挟嫌以滋事。此示之后,倘敢阳奉阴违,执迷不悟,定即拘案严究,决不姑宽。其各懔遵,勿违特示。当出示之际,面谕汝、上两造,各将示勒石,以垂久远"。[①]迄民国时期,上蔡沟纠纷仍然激烈不已。1943 年,汝南县胡岭村民众私自在上蔡沟南岸筑堤堵水,纠纷复起。次年 9 月,国民党八区专署派兵两个中队分驻两岸,予以疏通,并将南岸新堤削平均开,以免堵水,纠纷才得以解决。[②]

上蔡县与商水县之间主要是大董村的挖沟与平沟纠纷。大董村(也称坡董村)原属商水县管辖,地处上蔡县朱里乡与商水县境交界

① 《上蔡沟碑文(李大人示)》,转引自李清晶:《上蔡沟水利纠纷的解决》,见政协河南省上蔡县委员会文史资料研究委员会:《上蔡文史资料》第三辑,1990 年,第 68—69 页。

② 参见李清晶:《上蔡沟水利纠纷的解决》,《上蔡文史资料》第三辑,第 67—69 页。

之处,新中国成立后才改属上蔡县。此村地势低洼,常年积水,故有
"董家湖"之称。光绪二十七年(1901)春,在西平县任过把总的商水
县乡绅陈明山,先与上蔡五村(邬庄、孙庄、周桥、景庄、赵庄)商量,
共同开挖一条排水沟。协商不成,便带领大董村数百名民众在靠近
南五村的大董庄地界上开挖了一条东西长 5 华里、宽 1.5 丈的排水
沟。由于管理不善,排水沟不断遭到破坏。上蔡县邬庄的赵立德(清
朝的小官乡提)就借口沟沿掩埋了耕地而平毁了一段沟沿。把总陈
明山对赵严厉斥责,并卸下了赵立德的牛。赵立德乃串通孙庄的秀
才孙嘉迎(外号孙老干)、段寨的秀才段连方、段连枝兄弟俩,密谋报
复。四月初,把总骑马去朱里店赶集,走到段寨后,一群受赵、孙、段
指使的人劫了把总的枣红马,致使矛盾愈演愈烈。把总请来了边张
村的一名武师,扬言要抄赵立德的家。赵立德也从田庄搬来了众多
亲戚,护田护宅。为了阻止田庄援助赵立德,把总命人在田庄通往邬
庄的中间地带——新扬设宴,凡田庄的人,即请入席,至晚不散,数
日如斯。邬庄赵立德也在家中设宴待客,并四处张目,时刻提防。农
历四月二十八日黎明,把总带着边张的拳师和警卫陈收,悄悄地摸
去邬庄,结果中了赵立德的埋伏,警卫陈收当场毙命,边张的拳师、
把总后也被打死。把总的二弟陈俊山见其哥惨死,乃通过周口镇的
李卓英(外号李八少)向河南开封省衙控告。经开封省衙审理并报刑
部,主犯赵立德被解至开封收监至死,其子赵安充军至甘肃梁州,孙
嘉迎、段氏二兄弟、赵文义也分别受到不同程度的惩处。时人曾据此
编成戏剧《牛马记》、《大闹董家湖》,风靡一时。后人为纪念把总的治
水之功,便将大董村南这条沟称为"把总沟"。①

　　第四,西华县与鄢陵县之间的流颖河堤分修之争。流颖河堤,自
张林桥起至祁家堂止,长 2190 丈,南岸界西华,北岸界鄢陵,"时值
泛滥,两岸齐决,淹民田不下千顷"。乾隆十三年(1748),知县张涧将

---

　　① 参见张建华、考查整理:《一场由水利纠纷引起的械斗》,政协河南省上蔡县委员
会文史资料研究委员会:《上蔡文史资料》第二辑,1989 年,第 64—67 页。

北岸筑堤一道,宽 3 丈,高 1.2 丈,"连年水发,鄢不为害"。此堤之筑,"不特鄢民受其利也,即西华亦受其利焉。盖堤虽系鄢境,又北一里即入西境,每遇水发,鄢境之被淹者十之三,西境之被淹者十之七。而无如西民刁悍,藉口堤属鄢境,堤溃自当鄢人独修。鄢民则以为西华之害比鄢尤甚,且堤南亦系西境,居堤南者利。于堤溃,倘西民不修,则堤南之人日耽耽于此堤,鄢民防之而不胜防矣。故颍河水决,则彼此拘讼不休,虽屡经断结,亦随时翻异"。历年勘修此河堤的案卷累累,多记载的是决口后"凡遇兴工修筑,两邑绅民彼此推诿,屡起讼端,历奉各前宪会议,分为鄢六西四"之事。如康熙二十四年(1685),流颍河决口数处,至二十八年(1689)奉委开封府通判勘详,"饬令鄢民独修□□,西民分修黑里村堤工六丈四尺"。康熙三十年(1691),青龙堤决口,"内载青龙口以西堤工,鄢陵独修,以东鄢陵修六分,西华修四分"。康熙四十八年(1709),决口 20 处,"奉委开封府李经□□□土方一万,均作四六分修,鄢陵修六分,西华修四分"。康熙五十一年(1712),决口 10 处,"鄢陵、西华会勘,仍照五十年工程鄢六西四分修"。雍正四年(1726),决口 9 处,奉委太康、项城二县勘详,青龙口以西 6 处,计 70.9 丈,鄢陵承修;以东 3 处,计 38 丈,西华承修。乾隆二十六年(1761)决口,至三十一年(1766)奉委中牟、商水勘详,议以青龙口以东,鄢邑加修 220 丈,鄢民未经遵办。乾隆三十六年(1771)决口,至四十九年(1784)奉委试用知县杨荣宗会勘,西华县独详河道,批令鄢陵独修,未经遵办。嘉庆十一年(1806)四月初三日,青龙堤迤东 485 丈决口 40 丈,奉委候补同知张勘详,饬令鄢四西六分工修筑,等等。[①]

(二)皖省县际纠纷

第一,灵璧县与宿州、五河县之水事纠纷。灵璧县与宿州之间主要是斜河堰纠纷。斜河堰,在宿州、灵璧界官路李家庄门首,北顶睢

---

① 道光《鄢陵县志》卷六《地理志下·堤防·流颍河堤》。

河南堰,南顶南股河北堰,其堰之来历未详。"灵民岁岁加筑,以御柳沟、坊口数集之霪潦,宿民争之,酿命案者屡矣"。①

灵璧与五河县之间主要是洪沟纠纷。洪沟亦名洪塘湖,在五河县治西60里,禹山庙之北,李家庄之南。"受县界内洪塘卫所及新庄草场诸水始流而成沟,继汇而为湖。东过黄墩集,南至双鱼桥、许盛桥,东趋赤龙涧,南折入张家沟以入淮。夹流两岸田尽膏腴,稻麦皆宜,可称沃壤,此则五河至洪沟也"。光绪十三年(1887),灵璧绅民在道宪俱禀请于东路开沟10余里,以接入五河之洪沟,"舍漠河之故道而不疏通,直欲以邻邑为壑。邑人当即奔愬道辕邀批饬令凤、灵、五三县会勘详明核夺,迨三县会议详覆,事遂寝"。②

第二,蒙城县与凤台县、宿县之间的水事纠纷。蒙城县与凤台县之间主要是网渔湖开沟纠纷。凤台北部武家集与蒙城毗邻,地势平坡,频遭水患,十岁九灾。1916年春,江皖义赈会拨款300余串,责令徐绅鸿恩督率农民在网鱼湖挑挖新沟一道,引水东入裔沟,水患顿除。但蒙城县民张保珠将该处张家湖东沿开沟,"西面数十里客水一并引归网鱼湖,新沟收容不了,不但已兴之利顿减,且较往日更甚",武家集乡长杨凤翥等认为"事关切肤,不得不绘图贴说,恳请赏咨禁止"。③

蒙城县与宿县之间主要是两县交界的界沟挑挖纠纷。1916年,蒙城县北路戴町村圩长马乐山、戴好修、戴孟兰、任之俊、马效然、孟继坤、彭景壁、马福庆、邵振常、毕广盈等联名禀称,"缘因界沟村向属蒙、宿交界之处,西至港湾入淝,东至宿境黄沟直入涡河,前宿民任族欲以平地南挑,损人利己,绅等力为讼止"。"近闻宿民李传家等复萌故态,再欲平地南挑,藉以奉上水利不顾生民之性命关系,以致绅等赴案据情呈恳示办。伏思界沟旧有出水归处,若在平地另为新

_____

① 光绪《宿州志》卷五《水利志·堤堰》,《中国地方志集成·安徽府县志辑》(28),第114页。

② 光绪《五河县志》卷二《疆域三·湖》,《中国地方志集成·安徽府县志辑》(31),第401页。

③ 《咨覆凤台县查明网鱼沟情形文》,民国《蒙城县政书》辛编,《水利》,第6页。

开,绅处向系波凹,庄村户多,洪水泛涨,则下游数万家受害实深。且宿民禀性强悍,稍不如意,即动众逞凶,终必酿成大事。绅等不得不赴案陈明,公恳恩鉴咨请宿县饬令会挑界沟,利水两便等情,据此正备文咨请间,又据该村圩长马立仁等联名禀称,本月初旬绅等曾以利水两便,恳乞咨请宿县会挑界沟在案。不意旧历四月十三日,宿境白沙集圩长任传位、祝长兴等邀来孙町团勇二十余名,藉以勘验地势,各执快炮,当至戴町西村首庞姓庄停驻,派勇前来声言,奉宿公文,白沙一带积水准向蒙境开通,不关下流之害,如敢抗违,即以军法从事。绅等若与计较,祸且立至"。[1]又如普界沟一处,"界连宿、蒙,因沟事兴讼历二十余年,斗殴伤命者十有余人。现经(知事)一再苦口劝谕,晓以利害,该处之沟刻幸挑浚,长约四十余里,宽约五丈余,深约五六尺,上游赵家集一带挑通至沱河,两县湖地数百顷皆变成膏腴"。[2]

第三,太和、阜阳县与沱东诸县的分黄泄洪之纠纷。1938年黄河决堤南泛,太和县被灾面积占总面积的94%。1939年,太和县境开始修筑堤防,束水就道,沿茨、颍、万福沟、宋塘河筑堤130千米,当年被灾面积减少到40%。以后连年修筑堤防,全境筑成十几个堤防圈,被灾面积稳定在25%左右。黄水经太和分两道入颍河,一沿万沟入颍;一沿茨河入颍,其他诸河之水均汇入这两道洪流之中。由于茨河成为黄泛主道,给阜阳一带的颍河堤防造成威胁。1939年冬,安徽省派驻太和工程人员吴伯周与驻阜阳工程人员程瑞麟,联名向国民党安徽省政府提出"分黄入沱"计划,提案称;"河决中牟,分流入皖,一股入颍河,约占全部4/10;一股由南、北八丈河经茨河入颍,约占6/10。在大泛期间,横流漫溢,一片汪洋,颍流域各县,受灾甚巨,而阜、太两县,受灾尤烈。查沙河(在阜阳地区又称颍河,因沙、颍至周口合流而东)发源于豫省之西南,经贾鲁河及本省太、阜、颍等县入淮,绵延六、七百里,山洪暴发,势极可畏。在本年6月20日前后,24小时,洪

---

① 《咨请宿县转饬白沙集人民挖沟务须因势利导文》,民国《蒙城县政书》辛编,《水利》,第5页。

② 《详报挑挖各区沟沟渠情形文》,民国《蒙城县政书》辛编,《水利》,第1页。

水陡涨至 2 公尺(米)余,幸当时黄水尚未大至,未至为害,设若同时
陡涨,泛滥之害,在所难免。故拟经测量完竣后,在可能范围内,将茨
河之流量分出百分之 10 或 15,经母猪港入沘,并须在入口处建以节
制涵闸,以保持常态,候黄河溃口堵塞后,即行填筑"。但该议案遭到
沘东诸县的强烈反对,却得到阜阳驻军的支持。几经交涉,安徽省淮
河流域工赈委员会于 1941 年元月致函省行政会议,要求批准分黄
入沘计划,函称:"皖北各县黄水泛滥三载,于兹修堤筑坝,动员千百
万民众,而黄流浩荡,灾象横生,溯其原因,盖仅注意于筑堤治标,忽
于分流疏导之故耳。查颍河槽身既浅窄,两岸复多湖泽,限于地势,
必须近河筑堤。而以此百分之九十之黄水入浅窄之河槽,汹涌澎湃,
势必溃溢。且颍河入淮之处(即沫口子),下 70 里有峡山口,两山夹
淮对峙,水为山锁,不能畅流,平时水位山口上下相差三四公尺(米)
不等,一旦黄水全部注淮,纳多出少,焉有不溃漫横流为害农田之
理。综上情形,欲杜绝水患,势必分流。而分流之道,尤以颍上济河最
为安稳。分流之后,则上游阜、太之水位定然降低,堤坝可靠安全。"
安徽省淮河流域工赈委员会文件,回避了由母猪港分流的建议,驻
军对此不满。何柱国直请中央黄河水利委员会核准,于 1942 年 5
月,由 15 集团军出面,在原墙镇召开了阜阳专署和阜、太两县会议,
制订母猪港分黄计划,确定由吴伯周插线施工,由驻原墙的 21 师出
兵保护,自原墙至贾桥 1 段长 7.5 千米的工程,由太和负责开挖,自
贾桥以东至西沘一段工程由阜阳县开挖。1943 年春,太和工程告竣,
而阜阳境内工程仍未就续。何柱国亲自视察之后,电告安徽省主席
李品仙:"密查母猪港工程修筑经年,太和境内已大致完成,唯阜阳
属东段,多未培修,……该县长廖麟对堤工甚为忽视。刻下大泛将
至,时日迫近,……届时出险,自应由该县长负其全责"。复经李品仙
严令,母猪港东段工程始于 1943 年夏季完成,争执四年之久的母猪
港分黄计划才得以实现。[1]

———————
　①　参见太和县地方志编纂委员会编:《太和县志》,第 110—111 页。

（三）苏省县际纠纷

第一，铜山与萧县的排水纠纷。铜山县原郝寨区义安乡西部权寨，与萧县刘套接壤地带，面积约 18 平方千米，水无出路，历年来遇水受淹，大部分积存铜境（权寨一带）而后流入萧县。历史上铜排萧堵，纠纷不止。①

第二，安东（今涟水）与海州（今连云港市）、沭阳县之间的水事纠纷。安东和海州之间主要是民便河的挑浚纠纷。胡雨人就谈到"安东最紧要之民便河，自安东北门起，东北行 30 里至大长集，又 50 里至杨旗杆，又 50 余里至海州境七十五地，"为芦苇浅滩所阻塞，下游不得畅行，上游日渐淤塞"。安东县人"屡议挑浚此河"，结果"海州人不允，历年争闹无成"。②

安东与沭阳之间的水事纠纷则主要是北六塘河里堰和扁担沟北横堰之争。扁担沟在两六塘河中间，西起北六塘谢家庄南岸，东迤至洪福寺，折而东南趋入安东县境，至南六塘之北岸侯家口（旧有闸名朱家闸，泄上滩积潦入南河）止，共长 1800 余丈，宽二三丈，深丈余、五六尺不等。按《续行水金鉴》：北股河至谢家庄止以下入大湖，则此沟系大湖南边深淙，嗣湖淤成田，沟为滩内泄水孔道。道光朝，黄决丰工，趋泻六塘，从谢家庄冲决，循此沟灌入南河。至道光二十八年（1848），两河四堤（按南六塘河又称南股河、北六塘河又称北股河，两河各筑有南堰和北堰）之案在淮安府谳定，谢口堵闭，又于沟北建筑横堰一道，划分上下为两滩。咸丰朝，黄决杨工，长流五载，堤堰崩溃，民力不胜。同治六年（1867），淮军防捻，大修北六塘之里堰，复再堵塞，"滩内岁岁春修，忽生北人积嫌"。③同治八年（1869），沭阳

① 萧县水利志编辑组：《萧县水利志》第五篇第二章第四节，《水利纠纷》，第 101 页。

② 胡雨人：《江淮水利调查笔记》（辛亥年），见沈云龙主编《中国水利要籍丛编》第三辑，第 58—59 页。

③ 民国《重修沭阳县志》卷二《河渠志·沟洫》，《中国地方志集成·江苏府县志辑》(57)，第 52 页。

人王兆昌"请开两六塘河谢口至侯口间扁担沟北横堤,下游滩内居民,大起反对,屡酿讼端"①,后"宪饬安令张振镳、沭令崇旗会勘而止"。光绪二十三年(1897),"王宾鸿承昌遗志,呈请淮扬海道谢元福饬开谢口,滩民援案抗诉。宪饬安令王、沭令龙璋会勘禀复"。同年春,"谢道亲诣勘察,始明谢口与北六塘北岸无甚关系,面谕永堵不开,其争始息"。光绪三十二年(1806),"湖水暴至,上滩安人挖堤图淤,将北六塘南堤挖决四五处,凶罹灭顶,抢挖沭境横堰,以泄洪流,与安人拘讼四年。督委道委暨海、安、沭三牧令会勘四次"。宣统二年(1910),"由华洋义振萧之华电禀情形,督委沭邑谘议局议员施云鹭协同海、安、沭牧令与安邑金绅肄三议订《通修北六塘里堰、清沟建闸、修复横堰三条办法》",后因清政府垮台而未及举行。②

第三,桃源(今泗阳县)与清河县(今淮阴县)、宿迁县交界处的水事纠纷。泗阳与淮阴县之间主要是兴挑界河的纠纷,本书第二章在论述行政区划矛盾对水事纠纷影响时,就阐述了同治八年(1869)淮阴、泗阳兴挑界河,结果淮人高宏文、泗人徐观诗等屡起刨放衅端,结果引起数百人械斗,酿成毙命巨案。1914年、1916年在兴挑界河时又发生了泗阳农民挖放堤身缺口以泄水的纠纷。

泗阳与宿迁交界处是水事纠纷多发且械斗频繁的地区。"每值春秋水涨之际,桃源(宿邻邑)之北乡农民必因决水与宿之南乡农民互斗,惨无人理。因由宿入洪泽湖(桃源地)约四十里之水道淤塞故也。其互斗时死伤数人,及数十人不等,有被俘者皆将其人悬挂树间以支解之,其哀号乞命之声,闻于数里,而官长从不究办,事后往往以两邑互有死伤之故,以和平之法解决之"。③归仁堤民便河、洋河,"向为宿、泗水患"。"夏秋霾雨,堤北宿民窃开三堡官堤,放水冲入泗境,东至祥符闸,西至宿界,宽约三十里;北至洋河,南至金锁闸、曹

①　武同举:《江苏淮北水道变迁史》,见武同举:《两轩賸语》。

②　民国《重修沭阳县志》卷二《河渠志·沟洫》,《中国地方志集成·江苏府县志辑》(57),第52页。

③　《东方杂志》第七年第五期,宣统二年(1910)八月,"中国大事记补遗"。

家庙、山子头,长六七十里,水势汹涌",淹田墟,陷壤薄,"不可数计"。"堤南宿、泗灾民则集众抵御补堤,械斗伤命"。①光绪三十一年(1905),江北大水,归仁堤北官三堡泄水处,"桃、宿二县民互控"。②宣统二年(1910),"泗民因禁阻宿民放水,死伤数人,叠控两江总督张"。③此年三月十四日,"两邑交界之处,又有农民聚众约两千人互斗,其邻境之泗州曹庙界集等处(皆土匪出没地)盗匪亦混入其中,声言欲抢埠子集(宿重镇)、洋河集(宿重镇)等镇,势甚汹汹"。④宿迁县洋河镇西南十五里,"有地名三埠者,与桃源县接壤。是处有堰一道,两县人民,屡因启堰泄水,聚众械斗"。是年也是因为伏汛较大,六月十四日,"此埠村董蔡姓与宿迁县知县汪宝增议欲启堰"。六月十五日,宿迁汪知县带徐淮驻防马队 20 名至该处,"饬差役村丁开堰。桃源乡民,长跪乞免,汪知县不听,并喝令拿人。旋越堰至桃源县之村董家,其时该村庄丁,早伏于附近高粱地内,一闻拿人之令,立即群起执械,将已拿之人夺回。复将汪知县乘舆击毁,衣物毁弃殆尽,左腿并面部,均被木棍捣伤。有一乡妇,竟用刀向官砍去,幸小队用枪杆挡住,未大受伤。闻乡民并安设巨礮一尊,拟向宿迁县轰击,幸燃点三次,均未著火。后汪知县经差役等极力救护,复经村董周、徐二人将乡民喝阻,始得逃回"。⑤

第四,山阳(今淮安)与阜宁县之间的水事纠纷。阜宁在山阳的下游,所以在第十区任桥乡杨苗花北建有老虎坝以阻挡上游来的洪水,这样遇大水之年,山阳的积水排泄经常发生困难,因排水问题引

① 民国《泗阳县志》卷十一《志五·河渠下》,《中国地方志集成·江苏府县志辑》(56),第299页。

② 民国《泗阳县志》卷二十四《传三·流寓·徐仰亭》,《中国地方志集成·江苏府县志辑》(56),第514页。

③ 民国《泗阳县志》卷十一《志五·河渠下》,《中国地方志集成·江苏府县志辑》(56),第299页。

④ 《东方杂志》第七年第五期,宣统二年(1910)八月,"中国大事记补遗"。

⑤ 《东方杂志》第七年第七期,宣统二年(1910)七月二十五日,"中国大事记"。

发的两县之间的矛盾非常尖锐。光绪十三年(1887),"秋潦,山阳大单庄一带居民率众强开县境大郭庄任家桥,城自头居民阻止,遂至械斗,焚死男女三人,互控大宪"。①

第五,江都与泰州之间的水事纠纷。江都、泰州段运河,因为上下河势若倒悬,所以每逢运河饱涨漫溢时,上河居民往往盗决堤防以泄入下河。明代万历年间,就有民人叶政、蒋敏等连名告称:"江都、泰州上下两河田地接壤,高卑悬绝,河防盗决,害切剥肤,下乡田沉水底,控告无路,势若倒悬"。②江都境内的金家湾一堤对泰州防洪来说至为重要。此堤位于邵伯之南,"附近湾头,滨东塘路入里地方。旧设此堤以捍上流之水,迳趋芒稻河,以注于江。而泰州下河,藉此以免淹没之患"。但是自崇祯四年(1631)大水横流,近湾居民盗决20余丈。"奈泰州地形如釜,以致淮黄之水悉从此处,势若建瓴,奔流东注。接遭五年洪水相仍,竟以泰州为壑,不复归芒稻河矣。迄今,金家湾堤冲决至四十余丈。泰州下河,一望巨浸,滔天百里,田沉水底"。于是江都和泰州之间围绕泄水问题引发了冲突,泰州绅衿极力要求官府出面堵塞决口,但遭到江都方面的阻扰。③

(四)鲁省县际纠纷

新中国成立前,菏泽、东明两县边界,每逢涝年,在菏泽的李村、马岭岗与东明的岔河头、海头集、五坝岗等处发生过水事纠纷。④肥城县的南栾村与东平县的障城村,也因排水发生纠纷有100多年的历史。主要原因是上游河道河底比降陡,南栾和障城地势低洼,加上大汶河水的顶托,排水不畅。南栾挖沟排水,障城打坝挡水,致成纠

---

① 民国《阜宁县新志》卷九,《水工志·闸坝》,《中国方志丛书》(166),第838页。

② 万历三十二年(1604年)五月《本州宜陵坝申文》,崇祯《泰州志》卷九,《四库全书存目丛书》(史210),第211页。

③ (明)刘万春:《泰州廒里告塞金家湾呈》,崇祯《泰州志》卷九,《四库全书存目丛书》(史210),第216页。

④ 《菏泽市水利志》编纂委员会编:《菏泽市水利志》,第88页。

纷。咸丰六年(1856),南栾刘文吉曾因排水和障城打官司。1934 年,曾由国民党山东省政府的何桂荣、东平县四科朱富文、泰安县县长周伯煌、南栾刘西生参加处理。1940 年,抗日政府鲁西区第一行政督察专员公署专员张耀南、办公室刘如富、泰安县县长李正一、泰安县一区区长崔俊峯、东平县县长张铎、东平县四区董向之等参加处理,均未妥善解决。①

三、县内水事纠纷

县内水事纠纷是指县以下行政区域之间在水资源利用、保护和开发以及防治水害等方面的权益争端。宋至民国时期,县以下行政区划经历过多次变化。宋代实行"保—大保—都保"三级制,元代实行"率—社—都—乡"四级制,明代实行"里—甲"两级制,清代实行"牌—里—甲"三级制。近代县以下的基层行政区划经历了一个由清末"城镇乡制"向民国初期的"市乡制"、1928 年的"市乡街村制"、1929 年的"区镇乡间邻制"、1934 年后的"区镇乡保甲制"转变的历史过程。淮河流域主要涉及苏、鲁、豫、皖四省,南宋以来流域内不但县级行政区众多,各县境内乡、都、里、社、庄、村之类的基层行政区划更是不计其数,其中的沟界、河界、埂界、堰界、路界等纷繁交错,加上族缘、血缘关系参杂,此疆彼界,争界争水不胜其多。

(一)豫省县内纠纷

登封县沿颍河两岸的小型自流渠在干旱期间水源往往不能保证,村与村之间为了抢占水源,在河道上你堵我截,水事纠纷不断。据查访,1936 年,大金店街和南寨为浇地争用颍河水发生纠纷,双方打得头破血流。加之以前多年纠纷结怨积深,曾一度两村断来往。②

---

① 泰安市水利志编纂委员会编:《泰安市水利志》,未刊稿,1990 年,第 348 页。
② 登封市水务局编:《登封水务志》,北京:解放军文艺出版社,2002 年,第 240 页。

商水县地势低洼,新中国成立前为了排水救田,当地居民自行挖沟。因缺乏统一规划,上挖下堵,水事活动失序,酿成水利纠纷。或聚众械斗,或缠讼不休,有的倾家荡产,有的家破人亡。据旧县志记载,商水、上蔡、郾城、项城几县边境村庄居民,常因排水闹事,结成世仇。境内雷坡与龙塘河、大连湖村与林村,因打水利官司,多年未能结案。①

扶沟县有李田沟,自陈楼地方李田村起,下至宋寨地方刘庄东盐厂入太康清水河,长26里,宽一丈二三尺,深五六尺不等。乾隆十四年(1749),知县马伯辂奉文开挖。道光八年(1828),知县王德瑛从廪生刘士荣之请,督饬挑浚。据乾隆十五年(1750)《廪生刘士荣等照抄碑文》记载,巡抚鄂批云:"李田村被水之处,据委员勘得该村地势三面俱高,向南有沟一道,下接周坞,因而相争执未开引沟,是以积水为害。今议于向南旧沟微洼之处,开挖引沟,入周坞之东沟,俾该村积水由沟下行,归于清水大河等因,并蒙布政司傅、按察司秦、守道金、管河道沈、陈州府冯各批牌略同"。②

商城县塘堰原有公、私之分。私塘可随田地买卖租赁。公塘则为数户、一村、数村公有,按照惯例或事先订立契约,一般按"先上后下,先近后远"的原则用水。但逢大旱、抢种保苗等用水之际,则是有法难依,弱肉强食,大户压小户,争水械斗不止。1945年,回龙集两陈姓人家为插秧抢"浮水",引起械斗,双方参斗各达200余人,并以此而争讼。③

(二)皖省县内纠纷

凤阳县西乡武店、楼店、考城一带,都是比较大的村庄,往往一姓住在一个庄子,族与族之间为了本族的共同利益往往发生械斗。

---

① 商水县地方志编纂委员会编:《商水县志》,第117页。
② 光绪《扶沟县志》卷三《河渠志·沟·李田沟》。
③ 商城县志编纂委员会编:《商城县志》,郑州:中州古籍出版社,1991年,第421页。

一旦与外界发生斗殴,族长常常起到决策作用。格斗时发生伤亡事件,需要花钱的则根据家庭田亩,经济情况,分户负担。如在武店镇的耿陆村,住着耿、陆两姓,两族土地相连,房舍比邻,每姓约有100人家。1924年的夏季,为了灌溉用水而发生争执。双方各邀族众进行格斗,结果双方皆损伤多人。其中耿姓中有名耿渊的人,因伤势较重,不治而亡,由陆姓花钱给予安葬,又赔偿了一部分损失,纠纷才得以平息。①

(三)苏省县内纠纷

萧县(新中国成立后改属安徽省)沈集与刘庄两个村庄因殃沟排水问题,纠纷不断。殃沟是沈集通往刘庄的排水沟,民国时期,曾因排水纠纷打死刘庄1人,长期枢而不葬,直至1954才下葬。1950年又因水利纠纷,发生械斗,又打死1人,故名"殃沟"。②

淮阴县,1916年3月间,据该县四市保董王鉴泉、张锡纍、甲长范鸿德、王文耀、王桂森、郭霖雨、公民张銮章、吴其垲、蒋鸿言、蒋士进、龚树恩、蒋琴来、王文煦、王学诗、张百川等禀称,其居住的四市袁家集西首夏家湖一带,"地极卑洼,众水汇归。其袁家集以东偏南,至盐河偏北,至滚石镇东首,皆属三市;以袁家集为界线,集西皆属四市。三市之地向东渐高,形如侧釜,每至伏秋大雨,水向西流,直注夏家湖卑洼之所。然三市向东地势虽高,其东去泄水之大洪不过三四里,其东南去盐河不过六七里,为势尚近,从此开浚,直达盐河;若向西挑沟,去泄水之便民河,约十五六里,由便民河转输于大河,南至永丰闸、桂家塘、吴家渡等处入盐河,均约二十余里。亟应趋势就近,不仅惟是向东挑沟,地势虽高,直入大洪,与盐河接近,为力无多,亦无损于邻田;向西挑沟,地势虽顺,距子河既远,距大河又远,

---

① 参见凤阳县政协文史资料研究委员会编稿:《武店一带族姓间聚众斗殴情况概述》,政协凤阳县文史资料研究委员会:《凤阳文史资料》第二辑,1987年,第210页。

② 萧县水利志编辑组:《萧县水利志》,第105页。

非将入大河之子河及入子河之子沟,一律疏通,即属以邻为壑"。但是不料有居近三市之公民赵从矩、袁天凤、吴其秉"因有各挑田头告示,藉此兴挑大沟,半途即辍",这违反了宪定开浚沟洫章程第一条内载的"与邻团接连之处,会商邻团办理,酌量地势水线,务以通流顺率得归于就近河流为主"的规定,"且向东三市地势逾高,此沟作引田间之水,一例向西,子河、子沟设不挑浚,伏秋大雨,洪水横流"。王鉴泉等为利害切身起见,再三以宪订章程劝告,"伊均置若不闻,且言不日兴工,倘有阻碍,即拟诉之武力,似此自由行为,诚恐水利未兴,因而竞争生事,为此绘图列说,具禀县长,伏乞俯鉴各情,饬委会三、四两市市董一并勘估,务令遵章办理,以通流顺势得达河流为目的,庶水利兴而邻田无害矣"。①又据淮阴县三、四市公民袁天凤、赵钧、左日仁、袁斯璋、陈恩熙、陆桂、左维坦、左庆城等30余人禀称,"切据四市团总吴钟骥等禀请开通御路为河,宣泄渔沟积水入于盐河,公民等极端赞成。惟查当日御路,历经父老相传,系前清乾隆皇上南巡经过之路,原宽三丈六尺,粮赋豁免。该路由浪石西边,向南经观音庵,西边路旁现有堡基地三亩尚在,归地保张元领种,活口可稽。自此向东南走三里沟,至农民龚济门前,古有七孔大桥,久被黄水淤废,曾奉前漕督宪吴勤惠公拆去桥之砖石,添造清江城,土下犹有砖石遗迹,不难挖见。由此至三市境内,走徐廷英东边,向尹振之门前尹庄西头亦有堡基,现在归张得领种,可凭历历,路线遗迹,铁凭均在。如检查县志,自然明瞭"。但四市团总吴钟骥等"不知听信何人指示,于阴历八月二十三日与仲绍周等偕同县委员邵丈量民处,云系御路,民等不胜诧异。夫民路是民家私产,非御路官田可比,私有财产之自由,约法有明文规定,土地所有权民律予以保障。民等因而出为阻止,旋即同至渔沟学校理论,吴、仲等莫名其妙,次日吴等偕同邵委由本坊地保张元指明御路各遗迹,邵委与吴等均亲目共

① 《文牍第四市·饬三四两市董会同筹办两市毗连之沟洫文》,1916年3月,赵邦彦:《淮阴县水利报告书》。

睹,谅委已有禀复,为此禀报,求我县长饬即丈量御路,兴水利而便交通,废官田而存民产,保私权以重法律等情","并据委员邵文彬报告,遵于九月二十日,偕同三、四市董仲邵周、杜子美等随带弓篝,开丈至西坝大河口起,直丈至浪石,忽有段董袁天凤阻丈,并呼唤乡民数十,各执军械,百端辱骂,竟有行凶之状。委员见此蜂拥而来,恐生事端,当与仲邵周等走避渔沟学堂。不料,袁天凤亦赶到渔沟,与仲邵周、吴子良等大相争执,言今丈之路乃是马路,实非御路。是路计宽二丈二尺,却系民田私道,均有粮串可凭,真正御路在浪石东南,现有废桥、废石可凭,所有整石早为前清河县吴勤惠公添造清江城,有案可稽。委员闻其所言,次日,仲绍周、袁天凤、吴子良等邀请同往察看,御路废桥废石犹存,访闻各处父老,金云县长月前察看之路实非御路,而御路实在浪石东南,由金庄入大洪,出大河口,原路计宽三丈六尺,两边水沟各八尺,合共五丈二尺,报祈鉴核。各沟址久湮,追寻不易,间有误丈,尽可当场声明,即使临时不及报告,事后正复有研究余地,何得聚众持械,甚至对委咒辱,形同棍徒,实堪痛恨"。①可见为了开通御路以宣泄渔沟积水入盐河,三、四市之间民众围绕丈地开沟问题争执不断,甚至持械对抗。

在淮阴县马头乡第六团,据团总朱钟灵禀称,奉饬开浚沟洫一案,业经详报,刻已春初,天气晴和,准于1916年阴历正月十六日开工。"惟吴二镇地段绵长,居民约九百户,农田水利,无不踊跃从公,奈有不肖棍徒,从中煽惑,意为阻扰,有谓水利未能即见,而麦田挖废,损失已多有,谓予在本镇,何得与众同视?竟有派工不挑之说"。②同年,在淮阴县小桥集一带开浚沟洫时同样遇阻,据云:"该处沟洫,由四堡起至七堡止,业经开工兴挑,惟八九两堡虽经堪定,尚未开

① 《文牍第四市·训令四市董仲绍周查勘御路沟地关民产毋得草率文》,1916年10月,赵邦彦:《淮阴县水利报告书》。

② 《文牍马头乡·通告马头乡二六两团农佃无得阻扰文》,1916年2月,赵邦彦:《淮阴县水利报告书》。

办,缘该两堡系在第五团总李有忠范围之内,而八堡之段董丁仁辅、九堡之段董田建坤始而搁置不理,继以未奉县饬为词,且八、九两堡工程如果挑成,段家庄获益居多,段姓如不帮同协办,众情既不允服,下游亦难推广,因此两段董等既以未奉饬委为词,可否代为陈情,再饬第五团总李有忠督同段董速办外,一面分饬段董丁仁辅、田建坤等协力兴挑,当不敢再有推诿等语"。①八堡之段董丁仁辅、九堡之段董田建坤之所以对开沟不积极,甚至对抗,就是因为开沟后段家庄获益多,而自认为对八、九堡没啥大的益处。

(四)鲁省县内纠纷

巨野县城东大部分地区是古"巨野泽"的遗址,地势低洼。加之巨野全境,只有万福和洙水两条小河,长期得不到有效地治理,河床既狭且浅,流水不畅,所以每逢大雨连绵时,往往造成水灾。尤其定陶以北、菏泽以东,每逢大雨时节,积水向东北的巨野境冲来,洼地成泽国。境内的洙水河则漫溢向东流向巨野县城。当水由西向东流时,未遭水灾的村庄,便筑堤阻水。而在水中的村庄,由于水流不畅便去扒堤泄水。因此村庄之间往往酿成械斗,有时致伤多人。1934年6月,各地连降大雨,田桥以东、安庄以西,县城周围的积水,深可行船,西来的客水迅速冲向县城。安庄以南,庞庄以东有条南北流向的黄沙河,河岸既高且厚,拦阻流水不能东下,以致县城周围积水日深,四个城门用土堵塞,才勉强不向城内灌水。为使县城不被水淹没,县长梁建章率警备队兵士10余名和农民五六人携带铁锨抓钩,坐船到黄沙河去扒河堤。船刚到河岸,孙庄(河东半里路)村内便击鼓鸣钟,刹时各村庄农民齐集河岸,把梁建章团团包围。梁建章虽善言劝告,农民却恶语反击,并有一个农民手持红樱枪,将梁建章头上的草帽挑掉。梁见农民不能理喻,便调转船头回城以另筹办法。此时

① 《文牍马头乡·批委员张恩第报告小桥集开沟情形文》,1916年3月,赵邦彦:《淮阴县水利报告书》。

孙庄的乡长孙念珩却将船拦住,并强迫梁建章出具承认扒堤错误的保结,方准放行。当时船上虽有带枪的士兵10余名,也不敢强行突围,因而梁建章等在船上被困许久后才回到了县城。梁建章回城后,便将被孙念珩围困的情形电告省政府。山东省时任主席韩复榘接电后,立派委员两人来巨野查办。当两位委员路过嘉祥时,孙念珩会同嘉、巨两县交界处的士绅,贿买委员代为说情。两委员到巨野城后,偏袒孙念珩,迟迟不去实地查勘。在城内民众的强烈要求下,才勉强到黄沙河查验。查验时又叫人在河的东岸挖了个一尺多宽的小口,回城后便诓骗民众说:"已将河堤扒开,积水指日可下"。但谎言后被民众戳穿,两委员便逃回了济南。9月间,林官屯与田桥因扒堤的纠纷,到省政府去打官司。韩复榘一听巨野的农民因扒堤的纠葛来省府控告,便不问青红皂白地将双方的控告人各打50大棍,被打的人齐呼冤枉。韩复榘面带怒容地说:"你们用红樱枪把县长的草帽扎掉,打你们还冤吗?"被打的人说:"我们在巨野城西,扎县长草帽的是巨野城东孙庄的人,与我们无关"。这时韩复榘方知打错,对被打的人,每人给予银币5元作为路费令其各自回家。同时,电令巨野县长梁建章把因扒堤扎县长的首要人物押解到省。梁建章立派警备队兵士,分赴孙庄、大屯和欢口等村抓人,孙念珩被逮捕,其余的当事人闻风远逃。①

第二节　上下游与左右岸之间的水事纠纷

淮河流域水系复杂,支流众多,由于自然、经济、社会、文化等多方面的因素,历史上淮河流域的一些上下游地区以及淮河干支流的一些左右岸地带往往存在着不同的利益需求和错综复杂的水事利

---

① 参见姚西峰:《县长扒堤的风波》,政协巨野县委员会文史资料委员会:《巨野文史资料》第三辑,1989年,第116—119页。

益关系,一旦在水事活动中单方面考虑维护自己的权益时,往往会使对方权益受到损害,进而引发水事纠纷,甚至导致群体间和地区间的恶性冲突,影响社会稳定。

一、上下游之间的水事纠纷

上下游之间的水事纠纷主要是因为地势和河道上下游水位差造成上下游地区在水资源使用、保护以及防治水害等方面的一些矛盾冲突。上下游的水纠纷涉及权利阶梯中的各种条块关系,涉及省与省、县与县及一个县内部的行政区划矛盾,往往是与前一节所论述的淮河流域行政区划之间的水事纠纷叠加交织。上下游纠纷主要表现为上下游挑河纠纷、上下游上扒下堵纠纷、上下游闸坝蓄泄纠纷三种基本形式。

(一)上下游挑河纠纷

挑河若从单方考虑而不兼顾对方利益就会导致上下游之间的纠纷冲突,主要表现为跨省上下游、县与县上下游、县内上下游之间的纠纷。

一是跨省上下游挑河纠纷。河南在淮河上游,安徽在淮河中游,江苏在淮河下游,如果要"开河须由下而上,不可同时兴工。河南减水等河所开,仅一二十里不等,施工最易。安省三四百里之遥,非一两年所能告成。若同时兴工,上游来源既旺,下游河身未开,必至旁溢漫淹"。所以当清政府要动工兴挑被黄河南泛淤塞已久的河道时,因为跨省上下游的复杂水事关系, 受到很大的阻碍,"乡谈街议,悉以事不易成,利未及兴,害所必至",所以有人建议"应请咨商河南,下游工程告竣,上游始可动工,以免阻闹"。[①]

---

① 光绪《泗虹合志》卷三《水利志上·开河十条》,《中国地方志集成·安徽府县志辑》(30),第416页。

以宿州水道为例,宿州境内"汴水今堙,惟睢为正派,各水汇睢水东趋。自乾隆二十三年(1758)挑浚后,睢河与南北股河分注,至灵璧会塘沟合流,入三汊河,迳大王庙入泗州界,绕睢宁之时家溜,又迳泗州四山湖,酾为二股,一趋新关,一趋潼河,历宿迁之归仁集、桃源之金锁镇洪泽湖,此故道也。嗣又黄河泛滥,水由会塘沟奔决南趋,名为冲口。诸水漫溢平地,灵璧中、北两乡每逢盛涨,陵子湖、禅堂湖、杨疃湖、土山湖、石湖与凤河、岳河、范家沟河、老鹳脖河,茫无畔岸,下又酾为二股,一由凤河绕灵璧县城入岳河,一由老脖入泗州港河。入岳河之一股漫溢泗州长直沟,经洋城湖,连城西,绕上马铺,南越大路,复入岳河,东由洋城铺出邵家湾入港河,环绕泗城东南入天井湖,由五河入淮,东由汴河入洪湖,复出雁沟一股亦入港河,由吴家集入新河,汇四山湖。泗州东、西、北三面动成泽国,此睢河故道壅淤,诸水由冲口以下横溢情形也。下游壅淤,宿境山闸、林家口堵成平地,一经淫潦,狱讼繁兴"。因"苏、豫在宿之上游,屡议疏治,而下游灵、泗梗阻",进而引起上下游挑河纠纷。幸两江督曾文正公批示:"挑铜、萧而不挑宿,则害在宿,而铜、萧亦枉费工资。挑灵而不挑泗,则灵为众水所灌,上游仍受倒漾之害,水无所归,仍属枉费,不足减昏垫之灾也",最后才暂时解决了跨省上下游纷争。[①]

民国时期,当鲁皖两省有筹备治水之议时,"其经始之规划,皖有淮、淝,鲁有汶、泗,拟将经支各水道,一一沟而通之",这引起了地处淮河下游的江苏人的担心,苏籍水利专家武同举等"以为水利问题,我江北之对于鲁皖,极有直接之关系,间不容发,果猝举泰、兖入运之水,颍、凤入淮之水,倾囊倒篋而出之,在上游虽无以邻为壑之意,而下游不治,其害何堪设想? 今为我江北计,亦惟有急起直追,力争先着,而主持大计,则唯我省政府是赖。此同举等所以蚤夜焦思而不能已于呼吁者也"。[②]

---

① 光绪《宿州志》卷三《舆地志·一川》,《中国地方志集成·安徽府县志辑》(28),第87—88页。

② 武同举:《呼吁江北水利文》,载武同举:《两轩賸语》。

水利专家胡雨人调查淮北水利时,就谈到安河挑浚问题的跨省上下游纠纷,说:"安河自金锁镇上游孟家湾起,至下游十余里止,此二十余里最为宽深,以下则反渐狭窄,至螺螺滩仅宽六七丈,滩以下亦然。金锁镇东数里,即属安徽泗州地,该地人民,久苦安河之水,来源甚大,而下游不能畅行。螺螺下游,常为泽国。闻上流开河,则声言任开何处,必兼为我开螺螺滩下游。否则我泗人必以强力出阻"。胡雨人认为,"夫开浚螺螺滩下游,乃治睢之一大问题。必合江安两省之力,始克举之"。①

二是省内县与县上下游挑河纠纷。此类水事纠纷又有以下三种不同的表现:其一,上游的县欲挑河而下游的县强力阻止。如淮河流域河南陈州府境内有谷河,一名枯河,商水县欲开挑,而项城县则加以阻止。据明代项城知县王钦诰《申止商水开枯河文》云:

> 查得商水之欲开枯河,惠政也。其欲项城并力齐开,公心也。以卑职亲勘及据父老所称,照得水头西北方为商水地面,其地形稍高;水尾东南方直至顾凌头为沈邱地,而其地形稍高。惟中间腹里为项城地面,其地形洼下,状之釜盆。内有楼堤河一道,项城之水悉聚焉。一遇苦雨,即经漫无涯,动经数月,方得消耗。虽遭亢旱,水流不绝。本县去年遭遇水患,卑职即亲自踏勘,欲思所以泄之。而居之云:'东南大河之身高楼堤河数倍,开之难于为功。即便开之,而大河之水弥漫逆流,涨入小河,未得泄水之利,先受逆水之害。况临河一带俱沈邱富宦势宦大建砖房砖楼,盘据住居,欲令尽数毁拆,让地作沟,势必不能。且前任白知县、贾知县屡屡相视,欲求泄路,而竟无策者,坐此故也'。据此,则项城本地洼下之水,悉聚楼堤河内,更开枯河上引七十二坂之水,何以为出路乎?

---

① 胡雨人:《江淮水利调查笔记》(辛亥年),见沈云龙主编:《中国水利要籍丛编》第三辑,第40页。

项城知县王钦诰认为,如果开挖枯河,"不惟五十里居民房屋漂没,而水势积涨,必且直冲城下,将有倾城倒郭,势必迁县而后可者",并认为"大抵举事,当较量彼此利害,又当权度利害大小。如枯河之开,利商水无害项城,开之可也。又如利商水者大,害项城者小,亦开之可也。又如开于商水而项城有泄水之路,则并力齐开,彼此有利无害,彼此一劳永逸,亦开之可也。乃今利商水而害项城,民情已为不堪。况枯河之开,在商水不过数十顷丰收之利,而项城将有数万生灵淹没之苦,且有倾城倒郭之害,则又何怪乎项民之奔号而阻当也"。于是,当商水关文到项城县时,知县王钦诰集父老两次实地亲勘,"父老泣请申文各上司,禁止免开"。接着,王钦诰"详悉上陈",并说"如以卑职之言为不足信,乞委廉能职官,再一踏看,审问父老,行止可决矣"。①

地处上游的上蔡县与下游的汝阳县之间也有挑河纠纷。上蔡县十字河以下射桥一带,系上蔡下流,"止因年远淤塞,阻抑不通,一遇雨水,便为蔡害"。于是,上蔡县令商于汝阳县一体疏浚,"蒙批会同汝令踏看旧日河形,酌议妥确,公同举事"。"彼时因农忙,面请宽限,俟秋后会同汝令确勘另报备,蒙俞允在案"。后奉宪檄兴工,汝阳县又有"尚当商酌缓行之谕",并云平地开河,以邻为壑,托故不一体疏浚。于是上蔡县令进行了一一反驳,认为"今汝居蔡之下流,而执意不浚,任其壅塞,是蔡壑汝阳乎?抑汝阳壑蔡乎?此不待辨而自明矣"。②上蔡县还有茅河,为蔡河右枝,自雷安里十字河口分而南,受夹马沟水,转东过王氏桥,受卧牛沟水,过阎氏桥转而南,经彰济里,受清泥沟水,过长王桥,受大陌沟水,过李氏桥,受洪乙沟水,过党家桥、毛家桥,经大河里,过柳开桥,受夹柳沟、王寨沟水,由杨家庄也流入汝阳县界。此河壅塞已久,于康熙二十五年(1686)重新修浚。但"疏浚之始,有奸民会通汝阳刁棍赴公堂阻扰不从。及兴工,下有石

---

① (明)王钦诰:《申止商水开枯河文》,乾隆《陈州府志》卷二十四《艺文一》。

② 《疏茅河辨浮议详文》,康熙《上蔡县志》卷三《沟洫志·沟洫·茅河》。

桥七座,旧形出露,众议遂息"。①

在郾城县和西华县之间也存在上下游挑河纠纷冲突。民国《郾城县记》作者说:"然郾之地势殆如人之胸腹,徒有所承,而不能有所泄,不治则上游之奔注无以御,若欧阳霖尽疏舞阳、西平之水病洪是也;治则下游之扞隔足虞,若光绪十年涂景濂、关学曾议由田嘴庄挑凿新渠,西华瓦屋赵村人之抗阻是也。然田嘴庄之道,今即为吴公渠之所经,何尝病西华哉! 是则治河必先通下游,惟郾之不能必得乎"。②

在淮河流域安徽境,涡阳县与蒙城县、灵璧县与泗州之间上下游开河纠纷也相当激烈。涡阳"县北龙山湖迤东洼下,旧有肥河年久淤塞,涡人议浚,而下游蒙城不协"。③在灵璧、泗州之间,"虞姬墓北石湖之东有老鹳脖,又东为旬家沟,亦名港河,入泗州境,淤浅已甚。灵人欲开此河,泗人以此水东冲,有碍城垣,不肯疏浚"。④

在淮河流域江苏境,安东县与沭阳县、清河县与安东县、安东县与海州府、淮阴县与淮安县之间皆存在上下游挑河纠纷。乾隆十一年(1746),"安东县民王琚等请开港河,以杀六塘河之水,而沭阳士民周谥等呈请港河一开,利于宿、桃、清、安,大不利于沭"。⑤在清河、安东县境内有戴范河,即张家河之别,该河上游既因堤溃永闭,其别受便民旧河之水,亦于道光十年(1830)淤垫,而别于旧河东偏冲一深泓,视旧河尤为径直。同治九年(1870)修浚,南自范家洼起,东北由冲泓因势屈曲,略加宽深,接入旧张家河头止。计清河境内长3470丈,"先是知安东县张振镳、周鼎以议不由己阻之"。⑥同治九年(1870),"淮安府知府章仪林,浚清河县蒋家巷支河,一入包家河,一入六塘

① 康熙《上蔡县志》卷三《沟洫志·沟洫·茅河》。

② 民国《郾城县记》卷十《沟防篇》。

③ 民国《涡阳县志》卷七《名宦》,《中国地方志集成·安徽府县志辑》(26),第475页。

④ 胡雨人:《江淮水利调查笔记》(辛亥年),见沈云龙主编:《中国水利要籍丛编》第三辑,第118页。

⑤ 嘉庆《海州直隶州志》卷十二《考第二·山川二·水利·沭阳诸水·六塘河》。

⑥ 光绪《丙子清河县志》卷六《川渎下·工程》,《中国方志丛书》(465),第52页。

河,而安东、桃源民起而哄阻,凡二年而始定议"。①在安东县与海州府之间,民便河至安东北门起,东北行 30 里至大长集,又 15 里至杨棋杆,又 50 余里至海州境七十五地。"为芦苇浅滩所阻。下游不得畅行,上游日渐淤塞。安东人屡议挑浚次河,海洲人不允。历年争闹无成"。②在淮阴县,第一市保卫第六团"团境南与淮安县接壤,惟向南一沟为淮安农户苏锦华阻抗,前详请咨提未到,以致中止,尾闾尚未通畅";第一市保卫第七团"系因下游淮安境内诸多阻隔,水无宣泄,故未开办";第一市保卫第八团,"查挑沟一案,迭奉饬知倡办,无如下游淮安境内诸多阻隔,以致团境水无宣泄"。③

其二,上下游县民曾经合力一体挑浚上下游河道,但随形势而变,若干年因河道淤垫而再行开浚时,下游的县民就不再愿意一体挑浚,进而出现上下游纠纷。如江苏睢宁、邳县境内有白山河,自牛肺山东起,东经龙泉山、石闸山、南白山、甘山、北猫墩山、南半戈山北,东南入木社店旧州湖,通长 30 余里,由邳县旧城河达民便闸归运河。此河在乾隆二十二年(1757)动币开浚,嗣于同治六年(1867)经邑人李锦峰等禀请疏浚,未果。同治九年(1870),知县刘仟谕董兴办,以邳州张玉亭等公请停挑,其议遂寝。复于光绪十年(1884)由职贡鲍桂星等又请疏浚,更以邳州张启虞等仍请停挑,其役又缓。后几次挑浚此河不成,争议焦点就是邳民认为"该河上受睢邑湖水之来源,下无宿邑运河之去路"。④又如阜宁县窑头河,曾经于乾隆五年(1740)、光绪十三年(1887)皆有挑浚,1929 年"议浚,以下游作梗不果"。⑤

---

① 武同举:《江苏淮北水道变迁史》,载武同举:《两轩媵语》。

② 胡雨人:《江淮水利调查笔记》(辛亥年),见沈云龙主编:《中国水利要籍丛编》第三辑,第 58—59 页。

③ 《沟洫表》,赵邦彦:《淮阴县水利报告书》。

④ 光绪《睢宁县志稿》卷四《山川志》,《中国地方志集成·江苏府县志辑》(65),第 331 页。

⑤ 民国《阜宁县新志》卷九《水工志·诸水》,《中国地方志集成·江苏府县志辑》(60),第 200 页。

其三,因挑河筑坝失策引起的上下游县与县之间的纠纷。如康熙《金乡县志》云:金乡县东南与丰县、鱼台接壤,地势卑下,"承曹、濮、定、郓、城、嘉、巨、单八州县之上流,所恃分导者城南之新挑河、城北之柳河,夹城而东,至倒沟桥合流,东经鱼境张家庄,庄前故有大河一道,通流入南阳湖"。自康熙三十年(1691)间,"鱼台前令马君谋于济宁前牧吴君、与本邑前令梁君,即庄前大河横筑东西坝,以截其流,而于坝南疏小河,宽仅丈许,引流折入孙家桥,递达柳沟,以入于湖。河益隘折,而泄益需迟,迄今金、鱼之民并被其害云"。按康熙《金乡县志》修于康熙五十一年(1712)至乾隆三十三年(1768),重修《县志》既载其论于前,又为之说曰:"今之形势,与昔又异,而水患益甚,何则? 金所谓河者,皆陂河也,河故无岸,汩汩而来,亦滔滔而往。惟张家庄截河筑坝,遂成关隔。""今则河皆有岸,形同漕运。向所谓张家坝者,皆接连为岸,不得复目为坝。即庄前故河亦日就浅淤,不得更指为河矣,此形势之异也,何以云水患尤甚也? 向之患在坝,今之患在岸。河之贵于有岸者,上流皆源泉,恐益以淫潦暴涨,故为之岸,以防溃决。若金邑之河所受皆田间之水,有岸则野水不得入。即有水口,遇河中水盛,且从入水之口而出,又何自得入? 且岸为束水计也,水大之日,岸上有高一尺半尺者,终亦漫散于田,而不能束。夫水大不能束,又何取于束? 徒使河与田间耕耘弗便耳! 且向也消涸易,今更消涸难;向也无岸,其流畅,故易下。今则待河水归漕,而后野水由水口入河。以水口之微而消旷野之水,其流细,其下迟,故难也""夫岸之在金者,金主之;坝之在鱼者,金能代之乎? 夫问其故,以塞其新,利在金,恐害在鱼,犹之截北流以徙于南。鱼谋其利,而终亦不免于害""为两邑谋,莫如使河之入鱼境者,亦为两河以受之。其由南来者,自孙家桥抵柳沟入于湖;由北来者,疏张家庄前故河,以达于湖。其流分,其力减,其势必杀,此金、鱼两利之术也。若专为金谋,惟埽除,河岸以仍其旧制,以固金城,庶不至如鱼故城之汩没于波涛中而不悟也哉!""然地势所域,既不能禁上游之来,又不能必去路所往,腹满肆溢,有岸有河,于无河无岸亦等耳! 嘉庆庚辰,大起徒役,挑河讼阋繁兴,而水患益剧,亦可叹已"。①

三是县内上下游的挑河纠纷。如淮河流域安徽阜阳县境内的母猪港,在县北80里,"沘水之南,东西几四十里,首三塔集,尾王港口",自1943年起,"沿港两岸筑堤,原冀引茨河之黄流入沘,以分水势","此事上下游争持数年始决"。②

在淮河流域江苏淮安,万历初,漕帅王宗沐上浚菊花沟,下循寿河故道,开涧河以分运河之势,于是运河之水由淮安城南下兴文闸,入宝带河,以达涧河。而西城上兴文闸亦引运河之水,由城中文渠出联城、阜城关,以达涧河。因不事疏浚,积数十百年,遂至湮塞。后家宰张公总理河务,"会朝使者视下河,涧河亦因是开浚。初涧河之下射阳湖也,自流均沟东入马家荡,下虾、须二沟入湖,其道径直,历年称便。不知何时闭流均沟,引涧河水至泾口北,过清沟、札东等沟下湖,道远数十里,居民行旅交病"。康熙四十五年(1706),黄河溃决于童家营,泾口以北悉淤塞,涧河乃自决流均沟故道。"朝使者欲因水便,顺民意,开流均沟,而邑令方与土人齮龁诡词以阻,于是复闭"。③

道光三年(1823),山阳(今淮安)请币兴挑山阳城南兴文闸下涧河,因为涧河上下游区域利益的矛盾冲突,结果导致上下游在是否一体挑河、费用摊征、修闸协济、夫役多少等方面意见不一致,纷争阻闹不止。潘德舆在《兴挑涧河议》一文中对上下游一体兴挑涧河的利害关系做了透彻的分析,对上游反对兴挑涧河的意见进行了入理的批驳,最后主张上下游同心协力挑浚涧河,以"示久远,收利益于无穷焉"。兹节录该文于此,以飨读者:

> 山阳城南兴文闸下涧河,绵亘百里,于淮郡利益至多。就其重要者言之,达三城薪米一也,溉两岸田二也,运盐阜漕船三

---

① 同治《金乡县志》卷一《舆地》。

② 民国《阜阳县志续编》卷一《舆地四·水》,《中国地方志集成·安徽府县志辑》(23),第454页。

③ 程嗣立:《重浚涧河碑记》,民国《续纂山阳县志》卷四。

也，宣运河盛涨四也，泄三城积潦五也，辅阖城形势六也。道光三年，请币兴挑，河督黎襄勤公慎重此河，亲诣勘工。是役之币，阖县摊征，诚知涧河为山阳阖县共赖之涧河，非他河之可比也。夫以阖县共赖之河，兴挑之币可以摊征一县，而今以一河之上下游，径为骤开两歧之说。谓河之淤垫，下游宜挑而挑为利，上游不宜挑而挑为害，有请挑全河之举，则上游必从而阻之，可乎？不可也。夫上游之不欲挑，亦非无说。石塘以上之田旧植旱谷，以河底日高，改而莳稻，若深浚河底，恐于引水插秧不便，不知此特一二十里内外，小小不便之私情，而非涧河百里全局之利害也。即人心好私，不尽明公义，吾请专以此一二十里内外之利害言之。涧河灌溉所及，前因淤浅，止至受河芦滩，频年以来渐及小闸无水矣，渐及周庄无水矣，今夏则石塘且虞无水，而栽插费力矣。上游不挑，日淤日缩，得水且日促，则东门以外上下之田又可保乎？患已及我，不知豫防，一不可也。淤垫虽在全河，而上游之淤尤甚，淤尤甚则水不下注，上游必不能容，溃堤冲田，为患愈烈。堤溃之时，必急闭闸，涓滴不下，虽至易得水如宝带河侧之田，亦与下游之断流等。若上游挑去淤垫，水得畅流，永无溃堤闭闸之虑，利人即以利己，否则人己害均，绝无差等，明知此害而故蹈之，二不可也。全河兴挑，上下同利，其上游以为不然者，不过引水插秧未极自如，不能放水入田。然水车沟洫，略用经营，仍可插秧，断不至改植旱谷。若上游阻挑，则下游岁岁无水，一禾不能插，一粒不能获，富户由此贫，贫民由此死，虽幸逢乐岁，而枵腹嗷嗷，死亡接踵，惨痛不可言状，较之上游，设农器、通沟洫之劳费害殆十百万倍也。夫治田者，农具故宜多，沟洫故宜深，不得诿为分外事，今若宴安而惜小劳，重财而靳小费，于治田者分内当为之事，亦不肯为，同声一词，谓为不便，致数十里之中，富者必贫，贫者必死，亦仁人君子所不忍为者也。必忍而为之，夺水之斗殴，争水之词讼，无水之怨仇祝诅，百忿丛集，虽有水亦不得安。况又有日淤日促之远患，与溃堤闭闸之近忧哉,其不可三也。此三不可之说,皆按情度势,切近易晓,上游凡有田者,靡不深悉。乃挑河立议时,或捐费,或出夫,上游每观望迟疑,甚则有控诉为阻扰者。盖偶一计及,终为小劳小费,浮言所动,而不知此一二十里内外之利害,亦在百里全局利害之中。诚欲利己者,只宜合而筹之,不宜判而异之也。以人身譬,谓腹不宜物之梗塞,而胸及喉可梗塞也,有是理哉?更取涧河全局论之,河远及盐城境内,乃者修闸之费,盐人公议阖县摊派,为运道起见也。涧河于盐邑,除溉岸侧田亩外,止利运道,尚普之一邑如此,而吾邑涧河之利至多,转持上下游两歧之说,其私己拂公,不重为他邑笑与?况修闸征费,下游踊跃协济,不敢视为度外事,引前此上游修闸之一议以为口实,夫闸为上下游公共之闸,则河为上下游公共之河,亦情势当然者也。是故,凡议挑涧河者,苟不请币则必业食佃力,业食佃力则必先捐费充杂用,后出夫应挑工,而捐费出夫,必不当有上下游之异也,章章明矣。溯自请币一役后,涧河之不兴挑十二年矣,淤垫日甚,受累日众,公私交困,不忍坐视。复议兴挑,吾知上游诸君必不持其小小不便之一端,以阻大利,违众志。况前此业食佃力之举,皆提夫作费,俾充杂用。今以淤久工多,议夫归夫之数,田多户大者别捐费备用,其公慎弥有以服人也。虽然捐费出夫用财者所慎重也,爰与同志议,不惮繁琐,申明其不得不然之故。质之上下游,凡有田者以息他说,示久远,收利益于无穷焉。①

此外,民国时期,淮阴县第三市保卫第四团拟挑河,但"尚有四垱中段议挑之河,今尚无人承办,实因下游稍有阻拦,上游又欲接挑,他处之水必多,引动下游尤恐受累"。②

---

① 潘德舆:《兴挑涧河议》,民国《续纂山阳县志》卷五。
② 《沟洫表》,赵邦彦:《淮阴县水利报告书》。

（二）上下游扒堵纠纷

在防治洪水灾害时,地处下游的低洼地区通常修筑横堤以挡上游来水,而上游民众为了图泄水通畅而使自己田畦等财产不被淹没则聚众决堤,于是上下游之间的上扒下堵之纠纷就难以避免。上扒下堵纠纷的结果是两败俱伤,双方的灾害不但没有减轻,反而更加严重。正如胡雨人所说的,"每逢大水至泛滥不可收拾,(上游人民)铤而走险,聚众掘堤。下游人民抵死抗拒。卒之上下游,均未由免灾"。[①]

淮河流域河南境上扒下堵的上下游水事纠纷主要发生在郑州、中牟县境内的等河流域,尉氏、鄢陵、扶沟、西华、商水等县境内的半截河、惠民河、双泊河、大浪沟流域,太康、淮宁境内的涡河流域,郾城县、西平县与上蔡县境内的洪河、石界河流域。在中牟县境西北,"旧有等河一道,起自郑境唐雷庄,下归牟境之冈头桥",此河开于明朝,"资以宣泄上流也"。迨后风沙淤塞,黄水为灾,故道湮没,"七吉寺以上沙积遍野,迤东俱成平陆,每逢夏秋之交,霪雨浃旬,上游陂水狂风迅奔,泛滥于白家坟左右,经年不涸,衰草洪波一望无际,民居其间,疾首蹙额而兴晋阳之叹者,非一日矣"。但多年来"下游以堵截为御水之计,上游以导流为远害之谋,郑中两地居民操戈构讼,迄无宁时"。[②]

在水患频仍的半截河、惠民河、双泊河、大浪沟等流域,涉及从上游到下游的尉氏、鄢陵、扶沟、西华、商水五县。半截河,属于贾鲁河支流。惠民河发源于五龙口,"萃于京水湖,合荥阳、郑州、中牟、祥符南境之水,总汇于朱仙镇,而为惠民,余无为惠民河流之水也"。双泊河发源于鸡洛坞与阳城山,"迳密、新、长、洧、鄢陵,受数十泉壑,

---

① 胡雨人:《江淮水利调查笔记》(辛亥年),见沈云龙主编:《中国水利要籍丛编》第三辑,第87页。

② (清)孙和相:《开浚等河记》,同治《中牟县志》卷十《艺文中》,郑州:中州古籍出版社,2007年,第481页。

以入于扶,余无为双洎分流之水也"。①双洎河其上游为溱、洧,"其源皆发密县,洧出阳城山,溱出鸡洛坞,东经超化寺,与洧合,迤逦东南,经新郑、长葛、洧川、鄢陵,由扶西之孟亭入扶境,南经故城,下达史家湖,明叶始有双洎之目"。明正德年间,"洧川栗家口决,而故道遂湮,后修而复壅者再"。迨嘉靖年间,扶沟县令林公欲疏南流故道而惮其功之难,"爰取捷径引之东流,由县东韩桥下入贾鲁河,为今双洎,于是双洎下游成沧桑之感者,于兹垂三百年矣"。②双洎河、惠民河等流经古陈地,地势低洼,所以"自秦变易先王良法,广开阡陌,迄唐宋而下,陈之水患频仍,乃屡见于史册焉"。③据吕阳桐《河渠利弊说》记载,"惠民、双洎萃数十邑之水,由韩家桥合流南入于沙,而韩家桥以下之河身广狭浅深与上游等,其不能容,明矣。夏秋之交,沙水盛涨,下流之入沙不利,上游之泉壑争相抱注,兼之土性松薄,堤岸不固,势不致于溃决不已,溃决无论东西岸,扶人固重受其害,而西华北境亦因之无秋"。④加上河道年久不事疏浚,淤塞严重,"往往求溯古之沙、蔡、涡、谷诸故道,并百尺、五梁、广漕等沟渠,皆湮废莫考",而"一邑一乡之中,曰湖,曰陂,曰洼者,所在多有,小或数十亩,大或数十顷","愚民罔知,不特所谓陂湖皆侵为耕地,抑且沟洫之间,稍有尺寸淤垫,亦莫不莳插焉。故夏秋霖潦,水无所归,易致泛溢"。⑤即使官府发动民众对河道进行疏浚,但囿于县级行政区划之间的矛盾而未能合力疏通,水患更重。如光绪己丑(1889)"奏请挑浚惠民、双洎,皆事疏通,而合流之下游竟未施畚锸焉。导其源,不畅其流,故近岁之患更甚于昔日,且其患尤不始于合流也。北来之惠民,其源也远,其源也缓,其涨也恒十数日不落,故易于溃决;西来之双洎,其源多山泉之水,一值淫雨,浊浪澎湃,挟泥沙俱下,故易于漫

① (清)吕阳桐:《河渠利弊说》,光绪《扶沟县志》卷三《河渠志·诸河故道·黄河故道》。
② (清)王方田:《扶沟县重修双洎河碑记》,光绪《扶沟县志》卷十四《艺文志上·碑记》。
③ 乾隆《陈州府志》卷四《山川·河渠》。
④ (清)吕阳桐:《河渠利弊说》,光绪《扶沟县志》卷三《河渠志·诸河故道·黄河故道》。
⑤ 乾隆《陈州府志》卷四,《山川·河渠》。

溢,决溢之患比岁皆然,比河皆然,其不能堪,明矣。且其患尤不止于惠民、双洎也已。西北之水患,昔莫甚于半截河,今莫甚于太沟河。太沟河上承尉氏诸陂水,逆入惠民,惠民涨不能受,势必溃奔南下,合老鸦林诸陂之水,惟赖洪义沟有以泄之。洪义沟又复淤塞无迹,既无所归,不得不漫衍横流,而永昌、老鸦林、孟亭诸地方为沼矣"。正是惠民河、双洎河、太沟等流域地势卑下,坡水众多,河道淤塞,水患频仍,水生态环境脆弱,才导致历史上该流域上下游之间水事纠纷极为频繁而激烈,特别是鄢陵和扶沟、扶沟和西华、西华和商水之间,都曾围绕泄水问题发生过重大的上扒下堵之类的水事纠纷。吕阳桐《河渠利弊说》说:"昔鄢之掘黄甫冈也,扶人争之;扶之开张单口也,华人争之。今者扶受鄢掘水之害,而不能与鄢争;华受扶决口之害,而不能与扶争,然则如之何而可也。"①郝廷松《九修扶沟县志后序》也说:"扶沟泽国也,上游曰黄甫冈,曰半截河,下流曰张单口,皆一邑命脉攸关,而势所必争者也。自鄢陵引三十六坡之水尽注黄甫冈西,而张、陶、卢、郎四口最为险要,一有渗泄,则高屋建瓴,直注城下。尉氏不修半截河堤,致祥符、通许、尉氏滚坡之水散衍平地,王墓、王村十一地方咸成巨浸。西华堵塞张单口,俾惠民全河不得东达沙河,而强之西南与双洎合流,势必首尾横决,灌我田畴,其害或不可举言矣。"②以上所指的就是半截河、双洎河、惠民河、大浪沟流域的上下游县级行政区之间的扒堵纠纷。

第一,尉氏县与扶沟县的半截河东堤上扒下堵纠纷。半截河是田间洼渠,属于贾鲁河支流,在尉氏县东,距城40里许。自西北蜿蜒东南,经孙留冈、白家潭,入扶沟县境。里许,至勾河嘴,泄归贾鲁河。"值贾鲁河涨壅,则倒注漫溢,两岸旧无堤,共被湮浸"。雍正年间,扶沟民众"怀自利之见,由勾河嘴东岸挑土堰数里"。③半截河东堤对扶

---

① (清)吕阳桐:《河渠利弊说》,光绪《扶沟县志》卷三《河渠志·诸河故道·黄河故道》。

② 光绪《扶沟县志》卷十六《志余·旧志序》。

③ 道光《尉氏县志》卷三《疆域志·河渠·半截河》。

沟县的防洪至关重要,据乾隆《陈州府志》记载,"扶邑西北五十余里,与尉氏接壤,亦谓古黄河。祥符、通许、尉氏诸陂之水俱注此以归贾鲁河东,地势北高南洼,河堤冲决,水即顺堤南下,尉处北,扶处南,尉民固不受害,而扶邑十数地方尽被淹没。长堤六里,在扶者四里余,在尉者里许,河水涨发,东堤一溃,水势东趋,河西地面即安然无恙。虽河东亦少有淹没,而所失者少,所得者多,故往往不修河东堤岸,屡致冲决,尽注扶境"。雍正八年(1730),雨水过多,"半截河水漫溢,淹没扶沟十一地方。郝作霖等以遵例帮修、保固河堤等词具禀,徐令,转详开封府,蒙批据详,半截河之东有黄家冈六里长堤,虽在尉境,实为扶邑田庐而设,修筑夫工,扶民既任劳无辞。新令抵任,仰即督率,及时兴修完固,毋得迟误,并移知尉氏饬令该县居民不得阻扰。而尉邑白钦若等既不实力修筑,又忌扶民协修,假捏情愿自修临河堤岸之语,巧于阻扰。故郝作霖等又以亟饬地主保固河防具禀本县,详府蒙批,移关尉令,各委典史督率,务使两邑百姓各修各境,挑浚深通,筑高堤岸,永远有益,戒勿多事,致启衅端,并取各地主保固堤工、不时疏浚、毋致淤垫甘结。白钦若等虚应故事,仍不坚筑高厚,倘遇淫雨泛涨,恐难免无虞也"。[1]乾隆二十一年(1756),扶沟举人郝廷松等以堤岸连被决口,尉民并不岁修,且将旧堤渐次平毁,呈请催修,"两邑民人各持一见,讦讼不已"。开封、陈州两府会勘,将"旧有之堤以现在六尺高为率,加筑坚厚。自王三桥至刘家桥,计长六里,现在无堤,应请筑堤一道","而尉民谷玉衡等以接筑新堤,孙留冈之水绝无出路"控阻,批饬再勘。乾隆三十六年(1771),知县董丰垣会同尉氏县陈在玑赴河履勘,"自扶邑合河嘴□至尉邑之毛家桥、白家桥、王三桥,共长六里,堤高四五六尺不等,河身俱属淤浅,亟宜堵浚其河堤,尉、扶协同修筑河身,各筑各境,会禀本道暨开、陈两府在案"。[2]嘉庆六年(1801),扶沟县民又复增筑半截河东堤,尉氏

---

① 乾隆《陈州府志》卷四《山川·扶沟县·附水利详案·半截河》。

② 光绪《扶沟县志》卷三《河渠志·半截河》。

监生白志宽、生员李正学等讼于案。嘉庆八年(1803),经开封、陈州二府宪及尉、扶两县主奉抚藩檄饬,会同勘验,讯议具详,蒙布政使温看,"语半截河东堤一道,均以五尺高为准。现有高逾五尺者,即令铲去。低者修补,所有挖坏李墨地亩,即令赶紧填平,照旧管业。均责成王维礼经理其新筑西堤,责令王朋平毁勾河嘴处所芦苇、土堆,饬令扶、尉两县各疏各界,不得彼此推延。嗣后,如遇尉境堤岸被冲,即照嘉庆六年成例,着落扶民自往修筑,以保田庐,不许牵扯。尉民至取土修筑,只许于河内取土,不得在堤外挖坏尉境地亩。所议尚属平允,蒙巡抚马批如详饬遵缴"。①嘉庆二十四年(1819),黄水漫溢,"尉民闻将修筑,恐违旧案加高,哄然扰动"。知县王德瑛移会尉氏县汪景焯会勘督修,悉照旧堤宽高。道光二十三年(1843),旧道淤塞后,屡经黄流,由毛家桥东南复冲一沟,宽二三里不等,下入惠民河。每年夏秋,"祥、尉、通三邑坡水依然下泄为患,幸下无壅塞,不至大为泛滥"。②

　　第二,鄢陵县和扶沟县之间的上扒下堵纠纷主要集中在秦家冈、黄甫冈、大浪沟。扶沟与鄢陵接境,据徐近之研究,"贾鲁河以西,黄土冈地最普遍,扶沟鄢陵间,此类冈地使泛滥洪流转向,保全了扶沟城"。③证诸方志记载,也是"鄢陵处西,扶县处东,地势西高东下"。④由此看来,扶沟与鄢陵间的水事关系因地势使然而变得非常复杂,极易产生水事冲突。扶沟为挡上游来水,常常筑堤设防;鄢陵为谋泄水,也时常盗掘堤防甚至天然冈阜。所以,两县县志多长篇累牍地记载了这种上扒下堵纠纷,如道光《鄢陵县志》云:"鄢之受害,由于洧水横溢。其所以横溢者,由于无河之可归也。扶人筑堤设防,以鄢为壑,上下交壅,欲塞无策,欲疏无地,徙费畚锸,以滋讼扰"。⑤而光绪《扶沟县志》也载,康熙年间,"鄢人盗凿小北关,放水南注扶之西南",

①　道光《尉氏县志》卷三《疆域志·河渠·半截河》。
②　光绪《扶沟县志》卷三《河渠志·半截河》。
③　徐近之:《淮北平原与淮河中游的地文》,《地理学报》1953年第2期。
④　(明)卢传元:《上各上台书》,乾隆《陈州府志》卷二十四《艺文一》。
⑤　道光《鄢陵县志》卷五《地理志上·河渠·双洎河》。

扶沟最后力争杜塞。①"至秦家冈、黄甫冈,鄢陵开凿之谋起于嘉靖以后"②,等等诸如此类的记载,不胜枚举。

秦家冈,又名鸭冈口,在扶沟县西北 40 里,"峙扶境,与鄢为邻"。冈西三坡相联,"鄢、扶杂处其中上。按三十六坡中,有小冈为障"。明万历七年(1579),"鄢陵陈尹欲建奇功,将小冈凿断,引三十六坡之水总汇于三坡。其初,意欲凿秦家冈,而忌在扶境,故导此鲸波厚集境上,骇踏勘之目,行嫁祸之媒耳! 扶处其下,平野纤纤,更无寸障。若此冈一开,城社民廛尽为冲决"。于是,"士民空国赴诉上台,亲临踏勘,审地势高下,菑害轻重,极知必不可开,申准立碑为禁"。"鄢人又私凿盘龙河三道,引水于此冈之南,漫衍而东,孟亭等处岁岁淹没"。所以扶沟人认为,"若坡水泛涨,听其分流。天然之冈,不加穿凿,何至纷纷争执以失邻好也?"③清康熙二十五年(1686),秦廷献等及鄢民施得才等盗凿秦家冈,武生高溥力争之,"蒙上宪断明,扶不许塞,鄢不许凿"。④秦家冈以东为扶沟县的罗王陂(又名罗王冢陂),属积水之区,"冢东有旧渠达马家河,以入惠民河,扶人泄水之所也"。康熙五十四年(1715),"生员秦显祖借开罗王陂为名,逼近禁冈开挖新河","控经开封府孙详据扶、西两县勘明,旧渠在于冢东,显祖私挖新河在于冢西,议押显祖将新河堵塞,旧渠疏通。嗣后再有逼冈开河,贻害扶民者,照故决河防律定拟等因,奉布政使牟批饬勒石永禁在案"。⑤康熙五十五年(1716),秦廷献之胞弟秦显祖又与鄢民盗凿鸭冈口(秦家冈),"副榜杜宗甫同阖县士民控之"。⑥乾隆二十七年(1762),"邑民王廷周等以旧渠淤塞,呈请疏浚,本县亲诣履勘,断以罗王冢为界,冢东旧渠仍听疏通,以资宣泄;冢西毋许私挖尺

---

① 乾隆《陈州府志》卷十四《名宦》。

② 光绪《扶沟县志》卷首《图经》。

③ 乾隆《陈州府志》卷四《山川·扶沟县·秦家冈》。

④ 乾隆《陈州府志》卷四《山川·扶沟县·附水利详案·鸭冈口》。

⑤ 《董丰垣记》,光绪《扶沟县志》卷三《河渠志·湖陂·罗王陂》。

⑥ 乾隆《陈州府志》卷四《山川·扶沟县·附水利详案·鸭冈口》。

寸,以杜上游之水。仍于冢旁勒石永禁"。[①]至道光二十三年(1843)、同治七年(1868)暨光绪十四年(1888),秦家冈"数被黄流,而此冈皆未冲开"。[②]

黄甫冈,在扶沟县西 30 里,高 2 丈有奇,阔 60 余丈,绵亘 6 里余,"乃天然冈埠也"。[③]此冈北枕双洎,南接长冈,"诚合邑之保障也。冈西有坡,曰黄甫坡,内有渠,名朱家河,北抵双洎,南岸又有石闸,名黄甫闸,所以泄坡水于双洎者也"。[④]此冈"屡被鄢民盗凿以泄坡水,为扶邑十二地方之害,抑且殃及西华,历奉查禁"。[⑤]雍正十一年(1733)六月初六日,扶沟县武举张柄因有田数顷在坡内,"欲逐积水以种肥田,又以疏朱河闸口为劳",遂勾通鄢民将此冈凿开,"士民奔控上宪"。乾隆元年(1736),"鄢民梁承宗又私凿之,开、陈两府会勘定议,惟郭、卢、张、陶四处车道,高六尺,宽一丈二尺,扶人不得增高,鄢人不得私扒,此外听扶民坚筑高厚,鄢人不得混争"。至乾隆七年(1742)六月,淫雨连绵,"鄢人胡殿元又凿此冈,扶之十二地方被害更惨",七月十七、十八两夜,又"将冈连扒二口"。"至十六年,州同党士达奉委来查,听鄢人一偏之词,遂详请建闸张家车道口,经本府知府高士鏴、开封同知舒宁安会勘,此冈断不可开,仍遵原议,建闸之议遂息"。[⑥](见图 3-1)

---

① 《董丰垣记》,光绪《扶沟县志》卷三《河渠志·湖陂·罗王陂》。

② 光绪《扶沟县志》卷二《疆域志·冈阜》。

③ 乾隆《陈州府志》卷四《山川·扶沟县·附水利详案·黄甫冈》。

④ 光绪《扶沟县志》卷二《疆域志·冈阜》。

⑤ 乾隆《陈州府志》卷四《山川·扶沟县·附水利详案·黄甫冈》。

⑥ 光绪《扶沟县志》卷二《疆域志·冈阜》。

图 3-1　半截河、秦家冈、黄甫冈、罗王陂、大浪沟形势图[1]

　　大浪沟在扶沟县西南,上通鄢陵小北关水,南迳屈冈之东。相传明道先生(即北宋时著名理学家程颢,字伯淳,学者称明道先生)出

---

① 光绪《扶沟县志》卷首《图经》。

知扶沟知县时开凿,"以泄西南水患者也"。①大浪沟自李集地方入扶沟境,"由鄢邑汨罗江沟水漫淹鄢、扶,两邑为患,屡次兴讼,经知县孟宪章修迎水坝一道,以防水溢"。②鄢陵小北关原有冈一道,"发脉嵩、少,鄢之县治在冈之南,是鄢之祖山也。再东至扶,扶居冈之中,是扶之来龙也。况冈北汪家坡一带之水,不得骤泄于冈南者,全赖此冈为捍御"。然而,"南人有苏炳者,贪利冈北膏腴之田,遂诱扶民硬凿此冈,俾鄢陵东南一带居民并扶沟西南数地方之土田庐舍,尽委洪波,且下达西华界,而史家湖数千顷良田竟成潴水之区"。于是扶沟生员翟鹳鸣、鄢陵生员周复旦等控告三年,蒙开封府孙管汀道里勘详抚部院堵塞结案。雍正八年(1730),"鄢人张扩四等复开凿,扶邑左如松等争之不得直,而此冈竟开矣"。后愈冲愈深,愈开愈大,"昔为巍然之陵阜,今成渊然之涧谷,扶固受害,鄢亦何利?而地脉之伤残,形势家见之,又未尝不叹息痛恨于作俑之始也。鄢人虽追悔之,亦复何及哉!"③光绪十六年(1890),大浪沟水涨发,又"被鄢邑奸民窃扒,邑西南数地方尽受水患,绅民赴本县控告"。④(见图3–2)

① 光绪《扶沟县志》卷三《河渠志·沟·大浪沟》。

② 《大浪沟建闸记》,光绪《扶沟县志》卷三《河渠志·沟·大浪沟》。

③ 光绪《扶沟县志》卷三《河渠志·沟·大浪沟》。

④ 《大浪沟建闸记》,光绪《扶沟县志》卷三《河渠志·沟·大浪沟》。

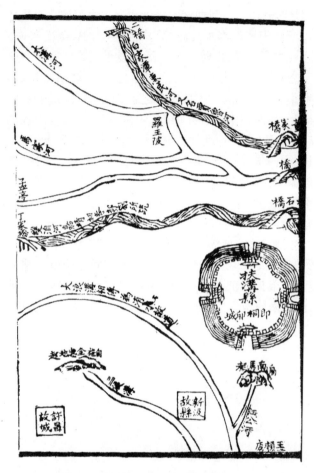

图 3-2 大浪沟形势图[1]

第三,扶沟与西华县之间的上扒下堵纠纷主要集中在双洎河下游入蔡河处及蔡河下游的张单口。双洎河即溱、洧合流,溱居北,洧居南。溱水出鸡洛坞,洧水出阳城山,东流至超化寺,合而为一,遂名

---

① 光绪《扶沟县志》卷首《图经》。

双洎。经新郑、长葛、洧川、鄢陵,由孟亭入扶沟县境,下至县东北张会桥,南达西华(今贾鲁河道)。明正德七年(1512),"洧川栗家口决,故道遂湮,横溃旁徙,邑北被害特甚"。嘉靖初,"鄢、扶之民诣阙陈请,奉部札疏河由丁家桥入境,由县城东北一里许转折南下(即今二河),至王颍店出境,经红花集黄土桥(即今桃花桥)会渚河入沙河"。嘉靖十三年(1534),复壅淤。嘉靖四十年(1561),"知县林朝卿议开疏而惮功之难,就取捷径由韩家桥以入惠民河,惠民河浅狭,不任众流之汇,犹赖蔡河分泄,而被西华堵塞"。万历三十三年(1605),知县全良范复疏。后"故道以分水势至境上,又为华人所阻,乃由周家寨后东入惠民河。后河身淤浅,漫溢为害,复由韩家桥(在张会桥南)入惠民河,而故道遂废"。①

扶沟县与西华纠纷最为激烈的地方是蔡河下游的张单口。扶沟五河交汇,"其最著于古者,曰蔡河。上自朱仙镇,下自西华,以入于沙河者也"。但是蔡河下流至西华县境时又遭淤塞,而不得入沙河。②蔡河即惠民河故道,闵水自尉氏北流至开封,由广利水门入,名"西蔡",缭绕城内由普济水门出,经通许以南接旧蔡河,谓之"东蔡"。洧水自许出鄢陵至扶沟,合于蔡。潩水自郑之大隗山注临颍,历鄢陵、扶沟合于蔡。沙、蔡本一水,沙从水从少,谓蔡河水浅,故又名"沙","缘黄河南徙,溃流奔决,始湮其故道,至今现存不可掩没者,张单口迤南是已"。③

关于张单口,说法各异。扶沟人认为张单口在吕家潭南二里许。"土人张姓、单姓者居之,几成村落,故以为名。夫口,渡口也,如黄河翟家口、刘兽医口之类。此在扶之中心,去西华境上尚五十余里,华人何足以知之? 其指为张善口者误矣,谓其为嘉靖初决口又误,题其碑曰:'西华塞张单口',碑尤误之误者也"。或者曰"嘉靖初决口也,岂一决辄五十里,广十丈,深三丈,阳侯使者殊亦大劳矣。当是时也,吾不知有西华否耶? 不知西华有人烟否耶? 何寂无一语议塞,而直待

①　光绪《扶沟县志》卷三《河渠志·双洎河》。

②　《何出光水患图说》,光绪《扶沟县志》卷三《河渠志·蔡河》。

③　光绪《扶沟县志》卷三《河渠志·蔡河》。

今日耶? 且分疆而治,各有主者。张单口在西华何地,而华得以塞之? 如可越境而塞,独不可本境而开乎? "[1]扶沟人屠又良则认为"张单口本蔡河故道也。其源有大沟河、小黄河、双洎河、白沙河,自郑州京水湖,迳朱仙镇,至扶沟之吕家潭入蔡河,达西华境二十余里流入沙河"。[2]而西华人杨安辩在《张单口说》中认为"惠民河今则如故也。所言洧水自许田、鄢陵,历扶沟,合于蔡,则止入惠民,而不合蔡矣。蔡河久湮没,不知废自何时。然以形势考之,自通许以下,当经华东北界,以达陈、颍。今之张单口,疑即古洧水,贯惠民以合蔡河之故道也。惟是文献失据,故老无闻,即有一二形迹,可仿佛寻绎于荒邨断垄之间,然又皆鼎革沧桑,传闻异词,谁复有好事如道元起而识之者"。[3]明开封府刘如龙《西华县塞张善决口碑记》中又说"张善口者,小黄河决口也。河自朱仙镇折而南,过扶沟,若西华可五百里,南至于商水,入沙河,载在邑乘,可考镜已。嘉靖初,河决扶沟民张善地,以是称张善口云。一水涓涓,延漫八十余里,直灌西华城,出其北。西华人数言苦,扶沟傍近民往往私决,此即未必。然河所从来高,高张善口,既羡溢,其势必湍悍,日夜东下,河之水十五注西华民田中,西华人几狎游鱼鳖间矣"。[4]可见,张单口或者张善口是扶沟、西华之间地形高下之关键,决水则西华为害,壅塞则扶沟为泽国。

对于张单口,扶沟人认为"扶邑势处洼下,众水所汇,而俱泄于此。其地形高下,瞭然指掌,宜疏而不宜塞,断断无疑矣。疏则俱利而可久,塞则苟且目前而俱害,又断断无疑矣"。而"西华邻扶而处其下流,于是议塞张单口"。[5]甚至"直欲杜塞蔡河,以嫁祸于扶沟","辇石负土,入扶境之内三十里而来杜河于张单口,此河一塞,而扶之民其鱼矣"。扶沟人何出光认为"千百年之古河,未闻有议塞者。乃西华指

① 光绪《扶沟县志》卷十六《志余·张单口》。
② (清)屠又良:《张单口说》,乾隆《陈州府志》卷四《山川·扶沟县》。
③ 杨安辩:《张单口说》,乾隆《陈州府志》卷四《山川·西华县·河渠》。
④ (明)刘如龙:《西华县塞张善决口碑记》,乾隆《陈州府志》卷二十五《艺文》。
⑤ (清)屠又良:《张单口说》,乾隆《陈州府志》卷四《山川·扶沟县》。

之曰：'此张单口也,独不见两岸之树大可合抱,罗敷之祠枕于河洲,此岂一时所可致哉！'华人虽甚强有力,何至戕人命脉,杀万家以自快也？"①于是扶沟人一直主张张单口不宜塞,而"华人议堵,自明已然"。②据明开封府刘如龙《西华县塞张善决口碑记》记载,"岁癸巳夏,会大淫雨水暴至,流杀人民,漂没庐舍无算"。西华人群走中台丞御史台暨监司,叩头请命以塞张单口。扶沟人曰："设令塞张善口,度水且倒灌输,为西华地,独不为我地,我顾当独不蒙惠泽邪？争之甚力,有司者莫能难,以故议久不决"。西华人开封府太守刘如龙乃走陈州,诣御史台上状,后又"身自从杨陈州田西华行视河北,至则赵鄢陵、刘扶沟业先期集河上"。太守"顾谓诸大夫曰：'夫夫口也,塞之便乎？抑不塞便乎？'诸大夫未及对,扶沟人争前兢进,苦词诡控,曰：'我所恃亡困于水,惟是赖此口傍决泄暴水,备非常亦勿塞之为便耳'"。太守矍然曰："然则是谓太守独不念扶沟乎？夫扶沟处势高,即卒有水无害,北决口所漂没西华田多,或至四千顷,今六年矣,尔比邻之不恤,直将以西华为壑,不大自追悔,乃喋喋反言吾兹塞若有所病于尔,何说也？"已而又笑曰："吾常令水工以足按张善口所决水浅深,直径寸耳。西华城北二里许,即有河水力缓,卿令肯多为策疏滞之宜亦易耳,西华独不然,今期所羡溢地,譬犹釜中,中洼下而外高,即无扶沟,设不幸有淫雨旬月不霁,宁独不为大壑？顾以是独怏怏归咎扶沟盗决,何说也？且张善口南去可四十里,不皆尔扶沟地邪？设令水暴作,尔扶沟旁近地亦宁不患？若水啮塞之,岂独谓西华便,即尔扶沟亦宁有不大利便者哉？大都在扶沟害不切身,而日抱杞忧,害既及人,而自甘秦越。在西华,知害之及于己,而不求己之去其害,知急塞上之流,而不广求下之泄。扶沟虽强,而实强狃于求必然之计；西华非弱,而实自弱于无自治之方,若两邑独不闻共济自完之说乎？且若等毋谓此古蔡河不当塞,夫大府取利民耳。何论古若今,即古蔡河民弗便,我何敢爱一沟,不以利此数十万万子弟哉？且所贵为法在

---

① 《何出光水患图说》,光绪《扶沟县志》卷三《河渠志·蔡河》。

② 光绪《扶沟县志》卷三《河渠志·蔡河》。

平,要以两利而俱存之,乃是假令我所规划于此两者,县或有利有不利,又或徒取快一时,而终不足令长守,斯皆非完计。吾兹与公等约,其塞之,第令及河岸即止,终不使与扶沟所筑堤等齐。如此则西华便,于扶沟亦无不便。即一旦有暴水,两俱受其败,此天数耳。扶沟不得复驾口,于西华可并长守之世世矣"。于是扶沟人大感悟,皆爽然自失,曰:"太守幸加惠百姓甚盛,吾等所不及,吾侪小人不知其便至是",皆叩头再三谢。于是太守以鸠工运土石,"属西华令自为计也。以董治属扶沟、鄢陵,防阻扰也;以徼巡报成事属宣武经历张铣,重责成也。此皆所计虑远,有深意。而令旁近居民若徐满、若王坚、若张明、若张惟一、若张春,此五人旦暮相护,盖恐他日或阴相破坏,虑西华相距远,猝不能自解救也"。[1]可见,此次西华议塞张单口,扶沟最后还是被迫做了让步。

康熙十五年(1676),"华人复讼之上台,因藉口于莫可考据之碑辞,志在必塞,势若仇雠"。于是大中丞佟公命郡伯张公亲往履勘,张公既以原有小黄河及惠民河以泄水势情形申覆,而复命屠又良细勘。屠又良"辄诣河干,召里中父老讯蔡河故道,自张单口至李家庄,两岸俱有堤,河深丈余。及陈家店、张家庄、罗敷庙、蔡河桥、柏子冈皆然。自柏子冈至贾家庄南,河深七尺。又南至丁冈桥,止深三尺余。自此至西华界二十里,淤塞成平壤矣。然地形微凹,其故道隐然犹存,此非宜疏不宜塞者乎?"西华人则曰:"我朝频年河决,费金钱何翅百万,祇闻塞之,不闻疏之也"。屠又良认为"张单口至华界五十余里,所当大加疏浚者十二里,其余稍施畚锸足矣。若自华界思犊冈至华城北入惠民河,不过十八里,再达周家口,直入沙河,为力尤易,扶人皆愿竭力为之,使华人同心亦疏其境内之道,是各任其劳,而实共享其利,不愈于兴无益之役,构无已之争者乎?"于是屠又良"按之地势,合之民情,请诸上台,上台亦深以为然"。不久,"则与西华同请上台,报可"。[2]雍

---

① 乾隆《陈州府志》卷二十五《艺文》。

② (清)屠又良:《张单口说》,乾隆《陈州府志》卷四《山川·扶沟县》。

正三年(1725)，"重复拘讼，初欲立坝，继又立闸，生员卢宸等争控累年"。至雍正十三年(1735)，开封府、陈州府会议，定于张单口改闸为坝，"其讼遂息"。①(见图3-3)

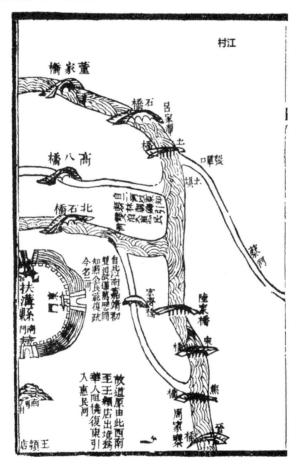

图3-3　张单口形势图②

---

①　光绪《扶沟县志》卷三《河渠志·蔡河》。

②　光绪《扶沟县志》卷首《图经》。

第四,西华县与商水县之间的上扒下堵纠纷。商水县地处西华县下游,在县治西鄙与西华交界处,有古埂一道,南北横亘,迤逦若长坂,"然其人共知其非水道久矣"。在古埂西有戴家洼,形如釜底,"天地设,固从来积水之区也"。然而西华人"久欲彻洼水以耕种,遂假净沟,捏控开渠,不奉关会,擅辟古埂,竟使两邑封疆顿成沙渚,邻人膏腴险为泽国,情理既乖,拘讼滋起"。自雍正六年(1728)至十一年(1733),"历年六,公验九,官更十七,前后勘夺,现有成案。批填批修,若合符节。寻经河道批委陈州两行亲勘,具宪详覆,遂蒙上允,檄饬华民府所控新沟,尽行填塞,所辟古埂,立为修筑,而数年之案于是乎结"。后谭庄地方居民程文耀等禀官立碑于焦城内。①同治七年(1868),李景丰、李中等率众又扒河西华、商水交界的五里河堤,"致酿命案,业经张贯一、举人叶继祖等据实具控,二年未结"。同治九年(1870),经商水知县曹文昭会同程委员断定:"上坡赔修南半截,与枯河之相连,地洼堤高,不拘尺寸,照旧修筑,勿须减削。至北半截堤宽一丈,身高四尺五寸,南北两截共长五里。凡是所扒之处,一律修筑,两造情愿,俱皆输服"。并共同严厉示谕:"自此以后,仍令河长小甲每年催修,永不许扒毁。如有敢再扒堤者,除赔修外,定行究办。两造各遵守,归家安业,并立碑为记,以垂永远。上下坡务须共为遵守,不得再行滋事。毋违,特谕"。②

在淮河流域河南境,还有涡河段的太康与淮宁县之间的上下游以及郾城县与西平县、郾城县与上蔡县境内的洪河、石界河流域上下游也存在着激烈的上扒下堵纠纷。涡河之水由太康西北折入东南,至马厂集东胡家桥下入淮宁、鹿邑,直达亳州,以入淮河。乾隆四年(1739)六月间,"天雨连绵,河水涨发,太邑马厂居民见河水骤发,恐其宣泄不及,淹及庄田,随于六月十九日于胡家桥侧,将古堤决挖一口,而涡水遂由决口而出,泛滥横流,将淮邑之大梁店等处田禾淹

---

① (清)程文耀:《古埂碑记》,乾隆《陈州府志》卷二十六《艺文》。
② (清)曹文昭:《严禁扒堤示》,民国《商水县志》卷十二《丽藻志二·公牍》。

没"。嗣因淮邑武生程珮等具禀,经陈州府亲至扒堤处所,逐一查勘,"檄示淮、太居民将古堤决口协力堵筑,并委太邑典史督催夫役完工在案"。①

洪河即汝水旧渠,元季自舞阳涡河截汝水东流,独西平云庄、遂平马鞍诸山水汇于周家坡入旧渠,故谓洪河。洪河自西平刘册桥东入郾城县,东北行,西北抵钞洼,乃东行,北过左庄,又东行,南抵何庄,北自钞洼,南自何庄,其西皆西平境。……洪河至郾城县丁家桥东,石界河自西来入之,石界河者即淤泥河,亦曰石界沟。赵应式《石界河桥记》曰:"石界河,郾城东五沟之一也,以其在西平、郾城间,故以界名。其三河五沟入汝河,记曰石界沟"。石界河在西平谓之淤泥河,在郾城县谓之石界河。河自南而东行,至桥西有皇寓渠,自红石桥过李家庄、翟家庄至郭店东南入之,渠长 20 里,宽 2 丈余,深 6—7尺不等。红石桥在皇寓村北之皇寓湖,自此桥以上港水久断,故道多存,渠固不始于此桥。今则自皇寓湖言之,故曰皇寓渠,俗则曰黄玉湖。石界河又东行,过五空桥半里有官路沟,自姬崔庄前起,西南至郭店西合于溏港。入之溏港,已见溏河官路沟自北至舞阳路口分为二枝:一径西入溏港,一西南至郭店,故一名"舞阳路口渠"。而官路沟一曰乾沟,长 20 里,宽 1 丈,深 4—5 尺不等。石界河又东行,有滚水沟自沱口南行 1 里余,转西行 1 里,经王马店南,转而西北行 3里,至商寨西南行 16 里,由塔桥陂南至五空桥东 2 里余,入之塔桥陂者。九空桥北半里有三空桥,西北有七小塔,其间东西有陂,泗曲南溢之所潴也。滚水沟即泗曲至沱口分派,南出之道今名彻水沟,出泗曲水,以入石界,陂水亦入之,沟长 25 里,道宽 5 丈,上下不等,甚淤浅,无水时多,为田水至为巨流,旧泻泗曲水,近因洪河水盛灌入,由西华、上蔡交界之白水坡出,最为巨害。滚水沟分派南出之口,即沱口,亦即沱沟。石界河自过五空桥东行,其南咸为西平境,至龙泉

---

① 《附会勘回龙寺涡河古堤详案》,乾隆四年(1739),乾隆《陈州府志》卷四《山川·陈州府·河渠》。

寺村始为郾城境,又东行南过小郭庄,又东行曲折至韩庄之西而东南行,南过斗刘,乃东行,南过辛庄,折而东南行,又东行,南过五沟营之北门。其北自武冈迤逦而东行,皆郾城境,过丁家桥而东入于洪河。石界河堤于明时,则嘉靖二十二年(1543)治河自郑家冈至丁家桥,约 20 里,筑堤高 1.1 丈。清光绪十年(1884),"以石界淤浅,洪河倒入,由滚水等沟反出,东西淹及数十里。自洪渠堤开,波及上蔡诸邑,监生张斌昌率乡人浚道增堤,而西平境之周坡水无所泄,致西、郾争讼"。经知县涂景濂委员杨溶勘查,新筑堤埝,议定堤高 1 丈,面宽 7 尺,底宽 7 尺,长 38 里。又有饮马沟在五沟营镇东 3 里,南行 2 里至后郑北,西南里许有老龙窝旧蓄水,今淤浅,近新挑一东西沟,北承饮马沟水,西受郭家洼坡水,东南出后郑东散行,无沟,至前郑入上蔡境,旧约"郾不挑沟,蔡不筑堰"。①

在安徽灵璧与泗县之间上扒下堵的纠纷也经常发生。据《光绪十九年灵璧县开挑乡城河道成案》记载,灵璧县知县郭继泰禀称该县自黄河夺泗合淮而下流之、睢、沱、浍诸河水无所容放,"治灵者不能使水不溢,但求水易消,而开浚沟渠实为急务",并认为"与泗州毗连之王家桥、清水桥、连山洼各口,均分泄上游之水以达泗境蒋家河"。但是光绪十八年(1892)九月间,淮河流域连遭大雨,河水泛滥,"泗民大恐,私将水口堵塞。灵民因积水不下注,群起向争,几酿大事,官莫能禁"。又灵璧西关外有支河一道,开自乾隆年间,系分泄上游凤河之水,以达下游之大路沟、小路沟等处。因淤塞已久,每年水涨,"城南居民欲开,城北居民抗阻,无岁不竞"。因知县郭继泰亲自屡勘,见该处有石基一块,"询诸耆民,称开河时建有石闸,以防城南之水。盖支河系为分泄凤河之水,以杀上游罗家沟水势。惟遇北水涨时来源甚旺,恐支河宣泄不及,殃及城南,故建此闸,因水势大小以为启闭。年久闸废,水遂为患",乃谕民挑河后仍建此闸,以杜争端。②

---

① 民国《郾城县记》卷十《沟防篇·洪河》。

② (清)冯煦主修,陈师礼总纂:《皖政辑要》,《邮传科·卷九十七·水利》,第 890 页。

在江苏宿迁、桃源(今泗阳县)境内的民便河、安河上下游之间扒堵纠纷则最为惨烈。水利专家胡雨人对此做了详细的调查,并"拣阅桃人之决堤讼案数十纸而行"。胡雨人说:宿迁"南东两面,土地均低。其东南方,因归仁堤下游,河道久废,堤上之民便河,又多淤塞,其所受水祸愈深。每逢大水,至泛滥不可收拾,铤而走险,聚众决堤,下游人民抵死抗拒,卒之上下游,均未由免灾"。[①]1911 年 4 月 16 日,胡雨人考察洋河一带水利,看到洋河镇西有一归仁堤,自旱闸口至归仁集,自东北而西南,长 40 里。在昔堤上设有 3 闸 1 涵洞,"藉以节西北来水之暴涨,并以防洪湖之由东南漫溢,泛滥于西北者也"。顺堤有一河叫"民便河",在堤之上游,亦自旱闸口直抵归仁集,中间至闸塘。有大河自西北而东南,与民便河作十字形者名曰"安河"。民便河地既平衍,河身又复狭浅。上水暴涨,不及流行,"每患漫溢,上游之民,辄决堤岸,下游数十里悉成泽国。数十年来,每逢大水,上游之民,聚众决之,下游之民,聚众堰之,动辄械斗,官不能禁,互控讼案。示谕碑禁,不知凡几,而卒归无效"。在光绪三十二年(1906)乃至宣统二年(1910),"上下两游对垒,均用枪炮交轰,彼此互有死亡"。二堡西南三四里,地名三堡,三堡西南半里许,有大决口,至 1911 年尚未堵筑,"所谓对垒处也"。[②]

在同一县内上下游之间也会发生扒与堵或守与掘之类的水事纠纷。如河南郾城县境内渚河、土堎河流域就下游修堤上游阻止、上游守堰与下游掘堰之讼。颍水在河南登封县颍谷,东经郑州,至襄城县为渚河。"盖由临颍县杜曲入境,东南行西南过桥口寨,折而东行,又折而南行,又折而西行,又折而南行,西南直万寿寺,又折而东南行,又折而西南行,凡东南、西南各再折,乃西至余湾。光绪二年,遂自余湾决而东行,北过丁湾,过大张湾,迤而南行,东北直魏湾,乃降

①　胡雨人:《江淮水利调查笔记》,见沈云龙主编:《中国水利要籍丛编》第三辑,第 41、87 页。

②　胡雨人:《江淮水利调查笔记》,见沈云龙主编:《中国水利要籍丛编》第三辑,第 26—27、29 页。

而南行,东过尚庄,又南行西过刘孟庄,又南行东过洪陈店,又南行西过小杨庄,又南行东过大杨寨,又南行西过白庄,又南行至栗家桥之西而入于土垆河"。渚河决入土垆河,而土垆河身狭而堤矮,"实不能容,每水涨即决溢,河之南岸东西四十余里,一派汪洋,悉成泽国。而当河决水溢后,浊滓如泥,滞留地面,瘠土变为沃壤,不粪而肥,土人因以为利。遇涨水时,辄决堰口,下游闻之,率众修筑,上游率众阻之,因此决斗积成讼仇,数年不能解"。①道光时,上游决口五处,南北2里有余宽,东西8里余长,"下游不服,拘讼数十年,屡修屡决"。至光绪二年(1876),"渚河既决入土垆,公议将冲毁处让作河身,自河迤南筑月堤一道,至土垆河无堤处止,下游屡扒,上游屡修,缠讼多年,叠经委员勘明,上游各村不准再将堤身增筑,下游各村亦不准将已成之堤扒毁,而田嘴庄、齐李庄等村因上游坡刘等村挑有新渠,亦于村东北修东西横堤,长十余里,以防水患"。②光绪二十六年(1900),委员周书麟勘估余湾渚河决入土垆河之处,"以自决口后,鞔勒桥一带守堰掘堰,兴讼者二十余年。拟为分水减流之法,将渚河下游挑挖深通,于决口处建减水石坝一道,长八丈五尺,高一丈一尺,宽二丈五尺,顶宽一丈,平时水由渚河东流,若涨至一丈以外,由坝面滚入土垆河,分流东下"。同年,知县于文泉建修,"原期两路宣泄,讵意渚高垆洼,上游水猛,不数年,石坝冲刷,仍入土垆河"。③

在江苏邳县境内运河段、山阳县支河流域的上下游扒堵纠纷也很激烈。据记载,运河至邳县徐塘分为二,东为旧河,系明万历三十一年(1603)李化龙所开。西为新河,系清康熙六十一年(1722)齐苏勒所开。旧河东流,自新河开,旧河淤废。乾隆四十九年(1784),高宗南巡,浚此河停舟,并以分泄运涨。光绪十九年(1893),"下游人李万资在河头筑坝遏水东流,上人张廷聘控诸府,委姚某履勘,勒令挑

---

① 民国《郾城县记》卷十《沟防篇》。
② 民国《郾城县记》卷十《沟防篇·土垆河》。
③ 民国《郾城县记》卷十《沟防篇·渚河》。

除"。1912年春,"下游人复行堵筑,上游人诉诸省"。1915年冬,"委员郭文禄履勘,禀定以后不准再筑"。①山阳县有支河堤,同治六年(1867)修筑完固,"后经上游盗挖,下游被淹"。同治九年王浦还等禀县勒石,《永禁上游盗挖碑》存县署,"下游农田幸获有秋"。②

(三)上下游闸坝蓄泄纠纷

闸坝、闸洞一类的水利设施,主要是对河湖上游来水和下游去水进行合理的调蓄和排泄,关键在于蓄泄适宜,"启闭之间,关系丰凶,贵顺民情,间不容发"。③如果蓄泄失当,"于其不宜闭之时而闭之","于其不宜开之时而开之",④就会造成闸坝、闸洞上下游之间的蓄泄纠纷。

在运河沿岸,一直存在"运河闸洞,民田皆资灌溉。水小则闭以济漕,而民苦旱;水大又启以保堤,而民苦潦"⑤的矛盾,闸洞蓄泄失宜造成的水事纠纷很多。以山阳县为例,清人阮葵生就说:"涵洞,从前民充纠首,自为修筑。汛兵、洞头往往私毁埽土,盗拆鬼脸,暗挖堤跟,以致突塘漏水,责令本家赔修,于中取利。诬陷、需索、盗窃每致纠首倾家荡产,视为畏途。后大吏鉴此弊,改令民捐官修,至今称便。惟是启闭之间,关系丰凶,贵顺民情,间不容发。历来洞头、差衙书蒙蔽本官,需水不开,水多不闭。当迫不及待之时,不得不敛钱饱蠹役之欲。其欲既餍,然后开闭一次,仅止数日,仍复阻挡。势必三日一敛,六日再敛,无有穷期,此农民之大害也。惟是屡敛之后,为数渐减,其意不遂。当望水之际,则涓滴不流;遇盛涨之时,则闸版尽撤,

---

① 民国《邳志补》卷六《山川》,《中国地方志集成·江苏府县志辑》(63),南京:江苏古籍出版社,1991年,第474—475页。

② 民国《续纂山阳县志》卷三《水利·西南乡水道·支河堤》。

③ (清)阮葵生:《茶余客话》卷二二,山阳丛书本。

④ (清)王懋竑:《白田草堂存稿》卷一五,《淮扬道吴君孝阶寿序》,《四库全书存目丛书》(集268),济南:齐鲁书社,1997年,第365页。

⑤ 民国《宝应县志》卷十《宦绩》,《中国方志丛书》(31),第634页。

万亩秧田数日尽死"。①县境运河西岸有火又洞河,在太平堤间,以御湖水。乾隆八年(1743),钦差发币建筑,原建二闸,今西闸并东西二洞皆废,仅存一闸,"此闸启闭向有定章,不得盗挖擅堵"。道光十年(1830)至同治十年(1871),"上下游迭相争讼,最后叶珂、何其杰、丁禧生等与赵廷珍互控"。②该县又有双孔涵洞,乾隆九年(1744)建,经知县金秉祚详明定案,异涨方开。"乃日久弊生,任便启放,嗣经闭废,并立有《永闭文华寺河头双孔碑记》,人庆泰安,世美等乡田亩数千顷,乃免水患"。③县境的杨家庙泄水闸,由清江双孔闸进水,俱系新河、盐河来源,流通甚畅。自乾隆八年(1743)后,久未修治,闸身湮废,而清江双孔闸亦淤,致全河皆塞,仅闸门石料尚存。光绪六年(1880),"士民蔡兴旺等禀请修复,复旋有黄必贵等以此闸即伏龙洞,复修有碍上游,两造争执,经委勘明,与上游并无妨碍,应准兴办"。④县境还有丁板闸河,光绪十七年(1891),秦世缙等呈请于闸旁添造耳洞,下游查毓东等以恐妨水利阻止,后仅于闸底落深,以时启闭。⑤县南去百里之内有径河闸,分水直入射阳湖,岁久失修,遇水崩溃,前奉河宪檄督修理,又被侵占盗种者贿买,经承将闸改小,假公济私,闸基增高,泄水无多,当夏秋水涨又启,不数(日)扳开,不数日旋筑坝坚闭,经年全无实用。⑥

在下河地区,由于地势低洼,泄水入海各港口的任何水利设施的修建和拆毁都会成为上下游纷争的焦点。如下河五港泄水,论者谓王、竹二港路近而便捷,不知水性就下,下河地势南高北下,丁溪、小海以东地势尤高,乾隆二十二年(1757)总河嵇璜奏湖河宣泄机宜,"即谓从前所建各闸,丁溪、小海地势外高不能泄水,此所以王、

---

① (清)阮葵生:《茶余客话》卷二二。

② 民国《续纂山阳县志》卷三《水利·运河西岸闸洞·火又洞河》。

③ 民国《续纂山阳县志》卷三《水利·运河西岸闸洞·双孔涵洞》。

④ 民国《续纂山阳县志》卷三《水利·运河西岸闸洞·杨家庙泄水闸》。

⑤ 民国《续纂山阳县志》卷三《水利·东南乡水道·丁板闸河》。

⑥ (清)薛凤祚:《两河清汇》卷四,见《钦定四库全书·地理类》。

竹两港屡经浚治,均鲜成效,而仍以射阳泄水为最也"。所以说,射阳港海口,乃下河泄水归海第一门户。1925 年,阜宁杨瑞文、陈伯盟等以射阳港口泄水逾量,拟就河身最窄处建 24 孔石闸,每孔 1.8 丈,"借用兴、东、盐、阜四县新旧案亩捐抵押为经费,呈请省长核准,委员估计兴工"。但是,此动议遭到了地处阜宁上游的兴化以及宝应等县的抵制和反对。兴化水利研究会认为不可在射阳港口建闸,主任石鸣镛电请省长暨督运局云:"射阳港河深而阔,为下泄西水第一巨港,与新洋、斗龙诸港性质悬殊。倘于中泓建置闸座,不独矶心栉比,占居水位,泄量因之锐减,且恐闸下潮汐往还,淤沙停积,河身垫高,日久成为废港,我淮扬人民即有莫大之祸患。如谓建闸为旱时蓄水计,兴邑实居釜底,素号水乡,去今两年春水干涸,涓滴无余,不因闭闸稍有存蓄,阜宁地势较高,建闸亦恐无济,事关上下游水利命脉,非常重要,未便徇阜宁一县之请,即予施行。为是迫叩,暂行停止测估,咨询淮扬九县水利协进会公同研究,以免铸成大错"。又宝应县人周熙绩在讨论射阳建闸之事时,亦极力反对,其说见所著的《淮扬水利刍议》。①

无论是上下游挑河纠纷、上下游扒堵纠纷,还是上下游闸坝蓄泄纠纷,最根本的原因在于淮河流域干支流上、中、下游河道因年久淤塞或芦苇节阻或闸坝等水利管理混乱,进而造成水旱灾害不断,上下游之争由是而起。正如国民政府导淮委员会所说:

> 查长淮河身,淤垫有年,消纳失度。每逢水涨,上游各支河,受停滞顶托泛滥冲决之患。治之者枝节疏浚,水量固仍无所归,即筑堤束水,祗为暂安目前之计,久之各支河之本身,遂亦成为沉淀淤积之区。上游之支河,乃全受牵动。及至水荒之年,则向任潴蓄水量之湖荡,及调剂水量之闸坝,各地均据为己有,各便其私,以致上下游利害冲突,始则争执,每见之,其中或因下游

---

① 民国《续修兴化县志》卷二《河渠志·河渠三·射阳港海口》。

宣泄未畅,而执建瓴壑邻等口实,争阻上游之开浚;或因上游河床高垫,而以直泻无余为虑,严禁下游闸坝之开放,纠纷不已,是皆由于长淮失修,无行水之常轨,有以致之也。黄纵北徙,而淮不得复,竟一变其吐纳效用,而为长淮行水之梗。于是洪湖以东各区,遇潦则惧其泛滥横流,而苦无去路;遇旱则盼其接济,而竟乏来源。是以于其东北入里运、入盐河各处,均建有石闸;于三河入苏境处,筑有草坝,原欲藉以酌剂盈虚者,今反造成争执之焦点。①

二、左右岸之间的水事纠纷

河流以面向下游为准,将两岸区分为左右岸。河流左右岸因筑堤或者地势高下的差异,造成水流动力对河床作用力发生改变,进而对两岸的土地冲刷、洪水的漫溢冲决产生巨大影响。正是如此,河流两岸的民众为了趋利避害,往往在洪水泛滥时怕冲毁自家的地,就设法做挑流工程,把水流导向对岸,更有甚者直接动用武力强行掘开对岸堤防,从而造成左右岸之间的水事纠纷。这种对岸盗决以图淤肥或者将洪水引向对岸而保住此岸所引起的纠纷,在明代的卫河、汶河流域就比较普遍。刘天和《问水集》中就记载,"沧德、天津之间,河决无岁无之。亦有水不甚盛,河不甚盈而决者,非尽由堤岸卑薄也。一则盐徒盗决,以图行舟私贩;一则卤薄地土盗决,以图淤肥;一则对河军民盗决,以免冲决彼岸",作者为此按道:"斯二者,汶河同之"。又说:"汶河淤田盗决,对岸盗决之弊,与卫河同"。②

---

① 《论著·水利门·令勘节录水利争执成案案(一件)》,《安徽建设》1929 年第 10 期,第 63 页。

② (明)刘天和:《问水集》卷一,《运河·汶河》,《四库全书存目丛书》(史 221),济南:齐鲁书社,1996 年,第 259—260 页。

（一）跨省河流左右岸之间的水事纠纷

沱河、洺河因跨豫皖两省，不但有上下游利益冲突，更有左右岸之间的水事纠纷。如河南永城、安徽濉溪交界的沱河，在同治五年（1866）发生大水，地处永、濉边界的黄集一带不堪洪水肆虐，在徐破楼村东扒开了沱河南堤。于是南岸数十个村庄联合上书安徽省府，而北岸西起永城车集、东至濉溪黄集的数村群众联合起来与南岸打水官司，屡经官府而不得解决，南北两岸屡生械斗。[①]

在安徽太和县与河南鹿邑县（今郸城）交界，有一条洺河。1940年8月，太和与鹿邑交界之洺河右岸大堤，鹿邑人乘狂风暴雨之际纠众持枪，在尉寨、李洼、孟滩处掘口，澎湃难堵，致使宋塘河以西，清浅、双庙以东，纵横30里，平地水深2尺，秋禾淹尽。同年8月2日，西洺河右岸大堤被掘，淹没秋禾15万亩。[②]

（二）跨县河流左右岸之间的水事纠纷

在淮河流域安徽境，蒙城县与凤台县之间有一条界沟，处于凤台县西北境，与蒙城东南境为界。"蒙地西北地势益高，平原水集，俱倾注县境，田亩淹浸，乃于分界之所掘沟容纳，于贾家村平冈分一支东注黑濠入淮，一支西注西肥入淮，以卫民田数十百顷，久未挑浚，沟亦淤浅"。所以，"每暑雨骤集，北界下注之水既不能容，漫溢平田"，凤台县"居民于沟旁多筑堤岸，以为拥护。而蒙邑民田亦以宣泄不畅，尝夜窃掘南岸之堤，以邻为壑。界内之民日夜防守，或至争斗，为患不休。涨至则群具畚揭，老弱悉起培壅恐后；涨息则复懈驰，任

---

① 参见周一慈：《永城县边界的排水纠纷是怎样解决的》，《永城文史资料》第四辑，第34页。

② 太和县地方志编纂委员会编：《太和县志》，第107页。

其塌削,沟以日益填淤"。①

在淮河流域江苏境,山阳与宝应县之间有一条唐曹河,在山阳县治西95里,与草子河相近,即康熙四十五年(1706)所挑三河六堤。"上承五坝减泄之水,束之东注洪泽,全河尾闾在此。久之,洪水冲激,三河汇而为一,六堤仅存其两,南则王家庵,北则茆家围,河势狭溢,湖涨坝开,无岁不从此北决"。唐曹河之所以时常北决山阳,原因有二:一是"盖北堤较南颇低";二是该河南岸属于宝应县,"复有南岸宝应奸民盗挖之弊"。所以"一朝崩溃倒漾之水,届郡城运河西岸而止,邑民受害者三十余年"。②

(三)县内河流左右岸之间的水事纠纷

一是河南商水县境内枯河、汾河左右岸之间的水事纠纷。枯河上自西华县境歇马店受坡水起,下至商水县境汾河止,共长80里。其在商水县境枯河长30里,南岸系南陵、留村两地方,地势极洼,故沿河筑有大堤,高七八尺;北岸史庄等地方,地势较高,微有土埝。"枯河南北各有堤岸,南堤颇高,北堤较卑。莫考筑堤之始,查康熙五十年间,曾经复修。南岸地势甚低,水易为患,是以南堤较北岸加峻,以资卫御。河北地势高阜,堤虽甚卑,而与南岸之峻堤大略相等"。③弃儿沟,在河南岸边家楼东起,东南经南陵、留村两地方,至老涧滩入枯河,长10里余,沟尾建有涵洞,"而北岸史庄口头等处居民因枯水循流不疾,见南岸南陵、留村两地方有引泄坡水一沟,名'弃儿'者,以沟头逼边家楼堤根,指为枯河分支,妄思开挖南堤,引水直达弃儿沟下注,图利己而不顾人害,自昔至今,叠控已非一日"。④康熙

---

① 光绪《凤台县志》卷三《沟洫志·坝闸》,《中国地方志集成·安徽府县志辑》(26),第58页。

② 同治《重修山阳县志》卷三《水利·西乡水道·唐曹河》。

③ (清)吴琯:《奉饬禁挖枯河南岸边家楼堤口碑记》,民国《商水县志》卷十四《丽藻志四·碑记》。

④ (清)吴琯:《禁开枯河南岸边家楼堤口碑记》,民国《商水县志》卷十四《丽藻志四·碑记》。

五十年(1711),前任知县修映辰以南岸居民被淹受害详明,筑此堤以堵此弃儿沟口,南岸之民受害少苏。"迨康熙五十六年高犹等具呈,又经前任知县张铖查明势不可开,详奉前抚部院张批示严禁,迄今四十余年相安无事"。乾隆二十五年(1760),"不意许敬修惟知利己,罔顾害人,叠赴道宪捏词妄控,请开此沟",于是引起了左右岸之间的水事争端。清人吴琯认为,弃儿沟受西来诸坡之水入枯河之下游,会达汾河,实为枯河南岸各村庄泄水之沟,"然地势极洼,恐河水外入,其沟不甚深浚。且于沟尾建设涵洞,如枯河水大则闭洞,以防倒灌。考之志书县图,内载有此沟亦并非枯河分支。再查枯河北岸地势本高,其洼下之区较南岸洼地尚高尺许,且北岸上游大石桥以西、铁炉桥北,向有南北五里梗子一道,挡住西华各地方坡水,俾由埝旁水口入河,并无流入地内。其迤东沿河一带地方,止有本坡之水。设遇雨大水积,俱就近处堤捻开一小隙,放水归河,是北岸坡水皆资枯河宣泄,下达于汾,并非水无去路,此南北两岸堤埝地势之情形也。乃北岸居民因枯河不甚深广,诚恐水大之年一时宣泄不及,是以混称弃儿沟为枯河分流,边家楼素有之堤岸,混称南岸居民堵塞,希图开挖南堤,直放枯河之水下注,则北岸坡水去路较循河而流更为便捷,此邻壑之策,自康熙年间北岸举人高犹等始之,今许敬修等欲踵而行之。伊等独不思边家楼之堤一开,则枯河水多,此分支横流,而南岸各村庄田庐必致尽付波臣。在北岸未必因此受益,而南岸则由此为害靡涯,亦何忍而出此耶?"后经府道裁决,"枯河南岸地势低洼,弃儿沟系泄南岸坡水,并非枯河分流,不宜挑堤引水为南岸南陵、留村两地方之害,并查明现有康熙五十六年严禁挖堤旧案可稽",并批准将此案解决经过勒石,永禁开挖,以杜讼端。①另外,在商水县的汾河两岸地多洼下,"每逢淫雨河溢禾淹,沿岸居民穿堤病邻,互相械斗,缠讼不休"。自同治六年(1867)知县叶尔安开始疏河

---

① (清)吴琯:《奉饬禁挖枯河南岸边家楼堤口碑记》,民国《商水县志》卷十四《丽藻志四·碑记》。

筑堤,"厥后文邑侯继之,五十余年无水患而讼以息"。①

　　二是河南上蔡县境内南柳堰河左右岸之间的水事纠纷。清宣统末年六月间大雨,南柳堰河河水暴涨,行将漫溢溃决。柳堰河南岸周庄村村民为了不使河南决泛滥损伤自己的田禾民居,乃组织身强力壮、水性好的小伙子七八人,手持白腊杆子,乘北岸麻痹、尚无警戒之际,于一日深夜泅渡到北岸,在张桥以西、杨桥以东河湾顶冲、堤身单薄处,用白腊杆子把堤通了一个窟窿,不久即冲开一个口子,豁口逐渐扩大,最后竟达 20 多米宽,深于地面 3 米。于是,滔滔洪水向北岸西北方向广大农田倾泻,河南岸堤防压力由是减轻,而北岸的陈寨庙、圪塔刘、后陈、王连湖、杨庄、尤嘴李、吴宋、苗庄、郝庄、君刘等 16 个村庄则平地水深数尺,一片汪洋,庄稼淹没,村庄被围。七月下旬的一天早晨,由陈寨庙村陈永清监生、陈顶金秀才、毛李村李澄清文生,率众 2000 余人,手持红樱枪、白腊杆、大刀、长矛等武器,过张桥,直扑周庄。周庄人闻迅,即逃之夭夭,村内空无一人。北岸人入村后,找不到人,入户见家具就砸,见锅碗瓢勺就摔,并点麦秸垛 20 多个,烧房屋 100 余间。几小时后,大部分人员撤离周庄,各自返回,仅有七八个贪财之徒仍在室内翻箱倒柜拿东西。周庄人从四面麻地里出来回村后,把这几个人全部捉住,并于当夜全部活活打死,埋在周庄村南麻地里。事后,因北岸人既受水灾苦又被打死几个人,怒气难消,乃诉之官府。当时北岸各村的代表有陈寨庙村陈永清、圪塔刘村陈百五、郝庄村刘自谦、吴宋村陈二毛、地保陈绍禹等人;南岸各村的代表有周拨贡、周焕章和地保李献芳等人。县长徐受职受理后,在县府内开庭断案。北岸人要求周庄赔偿人命,赔偿秋粮和种子;周庄人要北岸人赔偿东西,赔偿麦秸垛和房子。双方各持己见,争执不下。因屡判不决,拖延达两年之久还尚未定案。徐县长离任后,此案乃不了了之。②

　　① 　民国《商水县志》卷五《地理志·风俗》。

　　② 　参见李清晶、赵继昌:《南柳堰河水利纠纷三则》,见《上蔡文史资料》第四辑,第101—102 页。

三是江苏沭阳县柴米河、军屯沟左右岸之间的水事纠纷。同治十二年(1873),沭阳知县万叶封于后沭河之西开河达青伊湖,曰西万公河,并因王兆昌等所请,兴挑丁当河头于平墩东,曰东万公河,河狭不能畅泄,"此后柴米河北居民,添筑北堤,河南受害,交哄者屡"。光绪二十一、二十二年(1885、1886),"沭阳水涨,柴米河南岸居民,纠众抢放北堤,酿成巨案,由官会勘,铲削北堤,河南之患息,而河北之患未已"。①柴米河北岸原有七口泄水,徐家口在西河拐河北庄西首,又名溺人口;赵家口在柴米河北岸平墩西3里;张家口在柴米河北岸赵口西1里;谢口在王平沟头;平墩南大口在平墩庄南与南岸赵涧相对,水力猛射,冲刷甚深;平墩东大口在万公河北;史庄大口在万公河北。"按柴米河七口,自光绪二十二年淮扬海道谢大筑北堤,以致逼水不流,河南三十余里沉灶产蛙,凶罹灭顶"。光绪二十四年(1888),"居民情急,聚众数千,誓死以争,抢挖七口,酿成巨案"。②而军屯沟则在沭阳县治西南15里,源于宿迁萧家湖,东行经新挑河镇,又东入黄军营镇,又东南入大涧河,长约20余里,"此沟自大涧河淤,宣泄不畅,黄军营镇居民遂于沟北建堤逼水,致酿讼事"。③军屯沟北岸旧有子堰,西自冈尾,东至蒲荡,长2760丈,底宽1丈,底顶宽6尺,高6尺,"以御冈水",但后为黄流冲废。至光绪年间(1875—1908),"沟北人屡建筑,沟南人辄不愿,屡构讼"。④

---

①　武同举:《江苏淮北水道变迁史》,载武同举:《两轩賸语》。

②　民国《重修沭阳县志》卷二《河渠志·水口》,《中国地方志集成·江苏府县志辑》(57),第72—73页。

③　民国《重修沭阳县志》卷二《河渠志·沟洫》,《中国地方志集成·江苏府县志辑》(57),第55页。

④　民国《重修沭阳县志》卷二《河渠志·堤》,《中国地方志集成·江苏府县志辑》(57),第66页。

第三节　交通、盐业与农业部门之间的水事纠纷

南宋以来,在水旱灾害多发的淮河流域,交通、盐业部门与农业生产部门围绕蓄水济运、泄水保运以及农业灌溉、防洪、防潮御卤等问题,经常发生激烈的水事纠纷。在元明清时代,关系国计民生的河政、漕运、盐业三大政事都发生在淮河流域这块广阔的土地上。河政关系运道安全,漕运乃京师生命线,盐业关乎国家财政收入,于是国家高度重视淮河流域的河道治理和盐业垄断性生产与运输。澳大利亚学者安东尼娅·芬安妮认为,大运河和运盐河"这两条运河最初都是它们各自的开凿者为了加强对区域内控制的需要而开凿的。尽管它们此后被用于民间的商业运输,但是官方的背景使得它们在此后的时间里能够得到不断的扩展、维护和定期的修复。这种官方背景主要是需要依靠这两条运河来保证贡米和盐的运输,前者是税收,后者则是官方垄断的物资"。①在河政、漕运、盐务成为国家目标后,淮河流域地方社会发展只能以"顾全大局"的名义而退居其后,成了"被牺牲的'局部'"。②因此,在漕运、盐业与农业灌溉、防洪、防潮御卤之间的矛盾纷争中,国家以及盐商总是处于强势地位。此外,淮河流域民间商运与农业灌溉、道路交通与农业防洪的矛盾也很突出。时至近代,随着铁路及轮运业的发展,交通与农业防洪、灌溉之间的水事纠纷又呈现出了新的时代特征。

---

① 　[澳]安东尼娅·芬安妮:《第四章 扬州:清帝国的一座中心城市》,[美]林达·约翰逊主编:《帝国晚期的江南城市》,成一农译,上海:上海人民出版社,2005 年,第 152 页。

② 　马俊亚:《被牺牲的"局部":淮北社会生态变迁研究(1680—1949)》,台北:台湾大学出版中心,2010 年。

一、交通与农业部门之间的水事纠纷

在传统农业社会,粮食、食盐、茶叶、布匹等大宗物资的长途贩运一般都依赖于天然水道以及人工开凿的运河系统。如"宋都汴时,凿渠于京师,上首受于大河,而下分派于东南,故为沙为蔡为涡为通济为惠民,或同流异名,或异流同源,皆通江淮漕运,以灌输于京师者也"。[①]元明清时,京城的公私费用主要来自东南地区,故漕运对于元明清王朝的封建统治至关重要,所谓"漕为国家命脉攸关,三月不至则君忧,六月不至则都人啼,一岁不至则国有不可言者"。[②]近代以来,随着公路、铁路以及轮运等新式陆上交通的兴起和发展,长、短途运输更为快捷。

传统的木帆船交通业、新式的轮运交通业和农业的发展对水的需求和要求都很高,对洪水和干旱的发生也都非常敏感。洪水会对河道、堤防安全以及农业生产造成很大威胁;干旱则导致河道来水量减少,船只吃水太浅,易造成搁浅甚至完全不能通航,同时对需水量大的农作物如水稻的生长造成致命打击。干旱对近代铁路、公路、桥梁的修筑和畅通虽然没什么大的影响,但洪水却会冲毁铁路、公路、桥梁,而铁路、公路、桥梁往往又会横亘或阻断水道行洪,易造成农田淹没。因此,南宋以来,淮河流域交通与农业产业部门之间的水事矛盾冲突也十分激烈。

(一)通航与灌溉纠纷

南北大运河是元明清王朝的生命线,保证运河畅通一直成为王朝的最高利益。但由于地势以及降水季节分布不均等原因,运河的有些河段水量较少,通航吃紧。于是,为保证运道的畅通,元明清王

---

① 光绪《扶沟县志》卷十六《志余·莨荡渠》。

② (清)傅维麟:《明书》卷六九,《河漕志》。

朝花费了大量的人力和物力,有时甚至不惜以损害农田水利灌溉为代价。元明清官府在处理漕运通航与农业灌溉问题上,一直是按照漕运第一、农业第二的顺序排列的。明代建立之初,官府就规定"舟楫砲碾不得与灌田争利,灌田者不得与转漕争利"。①这样,运河沿岸农民就在被漕运"牺牲"的背景之下,被动地和强势的国家保漕保运之间发生着矛盾和冲突。

在淮河流域山东南运河段,主要依赖于山泉和"水柜"接济水源。志书称:"自元开会通为漕,明继之。汶、泗诸水不足济,乃始取给于岱南诸泉"。②包大爟曰:"充当南北漕河之中,上下数百里,其为漕河利者,诸州县汶、洸、泗、沂诸泉二百四十有四"。③泉水或自山下,或从地涌出,在在疏导,输挽资焉。山东邹县境内古泉13,唯南三用湾一泉自入运。其12泉皆注白马湖,由泗出永济桥入运。但上源淤则泉竭,下流塞则水阻。"泉竭漕失利,水阻不独病漕,且泛滥为近河之田庐害。疏源浚浅,培柳固堤,其急务也"。但是山泉也不是一劳永逸的,也经常枯竭,如邹县境内旧有泉15穴,自万历三十八年(1610)胜水、白庄2泉报枯,后于宣村地方浚出屯头1穴,程家庄地方浚出新泉1穴补之。康熙五年(1666),奉文复查浚胜水、白庄2泉。竭力开浚,仅得细流涓滴,究无济益。康熙十一年(1672),管泉县丞程翔报枯。转详勘验果涸,复存13泉。后柳青泉又将枯竭。④

为保证运河水源,明清官府大力整顿泉源:一是设置专官管理泉源,如宣德以后,遣郎中一人提督济宁河道,主事一人提督徂徕等处泉源;成化十五年(1479),复设主事一员,管理泉源。⑤清代时,泉水济运依然是头等大事。嘉庆九年(1804)秋七月,巡抚铁保筹办河道,"谕以导泉源,蓄微山湖诸水为本"。嘉庆二十三年(1818)四月,

① (明)孙承泽:《春明梦余录》卷四六,《工部》。
② 山东邹县地方史志编纂委员会办公室编:《邹县旧志汇编》,第107页。
③ 万历《兖州府志》卷十九《河渠志》。
④ 山东邹县地方史志编纂委员会办公室编:《邹县旧志汇编》,第107页。
⑤ 万历《兖州府志》卷十九《河渠志》。

"奉谕滕县泉务,以地方县丞为专管,仍以知县总理,如有诿卸废弛,分别参处"。①管河县丞,督领泉夫及时挑浚。如在邹县,明代时设泉夫 31 名,每名每年工食银 12 两。顺治十四年(1657),奉文于泉夫工食内抽银 84 两作兵饷,改黄河堤夫 7 名,现役泉夫存 24 名。②二是积极寻找新的山泉以济运。但一旦发现新泉,就必须开渠导流,而开渠就需占用民田和使用民役,因此民间对此并不积极,当地民众即使发现了新泉也不上报。明人刘天和就说:"凡一旦久旱地润之处,其下必泉,司泉者能悬以厚赏而遍求之,虽尺寸之水有益运道矣",但是"齐鲁之地多泉,近于东平州询访,即得新泉五,第民间病于开渠占地之劳费,匿不肯言尔"。③正是运道畅通为王朝最高利益,所以沿运地区的农田不能利用济运泉水灌溉,造成国家借泉水济运和沿运农民用泉水灌溉之间的纠纷冲突。万历《兖州府志》称:"沂、泗、汶、洸诸水挟百八十泉之流,互相转输以入于运,环千里之土,举名山大川之利以奉都水,滴沥之流居民无敢私焉"。④民国《东平县志》亦云:"会通河成,东兖之泉皆汇于汶泗,转注漕渠,一盂一勺,民间不得有焉。即稍逸而西出海王之国,窃借以行盐筴,皆漕之余沥也。而济之名赖以存焉,尔岂能与漕争哉!"⑤

在淮扬运河段,运河东西沿岸都设有闸洞或涵管,起着适时蓄泄的作用。当运河水涨,可以通过涵洞向西泄入湖区、向东则泄入下河而保运河安全;当运河水少时,则开闸洞放湖水入运以及关闭东堤闸洞蓄水以济运。闸洞设置的本意不是为了灌溉沿运民田,而是为了保漕保运。明代朝臣朱国盛一语道破天机,说:"至于高堰大堤

① 民国《续滕县志》卷四《通纪补第一》。

② 山东邹县地方史志编纂委员会办公室编:《邹县旧志汇编》,第109页。

③ (明)刘天和:《问水集》卷二,《运河·诸泉》,《四库全书存目丛书》(史221),第265页。

④ 万历《兖州府志》卷十九《河渠志》。

⑤ 《东平坎河石坝记》,民国《东平县志》卷十七《志余·文辞》。

及淮南沿堤各减水闸洞原为上河尾闾之泄,非为民间灌溉设也"。①
不过,在保证运河通畅的前提下,运河余水可通过闸洞下泄以溉民
田。如在高邮、宝应、山阳县境内的运河段就设有涵洞各 18 座,目的
在于"以疏涨溉田",②即蓄泄济运保运之后尚可灌溉农田。在高邮境
内,有头闸、二闸、南关坝耳闸、南关坝耳闸、界首小闸、左公闸、琵琶
通湖闸、八里铺涵洞、庆丰涵洞、看花涵洞、邵家沟涵洞、火姚闸、永
平洞。③在宝应县,濒临运河沿堤 80 里,就"置闸与涵洞二十余所,
丞、主簿,实分领之"。④在山阳县,境内运河东西岸就有闸洞 50 座
(见表 3-1)。尤其是"运河东岸城南数十里为腴产,所恃以灌溉者为
涵洞,而资北溪河以宣泄,是溪河乃上下涵洞之尾闾,此河不通,阖
邑无食"。⑤

<hr />

① (明)朱国盛:《河工条议原详》,(明)朱国盛纂,(明)徐标续纂:《南河志》卷八,《条议》,《续修四库全书》(728),第 660 页。

② (明)朱国盛纂,(明)徐标续纂:《南河志》卷一,《水利》,《续修四库全书》(728),第 506 页。

③ 光绪《再续高邮州志》卷之二《河渠志·闸洞》,《中国方志丛书》(155),台北:成文出版社有限公司,1974 年,第 249 页。

④ (清)刘台拱:《诰封奉政大夫嘉兴府海防同知前邳州州判叶君墓志铭》,见(清)刘台拱、刘宝树、刘宝楠、刘恭冕:《宝应刘氏集·刘台拱集·刘端临先生文集》,张连生、秦跃宇点校,第 21 页。

⑤ 同治《重修山阳县志》卷三《水利·东南乡水道·北溪河》引阮葵生《淮故》。

表 3-1　山阳县境内运河东岸、西岸闸洞情况表

运河东西方位	闸洞名称	修建年份	金门宽度	存废情况	备注
运河东岸闸洞	故沙河永利闸石洞	康熙二十三年(1684)建,嘉庆十七年(1812)拆修	1.6尺	今	洞下故沙河一道东流为鱼变河,其长百余里,入马家荡
	永利闸旁新造石耳洞	同治三年(1864)建	2.8尺	废	洞水入故沙河,又下字河,小市河,同入鱼变河,盐河
	故沙河下裕民闸石洞	乾隆十一年(1746)建	2.4尺	今	由故沙河进水,分入鱼变河
	兴文下闸石洞(旧名响水闸,俗名为文渠闸,矶心闸)	明嘉靖中(1522—1566)建,康熙四十年(1701),五十七年(1719),乾隆三十五年(1770),四十八年(1783),嘉庆二十三年(1818)皆有修葺		废	嘉靖中,知府王凤灵疏凿旧渠,引西水关之水入城
	兴文上闸石洞	建自明季,康熙三十九年(1700),乾隆二十三年(1758)重修,道光四年(1824)补修,十六年(1836)拆修,二十四年(1844)复修洞下洞河一道	2.8尺		
	头浅头洞石洞	建自明季,康熙四十四年(1705)拆造,嘉庆九年(1804)改造金门,嘉庆十六年(1811),咸丰二年(1852年)俱拆造	2.8尺		洞下河一道,长4500丈,入洞河
	头浅二洞石洞	康熙三十三年(1694)建,乾隆十年(1745),嘉庆十二年(1807),咸丰二年(1852)三次拆造	2.6尺		洞下河一道,长4140丈,入北溪河
	头浅三洞石洞	雍正三年(1725)建,乾隆十三年(1748),嘉庆十二年(1807),道光三十年(1850)俱拆修	1.5尺		洞下河一道,长3060丈,入北溪河
	头浅四洞石洞	建自明季,康熙六十一年(1722),嘉庆十三年(1808)俱拆修	1.8尺		洞下河一道,长3060丈,入北溪河

续表

			洞下河
头浅五洞石洞	建自明季,康熙五十八年(1719)拆修,嘉庆十一年(1806)重修,咸丰元年(1851)拆修	2尺	洞下河一道,长1260丈,入北溪河
头浅六洞石洞	康熙三十三年(1694)建,乾隆八年(1743)、嘉庆十六年(1811)、咸丰元年(1851)俱拆修	2尺	洞下河一道,长3960丈,入北溪河
二浅头洞石洞	康熙三十六年(1697)建,嘉庆八年(1803)、道光二十九年(1849)俱拆修	1.8尺	洞下河一道,长4440丈,入北溪河
二浅二洞石洞	康熙三十一年(1692)建,乾隆十年(1745)、嘉庆九年(1804)修理,二十二年接木尾长1.3丈,二十二年(1817)改接石尾,咸丰二年(1852)拆修	1.8尺	洞下河一道,长450丈,入北溪河
潘宅风水涵洞	康熙三十二年(1693)建,下接木洞长8.1丈,乾隆十三年(1748),嘉庆十年(1805)修理,道光七年(1827)改造石洞,长8.64丈	2尺	洞下河一道,长490丈,入北溪河
三浅二洞石洞	建自明季,康熙二十三年(1684),四十年(1801),嘉庆十一年(1806),十九年(1814),道光三十年(1850)俱修理	2.4尺	洞下河一道,长2160丈,入北溪河
三浅三洞石洞	乾隆四十八年(1783)建,嘉庆十二年(1807)修理,十九年(1814)接石尾长2丈,道光二十九年(1849)修理	2.4尺	洞下河一道,长2700丈,入泾河

续表

运河西岸闸洞	泾河正闸石洞	建自明季，乾隆十九年（1754）、三十一年（1766）、五十四年（1789）、嘉庆十九年（1814）俱拆修		1.8丈	洞下泾河一道，长8194丈，入射阳湖，又支河二道，一入安丰，一入大仓，均入马家荡
	三浅四洞石洞	康熙三十八年（1699）建，乾隆十一年（1746）拆修，嘉庆十年（1805）修理，二十二年（1817）接石尾长2丈，道光二十九年（1849）拆修		2.4尺	洞下河一道，长1800丈，入泾河
	三浅五洞石洞	康熙六十一年（1722）建，乾隆十三年（1748）、嘉庆十年（1805）、咸丰元年（1851）俱拆修		2.5尺	洞下河一道，长3240丈，入南溪河
	李宅风水涵洞	建自明季，康熙三十五年（1696）培造，嘉庆五年（1800）塔塞	今废	1.6尺	洞下河一道，长440丈
	黄浦闸石洞				洞下河为南溪河，入宝应界
	康家涵洞	道光二十三年（1843）挑浚，咸丰五年1855改建砖洞			在五六涵洞下游，洞下支河一道，两岸民田由此进水
	巴宅洞	咸丰七年（1857）挑		1.2丈	在时清三乡，由泾河分支
	状元墩草闸	嘉庆十五年（1810）建		2.4尺	闸下引河一道，长524丈，入护城河，注白马湖
	沙家庄程宅石洞	乾隆三年（1738）建，嘉庆十七年（1812）接换木尾，长3丈，咸丰元年（1851）拆修			洞下河一道，长912丈
	一铺刘宅石洞	康熙三十八年（1699）建，康熙五十四年（1715）拆造，乾隆五十年（1746）重修，嘉庆十九年（1814）接石尾长2.5丈		2尺	洞下河一道，长461丈

续表

名称	建修	口宽	今/废	洞下河
陶宅石洞	康熙四十八年(1709)建，乾隆二十八年(1763)、嘉庆十年(1805)修，十七年(1812)接木尾长2.4丈，道光十八年(1838)拆修，咸丰元年(1851)复修木尾，同治六年(1867)修朴石洞	2.2尺		洞下河一道，长456丈
大泾河刘宅石洞	康熙三十三年(1694)建，乾隆三年(1738)改建石洞，嘉庆二十四年(1819)接石尾长1.42丈	2.2尺		洞下河一道，长458丈
戴家湾杨宅石洞	康熙三十五年(1696)建，本木洞，乾隆三年(1738)拆修，二十九年(1764)改建石洞，五十年(1785)拆修，嘉庆十九年(1814)接石尾长2.5尺	木洞宽1.6尺，石洞宽2尺		洞下河一道，长560丈，以上各洞均由温山沟河，出火叉闸，入白马湖
火叉闸下洞	乾隆八年(1743)建，二十三年(1758)修	8尺		洞下温山河一道，长3728丈，入白马湖
鱼篮河石洞	乾隆八年(1743)建，乾隆二十三年(1758)挑浚	8尺		洞下河一道，长4575丈，入白马湖
叶云闸石洞				下通山阳沟河，长4000余丈
杨家庙泄水闸	乾隆年间(1736—1795)建	旧闸口宽3尺，乾隆八年(1743)改宽1丈	令/废	在治南，泄清江浦运河南一带民田积水，后又增建一泄水洞
南堤闸			令/废	
窖湾闸			令/废	旧永济河
板闸			令/废	城北10里，陈瑄建
移风闸	永乐十五年(1417)建		令/废	

续表

名称	建造时间	状态	盐河头
双孔闸			
周家涵洞		今 废	周家桥
胡家涵洞		今 废	
范家涵洞		今 废	
沈家涵洞		今 废	
吕家涵洞		今 废	
韩家涵洞		今 废	
毕家涵洞		今 废	
蒋家涵洞		今 废	
伏龙洞		今 废	
柏家窑涵洞	乾隆八年(1743)建	今 废	
鲍家围涵洞	乾隆八年(1743)建	今 废	
陈家桥涵洞	乾隆八年(1743)建	今 废	

资料来源：同治《重修山阳县志》卷三《水利·闸洞》。

但是,每年春夏之交,江淮运河地区往往干旱少雨,运河水浅,不利于漕运。而这时又适逢重漕通过,同时又赶上运河沿岸农田水稻生长需水量大,于是闭闸洞蓄水济运与开闸洞泄水灌溉民田就成了难以调和的矛盾。正如清代宝应县人刘台拱所说,"闸洞之水,下注沟渠,分溉田亩,四五月之间,尤食其利,而是时漕引方急,吏务蓄水以济运,民常苦旱"。①

南宋时,为确保运河水源,官府就拆毁运河沿岸的泄水灌溉用的涵管,引发运河沿岸民众的恐慌。光宗绍熙元年(1190)的进士刘宰,曾官泰兴县令,曾作《运河行〈毁涵管〉》一诗对此进行了描述。诗云:

> 运河岸,丁夫荷锸声缭乱。
>
> 红莲幕府谁献言?运河泄水由涵管。
>
> 涵管掘开须到底,运材归府供薪爨。
>
> 庶几一壤不可复,民田虽槁河长满。
>
> 民田为私河则公,献言幕府宁非忠?
>
> 我闻此言为民说,急趋上令毋中辄。
>
> 小民再拜为我言,涵管由来几百年。
>
> 大者用钱且十万,小者半此工非坚。
>
> 厥初铢积费民力,厥后世世期相传。
>
> 岂但旱时须灌溉,亦忧久潦水伤田。
>
> 向来欠旱河流绝,放水练湖忧水泄。
>
> 州家有令塞涵管,涵管虽存谁复决?
>
> 小须水泽又流通,涵管犹存不费工。
>
> 只今掘尽谁敢计,但恐民田从此废。
>
> 丰年余水注江湖,涓流不为农亩利。
>
> 有时骤雨浸民田,水不通流禾尽死。

① (清)刘台拱:《诰封奉政大夫嘉兴府海防同知前邳州州判叶君墓志铭》,(清)刘台拱、刘宝树、刘宝楠、刘恭冕:《宝应刘氏集·刘台拱集·刘端临先生文集》,张连生、秦跃宇点校,第21页。

况今农务正纷纭,高田须灌草须芸。
尽驱丁壮拆涵管,更运木石归城闉。
吕城一百二十里,不知被扰凡几人!
太守仁人古无比,凝香阁下宁闻此?
愿传新命到民间,涵管须塞不须毁。
已填涵管无尾闾,大舶通行水有余。
涵管不毁民欢娱,异时潴泻无妨渠。
忆昔采诗周太史,不问小夫并贱隶。
试衷俚语扣黄堂,铁钺有诛宁敢避! ①

明代时,这种运河蓄水济运与沿运民田灌溉之间的矛盾日趋激烈。据明代漕运都御史丛兰奏曰:

> 照得淮安清河口直抵扬州瓜、仪两坝,运河延长四百余里,全赖高邮、宝应二湖蓄积无源之水,而淮安、瓜、仪设有闸坝,扬州一带设有涵洞,以时蓄泄,防御浅涩、冲决之患。每年春初水涸,正宜固蓄以通舟楫,不意往来马快船只到来,不肯由坝车放,辄便用强开闸放出放入,莫敢谁何。及遇天时亢旱,漕河水落,鲜船粮船起剥,尚不能行,而高邮、宝应一带临河豪民乃敢蛊惑人众,赴官告要放水救田,岂知宝应湖延长只有十七八里,高邮湖不过三十里,湖底虽深,湖面得济漕河者止有一尺之余,湖东高邮、宝应、兴化、盐城并各卫所屯种低田环绕二三千里,以二三十里湖面尺余之积,而欲济此数千里无涯之田,能救不能救,此不待言而后知也。又岂知此湖一放,其涸可立而待。除行管河郎中及该府州管河官用工筑塞,将得水之家并盗决之人提问外,但前项河道专为进贡鲜品及漕运而设,如何可与江南湖塘积蓄水利特为灌溉民田者比,奈何无知奸豪全不畏法,而

① (宋)刘宰:《运河行〈毁涵管〉》,南州九二老人胡傑安编著:《中国江河水利古诗选》,第15篇,"灌溉工程15—6","运河灌溉",2002年,第220—221页。编者免费赠阅。

且兴言怨谤。再照涵洞闸座初意专为水大泄水而建,乃今临湖
小民通同管塘夫老,凡遇水大时月,封闭坚厚,使水无所从泄;
水小时月,却将涵洞偷开闸座从底窃放,使水无所积蓄,是皆不
利于漕河。先年管河官员有见于此,曾将前项涵洞改建滚水坝
数座,水大从上漫流,上仍加板三层,以备旱干。公私之用,众皆
称便。但不利于临湖之田,富豪挑沮而遂止之,今皆废地。①

迄清代,经长期的黄河夺淮南泛,运河淤垫日高,运河水浅,通
漕日渐艰难,蓄水济漕与农田灌溉的矛盾也随之更加尖锐。清人贾
国维就谈到:“今湖自为湖,运自为运,脉络中梗,而不相联属。揆厥
所由,总由黄沙停积,河身日高,而湖身反觉低下。虽有杭家嘴、窑港
口等处皆深闭而不能济运,方春漕艘南来,司漕者惟恐水之旁泄,将
滨河诸港口闸洞尽行闭塞,而农民不能沾涓滴”。②清初高邮人王明
德在其《敬筹淮扬水患疏》中论及淮扬运河时说:“及遇亢旱,又以河
身淤垫,积水无几,有司漕运为重,闭闸蓄水,涓滴不容小民为挹注
灌溉之需,是以顺治九年、十年江南全省大旱,高、宝、兴、盐各州县
堤下小民田苗尽枯,固不必言,且有小民被渴而立毙者,此微臣伏处
田间时所目睹,又非仅得于传闻也”。③可以说是,王明德亲见了干旱
年份下河地区因蓄水济运,不仅农田不得灌溉,而且小民也因缺少
饮用水而渴死的惨剧。又如同治七年(1881),宝应县苦旱,而“槐楼
巡捡某以郎儿闸启闭为利薮,敛费不遂,以乡人毁闸上闻漕督,文彬
遣兵往剿,几酿民变”。④

① 《防盗决疏》,(明)朱国盛纂,(明)徐标续纂:《南河志》卷三,《章奏》,《续修四库全
书》(728),第524—525页。
② (清)贾国维:《上河督陈鹏年河工七议》,民国《三续高邮州志》卷六《议》,《中国方
志丛书》(402),第999—1000页。
③ 王明德:《敬筹淮扬水患疏》,民国《三续高邮州志》卷六《疏》,《中国方志丛书》
(402),第980页。
④ 民国《宝应县志》卷一五《笃行》,《中国方志丛书》(31),第929页。

除了上述漕运用水与农业灌溉之间的纠纷以外,在淮河流域河南境内的贾鲁河也存在商运需水与沿岸农田灌溉之间的矛盾。明代万历年间,"知州刘光祚因贾鲁河一带地势卑洼,向成废地,小民素苦赔粮,故筑堤设桶(即一种小型蓄水灌溉工程),教民种稻,以资灌溉,勒之贞珉,使瘠土变为沃壤","而开封一郡,惟郑产稻米,实由此始"。[①]康熙二十二年(1683)间,时值亢旱,"商人郭时金呈请闭塞,而马家渡一带居民,遂罹淹没之患,以致大有难登,赋税无出,是以郭儒林等有请复之吁"。经前抚都院闫批行各宪,查议亲临确勘,"有利于民,不病于商,勒石遵守,铁案方新"。但是商人余从仁等因朱仙镇牙行船脚起见,织入水桶情由,复蒙查议。经再次查勘,"夫贾鲁河以前原设有水桶三十余处,无碍商民。今黄河南徙,贾鲁河亦为变迁,河西上流久已改种旱田,止马家渡河东下流一带,地卑土卤,必藉勺水植稻,以资衣食,以办差粮。况开水桶无过夏秋之交,为期甚短,用时方开,不用即闭。分大河一线之流,培小民万家之产。民为邦本,食为民天。逐末之徒,工于垄断,尚多舍此从彼之利,而土著之氓,失其耕凿,即有饥寒离散之虞。请将贾鲁河一向种稻之处,照旧开桶取水,以救禾苗,勿许豪强再为阻挠"。[②]

(二)交通与防洪纠纷

水多水少对水上交通皆影响至大, 所以多筑堤设闸以蓄泄,但因管理不善或者洪水过大往往防洪吃紧,造成水上交通和沿岸农业防洪之间的矛盾。公路、铁路交通线不仅惧洪水冲断,而且因多横亘水道,有时也阻碍农田行洪,所以有些陆地交通与农业防洪也存在着尖锐的矛盾冲突。

---

① 《复开水桶檄》,康熙三十年(1691),民国《郑县志》卷十四《艺文》,《郑州历史文化丛书》编纂委员会编:《民国郑县志》(下),第499页。

② (清)何锡爵:《复开水桶议》,民国《郑县志》卷十五《艺文》,《郑州历史文化丛书》编纂委员会编:《民国郑县志》(下),第504–505页。

第一,运河交通防洪与沿运地区农业防洪之间的纠纷。在淮河流域山东运河段,官府为接济运河水,在运河东、西沿岸附近利用天然外地蓄水成"水柜"。但一到汛期,"水柜"可能溃堤,进而对湖区周边低洼农田造成危害。此外,为疏泄水涨以保漕河安全,历代官府除了在运堤设置涵洞、闸坝之类的蓄泄工程外,还在运河东西岸筑堤设防。不过,大水时,运河堤防及闸洞也可能会漫溢溃决或者被人为盗决。于是,在重漕运、轻沿运农业的背景下,漕运与农业防洪之间矛盾重重。如在山东,"东、兖二郡水患不尽由本地,本地水乃汶、泗也,流漕河南北则已。惟中州黑洋山水经澶渊坡,而东奔曹、濮之间,以一堤限之。堤西人常窃决堤,兼以黑龙潭诸水澎湃汪洋,其初咸自范县竹口出五空桥而入漕河,迩来桥口淤塞,河臣不许浚之,出恐伤漕,水遂缩回,浸诸邑,而濮尤甚。相其地彩,正开州、永固铺一路可开之,以达漳河,窃恐开,民未心肯耳。然东不开五空桥,西不开永固铺,濮上左右岁为沮洳之场矣"。[1]山东蜀山湖原本是运河东岸最大"水柜",但在道光十三年(1833)七月初六日子时发生了乡民强挖蜀山湖官堤案件。当时蜀山湖水势异涨,"突有蜀山湖乡民数十人,由湖驾船十余只,驶至湖堤,手持长枪,施放鸟枪,拦截行人,动手挖堤"。经查"嘉字十七号堤顶,挖长五丈五尺,深五尺二寸,并挖去大石一丈一尺,裹石四丈五尺,石缝间有渗漏"。此次水案的发生,主要原因在于"湖之东北有邵家庄,及汶上县各村庄,地皆洼下",该处民人为了避免被湖水淹没,才有盗挖官堤之举。[2]

在淮河流域淮扬运河段,明代加强了对运河的管理,运堤上建有浅坝涵洞,并置夫防守,使运堤坚固而运道"无壅滞之虞,民田鲜漂没之患",但"奈何田河上游者,遇涝年辄盗决之,虽数有严禁,竟莫能止",而"浅闸小猾冀其兴役肥己,借口漕饷,或水溢不泄,亦致

---

① (明)黄淳耀撰,《山左笔谈》,《四库全书存目丛书》(史248),济南:齐鲁书社,1996年,第472—473页。

② 《大清宣宗成(道光)皇帝实录》卷二百四十一,道光十三年(1833)癸巳七月丁酉条,《大清宣宗成(道光)皇帝实录》(七),第4286—4287页。

崩溃。何堤一溃,下河居民尽为鱼鳖,奚问禾稼哉!"①明代的王士性亦说:淮扬二府泰州、高邮、兴化、宝应、盐城五县地势最低,全以南起邵伯、北抵宝应一带漕堤为保障。隆庆末年,黄河南侵,水溢堤决,"乃就堤建闸,实下五尺,空其上以度水之溢者,名减水闸,共三十六座",结果也是堤安运济而"田为壑矣"。②至清代时,为保运堤安全,运河沿岸的闸坝涵洞往往大开泄洪,但是"及其水发,湖中先有积水,为运河所梗而不能出,益之以西水盈堤溢岸,湖田先被淹没,然后诸港口闸坝一齐放开,而下河不支,民田亦为壑矣"。③下河民众为了使自己的农田不被运堤溃决所淹没,往往在大水之时负土载包抢筑运堤。运堤日高,位于运西的上河地带泄水就很困难。如清人张振先曰:"明永乐初,筑上河堤,以潴湖水;筑下河堤,以开漕渠。于上河堤开金门六漫二闸,泄湖水以入于漕河;于下河堤开石闸数十座,备淋潦以杀水势。当日创堤之智,酌上下之中,以剂其平,盖高一寸则没上河之田而民病,低一寸则水不足以济漕而漕亦病,法至善也"。但到康熙年间,湖与堤的形势皆发生了很大的变化,"乃今之湖则非昔之湖矣,昔之湖止受横、冶、覆釜诸山之水耳。而今则淮堤溃,而淮以湖为壑矣,黄堤溃而黄入于淮,淮又挟黄而并以湖为壑矣。今之堤亦非昔之堤矣,昔之堤所贮之水,足运重艘而已,渠淤则设埽船以刷之,浅夫以浚之,近乃不浚河使深,而惟加堤使高。盖堤高则湖挟淮黄之势,而水亦高"。如此,"及水欲溢堤,而下河悍农千万成群,载土于包,持畚锸以加之,而堤益高。是昔之堤高一寸而不可者,今且高至数尺",④这就在漕运与下河农田防洪纠纷之外,又引发了上、下河之间的农业防洪矛盾。

　　时至近代,运河地带发展起了轮运业。但轮运交通因为螺旋桨

①　万历《江都县志》卷七,《提封志第一》,《四库全书存目丛书》(史202),第75页。

②　(明)王士性:《广志绎》卷二,《两都》。

③　(清)贾国维:《上河督陈鹏年河工七议》,民国《三续高邮州志》卷六《议》,《中国方志丛书》(402),第1000页。

④　康熙《天长县志》卷一《河防》。

快速运转而搅动水流引起大的波浪,一定程度上会对河岸或湖区沿岸的农田以及农作物生长造成威胁。尤其是"由瓜洲至洋子桥,路长十二里,每逢夏令,水涨,约四个半月禁止小轮开机来往。因两岸圩田不下数万余亩,小轮冲波激浪,最易洗刷圩堤,设或堤破田淹,农人无以为命。且该圩堤岸,全系农人自行修筑,前因小轮行驶,有损坏伊等堤岸之处,因忿滋事"。①如此一来,轮运交通就与运河沿岸的农田防洪起了冲突。1903 年,瓜洲乡民"以轮行坏田,恳停行数礼拜不允,遂致乡民蜂起,捣毁各局,并欲焚毁各船"。②据报,6 月初旬,由瓜洲至扬州之一带运河小轮肇事。其时有小轮五只在扬被毁,"闻因轮行迅捷,时值江潮盛涨,激浪翻波,有碍堤岸,乡民恐遭水患,遂致肇事"。③7 月 26 日,"一个为瓜洲暴徒所增援的将近 3000 农民的暴行,向该城五家小轮公司的营业所进行攻击,打毁了他们所有的东西,然后又冲向这几家公司的埠头去,掳获了五只小轮。随后又将其连在一起放火烧毁。他们先把船员及旅客赶下来,然后将行李及他们在船上所能找到的东西都扔到河里去。扬州府城的两个县,江都及甘泉的知县及地方军官,均无力镇压这个暴动。瓜洲是镇江对岸的一个重要城市,……这次暴乱的原因,据说是因为航行于瓜洲及其他城镇之间,沿着河岸直到清江浦小轮的船主疏忽态度,因此,严重地损害了全线的河岸及堤防。……这自然会深深地刺激了农民及百姓们,他们看到他们的收成被毁及他们的家禽及其很多牲畜为突然的洪水所毁灭。其结果是百姓们决定使用他们自己的力量因而产

---

① 光绪三十一年,镇江口,《华洋贸易情形论略》,《通商各关华洋贸易总册》,1905 年,卷下,第 50 页,转引自聂宝璋、朱荫贵:《中国近代航运史资料》第二辑(1895—1927),上册,第 309 页。

② 《中外日报》,光绪二十九年六月初九日,1903.8.1,转引自聂宝璋、朱荫贵:《中国近代航运史资料》第二辑(1895—1927),上册,第 304—305 页。

③ 光绪二十九年,镇江口,《华洋贸易情形论略》,《通商各关华洋贸易总册》,1903 年,下卷,第 49 页,转引自聂宝璋、朱荫贵:《中国近代航运史资料》第二辑(1895—1927),上册,第 305 页。

生了暴乱"。①1905 年夏,因小轮决堤,扬州八里铺乡民民房悉遭淹没,以致乡民聚众焚毁拖船。②1909 年,"清江运粮河之水,夏时盛涨,至于坝平,而将水塘冲塌,以致被水之区,蔓延甚广。于是不准汽船驶行,恐因鼓动波澜而损及新坝也",而对于那些"故未知之洋人鼓轮而上者,被民拦阻而回"。③又如 1931 年入夏以来,淮扬普遭大水,扬镇交通于 9 月 15 日完全停顿,起因就是下游民众"怵于江潮倒灌,轮浪刷堤"。④

　　第二,陆地交通与农业防洪之间的纠纷。主要表现为:一是民众筑路阻水或刨路泄水纠纷。如在安徽亳州有锁家桥在城南 20 里阎家铺,"每逢秋雨,水势泛滥,桥西居民欲筑大路,以防水患,彼此争讼不已"。道光二十二年(1842),知州文廷杰"筑砖桥两座以解之,讼始息"。⑤在河南商水县,道光二十三年(1843)入夏以来,"天作淫雨,加以邻境河堤溃决,波及本地,淹没秋禾","乃雷坡等庄被水,怨上坡史庄等处刨路,而史庄等处复怨下坡堵堰,讦讼不休"。知县张馨认为"照得地之田园高下不一,天之旸雨休咎无常,唯知理知命者,顺天时,安地利,不作孽,以任自然,何至上下争气,酿成巨祸,结成冤仇,其实于事毫无所益,徒罹罪名。古人所以戒邻壑曲防,其大彰明较著者也"。因此,张馨对纠纷双方皆加以责备,"是上坡犯邻壑之条,下坡较曲防为尤甚,本应重究,幸天时晴霁,积水涑涸,两造俱已输服无词,姑从宽恕,合行出示晓谕","以后各安本业,听天由命,如

　　①　N.C.H.,1903.7.31,p.264,转引自聂宝璋、朱荫贵:《中国近代航运史资料》第二辑(1895—1927),上册,第 305 页。

　　②　《中外日报》,光绪三十一年六月初五日,1905.7.7,转引自聂宝璋、朱荫贵:《中国近代航运史资料》第二辑(1895—1927),上册,第 310 页。

　　③　《万国商业月报》第十九期,《商务·江苏北境收成景象》,1909 年。

　　④　《水灾中之镇扬交通暂时停顿》,《申报》1931 年 9 月 18 日,《申报》第 286 册,第 498 页。

　　⑤　光绪《亳州志》卷三《营建志·关津》,《中国地方志集成·安徽府县志辑》(25),第 91 页。

遇积水,居上坡者不得刨任桥东西大路,放水下流;居下坡者,不得率众于任桥东西大路堵筑。倘敢恃强怙恶,执迷不悟,故犯例禁,定而按名究办,决不再宽。兹恐悬贴告示,易为风雨所坏,立碑刻石,以垂久远"。①

二是近代铁路的修建与沿线部分地区农业防洪纠纷。在淮河流域河南境,随着京汉铁路的修筑,筑路阻水的事也时常发生,铁路修建方与当地居民之间围绕行洪问题纠纷激烈。吴世勋就说:京汉铁路长2400余里,在河南省有1100余里。南至遂平,北至安阳,中经10余县,约750里。"夏秋山洪暴发,冲决路轨,阻碍交通。附近村民,因路基阻水,淹灌田舍,常纠众撤毁路轨,郾城、许昌、郑县诸站地势低下,时受水患;南阳一站,屋宇人畜曾被漂没一空,为害尤烈"。究其原因,淮河流域京汉铁路段西近伏牛山、嵩山,地势西高东下,故河流多发源于西,向东倾流。"铁轨南北纵列,河流东西横延,适成十字相交,故桥梁颇多。低洼之处,因避淹没,筑高路基,形似长堤。夏秋多雨之季,山洪骤下,河中不能容,则横溢四出,汪洋无际,怒涛汹涌,倾泻而东,虽有涵洞,不足供宣泄;因阻于路,势益湍激,毁桥梁,坏路基,公共交通,人民田宅,交受其患"。②又据民国《西平县志》卷二十一记载,光绪年间,京汉铁路修筑穿过西平县境内时,"先是洋工程师李嘉和创建洪河铁桥,因水流妨碍工作,于桥旁浚一引河。当时沿河居民虑水涨堤溃,阻其浚引,嘉和不听。未几,水果大至,河决成灾。众大怒,顷刻啸聚数千人,声称非将嘉和投河塞流不可"。后经西平知县左辅驰往排解,"并允罚施工头出银三千两振灾,事始解"。③

在信阳县,"浉水上流南新店附近各塘堰,系马鞍山、鸡翅山两水流入。自平汉路工程公司收为公有,于两水合流建筑最坚之石闸,

① (清)张馨:《严禁刨筑任桥大路示》,道光二十三年(1843),民国《商水县志》卷十二《丽藻志二·公牍》。
② 吴世勋编:《分省地志·河南》,第172页。
③ 民国《西平县志》卷二十一《文献·名宦》。

二道来源断绝,各处塘堰从此受病。杜家畈以上河皆石槽,暴涨易消,势颇汹涌,仅有翟姓、周姓、严姓三道,双桥寺以上郭家湖冲水河流均不得引入"。①在江苏铜山县,境内有望州河一道,西源上承银坑泉,东流受四铺、三铺湖,又东南右受诸县雾猪泉水,又东南至周家庄南,左合东源;东源水出女娥山东崔泉寺,发源处即崔泉。南流左受一水名朴河,又南与西源合,有冷泉水自西南来注之,自周家庄有故道东通奎河,名横沟,东西诸泉旧由此下注,今塞。横沟水溢,则潴为灌沟湖,"由周家庄南至望州山北,入萧县界,遂名望州河。郡城以南诸山水皆赖此河宣泄"。但是,至民国初年,望州河多淤梗,"亦谓之任山、南山河,接西源,今为津浦铁道所障,雾猪泉水不得由官桥迤南之故道直达奎河,乃漫溢于西源之河。复以铁道桥小,不足以泻西源之水,故当榆庄西北诸山水暴发时,则榆庄周围之田几尽淹没"。②为避免铁路阻水以造成防洪泄洪纠纷,水利专家胡雨人的建议颇值得人们尤加注意,他认为"凡铁路所经,苟见地少沟渠,每过若干里,必择平地之较低者,预留桥孔,否则将来居民虽欲开河,亦无由致力,必至束手坐困,国有干路,尤当留意"。③

二、盐业与农业部门之间的水事纠纷

两淮地区民灶错壤,盐场与民田毗连。制盐需要咸潮卤水而惧洪水冲淡,而民田不仅不耐干旱洪灾,更惧潮水卤水入侵。运盐需要国家和盐商们构筑和维护下河地区发达的运盐河系统,而下河民众的农田也需要借助这套运盐河系统进行灌溉与防洪。因盐业、农业部门对水量和水质的需求存在着很大的差异,时空上也难以契合,所以时常在防潮御卤、防洪灌溉等领域发生激烈的纠纷。

---

① 民国《重修信阳县志》卷七《建设三·水利》。
② 民国《铜山县志》卷十三《山川考》,《中国地方志集成·江苏府县志辑》(62),第213页。
③ 胡雨人:《江淮水利调查笔记》,见沈云龙主编:《中国水利要籍丛编》第三辑,第106页。

(一)制盐业与农业部门之间的水纠纷

　　制盐业与农业部门之间的水事纠纷,焦点在于范公堤及其附属闸坝水利设施的使用、调度和维修。唐宋以来,范公堤在捍御海潮、保护农田禾稼以及鱼盐业发展方面发挥了重要作用。范公堤在初建时,就设有归海闸18座,在兴化县境有12座。其名曰丁溪闸,水出丁溪灶河,下达竹港归海。曰小海正、越闸,水出小海灶河,下达王家港归海。曰草堰闸、苇港闸,水出北新河。曰白驹南、北、中、一里墩闸,水出牛湾河。曰刘庄青龙闸,水出七灶河。曰刘庄八灶闸,水出八灶河。曰刘庄大团闸,水出大团河,均由斗龙港归海。各闸座叠经明清两朝修建,"因地势边高中低,兴境适处其中,故泄水以兴境为重要。闸址亦多在兴境。然闸口虽多,坝水仍灌满田河始渐趋海,故邮坝启放三四日,坝水即抵县境,十余日始至盐、阜。迨水出本境及邻县闸港,又常有海潮顶托,不能尽量入海。须延至数月后,积水始消。交春令后,卤水又来,防御如临大敌"。为此,对于范公堤上的各闸,"蓄泄机宜,不容丝毫忽视,更不容任牵掣"。需令于各灶河下口设坝,由坝董、坝头具结担任防守,"无卤水时则启上口,以资闸东灌溉;有卤水则仍堵闸口,以资捍御"。[1]但是,自范公堤建立以来,海口开塞、闸坝启闭往往因人废事,纠纷迭起。正如清代高邮贾国维所说,"况高宝数邑又濒海斥卤之乡也,昔范仲淹相其地势而堤之,以防海潮之内入;置滨堤诸闸,以达内水之外出,诚七邑之保障,而亦下河之门户也。按其图迹,原有丁溪、草堰、小海、白驹、天妃、石【砝】等处,在在泄水,往者皇上特命部臣发币疏浚,惜惶惑于人言,掣肘于盐政,而不能稽考源流,寻其要害,是故治而旋废,虽有丁溪诸闸,经年累月,闸堵不开,水即欲泄而无从"。[2]即使到了民国时期,虽然范堤捍御海潮,今不殊昔,但在兴化境内"近年海而虽远,而潮患仍

---

　　① 民国《续修兴化县志》卷一《舆地志·范堤闸座图说》。
　　② (清)贾国维:《上河督陈鹏年河工七议》,民国《三续高邮州志》卷六《议》,《中国方志丛书》(402),第1006—1007页。

频,加以各盐场及垦区卤水内侵,时起龃龉"。①

范公堤一方面能挡潮御卤,但也横堤阻水,所以当运河东堤闸坝放水入下河宣泄不及时,多挖范堤过水。如乾隆七年(1742),因河湖异涨,曾将范堤开挖325丈,迨积水泄尽,"即将开挖缺口,照旧还筑"。乾隆二十年(1755)六七月间,雨水过多,"上游高宝一带湖河处处盈满,暂将南关各坝开放,以保城舍田庐,但高邮五坝过水,约宽至三百丈,而下河出海各口门仅止数十丈,随酌开范堤,分流疏泄",计开挖范堤缺口53处,于次年春还筑,"以卫潮汐"。②不过,一旦还筑迟缓则会导致卤水倒灌,尽损农田禾稼,从而引发纠纷。据《江苏水利全书》载,明代隆庆、万历间(1567—1619),"黄淮水患日亟,漫流入海,阻于范堤,洞闸不敷渲泄,则开挖范堤,以消积水,还筑稍迟,咸潮乘虚而入,败民田"。又《淮系年表》云:"清乾隆嘉庆间,坝水下注,屡挖范公堤,自数十丈至数百丈,水退补还原工,久不修治,堤身日塌"。1931年,"坝水久积不消,建设厅派员刨切多处,以资速泄水"。③不仅如此,场灶盐商为了保护私利,偷挖范堤过水以消潮涨,但却以堤西民田为壑,引发民灶水事纠纷。如嘉庆四年(1799),富安安丰场商因垣盐迫近堤外,潮涨不退,挖堤过水,致损农田,巡抚岳起勒碑永禁,详《东台县志》《两淮盐志》。④道光十五年(1835),东台县潮涨,有商人挖堤过水,"宝应成给谏观宣两次陈奏,申禁如故"。⑤尽管申禁甚严,但是盐商偷挖毁堤还时有发生。

场商为了泄潮涨,除了偷挖范公堤过水泄入堤西民河外,还在范公堤上开坝以泄潮涨。如富安场堤上有唐家洋坝、东盐坝、上下二副坝、西寺坝、西场坝;安丰场堤上有新灶坝、汛池坝、二丈坝、一丈坝、九孔滚水石坝、减水坝;梁垛场有休宁坝、南草坝、盐坝、北草坝、

① 民国《续修兴化县志》卷二《河渠志·河渠四·范堤》。

② 嘉庆《两淮盐法志》卷二十八《场灶二·范堤》。

③ 民国《阜宁县新志》卷九《水工志·堤堰》,《中国方志丛书》(166),第831页。

④ 咸丰《重修兴化县志》卷二《河渠三·范堤》。

⑤ 光绪《盐城县志》卷三《河渠志·堤堰闸【矴】》。

单家坝、三孔滚水石坝、减水坝;东台场有南三灶坝、东盐坝、东门坝、老坝、小坝、日晖坝;何垛场有减水坝、老坝、金家垛坝。嘉庆五年(1800),富安等场商人呈请开放东台范堤等坝泄水,遭巡抚岳公示禁。据《巡抚岳公永禁开放范堤各坝示略》曰:"当经查得范堤东系灶地,西系民田,高下既相悬殊,岂可将盐卤之水泄入民河!且各场灶地近海,本有河道,可以疏浚宣泄,何必绕道民河泄水,致滋讼端。嗣据泰州东台县泰分司会勘详请于减水、日晖等坝处所建立石桩,高于包垣相平,如水到桩顶,仍照旧制暂行开坝。惟查当日建堤之意,原为御水,而设若又置坝泄水,则何如不设此堤。盖无堤则有水即流,其势尚缓。若堤水既满,及堤坝放之,则洪流汹涌,不论村庐田亩,必受其残。总之,灶地之水,止可归海,不便归田;范堤之堰,止可培高,不便建坝"。"惟查灶河卤水有害稼穑,断不可与民河争流,堤东各场若将灶河勤加疏浚,不使稍有淤浅,即遇雨水过大,亦可直注归海。惟当将各坝一体堵塞,不必再设石桩,并将堤坍缺处所,全行培高加厚,一律巩固,使民灶两不相涉,庶可两适其宜。至灶河及各海口淤垫已久,俱应设法挑浚深通,随时利导,不致宣泄不及。若灶河南高北注,虑水干涸,而又恐坝多水滞,欲行分别去留,改建亦属调剂善后之法"。①

在兴化县,"王、竹港不能泄南场之水,假斗龙港出海之小洋河亦淤垫不畅,故灶民私启窑港坝以泄水"②,这就引发了灶民泄潮涨与居民防潮御卤的矛盾纠纷。窑港坝在草堰闸外。窑港自小海灶河支分为南北支河,南属丁溪,北属草堰,旧于丁溪境内筑土坝一道,严禁私开,目的是防杜私枭出入。自沈灶之古闸口,小海之王家港、小洋河淤垫,"富安、梁、东、何、丁各场泞卤无去路,屡私启坝泄水"。但此坝与兴化县范堤以西水利有很大的关系,"南场泞卤经窑港北

---

① 嘉庆《东台县志》卷一一《水利》,《中国地方志集成·江苏府县志辑》(60),第423—424页。

② 民国《续修兴化县志》卷二《河渠志·河渠四》。

流,不从大东河入斗龙港归海,转由草堰闸倒灌堤西民田"。1914 年,兴化成启运、石鸣镛、陈士杰等于会议草堰闸设板时,痛陈该港利害,公决在堰境加筑土坝。1916 年,西团市董陈鸿年请疏王港或小洋河,兴化县农会极表赞同,并答应酌量津贴。"讵小海袁元、夏肇基等反对,假称王港难治,小洋河业成熟田,请于窑港改建滚水石坝,经由运司饬行泰属总场长暨驻东缉私营务处长会同县场妥议施行,丁处长力赞其说"。兴化县、东台县农会表示反对,小海正绅亦不赞成。"会是年雨量逾恒,低田已经沉没,高邮又有紧急开坝之电。袁元等复乘此时,以阴雨注淹等情,朦呈司署,请启窑港。司署不察,竟行总场长权衡利害办理,不为遥制,小海因此不待场县会勘,先期启坝,致堰闸水势东高于西二尺有奇。兴化县农会得报,深恐沉没圩田,飞速派员至闸,下板抵御。堰商复又以多数盐船待运等情,呈司转请省署饬县启闸。小海袁雯等更电国务院咨行省署废除窑坝,以拯民生。于是场运局、盐商会盐支会均听袁雯等先入之言,左袒其说"。省长特委道尹王曜莅勘核办,"王道尹未至前,袁元等秘密组织淘坝会,誓铲除此坝以泄忿。迨道尹至,彼雇善泅水者多人,伪作灶农,赤身投水呼救,道尹洞烛其奸,斥为无耻"。勘后,乃电邀两县暨总场长、营务处长、丁、草场长、兴、东农会及各场民灶团体代表特别开会讨论,小海方面避不出席,丁溪场亦托病,"由沈灶农会代表最后表决,窑港滚水石坝既经全体否认,则上年加筑土坝定案未便变更,亟应购备工料,定期完堵。俟开工五日后,按三、六、九日暂启堰闸两小时,放运工竣后,照常通行"。不料开工时,又有偷毁木桩,阻止工程之事。至是年冬月,坝始告成。丁溪担任赔修经费,恐小海再行偷挖,查明袁元等七人认为妨害兴化水利之要犯,面呈总场长函县提办本年交涉。关于此次民、灶之间就窑港坝展开水利争执之纷纭复杂情况,知事章家驹呈省长文略中记载得很详细:

查窑港土坝原为抵御海卤而设,前因淫雨为灾,小海积潦淹漫,迭据东台县士绅电请启放,并准两淮盐运使移同前因,当经电饬东台县知事会同原勘小洋河工程委员丁立棠察酌妥办。去后,旋据该县知事电称,窑坝已开,草堰闸板未下,东水高过堤西,势成倒灌。小海公民袁元等并有前泄后涨,水势实未稍杀,恳将窑坝缓闭之电陈。惟东台印委来电坚称,水味不咸,似无下板之必要。而两淮盐运使又复一再以草堰闸有碍盐运,势难久下闸板,窑坝启已多日,亟应堵闭为言,双方各执一词。虽经迭次电饬,各该印委会同泰属总场长妥商办理,迄未解决。近复发生私挖堤坝风潮,该县来电一则谓灶民私挖苇子闸口,一则谓灶民将丁溪堤坝挖毁,前后互异,无凭考核。东台来电则谓丁溪堤东被淹,人民率众挖坝,当即修复,讵堤西率领多人捣毁庄董冯凤家什物,聚众挖坝。

知事章家驹认为,"实则堰闸有盐运关系,窑港则专为堵水,决无利运之可言。微论水灾急剧,两害相权取其轻,亦同不能偏重盐运。即专为利运设想,亦当力堵窑港,则闸板启闭自有常经,农、灶两方均无用争执","现在人民情迫,达于极点。虽经知事会同农会设法抚慰,究属农民切肤之灾,非甘言所能敷衍。为目前计,非援据永闭陈案,立堵窑港,不能拯急灾;为将来计,非实行疏消近案,筹浚王家港或小洋河,不能筹善后;非严究决水之首犯,不足以平堤西之怨咨;非熟察水势逆流之原因,不足见灾害之急剧","俯赐考核陈案,拯救急灾,电饬东县即日堵闭窑港,仍将一挖窑港土坝,再挖苇子港闸,三挖丁溪堤坝首要人犯分起严究,勒令赔偿"。1919 年 6 月,窑港安桥(在窑港西,亦通南六场之支河)两坝均决,卤灌堤西,闸口水势高及 2 尺,"闸董袁继香恐害乳秧,照章下板"。1921 年 4 月,"窑坝崩决,卤灌串场河,合塔圩董照章下板,讵大丰公司张督不悉定案,来函质问,知事张蓉生诣勘,暂起板放运,随仍复下"。1921 年 10 月,奉王省长令,派员守窑港坝,"俾御卤第一门户不致旋堵旋挖,能使潮不逾坝,即闸无启闭之争"。次年,由县派合塔圩杨懋森驻守,呈省备案。①

除了盐商偷挖范堤过水、私启范堤闸坝泄水之外,附近农户也在堤上私开小口过水,这对防潮御卤非常不利,易发水纠纷。如兴化境内,据1918年县农会调查,范堤私开小口有潜溪港口、小团口、小团南口、查家舍口、查家舍南口、庄家罱北口、四里树口、三里窑北口、三里窑南口、北五里墩口、南三里窑口、马家泊口,"虽有闸防,难资御卤",后县府饬刘庄警所严令堵闭,"并谕禁,嗣后不准私启。旋准各业户呈县请愿,担保防守"。②

(二)盐运业与农业部门之间的水纠纷

盐业运输虽属于交通业范畴,但盐业包括了生产、运输、销售、消费各个环节,形成了一个完整的产业链,所以又属于一个独立的产业部门。因此,下文主要是从盐业作为一个完整的产业部门的角度,论述盐运业同农业部门防潮御卤、防洪、灌溉之间的矛盾纠纷。

两淮水道既是农田水利系统,又是两淮运盐通道。正如崇祯《泰州志》所云:"上下河俱为运盐故道,盖不独民田藉其灌溉,而盐场万艘往来如织,实为国家命脉之所系"。③两淮南北运盐之渠,较大的有六条:

> 自淮安历宝应、高邮抵扬州至仪征,为漕盐运河。自扬州湾头分支入闸东,经泰州,历如皋,抵通州,为上河;高宝以东、泰州以北,兴化、盐城境内,陂湖所汇,则为下河。上河自如皋南折,而东达通州九场,是为通州串场盐河。下河自泰州海安徐家坝起,历富安等十一场,至阜宁射阳湖出口,为泰州串场盐河。

---

① 民国《续修兴化县志》卷二《河渠志·河渠四·附草堰闸外窑港坝交涉始末》。
② 民国《续修兴化县志》卷二《河渠志·河渠四》。
③ 崇祯《泰州志》卷之三《河渠考》,《四库全书存目丛书》(史210),第66页。

自清江渡黄入漕运河分支而东,是为盐越河。直达板浦诸场,则为淮河。凡淮南二十场盐艘抵江广者,胥由上河出湾头闸,入漕盐运河,以抵仪所;淮北三场盐艘由盐越河抵淮所。分行上江河南之道,则黄、淮、洪诸河湖皆必由之境,其庐州府属暨滁州、来安、桐城盐艘则自乌沙河,历漕盐运河而达大江,此淮南北运盐河渠大略也。泰坝负州城东北,横亘两河之间,以地势高下而上下河分焉。上河之道通塞,泰盐艘全出其中,而下河盐运所经,惟泰州十一场会集于青浦角抵坝,此上、下河运盐分径也。通泰盐河支分脉贯,随地异名。①

两淮盐运在全国占有举足轻重的份额,"下河水道的状况直接影响到淮南盐的成本。根据靳辅的计算,由于17世纪晚期江北运输线路的淤塞,每'引'盐的成本年均上升1/10至1/15两,或者说对于淮南的定额而言,成本增加了25万两"。②也正是两淮地区水道关乎盐商运盐,所以从明代后期开始盐商就开始承担维修范公堤的任务,在万历二十二年(1594)以前对于运盐河也是"盐官三年一大开,一岁一撩浅,故因势利导而飞挽裕如",③至18世纪,随着官盐的贸易扩展,两淮食盐专卖利润成为越来越重要的水利维护经费来源。然而,盐商以谋利为前提,其商业利润不可能用于与运盐无关的小型农田水利系统的建设。盐商更感兴趣的是盐政和盐运的利益,所以即使投资兴办两淮地区的闸坝堤防之类的水利建设和维护,也主要是为了保盐运通畅,至于两淮地区的农田防洪灌溉则是其次的,甚至是可以牺牲的。如此,盐运和运盐河流域的农田防洪灌溉之间的纠纷冲突,就难以避免。

---

① 嘉庆《两淮盐法志》卷九,《转运四·河渠》。
② [澳]安东篱:《说扬州〈1550—1850年的一座中国城市〉》,李霞译,李恭忠校,北京:中华书局,2007年,第144页。
③ 崇祯《泰州志》卷之三《河渠考》,《四库全书存目丛书》(史210),第66页。

首先,盐商运盐与民众防潮御卤纠纷。主要表现为:一是海口开塞纷争。据嘉庆《两淮盐法志》卷九记载,海口泄水之处,"先因奸民有营种堤外草荡为稻田者,不利开闸过水,渐致有闸无版,用土实填,直待下河被水,高阜尽没,然后挖放"。①如盐城石砫口闸,在盐城县治东门外 1 里,明神宗万历四年(1576)知府邵元哲疏石砫口下流入海,后建闸,未几海潮坏闸。万历八年(1580),巡盐御史姜壁题请筑塞。自明季以逮清初,"凡谈水利者争言开石砫、天妃及姜家堰三口",但遭到盐城县人的反对。于是盐商为了盐运主张开闸,河臣以及盐城上游州县人士为了泄下河之水入海也认为石砫口闸不宜堵闭。至于盐城人为何抵制开诸海口,阎若璩认为是盐城人思咸水入内地,伤其禾稼;顾炎武认为是石砫口隶盐城县,"初议开浚,士民哗然,盖以水涸而灌溉无所资,海溢而风潮无所避,揆诸人情,良所甚难"。《扬州府志》载张可立《海口说》,则认为盐城人以形家言,不利风水,潜加修筑;王永吉更认为盐城人偏拗难于理喻情通,当然,此两说皆属揣测之谬说,不足为据。至康熙七年(1668),石砫始与天妃口同启。雍正七年(1729),立闸以御卤潮,后多次修葺。至道光十五年(1835),御史宝应成观宣奏称,"下河沿海各闸,为蓄水御咸而设,因盐艘出入,启不以时,致咸水浸灌,大为民田患害,请旨饬下督抚会议妥立启闭章程,以期有利无害。诏如所请,旋经督抚定议会题,嗣后各场闸座以三月初一、九月初一为启闭之期,不得非时启闭,致损民田。奉旨如议,饬令勒碑各闸口,永远遵行"。至道光十九年(1839),"泰州分司朱某牒于江宁布政司善化唐确慎公鉴称,盐城县石砫闸为南北洋岸盐船必由之路,不宜堵闭。确慎严檄驳斥,再请而再拒之。最后乃檄令移咨盐城县,究竟石砫闸有无咸水为害,可否以时启闭,不得率行渎请。嗣盐城县知县刘武烈公同缨覆称,石砫闸共二孔,旧章存留一孔,安放双槽闸板,如遇潮汛异涨,海水高于河水之时,闸闭不开;其水势相平之时,每逢三、六、九日于早潮初落之

---

① 　嘉庆《两淮盐法志》卷九,《转运四·河渠》。

后,晚潮未发之先,启闸一次,催令盐艘民船过毕,立下闸版,不得擅自启放,并非常开,无虞卤水倒灌,伤害民田云云"。此为石磋闸启闭定制。后因闸座坍坏,版亦无存,难资启闭。"且黄河改道北流,西北数省之水不由淮郡东趋入海,沿海淡水不足御咸,而新洋港从前纡曲之处,又因激湍冲刷,变为径直,春夏稍旱,咸潮即度闸而西,盐邑民田无岁不罹其害"。时至同治年间,闸官俞元相、知县张鸿声已叠请兴修,延至光绪年间潮患益剧,民困益深,"不独无水溉田,并饮水亦须凿井,城中淡水至值钱数十,东南各乡农民壅户买舟,逃往江南者甚众"。光绪十七年(1891)六月,议修闸未果。光绪十八年(1892),议于三闸引河河流之处合建一闸,仍未果行。光绪十九年(1893),卤潮倒灌,民大恐。后议请修建,并得到批准,甚至盐邑绅士求归盐商承修,若商人不肯修闸,永远不得启坝,但依然未有兴工。①而姜家堰海口,在盐城西北,离城 20 余里,原为泄水入海通道,"祇因近堰居民恐水泄,田高费力车运,逐年填塞,遂至滴水不通",天妃口也被"附近奸民将闸门筑塞,河口填平"。②

二是入海河港筑坝纷争。为防潮御卤,民众在入海河港修筑闸坝阻挡。但这不利于盐艘出入,于是盐商为保河港盐运通畅而进行抵制、破坏。如盐城县治东北的黄沙港,"西起上冈,东达射阳湖海口,长约八十余里,为新兴场商运盐入垣之路。港水龄咸,堤岸卑薄,每风潮涨溢,咸水辄流入上冈闸河及串场河,廖家港、上港东灶田及西北两面民田,岁罹其害"。光绪年间,"土人议于港之东首,筑坝遏潮,以蹉商为梗而止"。③其他如盐城范堤外的廖家港亦时进海卤,"害及范堤内外民田,土人拟于下游筑坝,辄为盐商梗阻"。又射阳亦时有海卤内灌,"盐人在喻口南筑坝遏制,阜宁人以筑坝阻淡,不利灌溉,致起争端"。④

---

① 光绪《盐城县志》卷三《河渠志·堤堰闸磋·石磋口闸》。
② 光绪《盐城县志》卷三《河渠志·湖海支河》。
③ 光绪《盐城县志》卷三《河渠志·湖海支河》。
④ 民国《续修兴化县志》卷二《河渠志·河渠四》。

三是草堰闸修复之争。兴化地处海滨,"屡受卤害,尤以境内第四、六两区与范堤丁、小、草、刘、白、大团各闸下枋堵坝时期违反定例,卤水倒灌,首当其冲。盖堤东地势东南高于西北,东台南五场淋卤多由窑港、大东河,折而西,至草堰闸灌入堤西,害及境内民田"。①1914 年 4 月,"海潮异涨,初由刘庄、大团、八灶等闸灌入,延及六月,复越入草堰北闸,东乡周围二百余里,禾苗尽萎"。县知事姜若、县农会同草堰场长许凤文履勘详报。"姜知事审此事与盐务有关,申详姚运司要旨,谓闸板理应修复,而春闭秋启之说,不能仍前拘泥。拟自今以往,闸门之启闭,以卤水之有无为准;卤水之有无,以港西之旱涝为准。涝则河水较高,而开放宜速;旱则港潮难御,而堵闭宜先"。而当时盐商拟于西团筑坝御卤,力阻草堰设板。兴化胡焕宗知事初莅任,禀呈巡按使仍决定先修闸板,否决堤外筑坝。"姚运司据详饬泰属总场长王维镛妥议办理。兴署旋准咨文,据草堰场长许凤文来呈,谓据公民汪锡瑛暨盐商禀函,均以设板有妨盐运,拟于西团包垣筑坝,为御卤惟一方法。县农会察阅原文,逐条辩驳,仍请遵前县长办法"。后经多方会商,规复旧制之议决。"第闸板久经不设,规复非盐商所愿,总场长阳奉省饬,又不便违拂盐商意旨,遂调停其间,而测量之说又兴。有此两说纠纷滋甚,兴农会奉前说为准绳,积极筹备经费,购办材料,谓测量须另案办理。盐商藉后说为护符,延聘测绘人员,催订会测日期,谓规复须从缓进行,双方各执一词"。"省署初据禀详,谓有裨农田,无碍盐运,批准设板。及见双方争执,又批饬暂停,俟委员查勘办理"。兴化农会"以时届深秋,卤侵未退,转瞬冬尽春来,闸板不设,卤祸不除,迫请运司迅饬县场查照姜前县长办法,旋又以修筑、测量分别缓急具详县署,请迅电省长、运司、道尹,以冀立兴要工"。既而省委薛振东、苏培,运委胡云官与总场长王维镛、县知事暨绅士详勘磋商,于 1915 年 1 月 2 日召集县场绅商开会集议,"以潮不逾坝,闸不下板。为和平解决,将西团已筑之坝,拟

---

① 民国《续修兴化县志》卷七《自治志·御卤》。

照一孔石闸建筑,宽阔相同,为御卤头层门户。一面将北闸仍照单槽修复闸板,并将堤岸闸身修筑坚固,为御卤二层门户。倘遇海潮异涨,逾越坝身,该闸即行下板,藉以抵御。潮退即行启板,平时如无卤水,则该闸仍循其旧,不下闸板。所有修筑经费、坝工,由草堰场承认,闸工由兴化、东台两县人民分担。将来草堰闸暨西团闸如有损坏,均由地方盐务会商办理",勒石示谕,为此示仰民、灶人等一体遵照,"须知草堰闸设板,系为抵御卤水而设,平时如无卤水,该闸仍循其旧,农民不得擅自闭闸。倘遇海潮盛涨,应即下板,以资抵御,盐务人等不得藉端阻扰"。①1930 年、1931 年两年"御卤交涉,争执最烈"。兴化人推举县党部代表孙景龙、刘麟祥、顾廷琮赴省请愿,蒙江苏建设厅长孙鸿哲电饬东台县长沈江、黄次山遵照成案,"立时下杭,以御卤害,而卫民田"。②但是,民国时草堰北闸常开一孔,以省盐运盘剥之费,"水小苦无所蓄,潮大又惧易侵,利商病农,每生嫌衅"。③

四是运盐河开浚之争。两淮地区开了很多运盐河,如海陵溪属于射阳河北岸支流,"昔开此河以利盐运,故名。今简称盐河,北接贺家沟,南流经庄头、杨丰、赐墩、陈八舍、拱极桥东,循护城河,由八蜡庙西绕学宫前,折而南,经通济桥、新丰市桥入于河"。④但运盐河开凿,如果不能兼顾运盐和当地居民的防潮御卤效益,就会形成激烈的矛盾纠纷。如宣统元年(1909),同福昌公司经理陈芸阁在苇营试办大灶,"为转运计,先浚盐河上游一线港,接开小新河,直接双洋北岸尖头洋,于双洋两岸又开新运河五十余里,南决鲍家墩老坝,北毁鲍墩民堰"。结果,"居民恐卤水侵入射河,联名百余人呈控不已"。最

---

① 民国《续修兴化县志》卷二《河渠志·河渠四·附民国三年草堰闸修复始末》。
② 民国《续修兴化县志》卷七《自治志·御卤》。
③ 民国《续修兴化县志》卷二《河渠志·河渠四》。
④ 民国《阜宁县新志》卷二《地理志·水系·河流》,《中国地方志集成·江苏府县志辑》(60),第 26 页。

后"经公司多设闸坝,讼事乃寝"。①

其次,盐商运盐与地方民众灌溉之间的纠纷。如山阳境内的鱼变河,一名渔滨河,在淮安郡城北运河东岸,由永利闸引水入故沙河,东流为鱼变河,经风谷村,达青沟夹河,注马家荡,长百里。明时,两岸皆稻田,号为膏腴。自盐分司移驻河北掣盐,于是从故沙河尾西北凿河一道,抵草湾三坝,名曰盐河,以过盐艘。"缘盐河底高于鱼变河三尺,难以蓄水,商人于鱼变河头砌三孔石涵洞,盐河无水则将三孔堵塞,灌满盐河,复开三孔放水,奈洞流微细,鱼变河日渐淤浅,旁无活水,遂为旱田。其地势平坦,伏秋水发,田多淹没,人民逃散,叠经蠲振,山邑凋瘵由此"。乾隆八年(1743),士民蒲之攻等呈请题准挑浚,永利闸亦重拆建。乾隆十一年(1746),知县金秉祚详情拆去三孔石涵洞,建裕民闸一座,下版三层,蓄水入盐河,余水从版上滚入鱼变河,灌溉民田,长川开放。奉三院批准,两岸民田千顷尽改稻田,但"向来永利闸启闭,书役、汛兵、闸夫等,商人皆有陋规,百计阻扰"。②所以,清人任瑗认为渔滨河之石洞宜改为闸,因为"永利闸之下为乌沙河,东流至慈民寺,向有石洞三座,于石洞之上分为二股,一股北流为运盐河,一股东流为渔滨河,缘运盐计,往往将运盐河放滞,即将永利闸坚闭,将石洞筑坝填塞,涓滴不复东流,而八九十里内无水灌溉,皆成不毛之地。嗣后,须照泾河、涧河之例,昼夜长流。然又虑东去渔滨河水流甚畅,而北流盐河地微高仰,水易浅涸,势不得不将石洞打坝。才一打坝,则渔滨河不复有水,惟将石洞改建闸座,如盐河无水,即闭闸蓄水入盐河,水既足用,即开闸入渔滨河。既不误盐,又不误农,实为两便"。③

在海安县东门外有徐家坝,亦称牙桥坝,位于海安镇东1里许富安河上。富安河为元末张士诚所开,北达富安场,南通运盐河,以

① 民国《阜宁县新志》卷九《水工志·诸水》,《中国地方志集成·江苏府县志辑》(60),第203页。

② 同治《重修山阳县志》卷三《水利·东南乡水道·鱼变河》。

③ (清)任瑗:《与李太守书》,《山阳艺文志》卷四,见民国《续纂山阳县志》。

为运盐入江、转销苏南地区的通道。富安河开成后,虽然为地势偏高的富安和东台一带农田引来了运河水源,但此坝一开,又威胁着通州、如皋、泰州冈地的农田灌溉事业。明初为了堵私盐贩运和阻止盐民聚众滋事,曾填塞牙桥河"一、二里许"。万历年间,富安场灶与盐分司、地方官吏重新倡开,由于运盐河水下泄,通州、如皋、泰州诸邑高地"田里与运道交病",遂置平水石闸,"阔可丈余,高可二尺",未数月,即为富安灶民聚众挖毁,其后筑小坝以挡水,"旋筑旋挖,两月之内筑而复挖者凡三"。①天启元年(1621),如皋知县李衷纯主持填塞牙桥坝。至乾隆年间,"堵闭百余年"的徐家坝,"忽商人贿闸官,私开之,致上河水涸,民禾尽槁"。于是,如皋知县李棠"勘明下河有七十二洞,原可通水,商不疏通旧迹,而罔民以取便,请于大府勒碑永禁,群氓欢呼"。②乾隆年间,在盐商吴显隆等倡请下,在坝东复置新涵洞一座,并拟建闸,由于如皋地方绅士石立等的反对,经盐抚大吏庄有恭裁定,堵闭并勒石永禁开启。其后,富安居民仍有倡开者,嘉庆十一年(1806)如皋知县左元镇重申前禁。③至民国时期,徐家坝开塞问题依然纷争不断。1928 年,东台县人朱舜臣等以便利下河交通为言,呈请建设厅派员勘测开放徐家坝。为此,如皋县成立力争保存徐家坝委员会,并派委员吴秀峰、徐建希和同地处上河的南通县进行协商,电请江苏省民政厅阻止开坝。④后经民政厅"厅令据江北运河工程局查复,徐家坝不必开放,拟在三里涵河改建船闸,以便交通。兹复令局派员重行测量研究,另定上下游兼顾办法,呈候核办矣"。⑤至此,徐家坝开塞之争方告结束。

① 光绪《通州直隶州志》卷二《山川志》。

② (清)袁枚:《小仓山房诗文集》(四)卷三一,《广东惠州府知府李君墓志铭》,周本淳标校,上海:上海古籍出版社,1988 年,第 1823 页。

③ 光绪《通州直隶州志》卷二《山川志》。

④ 《水利门·公牍·训令江北运河工程局长为泰属徐家坝开放问题拟具意见书请裁夺由》,1928 年 4 月 4 日,《江苏建设公报》,1928 年第 9 期,第 96 页。

⑤ 《水利门·公牍·咨民政厅咨据如皋王县长东台田长等先后代电陈开放徐家坝一案情词各执请核办见复由》,1928 年 4 月 19 日,《江苏建设公报》,1928 年第 9 期,第 101 页。

第三,盐商运盐与地方民众防洪之间的纠纷。一是地方豪猾与盐商勾结盗决河防以利盐的走私。如据泰州民人叶政、蒋敏等连名告称,"江都、泰州上下两河田地接壤,高卑悬绝,河防盗决,害切剥肤,下乡田沉水底,控告无路,势若倒悬。岂意近被宜陵镇罔利奸豪,故将山洋河、赤莲港、徐家邗子三处私开大河,擅通商贾,偷放私盐,致水下冲,不分昼夜,民田尽被淹没,春耕无计可施"。后经官府批准,大出告示"晓谕宜陵等处及上河一带邗口小港,行令水利官尽行闭塞,不许水往下流,上河泄水仍有旧通芒稻、白塔"。①崇祯《泰州志》对盐商勾结地方奸豪进行走私威胁下河水利做了描述和分析,云:

> 陵仓及如皋磻溪,时濞以诸侯擅煮海为利,凿河通道运海盐,今其故道也。考诸芒稻河未设之先,盐官犹岁募丁夫日以挑浚为事,嗣后芒稻河设矣。湖淮之水泄之于大江,虽治河使者日下闭塞之令,而地豪贪竹木商贩之利,盗决如故也。山洋河坝之在宜陵镇者,亦有名无实。泰州之岁征看坝夫银,至今不废。而地豪之缘为奸利者,亡从诘也。甚至借竹木便民,反告官给帖付照,公然身充牙侩,至私盐夜行,商船径渡,而江都有司不知其有宪禁也。山洋河而上,其直达下河者,一曰赤莲港,一曰戴家坝,一曰徐家邗子(徐家涵坐宜陵西二十里铺,汪洋大河,地豪拥为通津,首为上流害),各据为利窟,而不顾泰之肥瘠也。然俱在江都境内者也,盖泰州西界最偏小,起自斗门镇,仅仅二十五里,为海陵赐履地。今专以境内言之,而泼绰港之通江者,已泄之于斗门镇。海子沟之通江者,以新凿一渠,又决之于九里沟,此不独忧在盐漕,而忧在农家之水利;不独忧在水利,而并忧在盐漕;而忧在农家之水利,不独忧在水利,而并忧在风气矣。夫城西负郭,居水之上流,业已滥觞不可禁止。又按父老卢惟宝所

---

① 崇祯《泰州志》卷九万历三十二年五月《本州宜陵坝申文》,《四库全书存目丛书》(史210),第211页。

条陈,一为坛场西首之通江港,迳入宝带桥口岸大河,略无限隔。据称于此通行商贩,决水入江,此尤其遗害之最先者也;一为凌家闸,在高桥东,坐落夏家桥。据称司启闭者,蓄水为利。若此闸不塞,则茫无底止,又何怪远在东偏者不获沾上流之润,一遇岁旱,三农坐困哉!①

二是盐商与民众之间围绕芒稻河闸坝的蓄泄之争。人字河、芒稻河是泄水入江之关键,芒稻河受人字河之水,"折而南向。东西闸二,水门九",数里即入扬子江。②所以清人贾国维认为"高邮湖从茅塘直下南湖,由南湖直趋邵伯金湾三闸下芒稻河入江,较之瓜仪诸闸,及兴盐诸海口,独为捷便"。③芒稻河泄水入江始于明万历八年(1580)潘季驯治河。万历十年(1582),建减水闸。万历二十三年(1595),金家湾河建石闸三。④"后因盐司虑私贩出入,禁闸勿启,而邻闸居民不利于开,致各州县官民人执一见,闸口日堙日塞,河路淤阻,一遇秋涨,湖水泛溢","溃漕堤而坏田舍,高宝七邑且为壑矣"。⑤天启六年(1626),商人垫高芒稻闸底。"但芒稻闸河乃两淮盐艘必由之路,若下版堵坝,则河工坐误机宜"。⑥可谓"闭闸堵坝则运盐利,而归江之路阏填;若开闸泄湖,则江路通而运盐之船浅阻"。⑦关于芒稻河闸的管理,最初归盐商负责启放和维修,但弊端甚多。康熙年间傅泽洪《请开芒稻河议》说:"只缘从前修建闸座钱粮,例系商捐,不动

---

① 崇祯《泰州志》卷之三《河渠考》,《四库全书存目丛书》(史210),第67页。

② (清)阮葵生:《茶余客话》卷二二。

③ (清)贾国维:《上河督陈鹏年河工七议》,民国《三续高邮州志》卷六,《议》,《中国方志丛书》(402),第997页。

④ 咸丰《重修兴化县志》卷二《河渠二·人字河》。

⑤ (清)崔维雅:《河防刍议》卷六《或问辨惑·高宝迤带闸河辨》,《四库全书存目丛书》(史224),第111页。

⑥ 咸丰《重修兴化县志》卷二《河渠二·人字河》。

⑦ (清)叶机:《泄湖入江议》,道光三年,民国《三续高邮州志》卷六《议》,《中国方志丛书》(402),第1025—1028页。

正币,是以册估虽由厅汛,而承修则竟委之商人,既不熟谙工程,又其中不无侵渔等弊,以致修砌不坚,未久而闸底冲坏,闸墙崩裂,不能下板启闭。屡据扬河厅详请照例饬商办料重修,俱经转详奉批饬催,各商置若罔闻。惟于二闸上口筑,坝堵塞不开,每遇水长,必待盈堤溢岸方始开坝,其势已晚,何能分泄?且各商更私设坝头看守,每乘厅汛相隔遥远,旋开旋塞,宣泄之路不通,泛滥之势益甚"。①道光十二、十三年(1832—1833)遂有开车逻坝不开人字河坝之事。道光十六年(1836)六月,运堤水志1.5丈,"危险百出,人字河堵拦如故,农民相与开通,跌水三尺,而奉令启放之车逻坝得以中止"。后刘太守源灏言人字河关系全运安危,若待迫而后请,恐缓不及事。道光十八年(1838),成给谏观宣以时入奏,言待民情汹惧而后开,有伤政体,且亦非旧制。"时淮商谋建石塞滚坝,至是亦寝"。②在芒稻河闸坝蓄泄问题上,运河泄洪、盐商运盐与地方农田防洪皆有莫大关系,但盐商运盐始终处于优势地位。因为河工泄洪还有开运堤东各闸坝泄水入下河,运盐也关系国课,芒稻河闸"若一启放,盐艘即为阻搁,故堤东堤西哀号望救之日,正诸商闭闸蓄水之时,盐课所关,谁敢轻启?"③清人阮葵生也说:"水东向为盐河,乃商灶往来以通舟楫者,因不利于芒稻河之泄水而故闭之。闭则利,泄则害。闭则田涸而民利;泄则舟胶而商害。今之议者大抵利商而害民矣"。④所以,对于芒稻河闸,"商人利蓄水以运盐,请运使恒闭弗启"⑤是常态,是故夏水暴涨,民田漫淹,也成见怪不怪之事。

三是淮北运盐河上的堰坝蓄泄之争。在淮北盐产区,受黄河夺

---

① 《江北运程》卷三九,转引自《京杭运河(江苏)史料选编》第2册,第643页。

② 咸丰《重修兴化县志》卷二《河渠二·人字河》。

③ 《请修堤济漕疏》,康熙《扬州府志》卷三十七《艺文》,《四库全书存目丛书》(史215),第555页。

④ (清)阮葵生:《茶余客话》卷二二。

⑤ 采《扬州府志》及《国朝先正事略》,民国《三续高邮州志》卷三《宦蹟》,《中国方志丛书》(402),第563页。

淮的影响,沂、沭、泗水系紊乱不堪,河道淤塞梗阻,洪水时常泛滥。加以,盐纲重运,民众防洪处于弱势,所以盐运与农田防洪的矛盾总是难以调和。《国朝陈宣水利论》曰:"州境之河莫多于南乡,盖缘西接大湖,通沂、沭诸水,夏秋山水泛涨,民田淹漫殆尽,故多开支河由官河东入于海。自康熙六七年后,黄水泛溢,诸河故道半淤,而民田始患水矣,又兼纲贾运盐,将泄水诸河多筑塞,使水更无归,以致东南民田岁岁苦涝"。又如海州板浦堰,在州治东南 30 里,原本无堰,有穿心河,东南之田水大,由此入海,民受其利。万历丁巳(四十五年,1617)建堰约 10 余丈,"以捍潮盐船通行,祇便于商,而州民之生计日削矣"。《明赵日昇板浦堰纪略》云:"板浦堰既筑,潮害可免,商灶通利,然蓄泄失宜,殊有隐忧。案图头等河七处,为运河通海之支流,尽塞之,则河溢必损于民;尽开之,则河涸必损于商,说者谓当于支流各建滚水闸,酌盈济虚,与时消长"。①

乾隆年间,淮北运盐河上还发生了海州民人汤大恺叩阍控告盐商加筑六塘河草坝,以致涨水淹禾之大案。淮北运盐河一道,"上自中河,下至板浦达海,南北一百三十余里,系运行淮北引盐并苇荡左营柴料及民间米粮货物之要津,西岸为南北六塘河,东岸为武障、项冲、义泽、六里、东门、牛墩各河。因六塘河上承骆马湖水,贯注盐河,入武障等河,迤东入海,往往水涨易盈,水消易涸,盈则有碍民田,涸则有妨盐运。向于武障各河口筑有草坝,相机启闭"。②六塘河自宿迁永济桥起,东北趋历泗阳,至淮阴小房止,计程 240 余里,为总六塘。由小房分一支,东南趋 3 里许,折而东北,经涟水之麻垛,经沭阳之高家沟,又经涟水之王家圩,经灌云之孟家渡,以入潮河之五丈,计程 90 里,为南六塘。其南岸如泗阳之民便河,淮阴之包家河、鲍营河、涟水之张家河,皆入焉。一支东趋,经沭阳之钱家集,东北折经涟水之周家集、沈家集,历沭阳之杨家口、钱家圩、汤家沟,折而东经灌云之<u>白皂沟</u>,以下达潮河之龙沟,计程 150 里,为北六塘,实沂流之正轨。

---

① 嘉庆《海州直隶州志》卷十二《考第二·山川二·水利》。

② 嘉庆《两淮盐法志》卷九,《转运四·河渠》。

其汤家沟之南岸周家口,柴米河之沭流西来会焉。"而五丈、龙沟各潮河,又在盐河东岸,商人于河头筑草坝,蓄水济运,沂流至此格塞不通。每当盛汛,必至泛滥,始由西岸民人启放,习为成例。盐之害沂,竟成绝症"。"当盐之初辟,本趋莞渎以达北潮河,嗣因莞渎为河害废,始直趋以害沂"。①至乾隆六七两年(1741—1742)大雨,"六塘与中河之水一时并发,平地水深丈余,民间房屋冲坍,禾稼被伤,而商人所筑之草坝尚不肯开",盐运与防洪矛盾升级,彼时督赈知府王乔林与海州知州卫哲治先后详请开放,才得以暂时平息。②

因盐河草坝启闭始终掌控在盐商手中,启闭不时,蓄泄失宜,农田时常受淹没之患,盐运与农田防洪矛盾并没根本解决。于是,乾隆三四十年间,终于爆发了民人汤大恺叩阍控诉盐商筑坝淹没农田的大案。关于此次大案,民国《重修沭阳县志》做了详细的记载,曰:乾隆初年,淮安蹉贾程端友独行淮纲,"富甲天下,与大官通声气。盐河为黄淤垫高,乃于东岸六潮河头石坝上加筑草坝,蓄水行盐。盐河以西,山湖雨潦,壅遏不泄,百数十里不独无望秋成,即一麦亦不可保。民人情急启坝,禀官究治,逮繫株连,罪将不测"。海州布衣汤大恺"义愤填胸起讼程,州郡畏程不理,大僚祖程不得直"。乾隆三十六年(1771),乾隆皇帝南巡,汤大恺"谋叩阍,同事三十六人均为程威怵利诱去。乃塞户牖,穴墙通饮食月余,具辞数千言,列表绘图,痛陈利害。程侦知,赂以巨万,不顾去。踽踽独行,襆被裹糇粮,夜行昼伏,以防之。至姑苏北门外四十里,穴树根蛰伏其中。驾至之日,始闻万蹄攒动,声逾时然。恺度必驾至,发穴外覆土,出鸣冤。扈卫者欲扑杀之,上止之。命取所载表,阅毕,栓大恺于马项下,驰四十里。比至苏,绝而复苏者再。付元和狱,命内侍赵某往各坝察看,谕苏抚鞠其事。狱成,朱批:时启时闭,利商利民,勒石著为令。程衔之刺骨,阴使人酖杀于狱"。汤大恺死后,碑石未勒,其子华山续控之,同里有大力的王志

---

① 徐守增、武同举:《淮北水利纲要说》,1915年铅印本。

② 嘉庆《海州直隶州志》卷二十一《良吏传第一·牧令》。

魁参与诉讼。"当海州庭讯时,程以木桶进苞苴,志魁撞以足,桶破。朱提(shú shí,银元、银锭的别称)累累,州牧惭恐,得如所请。比立志桩(水的深度之标尺),商民互争高下,志魁请三击之,许焉。三击而志桩低一尺许,观者咋舌,叹为天助"。[①]

不过,官方以及盐政部门对此案的记述则稍有差异,云:乾隆四十六年(1781)正月,"刑部覆准署两江总督陈辉祖等奏,海州民人汤大恺叩阍控告盐商加筑六塘河草坝,以致涨水淹禾一案,前经尚书额驸公福隆安等审,将汤大恺照冲突仪仗例,杖一百,发近边充军。其所控情节,令督臣另行查奏"。经官府查勘,运盐河于乾隆十一年(1746)、二十七年(1762),经前督臣尹继善、盐臣高恒先后奏明,于各河口一律建设石滚坝,以高于河底 5 尺,低于盐河西岸民田 1 尺为准,水满则滚,水平则止,并于最低之项家冲石坝,建立水志,以水涨四五尺为度,即将各草坝开放宣泄,水落时亦视水志,祗存 5 尺即行堵筑,蓄水济运,商民称便。乾隆三十六年(1771),黄水盛涨,开放王营减坝,减下之水由盐河入海,水缓沙停,河身不无浅阻,一时挑浚不及,随于武障、项冲两石滚坝上暂筑草堰蓄水,其启拆亦视石坝所定水志为准,系官为经理,并非商人私筑。乾隆四十年(1775)六月,州民王均等因骆马湖水不至,而盐河水大灌入南北六塘河,低田被淹,呈请将六塘河口门堵筑,经督河各臣饬道勘明,暂准堵御,以卫民田。是年十二月内,水势未消,汤大恺等西乡减则洼地无收,辄以武障、项冲等河草坝专为蓄水运盐,不顾民田被淹,私将项冲河草坝挖开。坝夫禀明海分司,转移海州,押令汤大恺等修筑。不料汤大恺疑系分司偏护商人,并企图将草坝拆去,西乡即可年年有收,捏情赴控行在。兹据司道等勘审拟,详臣等会勘,盐商程端友如果私加草堰,应照违律治罪。今审系虚诬,汤大恺除诬告轻罪不议外,应照原拟充军。"至该处盐河不无淤垫,现在咨会盐臣委员勘明,饬商挑浚,<u>遵照奏定水志启闭</u>,庶于运道民田均有裨益。嗣于是年四月,盐政图

---

① 民国《重修沭阳县志》卷九《人物志下》,《中国地方志集成·江苏府县志辑》(57),第 212—213 页。

明阿具奏,自春入夏,河底存水渐增,转瞬粮船北上,又须启放盐河闸进水,以利盐柴挽运,此时若遽将全河勘办,促迫竣事,徒费工需。应俟初冬水涸,覆勘兴挑。惟委员勘报,最浅数处,恐即日盐柴重运经行,不免稽滞,先将淤浅较甚处所,迅督商人乘盐闸未开之前,上紧挑切,俾得溜行,奉旨允行"。①

从以上可知,民国《重修沭阳县志》和嘉庆《两淮盐法志》两部志书对此案的记载存在很大的差异:一是案件发生的时间记述不同。民国《重修沭阳县志》认为汤大恺在乾隆三十六年(1771)就谋叩阍,而嘉庆《两淮盐法志》则认为是在乾隆四十年(1775)十二月;二是对汤大恺叩阍的动机记载不同。民国《重修沭阳县志》认为汤大恺出于公心,因为"大恺只有田四十亩,盐河西百数十里永粒食焉",而嘉庆《两淮盐法志》则认为"汤大恺等西乡减则洼地无收,辄以武障、项冲等河草坝专为蓄水运盐,不顾民田被淹,私将项冲河草坝挖开",属于诬告,"捏情赴控";三从记述的文风看,民国《重修沭阳县志》对汤大恺以及其子汤华山、同里的王志魁的叩阍勇气和维护地方公共利益的义举大肆渲染,甚至做了部分神化,而嘉庆《两淮盐法志》虽然也维护盐商的利益,但其记述则相对客观。之所以出现如此大的差异,原因在于两部志书背后所代表的利益群体不同,前者是地方社会民众,后者是盐政和盐商群体。此案之所以发生,实际上是盐商利益与地方民众利益激烈冲突的结果。盐商虽然不是官僚机构的一部分,但由于其所从事的生产与贸易属于国家垄断物资,上关国课,下关民生,同时,因富甲天下,交接官府,人脉资源广泛,所以连属于政府官僚机构重要组成部分的盐政部门也相当倚重盐商。正如澳大利亚学者安东篱所说:"地方官员依靠或者听信地方绅士的建议,同样,盐务官员也要依靠盐商","其它盆地由地方绅士管理的水利系统中的矛盾,在江北则表现为盐商带来的问题"。②我们暂且不管两

---

① 嘉庆《两淮盐法志》卷九,《转运四·河渠》。

② [澳]安东篱:《说扬州〈1550—1850年的一座中国城市〉》,李霞译,李恭忠校,第151页。

部志书记述此案有诸多差异以及双方记载皆存在偏倚自己立场和利益成分有多大,依然可以肯定的是,清代以来淮北运盐河上存在着盐商筑坝蓄水运盐和地方民众挖坝泄洪的激烈水事纠纷。

时至民国时期,淮北运盐河上的盐商运盐由于不时介入军事因素而与地方交通灌溉之间的矛盾纠纷变得更为复杂而激烈。据 1928 年 1 月《申报》报道,江苏省之盐河,居中运下游,为淮北盐运要道,向来每年冬季,于灌河及时家码头,筑坝蓄水,以利航运。近因军事影响,蓄水各坝未能如期堵筑,以致今岁盐河水浅,交通梗阻,于是"近有盐商呈准曹军长李师长,电饬江北运河工程局,将双金闸附近开堤灌水,以利盐运,限三日内办竣,逾期以贻误军饷论罪"。江北运河工程局局长接电后,"以本年运河水小异常,倘将运堤毁坏,则运河泄水之量加增,淮阴宝应一带势必干枯,影响全运六百余里交通灌溉,案情重大,未便擅专,当即请示省政府建设厅"。江苏省建设厅已据情电请总指挥何应钦,"制止开堤矣"。①

诚然,上述重点论述的淮河流域历史上的行政区之间、上下游和左右岸之间、交通、盐业与农业部门之间的水事纠纷,是淮河流域历史上最为突出的三种水事纠纷类型,但不等于说其他水事纠纷类型在淮河流域历史上就比较少见或不重要。因为类型划分的差异只是因为分类标准的不同,任何一种水事纠纷现象可以归属于不同的分类标准,自然也可以呈现出不同的水事纠纷类型。也就是说,行政区之间的水事纠纷,也可能交织有上下游和左右岸之间的纠纷、交通和农业、盐业和农业之间的纠纷,还有可能是争水纠纷、用水纠纷、灌溉纠纷等等,以此类推,其他水事纠纷类型也一样呈现出自身归属的多样性。以纠纷产生主体做分类标准,以及重点论述行政区之间、上下游和左右岸之间、交通、盐业与农业部门之间的水事纠纷,目的是为了我们更好地理解和把握淮河流域历史上水事纠纷类型上的地域特色以及典型意义。

---

① 《苏建设厅请何应钦制止开堤》,《申报》1928 年 1 月 17 日,《申报》第 242 册,第 360 页。

第四章　淮河流域水事纠纷的预防与解决机制

　　何谓"机制"？按照《现代汉语词典》的解释，是指"一个复杂的工程系统"。①它应当由诸多具体的制度设计组成。那么，制度又是什么呢？美国学者诺斯说："制度是一个社会的游戏规则，更规范地说，它们是为决定人们的相互关系而人为设定的一些制约"。②具体到水事纠纷的预防与解决机制的定义来说，实际上就是指为防止、化解乃至解决水事纠纷的各种方法、手段、制度等要素互动和相互作用的有机整体，是预防与解决水事纠纷的方式、手段、制度的总和或体系。

---

　　①　中国社会科学院语言研究所词典编辑室编：《现代汉语词典》，北京：商务印书馆，1992 年，第 523 页。

　　②　[美]诺斯：《制度、制度变迁与经济绩效》，刘守英译，上海：生活·读书·新知三联书店，1994 年，第 3 页。

第一节　水事纠纷预防与解决机制的构建

水事纠纷产生的根本原因在于各种与水有关的利益冲突,换言之,只要存在水事利益矛盾,水事纠纷就不可避免。但这并不等于说,国家和民间社会对水事纠纷的产生是不可作为的。其实,在淮河流域历史上,国家和民间社会对水事纠纷的产生从源头上就做了大量的预防和消解工作,通过培育无讼文化价值观、构建民间纠纷排解机制、制定和完善相关水法制度、加强和完善水利工程的规划和管理等一系列的文化、社会、法律、行政等制度和措施,建立起了较为系统的刚柔相济的水事纠纷预防与消解机制。

一、培育无讼文化价值观

纠纷是对既有社会秩序的一种对抗或反叛,作为众多纠纷形式中的一种之水事纠纷实际上是对既有的水资源分配、保护和利用秩序的一种挑战和破坏,因此,历史上的统治者多传承和发扬"和为贵"、礼让的精神,培育和倡导无讼、息讼、厌讼等法律文化核心价值观,以从水事纠纷产生的原初文化心理层面进行预防和消解。

(一)传承无讼文化价值理念

和为贵、中庸、无讼、息讼、厌讼是传统法律文化中的核心理念。《论语·学而》有子曰:"礼之用,和为贵,先王之道,斯为美"。"和为贵"之所以是"先王之道",在于它能通过"礼"的功用使社会臻于和谐统一。而这种和谐统一的实现,便就是"中庸"原则的实现。

在传统社会中,还一直存在德主刑辅的思想。与"法"相对,"德"即"礼"始终是儒家维持专制等级秩序的重要工具。在儒家看来,礼既规定了君君、臣臣、父父、子子、夫夫、妇妇的社会秩序,也是其所向往的如《礼记·礼运》所说的"讲信修睦,选贤与能"的理想社会的重要特征。而作为"法者,刑也"①的"法"则仅具备着所以诛恶而非所以劝善的辅助性社会功能。

在价值取向上,和为贵、礼的精神理念所导致的是一种"无讼"、"息讼"的法律文化价值观念。"无讼"、"息讼"即消除讼争,向往实现大治的历代统治者都无不把所谓"闾里不讼于巷,老幼不愁于庭"②作为治平社会的重要特征之一,可见无讼、息讼实际上早已成为衡量社会秩序是否走向和谐稳定的基本尺度。如同孔子所言:"听讼,吾犹人也。必也使无讼乎!"③而与此相反,"讼,争也"④,对儒家而言,讼所代表的将是无穷的纷争和对平静恬美的礼制社会的破坏,与无讼相对,频繁的兴讼将势必导致"风日下"、"礼崩乐坏"。南宋诗人陆游甚至在《陆游诸训·诫子录》中教育子弟说:"纷然争讼,实为门户之羞"。因此,"讼"及好讼之人都是为传统道德和礼制所极力否定的。

厌讼心理,既是传统文化中无讼、息讼价值观念的产物,也是在传统社会讼狱制度生活下的人们经过血与泪的磨难所得出的结论。对于生活在传统司法制度下的普通百姓而言,诉讼不仅可使人耗尽钱财,而且专制社会中的诉讼案件大多还与残酷的刑讯制度联系在一起。不仅如此,兴讼还势必导致漫漫无期的羁押待质。一人兴讼,必然波及数人,"一人被押,即一家不得安枕,必卖田宅鬻妻子经营请托,而后始得释放回家"⑤。清代尹会一也说:"不知事犯到官,原被证佐,必有数人,各有生理,讼事一日不结,即一日不能脱身。差役恃此索诈,书吏从中舞弊,土棍构衅生波,莫不由延搁而起。故讼未结

---

① (汉)许慎:《说文解字》,北京:中华书局,1963 年,第 202 页。

② (汉)陆贾:《新语》卷下,《至德第八》,王利器校注释:《新语校注释》,北京:中华书局,1986 年,第 118 页。

③ (春秋)孔子撰,程昌明译注:《论语》,《颜渊第十二》,沈阳:辽宁民族出版社,1996 年,第 134 页。

④ (汉)许慎:《说文解字》,北京:中华书局,1963 年,第 56 页。

⑤ (清)葛士浚辑:《皇朝经世文续编》,文海出版社影印,第 2224 页。

而家已破者有之"。①《官场现形记》中一位河南陈州府的相士,只因隔壁邻舍打死了人,"地保、乡约,上上下下,赶着有辫子的抓,因此硬拖我出来做干证。本县做做也罢了,然而已经害掉我几十吊钱"。后来又在省里被拖判,在省城停留了五个多月,直害得其"家破人亡,一门星散",②而案子仍没有结果。更有甚者,无辜受牵连者竟至因待质而在监受尽折磨而死。受害者即使走上上控乃至京控之路,也不过是徒然地经受更多身体和精神的折磨而已。③在限制较多的诉讼程序下,加上一个长期厌讼,认为讼不可妄兴的传统社会,"民情之畏法者多,非实有沉怨,谁肯自投缧绁"。④

(二)劝民息讼

除了传承和发扬和为贵、礼让、无讼、息讼、厌讼文化价值理念外,统治者为防止纠纷的产生和激化,通常还向人民颁布种种训令示谕,宣传讼之祸害和息讼的好处,不遗余力地劝民息讼。如顺治皇帝训饬生员士子"当爱身忍性,凡有司官衙门不可轻入,即有切己之事,止许家人代告,不许干预他人词讼,他人亦不许牵连生员作证"。⑤康熙三十年(1691),颁布圣谕十六条,其中就规定要"和乡党以息争讼"、"讲法律以儆愚顽"、"明礼让以厚风俗"、"训子弟以禁非为"、"息诬告以全良善"等。这种圣谕训示一般还通过乡约宣讲,以求民众能将之入脑入心。如淮河流域河南上蔡县的乡约,讲期定于朔望日或次日,讲所设在上蔡县城空阔处,乡村则各择便处作坛场。"至日,乡约人等清晨先至讲所扫除,陈设圣谕牌于坛上,布椅两旁,设

①　(清)尹会一:《抚豫条教》卷一,《饬速结案》,见田文镜:《抚豫宣化录》附录,张民服点校,第306页。

②　(清)李宝嘉:《官场现形记》,北京:大众文艺出版社,1997年,第332页。

③　参见赵晓华:《晚清讼狱制度的社会考察》,北京:中国人民大学出版社,2001年,第257—258页。

④　(清)朱寿朋编:《光绪朝东华录》,北京:中华书局,1958年,第670页。

⑤　《世祖章皇帝训饬士子卧碑文》,顺治九年(1652),见道光《尉氏县志》卷首,《圣制》。

讲案于中间,置乡约条规及小民善恶簿于案上"。①乡约讲唱的多是宗族邻里和睦、从善息斗之类的内容。如清代商水县知县吴道观作《乡约六说》曰:"即遇有争讼,大事劝小,小事劝无,勿教唆拘讼"。②又据《明知县李世熙乡耆会约》记载,乡约讲唱之后都要相与期曰:"吾等为一乡人之长,乡人不善,吾辈责也。必息乡邻之斗,化强暴之恶,联宗族之离,成风俗之美,赞善人之事,济贫人之急,求性分之乐,慕古人之高,勿自诿曰:'半生已过,老不及为此',则今人苟安迁就,不肯为善之习心也"。③有些地方劝民息讼的教化还和孝治、宗族政策结合在一起,"宗族制度的政治性进一步加强,'上谕十六条'及'广训'或法律对宗族的影响很大。或依其制定的族规家训者不少,甚至将政治性极强的谕令法规收入族谱;或在祠堂宣讲,要求族人遵守"。④如蒙城县令李某在蒙城为官十九年后定居蒙城,并遗训子孙,"尝见一父一母同胞兄弟且相戕相讼如盗如贼者,种种于县庭,况吾后人之后人各父其父,各母其母,世远人殊,服尽情暌,门分户割,匪朝匪夕,身所自出与所同出,何能敦睦? 惟我后人,勉其有知,戒其无知,相继相承,期以勿斁是道也。昔以治邑,今以教家,昔以正民,今以训子若孙。盖家规也,实治理也"。⑤无讼、息讼观念对淮河流域宗族的影响,我们还可以从光绪《鹿邑县志》记载的一案例窥见一斑。光绪年间,鹿邑县副贡王梦征"邻有盗伐茔树者,族邻讼于官,多所株累。梦征曰盗墓木,诚可罪,顾无赖子耳,何足校一涉讼,数家产立破矣,缓持之,事遂寝"。⑥

---

① 康熙《上蔡县志》卷五《典礼上》。

② 民国《商水县志》卷十三《丽藻志三·说》

③ 咸丰《重修兴化县志》卷一《舆地志·风俗》。

④ 参见常建华:《宗族制度的历史轨迹》,载周积明、宋德金主编:《中国社会史论》,武汉:湖北教育出版社,2000年,第329页。

⑤ (元)李某:《李氏遗训》,民国《重修蒙城县志》卷十一《艺文志》,《中国地方志集成·安徽府县志辑》(26),第851页。

⑥ 光绪《鹿邑县志》卷十四中《人物二》。

淮河流域地方官除了慎选约长、唱讲息讼外,还身体力行地进行息讼劝谕:"劝吾民要息讼,毋谓官清,清官断十条路,九条难预定,有理官司尚且输,无理如何能侥幸"。①如清代河南的尉氏县令施义爵清慎为怀,简当为治,"劝农息讼,俗美风清";②考城县令郭任仁,见"民有犯法者,每哀矜劝谕之"。③在淮河流域安徽境,明万历二十九年(1601)任蒙城县知县的孙崇光,"至劝民息讼,作养士子尤谆谆焉"。④清雍正六年(1728)莅亳州的余光祖"复以亳俗不知读书,好勇斗狠,思有以移易之。每于谳狱时,谆谆导以礼让,儆以身命"。亳州知州郭世亨更是"政尚宽简,遇争讼者谆谆劝谕,而民亦乐从之"。⑤道光五年(1825),凤阳府宿州知州苏元璐"自抵任以来,选置约长,劝民息讼,缉拿匪棍,凶暴敛迹"。因此,上谕著加恩赏,加同知衔,仍留宿州之任,以示奖励。⑥江苏沛县知县云茂琦"询民疾苦,恳恳如家人。劝以务本分、忍忿争,讼顿稀"⑦。即使到了民国时期,淮河流域一些地方的县长还是把息讼作为施政方针。如1932年9月20日,新任山东鱼台县长李复昌在到任之后,即亲赴各乡勘验灾情,电呈省府施赈,发表施政方针十项,其中有除水患、植树林、守法律、息讼争等。⑧

为了把无讼、息讼、厌讼理念深入民众的内心,内化为民众的自觉行动,淮河流域地方官还亲自编写劝民歌、劝民诗、戒讼歌,以劝民息讼。如清代商水知县牛问仁作《劝民十二歌》曰:"为劝吾民勿好讼,好讼枉把机权用。讼师以尔为玩弄,千方百计要求胜。纵然胜了

① (清)柳堂:《宰惠纪略》卷一清光绪二十七年(1901)刻本。

② 道光《尉氏县志》卷七《职官表·列传》。

③ 乾隆《续河南通志》卷之四十九《职官志·名宦一》,《四库全书存目丛书》(史220),第508页。

④ 民国《重修蒙城县志》卷七《秩官志》,《中国地方志集成·安徽府县志辑》(26),第732页。

⑤ 光绪《亳州志》卷十《职官志·名宦》,《中国地方志集成·安徽府县志辑》(25),第282、286页。

⑥ 光绪《宿州志》卷一《皇言纪》,《中国地方志集成·安徽府县志辑》(28),第64页。

⑦ 《清史稿》,《列传二六六·循吏四》。

⑧ 《各地短讯:鱼台》,《大公报》1932年9月25日,《大公报》第110分册,第293页。

非便宜,何况虚词终有空。牵东补西难掩饰,到头得把真情供。供出真情皂白分,按律定罪不宽纵。本是些小口角事,弄巧成拙落陷阱。何如见机早回头,我有不是先自讼。守分乐业为安静,守分便是好百姓"。为劝民众兴修水利,防止水事矛盾的产生和激化,又作劝民歌曰:"为劝吾民勤浚川,免教雨涝水滔天。昏垫呼号也徒然,绸缪未雨计宜先。河底取土两岸翻,御患只在一勤间。耕三余一九余三,长官此意最勤拳"。①清代安徽颍上知县许晋作《劝民歌》十二章,语颇恺切,其中就提到"劝我民,勿涉讼,讼师惯把愚人弄。田塍地角起微嫌,匍匐公庭废耕种。但思退步息争端,省气省财多受用"。②安徽太和知县阮文藻曾作谕民诗四首,其中有云:"厚薄泯心存,是非凭理遣。本无覆日冤,何用谈天辩。东坞一枯株,西溪一破苋。调停理正忙,勾摄衙胥跰。所得仅毫毛,所防犹疥癣。城狐饱囊蠹,田鼠盗畦畎。坐告诚含羞,优宽亦幸免。用谕侦讼人,公庭勿轻践。老僧勤说法,阶下虎心善"。③光绪十年(1884)任山东曹县县令的陈嗣良亦作《戒讼歌》道:"祸福本无门,讼者自招寻。圣人不有曰,听讼吾犹人。必也使无讼,庶几天下平。噫尔士若庶,听我说分明。但凡可歇手,何必苦劳心。输既受官责,赢亦耗汝金。旧忿或已解,新仇结更深。兄弟如手足,莫作商与参。数侄亦骨肉,忍耐自无争。农商各有叶,安分过光阴。妇女重廉耻,幽闲谁不钦。钱财与地土,皆属小事情。不是戚与友,即是里与邻。彼此各相让,切莫失和亲。愚夫共愚妇,无非善良民。一听讼师语,风波顷刻生。官虽不汝取,还防胥吏侵。任汝千金产,好讼家必倾"。④

①　(清)牛问仁:《劝民十二歌·浚川》,民国《商水县志》卷十六《丽藻志六·赞歌》。

②　同治《颍上县志》卷十二《杂志·摭记》,《中国地方志集成·安徽府县志辑》(27),第270页。

③　《附知县阮文藻谕民诗四首》,民国《太和县志》卷一《舆地·风俗》,《中国地方志集成·安徽府县志辑》(27),第319页。

④　光绪《曹县志》卷十七《续艺文志下·诗赞歌行》,山东省曹县档案局、山东省曹县档案馆再版重印,1981年,(下),第192页。

(三)惩戒斗讼

随着无讼内化为官民的道德心质,是息讼、厌讼还是好讼就衍化成了判别良民和莠民的重要标准:"良民畏讼,莠民不畏讼,良民以讼为祸,莠民以讼为能,见因而利之"。①如此一来,兴讼与否成为分辨良善恶丑的关键。在这样的社会氛围之下,不仅人们厌讼、避讼,而且历代统治者还对好讼之人予以严厉贬斥和制裁。因纠纷而兴讼,就意味着是对传统社会秩序的破坏。既然讼有百害而无一利,凡属兴讼者便自当被贬之以"讼棍"、"刁健之徒"的名词,对于这些人,社会都以之"为卑鄙而薄之",许多官吏更是不问青红皂白,凡遇"有讼者则以为好事,怒之责之,而不为之理"。②

在许多人眼中,"讼棍"则是导致当地治安秩序混乱、人心风俗败坏的直接因素之一,所以淮河流域地方官每遇刁顽兴讼、斗讼,往往进行严厉整肃,乃至惩戒挽救。明代陆塈以明经授凤台县司训,就"严训诸生,风俗刁玩,公力为挽救"。③康熙十三年(1674年),赵裔昌任蒙城县令时,"刁讼有禁,宿弊咸革"。④乾隆三十九年(1774年)五月,周洵署怀远县事,"县多讼师,以刀笔为恒业,欺压慵愚。有三人者名尤著,及见官,复百计掩饰,委曲数百言,一似柔懦重被屈者。洵使纵言,某益辩。顷之,洵曰:'言尽乎?'某曰:'尽矣'。洵曰:'许余一言乎?'某曰:'谨受命'。洵曰:'先责汝二十,汝服乎?'某犹欲辩。洵曰:'汝欲借周姓树讼师招牌,今碎汝讼师招牌'。三讼师皆窜,健讼之风以革"。⑤清代河南通许县知县潘江更见不得妇女抛头露面兴讼,因此严禁有加。在其颁布的《禁妇女告状示》中,就认为"因小故与人滋闹,出头告状,暴露公堂,不知羞耻,乃通邑妇女温柔敦厚者

---

① (清)盛康辑:《皇朝经世文编续编》,台北:文海出版社影印,第4639页。
② 赵中颉主编:《中国古代法学文选》,成都:四川人民出版社,1992年,第265页。
③ 民国《重修蒙城县志》卷九《人物志》,《中国地方志集成·安徽府县志辑》(26),第751页。
④ 民国《重修蒙城县志》卷七《秩官志》,《中国地方志集成·安徽府县志辑》(26),第732页。
⑤ 嘉庆《怀远县志》卷二十六《良吏传》,《中国地方志集成·安徽府县志辑》(31),第345页。

固有之,而刁悍性成者居多。本县莅任以来,所收呈词,妇人出名者十有三四",每有当堂质讯时,"恃其利口争执不休,毫无忌惮,略无羞惭,本县深为骇异。推原其故,皆由男人治家不严,平时不加约束,以致女人不守妇道,往往因细微事故,动辄滋讼,此等恶习若不严加禁止,此风胡底乎? 为此,合行出示晓谕阖邑绅民人等知悉,各家妇女责成男人时加拘束,不许讼于公堂。如有无知女流恃悍逞刁,以小事来案禀控,除将该妇重加掌鞭外,立将其夫其子拿究;如无夫无子者,先究夫家亲属,次究母家亲属,本县言出法随,勿谓言之不早也。各宜凛遵毋违,特谕"。①舞阳县还有一种联名呈告之习,"不甚要紧之事,往往邀众赴县联名呈牍,其中亦有不愿随同者、碍于情面者不得不随",道光《舞阳县志》作者认为"殊不知有理之人官自昭雪,他何庸公保? 无理凶恶之人官自惩创,他何庸公举? 且因此拖累案内亦多不便,此等陋习急宜改除"。②在江苏"江北民情固属好讼,而刁生劣衿为尤多,讼师以刀笔为生涯,书差以办案为利薮",所以苏抚丁日昌认为"诚不可不加意察究,尽法惩治"。③

(四)政平讼息

南宋以来,这种以讼为耻、渴求无讼的价值观念仍然是不少淮河流域地方官治理政事的准则,官员的考成也多以各地讼事之多少作为评判官吏政绩的一个重要标准,而所谓的"良官循吏"则无不以息讼止讼为己任。如元延祐元年(1314)任太和县达鲁花赤的教化迪"均瑶平讼,劝课农桑","颍上纵火疑狱久不决,迪至立与之剖"。④明初永乐年间,刘垣知海州,"折狱片言而决,民称不冤"。⑤弘治二年

---

① 民国《通许县新志》卷十四《艺文志·杂著》,《中国方志丛书》(464),第605页。
② 道光《舞阳县志》卷六《风土》。
③ (清)丁日昌:《抚吴公牍》卷四五,《江都县禀拟呈词讼章程并差限薄式请示由》。
④ 民国《太和县志》卷七《秩官·名宦》,《中国地方志集成·安徽府县志辑》(27),第436页。
⑤ 隆庆《海州志》卷之六《名宦》。

(1489),李惟聪任邳州知州,"政平讼理"。①弘治十年(1497),王沂莅任亳州,"通敏敢为,善决疑狱"。②万历七年(1579),吴一鸾任蒙城县令,"教民凿塘浚池,以泄水患"的同时,"听讼无冤,致狱中有蜂燕之巢"。万历四十八年(1620),吕希尚任蒙城县令,邑苦水患,加以扶绥,"讼狱随听随决,无不得情"。③万历中,凌登瀛知兴化县事,"达于政事,讼息赋平"。④泰昌元年(1620),王政任颍州知州,"治讼不扰,弭盗有法"。⑤天启三年(1623),龚一程任罗山知县,"为治清简息讼"。⑥天启六年,潘张任颍州判官,"坊民有争垣界者讼不已,张谕以敦睦之道,民并愧让"。⑦

清康熙年间,竹公任蒙城县令时,"民有讼,公既能谳大狱,性尤明决,平心剖判,摘奸发隐,人咸有神君之称。当路知其才,凡大案不能结者,尽授公。其久者三五年,少亦岁余,牵连无辜,动辄百余家,人人惯讼,巧诈炫惑,屡讯不能决。公秉公质讯,即强有力者斗说百端,皆弗听。一经平反,其情实洞然。公皆不为所欺,人亦卒无敢欺之者。狱成,两造皆称弗冤,全活株连千百人,江淮间悉称为令之包龙图,公不自多也"。⑧康熙十三年(1674),杨必恒任蒙城典史,"清慎自持,和易宜民,严巡逻,弭争讼,阖邑称道之"。⑨雍正十二年(1734),金秉祚任兴化县令,"宽严并济,息讼赋平"。⑩乾隆十年(1745),李希

---

① 咸丰《邳州志》卷十一《官师三》。

② 光绪《亳州志》卷十《职官志·名宦》,《中国地方志集成·安徽府县志辑》(25),第279页。

③ 民国《重修蒙城县志》卷七《秩官志》,《中国地方志集成·安徽府县志辑》(26),第730页。

④ 咸丰《重修兴化县志》卷六《秩官志·宦绩》。

⑤ 道光《阜阳县志》卷十《宦业》,《中国地方志集成·安徽府县志辑》(23),第165页。

⑥ 乾隆《罗山县志》卷五《宦绩志·知县》。

⑦ 道光《阜阳县志》卷十《宦业》,《中国地方志集成·安徽府县志辑》(23),第166页。

⑧ 《邑侯竹公传》,民国《重修蒙城县志》卷十一《艺文志》,《中国地方志集成·安徽府县志辑》(26),第841页。

⑨ 民国《重修蒙城县志》卷七《秩官志》,《中国地方志集成·安徽府县志辑》(26),第734、732页。

⑩ 咸丰《重修兴化县志》卷六《秩官志·宦绩》。

舜知兴化县,"政平讼理,民心悦服"。①乾隆三十二年(1767),张肇扬
知亳州,"乡村农民,讼狱即为伸雪,无灾累之苦"。②乾隆三十三年
(1768),谢宣任宿迁知县,"引经断狱,不尚刑名,狱讼衰息"。③乾隆
三十四年(1769),又任宝应县,"善听讼,执法不少贷,案牍至辄结,
无逾十日者"。④乾隆四十七年(1782),李之萼任阜阳知县,"廉明慈
惠,不为苛细之行,而人自情服。每批词洞见虚实,无有敢奸讼者"。⑤
道光八年(1828),华凤喈任安东知县,"听讼不动声色,每以温言感
恤之,无不允服。到官半年,雪冤滞百余事。有叔侄互讼三十年不解,
凤喈召使坐于侧,以骨肉恩义为劝,娓娓数千言,至夜分叔侄皆感泣
去。每一月必亲赴四乡巡访,民有冤抑,立剖断之"。⑥咸丰五年(1855),
秦馥知亳州,"时有地主以当价不足讼当主,当主行贿于馥,求禁地
主永不复价,馥拒不纳。及讯地主,泣诉馥。谓当主盍复价,当主辞以
窭。馥曰:'盍以贿吾之钱复之乎?'当主语塞,案遂结,署自是无讼,
胥吏尽散"。⑦光绪五年(1879),金元烺署高邮州事,"勤于听讼,案无
留牍,吏役无暇售其奸"。⑧光绪十四年(1888),但弼任鹿邑知县,"图
治勤奋,案无留牍。尤长于听断,不事钩距,自然得情,讼不得胜者亦
感服,无有后言"。⑨光绪二十六年(1900),王树中补授太和县,该县
"民俗健讼,往往以细故争曲直,连年不休。树中每坐堂,皇如老妪道
家常,对蚩蚩者言讼之终凶,乡党戚里宜和让,详喻无倦容","初,树

---

① 咸丰《重修兴化县志》卷六《秩官志·宦绩》。

② 光绪《亳州志》卷十《职官志·名宦》,《中国地方志集成·安徽府县志辑》(25),第283页。

③ 民国《宿迁县志》卷十三《职官志下》,《中国地方志集成·江苏府县志辑》(58),第530页。

④ 道光《重修宝应县志》卷十五《名宦》,《中国方志丛书》(406),第606页。

⑤ 道光《阜阳县志》卷十《宦业》,《中国地方志集成·安徽府县志辑》(23),第169页。

⑥ 光绪《安东县志》卷之九《秩官下》,《中国地方志集成·江苏府县志辑》(56),第61页。

⑦ 光绪《亳州志》卷十《职官志·名宦》,《中国地方志集成·安徽府县志辑》(25),第287页。

⑧ 民国《三续高邮州志》卷三《宦蹟》,《中国方志丛书》(402),第565页。

⑨ 光绪《鹿邑县志》卷十三《宦绩》。

中莅任,月听讼以数百计,逾年,月仅十余"。①

地方官若勤勉理政、听讼明决,往往在当地呈现的是良法善治、政平讼息。相反,讯断含糊,结案率低,不但会造成当地社会不稳定,而且还会引起上级有关部门的不满和惩戒。如清代东台县,"查该县讼票,上控、自理并计共有一百案,今五月分开除仅止二十四起,尚系注销之案多,讯结之案少,且讯结亦甚含糊,威不足以济恩,与古人刑期、无刑之意大相刺谬,应即记过一次,以示薄惩"。②

无讼、息讼、厌讼是传统法律文化价值观念,这种价值观念不仅制约和规范着南宋以来淮河流域民众的行为方式,而且也渗透进了官府治国理政的最高理念当中,劝民息讼,惩戒刁讼,善决明狱,以达政平讼息。而这种无讼文化价值观的高扬,无疑给淮河流域各地民间纠纷包括各种水事纠纷和争端的产生张开了一张无形的预防和化解之网,一定程度上减少了淮河流域水事纠纷及水事讼案发生的机率。

二、建立民间纠纷调解机制

无讼文化价值观念尽管可以引导和消解民众的社会冲突行为,但只要有人和社会群体的存在,个人与个人、单位与单位、个人与单位、中央与地方、地方与地方、部门与部门等之间的包括水资源等在内的各种资源分配、占有、利用和保护等方面的利益矛盾和纠纷就始终存在。基层是社会的基本单元,个人、家庭、宗族、邻里、乡镇社区等是基层社会的核心单元,这些社会基本单元之间的户婚、田土、水利、坟茔、风水等方面的冲突,十分多见。在传统社会,国家通过家庭、邻里、宗族等民间自组织构建起了最基层的纠纷调解机制,以把不可能完全避免的一些纠纷(包括一些很小的农户之间的灌溉、排

---

① 民国《太和县志》卷七《秩官·名宦》,《中国地方志集成·安徽府县志辑》(27),第442页。

② (清)丁日昌:《抚吴公牍》卷二四,《批东台县申送五月分词讼监押各册由》。

水、挑沟一类的水事纠纷），尽可能地化解在最基层。

（一）宗族调解

淮河流域水旱灾害频繁，兵燹不断，家族、宗族血缘纽带关系相对东南地区要松散得多，很难找出所谓的千丁一族聚族而居，也难以找出延绵数百年不绝的谱系、族产、宗等。如光绪《凤台县志》云："墟里巨族，每姓辄建一庙，或祀关帝，或祀佛，或祀华佗，谓之某家庙，率狭陋无体，其成毁无常，不可悉载也"。①但是，我们也不能由此下断然的结论，以为淮河流域不存在比较大的家族、宗族势力。其实，淮河流域有些地方的宗族、家族势力还是相对强盛的。如在淮河流域安徽颍州府，据《风物纪》记载，洪武七年（1374），徙江南民 14 万屯垦凤阳诸州县，"王氏自泸溪至颍后，遂为颍巨族。如卜氏先汴人，宋驸马某裔随驾南迁者也，洪武七年自桐乡徙颍"。②检索淮河流域旧志，我们可以见到不少乡绅很重视宗族、家族的祠庙、祭产、义田、族谱等联结族谊设施的建设，如安徽太和县监生郭文璠，"同治间，建宗祠，邻族皆钦其德望"。③太和县还有"士大夫有宗祠者，岁以清明、中元、十月朔设馔行祀事，以族长主祭，用三献礼。无宗祠者，祀于墓，然多为阖族通祀"以及"冬至备筵，祀宗祠，于尊长前拜节如元旦"④的习俗。太和县还重视家谱的修订和编辑，已刊行的家谱就有《吴氏家谱》10 卷、《桑氏家谱》3 卷、《范氏家谱》10 卷、《孔子世家谱》3 卷、《徐氏家谱》10 卷。⑤在阜阳县，邑庠生吴培元"修宗祠，置祭

---

① 光绪《凤台县志》卷五《营建志·坛庙》，《中国地方志集成·安徽府县志辑》（26），第 84 页。

② 同治《颍上县志》卷十二《杂志·摭记》，《中国地方志集成·安徽府县志辑》（27），第 267 页。

③ 民国《太和县志》卷八《人物·义行》，《中国地方志集成·安徽府县志辑》（27），第 485 页。

④ 民国《太和县志》卷一《舆地·风俗》，《中国地方志集成·安徽府县志辑》（27），第 318—319 页。

⑤ 民国《太和县志》卷十一《艺文·书目》，《中国地方志集成·安徽府县志辑》（27），第 561 页。

田,散千金赡族"。①在涡阳县,"涡阳马氏于清嘉庆间创立宗祠,王、刘、牛、程继起,张、魏各著姓近亦倡修祠之议,于祠内设自治会,联络族谊"。②在蒙城县,明代庠生李应林"率族人创祠,行宗法于家,相与讲孝友,课耕读,江淮之间言家法者,咸称蒙李氏焉"。③在颍上县,监生徐步"置义田三十亩,赡同族贫而读书者"。④在宿州,黄君玲"曾捐建宗祠"。⑤在泗州,汪大司成廷珍就曾游学于泗州东乡青阳镇,并在许氏宗祠内授徒。⑥在灵璧县,"波罗林张氏聚族而居,族长约束甚严,子弟有不率教者,则悬祖先遗像,使跪其前,挞以木棍,莫敢不惕息。县有捕蝗、开河诸役,雇募民夫,他保或多规避,波罗林则族长一人如数率之而至,终事无一逃者"。⑦在江苏宿迁,官绅高袖海"立宗祠,修族谱"。⑧在兴化县,白驹场监生杨佩兰率诸弟建宗祠,购祭田,"遇族中贫乏,地方善举",辄助之。⑨

淮河流域一些地方不仅家族、宗族势力较为强盛,而且宗族乡绅在民间纠纷调解中发挥着重要的作用。宗族调解,是指宗族成员之间发生纠纷时,族长依照家法、族规、村约所进行的调解和决断。如河南洧川县贾兰由邑庠生入太学,尚节义,"遇亲族不平事,辄正

---

① 民国《阜阳县志续编》卷十《人物四·义行》,《中国地方志集成·安徽府县志辑》(23),第 543 页。

② 民国《涡阳县志》卷十一《礼俗》,《中国地方志集成·安徽府县志辑》(26),第 503 页。

③ 民国《重修蒙城县志》卷九《人物志·义行》,《中国地方志集成·安徽府县志辑》(26),第 774 页。

④ 同治《颍上县志》卷九《人物·敦行》,《中国地方志集成·安徽府县志辑》(27),第 137 页。

⑤ 光绪《宿州志》卷二十《人物志·义行》,《中国地方志集成·安徽府县志辑》(28),第 367 页。

⑥ 光绪《泗虹合志》卷十二《流寓》,《中国地方志集成·安徽府县志辑》(30),第 565 页。

⑦ 乾隆《灵璧县志略》卷四《杂志·风俗》,《中国地方志集成·安徽府县志辑》(30),第 75—76 页。

⑧ 民国《宿迁县志》卷十六《人物志下》,《中国地方志集成·江苏府县志辑》(58),第 555 页。

⑨ 民国《续修兴化县志》卷十三《人物志·义行》。

言排解,人无不服其公者"。①安徽颍上县的汤汝霖,为岁贡生,"立宗祠条规,以劝族人,族有构讼者恒畏汝霖"。②清代蒙城的邸洪兄弟六世同居,合家 30 余口,"百余年永无争端,男勤耕读,妇务纺织,诟谇无闻,嫌隙胥免"。③风台县的监生王有进,"为人排难解纷,赈济贫族"。苏化鹏,增生,性孝友,"近族有贫乏者,尝分粟济之,并排难解纷,急公好义"。王文章,则性刚直,笃于孝友,"尝劝导族人,终其世无结讼者"。监生李世功,轻财好施,"睦宗族,排难解纷"。④淮河流域江苏泗阳县的拔贡陈珩,为人公正刚直,好施与,排难解纷,族中推以为长。⑤萧县的张雨化的家族是邑中巨族,"戚党众多,有不和睦,辄申义礼解释之"。⑥淮河流域山东济宁州的白宏宪,遇到"族党中有控讼者,必谆谆劝谕,解乃已。并代为出资结其事,终不使面质公庭"。⑦

（二）邻里调解

邻里调解是民间调解中较为普遍的一种方式,是指纠纷发生以后,由纠纷当事人的左邻右舍、亲戚朋友或长辈等人出面进行说合、劝导、调停的方式。在淮河流域城乡基层社会,每当纠纷发生时,乡邻中有名望的人一般会出来主持调停,以息纷争。如淮河流域河南洧川县的刘炎"遇乡党争竞,多方开导,必和解乃已"。⑧汝州的甄大

---

①　嘉庆《洧川县志》卷六《人物志·义行》。

②　同治《颍上县志》卷九《人物·敦行》,《中国地方志集成·安徽府县志辑》(27),第 137 页。

③　民国《重修蒙城县志》卷九《人物志·孝友》,《中国地方志集成·安徽府县志辑》(26),第 773 页。

④　光绪《风台县志》卷十二《人物志·义行》,中国地方志集成·安徽府县志辑(26),第 171、172、173 页。

⑤　民国《泗阳县志》卷二十三《传二·乡贤·陈珩》,《中国地方志集成·江苏府县志辑》(56),第 501 页。

⑥　同治《续萧县志》卷十三《人物志下·文学》,《中国地方志集成·安徽府县志辑》(29),第 680 页。

⑦　民国《济宁直隶州续志》卷十《职官志·官蹟》。

⑧　嘉庆《洧川县志》卷六《人物志·义行》。

士"喜为人排难解纷,乡里咸畏服之";陈鸿相"好为人排难解纷,乡里推重之"。①西平县的朱兰馨,为光绪年间岁恩贡生,"尤喜为人排解纷难,乡邻因事讼争,往往得一言辄解";于明哲则是国子监学生,"邻里因事纷争,明哲必居间排解,或以杯酒释之。众咸感服,一时讼风顿息"。②汝宁府的岁贡生张醇,"为人排难解纷"。③鲁山县的刘成勋,是马家楼人,入学为武生,"凡邻近欲讼者,成勋辄为理解,乡里益重服之"。④正阳县的太学生傅维统,"善排解,乡里赖息争端";岁贡生王鸿轩"应世接物必以诚,乡邻化之,礼让成风,数十年无讼争";潘瀛之厚重和平,"乡里有争端,必排解劝导,至息争而后已"。⑤

淮河流域安徽太和县的廪生张连茹,"居乡好排难解纷,人皆信仰";王锡勇系武举人,"好施与,善排解"。⑥清初阜阳贡生吴之鹏"遇有争竞,一经剖断,是非立明,人皆悦服,讼端息焉"。⑦颍上县的王森"家素裕,恒周恤里党,人有争,多方排解之";庠生杨廷楷,"乡里有纷争事,必正言喻止之";李承儒,持正不阿,"乡里争竞,咸乐听其排解"。⑧蒙城县明代人何迁,子孙皆列绅衿,"有争者,为排难解纷"。⑨涡阳县的岁贡生杨鸿烈,"乡邻有争执事,得先生一言,皆惶汗冰释";西村人田修仁,"某姓姻家兄弟争阋,几构讼,田排解不从。夜

---

①　道光《直隶汝州全志》卷六《人物耆德三》。

②　民国《西平县志》卷二十七《文献·人物》。

③　嘉庆《汝宁府志》卷十八《人物》。

④　嘉庆《鲁山县志》卷二十三《列传》。

⑤　民国《重修正阳志》卷四《人物》。

⑥　民国《太和县志》卷八《人物·义行》,《中国地方志集成·安徽府县志辑》(27),第465、485页。

⑦　道光《阜阳县志》卷十三《人物志三·义行》,《中国地方志集成·安徽府县志辑》(23),第207页。

⑧　同治《颍上县志》卷九《人物·敦行》,《中国地方志集成·安徽府县志辑》(27),第136、138页。

⑨　民国《重修蒙城县志》卷九《人物志·义行》,《中国地方志集成·安徽府县志辑》(26),第774页。

深,愤然去,转念骨肉伤残,古今大恶,渠惑蔽不可以理喻,未尝不可以诚感,奚用是悻悻者,陷人于不义哉。露宿某姻檐下,次日,某姓款门,陡见田,骇感无地,遂释憾洗心,一时称为长者";清乡耆老侯学宰,"有兄弟争产者,宰委曲调停,不得要领。晚归谓家人曰:'兄弟如手足,为财产而失手足,吾不忍观也'。夜半往候于门,及旦排闼入,某惊曰:'先生何来?'曰:'为君兄弟事夜不能寐,故早来'。某感其诚意,遂释纷为兄弟如初"。①宋文清,世居凤台,后避捻军之乱而居于涡阳,"性豪直,好施予,为人排难解纷,片言服众"。②凤台县的监生王怀信,"排难解纷";张峣,"里中有争竞者辨其是非真责,不讳排难解纷,人尊惮之";王裕堂,治家严肃,"为人排难解纷";增生明庆槐,"积学敦品,乡里化之,数十年无争讼者";监生魏映堂,"排难解纷,断里中是非,直言不讳";魏文清纯厚待人,"亲邻有争讼者,必婉言劝止,一乡称长者";濮世华,"睦亲邻,排难解纷";监生王锐,"乐善好施,排难解纷";徐全仁,"排难解纷,乡邻有争忿者,必多方劝解";李维成,"刚而有礼,高而不亢,平讼息争";武生廖树功,"居乡排难解纷";胡家礼,"诚笃好义,排难解纷";张学让,"敦族睦邻,解纷排难";监生陈懋,"处乡里,排难解纷,尤乐为善";张克俭,"处乡里,解纷排难"。③汤玉琢,"生平息争和讼"。④怀远县的吴瑚平生诚实事亲,"乡间有争讼者,务为和解,人亦重其忠信,多服从焉";⑤武庠生邵履仁,"乡党有争竞,恒为排解,人咸服之";贡生王大模,"言行不苟,乡

①　民国《涡阳县志》卷十二《人物上》,《中国地方志集成·安徽府县志辑》(26),第518、521—522页。

②　(清)孙家鼐:《宋公墓志铭》,民国《涡阳县志》卷十六《艺文志》,《中国地方志集成·安徽府县志辑》(26),第609页。

③　光绪《凤台县志》卷十二《人物志·义行》,《中国地方志集成·安徽府县志辑》(26),第171—172、174—176页。

④　光绪《凤台县志》卷十二《人物志·方技》,《中国地方志集成·安徽府县志辑》(26),第182页。

⑤　嘉庆《怀远县志》卷二十《耆旧传》,《中国地方志集成·安徽府县志辑》(31),第269页。

里有争竞,为之排解,无不服从";太学生金大鹏,"力赞公事,息争解纷,乡里敬惮之"。①五河县的监生杨向岚,邑北乡之练总,"性果敢,遇事达权变,善排难解纷";②邑庠生王会图,"性情刚直,解纷排难,一乡推重";武庠生杨玉龙,"处事光明,善排难解纷"。③泗州的国学生周梦锡,"善排难解纷,城乡有疑难事","得梦锡一言,无不释然去";监生沈世和,"处乡党,则排难解纷,一时推重"。④宿州的选贡王景臣,"轻施与,排难解纷";柏乡人任传福,军功两江补用副将,赏戴花翎,"老归乡里,使其子弟从戎,一生排难解纷";卜士秀,"一生排难解纷,乡邻口角,必委婉调停,使归和睦"。⑤

淮河流域江苏宿迁县皂河镇人武泰,"乡邻有争,竭力调解,遂四十年无讼事"。国子监生张系白,"为人排难解纷,未尝明斥其非,而人自愧悔";窑湾人臧乐亭,光绪中,"董镇事者十年,廉明有谋","市里纷争,取决乐亭之一言,无不折服";岁贡生韩砥中,"里有纷纠,排解不遗余力,尝挟赀走省郡,为人息讼,费不给则益以衣物";叶以萃,性豪爽尚义,"人有讼事,必力为排解"。⑥泗阳县邑庠生王观韶,乡里"凡有竞争,经其开导,无不解决"。⑦

---

① 嘉庆《怀远县志》卷二十一《耆旧传》,《中国地方志集成·安徽府县志辑》(31),第278、284、285页。

② 光绪《五河县志》卷十四《人物三·武功》,《中国地方志集成·安徽府县志辑》(31),第562页。

③ 光绪《五河县志》卷十五《人物七·义行》,《中国地方志集成·安徽府县志辑》(31),第569—570页。

④ 光绪《泗虹合志》卷十二《义行》,《中国地方志集成·安徽府县志辑》(30),第558、560页。

⑤ 光绪《宿州志》卷二十《人物志·义行》,《中国地方志集成·安徽府县志辑》(28),第362、367、368页。

⑥ 民国《宿迁县志》卷十六《人物志下》,《中国地方志集成·江苏府县志辑》(58),第556、558、560页。

⑦ 民国《泗阳县志》卷二十三《传二·乡贤·王观韶》,《中国地方志集成·江苏府县志辑》(56),第505页。

淮河流域山东东平县的姜坦，"同里庞、李二姓积年争讼不解，出赀和解之，乡党重其义行"；李法泉，慷慨好义，"平时遇争讼，必竭力排解"；贡生张际顺，"亲族乡党偶有争端，辄据理服之，由是一方无讼累"。①济宁州的刘体兰，以孝义称，"里中偶有纷争，一经排解，无不化争为让"；周河田，"尤善排解，里有纷争，闻之必往为开，谕使皆冰释"；太学生李延顺，喜居乡里，"善解人纠纷，有争斗者至前立解"。②石岱峰，咸丰时期人，晚年德益进，"邻里有争，岱峰至，数言立解，靡不悦服"。③

三、制定和完善相关水法制度

如果说，上文论及的无讼文化价值观和民间纠纷调解机制是从文化、社会层面给水事纠纷的发生和最初消解提供了软约束的话，那么，此小节所论述的相关水法制度的制定和完善则是从法律层面给水事纠纷的产生提供了硬约束。因为无讼文化价值观念的培育和倡导，民间纠纷调解机制的构建和逐步完善，只是对防止包括水事利益在内的轻微利益矛盾和冲突衍化为激烈纠纷、大的案件有一定的效果，而对于中央与地方之间、行政区之间、单位与单位之间、个人与单位之间等这种大规模水事利益争端和冲突，无讼文化价值观防线和城乡基层原初调解机制安全阀就很难起大的作用，这就内在要求相关规范水事秩序的法律制度介入其中。国家和地方官府制定的水法规，使得水事纠纷发生后进行调处和解决时有法可依，更为重要的是对水事纠纷的发生有重要的预防和消解作用。因为法律属于刚性预防，和无讼文化价值观以及民间纠纷调解机制的柔性预防，两者相辅相成，互为补充，所谓"明礼以导民，定律以绳顽"，以及

---

① 民国《东平县志》卷十一下《人物·义行》。
② 民国《济宁直隶州续志》卷十《职官志·官蹟》。
③ 民国《济宁直隶州续志》卷十四《人物志·孝义总传》。

"出五刑酷法以治之，欲民畏而不犯"，"昭示民间，使知所趋避"，①"因时制治，设刑宪以为之防，欲使恶者知懼，而善者护宁"，②即是这个道理。

(一)宋以前的水法制度

大规模水事纠纷的发生，往往是纠纷主体受利益驱动而对既有水资源分配、开发和保护、防治水害等水事秩序进行的挑战和破坏。这种挑战和破坏对国家和社会的稳定与安全都是一个重大威胁，所以，我国古代很早以来就重视防洪法、农田水利法、航运管理法、水利施工组织法等水法制度的刚性约束和防范。

据《春秋公羊传·僖公三年》记载，公元前 657 年秋，齐桓公召集宋、鲁、陈、卫、郑、曹、许等八个诸侯国君会盟阳谷，首次提出"无障谷"的禁令。《管子·霸形篇》云：公元前 656 年，齐楚两国在召陵(今河南郾城县东)订立了盟约，管仲针对淮河流域的水事纠纷，提出"毋曲堤"的禁令。不久，齐桓公和管仲，又把"召陵之盟"等四项禁令补充改为七项，仍把"毋曲堤"作为重要内容。又据《春秋谷梁传·僖公九年》及《孟子·告子下》记载，公元前 651 年，齐桓公又会诸侯于葵丘(今河南民权县境)，提出"毋雍泉"，亦称"无曲防"的禁令。"无障谷"、"毋曲堤"、"毋雍泉"、"无曲防"等条款，均指加盟诸侯国不许只顾自己，沿河遍筑堤防，互相挡水，或拦河筑坝，堵塞河道，以邻为壑，以水代兵，损害别的诸侯国。这些水法令涉及的多是淮河流域宋、陈、卫、郑、曹、许等众多诸侯国之间的水事矛盾及其关系的调处。

秦汉以迄唐宋，随着淮河流域经济的逐步开发，黄河夺淮对淮河流域水系的侵扰，淮河流域水事关系日趋紧张，防洪、农田灌溉、交通领域的水事纠纷愈演愈烈，于是许多颁发全国的如《秦律十八

---

① (明)刘惟谦等撰：《大明律·御制大明律序》，《四库全书存目丛书》(史 276)，济南：齐鲁社，1996 年，第 469 页。

② (明)刘惟谦等撰：《大明律·进表》，《四库全书存目丛书》(史 276)，第 470 页。

种·田律》、唐代的《水部式》及《唐律疏义》、宋代的《宋刑统》、《疏决利害八事》、《农田水利约束》(又称《农田利害条约》)等防洪法、农田水利法等水法、水利法规范,对预防和解决淮河流域水事纠纷起到了重要作用。如宋仁宗天圣二年(1024)颁布的《疏决利害八事》中有一条就规定:"严禁百姓在灌溉河渠中修筑堰堨,截水取鱼,以致淤积不能行水排涝"。①

(二)金元明清水法制度

金元时期,防洪法等法律更加系统化。金泰和二年(1202),金王朝颁布了《河防令》,共 11 条,现存于元代沙克什所著的《河防通议》中仅有 10 条,事涉黄河、海河水系各河的河防修守法规。元代治河法规集中反映在《通制条格》中。《通制条格》是《大元通制》的一部分,其中《河防》、《营缮》、《田令》篇中对防洪问题、农田水利做了具体的法律规定。如《通制条格·田令》中规定:"处据安置水碾磨去处,如遇浇田时月,停住碾磨,浇溉田禾。若是水田浇毕,方许碾磨依旧引水用度,务要各得其用。虽有河渠泉脉,如是地形高阜不能开引者,仰成造水车,官为应副人匠,验地理远近,人户多者,分置使用"。金元时期,是黄河全面夺淮的滥觞期,河流湖沼淤塞改道不常,淮河流域水生态环境为之一巨变。同时,元代南北大运河的贯通又使淮河流域水上航运环境发生重大变化,淮河流域水事关系更加复杂化。因此,这些全国性的防洪、农田水利等水法制度的制定和颁行,十分有助于预防和解决淮河流域的一些水事纠纷。

明清时期,法律形式多种多样,既包括律典,如《大明律》、《大清律集解附例》、《钦定六部现行则例》、《大清律集解》、《大清律例》等;也包括会典,如《明会典》、《康熙会典》、《雍正会典》、《乾隆会典》、《嘉庆会典》、《光绪会典》等;还包括则例、事例,如《大清会典则例》、

---

① 转引自饶明奇:《清代黄河流域水利法制研究》,郑州:黄河水利出版社,2009 年,第 31 页。

《大清会典事例》、《工部则例》、《赋役全书》、《督抚则例》、《漕运全书》等。省例、告谕、条约、章程等具有地方政府法规的性质,如《治浙成规》、《福建省例》、《广东省例》、《粤东省例》、《江苏省例》、《湖南省例成案》等十余种。在明清众多的国家法和地方法律法规中,有很多涉及到了明清时期淮河流域防洪、农田水利、航运管理、水利施工组织等水事关系的调整、规范和约束。

第一,防洪法。一是严禁盗决或故决河防、圩岸、陂塘。"申盗决之罚以固堤防也。守堤之法,防盗决最为紧要,盖盗决有数端,有因坡水积聚,决以泄之者;有因地土硗瘠,决以淤之者;或仇家相倾,决而灌之者;或因水涨危急,邻堤官老伺便阴决,以便防守者。至于渔水垄断之人或决以取鱼,或盗以行舟,如高堰、清口一带,河南凤、泗商贩利于直达,往往由此避税,若不严为禁防,则人夫风雨劳倦之际,最易疏虞"。①对于盗决河防,明清律典皆重罚治之。《大明律》规定:"凡盗决河防者,杖一百;盗决圩岸、陂塘者,杖八十。若毁害人家及漂失财物、淹没田禾,计物价重者,坐赃论。因而杀伤人者,各减斗杀伤罪一等。若故决河防者,杖一百,徒三年;故决圩岸、陂塘,减二等,漂失赃重者,准窃盗论,免刺,因而杀伤人者,以故杀伤论"。②《大明律》还规定:"故决蜀山湖、安山积水湖堤岸,及用草卷阁闸板盗泄水利,得财物,该徒罪以上,并故决、盗决山东运河为首者,若系旗舍余丁民人俱发附近充军,系军调发边卫。③《问刑条例》以及《明会典》载,"凡故盗决山东南旺湖、沛县昭阳湖、蜀山湖、安山积水湖、扬州高宝湖、淮安高家堰、柳铺湾及徐邳上下滨河一带各堤岸,并阻绝山东泰山等处泉源,有干漕河禁例,为首之人,发附近卫所,系军,调发

① (清)崔维雅:《河防刍议》卷四,《申盗决之罚议》,《四库全书存目丛书》(史224),第79页。

② (明)刘惟谦等撰:《大明律》卷三十,《工律二·河防·盗决堤防》,《四库全书存目丛书》(史276),第728页;《明会典》卷一百七十二,《河防·盗决堤防》,第3519页。

③ (明)刘惟谦等撰:《大明律》卷三十,《工律二·河防·问刑条例附考》,《四库全书存目丛书》(史276),第729页。

边卫各充军。其闸官人等用草卷阁闸板，盗泄水利，串同取财，犯该徒罪以上，亦照前问遣"；"河南等处地方，盗决及故决堤防、毁害人家、漂失财物、淹没田禾，犯该徒罪以上为首者，若系旗舍余丁、民人，俱发附近充军，系军，调发边卫"。^①万历元年(1573)，"题准直隶徐、邳上下黄河经由去处，如有军民盗决、故决河防，干碍漕运，照例将为首者，民发附近卫所充军，军调边卫"。《比附条》："内直隶徐州上下，凡系黄河经由去处，如有盗决、故决河防、干碍漕运者，悉照山东、河南事例，为首者，民发附近卫所充军，军调边方卫所"。^②

清朝颁布的《钦定大清会典事例》规定："凡盗决官河防者，杖一百；盗决民间之圩岸陂塘者，杖八十。若因盗决而致水势涨漫，毁害人家，及漂失财物，淹没田禾，计物价重于杖者，坐赃论，罪止杖一百，徒三年。因而杀伤人者，各减斗杀伤罪一等，各字承河防圩岸陂塘说。若或取利，或挟仇，故决河防者，杖一百徒三年；故决圩岸陂塘减二等，漂失计所失物价为赃重于徒者，准窃盗论，罪止杖一百流三千里，免刺。因而杀伤人者，以故杀伤论"。《附律条例》规定：

> 一是故决盗山东南旺湖、沛县昭阳湖、蜀山湖、安山积水湖、扬州高宝湖、淮安高家堰、柳浦湾，及徐邳上下滨河一带各堤岸，并阻绝山东泰山等处泉源，有干漕河禁例，为首之人，发附近卫所，系军，调发边卫充军。其闸官人等，用草卷阁闸板，盗泄水利，串通取财，犯该徒罪以上，亦照前问遣。谨案：此条系原例，为首之人以下十七字，雍正三年改为军民俱发边卫充军。
>
> 一是河南等处地方，盗决及故决堤防，毁害人家，漂失财物，淹没田禾，犯该徒罪以上为首者，若系旗舍余丁民人，俱发附近充军，系军，调发边卫。谨案：此条系原例，为首者以下二十

---

① (明)朱国盛纂，(明)徐标续纂：《南河志》卷一，《律令》，《续修四库全书》(728)，第490页；《明会典》卷一百七十二，《河防·盗决堤防》，第3520页。

② (明)朱国盛纂，(明)徐标续纂：《南河志》卷一，《律令》，《续修四库全书》(728)，第493、490页。

三字,雍正三年,改为军民俱发边卫充军。

一是凡盗决河南山东等处临河大堤,为首者发边卫充军,盗决格月等堤,发附近充军,因而杀伤人者,仍照律定拟。谨案:此条乾隆二十年定。

一是故决、盗决山东南旺湖、沛县昭阳湖、蜀山湖、安山积水湖、扬州高宝湖、淮安高家堰、柳浦湾,及徐邳上下滨河一带各堤岸,并河南山东临河大堤,及盗决格月等堤,如但经故盗决,尚未过水者,首犯先于工次枷号一月,发边远充军;其已经过水,尚未浸损漂没他人田庐财物者,首犯枷号两月,发极边烟瘴充军;既经过水,又复浸损漂没他人田庐财物者,首犯枷号三月,实发云贵、两广极边烟瘴充军,因而杀伤人者,照故杀伤问拟,从犯均先于工次,枷号一月,各减首犯罪一等。其阻绝山东泰山等处泉源,有干漕河禁例,军民俱发近边充军。闸官人等,用草卷阁闸板,盗泄水利,串同取财,犯该徒罪以上,亦发近边充军。谨案:嘉庆十六年,将前三条修并,并将嘉庆九年遵旨议定之例增入,二十五年停发黑龙江遣犯,将原例发黑龙江为奴改为发云贵、两广极边烟瘴充军。历年事例:康熙三十八年题准,擅自筑堤者,照故决河防律,杖一百徒三年,系旗人,枷号四十日,鞭一百。嘉庆九年谕陈大文等奏审拟私挖官堤人犯一案,陈大文等所拟罪名尚轻,李元礼、郭林高、僧木堂三犯,著刑部另行覆拟具奏,钦此。遵旨议准,李元礼、郭林高枷号两月,发极边烟瘴充军,所有酌改盗决堤防罪名各条,纂入则例。[①]

《漕河禁例》亦规定:"各处堤岸关系运道民生,嗣后一应人等将关系运道堤岸故决盗决,审实即行处斩,枭示"。[②]

---

① (清)昆冈等修、刘启端等纂:《钦定大清会典事例》卷八五四,《刑部·工律·盗决河防》,据清光绪石印本影印,《续修四库全书》(809),上海:上海古籍出版社,第401—403页。

② (清)叶方恒:《山东全河备考》卷三下,《职制志下·漕河禁例》,《四库全书存目丛书》(史224),济南:齐鲁书社,1996年,第474页。

　　二是严禁失时或不修河防。《大明律》以及《大清律例会通新纂》规定:凡不修河防及修而失时者,提调官吏各笞五十;若毁害人家漂失财物者杖六十,因而致伤人命者杖八十;若不修圩岸及修而失时者,笞三十,因而淹没田禾者,笞五十,其暴水连雨损坏堤防,非人力所致者勿论。①《大清律例会通新纂》载,"黄河堤岸半年内,运河堤岸一年内冲决,经修官革职,道员降四级调用,总河降三级留任。过此期冲决者,承修官降三级调用,道员降二级调用,总河降一级留任。过年限冲决者,承修官革职,道员在俸俱修筑完日开复,总河罚俸一年。如有匿报冲决,经管修防各官革职,司道降五级调用,总河降三级调用。如冲决处少而报多者,降三级调用,转详官降二级调用,总河降一级留任。冲决地方限十日内申报,过期不报者降二级调用。如沿河堤岸不随时整葺,有碍漕运者,经管官降一级调用,该管官罚俸一年,总河罚俸半年"②;"黄河两岸堤工内外居民,无论本省隔省,如需修防,即知照地方官一体调拨。倘民人抗违及地方官漫应,俱分别究参。见处分则例";"凡河水漫决,河流不移者,年限内令经修官赔修。如过限,令防守官赔修,俱革职戴罪,限半年修完,道官各降四级督赔,工完开复。如年限内不完,将赔修官革职,道降四级,总河降一级留任。未完,仍令赔修。限内不完,道官不揭,总河不参,照狥庇例议处";"遇河工紧要工程,如有浮议动众,以致众力懈驰者,将倡造之人拟斩监候,附和传播者杖一百,即于工所枷号一个月"。③

　　三是慎防守。据《南河志·旧规条》载,"徐邳运堤平时虽有管河官划地分管,但一遇伏秋水至,对河两岸势难遍历。每岁须先期会同

　　① (明)刘惟谦等撰:《大明律》卷三十,《工律二·河防·失时不修堤防》,《四库全书存目丛书》(史276),第729页;(清)姚雨芗原纂、(清)胡仰山增辑:《大清律例会通新纂》卷三十七,《工律·河防·失时不修堤防》,沈云龙主编:《近代中国史料丛刊三编》第二十二辑,第3807页。
　　② (清)姚雨芗原纂、(清)胡仰山增辑:《大清律例会通新纂》卷三十七,《工律·河防·盗决河防》,沈云龙主编:《近代中国史料丛刊三编》第二十二辑,第3800—3801页。
　　③ (清)姚雨芗原纂、(清)胡仰山增辑:《大清律例会通新纂》卷三十七,《工律·河防·失时不修堤防》,沈云龙主编:《近代中国史料丛刊三编》第二十二辑,第3807—3809页。

徐州道选委能干官员协同管河官南北分守,无事则积土预备,水发则昼夜保护。但遇冲坍剥落去处,即便乘时帮补,应用桩草就于附近厂内取用,人夫不足,会同各该管河官随宜调倩,俱自五月上堤,九月回任,完日叙劳,呈请奖劝";"徐邳一带俱系要害,每岁须严行该州掌印官动支庐凤协济夫银,雇募游夫五百名防守,伏秋自五月十五日起,至九月十五日止,每名日给银三分,分为二枝,每枝二百五十名,总管府同知、通判各领一枝,平时协同正夫帮培堤岸,水发不必驻定,在于分管地方往来巡逻,但遇紧急去处,相兼正夫昼夜防守,务保万全";"高宝、邵伯诸湖险要各堤残缺单薄,一值伏水暴涨,风浪抛激,顷刻倾坍,须严督各该掌印管河官躬诣查勘,残缺者补葺,单薄者加帮,务令坚厚。每至伏秋,仍添委官员协同管河官昼夜防守";"淮扬河堤浸漏,每因修筑不坚及奸民盗泄所致,顷尔不塞,渐至崩溃,动费千金,为害匪细。防微杜渐,惟在管河官时时加察耳!须严谕各该官员督率夫老常川补葺,若系奸民盗泄,即以故坏河防挐问"。[①]另据《河防一览》记载:

> 一岁防河堤。诸湖堤岸加帮高厚,且多减水闸,寻常之水似可无虞矣。但或淫潦弥月,山水并发,则又不可不预为之计也。查得沙坝并芒稻、白塔二河俱可泄水,当事者虑私贩盐徒出入,筑坝断流,殊不知欲禁舟航,何须筑塞河心,密布桩栅,仍委白塔巡检严防越度船只,瓜、仪诸闸一体开放,闸口拦以木栅,则湖水可泄,而盐政亦无妨矣。

> 一防清口淤塞。清口乃黄淮交会之所,运道必经之处,稍有浅阻便非利涉,但欲其通利,须令全淮之水尽由此出,则力能敌黄,不为沙垫。偶遇黄水先发,淮水尚微,河沙逆上,不免浅阻,然黄退淮行,深复如故,不为害也。往岁高堰溃决,淮从东行,黄

---

① (明)朱国盛纂,(明)徐标续纂:《南河志》卷七,《旧规条》,《续修四库全书》(728),第640—641页。

亦随之,而东清口遂为平陆。今高堰筑,犹虑王家口等处淮水过盛从此决出,则清口之力微,故筑堤以防其决,工若甚缓,而关系甚大。已经题奉明旨,专责清河掌印官差的当员役看守,如遇塌损,即便修筑。更有一事可虞,河南凤、泗商贩船只最利由此直达,每为盗决,须严防之。

一移建管河官衙舍,以重责成。夫淮南之通济闸至黄浦一带河道及高家堰、柳浦湾二堤已经题准专责淮安府清军同知管理,若本官仍驻淮城则辽远难于照应。查得通济以上新庄镇地方空阔,且堤堰闸座附近相应建设管河同知衙舍,既可以监率官夫修守堤堰,又便于约束军民催护粮船。其山阳管河主簿即应移驻黄浦镇,扬州河道惟高宝二湖堤岸最宜防守,管河通判衙舍应建于邵伯镇,宝应管河主簿则当移驻瓦店,高邮州管河判官则当移驻界首,江都管河主簿则当移驻腰铺,仪真管河主簿则当移驻响水闸,各行州县将各官原署拆赴河滨,……使诸官得不时巡视修守,不许营求别差,庶衙舍不为虚设,而官夫皆得应用矣。①

嘉庆四年(1799)五月奉谕,"知府地方如遇冲决,应照道员一体处分"。②在河堤上宜栽草种柳,既可以固堤,也可以制水,"查沣河、沙河各堤均属不毛堤身,易致刷陷,殊不足以资保护。该地保等务须传谕各堤主在于堤顶堤根,遍种淮草茅草。其近水之处,须多种苇荻,并察看土性,栽植荆、柘、桱、柳、杂木,至柳树尤为易生之物种,即成活遇水涨堤险之时,割一柳以倒挂堤根,即可杀水之势,一面集夫抢厢,不致有溃决之虞,此实固堤防患之便法,不可不知"。③

---

① (明)朱国盛纂,(明)徐标续纂:《南河志》卷七,《旧规条·河防一览诸条附》,《续修四库全书》(728),第644—646页。

② (清)姚雨芗原纂、(清)胡仰山增辑:《大清律例会通新纂》卷三十七,《工律·河防·盗决河防》,沈云龙主编:《近代中国史料丛刊三编》第二十二辑,第3802页。

③ 道光《舞阳县志》卷六《风土》。

四是严禁侵占、破坏河工设施。"凡堤工,宜加意慎重以固河防,除现在已成房屋,无碍堤工者,免其迁移外,如再有违禁增盖者,即行驱逐治罪,并将徇私容隐之官弁,交部分别议处。谨案此条系乾隆五年遵照乾隆二年谕旨纂定"。①乾隆二年(1737)丁巳闰九月丙辰,"免河堤屋租,并禁增建。谕内阁,江南黄运两河堤工之上,向有民人盖房居住者,曾经河臣等议令拆毁迁移,以防作践,旋以小民安土重迁,止令移去险要工所之房屋,其余仍旧存留,此国家体恤贫民之恩泽也。……惟是上下堤工,乃河渠之保障,理宜加意慎重,以固河防。除现在已成房屋,无碍堤工者,免其迁移外,将来不许再有添增,如有违禁增盖者,即行驱逐治罪,并将徇纵容隐之官弁分别议处"。②

嘉靖、万历年间,兴化县城濠由于"居民益稠,濠尽废"。顺治十二年(1655),知县任登级缮修城楼,焕然改观,"夹市河以居者,多作楼于河上,舟行其下如穿穴焉。重以两岸积秽日增月益,河水遂为之不流"。康熙二十三年(1684)甲子之秋八月,知县张可立重浚市河,"又惧夹河居民之复蹈前辙也,于是投秽有禁,弃灰有禁,兼命闾师约长月具文以报",③这说明淮河流域一些地方已经出台了地方性防洪法规。又如河南上蔡县有吴家岭,在柳堰河南,自瀪黄里北泉寺起,至蔡津里张家桥南止,逶迤25里,宽3丈许,顶高8尺,康熙二十九年(1690)知县杨廷望督修,与新堤同时修成,以防水患,"禁止附近居民,不许牛驴等畜践踏,每岁必须勤加修筑,方保无虞"。④乾隆二十四年(1759)四月,"两江总督檄行淮扬徐海等属:前因河道淤塞,蒙皇上大发币金兴举水利,并经奏明禁止筑埂设簖。今查安东县金家庄、胡家楼一带庄民于新挑民便河内填筑土路,阻塞上下河道,并受其害。除严饬该县押令起除,并将首先填筑之人枷责示众外,诚

---

① (清)昆冈等修、刘启端等纂:《钦定大清会典事例》卷八五四,《刑部·工律·盗决河防》,《续修四库全书》(809),第 403 页。

② 《高宗纯皇帝实录》卷五十二,《大清高宗纯(乾隆)皇帝实录》(二),第 925 页。

③ 咸丰《重修兴化县志》卷一《舆地志·城池》。

④ 康熙《上蔡县志》卷三《沟洫志·沟洫·吴家岭》。

恐各属地方亦有似此拦河叠道者,通行所属印河各官,将境内河道亲往查勘,如有拦河叠道,即押令起除,将填筑之人量惩,遍行晓谕,毋许再筑土埂阻流。如地方官不查察禁止,严行参处"。①江苏淮安府的包家河,"自运河堤起,穿御路入南六塘河,最为宽阔,中多淤浅,近被附近奸民将河底耕平成田,此不可不严行申禁,并责令开浚深通,以备宣泄"。②山阳县的万人缘堤,在射阳湖之西、张公堤之东,与盐城交界,"山邑丰年二乡田亩赖以防御汛水"。光绪八年(1882),"业董丁赐绶等禀请兴修,工竣,由府出示勒石,毋许附近农民私种私挖,致坏堤基"。③阜宁县有轧东沟,在东沟街心一段俗名文曲沟。嘉庆末年,"职员顾春圃等公禀镇民张树侵占沟地"。道光二年(1822),"知县王锡蒲批令,逢宽挑宽,逢窄挑窄"。④泗阳县的运河北岸有汰黄堤,即明潘季驯所筑黄河北岸之遥堤,至清初废为民堤。康熙十七年(1678)、二十一年(1682)两次起民夫修筑。康熙二十五年(1686)凿中河运漕,而此堤遂为运河外堤。同治初年,"总漕吴棠裁减厅汛,以运滩护堤官荒给兵抵饷,屯垦自食。至民国改制,此项屯垦兵丁照旧办理。盖止种官荒,未尝侵占堤身也。近有奸民串同台营局,矇禀放垦,藉渔求利,迭经士民呈控部省批饬严禁,以重堤防"。⑤

第二,农田水利法。乾隆六年(1741)辛酉九月癸亥,"户部议准吏部尚书署两江总督杨超曾疏称,江苏山头地角,硗瘠荒土,及沟畔西塍,畸零隙地,不成坵段者,勘明给照,听民种植,无论多寡,永免升科","倘地棍豪强,借端攘夺,阻碍水利等项,照例治罪追赔,从

---

①　嘉庆《两淮盐法志》卷九,《转运四·河渠》。

②　乾隆《淮安府志》卷八《水利·清河县》,《续修四库全书》(699),第587页。

③　民国《续纂山阳县志》卷三《水利·东南乡水道·万人缘堤》。

④　民国《阜宁县新志》卷九《水工志·诸水》,《中国地方志集成·江苏府县志辑》(60),第201页。

⑤　民国《泗阳县志》卷十《志四·河渠中·河工》,《中国地方志集成·江苏府县志辑》(56),第294页。

之"。①乾隆十一年(1746),孔传橿知安徽怀远时,颇重农田水利,"县南木栾泉,自洛河山北麓流入灌浸塘,分注郭陂塘,以资灌溉,久圮。传橿相度形势,壅者开之。自马头城南至滚水坝,起水门提阔,凡十有二。而复作《均水约束》,民食其利而不争"。②经此疏理,郭陂塘不仅重新发挥了灌溉作用,而且也预防和化解了灌溉纠纷。

在淮河流域六安地区有上下官塘,皆坐落七家畈,隶孝义乡。据清代卢见曾撰写的《七家畈下官塘记》记载,为阻止小民"借肆吞噬各塘陂,指为荒地,互相侵领,告讦不止",乃"沿为踏验,知其有必不可废者,特为详请豁免塘租,复还旧迹,从民便也"。接着,制定了下官塘水利规条,规定:"下官塘来水自上官塘,大沟一道相通,使水二十八户,三涵二沟。满塘之水,高埠先车四日,半塘之水止车三日,先放高沟,次放低沟,俱照旧例,不得争论。如有私车私放,众姓禀公严究",又应"下官塘居民汪玉章等请刻石,以垂久远,而特为书其事焉"。③

在淮河流域河南鹿邑县,乾隆十七年(1752),知县许葵,"究心沟洫,履审地势,明其利害,导上洪沟入茨水,减下洪沟之源,使东注清水者无忧泛溢。严立水约,禁民有争,而东境之水皆治"。④这里的"水约"就是鹿邑县官府所立的地方性农田水利法规。鲁山县境内有丰润渠,自大王庙南岸引滍水入渠,计3里长,宽7尺,灌田10顷余。渠闸旁建有"把闸房",供管理人员看闸时休息。"渠田本近河荒瘠,引水灌溉,遂堪艺稻,利由此兴,讼亦由此起",于是知县董作栋认为"官斯土者,宜以理平之"。为使灌田人有章可循,以便管理,董作栋乃于乾隆五十九年(1794)四月亲自酌定丰润渠规,"以见渠水蓄泄之大法"。《丰润渠规条》规定:

---

① 《高宗纯皇帝实录》卷一五五十,《大清高宗纯(乾隆)皇帝实录》(四),第 2227 页。

② 嘉庆《怀远县志》卷二六《良吏传》,《中国地方志集成·安徽府县志辑》(31),第 343 页。

③ 同治《六安州志》卷之八《河渠志一·水利》,《中国地方志集成·安徽府县志辑》(18),第 103 页。

④ 光绪《鹿邑县志》卷十三《宦绩》。

一照理渠堰,买渠人按十股轮流经管。每股经管一年,周而复始。经营人每年在十股渠分内,支稻谷十二石。添换佃地人户,宜由渠长与管事之人同地主妥议添换,不许佃户私自顶替;

一田中使水,每年另雇放水二人,从上流挨下开放,周而复始。无论地主佃户,均不许私开水口放水。即放水人亦宜秉公均放,不得徇情放水。人工饭食应在佃地家,照所佃地亩均摊;

一每年修补渠堰,务必于正月十五日以前修补完善,开闸放水至稻熟,田中不需水时闾闸;

一水田或与他家旱地为邻,或当道路之冲,各宜修理田畔。倘田水泛滥,致有浸坏,皆各由照理不慎,水从谁人地出,则惟谁佃户是问。①

1986年2月10日,在鲁山县沚河乡余流村西头原生产队牛院的牛槽后,挖掘出一块《邑侯雨泉郭太爷复兴地稞水稞旧规德政碑》。据当地人证实,此碑原立于余流村北边、丰润渠东支渠岸上。碑文如下:

近大渠地亩中,挖大渠一道。渠人每挖地一亩,出地稞捌斗,交付地主。至于旁边岔渠,不言地稞。地主每亩每年与渠人出水稞一斗二升。此前任定规,渠人地主不得妄议增减。亦不许渠地相兑,以图小利。至近渠地亩淤高,只许挑地,不许拦渠闸断。庶塞讼源,渠道永固,乐利长享。蒙谕敬镌诸石,以便永远遵照。大清道光二十六年,岁次丙午,九月吉日,丰润渠绅民仝立石。

此渠由于管理完好,至今尚存,原浇地10顷余,现可浇地800

---

① 嘉庆《鲁山县志》卷十五《水利志》。

余亩。①在河南固始县清河灌区，乾隆年间该县县令认为"今昔异宜，不可尽泥于古"，"故复集绅士筹议现行各条，以期永远遵守，并载明东五坝、西四坝各限期，以杜纷争"。②这些农田灌溉规条就包括《条议十八则》及《各闸坝限期》《田亩租课》③等。

第三，航运管理法。一是不准擅自强占或讨要人夫。《明会典》规定："凡闸坝洪浅夫各供其役，官员过者不得呼召牵船"。④《占夫条例》规定："凡运河一带，用强包揽闸夫、溜夫二名之上，捞浅铺夫三名之上，俱问罪，旗军发边卫，民并军丁人等发附近各充军揽当一名，不曾用强生事者，问罪枷号一个月发落"。隆庆五年(1571)，题准漕河一带自仪真至北通州俱有额设浅铺、浅夫，每年沿河兵备及管河郎中主事备细清查，照额编补，不时查点，责令专在地方筑堤、疏浅、拽船，事完照例采办桩草，违者参奏。⑤《泉河史》亦载，公差多讨人夫有禁："近闻有回原籍省祭、丁忧起复及升除外任文武大小官员，或由河道，或从陆路，俱无关文，往往倚势于经过衙门，取其印信手本转递前途，照数起拨人夫、车辆、马匹、船只及受要廪米、鸡、鹅、酒、肉、蔬果等物，有司阿意奉承，科用民财，略不顾恤，其中又有贩卖货物满车满船，擅起军民夫拽送，一遇闸坝、滩浅，盘垫疏排，开泄水利，以致人夫十分受害，运粮因而迟滞，及又有等公差内外多讨马快、船只，贩载私盐，附搭私货，起夫有一二百名或三四百名者，甚至有七八百千名者，随从无籍之徒先往站船，虚张声势，加倍要夫，有司一时措办不及，辄被辱骂，锁绑受打不过，只得科敛民财，擅出官

---

① 参见焦桐：《丰润渠复兴地稞水稞旧规碑在沚河乡余流村出土》，中国人民政治协商会议鲁山县委员会文史资料研究委员会编：《鲁山文史资料》第二辑，1986年，第90—91页。

② 乾隆《固始县志》卷首《凡例》。

③ 乾隆《固始县志》卷五《水利第五下》。

④ (明)胡瓒：《泉河史》卷二，《职制志》引《会典》，《四库全书存目丛书》(史222)，济南：齐鲁书社，1996年，第538页。

⑤ (明)朱国盛纂，(明)徐标续纂：《南河志》卷一，《律令》，《续修四库全书》(728)，第490、493页。

库银两馈送,其不才官吏乘机盗取多科者"。①

二是严闸禁。"河口诸闸之设,先臣平江伯殊有深意,盖节宣有度,则外河之水不得突入,运河之水不得盈漕,非惟清江板闸一带堤岸易守,而宝应诸湖亦缓此一派急流矣。但启闭之法非严不可,如启通济闸则福、清二闸必不可启,启清江闸则福、通二闸必不可启,启福兴闸则清、通二闸必不可启。河水常平,船行自易。单日放进,双日放出。满漕方放,放后即闭。时将入伏,即于通济闸外填筑软坝,秋梢方启。悉照先年旧规与近日题准事例行之,其于河道关系不小也"。②成化年间又下令,"凡闸惟进鲜船只随到随开,其余务待积水。若豪强逼胁擅开,走泄水利,及闸开不依帮次争斗者,听闸官将应问之人拿送管闸并巡河官处究问。因而阁坏船只,损失进贡官物,及漂流系官粮米并伤人者,各依律例从重问罪。干碍豪势,官员参奏究治。其闸内船已过,下闸已闭,积水已满,而闸官夫牌故意不开,勒取客船钱物者,亦治以罪"。③据《泉河史》记载,擅启闸板有禁:"自永乐、宣德、正统年间以来,虽有节次颁降圣旨,榜文禁约拳豪不许擅自开闭,奈何奉行年久,夙弊日甚,往往官员止快一己之私,不顾京储之重,随到随开,稍有不从,多将各闸官吏痛加捶楚,致使粮运阻滞有十日、半月不得过一闸者,不独军士疲敝,抑且有妨国计";"比闻沿河闸官都不尽心堤防水利,往往为权豪势要所胁,不时将闸开放,以致强梁泼皮的得以抢先过去,本分善良的动经旬日不得过,甚至争闸厮打,淹死人也"。④

三是漕运军人不准挟带超标准的私货。《明会典》规定:"凡马快等船每驾船军余一名,食米之外,听带货物三百斤。若多带及附搭客

---

① (明)胡瓚:《泉河史》卷二,《职制志》,《四库全书存目丛书》(史222),第541页。

② (明)朱国盛纂,(明)徐标续纂:《南河志》卷七,《旧规条》,《续修四库全书》(728),第645页。

③ (明)刘惟谦等撰:《大明律》卷三十,《工律二·河防·会典》,《四库全书存目丛书》(史276),第728—729页。

④ (明)胡瓚:《泉河史》卷二,《职制志》,《四库全书存目丛书》(史222),第538页。

货、私盐者,听巡河、管河洪闸官盘检,尽数入官。应提问者就便提问,应参奏者参奏提问";"凡漕运军人许带土产换易柴盐,不得过十石,若多载货物沿途贸易稽留者,听巡河御史、郎中及洪闸主事盘检入官,并治其罪"。"凡南京差人奏事,水驿乘船私载货物者,听巡河御史郎中及洪闸主事盘问治罪";"凡南京马快船只到京顺差回还,兵部给印信揭帖备开船数及小甲姓名,付与执照,预行整理河道郎中等官督令沿途官司查帖验放,若给无官帖而擅投豪势之人乘坐回还及私回者悉究治之";"凡运粮马快、商贾等船经由津渡,巡检司照验文引。若豪势之人不服盘诘,听所司执送巡河御史、郎中处罪之";"附搭黄马快船有禁";"贡鲜船只夹带有禁"。①

第四,水利施工组织法。如《刑案汇览》卷六十记载了一件发生在淮河流域运河沿岸的筑堤不如法案,江苏司:此案荷花塘筑堤处所因河底淤深,坝基不能坚实,遂致已合复开,不特糜币需时,而下游田庐民舍所损实多。查钱沄以微末汛弁希冀见好,妄行倡议,以致办理错误。钱沄应比照造作不如法,计所费工钱拟徒律,加重发往伊犁充当苦差。嘉庆十四年案。②《大清律例·工律·造作不如法》对"造作不如法"罪仅定最高为杖一百、徒三年的刑罚。但本案对钱沄以"造作不如法"定罪,所处刑罚却是流刑中最严的一种:"发往伊犁充当苦差。"当然,刑部作出此判决,已强调仅是"比照"原律,而非"依照"。通常情况下,"比照"原律加重处罚,仅"量加一等";但本案判决自原律的"杖一百、徒三年"加至"发往伊犁充当苦差",根据标准的量刑计等方法,其所加等数已远远超过"一等"。可以推测,此处比照适用"造作不如法"律,说明本案筑堤蓄水之前,并未制订方案;与擅自违背适当的修筑方案相比较,完全的越权蓄水之前,其性质要严

---

① (明)胡瓒:《泉河史》卷二,《职制志》,《四库全书存目丛书》(史222),第537、538、540页。

② 《刑案汇览》卷六十,《工律·造作不如法·堤工办理不善致合龙后复开》,(清)祝庆祺、鲍书芸、潘文舫、何维楷编:《刑案汇览三编》(三),北京:北京古籍出版社,2004年,第2251页。

重得多。①

兴修水利时，往往要派夫役，但往往有奸猾之人借机勒夫，导致纠纷不断。于是，官府多严法禁止。如清代《中丞田公严禁私派碑》就规定："疏浚沟渠则派人夫"，"内除绅衿吏役并土恶地豪不敢派及"，"除密访参拿外，合再严禁。为此，示仰抚属官吏军民人等知悉：嗣后尔民除本身丁地钱粮之外，如有地方官并乡约、保地、里长、甲首、单头，指借一切公事名色，派取一文一毫一草一粟者，概不得允从出备。倘敢用强压派，即赴邻近上司衙门具告。如不准行，许径赴本都院衙门据实陈控。本都院止将私派之官役参处，决不累及尔民。司道府州不时查察，有所闻即刻揭报。若上司压勒科派，亦许地方官据实密禀。如彼此互相蒙隐，通同作弊，一经本都院访实，定行并参。即本都院之至亲密友，亦不敢稍为姑容，以贻民害"。"除行布政司转行勒石署前，永远禁革。其告示令教官张挂勒石，亦令教官督工即刻竖立"。②

第五，禁垦海滩荡地法。嘉庆《两淮盐法志》记载，"江苏泰州属各场海滩荡地原为蓄草煎盐，无论堤内堤外，概禁开垦。场员不时履勘，具结通报。如查有续垦地亩，将该地户按律究治。该分司场员自行查出者，免议。别经发觉者，将失察之该场员计亩处分，一亩以上记大过一次，五亩以上罚俸一年，十亩以上降一级留任，明知故纵者革职，审有贿纵，计赃治罪。分司不行揭报，计案处分，每一案记过一次，三案以上罚俸一年，十案以上者降一级留任，故纵者亦革职"③；"各场灶地止准灶户管业，不准豪右隐占，违者治罪"；"垦种荡地：两淮范堤内外蓄草荡地，灶户有图利私垦，致碍淋煎者，照盗耕官田律治罪（凡盗耕种他人田者一亩以下，笞三十，每五亩加一等罪，止杖八十，强者各加一等，系官者各又加二等，花利归官给主），失察之场员查参议处（乾隆十年以前旧垦地亩不在禁例）"；"新涨草滩给升：

①　参见［美］D·布迪、C·莫里斯：《中华帝国的法律》，朱勇译，南京：江苏人民出版社，2003年，第298页。

②　《中丞田公严禁私派碑》，乾隆《新郑县志》卷九《赋役志》。

③　嘉庆《两淮盐法志》卷三十九，《律令三·考成》。

两淮新淤草荡滩地,按商灶现有亭鬻者均匀派给,照则升科,如无亭鬻,虽籍系商灶,不准强估,违者治罪"。①

此外,由于生活用水困难和水井的重要性,北方乡村形成了一套相对严密的井汲规约并内化为乡村社会的秩序。这种井汲规约,实际上就是一种习惯法,主要是规范乡民行为,为民间社会提供秩序,在调整各种复杂水事关系中对国家水法制度起着重要的不可或缺的补充作用。如现树于河南汝阳县蟒庄村老井房内墙壁上的《井水汲水便用疏碑》文曰:"邑城北三十八里许,有蟒庄焉。内有井一孔,邑志记三十余仞。当且凿井得泉,不知如耿恭之拜否? 迄今百有余家无不食德而饮福,但每值天旱,泉几于涸,来取无次,恐起事端,故同村人议以定规,开列于石,使汲用者有兹以往,依此而行,庶免争竞。乡里一以美俗,此其口也欤。嘉庆十年九月吉日"。与《井水汲水便用疏碑》树在一起,有《汲水规则碑》共六条,云:

> 一不许另绳拔水,偷拔者罚钱五百文。
>
> 一来取水,携一筒缴一筒;携两筒,缴一担,照先后次序取水。或将筒缴满,携罐汲筒中水解渴,仍许将筒添满。不许一人携四支来取水。无论几人担几对筒,总要见几人到,违者罚钱三百文。
>
> 一取水不许在井上借筒用,亦不许有筒者和做人情,违者每人罚钱十文。
>
> 一不许在井上私饮六畜,违者罚钱三百文。
>
> 一或残疾或男□□□以孤寡无靠、男子外出者来取水用,有愿导给水者不罚,仍许缴水,旁人不许。
>
> 一有将筒送至井上,或有故偶然离(去),来时仍许照前次序缴水。不得以身离井上,遂置后取水。
>
> □□□□□凡有所罚钱文,村□□□□□公事用。

---

① 嘉庆《两淮盐法志》卷三十八,《律令二·现行事例》。

可见,汝阳县蟒庄村井水汲用规则是同村人议以定规的。又现镶嵌于汝阳县蟒庄村南井房内东墙壁上的《蟒庄村凿井碑记》云:

> 所以有明训也。蟒庄村居岭颠,嵯峨耸起,巉岩迭现。尺土之下,积石坚厚莫测,掘井求泉,为尤艰焉。历世相传,村中惟有一井,而居民百余家咸汲于此。当雨泽调均之岁,犹可相资,一值大旱,恒数汲而桶始满。遂使亲睦之众,不惟不肯相让,而且竟起争端。于是以绳串桶,分其后先。昼则坐候于旁,夜则卧待于侧,甚有竟日竟夜而获一汲者,然则犹属闲暇之日耳。每逢农功偕作,富者驾车转运于异地,贫者荷担汲于他方,近则三里之外,远则七里之中。自嘉庆十三年以及十七年,天雨既缺,井泉渐涸,吾乡因取水有疲其筋者,有误其耕耨者。同里陈君天福、徐君琬、赵君荣祖目击心伤,同兴开凿之人,又虑前人屡次凿井,讫不见泉。今虽欲为利物之举,未必不为半途之废。爰聚乡人,乞其同心共济,一唱百和,罔有间言,议既定矣,地尚缺焉。乃审度于村南李君东升田内,既居东西之中,又属宽平之所,未及相商,李君闻之已慨然愿置为公,即分八家一牌,以次用力,虽有饔飧不给,而昼夜亦弗少休,辟及丈余间,有非锤凿不可者,凡阅三月余,深几十二仞,而泉涌焉。至十八年、十九年,米麦腾贵,每升价钱银至于三钱,汲水者佥曰:'若非此井,吾侪既缺于谷又艰于水,真不至于交困有几乎?'数年以来,倍觉其便,益颂君之德,因勒石以志不朽云。邑庠生汉章、汪玉、成仁、宝民撰文并书丹。首事人施地(略)。道光元年岁在重光大荒落仲夏吉日。[①]

由碑文可知,汝阳县蟒庄村之所以要发动乡人凿井,是因为该村时常因干旱发生汲水争执与纠纷。为了缓解乡人饮水之困乃至最

---

① 范天平编著:《豫西水碑钩沉》,西安:陕西人民出版社,2001年,第258、259—260页。

终化解汲水纠纷,凿一便民深井便成为必要,于是选中"村南李君东升田内,既居东西之中,又属宽平之所"凿之,三月而成,"数年以来,倍觉其便"。

(四)民国时期水法制度

清末开始引进西方法律,制定了较完备的西式法律体系。在民国时期,尽管旨在实现法制近代化的中华民国法律与中国传统的生活样式有着深刻的断绝和价值观上的冲突,短期内法律很难渗透到社会中去,[①]但民国政府在形成自己的水利法制体系的过程中,由于受到西方法律文化的影响,与传统社会相比,法律的表现形式已经发生了根本的变化,宪法、法律、条例、规则、章程这样一些名称开始在法律中运用,开始形成了以宪法为根本,以民事、刑事等基本法律的有关规定为依据,以水利法为中心,以相关法律、法规、地方规章和民事习惯为补充的较为完整的水法体系,为预防和解决淮河流域各类水事纠纷提供了详备的法律依据。

宪法是国家的根本大法。从法律效力看,宪法的法律效力高于普通法律,普通法律在制定时应当以宪法为依据。民国政府在宪法性文件中对于水利问题的规定,在中国历史上具有创造性,宪法规范为整个水利法制打下了基础。如1923年颁布的《中华民国宪法》(又名"曹锟宪法"或"贿选宪法")第24条规定:左列事项由国家立法并执行或令地方执行之:……五、两省以上之水利及河道;第25条规定:左列事项由省立法并执行或令县执行之:……四、省水利及工程。[②]在中国历史上,这是第一次利用宪法对水利问题作出规定,并划分了中央和地方关于水利事业的权限问题。又如1947年的《中华民国宪法》涉及水利事项者主要有三个方面,第一方面是关于中央和地方的水利权限的,第二方面主要是关于水资源所有权的,即

---

① 参见[日]滋贺秀三:《清代诉讼制度之民事法源的概括性考察——情、理、法》,载王亚新、梁治平主编:《明清时期的民事审判与民间契约》,北京:法律出版社,1998年。

② 荆知仁:《中国立宪史》,台北:台湾联经出版事业公司,1984年,第511、512页。

国家的水利资源属于国家所有,第三方面是国家对于发展水利应尽的职责。①宪法是预防和解决淮河流域水事纠纷所依据的效力最高的法律规范,无论民间水事纠纷还是水事的行政争端,乃至水事违法刑事案件的解决都不能违背宪法的最高原则。

民国时的基本法如《民法》、《刑法》都对水事纠纷的预防和解决做了一些原则性的规范,对水事秩序的调整也发挥了重要作用。如《民法》第 775 条规定:(自然流水之排水权及承水义务)由高地自然流至水低地所有人不得防阻。由高地自然流至之水而为低地所必需者,高地所有人纵因其土地必要不得防堵其全部。第 776 条规定:(蓄水等工作物破溃阻塞之修缮疏通或预防)土地因蓄水、排水、或引水所设之工作物破溃、阻塞,致损害及于他人之土地,或有致损害之虞者,土地所有人应以自己之费用,为必要之修缮、疏通或预防。但其费用之负担,另有习惯者,从其习惯。第 778 条规定:(高地所有人之疏水权)水流如因事变在低地阻塞,高地所有人得以自己之费用,为必要疏通之工事。但其费用之负担另有习惯者,从其习惯。第 779 条规定:(土地所有人之遇水权——人工排水)高地所有人,因使浸水之地干涸,或排泄家用,农工业用之水,以至河渠或沟道,得使其水通过低地。但应择于低地最少之处所及方法为之。前项情形,高地所有人,对于低地所受之损害,应支付偿金。第 784 条规定:(水流地所有人变更水流或宽度之限制)水流地所有人,如对岸之土地,属于他人时,不得变更其水流或宽度。两岸之土地,均属于水流地所有人者,其所有人得变更其水流或宽度,但应留下游自然之水路。前二项情形,如另有习惯者,从其习惯。第 785 条规定:(堰之设置与利用)水流地所有人,有设堰之必要者,得使其堰附著于对岸。但对于因此所生之损害,应支付偿金。对岸地所有人,如水流地之一部,属于其所有者,得使用前项之堰。但应按其受益之程度,负担该堰设置

---

　　① 《中华民国宪法》,1947 年 1 月 1 日国民政府公布同年十二月二十五日施行,陶百川:《最新六法全书》,台北:三民书局股份有限公司印行,1981 年 9 月增修版,第 1—8 页。

及保存之费用。前二项情形,如另有习惯者从其习惯;等等。①《刑法》对于破坏水利设施或水利资源等罪行的处罚也作了明确规定:第178条(洪水浸害现供人使用之住宅或现有人所在之建筑物及交通工具罪)洪水浸害现非供人使用之他人所有住宅或现未有人所在之他人所有建筑物或矿坑者,处一年以上七年以下有期徒刑。洪水害前项之自己所有物,致生公共危险者,处六月以上五年以下有期徒刑。因过失洪水浸害第一项之物者,处六月以下有期徒刑、拘役或三百元以下罚金。因过失洪水浸害前项之物,致生公共危险者,亦同。第一项之未遂犯罚之。第180条(洪水浸害住宅等以外之物罪)洪水浸害前二条以外之自己所有物,致生公共危险者,处二年以下有期徒刑。因过失洪水浸害前二条以外之物,致生公共危险者,处拘役或三百元以下罚金。第181条(破坏防水蓄水设备罪)洪溃堤防,破坏水闸或损坏自来水池,致生公共危险者,处五年以下有期徒刑。因过失犯前项之罪者,处拘役或三百元以下罚金。第一项之未遂犯罚之;等等。②《民法》、《刑法》等基本法中有关涉水条款,有效地规范和制约着淮河流域水事关系,有利于淮河流域水事纠纷的预防和解决。如民国时期淮阴市制定的《开浚沟洫章程》就规定:"各市乡农民业户于现挑沟渠,并不审度利害关系,妄自出头阻扰,藉端滋事,则是不顾公益,有心妨害他人水利,当按照暂行新刑律第一百九十七条第二项'故意妨害水利,荒废他人田亩者,处二等至四等有期徒刑科办',以儆刁顽"。③这说明民国时期的《刑法》等基本法为淮河流域水事纠纷的预防和解决提供了坚实的保障。

在《宪法》指导下制定的《水利法》在民国水法制度中发挥着核心作用。1942年7月7日,国民政府颁布了中国近代第一部《水利法》,并于1943年4月1日正式实施。民国《水利法》共9章71条。

①　陶百川:《最新六法全书》,第129页。
②　陶百川:《最新六法全书》,第384—385页。
③　《文牍总·开浚沟洫以兴水利文·附录开浚沟洫章程》,1915年10月,赵邦彦:《淮阴县水利报告书》。

第一章总则规定了水利事业的范畴、三级行政管理机构和相应的权限;第二章水利区及水利机关规定了按全国河流划分水利区及相应的流域水利机构;第三章水权规定了水权的含义、用水次序、国家对水权的保护;第四章水权之登记规定了水权登记保留和撤销的法律程序;第五章水利事业规定了水利工程的兴建及其与各方面的关系;第六章水之蓄泄规定了防洪的问题;第七章水道防护对河道、湖泊、堤防的管理作了规定;第八章罚则规定了违反水利法的相应惩罚;第九章是附则。①《水利法》是我国第一部建立在近代水利科学基础上的国家水利法规,促进了水利及其他专业管理法规和制度的建立和完善。

民国《水利法》一方面将宪法对于水利问题的原则性规定具体化,另一方面又为全国性水利行政规章的制定打下坚实基础。南京国民政府行政院以及下设的水利委员会就制定公布了大量的水利法规、规章,从而与水利法相配套实施,以形成完善的水利法制体系。如行政院于1936年12月12日公布了《整理江湖沿岸农田水利办法大纲》。该办法主要是为了保障江河湖泊的防洪安全,对沿岸的农田进行整理、禁止或限制耕种。同时,行政院还公布了《整理江湖沿岸农田水利办法大纲执行办法》,对这一大纲规定了更为详细的执行办法。1942年《水利法》颁布后,依据《水利法》第70条的规定,水利法施行细则由行政院制定。行政院于1943年3月24日公布《水利法施行细则》,同年4月1日施行。细则对水利法的内容从各个方面进行了细化。1944年9月19日,行政院公布了《灌溉事业管理养护规则》,按照规则的内容,凡是兴办灌溉事业的机关应该在完工后负责管理养护,并接受各级水利主管机关的指导监督。在行政院领导下,行政院水利委员会在1941年到1946年颁布了大量的水利规章,主要有《水权登记规则》、《水权登记费征收办法》、《奖助民

① 《民国时期水利法律法规附录·水利法》,郭成伟、薛显林主编:《民国时期水利法制研究》,北京:中国方正出版社,2005年,第320—328页。

营水利工业办法》、《水利建设纲领实施办法》等。①

另依据《水利法》第 9 条规定,"省、市、县各级主管机关为办理水利事业,于不抵触本法范围内得制定单行规章,但应经中央主管机关之核准"。②涉及淮河流域各地水事关系调整的地方性水利行政规章,主要有《江苏省各县征工浚河规程》、《江苏省各县修筑圩堤暂行办法》、《黄河水利委员会防护堤坝办法》③,等等。1930 年,江苏建设厅就饬水利局参酌各县实地情形,拟具开浚河道暂行规程 17 条,通令各县遵照办理。内容包括"凡一县内河道之待浚者,得由当地人民陈请本县建设局,规划开浚";"前条河道之地形测量,工程规划,措筹经费,得由建设局负责办理";"建设局拟具前条工程计划,预算施工细则,及筹款办法后,应会同县长呈请建设厅,核准施行"等等。④

1933 年,江苏省建设厅第一科科长徐骥针对沿河居民其建筑物往往侵占河道引起控告纠纷状况,提出《各县沿河居民其建筑物往往侵占河道引起控告纠纷不已兹拟订取缔规则八条请讨论公决案》,认为"水道为农田灌溉船只交通之命脉,不容侵占,致生障碍,乃一定不移之理。况我国以农立国,而我国铁路、公路尚未十分发达,水道当居主要运输之地位,则整兴水利,藉免灾荒,乃救济农村经济之根本要图。惟近数十年政治未上轨道,水政更觉不修,官厅既无取缔之规章,强豪斯有侵占之可能。是以临河镇集河道两坡,多被建筑物所侵占。河面之宽,比之旧桥跨度仅留桥孔,侵占达二分之一以上者,亦有之。主管机关欲加以取缔,则于法无据;若不予取缔,则河道日坏,损害日深"。于是他提出:"在内政部尚未颁布取缔侵占河

---

① 《民国时期水利法律法规附录》,郭成伟、薛显林主编:《民国时期水利法制研究》,第 260—355 页。

② 《民国时期水利法律法规附录·水利法》,郭成伟、薛显林主编:《民国时期水利法制研究》,第 321 页。

③ 《民国时期水利法律法规附录》,郭成伟、薛显林主编:《民国时期水利法制研究》,第 260—355 页。

④ 《江苏各县开浚河道规程》,《申报》1930 年 8 月 18 日,《申报》第 273 册,第 412 页。

道条例以前,本厅为救济计,兹拟订本省单行取缔规则八条,事实如无窒碍,当呈省府核定实行。兹附规则章程案,即请公决"。其中附上的《取缔各县侵占河道建筑物规则》规定:

一是本省各县河道之河面及两岸,如有被建筑物侵占者,应由该县建设局所察酌。当地形势及农田灌溉、轮舟交通之状况,拟订标准,河面宽度(如本厅在该县设有河道管理机关则由建设局所会同该机关拟订)呈厅核定发县公布;

二是自标准宽度公布后,凡在此区域以内之地位,即为公有河道。此后沿河如有新兴建筑,应在河面宽度以外立基起造,不得侵占公有河道。空基与实基同例(在坡上支柱临空架屋为空基);

三是沿河原有建筑物之侵占公有河道标准,河面宽度至二分之一以上者,自本规则公布日起,限期一年以内拆让;至三分之一以上者,限期五年内拆让;

四是在拆让范围以内之各建筑物,自本规则公布日起,不准再行修理。如发觉该建筑物有危险时,并得强制拆除;

五是河面标准宽度应自河道中泓为起点,分向两岸量定;

六是本规则公布后,凡沿河一切建筑物之修建,除应遵照本厅取缔建筑物规则办理外,并应呈建设局所勘验给照,方得动工;

七是本规则公布后,如业主不遵照规定,接受取缔时除由建设局所送外县法办外,并得处以一百元以下之罚金;

八是各县建设局所对于取缔建筑,如有不公事实,得由受害者呈厅彻查,依法议处;

九是本规则如有未尽事宜,得由本厅随时呈请修正之;

十是本规则自呈省政府核准后公布施行。[1]

---

[1] 建设厅第一科科长徐骥提:《各县沿河居民其建筑物往往侵占河道引起控告纠纷不已兹拟订取缔规则八条请讨论公决案》,江苏省建设厅编委会:《江苏建设》,《提案·水利类提案》,1933年第1期。

民国时期,民事习惯法是制定法的重要补充,是预防和解决淮河流域水事纠纷不可缺少的依据之一。据《水利法》第 1 条规定:"水利行政之处理,及水利事业之兴办,悉依本法行之。但地方习惯与本法不相抵触者,得从其习惯"。①习惯法成立的要件是:一要有内部要素,即从有法之确信心;二是要有外部要素,即于一定期间内就同一事项反复为同一行为;三是要系法令所未规定之事项;四是要无悖于公共秩序、利益。②

再者,民国时期改变了传统社会的刑民不分、实体与程序交杂混称的状况,《民事诉讼法》《刑事诉讼法》《行政诉讼法》对各种诉讼法律程序作了严格而细致的规范。民国时期,淮河流域水事纠纷的预防与司法解决也必然要按照三大诉讼法的规定程序办理。另外,根据当时《行政诉讼法》的规定,提起行政诉讼的前提是经过"再诉愿",因此,《诉愿法》也成了民国时期淮河流域水事行政争端解决所必备的法律之一。1936 年,司法院曾核准全国经济委员会函,就导淮委员会以及各省水利机关之诉愿管辖疑义进行了专门的解释:"导淮委员会等,既系中央所设,各流域水利行政机关,直辖于全经会,如人民不服该会等之处分,应依诉愿法三条比照同法二条六款规定,以该委会为诉愿机关";"各省水利行政,既由各省建厅主管,应依诉愿法二条二款规定,以各省府为诉愿机关,以全经会为再诉愿机关"。③

四、加强水利的规划和管理

水事纠纷之所以发生,原因在于纠纷主体之间水事利益的冲突。是故,在构建预防和解决水事纠纷解决机制的时候,除了要从上

---

① 《民国时期水利法律法规附录·水利法》,郭成伟、薛显林主编:《民国时期水利法制研究》,第 320 页。

② 《大理院民事判决》"二年上字三号",中国第二历史档案馆藏,全宗号:241,卷号:2940。转引自郭成伟、薛显林主编:《民国时期水利法制研究》,第 200 页。

③ 《司法院解释水利诉愿管辖》,《申报》1936 年 1 月 6 日,《申报》第 336 册,第 76 页。

文提到的文化、社会、法律等层面对水事纠纷主体之间利益冲突进行必要的劝导、协调、约束和规范之外，还必须从工程层面去构建"防护网"。这里的工程指的是人们为趋利避害而修建的、能发挥防洪灌溉等多种效益的水利工程。水利工程兴修和管理得当，水事纠纷就会大大减少，甚至得到最终解决。如果水利工程修建不当以及管理不善，往往会引发、激化水事矛盾，甚至衍化为大规模的水事纠纷群体性事件。

水利工程能否真正起着协调、化解水事纠纷双方利益冲突的作用，关键在于水利工程兴修前是否做好了水利工程规划以及水利工程竣工后是否做好了水利管理工作。水利规划是水利建设的重要前期工作，是为防治水旱灾害、合理开发利用水土资源而制定的总体安排。而水利管理则主要是对水利工程的运用、操作、维修和保护工作。加强水利兴修前对水资源进行全面、综合、科学的利用和开发规划工作，以及水利兴修后的运作与维修、保护工作，是减少乃至有效预防水事纠纷发生的重要一环。

(一)做好水利建设的规划

我国水利规划和管理的思想由来已久，秦代就出现了"决通川防，夷去险阻"的水利规划思想，秦、汉以后，随着治水实践的不断丰富，水利建设的事前规划越来越受到重视。明清时期的一些治水专家如明代的潘季驯、清代的靳辅则都注意到了水旱兼治、洪涝兼治、水沙并重，并注意对上下游采取综合治理措施，可以说已经开始从更大范围更多方面进行了水利规划研究，并更加重视水利规划的全面性与综合性。

当然，由于行政边界与水系边界的不一致，淮河流域地方官府也很难做到对整个流域制定统筹兼顾的综合治理规划，但在其可管辖的范围内，还是可以制定局地水利建设规划，以统筹兼顾上下游、左右岸之间的水事关系，以减少乃至防止水事纠纷的发生。如据《光绪三十四年奏筹皖北水利成案》记载，安徽巡抚冯煦奏称，光绪三十三年(1907),"前抚臣恩铭奏报办理皖北赈务情形,以灾歉频仍,拟接办水利,以善其后,所需经费即以办赈余款先尽济用,不敷再设法筹垫等情。于六月十二日奉朱批:'着冯煦妥筹办理。钦此。'查前年皖北水灾,以宿州、灵璧、泗州、五河四州县为最重。其地介黄淮之间,北与江苏之徐州,西与河南之归德毗连,本为睢水流域。睢河上游计分三股,至灵璧之浍塘沟并为总干。历年水涨沙停,致将浍塘沟以下及泗境睢河淤为平陆。于是中、北二股不复东注洪泽,悉由浍塘沟冲口南趋,会合南股之水,循泗境之岳港等河,下达五河县境之浮山、潼河两口,由淮而入湖,宣泄遂以不畅。夏秋大雨时行,上游水来极旺,顶托漫溢,十岁五灾,蠲赈兼施,糜款巨万。臣愚以为,欲淡沉灾,仍以治睢为亟。前此历任疆臣,屡有复睢之议,以邻省绅民互相争执,或谓洪湖高仰,难于容纳;或谓睢水既治,苏豫接浚,上游来源加增,为害弥烈。且因工巨款绌,未敢大举。臣前在凤阳府知府任内,亦曾周历该河,勘悉原委。中股上承萧县龙、岱二湖之水,萧民屡议开河,导水南趋。南股上承永城县巴沟河之水,永人亦曾平滩筑堤,束水东下,而宿民辄思设法以御之,争端之开匪伊朝夕。其实,萧、永地势均高于宿,萧、永即不事导束,该境之水无不下注宿境,迤逦以入于洪湖。臣于上年秋后湖水极涸时,选派熟悉河工员绅前往测量,并委员复加履勘。据呈图说,计旧河底高湖面一丈四尺余,滩面又递高六七尺不等,与臣夙昔研究情形尚相吻合。现已筹定办法:上游以不治为治,下游以开通为治,中游以节宣为治。查睢河之在宿境及灵璧浍塘沟以上者,河身尚属深通,若再议加深,转失建瓴之势。宿之患水,不患萧、永之来源多,而患灵、泗之去路塞。果能下游通畅,则苏、豫之水皆得行所无事,而宿民免为壑之忧。此上游之情形也。灵璧浍塘沟新河口所以挑深二尺者,借吸溜就下之力,顺正股东趋之势也。但该处冲口之宽,视新河口且数倍,无以节之,仍恐大溜夺向南趋。拟于马厂地方筑碎石滚水坝一道,中留槽桶以通舟楫。水涨未及二尺,新河已经畅泄;涨逾二尺,水势即猛,则由坝上滚过。数道并泄,随涨随消,一切中满壅滞之患不治自除。此中游之关键也。要而论之，皖北地势西北高而东南下，虽洪湖淤垫容量日狭，诚属将来之虑。然灵、泗境内诸水，夏秋盛涨，无不奔注于湖。任其散漫而归湖，则灵、泗为殃，而于洪湖容量并无所减。顺其轨道而归湖，则灵、泗受益，而于洪湖容量亦无所加。此又统筹上下游全局，治睢无碍洪湖之实在情形也。伏思皖北自睢道湮塞后，百年昏垫，创巨痛深，只以防邻有戒心，致屡阻复睢之议，忍辛茹苦，情实可矜。现在，洪湖容量既经测明，灵境以上不事疏浚，绅民疑虑冰释，均尚乐于从事。所需经费即于义赈余款内尽数拨用，不敷设法筹垫，务底于成。臣与督臣往复函商，意见相同。惟俟届秋汛，春作方兴，不及赶办。且饬勘时系霜清水涸，所考水量系据各处水痕及绅耆指述，兹事体大，不厌详求。查有前山东东昌府知府魏家骅，践履笃实，任事廉能，上下督臣奏令疏浚海州六塘河工，用款撙节，成效昭然，于皖北及淮徐水利情形亦复讲求有素。拟即于泗州先设一局，派委该员驻局，查探盛涨水势。原拟估办尺寸，应否酌加宽深，目验既确，应无遗憾。一俟秋后水落，即饬该员及时兴办，一气呵成。除咨明江苏、河南两抚臣查照外，所有遵旨，妥筹皖北水利，酌拟办法缘由，谨会同两江督臣端方恭折复陈"。①

在 1855—1927 年间，淮河流域的管理模式发生了重要转变，"1855 年黄河的一次迁移，促使国家撤出了对淮河水利的资助，有效的管理要求实施跨越县、省结构政治边界的工程。张謇这位当时淮河水利的最积极的地方倡导支持者，未能解决地区争端。张认识到十分需要有一个能对全流域进行规划的核心机构，而地方对抗阻碍了全流域治理计划。1914 年，张通过创建全国水利局试图克服政治分歧，但他未能完全认识存在淮河治理方面的地区矛盾对抗的深度"。②时至 20 世纪 30 年代前后，我国开始编制较大范围的水利规划和较大规模的工程规划，大体至 40 年代末已初步形成了包括调

---

① （清）冯煦主修，陈师礼总纂：《皖政辑要》，《邮传科·卷九十七·水利》，第 894—895 页。

② ［美］戴维·佩兹（David Pietz）：《华北平原上的国家与自然（1949—1999）》，王利华主编：《中国历史上的环境与社会》，北京：生活·读书·新知三联书店，2007 年，第 279 页。

查方法、设计技术、规划方案论证与评价准则等较完整的近代水利规划的理论体系。淮河流域的治理,国民政府曾制定过比较完备的导淮计划,这种水利建设计划对缓解淮河流域地区间的水事矛盾是十分必要的。因为"对于国家统治者来说,有效地规划水资源,是统治合法性的一个重要来源。的确,它的成功需要具备国家掌管人力和物力资源的能力,以实施大型水利控制工程"。①但是,总的来看,民国时期制定的一些全国性或者淮河全流域的水利规划由于受到中央与地方、地方与地方、上游与下游等多重利益矛盾的掣肘,水利规划的目标并没有得到很好的落实和实现。

当然,这并不影响地方政府制定区域性水利规划并发挥对地方水利建设的指导作用。如在江苏淮、徐地区,1918 年,因江苏省议会议决,淮、徐、海 14 县兵灾,截留 1916、1917、1918 年 3 年 2 分亩捐,"以工代振,遂组设水利处,公推徐守增为主任,组设文牍一人,会计一人,调查二人,书记一人,呈准省长备案,分期调查。凡沂、沭源委中枢,关健尾闾通塞,关于邳、宿、泗、涟、沭、东、灌、赣八县者,另具报告,以凭大局部考核,列入治运、沂之计划。其隶于沂、沭之支流,与各市乡沟洫堤防年久失修,决口未堵,岁岁为灾,特订立草案计划书十二条,供研究讨论,以期分年修治"。②在泗阳县,1920 年 1 月江苏省令淮江苏水利协会呈请令各县组织水利研究会,并酌设水利工程局,其原订章程将水利研究会附于农会之内,"其责任在规划全县水利测量、施工筹款事项,如与邻县或邻省之县水利有关,得组联合会议。1922 年 2 月,"修正案如该县水利重要,得专设水利研究会,不附设于农会"。③又如河南太康县境河渠,按旧志共记有 37 道,"其

---

① [美]戴维·佩兹(David Pietz):《华北平原上的国家与自然(1949—1999)》,王利华主编:《中国历史上的环境与社会》,第 278 页。

② 民国《重修沭阳县志》卷十六《外编河渠·水利治绩》,《中国地方志集成·江苏府县志辑》(57),第 448 页。

③ 民国《泗阳县志》卷十一《志五·河渠下·水利研究会》,《中国地方志集成·江苏府县志辑》(56),第 299 页。

中以涡河为尾闾,淫雨期间宣泄积水,深资得力。惟以幅员较阔,渠道不能密布全境,洼地常有向隅之叹。且以积年失修,河床壅塞,排水利益颇形式微,一遇淫雨,则积水无从宣泄,淹没田禾,民困昏垫。自动挖河,则枝节横生,难成事实。请求官府而官府视为不急之务,每不切实主持,以致极关农业之水利, 日益不振, 良深浩叹"。至1920—1921 年间,太康县设水利分会,王燦然任会长,督饬民夫疏浚旧黄河、清水河等 20 余道。1929 至 1930 年春,建设局督工疏浚雷河沟、方城沟等旧渠 8 道,开凿石隆沟、沣河沟新渠 2 道,惜未完成。1931 年秋,"淫雨连绵,洪水暴发,全境尽成泽国,秋禾惟高粱获收二成,余悉被淹,人民断炊绝粮,惨状不堪入目"。是年冬,县党部第三届代表大会决议组织水利工程委员会疏浚全县河渠案,指派郭委员芝塘会同县政府建设局拟具章则,着手组织,经各机关团体会议公推县长周镇西为委员会长,郭芝塘、刘鸿谟副之,遴委河工专员 10人,襄办员 9 人,文牍、会计各 1 人,于 12 月 8 日开幕,"督同民工将境内旧渠择要延长加深放宽,并查勘洼地形势,开挖新渠,务使田有封,洫水由归宿"。至 1933 年春止,"除失效用者,有旧渠完全疏浚,又开凿新渠十道,防潦设施渐臻完备,倘以后时加修治,并继续增开新沟,将见农业发展民生问题,当可借以解决"。①

(二)加强水利工程的管理

水利工程管理主要是指水库、闸坝、堤防、引水工程、灌溉工程的兴建、运用、操作、维修和保护工作。

首先,设立水利管理机构和水利官员以专责成。关于水利工程管理运行情况的任何分析,都要考虑到水利与河务之间的区别。水利是指防治水旱灾害、开发利用水资源的各项事业和活动。河务则指疏治河道、修筑堤岸等治水事务。"河务"是河务官员管辖的范围。"水利"是府、县地方官员的重要关注领域。在清代职官制度中,它与

---

① 民国《太康县志》卷三《政务志·河务》,《中国方志丛书》(466),台北:成文出版社有限公司,1976 年,第 198—199 页。

"河务"有着鲜明的区别。[①]"治河之官起自古也。舜时伯禹作司空平水土,三代因之,汉则有都水长丞河堤使者,晋则有都水台使者,后魏有水衡都尉河堤谒者,隋则益以令丞,唐有九河使,宋有河堤判官,胜国亦有都水监丞,是皆专掌河道者也。至于河决大变,则遣重臣督之,又非诸官之列矣"。[②]如宋都水监判监事1人,以员外郎以上充,同判监1人,以朝官以上充,丞2人,主簿1人,并以京朝官充,"掌内外河渠堤堰之事","轮遣丞一人出外治河埽之事,或一岁再岁而罢。其间有谙知水政或至三年者,置局于澶州,号曰外监"。[③]金大定二十七年(1187),命各州路及宁陵等县长贰官,皆提举河防事。[④]元武宗至大三年(1310)十一月,河北河南廉访司言于汴梁置都水分监,"妙选廉干,深知水利之人专职其任。量存员数,频为巡视,职掌既专,则事功可立"。明代"或以工部尚书、侍郎、侯伯、都督提督运河,自济宁分南北界。或差左右通政少卿,或都水司属分理。又遣监察御史、锦衣卫千户等官巡视,其沿运河之闸泉及徐州吕梁二洪,皆差官管理。或以御史,或以郎中,或以河南按察司官,后皆革去,而止设主事,三年一代。然俱为漕运之河,不为黄河也。唯总督河道大臣则兼理南北直隶、河南、山东等处黄河,亦以黄河之利害与运河关也。总督之名自成化、弘治间始,或以工部侍郎,或以都御史,常于济宁驻扎。其河南、山东二省巡抚都御史则玺书所载河道为重务。又二省各设按察司副使一员,专理河道。山东者则以曹濮兵备带管,其巡视南北运河御史亦以各巡盐御史兼之,不别差也"。成化十年(1474),"令九漕河事悉听专掌官区处,他官不得侵越,凡所征桩草并折征银钱备河道之用者,毋得以别事擅支。凡府州县添设通判、判

① [澳]安东篱:《说扬州〈1550—1850年的一座中国城市〉》,李霞译,李恭忠校,第145页。

② (明)朱国盛纂,(明)徐标续纂:《南河志》卷二,《职官》,《续修四库全书》(728),第508页。

③ (明)吴山:《治河通考》卷十,《理河职官考》,《四库全书存目丛书》(史221),济南:齐鲁书社,1996年,第593页。

④ 宣统《宁陵县志》卷终《杂志·灾祥》,河南省宁陵县地方志编纂委员会:《宁陵县志》,郑州:中州古籍出版社,1989年,第510页。

官、主簿、闸坝官专理河防,不许别委。凡府州县管河及闸坝官有犯,
行巡河御史等官问理,别项上司不得径自提问"。①明代河道官,在淮
安府有府司、清军带管海口同知、山清河务同知,山阳县有知县、管
河主簿二员、清江闸闸官、福兴闸闸官、板闸闸官(河泊带管)、高堰
所大使,清河县有知县、管河典史、通济闸闸官;扬州府有府司、管河
通判、瓜洲闸闸官,江都县有知县、管河主簿,仪真县有知县、管河典
史、清江闸闸官,高邮州有知州、管河判官,宝应县有知县、管河主
簿,淮安、大河、扬州、仪真、高邮等卫指挥。②其中淮安府山清同知及
扬州府管河通判,"固本司左右臂也,倚任实切。至高邮之判官,江
都、宝应、山阳之主簿,清河、仪真之典史,高堰之大使,皆管河专官,
浚浅修堤,四防二守,原其职掌"。弘治三年(1490),"令各府州县管
河宜带领家人专在该管去处管理河道,不许私回衙门营干他事"。③
泰昌元年(1620)冬,总河侍郎王佐言:"诸湖水柜已复,安山湖且复
五十五里,诚可利漕。请以水柜之废兴为河官殿最",此建言获得了
明朝中央政府的批准。④

　　因大运河、黄河、淮河交汇于淮河流域中东部,"与其它盆地的
水利管理走向地方化相反,淮河下游流域,包括黄河—大运河—洪
泽湖复合体系在内,一直都是中央政府的关注焦点。有着严阵以待
的堤防设备的黄河中下游地区之所以为人瞩目,是因为黄河可能给
邻近的水道和耕地带来危害。大运河对于中央政府而言非常重要,
是因为它承担着将每年的漕粮从南方运至京师这一任务。这种关注
在职官制度方面体现为河务管理,后者自1730年起包括江南、河

---

　　①　(明)吴山:《治河通考》卷十,《理河职官考》,《四库全书存目丛书》(史221),第
593、594页。

　　②　(明)朱国盛纂,(明)徐标续纂:《南河志》卷二,《职官》,《续修四库全书》(728),第
509页。

　　③　(明)徐标:《责成河官议》,(明)朱国盛纂,(明)徐标续纂:《南河志》卷九,《条议》,
《续修四库全书》(728),第678、677页。

　　④　《明史》卷八五,《河渠三·运河上》。

南—山东以及直隶三个部门,分别由三名河道总督统辖。每位总督之下都有一个庞大的文武官员体系。明朝时期,修筑堤防、水道疏浚的劳动力是在农闲季节里从丁壮农夫中征募的。到了清代,他们被河务当局直接领导的常备夫役取代,后者负责料理堤防和其它设施。河务当局的规模在18世纪稳步扩大,三个部门有品级和无品级的文官总数,从1689年的142人增加到1785年的304人。据估计,18世纪中叶河务当局雇用的夫役数量约为4万人"。①因此,清政府非常重视河务官员的遴选,我们从乾隆二十二年(1757)一则上谕中就可窥见一斑,清帝认为,"盖治河非他政务可比,非卓识远虑,明于全局,又不执己见,广咨博采,而能应机决策,其委用河汛员弁,则一本大公好恶,毫无偏徇,备此数者,庶或有济,顾安得斯人而授之重任耶?"②

清代驻扎淮河流域河南祥符县的河防官员,有总督河南山东河道提督军务一员,前系正副二员,驻扎山东济宁州,副驻河南兰阳县。近自嘉庆以来只简河督一员驻扎山东济宁州,每年防河常驻河南工次。今自铜瓦厢决口后,防河事繁,则常驻河南行台,霜清后仍回山东料理。河南管河兵备道一员驻扎祥符城内。开封府下南河同知一员驻扎祥符城内。开封府下北河同知一员驻扎祥符陈桥镇。开封府祥河同知一员驻扎陈桥镇。③沂郯海赣同知,初设属兖州,乾隆元年(1736)奉文改为沂州府同知,管理七属水利事宜,仍兼管禹王台竹骆坝工程,并江南海州、赣榆二处捕务。④在徐州府黄河两岸旧设河务同知,管理修防,其汛有六:南岸曰砀山汛、萧县汛、徐州郭工汛、徐州小店汛;北岸曰丰砀汛、徐州大坝汛。乾隆二年(1737),"分设管河丰萧砀通判,自虞城县单县界起,至铜山县王家山天然闸止,

---

①　[澳]安东篱:《说扬州〈1550—1850年的一座中国城市〉》,李霞译,李恭忠校,第144页。

②　嘉庆《高邮州志》卷首《恩纶》。

③　光绪《祥符县志》卷六《河渠志上·黄河》。

④　乾隆《郯城县志》卷七《秩官志》,《中国方志丛书》(378),第119页。

南北堤岸、河口闸坝、柳园料物工程,而徐属同知止管铜沛河务"。丰萧砀河营,康熙十七年(1678)设。徐属河营,雍正六年(1728)分本营为南岸、北岸二营,南岸专司灵璧、铜山、萧、砀河务,乾隆二年(1737)改为丰萧砀河营。守备一员,驻扎徐州府北门外。千总一员,驻萧县顺河集,专管田家楼、顺河集、徐家庄工程。把总二员,一驻砀山县定国寺,专管毛城铺工程,一驻砀山县盘龙集,专管黄村石林口工程。①又据《灵璧县河防录》记载,"淮徐道驻扎宿迁,凡淮属之桃源、宿迁、邳州、睢宁并凤属之灵璧、虹县以及徐州所属河道旧属中河夏镇两分司者悉归本道管理,所辖河务同知四员。淮安府分管邳睢灵璧河务同知一员驻扎邳州。灵璧县主簿一员驻扎双沟镇集,修防本县黄河汛地。邳睢灵璧河管守备一员驻扎邳州,所属千总二员、把总四员。灵璧县把总一员驻扎双沟集,修防本县黄河汛地。淮徐道一员专管徐属邳、睢、宿、虹、桃源,宿桃中河五厅属府州县黄河、运河、中河工程。凤庐道一员兼管灵璧、虹县、盱眙三县黄河湖堤河道工程。凤阳府知府一员兼管灵璧县黄河、虹县归仁堤工程。邳睢灵璧河务同知一员专管邳州、睢宁、灵璧三州县黄、运两河工程。灵璧县知县一员兼管本县黄河工程,主簿一员专管本县黄河工程。邳睢灵璧河营守备一员管辖邳、睢、灵璧三州县黄、运两河工程。睢灵二县黄河南岸把总一员专管汛地,上自徐州界起,下至睢宁县余堂埽工止一带工程"。雍正六年(1728),邳睢河营添设游击一员分管淮徐南北,九营守备一员分管睢宁、灵璧二县黄河南岸。②

对于某些事关漕运、盐运、农业大计的河流修防,清政府时常还派出河务专官以加强管理。如乾隆二十七年(1762),上谕"第六塘河修防事宜,向无专设之员,即盐河各坝亦非盐务微员所能相机经理,该督抚可于通省事简同知、通判缺内,移一员驻高家沟适中地方,仍

---

① 乾隆《砀山县志》卷二《河渠志》,《中国地方志集成·安徽府县志辑》(29),第42、61页。

② (清)贡震:《灵璧县河防录·官司》,《中国地方志集成·安徽府县志辑》(30),第104—105页。

应简选能胜此任者奏闻补授,俾专司水利及修防启闭之事,地方水利各员听其调遣,仍归淮徐海道总辖,亦听总河节制,务令宣防无误,而蓄泄合宜"。①在下河地区,原先不属于河务管理。水利一般由盐政部门、地方官兼管。如乾隆元年(1736)二月,"两江总督赵宏恩题准白驹场南中北三闸相隔窎远,令白驹场大使管理二闸,安丰司巡检管理一闸,盐城县石砬口一闸归盐城县县丞管理,兴化小海场一闸归小海场大使管理,泰州草堰一场归草堰场大使管理,丁谿场一闸归丁谿场大使管理,廖家港、草堰口二闸归新兴场大使管理。又王家港、新洋港两处海口,每处应设犁船二只、混江龙二具,每岁春秋二汛,拖刷二次,每次以十日为率。王家港犁船、混江龙责成泰州州同管理,新洋港责成盐城县县丞管理,仍令东台同知督令地方官公同实力拖刷"。②乾隆十九年(1754),"部咨军机处覆准侍郎嵇璜条奏河工事宜疏:内查下河一带为运河下游各闸坝减泄之水,俱由兴化、盐城、泰州等州县地方分流入海,全赖河道深通,堤工稳固,方不致有淹浸之患。是以从前设立东台同知一员,责令管理河道闸座、范堤工程,仍归淮扬道统辖。惟是通泰盐场俱在下河,一切闸座之启闭,河道之深浅,均宜随时酌办,且海口各闸半由场员兼管,遇有修浚,多系动支运库银两,两淮运使亦与有责成。嗣后,下河水利应令两淮运使协同淮扬道一体兼管,凡修浚事宜,淮扬道会同运使通详听督臣、河臣、盐臣会商料理,毋庸另设道员,以省经费,运使兼管下河水利自此始"。③乾隆二十六年(1761)六月,工部议覆两江总督高晋疏称,"安丰巡检司所管大团闸一座,相距九十余里,难以遥制,应请将大团闸归并刘庄场大使就近兼管,而各闸员向隶河工者并听盐政衙门兼辖,以专责成"。④但由于下河乃漕河泄水入海之所经,所以

---

① 嘉庆《高邮州志》卷首《恩纶》。
② 嘉庆《两淮盐法志》卷九,《转运四·河渠》。
③ 嘉庆《两淮盐法志》卷三十二,《职官一·制官上》。
④ 嘉庆《两淮盐法志》卷九,《转运四·河渠》。

事关漕运安危,于是从康熙年间开始,清廷就向通州、泰州、如皋、兴化和盐城的治所派任河务官吏,此举的理由是需要对下河水道进行更加密切的管理,这起到了将大运河以东的大多数县级行政区纳入河务管理范围的效果。然而,下河地区河务当局的权威很弱,原因部分在于整个河务管理的某些特征,部分在于河务当局在下河的存在受到了某些限制。比如,河务当局与普通机构的区别不如盐政当局那么明显。它在结构上被纳入地方行政系统当中,其级别包括同知、县丞、主簿以及更低级的人员,他们都有具体的河务职责。在黄河、大运河一带任职的普通地方官员,也承担着繁重的河务职责。在下河地区,河务官员并没有什么实力。他们的数量很少,每个县级行政区只有一个职位,而且他们多为"佐杂"——品级很低甚至是无品级的官吏。仅有一名官员的品级高于县丞。此外,与河务系统的主导部门相比,他们没有常备夫役作为支持力量。这意味着河务官吏不得不依靠地方官员来征募人力,承担疏浚和堤坝维护工作。毫不奇怪的是,尽管相关记载证实了下河地区在整个18世纪一直设有河务职位,但这一时期的文献很少提到他们的职责和活动。乾隆后期,出现了地方行政部门角色扩展以及地方职责与河务职责合并的趋势。1765年对淮扬道、淮徐道重新分类,地方职责被包含进来。同年,两江总督——地方行政部门的最高长官——被授予江南河务最高指挥权,1783年,原先一直与总督同级的河道总督,其品级被降了两级,从原先的从一品变为从二品。乾隆时期官僚机构重组背后的一个因素,乃是想避免各个管理系统之间的冲突,并协调水利与河务目标。另一个因素无疑是想控制水利管理成本的不断攀升,后者通常被归结为河务官员腐败之故。①

　　进入民国以后,设全国水利局,司水利事务。1915年1月,政府通令各省设立水利分局,当时河南省因财政奇绌,议就省长公署先

① ［澳］安东篱:《说扬州〈1550—1850年的一座中国城市〉》,李霞译,李恭忠校,第145、147页。

设立水利会,俟经费稍裕,再行设立专局,各县亦饬设立水利分会。1919 年,经督军兼省长赵倜,饬财政厅就卖当契正税附加 20%,作为水利教育的款,以三成归水利局,约计每年收入在 6 万元以上。查照前案筹设河南水利分局,将省长公署附设之水利会取销。1920 年 1月,河南水利分局成立。1921 年 7 月,开办水利工程测绘养成所。1922 年 4 月,以实业厅长兼署水利分局局长,缩小水利分局范围,裁减经费,每年经常费改为 5000 元。1923 年 2 月,改各县水利分会为水利支局。1927 年,河南省政府成立。8 月,政务会议决议将河南水利分局改为河南水利局,局长一职仍派专员充任,以专责成。各县水利支局取销,择其河流较大、水利较多处所,联合数县设一分局,其不重要县分暂不设置。10 月,河南水利局成立,局长由建设厅委任。遵照原案筹设水利分局 48 处。"三成水利经费因教育界争执,旋奉省政府令,以三成之六归水利费,三成之四仍归教育费"。1928 年 4月,"又经省政府政务会议议决,凡两县以上之水利分局仍旧存在,单独一县设立者取销,该县应办水利归各县建设局接收"。[1]在河南省 48 处水利分局中,属于淮河流域的甲等水利分局有开陈中水利分局(开封、陈留、中牟三县联合设立,办公地点在开封)、扶鄢尉水利分局(扶沟、鄢陵、尉氏三县联合成立,办公地点在扶沟)、郑荥河阳汜水利分局(郑县、荥泽、河阴、荥阳、汜水五县联合设立,办公地点在郑县)、临许郾水利分局(临颍、许昌、郾城三县联合设立,办公地点在临颍)、信罗水利分局(信阳、罗山两县联合设立,办公地点在信阳)、光潢水利分局(光山、潢川两县联合设立,办公地点在光山);属于淮河流域的乙等水利分局有太通水利分局(太康、通许联合设立,办公地点在太康)、睢杞水利分局(睢县、杞县联合设立,办公地点在睢县)、新洧长水利分局(新郑、洧县、长葛联合设立,办公地点在新郑)、禹密水利分局(禹县、密县联合设立,办公地点在禹县)、商

---

[1] 民国《河南新志》卷十一《水利》,河南省地方史志编纂委员会、河南省档案馆整理:《河南新志》,第 687—688 页。

宁水利分局(商丘、宁陵县联合设立,办公地点在商丘)、夏永虞水利
分局(夏邑、永城、虞城联合设立,办公地点在夏邑)、鹿柘水利分局
(鹿邑、柘城联合设立,办公地点在鹿邑)、沈项水利分局(沈丘、项城
联合设立,办公地点在沈丘)、南鲁水利分局(南召、鲁山联合设立,
办公地点在南召)、叶舞方水利分局(叶县、舞阳、方城联合设立,办
公地点在叶县)、唐桐水利分局(唐河、桐柏联合设立,办公地点在桐
柏)、汝确水利分局(汝南、确山联合设立,办公地点在汝南)、西上遂
水利分局(西平、上蔡、遂平联合设立,办公地点在西平)、息新正水
利分局(息县、新蔡、正阳联合设立,办公地点在息县)、固商水利分
局(固始、商城联合设立,办公地点在固始)、临宝水利分局(临汝、宝
丰联合设立,办公地点在临汝)、襄郏水利分局(襄城、郏县联合设
立,办公地点在襄城)、伊嵩水利分局(伊阳、嵩县联合设立,办公地
点在伊阳)、兰考水利分局(兰封、考城联合设立,办公地点在兰封)、
偃登水利分局(偃师、登封联合设立,办公地点在偃师);属于淮河流
域的丙等分局有淮阳水利分局、西华水利分局、商水水利分局。此次
水利分局的设立,不但有专地、专款、专员,各负其责,而且“各河流
以改并各分局,不为县界所牵制,即一水而穷源竟委,统筹合计”。河
南水利局遵省政府指令,按河流设立水利分局,水利局即考察各河
流情形,水利状况,以为划分标准,考查完成后即将原有分局48处
无重要河流县分之水利归建设局,依分局章程办理,此次改并总共
有21处水利分局。此次改并的水利分局虽以河流系统为原则,唯于
数河流经过一县或数县毗连之处,归并一局管理,“且整理河道,必
按河流全部计划,以期上下一致。办理水利亦然,支河与干河一脉相
连,关系尤切。若支干各河分别整治与管理,其窒碍良多;况大半水
利多属支河,更应随干河归一专员整理,以期水利统一而收实效”。
此次设立的水利专局,“所有该区域内一切水利事业俱归该分局管
理,以期事权统一”。按河流设立水利分局的理由是查河流沟渠之区
域,均系天然形势,每有一河流或一沟渠,经过数县者甚多,“必须按
天然区域保管与治理,始能计划统一,而收指臂之效。不然,顾此失

彼,举动掣肘,鲜有能济事者。如开封附近之贾鲁河,于民国六、七年间,即责令沿河各县分段疏浚,因意见参差,方法各异,以致旷废时日,虚糜款项,毫无结果"。独立于建设局,是因为各县建设局管理一切建设,不能兼顾繁而且重要之水利。按河流设立分局,更有独立于建设局的必要。因水利局仅办一县之建设,不能办有关数县之水利的权限和义务。①在商城县,1932 年国民党政府设第三科,司水利工程的审批和修建,并调解民间水利纠纷等。②在淮河流域安徽阜阳县,1935 年,成立县水利委员会,会同建设科管理水利事宜。③在蒙城县,1937 年水利属建设科管理。1939 年,水利属三科管理。在蒙城县还成立了淮河工赈工程总队,县长兼总队长,省派一名工程师兼副总队长,具体办理涡、茨二河堤防事宜,同年 5 月水利改属军事建教科管理。1943 年县淮河赈济工程总队改为防黄工程处,直属省建设厅领导。1949 年 3 月,蒙城县民主政府设建设科管理水利。④

其次,加强对水利工程竣工后的系统管理。如万历二十三年(1595)十月十六日,中牟县知县陈幼学清查出境内可以与民兴利者的河道 196 道,并加以兴工开浚。各工告成后,"流而为河者有所束缚,止而为陂者有所宣泄。即南海子等极大之陂,除釜底凝泉之外,亦每陂涸出地二三十里,其余随地得名之陂且尽成平陆矣"。因担心"河工非有始之难,有始而有终之难也,此后一不加意,而堤防倾圮,沟洫湮塞所必至矣"。所以,陈幼学"为河工计久远",制定了管理规条,"拟合开款申禀,伏乞照详明示施行"。末议、附议规条内容如下:

> 一议得本县小清河为新开诸河所归,此后当雨久水涨时,查有两岸崩塌处,一洗刷之,庶下流不至艰涩,永无他患。

① 民国《河南新志》卷十一,《水利》,河南省地方史志编纂委员会、河南省档案馆整理:《河南新志》,第 696—698、711—712 页。

② 商城县志编纂委员会编:《商城县志》,第 403 页。

③ 阜阳县地方编纂委员会编:《阜阳县志》,合肥:黄山书社,1994 年,第 142 页。

④ 蒙城县地方志编纂委员会编:《蒙城县志》,合肥:黄山书社,1994 年,第 123 页。

一议得南海子为新开马长等陂所归,逼近土城,此后县官应不时巡视,一有壅塞,随即疏通,庶官城民地俱永无患。

一议得新开沟渠,无非行粮之地。今应查河底之地,除豁其粮,摊各该河旁得利人户,庶牟民有河之利,无河之害。

一议得新河两旁,积土成堤,有当建桥以通车行,徒行者恐桥圮,则不从桥而从堤,是壅塞之道也。此后应逐年查修,庶杠梁不至妨堤,而河身不至壅塞。

一议得河沟既通,其中多鱼,村人意在得鱼,往往就河为堤,中留一口,放笼取鱼,于此不禁,亦壅塞之道也。此后应责令各地方逐月具结,如有堵口取鱼之人,即禀县以凭重治。

一议得本县沙冈最多,每遇大风,沙乘风扬,近冈河口最易淤塞,且沙土筑堤亦易坍塌。此后应于各里设一河工老人专直巡河一事,一有坍塌淤塞,即时报官,令近冈人户挑浚修理,庶专任有人而河工可久。

一议得今后县官到任,恐未周知河工原委,忽不加意。似应将今所修诸堤,所疏诸河,并条陈事宜逐一刻石,立于公座之旁,庶触目警心,永永遵行。

一附议得陂水既退,地皆可耕,或患无牛,今应查各被灾有地无牛贫民,给一牸牛,庶生犊不穷,年年获耕。

一附议得近陂有宜稻之地,多苦无种,今应查各被灾有地无种贫民,每亩给稻种三升,庶因时播种,年年获收。

最后,蒙巡抚荆批,"据议甚为详妥,着实举行"。[1]又据乾隆《长葛县志》记载,长葛县无高山深谷,而西北冈阜相接,逶迤东南。境内陂沟众多,历经疏浚,但冈坡地亩悉系硗薄,维正之供多拮据。"小民各自营利,不时堵筑,以致结讼"。雍正五年(1727)间,蒙前制宪批饬,

---

① (明)陈幼学:《河工申文节略》,同治《中牟县志》卷九《艺文上》,郑州:中州古籍出版社,2007年,第403—406页。

洞悉民瘼,前令"恪遵挑筑,始息争端。现不时勘查,而民俱称便"。①

在江苏阜宁县境内"大堤为两岸人民生命所寄,巡逻修守,代有专司,奸民毁堤,盖不常见"。据《南河成案》,只道光元年(1821)高夜烛偷挖陈家四坝堤工,为庙湾营游击邵永疆、知县贺霆举总发究办。咸丰后,"河虽北徙,犹藉以泄伏秋盛涨,毁堤之事虽多,科罚仍严"。据《工料档案》记载,顺治十二年(1655)九月,"芦滩民沈廷仕硬将海防汛月堤顶身覆土,挖运培田,计长三十丈,宽二丈,深四五尺";光绪四年(1878),十套民挖堤取土;光绪十年(1884),张如怀等刨挖马工破碎柴石,钱价瓜分;光绪十三年(1887),马工民曹芝阳将官堤柳草作践;光绪十九年(1893),洲门民司兆聪率众挖取堤工,用车拉运,培其基地,计毁堤 20 余丈。宣统元年(1909),孟工、九十两段民人苏文如变卖工石,挖塘 20 余处。三汊子石工亦被奸民盗卖,"均经责罚究办"。"迨民国裁撤河官,堤身日塌,无复旧规,柴埽石工,拆毁殆尽,且北沙以下居民每因夏间滩水难泄,任意刨切多处,妨碍交通"。1922 年,江苏水利协会会员陈亚轩、薛蚕提案禁止,"函请省长韩国钧令行淮扬道尹查明核办。时台营官地局将黄河大堤护堤及里四外六诸屯地出示放领,水利协会董永成、地方公会代表陈伯盟、县农会会长姚廷相致书水利协会力争","经督署核准,堤身始获保存"。②

在下河地区,"民田全以范公堤为捍卫,堤内皆系民田,堤外皆系车地,取草煎盐。倘遇海潮涨盛之年,全仗此堤方免内浸",但"此堤日久坍损,单薄殊甚,愚民于水涨时,希冀水由外泄,辄挖破此堤泄水,随后虽为补筑,不过取堤根之土虚松填满,又无夯硪,现在决口甚多。堤不过数尺,堤上堤根又为民间葬坟,与无堤等。倘遇海潮涨盛,若无堤,高、宝、盐城各县亦受潮灾"。于是,陈弘谋商于盐臣高恒,并相约春初会勘会奏,得皇上谕旨,动币将范公堤修筑坚固,穿堤外泄水之处层层建闸,以时启闭。"自此以后,外禁挖堤放水,其如

---

① 乾隆《长葛县志》卷一《方舆·山川》。

② 民国《阜宁县新志》卷九《水工志·堤堰》,《中国地方志集成·江苏府县志辑》(60),第205—206 页。

何责成闸官分管保护,亦听河臣盐臣会同商办也"。①

第三,让民间自主管理水利设施。一是对于陂塘一类的小型灌溉工程,则通过设立塘长、塘头自主管理。如怀远境内有郭陂塘,周围 40 里。受凤阳诸山水,经上盘塘入境,流归下盘塘,西入郭陂塘。两盘塘之间筑有龙王坝,坝南有沟设闸,"沟水盛至,则启闸泄盘塘之水,由闸沟北行,过莲花池,以归濠水。水小则闭闸,使悉由龙王坝西行查八店之南,以归郭陂塘焉"。设有东西 12 石门,以备蓄泄;有塘总、塘长司其启闭,灌溉田地数千亩。②雍正十一年(1733),知县李经又修之,复设塘长。在六安,公私塘堰众多,"其要公塘在慎选塘头,逐时修筑";"今六之西北近河,则独畏涝。去河远则忧旱,倍于东南,然陂堰亦多,但欠人工修筑。方今农隙又适水涸,宜遍唤塘头,令劝使水人户及时增修堤坝,田主称事给资,各佃分疆致力塘陂完固,雨雪满盈,灌溉攸赖"。③

二是对于河流堤防工程则通过分段立号,号设老人、小甲,以率众人时时维护。如沙河即颖水,在县北 18 里,自县治西北西华界龙胜沟入境,至县东北周家口交淮宁界约长 50 里,"近河地在九里十三步内者,按地出夫,编成十号,每号管堤五里许,共派夫九十六名,号立老人、小甲各一人,董率夫夫时时培薄增卑,无冲决之患"。④

三是对乡村灌溉或排涝沟渠则设立渠长或沟头老人,以管理之。如道光二十年(1840)制定的河南《密县实颖渠管理规约五条》规定:"实颖渠全长四里,灌田七顷,由杨万辉和他的后裔为历任渠长,管理渠道,负责监督修整";"凡属开渠所占用之地和用水户,由渠长统一注册,渠户不得任意堵水源,不得影响下游浇地";"用水课约,

---

① (清)陈弘谋:《敬请河工未尽事条奏》,光绪《丰县志》卷十二《艺文类》,《中国地方志集成·江苏府县志辑》(65),第 207 页。

② 嘉庆《怀远县志》卷八《水利志》,《中国地方志集成·安徽府县志辑》(31),第 117 页。

③ (清)杨友敬:《复太守高公询州境水利》,同治《六安州志》卷之五十一《水利》,《中国地方志集成·安徽府县志辑》(19),第 421 页。

④ 乾隆《陈州府志》卷四《山川·商水县·沙河》。

浇地户用水,每年每亩稻课二升,麦课五升,按稻麦两季收取,由渠长管理,用于渠道占地费和岁修工程费";"为水渠坚固完整,由渠长负责组织用水户,统一整修加固,确保水渠畅通";"浇地户应缴渠课,与渠户应得稻麦,如有任意短欠,拖延不缴者,由渠长报县官追究"。①又如新蔡县地势卑洼,"兼之洪汝夹流,田禾易被湮没之患。旧制于各乡村疏通沟渠,由港达河,顺导消泄,民受其利焉。自兵燹之后,沃土尽为石田,沟渠水道尽皆淤塞,每遇阴雨连绵,停流积水,一望汪洋,禾黍荡然"。知县吕民服亲历阡陌,遍阅沟渠故道,于康熙二十七年(1688)报上宪批准,"每乡议立沟头老人,共有百余名,各给银牌,一面俾专司沟渠之任,淤者开之,滞者浚之","旧制厘然,庶备水患"。②

四是让水利工程的受益者出资或出夫役管理。如乾隆时兴化县的贡生钱满,居草堰场,"场与小海错壤,各建闸二座,旧苦蓄泄不时",乃于乾隆三十七年(1772)"率其乡人吁有司下令,以三月朔闭闸,九月朔启闸,岁以为常。有田者,亩纳一文供其费。自是小海、白驹、刘庄诸闸,悉以其法行之"。③又如汜水县的魏星五在1913年成立水利公司后,于郑州西北乡南阳地区,测量水势,购地为渠。渠成后,"至于渠道的管理、维修、放水、收费以及沿渠树木管理修整等,都依靠沿渠农民,办法是初买渠地时,买的宽,渠道建成仅用地一半,余下的一半找沿渠农民耕种,谁种由谁负责渠的管理,渠地收入完全归种植者所有,算你护渠的报酬。至于渠道维修,补栽树木需要的费用,都由公司开支报销"。④

一般而言,社会秩序的存在、社会稳定的延续、社会发展的推

---

① 黄祖玮、贺维周主编:《中州·水利·史话》,郑州:河南科学技术出版社,1991年,第85页。

② 乾隆《新蔡县志》卷一《地理志·沟渠》。

③ 咸丰《重修兴化县志》卷八《人物志·尚义》,《中国方志丛书》(28),第1045页。

④ 参见魏树人:《先祖魏星五创办郑州贾鲁河水利公司》,《郑州文史资料》第五辑,第98—99页。

进、社会交往的维系,都离不开纠纷的有效化解,这就需要构建完善的纠纷解决体系。作为纠纷的一种,水事纠纷的发生是不可避免,有纠纷并不可怕,可怕的是没有构建起有效的水事纠纷预防和化解机制。因为评价一个社会稳定程度的基本指标不在于该社会中发生利益冲突的频度和强度,而在于其对现实冲突的排解能力及其效果。淮河流域历史上,国家和地方社会曾通过培育无讼文化价值观、构建民间纠纷调节机制、完善水法制度、加强水利规划和管理等手段和路径,初步构建起了水事纠纷的预防和消解机制,在淮河流域地方社会稳定中发挥过一定的减压阀和平衡器作用。

第二节　水事纠纷解决机制的运行

水事纠纷解决机制的运行主要是指相互联系、相互影响的纠纷解决主体、方式、手段及制度等关系体系作用于水事关系的过程,目的是使遭遇挑战甚至是破坏了的水事关系重新得以规范和调整,从而促进有着不同水事利益诉求的纠纷主体从冲突走向协同、合作、共赢,以形成新的良性水事关系。下面主要就南宋以来淮河流域水事纠纷解决机制运行过程中涉及的纠纷解决主体、方式、措施和原则等问题,进行比较深入的分析。

一、水事纠纷解决的主体

水事纠纷一旦发生,就必须有解纷主体的出现,以调处和解决纠纷双方的矛盾。正如德国环境史学家约阿希姆·拉德卡所说:"人们可以相信,在争夺水的冲突中需要一个权威作为裁度者"。①这个

---

① [德]约阿希姆·拉德卡著,王国豫、付天海译:《自然与权力:世界环境史》,河北大学出版社,2004年,第34页。

争水冲突中的所谓裁度者,就是水事纠纷解决的主体。

确定水事纠纷解决主体是水事纠纷解决机制首先要评估、判断的问题,因为这直接影响着水事纠纷主体的纠纷解决选择权的行使。若以是否涉及第三人为标准,可将水事纠纷解决的主体分为当事人本人和第三人。当事人本人作为水事纠纷解决主体,一般存在于自行解纷方式中。从国家控制的层面看,只要水事纠纷解决的内容和结果不破坏既定秩序,原则上不禁止当事人自行解纷。我们从南宋以来淮河流域水事纠纷解决主体的构成来看,这种当事人本人自行解纷的方式留下来的记载并不多见,而大量存在的则是第三人解纷。当水事纠纷不能通过当事人自行解决而又需维护既定的水事秩序的时候,就必须引入第三人作为水事纠纷解决主体。第三人作为解纷主体主要包括自然人和组织体两大类。

(一)作为解纷主体的自然人

自然人作为水事纠纷解决的主体,存在于作为中间人的调解方法中,一般是指与水事纠纷一方或双方有血缘、族缘、邻里等特定关系而参加纠纷解决的人。自然人作为水事纠纷双方的中间人,可以通过调停等方式提出解决方案,说服水事纠纷双方接受并自觉履行。如江苏宝应县小垛河北上下地面高差很大,由海拔6米到2米上下,排涝时高地水汹涌而下,上下游时常发生冲突。相传有位老人生了两个女儿,一个住在上游,一个住在下游。上游女儿家年年丰收,每次回家都兴高采烈。下游女儿家年年受涝歉收,一回娘家就愁眉苦脸,哭哭啼啼。两个女儿都是老人亲生,为了大家都有饭吃,老人就投资在双涵干渠下面建了一座地龙(地下涵洞),控制下泄流量,使上下游各得其所,大家都承担一定的蓄泄任务,根据上游能承受的能力,为上游排放一定的水量,上游利用天然洼地潴蓄一定的水量。于是形成了灶户荡,生产芦苇杂草,提供烧柴和编织材料,有吃有烧。两个姑娘再回娘家时，都眉开眼笑。①这虽然是一段民间传说，但还是能反映出姐妹俩所分居的上下游存在水事利益冲突，最后经其父亲利用工程调解措施化解了双方的水纠纷。这里，姐妹俩的父亲就是作为水事纠纷解决主体的自然人。又如清代六合县有一年大旱，乡人争水利，毁坏了在朝为官的陈登书家的灌溉工具，佃户以书告之，而他只说"车已毁，但饬工匠修整可矣"。②在朝为官的陈登书知道家人在水事纠纷中吃亏以后，不是以一个纠纷主体介入其中，以帮家人压制纠纷的另一方，而是以一个纠纷解决主体的身份劝导家人息事宁人，就此作罢。

除了亲戚作为居间调处水事纠纷的自然人外，还有一种重要的水事纠纷双方的权威裁度者，那就是乡绅。从理论上讲，绅权自秦始皇废封建、行郡县，确立管理制度起就已经出现，但乡绅作为一个特殊的社会阶层，真正从制度上获得稳定来源和特权保障，并产生广泛的社会影响，则是明清两代的事。③乡绅的地位是通过获取功名、学品、学衔和官职而来的，主要包括官吏、进士、举人、贡生、生员、监生、例贡生等。乡绅作为一个居于领袖地位和享有各种特权的社会集团，承担了若干社会职责，"他们视自己家乡的福利增进和利益保护为己任。在政府官员面前，他们代表了本地的利益。他们承担了诸如公益活动、排解纠纷、兴修公共工程，有时还有组织团练和征税等许多事务"。④其中，开河筑堤和排解水事纠纷是乡绅所承担的重要事务，尽管"在严格的意义上说，绅士一般是不掌握司法权的，但是他们作为仲裁人，调解许多纠纷。有关绅士这类事务的例子不胜枚

①　参见杨学年：《历史水利趣闻三则》，政协江苏省宝应县文史资料研究委员会：《宝应文史资料》第三辑，1985年，第135—136页。

②　光绪《六合县志》卷五《人物志之六·义行》，第51页。

③　参见徐茂明：《江南士绅与江南社会（1368—1911年）》，北京：商务印书馆，2004年，第71页。

④　参见张仲礼：《中国绅士——关于其在19世纪中国社会中作用的研究》，李荣昌译，上海：上海社会科学院出版社，1991年5月第1版1998年1月第3次印刷，第48页。

举,故人们下这样的断言,即由绅士解决的争端大大多于知县处理的"。①如柏晓芹,诸生,居江苏宝应县应家集,"集滨湖,多淤生柴,邻近争攘其利",经柏晓芹倡议,"以柴滩岁入为学子宾兴(即地方官设宴招待应举之士)费,邑有宾兴自此始"。②当然,乡绅代表本地利益时,也可能与官吏发生争执。在某些情况下,绅士利用自己对官府的影响,将自己的意志强加于地方官,如嘉庆十九年(1814),挑兴化县白涂河,"胡令廷锡素优柔,误听人言,激成民变,毁诸绅家"。当时的制军百龄亲诣勘问,兴化县训导曹国安以"家必自毁"二语对之,"制军悟,罪愤事者数人,事乃息"。③但也有一些情况是,绅士凭其地方领袖的地位来达到这一点,地方领袖是他们力量的源泉。如江苏曾有这样的事例,当高邮等县因遭水灾时,两江总督在奏章中说:"在城居民有力之家,例不在赈恤之列"。然而,高邮生员朱恺七却聚众罢市,抬神闹哄公堂、衙署,勒要散赈。④

由上可知,源于个体的差异性,自然人作为水事纠纷解决的主体,其解纷特点在于方式方法灵活而不确定,不适宜制度化,功能一般限于调停和倡议,水事纠纷能否最终解决仍取决于纠纷双方当事人的意思。由于自然人解纷一般不占用国家或社会的资源,所以,可以肯定的是,南宋以来淮河流域许多小规模的水事纠纷中,亲戚、乡绅、邻里作为一种自然人解纷主体,扮演了重要的调处角色,对今天民间水事纠纷的解决尚富有借鉴意义。

(二)作为解纷主体的组织体

"组织体"是自然人组合的虚拟形式,其作为解纷主体与自然人的主要区别在于其虽然依靠自然人开展解纷工作,但该自然人的行

---

① 张仲礼:《中国绅士——关于其在 19 世纪中国社会中作用的研究》,第 60—61 页。

② 民国《宝应县志》卷十五《笃行》,《中国地方志集成·江苏府县志辑》(49),第 236 页。

③ 民国《续修兴化县志》卷十一《秩官志·宦绩》。

④ 《学政》卷七,第 17 页,转引自张仲礼:《中国绅士——关于其在 19 世纪中国社会中作用的研究》,第 53 页。

为归属于组织，即自然人的解纷行为是一种代表行为或职务行为，而后者则以个人名义解纷，名实一致。作为水事纠纷解决主体的组织有国家属性和民间属性两种，国家属性的水事纠纷解决组织享有不依赖于当事人意志的、纠纷的最终裁决权，体现出正式性的特点；相对而言，民间属性的水事纠纷解决组织虽然种类较多，但一般不享有纠纷的最终裁决权。组织体主要有以下三种：

第一，各级行政机关。各级行政机关作为解决纠纷的主体，主要是履行行政裁决、行政调解、行政仲裁等职责；还可以运用说服教育、指导、协调的方式，促成当事人自行和解。在传统社会，国家行政、立法、司法机关并没有严格的分立，司法权依附于行政权、立法权，且统于君权。因此掌握着行政权、立法权、司法权的中央和地方官府，既对包括水利纠纷在内的户婚田土一类的民事纠纷行使着调处和审理的职能，又对国家和地方社会、行政区域、上下游和左右岸，以及交通业、盐业与农业部门之间的水事冲突承担有协调和解决的责任。

传统社会是一个以农为本的社会，而农田水利事关农业发展和国家赋税收入的增长、社会的稳定，因此各级官府都十分重视民间水利纠纷的及时快速审断，目的在不误农时。如《大清会典事例》规定："每年自四月初一日至七月三十日，时正农忙，一切民词，除谋反、叛逆、盗贼、人命及贪赃坏法等重情，并奸牙铺户骗劫客货，查有确据者，俱照常受理外，其一应户婚田土等细事，一概不准受理"，"遇有坟山地土等项及自理案件事关紧要，或证佐人等现非务农，俱仍勘断"，或者"若查勘水利界址等事，现涉争讼，清理稍迟，必改有妨农务者，即令各州县亲赴该处审断速结"。除此之外，所有自理词讼都应"自八月初一日以后，方许听断，若农忙期内受理细事者，该督抚指名题参"。[①]可见，水利界址事关农业增收，有关水利界址的争讼，州县官府受理时不仅不受时间限制，而且还要审断速结。民事田

---

① 《大清会典事例》卷八一七。

土水利一类案件审判前有勘丈程序,"勘丈者,查勘或丈量田地、房屋、坟墓、山场也。"①如霍邱县有胡陂塘即无溪塘,在县东南 35 里,周 16 余里,"日久淤塞,历被豪强侵占"。嘉庆八年(1803),"监生顾明德禀请知县玉勘丈塘身,南北绵亘三里零七分,东西绵亘五里缺二分,划界立堆,有碑"。②田土案件之勘丈,通常由州县官之县丞、巡检、典史等官为之。勘丈时州县官须带画工及丈手,《清代州县故事》曰:"官下乡踏看水灾、旱灾、山场、坟墓、田塘、水路等事,须分户房、工房、刑房、兵房、画工办理。若下乡者,务要分随带画工前去画图,若有丈量之处,带有丈手"。王凤生论勘丈曰:"凡涉控争侵占之案,凭空审断,固恐信谳难成。然亦未可轻易批勘,夫田房水利,尚可勘丈即明,若风水则易于影射牵混"。③汪辉祖《佐治药言》也指出,在查勘田土纠纷时,关键之处"大端有四,曰风水,曰水利,曰山场,曰田界",这"四端"中,田界、水利一望可知,"唯风水、山场有影射,有牵扯,诈伪百出"。④尽管传统社会中的司法权依附于行政权和立法权,统合于君权,司法仅具有中立的外壳,但对于大量存在的包括水利界址纠纷在内的户婚田土之类的民事案件来说,掌握着司法权的州县一级官府一般都能使之和息或者堂断结案。其基本程序是:若境内发生水利纠纷,往往先经州县官批令亲族、绅耆调处,或州县官亲为调处。如果调处不成,再经州县官堂断之后,即可结案。堂断须依律例,律例未规定时,依情理断之。如怀远县有泉源塘在考城之南山,"其水四时不涸",但自明末以来当地豪家据之为己有,水利的公益性秩序被破坏,所以经邑侯高廉断定勒石,于是"塘上水利遂均"。⑤

---

① 那思陆:《清代州县衙门审判制度》,北京:中国政法大学出版社,2006 年,第 212 页。
② 同治《霍邱县志》卷之一《舆地志五·水利》,《中国地方志集成·安徽府县志辑》(20),第 26 页。
③ (清)蔡申之:《清代州县故事》,见《清代州县四种》;王凤生:《勘丈》卷一九。转引自那思陆:《清代州县衙门审判制度》,第 214—215 页。
④ (清)汪辉祖:《佐治药言·勘丈宜确》,见张廷骧:《入幕须知五种》,光绪十年刊本。
⑤ 雍正《怀远县志》卷一《山川》,《稀见中国地方志汇刊》(21),第 877 页。

　　对于行政区、上下游左右岸之间的水事纠纷，则更需要一个公正的纠纷解决主体进行公正、合理的调处，以突出水利的公益性和公平性，如此才能使纠纷双方水利均平，最后平息纠纷。南宋以来，每当淮河流域发生州县之间的水事争端时，不少州县官不是局限于自己一方的水事利益，而是以居中调停的纠纷解决主体身份，从大局着眼，尽量说服纠纷双方，避免纠纷的激烈化。如洧川县境内的"贺子坡，巨浸也。此水一决，城郭人民尽淹没，鄢、扶俱受其害，构讼有年，碑禁开挖。有尉棍毁碑，驰禁控有日矣"。正当"洧民彷徨莫措"时，雍正甲辰（1724）来任的洧川知县常琬，不辞勤苦，"阅卷相形，剖陈利害，自上游已其事，洧、鄢、扶三邑民咸感激"。①又尉氏县知县李本聘，端直简严，事持大体。当"洧川欲决河灌尉"时，洧川县令亦姓李，"维桑有涟，偕诣相度，洧士呶呶"，而李本聘"以理折之"，最后洧川士人"辞屈计阻，不壑而鱼，民德而感之"。②

　　对于国家和地方社会、农业和交通、盐业部门之间的水事矛盾，一些地方官也是不遗余力地进行调处。淮河流域是河工、漕运、盐运重地，治河、漕运、盐运以及地方防洪灌溉之间存在难以协调的矛盾。明清官府除了向淮河流域各地派出河务官进行专门的治理外，还特别注意遴选熟悉河务的官员前往淮河流域就职，目的是减少河务、漕运、盐运与地方防洪灌溉之间的磨擦。如雍正四年（1726）四月，河南巡抚田文镜认为，"祥符一邑系附省首县，地方辽阔，事务殷繁，兼管南北两岸堤工，日夜奔驰，与临河他州县不同。若非年力精壮，才堪肆应之员鲜能胜任。在于现任知县内详查，或才具颇优而并未谙练河务，或有曾筑堤工而又非泛应长才，委难其选。查得开封府现任管粮通判万国宏，年力才具俱有可观，亦复熟知河务。请以万国宏调补祥符县知县，庶几首邑得人，堪资料理。再：仪封一缺虽属临河，尚系简僻。查有现任汤阴县知县钱应荣前在宝丰县任内委筑堤

---

① 嘉庆《洧川县志》卷四《职官志·宦绩》。
② 道光《尉氏县志》卷七《职官表·列传》。

工,谙练河务。该员原系调繁补授汤阴;仍请以之调补仪封县知县,亦属人地相宜等情,会详前来,相应遵例题请。如蒙皇上俞允,则开封府管粮通判、汤阴县二缺伏乞敕部铨补施行"。①

正是淮河流域有着一批既熟悉政务又熟悉河务的地方官,以国家和地方社会居中人的角色,从兼顾民田防洪灌溉又兼顾治河、漕运、盐运利益的角度,对频发的水事冲突进行不懈的调解,才使得国家治河、漕运利益与地方民众防洪灌溉利益得以协调,从而保证了国家漕运的畅通和淮河流域地方社会的相对稳定。这方面有很多成功的调解案例。如嘉靖七年(1528)大旱,副使宝应知县闻人诠"悯旱,启闸溉田,转漕不梗,民生以全"。清代刘恭冕注曰:"漕督檄县闭闸,蓄水济运。公不奉命,曰:'民命是甦,获谴无憾。'是岁,旱不为灾,亦不误运"。②杨士骧原为泗州人,因其父官漕督而留居山阳而不归,遂为山阳人。杨士骧由翰林官至直隶总督,因居淮久而以淮安土著人自居,"遇淮人恩礼加厚","官东抚时,淮苦旱,电士骧乞水。士骧即饬属启闸放水,敷栽插,秋大稔"。③康熙二十五年(1686)任淮扬道的鲁超,在"时议挑下河,而民间方需水栽秧,人情汹汹"的情况下,"力请上游得不闭"。④康熙五十六年(1717),张师载出知扬州。"于运河建置诸闸以司启闭,芒稻闸当汛流之冲,宣泄尤捷,商人利蓄水以运盐,请于运使恒闭弗启。入夏,水暴涨,民田漫淹,师载察得其故,径往启之,水泄,田乃有获"。⑤雍正十一年(1733),淮扬大水泛溢。而邵伯埭下有芒稻河闸,"泄水尤要"。时任甘泉县令的龚鉴"冒

① (清)田文镜:《抚豫宣化录》卷一,《奏疏·题为临河地方紧要请定州县调补之例以收得人之效[题通判万国宏等补祥符等县]》,张民服点校,第22页。

② (清)刘宝楠:《遗爱祠赞四章》,(清)刘台拱、刘宝树、刘宝楠、刘恭冕:《宝应刘氏集·刘宝楠集·念楼集卷五》,张连生、秦跃宇点校,第234页。

③ 民国《续纂山阳县志》卷一○《人物》。

④ 同治《重修山阳县志》卷六《职官二》。

⑤ 乾隆《续河南通志》卷之五十四《人物志·列传》,《四库全书存目丛书》(史220),第553页。

雨亲至其地,呼闸官泄之。闸官以盐漕为言,不可"。后在河堤制府嵇公干预下才启闸,"又用君言,定以盐、漕二船过湖需水不过六尺,若过六尺即启闸,无得以盐、漕藉口实多蓄水,为民田患,自是闸水疏通"。[①]乾隆年间,叶均补宝应主簿。"运河闸洞,民田皆资灌溉,水小则闭以济漕,而民苦旱。水大又启以保堤,而民苦潦。均相时缓急,调济有方,公私交利"。乾隆三十一年(1766)夏大水,叶均"以闭闸,为通守所揭"。河督召叶均问其情况,叶均言:"高邮三坝水志不至三尺不开,今水未至三尺,奈何不顾百姓?""河督韪其言,置不问"。[②]乾隆四十七年(1782),"大旱,又以启闭为监司所劾,亦赖河督知君,卒无事"。[③]乾隆四十八年(1783),吴春溁补授宝应知县,"邑故有闸洞,所以利漕,亦以便民。当事者以挽运为急,每四、五月,民田急灌溉时,防遏转甚。春溁至,务在利民,径先启之,然后报。岁甲辰,境内亢旱,终获有秋"。[④]嘉庆年间,江苏兴化县令周际华"以下河多水患,讲求利病,邮河涨,请先开拦江坝,盐务官商以坝开溜急,盐船西上牵曳为难,坚执不肯。际华力争,以盐务所计不过十四里牵挽之资,较七州县田庐场灶之漂溺,蠲免振恤之烦费,亿万生灵之性命轻重奚若?总督林文忠公韪其言"。[⑤]道光八年(1828),王澐任宝应县知县,"是秋,洪湖水涨,灌入运河,大吏促启东岸黄浦各闸,以资宣泄,澐力陈其不可,乃止,秋收赖以全获"。次年三四月间,宝应又发生大旱,本来"邑田之资运河水灌溉者南北且数十里",但管河主簿藉口济运,各闸洞全部闭塞,"索费不赀,合邑嗥晫",王澐为任一方,急民所急,"立赴工所,亲执志桩,测量深浅,酌定六分济运,四分溉田,勒各闸

---

① (清)全祖望:《鲒埼亭集》卷一九,《前甘泉令明水龚君墓志铭》。

② 道光《重修宝应县志》卷十五《名宦》,《中国方志丛书》(406),第 607—608 页。

③ (清)刘台拱:《诰封奉政大夫嘉兴府海防同知前邳州州判叶君墓志铭》,(清)刘台拱、刘宝树、刘宝楠、刘恭冕:《宝应刘氏集·刘台拱集·刘端临先生文集》,张连生、秦跃宇点校,第 21 页。

④ 道光《重修宝应县志》卷十五《名宦》,《中国方志丛书》(406),第 606 页。

⑤ 民国《续修兴化县志》卷十一《秩官志·宦绩》。

洞照式启放。是年亦得以有秋"。①道光十四年(1834),孔传坤任宝应县主簿,探知所辖境内自刘家堡至界首镇,共有四闸四洞,"皆以时启闭,利漕溉田"。道光十九年(1839),运河水势稍落,农田栽插急资灌溉。漕督岩札为保漕运通畅,下令尽行堵闭闸洞,孔传坤却"拒之甚力,不为稍动",后来"重漕临境,水势充足,衔行无滞",这样公私俱得利,漕运和灌溉之间的矛盾轻易化解,"上下乃大悦服"。光绪三年(1877)胡瀛生由进士知宝应县事,次年运河水涨,郎儿闸闭塞,闸下居民因人牛汲饮乏绝,胡瀛生暂行启闸。"巡检黄志融诬禀,漕督发兵莅宝,瀛生察其冤,为告得雪,并慰劳兵士",于是"居民赖以无扰"。②

进入民国时期,行政、立法、司法开始相对独立,行政机关、审判机关作为水事纠纷的主体也相对分立并相互配合、相互补充。往往是行政机关的调解或裁决在先,司法机关的审判在后。民国时期行政机关作为水事纠纷解决的主体,主要是水利主管机构。从纵向看,水利主管机构主要有中央和地方水利机关两大块;从横向看,有专门的水利机关和其他相关的可以解决水事民事纠纷的机关。对于相当一部分的水事民事纠纷的解决,相关行政机关也发挥了重要的作用。1942年7月7日颁布的《水利法》第3条明确规定:"本法所称主管机关在中央为水利委员会,在省为省政府,在市为市政府,在县为县政府。但关于农田水利之凿井挖塘,及以人力兽力或其他简易方法引水溉田,与天然水道及水权登记无关者,其在中央之主管机关为农林部";第5条规定:"水利区关涉两省市以上者,其水利事业得由中央主管机关设置水利机关办理之";第6条规定:"水利区关涉两县市以上者,其水利事业得由省主管机关设置水利机关办理之";第7条规定:"省、市政府办理水利事业,其利害关系两省市以上者,应经中央主管机关之核准。县、市政府办理水利事业,其利害关系两

---

① 民国《宝应县志》卷十《宦绩》,《中国地方志集成·江苏府县志辑》(49),第159页。
② 民国《宝应县志》卷十《宦绩》,《中国方志丛书》(31),第634—635、633页。

县市以上者,应经省主管机关之核准"。①

民国成立之初,中央主管水利事宜者为内务部、农商部,在内务部属土木司,在农商部属农林司。1914年,设全国水利局,关于水利事项,由内务、农商两部遇事协商办理。1927年南京国民政府成立后,水灾属内政部,水利建设属建设委员会,农田水利属实业部,河道疏浚属交通部。1933年,水利建设又改归内政部。1934年,乃以全国经济委员会为全国水利总机关,各部会有关水利事项之职掌,统归全国经济委员会办理。1941年,成立行政院水利委员会接管全国水利,1946年又改组行政院水利委员会为水利委员会。1947年,改为水利部,部内设秘书厅、参事厅、技术厅、水政司、防洪司、渠港司、水文司、器材司、总务司、会计处、人事室、统计室。1949年4月,再度将水利部归并于经济部,改为水利署,旋于8月撤销水利署,仍恢复经济部司建置。就地方水利行政机关来说,民国初年规定各省水利行政由省长公署主持,其中特设省水利处或省水利局,仍受各该省省长指挥监督。其关系重要之各河流域,则特设该河河务局或水利工程处,以负修防道治之专责,仍隶属于省长。1927年,各省水利行政由建设厅主管,各县水利行政由县政府主管,受中央水利总机关之指挥监督。1947年,安徽、山东、河南等省均设水利局,多隶属于省建设厅。江苏省设有江南水利工程处及江北运河工程局。②如尉氏、扶沟、鄢陵、洧川四县洪业河纠纷,事经数载。1935年建设厅派人前往会同各县勘测,并与四县代表达成兼顾各方利益的处理办法,纠纷乃告解决。③郾城、西华两县民众在吴公渠注入颍河的入口地点

① 《民国时期水利法律法规附录·水法》,郭成伟、薛显林主编:《民国时期水利法制研究》,第320—321页。

② 沈百先、章光彩等编著:《中华水利史》,台湾:商务印书馆,1979年,第583、589页。

③ 《一月来之建设·水利》,载《河南政治》五卷十期,1935年10月;《河南省水利局关于处理扶沟县水患纠纷和红叶沟(洪业沟)工程案卷》(1935年),河南省档案馆,档案号:M29-19-0563,转引自侯普惠:《1927—1937年河南农田水利事业研究》,河南大学硕士学位论文,2007年,第54页。

问题上相持不决,历数十年。1933 年冬,省建设厅派员详细勘测,拟定解决原则,交由两县邀集地方绅耆切实办理,水利纠纷始告解决。[①] 又如 1933 年江苏涟水建设局局长王酉亭就针对当时"淮阴以上之黄堤固多被居民耕种,而六汛留守员因属无给职,遂视堤身为私产,凡缴洋二十元者划给堤身六亩,缴洋四十元者划给堤身十二亩,由留守员分别给示,名之曰目兵效用。所有缴价划给之堤身,听凭目兵效用耕种毁挖,名为征收草柳费,实则变相出卖耳。不特往昔险要处之石工被兵丁挖取出售,即堤顶旧制规定二丈宽之道路,亦耕毁至车不方轨,行人摩肩。各县建设局所目睹耕毁情形,加以制止,则各兵丁以续价承领于留守员为唯一理由,一遇洪水暴发,则险炭溃决,比比皆是。彼时所谓保护黄堤之留守员、目兵效用等,以及耕堤之居民,均以自由自作,事先远避。而各县建设局所则以职掌全县水利,不忍坐视溃决,不得已集夫抢堵,夜以继日,迨伏汛期过则又耕毁如故,似此保护黄堤权不统一,隐患实多"的实际情况,提出了"为巩固黄堤,防患未然计,似应将本省境内淤黄河堤一律划归各该县建设局所负责管理,仍由淮郊段工务所所长就近监督。如此则平时修护之事,既已职有专司,不致废弛。纵患起仓卒,亦可随机应变,免酿巨灾"的议案。[②]这说明省建设厅和县建设局在水利管理及水事纠纷调处方面确实在发挥重要作用。

民国时期作为淮河流域水事纠纷解决主体的还有一个重要的全流域管理机构——导淮委员会。1913 年北洋政府就成立有导淮局,以张謇为导淮督办,柏文蔚、许鼎霖为会办,后张謇将导淮局扩充为全国水利局。1928 年,南京国民政府建设委员会设立了整理导淮图案委员会,1929 年 1 月成立导淮委员会,蒋介石担任导淮委员会委员长,黄郛为副委员长。根据 1929 年 1 月公布,后经多次修正,

---

① 河南省建设厅:《河南建设述要》,1935 年,第 19—20 页。

② 涟水建设局局长王酉亭提:《提案·水利类提案·江北各县境内淤黄河堤拟请一律划归各该县建设局所管理以一事权而固堤防案》,江苏省建设厅编委会:《江苏建设》,1933 年第 1 期。

1935 年 7 月 2 日修正公布的《导淮委员会组织法》规定："导淮委员会直隶全国经济委员会，掌理导治淮河一切事务"①，包括淮河流域内的公私土地清丈、登记、征用、整理等处理全权，主要任务是掌管淮河流域测量，改良水道，发展水利及一切筹款、征地、施工事务。1938 年导淮委员会改属经济部，1941 年由行政院水利委员会管辖，1946 年又属水利委员会。1947 年导淮委员会改为淮河水利工程总局，直属于水利部。

我们从导淮委员会的权限以及主要任务，再结合导淮委员会的实际工作来看，导淮委员会在调处流域内水事纠纷方面作用甚大。如 1929 年因三河坝管理权问题皖、苏两省以及两淮盐运使三方之间的利益冲突而起争执。"查洪泽湖三河坝为调节水量之关键，修筑坝工，前清由河督专司，民元以后归淮北运副督饬盐商每年出资举办。按之历来定制，该坝启闭以黄罡寺志桩为标准，水涨至六尺时启放，落至四尺时堵闭"。1928 年"堵筑迟延，致湖水大减，今春江北苦旱，无可救济，酿成巨灾，苏省方面曾经呈请由中央收管，以免误事。奉行政院令，该坝仍按旧制启闭，暂时由皖省确遵办理，苏省徐坝汛修守员亦得随时到黄罡寺察看水志，于水桩及志时，即电呈中央，皖省专局亦同样先行电报，并将起工、竣工日期另行详呈备案，如有延误，即严予惩处"。但是 1929 年"淮水奇小，现据徐坝汛修守员报告，黄罡寺志桩自九月二十六日起，低落甚速，十月五日已降至三尺五寸，而坝仍未堵，似此不按旧制，不特影响苏省灌溉、交通，且与院令亦有违背"。针对此种情况，江苏省建设厅长柏龄"拟请由省政府一面急电淮北盐运使及安徽省政府克日督工堵筑"，"一面将该坝迟堵情形电呈国府，请速催导淮委员会收管，以免一误再误，屡酿旱灾"。②同年，江苏丰县及山东鱼台地方发生水道纠纷，"行政院因据山东省

---

① 蔡鸿源：《民国法规集成》第 34 册，合肥：黄山书社，1999 年，第 16 页。
② 《训令水利局奉省政府训令经提案请堵闭三河坝案经议决通过录案仰查照发原案仰转饬一体知照由》，《公牍·水利门》，《政务报告》，1929 年，第 20—21 页。

政府呈请，令苏省府派员会同勘报，苏省府即转令建设厅遵照办理"。江苏省建设厅则呈复省政府，认为"鲁省西部诸水下注，苏境河道淤塞，年年成灾。近来更因各湖淤垫，大兴垦殖，昔为水柜，今成平陆，水失调节，灾乃益重。夫治水先治下游，以海为壑。古有明训，丰县新河入鱼台西支河，西支河通昭阳湖入运，又平漫入微山湖亦入运，运水分入六塘河，经淮河以归海，此苏鲁水道之大势也。六塘未治，先言大开昭阳、微山两湖相通之水道，是则以苏为壑，有违治水定律。现导淮委员会已告成立，根本治导兼顾通筹，将来下游施工，递及上游，丰、鱼之争，自可迎刃而解。枝节为谋，利害在在冲突，果因丰、鱼局部问题，进而谋利鲁害苏之办法，非特与导淮通体计划，易生凿枘。且在导淮委员会通体计划未宣布以前，苏鲁两省实亦无从置喙，从前两次会商，毫无结果，再行会勘，徒滋争让，无裨实际，似无派员之必要"，于是"请呈覆行政院，将此案交由导淮委员会主持办理"。[①]

另外，导淮委员会要求流域各县及主管机关做好水利争执成案及纠纷未定案件的资料收集和上报工作，说明导淮委员会担负起了调查、调处淮河流域水事纠纷的重要职责。1929 年 9 月 28 日，安徽省政府颁布训令建字第五一三〇号，"训令三河坝工暨颍上等二十县政府(县名同查勘淮沂等河域案)：准导淮委员会函请转令淮系流域各县及主管机关，节录水利争执成案，或现当纠纷未定案件，迳呈本会等因，令仰遵照由"。[②]1932 年 3 月，江苏萧县和安徽宿县围绕龙岱两河筑堤开河发生激烈冲突，"两省政府恐酿成惨剧，一面双方饬令停工，一方请导淮委员会派员履勘濉河，作根本解决办法。遂由省政府及导淮委员会，各派专员前往会勘"。12 月，又由两省政府及导淮委员会，共同派员组织测量队，将龙岱及濉河，精密测量，为将来浚治该河之标准，因测量经费之磋商。至 1933 年 9 月，始行妥协，方

① 《苏鲁两省边境水道纠纷》，《申报》1929 年 10 月 26 日，《申报》第 263 册，第 747 页。
② 《论著·水利门·令勘节录水利争执成案案(一件)》，《安徽建设》1929 年第 10 期，第 62 页。

开始实地测量。至1934年2月，测量完毕，经时5月，耗费7000余元，苏皖两省各出2300元，"余由导淮委员会垫支"。还有就是1932年的"江淮水利测量局调查濉河情形根本解决肖宿水利意见书"中也提到了导淮委员会的调处水事纠纷的职责："查睢河为淮河最大支流，立导淮计划第一期有疏治睢河一部，兹值萧、宿两县发生惨案之后，应请淮会担任经费一部，并提前测量计划，疏浚该河，以免续起冲突"。[①]1932年9月末，鲁省治运，铜、沛县派代表赴京，向导淮委员会请愿，要求：废除两省代表前在京决定之六项治标办法；速召两省负责专员实施会勘；会勘时准地方代表加入供献意见。经该导淮委员会刘科长接见，表示接受，并允从速召集两省专员实地会勘。[②]

第二，各级审判机关。诉讼和审判实际上是解决水事冲突最后的、最权威、最正规的救济手段，所以审判机关是淮河流域水事纠纷解决最为重要的主体，它运用国家权力并以国家名义对纠纷作出裁判，表明国家对水事纠纷的最终态度并以国家强制力确保这种态度的实现。在传统社会，审判机关在中央有刑部、大理寺、都察院"三法司"，而地方各级政权的行政与司法是完全一致的，地方司法职能主要依托省、府、州县三级政府，所谓"今夫狱治于州县，定于府厅，覆于司道，成于抚按，而后闻之上，覆之法司，而狱治决"，"刑名之职掌，系重且严矣"。[③]民国以来，审判机关几经变革。北洋政府时期，审判机构设置采取四级机构，行政诉讼分立的原则。大理院为国家最高审判机关，大理院下设民事庭和刑事庭，分别审理民、刑事案件。地方审判厅设于较大的商埠或中心县，分别设置民事庭和刑事庭。武汉国民政府时期，审判机关改称法院。中央设最高法院和设于省域的控诉法院。地方法院设县市法院和人民法院。南京国民政府时期，国民政府下设司法院，作为国民政府最高的司法机关，下设各审

---

① 萧县水利志编辑组：《萧县水利志》，第100、35页。

② 《苏鲁治运纠纷》，《申报》1932年10月2日，《申报》第297册，第38页。

③ 《皇朝经世文编》卷九三，《〈洗冤集录〉合刻序》。

判机关,分别行使司法审判权。县、市设地方法院,省设高等法院,首都设最高法院。另外,民国时期行政法院的设立,对于解决那些行政争端与民事纠纷纠缠不清的水事案件,提供了诸多方便。①

第三,民间组织。我国历来以农业为本,水利对农业发展的重要性不言而喻,为着防洪灌溉,淮河流域民间时常发生水事纠纷。而国家对经常发生的小规模水事纠纷往往感到鞭长莫及,力不从心,所以除非发生重大命案或者争持不下,国家才会以仲裁者的身份被动介入。因此,在淮河流域大量存在小型农田水利,往往都有民间自行组织和管理,水事纠纷也多由民间社会自行调解。如1913年,汜水县魏星五募集股金银元7万元,组成水利公司,呈县司达部核准册,于郑州西北乡南阳地区,测量水势,购地为渠。水利公司在开发沟渠水利时,因经济利益不一致而形成的水事纠纷不断。该水利公司就是通过说服、给予经济利益补偿等办法,化解了不少水事纠纷。②1916年,兴化县"淫雨溃田圩,争讼者日数十起,县署悉委农会调解",时任兴化县的农会会长郑希曾"苦口息争"。③南京国民政府成立后,国民党党部领导的民运组织,"农、工、商、渔、教育、青年、妇女各人民团体次第成立,复由各民运团体中分组各业公会,民众运动由是兴起"。有关公益事业,"靡不悉力以赴",如1930年"御卤交涉",尤为显著。④1929年,河南成立水利工程委员会。根据《河南水利工程委员会组织法》:该会设总务股、调查股、测量股、工程股四股。其中调查股掌管调查河渠、井泉及一切水利事宜;测量股掌管测量及计划一切水利工程事宜;工程股掌管设计、督修一切水利工程事宜。"本会以振兴水利、防止水患、永久免除全省旱涝裉灾为宗旨"、"本会由河南省政府建设厅、河务局、测量局、水利局共同组织之"、

---

① 参见郭成伟、薛显林主编:《民国时期水利法制研究》,第204—208页。
② 魏树人:《先祖魏星五创办郑州贾鲁河水利公司》,《郑州文史资料》第五辑,第99页。
③ 民国《续修兴化县志》卷十三《人物志·义行》。
④ 民国《续修兴化县志》卷十《党务志·附属团体》。

"本会地址暂设河南省政府"、"本会不另设分会,但凡遵照省政府颁布河南省水利协会章程设立之水利协会，皆受本会之指导监督"、"本会设正副委员长一人,委员若干人,由省政府委任之"。每股主任、办事员由委员长于建设厅、河务局、测量局、水利局及本会会员中选任。建设局、河务局、测量局、水利局及其附属机关并各县水利协会职员为本会当然会员,各县县长均为本会名誉会员。本会于每年二月一日、十月一日各开全省水利运动大会一次,由各县县长、建设局、水利局、水利协会共同举行之。二月间开水利会时,应将前年十月至本年二月各处所办水利情形及其利弊并改良计划分呈本会,以凭审核施行。十月间开水利会时,应将本年二月至本年十月各处所办水利纠葛及困难情形分呈本会,以凭解决。①

二、水事纠纷解决的方式

以历史学方法为基础,借鉴社会学、法学的纠纷解决机制理论,对留下的大量有关淮河流域水事纠纷历史文献进行梳理和解读后发现,南宋以来淮河流域水事纠纷的解决也存在两大方式,即诉讼解决方式和非诉讼解决方式。

（一）非诉讼解决方式

非诉讼纠纷解决方式（Alternative Dispute Resolution）,也叫"替代性（或代替性、选择性）纠纷解决方式"、"审判外（诉讼外或判决外）纠纷解决方式"或"非诉讼纠纷解决程序"、"法院外纠纷解决方式"等,是指诉讼以外的非诉讼纠纷解决程序和机制,包括协商、调解等。

首先,相互协商和多方会商的解决方式。纠纷主体之间通过协

---

① 民国《河南新志》卷十一,《水利》,河南省地方史志编纂委员会、河南省档案馆整理:《河南新志》,第726—729页。

商、会商方式以解决争端,是一种古老的纠纷解决方式,在原始社会就已经有之。原始社会虽然是一个无阶级的社会,但也存在争端和纠纷。这些纠纷和争端的解决办法主要不是诉诸武力,而是靠协商调解。恩格斯指出:"一切争端和纠纷,都由当事人的全体即氏族或部落来解决;……在大多数情况下,历来的习俗就把一切调整好了"。①南宋以来淮河流域所发生的很多水事纠纷,也是通过纠纷双方相互协商或多方会商解决的。

一是双方协商解决。如淮河流域很多挑河纠纷,多依靠相邻行政区的地方官齐心协力、共同协商而最终解决之。明嘉靖年间的上蔡县令刘伯生见上蔡县北40里许的华陂镇(即古之鸿隙陂)"岁既久,故道尽废,水利淤塞,每大雨至,辄腾涌而出,飘荡田禾,倾覆室庐。即霁后,经旬月,亦无可耕处,民之苦昏垫者,盖亦百余年于兹矣"的水患为害镇民的严重状况,于嘉靖四十四年(1565)上任之初就"于故牒中得镇民赴愬状,即为之请于诸监司。诸监司无不雅重侯者,咸可之。复檄陈州守崔君共其事,盖蔡邻陈,陈固水所经也。陈豪民多异议,侯力排之。于是画经界,度地势,诹吉鸠工,毅然为疏浚计",最后"甫逾月,告成功,沟洫辨,故道通,水由地中行矣"。上蔡县此项水利工程涉及相邻的陈州水事利益,刘伯生不是私下挑浚,而是启动了协商模式,先上报各监司,得到上方的认可和支持,然后发檄文于相邻的陈州太守,以求得对方的理解和支持。在关系基本理顺的情况下,即使有陈州豪民多持异议,水事矛盾也难以趋于激化,刘伯生"力排之",最后工程得以顺利完工。"居顷之,雨大作,浃旬始休,郡诸邑无不遭湮没者,是镇独晏然无所损"。②这是一则成功的以协商方式解决行政区之间水事纠纷的典型事例。另外,刘伯生在任上蔡县令时,还因"蔡地平衍,西华、商水间数十里水潦害稼,岁常汪

---

① 《马克思恩格斯选集》第4卷,北京:人民出版社,1972年,第92页。
② (明)冯善:《刘侯除华陂水患记》,康熙《上蔡县志》卷十五《艺文》。

洋"，乃"条上其状，约三邑各以其时修堤防，有成绩可考也"。①

清同治五年（1866），王葆昌任江苏丰县知县，因丰县"自咸丰初困于水，南境沙垫增高，自城以北逐渐而下，夏秋淋潦，尽北境成泽国"事而担忧，乃"循泡河故道，自附郭里许施功，曲折五十余里，入山东鱼台县界，并商诸鱼之官绅，接连挑浚，直达昭阳湖，而积潦得所宣泄"。②光绪十四年（1888）任东平知州的许祺，见"州多水患"，"筹思患预防，汶河决口地在汶，而东平受下游之害，因之累岁未堵"，乃"身力倡东、汶协修，两境均蒙其惠"。③

民国初年，淮阴县大兴水利。据一市保卫六团团总范焜怡详称，"窃因挑挖水道，无知农民恒多固执，以致迟延，业经函请饬委会同督率在案。至于职团下接淮安，恐碍水线，势难顺率，亦经详奉知会磋商办理，各在卷。惟与淮安接壤之处，就其形势，约经审度，只得仿照原有水线，顺势利导，庶得汇归就近河流。该处旧有古堤一段，石桥一座，亦拟仿其旧制，重事修补，而该段农民闻颇赞同，所需修造费用并愿乐输微款，以补公益之不足。讵有淮安民人苏锦华不职利便，出为妄阻，当经邀董详予开导，伊竟固执，请即派员协同查勘，劝令照办等情。据此查该团为两县交界处所，凡关于地方公益事宜，自非联合商办，不能推行无阻，曾于一月十五日咨请贵前知事马谕饬团总邱怀璋、段董杨开、刘占元会同筹办在案。兹据前情除批示外，合呕查案咨请贵知事，希即查案，谕饬该团总、段董等会同本邑一市六团团总范焜怡，按界查办明白。如实与水利攸关，即严饬苏锦华毋得阻扰，以重公益"。④

二是多方会商解决。因淮河流域跨苏、皖、豫、鲁多省，行政区划

---

① 康熙《上蔡县志》卷九《人物志上·名宦·明傅凤翔刘伯生合传》。
② 光绪《丰县志》卷四《职官类下》，《中国地方志集成·江苏府县志辑》(65)，第65页。
③ 民国《东平县志》卷九《宦绩》。
④ 《文牍第一市·饬委一市总董周寿龄会同第六团督催工程文》，1916年4月，赵邦彦：《淮阴县水利报告书》。

边界与水系边界的不一致矛盾十分突出,而河流疏浚则事关全河上下游的复杂关系,因此行政区之间、上下游左右岸之间的水事纠纷时常发生。此时,仅靠纠纷主体之间的协商是难以协调一致的,需要一个更高甚至是国家最高统治者的权威协调者置身利害之外,出面把事涉多方的纠纷主体协调一致起来,以减少乃至最终化解纠纷。正如同治《续萧县志》所说的,"伏思水性就下,导之则畅流无滞,遏之则壅塞滋虞。凡议浚河渠者,总以预辟下游去路,使水有所归,为第一要义。减、洪、濉三河分隶江、皖、豫三省境内,名虽别派分支,实则相为表里,一脉流通。疏浚之法,由下而上易为力,自上而下难为功。永踞减河之上源,宿在洪河之下游,萧则居永、宿之间,宿议挑而永不挑,则利于下,无害于上,萧亦未尝无利;宿未挑而永不挑,则利于上,必害于下,萧更因之受害。况泗又居濉河下游,去路阻遏,水无所归,泗民不愿宿、灵遽挑濉河,与萧民不愿永、砀先挑减河,同一情形也。愚以为兴举大役,原应置身利害之外,而通筹全局,尤当设身利害之中。似此河道工程攸关三省农田水利,宜先注意于濉河下游,力为其难,而不必亟于上源求效,致有以邻为壑之嫌。俟濉水去路通畅,再行溯流而上,节节施工。庶探本清源,一劳永逸,百年之利赖,有资三省之讼端胥息"。[①]

对于省级行政区上下游之间的水事纠纷,一般由其上级政府出面主持与事涉各部门、各省官府共同会商解决。如乾隆元年(1736)五月,"谕总理事务王大臣,朕闻河南永城县地方,于本年四月内,黄水忽发,从江南砀邑之毛城铺闸口,汹涌南下,将申公堤、祝家水口冲坍,并东首古堤亦坍二缺,潘家、道口等集一带,平地水深三五尺不等,虽未损伤人口,而二麦被淹,房屋亦有倾圮者。朕已切谕豫省巡抚等,将被水民人加意赈恤,毋令失所。外查潘家、道口一带地方,年来屡遭水患,自应急为疏通,为又安百姓之计,但此水下流,多在

---

① 同治《续萧县志》卷五《河渠志·川渠》,《中国地方志集成·安徽府县志辑》(29),第617—618页。

江南萧、宿、灵、虹、睢宁、五河等州县,今若止议挑浚上源,而无疏通下流之策,则水无归宿之区,仍于河渠无所裨益。著河南巡抚富德会同江南总督、总河各委贤员会勘明确,公同妥议,速行办理,务令水害永除,间阎安堵,以副朕为民防患之至意"。①又"谕总理事务王大臣,沿河之道,在其因势而利导之,司河务者必将全河形势,熟悉胸中。堤防疏浚,在在得宜,始可以行所无事而致安澜之庆也","惟是河流日久变迁,旧险既去,新险复生,其间防浚之宜,有病在上流,而应于下流治之者;有病在下流,而应于上流治之者,必须通局合算,同心办理,庶无顾此失彼之忧。若河臣于南北形势未能洞悉,遇有开河筑堤等事,或至各怀意见,彼此参商,则上游下游,必有受弊之处,所关匪细。徐州府当南北之冲,为两河关键,最为紧要,现设南河副总河,应著移驻徐州,以专督率。如两河应有会商事宜,就近可与南北河臣公同踏勘,应开浚者即行开浚,应堵筑者即行堵筑,毋得推诿,亦毋得掣肘,于河务似有裨益"。②乾隆四年(1739)八月,"复命江南、河南大吏,合筹蓄泄事宜。……查豫省地方,淮、颍、汝、蔡诸水经纬其间,凡旧有河道俱达江湖,第或因故道被湮,或无支河导引,是以水无容纳之区,势必旁溢,下有壅塞之处,涝即难消。闻抚臣尹会一现在檄令各属勘估兴修,但愚民无知,上游方事挑浚,而下游填实阻拦,仍至水无去路,于事何益? 著抚臣尹会一、河臣白钟山、布政使朱定元细心熟筹,专委管理河道、明晰水利之大员,亲看全局,通盘计算,务使一律疏浚深通,毋令各分疆界,稍有阻滞。再豫省之贾鲁河,原由江南地方全注入淮,是庐、凤等处,即豫省之下流也。此时现有钦差大臣,兴修庐、凤河渠,亦当同为留意。从来疏浚河道时,上游十分用力,而下游百计阻扰,各处人情如此,不独豫省为然。是在封疆大臣,洞悉其弊,勿为所欺,庶几原委畅流,永无泛滥之患。该部可

① 《高宗纯皇帝实录》卷十八,乾隆元年(1736)丙辰五月丁未条,《大清高宗纯(乾隆)皇帝实录》(一),第488—489页。

② 《高宗纯皇帝实录》卷十九,乾隆元年(1736)丙辰五月壬子条,《大清高宗纯(乾隆)皇帝实录》(一),第492—493页。

将朕旨即行文豫省,并有河道之各省督抚知之"。①同年九月,河东河道总督白钟山奏,"遵旨筹勘淮、颍、汝、蔡诸水,派委能员查明孰为故道,孰为支河,应挑应浚事宜。至贾鲁河下游,系江南地方,现在咨会钦差大臣商办,务期两利无害"。②乾隆八年(1743)十二月,"工部议覆河南巡抚硕巴疏称,归德府属之永城、鹿邑及陈州府属之淮宁、西华四县,频年被水,总由界连江南,事关两省,疏浚之事,格碍难行,令酌疏通之法,其壤接江省者移咨会商,其水道在豫者,先行开浚。查永城一县与江南砀山、萧县、宿州毗连,其县境北隅有洪沟河一道,上接砀邑毛城铺,减黄河之水,注宿州之睢河而归洪泽。其上游砀、萧二县境内又有蒋沟河、巴河二道,以分洪沟泻黄之势,亦由萧邑汇归睢河,自蒋沟年久沙淤,又将巴河堵闭,毛城铺减下之水尽归洪沟,不能容纳,以致黄水漫溢,永邑屡被其灾。又该县城北另有巴沟一道,西接虞城、夏邑之水,东亦达于睢河,因下游宿州翟家桥地方中隔沙礓,不能下泄,遂致沟身淤垫,淫潦为害。……永城又有王家古沟一道,在洪沟河西,因黄水漫溢,淤为平陆,应循旧迹开通。又淮宁县境内有濯河一道,起自该县洪山庙,下至范家桥入鹿邑县境,即为黑河,直达江南之太和县,两邑之水,俱藉此二河宣泄。近年濯河淤垫,黑河底浅岸低,每遇大雨时行,即致泛涨。又鹿邑县清水河,亦起自淮宁,下达江南之沘河,河身亦甚浅窄,应将濯河挑浚宽深,俾上流通畅"。③

对于县级行政区之间的水事纠纷,则可以由水事纠纷涉及的河流上下游各县的上级省署出面进行会商,以达成一致。如安徽阜阳地处河南上蔡、项城、沈丘三县的下游,道光九年(1829)河南上蔡、

---

① 《高宗纯皇帝实录》卷九十九,乾隆四年(1739)己未八月壬辰条,《大清高宗纯(乾隆)皇帝实录》(三),第1536页。

② 《高宗纯皇帝实录》卷一百一,乾隆四年(1739)己未九月癸酉条,《大清高宗纯(乾隆)皇帝实录》(三),第1578页。

③ 《高宗纯皇帝实录》卷二〇六,乾隆八年(1743)癸亥十二月甲子条,《大清高宗纯(乾隆)皇帝实录》(五),第3034—3035页。

沈邱等县拟大加兴挑杨、包等河,并拆蒋湾坝及各桥座,一律深广,使众水直注阜阳。阜阳举贡生监连鼎彝等以"泉河河身浅窄不能容,泄则阜境附近泉河一百余里,田畴庐舍皆淹为泽国"为由,"公恳详委勘救"。颍州知府督同阜阳县令确勘此事属实,"据情录案,详明各宪"。经查从前上蔡等县详请议挑包、杨等河,"经前府县禀,蒙河南各宪以疏通水道原所以利济百姓,必于下游地方均无妨碍,方能举行。又令将常家营作为坡塘,以泄积水,使上游之水至此稍为停蓄,则去势缓,而下游亦受其益。先后咨明,批饬在案。是河南各宪为下游阜、颍筹划至周且备。今上蔡等县,现又将杨、包、泥各河大加疏浚,则上游之蔡、项获益无多,而下游之阜、颍受害甚巨,且恐纷纷争竞,别滋事端。兹据各士民环吁禀陈,益知豫省已开工兴挑,理合查叙原案,益屡陈地方情形,具文详请核咨,饬将现挑之杨、包等河暂行停工,遴员会勘,通筹妥当,再行议等情。嗣奉两江阁都部堂将批查上蔡等县挑挖杨、包等河,曾于道光五年咨准河南抚院咨覆,俟委员查勘无碍,再行移咨安省委勘筹办在案。今复议开挑,自应公同会勘,通盘筹议,以期下游无碍。已据详咨请河南抚院,饬令暂行停工,遴委员会勘酌办。仰安徽布政司即饬该府县遵照,俟豫省委员订期会勘、筹议详办等因,又奉安徽巡抚部院邓批仰布政司,饬候据详移咨河南抚院暨阁都部查照,该司仍即飞移河南藩司迅速查照办理毋迟等因亦在案"。最后,"河南抚宪杨咨开查河道水利,民瘼攸关,上、项、沈三县地居阜阳上游,河道淤塞,则水不下注,豫境有淹浸之患。挑挖过当,建瓴而下,亦与阜阳田庐有碍,必须略为浚导,不使大加宽深,俾上游无碍,下游无损,方为尽善。已委员携同阜阳举人,上、项、沈三县勘明,议请照旧办理,批司饬遵,毋庸两省委员会勘等因,各到府奉此"。[①]可以说,这也是一宗通过事涉的多方会商以比较成功地解决跨省上下游水事纠纷的典型案例。又据《光绪五年阜阳县

---

① 道光《阜阳县志》卷二《舆地二·古蹟》,《中国地方志集成·安徽府县志辑》(23),第49—50页。

修筑傅堤成案》记载,河南省拨款将安徽阜阳县上游之包、泥、茅三河开宽浚深,行见上蔡县山水以及七十二湖水汇聚,直冲上蔡境内的傅堤(又称傅家大路,主要障包、泥之水,是河南沈丘县、项城县和安徽阜阳县的重要防洪屏障)。在光绪四年(1878)时,傅堤就屡经上蔡县民扒决多处,"今又为群水之冲,是该堤较前加倍吃紧"。傅堤泛溢"由蔡而项、而沈、而阜,则阜邑之患为最大,是以阜民屡请帮工修筑傅堤","惟堤在豫境,若听阜民自携畚插前往兴工,恐滋衅端"。因此,跨省水事纠纷的阜阳县一方建议:一方面"应遴派明白晓事绅董,越境督夫开工",另一方面"应请转咨分饬汝宁、陈州二府,转饬上蔡、项城、沈邱三县,将阜邑加修傅堤缘由传知绅民,毋得阻挠为要"。因兴工之地在上蔡境内,"其居蔡地之湖民,贪湖地无税,自不愿傅堤规复旧制,又与阜民前有讼嫌,今阜民裹粮负版而往,难保无恃众喧争情事",为保证隔境兴工得以顺利进行,"应仍请委干员前往弹压"。光绪六年(1880)正月,阜阳县的这一解决方案得到了府、省的批准。[①]可见,转详咨商的解决方式在这一跨省水事纠纷解决过程中得到了很好的运用。又如1918年在安徽泗县和江苏泗阳县交界处的安河东岸顾家勒冈发生了跨省水事纠纷,"查此案,一再具呈,迭经电省电泗,勒令尹元汉停工在案"。1919年,"经苏省、皖省及泗阳县、泗县、江北运河工程局会商结案"。[②]

其次,民间调解和行政调解的解决方式。调解是一种比较普遍的、灵活的、可以节约纠纷解决成本的古老纠纷解决方式。通常情况下,当各种民事纠纷发生时,最先启动的解决程序是协商或调解。调解可以分为民间调解和行政调解两大类。在传统乡村社会,一般设有乡约、地保、保正。如兴化县城厢共29总,各设乡约1名,地保1

---

① (清)冯煦主修,陈师礼总纂:《皖政辑要》,《邮传科·卷九十七·水利》,第886—887页。

② 民国《泗阳县志》卷七《志一·山川·安河》,《中国地方志集成·江苏府县志辑》(56),第251页。

名,大总增设保正1名。①乡约、地保、保正以及乡绅、亲邻皆可充当纠纷的调停人,是故,传统乡村社会中的村庄社区、宗族、亲邻调解机制相对完善。当包括水利纠纷在内的户婚田土等民事纠纷发生时,该机制的运行多能将纠纷化解在基层。这种纠纷的民间调解机制也得到了立法上的支持,如同光绪《宿州志》指出的,"明洪武实录所载,民间事不由里老处分,径诉县官者,治以越诉之罪,犹得周家遗意"。②民间调解机制在水事纠纷解决中的作用,在本章第一节已经有所论及,故这里将重点论述行政调解的水事纠纷解决方式。

在行政区、上下游之间发生水事纠纷时,如果纠纷双方协商不成,多由一方或双方禀请上宪出面主持调解。其一,跨省水事纠纷一般由事涉各省的共同上级政府、流域管理机构出面主持行政调解。如江苏丰县和山东鱼台之间的水道纠纷由来已久,经两省多次协商会商无果后,转经由导淮委员会主持调解,依然未最终解决。同治七年(1868)八月初一日,江苏抚院接"准山东抚院丁咨称,准来咨丰县积水陡涨,北乡全被淹漫,咨请转饬鱼台县毁堤挑河泄水一案。查前据鱼台县禀,因丰境新河未能挑通,以致本年漫水下注,鱼境被淹尤甚。该令就旧有边濠酌加疏浚,以束水势,仍留口门数处归入新河。嗣丰民持械掘濠,鱼民争较致伤等情,兹准前因,与鱼台李令前禀,情节稍殊,必须公议合办,务使水有去路,乃能彼此无争。除饬济宁州查勘禀办外咨覆,仍饬丰县谕饬各皆将议挑河道,务令深通,并饬会同商办等因,到本部院,准此"。江苏巡抚丁日昌认为,"查东抚部院咨内所称,必使水有去路,乃能彼此无争,不特为今日治水要法,亦且为千古治水不易之论,合行钞黏札饬,札到该道,即便遵照,速即就近会督东省委员,暨丰县王令,秉公查勘,应浚河段,如何妥筹挑浚,乃使水有去路,两省各无妨碍,以消水患而息讼端,即速会商

---

① 咸丰《重修兴化县志》卷一《舆地志·公署·都里》。

② 光绪《宿州志》,道光五年(1825)《前凤颍道戴公(戴聪)志序》,《中国地方志集成·安徽府县志辑》(28),第11—12页。

饬办,仍将勘明议办缘由,详咨毋迟,速速"。①丁日昌后又接徐海道"勘报各河形势并揆度起衅争竞之由",认为"均已探本穷源,切中肯綮。丰、鱼两县现开支河,苟能彼此岁修不废,可期暂息争端。所请另行委勘一层,似可毋庸置议。惟疏浚南阳、昭阳二湖,既恐工巨费绌,难以举动勤修。目前所开支河,亦恐各怀意见,久而懈怠,究应如何办理,方昭允惬,已咨商督部堂察酌办法,移知东省会核办理,并请咨复饬遵矣。仰即知照,仍候(督部堂东抚部院)批示,缴单禀并悉,图存"。②南京国民政府时期成立了导淮委员会,历时多年未决的丰、鱼水道纠纷转由导淮委员会主持调解。江苏省建设厅厅长王柏龄在《呈省政府为丰鱼纠纷迭次派员接洽无效拟请由导淮委员会主持办理仰祈鉴核转呈由》中指出:

> 呈为丰、鱼纠纷,迭次派员接洽无效,拟请导淮委员会主持办理,仰祈鉴核转呈事案。奉钧府训令第六二〇七号开,以奉行政院令,据山东省政府呈,为苏鲁两省丰、鱼水道纠纷,请派员查勘,仰派员会同勘报,转令遵派具报等因,文长邀免全叙。查鲁省西部诸水下注苏境河道淤塞,年年成灾,近来更因各湖淤垫,大兴垦殖,昔为水柜,今成平陆,水失调节,灾乃益重。夫治水先治下游,以海为壑,古有明训。丰县新河入鱼台西支河,西支河通昭阳湖入运,又平漫达微山湖亦入运,运水分入六塘河,经灌河以归海,此苏鲁水道之大势也。六塘未治,先言大开昭、微两湖相通之水道,是直以苏为壑,有违治水定律。现导淮委员会已告成立,根本治导,兼顾统筹,将来下游施工,递及上游,丰、鱼之争自可迎刃而解。枝节为谋利害,在在冲突。果因丰、鱼局部问题,进而谋利鲁害苏之办法,非特与导淮委员会通体之计划,易生凿枘,且在导淮委员会通体计划未宣布以前,苏鲁两

---

① (清)丁日昌:《抚吴公牍》卷一八,《东抚咨丰鱼河道委员勘办由》。

② (清)丁日昌:《抚吴公牍》三四,《徐海道禀复勘丰境不能另开支河并请另委会勘由》。

省实亦无从置喙。从前两次会商,毫无结果,再往查勘,徒滋争议,于事无裨,似无派员之必要。建设厅意见在导淮大计未经宣布以前,只宜由苏鲁两省政府分饬丰、鱼两县县长暂维现状,严禁另生事端,一面由钧府呈复行政院将此案交由导淮委员会主持办理。至会勘一节,拟请暂从缓议,是否有当,仰祈钧府鉴核转呈,实为公便,谨呈江苏省政府"。①

于是中央行政院特令苏、鲁两省各派专员会同导淮委员会协勘界址,建设委员会亦令派委员会勘,"以资通盘设计,藉除两省水患"。山东建设厅会同民政厅派张君森、唐汉相为委员,并呈省府转咨。1930年春,建设委员会召集全国建设会议,山东建设厅特提交《丰鱼水道纠纷应如何解决》一案,经大会议决,由苏、鲁两省派员会同建设委员会查勘处理,并由山东建设厅检抄该案历年争执全卷,呈送建设委员会藉资考核。可见,丰、鱼水道纠纷最初是由局部的利害冲突而起,后逐渐升级,仅靠苏鲁两省协商会商已经无望解决,最后才转由中央会同两省核办。②

其二,跨县水事纠纷往往由各县的共同上级政府出面进行行政调解。如安徽寿春之城环引肥河为濠,"城之西有湖,袤延数十里,肥水涨溢则由濠泄而入湖,旱则涸,以城西之逼湖也。行李之道西门者少,故西门之外无桥,由城北而西道焦冈湖、菱角嘴诸坊者,必由凤台之二里坝渡坝,即肥河入濠之口也。去城二里,故名","湖地不甚下,而滨湖之田高于湖底仅咫尺,水灌湖即滨湖之田尽沉,为闸以节之,使涨水不溢,则湖田可保"。③关于二里坝启闭修筑问题,寿州与凤台县之间时常闹纠纷。同治十一年(1872),在总理皖省防军营务处江西候补道任的主持下,寿州知州陆、凤台知县董会详遵饬勘明,

---

① 《公牍·水利门》,《政务报告》,1929年,第18—19页。

② 《山东省政府十九年度行政报告》,《三月份·建设》,1930年,第12页。

③ (清)许鸿磐:《二里坝造闸记》,光绪《凤台县志》卷三《沟洫志》,《中国地方志集成·安徽府县志辑》(26),第57页。

达成了解决纠纷的协议,并就解决的过程和结果于同治十二年七月初九日勒石为碑,置于寿州瓮城。碑文曰:

> ……寿州绅耆孙传薪、臧又新、王锡福等,凤台县绅耆赵克忠、赵景尧等互禀启闭二里坝与张家沟附城沟濠土坝一案,因据两邑生监陆雨亭、尹元勋、王任、陶燮庭等议请,如逢淮水泛涨,许忠修筑;淮水退落,许薪扒去濠坝。昔由地保禀请示行等情、绘呈图说请示缘由、奉批据详各情尚为允洽,应准如详给示勒石,毋垂永久。其启闭之时,仍由各该地保禀官请示遵行,以杜争竞。此缴图存等因,奉此合行遵饬给示,勒石晓谕,为此示仰寿、台两境绅耆、居民、地保人等一体知悉,嗣后,如逢淮水长落,应行启闭,均责成各该地保随时禀明,地方州县批示遵行,永杜争竞。倘有奸民违抗擅启,私开私闭,致滋事端,定即会详严办,决不宽贷。各宜凛遵毋违,特示。①

安徽五河县的洪沟在县治西乡60里,"界凤、灵、怀三县。其上游有龙山、中洋、观音等湖,广袤一百余里,三面皆平原高阜,惟湖西一线与上游之淝水通。淝水涨则合湖水南趋,而由大小两漠河口入淮,此湖水入河之故道也。自小漠河淤成沃壤,夏秋阴潦,湖水涨漫,大漠河口宣泄不及,有碍沿湖低洼田亩"。该处绅民于光绪十六年(1890)五月联名禀请道宪,"拟由该湖东岸并挑引河一道,直抵洪沟,劈空向五疏灌,遗祸全境"。于是五河县"阖邑禀请署知县张德瑜据情转详,旋奉宪批,檄委三县会勘禀覆,事遂寝"。②

当然,上一级政府出面对发生在县级行政区之间、县际上下游

① 《二里坝示遵碑》,光绪《凤台县志》卷五《营建志》,《中国地方志集成·安徽府县志辑》(26),第92页。

② 《洪沟原委考》,光绪《五河县志》卷六《建置六》,《中国地方志集成·安徽府县志辑》(31),第466页。

之间的水事纠纷进行调解时,也有很不顺利的,往往要反反复复进行多次调解。如上蔡县瀿黄里"逼近沙河,其源自遂平而来,行至郎家口,另冲一口,分流而北,直入瀿黄,绕蔡津而复入于汝河。每逢春夏水涨,漫淹平地,四顾田庐,尽付波臣,莫可如何。汝阳、上蔡、遂平均受其害不浅,虽有旧堤故迹,纵日夜胼胝修筑,终难捍御,务必填塞原冲河口,则水患可保无虞,地土渐得耕种"。上蔡知县杨廷望曾亲诣郎家口,"细勘形势,据附近遂平县生员王应祯等面禀称,此河决口曾于明季万历年间堵塞,地土藉以成熟,后又冲决,相沿至今,百姓受害无极","每逢雨潦,水涨漫淹平地,竟成巨浸滔天"。杨廷望认为,"虽有旧堤故址,奈工程浩大,补苴无益,莫若竟塞原冲水口,可保永远无虞"。后来经过调查,不仅瀿黄里阖地居民恳请堵塞,而且遂平士民亦众口相同, 情愿堵塞。"但查郎家口系遂平县所属地方,与蔡属瀿黄里地界相拒不过数武,今遂地人民稀少,未免修筑为艰", 于是上蔡县令杨廷望情愿亲率上蔡居民协力堵塞,"不烦借力邻封,但恐地系隔属,或有豪强阻扰,未便兴工,拟合详请宪台俯怜蔡、遂穷民陆沉已久,特颁示谕,严饬并檄遂平县令,一体恪遵,庶水患除而土地熟,百千老弱妇子俱沐再生之恩于无极矣"。蒙汝宁府正堂何批,"仰候行汝、遂两县查覆缴复,奉郡侯何公亲诣郎家口踏勘,公议堵塞"。然而,"后竟为遂平势豪阻扰中止"。①又在光绪三十二年(1906)乃至宣统二年(1910),桃源、宿迁县境内的安河"上下两游对垒,均用枪炮交轰,彼此互有死亡"。宣统二年(1910),"苏抚委提法司到堤查办,招集两造绅董,议定开浚民便河、安河一路,使上游之水仍从上游入湖,而禁止一切阻塞。上、下游民各半出费浚河,于是桃、宿两邑各出钱四千仟文,合八千仟文。期九月开工,年底竣事"。但是,到开工时又遇到阻扰而工竟不成,"而咨议局会议时,上游议员提议,民便河一路,迁道平行,非在三堡开一涵洞,使水道两边分行,决不足以弭水患。由是苏抚札饬藩司,会同江淮水利公司核查,

---

① (清)杨廷望:《塞郎家口水患详文》,康熙《上蔡县志》卷三《沟洫志·沟洫》。

所称加修涵洞之处,是否无碍下游田庐,切实详覆"。水利专家胡雨人此年至洋河调查水利情况,"乃便道调查其事"。①

当行政区之间、上下游之间发生水事纠纷时,无论是协商会商,还是由上一级政府出面主持调解,乡绅都发挥着重要作用。如根据道光《滕县志·张启元传》记载,嘉靖年间河决,"坏漕渠,大司空奉命凿新渠",山东滕县乡绅张启元"擘画力居多"。当时邹县县令章某"亦有声,大司空信任之",章某乃请导漯水西入南梁河,"滕民大恐,启元力请泣下,既得请,始筑薛河、黄甫二坝"。②康熙年间的安徽太和县教谕王应文在"豫省议疏浚县境清泥浅,以泄项城、陈州、沈邱、鹿邑水患"时,"不避嫌怨,率诸生再三抗陈利害,事得寝"。③乾隆十年(1745),江苏"沭阳民谋凿马陵山冈,引沭水入河,沭水故从马陵西而南经沭境,东入海。赣榆恃马陵御沭水,马陵开则势等建瓴,县南十余镇将为泽国"。于是,赣榆县乡绅朱之瑜、孙淑沅、卢景蓉等"吁请宪司履勘奏止,更议于下游筑子堤以防水患"。④河南鄢陵小北关有冈一道,当"南人有苏炳者,贪利冈北膏腴之田,遂诱扶民硬凿此冈,俾鄢陵东南一带居民并扶沟西南数地方之土田庐舍,尽委洪波"时,扶沟生员翟鹳鸣、鄢陵生员周复旦等控告3年,"蒙开封府孙管汀道里勘详抚部院堵塞结案"。⑤光绪十四年(1888),安徽凤台县书院董事王卿臣等"闻宪台奉到督办安徽赈抚局宪任札饬,在李家湖开河,上通淝河,下通柳河,至戴家湖入淮等因,且有引沙入淮之议"后,"无不骇异",乃呈驳挑河公禀,洋洋洒洒向上宪阐明开河入淮之七个弊端以及两条上流不可开河之理由。文曰:

① 胡雨人:《江淮水利调查笔记》(辛亥年),见沈云龙主编:《中国水利要籍丛编》第三辑,第26—27页。

② 民国《续滕县志》卷一《水道改徙第一》。

③ 民国《太和县志》卷七《秩官·名宦》,《中国地方志集成·安徽府县志辑》(27),第439页。

④ 光绪《赣榆县志》卷四《中国地方志集成·江苏府县志辑》(65),南京:江苏古籍出版社,1991年,第563页。

⑤ 光绪《扶沟县志》卷三《河渠志·沟·大浪沟》。

伏思沙河由八里垛、沫河口入淮,淝河由陈家嘴至新河口入淮,支分派异,古制依然。然今欲由李家湖至戴家湖入淮,是另开一迳使水横流也。一旦沙黄盛涨,及山水泛滥,或由西淝合流,或由新河倒灌,冲决荡没,凤台合境尽成泽国,地丁钱粮亦归乌有,此其弊一也。既引沙由淝入淮,又挑李家湖至戴家湖入淮,均越峡石口东下,而下游有荆山口关锁,无论怀远上游之地水势拥滞,即峡石之水亦不能畅流,寿州城垣恐有岌岌殆哉之势,此其弊二也。沙河水小,再经引入淝河一支由陈嘴新河口入淮,一支由李家湖、戴家湖入淮,正干由峡石口故道而东,数道分流,倘遇干旱,沙河必有川竭之虞,此其弊三也。至札云:淮涨之时,水由峡石山南老淝河口倒漾入淝,漫由陈家嘴至李家湖,直待各处灌满,始得溢入柳河,复达于淮,该县叠遭水患,未必不由于此等因,不知河水泛涨,各处平地汪洋,淮、淝两岸均水深数丈,尚有何处不漫? 何处不灌? 岂仅陈家嘴柳河哉! 若皆挑河,凤台之地,挑之不胜挑矣。县境之叠遭淹没,皆因距河太近,山河、沙河及淮、黄泛滥所致,如再兴挑,是使凤台无地不河,为患更大,此其弊四也。况李家湖下并无柳河,祇一柳沟,实田间出水之沟,宽仅三五尺,地势甚高,自古不与淝接。李家湖皆系熟地,并无河影,且均有业主完纳银粮,中间坟墓、村舍极多,一经开挖,恐激成事端,此其弊五也。至如挑李家湖至戴家湖,筑坝、安闸、灌田,以时蓄泄,不知凤台滨淮、淝之区,至春夏沙河、山河泛涨,怀山襄陵,水高数丈,又何能以时蓄泄? 即使旱年而田高水低,亦难引灌,空致引水为害,此其弊六也。且孤山、李家湖等处,为下蔡来脉所关,一经挑河,必致截断地脉,此其弊七也。沙、淝由淮达江海,元明以来高堰一筑,截断淮流,凭闸泄水,而下游遂高,上游亦阻,是下游不能广开堤岸,使上流畅入江海,此上流不能开河者一也。怀远荆山口暨盱眙花雕嘴外,均不能另开河道,是附近数百里不能分流入洪泽湖,此上流不能开河二也。

最后建议,"如欲暂疏,莫如在沙河用各机器去阻滞,兼除淤泥,接疏凤台之峡石口,再疏怀远之荆山口,以次疏盱眙之花雕嘴,使节节畅流,归入洪湖,由各坝而下趋江海。本处淝河自可畅流无滞,何必于无河道之李家湖开民之熟田哉!"另外又提出,据光绪八年(1882)"两江爵阁督部堂左札饬疏淮,亦由孤山、李家湖一带挑河,引沙并淝,另道入淮,曾经寿台绅耆禀恳宪台及州尊陆委员任转详停止,今闻复开,不得不据管见再为缕陈,伏祈恳核转详,请准免挑,以延阖邑之命,实为德便"。①

调解方式有很强的适应性,它可以存在于水事纠纷解决过程中的任何一个环节,即使进入诉讼程序的水事纠纷,依然可以进行诉讼内调解。如山阳县境内的运河西岸有火又洞河,在太平堤间,以御湖水。乾隆八年(1743),钦差发帑建筑,原建二闸,后西闸并东西二洞皆废,仅存一闸,"此闸启闭向有定章,不得盗挖擅堵"。道光十年(1830)至同治十年(1871),"上、下游迭相争讼,最后叶珂、何其杰、丁禧生等与赵廷珍互控",但是后来"经府委员查覆,并由职员刘长文、汤桐、洪绶等调息公议,以后水大则会同上、下游启闸,小则堵闭,高下均不相妨,嗣各遵守",最终平息了上下游纠纷。②在江苏泗阳县,有孙、杨二姓黄河滩地 11.47 余顷,坐落六一图临河集东,道光年间黄河淤涸涨地,陈临内控孙、杨两姓占地。至同治二年(1863)九月,经王磐安等调解,禀请张知事,给陈临内钱 300 千文,地归孙、杨两姓承领,充入淮滨书院为学款,每亩岁征租钱 80 文。③在山东东平县,有"沙淤地三十一顷十七亩一分。按此项淤地坐落西乡安民山前,何官屯庄迤南,西与梁山相望,向来寸草不生,并无粮赋。自被黄

① 光绪《凤台县志》卷三《沟洫志·坝闸》,《中国地方志集成·安徽府县志辑》(26),第 59—60 页。

② 民国《续纂山阳县志》卷三《水利·运河西岸闸洞·火又洞河》。

③ 民国《泗阳县志》卷十六《志十·田赋中》,《中国地方志集成·江苏府县志辑》(56),第 393 页。

水之后,地渐淤涸,转瘠为腴,居民争种,构讼不休"。清同治年间,
"经州牧蒋庆簴移会寿张县,请委会同丈出划界分段,散给居民垦
种,并请仿照湖田租例征收,迄今一仍旧贯"。①

　　第三,行政裁决的解决方式。一是由大臣上奏、皇帝颁布谕旨的
最高权威形式解决水事纠纷。如乾隆三年(1738)三月,河南巡抚尹
会一奏,"西华县民人王玺等,以上年郾城被水,淹及西华,遂私筑横
堤,以遏下流,该县令刘焜以曲防病邻,责令毁堤,王玺之子王二保
等抗官肆横"。于是"得旨,此等刁风,断不可长,尽法以处,可也"。②
又如芒稻河为泄水入江之要道,芒稻闸的启闭历来是盐运、漕运以
及下河民众防洪灌溉争执的焦点。所以,乾隆二十三年(1758)五月
申谕:"芒稻一闸,乃归江第一尾闾,向因淮南盐艘皆由湾头河转运,
必须芒稻闸门下板方可蓄水逦行,以致不能启放合宜。前据该督等
奏,闸东有旧越河一道,应令盐船由越河直走金湾北闸,是泄水与运
盐已自分为两途,芒稻闸自可常年启放矣。但终恐狃于蓄水运盐之
习,仍不免因循观望。夫蓄水运盐不过少省纤挽之劳,所费在富厚商
人,而下河数州县之民生攸系,此其轻重,岂不较然耶。嗣后芒稻闸
应永远不许再下闸板,俾得畅泄归江,则诸湖积水自可减退,遇伏秋
大汛,亦足以资容纳,而下河一带得永蒙乐利之休矣。该督等将此旨
勒石闸畔,俾后来司事者知所遵守焉"。③

　　二是由纠纷主体的共同上级政府对跨县或跨省水事纠纷进行
行政裁决。如尉氏县、扶沟县之间的半截河挑河筑堤纠纷,雍正八年
(1730),署开封府刘批:"两邑各修各境,挑浚深通,高筑堤岸,邻河
地主岁修坚固,终使永远有益,并取各地主保固甘结存案"。④乾隆二
十二年(1757),开封、陈州两府共同对半截河形势进行会勘,最后提

---

①　民国《东平县志》卷一《方域·田亩》。

②　《高宗纯皇帝实录》卷六十五,乾隆三年(1738)戊午三月壬午条,《大清高宗纯(乾
隆)皇帝实录》(二),第1088页。

③　《东华续录》卷一七,转引自《京杭运河(江苏)史料选编》第2册,第674页。

④　《雍正八年署开封府刘批》,光绪《扶沟县志》卷三《河渠志·半截河》。

出解决半截河纠纷的详细方案：

> 应请将白家桥至刘家桥河中荻苇阻水之处，尽行芟除。其尉、扶各淤浅河身，责令乡民各按地头疆界，拨夫加挑，宽一丈五尺，深五尺，务期深通畅流，俾水直达贾鲁河，勿致壅溢为害。□□自白家桥至王散桥一带残缺卑薄之处，应以现在六七尺为率，一律加筑坚厚。其自王三桥至刘家桥现在无堤之处，地势已高，河身又复淤垫，一遇水大，每从此处漫入扶境王墓十一地方，淹没田禾，扶民以此为害，应请自王三桥北至刘家桥约长六里，筑堤一道，高四尺，底宽八尺，面宽二尺，以资收束。查该处均系尉民之地，筑堤之处所占民田，岁计纳粮若干，应令扶邑被患各村民均摊偿还。所有筑堤夫工，查尉邑近堤地亩较少，而扶邑筑堤之后，受益之地亩较多，应令扶邑出夫三分之二，尉民出夫三分之一。但恐两邑人民各怀私见，未能协力施工，反致稽延时日，应请将扶民应拨夫工，按地派令各出工价，交尉民雇夫起筑，以免临时周折。如此设法，则尉邑之水既可收束归河，不致壅塞为害，而扶境亦资其保障，可免漫溢之虞。两邑人民均受其益，而讼端息矣。①

开封、陈州两府会勘议定的方案得到了上级道府的批准，认为"所议甚为妥协，惟详内所称，扶邑应拨工夫按地出价，交尉民雇夫起筑，虽亦见周到，但疏河建堤，于河之东南居民有益，只可令扶民及尉民之在东南者按地出夫，似不必拘定分数。扶民派价交入尉民之手，或疏浚修筑不能如式，及有借端浸渔之事，又足以滋扶民之口，似不如扶民、尉民按照地亩应出夫工，分段挑筑，既可免派累之扰，亦可免后来争端。该府等再悉心妥议会详另覆，以便移司会夺"。②

---

① 《乾隆二十二年开陈两府会勘文》，光绪《扶沟县志》卷三《河渠志·半截河》。

② 《本道批》，光绪《扶沟县志》卷三《河渠志·半截河》。

在府、道的调处下,尉氏县和扶沟县在乾隆二十六年(1761)又对半截河进行共同会勘,最后"公同酌议,除王三桥北至刘家桥向日无堤无庸置议外,其毛家桥、白家桥、白家埠口决口最关紧要,即应乘时堵筑,以资防御。至于淤塞河身,俱应各按地界挑挖深通,使半截河一律畅流,尽归于贾鲁河"。[1]

又如宿州境内汴水已堙塞,唯睢水为正派,各水汇睢水东趋。自乾隆二十三年(1758)挑浚后,"睢河与南北股河分注,至灵璧会塘沟合流,入三汊河,经大王庙入泗州界,绕睢宁之时家溜,又经泗州四山湖,酾为二股,一趋新关,一趋潼河,历宿迁之归仁集、桃源之金锁镇洪泽湖,此故道也。嗣又黄河泛滥,水由会塘沟奔决南趋,名为冲口。诸水漫溢平地,灵璧中、北两乡每逢盛涨,陵子湖、禅堂湖、杨疃湖、土山湖、石湖与凤河、岳河、范家沟河、老鹳脖河,茫无畔岸,下又酾为二股,一由凤河绕灵璧县城入岳河,一由老脖入泗州港河。入岳河之一股漫溢泗州长直沟,经洋城湖,连城西,绕上马铺,南越大路,复入岳河,东由洋城铺出邵家湾入港河,环绕泗城东南入天井湖,由五河入淮,东由汴河入洪湖,复出雁沟一股亦入港河,由吴家集入新河,汇四山湖,泗州东、西、北三面动成泽国,此睢河故道雍淤,诸水由冲口以下横溢情形也。下游雍淤,宿境山闸、林家口堵成平地,一经淫潦,狱讼繁兴"。因"苏、豫在宿之上游,屡议疏治,而下游灵、泗梗阻",进而引起上下游挑河纠纷。幸两江督曾文正公批决道:"挑铜、萧而不挑宿,则害在宿,而铜、萧亦枉费工资。挑灵而不挑泗,则灵为众水所灌,上游仍受倒漾之害,水无所归,仍属枉费,不足减昏垫之灾也",最后才解决了上下游挑河纷争。[2]

三是由县府出面对县内行政区及上下游之间的水事纠纷进行行政裁决。如民国初年,淮阴第一市保卫第七、八、九团团总王保发、

①　《乾隆二十六年尉扶两县会勘文》,光绪《扶沟县志》卷三《河渠志·半截河》。

②　光绪《宿州志》卷三《舆地志·一川》,《中国地方志集成·安徽府县志辑》(28),第87—88页。

程少芝、王榍等"拟挑沟线数道,下游皆通淮安,团总保发曾经商之淮地,就近各董金称上游地高,该处地注,引水入境,恐难疏通。且查淮境如意桥地方原有支河堤一道,实因预防我县水患而设,其碍二也。团总等自奉谕饬,因思沟洫原职乡公益,莫不极力赞成,藉防水患,是以磋商数四,迄今耽延未复。无如有此阻滞,下游隔断,上游即属开浚,亦复徒劳无补。兹奉饬催,不得不据实详明,为此绘具图说,捧呈县长电核前情,是否缓办,抑系移请淮安通行挑浚,均候钧示祇遵"。①又如1936年河南登封县沿颍河两岸的大金店街和南寨为浇地争用颍河水发生纠纷,双方结怨久深,一度两村断绝来往,当时,国民党政府县长毛汝采把双方代表请到县政府,裁决每月单日南寨用水,双日大金店用水,纠纷得以妥善解决。②

(二)诉讼解决方式

诉讼解决方式是指通过诉讼程序完成水事纠纷的解决,主要包括水事纠纷的民事诉讼和水事纠纷的刑事诉讼两大类。水事纠纷的民事诉讼一般涉及个人和个人、个人和集体、集体和集体之间的水事利益争夺,如果协商或调解不成,即可以进入民事诉讼程序,由民事审理机关讯断。水事纠纷的刑事诉讼,涉及的主要是违反国家有关水法制度并造成恶劣的经济社会影响的刑事案件。

首先,水事纠纷的民事诉讼。在以农业为本的社会,水事纠纷的民事诉讼多围绕农田灌溉、防洪排涝、河湖滩地争垦而展开。

一是灌溉纠纷的民事诉讼。在淮河流域西部的丘陵地带,陂塘堰坝众多,时常发生争水灌溉的民事诉讼纠纷。如霍邱县有水门塘是附塘各保田畴灌溉水源,但被附近豪强群相侵占为田。于是附近各保居民在雍正、乾隆年间,频讼于县,既而上控院司,俱饬禁止占

---

① 《文牍第一市·批一市保卫第七八九团团总王保发程少芝王榍等详陈室碍情形文·附录原详》,1915年12月,赵邦彦:《淮阴县水利报告书》。

② 登封市水务局编:《登封水务志》,第240页。

种,碑文详案,历历可稽。乾隆十六年(1751)夏旱,又有保民郭铨等130余户占种水门塘,经县讯断并禀明各宪,先后追稻1560余石,变价980两有奇,"为修理塘堰及修道宪衙门之用,将为首占种之郭铨等四人议拟惩创,复节次谆切示禁"。为永杜民众觊觎塘田,委有才识的署巡检张君划定水门塘界址,"先于周围塘田交界处各立界堆,南齐学田,北至官庄,东西各高埂,下俱高立封堆,率令弓手眼同士民、约保、塘长沿边丈量,得塘身绵亘寔有十九里八分。随于界堆之外,每里高筑一堆,堆以内为塘,堆以外为田。塘内未收二麦,勒令占户尽行拔毁,士民尽皆悦服,取具各约保、塘长,永远不许争占,甘结详覆"。不久,立碑永禁,"随批准立案,各结存卷","继自今如有附近豪强,仍前越界占种者,是顽梗不率之徒也,罚无赦。至沿塘界堆,保无日久渐就坍颓,是必于每年农隙之时,责成塘长督率附塘居民于塘心淤处开浚,即以塘土高培界堆,使之屹然在望,不可磨灭,庶几塘日深,界日固,而先贤之遗泽所以备潴蓄、资灌溉者将永久而勿坏也"。[①]

安徽六安有韩家堰坐落在昭庆寺,原为朱氏堰,久废。乾隆四年(1739)修筑,长8500丈,阔80丈,深2丈,灌田15顷。"凡有水分之家,印册存案,并赤契注明韩陈堰使水字样,其堰上流不得打坝,无水分者不准使水,历年无异突"。后有朱谋贤、许明乐、蒋启盛并无水分,"恃强打坝,经堰头秦隆山、周维其具禀,差押毁坝"。但朱谋贤等屡抗不遵,"复经乡地原差具禀,移送军主讯究"。最后,朱谋贤自知情亏,"愿具永不打坝切结,恳免究惩"。"经沙署州批,饬朱谋贤等非分作坝,本应根究,姑念时值农忙,既据自知情亏具结,并赵钧堂等呈到遵结,姑准注销在案"。县府"为此示,该保乡地并业户人等知悉,自示之后,务各照依契据注有韩陈堰使水字样,方准在堰使水。其堰上流,亦不准并无水分之户打坝阻截,致滋讼端。倘敢不遵,许

① (清)张海:《清理水门塘碑记》,同治《霍邱县志》卷之十一《艺文志·碑记》,《中国地方志集成·安徽府县志辑》(20),第459—460页。

堰头乡地并业户人等指名赴州呈禀,以凭严究。各宜恪遵,毋违"。[1]

在淮河流域的平原地带,多以闸洞进行自流灌溉。但淮河流域夏季多旱,每逢夏收夏插季节,河道经常断流,到处争水灌溉,灌溉诉讼纠纷时有。在淮河下游平原地区的宝应县,有黄浦溪河,因水道长,支岔多,用水一直很紧张。左堡陈姓倚仗势力在倪小舍对岸庄连沟建了一座大涵洞,既以抢水灌溉,又以过浑水淤泥,罱泥肥田,向有"吃不尽左堡,烧不尽户兴"的美传。但庄连沟涵洞的开通,使得崔堡以下通向下舍、屈舍的南边广大地方每逢旱年便无水灌溉,而庄连沟的水则白白自流。于是,崔堡以下缺水地区民众委派代表前往交涉,遭到左堡陈姓的拒绝。下游民众乃公推名医王姓等聚众2000多人,以贴眼膏药为记,前往左堡填将庄连沟填平。左堡陈姓见对方人多势众,不敢轻易动武,就设计了一个圈套,买一个体弱多病的陈姓前往阻止,经过几个回合的你推我拉,当场死去。如此,便借命案大做文章,一面去山阳县衙控告,一面派人连夜将刚填的沟重新扒开,种上草皮,并移植生长多年的几颗大树。不久,山阳知县前来验尸,并到现场察看,见沟边树木已经成材,断定不是新开,崔堡人械斗致死人命,应予严惩。大涵洞照旧放水,并将死者安葬在沟旁。新中国成立后,经上下游双方协商,在通向灶户荡的河上打了一道大坝,只能引水灌溉,不准浪费水源,最后才解决了纠纷。[2]

在宝应县,又有泾河长达80里,灌田8万余亩,因闸底较高,灌溉期仅靠北边的耳洞进水,所以水源很紧张。为保持耳洞上下游一定的水位,由上下游公推河董统一掌管各涵洞的尺寸,不得任意增修涵洞和扩大涵洞的尺寸。清朝末年,曹甸大地主郝积甫(绰号郝二薄)为自己私田争水灌溉,买通河董,在曹甸以东娄庄附近建立一座又高又宽的石洞,这使下游用水日趋紧张。于是,下游公推代表向淮安府提出民事诉讼,讼词中对其石洞的大小,形容为"石洞能走牛"。郝姓

---

[1] 同治《六安州志》卷之八《河渠一·水利》,《中国地方志集成·安徽府县志辑》(18),第106页。

[2] 参见杨学年:《历史水利趣闻三则》,《宝应文史资料》第三辑,第136—137页。

地主则买通淮安府衙,偷看了原告讼词内容,经策划用石料刻成一块水牛的浮雕,嵌在石洞的上口,诡辩称"石洞刻有水牛,不是石洞能走牛"。淮安府衙见之,也就息讼了事。石洞既成事实,1962年灌渠改建后才拆除。[1]

二是排水纠纷的民事诉讼。河南商水县西南有汾河一道,雷坡在河之北,龙塘河在河之南,向系各修各堤,彼此不准扒掘,历有陈案。但是,同治五年(1866),为泄水计,雷坡监生雷西范、武生雷贯五率众扒开南岸河堤,经县府"集讯断令雷西范、雷贯五帮给周制礼、张文学等修堤经费钱二百串,仍饬将扒堤人雷金柱等送案究治。雷西范讬病保释,捏词赴府控诉"。在叶尔安任商水知县后,"奉发审断"。经叶尔安明查暗访并讯断,实乃该年六月天雨连绵,河水暴发,北岸势将漫溢,雷坡之人陡生奸计,扒开南岸河堤,致令龙塘河一带人等受其陷溺之苦。这是妇孺皆知之事,"无怪周制礼等控请究办,质之雷西范等,亦各俯首无词,供系雷金柱、雷中山纠人起衅,现已逃匿。该首事未能拦阻,自知咎有应得,但求宽其既往,予以自新。查核情词,尚知悔过,因思尔等隔河居住,就是比邻,不忍失其亲睦之谊。雷西范愿遵前断,呈缴修堤经费钱二百串,复据周制礼等呈请,以此项拨归凤台书院修理之用,应俟雷西范缴到后,择期开工"。为着永息扒堤之讼,叶尔安乃"限定自十一月起,至来岁三月止。北岸责成雷西范、雷贯五传知各段,南岸责成周制礼、张文学传知各段,照章集夫挑浚,河内淤土加高岸堤上四尺,务须一律宽厚,兴筑坚固,报后勘验。嗣后,北岸不得扒南岸堤,南岸亦不得扒北岸堤。倘北岸雷坡人等再有挟嫌往扒南岸堤者,定将该首事等先行详办。各具甘结,附卷著即抄录勒石,以示将来"。[2]

在江苏山阳县有洪家圩,光绪六年(1880)农民武九扬等控上游韩长举、屠松龄、吕正南等捏称盆沟嘴泄水,率众盗挖,"经前县姚履

---

① 参见杨学年:《历史水利趣闻三则》,《宝应文史资料》第三辑,第134—135页。

② (清)叶尔安:《禁止扒汾河堤碑记》,民国《商水县志》卷十四《丽藻志四·碑记》。

勘讯断,上下游各由横圩两头涵洞分泄入永济、护城两河入湖,并无盆沟宣泄,详奉前府存出示立碑府署前,永禁挖缺"。①

三是争垦水涸地纠纷的民事诉讼。陂塘、河湖滩地多系水沉地涸出,因其沉浮不定,故多系无主官荒。但河湖滩地经水淤之后,异常肥沃,农作物产量高,同时又系荒地不用缴纳赋税,所以民众多抢占抢种,因此导致讼案不断。不过,州府县衙断此类纠纷案件,因"均无确据,无从分断",往往以"此亦实系官荒,惟有充作公产,乃昭平允,两造始可无词"结案,"否则是治丝而棼之矣"。②乾隆五十九年(1720)十一月,五河县知县刘道光讯详陈震川控张光照一案,就能说明此类民事纠纷审断的程序和结果。详看内开:"查卑县南湖一带,本系水乡,核之卑县旧存湖图,似属绘自前明,内称天启五年开沟,渐有开垦,嗣因构讼勘丈,值湖水泛涨未退,用缰于水面丈量等语,则此地荒多熟少,已可亲见"。至康熙三十六年(1697),"因水沉豁免钱粮,虽无案据,然有征收籽种,是豁粮亦无疑义。伏思该湖地亩既无钱粮,即应归入官荒。若说土籽种之后,而花户报明完籽者,似与完纳钱粮无异。至完纳籽种之户,虽无原议案据,然卑县现在查出乾隆三十三年完籽印册,似系当年报种交籽总册,应以此册为凭。如张光照等户既无钱粮,又无籽种,陈震川所呈之契,系前明残缺不全,内有二契,连地亩数目俱无,本难作据。况该处沉涸不时,即涸出时,官为勘丈,各立界堆。不惟如五十八九两年,淮水较大,即雨水稍为调匀之岁,春雨一至,即沉水底。而勘丈所立界堆,亦复冲刷无存。若欲立为石界,涉淤之地,势所难为。且冬季涸出,界堆有无,本无人出问。只以耕种之时,来年丰歉难必,一经收成有望,即觊觎分收。如陈震川连年涉讼,均在麦菜成熟之时。结讼既无了日,地方官亦难以岁岁前往勘立界堆"。于是,知县刘道光讯详,"该湖地亩虽无地粮,

---

① 民国《续纂山阳县志》卷三《水利·西南乡水道·洪家圩》。

② 光绪《五河县志》卷二《疆域三·湖》,《中国地方志集成·安徽府县志辑》(31),第404页。

如乾隆三十三年县册有名完纳籽种者,仍照册开亩数管业。涸出耕种完籽外,其张光照、许正求、陈震川三户所争之地,概不准其耕种,均请归为官荒,以免讼端。陈震川所呈前明残破废契四纸销毁,如将来再有私耕者,即照欺隐田亩律治罪"。刘道光又将此案"详请本州杨亲讯,转详奉抚宪周批,檄覆查,又经节次覆详请销在案"。这一判例具有示范意义,为后来的五河知县审断此类民事案件提供了参照。至光绪年间,五河境内已涸、未涸、新淤水沉田仍然众多,"此项水沉地亩,因濒湖极低之处,致未涸复,间有水退垦种。按照乾隆三十三年印册丈明,每亩纳籽种天麦六升,造报充公,灾年免纳。遇有混事具控,酌照陈震川案核办"。①

从我们检索淮河流域方志史籍来看,此类水涸地争垦纠纷,一般都经县衙断作官荒公产,拨给当地的书院或义学充作膏火。如光绪年间修《寿州志》时,据采访册云:"下罗陂塘,在保义集东八里,向蓄水灌田。兵燹后,环塘民垦塘作田",同治年间,"知州施照详准立案,田入循理书院,约种数十顷"。②五河县系水乡,地势低洼的湖地较多,争讼激烈。而五河书院向来未有经费,"后凡遇地方以涸出湖田涉讼者,历经知县批归书院,以资月课膏奖"。③如五河县南乡黄家坝内九条沟北,"孙、凌二姓构讼,充入书院公田二分二顷";东乡孝一里天井湖南岸,光绪三年(1877)"陈、杨二姓构讼水沉田亩,奉前县易断,令充归书院,共小地五顷四十亩零四分五厘";光绪十八年(1892)秋,"奉孙署县谕,收安四里枣林庄后地名'独树嘴'水沉地二顷一十七亩三分,系文生陈启仪、武生丁启银互相侵占,缠讼不休,

---

①　光绪《五河县志》卷八《食货一·户口》,《中国地方志集成·安徽府县志辑》(31),第483—484页。

②　光绪《寿州志》卷六《水利志·塘堰》,《中国地方志集成·安徽府县志辑》(21),第83页。

③　光绪《五河县志》卷四《建置三·敬敷书院》,《中国地方志集成·安徽府县志辑》(31),第429页。

堂断充作书院公产,以息二姓讼累"。①在泗州,许多学田也系湖田争讼断给,如新增吕家冈学田一分,坐落吕家集西,"系近年涸出无主湖田,附近居民争占,互控不休"。光绪六年(1880),"经州守王懋勋讯经粮契俱无,断充义学,谕董踋丈编号,招佃领种课租,以备延师训蒙之用"。②泗州夏邳书院(旧名兴学书院)在经咸丰战乱之后,膏火虚无,"幸近年湖田涸出,凡无粮契估种争控到官者,各前州守皆断充书院,按亩课租,每年或二百钱一亩,或一百八十一百六十钱一亩不等,皆按夏秋两季分半完缴"。③在江苏清河县,光绪年间因"洪泽湖续滩地与盱眙壤相错,土人视为瓯脱,争垦牧,往往兴大狱",知县侯绍瀛"则为拨充书院学田"。④在泗阳县,孙、王黄河滩地23.29余顷,坐落刘一图建河集东,光绪年间,黄河淤变,河道变迁,孙、王两姓隔河认地,互控至都察院。经县断丈量,共地23.29余顷,充入淮滨书院为学款,照八五折征租,每亩岁征租钱128文。⑤

其次,水事纠纷的刑事诉讼。当个人和国家之间的水事利益冲突而导致违反国家法律、威胁国家水事安全的时候,水事纠纷的性质就发生了变化,水事民事纠纷就演变为水事违法案件,只能进入刑事诉讼程序解决。如乾隆十二年(1747)六月,据河南巡抚硕色折奏,"中牟县九堡地方,估建月堤、坝台等工,例应金雇人夫,给与工价,官民从无异议。今县民潘作梅抗不应夫,于钦差经过时,具词告免,奉发押候查汛。讵潘作梅党羽胁聚多人,将知县姚孔针围在城外泰山庙内,不容进城。随据开归道沈青崖、开封府知府朱绣、中军路

① 光绪《五河县志》卷四《建置三》,《中国地方志集成·安徽府县志辑》(31),第431—432页。

② 光绪《泗虹合志》卷六《学田》,《中国地方志集成·安徽府县志辑》(30),第468页。

③ 光绪《泗虹合志》卷六《书院》,《中国地方志集成·安徽府县志辑》(30),第469页。

④ 民国《续纂清河县志》卷九《仕蹟》,《中国地方志集成·安徽江苏府县志辑》(55),第1148页。

⑤ 民国《泗阳县志》卷十六《志十·田赋中》,《中国地方志集成·江苏府县志辑》(56),第393页。

峨等陆续拏获党棍四十四人,究出张淑德、张二麻、张钵、白老小四犯,俱系为首号召。尚有要犯潘明亮等未获,现在设法查拏审拟",乾隆皇帝阅奏后认为,"近来屡有聚众抗官之事, 奸棍逞凶, 殊干法纪","所有现经审出为首之犯,应行正法者,该抚一面具题,一面即于本处正法,以儆刁顽。其未获要犯,该抚即速严拏,无令奸徒漏网。拏获之日审明,即照例办理"。①

嘉庆九年(1804),李元礼因黄水漫滩,淹没田庐,纠众盗决大堤进水,以图自利。其中,郭林高教令决堤,僧人木堂极力怂恿,纠人助决。经该督陈大文等审明,依照本例,将李元礼、郭林高二犯,问发近边充军,僧人木堂量减一等,问拟满徒。但嘉庆皇帝认为"大堤以内均系民田庐舍,该犯等以河滩自有之田被淹,辄敢决堤进水,设或堵闭稍迟,水势一经流入,则堤内田庐,岂不尽被淹毁? 以邻为壑,损人利己,其居心实属忮忍。况当大汛到临,堤工吃紧之时,非寻常盗决可比"。所以,申谕"陈大文等所拟罪名尚轻,李元礼、郭林高、僧木堂三犯,著刑部另行覆拟具奏","遵旨议准,李元礼、郭林高枷号两月,发极边烟瘴充军,所有酌改盗决堤防罪名各条,纂入则例"。②

道光二年(1822)五月,阜宁县监生高恒信、贡生张廷梓等因自家田亩被水淹,两次纠众 30 余人执持铁鞭围住巡兵及百总杨荣,硬将陈家浦四坝堤工彻夜挖通过水,杨荣乘间凫水脱身之后,"喊集河员兵役拏获各犯,照例问拟军徒"。③道光十二年(1832),在江苏淮安府桃源县(今泗阳县)于家湾龙窝汛十三堡,发生了一件震惊朝野的陈端等人纠众盗决黄河堤防的巨案(参见本书第五章第二节"陈端决堤案")。道光十三年(1833)七月,山东省蜀山湖乡民持械盗挖官

---

① 《高宗纯皇帝实录》卷二百九十三,乾隆十二年(1747)丁卯六月乙酉条,《大清高宗纯(乾隆)皇帝实录》(六),第 4260—4261 页。

② (清)昆冈等修、刘启端等纂:《钦定大清会典事例》卷八五四,《刑部·工律·盗决河防》,《续修四库全书》(809),第 403 页。

③ (清)陶澍:《陶云汀先生奏疏》(二),卷四三,《赶赴清江筹议河道情形折片》,《续修四库全书》(499),第 663—664 页。

堤,"署距嘉汛主簿俞皋在彼防守,立刻鸣钲齐集兵夫,前往查拏。奸民等遥见灯光,即上船放枪,四散逃窜。当查嘉字十七号堤顶,挖长五丈五尺,深五尺二寸,并挖去大石一丈一尺,裹石四丈五尺,石缝间有渗漏。该厅闻报赶到,即时填筑,不致宣泄湖潴。该管运河道敬文,因卫河陡涨,先赴临清,闻信驰回履勘。已饬该厅汛,速将被挖石工照旧赔补"。蜀山湖"为运河东岸最大水柜,宣济北行军船,每年请币兴修,甚关紧要。若非立时知觉,赶紧赔修,必致湖潴陡泻,贻误重运"。所以,道光皇帝申谕,"著钟祥严饬该管州县,即将盗挖蜀山湖石堤及寿东汛强挖土堰、焚烧料束各犯,勒限密速访拏。通饬所属,一体查辑,务将各犯迅速就获,分别首从,严行惩办。不得以湖堤尚未过水,漕行无误,稍涉松懈。倘日久无获,致令远飏,即将该地方官严参惩处,该抚亦不能辞重咎也"。[1]不久,山东巡抚钟祥奏,拏获盗挖湖堤各犯讯办,"得旨,务要严拏逸犯从重惩办"[2]。

三、水事纠纷解决的措施

水事纠纷解决的措施,可以分为工程措施和非工程措施。工程措施是指通过兴建和维护一些水利工程以协调冲突各方水事利益的措施。非工程措施是指通过经济、行政、法律等水利工程以外的手段来解决水事纠纷的措施。一个地区水事纠纷的最终解决,必须是工程措施和非工程措施相互配套,综合运用好经济、行政、法律和工程手段,才能取得持续稳定的最佳效果。

(一)非工程措施

非工程措施如本章已经论及的无讼文化价值观的培育、民间纠

---

① 《大清宣宗成(道光)皇帝实录》卷二百四十一,道光十三年(1833)癸巳七月丁酉条,《大清宣宗成(道光)皇帝实录》(七),第4286—4287页。

② 《大清宣宗成(道光)皇帝实录》卷二百四十一,道光十三年(1833)癸巳七月戊戌条,《大清宣宗成(道光)皇帝实录》(七),第4288页。

纷调解机制的建立、水法制度的制定和完善、水利的规划和管理,以及行政协商、行政调解、行政裁决和法律诉讼,都在预防和解决水事纠纷方面发挥着重要作用。而在水事纠纷解决机制的运行过程中,经济、行政、法律等手段的综合运用,则是最为关键的。

南宋以来淮河流域社会经济一直处于欠发达状态,因此,淮河流域水事纠纷的解决很难以完善的市场机制,去实现水资源的最优化配置。不过,我们不能因此否定经济手段在南宋以来淮河流域水事纠纷解决中所起的作用。细致的梳理,我们可以发现,经济手段在淮河流域水事纠纷解决中的运用也取得了一些成效和经验,主要表现在:

一是按照受益的大小分担水利工程的兴修和维护成本,实行分修和代修制度。如本书第三章第一节提到的河南西华县、鄢陵县境内的流颍河堤,如果修筑完固,鄢陵县和西华县皆受益;如果堤决,则两县皆受淹。但是两县为修堤分担之事纠纷不断,相互扯皮。最后历奉各前宪会议,分为"鄢六西四"承修,纠纷稍解。又如河南上蔡县境内,包河上承蔡河,并受高生里官沟河水,东经包芦里,受卧龙沟水,过包河桥,受东芦沟水,下入董冀家桥项城县界,"合县之水半汇包河。每逢淫雨,竟成湖泊,因于包芦、高生二里,沿河俱筑长堤,复宽河身以顺水势"。但是下流董冀家桥系项城县地界,不能一例开浚。如果项城地界河段不疏通,浚河工程就无法发挥防洪灌溉效益,上蔡县境内的包河依然为患不断。然而,项城县对疏浚境内的包河因无法看到直接利益而兴趣不大,双方因此起了水事冲突。为此,康熙二十七年(1688),上蔡知县权衡了浚河工程的利弊大小,"乃率包芦居民代为修通焉"。①这是省内县际之间代为修浚水利工程以成功解纷的例子。前文中提到的光绪年间安徽阜阳县民自愿裹粮负版前往上蔡县境内帮工修筑傅堤,则是出钱出力进行跨省代修水利工程以最终解纷的事例。因为上蔡县境内有傅堤,附近居民经常扒堤泄

---

① 康熙《上蔡县志》卷三《沟洫志·沟洫·包河》。

水种地,但是此堤关系到沈丘县、项城县和阜阳县防洪安全,所以县级行政区之间的水事纠纷乃至跨省水事纠纷甚为激烈。阜阳县因处于四县的最下游,相对来说,傅堤最关系阜阳县的安危,出于防洪的无奈而"屡请帮工修筑傅堤"。

二是实行责任到人的赔修制度。乾隆十二年(1747)夏,双洎河河水暴决,扶沟县令杨烛"躬率夫役堵塞";"扶沟河堤,旧例公修公堵,惟双洎浊流,人贪淤地,多用盗决"。为防止民众盗决双洎河淤地,损害公共水事利益,杨烛引进了责任到人的赔修制度,"于公堵之中专责地主",也就是谁的地段上出现了盗决谁就赔修,因此"盗者始息"。①

三是实行让抢种到水涸地的既得利益者就地贴修水利工程的制度。如安徽凤台县有焦冈湖,原筑坝御淮水涨,但造成潦无可泄、旱无可灌的局面。于是,为了能在秋冬水落能种麦、春夏水涨能种稻,就必须建闸节宣,同时疏通上流催粮沟,但苦于经费无措。嘉庆十四年(1809)夏旱,居民于湖心种稻,至秋天大丰收时,发生了争割稻子的纠纷。凤台知县李兆洛亲往勘,"因谕令凡种湖地者,分所收三之一,为造闸挑沟之用,以平不获占种者之气。其所收者,即储于湖民有力之家,令其粜钱以供经费,计所收谷凡二千余石"。次年春,"采石募匠,造丰湖闸"。"麦秋可五六收,不征其租。令种湖地者出人夫培筑各坝,至秋而坝闸各工始竣,乃挑开湖口浅塞,尽放湖水令涸。其上流催粮沟旧道侵占者厘而出之,淤浅者浚而深之,又于湖中洼处接催粮沟者旧有中心沟,亦皆淤平,因接挑大沟一道,自东抵西,置抵小口沟出闸,即以所挑之土堆筑两涯为堤,令水有所归,日绝淹漫之患"。②

至于行政和法律手段在南宋以来淮河流域水事纠纷解决中的

① 光绪《扶沟县志》卷五《官师志·良政传》。
② 《焦湖沟闸始末》,光绪《凤台县志》卷三《沟洫志》,《中国地方志集成·安徽府县志辑》(26),第54页。

运用，前文已专门论述了淮河流域水事纠纷解决中的行政协商、调解、裁决以及民事诉讼、刑事诉讼问题。这里再补充一点，就是在水事纠纷解决过程中对履行公职的相关责任人进行的行政处分在水事纠纷解决中所起的作用。

在传统社会的防洪法、漕运条例等法律法规中，都有水利工程兴修和维护、水事违法案件发生中相关责任人的行政处分以及赔修制度的规定。清代阮葵生在《茶余客话》中就谈到运河沿岸设置有涵洞，目的是调蓄运河水量保运的同时，也让沿运民众进行农田灌溉。但汛兵、洞头往往借机诬陷、需索、盗窃，甚至"需水不开，水多不闭"，"此农民之大害也"。"昔湘潭陈沧洲先生督河时，每于农忙时，硃书'听民启闭，无缓须臾'八字揭于管洞县丞厅事前。后来卫我愚太守亦踵行之。卫公舟过河堤，必亲身抽查，出其不意，间有暗留穴隙、半启半闭者，严治其罪，管河官仍记大过"。[①]

时至近代，淮河流域水事纠纷解决中对相关公职人员在水事纠纷中的失职或违反有关政策规定行为依然有行政处分的处置问题。如1929年江苏省建设厅厅长王柏龄就呈请省府对江苏丰县县长王公玙在丰鱼水道纠纷事件中的失职和违反政策规定行为进行严厉的行政处分。江苏省建设厅认为，丰县县长王公玙呈报支用治运亩捐，以疏浚地方河道，虽属要政，"但一切设施未于事前呈明主管厅核准，迨工竣之后，又未据呈请派员勘验，擅自动支亩捐，数逾巨万，殊属不合"。后经江苏建设厅查明，"丰县疏浚河道，迭请截治运亩捐，均经由厅驳斥未准，而该县县长王公玙竟置厅令于不问，悍然将款拨交治河委员会动用，数逾巨万，藐视功令，莫此为甚。前已由厅指令将该县长记大过一次，声明仍汇案呈请注册，兹奉前因，如仅就其擅挪亩捐一部分论，既先已指令记过，应请钧府即将该县长予以记大过一次注册实行，一面勒限一个月，由该县长负责将挪用治运亩捐照数筹还，如仍违抗，再请严加惩处"。至于王公玙擅自动用亩

---

① （清）阮葵生：《茶余客话》卷二二。

捐浚河一节,"丰鱼纠纷档案累累,该县开浚新河,事先未将预算计划呈厅核定,又未商取鱼台方面同意,贸然兴工,变酿械斗。迨两省派员往复商办,迄未能得适当之解决,是此案之纠葛,实该县县长有以酿成之。似此办事颟顸,应再加重处分,以示惩戒,而免鱼人之借口。拟请再予以罚俸半个月,俾知儆惕"。①

(二)工程措施

水事纠纷之所以发生,很重要的一个原因是水资源的配置不合理。为防止水害的发生和使有限的水资源得以有效的开发和利用,兴建和维护一些必要的水利工程是一个重要前提和保障。很多水事纠纷的发生,要么是因为某些水事关系复杂且敏感的地方缺少防洪工程或灌溉工程,抑或蓄泄工程进行调蓄所导致;要么是因为某地水利工程修建不合理或者年久失修,导致行政区之间、上下游和左右岸之间水事利益分配不均衡所诱发。因为水利工程问题引发的水事纠纷,尽管可以通过行政、法律等国家强权威手段予以暂时的解决,但这只是治标,并不能治本。如果要从根本上使水事纠纷得以彻底的解决,还必须从水利工程本身出发,或新建或拆除一些水利工程,使纠纷所在地域的的水资源得以重新合理的配置,形成一种新的和谐水事秩序。

我们从淮河流域各地史料记载来看,南宋以来淮河流域水事纠纷解决主体采取工程措施以解决水事纠纷,主要有两种情况:

第一,针对河道淤塞、水流不畅而造成的上扒下堵纠纷,水事纠纷解决主体一般通过筹款或直接召集民力疏浚河道沟渠来解决。如明代西华知县陈嘉谟见"小黄河、沙河、渚河等水,恐为民患,疏导堤防",于是"争者胥化,几无讼云"。②康熙二十九年(1690),上蔡知县杨廷望见杜沟五道皆下汝阳县界,"因势隔邻封,不能一例疏浚,虽

---

① 《公牍·水利门·呈省政府为遵令核议丰县县长擅挪移治运亩捐疏浚河道酌拟惩戒处分复请鉴核由》,《政务报告》,1929年,第19页。

② 乾隆《陈州府志》卷十四《名宦》。

蔡境开通,终难顺下",又"见杜三沟东有五龙口,旧河形贯三沟、四沟,近沟之中由马边河入朱马河",乃疏浚之,名五龙河,"此诸沟之水不能南达汝阳界者, 皆得北流以入朱马河"。①光绪二十六年(1900)补授太和知县的王树中,见"县境恒患水,遇大雨,彼此以邻为壑,高者利决,下者利淤,淤决相争,动酿巨案",乃"相察形势,为诸大河,诸干沟,皆先后疏通"。②宣统二年(1910),泗阳县民因禁阻宿迁民众决归仁堤放水,死伤数人,"叠控两江总督张",后经司佐履勘,既而臬委陈、徐道委姚、前桃源县陈、前宿迁县汪迭次会见,往白洋河会议数日,"议由徐州、淮扬二道各认款二千元,宿、桃两县地方各认筹款二千元,兴工疏通民便河,俾水得畅流入成子河洼"。只是不久因辛亥革命爆发,未及举办。③

　　民国时,综合整治疏浚河道以根本解决水事纠纷,依然是一个重要举措。1932 年,导淮委员会、安徽、江苏建设厅派委会勘宿县和萧县盗挖龙岱湖、决水殃邻一案,议定"统筹方法,主张续治龙岱,必须先治全滩,以竟全功,冀为一劳永逸之计。其筹集款项之法,列有五项,内甲项拟将救济水灾委员会第十二区第十三区工振区所余美麦三四千吨,以之疏浚滩河"。④20 世纪 30 年代,河南省政府调查贾鲁河、双洎河水利情形时,发现在鄢陵、尉氏、扶沟、西华、淮阳等县存在严重的洪业沟水利纠纷。主要原因是"贾鲁双洎二河多年失浚,淤塞殊甚,兼以堤防残缺不完、河线曲折过多,每逢大水,河身不能容纳,宣泄又复迟滞,即泛滥溃漫,横流潴积,扶沟、鄢陵、尉氏等县洼下之区为洪水汇集之所,良田沼泽,受灾殊多。扶、鄢、尉等县,旧有洪业河及洪义沟,原可以疏浚构通,以宣泄坡水,但如将洪业河、

　　① 康熙《上蔡县志》卷三《沟洫志·沟洫·五龙河》。

　　② 民国《太和县志》卷七《秩官·名宦》,《中国地方志集成·安徽府县志辑》(27),第 442 页。

　　③ 民国《泗阳县志》卷十一《志五·河渠下》,《中国地方志集成·江苏府县志辑》(56),第 299 页。

　　④ 许世英:《公牍·函救济水灾委员会为据安徽宿县县长章世嘉呈请转商拨给美麦及振余疏浚滩河附意见书等情函请核办文》,1932 年 10 月 29 日,《振务月刊》1932 年第 10 期。

洪义沟沟通,必须将扶沟境之鸭岗口挖通,使鄢、尉境之坡水宣入扶境,如是则鄢、尉患除而扶患加增,故扶民反对。若再顺流而下,疏断洪义沟,使入双洎河,即扶沟害除,而贾鲁、双洎两河水量势必增加,为现有河身所不能容,又有泛滥之患,故西华、淮阳等县又起而反对",可以说洪业沟水利纠纷,争执多年,未能解决。最后由省府及水利处各派一员,会同扶沟、鄢陵、尉氏、西华四县县长暨有关区长士绅详加会勘,拟具了"整理双洎、贾鲁两河解决高庙寨双洎河决口疏浚洪业沟洪义沟纠纷方案",并经省府核准,"令饬有关各县遵照办理,而纠纷始告解决"。这一水利纠纷解决方案,主要是除水害和兴水利的工程建设。

除水害方面的工程措施,主要有:省府颁发水利处所订之整理双洎、贾鲁两河计划图,以便各县参照办理;双洎河底至少浚宽 12 米,其原有较宽者,宜仍其旧,(现有宽 10 至 13 公尺不等)两岸筑堤高出洪水位 2 米,堤顶厚 4 米,两侧坡度 1 比 1.5;与双洎河会合后之贾鲁河底,至少浚宽 17 米(现有宽 13 至 20 米不等),两岸堤之高厚及坡度与双洎河同;将双洎、贾鲁两河河道曲折过甚处(如高庙寨决口处等)应酌量裁湾取直;尉氏高庙寨双洎河决口水道中,择适当地点设节制水闸,以上工程由省府限令贾鲁河、双洎河两河有关各县(或令尉氏、洧川、鄢陵、扶沟、西华五县先办)于 1935 年冬季农闲时征用民工,于 1936 年 3 月底前一律完成,否则惩处;开工时应由各县政府呈请省府由建设厅水利处派员来县指导督促;征工办法,全县同时或分期动工,及施工地段,由县政府规定之;桥梁尽量利用旧有者,以后逐年改修,其不适用或不合河宽者,由各县政府查明呈请本府核酌情形,筹款或拨款改造之;工程完成后,各县政府应会衔呈请本府派员验收(如有限期内尚未完工者,其先完工之县,得先行呈请验收)经准予验收之后,其维护之责,仍属各县政府;浚河征用之民地,由各县政府斟酌情形,查明呈请豁免银粮或给地价;疏浚后之河及堤,须于每年农闲时,由各该县政府征用民工培修一次,以固堤防。

　　兴水利方面的工程措施,主要是:"经详加测量知扶境罗王冢至杜坟顺旧沟迹入双洎河一带,高低相差有四公尺(米)之多,河水可无倒灌之虞。故于高庙寨双洎河决口处,设节制闸,视需要而启闭之,并将该河沟疏浚沟通,使坡水由是入河,而沿该沟河一带,土地复得灌溉之利"。实施办法是:尉氏、鄢陵境洪业河及扶沟境洪义沟,统称为洪业沟,将鸭岗口及晋冈寺西南疏通至杜坟东北入双洎河;由建设厅拟订"洪业沟工程处"组织大纲,令尉、鄢、扶三县政府与水利处共同组织之,其人员由水利处与各县政府分别遴派,其经费依沟线经过长度由三县比例分派,工程处专办测量设计监工等事宜,并限于1936年6月以前完成;疏浚土方工程以三县自行征用民工为原则,高庙寨节制闸由省库拨款建修,沿沟建筑涵洞及分水闸等工料费,由三县比例分派,交由工程处招工承办;全部工程完成后,工程处结束,改为"洪业沟管理处",组织章则及人员由建设厅水利处拟派,(章则须呈省府核准)其职责商同三县县长,办理分配用水及浚修事宜,其经费由三县政府向受益村民比例筹集。[①]

　　第二,针对闸坝蓄泄工程修建不当或管理不善引起的行政区域之间、上下游、国家和地方社会之间的水事纠纷,往往通过改建闸坝并综合采用技术和管理手段严立启闭来解决。如雍正十二年(1734)四月,内蒙管河道准布政司照会,奉总督河东部院王批,本司道会查扶沟县绅士卢宸等禀张单口停修石闸。在张单口停修石闸的主要原因是,据开封府陈州会详查勘,"扶境之张单口地势低洼,受祥符、中牟、尉氏、洧川、鄢陵诸县之水,顺流灌注,全赖张单一口疏泄,固不可堵塞,以遏其流。但西华在扶东南,地势更低,张单口之水由太康轩家桥直注西华,水势奔赴,河身淤浅,以致狂澜泛溢,淹没田禾,为害非浅,此华民所以于张单口堵筑,争控不已,自明季迄今,结讼百有余年,终无定议"。雍正九年(1731)间,"前河道刘有建设石闸之议,但石闸一建,则河水倒灌,扶邑尽成泽国,受害无穷,扶民所以纷

纷上控也"。于是,陈州知府等再四筹划,认为"建闸不如建坝"。理由是"查张单口河身高八尺有余,今议建滚水石坝四尺,止及河身之半,即使水发一时,仍可于坝上畅流。在扶邑,既无奔溃之虞,而西邑得其阻抑,亦可缓其水势。一面仍令西民将下流淤塞之处一律挑挖深通,归入贾鲁河内,经行不滞,亦不致泛溢为害,两邑士民俱各欢欣允服。至建设石坝工料,西邑士民情愿独捐。现在购买齐全,候示兴工,庶百余年之结讼从此永息,而两邑均无冲决之患矣"。陈州知府主张在张单口改建石闸为滚水石坝的建议,"为奉院批允",知县刘焜即赴张单口督工建筑,"一面将下流官清沟疏浚,一律深通,坚固完竣,勒石定案"。①此次建的滚水石坝,规制是"自河底量起,河深八尺,建坝四尺,扶沟不许减少,西华不许增添。河水涨发,仍于坝上畅流","两邑士民各具遵依,其讼遂息"。②

在扶沟县境有大浪沟,由鄢陵县汨罗江沟水漫淹,鄢陵、扶沟两县为患,"屡次兴讼",后经知县孟宪章修迎水坝一道,以防水溢。但至光绪十六年(1890)"沟水涨发,被鄢邑奸民窃扒,邑西南数地方尽受水患,绅民赴本县控告"。扶沟县知县熊会同鄢陵县知县汪,"亲诣勘明,议准扶民在周营、许埠口建闸,视水之大小为启闭,民胥赖焉"。在闸建成后,鄢陵县知县江同扶沟县熊邑侯立条规三章,"刻石存李集地方,以便遵行"。③《大浪沟建闸条规》规定:

> 一砖石闸一座,系扶民借地修筑,将来沟水涨发之时,由扶民前来保护。闸口被水冲刷损坏,仍许扶民修补。如有奸人故行拆毁,由周营乡地送究。若失误觉察,被人损毁,即责成周营乡地赔修;
>
> 一河水大,坡水小,即上闸,以防河水出;坡水大,河水小,

---

① 《附张单口建滚水石坝详案》,乾隆《陈州府志》卷四《山川·西华县·河渠》。

② 光绪《扶沟县志》卷三《河渠志·蔡河》。

③ 《大浪沟建闸记》,光绪《扶沟县志》卷三《河渠志·沟·大浪沟》。

即开闸，以放坡水。大凡闸板之启闭、收储，均由扶民觅人经理，酌给费用；

一闸板被水浸烂，由扶民修造。如在闸口被人窃去，该周营乡地赔补。如在收存之家损伤遗失，即由收存之人赔修。[1]

在安徽霍山县，咸丰六年（1856）春大旱，该县俞家坂发生了争水案，"案悬莫结，几酿多命"，后经县教谕靳学洙议筑坝蓄水，由于出水沟深阔通畅，旁流灌田数千亩，争讼乃息。[2]

在淮北地区有盐场河，向为商人运盐、河工运柴之路，但常浅阻，于是商人在武障、义泽、六里等河口俱筑草坝蓄水运盐、运柴，结果造成六塘河与中河水上涨，水灾为患地方的时候，商人所筑之草坝尚不肯开，盐运与民众防洪灌溉之间的矛盾激化，纠纷汹汹。乾隆七年（1742），迁知海州的卫哲治"请筑南北六塘河堤堰，建盐河石坝，俾商民无以蓄泄相争"。办法是借鉴《明史》记载的"知绍兴府汤绍恩于三江海口建闸二十八洞，又于附近竖测水牌一座，内刊十二时辰，凡遇水发长至某时，则开闸放水，至某时则闭闸蓄水，数百年来永除沉溺之患"的成功经验，"拟仿照此式"。"查粮船重运，不过蓄水四尺，今更宽余，常令蓄水五尺。于武障、义泽、六里、洪河口各设滚水坝五十丈，设立碑石，以测水势。其坝须低于民田一尺，河底至坝面五尺，水过五尺，自行滚出，则不假人为，惟听自然。倘虑河底淤浅，再加开浚，务深五尺，以便济运。如某处滚坝水高于坝一尺以上，即开某处草坝宣泄，仍俟水平，滚坝即行堵塞。凡此应开应闭尺寸，俱于测水牌内明白大书，不得违悖"，"总期盐柴重运有济，民间田亩无伤"，此乃一举两得之策。[3]

芒稻河闸乃调解运盐河、下河地区农田防洪灌溉、漕河泄水入

① 《大浪沟建闸条规》，光绪《扶沟县志》卷三《河渠志·沟·大浪沟》。

② 光绪《续修舒城县志》卷四〇，《人物志·义行》，《中国地方志集成·安徽府县志辑》（22），第704页。

③ 嘉庆《海州直隶州志》卷二十一《良吏传第一·牧令》。

江三者水事矛盾关系的关键。乾隆二十一年(1756)五月,署两江总督尹继善等查奏,先经抚臣庄有恭奏开芒稻河,以泄运河余水,另开运盐河以避吸溜一折内提到,"向来盐务常欲闭闸蓄水缓溜,而河工遇汛水将至,亟欲开放宣泄,每多争执",所以"应请嗣后每年霜降以后,四月以前,芒稻等闸仍照奏定水志,分别启闭。其闸坝堵闭时,盐船仍可由湾头闸行走。至四月重运过淮后,汛水渐长,不必拘定水志,将芒稻等闸随时开放,使底水无多,得以畅泄入江"。得旨:"如所议行。"①

在里运河上下游地带,防洪、灌溉、运河漕运之间一直存在尖锐的矛盾,其中运堤东岸的闸坝涵洞的严格管理和合理运用至为重要。如"前湘潭陈公为河督时,饬运东十三涵洞分上下截,五日开五日闭,上下递互,著为例,犹得古人重农之意"。②康熙三十八年(1699),"命闭运堤东岸减水坝不用,惟灌田涵洞修葺如旧,民间用水灌田,照旧开放"。乾隆四十年(1775),"江南被旱,下河用水困难。命嗣后稍旱之年,高堰志桩九尺以上,仁、义、礼三坝应听过水。运河存水以五尺为度,水多尽归下河灌溉"。③

四、水事纠纷解决的原则

淮河流域水事纠纷的发生是自然因素和人为因素共同作用的结果,核心是淮河流域人水关系失调,根本的原因是各利益主体在淮河流域水事利益上的严重失衡。当淮河流域某些地方在某个时候(通常是旱涝时节或者秋冬兴修水利季节)水事利益出现冲突的时候,如果不及时地加以正确地协调和解决,则会导致冲突的逐步升级。南宋以来,淮河流域有不少水事纠纷之所以得到了成功的解决,

---

① 《高宗纯皇帝实录》卷五一三,转引自《京杭运河(江苏)史料选编》第2册,第645页。
② 同治《重修山阳县志》卷三《水利·闸洞》。
③ 咸丰《重修兴化县志》卷二《河渠二·运堤闸洞》。

就在于纠纷解决过程中作为纠纷解决主体基本上都坚持了一些符合自然规律的、公认的、有利于理顺人水关系的基本准则,即尊重历史、恢复原状、维持现状、统筹兼顾四大原则。

(一)尊重历史

南宋以来,由于地形地势、气候变化、黄河夺淮、战争、农渔生产、政府治水等自然和社会因素的共同作用使淮河流域水生态环境发生了重大变迁,河道沟渠淤塞迁徙改道,湖沼洼淀兴废时有,旱涝交替不断,这都是诱发水事纠纷的重要因子。要正确地解决水事纠纷,必须先弄清楚水事纠纷发生的来龙去脉。而这除了实地会勘外,最为重要的是查阅水事纠纷所发地的水生态环境变迁的历史。

一般来说,地方志以及专门的水利书籍对一地的山丘冈地、河流沟洫的变迁史记载比较详细,因此也就成了历代官府解决水事纠纷的重要依据。如乾隆年间,太康县进士王谦等呈请挖清水河分泄涡河之水一案,先是经前蒙宪台檄令遴员前往秉公确勘后,认为王谦等所称"胡家桥侧向有分支名'清水河'者,现在河口筑有堤岸,地势平衍,并无河形。自堤内至清水河桥地势,高洼不一,由此而南,地势愈远愈洼,有似河形,现今布种二麦,淮邑居民称系注地,是为世业,太邑士民指为清水古河"。再"查阅《太邑县志》,止载涡河源委,并无清水一河。其是否古河,无凭稽考。即或寔有古河,淮民筑堤百十余年,今欲毁堤开挖,不特大费繁,难以举行,即淮、鹿二县百姓,其间田园庐舍不知凡几,迁移更易,事多滋扰,断属难行","嗣蒙巡抚部院雅批,清水河既无可考,且与邻邑有害,如详禁止开挖"。①

光绪十二年(1886)发生在五河县和泗州之间的天井湖涸地之争,最后能得以解决,也有赖于方志对天井湖历史的记载。此案"控经前邑侯易奉批,查该生等所控之地,阅《五志·疆宇图》,系天井湖

---

① 《附会勘回龙寺涡河古堤详案》,乾隆四年,乾隆《陈州府志》卷四《山川·陈州府·河渠》。

南岸本县境地,且隔河,与州境何涉?""上年泗虹修志称该处汴河自乾隆五十二年决口,北面有粮民田冲入南岸。查汴河一由州境西北至城为西汴河,一由州城枯河头至青阳为东汴河,相距六十余里,是汴河之与湖渺不相涉。阅《泗虹合志》与《五志》新旧二图疆界,显然良司牧自一见燎如指掌,而胸有成算,必能销患于未萌"。①

寿州和怀远交界有蔡城塘,有斗门12座,其中11座属于寿州,1座属于怀远。乾隆初年,寿州有冒充怀远蔡城塘乡保者,"禀之州云蔡城塘专属寿州,怀民不得越境取水,数年互不能决","后怀民执《府志》以据诉之府,乃得其平"。②

嘉庆、道光年间,有精于治水的徐仰亭因久幕河防,遂家江苏洋河镇,"时河工折奏,多出其手,条陈河道利病,了若指掌","著有《治水要略》,稿已散逸,仅存《洋河水道图说》一篇"。光绪三十一年(1905),江北大水,"三堡泄水处,桃、宿二县民互控,桃令孙、宿令汪会勘至洋河,尚据其图说,以资解决焉"。③

丁日昌巡抚江苏时,大力主张挑河以兴水利,但淮安府清河县、安东县围绕兴挑张家河问题发生激烈争讼,丁日昌查阅了淮安府有关方志,认为"张家河本为清邑东境便民、戴范两河泄水之区。乾隆年间,曾经挑挖,有案可据。宜将《淮安府清河县志》各条钞录,出示晓谕,庶足以关其口而夺其词。若系该处人民多方阻扰,即应指名禀办。两邑水利关系匪轻,不可惜小费而失大利"。④

以上几个案例说明,淮河流域许多水事纠纷之所以最后得以成功解决,皆是在实地调查基础上,充分尊重历史的结果。不过,志书

---

① 《附坝外天井湖疆界考》,光绪《五河县志》卷六《建置六·堤坝》,《中国地方志集成·安徽府县志辑》(31),第466页。

② (清)方悰:《蔡城塘考》,嘉庆《怀远县志》卷八《水利志》,《中国地方志集成·安徽府县志辑》(31),第118页。

③ 民国《泗阳县志》卷二十四《传三·流寓·徐仰亭》,《中国地方志集成·江苏府县志辑》(56),第514页。

④ (清)丁日昌:《抚吴公牍》卷三三,《淮安府禀覆清安二县便民等河兴挑一案由》。

的编撰有详有略,有精细也有粗糙,甚至有些记载可能是失实的。所以,纠纷解决主体在介入水事纠纷主体进行调处时,必须对志书记载的史实做一番详细的考证,否则会越调处越复杂,结果适得其反。光绪《鹿邑县志》作者就谈到,"许《志》与王氏《河渠纪略》所载详略不同","据土人见今采访,质诸许《志》,什乖五六;质诸王《略》,则但有湮塞,无舛误也。王《略》为水利专书,且在请币兴修之后,自应密于许《志》",于是,在撰写光绪《鹿邑县志》的《河渠志》时,"叙述宜根据其书,证以今所采访,以大川为经,诸沟为纬,审所从入,分别条系,体例斯善"。这样做的目的,是鉴于"光绪十年浚沟之役,构讼者各挟一书求胜","谓有者据王《略》,谓无者据许《志》",结果"官无所可否,下遂益以私意为是非"。为了避免此种后果的出现,"今欲宗法郦《注》,虽仍存二书之真,然不得不泯二书之迹,俯张之徒有所藉口,讼端滋长,必且于秉笔者肆诋諆焉。故但摭二书之文,不易一字,贻诮钞胥,极知不免。惟于历官斯土者,为民兴利除害之苦心,则犹私幸可告无罪耳"。[1]

(二)恢复原状

恢复原状是指恢复水事利益被侵害前的原有状态。从淮河流域历史上许多水事纠纷解决的结果看,官府多勒令水事侵权的一方通过平毁新建的侵权水利工程,或者修复盗挖的水利工程。如康熙五十五年(1716)秦廷献之胞弟秦显祖与鄢民盗凿鸭冈口,最后经官府讯断,勒令开河者填堵完工,旧渠疏浚开通,并在鸭冈口勒石永禁,以除民害。[2]雍正年间,西华人不奉关会,捏控开渠,并擅挖西华县与商水县交界的古埝,后经陈州府多次亲勘,遂蒙上允,令西华人尽行填塞所开新沟,即刻修筑所辟古埝,"而数年之案于是乎结"。[3]乾隆七年(1742),鄢陵人复盗凿黄甫冈,"士民等赴控,管河道金批令扶、

---

① 光绪《鹿邑县志》卷四《川渠·沟渠》。
② 乾隆《陈州府志》卷四《山川·扶沟县·附水利详案·鸭冈口》。
③ (清)程文耀:《古埝碑记》,乾隆《陈州府志》卷二十六《艺文》。

鄢二县会勘,委典史遵依原定丈尺填补冈口,又各设巡冈保正二名,以司稽查,乃定案云"。①

1918年,安徽泗县县民尹元汉私自掘开和江苏泗阳县交界处的安河东岸顾家勒冈,这一跨省水事纠纷,于1919年经苏省、皖省及泗阳县、泗县、江北运河工程局会商结案,"已掘之河道也请令填塞,以期恢复原状。②1919年,萧县人窃挖天然土垄北首一段,与宿县再次发生龙、岱入滩之争,经下游各县交涉,由两省省长派员会同萧县官绅,在蚌埠会议,议定在导淮未实行以前,不准妄动,并将已挖者填平,双方遵守省案。1926年,萧县人违反前议,又行偷挖。旋奉五省联军总司令孙传芳电召萧、宿两县官绅,赴徐州会议,遂于1926年6月18日在徐州总司令部议决四条:一是两县即速同时停工(即萧县停止开掘龙河,宿县停止在县境筑堤);二是萧县人开河为浸入宿境,应将宿境内之河工,即行填平;宿人筑堤入萧境,应将萧境内之堤工,即行铲平;三是萧、宿两县境界,以粮串红契为凭;四是自此次彼此停工以后,应呈请联帅,统筹全局,开浚滩河,以解纠纷。在未开浚滩河前,两方不得再有开挖河道或筑堤等事。经两县代表及陈司令仪道尹高尔登,当场签字,并分呈两省各官署备案。③

淮河流域有些水事纠纷不仅仅是一方对另一方的水事利益侵权,而是纠纷双方之于对方的水事利益互有侵权,纠纷往往处于胶着状态,难解难分。在此种情况下,历代官府在调处双方纠纷时通常采取比较消极的听其自然、恢复原状的办法。如乾隆四十年(1775年)秋,河南长葛县大雨,该县大周镇的小梅河自行改道,凶猛的洪水淹没了罗庄等村庄的粮田。罗庄村大地主罗副榜鼓动群众在罗庄西坡修筑一条大坝,声言要把坝西的岚川府、大尚庄、小尚庄、四辖轮四个村的人淹死。四辖轮村的豪绅监生闫文芳也不示弱,指使会

① 乾隆《陈州府志》卷四《山川·扶沟县·附水利详案·黄甫冈》。

② 民国《泗阳县志》卷七《志一·山川·安河》,《中国地方志集成·江苏府县志辑》(56),第251页。

③ 萧县水利志编辑组:《萧县水利志》,第100页。

武功的宋大字、宋二字兄弟打死了罗副榜的儿子。罗副榜状告到开封府,后来开封府下了批决"水流自然"。岚川府等四个村便刻了一通石碑,上书"水流自然"四个大字,立在岚川府寨东门外土地庙前,才算了结这场纠纷。[1]另外,前文已经提及的江苏阜宁县有文曲沟于嘉庆末年被镇民张树侵占。道光二年(1822),职员顾春圃等公禀知县王锡蒲,县府批令,"逢宽挑宽,逢窄挑窄"。[2]

(三)维持现状

维持现状是指在纠纷主体之间没有达成协商一致的解决意见或者经纠纷解决主体多次调处而纠纷双方仍不能达成一致之前,任何一方纠纷主体都不得在纠纷发生地擅自采取可能进一步激化纠纷的工程和非工程措施。如同治三年(1864),丰县与鱼台县发生边界水事纠纷,鲁、苏两省督抚出面会勘,"定丰不挑河,鱼不筑堤,听其平毁,遂成定案"。[3]1929年,苏鲁两省边境又发丰鱼水道纠纷一案,一方面经省府呈请行政院交由导淮委员会主持办理,另一方面由苏鲁两省政府分饬丰、鱼两县县长暂维现状。不久建设厅奉省府训令,"转奉行政院令,以准导淮委员会函开,查丰、鱼两县水道,本在淮河流域范围以内,应俟本会实地调查,通盘计划,再行主持办理。现在仍应请贵院分别令行苏鲁两省府,转饬丰、鱼两县长,仍令暂维现状等由,准此。除函复并分令外,合行令仰该省政府,即便遵照,饬县仍维现状,听候导淮委员会实地调查,统筹办理等因,合行令仰该厅查照,并转饬丰县县政府遵照,闻建厅业已遵照转行矣"。[4]

---

① 《水利纠纷批决碑》,转引自长葛市土地管理局编:《许昌市土地志·长葛卷》,郑州:中州古籍出版社,1999 年,第 231 页。

② 民国《阜宁县新志》卷九,《水工志·诸水》,《中国地方志集成·江苏府县志辑》(60),第 201 页。

③ 《解决丰鱼水道意见》,《申报》1930 年 3 月 31 日,《申报》第 268 册,第 840 页。

④ 《苏鲁边境水道纠纷　丰鱼水道暂维现状》,《申报》1929 年 12 月 26 日,《申报》第 265 册,第 713 页。

这些案例,表面看起来是敷衍了事,不可能彻底解决水事纠纷,但在对侵权双方都不能各打五十大板即可结案的情况下,也不失为暂时搁置争议、以待将来慢慢解决的明智之举。这一原则有利于缓解矛盾,稳定争议地区的水事秩序,使水事纠纷能够最终解决,所以今天在解决许多跨行政区之间水事纠纷时仍发挥着重要作用。

(四)统筹兼顾

水事纠纷的发生主要是因为行政区之间、上下游和左右岸之间、农业和交通、盐业部门之间水事关系有矛盾,因此,解决水事纠纷实际上就是统筹各方面的水事关系。

一是在解决水事纠纷时,注重行政区、上下游之间水事关系的协调一致。如上蔡上流则西华、郾城、西平、遂平诸县,下流则汝阳、项城、商水诸县,"上流不固,冲决依然;下流不通,壅塞如故",是故这几县的上扒下堵、挑河纠纷比较频繁,所以"业经详宪恳饬各邑一体疏浚在案","若得邻封上下一体疏修,则上蔡河流何难渐致日通,而商民必得均沾乐利矣"。①

当凤阳、灵璧、怀远三县士民拟于漠河湖东岸创开引河一道,由五铺而经禹山庙入洪沟以东注五河县时,五河监生孙维南、增生杨怀珍、武生盛以举等提出"挖沟开河虽兴修水利,然必审度地势,统顾兼筹,总须有利于此,无害于彼,断不可以邻为壑也"。②

在江苏山阳城西20里有支河,由护城河西至七家堤起,至盐河北岸石涵洞止,堤长3300余丈,乾隆二十四年(1759)开筑,嘉庆四年(1799)借币3000余两复修,道光二十七年(1847)加修东堤,同治六年(1867)复修,八年河堤坍塌,田业呈请修筑,由官量给经费。"其地西高东下,南高北下,上游利其宣泄,不乐加筑"。但"嗣经勘明,东

---

① 《请疏浚邻封水利详文》,康熙《上蔡县志》卷三《沟洫志·沟洫·包河堤》。
② 光绪《五河县志》卷六《建置六·堤坝》,《中国地方志集成·安徽府县志辑》(31),第467页。

堤不得不修。其支河尾间后港淳淤,拟令下游挑一深沟,直达石洞"。于是,规定此后支河淤垫,下游兴挑,石洞不畅;上游修补盐河,乃系上下游泄水之路, 由上下游协力挑浚,"下游修堤不得取上游田土,上游设遇大水亦不得私挖下游堤身"。①

二是在解决水事纠纷时,注重统筹交通与农业、盐业与农业部门之间的水事关系。如高邮境内沿运河堤有闸,闸外又有涵洞,"闸有定制,恒存水六尺,过格即泄入下河,以渐而去,上下俱不至于淹没,即旱年上河水可以济运,运船过尽,仍放洞水,以救下河"。宝应县有通湖诸闸凡十余座,"皆以分泻水势,并引水溉田","湖水大则闭之,漕水少则启之,济运兼润田亩焉"。②

在下河地区,"泰属东河等南五场灶河水无来源, 易盈易涸,雨多即溢及亭垣,晴久便浅,是以建有各坝因时开堵,以资节宣"。乾隆二十年(1755),"因雨久,灶河水长,水利同知恐倒灌民田,谕商将石灰等坝加培高厚,何垛场大使以有碍包垣具禀。行据扬州府会同水利同知、泰州分司勘覆,嗣后循照旧例,每年七八月大汛之期,分司会同东台同知、各场员相机,如灶河水势将及包垣,即行开坝,宣入串场河,由丁谿等闸归海;水势一平,即行堵闭,以防倒流,致碍民田。非当盛涨,场员不得遽行开放;而水当盛涨,该州亦不得勒令堵闭。其地势卑洼之包垣,谕令各商将挑河积土于临河筑立子堰,以资障护"。③

总的来看,淮河流域历史上水事纠纷的解决过程中,无论是自然人还是组织体,一定程度上都发挥了纠纷解决主体应有的调处作用,诉讼和非诉讼模式以及行政、法律、经济、水利工程等工程与非工程措施构成的多元化水事纠纷解决机制运行有序,尊重历史、恢复原状、维持现状的原则也坚持得比较好,统筹兼顾的原则在行政

---

① 同治《重修山阳县志》卷三《水利·西乡水道·支河》。
② 康熙《扬州府志》卷六《水利》,《四库全书存目丛书》(史 214),第 691、695 页。
③ 嘉庆《两淮盐法志》卷九,《转运四·河渠》。

区、上下游、农业与交通、盐业部门之间的水事纠纷解决中也部分地得到了贯彻。但传统社会强国家、弱社会的格局以及个人私利、地方本位主义的作怪,导致历史时期淮河流域国家和地方社会之间的水事纠纷解决中也存在纠纷解决主体为了所谓的"漕运"国家利益(其实就是王朝利益)而不惜牺牲局部地方经济社会发展利益和广大民众利益,以及在区域之间、个人和集体、集体和集体之间发生偏袒自己一方水事利益的不公正现象。

尤其是行政区之间发生水事纠纷时,如果纠纷解决主体不能跳出纠纷主体的角色而深陷其中,并介入纠纷解决全过程,让狭隘的地方保护主义肆意泛滥,将最终不利于水事纠纷的解决和社会稳定。如乾隆元年(1736)六月,乾隆皇帝就指出"至若沿海新涨之沙,邻邑互争,有司又各袒护所属,益滋纷扰,此皆徇私而未识大体者"。[1]又光绪十三年(1887)秋潦,山阳县大单庄居民率众强开阜宁县境大郭庄任家桥,造成双方居民械斗,互有伤亡,但阜宁知县曹明志与山阳知县"各为左右袒,经年乃已"。[2]这种因纠纷解决主体拘泥于各自地方利益,进而导致利益冲突双方的矛盾激化,结果是付出了惨重的代价。正如美国学者博登海默所说,"如果一个纠纷未得到根本解决,那么,社会机体上就可能产生溃烂的伤口;如果纠纷是以不适当的和不公正的方式解决的,那么,社会机体上就会留下一个创伤,而且这种创伤的增多,又有可能严重危及对令人满意的社会秩序的维护"。[3]

---

① 《高宗纯皇帝实录》卷二十一,乾隆元年(1736)丙辰六月甲申条,《大清高宗纯(乾隆)皇帝实录》(一),第528页。

② 民国《阜宁县新志》卷九,《水工志·闸坝》,《中国方志丛书》(166),第838页。

③ [美]博登海默:《法理学——法哲学及其方法》,邓正来译,北京:华夏出版社,1987年,第489—490页。

第五章　淮河流域水事纠纷及解决的
个案分析

　　在宏观上讨论了南宋以来淮河流域水生态环境变迁以及水事纠纷产生的原因、类型和预防与解决机制之后,本章则选取芍陂水事纠纷、陈端决堤案、归海坝的开保之争三个案例,作一深入的解剖分析。之所以选取这三个个案,是因为芍陂历史悠久,且处在淮河中游、大别山山前丘陵平原地带,是我国历史最为悠久的大型蓄水灌溉工程,也是淮河流域西南部山地丘陵地带众多陂塘堰坝蓄水灌溉水利的代表;陈端决堤案发生在道光年间的江苏泗阳县,是黄河夺淮渐进尾声时发生在淮河下游的一件震动朝野的、人为掘开黄河大堤的大案要案,是国家和地方社会之间水事冲突的典型事件;淮扬运河东堤上的归海五坝事关漕运及上、下河地区民众三方的防洪安全,历史上围绕归海大坝的开与保,国家和地方、上河民众与下河民众争执得非常激烈,是淮扬运河地区复杂水事矛盾的焦点所在。下面就通过这三个有代表性的水事纠纷案例的历史叙事,以展现纠纷发生的前因后果和历史脉络,并冀以挖掘南宋以来淮河流域水事纠纷事件的历史深度和借鉴意义。

第一节　芍陂水事纠纷

芍陂位于安徽寿县南 30 千米，相传系春秋时楚国令尹孙叔敖所开，"以水迳白芍亭积而为湖，故谓之芍陂"，"后为安丰县废地，故又谓之安丰塘"，①今天的安丰塘即为古芍陂遗留下的一部分。孙叔敖利用大别山余脉延伸到淮南地区所形成的西、南、东三面高而北面低的地形特点，选择北部天然湖沼在其周围筑堤以蓄水，从而形成了大型陂塘水利灌溉区，"陂周三百二十四里，横径百里"，②"水引六安，洇注安丰，大筑堤埂，开设水门"，"灌田数万余顷"，③"岁由丰稔，民用富饶"，④"为淮水流域水利之冠"。⑤

学界关于芍陂的水利史研究成果已十分丰硕⑥，其中也有不少成果讨论了历史上芍陂水源变迁、水利规约、占垦纠纷、水利秩序与

---

① （明）金铣：《明按院魏公重修芍陂记》，成化二十一年（1485）岁在乙巳秋七月朔旦立石，此碑现存寿县安丰塘孙公祠内。

② （清）钱泳：《履园丛话》(18)，《芍陂》，张伟点校，北京：中华书局，1979 年，第479—480 页。

③ （清）夏尚忠：《芍陂纪事》卷上，《芍陂论一》。

④ （明）金铣：《明按院魏公重修芍陂记》。

⑤ 武同举：《淮系年表·水道编》。

⑥ 主要成果有钮仲勋：《芍陂水利的历史研究》，《史学月刊》1965 年第 4 期；金家年：《芍陂工程的历史变迁》，《安徽大学学报》(社会科学版)1979 年第 1 期；许芝祥：《芍陂工程：历史演变及其社会经济关系》，《中国农史》1984 年第 4 期；刘和惠：《芍陂史上几个问题的考察》，《安徽史学》1988 年第 1 期；顾应昌、康复圣：《芍陂水利演变史》，《古今农业》1993 年第 1 期；刘治品：《芍陂的兴废及原因》，《历史教学》2004 年第 8 期。其他还可参见郑全红：《建国以来芍陂问题研究述要》，《江淮论坛》1997 年第 3 期。

社会互动等方面的问题①，但还缺乏从水生态环境变迁与水事纠纷及其治理的角度对芍陂进行系统考察。

　　为了对淮河流域西南部山地丘陵的水生态环境变迁与陂塘堰坝灌溉水事纠纷问题的研究有一个直观感性的认识，笔者曾于 2009 年 8 月 20—21 日前往安徽寿县，先是在寿县档案馆查阅了清代夏尚忠撰写的《芍陂纪事》，然后前往安丰塘进行了实地考察。一路走过，看到了四通八达的灌溉渠系以及檐飞塘中的白芍亭、宏伟壮观的塘堤。行经长堤上，见长堤纡曲数十里，堤之内为平陂，堤之外田畴交错，村舍毗连，而沿堤则设闸门数十处，以备引陂水下注于田。这正映照了清代方言颖所吟出的诗句：“支渠派引千畦润，陇亩村连百室盈。流泽于今还未艾，试听放闸鼓歌声”。②在安丰塘边孙公祠内，置有多块水利碑刻，有不少涉及了芍陂水事纠纷及其治理。现就以这些水利碑刻资料以及《芍陂纪事》的记载为主，参照当地的一些旧志以及水利专书等史料，对芍陂水事纠纷及其治理情况作一勾勒分析。

---

①　主要有金家年的《芍陂得名及水源变化的初步考察》(《安徽大学学报》(社会科学版)1978 年第 4 期)、陈业新的《历史时期芍陂水源变迁的初步考察》(《安徽史学》2013 年第 6 期)研究了历史上芍陂的水源变迁问题；李瑞鹏的《古安丰塘管理制度钩沉》(上)、(下)(《治淮》1987 年第 5 期、第 6 期)以及《清代安丰塘的灌溉用水制度》(《中国水利》1987 年第 11 期)、李松的《从〈芍陂纪事〉看明清时期芍陂管理的得失》(《历史教学问题》2010 年第 2 期)、陶立明的《清末民国时期芍陂治理中的水利规约》(《淮南师范学院学报》2013 年第 1 期)等讨论了芍陂的水利管理制度和水利规约；李松的《明清时期芍陂的占垦问题与社会应对》(《安徽农业科学》2010 年第 5 期)、关传友的《皖西地区水利碑刻的初步调查》(《皖西学院学报》)2010 年第 4 期)以及孔为廉、邢义田的《历史与传统——芍陂、孙叔敖和一个流传不息的叙事》(《淮南师范学院学报》2013 年第 1 期)等探讨了芍陂的占垦纠纷问题；关传友的《明清民国时期安丰塘水利秩序与社会互动》(《古今农业》2014 年第 1 期)借鉴水利共同体的理论，详细论述了安丰塘“库域型”水利社会中的水利秩序与社会互动。

②　(清)方言颖：《芍陂》，光绪《寿州志》卷三四《艺文志》，《中国地方志集成·安徽府县志辑》(21)，第 546 页。

一、芍陂水事纠纷概况

隋唐以前，只闻频繁战乱和王朝兴衰导致芍陂的时兴时废，几乎不见芍陂有水事纠纷的记载。夏尚忠论曰："秦汉之间，应有修培，史不具载"，"延及东汉，数百年间整理无人，芍陂遂废"。东汉水利专家王景始行修治，"筑埂疏河，民享其利，芍陂又兴"。至后汉之末，至于三国，"烽火迭经，人民逃窜，芍塘又废"。三国的刘馥、邓艾"虽有开治，利在屯田济军而已"。晋初的刘颂重修埂堤，"抑强扶弱，大小戮力，计功受分，芍陂又兴"，"继而纷乱，晋室东迁，兵戈扰攘，群黎失业，芍塘又废"。刘宋崛起后，刘义欣驻镇寿县，"参军殷肃伐木开榛，疏源通流，芍陂又兴"。但"梁、陈之间，南北分争，以官府为传舍，视百姓为渊鱼，河流芜秽，埂堤珊坍，芍塘又废"。至隋初赵轨"劝课人吏，补埂挑河，更开三十六门，芍陂大兴"。唐代二百余年间，"修理无闻"。自五代十国时，由于芍陂堤防倒塌，"人苦荒旱，塘不注水"，芍陂水事矛盾逐渐尖锐化，"豪右分占，水小则阻以利己，大则决以害人，冒占盗决之弊，自此起焉"，[①]激烈的水事纠纷始见诸记载。北宋天圣年间(1023—1031)，李若谷迁给事中，知寿州。时"豪右多分占芍陂，陂皆美田，夏雨溢坏田，辄盗决"。李若谷乃"擿冒占田者逐之，每决，辄调濒陂诸豪，使塞堤，盗决乃止"，[②]芍陂水事纠纷得到一定程度的抑制。宋元时，"官无修整，民鲜利赖，芍塘又废"。至明太祖废安丰县，芍陂因之"官无专司，奸民恣肆"，[③]水事纠纷迭起，愈演愈烈。

---

① （清）夏尚忠：《芍陂纪事》卷上，《芍陂论一》。

② 《宋史》卷二九一，《列传第五〇·李若谷》。

③ （清）夏尚忠：《芍陂纪事》卷上，《芍陂论一》。

（一）豪强占垦

芍陂在"秦汉而下,唐宋以前,虽有废兴,从无开占"。迨至明代,废安丰县,"官无专责,民逞豪强"。①据《修撰黄廷用记》记载,安丰塘在明代就是"塘中淤积可田,豪家得之"。②又据夏尚忠云:"贤姑墩以北,界沟以南,历朝奸民占据塘面约去五十里。前明升科纳粮者五百六十九顷六十七亩有奇,名曰'围田'"。③豪强占垦最直接的后果是导致陂塘萎缩。据载,芍陂原"界起贤姑墩,西历长埂,转而北至孙公祠,又折而东至黄城寺,南合于墩,围凡三百里"。成化年间,豪民董玄等始窃据贤姑墩以北至双门铺,"则塘之上界变为田矣"。嘉靖中,州守栗永禄"兴复水利,欲驱而远之,念占种之人为日已久,坟墓庐舍星罗其中,不忍夷也,则为退沟以界之。若曰:'田止退沟,踰此而田者,罪勿赦'。栗公去,豪民彭邦等又复窃据退沟以北至沙涧铺未已也,而塘之中界又变为田矣"。隆庆间,州守甘来学,"载议兴复水利,然不忍破民之庐舍犹前志也,则又为新沟以界之,凡田于塘之内者,每亩岁输租一分以为常。若曰:'田止于新沟,逾此而田者,罪无赦'。曾几何时,而新沟以北,其东为常从善等所窃据矣;西则赵如等数十辈且蔓引而蚕食也"。④万历中叶,"顽民四十余家又据新沟以北为田庐矣"。⑤"以古制律今塘,则种而田者十之七,塘而水者十之三,不数年且尽为田矣"。⑥迄清代,芍陂塘埂,"竟多开占,初犹使土,继即播种,或使土过多,即挑平作田","更有塘内埂衣高阜,摊发成田,

---

① （清）夏尚忠:《芍陂纪事》卷上,《芍陂论二》。

② 《修撰黄廷用记》,嘉靖《寿州志》卷二《山川纪·芍陂》。

③ 《安丰有六害》,（清）夏尚忠:《芍陂纪事》卷下,《容川赘言》。

④ （明）黄克缵:《本州邑侯黄公重修芍陂界石记》,万历癸未(1583)季秋朔又十有一日己丑知州事晋江黄克缵立石,判官孙豹、生员何璜书丹,此碑现存寿县安丰塘孙公祠内。

⑤ （清）夏尚忠:《芍陂纪事》卷上,《芍陂论二》。

⑥ （明）黄克缵:《本州邑侯黄公重修芍陂界石记》。

无知贪利,环塘颇多"。①诗曰:"闻道环塘三百里,于今多半是桑田"。②
(见图 5-1)

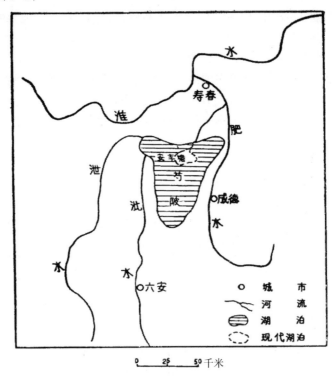

图 5-1　汉代芍陂和现代安丰塘比较图③

豪强占垦芍陂淤地,使陂塘蓄水面积大大缩小,极大地影响了
芍陂水利工程蓄洪灌溉效益的有效发挥,因此,豪强与官府、豪强与
普通陂民之间的占垦与反占垦之纠纷异常激烈。如康熙中,"有豪恶
某八人者,潜呈开垦芍塘,抚台已准,题请将专员勘垦矣"。此议一

① 《安丰有四便》,(清)夏尚忠:《芍陂纪事》卷下,《容川赘言》。
② (清)段文元:《改修芍陂滚水石坝记事》,安徽省水利志编纂委员会编:《安丰塘志》,合肥:黄山书社,1995 年,第 103 页。
③ 转引自陈桥驿:《〈水经注〉研究》,天津:天津古籍出版社,1985 年 5 月,第 70 页。

出，环塘乡民嚎救，乃上《请止开垦公呈》云："今忽有贪顽之徒，如请开垦某等之八人者，睹塘腴而念炽，妄生膏壤之思；惧镜照而途穷，漫撰古荒之说。只期济私而假公，何恤利一而损万"，并认为芍陂"水闸有四，立门三十有六，涵孔七十有二，灌田四万余顷，是昔人之经营周匝，其古制之不可开者一也"；"后恐水势冲圮，有妨水利，设立塘长、门头，每门夫一百一十七名，修理门闸，册籍班班可考，历来州天莫不督工监修，即宪天（最高的长官）下车，业蒙示谕谆切，是此日之图度维新，今制之不可开者二也"；"天雨时行，塘势汪洋，必多方修弥以蓄水。倘恶等开塘，恐碍伊禾，势必盗挖以泄之，则是塘下之田，蓄水反滋淹没之忧，泄水已无灌注之庆，前之所谓大利者，今反致为大害矣，是水涝之不可开者三也"；"天气亢旱，来水纤徐，必多方导引以救秧。倘恶等开塘于上，必断流引绪以灌彼田，则是塘之内为膏壤，塘之外为石田，而万民束手以待毙矣，是亢旱之不可开者四也"；"且斯塘之神异，济物也。非徒水泽，更饶旱德。倘遇旱极塘涸，潢汙行潦之中，藕荷生焉。高阜低下之地，荸荠生焉。樵者于斯，弋者于斯，渔猎者亦于斯。不但左右居民博取而延生，即远近百里靡不恃此以卒岁，倘恶等一开，鸡犬桑麻之介其中，樵牧弋鱼之无其地，而民失所资矣，此大荒地利之不可开者五也"。其他如开垦一起，人思兼并，"或横霸丰腴之地以自益，或多踞弓口之数以自隐，全塘之势倏而邱壑，弊端难以枚举"。"伏祈仁宪，先查志书，后临芍水，验孙公之遗迹，读垂裕之碑文，亲阅门闸水道之制，而询塘长门头之夫，则八家便己自利之图昭然可见，而万姓资水救禾之利不问可知"。正是环塘乡民的极力反对和努力奔走，才使得豪恶占垦芍陂的图谋没有得逞，"幸得此呈，详覆而止"。[①]

（二）盗决塘埂

地势较低的陂田，因地处陂塘下游，一旦塘水满注，容易遭受淹

---

① 《请止开垦公呈》，（清）夏尚忠：《芍陂纪事》卷下，《文牍》。

浸。于是,占垦豪强多盗决塘埂,以邻为壑,"一值水溢,则恶其垢厉,决其防而阴溃之矣。颓流滔陆,居其下者苦之"。①豪强盗决塘埂,不仅会导致"埂决水涌,外田冲没"的恶果,还会形成"水泄不能复收,塘下之田无所溉"、"决后不无来水,而围中阻截,上流灌彼围田,塘下之田仍无救"、"决后纵来大水可以至塘,而口缺不能即筑,水仍无济"、"决后纵即赶筑,来水亦可满塘,而新筑之土,力不敌水,势将复决,塘下之田仍无救"②的一系列严重危害,防洪灌溉整体利益受损,占垦塘上之田的豪强与拥有塘下之田的陂民之间经常因防洪灌溉问题爆发纠纷冲突。

(三)河源阻坝

芍陂史上有淠水、肥水和龙穴山水三源,三者经历了递相兴废的变迁过程。淠水在两汉时为芍陂主源,但此后直至《水经》时代,淠水入陂水道出现了淤塞;隋唐时,情况趋劣;宋元时,淠源严重淤塞;明前期即明成化年间,淠源因淤塞而废弃。正因为作为芍陂主要水源的淠水淤塞不通,严重地影响了芍陂生态,为改变芍陂面临的困境,清末有人提出疏浚芍陂淠源故道的建议,但因事艰工巨,终而无果。肥水,在《水经》及其注前的时期,或为芍陂水源之一,但北魏以后因水道湮塞,不再发挥其供水芍陂的作用。因此,明清两朝,伴随着淠水水源的堙废,龙穴山水已成为芍陂主要乃至唯一的水源。③

龙穴山水发源于龙穴山脉,该山脉曼衍于今六安市东,其干脊高程一般在40米左右。④据光绪《寿州志》卷首《安丰塘图》所载,作为芍陂水源的,除龙穴山水外,还有来自望城冈、小华山、何家冈、彭山、大潜山等诸多山冈。因此,龙穴山水实际上是泛指龙穴山水在内的、源自上述山冈的多条河流,具体包括望城冈水、小华山水、何家

① 《修撰黄廷用记》,嘉靖《寿州志》卷二《山川纪·芍陂》。

② 《安丰有六害》,(清)夏尚忠:《芍陂纪事》卷下,《容川赘言》。

③ 参见陈业新:《历史时期芍陂水源变迁的初步考察》,《安徽史学》2013年第6期。

④ 六安地区地方志编纂委员会:《六安地区志》,合肥:黄山书社,1997年,第63页。

冈水、元武墩水、先生店水、狭义的龙穴山水,以及彭山与大潜山水。对于这些水道,清代夏尚忠在《芍陂纪事》中作有详细的记载,认为芍陂之水源出自六安龙穴山,"西自驹虞石,东自龙池,其水胥注于陂中。由朱灰革、李子湾至贤姑墩入陂,自六安至墩近百里,又五里为新仓,建滚水石坝,以泄南河骤来之水,此芍陂之上流也"。①其中,六安境内的朱灰革水源最为关键,因除彭山、大潜山水外,其余龙穴山水道因终汇于大桥汛,归诸朱灰革。据夏尚忠考证,在六安东5里有望城冈,此冈以西,水由六安北门外归淠河;冈以东,水归永和堰,汇大桥汛,北入朱灰革。又东南为小华山,水归高家堰,由永和堰汇大桥汛,北入朱灰革。又东为何家冈,水归柏家堰,由通济桥汇乌家墩,至大桥汛,北入朱灰革。又东元武墩,其水东西分流,西归柏家堰,由通济桥东归石塘河,由利涉桥俱汇乌家墩,至大桥汛,北入朱灰革。又东为先生店,水归石塘河,由利涉桥汇乌家墩,至大桥汛,北入朱灰革。又东为龙穴山,山西水归石塘河,山北、山东水归决断冈,河由乌家墩以北汇大桥汛,北入朱灰革,"此朱灰革之水源也"。又东南为彭山,又东北为大潜山,"二山怀内之水俱归金家桥,由太平集、桥头集过北决断冈,由红石桥入谢铺以南,河自谢铺以北则无分入之水,直达贤姑墩入陂矣"。②(见图 5-2)

① (清)夏尚忠:《芍陂纪事》卷上,《陂水源流考》。
② (清)夏尚忠:《芍陂纪事》卷上,《芍陂来源图说》。

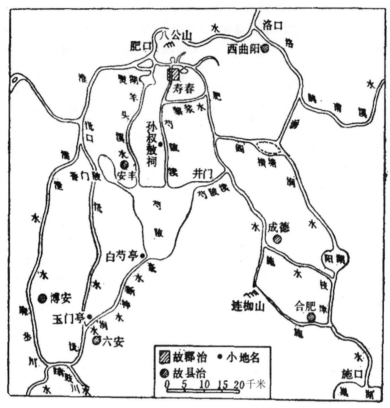

图 5-2　芍陂及其附近水系图[①]

　　龙穴山水端源虽众,但因其水流甚小,龙穴山水因此有"涧水"之称。由此可见,芍陂水源从汉唐以迄明清一直呈递减趋势,越来越难以保证芍陂生态需水以及灌溉需水的要求。可以说,芍陂水源的衰微,加上芍陂水系一直分属于凤阳府的寿州和庐州府的六安州两个不同的行政区,造成了芍陂水系边界和行政区划边界不一致的矛

　　① 本图根据《水经注》及参照杨钧《巢肥运河》(《地理学报》1958年第24卷第1期第67页)附图绘制。转引自梁家勉主编:《中国农业科学技术史稿》,北京:农业出版社,1989年,第106页。

盾,既干扰了芍陂水系的自然构成,也十分不利于芍陂上下游水资源的合理配置,这些都直接导致了地处芍陂上游的六安民众和地处下游的寿州陂民之间争夺灌溉水源纠纷的频发。

因芍陂的主水源在六安州境内,一遇旱年,六安州民就在芍陂上游河源打坝截流,从而引发六安州和寿州两个行政区、上下游之间的水事纠纷,所谓"塘引六安之水,下灌寿邑之田,治分两界,且远过百里,来水行止,最难防守,豪恶愚顽,易起奸谋"[1]即是。如明成化十九年(1483),"时安丰县废,芍陂无专司,六安奸民将上流朱灰革、李子湾中流筑坝,掩为己私"。[2]正统年间,"六安境内朱灰革筑坝五道,李子弯筑坝四道。弘治中,抚台李公委员会勘,仅开其半"。清乾隆三十年(1765)间,"六民晁在点[3]在花里板桥筑大坝一道,方希乐在西来花水处筑坝一道,张宗海在东来花水处筑坝一道。凤庐道宪勒公同州主徐公踏勘,只开其二,水源断绝,下流何望"。[4]嘉庆十年(1805),六安州民晁在典等于上游高家堰等处中流筑坝,阻遏来源。道光五年(1825),六安民晁燕恺等复筑坝,阻截水源。道光八年(1828),知州朱士达在《重修安丰塘碑记》中亦云:"上游六安之人筑坝截流,淝水不下行"[5]是为一大害。豪强阻截上游陂源,这样就导致其他近塘居民灌溉效益的下降,从而激化了民间社会的水事矛盾。

(四)拦沟筑坝

每逢旱年,如果上游河源干枯或被阻坝,陂水不丰,灌溉用水就非常紧张。此时的塘民往往从利己出发,不遵原有使水顺序,开始抢

---

[1]　《安丰有六害》,(清)夏尚忠:《芍陂纪事》卷下,《容川赘言》。

[2]　(清)夏尚忠:《芍陂纪事》卷上,《名宦》。

[3]　对于乾隆末嘉庆初发生的芍陂上游六安州民晁在点打坝阻截陂原一事,约成书于嘉庆六年(1801)的《芍陂纪事》记为晁在点,而成书较迟的光绪《寿州志》、光绪《凤阳府志》则记为晁在典。为本着尊重原文起见,文中所涉引文皆据原文实录,以备存疑。

[4]　《安丰有六害》,(清)夏尚忠:《芍陂纪事》卷下,《容川赘言》。

[5]　光绪《寿州志》卷六《水利志·塘堰》,《中国地方志集成·安徽府县志辑》(21),第79—80页。

水霸水灌溉,甚至武力相向,斗伤人命。夏尚忠记载的安丰有六害,其中之一害就是指此种抢水霸水纠纷,云:"近者得水,先即车使,远者不敢过问。时遇待救情急,近者夜以继日,远者亦难查究。更有强梁拦沟筑坝,尽己车使,水不下注,弱者吞忍,强者用武,轻止受伤,重则致命,乡愚凶顽,殊堪痛恨"。①迄民国时期,安丰塘已败毁不堪。虽有所谓"塘工委员会"管理,但常被豪强把持。当时流传着这样的民谣:"安丰塘下暗无天,地主豪绅狠又奸。用水他们使头份,单门弱户不摸边",可见豪强恶霸抢水占田愈加猖獗。他们有的私开斗门,有的打坝截水,不择手段地垄断水源。甚至把靠近沟渠的土地强占为己有。"只要自己谷满仓,那顾穷人饿断肠"。农民赖以维持生命的少量土地,简直没有用水的机会,往往是"十天不雨闹旱荒,田干地裂苗枯黄"。他们愤慨地把地主所筑的控水坝称之为"阎王坝"。至今,沿塘还残存着很多这种"阎王坝"的痕迹。当时还流传着这样一首民谣:"安丰塘水贵如油,有钱有势满田流。地主豪门鱼米香,农民只吃菜和糠。安丰塘下哪安丰? 穷人讨饭走他乡"。②这就是当时安丰塘抢水霸水导致水利不均的真实写照。

(五)罾网张罐

本来"塘内罾网,捕取鱼虾",系穷民活计,实属正常。但是"罾必有箔,两端有坝,堵塞河心。大水犹可,小水则阻。骤来山水,河窄浪涌,阻以箔坝,不能遽进,北工不利;水归塘腹,坝拦河道,水不南回,南工受害"。至于"拦门张罐"的危害则更大,"张罐之人,诸凡不顾,惟鱼是利。趁农用水之时,拦张为多。门既闭塞之后,盗决偷张亦有之"。拦门张罐不仅造成月坝、闸板、面墙、后墙、门墙受损,而且张罐取水汹涌导致低田之禾必被淹没,而雨泽稀少时又致陂水泄水过快,田禾被旱,更为严重的是激化水事矛盾,危害社会稳定,因为"张罐必系地棍,防人阻

---

① 《安丰有六害》,(清)夏尚忠:《芍陂纪事》卷下,《容川赘言》。

② 《安丰塘历史研究小组》供稿:《古塘芍陂》,《安徽水利志通讯》第 1 期,1984 年 9月,第 25 页。

拦,刀枪林立,门下懦弱或可吞忍,倘遇健勇,必将格斗,或致命案"。①

二、芍陂水事纠纷的治理

针对豪强占垦芍陂、六安民众在芍陂上源打坝截水、陂民不遵用水顺序以及在陂塘捕鱼所引起的官府与豪强、豪强与民众、行政区之间、上下游之间、陂民之间、捕鱼业与农业之间的水事纠纷,作为纠纷解决主体的地方官府不仅承担起了调处的职责，并与乡绅、地方民众一道对芍陂的水事纠纷进行了系统的治理,初步构建起了较为有效的水事纠纷治理机制。

(一)水事纠纷的预防

首先,重视芍陂的修缮。芍陂对附近陂民来说,是主要的衣食来源,"芍陂地势平坦,别无池堰,千万户口,俱仰给于芍水,芍水不注,万姓束手矣"。②由此可知,保持芍陂常年水源充足,至为关键。如果芍陂水利工程设施及管理完善,水源充足,水事关系和谐,一般就不会有大的水事纠纷发生。相反,如果是芍陂失修,豪强就乘虚而起,陂民原有相对均衡的水事利益被打破,纠纷因此而起。因此,治理芍陂水事纠纷,首要的是修缮芍陂水利工程。

芍陂自孙叔敖创始以后,历代皆有修筑。如汉章帝建初年间,庐江太守王景因芍陂荒废,"公重修之,境内丰给"。曹魏时的邓艾,"行陈项以东至寿春,兴水利,北临淮甸,南尽芍陂,淤者疏之,滞者浚之。大营屯田,每营六十人,且佃且守,复于芍北堤凿大香水门,开渠引水,直达城濠,以增灌溉,通漕运,更其名曰期思,于是孙公之利得艾益溥"。南朝宋文帝元嘉中,刘义欣持节镇寿阳,"时境内芍陂堤堰久坏,夏秋常苦旱","因旧沟引渒水入陂,伐木开榛,水得通注,芍塘

---

① 《安丰有六害》,(清)夏尚忠:《芍陂纪事》卷下,《容川赘言》。

② (清)夏尚忠:《芍陂纪事》卷上,《惠政》。

之下由是丰稔"。隋高祖时,寿春总管长史赵轨,"劝课人吏,更开三十六门,灌田五千余顷,人赖其利"。[1]宋咸平年间,崔立中知安丰县,"大水坏期斯塘,立中躬督缮治,逾月而成"。[2]宋明道年间,张旨知安丰县,"浚淠河三十里,疏泄支流注芍陂,为斗门,溉田数万顷,外筑堤以备水患"。[3]明清时期对芍陂进行了多次修治,"永乐以后,迭有废兴,亦多修理。兵宪、州牧、司马、指挥均有成劳"。[4]据统计,这种对芍陂的修复,明有 11 次,清有 16 次。[5]如永乐年间,"寿民毕兴祖上书请修芍陂",明王朝命户部尚书邝埜驻寿春,"发徒蒙、霍二万人浚治之"。[6]成化元年(1465)守备凤阳的白玉,"尝修复芍陂兴水"。[7]成化十九年(1483),监察御史魏璋"命知州陈镒,指挥使邓永大修堤堰,浚其上流,疏其水门,甃石闸,覆以屋贮关水纤索,俾谨开闭"。[8]正德十三年(1518)为寿州同知的袁经,"疏导芍陂水利,民便之"。同时期的寿州知州王鏊也兴修芍陂水利。[9]嘉靖间寿州知州栗永禄对芍陂进行了整治,史称他"历塘而观,度地量期","浚淤积,导上流,列堤而捍之。构官宇一所,杀水闸四,疏水门三十六,溅水桥一",经此修治后,一时"浩淼迂回,波流万顷。启闭盈缩,各以其时"。[10]万历三年(1575),郑琉知寿州,奉按院舒公浚治芍陂,"督夫挑河身,筑埂堤,凡百日而工竣"。万历中,知寿州阎同宾,见"芍陂门闸芜秽,埂堤

① (清)夏尚忠:《芍陂纪事》卷上,《名宦》。

② 《宋史》卷四二六,《列传第一八五·循吏·崔立》。

③ 《宋史》卷三〇一,《列传第六〇·张旨》。

④ (清)夏尚忠:《芍陂纪事》卷上,《芍陂论一》。

⑤ 参见许芝祥:《芍陂工程的历史演变及其与社会经济的关系》,《中国农史》1984年第 4 期。

⑥ (清)夏尚忠:《芍陂纪事》卷上,《名宦》。

⑦ 成化《中都志》卷六《名宦》,《四库全书存目丛书》(史 176),第 289 页。

⑧ (明)金铣:《明按院魏公重修芍陂记》,成化二十一年(1485)岁在乙巳秋七月朔旦立石。

⑨ 嘉靖《寿州志》卷五《官守纪》。

⑩ 嘉靖《寿州志》卷二《山川纪·陂塘》。

崩塌,滴水不蓄者已十有余年",乃"理河筑埂,陂能注水,民享其利"。顺治十二年(1655),寿州知州李大升见芍陂引水之河淤塞,亲自度地量工,发民夫千余,疏河道之淤塞者 140 余丈,再筑新仓、枣子门二口,高厚约十数丈,复捐俸理其门闸,补其塘岸。芍陂经修后,此年夏"别地皆苦旱,惟安丰有秋焉",后"复整顿减水闸,疏浚中心两沟"。①乾隆十三年(1748),寿州同知何锡履,"修治芍陂,不避寒暑"。②同年知寿州的席芑,"浚芍陂、蔡城二塘"。乾隆二十六年(1761)任寿州知州的徐廷琳,"尤勤水利,与州佐王天倪协力整治芍陂"。乾隆三十五年(1770)知寿州的郑基,见寿州之安丰塘年久塘圮,为农田的大患。乃缮修旧塘,为 36 扇水门,制 6 副闸,并造 1 桥,在其旁则"为堰为圩,启闭以时,田土皆垦",③"民食其利",④"其后遇旱,独凤台、寿州秋成稔于他县,以水利修也"。⑤乾隆四十五年(1780),周成章佐寿州,"筑砖门口缺一次,老庙市口缺一次,五里湾口缺一次。每春秋农隙,即调夫役培垫低凹,遇河水涸,更大集人夫挑掘河身,增筑塘堤,修理门闸"。⑥道光八年(1828),知州朱士达见芍陂"溉田数十百顷,旱则水泉减耗,一泄无余;涝则浩瀚漫衍数十里,尽为泽国"⑦的荒废状况,乃捐输重修了众兴坝、皂口闸,疏通中心沟一道,长 50 余里,挑挖塘身,增补堤埂,改修凤凰闸坦坡,更换各水门石版、木桩之

①　(清)夏尚忠:《芍陂纪事》卷上,《名宦》。

②　光绪《寿州志》卷一六《职官志·名宦》,《中国地方志集成·安徽府县志辑》(21),南京:江苏古籍出版社,1998 年,第 209 页。

③　光绪《凤阳府志》卷一七《宦绩传》,《中国地方志集成·安徽府县志辑》(33),第82—83 页。

④　光绪《寿州志》卷一六《职官志·名宦》,《中国地方志集成·安徽府县志辑》(21),第209 页。

⑤　《清史稿》卷四七七,《郑基传》。

⑥　(清)夏尚忠:《芍陂纪事》卷上,《名宦》。

⑦　光绪《寿州志》卷末《杂类志·旧志序跋》,《中国地方志集成·安徽府县志辑》(21),第 585 页。

朽裂,二月兴工,九月竣事。①光绪四年(1878),任兰生署凤颍六泗道,"筹费浚安丰塘,经营各属塘渠闸坝凡二十余所。蓄泄以时,旱涝有备"。②民国时期成立导淮委员会,安丰塘有塘工委员会,对安丰塘曾进行过较为系统的整理。1936年,导淮委员会曾拨款主办安丰塘整理工程。同年3月间,成立导淮委员会安丰塘工程事务所,4月初兴工,先办理第一步疏浚淠河工程。③

在传统社会,一般地,治河工程往往由国家兴于大河流,灌溉水利则往往由乡村治理,行于小河流。在地方政府和乡村社会联合组织下,可以有效地运行其管理体系。"中国的灌溉水利本质上是与地方社会整合。县级,充其量府级政府,即可提供很好的政治服务"。④不过,地方官府治理地方社会,却离不开乡绅上通下达,所谓"官与民,势分相隔,联络上下,全恃绅衿"⑤即是说的这种情况。所以,我们在芍陂修复和管理方面时常看到乡绅的重要作用。夏尚忠说:"陂之废固由官长主之,生斯土者亦与有责焉。士庶爱安逸,官长何苦勤劳? 佐理无首领,乡愚何所感劝? 是以维系乎上下者,董事也。而董事之任劳任怨者,亦即有功于陂者也。二千余年,各朝修治协助绅士代应有人"。如明代庶民毕兴祖,万历中进士梁子琦,清代顺治年间有生员周成德,康熙中任理州司马修治芍陂的有生员沈捷、张逵、张垣、孙韬、夏宏业、龙章、朱瑸、江万宗、顾屺詹、周祜、江涵、陈士鲁、丁召万、周铭、周篁、秦怡、张允、方暮宗、徐云舟、周起西、胡适、桑绳祖、桑兰、桑闻誉、沈湄、桑蕃、陈撰、陈九苞、孙朗玉、陈公培、卜尔皇、

---

① 光绪《凤阳府志》卷十下《水考下·寿州》,《中国地方志集成·安徽府县志辑》(32),第389页。

② 光绪《凤阳府志》卷一七《宦绩传》,《中国地方志集成·安徽府县志辑》(33),第95页。

③ 《导淮委员会整理安丰塘工程》,《申报》1936年6月25日,《申报》第341册,第655页。

④ 王建革:《传统社会末期华北的生态与社会》,北京:生活·读书·新知三联书店,2009年,第29页。

⑤ 《安丰有三难》,(清)夏尚忠:《芍陂纪事》卷下,《容川赘言》。

刘兆麟、贡士朱峙、举人游杏苑、贡监姚贡凯等35人。[①]乾隆八年
(1743)，金宏勋知寿州，"见芍陂埂堤间有崩塌，谋诸绅士，集人夫重
修之"。[②]乾隆三十五年(1770)冬，郑基"奉命任此土，士民李绍佺等
请曰：'安丰塘时事补椿，乃足灌溉。今凤凰、皂口闸，众兴集滚坝陵
剥不治，且大坏，虽治厥功剧艰，愿按田敛赀用，自集功，不敢费于
官'。基曰：'事孰有善于此？'为白其事于上官，报曰：'可'。于是鸠
资僦功，近水之田一万九千八十亩，亩输银三分四厘；次去水稍远者
二万三千四百亩，其数杀十之一；又次去水尤远者三万四千二百亩，
其数杀十之三，凡田七万六千七百亩，银二千四百两有奇。修凤凰
闸，深六丈二尺，掌中而外射中广三丈三尺，外四丈二尺梁其上，以
便行者。皂口闸广四丈，址齐水而迤下，溢则流，否则止，两壁隆起如
丘，高寻一尺，坝制与皂口闸同，深广如之。凡石丈一千三百七十，桩
不及丈者四千六百二十，灰、竹、麻、铁之属皆四百勖，为工五千二
百，用人夫二千四百，既又易楚相祠而新之"。此工程兴于乾隆三十
七年五月四日，凡四越月而工竣。"董其役者，州同知赵君隆宗、正阳
司巡检江君敦伦，衿士则李绍佺、周官、沈裴似、陈宏猷、李猷、程道
乾、李吉、梁颖、戴希尹、邹谦、陈倬、张锦，义民则金向、余加勉、潘林
九、桑鸿渐、李贵可、余金相，塘长则刘汉衣、张谦、江厚、江天绪、江
必，咸有成劳。"[③]乾隆四十二年(1777)，万化成署寿州同知，"临陂
上，见埂堤坍塌，乃谋诸绅士，调集人夫补筑之"。嘉庆七年(1802)春
正月，州佐沈毓麟"期会衿士于孙公祠，议补塘堤"，"议将派轮本塘
渔船装载塘面之土，惜船小载土微，士民中有近埂之田者愿捐土壤，
事乃济。各衿士分段监视，同日兴工，凡六十日而工毕"。[④]正因为绅
董在芍陂修复和管理中占有重要地位，所以《新议条约》规定：要和

①　(清)夏尚忠：《芍陂纪事》卷上，《兴治塘工乡先辈姓氏纪》。
②　(清)夏尚忠：《芍陂纪事》卷上，《名宦》。
③　(清)郑基：《本州邑侯郑公重修芍陂闸坝记》，乾隆三十七年(1772)，(清)夏尚忠：
《芍陂纪事》卷下，《碑记》。
④　(清)夏尚忠：《芍陂纪事》卷上，《名宦》。

绅董,"凡使水之户,无非各绅董亲邻,各有依傍该董等,务须和同一气,不得私相庇护,致坏塘规"。①

其次,加强芍陂的管理。修复芍陂工程后,除了有后继者承前人、永续前人修芍陂之善举外,最重要的是管理制度的完善,如此才能持续发挥芍陂的蓄水灌溉效益。宋元以前,设有安丰县建置专管芍陂,明代虽废安丰县,但一直有寿州州佐专门管理芍陂。可以说,明清以来在芍陂管理方面,已经形成了一种地方官府为主导、乡绅与民众积极参与的良好互动管理机制:一是建立了芍陂组织管理制度。芍陂"属州佐管理,而祠即滨塘之北,凡莅任者巡视塘事必肃诚谒其祠,春秋奉祀不衰"。②而陂有水门36座,门各有名,"有滚坝一,有石闸二,有杀水闸四,有溢水桥一,有圳、有堨、有堰、有圩,时其启闭盈缩;有义民、有塘长、有门头、有闸夫,而一视司牧者为治不治"。③光绪《寿州志》卷六云:芍陂"有义民,有塘长,有门头,有闸夫,启闭以时"。④二是制定了岁修制度。光绪年间制定的《新议条约》规定:"每年农暇时,各该管董事须看验宜修补处,起夫修补,即塘堤一律整齐,亦不妨格外筑令坚厚,不得推诿"。⑤三是建立严格的管理责任制。管理责任不到位,就会导致"拦河罾网,坝箔阻水,无人禁止;各门泄漏,偷捕鱼虾,无人拦阻;来水堵塞,河道淤浅,无人挑掘;堤埂坍塌,门闸损坏,无人修培;冲决盗决,塘水涸没,无人究治补苴。种种废弛,殊堪浩叹!"⑥所以,光绪年间制定的《新议条约》就规定:"塘水满时,该管董事分段派令各户,或用草索,或用草索沿堤用桩拦

---

① (清)夏尚忠:《芍陂纪事》卷下,《新议条约》。

② (清)吴希才:《本州候选漕标守府聂公重修孙公祠记》,(清)夏尚忠:《芍陂纪事》卷下,《碑记》。

③ (清)郑基:《本州邑侯郑公重修芍陂闸坝记》,乾隆三十七年(1772),(清)夏尚忠:《芍陂纪事》卷下,《碑记》。

④ 光绪《寿州志》卷六《水利志·塘堰》,《中国地方志集成·安徽府县志辑》(21),第76页。

⑤ (清)夏尚忠:《芍陂纪事》卷下,《新议条约》。

⑥ 《安丰有五要》,(清)夏尚忠:《芍陂纪事》卷下,《容川赘言》。

系,免致冲坏,违者议罚";"由老庙集至戈家店,派监生江汇川、戴春荣、王永昌,廪生史崇礼经管。戈家店至五里湾,派文生陈克佐,监生陈克家经管。由五里湾至沙涧铺,派州同邹茂春,廪生周绍典,候选从九、邹庆飏经管。由沙涧铺至瓦庙店,派监生邹士雄、童生王国生经管。由瓦庙店至双门铺,派监生李兆璜、文生李同芳经管。由双门铺至众兴集,派监生黄福基、李鸿渐、王庆昌经管。该门下有梗公者,该管董事约同各董公同议罚"。①

第三,制定芍陂水利规约。官府主导制定的芍陂水利规约,旨在规范和约束陂民行为,以维护正常的芍陂水事关系和水利秩序,对芍陂水事纠纷的发生有着重要的预防乃至消解作用。如顺治十年(1653)李大升知寿州,"严禁盗决"。②康熙年间颜伯珣"令使水者先远后近,日车夜放,著为令",即"于开门之始,即限一筑闭之期,差人巡查,水到稍沟,然后许远近齐车。近者不遵,许远者指禀。又令车者日落则止,水得尽夜下注,远沟次早可满,车复不竭。且令安车之沟各缩丈余,不碍水流,上车亦可下放,如期车遍,门头禀闭,仍交锁钥"。③孙公祠内现存有《光绪龙飞己丑之春寿州第一水利碑》一通,为会稽宗能征识,分州宗示:一禁侵垦官地;一禁私启斗门;一禁窃伐芦柳;一禁私宰耕牛;一禁纵放猪羊;一禁罾网捕鱼。嘉庆年间制定的《新议条约》则规定:

> 一慎启闭。塘中有水时,各门上锁,钥匙交该管董事收存,开放时须约同知照。祝字上门,祝字下门,田多水远,须先启五日,迟闭五日。并三陡门水远,须先启三日,迟闭三日。若塘水不足,临时再议,他门不得一例。各涵孔不能上锁,亦同门一例启闭,违者议罚。

---

① (清)夏尚忠:《芍陂纪事》卷下,《新议条约》。

② 光绪《寿州志》卷十六《职官志·名宦》,《中国地方志集成·安徽府县志辑》(21),第209页。

③ 《安丰有六害》,(清)夏尚忠:《芍陂纪事》卷下,《容川赘言》。

一均沾溉。无论水道远近,日车夜放,上流之田,不得拦坝,夜间车水,致误下流用水,违者议罚。

一分公私。各门行水沟内,行者为公,住者为私,不得乱争,违者议罚。

一禁废弃。门启时,田水用足即须收闭沟口,水由某田下河,该管董事究罚某家。若系上流人家开放不闭,即究罚上流人家,不得袒护。

一善调停。各门使水分远近,派伕分上中下,水足时照章日车夜放,上下一律。若塘水涸时,上下势难均沾,争放必生事端,尽上不尽下,犹为有济,上下不得并争,违者议罚。①

(二)水事纠纷的解决

芍陂水事纠纷的解决主要有非诉讼和诉讼两种基本模式。非诉讼解决方式主要是行政会商调解、行政裁决和处罚。一是行政会商调解。对于芍陂上源被六安民众打坝阻截引起的行政区之间、上下游之间的水事纠纷,往往采取由共同的上级官府主持、多方实地查勘会商调解的方式解决。如弘治己酉(1489),李昂巡抚江南,"闻芍陂水利被奸民阻坝占种,檄下寿州指挥胡公扁,偕六安指挥陈公钊会勘,参考古典,指点旧迹,众始输服。朱灰革坝五道,开其三;李子湾坝四道,开其二"。乾隆四十三年(1778),勒保任凤庐道宪,"时六安奸民晁在点、方希乐、张宗海等踞陂之上游,拦河阻坝,断绝陂原,利一害万。陂民赴诉,公即檄饬六安州主查办。在点本豪恶,藐抗不理,而方、张坝俱乘夜尽除"。②嘉庆十年(1805),生员陈厂等呈称,六安州民晁在典等于上游高家堰等处中流筑坝,阻遏来源,巡抚胡克家委员会勘,檄饬拆毁,仍勒石示禁,以杜后讼。庐州府知府阎学淳、凤阳府知府倪思淳、六安州徐□□、寿州知州杜茂材会详,"勘得

---

① (清)夏尚忠:《芍陂纪事》卷下,《新议条约》。

② (清)夏尚忠:《芍陂纪事》卷上,《名宦》。

六安州东龙穴山下,有河一道,水由莱河、张家祠堂、大桥畈、李家湾、迎水寺、洞阳城、红石桥,至众兴集、柳槐涧,归安丰塘内,六安民包国秀在张姓祠堂筑坝一道,周璜、李芳在朱灰革筑坝二道,江文正在李家湾筑坝一道,包晋在洞阳城、迎水寺、红石桥筑坝三道,马银亦在红石桥下河筑坝一道,以上八坝俱系新筑。又寿州民尤士义在柳槐涧筑坝一道,已先在寿州具结拆毁。又龙穴山中坡有河一道,水由石堰河、华严庵、大桥畈、双桥集汇归安丰塘,石堰河土埂一道。又横拖山冈有河一道,水由白堰河、华严庵、大桥畈、双桥集汇归安丰塘,白堰河有坝一道,二处埂坝,不知何人所筑,六安州随差传地保,饬令拆毁。又六安州城南婆山根下,有河一道,水由高家堰、永和堰而下,汇归安丰塘内。高家堰土埂一道,永和堰大坝一道,系乾隆四十三年李绍佺等控晁在典所筑,其坝二道,长约四五丈,高约丈余。横河筑坝堵截,下流涓滴不漏,实属济私害公,断令于坝身拆去一半,开缺注水,不得违禁再堵。晁在典已故,伊侄孙职员晁燕恺同生员杨培曾遵断拆毁,其余包国秀、江文正、马银、周璜、李芳等皆因入夏以来亢旱日久,人口牲畜无水食用,各就山河筑土埂蓄水,高不过二三尺、三四尺不等,现俱拆毁,永不复筑”。“今淠水入安丰塘之水路,代远年湮,无可考据。但番山之水旧有河道,东西曲折八九十里,趋入安丰塘河道俱在,阅世已多,晁在典忽于乾隆四十三年横河筑坝,遏绝下流,亦属违例。嗣后永远不许复筑,以杜争端。谨将会勘饬令拆毁缘由,绘图贴说,详请察核,批示饬遵”。道光五年(1825),六安民晁燕恺等复打坝以阻截水源,“署知州傅怀江详请凤庐道戴聪亲诣履勘,饬令拆毁”。但这种行政区之间水事纠纷的会商调解,由于行政区界和水系边界不一致造成的不可调和的矛盾,也存在很大的局限性。如光绪八年(1882)任兰生大治芍陂,州同宗能征有《安丰塘水源全图记》。宗能征曾记曰:“所有塘埂、圩埂、闸坝、斗门、桥梁、祠宇一律修治完善,更于五里湾向日破口处,添设永安门一道,复成二十八门。是役也,赈抚使钱公实赞成之。惟淠水为芍陂第一源头,惜为六人所格,不得浚,复憾莫能释",①由此可见行政区之间的水事纠纷解决难度之一斑。

二是行政裁决和处罚。豪强占垦,严重损害了芍陂公共水事利益。万历时,寿州知州黄克缵就说占垦陂田有三害:"据积水之区使水无所纳,害一也;水多则内田没,势必盗决其埂,冲没外田,害二也;水一泄不可复收,而内外之禾俱无所溉,害三也"。②夏尚忠所记芍陂有六害,其中一害就是陂内围田,"现今围尽成田,塘去六七,大水骤发,犹堪引满;小水堵塞,灌溉不敷,阻源之害,塘事为大",于是"环塘抱恨,议清厘焉"。③所以,地方官府对占垦者多利用行政公权力进行驱逐和严禁。如万历十年(1582),知州黄克缵"东逐常田等二十余家,西逐赵如等十余家,所开百有余顷复为水区","公立界石犹存祠内,东极老庙,西极旧县,南极高门,北极堤埂,新沟之下,周围之内,犹存数十里许,至今二百余年,仍守其规,环塘数万余家仍享其利"。④而对盗决塘埂、罾网张罐引起的水事纠纷除了严禁和绳之以法外,更多的是采取赔修和罚没制度。乾隆初,"围内杨姓盗决塘埂,禀官断令赔修,以致贫窭,楼房尽卖"。⑤对于各门塘堤内挑挖鱼池者,则查明议罚,"其现有鱼池,限半月内各自填平,违者议罚。塘河沟口如有安置坐罾拦水出进者,该管董事查知,务将罾具入公所公同议罚。各门放水,如有门下张罐、门上安置行罾者,亦将器具入公议罚"。⑥

诉讼解决方式,主要针对的是芍陂占垦纠纷、盗决塘埂纠纷、抢

---

① 光绪《寿州志》卷六,《水利志·塘堰》,《中国地方志集成·安徽府县志辑》(21),第79—80页。

② (明)黄克缵:《本州邑侯黄公重修芍陂界石记》,万历癸未(1583)季秋朔又十有一日己丑知州事晋江黄克缵立石,判官孙豹、生员何瓒书丹。

③ 《安丰有六害》,(清)夏尚忠:《芍陂纪事》卷下,《容川赘言》。

④ (清)夏尚忠:《芍陂纪事》卷上,《芍陂论二》。

⑤ 《安丰有六害》,(清)夏尚忠:《芍陂纪事》卷下,《容川赘言》。

⑥ (清)夏尚忠:《芍陂纪事》卷下,《新议条约》。

水霸水纠纷。如成化年间的监察御史魏璋驻节寿州,"缚侵陂者,正其罪,撤其庐,尽复故址"。后魏璋受代还朝,"其事中止,居民贪得之心复萌",监察御史张蕭"继按其事,将悉置于法,顽民咸悔过自讼"。①康熙三十七年(1698),颜伯珣系统修治芍陂,后办事而暂时离任,"近塘之奸民暗穴之,防大决,波涛澎湃之声闻数十里,民田素不被水者,多波及焉。塘之顽愚复开堤放坝,竭泽而渔,道路相望,夜以继日,不一月而塘涸矣"。康熙三十九年(1700)春,颜伯珣"公讫事还,复命驾往,缚奸顽者罪之"。②

无论非诉讼解决还是诉讼解决,勒石示禁,皆为必不可少的手段。如前述的嘉庆十年(1805)巡抚胡克家委员会勘解决六安与寿州行政区之间水事纠纷时,不但檄饬拆毁,还勒石示禁,以杜后讼。道光十八年(1838),生员戴秉衡等呈称,塘民开田,经总督陶澍札饬本府舒梦龄查勘示禁,知州续瑞勒诸石。③碑文曰:"为出示晓谕,永禁开垦,以保水利事","如有擅自占种者,立即滁州严拿究办"。除集提江善长、许廷华等到案讯详外,合即出示,勒石永禁。为此,"示仰附塘绅耆、居民人等知悉:所有从前已经升科田地仍听耕种外,其余淤淀处所,现已开种及未经开种荒地,一概不许栽插。如敢故违,不拘何项人等,许赴州禀究,保地徇隐,一并治罪,决不姑贷"。④

值得注意的是,明清芍陂水事纠纷的解决体现了对当今社会仍有启示意义的四大原则:一是尊重历史。如光绪年间,任兰生鉴于"维陂既治矣,然仰此陂之利者数千余家,陂水畅旺不知惜,陂水减少辄相争,其弊非中于因循,即害于凌竞"的状况,认为"苟非明定章

---

①　(明)金铣:《明按院魏公重修芍陂记》,成化二十一年(1485)岁在乙巳秋七月朔旦立石。

②　(清)张遂:《颜公重修芍陂碑记》,康熙庚辰(1700)十月,光绪《寿州志》卷六《水利志·塘堰》,《中国地方志集成·安徽府县志辑》(21),第78页。

③　光绪《寿州志》卷六《水利志·塘堰》,《中国地方志集成·安徽府县志辑》(21),第80页。

④　《禁开垦芍陂碑记》,大清道光十八年(1838)闰四月初十日示,此碑现存安徽省寿县安丰塘孙公祠内。

程,俾知遵守,而又得士绅之贤者相与提倡而董率之,陂虽治不可深恃也",于是得夏尚忠《芍陂纪事》稿"略加删节,并增入现在兴修事宜,付之于民,俾环陂而居者,家置一编,永远遵守","庶乎人存政举,陂之利赖永永无穷"。[1]二是恢复原状。针对六安州民在芍陂上源打坝截水引起的行政区之间的水事纠纷,六安与寿州共同上级官府主持会勘解决时,都饬令拆除堵水坝设施,以复其旧。对豪强引起的芍陂占垦纠纷,地方官多"撤其庐,尽复故址"。三是利益均沾。康熙年间寿州州佐颜伯珣主持制定的"先远后近,日车夜放"的用水规约,以及嘉庆年间制定的《新议条约》所规定的内容,如每当芍陂水源充足时,"各门使水分远近","照章日车夜放,上下一律";若塘水干涸时,"上下势难均沾",则采取"尽上不尽下"的办法,以尽量减少旱灾对陂民造成的损失,这都无不体现了"均沾溉"的原则。四是区别对待。清代官府对豪强和乡愚占垦芍陂的行为,虽然一体认为"惟占官所,应有处分","逐户详办,罪戾难逭",但是在解决此类占垦芍陂的纠纷时,往往对占田的豪强和乡愚还是区别对待的。豪强占垦,对芍陂水利社会秩序造成很大的破坏,瓦解水利共同体的凝聚力,成为地方官府严厉打击的对象。至于乡愚占垦则"亦可矜宥",本着"宽其已往,严禁将来"的原则来处理。对于乡愚在"埂外私占,已成田者,饬罚土壤,累复旧制";"未成田者,亦令累土,复旧乃已"。对于乡愚占垦"已成地者,着追入公,以备公用"。对于乡愚"塘内私占,已成田地,并追入公,丈明亩数,取伊遵结,招佃收租,以备公务"。[2]

　　总而观之,芍陂水事纠纷主要有豪强占垦、河源阻坝、拦沟筑坝、盗决塘埂、罾网张罐五种纠纷类型。从纠纷产生的原因看,很多水事纠纷都与芍陂水源变迁、芍陂水系被六安和寿州两个行政区分割的矛盾和经济利益冲突有着直接或间接的关系。针对芍陂多种水

---

　　[1] 《芍陂纪事叙》,光绪岁丁丑(1877)冬十月任兰生叙,(清)夏尚忠:《芍陂纪事》卷上,《序文》。

　　[2] 《安丰有四便》,(清)夏尚忠:《芍陂纪事》卷下,《容川赘言》。

事纠纷的不同情况,宋元明清迄民国时期的地方官府和民间社会通过修复芍陂、加强芍陂管理、制定芍陂水利规约,以及行政会商调解、行政裁决和处罚、诉讼、立碑示禁等多种方式,本着尊重历史、恢复原状、利益均沾、区别对待的原则,构建起了较为有效的水事纠纷治理机制。这种官府主导、士绅介入、民众参与、上下联动的水事纠纷治理机制,在某种程度上预防了芍陂一些水事纠纷的发生,降低了芍陂水事纠纷爆发的频率以及纠纷冲突的危害程度,对淮河流域地方社会的稳定产生了积极的影响。

第二节　陈端决堤案

清道光十二年(1832),在江苏淮安府桃源县(今泗阳县)于家湾龙窝汛十三堡,发生了一件骇人听闻的陈端等人盗决黄河堤防的事件,这就是历史上有名的、为林则徐所称的"意外之变"。[①]对此次盗决黄河大堤事件,前此学界迄今尚未有专门的讨论。这里主要依据道光朝实录以及直接处理此案的官员奏疏,辅助以正史、方志、私人笔记等材料,对陈端决堤案发生的原因、经过、后果以及政府在案发后所采取的灾民赈济、工程、行政和法律上的一系列应对措施,作一全景式地扫描。

一、决堤案发生的原因和影响

道光十二年八月二十一日(1832年9月15日)夜,桃源县监生陈端、陈光南、刘开成及生员陈堂等纠众盗决了桃南厅于家湾龙窝汛十三堡的黄河大堤。关于此次事件发生的时间,史料记载和后人

---

① (清)林则徐:《致友人》,杨国桢编:《林则徐书简》,福州:福建人民出版社,1981年,第21页。

的研究记述稍有出入,有八月和九月两种说法。时人记载多持八月之说,如林则徐奏稿曰:"桃南厅于家湾河堤,于八月二十一日夜间,被湖内奸民……硬行刨挖"。①这是此次事件发生时间的准确记述。所持的九月之说,多有误,如《清史稿》曰:"九月,桃源奸民陈瑞(《清史稿》陈端作"陈瑞")因河水盛涨,纠众盗挖于家湾大堤"。②孔潮丽也认为,"九月十五日,江苏省桃源县监生陈端、生员陈堂等人私自决开桃南厅附近的黄河大堤"③。这种说法主要是混淆了干支纪年法和公历纪年法的区别,清纪年后面的月日应该是干支纪年法的阴历而不是公元纪年的公历,所以道光十二年后面的月日应该是阴历八月二十一日。而一八三二年后面的月日应该是公历九月十五日,所以陈端决堤案发生时间的正确表述应该是道光十二年八月二十一日,或公元一八三二年九月十五日或 1832 年 9 月 15 日。薛玉琴④在其文章中有两处涉及陈端盗决黄堤事件,在其文章第一部分记载该事件发生的年月是道光十二年闰九月,而在第二部分涉及该事件时,却又是道光十一年八月二十一日夜间,这两处记述前后矛盾,这可能是对材料的误读和校对不细致而造成的,前者应是大臣上奏时的年月,而后者的道光十一年则应该为道光十二年。

关于陈端盗决黄河大堤的情节,在道光皇帝的上谕以及林则徐、陶澍、张井等人的奏疏中都有"奸民驾船携带鸟枪器械,拦截行人,捆缚巡兵,将大堤刨挖"⑤的记载。今人在述及此案时,多没有弄清此段材料的来龙去脉而不加辨析地加以使用。其实,这是盗决发

---

① 《赴清江查办聚众挖堤重犯陈端等折》,道光十二年(1832)九月初二日,中山大学历史系中国近代现代史教研组研究室编:《林则徐集·奏稿四》(上),北京:中华书局,1965年,第 79 页。

② 《清史稿》卷一二六,《河渠一·黄河》。

③ 孔潮丽主编:《江苏 安徽巡抚》,农村读物出版社,2004 年,第 250 页。

④ 薛玉琴:《林则徐治淮政绩考述》,《淮阴师专学报》1997 年第 3 期。

⑤ 《将挖堤案犯解交穆彰阿陶澍审理折》,道光十二年(1832)闰九月初三日,《林则徐集·奏稿四》(上),第 88 页。

生后,没有经过核实的层层上报的材料。在经过工部尚书朱士彦遵旨覆讯陈堂、陈钦、张开泰、赵步堂等案犯后,乃知"挖堤时止兵丁杨德一名在堡,当即躲避,所称捆缚多人,施放鸟枪等词,俱系捏饰"。①道光十三年(1833)正月,桃南通判田锐、桃南营守备张顺清、龙窝汛千总沈德功、桃源县南岸主簿王积棻还因"事后复以无据之言,冒昧具禀,其罪较重"②而得到了加重的处罚。也就是说,当时的实际情形是,陈端纠众多人前往桃源县于家湾龙窝汛十三堡盗挖黄河堤防时,堡内只有兵丁杨德一人,而且该兵丁慑于盗决者人多势众,没有向前劝阻或反抗,而是自动躲避对方。等盗决者离开后,杨德深知在自己守护范围内,黄河大堤被挖掘,所负责任是重大的。为逃避或减轻自己的责任,故在向上报告时,将陈端等人盗挖情节予以夸饰扩大,将之捏饰成队伍庞大、携带武器,并公开和朝廷河防军进行武装对抗的盗挖者。所以,我们在江苏巡抚林则徐、两江总督陶澍、河道总督张井等给道光皇帝的奏折中,都能看到陈端等奸民驾船携带鸟枪器械、拦截行人、捆缚巡兵之类的记载。而后人在研究林则徐等重要历史人物时,或许是为了突出正面人物的鲜明个性而将涉及此盗决堤防案具体情节的材料,不加辨析地加以引用。

关于陈端盗决黄堤的直接原因,很多资料都记载监生陈端等人是为了放淤自己在黄河南大堤和洪泽湖之间的滩涂田亩而决堤。《清史稿》云:"桃源奸民陈端因河水盛涨,纠众盗挖于家湾大堤,放淤肥田"。③据张井对所获罪犯的审问,皆供称"陈端(等)均有地亩多顷滨临湖边,连年被水,欲挖放黄水,希图地亩受淤"。林则徐抵清江浦后,"曾赴桃源于家湾漫口处所察看情形。该处内湖外河中隔一线单堤。湖内靠堤之处本系滩地粮田。访之年老兵民,佥称从前湖滩田

①　《大清宣宗成(道光)皇帝实录》卷二百二十八,道光十二年(1832)壬辰十二月戊辰条,《大清宣宗成(道光)皇帝实录》(六),第4077页。

②　《大清宣宗成(道光)皇帝实录》卷二百三十,道光十三年(1833)癸巳正月庚寅条,《大清宣宗成(道光)皇帝实录》(六),第4101页。

③　《清史稿》卷一二六,《河渠一·黄河》。

亩岁有收成,近年湖潴较旺,十一、十二两年盛涨均至二丈一尺以上,为向来所无,滩上田地遂成巨浸。此次决堤掣溜之后,该处三四十里以内滩田均已受淤,较诸未淤以前高出五六尺至丈余不等。三四十里以外仍系清水,顶抵黄流不能灌入等语",经过林则徐"随勘随量,与该兵民所称尚相吻合。是地亩受淤之处现已成为膏腴。"①如此,陈端纠众决堤,似乎是少数人仅仅为了一己私利。其实还有更深层次的原因,那就是黄淮运交汇地区水生态环境恶化。水生态环境恶化带来的一系列连锁反应不仅导致了该区域整体农业生态的失衡,也联动着社会人际关系等多类矛盾的激化。道光十三年正月,林则徐就在《致陈寿祺书》中认为江苏"自道光三年至今,总未得一大好年岁","江北连岁水灾,更不可问,如洪泽湖蓄淮济运,即以敌黄,在前人可谓夺造化之巧。自河底淤高,而御坝永不能启,洪湖之水,涓滴不入于黄,则惟导之归江。而港汊纡回,运河吃重,高邮四坝,无岁不开,下河七州县,无岁而不鱼鳖!"②这样一种脆弱的水生态环境在国家没有相应有效补偿机制的情况下,发生多类水事冲突是必然的。

陈端纠众盗决堤防,导致全黄入洪泽湖,人为加剧了淮扬一带的大水灾。道光十二年夏秋以来,淮扬及桃源县本就雨水为灾。六月,江苏的"江以北诸郡,如淮安府属之山阳、阜宁、清河、桃源、安东,扬州府属之高邮、宝应,徐州府属之沛县、砀山、邳州、宿迁、睢宁,海州并所属之沭阳等州县,因连旬雨泽较多,低田间有积水";③在"淮安府属之桃源县,湖河环绕,地势低洼",此年夏间,雨水过多,"低田已被淹浸,加以洪湖异涨,该县首当其冲,据报水势漫溢",又据该署府塔克与阿督同桃源县知县刘履贞禀称:"七月初间湖水陡涨,将王家嘴土堰冲塌二十余丈,淹及城根","七月十七日晚间,忽

---

① 《将挖堤案犯解交穆彰阿陶澍审理折》,道光十二年(1832)闰九月初三日,《林则徐集·奏稿四》(上),第88页。

② (清)林则徐:《林则徐选集》,杨国桢选注,北京:人民文学出版社,2004年,第29页。

③ 《江苏各属道光十二年六月分雨水量价折》,道光十二年(1832)七月十三日,《林则徐集·奏稿四》(上),第54页。

起大风,水高于岸,附近村庄庐舍淹入水中"。①"淮、扬一带,因洪湖盛涨,启坝放水,下河各属低洼之处,多有被淹"。而此次盗决堤防,促使全黄入湖,滔滔下注,"各坝堵闭稍迟,减水倒漾,淹浸日久"。②更为严重的是,全黄入湖,造成决口以下二三十里黄河断流,洪泽湖身被淤垫,高加堰等堤工岌岌可危,甚至威胁到了漕运安全。黄堤被盗决的第三天,据河臣张井查看,决口的"口门已宽九十余丈,水深三丈以外,尚在续塌,大溜掣(动)七分,缺口以下正河,一二日即当断流,全黄入湖,堰、盱石工在在可危"。③

二、决堤案发生后的灾情应对

陈端纠众决堤后,查勘桃源县以及淮扬一带水势情形和灾情,以便寻找正确的救济灾民及抢险抗灾的对策,是摆在清朝中央和地方政府面前的首要任务。因此,江南河道总督张井在获知堤防被盗决后,一方面将此非常事件快速奏闻天听,另一方面咨会在外办公务的两江总督陶澍、江苏巡抚林则徐。同时,张井自己于二十三日前往决口处察看水情,并赶启吴城等坝。在江西等地阅伍的陶澍也接旨赶回清江浦,道光皇帝"著陶澍察看水势,应如何相机镶筑,其本年回空军船尤关紧要,是否不至阻滞。"④而林则徐当时正奉命在江宁(今南京)监临壬辰科江南乡试,专注于改革科场弊端。接张井咨会黄堤被盗决,林则徐心急如焚,"权其所急。查嘉庆二十四年前安徽巡抚姚祖同、道光二年前安徽巡抚孙尔准监临江南文闱未竣,各

---

① 《桃源县被水请予赈济折》,道光十二年(1832)八月二十七日,《林则徐集·奏稿四》(上),第64—65页。

② 《资送逃荒难民回籍片》,道光十二年□月□日,《林则徐集·奏稿四》(上),第78页。

③ 《赴清江查办聚众挖堤重犯陈端等折》,道光十二年(1832)九月初二日,《林则徐集·奏稿四》(上),第79页。

④ 《大清宣宗成(道光)皇帝实录》卷二百十九,道光十二年(1832)壬辰九月丙午条,《大清宣宗成(道光)皇帝实录》(六),第3907—3908页。

因查办地方被水等事,将闸务交江宁藩司办理",因此"谨循照旧案,将经手事宜赶紧清出,交藩司接办,即由江宁起身,前赴沿途查勘淮、扬一带水势情形",①目的是为了在黄掣溜入湖之后,急筹分泄之策以及如何依据上下河被淹情形进行赈济。九月初九日,林则徐行抵扬州。接据禀报:"高堰志桩长水已至二丈一尺以外,势犹未已。扬粮、扬河两厅河道,先已落水二尺七寸,兹复逐日加长,与本年开坝时盛涨相同。"林则徐又由扬州换坐快船牵挽而上,"目击溜势奔腾,急湍汹涌。运河西岸临湖堤工虽多平水过水之处,湖河相连,尚无妨碍。其东岸昭关、车逻等五坝,前次启放之后本未堵闭,各坝过水口门皆已滔滔下注,而正河仍患涨满,幸归江去路早经河臣展辟十余处,均属宽深。现江潮较小,宣泄颇为灵动,所有东岸堤工迎溜犯风卑矮单薄之处,陆续镶作防风,以资挡护"。林则徐在查看淮扬水情途中,"闻河臣张井督率淮、扬各道将,均去桃南北两厅抢办埽工",因担心"附近运河一带居民觊因田庐被淹,乘虚盗挖堤岸,希图泄水,所关匪细",乃"督同常镇道王瑞征,分敕扬粮、扬河厅营及沿河各州县,多派兵夫役勇,昼夜加意防守",同时"往来稽查弹压,一面晓喻居民,以黄水虽由桃南入湖,业经赶启御黄坝、顺清河及吴城七堡等处,俾仍由湖宣泄入黄,荡涤旧淤,刷深河底,可期转害为利。至山盱之三河两坝,虽暂时亦须分泄,下游难免涨漫,而距霜降不远,消落在即,各宜安静保守,不必惊惶。该民人无不俯首听从,转相告语,佥称祇求赶上种麦,即沐恩施等语",此所谓安定淮扬民心,以免引起更大的社会混乱。九月十五日,"运河水势报定,溜行稍觉平缓,堰、盱志栏亦已据报消水三四寸,霜降甚近,可期水势日消"。②

除了查勘运河水势、加强运河堤防安全以外,摸清淮扬一带居民的受灾轻重情况,以开展有针对性的灾荒赈济工作,也是林则徐此次查

---

① 《赴清江查办聚众挖堤重犯陈端等折》,道光十二年(1832)九月初二日,《林则徐集·奏稿四》(上),第79页。

② 《察看淮扬一带水势已见平缓并督拏挖堤重犯折》,道光十二年(1832)九月十八日,《林则徐集·奏稿四》(上),第83—84页。

看淮扬水势情形的重要任务。是故,林则徐"周历堤坝,四望村庄,虽小屋低田不免淹浸,访查人口,并无损伤。后随处体察舆情,咸知官为作主,均极安心静谧。且查淮、扬一带秋收比苏、松、常、镇较早,各乡新谷业已登场,虽分数不齐,尚足以资糊口。而堤工正在镶护之际,附近小民推土负薪,以及挑卖稻草,皆得赴工佣趁,力食有资,一时似可毋庸接济。惟被淹田亩自应勘明轻重,归于秋灾案内另行照例汇办"。① 于是,道光十二年九月,诏令"给江苏桃源县被水灾民一月口粮。"②

查勘水势情形,除了赈济灾民的目的外,主要还是为了寻找正确的工程抢险对策,以便在全黄入洪泽湖后,湖水顺畅出清口刷黄,运河漕运不致受阻,淮扬受灾程度降到最低。所以,采取有力的工程措施分泄洪泽湖水,减轻高堰压力,实属关键。"时潘锡恩以宗人府丞上疏,谓全黄入湖为害最巨,请开萧南以制全河。上游既开,下游立涸,河从萧南堤外荡漾,千里澄为清水,然后大辟束、御两坝,全湖箟出,中梗之病,藉此可涤。因败为功,无善于此","及明年而于工塞,事皆未实行"。③ 而在于家湾决口未能立即堵闭、洪湖盛涨之际,在工文武多以启放山盱拦湖坝为请,河臣张井坚持未准。张井在给道光皇帝的奏折中认为,"若再开拦湖坝,下河七邑民田,必普律被淹,其患一;回空漕船,经由高、宝、邵伯诸湖,溜形湍急,尤以吸溜为虞,牵挽艰难,必误归次,其患二;将来堵闭,非六七十万金不可,扬河扬粮东堤,或有矬失堵筑不资,其患三"。④ 林则徐也反对开启山盱拦湖坝,认为"此时泄水,总以展开清口为第一要义",于是在到清江之后,"随即会同河臣前赴御黄坝、顺清河、吴城七堡等处履勘湖水

———

① 《察看淮扬一带水势已见平缓并督挈挖堤重犯折》,道光十二年(1832)九月十八日,《林则徐集·奏稿四》(上),第84页。

② 《大清宣宗成(道光)皇帝实录》卷二百十九,道光十二年(1832)壬辰九月丙辰条,《大清宣宗成(道光)皇帝实录》(六),第3922页。

③ 光绪《丙子清河县志》卷五《川渎中》,《中国方志丛书》(465),第43页。

④ 《大清宣宗成(道光)皇帝实录》卷二百二十,道光十二年(1832)壬辰九月癸亥条,《大清宣宗成(道光)皇帝实录》(六),第3935页。

出路,合计宣泄口门共宽一百余丈,日来尚在刷展,总期泄出之湖水与灌入之河水方数足以相当,则湖涨自平,堰、盱均免吃重,下河各州县不复被淹,二麦亦可期播种矣"。①张井及林则徐"赶启吴城七堡,及御黄坝、顺清河三处,俾湖水畅泄入黄,不令高堰吃重"的决策,也得到了道光皇帝的肯定,认为"此为正办"。②开启吴城七堡等处使洪泽湖水再次入黄,收到了意想不到的"蓄清刷黄"的效果:"至吴城七堡、顺清河、御黄坝等处,清水畅出,刷涤黄淤。自七堡以下至海口,已刷深四五尺不等。俟湖水再消,即可堵闭山盱各坝河,俾湖水专力刷黄,兼可堵闭昭关坝,及高邮四坝,俾下河田亩早为涸复"。③这应是因祸得福,所以道光皇帝认为"自吴城七堡以下至海口刷深四五尺,此皆仰赖河神默佑",于是"心益深寅感著,发去大藏香十柱,交张井虔诣河神庙",代其敬谨祀,"谢用答神庥。"④

加强于家湾决口处附近大堤的防守,同时赶工堵闭决口,以及利用黄河在于家湾决口以下正河断流二三十里之际,疏浚黄河河道,修复险工,也是陈端盗决堤防后应筹之急务。道光十二年九月,根据御史冯赞勋所奏,谕令张井、陶澍,为防止陈端"党类仍未解散,倘侦知文武官兵,专意龙窝,难保不乘机窃发,另起奸谋,若仍前兵夫寥寥数人,万一疏虞,耗费更甚,必须大为之防",著该河督及该督"通饬沿河州县厅营于所属各处要隘,添派兵夫巡役,加意防守,毋稍疏懈"。⑤同时,在开启吴城七堡等处专力刷黄时,清政府根据两江

---

① 《察看淮扬一带水势已见平缓并督挈挖堤重犯折》,道光十二年(1832)九月十八日,《林则徐集·奏稿四》(上),第84页。

② 《大清宣宗成(道光)皇帝实录》卷二百十九,道光十二年(1832)壬辰九月戊申条,《大清宣宗成(道光)皇帝实录》(六册),第3912页。

③ 《大清宣宗成(道光)皇帝实录》卷二百二十一,道光十二年(1832)壬辰闰九月丙戌条,《大清宣宗成(道光)皇帝实录》(六),第3956页。

④ 《大清宣宗成(道光)皇帝实录》卷二百二十三,道光十二年(1832)壬辰冬十月己巳条,《大清宣宗成(道光)皇帝实录》(六),第3980页。

⑤ 《大清宣宗成(道光)皇帝实录》卷二百十九,道光十二年(1832)壬辰九月戊申条,《大清宣宗成(道光)皇帝实录》(六),第3913页。

总督陶澍奏请,于道光十二年(1832)十月,对高仰的南河桃南北下汛于家湾缺口以下,至外南北上汛吴城七堡以上的黄河河段,进行了疏浚,"十月初七等日,插锨兴工。派淮海道文麟,督同桃北厅同知窦汝钧、中河厅通判江瀚,驻工查催。其于家湾缺口东西两坝,前已盘头坚实,现在分别刨槽,于十月二十三日,连挑水坝一并进占。"①这里不得不提的是,此年二月严烺曾向工部尚书朱士彦建议,"将黄河改于北岸,自桃源以下,以北堤为南堤,另筑北堤",朱士彦将之建议于同年九月奏闻朝廷,道光皇帝将朱士彦奏章交钦差穆彰阿会同陶澍、张井查办详议。②十月,陶澍、张井"寻奏,改河情形,诚如圣谕经费不赀,非旦夕可办,再四筹商,实无把握,恐举未几而废即随之,于漕运大有关碍,应请毋庸置议,报闻。"③改河之议因之而废,挑浚桃南北下汛河道得而顺利进行。而十月也是"节交霜降,黄运两河并堰盱二厅埽石各工,抢修防守一律稳固,水势消落",④于是及时堵闭于家湾决口是为切要,道光帝谕令"其于家湾口门,应俟正河挑有工程,定期堵筑。著于天气连晴后,齐集人夫料物,加紧赶办,务于岁内堵合。即再有雨雪,亦必于春水未生以前,克期蒇事,毋致迟误。"⑤道光十三年正月,朱士彦等奏桃南厅于家湾合龙坝工稳定,而"外南顺黄坝水志,连日报长,连旧存水深三丈一尺七寸,较量清水,尚高黄水一尺五寸,御黄坝先于十八日堵合,湖水更蓄高,济漕会黄,不致

①　《大清宣宗成(道光)皇帝实录》卷二百二十四,道光十二年(1832)壬辰十月辛酉条,《大清宣宗成(道光)皇实录》(六),第3998页。

②　《大清宣宗成(道光)皇帝实录》卷二百二十二,道光十二年(1832)壬辰闰九月辛丑条,《大清宣宗成(道光)皇帝实录》(六),第3975页。

③　《大清宣宗成(道光)皇帝实录》卷二百二十四,道光十二年(1832)壬辰十月乙丑条,《大清宣宗成(道光)皇帝实录》(六),第4002—4003页。

④　《大清宣宗成(道光)皇帝实录》卷二百二十三,道光十二年(1832)壬辰冬十月己巳条,《大清宣宗成(道光)皇帝实录》(六),第3979页。

⑤　《大清宣宗成(道光)皇帝实录》卷二百二十四,道光十二年(1832)壬辰十月戊辰条,《大清宣宗成(道光)皇帝实录》(六),第4006页。

短绌",①堵闭决口时机成熟,正月十九日,于家湾东西两坝同时挂缆,"赶进合龙门占,至次日辰刻追压到底,金门断流。西坝又有一段蛰矮数尺情形,现令赶紧加镶,并抢做上水关门边埽,外抛碎石",道光帝谕令工部尚书等著即"督饬工员赶紧加镶,追压坚实,务令涓滴不漏,不得稍有迟误,致有蛰塌之虞"。②

　　陈端决堤案发后,朝廷上下最为担心的就是全黄入湖,危及漕运安全。所以,筹划来年漕运安全,是为重中之重。道光十二年(1832)九月,御史鲍文淳奏,"惟现在龙窝汛口门掣溜入湖,甚为平缓,总因豫省祥符下汛三十二堡漫口,宽六十丈,尚未断流,倘豫省合龙,来源续涨,龙窝汛口门,尚未堵闭,则黄水入运,运河即不免淤垫,于漕运大有关系。昨岁南漕既未全运,加以直隶截留,京城枭赈,耗费已多。来岁新漕,断不可误",于是道光帝谕令"著穆彰阿会同陶澍、张井,察看水势情形,俟河堤赶筑合龙后,即当设法刷淤,开通运道。倘疏浚需时,粮艘不能无滞,应如何过浅转运之法,须及早经画,不致临事周章,庶南漕不误转输,仓储可期接济"。③同年九月,潘锡恩奏云:"全黄入湖,贻害甚巨,请急筹补救,以挽全局,以利新漕",④道光帝本人也担心"全黄入湖,为从来未有之事。现在龙窝汛十三堡口门宽广,大溜已掣七分,堵筑大工至速需十月底竣事,黄水灌湖至二三月之久,洪湖易致停垫。现今黄溜经行,尚不甚觉,将来堵口复故,恐全湖俱成平陆。湖内又无浚法,并恐宝应高邮以下运河,兼受其害,于治河全局,诚为可虑。著穆彰阿等,亲诣该处,履勘情形,妥

---

① 《大清宣宗成(道光)皇帝实录》卷二百三十,道光十三年(1833)癸巳正月辛丑条,《大清宣宗成(道光)皇帝实录》(六),第4116页。

② 《大清宣宗成(道光)皇帝实录》卷二百三十,道光十三年(1833)癸巳正月戊戌条,《大清宣宗成(道光)皇帝实录》(六),第4113页。

③ 《大清宣宗成(道光)皇帝实录》卷二百十九,道光十二年(1832)壬辰九月甲寅条,《大清宣宗成(道光)皇帝实录》(六),第3919页。

④ 《大清宣宗成(道光)皇帝实录》卷二百二十,道光十二年(1832)壬辰九月庚申条,《大清宣宗成(道光)皇帝实录》(六),第3932页。

筹善策,俾湖身下游,俱不致淤垫,是为切要。至本年回空军船,是否不致阻滞,明岁新漕,尤关紧要,断断不可稍迟。以目下情形而论,能否不致有碍漕行,如须早为筹划,亦著通盘打算,妥为定议"。①同年闰九月,据张井由驿驰奏道:"于家湾缺口黄水入湖之处,前经奏明堤南湖内及缺口上下十余里外,即系清水,计其沙淤不出三四十里滩地之内。现又坐船探量,仍与前次相仿。查看于家湾口门顺长至外南厅兵二堡,水色黄浊,以下至吴城六堡,水色淡黄,六堡至里河之束清坝,则全系清水,毫无淤垫情形。是黄水虽系入湖,断不能入运。本年回空固可畅行,即来年重运,亦决不致阻滞。回空船只,随到随渡,截至九月三十日止,已入御黄坝南下,计船七百二十二只",道光帝阅奏后谕令"惟回空全竣堵筑于家湾口门合龙后,其御黄坝是否可以不堵,竟复旧规,抑或尚须暂堵,明年重运到浦时,仍用倒塘灌运②旧法。著穆彰阿会同陶澍、张井体察现在水势情形,仍遵前旨详细查明妥筹会议,据实覆奏,总期加意熟筹,于慎重河防之中,无误来年重运,方为至善"。③

三、决堤案的侦缉与审理

清政府不仅在一般意义上对盗决官河防和民间圩岸制定了详细的惩罚条例,而且对山东、河南等临河大堤以及山东、江苏江北段运河水柜及堤防,尤其重视,专门为这些地区的挖掘堤防以及官员渎职等

---

①　《大清宣宗成(道光)皇帝实录》卷二百二十,道光十二年(1832)壬辰九月庚申条,《大清宣宗成(道光)皇帝实录》(六),第3932—3933页。

②　倒塘灌运,是清代道光初为解决清口地区运河与黄河交叉段船只往来的一种工程措施。办法是:在清口临黄段的两头建草闸,闸间称为塘河,长五百八十八丈。往来船只由塘河进出。重运进塘,堵闭进口草闸(时为拦清堰),使塘河充水与黄河水面平,再开临黄草闸渡黄;回空船只由黄河进塘,堵闭临黄草闸,使塘河泄水与运河水面平,再开另一端草闸,空船出。八日可渡一塘。

③　《大清宣宗成(道光)皇帝实录》卷二百二十一,道光十二年(1832)壬辰闰九月己卯条,《大清宣宗成(道光)皇帝实录》(六),第3952页。

犯罪行为,开列律条,以示惩戒。①而陈端纠众在于家湾龙窝汛十三堡盗决黄河大堤,自然引起朝野震惊,所以清廷上下接报都是一片愤恨声,林则徐说是"接阅之下,不胜惊异"②、"殊出情理之外"③;陶澍接张井咨会奸民强挖官堤后,也是"不胜骇异"④;道光帝也认为"乃从来所未有之事,深为可恨"。⑤正因为"此案情节重大,非寻常盗决河防可比",⑥所以快速捉拿挖堤各犯,将之绳之以法,以儆效尤,是清政府上下在急筹工程措施补救以及安抚灾民的同时,又一件紧迫的善后工作。

　　侦缉决堤罪犯,是惩罚罪犯的前提。所以,决堤案发后,河臣张井就快速捕获从犯孙在山,并"讯出系民人赵步堂雇令挖堤,此外认识者尚有本县生员陈堂、监生陈端、陈光南、刘开成及海金周之子"。张井将此情况上奏朝廷,道光帝认为"所供殊不足信。且奸匪不止此数,自必另有为首之人别图不法情事,均应彻底根究",命林则徐即刻赶到清江浦,"务将全案逸犯饬属密速掩捕,毋令闻风远飏,并著细心严鞫,尽法惩治,毋任一名漏网",并"俟陶澍到后,将全案人证交陶澍办理"。⑦决堤案发时,陶澍正在江西、安徽查阅营伍,道光皇帝诏命陶澍"务须赶紧折回,速拿决堤人犯,会同穆彰阿,从实从严

---

　　① (清)昆冈等修、刘启端等纂:《钦定大清会典事例》卷八五四,《刑部·工律·盗决河防》,《续修四库全书》(809),第401—403页。

　　② 《赴清江查办聚众挖堤重犯陈端等折》,道光十二年(1832)九月初二日,《林则徐集·奏稿四》(上),第79页。

　　③ 《将挖堤案犯解交穆彰阿陶澍审理折》,道光十二年(1832)闰九月初三日,《林则徐集·奏稿四》(上),第88页。

　　④ (清)陶澍:《九江途次折回清江浦会办奸民挖堤折子》,《陶云汀先生奏疏》(二)卷四二,《续修四库全书》(499),第643页。

　　⑤ 《大清宣宗成(道光)皇帝实录》卷二百十九,道光十二年(1832)壬辰九月丁未条,《大清宣宗成(道光)皇帝实录》(六),第3910页。

　　⑥ 《赴清江查办聚众挖堤重犯陈端等折》,道光十二年(1832)九月初二日,《林则徐集·奏稿四》(上),第79页。

　　⑦ 《将挖堤案犯解交穆彰阿陶澍审理折》,道光十二年(1832)闰九月初三日,《林则徐集·奏稿四》(上),第88页。

审拟具奏,万勿耽延。"①在案件移交陶澍之前,林则徐已"督拏各犯,除孙在山原供有名之赵步堂、刘开成、海东楼,先经奏明获案外,据已革桃源县知县刘履贞究出张开太、梁锦柱、金三即金陶方、袁纲、周玉伶、冯万有、冯万和、冯殿山即冯玉、张瀛洲、张同、刘献廷、杨振玉等犯一并拏获。查覆所讯供词,或认辗转纠人,或认下手刨挖,或仅认在场观看,尚未质对明确。并此外到案人证一共三十余名"。九月二十八日,钦差穆彰阿抵清江浦,三十日,陶澍亦赶到,于是林则徐"谨即遵旨移交审办"。②此间,"惟陈端、陈堂二犯,节饬府县悬赏勒拏,先经获到载送该犯过湖之船户刘庆和、卢二,究出该犯等逃往皖省盱眙县一带,经署桃源县知县徐麟趾密遣丁役,关移盱眙县派差会拏。旋查该处有甘二等先窝留陈端、陈堂在家藏匿,闻拏紧急,复给盘费,辗转纵逃,已将甘二、李七、张九成一并获案。跟究犯纵,分赴滁州、来安四路追拏。其陈光南一犯,据探与伊父陈凤山逃往下河阜宁一带。均经分饬悬立重赏,勒限掩捕,并飞移安徽抚臣饬属兜拏,务期剋日获解,不任稍有松懈"。③

道光十二年(1832)九月初五日,陶澍接河臣咨会后,也"立刻飞札该处文武,并徐州、寿春两镇,徐州、凤阳两府严拏各匪,务获痛惩"。在接到谕旨后,又"星夜由水路顺流直下,兼程折赴清江浦,会同河臣设法抢筑,严拏匪犯"。④但至九月十八日,挖堤要犯"惟陈端、陈堂、陈光南三名尚未获案,亦已购线访有踪迹,分投侦捕"。⑤道光

①　《大清宣宗成(道光)皇帝实录》卷二百十九,道光十二年(1832)壬辰九月壬子条,《大清宣宗成(道光)皇帝实录》(六),第3917—3918页。

②　《将挖堤案犯解交穆彰阿陶澍审理折》,道光十二年(1832)闰九月初三日,《林则徐集·奏稿四》(上),第88—89页。

③　《将挖堤案犯解交穆彰阿陶澍审理折》,道光十二年(1832)闰九月初三日,《林则徐集·奏稿四》(上),第88页。

④　(清)陶澍:《九江途次折回清江浦会办奸民挖堤折子》,《陶云汀先生奏疏》(二)卷四二,《续修四库全书》(499),第644页。

⑤　《察看淮扬一带水势已见平缓并督拏挖堤重犯折》,道光十二年(1832)九月十八日,《林则徐集·奏稿四》(上),第84页。

皇帝多次降旨令林则徐、邓廷桢、周之琦,"不分畛域,饬属严拏务获,归案究办。"①十月,"在泗州双沟地方,将要犯陈堂拏获。署泗州知州王恩植,在崔家集地方,将陈钦拏获。陈钦供认听从海东楼,纠同陈端、陈堂、陈明、陈光南、孙在山等,决堤放淤,伊与陈端、陈堂同逃,陈端因有表亲曾任山东东阿县袁杰之子袁双观,寄居东昌府城外,本是桃源人,投奔前去",道光帝"著钟祥派委妥员,至东昌府城外袁双观家,将陈端密速掩捕,勿稍漏泄,致令远飏"。②同年十一月,陶澍等奏,"将要犯陈光南、陈凤台缉获,并获陈钦供出之龚海结一犯"。③据钟祥奏,"江南决堤要犯陈端,前据袁双观供,该犯欲往濮州城西武家庄武姓家投住,查明濮州境内并无武家庄,只有吴家庄,亦无姓武之人。旋据江南移会该犯实欲往濮州吴家庄,兹委员访得濮州吴家庄吴振川,实与陈端交好。十一月初九日,陈端曾在吴振川家告贷,吴振川资助盘费,伴送出境,前往江南投首。现饬文武员弁驰往濮州一带,分路掩捕,并委提吴振川家属来省究追陈端确实踪迹"。④十二月,据朱士彦等奏,决堤首犯陈端未获,"讯据陈堂等供称,陈端在山东道上,曾告知伊等,如袁双观家不能久住,有江西粮船南前帮旗丁喻晚生,及艾隆仔船上管船人本松,并山东河南交界刘家口子地方,开设合兴、建功、建德、长号四家豆行人赵姓、花姓、郑姓,俱相素识,并山东台儿庄一带煤窑,均可躲避","著各该督抚密饬地方官,选派妥役,上紧购线访拏,毋任远飏漏网"。⑤

① 《大清宣宗成(道光)皇帝实录》卷二百二十一,道光十二年(1832)壬辰闰九月丁亥条,《大清宣宗成(道光)皇帝实录》(六),第3959页。

② 《大清宣宗成(道光)皇帝实录》卷二百二十四,道光十二年(1832)壬辰十月辛未条,《大清宣宗成(道光)皇帝实录》(六),第4011页。

③ 《大清宣纵成(道光)皇帝实录》卷二百二十六,道光十二年(1832)壬辰十一月己丑条,《大清宣宗成(道光)皇帝实录》(六),第4028页。

④ 《大清宣宗成(道光)皇帝实录》卷二百二十六,道光十二年(1832)壬辰十一月壬寅条,《大清宣宗成(道光)皇帝实录》(六),第4039—4040页。

⑤ 《大清宣宗成(道光)皇帝实录》卷二百二十八,道光十二年(1832)壬辰十二月戊辰条,《大清宣宗成(道光)皇帝实录》(六),第4074页。

　　道光十三年(1833)二月,两江总督陶澍奏,"拏获盗决河堤要犯陈堂等,首犯陈端闻有逃至保定城外之信,尚未擒获","得旨,此皆鬼蜮伎俩,不可信以为实,务要刻即拏获,以正刑诛"。①此月又据邓廷桢奏称,"经陶澍派委都司袁梦熊探闻,陈端投奔安徽贵池铜陵一带,向有私枭出没之王家套等处藏匿,或沿江找寻,江西粮帮船户与彼素识之王加寅,希图窝留","著直隶、两江、江苏、安徽、山东、江西各督抚及漕运总督严饬所属于私枭托足之地,暨粮船经过地方,不动声色,严密查拏。"②同年十月,陶澍等奏报拏获挖堤首犯陈端,"正凶就获,洵足大快人心,可嘉之至"。③挖堤首犯在安徽怀宁县境被抓,极具戏剧性,"先是江苏桃源县有聚众挖河之事,大吏逐以入奏,奉旨严檄各省擒捕,久之不获,官吏稍稍懈弛矣。陈端弃妻子,变姓名,去须毁形,潜附漕艘,为句读师以自给,家于怀宁之某乡。一日,有捕役过一茅舍,闻有妇人微呼陈先生者,一老学究开门应之。捕役正迫岁暮,思得额外赏项以自赡,因私忖此人,殆即陈端邪?欲乘其不虞以试之,遂直前呼之曰:'陈端,汝在此邪?'陈端出其不意,错愕应之曰:'唯。'捕役乃擒之以归,进入县城,已夜半矣。赵廉访(仁基)方为县令,署门已闭,捕役呼而启之。见县令,先贺有升迁之喜,且请曰:'速赏我三百金,俾我得以度岁,则异日之事我概不问矣。'廉访如数予之,而置陈端于狱,时道光十二年除夕也"。④此段材料出自晚清笔记小说,所记的捕获陈端的时间说是在道光十二年(1832)除夕,显然与陶澍等奏报所说的时间是道光十三年(1833)十月有出

　　①　《大清宣宗成(道光)皇帝实录》卷二百三十一,道光十三年(1833)癸巳二月己酉条,《大清宣宗成(道光)皇帝实录》(六),第4125页。

　　②　《大清宣宗成(道光)皇帝实录》卷二百三十一,道光十三年(1833)癸巳二月癸丑条,《大清宣宗成(道光)皇帝实录》(六),第4127—4128页。

　　③　《大清宣宗成(道光)皇帝实录》卷二百四十四,道光十三年(1833)癸巳冬十月癸亥条,《大清宣宗成(道光)皇帝实录》(七),第4346页。

　　④　(清)薛福成:《庸盦笔记·县令意外超迁之喜》,丁凤麟、张道贵点校,南京:江苏人民出版社,1983年,第73—74页。

入,但这并不影响陈端最后在安徽怀宁一带被捕的客观事实。

随着一干挖堤要犯相继归案,对案犯进行审判,以正法典,昭示后人,就摆上了日程。道光十二年(1832)九月,"命工部尚书穆彰阿,驰往江南,会同总督陶澍,查办事件。"①十月,"著朱士彦、敬征、陶澍,提同全案,研审确情,定拟具奏"。②朱士彦,江苏宝应人,系工部尚书,"覆讯挖堤诸犯,治如律"。③宗室敬征,道光初,累迁工部侍郎,授内务府大臣,调户部。④十月,穆彰阿会同陶澍审办陈端纠众挖堤一案,经讯问审定"系在逃之陈端起意为首,张开泰、赵步堂二犯听从纠人,复督同刨挖,陈明等十三犯,或在场照看,或帮同刨挖,或转为送信,将来严拏陈端到案时,照光棍例问拟,正法河干。将张开泰等二犯,依盗决堤岸过水漂没他人田庐为首例,拟枷号⑤三个月,实发烟瘴充军。陈明等十三犯,依决堤为从例加一等,拟流二千里"。⑥但在上报刑部覆议时,受到了一些质疑。刑部堂下的江苏司⑦在所拟

---

① 《大清宣宗成(道光)皇帝实录》卷二百十九,道光十二年(1832)壬辰九月丙午条,《大清宣宗成(道光)皇帝实录》(六),第3908页。

② 《大清宣宗成(道光)皇帝实录》卷二百二十四,道光十二年(1832)壬辰十月戊辰条,《大清宣宗成(道光)皇帝实录》(六),第4005页。

③ 《清史稿》卷三七四,《朱士彦传》。

④ 《清史稿》卷三六五,《宗室敬徵传》。

⑤ 枷是一种用很重的木头制成的矩形刑具,中有圆孔。犯人被枷号时,将枷套在犯人的颈脖上;矩形的长边顺着犯人的前后走向,矩形的短边则顺着犯人的左右走向。犯人戴上枷以后,双手再也触摸不到自己的头脸。清代以前,枷一直是一种法定刑具,至清代,枷的主要功能转变为惩罚性。

⑥ 《大清宣宗成(道光)皇帝实录》卷二百二十四,道光十二年(1832)壬辰十月戊午条,《大清宣宗成(道光)皇帝实录》(六),第3994页。

⑦ 刑部堂下分设17个"清吏司"。每一个清吏司都以一个或数个省的名称命名,分别是奉天、直隶、江苏、安徽、江西、福建、浙江、湖广(湖南和湖北)、河南、山东、山西、陕西(包括甘肃和新疆,新疆于1882年成为省)、四川、广东、广西、云南、贵州。各省案件报到刑部时,即由分管的清吏司接受。

的说帖①中认为,"查共犯罪而首从本罪各别者,律得各依本条科断。若罪名并非各别,则引断不容两歧。今陈端等聚众执持器械,捆缚巡兵挖堤放水,以致决口宽大,糜帑害民,迥非寻常盗决河防可比",尚书穆彰阿等声明将来拿获陈端时,"应照光棍为首例正法,情罪洵属允协。第祸固首于造意之犯,而事实成于附和之人,衡情定断,自应将听从纠人复督同刨挖之张开泰等二犯依光棍为从例拟以绞候,并未纠人,亦未捆缚巡兵之陈明等十三犯依光棍为从例,量减拟以满流。乃该尚书等仅将张开泰等于盗决河防本例上分别加等问拟,一事两引,核与定例不符"。此外,刑部还详核案情,"颇多疑窦,即如原奏内所称,陈端赶集遇见陈堂等谈及黄河水大,意欲纠人挖决,放泥淤地一节,臣等伏思盗决河防,罪名綦重,该犯等放泥淤地,希图不可必得之微利,而轻蹈必不可逃之王章,且又不谋于家,而谋于市,其事已非情理。况检查供招,陈端与陈堂在集商谋之语,曾被路过之海东楼听闻,是陈端倡议之始,既已传播于行人,而该汛弁兵耳目切近,千总沈得功又系陈端儿女姻亲,何至毫无觉察,任令辗转纠邀?谓挖堤仅系陈端造意,该弁兵等均未同谋,殊难凭信。又原奏所称陈端令张开泰邀人,张开泰随转邀海东楼等各等许给钱二百文,同往挖堤一节,臣等伏思人孰不爱其身家,而祸莫烈于荡析,听纠之海东楼等多系沿河居民,讵不知决口,一开庐舍,必遭漂没,何以一闻纠约挖堤,辄贪些微之雇值,忘荡析之奇灾。人虽至愚,不宜出此。又原奏所称陈端等同至十三堡地方,张开泰等督令众人刨挖,陈端等在两旁拦截行人,并喝令数人将堡兵杨德、田赋捆缚一节,臣等伏思河干堡房林立,声势原属相联,况秋汛吃紧之时,防范尤宜倍力,岂有任其拦截行人,任其捆缚堡兵,而附近民夫并不齐集邻堡,兵丁并不趋护之理?又原奏所称,效用百总张有功巡见赶至张家湾,向沈得功报知,沈得功正在张家湾抢险,闻信骑马赶至决口地方,时已天明,

---

① "说帖"属于刑部档案的一种,通俗而言,它类似于中央三法司对地方呈报的重罪案件(清代案件审断采取分级管辖)所拟的意见书。

复折回张家湾抢厢防风一节,臣等检阅供招,张家湾系在兵九堡地方,距兵十三堡决口之处不过数堡,而沈得功供词内系于四更时闻信,若使立即驰往,各犯未必全逃,何以迟至天明始行赶到?其情已属可疑。况本汛河堤既经决口,即使势难抢堵,亦当俟该河督到工后听候查勘,不应遽行折回。若谓张家湾水大堤险刻难远离,独不思十三堡决口既开,水势奔泄,张家湾相距甚近,何至复有险工?是沈得功所供多不足凭,即难保无知情同谋,事后狡饰情事。罪名既未允协,案情亦多疑窦,臣部碍难率覆。令该尚书等研究确情,按例妥拟具奏,到日再议"。①为此,道光帝谕令"所有挖堤一案,著交朱士彦、敬征,会同陶澍,将该部指驳各情节,逐款研究确实,按律妥拟具奏。不可稍存回护,致有不实不尽"。②

钦差朱士彦等遵旨将陈端决堤案犯重审,并改拟上奏,云:"此案陈堂、张开泰、赵步堂等听从纠约挖堤,已据各犯证供系陈端起意纠谋,自应以在逃之陈端为首,俟将来到案时,应比照刁民擅自聚众至四五十人,尚无哄堂塞署,照光棍例,拟斩立决,正法河干,以彰国宪,陈堂、张开泰、赵步堂各有田亩,希图受淤,听从商谋,并代纠人帮同挖堤,应照光棍为从科断。前据署尚书穆等审依盗决河防为首律拟军,究属轻纵。陈堂、张开泰、赵步堂均应比照光棍为从例,拟绞监候,秋后处决。赵步堂业已病故,应毋庸议。陈钦等十九犯听从纠往挖堤,应于陈堂等绞罪上减一等,杖一百,流三千里。范洪启等雇令挖堤不允,被胁勉从,与被胁同行者有间,应于陈钦等流罪上再减一等,杖一百,徒三年"。③此奏,获得了道光帝的恩准。道光十三年(1833)十一月,"两江总督陶澍等奏,审明挖堤首犯陈端押赴桃源县

---

① 《刑案汇览》卷六十,《盗决河防·奸徒聚众强挖官堤漂没田庐》,(清)祝庆祺、鲍书芸、潘文舫、何维楷编:《刑案汇览三编》(三),第2253—2254页。

② 《大清宣宗成(道光)皇帝实录》卷二百二十四,道光十二年(1832)壬辰十月乙丑条,《大清宣宗成(道光)皇帝实录》(六),第4002页。

③ 《大清宣宗成(道光)皇帝实录》卷二百四十五,道光十三年(1833)癸巳十一月壬辰条,《大清宣宗成(道光)皇帝实录》(七),第4369页。

龙窝汛地方正法。"①

　　陈端决堤案的发生，与管辖该地的各等官员疏于管理大有关系，于是惩戒渎职犯罪，也构成了陈端决堤案审办的重要一环。在陈端决堤案发时，"桃源县知县刘履贞，业经河臣张井奏参革去顶戴，现在严饬戴罪勒拏重犯，保护城垣，以观后效"。②道光十二年（1832）九月，谕令决堤处"该厅营等形同木偶，仅予革职，不足蔽辜。已革同知衔署桃南厅通判田锐、桃南营守备张顺清、龙窝汛千总沈得功、桃源县南岸主簿王积棻、署桃源县知县刘履贞、把总钱永贵，俱著枷号河干，俟穆彰阿会同陶澍，将全案人犯审明，即治该革员等以应得之罪。河道总督张井、署淮扬道王贻象、河营参将张兆、淮扬游击薛朝英，俱著先行摘去顶带，听候部议，仍戴罪在工效力"，不久吏部议处获得道光帝批准，"张井、王贻象、张兆、薛朝英，俱著照部议革职，暂留各该本任，在工效力，俟工竣时再降谕旨"。③同月，又谕穆彰阿等奏，"除已革署桃源县知县刘履贞系协防之员，与专管河员有间，已革把总钱永贵于河工并无协防之责，业经革职枷号，工竣免其治罪外，前署淮安府知府塔克兴阿、河标右营游击三音特古斯，经穆彰阿等请，先行摘去顶带，勒限两月缉拏，未免宽纵。塔克兴阿、三音特古斯均著先行革职，勒限一个月帮缉，果能将陈端、陈堂、陈光南三名要犯于限内拏获，尚可稍从末减。若日久无获，仍当从重治罪。其现任淮安府知府周焘、现署桃源县知县徐麟趾，亦俱著勒限一个月，加紧缉捕，限满无获，著该督等分别严参惩处。陶澍于所属地方首犯未获，不将该地方官参劾，著交部议处。林则徐以奉旨缉拏之犯，未能

――――――

　　①　《大清宣宗成（道光）皇帝实录》卷二百四十五，道光十三年（1832）癸巳十一月壬辰条，《大清宣宗成（道光）皇帝实录》（七），第 4369 页。
　　②　《赴清江查办聚众挖堤重犯陈端等折》，道光十二年（1832）九月初二日，《林则徐集·奏稿四》（上），第 80 页。
　　③　《大清宣宗成（道光）皇帝实录》卷二百十九，道光十二年（1832）壬辰九月丁未条，《大清宣宗成（道光）皇帝实录》（六），第 3910 页。

密速掩捕,又不亲提严鞫,仅以移交塞责,著一并交部议处"。①闰九月二十四日,吏部议处应将两江总督陶澍于河道总督张井革职上减为降三级调用,九月二十六日奉旨,"陶澍著加恩,改为降四级留任"。②十月,"又谕陶澍著加恩改为降四级留任,林则徐改为降五级留任"。③次年正月,又谕,已革同知衔署桃南通判田锐、桃南营守备张顺清、龙窝汛千总沈德功,桃源县南岸主簿王积菜,"均著发往军台效力赎罪,以为玩视河防者戒"④,"堡兵人等比照仓库值更之人不觉盗者杖一百"。⑤

当然,清政府对在陈端决堤案中捕获挖堤首犯陈端有功的官员也进行了奖赏,如安徽巡抚邓廷桢,"以获南河掘堤首犯陈端,诏嘉奖。"⑥道光十三年(1833)十月,谕令"署安徽怀宁县知县赵仁基于奉旨通缉要犯,留心盘获缉捕,实属勤能。赵仁基著加恩赏,戴花翎,以直隶州知州即升用,先换顶戴,用示奖励。其协缉各员弁著该督等查明,尤为出力,酌保数员,候朕施恩"。⑦赵仁基因直接捕获陈端,升迁最快,"明年,补滁州直隶州,召见便殿,宣庙嘉之,归任滁州、六安

---

① 《大清宣宗成(道光)皇帝实录》卷二百二十二,道光十二年(1832)壬辰闰九月壬寅条,《大清宣宗成(道光)皇帝实录》(六),第3976页。

② (清)陶澍:《九江途次折回清江浦会办奸民挖堤折子》,《陶云汀先生奏疏》(二)卷四二,《续修四库全书》(499),第644页。

③ 《大清宣宗成(道光)皇帝实录》卷二百二十三,道光十二年(1832)壬辰冬十月丙午条,《大清宣宗成(道光)皇帝实录》(六),第3984页。

④ 《大清宣宗成(道光)皇帝实录》卷二百三十,道光十三年(1833)癸巳正月庚寅条,《大清宣宗成(道光)皇帝实录》(六),第4101页。

⑤ 此段材料是清代祝庆祺、鲍书芸、潘文舫、何维楷编的《刑案汇览》所收录的来自邸抄的判例。邸抄,是政府的活动记录,内容包括皇帝诏令、大臣的奏折以及其他官方文件。见《刑案汇览》卷六十,《盗决河防·奸徒聚众强挖官堤漂没田庐》,《刑案汇览三编》(三),第2255页。

⑥ 《清史稿》卷三六九,《邓廷桢传》。

⑦ 《大清宣宗成(道光)皇帝实录》卷二百四十四,道光十三年(1833)癸巳冬十月癸亥条,《大清宣宗成(道光)皇帝实录》(七),第4346页。

州。甫越数月,升平阳府知府。又数月,升江西南赣兵备道。盖去为县令时,未一年也。又数年,迁湖北按察使,未赴任而卒"。[1]十一月,"以协缉挖堤首犯,予安徽知府胡调元等议叙"。[2]

综上所述,陈端纠众决堤导致全黄入湖,既人为加剧了当年入夏以来淮扬一带原本就雨水过多而成灾的局面,又冲击了黄、淮、运交汇地区的复杂水运系统,直接威胁着清王朝的漕运生命线,所以引起了清政府的高度重视,从江苏巡抚、两江总督、江南河道总督到最高统治者道光皇帝,都果断而快速地进行了应对,查勘决堤后淮扬水势情形,赈济灾民口粮,展辟清口分泄洪泽湖水入黄,疏浚决口处以下黄河干流河道,抢险堵闭决口,都有条不紊地进行。正是这些措施处置快速而且得当,故此次决堤不但没有影响漕运的畅通,还由于赶启吴城七堡等处而起到了以清刷黄、清口以下河道得到刷深的意外效果。在对决堤案犯的侦缉和审办问题上,也体现了从快、从严的原则。经道光皇帝的多次谕令催办,以及江苏巡抚、两江总督直接督办,加上邻省的协调追捕,从道光十二年(1832)八月案发到次年十一月首犯陈端被押赴决口处正法,历时一年多,最后陈端决堤一干案犯都受到了法律的严惩。同时,清政府对玩忽职守的地方官也相应的做出了严厉的处罚,而对追捕逃犯有功的官员则分别予以嘉奖和擢升。

美国学者卡尔·魏特夫的"亚细亚水利型社会"和"东方国家专制主义"的理论尽管有许多争议之处,但他认为,中国历史上的中央集权与大河流域生产关系密切相关,应该说切中要害。此说也适用于大运河以及与大运河畅通与否直接相关的黄河、淮河下游河道的治理和管理。在中国传统社会,国家占有十分重要的地位,在社会经济活动中起着主导性的、甚至是决定性的作用。当然,这里的国家并不是指一般意义上的民族国家,而是特指国家机构。国家在本质上是一个有着自己独立利益的实体;国家的目标并不能等同于社会中

---

① (清)薛福成:《庸盦笔记·县令意外超迁之喜》,丁凤麟、张道贵点校,第73—74页。

② 《大清宣宗成(道光)皇帝实录》卷二百四十五,道光十三年(1833)癸巳十一月壬辰条,《大清宣宗成(道光)皇帝实录》(七),第4369页。

某个群体的目标,它还有自己独立的目标。所以,我们可以看到明清时期国家在处理黄、淮、运三者复杂关系的时候,都指向了满足国家自身的最大化的独立利益,也就是说国家"无一岁不虞河患,无一岁不筹河费",[①]"岁费五六百万,竭天下之财赋以事河",[②]乃至"抑河南行"、"蓄清刷黄"、"蓄清敌黄"、"减黄助清"、"借黄济运"、"倒塘灌放"等一切治河理论与实践,最终目的都是为了保证大运河这条国家生命线的畅通。至于黄、淮下游以及运河沿岸民众的防洪排涝、灌溉的利益便被边缘化,显然都要服从国家漕运的最高利益。这种国家权力的强势介入,使得黄、淮下游以及运河沿岸社会民众的防洪、排涝、灌溉的水事利益表达渠道受阻,这就大大强化了国家与这些地区社会民众冲突的强度和频率。如嘉庆九年(1804)八月,安东县(今涟水县)民李元礼等"因黄水漫滩淹浸田庐,纠众盗决大堤进水,以图自便"。[③]道光二年(1822)五月,阜宁县监生高恒信、贡生张廷梓等也因田被水淹,两次挖堤,纠众 30 余人,"执持铁鞭围住巡兵及百总杨荣,硬将陈家浦四坝堤工彻夜挖通过水"[④]就在陈端案发后的次年六月初九日,有山东寿张县民人张闻雅私将东省捕河厅属寿东汛运河东岸滚水石坝外的土围堰挖开,六月二十六日,"复有西岸乡民率众持械,蜂拥强挖,冲塌过水",七月初六日,"蜀山湖乡民数十人,由湖驾船十余只,驶至湖堤,手持长枪,施放鸟枪,拦截行人,动手挖堤"。[⑤]是故,陈端决堤案的发生决不是孤立偶发的现象,而是明清以来国家和民众在淮河下游地区围绕漕运与防洪排涝、灌溉等问题所产生的复杂水事矛盾激化的结果。

---

① 《明代食兵二政录叙》,(清)魏源:《魏源集》,北京:中华书局,1976 年,第 163 页。

② 《筹河篇上》,道光二十二年,(清)魏源:《魏源集》,第 365 页。

③ 姚雨芳原纂、胡仰山增辑:《大清律例会通新纂》卷三十七,《工律·河防·盗决河防》,沈云龙主编:《近代中国史料丛刊三编》第二十二辑,第 3803 页。

④ (清)陶澍:《赶赴清江筹议河道情形折片》,《陶云汀先生奏疏》(二)卷四三,《续修四库全书》(499),第 663 页。

⑤ 《大清宣宗成(道光)皇帝实录》卷二百四十一,道光十三年(1833)癸巳七月丁酉条,《大清宣宗成(道光)皇帝实录》(七),第 4287、4286 页。

　　陈端决堤案的发生及其解决,不仅极大地冲击和震动了道光时期的政局,同时也对后世产生了重要的警示意义。道光十二年十月,林则徐在为杨景仁编的《筹济篇》写的序中,以陈端盗决堤防一案为教训,阐述了官与民之间的关系,认为"今夫牧民之官,民之身家之所寄也。年谷顺成,安于无事,民与官若相远;一旦旱干水溢,则哀号之声、颠连之状,不忍闻而不能不闻,不忍睹而不能不睹。彼民所冀于官之闻之睹之者,谓必有以生活我也。夫民固力能自生活者也,至力穷而望之于官,良足悲矣。居官者诚知民以生活望我,而我必有以生活之,则筹备之方,不可不图之于早也",强调了地方官要"通民疾苦",预筹救灾办法"不可不图之于早"的道理。次年正月,林则徐又在《致陈寿祺书》中谈了自己对"吴中凋敝之余,谈者鲜不以为畏途"的感受,并结合自己亲往处理的"河事孔急,淮、扬告灾"的陈端决堤事件,再次认识到"则徐见近年以来,吏之与民愈不能以恩义相结,人心日以不靖"①的道理。此外,陈端盗决堤防,情节恶劣,影响极坏,故依照律典从重处理而成为成案。正因为该案的审办和处置,具有典型性,所以被清代祝庆祺、鲍书芸、潘文舫、何维楷编写的《刑案汇览》以说帖和邸钞形式收录,而这又为后来类似的盗决堤防案件之审办提供了参照。如光绪十九年(1893)九月二日,直隶沿河居民聚众掘堤,以邻为壑,清政府派李鸿章为大员,前往查办,而李鸿章在查办此案时就援引了陈端决堤成案,认为"查挖决河防、圩岸,律有盗决、故决之分:盗决者罪,止杖一百,徒三年;故决者,罪止杖一百,流三千里。因而杀伤人者,盗决则减斗杀伤二等;故决者以故杀伤论。其有抗拒巡兵、挖堤决口、糜币害民,情节较重者,例内虽无作何治罪明文,查有道光十二年,南河龙窝汛十三堡奸民陈端等强挖官堤,分别拟以斩绞成案可援。"②可见,陈端决堤案的影响历久而弥远。

---

①　(清)林则徐:《林则徐选集》,杨国桢选注,第25—26、27、28页。

②　《严禁聚众掘堤折》,光绪十九年(1893)十月二十六日,《李鸿章全集·奏稿·卷七十七》,长春:时代文艺出版社,1998年,第2837页。

第三节　归海坝启放之争

明初,为保持运河水位,平江伯陈瑄在里运河东运堤建了数十座平水闸,此乃归海坝之始。万历八年(1580),潘季驯奏河工未尽事宜言,建议在高邮南门旧桥口建减水闸 1 座,改建宝应子婴沟旧闸及泰山庙后砖闸、九浅石坝为减水坝,此乃运堤减水四闸之旧。康熙十九年(1680),清政府为了保护里运河堤的安全,维护漕运的畅通,在里运河东堤上设置了五里坝、车逻港坝、子婴沟坝、永水港坝、南关旧大坝、八里铺坝、柏家墩坝、鳅鱼口坝等 8 座归海减水坝。这些归海减水坝以后经过多次改建,至乾隆二十二年(1757)时,归并为高邮的南关坝、新坝、中坝、车逻坝以及江都邵伯镇北的昭关坝,这就是历史上著名的"归海五坝"。嘉庆、道光年间,"五坝屡同时开放,后以中坝最卑,昭关坝堵塞匪易,不轻启放"。咸丰、同治以来,"二坝已废,名为五坝,实存南、新、车三坝"。[1]归海五坝,"均有石脊封土,坝不轻开,开则下河必陆沉"。因各坝比较而言,车逻坝最稳,故开坝最先开车逻。所以,每逢淮水异涨之年,车逻放坝首当其冲,上下河为此争执甚烈,"今则以一车逻之争,东西上下河利害极端相反,居间之运河,乃不知所可,此则吾江北水道特殊之现象也"。[2]

对于归海坝的开与保之争,晚清及民国历史上留下了很多记载,但目前学界对此问题还没有更多的关注,仅见的成果[3]也多是简单的描述与分析。为此,下文试图从归海坝的启放与下河水患、多目标利

---

① 民国《续修兴化县志》卷二,《河渠志·河渠二·运堤坝座》。

② 武同举:《江苏江北运河为水道统系论》,载武同举:《两轩賸语》。

③ 张崇旺:《明清时期江淮地区的自然灾害与社会经济》,福州:福建人民出版社,2006 年,第 283—286 页;孔祥成、刘芳:《民国救灾与环境治理中的政府角色分析——以1931 年江淮大水救治为例》,《长江论坛》2007 年第 5 期;曹志敏:《清代黄淮运减水闸坝的建立及其对苏北地区的消极影响》,《农业考古》2011 年第 1 期。

益冲突视野下的归海坝启放争执、归海坝开保之争的预防与解决三个方面,对数百年悬而未决的归海坝启放争执问题进行系统的考察。

一、归海坝的启放与下河水患

由于上下河地势高下悬殊,如大水冲决运河堤防,一方面会导致运河水一泄而尽,进而威胁大运河安全通行,另一方面更会加重和扩大里下河地区的灾情,所以明清两代政府都严格规定,若遇运河水涨溢到一定程度,则启放减水闸和次第启放归海五坝,若是大水迅速上涨,则诸坝齐开。(见图5-3)

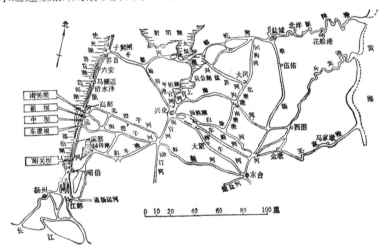

图5-3　里运河归海五坝位置图①

只要减水闸和归海坝一启,下河地区顿成泽国。陈应芳《浚丁溪海口记》中就说,明代隆庆、万历以后设在运河东堤上的减水闸就经常启放,"湖水自是岁岁减而东注,而兴(化)与泰(州)视高(邮)、宝(应)更若釜然,内洼而外高,其来也日积,其去也日壅,而膏腴沃衍

① 转引自水利部治淮委员会《淮河水利简史》编写组:《淮河水利简史》,北京:水利电力出版社,1990年8月,第258页。

之壤荡而为萑苇渚泽之乡"。[①]咸丰五年(1855)黄河北徙前,五坝常同时启放。黄河北迁后,大水之年,依然常开车逻坝、南关坝和新坝(见表5-1)。

表5-1　清至民国时期开启归海五坝情况表

年　份	启放情况	资料来源
康熙三十六年(1697)	高宝运河水涨,减坝尽开	《淮系年表》表十一
康熙四十七年	七月,高邮水暴长,开大坝,田禾尽淹	嘉庆《高邮州志》卷一二
康熙五十四年	七月,开高邮中坝,兴化、泰州水	《淮系年表》表十一
康熙六十年	大水,开高邮各坝	《淮系年表》卷十一
雍正八年(1730)	秋,高邮水大涨,开南关、车逻两坝	《江苏水利全书》卷一五
乾隆七年(1742)	启放高邮三坝及昭关坝	《淮系年表》表一二
乾隆十一年	夏秋,开放高邮南关、车逻两滚坝	《江苏水利全书》卷一六
乾隆十八年	决开车逻坝封土,上下河尽淹	《淮系年表》表十二
乾隆十九年	七月,启放车逻、南关两坝,下河成灾	《淮系年表》表十二
乾隆二十年	六七月,启放车逻、南关两坝,下河大	《淮系年表》表十二
乾隆二十二年	开高邮车、南二坝,下河大水,田禾尽淹	《淮系年表》表十二
乾隆二十六年	七月,开归海各坝,下河大水,田禾尽淹	《江苏水利全书》卷一六
乾隆四十三年	八月,洪湖水发,高邮运河日长五六寸,前后开四坝,水过坝六尺	《江苏水利全书》卷一六
乾隆四十五年	九月,启放高邮车逻坝、邵伯昭关坝	《淮系年表》表十六
乾隆四十六年	高邮诸湖长水,启放车逻、昭关二坝	《江苏水利全书》卷一六
乾隆五十一年	六七月,洪湖开坝,高宝湖水势浩瀚,启放南关、车逻、五里等坝	《江苏水利全书》卷一六
嘉庆九年(1804)	七月,启放高邮车、南、新三坝	《淮系年表》表十三
嘉庆十年	五月,启放高邮车、南、新三坝。六月,启放五里中坝、昭关坝	《淮系年表》表十三
嘉庆十一年	五月下旬,洪湖开坝,下游运河水暴涨,急开车逻、南关两坝分泄	《江苏水利全书》卷一七
嘉庆十五年	十月,启放淮水归江各坝,及归海车逻坝,谨守余坝	《淮系年表》表十三
嘉庆十六年	九月,启放高邮车逻、南关两坝	《淮系年表》表十三
嘉庆十七年	七月,启放高邮车逻、南关两坝	《淮系年表》表十三
嘉庆十八年	十月,启放车逻坝,十一月启放南关坝	《淮系年表》表十三
嘉庆十九年	八月,启放高邮车逻、南关两坝	《淮系年表》表十三
嘉庆二十年	七月,启放高邮车逻、南关两坝	《淮系年表》表十三

①　乾隆《江南通志》卷六五,《河渠志·水利治绩》。

嘉庆二十一年	闰六月,启放高邮车逻、南关两坝	《淮系年表》表十三
嘉庆二十三年	九月,洪湖开放,淮扬运河水势渐行充满,启放扬河车逻坝	《江苏水利全书》卷一七
嘉庆二十四年	先启放归江各坝及车逻等坝,八九月续开南坝、中坝、新坝及昭关坝	《江苏水利全书》卷一七
嘉庆二十五年	六月,启放高邮车逻坝,七月启放南关坝	道光《续增高邮州志》卷之六
道光二年(1822)	立秋后,次第启放车逻坝、南关坝、五里中坝、南关新坝,秋分后启放昭关坝	《淮系年表》表十三
道光四年	启放车逻坝、南关坝、南关新坝、五里中坝、昭关坝	《淮系年表》表十三
道光六年	六月,启放车、南、中、新四坝,后又启放已坏之昭关坝	《淮系年表》表十三
道光八年	七月初,启放车逻坝及南、中、新三坝	《淮系年表》表十三
道光十一年	启放车逻坝	《淮系年表》表十三
道光十二年	七月底,次第启放高邮车、中、南、新四坝,八月朔,启放甘泉汛昭关坝	《淮系年表》表十三
道光十三年	七月底,启放高邮车逻坝,八月,启放南关坝、五里中坝	《淮系年表》表十三
道光十九年	七月,启放高邮车逻坝,八月启放新、中、南三坝	《淮系年表》表十三
道光二十年	七月,次第启放高邮车、中、新、南四坝	《淮系年表》表十三
道光二十一年	又启放高邮车、中、新、南四坝	《淮系年表》表十三
道光二十三年	闰七月,次第开高邮车、中、南、新四坝	《淮系年表》表十三
道光二十四年	九月十四日启车逻坝,十五日启中坝,二十七日启新坝	光绪《再续高邮州志》卷之二
道光二十六年	七月初五日,启车逻坝;初六日启中坝;初八日,启新坝	光绪《再续高邮州志》卷之二
道光二十八年	六月二十日,启车逻坝;二十一日,启新坝、中坝;二十七日,启南关大坝	光绪《再续高邮州志》卷之二
道光二十九年	六月二十二日,启车逻坝;二十三日,启中坝;七月初二日,启南关坝;初三日,启新坝	光绪《再续高邮州志》卷之二
咸丰元年(1851)	七月二十八日,启车逻坝;八月初二日,启中坝	光绪《再续高邮州志》卷之二
咸丰二年	六月二十九日,启车逻坝、中坝	光绪《再续高邮州志》卷之二
咸丰三年	七月二十八日,启车逻坝;二十九日,启新坝;八月初一日,启南关坝、中坝	光绪《再续高邮州志》卷之二
咸丰十年	七月初九日,启放车逻坝、新坝	光绪《再续高邮州志》卷之二
同治元年(1862)	闰八月初二日,启车逻坝	光绪《再续高邮州志》卷之二
同治四年	七月初六日,启车逻坝;十二日,启新坝	光绪《再续高邮州志》卷之二

续表

同治五年	六月二十七日,启车逻坝;二十八日,启南关坝	光绪《再续高邮州志》卷之二
同治六年	七月十五日,启车逻坝;二十八日,启南关坝	光绪《再续高邮州志》卷之二
同治九年	七月二十五日,启车逻坝	光绪《再续高邮州志》卷之二
光绪四年(1878)	七月十六日,启车逻坝;二十日,启南关坝;二十四日,启新坝	光绪《再续高邮州志》卷之二
光绪九年	七月十二日,启车逻坝;十六日,启南关坝	光绪《再续高邮州志》卷之二
光绪十三年	十一月,启放高邮车逻坝	《江苏水利全书》卷一九
光绪十四年	八月,启放高邮车逻坝	《江苏水利全书》卷一九
光绪二十三年	八月,先后启放高邮车、南、新三坝,并预备启放新坝	《江苏水利全书》卷一九
光绪三十二年	六月底,启放高邮车逻坝、南关坝,七月底,启放南关新坝	《淮系年表》表十四
宣统元年(1909)	六月下旬,启放高邮车逻坝、南关坝	《淮系年表》表十四
宣统二年	七月二十四日,启放车逻坝	民国《续修兴化县志》卷二
宣统三年	七月二十四日,启放车逻坝	民国《三续高邮州志》卷七
1916 年	公历 8 月 11 日,启放车逻坝	民国《续修兴化县志》卷二
1921 年	8 月 22 日,启放车逻坝;8 月 24 日,启放南关坝;8 月 26 日,启放新坝	民国《续修兴化县志》卷二
1931 年	8 月 2 日,启放车逻坝;8 月 4 日,启放南关坝;8 月 5 日,启放新坝	民国《续修兴化县志》卷二
1938 年	8 月 25 日,启放车逻坝;9 月 5 日,启放新坝	民国《续修兴化县志》卷二

　　资料来源:根据《京杭运河(江苏)史料选编》第 2 册,北京:人民交通出版社,1997 年 4 月,第 667—670 页;武同举纂《淮系年表全编》,1929 年,铅印本;光绪《再续高邮州志》卷之二,《河渠志·历年启坝附》,中国方志丛书(155),第 239—242 页;民国《续修兴化县志》卷二,《河渠志·河渠二·运堤坝座》等资料编制。

　　里下河地区本来"沟洫通利",但"惟遇开坝则一片汪洋,沉垫屡月,盖享水利大者,受水害亦大也"。[①]所以,下河人们很忧惧这种"坝水"。据记载,兴化县"淮黄交涨,漕堤或决或开,诸水直从天而下。水之最大者,乾隆七年、嘉庆十三年、越道光六年、十一二年、二十八九两年,乘舟入市,城内几无干土,城外村庄庐舍无存,安问田亩生民

---

　　① 民国《三续高邮州志》卷一《实业志·营业状况》,《中国方志丛书》(402),第 249 页。

转徙? 安问丘墓?"①乾隆七年(1742),"河大决古沟,高、宝诸城几坏,不得已急开高邮三滚坝泄之,乃至漂没田庐民畜无算"。②嘉庆十年(1805),运河上的昭关坝开,下河被灾甚重,邹熊《大水行》(嘉庆乙丑事)书其灾情道:"乌呼噫嘻,昭关坝开。急湍趋下如奔雷,天色惨淡云气黑。暴雨助威水势急,气腥似毒龙嘘吸。禾黍沮没鱼虾得,万井一齐空,平原成大泽。奔流入海海不容,潮长十丈当其冲。欲泄不得泄,横行千里中。风北骇浪南,风西惊涛东。东南地高水不深,惊蛇入床虾蟆登。西北地卑水弥弥,少壮流亡老弱死。七日水退人束腹,灶有湿薪釜无粟,千家万家同一哭"。③嘉庆十一年(1806)五月下旬,开车逻、南关两坝,六月因下河坝水为灾,"男妇任抢,来扬觅食;而当事莫以安集为意,唯饬门管闭门下键,有如戒严。其先入城者,数已盈万,围守盐、典两商,奴呼填塞,几至罢市。文武乃督率兵隶,纵横驱逐;老幼奔突,民情汹懼",④坝水之灾引起的社会动荡,可见一斑。

道光六年(1826)夏,洪泽湖水涨,"当事惧堤工不保,遂启五坝过水。扬郡七州县当下游者,田庐尽没,较嘉庆丙寅(十一年,1806年)决荷花塘害尤剧",清人曹楙坚"客海陵,人烟萧寥,万室波荡。加之盲风怪雨无节,触凄惨之怀,写流离之状,因事命歌焉",而作《开坝行》云:"今年稻好尚未收,洪湖水长日夜流。治河使者计无奈,五坝不开隄要坏。车逻开尚可,昭关坝开淹杀我。昨日文书来,六月三十申时开。一尺二尺水头缩,千家万家父老哭"。⑤道光二十八年(1848),淮扬水灾,据兴化知县梁园栋禀稿云:"查车逻、中、新三坝之水,皆自高邮分注泰、东、兴邑,惟南关大坝之水直冲兴邑,一经坼通过水,被淹尤甚","今四坝齐开",西、南、北三乡"高田受水四五尺,低田受水五六七尺不等,禾皆淹没,无从抢割。又阴雨天凉,禾不茂盛。节才

① 咸丰《重修兴化县志》卷一《舆地志·图说》,《中国方志丛书》(28),第64页。

② (清)黄垣:《盐城县水利志》,乾隆《盐城县志》卷十五《艺文》。

③ 道光《泰州志》卷三三《艺文》。

④ (清)包世臣:《郡县农政》卷二,《杂著·致伊扬州书》,第65页。

⑤ 潘慎、马思周等:《古代农民生活诗选注》,合肥:安徽文艺出版社,1986年,第211页。

大暑,稻粒未成,便抢割亦难糊口。其庐舍被淹,居民或迁围内,或住小舟,暂避水患。复勘得东乡近城数十里无围田亩及低下民居亦被水淹,田禾俱没"。至于数十里外围岸比较低的地方,仅出水尺余,高者不过二三尺,"其内栽中、晚两禾,中禾须八月初旬,晚禾须八月下旬,始能刈获。惟期从此浪静风恬,天气炎热,尚可有收。倘仍风雨寒凉,水又叠长,围岸难免漫溢"。再看四乡被水处所,距城五六十里内,均已田河一片,不见积水,屋宇俱在水中,灾民呼号之声,惨不忍闻。城外及各村镇不论贫民富户,皆架木而居,悬釜而炊,"甚且鱼游室内,尸置树巅,情尤可悯"。①

1921年秋大水,启高邮车逻、南关新坝,盐城县境"堤圩多破,惟千秋、青龙二堤独完"②。兴化县僻处下游,"素患坝水"。此年,"秋雨伤禾,收成顿减,而上游车逻坝、五里及新坝先后开放,城中水深数尺,低下民房多半漂没,流尸惨目,无可挽救,米草骤涨,价逾十倍,痛苦不可言状"。邑人陈世超作《水灾行》③以诗纪实云:

> 今岁交秋淫雨多,四乡沟洫皆盈科。
> 农人御水筑堤岸,水深岸没伤田禾。
> 田禾垂熟割不得,淫雨连绵水浸渍。
> 水中捞稻捞几何,稻捞几何人失色。
> 况复邮坝三次开,水源浩浩仍西来。
> 日涨骤增失河道,穿城入市成奇灾。
> 市中高阜水盈尺,城外水深齐屋脊。
> 狂风夜吼墙垣倾,呼救同声救何及。
> 汪洋更见尸沉浮,半为生愁半死愁。
> 生苦食宿两无所,死膏鱼腹随东流。

---

① 咸丰《重修兴化县志》卷三《食货志·蠲赈》。

② 民国《续修盐城县志》卷十四《杂类志·纪事》,《中国地方志集成·江苏府县志辑》(59),第463页。

③ 民国《续修兴化县志》卷十四《艺文志·诗类四》。

东流不畅水不退，得保余生生为累。

际此年荒日大难，年荒百物皆腾贵。

古时米贵斗千金，今日千金米二升。

举目嗷嗷同待哺，拯饥恤困知何人。

1931 年秋，江淮大水，"苏省自运河水涨，车逻、南关、新坝相继开放后，盐、阜、泰、东、兴各县，一片汪洋，尽成泽国"。①如江都县在"高邮三坝开后，艾陵、荇丝、渌洋、青荡各湖，同时并涨，滨湖各圩，十沉四五"，邵伯镇大堤于 8 月 26 日溃决后，北板厂至闸 3 里许，沿堤漫决十余处，下游附近村镇，刘庄、马庄、小街等处，尽行冲毁。戚墅庙、杨家庄、真武庙、丁沟、永安、乔墅、陈家甸、丁家伙、高桥各镇，尽沉水中，附近各圩田，如护堤圩、戚墅圩、广丰圩、合丰圩、谈家套圩、杨家庄圩、真武庙东圩、张士良圩，概遭灭顶，而无圩高田，水西乡、周墅乡、邵仙女乡、延寿乡、黄花叶乡，"深者稻尖尽没，浅者稻穗微露水外，合共淹没田亩在二十万以上，灾民约十余万"。②高邮县"自归海三坝启放后，毙人畜甚夥，兹闻车逻南圩，亦于昨夜被坝水冲破，虽经鸣锣抢险，业已无及，该圩共有田禾十余万亩，居民千余家，均同归于尽，现已破各圩之灾民，麇集于高庙圩内之土墩上者，约有二三千人，厥状甚惨"。③兴化县"入夏以来，淫雨为灾，低田既成泽国，城外亦水深尺许。及至秋前七月，车、南、新三坝，又相继启放，水势骤增四尺，城垣半没水中，居户尽应灭顶。东门街市，夙称繁盛，现非舟不行。县府为全县最高之处，人民争盖芦棚，无形已成难民收容所"；"城外则一片汪洋，洪波万顷。县境数百里，水天相接，与太湖无异。水势最高之处，曾漫电报线杆，以致邮电不通，交通阻塞，几与

① 《苏运河三坝开放后的灾情》，《申报》1931 年 8 月 12 日，《申报》第 285 册，第 307 页。

② 《江北各县受灾惨状》，《申报》1931 年 9 月 12 日，《申报》第286 册，第 327 页。

③ 《高邮数百年来未有之水灾》，《申报》1931 年 8 月 12 日，《申报》第 285 册，第 308 页。

外界隔绝。不特田禾颗粒无收,即求一居住之地,亦不可得"。①盐城,在启高邮车逻、南关、新坝后,"未几,运堤决二十余处,长八百丈,平地水深数尺,县境堤圩悉破"。②该县因"早稻甚少,中稻、晚稻全属无望。县西沙沟镇,完全沉没,住宅内水深三尺,哭声震天,一时又无处迁避";坝水到达阜宁县后,境内"大部棉田及杂谷,完全绝望,至西南乡一部稻田,与盐城情形相同"。③泰县在归海三坝开放后,"下河各区,斜堤圩外之田,水深六七尺不等。甫经两日,演圩决口,圩内水量,亦与圩外相等。匪特晚禾淹没,日久均遭腐烂,即各庄房屋,亦大半倒塌。无家可归者不止十万人,其中老弱妇孺不及逃避,随流漂没,全家淹毙者,所在皆有"。④东台县"忽闻运坝开放,其鱼之叹,益觉凛凛。乡村民众,全年辛苦,完全绝望"。⑤

归海坝初设时,"按旧制,山盱上五坝口门共三百三十余丈,运河下五坝口门共二百七十余丈,当日较准尺寸,故五坝尽开,无论异涨若何,足敷宣泄"。⑥同时,归海坝也和范公堤上出海闸坝相应,所以"昔人创法诚为尽善,但当日河深堤高,兼有湖荡可以容贮,故从前放坝,犹未为甚害"。但至清末民初时期,"景象迥非昔比,诸坝一启,如履平地,田园淹尽,方到海门,所以西水下注,周围千里,汪洋一片,数月不退。每遇西风一起,巨浪拍天,野处之家,波高于屋,即或乡村高埠,勉构巢居,而无食无衣,惟有泣对洪波,束手待毙而已"。⑦

归海坝的启放之所以加重下河地区的水患,除了下河地势低洼呈釜底形状而易内涝,启坝之年往往也是下河雨水较多之年,黄淮

① 《伤心惨目之兴化灾情》,《申报》1931 年 8 月 24 日,《申报》第 285 册,第 648 页。
② 民国《续修盐城县志》卷十四《杂类志·纪事》,《中国地方志集成·江苏府县志辑》(59),第 464 页。
③ 《苏运河三坝开放后的灾情》,《申报》1931 年 8 月 12 日,《申报》第 285 册,第 307 页。
④ 《江北各县受灾惨状》,《申报》1931 年 9 月 12 日,《申报》第 286 册,第 327 页。
⑤ 《苏运河三坝开放后的灾情》,《申报》1931 年 8 月 12 日,《申报》第 285 册,第 307 页。
⑥ 民国《三续高邮州志》卷一《河渠志·坝制·启坝》,《中国方志丛书》(402),第 126 页。
⑦ (清)冯道立:《淮扬水利图说》卷一,《漕堤放坝水不归海汪洋一片图》。

造陆导致海岸线东迁,入海河港迂缓曲折且容易淤塞,海潮顶托,范公堤"自丁溪至阜宁,计闸只十有八座,金门不过七十余丈,不足泄漕堤一坝之水。即照往例,将范堤开挖,而来急去迟,数十万顷之田已成巨浸"①等因素之外,还有一些重要的人为因素所导致。一是滞水蓄水的湖荡被私垦成田,导致坝水无处滞纳,横冲直撞。如盐城"县西湖荡逐年淤垫,日就湮狭,附近居民围田艺稻,岁增月进",至民国初年"宋作宾等创筑庆西堤,郭树人等创筑九陇堤,其间垦艺益广"。②二是筑堤筑圩以御水,但又阻塞了坝水归海之路,以致坝水下注,数月难以达海。如本来兴化、泰州一体被灾,"然兴化自隆庆年间筑有长堤一道,隔住泰州之水,使不得急泄。每岁邵伯湖决及减闸诸水,泰州屯宿独先而宣泄独后,故连年泰州受害,视兴化尤惨"。③谈人格在为自己的《筑圩叹和杨甥雨饯》所作的序中说:"郑州决口经春未塞,大吏虑伏秋汛发,下河地难容受,议疏海口速其归。而臬使张躬至淮南相度水道,命民多筑土圩御之,于是邮邑以东一律兴筑。不知五坝开闭,向视上游水势以定缓急,缓则固守以卫稼,急则启坝以保堤,若于坝下筑圩,节节横阻,虽五坝全开,盛涨亦难遽落,运堤崩决之虞,将有不堪设想者"。④在淮南盐区,随着清末盐垦公司的纷纷建立,修圩筑堤蔚然成风,结果导致排水不畅。如阜宁县的腰港港口被圩阻塞,大陆港在小陆港东南三里入口,西南行,阻于土圩。⑤在泰州"若云由王家港入海,夫古河口、王家港不敷泄水,载在运河公牍。泄水入海以斗龙港、新洋港为最畅,王家港距斗龙港二百余里,中间为草荡,向来坝水下注,泛滥平铺入海。至大丰盐垦公司将场荡

---

① (清)冯道立:《淮扬水利图说》卷一,《漕堤放坝下河筑堤束水归海图》。
② 民国《续修盐城县志》卷四《农垦》,《中国地方志集成·江苏府县志辑》(59),第408页。
③ 崇祯《泰州志》卷九万历二十年四月《本州均粮申文》,《四库全书存目丛书》(史210),第210页。
④ 民国《三续高邮州志》卷七《艺文》,《中国方志丛书》(402),第1176页。
⑤ 民国《阜宁县新志》卷二《地理志·水系·河流》,《中国地方志集成·江苏府县志辑》(60),第23页。

收为垦地，又将东洋河塞圈入，以致水被垦部高堤阻塞，不得由草荡平铺入海，反绕垦部外西子午河下注斗龙港"。①正如道光《续增高邮州志》所云："案自来言高邮下河水利，专赖疏浚淤塞。而淤塞情形，今昔不同。昔则水过沙停，积久渐窒；今则圩多河窄，无地可容，而支河僻港又多闭塞，甚有规占场荡以为私田者。每遇启坝之年，昔时但惧不得达海，今后将忧不得达荡。且荡既成田，田复筑圩，是自受淤多，而又添阻塞之病。即使坝河一律深通，而荡中受水已万万不及往日，诚恐捍水之处多，则水愈壅；受水之处少，则水愈高，而圩身日见增加，居民屋址形如釜底，一遇溃决，为祸不轻，此将来必至之势也。近年有坝开数十日，甚或百余日，而水不泄者。上由圩埝太多，下因盐河淡水之禁，达海各闸不许骤开，故大半多坐阻塞"。②

二、多目标利益冲突下的归海坝启放争执

淮扬运河是明清两代漕运经济的大动脉，为此，明清官府在处理和协调运堤泄洪与防洪矛盾时，多偏重保证运堤的安全，所以每遇淮水异涨之年，总免不了启放运堤归海各坝。而下河地区因地势低洼，雨水偏多之年本就内涝严重，加之启坝所带来的坝水，民众就更是雪上加霜，于是以御坝水、卫田庐为目标的反开坝斗争就十分尖锐。上河地区地处下河上游，上承山盱各坝下泄的洪泽湖水，潴与运西而连成浩瀚的高宝湖区。一旦高堰之东五坝开，淮水异涨，运河中饱，运西湖区便湖河一片，"而漕堤锢水激，逆奔浪高于屋，自钓鱼台以北、荒湖以东，一片汪洋，直连樊良、罂社数百里为一湖，向者膏腴之产已付波臣，屋随风去"。③于是要求启放归海各坝的愿望十分

---

① 民国《续纂泰州志》卷二《水利》，《中国地方志集成·江苏府县志辑》(50)，南京：江苏古籍出版社，1991年，第548—549页。

② 道光《续增高邮州志》第二册《河渠志·下河》，《中国方志丛书》(154)，台北：成文出版社有限公司，1974年，第203—204页。

③ 嘉庆《扬州北湖小志》卷一，《叙农第四》。

强烈,而下河民众则反对开坝。江苏省兴化县荡朱乡一带曾流传一则《保坝》①的机智故事,云:

> 有年发大水,运河水天天往上涨。扬州府不顾里下河一带数百万百姓的死活,打算开坝把水放到里下河来。这还了得!吓煞人啦。里下河的百姓纷纷向坝堤拥去,要保坝,要拼命。杨佟当然更急,闯在头里。
>
> 扬州府在坝上搭了公馆,旗锣伞盖,蛮威风的。还给龙王菩萨换了全新的袍服,烧香唱戏,求神保佑。这天,扬州府一定要开坝了,杨佟硬是拦住不肯。
>
> 扬州府拿扇子朝上一指:"你看,白浪滔天!"
>
> 杨佟转过身来朝下一指:"你看,黄金铺地!"
>
> 扬州府知道来者不善,赶忙问他:"老头儿,你家有多少田地?"
>
> 杨佟说:"不多,三亩三分三厘三。"
>
> 扬州府又问:"一亩收多少稻子?"
>
> 杨佟回道:"有限,六斗六升六合六。"
>
> "那你何苦这般纠缠!"
>
> "要吃要穿要活命!"
>
> "来来来,有你一家吃的穿的,你那三亩三分三厘三的六斗六升六合六全由我包下了。"扬州府想把杨佟打发走,忙改了口声。
>
> "口说无凭,请大人写一笔下来。"杨佟毫不让步,紧逼不放。
>
> 扬州府按杨佟的话当下写了个凭据:里下河州县按亩赔贴稻子六斗六升六合六。
>
> 杨佟得意一笑,马上拿到大庭广众,高声念道:"众位听着,府台大人手谕:里下河州县按亩陪贴稻子六斗六升六合六。好,听凭大人开坝放水,快向大人领粮去啊!"

---

① 杨万岭讲述,树山、爱华搜集整理:《保坝》,祁连休选编:《中国机智人物故事大观》,石家庄:河北教育出版社,1991年,第205—206页。

"好啊!向府台大人要米去!"人山人海,呼声不断。府台晓得情况不妙,忙回道:"不,不,不,……不是的……不,不开坝了! 不开坝了!"

府台大人赔不起这么多的稻子,不敢开坝了,只好另想办法治水。坝保住了,里下河遍地黄金也保住了。据说后来就再也没有人敢决定开坝,里下河的粮食连年丰收。

可见,围绕归海坝启放问题,官府保漕堤安全的国家利益和上、下河民众保卫自己生命财产安全的地方利益产生了激烈的冲突,国家和地方社会之间、上河与下河地方社会之间的开坝和保坝之争显得相当激烈。

首先,在运堤因淮水异涨出现危险时,围绕是否即时开坝问题,国家和下河地方社会之间、上河与下河地方社会之间发生了开坝与保坝的激烈争执。在国家和地方社会之间,国家从保运堤安全出发,运河异涨之时,往往会下令迅速启放各坝;而下河民众(包括下河地方官)从卫我田庐出发,则反对开坝甚烈。如道光六年(1826)六月,"高邮四坝悉开,而湖水尚见涨。河营参将持河帅令至邵伯,督开昭关坝"。实际上昭关坝自嘉庆七年(1802)跌翻坝底,积年未修。嘉庆二十六年"估银六万,扬粮厅领币承办后,上下如忘"。延至道光三年(1823)冬,"督臣始严饬赶办,而币项早归乌有,于两月之中,草草贷银数千两藏事。四年堰决,水势骤至,十一月十九日辰刻开放,申刻即跌翻。及六年春奉令启放,居民谓放坝之所以异于决口者,以有底节水,故也;若开无底之坝,是决防矣。天必欲杀人,止可静听诸天。数万众日夜卧坝上,不能施畚锸。廿二日酉刻大雨如注,守坝民人趋近庄暂避,而堡兵驰白参将,参将立至督开。及雨住,民人赶至,坝已过水"。[1]道光十一年(1831)六月中旬,"洪湖、扬河水势异涨,飞饬启

---

① (清)包世臣:《中衢一勺》卷六,附录三《闸河日记》,第159页,见《包世臣全集·艺舟双楫·中衢一勺》,李星点校。

放高邮四坝。农民数千人,哄至阻扰"。①道光二十八年(1848),由于车逻、昭关坝的启放,下河地区一片泽国。当开坝之时,有数千人躺卧坝上,河卒竟然以火铳相击。清人厉同勋的《栖尘集·湖河异涨行》一诗云:"湖水怒下江怒上,两水相争波泱潃。河臣仓皇四坝开,下游百姓其鱼哉! 黄云万顷惊转眼,化为海市之楼台。更怜村民痴贾祸,不死于水死于火!"②

运河异涨,泄水不畅,而上游高堰东坝下泄的洪泽湖水却源源不断,于是上河地区水患也极为严重,因此上河民众对启放运堤归海各坝的愿望十分迫切。如此,运河泄洪问题的背后除了开坝保运的国家意志和下河人们防洪保坝以护卫民田的地方意识之间的矛盾之外,还交夹有上河与下河之间的民众围绕泄水与堵水问题所展开的水事冲突,"盖上河苦淮,则无麦;下河苦淮,则无禾","上河主排淮,欲放之,使纳诸下河;下河主摈淮,欲扼之,使潴于上河。而以开放归海五坝,为上下河必争之点",结果"上下河交受其病"。③如乾隆七年(1742)七月,据德沛奏,扬州府通判刘永钥等禀称,"高邮邵伯一带湖河水势加长,已将芒稻闸、董家沟开放,以资利导。乃有湖西乡民数十人,赴邵伯工次,求开奉旨永闭之昭关坝,以保田禾。永钥等谕令散去,讵刁民于次日五鼓持械聚众,擅敢将漕堤挖动,下河乡民抢护,两相争执,各有数人受伤"。乾隆皇帝得奏,发布上谕:"查昭关坝系历来定例,不开之处,非朕近日降旨永闭者,德沛谓刁民持械擅开奉旨永闭之坝,此语传闻颇有关系,然湖西刁民但顾自己禾苗,不顾下流田庐之淹浸,希图盗开,并将漕堤开挖,此则大干法纪,甚属不法,著德沛严究确情,按律定拟,不可姑息,以纵刁顽,亦不可株连以滋扰累"。④又据高邮的夏崑林记载,光绪二十六年(1900)季

①　《江苏水利全书》卷一八,转引自《京杭运河(江苏)史料选编》第 2 册,第 666 页。

②　转引自朱偰:《中国运河史料选辑》,北京:中华书局,1962 年,第 176 页。

③　民国《阜宁县新志》卷九,《水工志·淮水》,《中国方志丛书》(166),第 744 页。

④　《高宗纯皇帝实录》卷一百七十一,乾隆七年(1742)壬戌七月癸酉条,《大清高宗纯(乾隆)皇帝实录》第四册,第 2515 页。

夏,"湖水甚涨,大府有启坝之令,兴(化)人犹复群泥之。夫度势先所急,而择害就其轻,倘不幸而至漫口,利害轻重不待智者而辨。辛卯年(1891)事可为前鉴,此高邮剥肤之患,而兴人袖手观之也"。为此,夏崑林还作《兴化子》一诗,"愿与邮人察之",诗曰:"兴化子来纷纷去,靡靡簧鼓其舌肆。谲诡言者荒唐,听者喜茫茫。上游驱洪涛,环注孤城若釜底,一日三寸一日四寸,滔滔汩汩长无已。仰天时怕西风起,一线危堤安足倚。仓皇大吏专员来,速泄尾闾俾宣理。兴化子来纷纷去,靡靡簧鼓其舌肆。谲诡言者荒唐,听者喜以邻为壑惟利己。兴化子无责尔不听其言良已矣,箝毒受病人不知,谁与大声疾呼告乡里"。①

时至民国时期,里运河漕运功能虽然基本丧失,但依然是苏北交通灌溉大动脉,开坝保运的国家意志虽然淡化乃至退场,但上、下河地方社会之间开坝泄洪和保坝堵水的矛盾不但没有消除,反而因里运河地区河道湖沼淤浅、运堤闸坝工程年久失修、导淮工程进展迟缓等因素所导致的里运河地区水患变得更为严重而更加尖锐化。民国时在1916年、1921年、1931年、1938年共有4次启放了归海坝,而以1921年、1931年、1938年三年的上河民众主开坝与下河民众主保坝的争执最为激烈。

1921年7月开始,"秋水大涨,各坝岌岌可危,高、宝两邑以开坝为利"。8月12日,泰县"地方人士聚议,由商会长陈悬洽电省保坝,略以湖水泛涨,高、宝下游农田极有关系,敢为十数县人民请命,乞照蒯光兴详案核办,勿轻开坝,淹没下游未收田禾云云。凌木生等亦电省,请准保坝"。②8月26日,江都公民焦汝霖、胡子毡、阮恩霖、江子寿、王仕良、焦禄、戴琦、周恩庆、黄锡三、卢国昭、叶守谟、曾荫禄、省议员任桂森、胡震等,电呈王省长云:"下河人民动辄数千人保坝,我江都人民驯良,虽有多人赴坝上呼吁,直置之不理。今百数十里以

---

① 光绪《再续高邮州志》卷六《艺文志·诗》,《中国方志丛书》(155),第742—743页。
② 民国《泰县志稿》卷一《大事记》,《中国地方志集成·江苏府县志辑》(68),第10页。

内,已断炊烟,牲畜庐舍与之同尽,男妇老幼在大风雨中无可栖止,爷娘妻子哭声云霄,伊谁之咎?"并认为江都县"岁出四角八分一两,用以浚河,而孰知竟为保坝,是我乡民不啻出资自杀,我省长若不秉公查办,以平民气,则是绝我江都之民命,谨率灾民九顿首以待后命"。①可见,地处上游的民众对下游民众的保坝行为甚为痛切。

1931 年 7 月 11 日,下河的兴化县降雨一尺有奇,"同时,江、淮、沂、泗并涨,运水骤增。甫交伏,高邮御码头志桩已达一丈七尺六寸,县党部暨各民众团体、各机关代表、民众数千,麇集坝上,舍死忘生,情势迫切,力保堤防"。7 月 29 日,"幸未遽放"。至 8 月 3 日(立秋前六日),运河水续涨至 1 丈 8 尺八寸,"是日下午狂风骤雨,运堤岌岌可危,乃启车逻坝,五日续开南、新两坝"。②开坝后,兴化县首当其冲,"遍地青黄不断之秋禾,三四日间,完全沉没。民众方面,痛不欲生,遂归咎于保坝代表之不力,聚集数千人,拟纵火焚毁代表之屋,并殴杀其人,幸经县府竭力制止,闻商会代表姚某,于扰攘中服毒自杀,至今尚有性命之忧"。③民众对开坝的不满不仅撒在保坝代表身上,同时也怪罪于政府水利工作人员。8 月 8 日西刻,"水利局专轮朱方号由高邮赴省,驶抵扬子桥,农民聚众纵火毁该轮全部,并撕公文,厅委欧阳铭及船夥均受伤"。④

1938 年,国民党政府决开河南花园口黄河大堤,引河南泛,所经之处,庐舍为墟。为排除黄河之洪水,疏浚里下河各入海河港,以救民于倒悬,江苏省政府组设"里下河入海水道工程委员会"(后改为"黄灾救济委员会"),聘韩国钧为主任委员,并在运工局内设办事机构。7 月下旬末,高邮、宝应运堤告急,里下河地区农民群集高邮保堤,每日达数千人之多。距立秋前十余日,运河工程局代局长沈抱真

---

①　《江都公民痛陈保坝弊害》,《申报》1921 年 8 月 29 日,《申报》第 172 册,第 586 页。

②　民国《续修兴化县志》卷七《自治志·保坝》。

③　《苏运河三坝开放后的灾情》,《申报》1931 年 8 月 12 日,《申报》第 285 册,第 307—308 页。

④　《运河水势仍涨》,《申报》1931 年 8 月 10 日,《申报》第 285 册,第 246 页。

突由高邮来电话,报告运河水位继续上涨,运堤危险万分,请韩国钧
与省政府商议开启归海坝放水。省府会议决定在高邮御马头设水位
志桩,超过规定时,可循例开坝,并责成沈抱真会同高邮县陈县长立
即做好开坝准备工作。然而,里下河各县都反对开坝,以兴化县长金
宗华反对尤甚。里下河入海水道工程委员会秘书徐谟嘉和驻军李守
维军长力主遵照省府决定,作好一切开坝准备,免蹈 1931 年里下河
被淹的覆辙,并对金宗华陈说利害,晓以大义,才使金宗华不再坚持
反对开坝。8 月下旬,立秋已过十余日,省政府专电里下河各县催促
抢割稻谷,转移低洼地区百姓的财物,做好开坝准备。当时老百姓主
动聚集数千人上坝防守,阻止开坝,使运工局沈代局长和高邮县陈
县长无法执行命令。省府又派徐谟嘉星夜赶赴高邮县负责开坝工
作。徐谟嘉一面派保安队士兵通知保坝者到体育场集合,听取省直
委员报告,一面命令保安队士兵挖开三坝中最南端的车逻坝,随即
过水,接着又挖开新坝,水势渐趋稳定。这是历史上最后一次开放归
海坝。①

　　1921 年、1931 年两年的淮扬水灾特大,不仅本地雨水为大灾,
而且上游淮、沂、中运来水较旺,因此在 7 月份启放了车逻坝、南关
坝、新坝之后,运河减水并不明显,水位仍在缓慢上涨,于是地处上
游的淮阴、高邮等县力主启放数十年未开过的昭关坝,而下河的兴
化、东台等县则据理力争,昭关坝的启放问题成了上下河争执的关
键点。1921 年 9 月,高邮等县灾民代表王绍鹤等电省云:"连日风雨
大作,水涨尺余,上河房屋冲毁,露宿风餐,惨甚。恐转刮西风,河堤
崩决,下河更惨。千求速开昭关,上河退水种麦,下河免遭奇灾"。②上
河各县在开三坝之后要求再开昭关坝的呼吁遭到下河各县的强烈
反对,世居邵伯镇的丁文莹,民国后当选为省议会参议员。当濒运河

---

　　① 参见徐谟嘉:《抗日战争初期苏北治水片段》,高邮县政协文史资料研究委员会:
《高邮文史资料》第八辑,1988 年,第 155—157 页。

　　② 《南京快信》,《申报》1921 年 9 月 22 日,《申报》第 173 册,第 420 页。

的邵伯埭因水暴涨而堤将决时，"毗邻各县人士议启昭关坝"，而丁文莹"持不可，并电约兴化、东台、盐城、阜宁等县人士据理力争，事遂中止，保全实大"。①下河的泰县在开三坝后，各法团及绅富举代表阻开昭关坝，于是管得泉、陈悬洽等往扬州河工局呼吁免开此坝，王国谋、程嵩龄等往昭关坝侦察水势。时韩国钧任河工督办，管得泉等与高邮王鸿藻争论甚烈，"幸水不加增，昭关坝卒不果开"。②旅沪扬州同乡陈国栋等 21 人亦于 9 月电阻开昭关坝，指出："高、宝士绅，屡次坚请开放昭关坝，此坝高屋建瓴，居兴、盐、东、泰之上游，近坝泄水引河，现为居民田庐所占，坝下平原十里，全无高下，坝身圮废，一经开放，直灌横冲，下游各县，尽为鱼鳖。今高、宝两县以邻为壑，竟主张开放此百年封禁人人谓危之昭关坝，殊属忍心害理。日来天气放晴，水势渐退，更无冒险开放之必要，务乞督办调查县志，道光四年放坝之惨祸，可作殷鉴。督办既已亲自莅勘目下情形，必更瞭如指掌，幸勿为少数人所蒙蔽，下游各县居民，有生之日，皆戴德之年，临电不胜悚惶待命之至"。③

　　1931 年 8 月 3 日后，"讵中运、沂水连涨，里运水志竟达一丈九尺以外。时淮阴人请开昭关坝，泰、东、兴、盐、阜五县各推代表驻邵力保"。④8 月 8 日，有人在省倡议启放昭关大坝，省同乡会发电告知阜宁县，该县政府于午夜召集会议，"群情愤激，拍电力争"。⑤同日，"运河上游水势又大涨，淮阴头二闸水已漫过马陵山，覆成马陵岛，军民请开昭关坝，建设厅长孙鸿哲八日再出巡，八日晚梁冠英分电叶主席张督办，请开昭关坝"。⑥至 8 月中旬，运河"三沟闸十四日又

---

① 民国《江都县新志》卷七《人物传第七》，《中国地方志集成·江苏府县志辑》(67)，南京:江苏古籍出版社,1991 年，第 865 页。

② 民国《泰县志稿》卷一《大事记》，《中国地方志集成·江苏府县志辑》(68)，第 11 页。

③ 《旅沪扬州同乡电阻开昭关坝》，《申报》1921 年 9 月 26 日，《申报》第 173 册，第 502 页。

④ 民国《续修兴化县志》卷七《自治志·保坝》。

⑤ 民国《阜宁县新志》卷首《大事记》，《中国地方志集成·江苏府县志辑》(60)，第 12 页。

⑥ 《运河上游大涨》，《申报》1931 年 8 月 9 日，《申报》第 285 册，第 216 页。

长水二寸,存水二丈四尺二寸,玉码头十四日又长水三寸,存水一丈九尺五寸,宝应槐楼湾出险"。"又据扬州电讯,江都陈县长报告督署称,昭关坝骤来上游民众二千余人,拟偷开该坝,并闻与下游民众,发生冲突,督署据报后,随令驻扬第九十四旅及梁冠英氏,会同淮阴淮安二县县长劝导制止,静候省府办理"。"省府自接张督办梁总指挥电报,沂水复涨,沿运堤岸,极为危急后,当即会议决定,两岸运堤,加高五尺,电令沿运各县,雇工抢险,又推李委员明扬,亲往江北,督率各县尽力保堤。又因盛传有人欲偷开昭关坝,特令由李氏派军保护,并饬各县晓谕民众,切实保堤"①。

其次,在万不得已要开坝的情况下,围绕开坝时间,国家和下河地方社会之间、上河与下河地方社会之间又出现了早开和缓开的争执。嘉庆、道光年间,大水为患,经常在大水之年的立秋后开归海坝。据统计,从康熙三十六年(1697)至嘉庆九年(1804)的107年中,17个年头开启归海坝,平均间隔年头为6.3年。而从嘉庆九年(1804)至二十五年(1820)的16年间,开启归海坝的年头竟达13年,平均间隔年头为1.2年。其中,嘉庆十五年(1810)至二十五年(1820)的10年间连年开坝。②所以,下河地区双季稻逐渐衰落,只种单季稻,且多种早熟的秋前五、急猴子、吓一跳、拖犁归一类的早稻品种。这些稻子品种一般都在立秋前成熟,而归海坝的启放一般在立秋以后。因此,下河各县"近因西水频仍,农家皆种早禾","其晚禾种者甚少"。③

不过,在海运兴起、铁路修通以前,漕运毕竟是国家的头等大事,往往是"值伏秋盛涨,河督为避险计,往往先时启泄,民田受其害"。④这种不遵常例的启放,常常是不公开的,河员把这种私下启坝说成是漫溢冲决。乾隆七年(1742)八月,据德沛、陈大受奏称,"今岁

---

① 《上游民众偷开昭关坝起冲突》,《申报》1931年8月16日,《申报》第285册,第423页。

② 见《京杭运河(江苏)史料选编》第2册,第667—668页。

③ 咸丰《重修兴化县志》卷三,《食货志·物产》,《中国方志丛书》(28),第405页。

④ 光绪《清河县志》卷一七,《仕绩》,《中国方志丛书》(465),第167页。

淮黄交涨，七月初五日，完颜伟差员密谕通判刘永钥，将昭关等坝开放泄水，令其以异涨通报"，乾隆皇帝谕批曰："在督抚之意，以为下河州县被水，由于放坝，完颜伟将檄令开放，捏称通判详报异涨漫决，为河臣之咎，不知向来河工，水大放坝，河员往往报称漫溢，或报称冲决，此系相沿之习"。①可见，河臣一般等不到立秋就先行以漫溢冲决的理由，先行启放归海坝，这势必给下河早稻收获造成沉重打击。道光六年（1826）夏，洪泽湖水涨，河臣惧堤工不保，遂启五坝过水。当时下河早稻成熟在即，若推迟数日放坝便可收割完毕。但是，处于强势的官府，根本不顾下河地区的民生，乃先行启放。兴化县的顾继春为此愤而作诗曰："造化善弄人，今年苗大好。秀实七月初，洪涛失其宝。使者护新土，催放五坝早。水大宣泄宜，尽放何草草。迟来二坝水，下河秋有稻"。②曹埰坚于此年就见下河百姓因过早放坝在淹没的稻田中抢捞稻子的悲惨情景："低田水没项，高田水没腰。半熟不熟割稻苗，水中捞摸十去九，镰刀伤人血满手。生稻不成米，熟稻一把无。官说今年不要租，难得稻头一两寸，留作炉儿粥几顿。愿天活民水早退，茫茫不辨东西界，抢得稻米无处晒"。③

　　下河地区民众全年原本都指望收获一季早稻，以供全年生活。如果在立秋前启放归海坝，早稻肯定收获无望，所以下河民众强烈反对秋前开坝。即使秋后必须开坝保运堤，也是希望能迟开一日是一日，以冀抢收早稻完毕。《保坝谣》诗云："长淮千里来自西，官民扰扰争一堤。保堤坝必启，保坝堤又危。官耶民耶各据所见言恒歧，官言堤决祸最大，官固革除民亦害，不如启坝留堤在。民则曰不然青青之稻方满田，留坝一日增获千，忍使未秋先弃捐？"④清人黄钧宰亦曰："自黄河南侵，清口淤垫，淮水不能畅流，于是高堰山、盱两厅属

---

① 《高宗纯皇帝实录》卷一百七十二，乾隆七年（1742）壬戌八月己丑条，《大清高宗纯（乾隆）皇帝实录》（四），第2539页。

② （清）顾继春（石安）：《丙戌纪荒》，民国《续修兴化县志》卷十四《艺文志·诗类四》。

③ （清）曹埰坚：《抢稻行》，潘慎、马思周等：《古代农民生活诗选注》，第211页。

④ 民国《三续高邮州志》卷七，谈人格：《保坝谣》，《中国方志丛书》（402），第1178—1179页。

堤长一万七千余丈,势如建瓴,时时有决防之患。湖堤故有石坝,急则启坝,泄水高宝湖灌入运河。又启运河东岸之坝,泄诸下河民田。故历届大汛时,远近农民扶老携幼,枕藉坝上,求缓一二日,以待收割。哀号之声,彻于霄汉。不则长铲一举,而黄云玉粒,悉付之洪流巨浸中矣。"①

　　在开坝保运和保坝以救下河民田的问题上,担负漕运安全职责的河官与保一方安宁的地方官虽然都是官府的代表,都代表了国家利益,不过地方官却不同于河官,河官只管河运安全,地方官却不能只顾漕运安全,还要顾及地方百姓的民生利益,于是在开坝与保坝的天平上,地方官向下河士绅、一般民众倾斜,多主张推迟开坝,以让下河民众多收割早稻。历史上,不少地方官都担当起了开坝与保坝纠纷调节者的角色,统筹兼顾双方利益,既使漕运安全得以保证,又使下河民众损失得以减轻。如嘉庆十一年(1806),"漕堤水屡涨",兴化北普济堂董事吴柏"率同人至高邮,恳请缓开下坝,知县额旌之"。②道光七年(1827),"湖水盛涨,河员议开高邮各坝",知州李宗颖坚持暂不启放,"山、盐、阜、高、宝、兴、东七邑赖以有收"。道光八年(1828),洪湖水再次大涨,李宗颖又与河员力争如前,"虽卒开放,而藉以迟延二十日,七邑得以抢收大半,成灾不甚"。③下河七邑民众颂李君之德,说:为了坚定下河百姓保坝的决心,自取 12 岁之幼公子置坝上,并"与众百姓为质,若必开坝,则众人先取吾子投坝中"。④同年,除了李宗颖坚持延迟启放高邮各坝外,宝应知县王澐在"洪湖水涨,灌入运河,大吏促启东岸黄浦各闸,以资宣泄"的紧急情况下,

---

　　① (清)黄钧宰:《金壶浪墨》卷一,《神保湖堤》,清代笔记丛刊(4),济南:齐鲁书社,2001 年,第 2887 页。

　　② 咸丰《重修兴化县志》卷八《人物志·尚义》,《中国方志丛书》(28),第 1049 页。

　　③ 民国《三续高邮州志》卷七《轶事》,《中国方志丛书》(402),第 1309页。

　　④ (清)包世臣:《中衢一勺》卷六,附录三《闸河日记》,第 159—160 页,见《包世臣全集·艺舟双楫·中衢一勺》,李星点校。

"力陈其不可,乃止,秋收赖以全获"。①道光二十九年(1849),包世臣说:"下河去年被水,流亡初集。现在两湖、江西、安徽皆被江患。苏杭尤甚,灾象成。惟下河七邑,收成较早,有'秋前五,没稻割;秋后五,割不办'之谚。现今立秋不过二十三日,一路见堤工高水面尚有四五尺,工俱坚实,必可保至秋后。下河有二收,便足民食。若延至秋后,可得六分收成,即有余粮二、三千万石,接济邻近灾郡。又省七邑赈灾费数十万,又增新漕十余万,以助仓储"。在包世臣劝说下,当地守臣迁延至秋后三日,方启高邮各坝,"下河赶收,竟及七成。北则袁浦,南则苏杭,米客纷沓赴下河采买,至今不绝"。②此年,兴化知县魏源也亲临运河大堤,一方面督促民工与差役昼夜筑护大堤,以防大堤渗漏、溃决,另一方面与河员们相持,要他们暂不开坝。魏源的意见得到两江总督陆建瀛的支持,因此河员们的开坝之议只好暂停。然而接连两天两夜的暴雨,借着西风,湖水不断扑向东堤,东堤犹如热汤沃雪,泥土不断被吞蚀。河员们要开坝泄洪,魏源扑在大堤上,要求暂勿开坝,"士民从者十余万"。次日傍晚,暴风雨居然止息,河水不再上涨,大堤安然无恙。里下河地区稻谷得以保全,并且是一个少有的丰收年。人们都说这是魏县令从水口里争来的,因此称这年的稻子叫"魏公稻"。为防止河员妄议开坝,魏源特上书朝廷,于坝首刻石为令:湖涨,但事筑防,不得辄议宣泄,必须节逾处暑之后,秋稼登场,始可开坝。自此动辄开坝的行为得到遏制,秋收得到保证,灾荒大为减少。③

　　道光以后,漕运衰落,河官纷纷裁撤,而上河、下河同属于江苏省,且"江北出米,里下河独多,其丰歉关全省元气,堤防工失险,将颗粒俱付波涛"。于是,地方大员多先力主保坝,如此秋前启坝的机率越来越少。光绪四年(1878),两江总督沈葆桢奏修运河东西两堤,

---

　　①　民国《宝应县志》卷十《宦绩》,《中国方志丛书》(31),第631—632页。

　　②　(清)包世臣:《中衢一勺》卷七下,《附录下·复陈大司寇书》,第219—220页,见《包世臣全集·艺舟双楫·中衢一勺》,李星点校。

　　③　徐从法主编:《京杭运河志(苏北段)》,上海:上海社会科学出版社,1998年,第703—704页。

曰"本年盛涨,淮扬海道庞际云驻工抢险,坚持十数昼夜,俾里下河农民将半熟之早稻抢割,乃次第开坝,西风不起,赖以保全,此天幸其何可恃也"。①光绪十二年(1886)知兴化县的刘德澍,见淮水泛滥,乃"趋高邮保坝,以下河民命力争,虽涨至一丈六尺有奇,秋前从未启放"。光绪二十七年(1901)知兴化县的刘重堪,见"漕督命开车逻坝泄水,连日阴雨,堤工人员汹汹思启",竟湿衣奔巡坝上,"竭力争不可,叠电两江总督刘坤一求拯。总督与刘同里,且文字交,各员惮弗敢较,迟至九月始启一坝,田禾全获",人谓与魏源保坝功如出一辙。②光绪三十二年(1906),蒯光典任淮扬海道,"而极为人讴思不忘者,则守高邮坝与淮北灾振事。振灾策未获行,而坚守三坝,俾下河七州县大熟,淮北虽灾不害,厥功懋焉"。先是五月初旬大雨,日夜不绝,运河大涨,蒯光典"急牒大府,谓江北荒象已见,下河稻田宜保"。是年六月二十八日立秋,当六月中旬,河报日亟,"时光典治抢米狱,扬州急回舟,泊御马头,檄沿堤分修委员,加工抢护,而提督飞檄促开坝,日数至,光典不为动。至立秋后十日,水识一丈七尺二寸,始开车逻坝。至七月二十八日,始放三坝。当未开车逻坝时,西风暴雨,亭午骤冥,湖水山立,从西岸碎石堤东注如飞瀑,一夕报险工三十余处,光典危坐舟中,一膝外无干地,而神色自若。事既定,官民交口颂之。光典曰:'吾岂徒拌一官与水争哉!补苴偶疏,七州县人民庐墓一旦漂没,罪可逭乎?良以淮北荒兆已著,方将藉淮南粟以济之,冒险为此,非得已也。然天幸非可常邀,宜于秋深水涸,大事工作。顾东堤一线土方,距离太远,不易致新土,与旧堤附亦不坚,惟大修西岸碎石堤,使湖水勿泛滥入河,东堤不修可守'。乃条具《治运方略》及《淮北灾状》牒于大府"。③

① 光绪《再续高邮州志》卷之二《河渠志·运河东西堤》,《中国方志丛书》(155),第219页。

② 民国《续修兴化县志》卷十一《秩官志·宦绩》。

③ 民国《续纂清河县志》卷九《仕蹟》,《中国地方志集成·安徽江苏府县志辑》(55),第1149页。

1921年8月12日,运河水涨,志逾1丈6尺,时淮扬道尹胡翔林请示启放归海坝,兴化县人顾咏葵、王景尧等以本年下河各县田禾能刈割,关系民食,"泳葵仍驻邮力保,景尧迳赴宁谒省长王瑚,请求缓启,奉准电令道尹得保且保。缓至八日后,风雨交作,省长与景尧磋商,势难再缓,乃放车逻一坝(下河在此迟放期间抢割,多数民食赖以不匮),续启南、新二坝,而上游来源接涨不已,御码头志桩已二丈,宝应以南水均漫堤,请启昭关坝,以杀水势。高邮继之电报飞集下游各县代表,均赴邵力请不启,双方争执,几致用武"。[1]张謇在致王瑚信函中亦指出:"节逾立秋,十三日下河早、中稻十已获九,晚稻仅十一。审堤坝启决之险夷,权上下害之轻重,前已电饬相度先开一坝"。[2]

最后,开坝后,围绕如何快速泄坝水归海问题,下河地区内部各行政区、区域利益共同体之间又有阻水和决水纠纷。如道光七年(1827),高邮县武生刘镳禀称,"五总九里四角墩总河向北通各荡入海,系坝水下注要道,近被附近居民从中筑坝阻遏,经知州李勘明出示押开永禁在案。案运河由各坝闸洞注荡注海,均以一律通畅为得。近年河荡归海去路,诚有奸民筑坝河心,遇水小则筑于下口以专利,而下游旱;遇水大则筑于上口以免害,而上游潦,以致懦弱为强慑,少为众欺,讼狱每滋,胥吏操纵,甚至逞忿私争"。[3]盐城县黄沙港上段有横跨港身之黄沙堤,"周约百里,每值水患,堤内居民堵塞港口,荷枪固守,堤外水深数尺,累月不退"。[4]光绪十年(1884),放车、南二坝,阜宁县境大水。八月初五日大雨,"淮溢,王家浦九巨大堤被外滩居民盗挖,决口甚巨"。阜宁仁和十巨海南三汛旧有民间私挖马头缺口20余丈,因一直没有及时堵上,导致光绪二十年(1894)八月大风

---

① 民国《续修兴化县志》卷七《自治志·保坝》。

② 《致王瑚电》1921年9月23日,杨立强、沈渭滨等编:《张謇存稿》,上海:上海人民出版社,1987年,第320页。

③ 道光《续增高邮州志》第二册《河渠志·下河》,《中国方志丛书》(154),第205页。

④ 民国《续修盐城县志》卷二《水利》,《中国地方志集成·江苏府县志辑》(59),第390页。

雨时,"淮涨,由缺口直入,平地积水数尺"。①

1931 年江淮流域大水,次第开车逻坝、南关坝、新坝,下河顿成泽国。下河地区行政区之间、个人和集体、集体与集体之间的防洪排水纠纷因此愈演愈烈。在兴化县有大丰公司,该圩周约 200 余里,面积百余万亩,划分四五十区。横亘于南北者,东西子午两堤。贯穿于东西者,为卯酉河五道。其西半面及北半段,概属大丰范围。唯西南阜丰、万丰两区以北,恒丰、祥丰两区以南,间有大生厂福丰垦围而成。垦围三区,其东南部分属裕华公司,唯其廉隅为商记垦围之地,与小海通遂公司界址毗连,亦由一、二卯酉河沟通王家港之孔道也。黄海位于大丰公司之东,中有淤滩之隔,斗龙港全体环抱于该公司西北两面。其地未垦以前,无子午高堤之阻,凡遇西水下注于斗龙港漫滩而过,入于黄海。"今年之水,不能畅流归海,非开放卯酉河不足以救此百万亿之生灵也"。自利利人,实为上策。"无如缓不济急,且公司与地方意见相左,据兴东农人云:大丰公司圩堤阻遏,西来之水不能畅泄入海,我们生命财产同归于尽,不得不誓死力争,不达开口下水之目的不止。而据区内居民,则以开圩下水诚恐圩堤冲破,身家性命莫保,不能不死守不开,情词各执"。②东台县第九区 19 乡乡长上联名控告书,认为"上五场(富、安、梁、东、何)来水,东不通海,均赖下游之窑港口泄水西团引河,转归斗龙港、修陆家沟子、石港沟、大沟子、小王港、50 丈潮水沟、小草疆界河各要溢口眼分泄归海,每逢大水之年,地方尚不致完全失收。讵大丰、裕华两公司建筑私圩,妨碍水道,除迂回曲折之斗龙港依然存在外,其他上列各要溢口眼完全为之淹没,公然填基成为私田,仅在各要溢口眼间挑浚南、北、中卯酉河,藉资宣泄。年来泄水已属不畅,荒歉因之频仍。不意今年阴雨连月,西水下注,该公司竟将公有私浚之卯酉河擅自筑坝堵塞,

---

① 民国《阜宁县新志》卷九《水工志·淮水》,《中国方志丛书》(166),第 787 页。

② 参见高鹤年:《兴化辛未水灾临时救命团日记》,摘自《辛未水灾征信录》,政协大丰县文史委员会:《大丰县文史资料》第十辑,1992 年,第 57—58 页。

上游之水无从宣泄,以致平地数尺,汪洋一片,田园丘墓,尽成泽国。如此祸害,固为民国以来所未有,亦即两公司之所赐也",因此"要求该公司负责赔偿外,理合先行公同环请场长亲履查勘,并请迅予据情转呈上峰,转行东台县政府刻日开坝,以救垂毙之灾黎"。①大丰公司在答复东台县第九区民众并敬告三县十场各界人士宣言中对此进行了辩驳,认为:

> 泰、东、盐、阜沿海一带,众水所归,厥为贯串南北之串场河,按《东台县志·水利考》,自泰州海安徐家坝起,历富安等十一场,至阜宁射阳湖出口,实为泰州串场盐河,上承延河、蚌沿、梓辛、车路、白涂、海沟、界河之水,由丁溪、小海、草堰、白驹、青龙、八灶,大团、石闸、天妃、正越各闸入古河口、王家港、斗龙港、新洋港、射阳湖(河)等海口归海,为各场及七州县泄水下游要道。丁溪、小海、草堰各闸之外,各有引河,丁溪闸引河经沈灶归古河口,小海闸引河经小海团归王家港,草堰闸引河经西团归斗龙港,均系上承高邮、宝应各坝泄下之水,是昔日运坝开放,西水经下河分道归海,莫不有确定之途径。其王家港、斗龙港之间,虽有所谓大沟子、磨担、老蛤蜊、小蛤蜊各小港见于草堰场图,然皆与各闸引河不相连接,在当日只能引港内灌,便于灶户办煎,并无宣泄西水之可能,志书具在,可以详稽也。近数十年中,范堤以东,新滩广远。民国以来,盐政改革,淮南各场,实行裁煎兴垦,当时张公季直规划水利,依据导淮测量局历年测量之报告,尝有说曰:各公司地当江、宝、高、泰、东、兴、盐、阜八县之下游,昔日里运开坝,水出范堤,傍堤外之小洋河外,更无堤河,又久不治,辄涌溢至各公司地,即入射阳、新洋、斗龙、王港、竹港归海。而如王港、竹港淤久,亦必涌溢,今各公司营此水利,若不计开坝时之洪水位与地面容潴、河身泄泻之流量,则

---

① 参见仓显:《大丰公司防治洪水概况》,《大丰县文史资料》第十辑,第282—283页。

闸河无准,无准则公司将被泛溢之害,地方将被淹滞之害,皆非策。夫里运开堤时之洪水位,虽为仅见之灾,而营垦荒、策水利者,固已早为计及,特未蒙当日官厅予以援助耳。假使当日邀助于官厅,使得早行其策,则今日西水奔来,又岂患宣泄不畅耶?由前之说,考之《东台县志》,王港、斗龙港之间,本来别无出水港道;由后之说,淮南各场实行裁煎兴垦以来,营盐垦公司者,固已早有通盘水利规划,力为地方求免淹滞之害,此皆可以明告里下河各县人士者也。至此次运堤开后,大丰公司开诚布公与地方协商,已将公司境内工程较完之中卯西河开通西坝,让上游出水,下注王港归海;其南北两卯西河虽地图上绘有河线,事实上迄未完成。经厅县委员实地勘察,均认为无从开放。公司承累年颠顿之余,值大浸弥天之会,亦何认(忍)以局部问题与地方人士引起无谓之纠纷。谨布事状,还祈明达有以教之。①

　　大丰公司与地方之间的水事纠纷可谓白热化,处于胶着状态。一时间,"垦区大堤内外,聚集着双方几千名农民,剑拔弩张,一触即发"。后经高鹤年劝阻,并与大丰公司总代表朱警辞乘轮勘察水道,在各方人士努力下终于达成协议,开放一、二卯西河坝,开放北坝,又挖决口若干,并挖 800 丈引河,使浩浩西水转入王港入海,一场大规模的械斗化为玉帛。②1931 年 10 月 14 日,当创议开 800 丈河未动工之先,忽有民夫千余人声称是小海征工来开 800 丈河者,"讵知甫至通遂公司时,则欲挖毁该公司沿王家港之通裕区圩堤,该公司办事人劝说无效,乃由该区佃户数百人起而互斗,结果民夫方面因逃窜落水身死者 2 人(一名单宝来,一名王文寿),酿成讼案,致该公司王维周、李俊堂 2 人被牵涉拘捕于县政府"。即使在大丰公司内部也

<hr />

① 参见仓显:《大丰公司防治洪水概况》,《大丰县文史资料》第十辑,第 280—282 页。
② 参见童斌、仓显:《辛未(1931 年)洪灾与高鹤年居士》,《大丰县文史资料》第十辑,第 99—100 页。

是水事纠纷迭起。7月2日，据公司经理周志廉向董事会报告称，6月28日午后，忽有阜丰佃农鸣锣，聚众百人，持械强开同德二区东界路，意欲泄水邻区。同德佃农亦聚众多人，起而抗争，互相哄斗，各有微伤。幸经派警弹压，始各散去。7月1日午后，鼎丰区佃农又聚众数百人至总办事处，要求公司赔偿水淹损失。旋又来阜丰、万丰两区佃农数百人要求借仁丰水道西泄，"志廉连日对付，精疲力尽"。[①]

三、归海坝启放纠纷的预防和解决

归海坝是否启放，取决于淮水异涨之年淮水能否得到及时而有效地宣泄入江以及运堤是否安全稳固。当运河水位持续异涨，东运堤万分危险时，启放归海坝就成了必然。然而坝水下泄，河道纡曲，归海路程遥远，中间还有圩、堤、坝之类的水利设施横亘阻水，这都增加了水事纠纷发生的机率。因此，归海坝启放纠纷的治理，不能仅局限于归海坝的启放与否，而要从上、下河全局出发，构建起一个系统地预防和解决机制。

第一，扩大淮水入江流量，减轻运河饱涨压力。黄河长期夺淮，导致黄淮交汇区域水生态环境发生了重大变迁。明代隆庆、万历以后，"河势南趋逼淮，淮失故道，挟洪泽而东趋，不得不以运河为壑"。乾隆四十二年（1777），河臣奏称，"运口至瓜洲高十四丈有奇，此南北之势相悬绝。潘尚书《两河议》：高堰去宝应高一丈八尺，去高邮高二丈二尺，高宝堤去兴化、泰州田高丈许，或八九尺，其去高堰不啻三丈有奇，此东西之势又相绝也。南北悬绝，则运口建瓴直下之水不可遏，东西悬绝则五坝盛涨减下之水不可支，而运河危矣。黄河垫高，清口不出，湖水全入运河，而运河益危矣。昔之运河患水少，今之运河患水多；昔之运河专济运，今之运河兼泄水"。嘉庆年间，"分黄助清，而高堰不守，又借黄济运而运口抉翻，于是运河三百里，黄流

---

① 参见仓显：《大丰公司防治洪水概况》，《大丰县文史资料》第十辑，第288、275页。

漫漫,南自崇家湾、荷花塘,北至平桥汛、状元墩,以及清江浦之云曇口、余家坝、千根旗杆等处,在在溃决频仍,此全河之极变,尤运河之极变也"。①面对淮扬运河区域水生态环境的变化,既不能让山盱各坝水不来,又不能轻易开启贻下河之患的归海各坝,所以治理归江各坝,扩大淮水入江流量就成为治理启坝纠纷的关键。所谓"下河之命悬于下坝,下坝之安危视洪湖之衰旺,又视入江诸口之通塞,是故大辟入江之路,此治运之事,所以保下河也"。②所以,不少有识之士认为淮水南赴江为正道,势由顺导,建议"每年春夏之交,湖水报闻少长,恳乞宪恩飞札咨会河宪,一面即赐通饬管理拦江坝、褚家山、凤凰桥、壁虎桥、金湾坝及出江诸闸口各官弁,一律星速畅开,勿令少有稽延,小留壅塞,著为定章,奏明勒石",如此就能起到"早防邮湖不致受洪湖饱灌之危,下河州县自不致受邮湖倒冲之害"③的良好功效。又如1921年,淮扬大水,运河东堤吃紧。为减轻运堤的压力,江都农业研究会上书江苏运河工程局,请开归江壁虎坝,及早泄水入江。壁虎坝属于归江十坝之一,属江苏运河工程局管辖。江都农业研究会认为"江都地居淮河下流,淮合沂泗诸水潴于洪泽,三河坝为洪泽尾闾,坝启则洪泽之水,奔注宝应、高邮、邵伯诸湖,由瓦窑铺入运河,出瓜洲口入江",其三河坝口宽约百丈,瓜洲河口宽约十数丈,一旦三河坝启,则洪泽湖直泄高宝诸湖,加上江潮顶托,十数丈宽之瓜口,宣泄不及,水必漫涨,大堤亦危,所以建议"若能于霉雨未发之前启放,先期将湖水宣泄入江,淮水为患,当不至如是之大"。为此,"报请电核,立饬启放壁虎坝,泄水入江,以舒民困"。④

第二,适时启放运东诸闸,以减运河异涨。运河东堤原有官办和民办的涵洞、闸洞,一方面为减运河异涨之用,另一方面则为民田灌

① 咸丰《重修兴化县志》卷二《河渠二·运河》。

② 咸丰《重修兴化县志》卷二《河渠二·运堤五坝》。

③ 民国《续修兴化县志》卷二《河渠志·河渠二·运堤坝座》。

④ 《扬州请开虎坝闸》,《申报》1921年7月17日,《申报》第171册,第329页。

溉而设。不过,在洪水之年,必须在水位不是很高的情况下预先启运东诸闸洞,才能起到减涨之作用。如果运河已经饱涨,启闸洞泄水则相当危险。一是因为闸洞多为灌溉而设,下无泄水引河,有的只是引水灌溉的沟洫,与泄水入海各港并无必然联接,一旦开闸泄水,洪水倾泄而下,下河民田损失更重;二是运堤闸洞工程设施比归海坝简陋,如果运河饱涨之时启放,则容易造成运堤多处决口,乃至造成全运和整个下河地区的灾难。所以,启放运东诸闸,必须准确预知淮河、运河水情,否则难以实施。在传统社会,由于水情预报技术的落后,河官往往不敢轻易启放,多是在运河异涨的时候将运东诸闸堵闭。这样一来,只能护堤保坝,最后迫不得已只能开启归海坝以防运堤溃决。道光二十九年(1849)六月,兴化县令魏源就反对运河盛涨时将运堤东岸 24 闸全闭,主张在开坝之前命厅营速启,以预筹宣泄运河盛涨之水。制军陆大司马札云,运堤东诸闸皆分泄高宝湖盛涨之处,应全启放,以资分路畅泄,若查出启闸员弁希图蓄水增涨,达到开坝目的,当从重治罪。①

第三,加固运河西堤工程,防止浪涌运东大堤出险。"查每年开坝,急不能待者,皆由扬河厅之永安汛一带,及江运厅之荷花塘一带,湖河一片,东堤危险之故"。而运河东堤是否稳固,则与运河西堤有很大的关系,"惟西堤实东堤之保障,且两面皆水,以水抵水,远胜东堤之一面空虚,故凡有西堤之处,其东堤则安若金城,即水已涨过西堤,而水中但有脊影草痕者,其东堤即不吃重。自道光十余年,钦差朱、敬二公奏办西堤碎石工以来,麟、潘二河帅十载中止有二年灾潦,较之黎襄勤任内,年年夏汛开坝,以下河为壑者,已大有悬绝"。②基于此,道光二十九年(1849)署兴化知县的魏源,在运河异涨之时,一方面主张推迟开坝,以抢收下河早稻,另一方面"又请大吏培筑运

---

①　咸丰《重修兴化县志》卷二《河渠二·运堤闸洞》。

②　(清)魏源:《上陆制府论下河水利书》,(清)魏源:《魏源集》上册,第384页。

河西堤,甃以石工"。①后来,魏源担任了海州分司运判,但依然不忘岁修运河西堤问题。在查获盐枭私盐 30 余万引之后,还从中筹银 20余万两作本金,以本金的利息作为运河西堤的维修费用,使岁修西堤得到了保障。②

第四,齐心协力防护运东大堤,以防开坝之前运堤溃决。运河异涨之年,运东大堤时时出险,若坝未开而运堤全面溃决,将是整个淮扬地区更大的灾难。所以,每逢淮水异涨,官民、上下河皆须齐心协力修堤护坝。如 1921 年淮扬大水,"据泰、东、江、兴、盐五县公函,各认集夫百二十名,沿河防守,遇有险工,电话传知,随时集合。设天变有西风,各县仍可继续加夫","今过秋分已四日,为保高邮险工计,各县已派夫六百名到工,协同防护,天边风恶,尚有续加,并雇轮备临时遣送料,亦由局放价赶办,分给各段,俾资防护"。③官府在护堤方面也起了很大的作用,如清末成立的河工总局护堤守坝甚勤,减少了运堤出险和大水开坝的几率。据光绪《再续高邮州志》记载,"近年邮邑湖河安澜,全赖设立河工总局,督办官员力洗河营旧习,增筑东西两堤,普添碎石,较往昔国币多而实工少者,其认真数倍。又兼光绪八年、九年,爵相两江总督左亲身巡阅河工三次,八年湖水一丈五尺余,特派桂嵩庆、黄祖络、徐文达三观察驻工防守,虽盛涨而下坝未启"。光绪九年(1883),"湖水一丈六尺余,来源又旺又派,徐文达、黄祖络两观察驻工防守,酌启车逻、南关二坝,至月余,水始渐落,险工迭出,而东堤得以抢护无虞,此皆特设河工总局之力也"。④

第五,立定启坝水志和期限,避免启放归海坝的随意性。明代淮被黄占,杨一魁分淮南下,建高堰闸座,导水由金湾各口入江。沿袭至清季,全淮由洪泽三河、高宝湖,仍下金湾归江。又设归江闸坝,

---

① 民国《续修兴化县志》卷十一《秩官志·宦绩》。

② 徐从法主编:《京杭运河志(苏北段)》,第 703—704 页。

③ 民国《续修兴化县志》卷二《河渠志·河渠二·运堤坝座》。

④ 光绪《再续高邮州志》卷之二《河渠志·运河东西堤》,《中国方志丛书》(155),第225—226 页。

"水小预堵以蓄水,水大预放以减涨。因归江势顺,启坝泄水,向无灾患,此泄淮注重入江之大略也"。清初,又设归海减坝,以防异涨。至乾隆时,易为五坝,惟不轻启放。"因归海径路不顺,且运堤东下河地平低洼,坝水下注,即肇陆沉。凡历来主持河务者,均不忍牺牲下河,轻开郎坝,故郎坝等于虚设,水大祇须加土加料,竭力保守,渡过汛期,即可免灾,此泄淮力避归海之大略也"。①但正如兴化县人王居奠《上曾中堂国藩书》中所说:"淮扬运河东西两堤,系下河十余州县保障,向来上游水涨,归江各口不及宣泄,不得已遂启郎南各坝"。②那么,何谓不得已的情况?用一个什么标准来衡量?如果这个问题不明确,开坝就带有随意性。若果真如此,于漕堤,于下河百姓,将都是一个巨大的灾难。所以,明清以来的官府都十分重视订立归海坝启放的水志以及开坝的期限。

关于归海五坝启放的标准,从乾隆十九年(1754)起,清政府就规定运河水位高过车逻坝坝脊 3 尺,开启车逻坝;3 尺以上,再将南关等坝次第开放。乾隆二十二年(1757)增订为:若车逻、南关二坝过水 3 尺 5 寸,开启中坝;若超过 5 尺,开新坝。③道光八年(1828),河臣张井、潘锡恩改订水则,1 丈 2 尺 8 寸放车逻坝,1 丈 3 尺 2 寸放南关大坝,1 丈 3 尺 6 寸放五里中坝,1 丈 4 尺放南关新坝。唯昭关坝,嘉庆十二年(1807)原定 1 丈 6 尺 7 寸开放,道光六年(1826)移建后奏定不准轻启。④高邮水位站的老桩开始设于万家塘及五里坝(万家塘在高邮运河西岸,五里坝即南关坝),为一长方形的石块,称做海漫石。道光八年(1828)以后改设于御码头(运河东岸通湖桥之北),为高 1 丈 8 尺 5 寸的石柱(老桩)。韩国钧《运工专刊》云:"(高)邮南四坝启放水志,道光八年以前,以万家塘及五里坝海漫石为准,

①　民国《续修兴化县志》卷一《舆地志·运堤启坝下河被灾图说》。
②　民国《续修兴化县志》卷二《河渠志·河渠二·运堤坝座》。
③　参见廖高明:《高邮御码头"水则"》,高邮县政协文史资料研究委员会:《高邮文史资料》第九辑,1989 年,第 91 页。
④　咸丰《重修兴化县志》卷二《河渠二·运堤五坝》。

道光八年以后以高邮城北御码头老桩为准"。①由于设置了高邮御码头"水则",有了老桩,不仅归海坝开启有了依据,而且归海坝坝脊和沿运闸底、洞底的高度也都有了依据。

鉴于"启坝迟早,下河与上河时有争执"②,道光八年(1828)及其以后的官府在改订归海坝水则时,不仅严立开坝的水志尺寸,而且还着重对开坝的期限做了规定。道光八年(1828),"又定车逻坝秋后一丈二尺八寸开放,秋前一丈四尺开放,以万家塘及五里坝海漫石为准"。至道光二十九年(1849),"陆大司马奏修西堤以后,奏明五坝不必拘丈尺,请于立秋后始放车逻一坝,处暑后始放中坝,奉旨允准"。③同治五年(1866),漕河总督吴棠专折具奏,"案照道光八年前河臣张井、潘锡恩酌定高邮志桩,长至一丈二尺八寸启放车逻坝,每长四寸,再放南、中、新三坝。嗣于道光十二年复又酌定七月中旬以前,仍照原奏办理。查从前六月初一日,即有启放之案,是七月中旬以前未必专指七月而言,然坝下农民皆不愿早放,若不明定章程,恐缓急无可遵循,兹拟立秋节前,高邮汛志桩长至一丈四尺,启放车逻坝,仍每加四寸,递行接放南、中、新坝,如逾立秋则照一丈二尺八寸按章启放。又七年七月,总督曾国藩、漕河总督张之万、巡抚丁日昌等以江苏举人蔡则沄等在都察院呈诉,坝水频年被淹,请复旧志。奉谕着曾国藩、张之万、丁日昌会商妥办,至是复奏。查呈内所称有水志一丈六尺始行开坝之说,饬据淮扬道抄录成案,前后参观,并无其说。至所请立秋处暑节后,始行开坝一节,查各坝迟开一日则下河受益一日,自是正办"。同治六年(1867),"两江总督曾批淮扬道刘禀高邮车逻、中、新等坝启放定制,请在高邮工次照案勒石,出示晓谕,并恳附奏缘由、奉批启坝章程。业经奏明,奉旨允准,自可勒石晓谕,俾资遵守,免致绅民禀阻,贻误事机,仍候漕河部堂附奏立案"。查启坝

① 转引自廖高明:《高邮御码头"水则"》,《高邮文史资料》第九辑,第91—92页。
② 民国《续修兴化县志》卷二《河渠志·河渠二·运堤坝座》。
③ 咸丰《重修兴化县志》卷二《河渠二·运堤五坝》。

章程,高邮车逻坝金门长 64 丈,今拟立秋前本汛河水长至 1 丈 4 尺启放,立秋后按照道光八年(1828)奏定章程;河水长至 1 丈 2 尺 8 寸,启放南关大坝,金门长 66 丈,今拟立秋前本汛河水长至 1 丈 4 尺 4 寸启放, 立秋后按照道光八年奏定章程;河水长至 1 丈 3 尺 2 寸,启放五里中坝,金门长 50 丈,今拟立秋前本汛河水长至 1 丈 4 尺 8 寸启放,立秋后按照道光八年(1828)奏定章程;河水长至 1 丈 3 尺 6 寸,启放南关新坝,金门长 66 丈,今拟立秋前本汛河水长至 1 丈 5 尺 2 寸启放,立秋后按照道光八年(1828)奏定章程;河水长至 1 丈 4 尺,启放甘、江汛昭关坝,金门长 24 丈,该坝多年未启,并无启放定志。唯查道光十二年(1832)八月初一日启放,该汛志桩长存水 2 丈零 5 寸。道光二十八年(1848)七月二十五日启放,志桩长存水 2 丈 2 尺 4 寸,"以后仍照成案,权衡轻重,不可轻议启放"。[1]宣统元年(1909),"江督张人骏奏请照旧制略为变通,秋前秋后各坝须逾同治中定制一尺,乃酌量启放"。[2]1916 年立秋后二日,启坝。11 月,省长公署会议讨论水制,未能解决。1919 年,下河水利研究会提议重订水志,"金谓湖河均经多年淤垫,不能容纳巨水,如果能恢复原状,即照旧志尺寸,各县亦决无异言,否则漫订新制,转恐水大时争执,经众讨论遂否决"。1921 年逾立秋十三日,开坝。1923 年,督运局召开评议会,下游堤工事务所坐办冯德勋又议定坝制,"金以规定志桩标准,须先从根本研究,方能根本解决。请将此案保留,交水利协进会讨论。主席韩国钧付表决,赞同者多数,案遂悬而未定"。[3]

改订的开坝水志和开坝期限,应该是给何时何种情况才能开坝立了个规矩。乾隆三十一年(1766),叶均由工部升为河工,补宝应主簿。时值该年夏大水,叶均就坚持达到定志时再启放闸坝。[4]道光时

① 光绪《再续高邮州志》卷之二《河渠志·酌定开坝定志附》,《中国方志丛书》(155),第 233—238 页。
② 民国《三续高邮州志》卷一《河渠志·坝制·定志》,《中国方志丛书》(402),第 124 页。
③ 民国《续修兴化县志》卷二《河渠志·河渠二·运堤坝座》。
④ 民国《宝应县志》卷十《宦绩》,《中国方志丛书》(31),第 634 页。

期,南河总督张井就认为"初河水上游各闸坝,皆有定志",但有些河督不遵定制,每值伏秋盛涨,就先行启放。于是,张井"上言水逾定志,始得启放"。[①]不过,由于官民之间、上下河之间时常出现开坝与保坝的争执,所以通常情况下,启放归海坝都远超既定的水志和期限。正如民国《续纂泰州志》作者所说:"里运闸坝问题为下河必举之要点,旧制:水桩秋前一丈五尺,秋后一丈四尺,然历届成案,必逾定制"。如光绪三十三年(1907)开坝,高邮御码头水志1丈6尺9寸;宣统元年(1909),水志1丈7尺3寸;宣统二年(1910),水志1丈6尺8寸。[②]具体的启坝日期和尺寸还可参见表5-2。

表5-2　历年启坝日期尺寸表

启放年份	启放日期	启放水志	启放坝名
咸丰元年(1851)	农历七月二十八日	1丈5尺6寸	车逻坝
咸丰元年	八月初二日	1丈5尺4寸	中　坝
咸丰二年	六月二十九日	1丈5尺1寸	车逻、中坝
咸丰三年	七月二十八日	1丈3尺7寸	车逻坝
咸丰三年	七月二十九日	1丈4尺3寸	新　坝
咸丰十年	七月初九日	1丈7尺2寸	车逻、新坝
同治元年(1862)	闰八月初二日	1丈4尺6寸	车逻坝
同治四年	七月初六日	1丈5尺3寸	车逻坝
同治四年	七月十二日	1丈6尺1寸	车逻坝
同治五年	六月二十七日	1丈7尺1寸	车逻坝
同治五年	六月二十八日	1丈7尺5寸	南关坝
同治六年	七月十五日	1丈3尺8寸	南关坝
同治六年	七月二十八日	1丈3尺7寸	南关坝
同治九年	七月二十五日	1丈4尺5寸	车逻坝
光绪四年(1878)	七月十六日	1丈5尺7寸	车逻坝
光绪四年	七月二十日	1丈5尺8寸	南关坝
光绪四年	七月二十四日	1丈5尺4寸	新　坝
光绪九年	七月十二日	1丈6尺4寸	车逻坝
光绪九年	七月十六日	1丈5尺3寸	南关坝
光绪十四年	秋分后二日	1丈4尺1寸	车逻坝
光绪廿三年	处暑后七日	1丈6尺1寸	车逻、新坝

① 光绪《淮安府志》卷二十七《仕迹》,《中国方志丛书》(398),第1709页。

② 民国《续纂泰州志》卷二《水利》,《中国地方志集成·江苏府县志辑》(50),第548页。

续表

光绪卅二年	六月二十八日	1丈6尺9寸	车逻坝
光绪卅二年	六月三十日	1丈6尺9寸	南关坝
光绪卅二年	七月二十八日	1丈6尺5寸	新　坝
宣统元年(1909)	六月二十三日	1丈7尺3寸	车逻坝
宣统元年	六月二十五日	1丈7尺5寸	南关坝
宣统二年	七月二十四日	1丈6尺8寸	车逻坝
1916年	公历8月11日	1丈7尺3寸	车逻坝
1921年	8月22日	1丈7尺3寸	车逻坝
1921年	8月24日	1丈7尺7寸	南关坝
1921年	8月26日	1丈7尺7寸	新　坝
1931年	8月2日	1丈8尺8寸	车逻坝
1931年	8月4日	1丈8尺8寸	南关坝
1931年	8月5日	1丈8尺8寸	新　坝
1938年	8月25日	1丈7尺8寸8	车逻坝
1938年	9月5日	1丈8尺	新　坝

资料来源:民国《续修兴化县志》卷二《河渠志·河渠二·运堤坝座》。

经常性的超过既定水志和期限开坝,在清末民国时期多数情况都没有大碍,既保住了运堤安全,同时也让下河民众有更多的时间抢收早稻。不少地方官正是坚持保坝,至少是坚持推迟几天开坝,而被下河州县载入志册的。但多数情况没大碍,并不等于永远没事。从历史上看,这种超过既定水志和期限的开坝,也带来了严重的负面影响:

一是坝不轻易开使下河民众贪图小利的思想滋长,一旦出现特大水灾而开坝时往往灾情巨大,纠纷也最为激烈。本来下河因时常秋后开坝而多种早稻,基本不种晚稻,但归海坝不常启放,昭关坝更是数十年未启,所以下河民众又开始种上了晚稻。1921年,张謇在致东台淮南垦务局吕总办吕道像函中指出:"三坝虽开,水仍续涨。昭关自道光二十八年开后,至今已七十余年。下坝之人,狃于天幸之可以长邀,率种晚稻,此其所蔽也"。①可以说,民国时期下河民众因早稻产量低而普遍种上晚稻,是导致1921年、1931年大水时在启放昭

---

① 《致吕道像函》,1921年9月19日,杨立强、沈渭滨等编:《张謇存稿》,第317页。

关坝问题上争执得十分激烈的一个重要原因。

二是容易导致纠纷各方以及作为纠纷解决主体的政府拘泥于既定的水志和期限乃至历史形成的开坝成案,在应对灾情和调处开坝纠纷时总是一味地偏重保坝,结果失去了开坝的最佳时机,到万不得已开坝时已难以挽回运堤溃决、灾祸扩大的局面。关于这一点,曾国藩就有很深的认识,认为"水势长落,每年迟早不同,若必待立秋以后,且限立志桩一丈六尺,始放车逻坝,万一盛涨溃决,则运河之启坝稍迟,下河之受灾更大",且里下河之居民以运河之两堤为命脉,"以为堤工加一分,则里下河受一分之益。若徒争开坝之尺寸,较时日之早迟,则放坝之际,浩瀚奔注,立成泽国。虽比诸溃决之祸稍轻,而其伤于农田则一也"。①这种"争开坝之尺寸,较时日之早迟"的习惯,一定程度上制约了政府的自由果断的科学决策。督运局张謇在呈大总统文中说:"迨至湖河涨满,全恃运河一线土堤,为下河七县之保障,高宝一带城居堤下,水出堤上,防御稍疏,欲不溃决得乎?决则堤东数百万生命、数千万财产尽付洪流,不决则滨湖各县民田先遭淹没,沿运县城有朝不保暮之忧,东堤归海各坝彼时各县请保请开,互以利害切肤,演成剧争焦点。旧制开坝本有一定丈尺,然水大之年,堤东各县地势低洼,多已一片汪洋,岂堪再加巨量之水,是以对于保坝呼吁尤切,遂使官厅全部节宣计划不能自由,此江北运河历来受病及现时受害之情形也"。②这种情况在晚清时代对于官府决策影响不大,因为保运第一,无论是河官还是地方官都不敢冒运河溃决的危险,所以官府在解决归海坝启放纠纷时处于强势地位,"年年淮水撞堤急,远近纷纷来堤上,毕竟官尊民弗胜,枉对旌旄号且泣。号泣声正悲,官指堤上碑,水高丈六坝则启,勒石久矣畴能违?"③

① 光绪《再续高邮州志》卷之二《河渠志·酌定开坝定志附》,《中国方志丛书》(155),第234—236页。

② 民国《续修兴化县志》卷二《河渠志·河渠二·运河》。

③ 民国《三续高邮州志》卷七,谈人格:《保坝谣》,《中国方志丛书》(402),第1178—1179页。

　　但是,民国时期随着运道衰微,河官退场,各种民间社会组织的发展,开坝与保坝就单纯成了上、下河民众之间的争执,对于江苏省政府这个纠纷解决主体来说,上、下河如同手心手背都是肉,所以决策时难免左右摇摆不定,从而酿成更大的灾祸。1921年9月,开三坝之后,水志2丈,"高邮人请放昭关坝",但"运河督办张謇以下河灾重,力却之"。[①]正是张謇、韩国钧等认为"高、宝二城岌岌,试问东与高、宝有何轩轾? 邵伯以下七镇,与高、宝各镇又何轩轾? 不得不权重轻而持其平。昭关开否,非可执私意与成见也",[②]而顶着高邮劣绅恶董的威胁以及江都公民焦汝霖等的无礼和侮慢,最后未启放昭关坝。这次保住昭关坝没有启放,也成了1931年上下河昭关坝争执援引的成案。据《申报》报道:"苏省江北运河水势,近两日仍续涨不已,省水利局据报高邮御码头二十七日午前水长二寸,存水一丈六尺七寸,午后又长一寸,存水一丈六尺八寸,二十八日午前续长二寸,存水已达一丈七尺,与民国十年开放归海坝尺寸,相差无几";[③]"查昭关坝不启,已八十余年,坝下引河亦颇湮废,民十大水,争持多时,终未轻启"。[④]但1931年是全流域大水,毕竟不同于1921年大水,因拘泥于1921年昭关坝保坝成功的成案,1931年江苏省政府在是否开坝问题上迟疑不决,不得已开车逻坝时竟作出了先开半坝之荒唐决定,[⑤]继则在开三坝后运河水位仍继续上涨时,还一直强调保堤保昭关坝。"前梁冠英有主张开坝之意,经各属同乡电陈利害,故梁氏亦已主张保堤矣。昨该处同乡特推某君赴沪谒张之江督办,陈述开放有害无利情形,张亦深知五县地域太广,损失太巨,故亦主张保坝,并允即电梁总指挥,派队护堤,同时王柏龄亦发电致叶楚伧,请勿开

①　民国《阜宁县新志》卷九,《水工志·淮水》,《中国方志丛书》(166),第788页。

②　《致吕道像函》,1921年9月19日,杨立强、沈渭滨等编:《张謇存稿》,第317—318页。

③　《运河水势续涨　苏省府决开启车逻坝》,《申报》1931年7月30日,《申报》第284册,第780页。

④　《运河上游水势暴涨》》,《申报》1931年8月10日,《申报》第285册,第253页。

⑤　《运河堤溃决多处》,《申报》1931年8月28日,《申报》第285册,第748页。

昭关坝"。①开三坝后水位依然不退,昭关坝又不敢开,运堤全面溃决乃势成必然。1931 年 8 月运河决堤,据《运工专刊》所载,江北运河东西堤残决地点约略统计,里运河西堤计决口二 25 处,长 492.4 丈,漫决 26 处,长 1204.3 丈。东堤决口 26 处,长 873.8 丈。东西两堤合计漫决 77 处,长 2570.5 丈。里下河兴、盐各县,一片汪洋,兴化最高水位达 1 丈 3 尺 8 寸,人民的生命财产遇到惨重损失,1320 万亩农田颗粒无收,倒塌房屋 213 万间,受灾 58 万户,约 350 万人,有 140 万人逃荒外流,77000 多人死亡,其中被淹死的 19300 多人。②可谓"运河决堤,惨祸亘古未有"。③正是江苏省府在是否开坝以及何时开坝问题上缺乏科学论证和决策的果断性,拘泥于以前未轻易启放昭关坝的成案以及过于迁就上、下河民众冲突双方的反应,没有采取丢卒保车的及时决断,对淮扬运河东堤全面溃决事件负有不可推卸的责任。

从以上归海坝水志和开坝期限的改订历史来看,在运河异涨之年启放归海各坝是必然的。归海坝的次第启放,对高邮和兴化两县打击最大。因为归海五坝有四坝建在高邮,加剧了高邮水患。而启放归海各坝,则兴化县正当其冲,因此,反对开坝在下河各县中最为强烈。虽然在开坝问题上,高邮力主开坝,兴化力主保坝,双方纷争不断,但是从根本上解决开坝保坝纠纷这一点来看,双方又存在共通性,那就是都主张邮坝北迁。

关于归海坝的建设,在高邮一直流行着一个传说,说是水田沤改旱前,县境东北水乡历来秋收早稻,均雇宝应县民收割。据说邮邑城南原来无归海五坝,是前朝"钦命"从宝应县迁址而来。当时治淮河督为子向邮邑豪门求婚未成,弄鬼贻害邮邑人民。河督向皇上谎具疏陈,说邮邑地高苗脚长,田水进尺,庄稼无患,且有南洋大荡、绿

① 《省府要人一致主保坝》,《申报》1931 年 8 月 16 日,《申报》第 285 册,第 423 页。

② 参见水利局编志组:《1931 年里运河特大水灾追记》,《高邮文史资料》第九辑,第 70 页。

③ 《旅京苏同乡对于运堤溃决成灾函质省府》,《申报》1931 年 9 月 17 日,《申报》第 286 册,第 470 页。

漾小海可贮西湖之水,建议将宝应县运堤泄洪坝口迁址高邮。皇上不做调查,依奏传旨迁坝。邮邑人民经受水患,迭次上疏奏请复议,指责河督献此害民之策是诓君之举。皇上派命官查勘,复奏确凿,给河督处死。对于坝口,邮邑要求迁回,宝应坚不答应。后由皇旨决定:坝已迁来,不再复回;邮邑人民世受水患,豁免兵徭;宝应县民每年秋收季节到邮割稻,以助抢收。①这种传说,实际上是高邮民众希望有朝一日邮坝北迁,以彻底免除本境水患,再也不要有开坝保坝争执的一种心理折射。

　　这种主张邮坝北迁的心理,在兴化县士民当中也普遍存在。如乾隆二十一年(1756),兴化县人陆元李呈略云:"至入海之路,兴邑近海而实非其路,自前河院靳北坝南迁,以兴为路,无堤束水,泛溢民田,受害至今,盖以邮南各坝三百余丈之口,深丈余六七尺不等之水,排山倒海,下注低洼九尺之区,其田亩尺计寸数之岸,复奚存而泛滥汪洋。自邮至兴百二十里,自兴抵场又百二十里,以各闸二三十丈之口,据高六七尺之势,其能宣泄此三百里之汪洋乎?""窃以近海有实在近海之处,入海有易于入海之路,不在邮南而在邮北。查旧志,淮南宝北中间,如乌沙、平河、泾河、兴文、黄浦、八浅等处各闸河,今虽淤塞,故址现在。当全淮水发,灌满洪泽湖,即从此十闸宣泄入海。先不至横溢于宝湖,又何至泛溢于邮湖,为漕堤之隐忧。而开放邮南诸坝,以汩没兴田也",且认为南北闸泄水入海道途远比邮坝泄水入海近,主张南坝北迁复旧。乾隆二十四年(1759),兴化人任鸿呈略曰:"兴邑近海实非入海之道,如由兴入海,则兴邑海矣。此患自北坝南迁所致,兴非以邻为壑也,阜宁、盐城实为入海之故道。考旧制,山、宝之间如平河、泾河、子婴等闸,瞭如指掌,下达射阳、广洋等湖,宽而能行,径奔天妃、石砬等口,近而能泄。故在当日盐、阜未必其独病,而高、宝、兴、泰咸高枕而庆安澜,是开新不如复旧之为愈,而入海得与入江并效矣"。嘉庆十一年(1806),兴化人杨桐等呈略认

---

① 参见姜展:《水乡轶事五则》,《高邮文史资料》第九辑,第249页。

为"五坝创自河宪靳文襄,以救一时之急,但上游地势北高南下,下河地势南高北下,泄水归海之路,在东北之斗龙港、新洋、通洋三港",因此主张"将邮南萃聚之中、新二坝,移建于宝邑白田铺郎儿闸、羊马荡闸两处。淮水由高堰下注,灌满宝湖,先后开此二坝,自上河之上游注下河之下游,有便捷归海之功,无绕淹民田之患,且闸下各有引河,将河之两旁开宽建堤,不过七八里,不费大工,东入广洋、大纵等湖,北连蜆虚、獐狮、马家诸荡,由射阳湖趋阜邑通洋入海"。①又县人郑銮在其《下河水利说略》中也认为,"以靳文襄建坝邮南,泄水归海,径路纡曲,淹灌堤东七州县民田,不若移坝于子婴沟、白田铺、泾河闸,泄水由新洋、射洋归海,又多置闸座,分疏潦宣旱,蓄民命、河防两有裨益"。②

当然,高邮、兴化等县民众希冀南坝北迁以彻底解决本境水患和水事纠纷的愿望只能是一种幻想,主要原因有三:一是经黄河长期夺淮,淮扬运河地势已经变为北高南下,西高东低。高邮以北运河高出运西诸湖,高邮以南运河开始逐渐低于运西诸湖,高邮运河段经常湖河相连,运河东大堤因之比较吃重。所以,宝应坝南迁高邮,必要时开坝以减异涨,是符合实际情况的。南坝北迁,则根本无济于事。正如道光三年(1823)高邮知州叶机所说,"溯自黄河夺淮,淮水尽归洪泽,而黄河各闸坝盛涨减泄又趋洪泽,淮黄同入洪泽之患滋大,不得不开两坝,三河合淮、黄而入高宝等湖,每逢坝水暴至,湖面于运河一片,漕堤民命节节危险。是以前人筹议于高邮,建设南关、中、新、车逻等四坝,由下河各路,东至范公堤之小海、丁溪、草堰等闸,归范公堤外之古河口、王家港口河入海,此湖水入海之道也"。③二是因堵闭邮北东运堤闸坝多年,闸坝下尽属农田,根本没有大的

---

① 咸丰《重修兴化县志》卷二《河渠一》。
② 民国《续修兴化县志》卷二《河渠志·河渠二·运堤坝座》。
③ (清)叶机:《泄湖入江议》,民国《三续高邮州志》卷六《议》,《中国方志丛书》(402),第1023—1024页。

引河直接连通入海。如果要人工开挖入海河道,则事关国家财力和下河民生,其中的阻碍和纠葛不难想象。三是南坝北迁旧址,实质上是以邻为壑,于情于理都难以站得住脚。

第六,开阻水坝圩,以接通坝水归海之路。1921年后,大丰公司西边由东洋港起,沿斗龙港东岸,向北至金墩止,筑有大堤一段,严重阻碍了坝水下泄归海。据民国《续修兴化县志》记载,"下河归海五港,除射阳、新洋两港隶属盐、阜,较易宣泄,余如王、竹两港淤,难通海。惟斗龙为兴境泄水要道,迂回曲折二百余里,平时宣泄已属不畅,然犹恃港东旧有引河七道,凡遇西水下注,平铺入海。故同治五年,清水潭决口,不数日,而水已退尽。民国后,政府袛知垦务为开财之源,而未计及水利与农田生命有莫大关系,以致斗龙港东百余里之草荡尽被大丰、裕华两公司开垦成熟,原河七道亦湮塞无存。该公司各卯西河东均筑有子午大堤数道,皆足为入海之障碍"。又江都第七区水灾救济会电恳铲除盐圩略云:"前清西水下注,除由王、竹、斗龙等港归海外,其各港左右内外各盐场、草荡有支河、汊港,大水可平漫而下,如斗龙之南、王港之北旧有蛤蜊、磨担港、虾蚰港、鸳鸯港、王家港沟、红家沟、洪修德坦沟、储昇裕垣沟、裕厚长垣沟等处,皆能宣泄过量之水。自民国六七年来,范堤以东各盐场、草荡由北京财政部设局放垦,组织公司建筑圩堤,西水入海各港河大半为盐垦公司塞河成田,圈入垦地区内。旧日蛤蜊港等处,今皆满目盐圩,亘百余里,而以草堰大丰公司阻碍西水为尤甚。在该公司自身无独立入海之口,以致西水归海各港为其包围侵占,使下河各县水不得出"。[1]1931年,江淮大水,启放车逻坝、南关坝、新坝,坝水下泄。为了使坝水更快地畅泄入海,江苏省政府派委何海樵偕建设厅技正徐骥、绥靖督办公署参议张瑞堂、东台县长黄次山、兴化代表赵华衮、顾隆宾前往大丰裕华公司,讨论泄水实施办法。最后议决:中卯西河大中集西土坝、子午堤坝、海堤坝,南卯西河土坝,三卯西河新丰集

西土坝、头二、三、四道闸土坝,四卯酉河西段土坝,裕丰公司东子午河土坝,及前中段、北段各土坝,均由兴化与东台民伕启放,并由军队督同施行。且在西水未退尽以前,凡卯酉河及子午河各坝,非先呈县核准不得堵闭。江苏济生会孙黉庥勘得大丰公司未垦之区,有横排长圩堤6道,每道长15里,阻碍排泄,议开810个平决,每20丈开10丈出海水量,增宽度1350丈,水高海滩3尺,平铺入海,当由水灾义赈会拨款办理。兴化县党部代表赵宝森、县政府派员吴楚会同孙黉庥前往开挖圩堤96口,流量甚畅。①

　　第七,疏浚入海河港,以畅坝水下泄之道。启放归海坝后,因河港淤塞而排泄不畅所导致的水事纠纷迭发。为此,必须疏浚入海河港以彻底解决运东泄水问题,否则"将来水量稍加,即成大患,不待三坝全开,或运堤决后,而始成灾患也"。②下河地区水道淤塞、排水不畅,一直以来都是一个严重问题。据周洽《竹冈日记》记载,淮扬运河东堤之东,一片洼区,原有千支百派之河沟为之分泄,"迨清水潭等工屡次溃决,淮黄交注,大水漫淹者十有余载,水溜之所冲,风浪之所击,泥沙停积,河埂削平,而河沟尽垫矣。自今新旧各闸坝、涵洞之水源源泄下,而无通流之沟河为之分泄,其势不得不由卑洼之地淹漫而东,七州县之被淹犹昔也"。③1921年,自8月车逻坝、新坝、南关坝开后,水积地面自四五尺至八九尺不等,原因就在于"惟射阳深广,尚能畅流,新洋、斗龙则迁而淤,犹未尽废;王家港则淤而窒矣。故今日弥望犹茫茫大泽也"。④1931年,"运堤决口,西水下注",也是遇到了入海水道不畅的问题。所以兴化县党部、县长及各公团电呈导淮委员会,"条举疏通下游入海水道"。江苏省政府建设厅乃派员疏浚中卯酉河东端八百丈引河附拟排水工程:一是浚深王、竹两港

---

① 民国《续修兴化县志》卷七《自治志·泄水归海》。

② 《淮安郝绍斌运东泄水建议书》,民国《续修兴化县志》卷七《自治志·泄水归海》。

③ 嘉庆《东台县志》卷一一《水利》,《中国地方志集成·江苏府县志辑》(60),第433页。

④ 《致孙仲英函》,1921年12月11日,杨立强、沈渭滨等编:《张謇存稿》,第339—340页。

海口及引河。王、竹两港自潮水坝迄海口，长约 7 里，浅可涉足，尾闾不畅，腹胀难消，应浚一深水河槽，俾水流集中攻沙入海。王港引河于 1922 年疏浚，均宽 10 丈，均深 7 尺，长仅 40 余里，"余段即不通畅，应继续向上疏浚，以迄草堰闸口"。竹港引河宽仅数丈，"深浅不一，且其屈曲。应自丁溪闸下取一直线，全体疏浚"。二是斗龙港裁湾取直。斗龙港大湾十余处，小湾尤多，"其最屈曲之处，河道绕至二三十里，直程不足一里。裁湾取直，俾入海程因之缩短，即河身比降因之加增，水之下泄因以加速"；三是疏浚大丰、裕华公司各卯西河下段。"大、裕公司南、北、中三卯西河现虽开放，惟泄水情形各有不同。其南卯西河直入王港，三北两卯西河直入矢晚港，泄水均尚通畅。惟其深宽则远不及中卯西。而中卯西东端初不通海，此次新开八百丈，接通王家港下口，出海水流极畅，足为宣泄之大助。惟该公司当时计划祇顾局部出水，未虑西水假道，故各卯西河均未深通。且因自然地势愈东愈见浅窄，一旦水势退落，各河即失其用。宜乘此时机浚深加阔，以利宣泄"；四是增辟南五场入海港口。东台县南五场灶河为数甚多，唯均不通海。而海边三枯树、洋行船港、笆斗山等天然港口与内地灶河不相连接，应加沟通浚深开阔，俾南五场之水独流入海，更可助泄西水。除此之外，下河通海各港疏浚工程还包括由国民政府救济水灾会工赈处第十七区办理的一些河段，比如何垛河施工地段 18.5 千米，除整理旧河 4.5 千米外，其余均为新开河道；竹港施工段计长 13.6 千米，裁湾 4.2 千米，开挖高仰部份 9.4 千米；王家港施工地段原拟 18 千米，仅裁湾 4 千米；斗龙港施工地段计裁湾 4.7 千米。各港开通后，还必须建闸，以资宣泄御潮。1938 年，"西水下注，水久不退"，江苏省政府又组织疏浚，里下河入海工程委员会疏通各港口，排除积水。①

　　总而言之，归海坝启放问题的争执，根本原因在于淮河流域水生态环境的恶化，淮水因黄河长期夺淮而出路不畅。在黄河夺淮期

---

　　①　民国《续修兴化县志》卷二《河渠志·河渠三·斗龙港海口》。

间,淮被黄占,官府为保漕运,大筑高堰,蓄清刷黄,但淮被黄逼,南下高宝湖入运入江。而归江十坝,泄水不及,则有以减异涨的归海各坝之设,于是官民之间、上下河之间的开坝与保坝之争由之而起。咸丰五年(1855),黄河北徙,但淮河尾闾被黄淤高,淮不复回归故道,淮水入江入海不畅问题仍未根本解决。清末民初,导淮之议起,南京国民政府还成立了导淮委员会,但战乱年代导淮工作多受掣肘,进展不大,"下河各州县仍有淮水之害",于是"每遇运河饱涨,邮坝御码头志桩达一丈五尺,地方士绅赴邮保坝。但水势日增,盈堤拍岸,风浪紧急,力不能支,势不得不酌启邮南各坝,以资分泄"。①

　　为了减除下河水患尤其是开坝带来的严重水灾,明清以来的政府在运河区域建设了许多分泄减涨闸坝,并立定闸坝开启的水则,同时,通过采取加固运西、运东大堤,开挖下河阻水横堤圩坝,疏浚下河水道等工程措施,对运河区域水生态环境进行了较为系统的综合整治。这些综合手段和措施,初步构建起了归海坝启放纠纷的预防和解决机制,并取得了一定的成效,在某种程度上减少了开坝的机率和下河水灾发生的频率。因这种归海坝启放纠纷的预防和解决机制没有根本解决好淮水入江入海出路问题,所以每遇淮水异涨之年,下河水患依然严重,开坝与保坝的纷争依旧发生,甚至愈演愈烈。只有到了新中国成立后,中央和地方政府不断组织群众,加固运河东堤,并在西堤筑块石护坡,开挖苏北灌溉总渠,使淮水有了入海的通道,扩大了入江出路,增加了排洪量,最后废除了归海坝,里下河屡遭洪水漫溢的历史从此结束,纷争数百年的归海坝启放纠纷及调处困境问题最终得以解决。

---

① 民国《续修兴化县志》卷七《自治志·保坝》。

结　语

　　南宋以来，淮河流域水生态环境经历了南宋以前淮河独流入海、南宋至晚清黄河夺淮入海、晚清民国黄河北徙、新中国成立以来全面治淮四个历史时期的重大变迁。淮河流域水生态环境变迁的主要表现是河流淤塞改道不常，湖沼变动无居，洪涝灾害频仍，旱魃肆虐不断，滨海陆地盈缩有变，地亩沉浮不定，土壤沙化和盐碱化趋重，总的趋势和特点是水多、水少和水脏问题日渐突出，水生态环境日渐脆弱化和恶化。在黄河侵淮扰淮的七八百年间，淮河流域水生态环境变迁的方方面面不可尽述，举其要者有淮不入海而南下入江、沂、沭、泗不再入淮而独流入海，豫皖间之河道沟渠均为黄河泛滥而填没，洪泽湖以及运西湖泊群、淮河中游湖泊群、南四湖的兴起与扩大，滨海陆地和河口三角洲的延伸，"淮之上游行于山谷间，惟因山无林木，砂石随流而下，故在豫省淮河之底已高于古代淮河之底三丈以上"，洪泽湖因修筑高堰导致沙停淤积"已淤高一丈五尺以上，湖底高于下游淮扬地面六公尺以上"，"古代南北两汝河合流入淮，自元时在郾城南障断后，北汝乃折北入颍"，淮南"陂利久不可考"，淮北平原数十万平方千米古代沟洫之制"荡然无存，河渠尽塞，水至则泛滥无涯，水去则赤地千里"，等等。对于淮河流域水生态环境的恶化性变迁,"论者惟归咎于黄河之破坏,而其实半由人事也"。
①其实,地形地势、气候变迁、黄河不时自然南泛等自然因素属于慢变因素,而国家政治集团发动的频繁战乱,以水代战,战争对淮河流域森林植被的破坏,以及不合理的围垦湖沼洼荡、占垦陂塘、堵水养鱼捕鱼、政府大规模的治水保运、护明祖陵等人为因素则是快变因子,在淮河流域水生态环境变迁过程中始终起着重要作用。若从较短时期来观察,这种不合理的人类活动因素对淮河流域水生态环境变迁所施加的负面影响,则速度越来越快,程度则愈来愈深。即使某个时期自然因素(如黄河夺淮之初和黄河北徙之时)占据支配地位,也往往与人为因素有一定的关系。淮河流域水生态环境这种脆弱化、恶化性变迁,反过来又导致了淮河流域在南宋以后出现以人口凋零、作物衰微、商务不兴为内容的经济衰颓,以灾民抢夺、盗匪盛行为表征的社会动荡,以重武轻文、颓风蔓延为标志的风气不振。

淮河流域历史上水事纠纷的频繁发生以及类型的多样化、纠纷的激烈化,有着多方面的复杂原因:首先,南宋以来淮河流域水生态环境的脆弱化、恶化性变迁是淮河流域水事纠纷频发的宏观背景和环境基础。淮河流域历史上水事纠纷的频繁化、尖锐化趋势与南宋以来淮河流域水生态环境脆弱、恶化性变迁趋势是一致的,黄河长期夺淮使淮河入海不畅,淮河及其支流上游河道淤积,河床抬高,下游泄水受阻,河道上下游、左右岸一直存在着排涝、泄洪的矛盾。而河道湖泊长期的淤积变迁,则使河湖海滩地、荡地变动频繁,造成个人与个人、个人与集体、集体与集体、行政区域之间的占垦、围垦水涸地的纠纷。频仍而严重的水、旱、潮灾则直接诱发了以争夺水资源和防治水害为目的的各种水事纷争。虽然不是所有的自然灾害都会导致水事纠纷的发生,但是在洪涝灾害与排涝泄洪纠纷之间、旱卤灾害与争水御卤纠纷之间存在正相关的关系,则是毋庸置疑的。如乾隆七年(1742),扬州北湖地区大水漫溢,"愚民盗决堤",原因是

---

① 宗受于:《淮河流域地理与导淮问题》,第 43—49 页。

"水溢六年矣"而不得有效治理。故当有司惩治盗决者时,居然有人挟怨窜入居赤岸湖的王仲徕父名。此时王仲徕不是积极为父寻找证据以辩白之,而是代父就擒,并涕泣请求当事者处理他,理由是水溢多年,"堤决则死缓,堤不决则死速。堤决,家一人死,堤不决,合家且死"。[1]因严重水灾而导致淮河流域历史上经常发生盗掘堤防、以邻为壑的水事纠纷事件。

其次,南宋以来淮河流域水生态环境的恶化所导致的淮河流域经济衰颓、社会动荡、风气不振,是淮河流域历史上水事纠纷多发和激化的人文导因。商务不兴,经济衰颓,使淮河流域长期处于农耕社会的初级发展阶段,当地民众的生活主要依赖土地收成,这种经济发展模式不仅易受水旱潮灾的打击破坏,而且也增强了对土地、水资源的过分依赖,对水事利害关系的变化变得更加敏感。而战乱频发,盗匪盛行,重武轻文,颓风蔓延,则又助推了淮河流域水事纠纷的爆发和纠纷过程中的争勇斗狠和大规模的武装械斗。

第三,淮河流域行政区划的变迁以及水系区划与行政区划之间的矛盾,是行政区之间、上下游和左右岸之间频繁发生水事纠纷的重要制度诱因。南宋以来,随着水生态环境的变迁,行政区划也进行了相应的变动与调整,因之出现了省间县际之间的疆界错壤、军民杂居、民灶插花之类的行政区划矛盾,形成了诸如陈应芳所提到的"五州县(指泰州、高邮、宝应、兴化、盐城)之交壤也,诸盐场之错居也,田间水道有此谓可通而彼谓可塞者,有彼见为利而此见为害者"[2]复杂水事关系。同时,又因此疆彼界之间往往以河湖中心或界沟为界线,但河湖界沟又经常会淤塞改道或湮没无存,这就易发行政区之间、上下游和左右岸之间、军民之间、民灶之间的水事纠纷。

最后,趋利避害、最大化地追逐个人或局部利益是淮河流域水事纠纷频发的根本动因。万历《蒙城县志》作者在谈到水事纠纷产生

---

[1]　嘉庆《扬州北湖小志》卷四,《王仲徕传第十三》,《中国方志丛书》(410),第169页。

[2]　(明)陈应芳:《敬止集》卷一,《四库全书》本。

的原因时,一语中的,曰:"饥马在厩,寂然无声,投刍其旁,争心乃生。故文王乃能使虞芮之质成,不能使虞芮之无争,此吴楚之衅始于一女子也"。①所以,我们经常发现,淮河流域许多水事纠纷的发生,都与争夺水资源控制权、分配权及各种水事利益有关。抢占水涸地、霸占灌溉水源、侵占陂塘、筑堤阻水、壅水捕鱼、争夺枢纽水利工程管理权、抢夺码头以及水上运输线,既是水事纠纷多样化类型的表现,又是多样化类型水事纠纷发生的根本动因,实质上都是利益驱动的结果。

淮河流域水事纠纷成因复杂,而且类型多样,大凡其他各地发生的水事纠纷类型也都能在淮河流域历史上找到。与相邻的西北、华北干旱半干旱地区多表现为争水纠纷不同,淮河流域水事纠纷是争水纠纷、排水纠纷、用水纠纷以及行政区、上下游左右岸、部门和行业之间的纠纷都有,而且普遍而广泛,明显表现出淮河流域自身水事纠纷种类繁杂的特色。从水事纠纷形成的原因来看,淮河流域水事纠纷有抢种水涸地纠纷、争灌溉水源纠纷、盗挖堤防以邻为壑或修堤堵水妨碍上游泄水的防洪排涝纠纷、壅水捕鱼养鱼之水资源利用纠纷、争夺水利工程管理权纠纷、争夺水上运输控制权纠纷等等。从水事纠纷主体构成来看,淮河流域水事纠纷可分为个人与个人、个人与集体、集体与集体、行政区域之间、上下游和左右岸之间、经济部门和行业之间等多种类型的纠纷。由于淮河流域地跨豫、皖、苏、鲁、鄂五省,省、州、县级行政区众多,并历经多次变动,行政区划与水系区划又不一致,河道上下游多分属于不同的行政区,同时淮河流域又是河政、漕运、盐政的要地,农业与交通、农业与盐业部门之间围绕水的问题又不时发生磨擦,所以淮河流域水事纠纷多表现为行政区之间、上下游左右岸之间、农业与交通、盐业部门之间的纠纷,这些水事纠纷尽管在其他区域或多或少的存在着,但淮河流域历史上这三种类型的纠纷却相当突出,且规模大而异常激烈。

---

① 万历《蒙城县志》卷一《舆地志·疆域》。

　　淮河流域众多类型的水事纠纷,因水生态环境变迁的差异性而呈现出了不均衡分布的特点。纠纷的集中爆发地多是水生态环境比较脆弱和敏感地带,如防洪排涝纠纷以及行政区划之间、上下游和左右岸之间的水事纠纷多发生在里运河一带的上下河地区、苏鲁边界的沂沭泗流域、豫皖边界的贾鲁河、惠民河、双洎河、洪河、汝河、沙颍河以及涡河流域,苏皖边界的龙、岱河地区以及洪泽湖地带等。而争水灌溉纠纷多集中爆发于淮河流域西南部山地丘陵地带,如河南固始县境内的清河灌区以及安徽寿县境内的芍陂灌区。而淮河流域运河沿岸上下游因元明清王朝保漕政策的实施,国家和地方社会、上下游地方社会之间的防洪灌溉矛盾也一直很突出,所以洪涝季节排水纠纷占主导,干旱季节则争水灌溉纠纷占大多数。

　　淮河流域水事纠纷还有高复发性和冲突激烈性的特点。有些地方的水事纠纷一直没有得到根本解决,所以敏感点多而不时爆发水事冲突,如苏鲁边界水事纠纷、里运河上下河的开坝与保坝纠纷、通扬运河上的徐家坝开塞纠纷等等,多是纷争数百年之久。水事纠纷本身是一种水事利益争端,人们为了自己利益最大化而不惜舍身就死,加之淮河流域民风强悍,极易使水事纠纷扩大化、尖锐化,最后演变成大规模的武装械斗。前文述及的河南项城县与安徽临泉县之间的娘娘坟水利纠纷、苏皖之间龙山、岱山河开浚纠纷、河南永城县与江苏砀山县之间的顾家口纠纷、苏鲁边界的丰鱼水道纠纷、河南省内蔡县与遂平县之间的"吴家岭"扒堵纠纷、江苏省内宿迁与泗阳县上下游扒堤纠纷,等等,都伴有大规模的武装械斗,皆有重大的人命伤亡。对于淮河流域水事纠纷的冲突激烈性和严重的破坏性,清朝一些大臣和学者都有很深的认识,如张之洞说淮河流域水灾频繁,"民不堪其患,则筑埂以邻为壑,械斗戕生,积年相寻,命案至不可枚举"。①水利

---

　　①　《张文襄公奏稿·为拨款疏浚江皖豫三省河道以兴水利而除民患事》,光绪二十一年(1895)十二月二十八日,转引自中国水利水电科学研究院水利史研究室编:《再续行水金鉴·淮河卷》,武汉:湖北人民出版社,2004年,第460页。

专家胡雨人在《江淮水利调查笔记》中谈到民便河上下游的水利纠纷时也说:"数十年官禁何等森严,彼竟不畏犯法者。则以犯法而诛死,与淹没而饿死,同一死也"。①淮河流域历史上水事纠纷的激烈性程度,从中可窥一斑。

淮河流域历史上水事纠纷的频发及其强烈的破坏性,对淮河流域环境与经济社会发展产生了严重影响。一是对淮河流域水生态环境的破坏。淮河流域很多水事纠纷多发生在水生态环境脆弱、敏感区,如果水事纠纷得不到及时有效地解决,反过来会加剧当地水生态环境的进一步恶化。关于这一点,民国时期的学者宗受于有很深的认识,认为淮北"盐河纵贯沂沭之间,受中运双金闸盐河闸泄出之水,沿黄河北堤东行,至涟水折北,至老堤头折西北至灌云,分三道,其西一支通新浦、临洪口,中一支北通西墅,皆有堰。其东一支名烧香河,下通海,但已淤塞。盐河东岸泄口甚多,但皆坝断不能泄,此为海属水害唯一病源";而"灌河为黄南江北第一大港,自响水口至开山约七十里,响水河口底在海平面下,其河宽与深度均为各港之冠","今口门之淤,皆数百年来以人力破坏天然形势所致。淮北之人专顾运盐之便,筑塞五丈龙沟,使两六塘之水不能东流,逼全体之水入盐河,造成淮北之水患,而大潮河潮流因之阻迟,转运莫出其途,乃成盗薮,人皆知其害而无敢言者"。②可见,淮北盐河上盐商蓄水运盐与地方民众防洪之间的矛盾纠纷,使原本就深受黄河夺淮之害的沂沭泗水系雪上加霜,淮北水系受到了人为因素的严重干扰,加重了淮北的水患。

二是水事纠纷加剧了水旱灾情,造成了人助天灾的局面。如在河南固始县西北隅之上曲河末坝,"有会邱湖阴垱一道,下入牛毛池,即泄入下曲河首坝之关键也","上游不虑其淹,下游不虑其干,并可免土埂崩溃,一泄无余之巨患,洵至善也"。但迄同治年间,有土

---

① 胡雨人:《江淮水利调查笔记》(辛亥年),见沈云龙主编:《中国水利要籍丛编》第三辑,第48页。

② 宗受于:《淮河流域地理与导淮问题》,第37—38页。

豪刘刚不顾公益,为避免阴垅冲其田一石数斗,擅自将该处阴垅拆毁,"由是五十年来,每遇干旱,下游因涓滴不获,往往有抢水、偷水、聚众轰抢、历兴命案之大狱;若逢雨水涨涝,上游既苦其淹,而埂崩工繁,且行一泄无余之累"。①在安徽寿县芍陂灌区,因豪强阻截上游陂源,导致其他近陂居民在旱时不能获取充足水源及时加以灌溉,使得旱情日趋加重。在淮安山阳县,有强佃刁民"遇旱年则筑坝以蓄己水,既令己田充足,并可偷卖得钱;遇水年则放水以淹邻田,抑或纠凶堵坝,不许他人宣泄。此等不循疆界,损人利己之佃,每每怂恿业户,滋生事端,强佃预为秋成少租地步。业户不知底里,竟为强佃所惑,讦讼不休"。②在高邮,"近年(道光年间)河荡归海去路,诚有奸民筑坝河心。遇水小则筑于下口以专利,而下游旱;遇水大则筑于上口以免害,而上游潦。③同治元年(1862)江淮大旱,"宝应据高邮上流",于是壅水为己利,而导致下游的高邮灌溉用水短缺。④在阜宁一带,一些盐商为了运盐便利,常常偷挖捍海堤或者挡潮闸坝,使得卤水得以长驱直入,造成严重的卤水之灾。⑤1931年江淮大水灾时,里运河一带上、下河之间的开坝与保坝纠纷相当激烈,作为上级主管的江苏省政府并没有很好地担当起协调与决策人的角色,未能对社会资源进行有效的整合并进行科学的决策,从而延误了开坝的最佳时机,造成运堤的全面溃决和水患灾情的急剧扩大。

三是水事纠纷是一种消极的社会现象,不可避免地给淮河流域地方社会秩序带来极大的冲击。广泛而普遍、高复发性的水事纠纷,是淮河流域社会动荡不安的重要因素,冲突乃至械斗的发生,强化

①　桂林:《固始水利纪实》第十一编,《水利公牍·详报河南巡按使重修会邱湖阴垅开工日期呈请查核由》,1918—1919年铅印本。

②　(清)李程儒辑:《江苏山阳收租全案》,见《清史资料》第二辑,北京:中华书局,1981年,第9页。

③　道光《续增高邮州志》第二册,《河渠》,《中国方志丛书》(154),第205页。

④　光绪《庐江县志》卷八《官绩》,《中国地方志集成·安徽府县志辑》(9),第263页。

⑤　民国《阜宁县新志》卷九《水工志》,《中国方志丛书》(166),第736—740页。

了淮河流域强悍的民风以及重武轻文的文化传统,淮河流域历史上频发战乱以及政治集团迭兴,都可以从淮河流域历史上高发激烈的水事纠纷中找到其中的背景。

针对淮河流域历史上多发水事纠纷的状况,国家和民间社会都从源头上就做了大量的预防和化解工作,通过培育息讼文化价值观、构建民间纠纷排解机制、制定和完善相关水法制度、加强和完善水利工程的规划和管理等一系列的文化、社会、法律、行政等制度和措施,构建起了较为系统的水事纠纷预防与消解机制,并使之在淮河流域地方社会稳定中发挥重要的减压阀和平衡器作用。淮河流域历史实践证明,在淮河流域水事纠纷的解决过程中,无论是自然人还是组织体,一定程度上都发挥了纠纷解决主体应有的调处作用,诉讼和非诉讼模式以及行政、法律、经济、水利工程等工程与非工程措施构成的多元化水事纠纷解决机制运行有序,尊重历史、恢复原状、维持现状、统筹兼顾的原则也坚持和运用得比较好。

淮河流域水事纠纷的调处和综合治理过程中,国家力量一直占据主导地位。这与西北、华北以及江南、华南地区有很大的不同。历史上的西北、华北皆为缺水地区,一直依靠其稳定的水利组织及其代代相传的"水册"、"水则"、"渠规"等来引导和规范、调处当地的水事活动及矛盾纠纷。在江南、华南则是依靠宗族及宗族间的对话来解决。但是,淮河流域是黄河、运河、淮河、长江交汇区,同时也是我国重要的食盐产区,河工、漕运、治淮、治运皆事关历朝历代的国脉,故淮河流域尤其是淮河下游的水事活动、水事关系以及水事纠纷的解决都引起了国家的全面而强力的干预。如在淮河流域运河地区,元明清官府制定了比较完善的防洪法规、漕运法规对河、淮、运地区进行着实效控制和管理,对盗决或故决黄河堤防尤其是盗决河南、山东、江苏境内的黄河堤防以及运河"水柜"堤防的水事违法案件,都规定了十分严厉的惩罚措施;而对运河沿岸用水秩序也作了先国家后地方、先漕运后灌溉、先保运泄洪后民间防洪的水事秩序,且不容违抗。虽有不少淮河流域地方官能较好地协调国家和地方这种漕运和民间防洪灌溉矛盾,但最终还是无法突破先国家后地方的用水使水秩序。在两淮盐产区以及盐运区,我们也看到了国家的强力介入,先国家后地方、先盐运后农业防洪灌溉的水事秩序即是明证,前文述及的关于农业与盐业部门之间水事纠纷的众多案例都是此种水事秩序所造成的矛盾纠纷。这种强国家弱社会的水事秩序即使到了民国时期也未加改观。如1935年8月黄河决口,洪水进入苏北以后,虽然国家和地方社会围绕防洪问题矛盾重重,但我们看到的依然是国家的强权介入。这可以从原沭阳县长邓翔海《七十浮生尘影录》中的一段描述得到验证,曰:"正余(为灾害严重)极度感伤之际,忽有人来报称:刘老涧拦河筑坝三道,淮河正流滴水不透,全部黄水进入六塘河。刘老涧即沭河北岸六塘河之分流处。导淮工程处为顾全其导淮工程起见,故于此处筑坝,拦截泛入淮河之黄水,使旁出六塘河,以免淮河下游之土方工程,受黄水之冲刷,致毁其导淮之功。不知六塘河为淮水支流,其宽度与深度,只能容纳少量之淮水,今将淮河正流全部堵塞,迫使汹涌而来之黄水,全入六塘,则六塘之遭溃决,乃势所必至也。导淮为国家百年大计,导淮工程自顾其巨大之工程,不得已予以堵塞,于急不可择之中,为成全大者而牺牲小者,自亦情有可原,惟事先对余严守秘密,使我与沭阳民众十万人,栉风沐雨,昼夜无间之抢修旧堤,而不早令我预筑遥堤,使吾沭人民遭此无谓之损失,实不能令人谅解也。正余怨恨未消,忽又有人报称:六塘河下游在灌云县境内之原门等河,亦已筑坝遏阻水之下行。余初以为必无此事,及以电话询之灌令许君协撰,乃知系奉省会办理,确有其事,并谓因省令在刘老涧筑坝,至黄水直冲灌云盐场,财政部电责省府赔偿一年三千五百万之盐税。省府不得已而出此"。[1]国民政府导淮委为保导淮大计、财政部为保盐税皆不惜牺牲苏北地方社会的利益,既要代表国家又要代表地方的江苏省政府身处其中,代表地

---

[1]　参见吴澄原:《民国二十四年苏北十县水灾》,政协淮阴市委员会文史资料委员:《淮阴文史资料》第八辑,1989年,第255—256页。

方的角色严重弱化。在淮河流域省间县际之间一旦发生水事纠纷，国家力量出面主持协调或裁决更是必不可少。即使在山地丘陵地带稍大一些的带有公益性的公共水利工程如河南固始的清河灌区、安徽寿县的芍陂灌区，虽然有民间乡绅以及塘长、门头、闸夫之类的水利组织发挥着纠纷治理和调处的作用，但在水利工程的兴修和维护、水事纠纷的解决过程中依然离不开国家力量的组织、引导和规范。国家力量介入公益性公共水利工程，主要原因无外乎有二：一是基于传统农业社会对水利重要性的认识，所谓"天下大利必归农，农事优劣在水利"；^①"古来牧民之道，莫大乎水利兴，水利兴则民受福祉无穷焉"^②。二是水利受益者个体公共道德水准不一，在公益性公共水利工程上纷纷追逐个人水事利益的最大化，难免会导致西方经济学者所提出的"公地悲剧"(The tragedy of commons)，即草场(资源)为公共所有，羊(利润或产品)为个人所有，结果是"草场上拥挤的牲畜将导致过度放牧和土地资源的破坏"。^③民国《光山县志约稿》作者曾引用了一句"官塘漏，官马瘦"民间谚语，说明了公共水利工程兴修和维护中存在的"公地悲剧"现象，并分析道："盖无知小人，祇知利己，而全无公德心也。故百年以来，人烟繁盛之区，私人塘堰百倍于旧志，而公家塘堰或为豪强所侵占，或为大水所败坏"，于是建议对这种公共水利工程要官为主导，岁岁修理，否则"莫为之继，最易湮废"，"岁久而渐失其利"。^④

南宋以来在淮河流域各种水事纠纷类型中，行政区之间的水事纠纷最为普遍而复杂，而且也是预防和解决最为困难的一种纠纷。若与同时期的其他区域相比，淮河流域行政区之间的水事纠纷问题

---

① 《详报挑挖各区沟沟渠情形文》，民国《蒙城县政书》辛编，《水利》。

② 同治《六安州志》卷八《水利》，(清)卢见曾《七家畈下官塘记》，《中国地方志集成·安徽府县志辑》(18)，第103页。

③ [美]罗伯特·考特、托马斯·尤伦：《法和经济学》，张军译，上海：生活·读书·新知三联书店，1994年，第253页。

④ 民国《光山县志约稿》卷一《地理志·水利》，《中国方志丛书》(125)，第65页。

也是最为突出而富有特色的。之所以说是普遍，是因为这种行政区之间的水事纠纷在豫皖、苏皖、苏鲁省界之间以及豫、皖、苏、鲁四省境内州县之间都有发生；说其复杂，是因为它多和上下游、左右岸之间的水事纠纷以及行政区划矛盾搅在一起；说其预防和解决困难，是因为前文述及的很多酿成大规模的械斗、纷争数百年都没有得到根本解决的水事纠纷多是行政区之间的水事纠纷。造成淮河流域行政区水事纠纷频发及解决困难的原因，除了前述的行政区划矛盾以及水系边界与行政边界不一致的因素之外，更为重要的原因是行政区之间缺少充分的沟通，难以统筹兼顾涉水冲突各方的水事利益。在干旱、洪涝、卤水、潮灾面前，相邻各方都优先考虑己方利益，结果往往会使对方利益受到损害。当纠纷发生后，又仅从本地区利益出发，一般不会统筹考虑，更不会设身处地为对方着想。所谓"虽屡经断结，亦随时翻异，皆缘长民者不知大体，各私其民"①即是。如此，便出现了博弈论中广为人知的"囚徒困境"现象。所谓"囚徒困境"，可以理解为参加博弈的双方或多方在实现没有充分沟通，或即使沟通也未达成真正共识时，各方都倾向于选择自己认为最好的结果，但这样选择的结果最终使各方都不能达成理想的目标。实际上，各方一致希望看到的结果出现在各方都选择各自相对比较糟糕的策略的时候，即当各方都倾向于谋求各自私利的时候，就会导致一个糟糕的结果。②从淮河流域旧志记载来看，淮河流域历史上行政区之间水事纠纷的各方从优先考虑本地方利益角度来求得纠纷解决的并不在少数，而且当地的地方志也是把在水事纠纷中追求本地利益最大化、受损最小化的官员和士绅作为一项很大的宦迹和事迹载入的，如万历初的汜水知县周濂，见"邑有黄河退滩，没于河阴者，力争还之"。③万历七年（1579），知盐城县的杨瑞云，见"兴化被水，当事者

---

① 道光《鄢陵县志》卷六《地理志下·堤防·流颍河堤》。
② ［美］阿维纳什·K.迪克西特、巴里·J.奈尔伯夫：《策略思维——商界、政界及日常生活中的策略竞争》，王尔山译，王则柯校，北京：中国人民大学出版社，2002 年，第 75～98 页。
③ 民国《汜水县志》卷三《职官·明名宦》，《中国方志丛书》（106），第 194 页。

屡遣诸县令率丁夫开石砝口,瑞云以死抗拒之,卒不开".①天启年间,"项地有莲桥等坡遇雨辄积水灌莽,项人控上台,欲凿河泻之",结果遭到沈丘县令宋修对的强烈反对,事"遂已","沈民不为波臣,公之力也"。②明代西华县令尉在廷,"拒邻境曲防之害,力请于上,几以身殉百姓而不恤也"。③万历年间,扶沟知县全良范,"当西华令之来争蔡口也,旁无人矣,侯于舟中徐应之曰:'疆场之邑,一彼一此,君所明也。一旦阑入而壅数千百年之水,于汝安乎?'令忽自失噤口,不能对。诸从行者,亦被□呵而去";④还有明代扶沟知县管应凤,见"强邻有决水嫁祸者",乃"怒目视,皆辟易优";⑤至清代康熙时,扶沟县依然是"五河交灌,恒苦为壑,而鄢陵、西华又交争不已。黄甫冈、秦家冈,邑之保障也。鄢陵欲凿之以泄水。张单口,古蔡河故道也,西华欲塞之以壅水",康熙五十四年(1715)任扶沟知县的郁士超乃"两捍强邻,不遗余力,两县之谋始息",⑥后"鄢人盗凿小北关,放水南注扶之西南,力争得直,卒议杜塞"。⑦康熙年间,通许县知县刘樾黄见"河决水溢,杞境壅塞下流","力争,乃免曲防之患"。⑧如果行政区之间水事纠纷的解决路径陷入此种"囚徒困境",最终的结果是纠纷双方难以达成一致解决意见,最后要么一方强势压倒另一方,使纠纷暂时得以平息,要么使得纠纷久拖不决,因此,纠纷的反复性、高复发性是行政区之间水事纠纷的一个重要特点。

当然,我们说淮河流域历史上行政区之间水事纠纷问题突出,

---

① 光绪《盐城县志》卷八《职官志下》。

② 康熙《开封府志》卷二十二《名宦下》。

③ 乾隆《陈州府志》卷十四《名宦》。

④ (清)杜化中:《邑侯中恪全公德政碑》,光绪《扶沟县志》卷十四《艺文志上·碑记》。

⑤ 光绪《扶沟县志》卷五《官师志·名宦传》。

⑥ 光绪《扶沟县志》卷五《官师志·良政传》。

⑦ 乾隆《陈州府志》卷十四《名宦》。

⑧ 乾隆《续河南通志》卷之四十九《职官志·名宦一》,《四库全书存目丛书》(史220),第505页。

解决时很难突破"囚徒困境"以及行政区划体制的障碍,并不等于说淮河流域历史上就绝对没有解决行政区之间水事纠纷的成功案例。我们从淮河流域旧志中,也能发现有些行政区水事纠纷的当事方能够跳出"囚徒困境"思维,积极寻找双方的共同利益,通过有效的沟通并在此基础上寻求能够达到各自期望的最佳结果的契合点,进而达成合作,以最终解决水事纠纷。如前述的嘉庆《洧川县志》卷四所记载的雍正年间洧川知县常琬,不辞勤苦,对发生在该县境的贺子坡决水纠纷,统筹兼顾地加以调处,于是洧川、鄢陵、扶沟三县之民皆感激之。同治元年(1862),适逢江淮大旱,"宝应据高邮上流",壅水为己利,以致下游的高邮灌溉用水短缺,于是"两邑民争水利,聚众械斗"。如果都从优先维护本地利益出发,纠纷的解决肯定陷入僵局。但是作为涉水冲突一方的宝应县知县姚继韶不是陷入纠纷一方主体角色当中不能自拔,而是从大局着眼,又担当起了纠纷双方的调处角色,并耐心细致地做好了本地民众的说服工作,即"亲诣勘验,婉言开导,不遏其流",最后纠纷得以解决,"两邑俱庆丰收"。[1]这就给当今淮河流域甚或全国的行政区之间水事纠纷的解决提供了一种有益的经验和启示,那就是只要纠纷双方"通力合作,补罅窒漏,不专利以自封,勿以邻而为壑"[2],本着团结合作、统筹兼顾、互利互惠、各让一步的原则,其矛盾纠纷是可以缓解甚至最终得到圆满解决的。

至于在解决行政区之间水事纠纷时,如何处理行政区划矛盾和水系边界与行政边界不一致的掣肘时,淮河流域历史上的一些做法和一些学者的思考,也很值得当今相关决策部门深入思考和学习。首先,在水资源开发、保护、利用和防治水害过程中要有大局、整体的观念和意识,在围绕水体做相关决策时,要认识到"吾国水利已成

---

[1]　光绪《庐江县志》卷八《人物志·官绩》,中国地方志集成·安徽府县志辑(9),第263页。

[2]　同治《重修山阳县志》卷三《水利》。

为整个问题,决非一省一县单独之事也"①,更要尽量避免"言河不及淮,言淮不及江;甚而言之,苏不及皖,鲁不及豫,郡邑效之,言北乡之水者,拒南乡之所利;言东乡之水者,拒西乡之所利,绝无大小轻重缓急之通商"②的弊端。其次,既要认识到行政区划矛盾以及水系区划边界与行政区划边界不一致是一些行政区之间水事纠纷产生的重要原因,又要充分认识适当的行政区划体制改革也是预防和解决一些行政区水事纠纷的行之有效的行政手段。据记载,河南"陈州诸属未经统辖之时,有彼此因水患争讼百余年者"。但后来多发纠纷的各县因统归陈州府管辖,行政区划体制得以理顺,"水患既平,民怨尽释,且均属一府,更无偏狥,易为调剂"。③又如河南鄢陵、西华县交界有一重要的流颍河堤,两县就此堤经常发生分修以及决水之争,所以当时就有人建议,"若将此地并入一邑,则无牵制之病矣"。④对于阅时已久的苏鲁边界水事纠纷解决的困局,民国时期的学者吴钊就认为,"至于根本解决,则此鲁南苏北之区域中,其水利行政,应另有统筹机关,不为省界所限。然后据客观之事宜,凭技术之眼光,从容研讨,定其方案,必无畸轻畸重之病,可免此疆彼界之争矣"。⑤新中国成立后,淮河流域终于有了水利部淮河水利委员会以及淮委沂沭泗水利管理局这样统一的流域管理机构。所以,我们有理由坚信,淮河流域水生态环境将会越来越得到改善,水事纠纷会愈来愈少,一个人水和谐共生、安定和谐的淮河流域社会很快会实现。

---

① 《陇海全线调查·邳县》,1932年,第41页,中国第二历史档案馆:全宗号六六九,案卷号2928。

② 盛颂文:《为水利告皖人书》,《农学杂志》1928年第3期,第120页。

③ 乾隆《陈州府志》卷首《凡例》。

④ 道光《鄢陵县志》卷六《地理志下·堤防·流颍河堤》。

⑤ 吴钊:《苏鲁水利纠纷之检讨》,《苏声月刊》1933年第1卷第3/4期合刊,第28页。

参考文献

一、地方志

乾隆《续河南通志》,(清)阿思哈,(清)嵩贵纂修,《四库全书存目丛书》本。

民国《河南新志》,(民国)刘景向总纂,河南省地方史志编纂委员会、河南省档案馆整理:《河南新志》,郑州:中州古籍出版社,1988年。

康熙《考城县志》,(清)陈德敏修,(清)王贯三等纂,清康熙三十七年(1698)刊本。

康熙《开封府志》,(清)管竭忠,(清)张休纂修,清康熙三十四年(1695)刻本。

光绪《祥符县志》,(清)沈传义,(清)黄舒昺等纂修,清光绪二十四年(1898)刻本。

民国《汜水县志》,(民国)田金祺等修,(民国)赵东阶等纂,《中国方志丛书》本。

乾隆《中牟县志》,(清)孙和相修,(清)王廷宜纂,《中国地方志集成》本。

同治《中牟县志》,(清)吴若烺、路春林纂修,《同治中牟县志》(上、下册),郑州:中州古籍出版社,2007年。

民国《中牟县志》,(民国)萧德馨修,(民国)熊绍龙纂,《中国地方志集成》本。

宣统《陈留县志》,(清)武从超、(清)赵文琳纂修,清宣统二年(1910)石印本。

乾隆《通许县旧志》,(清)阮龙光修,(清)邵自祐纂,《中国方志丛书》本。

民国《通许县新志》,(民国)张士傑修,(民国)侯昆禾纂,《中国方志丛书》本。

道光《鄢陵县志》,(清)何鄂联修,(清)洪符孙辑,清道光十二年(1832)刊本。

嘉靖《尉氏县志》,(明)汪心纂修,《天一阁藏明代方志选刊》本。

道光《尉氏县志》,(清)沈湘修,(清)王观潮纂,清道光十一年(1831)刻本。

嘉庆《洧川县志》,(清)何文明修,(清)李绅纂,清嘉庆二十三年(1818)刻本。

乾隆《郑州志》,(清)张钺、毛如诜纂修,清乾隆十三年(1748)刻本。

康熙《郑州志》,(清)何锡爵修,(清)黄志清纂,《郑州历史文化丛书》编纂委员会编,孙玉德校注:《康熙郑州志》,郑州:中州古籍出版社,2002年。

乾隆《新郑县志》,(清)黄本诚纂修,清乾隆四十一年(1776)刊本。

民国《郑县志》,(民国)周秉彝修,(民国)刘瑞璘纂,《郑州历史文化丛书》编纂委员会编,李红岩校点:《民国郑县志》,郑州:中州古籍出版社,2005年。

民国《河阴县志》,(民国)高廷璋修,(民国)蒋藩纂,《民国河阴县志》,郑州:中州古籍出版社,2006年。

民国《密县志》,(民国)汪忠修,(民国)吕林钟、阎凤舞纂,《中国地方志集成》本。

乾隆《荥泽县志》，（清）崔淇修，（清）王博、李维矫纂，经书威主编：《乾隆荥泽县志点校注本》，郑州：中州古籍出版社，2006年。

乾隆《荥阳县志》，（清）李照修，（清）李清纂，刘岳、程莉校点：《乾隆荥阳县志》，郑州：中州古籍出版社，2006年。

民国《续荥阳县志》，（民国）张向农修，（民国）张炘、卢以治纂，《中国地方志集成》本。

乾隆《归德府志》，（清）陈锡辂、永泰修，（清）查岐昌纂，清光绪十九年（1893）刻本。

光绪《柘城县志》，（清）余嘉谷倡修，（清）元淮、郭藻、傅钟浚纂修，清光绪二十二年（1896年）刊本。

康熙《宁陵县志》，（清）王图宁修，（清）王肇栋纂，清光绪十九年（1893）汪钧泽刻本。

宣统《宁陵县志》，（清）吕敬直、史冠军编纂，河南省宁陵县地方志编纂委员会：《宁陵县志》，郑州：中州古籍出版社，1989年。

光绪《鹿邑县志》，（清）于沧澜、马家彦修，（清）蒋师辙纂，清光绪二十二年（1896）刊本。

嘉靖《夏邑县志》，（明）黄虎臣等纂，《天一阁藏明代方志选刊》本。

民国《夏邑县志》，（民国）韩世勋等修，（民国）黎德芬等纂，1920年石印本。

光绪《永城县志》，（清）岳廷楷修，（清）胡赞采、吕永辉纂，清光绪二十七年（1901）刻本。

光绪《续修睢州志》，（清）王枚纂修，清光绪十八年（1892）刊本。

民国《淮阳县志》，（民国）朱撰卿等修，1916年刻本。

正德《汝州志》，（明）承天贵纂，《天一阁藏明代方志选刊》本。

道光《直隶汝州全志》，（清）赵林成、白明义纂修，台北学生书局本。

嘉庆《鲁山县志》，（清）武亿、董作栋纂，清嘉庆元年（1796）刊本。

康熙《汝阳县志》，（清）邱天英修，（清）李根茂纂，清康熙二十九年(1690)刻本。

道光《重修伊阳县志》,(清)张道超、马九功纂修,清道光十八年(1838)刻本。

嘉靖《许州志》,(明)张良知纂修,《天一阁藏明代方志选刊》本。

乾隆《长葛县志》,(清)阮景咸撰,清乾隆十二年(1747)刻本。

民国《重修临颍县志》,(清)陈垣等修,1916年铅印本。

民国《郾城县记》,(民国)周世臣编,1934年刻本。

乾隆《襄城县志》,(清)汪运正纂修,清乾隆十一年(1746)刻本。

嘉庆《汝宁府志》,(清)德昌修,(清)王增纂,清嘉庆元年(1796)刊印本。

康熙《上蔡县志》,(清)杨廷望纂修,《中国方志丛书》本。

民国《重修正阳县志》,(民国)陈金三修,(民国)潘守谦等纂,1936年排印本。

康熙《西平县志》,(清)沈棻纂修,(清)李植续修,清康熙三十一年(1692)刊本。

民国《西平县志》,(清)陈铭鉴总纂,1934年北平文华斋刊本。

乾隆《遂平县志》,(清)金忠济修,清乾隆二十四年(1759)刻本。

乾隆《新蔡县志》,(清)王增纂修,《中国方志丛书》本。

民国《重修信阳县志》,(民国)方廷汉等修,(民国)陈善同等纂,1936年汉口洪兴印书馆刊印本。

乾隆《陈州府志》,(清)崔应阶纂修,清乾隆十二年(1747)刻本。

光绪《扶沟县志》,(清)熊灿修,(清)张文楷纂,清光绪十九年(1893)大程书院刻本。

民国《太康县志》,(民国)杜鸿宾修,(民国)刘盼遂纂,《中国方志丛书》本。

民国《商水县志》,(民国)徐家璘、宋景平修,(民国)杨凌阁纂,1918年刻本。

嘉靖《光山县志》,(明)王家士纂修,《天一阁藏明代方志选刊》本。

顺治《光州志》,(清)孟俊纂修,《日本藏中国罕见地方志丛刊》本。

乾隆《光州志》，(清)高兆煌总修，清乾隆三十五年(1770)刻本，潢川县地方志编纂办公室点校，1985年。

民国《光山县志约稿》，(民国)许希之修，(民国)晏兆平纂，《中国方志丛书》本。

顺治《固始县志》，(清)包韺、蔡方烨、焦兴纂修，《日本藏中国罕见地方志丛刊》本。

乾隆《固始县志》，(清)谢聘修，(清)洪亮吉纂，清乾隆五十一年(1786)刻本。

嘉靖《商城县志》，(明)万炯修，(明)张应辰纂，《天一阁藏明代方志选刊续编》本。

道光《舞阳县志》，(清)王德瑛纂修，清道光十五年(1835)刻本。

(清)李应珏：《皖志便览》，《中国方志丛书》本。

顺治《颍上县志》，(清)翟乃慎修，(清)马履云等纂，合肥市古旧书店1960年7月依抄本复制本。

乾隆《颍州府志》，(清)王敛福纂修，《中国地方志集成》本。

同治《颍上县志》，(清)都宠锡等修，(清)李道章、郑以庄纂，《中国地方志集成》本。

道光《阜阳县志》，(清)刘虎文、周天爵修，(清)李复庆等纂，《中国地方志集成》本。

民国《阜阳县志续编》，(民国)南岳峻、郭坚修，(民国)李荫南纂，《中国地方志集成》本。

同治《霍邱县志》，(清)陆鼎、王寅清纂修，《中国地方志集成》本。

民国《太和县志》，(民国)丁炳烺修，(民国)吴承志纂，《中国地方志集成》本。

民国《临泉县志略》，(民国)刘焕东纂修，《中国地方志集成》本。

光绪《亳州志》，(清)钟泰、宗能征纂修，《中国地方志集成》本。

万历《蒙城县志》，(明)吴一鸾纂修，1982年传抄明万历十年(1582)刻本。

民国《重修蒙城县志》，(民国)汪篪修，(民国)于振江、黄舆绥纂,《中国地方志集成》本。

民国《蒙城县政书》,(民国)汪篪纂,1924年铅印本。

民国《涡阳县志》,(民国)黄佩兰修,(民国)王佩箴等纂,《中国地方志集成》本。

成化《中都志》,(明)柳瑛纂修,《四库全书存目丛书》本。

万历《帝乡纪略》,(明)曾维诚纂修,明万历二十七年(1599)刻本。

天启《凤书》(又名《凤阳新书》),(明)袁文新修,(明)柯仲炯纂,传抄明天启元年(1621)刻本。

光绪《凤阳府志》,(清)冯煦修、魏家骅等纂,(清)张德霈续纂,《中国地方志集成》本。

光绪《凤阳县志》,(清)于万培纂修,(清)谢永泰续修,(清)王汝琛续纂,《中国地方志集成》本。

雍正《怀远县志》,(清)唐暄纂修,《稀见中国地方志汇刊》本。

嘉庆《怀远县志》,(清)孙让修,(清)李兆洛纂,《中国地方志集成》本。

嘉靖《宿州志》,(明)余鉁纂修,《天一阁藏明代方志选刊》本。

光绪《宿州志》,(清)何庆钊修,(清)丁逊之等纂,《中国地方志集成》本。

乾隆《砀山县志》,(清)刘王瑗纂修,《中国地方志集成》本。

嘉庆《萧县志》,(清)潘镕修,(清)沈学渊、顾翰纂,《中国地方志集成》本。

同治《续萧县志》,(清)顾景濂、段广瀛纂修,《中国地方志集成》本。

乾隆《灵璧县志略》,(清)贡震纂修,《中国地方志集成》本。

(清)贡震纂修:《河防录》,《中国地方志集成》本。

(清)贡震纂修:《河渠原委》,《中国地方志集成》本。

嘉靖《寿州志》,(明)栗永禄纂修,《天一阁藏明代方志选刊》本。

光绪《寿州志》,(清)曾道唯等修,(清)葛荫南等纂,《中国地方志集成》本。

(清)夏尚忠编:《芍陂纪事》,清光绪三年(1877)刻印本。

光绪《凤台县志》,(清)葛荫南、周尔仪纂,(清)李师沆、石成之修,《中国地方志集成》本。

万历《重修六安州志》,(明)李懋桧纂修,《稀见中国地方志汇刊》本。

同治《六安州志》,(清)李蔚、王峻修,(清)吴康霖纂,《中国地方志集成》本。

乾隆《霍山县志》,(清)甘山修,(清)程在嵘纂,《稀见中国地方志汇刊》本。

光绪《霍山县志》,(清)秦达章修,(清)何国佑、程秉祺纂,《中国地方志集成》本。

光绪《五河县志》,(清)赖同晏、孙玉铭修,(清)俞宗诚等纂,《中国地方志集成》本。

嘉靖《皇明天长志》,(明)邵时敏修,(明)王心纂,《天一阁藏明代方志选刊》本。

康熙《天长县志》,(清)江映鲲、张振先等纂修,1960 年 7 月合肥市古旧书店借安徽省图书馆藏民国传抄本复制本。

嘉庆《备修天长县志》,(清)张宗泰纂,《中国地方志集成》本。

乾隆《泗州志》,(清)叶兰纂修,《中国地方志集成》本。

光绪《泗虹合志》,(清)方瑞兰修,(清)江殿飏、许湘甲纂,《中国地方志集成》本。

同治《盱眙县志》,(清)崔秀春修,(清)傅绍曾纂,《中国方志丛书》本。

光绪《盱眙县志稿》,(清)王锡元修,(清)高延第等纂,《中国方志丛书》本。

道光《来安县志》,(清)符鸿、刘廷槐修,(清)欧阳泉、戴宗炬纂,《中国地方志集成》本。

光绪《庐江县志》,(清)钱燨修,(清)俞燮奎、卢钰纂,《中国地方志集成》本。

隆庆《海州志》,(明)张峰纂修,(明)裴天祐校正,《天一阁藏明代方志选刊》本。

嘉庆《海州直隶州志》,(清)唐仲冕、汪梅鼎纂辑,清嘉庆十六年(1811)刻本。

光绪《赣榆县志》,(清)王豫熙修,(清)张謇等纂,《中国地方志集成》本。

民国《赣榆县续志附编》,(民国)王佐良主修,(民国)王思衍总纂,《中国地方志集成》本。

民国《重修沭阳县志》,(民国)钱崇威纂,《中国地方志集成》本。

嘉靖《徐州志》,(明)梅守德、徐子龙等修,《中国史学丛书三编》本。

同治《徐州府志》,(清)刘庠、方骏谟总纂,(清)吴世熊、朱忻等总修,《中国地方志集成》本。

民国《铜山县志》,(民国)王嘉诜、祁世倬等纂修,《中国地方志集成》本。

光绪《丰县志》,(清)姚鸿杰纂修,《中国地方志集成》本。

嘉靖《沛县志》,(明)王治修,(明)马伟纂,《天一阁藏明代方志选刊续编》本。

民国《沛县志》,(民国)于书云纂修,《中国地方志集成》本。

咸丰《邳州志》,(清)董用威等修,(清)鲁一同纂,清咸丰元年(1851)刻本。

民国《邳志补》,(民国)窦鸿年修,(民国)庄思缄纂,《中国地方志集成》本。

民国《宿迁县志》,(民国)严型修,(民国)冯煦纂,《中国地方志集成》本。

康熙《睢宁县旧志》,(清)葛之莫修,(清)陈哲纂,1929年排印本。

光绪《睢宁县志稿》,(清)侯绍瀛修,(清)丁显纂,《中国地方志集成》本。

睢宁县编史修志办公室译编:《睢宁旧志选译》,1982年线装本。

万历《淮安府志》,(明)郭大纶修,(明)陈文烛纂,《天一阁藏明代方志选刊续编》本。

乾隆《淮安府志》,(清)卫哲治等修,(清)叶长扬、顾栋高等纂,《续修四库全书》本。

光绪《淮安府志》,(清)孙云锦等修,(清)吴昆田等纂,《中国方志丛书》本。

同治《重修山阳县志》,(清)文彬、孙云等纂修,《中国方志丛书》本。

民国《续纂山阳县志》,(民国)周钧、段朝端等纂,《中国方志丛书》本。

民国《山阳艺文志》,(民国)周钧、段朝端等纂,《中国方志丛书》本。

乾隆《重修桃源县志》,(清)眭文焕纂修,《中国地方志集成》本。

民国《泗阳县志》,(民国)李佩恩修,(民国)张相文、王聿望纂,《中国地方志集成》本。

光绪《安东县志》,(清)金元烺修,(清)吴昆田等纂,《中国地方志集成》本。

光绪《清河县志》,(清)胡裕燕等修,(清)吴昆田等纂,《中国方志丛书》本。

民国《续纂清河县志》,(民国)刘枟寿等修,(民国)范冕等纂,《中国地方志集成》本。

民国《淮阴志征访稿》,徐钟令采访,《中国地方志集成》本。

光绪《阜宁县志》,(清)阮本炎等修,(清)殷白芳等纂,清光绪十二年(1886)刻本。

民国《阜宁县新志》,(民国)吴宝瑜修,(民国)庞友兰纂,《中国方志丛书》本。

民国《阜宁县新志》,(民国)吴宝瑜修,(民国)庞友兰纂,《中国地方志集成》本。

万历《盐城县志》,(明)杨瑞云修,(明)夏应星纂,《北京图书馆古籍珍本丛刊》本。

乾隆《盐城县志》,(清)程国栋原本,(清)黄垣续修,(清)沈岩续纂,1960 年油印本。

光绪《盐城县志》,(清)刘崇照修,(清)陈玉树、龙继栋纂,清光绪二十一年(1895)刻本。

民国《续修盐城县志》,(民国)林懿均修,(民国)胡应庚、陈钟凡纂,《中国地方志集成》本。

康熙《扬州府志》,(清)崔华、张万寿等纂修,《四库全书存目丛书》本。

嘉庆《扬州北湖小志》,(清)焦循纂,《中国方志丛书》本。

嘉庆《广陵事略》,(清)姚文田辑,《续修四库全书》本。

万历《江都县志》,(明)张宁、陆君弼纂修,《四库全书存目丛书》本。

乾隆《江都县志》,(清)高士钥修,(清)五格等纂,《中国方志丛书》本。

光绪《江都县续志》,(清)谢延庚等修,(清)刘寿增纂,《中国方志丛书》本。

民国《江都县新志》,(民国)陈肇燊修,(民国)陈懋森纂,《中国地方志集成》本。

民国《甘泉县续志》,(民国)钱祥保等修,(民国)桂邦傑纂,《中国方志丛书》本。

隆庆《宝应县志》,(明)汤一贤纂修,《天一阁藏明代方志选刊续编》本。

道光《重修宝应县志》,(清)孟毓兰修,(清)成观宣等监订,《中国方志丛书》本。

民国《宝应县志》,(民国)戴邦桢、赵世荣修,(民国)冯煦、朱苌生纂,《中国方志丛书》本。

民国《宝应县志》,(民国)戴邦桢、赵世荣修,(民国)冯煦、朱苌生纂,《中国地方志集成》本。

康熙《兴化县志》,(清)张可立纂修,《中国方志丛书》本。

咸丰《重修兴化县志》,(清)梁园棣等纂修,《中国方志丛书》本。

民国《续修兴化县志》,(民国)李恭简修,(民国)魏俊等纂,1943年铅印本。

嘉庆《东台县志》,(清)周右修,(清)蔡复午等纂,《中国方志丛书》本。

嘉庆《东台县志》,(清)周右修,(清)蔡复午等纂,《中国方志集成》本。

崇祯《泰州志》,(明)李自滋、刘万春纂修,《四库全书存目丛书》本。

道光《泰州志》,(清)王有庆等修,(清)陈世镕等纂,清道光七年(1827)刻本。

民国《续纂泰州志》,(民国)韩国钧、王笠农总纂,《中国地方志集成》本。

民国《泰县志稿》,(民国)单毓元、顾名纂,(民国)王景涛、张烨修,《中国地方志集成》本。

乾隆《高邮州志》,(清)杨宜仑修,(清)夏之蓉等纂,《中国方志丛书》本。

嘉庆《高邮州志》,(清)冯馨增修,清嘉庆十八年(1813)刻本,清道光二十五年(1845)范凤谐等重校刊本。

道光《续增高邮州志》,(清)左辉春纂辑,《中国方志丛书》本。

光绪《再续高邮州志》,(清)龚定瀛修,(清)夏子锡纂,《中国方志丛书》本。

民国《三续高邮州志》,(民国)胡为和修,(民国)高树敏纂,《中国方志丛书》本。

光绪《通州直隶州志》,(清)梁悦馨等修,(清)季念怡等纂,《中国方志丛书》本。

民国《东平县志》,(民国)刘靖宇等修,1936年天成印刷局承印。

同治《金乡县志》,(清)李垒纂修,清同治元年(1862)刊本。

光绪《曹县志》,(清)陈嗣良修,山东省曹县档案局、山东省曹县档案馆再版重印,1981年。

光绪《郓城县乡土志》,(清)毕炳炎编纂,《中国方志丛书》本。

光绪《菏泽县乡土志》,(清)杨兆焕等纂,《中国方志丛书》本。

万历《兖州府志》,(明)于慎行编,据明万历二十四年(1596)刻本影印,济南:齐鲁书社,1985年。

民国《续修曲阜县志》,(民国)孙永汉修,(民国)李经野纂,1934年排印本。

宣统《滕县续志稿》,(清)生克中撰,清宣统三年(1911)排印本。

民国《续滕县志》,(民国)高熙喆纂,1944年刻本。

乾隆《郯城县志》,(清)王植、张金城等纂修,《中国方志丛书》本。

嘉庆《续修郯城县志》,(清)吴堦修、陆继辂纂,《中国方志丛书》本。

(唐)李吉甫撰:《元和郡县图志》,北京:中华书局,1983年。

(明)朱国盛纂,(明)徐标续纂:《南河志》,《续修四库全书》本。

康熙《两淮盐法志》,(清)谢开宠纂,《中国史学丛书》本。

嘉庆《两淮盐法志》,(清)单渠、沈襄琴纂修,清同治九年(1870)九月扬州书局重刊本。

民国《清盐法志》,中华民国盐务署纂,1920铅印本。

实业部国际贸易局:《中国实业志·江苏省》,1933年。

实业部国际贸易局:《中国实业志·山东省》,1934年。

吴世勋编:《分省地志·河南》,上海:中华书局,1927年。

黄泽苍编:《分省地志·山东》,上海:中华书局,1935年。

李长傅编:《分省地志·江苏》,上海:中华书局,1936年。

殷惟龢编:《江苏六十一县志》,上海:商务印书馆,1936年。

鄢陵县地方志编纂委员会编:《鄢陵县志》,天津:南开大学出版社,1989年。

商水县地方志编纂委员会编:《商水县志》,郑州:河南人民出版社,1990年。

商城县志编纂委员会编:《商城县志》,郑州:中州古籍出版社,1991年。

永城县地方史志编纂委员会编:《永城县志》,北京:新华出版社,1991年。

民权县地方史志编纂委员会编:《民权县志》,郑州:中州古籍出版社,1995年。

郾城县志编纂委员会编:《郾城县志》,郑州:中州古籍出版社,

1997年。

长葛市土地管理局编:《许昌市土地志·长葛卷》,郑州:中州古籍出版社,1999年。

登封市水务局编:《登封水务志》,北京:解放军文艺出版社,2002年。

萧县水利志编辑组:《萧县水利志》,未刊稿,1985年,安徽省地方志办公室资料室藏。

太和县地方志编纂委员会编:《太和县志》,合肥:黄山书社,1993年。

阜阳县地方志编纂委员会编:《阜阳县志》,合肥:黄山书社,1994年。

蒙城县地方志编纂委员会编:《蒙城县志》,合肥:黄山书社,1994年。

安徽省水利志编纂委员会编:《安丰塘志》,合肥:黄山书社,1995年。

邢义昌主编:《亳州市水利志》,初稿,1997年,安徽省地方志办公室资料室藏。

安徽省地方志编纂委员会:《安徽省志·测绘志》,北京:方志出版社,1998年。

王文升编:《丰县简志》,江苏省丰县县志办公室、档案局合修,1986年。

淮阴市地方志编纂委员会:《淮阴市志》,上海:上海社会科学出版社,1995年。

宁阳县地方史志编纂委员会办公室:《宁阳县概况》,未刊稿,1984年。

山东邹县地方史志编纂委员会办公室编:《邹县旧志汇编》,济南:山东省出版总社济宁分社,1986年。

泰安市水利志编纂委员会编:《泰安市水利志》,未刊稿,1990年。

《菏泽市水利志》编纂委员会编:《菏泽市水利志》,济南:济南出版社,1991年。

山东省鱼台县地方史志编纂委员会编:《鱼台县志》,济南:山东人民出版社,1997年。

水利部淮河水利委员会编纂:《淮河志》,北京:科学出版社,1997年、2000年、2004年、2006年、2007年。

二、正史、实录、政书、文集等

(汉)司马迁:《史记》,北京:中华书局,1975 年。

(汉)班固:《汉书》,北京:中华书局,1962 年。

(唐)房玄龄等:《晋书》,北京:中华书局,1974 年。

(元)脱脱等:《宋史》,北京:中华书局,1977 年。

(元)脱脱等:《金史》,北京:中华书局,1975 年。

(明)宋濂:《元史》,北京:中华书局,1976 年。

(清)张廷玉等:《明史》,北京:中华书局,1974 年。

(民国)赵尔巽等:《清史稿》,北京:中华书局,1977 年。

(宋)郑樵:《通志》,杭州:浙江古籍出版社,1988 年。

《明实录》,台北:台湾"中央研究院"历史语言研究所校印,1962 年。

《大清历朝实录》,台北:台湾华文书局股份有限公司印行,1970 年。

(清)朱寿朋编:《光绪朝东华录》,北京:中华书局,1958 年。

(清)傅维麟:《明书》,上海:商务印书馆,1936 年。

(清)贺长龄辑:《皇朝经世文编》,《中国近代史料丛刊》本。

(清)盛康辑:《皇朝经世文编续编》,《中国近代史料丛刊》本。

(明)刘惟谦等:《大明律》,《四库全书存目丛书》本。

(清)昆冈等修、刘启端等纂:《钦定大清会典事例》,《续修四库全书》本。

(清)姚雨芗原纂、胡仰山增辑:《大清律例会通新纂》,《近代中国史料丛刊三编》本。

(清)萧奭:《永宪录续编》,北京:中华书局,1959 年。

(清)祝庆祺、鲍书芸、潘文舫、何维楷编:《刑案汇览三编》,北京:北京古籍出版社,2004 年。

(清)田文镜:《抚豫宣化录》,张民服点校,郑州:中州古籍出版社,1995 年。

(清)尹会一:《抚豫条教》,(清)田文镜:《抚豫宣化录》附录,张民服点校,郑州:中州古籍出版社,1995 年。

（清）丁日昌:《抚吴公牍》,清光绪丁丑年(1877)刊本。

（清）冯煦主修,陈师礼总纂:《皖政辑要》,合肥:黄山书社,2005 年。

（清）柳堂:《宰惠纪略》,清光绪二十七年(1901)刻本。

故宫博物院明清档案部编:《李煦奏折》,北京:中华书局,1976 年。

（清）汪辉祖:《佐治药言》,张廷骧:《入幕须知五种》,清光绪十年(1884)刊本。

（明）徐光启:《农政全书》,北京:中华书局,1956 年。

（宋）李觏:《盱江集》,《四库全书》本。

（宋）吕陶:《净德集》,《丛书集成初编》本。

（清）陶澍:《陶云汀先生奏疏》,《续修四库全书》本。

（清）刘台拱、刘宝树、刘宝楠、刘恭冕:《宝应刘氏集》,张连生、秦跃宇点校,扬州:广陵书社,2006 年。

（清）汪懋麟:《百尺梧桐阁集》,据北京大学图书馆藏康熙刻本影印,上海:上海古籍出版社,1980 年。

（清）王懋竑:《白田草堂存稿》,《四库全书存目丛书》本。

（清）顾景星:《白茅堂集》,《四库全书存目丛书》本。

（清）袁枚:《小仓山房诗文集》,周本淳标校,上海:上海古籍出版社,1988 年。

（清）薛福保:《青萍轩文录》,清光绪八年(1882)刻本。

（清）凌廷堪:《校礼堂诗集》,《安徽丛书》本。

（清）王锡祺辑:《山阳诗征续编》,《山阳丛书》本。

（清）孙翔辑:《崇川诗集》,《四库全书存目丛书补编》本。

（清）魏源:《魏源集》,北京:中华书局,1976 年。

（清）林则徐:《林则徐选集》,杨国桢选注,北京:人民文学出版社,2004 年。

中山大学历史系中国近代现代史教研组研究室编:《林则徐集·奏稿》,北京:中华书局,1965 年。

杨国桢编:《林则徐书简》,福州:福建人民出版社,1981 年。

栾兆鹏主编:《李鸿章全集》,长春:时代文艺出版社,1998年。

杨立强、沈渭滨等编:《张謇存稿》,上海:上海人民出版社,1987年。

(明)孙承泽:《春明梦余录》,扬州:江苏广陵古籍刻印社,1990年。

(清)顾炎武:《天下郡国利病书》,《四部丛刊》本。

(明)胡瓒:《泉河史》,《四库全书存目丛书》本。

(明)刘天和:《问水集》,《四库全书存目丛书》本。

(明)车玺撰,陈铭续撰:《治河总考》,《四库全书存目丛书》本。

(明)吴山:《治河通考》,《四库全书存目丛书》本。

(明)陈应芳:《敬止集》,《四库全书》本。

(清)叶方恒:《山东全河备考》,《四库全书存目丛书》本。

(清)崔维雅:《河防刍议》,《四库全书存目丛书》本。

(清)郭起元撰,蔡寅斗评:《介石堂水鉴》,《四库全书存目丛书》本。

(清)薛风祚:《两河清汇》,《四库全书》本。

(清)胡渭:《禹贡锥指》,邹逸麟整理,上海:上海古籍出版社,2006年。

(清)冯道立:《淮扬水利图说》,清光绪二年(1876)淮南书局刻本。

(清)吴学廉:《皖北治水弭灾条议》,李文海、夏明方、朱浒主编:《中国荒政书集成》第十二册,天津古籍出版社,2010年。

徐守增、武同举:《淮北水利纲要说》,1915年铅印本。

赵邦彦:《淮阴县水利报告书》,1917年铅印本。

胡雨人:《江淮水利调查笔记》(辛亥年),《中国水利要籍丛编》本。

桂林:《固始水利纪实》,1918—1919年铅印本。

武同举:《两轩腾语》,1927年复印本。

武同举纂:《淮系年表全编》,1929年铅印本。

(元)陆友仁:《砚北杂志》,1912年刊本。

(明)王士性:《广志绎》,吕景琳点校,北京:中华书局,1981年。

(明)杨循吉:《庐阳客记》,《四库全书存目丛书》本。

(明)黄淳耀:《山左笔谈》,《四库全书存目丛书》本。

(明)谢肇淛:《五杂俎》,上海:上海书店出版社,2001年。

（明）郎瑛：《七修类稿》，济南：泰山出版社，中华野史本，2000年。

（明）章潢：《图书编》，明万历四十一年（1613）刻本。

（明）张瀚：《松窗梦语》，北京：中华书局，1985年。

（清）包世臣：《郡县农政》，王毓瑚点校，北京：农业出版社，1962年。

（清）包世臣：《中衢一勺》，李星点校，合肥：黄山书社，1993年。

（清）钱泳：《履园丛话》，张伟点校，北京：中华书局，1979年。

（清）阮葵生：《茶余客话》，《山阳丛书》本。

（清）薛福成：《庸盦笔记》，丁凤麟、张道贵点校，南京：江苏人民出版社，1983年。

（清）刘献廷：《广阳杂记》，北京：中华书局，1985年。

（清）陈康祺：《郎潜纪闻》，北京：中华书局，1990年。

（清）徐珂：《清稗类钞》，北京：中华书局，1986年。

（清）胡思敬：《国闻备乘》，上海：上海书店出版社，1997年。

三、资料汇编、年鉴、报告、报刊

李文治主编：《中国近代农业史资料》第一辑（1840—1911），北京：生活·读书·新知三联书店，1957年。

章有义编：《中国近代农业史资料》第二辑（1912—1927），北京：生活·读书·新知三联书店，1957年。

朱偰：《中国运河史料选辑》，北京：中华书局，1962年。

陶百川编：《最新六法全书》，台北：三民书局股份有限公司印行，增修版，1981年。

中国社会科学院历史研究所清史研究室编：《清史资料》第二辑，北京：中华书局，1981年。

水利电力部水管司、水利水电科学研究院编：《清代淮河流域洪涝档案史料》，北京：中华书局，1988年。

郑州市地方志编委会编：《郑州经济史料选编》，郑州：中州古籍出版社，1992年。

傅玉璋等编:《明实录类纂·安徽史料卷》,武汉:武汉出版社,1994年。

《京杭运河(江苏)史料选编》编纂委员会编:《京杭运河(江苏)史料选编》,北京:人民交通出版社,1997年。

蔡鸿源:《民国法规集成》,合肥:黄山书社,1999年。

范天平编著:《豫西水碑钩沉》,西安:陕西人民出版社,2001年。

聂宝璋、朱荫贵编:《中国近代航运史资料》第二辑(1895—1927),上册,北京:中国社会科学出版社,2002年。

中国水利水电科学研究院水利史研究室编校:《再续行水金鉴·淮河卷》、《再续行水金鉴·运河卷》,武汉:湖北人民出版社,2004年。

张芳:《二十五史水利资料综汇》,北京:中国三峡出版社,2007年。

阮湘编:《中国年鉴》(1924),上海:商务印书馆,1924年。

内政部年鉴编纂委员会编:《内政年鉴》,上海:商务印书馆,1936年。

安徽省灾区筹赈会编印:《安徽省各县灾情报告书》,安徽省官印刷局,1934年。

陇海铁路车务处商务课编:《陇海全线调查》,1932年,中国第二历史档案馆:全宗号六六九,案卷号2928。

山东省政府秘书处:《山东省政府十九年度行政报告》,1930年。

金城银行总经理处天津调查分部:《山东棉业调查报告》,1936年。

《申报》,上海:上海书店,1984年,影印本。

《晨报》(前身为《晨钟报》,1916年创刊,1918年改为《晨报》,1928年停刊),北京:人民出版社,1981年,影印本。

《大公报》(天津版),北京:人民出版社,1983年,影印本。

《中央日报》,上海:上海书店出版社、南京:江苏古籍出版社,1994年,影印本。

《东方杂志》、《万国商业月报》、《南洋官报》、《苏声月刊》、《山东建设月刊》、《江苏省政府公报》、《河南省政府年刊》、《振务月刊》、《江苏建设》、《安徽建设》、《政务报告》、《江苏实业月志》、《农商公报》、《农学杂志》、《江苏月报》。

四、文史资料

政协河南省开封市委员会文史资料研究委员会:《开封文史资料》第二辑,1985年。

政协鲁山县委员会文史资料研究委员会:《鲁山文史资料》第二辑,1986年。

政协河南省郑州市委员会文史资料研究委员会:《郑州文史资料》第五辑,1989年。

政协河南省上蔡县委员会文史资料研究委员会:《上蔡文史资料》第二辑,1989年。

政协河南省叶县委员会文史资料研究委员会:《叶县文史资料》第三辑,1989年。

政协河南省民权县委员会文史资料研究委员会:《民权文史资料》第二辑,1990年。

政协尉氏县委员会文史资料研究委员会:《尉氏文史资料》第五辑,1990年。

政协河南省上蔡县委员会文史资料研究委员会:《上蔡文史资料》第三辑,1990年。

政协临颍县文史工作委员会:《临颍文史资料》第七辑,1991年。

政协河南省永城县委员会文史资料委员会:《永城文史资料》第四辑,1991年。

政协桐柏县委员会学习文史委员会:《桐柏文史资料》第三辑,1991年。

政协河南省上蔡县文史资料研究委员会:《上蔡文史资料》第四辑,1991年。

政协荥阳县委员会学习文史委员会:《荥阳文史资料》第一辑,1993年。

政协河南省民权县委员会学习文史委员会:《民权文史资料》第

七辑,2001年。

政协蒙城县委员会:《蒙城文史资料》第一辑,1983年。

政协灵璧县文史资料委员会:《灵璧县文史资料》第一辑,1985年。

政协砀山县委员会文史资料研究委员会:《砀山文史资料》第一辑,1986年。

政协安徽省涡阳县委员会文史资料委员会:《涡阳史话》第四辑,1986年。

政协凤阳县文史资料研究委员会:《凤阳文史资料》第二辑,1987年。

政协界首县文史资料委员会:《界首史话》第二辑,1988年。

政协江苏省泰县委员会文史资料工作组:《泰县文史资料》第一期,1983年。

涟水县政协文史资料研究委员会:《涟水县文史资料》第三辑,1984年。

政协宿迁县文史资料研究委员会:《宿迁文史资料》第四辑,1984年。

政协灌云县委员会文史资料研究委员会:《灌云文史资料》第一辑,1984年。

政协江苏省高邮县委员会文史资料研究委员会:《高邮文史资料》第一辑,1984年。

政协江苏省宝应县文史资料研究委员会:《宝应文史资料》第三辑,1985年。

泰县政协文史资料研究委员会:《泰县文史资料》第三辑,1986年。

政协江苏省射阳县委员会文史资料研究委员会:《射阳县文史》第一辑,1987年。

政协江苏省盱眙县委员会文史资料研究委员会:《盱眙文史资料》第四辑,1987年。

高邮县政协文史资料研究委员会:《高邮文史资料》第八辑,1988年。

政协铜山县文史资料研究委员会:《铜山文史资料》第九辑,1989年。

政协宿迁市委员会文史资料研究委员会:《宿迁文史资料》,第九辑,1989年。

政协淮阴市委员会文史资料委员:《淮阴文史资料》第八辑,1989年。

高邮县政协文史资料研究委员会:《高邮文史资料》第九辑,1989 年。

政协赣榆县文史资料研究委员会:《赣榆文史资料》第八辑,1990 年。

政协睢宁县文史资料研究委员会:《睢宁文史资料》第五辑,1990 年。

政协江苏省沛县委员会文史资料研究委员会:《沛县文史资料》第七辑,1991 年。

政协江苏省盱眙县委员会文史资料研究委员会:《盱眙文史资料》第八辑,1991 年。

政协大丰县文史委员会:《大丰县文史资料》第十辑,1992 年。

江苏省淮阴市政协文史资料委员会:《淮阴文史资料》第十辑,1993 年。

政协江苏省高邮市委员会文史资料委员会:《高邮文史资料》第十三辑,1994 年。

政协江苏省泗阳县委员会文史资料委员会:《泗阳文史资料》第九辑,1994 年。

政协江苏省徐州市委员会文史资料委员会:《徐州文史资料》第十六辑,1996 年。

政协费县委员会:《费县文史资料》第一辑,1983 年。

政协微山县委员会文史资料委员会:《微山文史资料》第二辑,1988 年。

政协巨野县委员会文史资料委员会:《巨野文史资料》第三辑,1989 年。

汶上县政协文史资料委员会:《汶上文史资料》第四辑,1990 年。

济宁市政协文史资料委员会、微山县政协文史资料委员会:《微山湖·微山湖资料专辑》,1990 年。

鄄城县政协文史资料委员会:《鄄城文史资料》第六辑,1994 年。

五、近人著作

张念祖编辑:《中国历代水利述要》,1947 年上海书店据华北水利委员会图书室 1932 年版影印。

冯和法:《中国农村经济资料》,上海:黎明书局,1933 年。

宗受于:《淮河流域地理与导淮问题》,南京:钟山书局,1933年。

河南省政府建设厅:《河南建设述要》,河南省政府建设厅印,1935年。

吴醒亚:《到经济建设之路》,上海:上海市社会局,1935年。

李书田等:《中国水利问题》,上海:商务印书馆,1937年。

郑肇经:《中国水利史》,1984年上海书店据商务印书馆1939年版复印。

张含英:《历代治河方略述要》,1947年上海书店据商务印书馆1946年版影印。

胡焕庸:《两淮水利》,南京:正中书局,1947年。

韩启桐等:《黄泛区的损害与善后救济》,行政院善后救济总署编辑委员会,1948年。

丁文江等:《中国分省地图》,上海:上海申报馆,1948年。

金擎宇:《中国分省新地图》,上海:亚光与地学社,1948年。

胡焕庸:《淮河流域》,上海:春明出版社,1952年。

胡焕庸:《淮河》,上海:开明书店,1952年。

陈桥驿:《淮河流域》,上海:春明出版社,1952年。

胡焕庸:《淮河的改造》,上海:新知识出版社,1954年。

李长傅:《开封历史地理》,北京:商务印书馆,1958年。

鞠继武编写:《洪泽湖》,北京:中国青年出版社,1963年。

[德]克劳塞维茨:《战争论》,中国人民解放军军事科学院译,北京:解放军出版社,1964年。

沈百先、章光彩等:《中华水利史》,台北:台湾商务印书馆,1979年。

黎澍主编:《马恩列斯论历史科学》,北京:人民出版社,1980年。

来新夏:《林则徐年谱》,上海:上海人民出版社,1981年。

[美]冀朝鼎:《中国历史上的基本经济区与水利事业的发展》,朱诗鳌译,北京:中国社会科学出版社,1981年。

刘昭民:《中国历史上气候之变迁》,台北:台湾商务印书馆,1982年。

中国科学院编:《中国自然地理·历史自然地理》,北京:科学出版社,1982年。

中国科学院水利电力部、水利电力科学研究院：《科学研究论文集》第 12 集，北京：水利电力出版社，1982 年。

荆知仁：《中国立宪史》，台北：台湾联经出版事业公司，1984 年。

任美锷主编：《中国自然地理纲要》，北京：商务印书馆，修订本，1985 年。

陈桥驿：《〈水经注〉研究》，天津：天津古籍出版社，1985 年。

曾昭璇：《中国的地形》，广州：广东科技出版社，1985 年。

潘慎、马思周等：《古代农民生活诗选注》，合肥：安徽文艺出版社，1986 年。

［美］博登海默：《法理学——法哲学及其方法》，邓正来译，北京：华夏出版社，1987 年。

王育民：《中国历史地理概论》，北京：人民教育出版社，1987 年。

李仪祉：《李仪祉水利论著选辑》，北京：水利电力出版社，1988 年。

［美］魏特夫：《东方专制主义》，徐式谷等译，北京：中国社会科学出版社，1989 年。

梁家勉主编：《中国农业科学技术史稿》，北京：农业出版社，1989 年。

水利水电科学研究院《中国水利史稿》编写组：《中国水利史稿》（下册），北京：水利电力出版社，1989 年。

水利部淮河水利委员会《淮河水利简史》编写组：《淮河水利简史》：北京：水利电力出版社，1990 年。

盛福尧、周克前：《河南历史气候研究》，北京：气象出版社，1990 年。

李文海等：《近代中国灾荒纪年》，长沙：湖南教育出版社，1990 年。

祁连休选编：《中国机智人物故事大观》，石家庄：河北教育出版社，1991 年。

李文海、周源：《灾荒与饥馑：1840—1919》，北京：高等教育出版社，1991 年。

张仲礼：《中国绅士——关于其在 19 世纪中国社会中作用的研究》，李荣昌译，上海：上海社会科学院出版社，1991 年。

谢国兴:《中国现代化的区域研究:安徽省》,台北:台湾"中研院"近代史所,1991年。

戴鸿麟:《河南省境内淮河流域旱涝灾害成因与治理》,北京:地质出版社,1991年。

黄祖玮、贺维周主编:《中州·水利·史话》,郑州:河南科学技术出版社,1991年。

[美]费正清主编:《剑桥中华民国史》,章建刚等译,上海:上海人民出版社,1992年。

赵中颉主编:《中国古代法学文选》,成都:四川人民出版社,1992年。

邹逸麟主编:《黄淮海平原历史地理》,合肥:安徽教育出版社,1997年。

张义丰等:《淮河地理研究》,北京:测绘出版社,1993年。

Patricial J., "*West Earth:The Gulf War's Silent Victim*", *Year-book of Science and the Future*, Chicago, USA:Encyclopedia Britannica Inc., 1993.

[美]诺斯:《制度、制度变迁与经济绩效》,刘守英译,上海:上海生活·读书·新知三联书店,1994年。

[美]罗伯特·考特、托马斯·尤伦:《法和经济学》,张军译,上海:生活·读书·新知三联书店,1994年。

梁治平:《清代习惯法:社会与国家》,北京:中国政法大学出版社,1996年。

张明庚、张明聚:《中国历代行政区划》,北京:中国华侨出版社,1996年。

张义丰等:《淮河环境与治理》,北京:测绘出版社,1996年。

吴必虎:《历史时期苏北平原地理系统研究》,上海:华东师范大学出版社,1996年。

山东省水利厅水旱灾害编委会编:《山东水旱灾害》,郑州:黄河水利出版,1996年。

水利部淮河水利委员会主办:《治淮汇刊年鉴1995》,水利部淮河水利委员会办公室,1996 年。

水利部淮河水利委员会主办:《治淮汇刊年鉴 1996》,水利部淮河水利委员会办公室,1997 年。

张秉伦、方兆本主编:《淮河和长江中下游旱涝灾害年表与旱涝规律研究》,合肥:安徽教育出版社,1997 年。

王振忠、王冰:《遥远的回响——乞丐文化透视》,上海:上海人民出版社,1997 年。

王亚新、梁治平主编:《明清时期的民事审判与民间契约》,北京:法律出版社,1998 年。

徐从法主编:《京杭运河志(苏北段)》,上海:上海社会科学出版社,1998 年。

李近仁:《微山湖区史缀》(二)、(三),济宁市新闻出版局,1998 年、2000 年。

王社教:《苏皖浙赣地区明代农业地理研究》,西安:陕西师范大学出版社 1999 年。

[英]莫里斯·弗里德曼:《中国东南的宗族组织》,刘晓春译,王铭铭校,上海:上海人民出版社,2000 年。

夏明方:《民国时期自然灾害与乡村社会》,北京:中华书局,2000 年。

魏光兴主编:《山东省自然灾害史》,北京:地震出版社,2000 年。

王鑫义主编:《淮河流域经济开发史》,合肥:黄山书社,2001 年。

赵晓华:《晚清讼狱制度的社会考察》,北京:中国人民大学出版社,2001 年。

王玉太主编:《21 世纪上半叶淮河流域可持续发展水战略研究》,合肥:中国科学技术大学出版社,2001 年。

陈静生等:《人类—环境系统及其可持续性》,北京:商务印书馆,2001 年。

张研、牛贯杰:《19 世纪中期中国双重统治格局的演变》,北京:中国人民大学出版社,2002 年。

南州九二老人胡傑安:《中国江河水利古诗选》,免费赠阅,2002 年。

史辅成、易元俊、慕平:《黄河历史洪水调查、考证和研究》,郑州:黄河水利出版社,2002年。

程遂营:《唐宋开封生态环境研究》,北京:中国社会科学出版社,2002年。

[美]阿维纳什·K.迪克西特、巴里·J.奈尔伯夫:《策略思维——商界、政界及日常生活中的策略竞争》,王尔山译,王则柯校,北京:中国人民大学出版社,2002年。

[美]D.布迪、C.莫里斯:《中华帝国的法律》,朱勇译,南京:江苏人民出版社,2003年。

[美]杜赞奇:《文化、权力与国家 1900—1942 年的华北农村》,王福明译,南京:江苏人民出版社,2003年。

张研、毛立平:《19 世纪中期中国家庭的社会经济透视》,北京:中国人民大学出版社,2003年。

窦鸿身、姜加虎主编:《中国五大淡水湖》,合肥:中国科学技术大学出版社,2003年。

何兵:《现代社会的纠纷解决》,北京:法律出版社,2003年。

《黄河水利史述要》编写组:《黄河水利史述要》,郑州:黄河水利出版社,2003年。

姚汉源:《黄河水利史研究》,郑州:黄河水利出版社,2003年。

宋豫秦:《淮河流域可持续发展战略初论》,北京:化学工业出版社,2003年。

何兴元主编:《应用生态学》,北京:科学出版社,2004年。

徐茂明:《江南士绅与江南社会(1368—1911 年)》,北京:商务印书馆,2004年。

[德]约阿希姆·拉德卡:《自然与权力:世界环境史》,王国豫、付天海译,保定:河北大学出版社,2004年。

薛巧玲主编:《汝阳气候与生态研究》,北京:气象出版社,2004年。

梅雪芹:《环境史学与环境问题》,北京:人民出版社,2004年。

孔潮丽主编:《江苏安徽巡抚》,北京:农村读物出版社,2004年。

谢永刚:《水权制度与经济绩效》,北京:经济科学出版社,2004年。

李令福:《关中水利开发与环境》,北京:人民出版社,2004年。

钞晓鸿:《生态环境与明清社会经济》,合肥:黄山书社,2004年。

鲁西奇、潘晟:《汉水中下游河道变迁与堤防》,武汉:武汉大学出版社,2004年。

岑仲勉:《黄河变迁史》,北京:中华书局,2004年。

王林:《山东近代灾荒史》,济南:齐鲁书社,2004年。

陈桂棣:《淮河的警告》,北京:人民文学出版社,2005年。

郭成伟、薛显林主编:《民国时期水利法制研究》,北京:中国方正出版社,2005年。

王元林:《泾洛流域自然环境变迁研究》,北京:中华书局,2005年。

傅崇兰:《中国运河传》,太原:山西人民出版社,2005年。

竺可桢:《天道与人文》,北京:北京出版社,2005年。

赵珍:《清代西北生态变迁研究》,北京:人民出版社,2005年。

吴海涛:《淮北的盛衰:成因的历史考察》,北京:社会科学文献出版社,2005年。

汪汉忠:《灾害社会与现代化:以苏北民国时期为中心的考察》,北京:社会科学文献出版社,2005年。

水利部淮河水利委员会编:《新中国治淮事业的开拓者——纪念曾山治淮文集》,北京:中国水利水电出版社,2005年。

那思陆:《清代州县衙门审判制度》,北京:中国政法大学出版社,2006年。

成淑君:《明代山东农业开发研究》,济南:齐鲁书社,2006年。

中国水利水电科学研究院水利史研究室编:《历史的探索与研究——水利史研究文集》,郑州:黄河水利出版社,2006年。

王光谦、王思远、张长春:《黄河流域生态环境变化与河道演变分析》,郑州:黄河水利出版社,2006年。

吴卫军、樊斌等:《现状与走向:和谐社会视野中的纠纷解决机制》,北京:中国检察出版社,2006年。

杨煜达:《清代云南季风气候与天气灾害研究》,上海:复旦大学出版社,2006年。

田东奎:《中国近代水权纠纷解决机制研究》,北京:中国政法大学出版社,2006年。

张崇旺:《明清时期江淮地区的自然灾害与社会经济》,福州:福建人民出版社,2006年。

周振鹤:《中国行政区划通史·中华民国卷》,上海:复旦大学出版社,2007年。

吕忠梅主编:《环境法原理》,上海:复旦大学出版社,2007年。

张小也:《官、民与法:明清国家与基层社会》,北京:中华书局,2007年。

侯甬坚主编:《长安史学》(第一辑),北京:中国社会科学出版社,2007年。

王利华主编:《中国历史上的环境与社会》,北京:生活·读书·新知三联书店,2007年。

[澳]安东篱:《说扬州〈1550—1850年的一座中国城市〉》,李霞译,李恭忠校,北京:中华书局,2007年。

许炯心:《中国江河地貌系统对人类活动的响应》,北京:科学出版社,2007年。

沈大明:《〈大清律例〉与清代的社会控制》,上海:上海人民出版社,2007年。

魏山忠等:《堤防工程施工工法概论1》,北京:中国水利水电出版社,2007年。

曹树基:《田祖有神——明清以来的自然灾害及其社会应对机制》,上海:上海交通大学出版社,2007年。

孙冬虎:《北京近千年环境变迁研究》,北京:北京燕山出版社,2007年。

行龙:《以水为中心的晋水流域》,太原:山西人民出版社,2007年。

行龙:《环境史视野下的近代山西社会》,太原:山西人民出版社,

2007 年。

杨东平主编：《2006 年：中国环境的转型与博弈》，北京：社会科学文献出版社，2007 年。

[美]萧邦齐：《九个世纪的悲歌：湘湖地区社会变迁研究》，姜良芹、全先梅译，北京：社会科学文献出版社，2008 年。

[日]森田明：《清代水利与区域社会》，雷国山译，叶琳审校，济南：山东画报出版社，2008 年。

（美）J.唐纳德·休斯：《什么是环境史》，梅雪芹译，北京：北京大学出版社，2008 年

杨果、陈曦：《经济开发与环境变迁研究——宋元明清时期的江汉平原》，武汉：武汉大学出版社，2008 年。

樊宝敏、李智勇：《中国森林生态史引论》，北京：科学出版社，2008 年。

张亚辉：《水德配天：一个晋中水利社会的历史与道德》，北京：民族出版社，2008 年。

尹玲玲：《明清两湖平原的环境变迁与社会应对》，上海：上海人民出版社，2008 年。

胡惠芳：《淮河中下游地区环境变动与社会控制》，合肥：安徽人民出版社，2008 年。

周魁一：《水利的历史阅读》，北京：中国水利水电出版社，2008 年。

陈业新：《明至民国时期皖北地区灾害环境与社会应对研究》，上海：上海人民出版社，2008 年。

张艳丽：《嘉道时期的灾荒与社会》北京：人民出版社，2008 年。

李庆华：《鲁西地区的灾荒变乱与地方应对（1855—1937）》，济南：齐鲁书社，2008 年。

饶明奇：《清代黄河流域水利法制研究》，郑州：黄河水利出版社，2009 年。

王建革：《传统社会末期华北的生态与社会》，北京：生活·读书·新知三联书店，2009 年。

徐建平:《政治地理视角下的省界变迁——以民国时期安徽省为例》,上海:上海人民出版社,2009年。

满志敏:《中国历史时期气候变化研究》,济南:山东教育出版社,2009年。

王培华:《元明清华北西北水利三论》,北京:商务印书馆,2009年。

谭徐明:《都江堰史》,北京:中国水利水电出版社,2009年。

卢勇:《明清时期淮河水患与生态社会关系研究》,北京:中国三峡出版社,2009年。

王培华:《元代北方灾荒与救济》,北京:北京师范大学出版社,2010年。

郝平、高建国主编:《多学科视野下的华北灾荒与社会变迁研究》,太原:北岳文艺出版社,2010年。

冯贤亮:《近世浙西的环境、水利与社会》,北京:中国社会科学出版社,2010年。

马俊亚:《被牺牲的“局部”:淮北社会生态变迁研究(1680—1949)》,台北:台湾大学出版中心,2010年。

吴春梅、张崇旺等:《近代淮河流域经济开发史》,北京:科学出版社,2010年。

韩昭庆:《荒漠水系三角洲:中国环境史的区域研究》,上海:上海科学技术文献出版社,2010年。

鲁西奇、林昌丈:《汉中三堰:明清时期汉中地区的堰渠水利与社会变迁》,北京:中华书局,2011年。

张建民、鲁西奇主编:《历史时期长江中游地区人类活动与环境变迁专题研究》,武汉:武汉大学出版社,2011年。

[美]戴维·艾伦·配兹:《工程国家:民国时期(1927—1937)的淮河治理及国家建设》,姜智芹译,南京:江苏人民出版社,2011年。

王利华:《徘徊在人与自然之间——中国生态环境史探索》,天津:天津古籍出版社,2012年。

张俊峰:《水利社会的类型:明清以来洪洞水利与乡村社会变

迁》,北京:北京大学出版社,2012年。

张文华:《汉唐时期淮河流域历史地理研究》,上海:上海生活·读书·新知三联书店,2013年。

六、报刊与学位论文

梁庆椿:《中国旱与旱灾之分析》,《社会科学杂志》1935年第3期。

罗来兴:《1938—1947年间的黄河南泛》,《地理学报》1953年第2期。

徐近之:《淮北平原与淮河中游的地文》,《地理学报》1953年第2期。

钮仲勋:《芍陂水利的历史研究》,《史学月刊》1965年第4期。

竺可桢:《中国近五千年来气候变迁的初步研究》,《考古学报》1972年第1期。

金家年:《芍陂得名及水源变化的初步考察》,《安徽大学学报》(社会科学版)1978年第4期。

金家年:《芍陂工程的历史变迁》,《安徽大学学报》(社会科学版)1979年第1期。

邹逸麟:《山东运河历史地理问题初探》,《历史地理》编辑委员会编:《历史地理》,创刊号,上海:上海人民出版社,1981年。

王树槐:《清末民初江苏省的灾害》,台湾:《"中央研究院"近代史研究所集刊》,1981年。

陈代光:《从万胜镇的衰落看黄河对豫东南平原城镇的影响》,《历史地理》,第二辑,上海:上海人民出版社,1982年。

潘凤英:《晚全新世以来江淮之间湖泊的变迁》,《地理科学》1983年第4期。

许芝祥:《芍陂工程:历史演变及其社会经济关系》,《中国农史》1984年第4期。

徐海亮:《历史时期黄淮地区的水利衰落与环境变迁》,《武汉水利电力学院学报》,1984 年 4 期。

魏丕信:《水利基础设施管理中的国家干预——以中华帝国晚期的湖北省为例》,见 S.施拉姆(Stuart Scham)主编:《中国政府权力的边界》,东方和非洲研究院,中文大学出版社,1985 年。

单树模:《江苏废黄河历史地理》,《淮河志通讯》1985 年第 1 期。

张义丰:《淮河流域两大湖群的兴衰与黄河夺淮的关系》,《河南大学学报》1985 年第 1 期。

郭树:《洪泽湖两百年的水位》,《中国科学院水利电力部水利水电科学研究院水利史研究室五十周年学术论文集》,北京:水利电力出版社,1986 年。

黄丽生:《淮河流域的水利事业:1912—1937 从公共工程看民初社会变迁之个案研究》,台北:台湾师范大学历史研究所专刊,1986年。

邹逸麟:《历史时期华北大平原湖沼变迁述略》,《历史地理》编辑委员会编:《历史地理》,第五辑,上海:上海人民出版社,1987 年

谭其骧:《中国历代政区概述》,《文史知识》1987 年第 8 期。

李瑞鹏:《古安丰塘管理制度钩沉》(上),《治淮》1987 年第 5 期。

李瑞鹏:《古安丰塘管理制度钩沉》(下),《治淮》1987 年第 6 期。

李瑞鹏:《清代安丰塘的灌溉用水制度》,《中国水利》1987 年第 11 期。

李润田:《黄河对开封城市历史发展的影响》,中国地理学会历史地理专业委员会《历史地理》编辑委员会编:《历史地理》,第六辑,上海:上海人民出版社,1988 年。

刘和惠:《芍陂史上几个问题的考察》,《安徽史学》1988 年第 1 期。

吴必虎:《黄河夺淮后里下河平原河湖地貌的变迁》,《扬州师院学报》1988 年第 1、2 期。

熊元斌:《清代江浙地区水利纠纷及其解决的方法》,《中国农史》1988 年第 3 期。

徐海亮:《历代中州森林变迁》,《中国农史》1988 年第 4 期。

凌申:《黄河南徙与苏北海岸线的变迁》,《海洋科学》1988 年第

5 期。

潘凤英:《历史时期射阳湖的变迁及其成因探讨》,《湖泊科学》1989 年第 1 期。

凌申:《里下河平原的形成及整治》,《地理知识》1989 年第 1 期。

顾克祥:《濉河下游变迁经过》,《江苏水利史志资料选辑》1989 年第 19 期。

朱冠登:《清代里下河地区的圩田》,《江苏水利史志资料选辑》1989 年第 20 期。

王均:《论淮河下游的水系变迁》,《地域研究与开发》1990 年第 2 期。

孙寿成:《黄河夺淮与江苏沿海潮灾》,《灾害学》1991 年第 4 期。

郭迎堂:《从〈清史稿〉看清代淮河流域的水灾——兼述 1991 年淮河水灾的历史原因》,《灾害学》1992 年第 1 期。

王振忠:《近五百年来自然灾害与苏北社会》,中国水利学会水利史研究会、江苏省水利学会、淮阴市水利学会:《江淮水利史论文集》,1993 年。

顾应昌、康复圣:《芍陂水利演变史》,《古今农业》1993 年第 1 期。

凌申:《射阳湖历史变迁研究》,《湖泊科学》1993 年第 3 期。

钟兆站、李克煌等:《河南省境内淮河流域近五百年旱涝等级序列的重建》,《河南大学学报》(自然科学版)1994 年第 4 期。

杨达源、王云飞:《近 2000 年淮河流域地理环境的变化与洪灾——淮河中游的洪灾与洪泽湖的变化》,《湖泊科学》1995 年第 1 期。

王均:《黄河南徙期间淮河流域水灾研究与制图》,《地理研究》1995 年第 3 期。

彭安玉:《试论黄河夺淮及其对苏北的负面影响》,《江苏社会科学》1997 年第 1 期。

郑全红:《建国以来芍陂问题研究述要》,《江淮论坛》1997 年第 3 期。

王庆、王红艳:《历史时期黄河下游河道演变规律与淮河灾害治理》,《灾害学》1998 年第 1 期。

韩昭庆:《洪泽湖演变的历史过程及其背景分析》,《中国历史地理论丛》1998 年第 2 期。

潘涛:《民国时期苏北水灾灾况简述》,《民国档案》1998 年第 4 期。

萧正洪:《历史时期关中地区农田灌溉中的水权问题》,《中国经济史研究》1999 年第 1 期。

照川:《天枯垸悬案——民国时期发生在湘鄂西省间的水利纠纷》,《文史精华》1999 年第 1 期。

常建华:《宗族制度的历史轨迹》,载周积明、宋德金主编:《中国社会史论》,武汉:湖北教育出版社,2000 年。

叶惠芬:《洞庭湖"天枯垸"问题与湘鄂水利之争(1937—1947)》,《"国史馆"馆刊》复刊第二十八期,台北:台湾历史博物馆 2000 年。

孟尔君:《历史时期黄河泛淮对江苏海岸线变迁的影响》,《中国历史地理论丛》2000 年第 4 期。

韩昭庆:《南四湖演变过程及其背景分析》,《地理科学》2000 年第 4 期。

王培华:《水资源再分配与西北农业可持续发展——元《长安志图》所载径渠"用水则例"的启示》,《中国地方志》2000 年第 5 期。

张红安:《明清以来苏北水患与水利探析》,《淮阴师范学院学报》2000 年第 6 期。

陈志清:《历史时期黄河下游的淤积、决口改道及其与人类活动的关系》,《地理科学进展》2001 年第 1 期。

马雪芹:《明清黄河水患与下游地区的生态环境变迁》,《江海学刊》2001 年第 5 期。

李并成:《明清时期河西地区"水案"史料的梳理研究》,《西北师大学报》(社会科学版)2002 年第 6 期。

谢世诚:《晚清"江淮省"立废始末》,《史林》2003 年第 3 期。

王培华:《清代河西走廊的水利纷争与水资源分配制度——黑河、石羊河流域的个案考察》,《古今农业》2004 年第 2 期。

王培华:《清代河西走廊的水利纷争及其原因——黑河、石羊河流域水利纠纷的个案考察》,《清史研究》2004 年第 2 期。

张崇旺:《试论明清时期江淮地区的农业垦殖和生态环境的变迁》,《中国社会经济史研究》2004 年第 3 期。

吴海涛:《历史时期淮北地区涝灾原因探析》,《中国农史》2004 年第 3 期。

苏新留:《民国时期河南水旱灾害初步研究》,《中国历史地理论丛》2004 年第 3 辑。

施和金:《安徽历史气候变迁的初步研究》,《安徽史学》2004 年第 4 期。

刘治品:《芍陂的兴废及原因》,《历史教学》2004 年第 8 期。

钱杭:《均包湖米:湘湖水利不了之局的开端》,唐力行主编:《国家、地方、民众的互动与社会变迁》,北京:商务印书馆,2004 年。

宁立波、靳孟贵:《我国古代水权制度变迁分析》,《水利经济》2004 年第 6 期。

凌申:《历史时期射阳湖演变模式研究》,《中国历史地理论丛》2005 年第 3 辑。

高升荣:《清代淮河流域旱涝灾害的人为因素分析》,《中国历史地理论丛》2005 年第 3 辑。

陈渭忠:《成都平原近代的水事纠纷》,《四川水利》2005 年第 5 期。

张小也:《明清时期区域社会中的民事法秩序——以湖北汉川汈汊黄氏的〈湖案〉为中心》,《中国社会科学》2005 年第 6 期。

安东尼娅·芬安妮:《第四章 扬州:清帝国的一座中心城市》,[美]林达·约翰逊主编:《帝国晚期的江南城市》,成一农译,上海:上海人民出版社,2005 年。

徐有礼等:《略论花园口决堤与泛区生态环境的恶化》,《抗日战争研究》2005 年第 2 期。

胡英泽:《河道变动与界的表达——以清代至民国的山、陕滩案为中心》,常建华主编:《中国社会历史评论》第 7 卷,天津:天津古籍出版社,2006年。

胡英泽:《水井与北方乡村社会——基于山西、陕西、河南省部分地区乡村水井的田野考察》,《近代史研究》2006年第1期。

钞晓鸿:《灌溉、环境与水利共同体——基于清代关中中部的分析》,《中国社会科学》2006年第4期。

高升荣:《清中期黄泛平原地区环境与农业灾害研究——以乾隆朝为例》,《陕西师范大学学报》(哲学社会科学版)2006年第4期。

张崇旺:《明清时期江淮地区频发水旱灾害的原因探析》,《安徽大学学报》(哲学社会科学版)2006年第6期。

陈业新:《1931年淮河流域水灾及其影响研究——以皖北地区为对象》,《安徽史学》2007年第2期。

赵国壮:《论晚清湖北的水利纠纷》,《华中师范大学研究生学报》2007年第3期。

庄华峰、丁雨晴:《宋代长江下游圩田开发与水事纠纷》,《中国农史》2007年第3期。

孔祥成、刘芳:《民国救灾与环境治理中的政府角色分析——以1931年江淮大水救治为例》,《长江论坛》2007年第5期。

王荣、郭勇:《清代水权纠纷解决机制:模式与选择》,《甘肃社会科学》2007年第5期。

钱杭:《论湘湖水利集团的秩序原则》,《史林》2007年第6期。

卢勇、王思明:《明清淮河流域生态变迁研究》,《云南师范大学学报》2007年第6期。

王双怀:《五千年来中国西部水环境的变迁》,侯甬坚主编:《长安史学》(第一辑),北京:中国社会科学出版社,2007年。

钱杭:《共同体理论视野下的湘湖水利集团——兼论“库域型”水利社会》,《中国社会科学》,2008年第2期。

张崇旺:《道光十二年江苏桃源县陈端决堤案述论》,《淮阴师范学院学报》(哲学社会科学版)2008年第5期。

徐建平:《湖滩争夺与省界成型——以皖北青冢湖为例》,《中国历史地理论丛》2008 年第 3 辑。

肖启荣:《明清时期汉水下游泗港、大小泽口水利纷争的个案研究——水利环境变化中地域集团之行为》,《中国历史地理论丛》2008 年第 4 期。

胡金明、邓伟等:《隋唐与北宋淮河流域湿地系统格局变迁》,《地理学报》2009 年第 1 期。

马成俊:《百年诉讼:村落水利资源的竞争与权力——对家藏村落文书的历史人类学研究之一》,《西北民族研究》2009 年第 2 期。

陈业新:《清代皖北地区洪涝灾害初步研究——兼及历史洪涝灾害等级划分的问题》,《中国历史地理论丛》2009 年第 2 辑。

赵淑清:《民国前期关中地区水利纠纷的特征及原因分析——基于〈陕西水利月刊〉中 18 起水案的分析》,《西安文理学院学报》(社会科学版)2009 年第 2 期。

袁海燕:《清代珠江三角洲的水事纠纷及其解决机制研究》,《史学集刊》2009 年第 6 期。

卢勇、王思明:《明清时期淮河南下入江与周边环境演变》,《中国农学通报》2009 第 23 期。

李松:《从〈芍陂纪事〉看明清时期芍陂管理的得失》,《历史教学问题》2010 年第 2 期。

关传友:《皖西地区水利碑刻的初步调查》,《皖西学院学报》2010 年第 4 期。

李松:《明清时期芍陂的占垦问题与社会应对》,《安徽农业科学》2010 年第 5 期。

金颖:《近代奉天省农田水利纷争及政府调解原则》,《社会科学辑刊》2010 年第 6 期。

张崇旺:《论明清时期安徽淮河流域蚕丝业的推广与变迁》,《中国发展》2010 年第 6 期。

李艳红:《1938—1947 年豫东黄泛区生态环境的恶化——水系紊乱与地貌改变》,《经济研究导刊》2010 年第 34 期。

曹志敏:《清代黄淮运减水闸坝的建立及其对苏北地区的消极影响》,《农业考古》2011年第1期。

葛兆帅、吉婷婷等:《黄河南徙在徐州地区的环境效应研究》,《江汉论坛》2011年第1期。

陈桂权:《"一江三堰"与"三七分水"——兼论四川绵竹、什邡二县的百年水利纷争》,《古今农业》2011年第2期。

奚庆庆:《抗战时期黄河南泛与豫东黄泛区生态环境的变迁》,《河南大学学报》(社会科学版)2011年第2期。

赵崔莉:《清代皖江圩区水利纠纷及权力运作》,《哈尔滨工业大学学报》(社会科学版)2011年第2期。

谈家胜:《民国时期淮河水灾与灾害救治——以安徽淮河流域为考察对象》,《阜阳师范学院学报》(社会科学版)2011年第4期。

吴赘:《论民国以来鄱阳湖区的水利纠纷》,《江西社会科学》2011年第9期。

张崇旺:《论淮河流域水生态环境的历史变迁》,《安徽大学学报》(哲学社会科学版)2012年第3期。

吴海涛:《元明清政府决策与淮河问题的产生》,《安徽史学》2012年第4期。

陶立明:《清末民国时期芍陂治理中的水利规约》,《淮南师范学院学报》2013年第1期。

庄宏忠、潘威:《清代淮河水报制度建立及运作研究》,《安徽史学》2013年第2期。

陈业新:《历史时期芍陂水源变迁的初步考察》,《安徽史学》2013年第6期。

关传友:《明清民国时期安丰塘水利秩序与社会互动》,《古今农业》2014年第1期。

涂长望:《关于二十世纪气候变暖的问题》,《人民日报》1961年1月26日。

张崇旺:《明清江淮的水事纠纷》,《光明日报》2006年4月11日。

庄华峰、丁雨晴:《宋代长江下游圩区水事纠纷与政府对策》,《光明日报》2007 年 1 月 12 日。

胡其伟:《民国以来沂沭泗流域环境变迁与水利纠纷》,复旦大学博士学位论文,2007 年。

杨海蛟:《明清时期河南林业研究》,北京林业大学博士学位论文,2007 年。

李德楠:《工程、环境、社会:明清黄运地区的河工及其影响研究》,复旦大学博士学位论文,2008 年。

李高金:《黄河南徙对徐淮地区生态和社会经济环境影响研究》,中国矿业大学博士学位论文,2010 年。

王红:《明清两湖平原水事纠纷研究》,武汉大学博士学位论文,2010 年。

姚秀韵:《国家与社会关系与中国大陆生态环境治理:以淮河流域为例》,台湾中山大学博士学位论文,2012 年。

后　记

　　本书是在国家社会科学基金项目"南宋以来淮河流域水生态环境变迁与水事纠纷及其解决机制研究"(07BZS036)的结项成果基础上,几经删改而成。

　　本书得以完稿,首先要特别感谢安徽大学历史系的王鑫义教授、吴春梅教授。1993年,在我硕士刚毕业还没有什么大的学术积累时,王鑫义教授就关心我的学术成长,让我承担起了他主持的国家社科基金项目"淮河流域经济开发史(远古—1840年)"之宋金部分的研究任务。2003年,时任历史系主任的吴春梅教授又给了我一个参加她主持的"淮河流域经济开发史(1840—1949年)"国家社科基金项目研究的机会。我硕士、博士阶段主要研习明清社会经济史,因王鑫义、吴春梅两位教授提携之故,我的淮河流域史研究开始向前延到了两宋,向后伸到了近代。本书内容涉及南宋至民国这么一个长时段,如果没有因缘际会而成就我上述难得的学术经历,要想顺利完成繁杂的课题研究和撰稿工作,是不可想象的。

　　本书能够付梓,还要感谢我的博士导师、厦门大学历史系的陈支平教授。陈老师不仅在我求学期间对我的学业经常地点拨与教导,而且在我毕业工作后还一直对我的专业发展深表关切。2014年

5月中旬,陈老师给了我一个回到阔别十年之久的母校学习机会,在他的办公室里我说起了我的国家社科基金项目结项书稿出版问题。承蒙恩师不弃,同意将我的书稿列入他主编的"中国社会经济史研究丛书"予以资助出版。

本书的最终出版,还得益于其他专家同行及有关单位的大力支持和热情帮助。安徽大学历史系王鑫义教授、吴春梅教授、朱正业教授以及管理学院王成兴教授、安徽中医药大学人文学院杨立红教授作为课题组成员在项目申报和研究过程中帮助良多。课题结项时,各位评审专家进行了认真细致的评审,并提出了一些很中肯的修改意见。全国哲学社会科学规划办公室、安徽省哲学社会科学规划办公室、安徽大学人文社会科学处等部门在课题立项和管理上做了很多工作,中国国家图书馆、超星图书馆、安徽省图书馆、安徽省地方志办公室、阜阳市档案馆、寿县档案馆、安徽大学图书馆等单位为课题的调研和资料的查阅提供了诸多便利。在此,一并表示真诚的感谢!

本书研究跨度大、范围广,加之为视野和学识所限,难免有挂一漏万甚或错谬不足之处,敬请方家同行批评指正!

张崇旺

2015 年 2 月 25 日于安徽大学